기계 부품의 수명과 신뢰도

대표저자 김경욱 서울대학교 명예교수

저 자 김대철 전북대학교 교수

박영준 서울대학교 교수

신창섭 충북대학교 교수

심성보 경북대학교 교수

남주석 강원대학교 교수

오주선 전남대학교 교수

문운당

●●● 머 리 말

국내 제조업체의 제품 생산과 설계 기술은 크게 발전하였다. 그러나 제품의 신뢰도 향상을 위한 시험과 평가 기술은 아직도 미흡한 부분이 많다. 선진국의 기술을 도입하여 국산화를 추진한 대부분의 제조업체가 당면한 취약한 기술 분야이다.

선진국이 많은 시행착오와 경험을 통하여 독자적인 제품의 설계, 생산, 시험 평가 기술을 개발해 온 반면, 기술 후진국은 도입 기술을 통하여 기술을 개발해 왔다. 그러나 그 기술도 제품 생산에 국한된 경우가 많다. 설계와 시험 평가 기술은 기술 도입의 비용도 고가일 뿐만 아니라 선진국도 기술 제공을 기피하기 때문이다. 특히 시험 평가 기술은 대부분 대외비로서 제조업체가 독자적으로 개발할 수밖에 없는 분야이다.

독자적인 기술 개발에는 어려움이 많다. 단순한 기술 부족에서 뿐만 아니라 낮은 경제성 때문이다. 경제성 여부가 기술 부족보다는 더 큰 장애일 수 있다. 국내 제조업체는 이러한 기술 개발의 어려움에 당면하고 있다. 그러나 기술 독립을 위해서는 자신만의 능력으로써 시험 평가 기술을 개발할 수밖에 없는 것이 또한 국내 제조업체의 현실이다.

'기계 부품의 수명과 신뢰도'는 각종 기계 제조업체의 시험 평가 분야에 종사하는 전문 인력과 이러한 분야로 진출할 대학교 상급 학년 및 대학원 과정의 연구자들이 갖추어야 할 기본 지식을 다룬 전문서이다. 본 전문서는 총 12장으로 구성하였으며, 1장과 2장에서는 각종 정하중과 동하중의 형태, 하중의 측정과 특성 분석, 부하 스펙트럼과 등가 하중을, 3장에서는 재료의 강도와 파괴 이론을, 4장에서는 기계 부품의 수명 예측 방법을, 5장과 6장에서는 고장 데이터의 분석 방법과 신뢰도 및 고장 분포 함수의 매개 변수 추정을, 7장에서는 보증기간 설정과 클레임 데이터 분석을, 8장과 9장에서는 가속 수명 시험과 신뢰도 입증 시험 방법을, 10장에서는 신뢰도 성장 계획을, 11장에서는 샘플링 검수 방법을, 12장에서는 신뢰도 평가를 위한 다수의 시험 코드 작성의 예를 다루었다. 또한 이러한 주제를 이해하는 데 필요한 통계의 기초 지식을 부록으로 추가하였다. 전문서의 이 내용은 대표 저자가 서울대학교에서 강의했던 기계요소설계, 농업기계분석과 설계, 농업기계설계특론 교과목의 강의 자료를 기본으로 하여, 농기계 제조업체의 기술 자문과 한국기계연구원 신뢰성평가센터의 기술위원으로서 경험한 다양한 주제를 포함시킨 것이다.

모든 주제에 대한 이론과 방법을 소개하였으며 가능한 한 쉽게 설명하려고 노력하였다. 그러나 이론 전개보다는 다수의 예제를 통하여 기계 제조업체의 실무자들이 보다 쉽게 그 원리와 방법과 이해하고 이를 실무에 적용할 수 있도록 하였으며, 대학원 수준의 교재로서도 사용할 수 있도록 하였다. 아무쪼록 이 전문서가 기계 제조업체의 시험 평가 기술 발전과 기술자들이 시험 평가와 관련한 실무를 수행하는 데 도움이 되기를 기대한다.

원고의 집필과 검토에 참여한 전북대학교 김대철 교수, 서울대학교 박영준 교수, 충북대학교 신창섭 교수, 경북대학교 심성보 교수, 강원대학교 남주석 교수, 전남대학교 오주선 교수에게 다시 한 번 감사드리고, 어려운 여건에서도 본 전문서를 출판해 준 문운당 관계자께도 감사드린다.

2025년 6월

대표 저자 김 경 욱

서울대학교 명예교수

차 례

제 1 장 부하 측정과 분석

제 2 장 부하 스펙트럼과 등가 하중

제 3 장 재료의 강도와 파괴 이론

제 4 장 수명 예측

제 5 장 신뢰도와 고장 분포 함수

제 6 장 고장 데이터 분석과 매개 변수 결정

제 7 장 보증 기간의 고장 분석

제 8 장 가속 수명 시험

제 9 장 신뢰도 입증 시험

제 10 장 신뢰도 성장 계획

제 11 장 샘플링 검수

제 12 장 시험 코드

부록

제 1 장
부하 측정과 분석

제 1 장 부하 측정과 분석

기계는 일반적으로 직접 일을 하는 작업부, 작업부에서 필요한 동력을 제공하는 동력원, 동력원에서 작업부로 동력을 전달하는 동력전달장치로써 구성된다. 기계가 일을 하는 데 필요한 동력은 작업부가 일을 하는 데 필요한 힘, 즉 작업부에 저항하는 저항력과 작업 속도의 곱으로서 결정된다. 이는 기계가 일을 하는 데 필요한 단위 시간당 에너지와 같다. 따라서 같은 힘이 필요한 일이라 하더라도 이를 빠른 시간에 수행하기 위해서는 더 많은 동력이 필요하며, 큰 힘이 필요한 일이라 하더라도 작업 속도가 느리면 상대적으로 많은 동력은 필요 없다. 동력원은 작업부에서 요구하는 만큼의 동력을 공급하지만 동력 전달 과정에서 마찰 등에 의한 동력 손실이 발생하므로 실제 동력원이 제공하는 동력은 일을 하는 데 필요한 순수한 동력보다는 약간 더 많다. 또한 기계가 일을 하기 위해서는 동력원, 작업부, 동력전달장치를 구성하는 각종 가동장치와 이를 고정하기 위한 지지대가 필요하며, 이러한 지지대에는 각 장치의 중량, 각 장치에 작용하는 저항력, 관성력 등과 평형 상태를 이루기 위한 반력이 작용한다.

기계 또는 기계 부품에 작용하는 중량, 저항력, 관성력 등을 일반적으로 부하 또는 하중이라고 한다. 기계 부품에 하중이 작용하면 이 하중에 의하여 부품의 내부에는 응력이 발생하고, 이 응력에 의하여 부품은 변형한다. 부품에서 발생하는 이러한 응력과 변형이 부품의 재료가 견딜 수 있는 한계, 즉 재료의 강도와 허용 변형을 초과하면 부품은 파괴되고 기계는 작동할 수 없게 된다. 따라서 모든 기계 부품은 하중에 의한 응력과 변형이 재료의 강도와 허용 변형을 초과하지 않도록 설계하여야 한다. 기계 부품에 작용하는 부하의 형태와 특징을 구명하기 위해서는 이를 측정하고 분석하여야 한다.

1.1 하중의 형태와 특징

기계 부품에 작용하는 하중은 크게 3가지 형태로 구분할 수 있다. 이 3가지 형태의 하중은 인장 변형 또는 압축 변형을 유발하는 축 하중, 휨 변형을 유발하는 굽힘 하중, 비틀림 변형을 유발하는 비틀림 하중이다. 엄밀한 의미에서 굽힘 모멘트(bending moment)와 토크(torque)는 굽힘 하중과 비틀림 하중에 대한 반력, 즉 굽힘 하중 및 비틀림 하중과 크기가 같고 방향이 반대인 굽힘력과 회전력을 말하지만 하중의 의미로도 사용하고 있다. 기계 부품에는 이 3가지 형태의 하중이 단독으로 또는 2가지 이상이 동시에 작용한다. 그림 1-1은 기계 부품에 작용하는 하중의 예를 나타낸 것이다.

하중의 특징은 그 크기와 작용 방향으로써 나타낼 수 있다. 하중의 크기는 축 하중, 굽힘 하중, 비틀림 하중 자체의 대소를 말하여, 축 하중은 N(Newton) 단위로써, 굽힘 하중과 비틀림 하중은 N · m 단위로써 나타낸다. 하중의 작용 방향은 축 하중의 경우 하중이 작용하는 작용점의 접평면에 수직인 방향이며, 굽힘 하중과 비틀림 하중의 경우에는 회전 방향에 따라 오른손 법칙을 적용하였을 때 엄지의 방향으로 나타낼 수 있다. 하중의 크기와 방향이 시간에 따라 변하지 않는 하중을 정하중(static load)이라 하고, 시간에 따라 변하는 하중을 동하중(dynamic load)이라고 한다. 일반적으로 기계 부품에 작용하는 하중은 동하중인 경우가 많다. 기계가 일정한 작업을 주기적으로 반복할 때 기계 부품에 작용하는 한 주기의 하중 변화를 부하 사이클(load cycle) 또는 작업 사이클(duty cycle)이라고 하며, 비주기적으로 변하는 하중을 랜덤 하중(random load)이라고 한다. 랜덤 하중을 나타내는 데는 부하 스펙트럼(load spectrum)이 사용된다. 부하 사이클과 부하 스펙트럼에 대해서는 제2장에서 다시 설명하기로 한다.

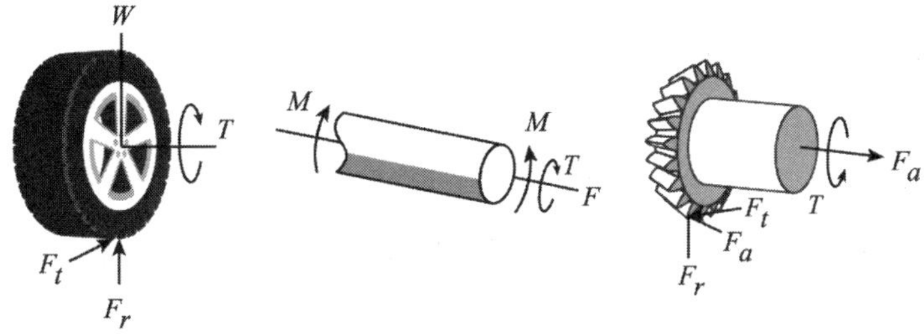

축 하중: F, F_r, F_a, F_t, W, **비틀림 하중**: T, **굽힘 하중**: M

그림 1-1 하중의 형태

1.2 동하중

동하중은 평균이 0인 완전 반복 하중(completely reversed load)과 평균이 0이 아닌 반복 하중(repeated load)으로 구별할 수 있다. 그러나 동일한 반복 하중이라 하더라도 하중-시간 선도(load-time history)의 형태에는 그림 1-2에서와 같이 정현파(sinusoidal), 선형(ramp), 2차 피크형(secondary peaks), 왜곡 피크형(distorted peaks) 등이 있다. 일반적으로 기계 부품의 파괴는 피크 하중의 크기와 작용 주기가 같으면 부하-시간 선도의 형태에는 큰 영향을 받지 않는 것으로 알려져 있다(Collins, 2003). 그러나 동하중에 의한 기계 부품의 피로 파괴를 분석할 때는 부하-시간 선도를 구성하는 각 하중의 크기와 반복 수, 즉 빈도를 고려하여야 한다.

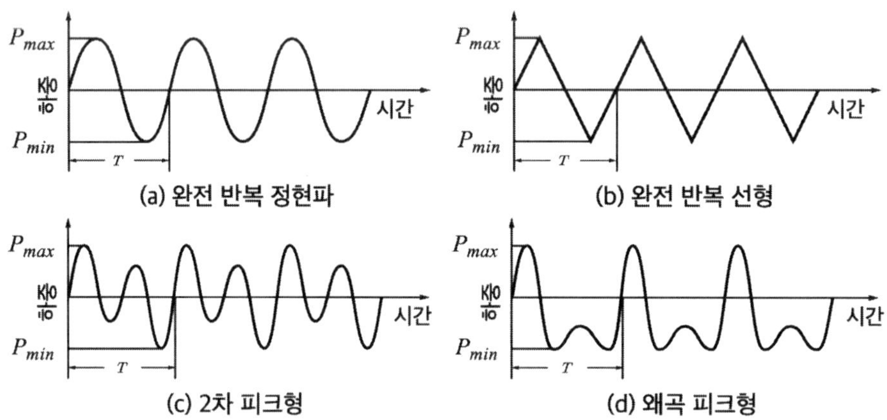

그림 1-2 주기적인 동하중의 형태

주기적인 동하중은 하중의 평균(mean load)과 크기(load amplitude) 2가지 변수로써 나타낼 수 있으며, 평균 하중 P_m과 하중 크기 P_a는 각각 식 (1-1)과 (1-2)에서와 같이 정의한다. 이러한 하중에 의하여 부품의 내부에는 응력이 발생하며, 평균 하중에 의한 응력을 평균 응력(mean stress), 하중 크기에 의한 응력을 응력 크기(stress amplitude)라고 한다.

$$P_m = \frac{P_{\max} + P_{\min}}{2} \tag{1-1}$$

$$P_a = \frac{P_{\max} - P_{\min}}{2} \tag{1-2}$$

여기서, P_{max} = 최대 하중

P_{min} = 최소 하중

하중의 작용 방향이 작용면에 수직인 하중을 수직 하중이라 하고, 작용면에 접하고 평행한 하중을 전단 하중이라고 한다. 수직 하중에 의한 재료의 내부 응력을 수직 응력(normal stress), 전단 하중에 의한 내부 응력을 전단 응력(shear stress)이라고 한다. 축 하중과 굽힘 하중은 수직 응력을 유발하며, 비틀림 하중은 전단 응력을 유발한다. 2가지 하중이 동시에 작용할 때는 재료의 내부에서도 2가지 하중에 의한 응력이 동시에 일어나며, 이들이 재료의 파괴에 미치는 영향은 제2장에서 다루기로 한다.

그림 1-3에서와 같이 하중의 크기가 반복되지 않는 동하중을 비주기적 동하중 또는 랜덤 하중(random load)이라고 하며, 동일한 조건에서 동일한 작업을 수행하지 않는 기계와 부품에는 대부분 랜덤 하중이 작용한다. 랜덤 하중의 특징은 하중-시간 선도에서 피크와 골의 분포, 평균 하중, 하중의 범위 등으로써 나타낼 수 있다. 랜덤 하중은 다수의 주기적인 동하중이 결합된 형태라고도 할 수 있다.

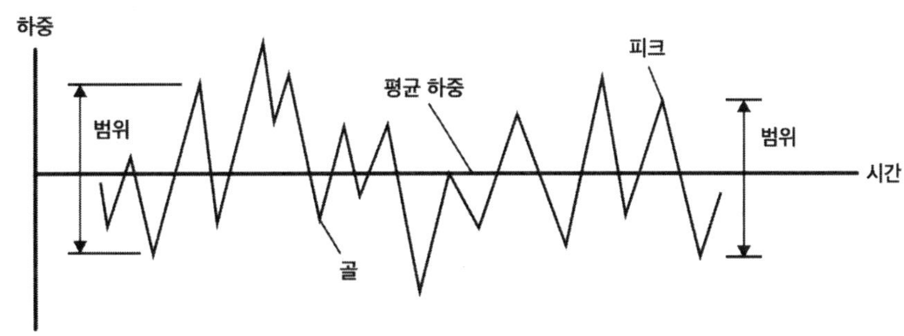

그림 1-3 랜덤 하중의 하중-시간 선도

1.3 부하의 측정

(1) 변환기

부하를 측정할 수 있는 기본적인 측정 장치는 변환기(transducer)이다. 변환기는 일반적으로 한 형태의 물리량을 전기적인 신호, 즉 전압, 전류 또는 전하로 변환하는 장치이다. 변환기에는 힘 변환기, 압력 변환기, 토크 변환기, 속도 변환기, 가속도 변환기, 변위 변환기 등 다양한 종류가 있다. 이러한 변환기를 사용하기 어려운 경우에는 스트레인 게이지를 사용하여 변환기를 직접 제작하여야 한다. 변환기를 선택할 때는 가장 먼저 변환기의 측정 범위와 측정할 물리량의 변동 범위를 확인하여야 한다. 즉 변환기는 측정 범위가 측정할 물리량의 변동 범위를 포함한 것이어야 한다. 이 밖에도 변환기를 선택할 때는 다음과 같은 사항을 고려하여야 한다.

- **측정 범위**(measuring range): 모든 변환기는 물리량의 특정 변동 범위에서만 측정값이 유효하도록 설계되어 있으며, 이 범위를 변환기의 측정 범위라고 한다. 측정 범위를 벗어난 물리량을 측정할 때는 측정 오차가 크고 변환기는 손상을 입을 수도 있다. 또한 측정 범위 내에서도 물리량의 변동과 변환기의 출력 신호가 비례적인 관계를 유지하는 범위는 극히 제한되어 있다. 따라서 변환기의 측정 범위는 출력 신호와 측정할 물리량이 선형 관계를 유지하는 범위이어야 한다.
- **영점**(zero): 측정을 시작할 때는 변환기의 출력 신호가 0이 되도록 기준 물리량의 크기를 설정하여야 한다. 이를 영점 조정(zero adjustment)이라고 한다. 이상적으로는 기준 물리량의 크기가 0일 때 변환기의 출력 신호도 0이 되어야 한다. 그렇지 않는 경우에는 변환기의 출력 신호가 0이 되도록 기준 물리량의 크기를 조정하거나, 측정할 물리량의 크기가 0일 때 변환기의 출력 신호도 0이 되도록 출력 신호를 조정하여야 한다.
- **민감도**(sensitivity): 변환기의 민감도는 측정할 물리량의 변화에 대한 출력 신호의 변화로서 정의되며, 측정 물리량의 변화와 변환기의 출력 신호가 선형 관계이면 민감도는 상수가 된다.
- **분해능**(resolution): 분해능은 변환기가 측정할 수 있는 물리량의 최소 변화량이다.
- **반응 시간**(response time): 변환기에 신호를 입력하였을 때 변환기에서 출력되는 신호가 입력 신호와 동일한 값에 도달할 때까지 걸리는 시간을 반응 시간이라고 하며, 변환기에서 출력 신호가 나타날 때까지 걸리는 시간, 즉 신호를 입력하였으나 변환기가 반응하지 않는 시간을 불감 시간(dead time)이라고 한다. 따라서 반응 시간은 불감 시간과 입출력 신호가 일치할 때까지 걸리는 시간의 합과 같다. 변환기에 일정한 주파수의 신호를 입력하였을 때 입력 신호에 비례하는 신호가 출력될 때까지 걸리는 시간을 주파수 반응 시간(frequency response time)이라고 한다.
- **히스테리시스**(hysteresis): 변환기의 출력 신호는 이상적으로 측정 물리량의 증감에 따라 같은 직선 상에서 증감하여야 하나, 크기가 같은 물리량에서도 물리량이 증가할 때와 감소할 때의 출력 신호가 서로 다른 경우가 있다. 히스테리시스는 그림 1-4(a)에서와

같이 변환기의 측정 범위 내에서 물리량이 증가할 때와 감소할 때 같은 물리량에서 출력되는 신호의 최대 차이로서 보통 측정 범위에 대한 %로써 나타낸다.

- **비선형도**(non-linearity): 비선형도는 그림 1-4(b)에서와 같이 이상적인 입력-출력 선도로부터 실제 출력 선도의 최대 편차로서, 풀 스케일(full scale) 측정 범위에 대한 최대 편차의 %로써 나타낸다.
- **스팬**(span): 변환기가 측정 정도를 유지할 수 있는 범위의 최솟값과 최댓값에 해당하는 물리량의 차이이다. 즉 변환기가 측정할 수 있는 물리량의 최댓값과 최솟값의 차이이다. 풀 스케일(full scale)이라고도 한다.
- **풀 스케일 출력 신호**(full scale output): 풀 스케일의 물리량에 대한 출력 신호의 차이, 즉 변환기가 측정할 수 있는 최소 물리량과 최대 물리량에 해당하는 두 출력 신호의 차이이다.

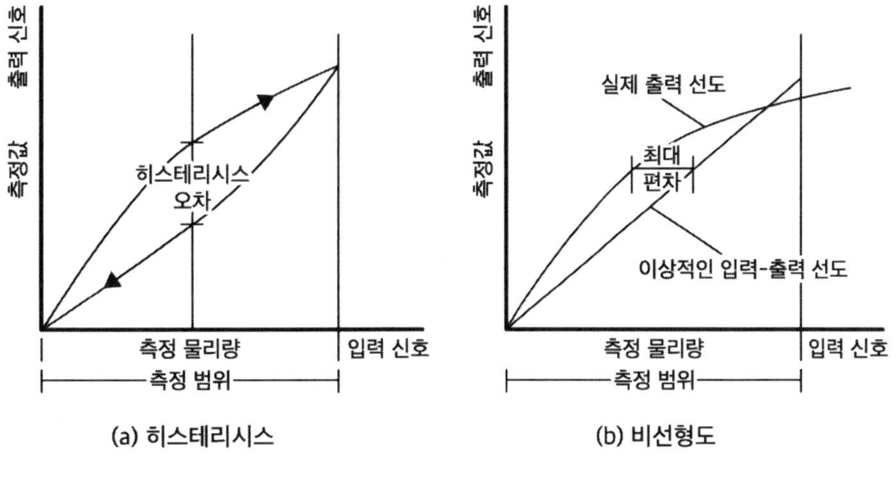

그림 1-4 히스테리시스와 비선형도

- **정확도**(accuracy): 정확도는 그림 1-5에서와 같이 측정 물리량의 진값과 측정값의 최대 차이를 말하며, 풀 스케일의 출력 신호에 대한 %로써 나타낸다. 예를 들면 어떤 압력 변환기의 측정 범위가 0에서 70 MPa이고 정확도가 풀 스케일 출력 신호의 ±1%라고 하면, 이 변환기의 측정값은 진값에서 ±0.7 MPa의 범위에 있는 것으로 기대할 수 있다.

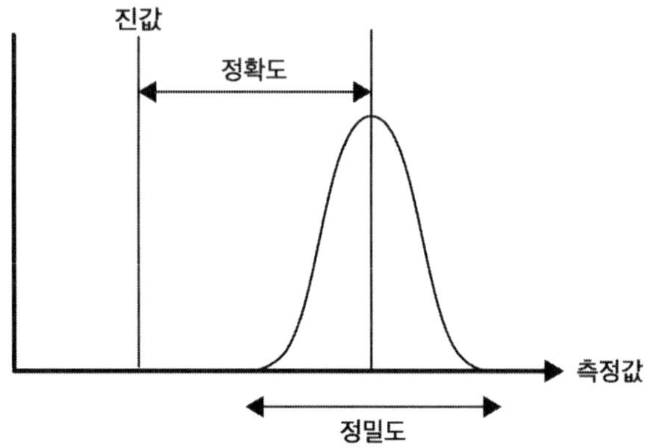

그림 1-5 정확도와 정밀도

- **정밀도**(precision): 정밀도는 측정값의 차이를 말한다. 측정값 사이의 차이가 적을수록 정밀도는 높고 많을수록 정밀도는 낮다.
- **불감대**(dead band): 변환기의 불감대는 출력 신호가 나타나지 않는 측정 물리량의 범위를 말한다.

일반적으로 변환기에서 출력되는 신호는 강도가 약하기 때문에 신호를 처리하기 전에 이를 증폭하여야 한다. 신호를 증폭하는 데는 신호의 형태에 따라 전압 증폭기, 전류 증폭기, 전하 증폭기 등을 사용한다. 변환기와 증폭기는 대부분 제품화되어 있기 때문에 측정할 물리량, 측정할 물리량의 범위, 정확도, 분해능, 가격 등을 고려하여 적절한 제품을 선택하여야 한다.

변환기에 입력된 물리량은 변형이나 왜곡 없이 시간 함수의 신호로서 출력되어야 한다. 즉 입력된 측정 물리량의 시간 함수를 $x(t)$, 출력된 전기 신호를 $y(t)$라고 하면 완벽한 변환기의 입출력 관계는 $y(t)=cx(t)$로서 나타낼 수 있다. 여기서 c는 상수인 보정계수이다. 그러나 실제로 전체 측정 범위에서 이러한 관계를 얻기는 어렵다. 변환기가 작동할 때는 측정 물리량의 크기와 위상 변화에 따라 비선형을 초래하는 왜곡 현상이 수반되기 때문이다. 즉 변환기 자체도 오차 발생의 한 원인이 된다.

(2) 스트레인 게이지

물체에 하중이 작용하면 물체는 변형하고, 탄성한계 내에서 이 변형은 작용 하중에 비례한다. 변형이 일어나기 전 물체의 치수에 대한 변형량의 비를 변형률(strain)이라고 하며,

스트레인 게이지는 이 변형률을 측정하기 위한 것이다.

스트레인 게이지는 그림 1-6에서와 같이 얇은 플라스틱 필름 사이에 감지 소자로서 주로 구리-니켈 합금으로 만든 금속 저항 박판을 넣고 이를 접착시킨 것으로서, 물체의 표면에 부착하여 감지 소자에서 물체의 변형과 동일한 변형이 일어나도록 한 것이다. 물체의 변형에 따라 감지 소자가 늘어나거나 줄어들면 감지 소자의 전기 저항이 변하므로, 스트레인 게이지는 이 원리를 이용하여 전기 저항의 변화로써 변형률을 측정하는 것이다.

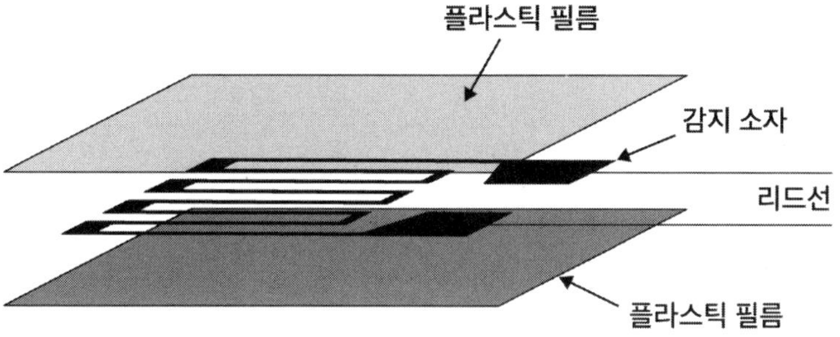

그림 1-6 스트레인 게이지의 구조

스트레인 게이지의 저항을 R이라고 하면 스트레인 게이지의 변형률 ϵ은 다음과 같이 표현된다.

$$\epsilon = \frac{1}{G}\frac{\Delta R}{R} \tag{1-3}$$

여기서, ΔR=스트레인 게이지의 저항 증감, Ω
R=스트레인 게이지의 원래 저항, Ω
G=게이지계수

게이지계수는 물체의 변형률에 대한 스트레인 게이지의 저항 변화율의 비, 즉 $G=\dfrac{\Delta R/R}{\epsilon}$로서 스트레인 게이지의 감도를 나타내는 값이다. 따라서 게이지계수는 감지 소자의 재질에 따라 다르며, 구리-니켈 합금의 경우에는 2.0이다. 스트레인 게이지의 저항은 일반적으로 120 Ω이다. 물체의 변형은 육안으로는 볼 수 없는 작은 값이므로 변형률도 대단히 작은 값이고, 변형률이 작으면 저항 변화율도 아주 작은 미세한 값이다. 예를 들면 물체의 변형률이 $1{,}000 \times 10^{-6}$일 때 게이지계수가 2인 스트레인 게이지의 저항 변화율은

$$\frac{\triangle R}{R} = G\epsilon = 2 \times (1,000 \times 10^{-6}) = 0.002$$

가 된다. 이 미세한 저항 변화는 휘스톤 브리지(wheatstone bridge) 회로와 스트레인 증폭기를 이용하여 측정한다.

휘스톤 브리지 회로는 미세한 저항 변화를 검출하기 위한 전기 회로로서 그림 1–7에서와 같이 4개의 저항으로 구성되어 있다. 이 휘스톤 브리지 회로의 출력 전압은

$$\frac{R_3}{R_2+R_3} < \frac{R_4}{R_1+R_4} \text{이면 } V_{out} = (\frac{R_4}{R_1+R_4})V_{in} - (\frac{R_3}{R_2+R_3})V_{in} = [\frac{R_2R_4 - R_1R_3}{(R_1+R_4)(R_2+R_3)}]V_{in} \quad (1–4–1)$$

$$\frac{R_4}{R_1+R_4} < \frac{R_3}{R_2+R_3} \text{이면 } V_{out} = (\frac{R_3}{R_2+R_3})V_{in} - (\frac{R_4}{R_1+R_4})V_{in} = [\frac{R_1R_3 - R_2R_4}{(R_1+R_4)(R_2+R_3)}]V_{in} \quad (1–4–2)$$

이고 $R_1R_3 = R_2R_4$이면 출력 전압은 입력 전압에 관계없이 항상 0인 평형 상태가 된다.

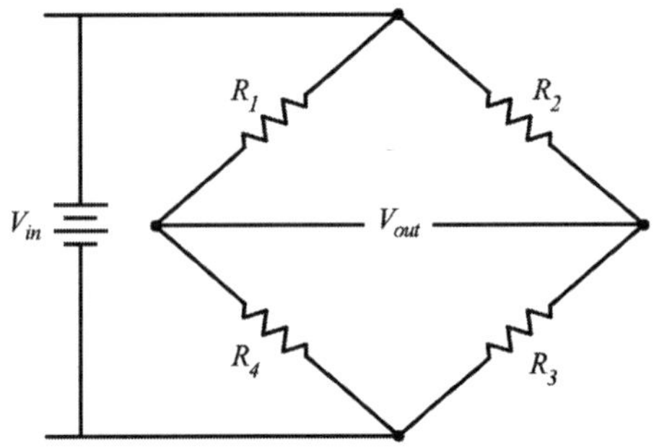

그림 1–7 휘스톤 브리지 회로의 구조

인장 하중과 압축 하중을 측정할 때는 그림 1–8에서와 같이 원형축 표면에 180° 간격으로 4개의 동일한 스트레인 게이지를 축 방향과 횡 방향으로 부착하여 휘스톤 브리지 회로를 구성한다. 축에 인장 하중이 작용할 때는 축의 길이가 늘어나 스트레인 게이지 1과 2에서는 축 방향의 저항이 증가하고, 횡 방향으로는 길이가 줄어 스트레인 게이지 3과 4에서는 저항이 감소한다. 축 재료의 포아슨비(poissson ratio)를 ν라고 하면 축 방향의 저항이 $\triangle R$만큼 증가할 때 횡 방향의 저항은 $\nu \triangle R$만큼 감소한다. 따라서 휘스톤 브리지 회로의 출력 전압은 다음과 같이 표현된다.

$$V_{out} = \left[\frac{R+\Delta R}{(R+\Delta R)+(R-\nu\Delta R)} - \frac{R-\nu\Delta R}{(R+\Delta R)+(R-\nu\Delta R)}\right] V_{in}$$

$$= \frac{\Delta R(1+\nu)}{2R+\Delta R(1-\nu)} V_{in} = \frac{\frac{\Delta R}{R}(1+\nu)}{2+\frac{\Delta R}{R}(1-\nu)} V_{in}$$

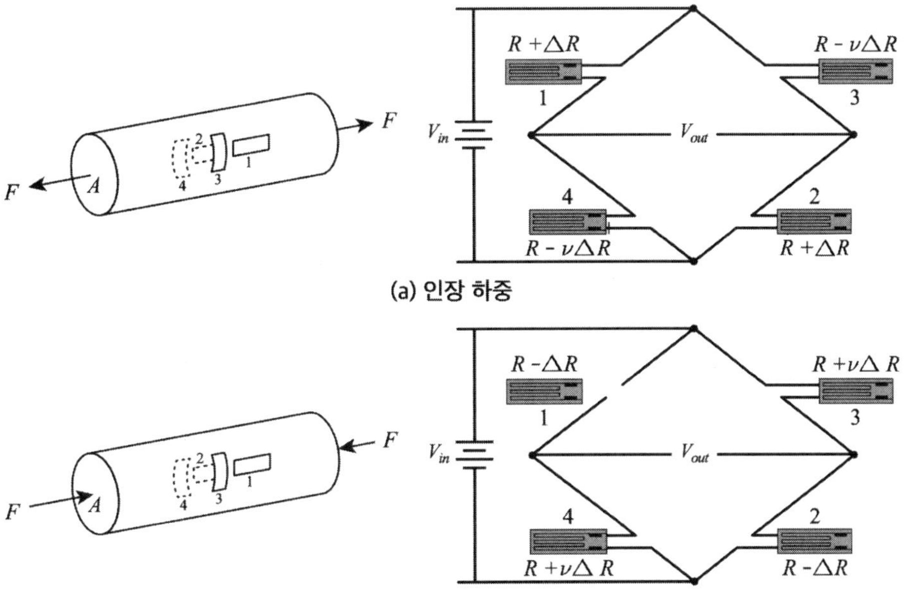

그림 1-8 인장 하중과 압축 하중을 측정하기 위한 휘스톤 브리지 회로

이 식은, 작은 값의 곱은 $\frac{\Delta R}{R}(1-\nu) \approx 0$으로 가정할 수 있으므로, 근사적으로

$$\frac{V_{out}}{V_{in}} \approx \frac{1}{2}(1+\nu)\frac{\Delta R}{R}$$

가 되고, 식 (1-3)에서 스트레인 게이지의 저항 변화율을 구하여 대입하면

$$\frac{V_{out}}{V_{in}} = \frac{1}{2}(1+\nu)G\epsilon$$

가 된다. 이제 변형률 ϵ을 구하면

$$\epsilon = \frac{2}{G(1+\nu)} \frac{V_{out}}{V_{in}}$$

이다. 이 변형률의 원인이 되는 인장 응력은 다음과 같이 표현된다.

$$\sigma_t = \epsilon E = \frac{2E}{G(1+\nu)} \frac{V_{out}}{V_{in}} \tag{1-5}$$

여기서, σ_t=인장 응력, MPa

E=축 재료의 탄성계수, MPa

G=게이지계수

ν=축 재료의 포아슨비

V_{in}=휘스톤 브리지 회로의 입력 전압, V

V_{out}=휘스톤 브리지 회로의 출력 전압, V

식 (1–5)에서 E, ν는 축 재료에 따라 결정되는 값이고 V_{in}는 휘스톤 브리지 회로의 입력 전압이므로 모르는 값은 V_{out}뿐이다. 따라서 휘스톤 브리지 회로의 출력 전압을 측정하면 식 (1–5)를 이용하여 축에 작용하는 인장 응력을 구할 수 있다. 인장 하중은 다음과 같이 축의 단면적 A와 인장 응력을 곱하여 구한다.

$$F_t = A\sigma_t$$

압축 하중이 작용하는 경우에는 축의 길이가 줄어짐에 따라 그림 1–8(b)에서와 같이 축 방향의 스트레인 게이지 1과 2는 저항이 감소하고, 횡 방향의 스트레인 게이지 3과 4는 저항이 증가하여 출력 전압은 다음과 같이 표현된다.

$$V_{out} = \left[\frac{R+\nu\Delta R}{(R-\Delta R)+(R+\nu\Delta R)} - \frac{R-\Delta R}{(R-\Delta R)+(R+\nu\Delta R)}\right] V_{in}$$

$$= \frac{\Delta R(1+\nu)}{2R+\Delta R(1-\nu)} V_{in} = \frac{\frac{\Delta R}{R}(1+\nu)}{2+\frac{\Delta R}{R}(1-\nu)} V_{in}$$

인장 하중에서와 같은 방법으로, 압축 응력 σ_c와 압축 하중을 구하면 각각

$$\sigma_c = \frac{2E}{G(1+\nu)} \frac{V_{out}}{V_{in}} \tag{1-6}$$

$$F_c = A\sigma_c$$

가 된다.

토크를 측정할 때는 그림 1-9에서와 같이 2개의 스트레인 게이지를 축의 중심선을 기준으로 각각 45° 각으로 설치하고, 나머지 2개는 변형이 없는 평판에 부착하여 휘스톤 브리지 회로를 구성한다. 이 회로의 출력 전압은

$$\begin{aligned} V_{out} &= [\frac{R+\Delta R}{(R+\Delta R)+R} - \frac{R-\Delta R}{(R-\Delta R)+R}] V_{in} \\ &= \frac{2R\Delta R}{4R^2 - \Delta R^2} V_{in} \end{aligned}$$

가 된다. ΔR은 아주 작은 값이므로 $\Delta R^2 \approx 0$가 되어, 이 식은 근사적으로

$$\frac{V_{out}}{V_{in}} \approx \frac{1}{2}\frac{\Delta R}{R}$$

가 된다. 식 (1-3)의 저항 변화율을 대입하여 변형률을 구하면

$$\epsilon = \frac{2}{G}\frac{V_{out}}{V_{in}}$$

이다. 그림 1-9에서와 같이 순수한 토크만이 축에 작용하는 경우에는 스트레인 게이지 1 방향의 응력 σ_1은 인장 응력이 되고 스트레인 게이지 2 방향의 응력 σ_2는 압축 응력이 되며, 이 인장 응력과 압축 응력의 크기는 모두 축에 작용하는 최대 전단 응력의 크기와 같다. 또한 스트레인 게이지 1 방향의 인장 변형률 ϵ_1과 스트레인 게이지 2 방향의 압축 변형률 ϵ_2

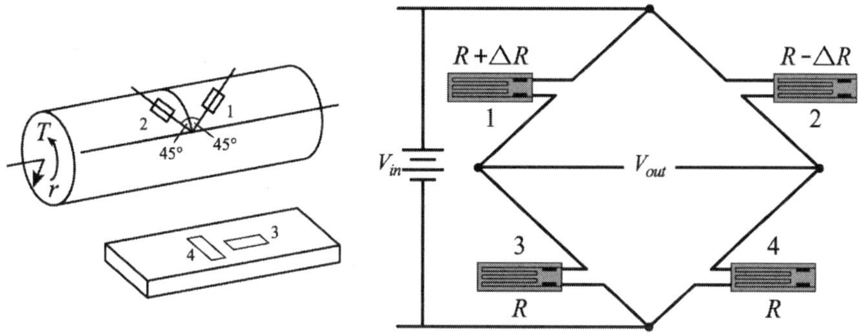

그림 1-9 토크를 측정하기 위한 휘스톤 브리지 회로

는 각각 다음과 같이 표현된다.

$$\epsilon_1 = -\epsilon_2 = \frac{\sigma_1}{E} + \nu\frac{\sigma_2}{E} = \frac{\tau_{max}}{E}(1+\nu)$$

이를 위의 식에 대입하여 최대 전단 응력을 구하면

$$\tau_{\max} = \frac{2E}{G(1+\nu)} \frac{V_{out}}{V_{in}}$$

가 되고, 축에 토크 T가 작용할 때 최대 전단 응력 $\tau_{\max}$는

$$\tau_{\max} = \frac{16T}{\pi(2r)^3}$$

이므로 축에 작용하는 토크 T와 스트레인 게이지의 저항 변화율 사이에는 다음과 같은 관계가 성립한다.

$$T = \frac{\pi r^3 E}{G(1+\nu)} \frac{V_{out}}{V_{in}} \tag{1-7}$$

여기서, T=토크, N · m

E=축 재료의 탄성계수, GPa

ν=축 재료의 포아슨비

r=축의 반지름, mm

G=게이지계수

V_{out} =휘스톤 브리지 회로의 출력 전압, V

V_{in} =휘스톤 브리지 회로의 입력 전압, V

따라서 축에 작용하는 토크는 식 (1–7)을 이용하여 결정할 수 있다.

[예제 1–1] 휘스톤 브리지 회로를 이용하여 다음과 같은 조건에서 후륜 구동 트랙터의 구동륜에 작용하는 토크 부하를 측정하기 위한 토크 변환기를 설계하여라.

- 트랙터 제원:

  총 중량: W_t=37.5 kN, 최대 속도: $v_{\max}$=30 km/h,

  전후 차축의 중량비: 3:7, 구동 차축의 지름: d=100 mm,

  구동륜 타이어: 16.9/85R34

- 토크 변환기의 소재:

  구조용 탄소강 SCM 440, 경도: HRC 27 ~ 34, 인장 강도: S_{yt}=1,030 MPa,

  전단 강도: S_{ys}=450 MPa, 굽힘 강도: S_{yb}=430 MPa, 포아슨비: ν=0.3,

탄성계수: $G=200$ GPa

• 스트레인 게이지: 게이지계수: G=2.0, 저항: $R=120\ \Omega$

[풀이] 구동륜의 토크 변환기는 구동 차축에서 구동륜으로 전달되는 토크를 측정하기 위한 것이다. 그림 1-10에서와 같이 토크 변환기의 한 쪽 끝은 직접 구동 차축과 연결하고 다른 한 쪽 끝은 스플라인을 통하여 휠 디스크가 고정된 허브와 연결하도록 설계한다. 따라서 엔진에서 구동 차축으로 전달된 토크는 토크 변환기를 통하여 허브로 전달되고 다시 허브에서 휠 디스크를 통하여 구동륜으로 전달되며, 이때 토크 변환기가 전달 토크를 측정한다. 토크 변환기 설계에서 가장 중요한 부분은 스트레인 게이지를 부착할 변환기의 축 지름으로서, 토크 부하의 최댓값을 이용하여 결정한다. 토크 변환기의 설계 과정은 다음과 같고, 설계 과정에서 필요한 값은 적절한 값으로 가정하였다.

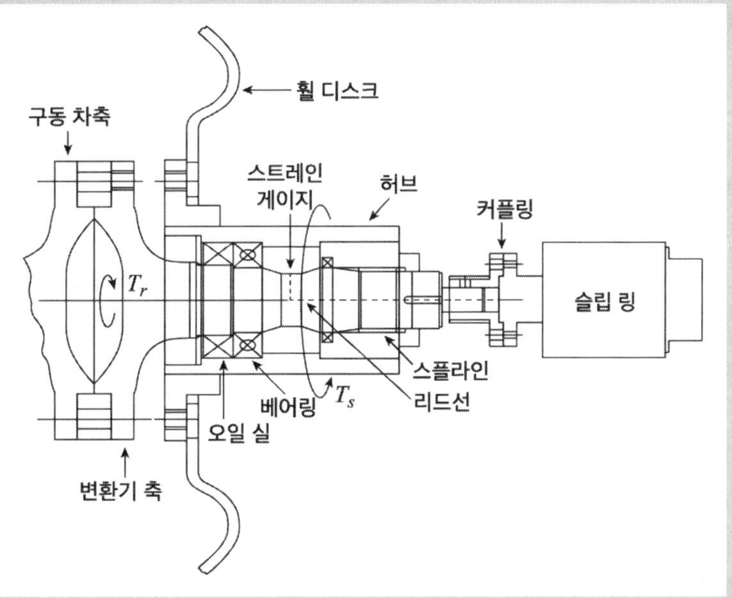

그림 1-10 구동륜 토크 변환기

① 구동 차축에 작용하는 토크 부하의 최댓값 추정

구동 차축에 작용하는 중량은 총 중량의 70%이므로, 후륜이 2개일 경우 한 후륜에 작용하는 토양 반력은

$$R_r = \frac{0.7W_t}{2} = \frac{0.7 \times 37.5}{2} = 13.125 \text{ kN}$$

이고, 견인계수를 1.0으로 가정하여 최대 견인력을 반영하면 구동륜의 추진력은

$$F_r = 1.0 \times 13.125 = 13.125 \text{ kN}$$

이 된다. 후륜의 동반경은, 후륜이 1회전할 때 주행한 거리를 2π로 나눈 값이므로, 타이어 제원을 이용하여 다음과 같이 근사적으로 구할 수 있다.

$$\text{타이어 동반경} = (\text{단면폭} \times \text{종횡비}) + \frac{\text{림 지름}}{2}$$

레이디얼 타이어 16.9/85R34는 단면 폭이 16.9인치, 종횡비가 0.85, 림의 지름이 34인치이므로 근사적으로 동반경은

$$r_d = (16.9 \times 0.85 + \frac{34}{2}) \times 0.0254 = 0.797 \text{ m}$$

이다. 따라서 예상되는 후륜의 최대 토크 부하는

$$T_r = r_d F_r = 0.797 \times 13.125 = 10.46 \text{ kN} \cdot \text{m}$$

가 된다.

② 스트레인 게이지를 부착할 변환기의 축 지름 결정

스트레인 게이지를 부착할 변환기의 축 지름은 가능한 한 작게 하는 것이 민감도를 높일 수 있으나, 너무 작으면 토크 부하에 의하여 파괴될 수 있다. 변환기의 축 지름은 전달 토크와 안전계수를 고려하여 60 ~ 90 mm 범위에서 70 mm로 결정하였으며, 이때 토크 변환기가 전달할 수 있는 전달 토크와 안전계수는 각각

$$T_s = \frac{\pi d^3 s_{ys}}{16} = \frac{3.14 \times (70/1,000)^3 (450 \times 10^6)}{16} = 3,0291.19 \text{ N} \cdot \text{m}$$

$$SF = \frac{T_s}{T_r} = \frac{30.29}{10.46} = 2.90$$

가 된다.

③ 베어링 선정

베어링이 구동 차축에 작용하는 수직 하중을 모두 지지한다고 가정하면, 베어링에 작용하는 레이디얼 하중은 13.125 kN이다. 베어링의 수명을 2,000시간으로 가정하면 베어링 선정에 필요한 기본 동정격 하중은 다음과 같이 결정할 수 있다.
트랙터의 최대 속도가 30 km/h이므로, 구동륜의 회전 속도와 베어링의 정격 수명은 각각

$$\omega_r = \frac{v}{r_d} = \frac{30\times 1,000/60}{2\pi\times 0.797} = 99.94 \text{ rpm}$$

$$L_{10} = 2,000\times 60\times 99.94 \cong 12.0\times 10^6 \text{ 회전}$$

이 된다. 따라서 볼 베어링의 기본 동정격 하중은

$$C = F_r L^{1/3} = (13.125)(12.0)^{1/3} = 30.04 \text{ kN}$$

이다. 한 개의 베어링을 사용할 수도 있으나 2개의 베어링으로써 지지면을 확대하기 위하여 기본 동정격 하중이 19.6 kN인 단열 깊은홈볼 베어링 6820을 선정하였다 베어링 6820의 내경은 100 mm, 외경은 125 mm, 폭은 13 mm이다.

④ 토크 변환기의 하우징 두께.

토크 변환기의 하우징 두께는 베어링의 내경과 외경을 이용하여 결정한다. 즉 두께는 내경과 외경의 차이이므로

$$t = \frac{d_{out} - d_{in}}{2} = \frac{125-100}{2} = 12.5 \text{ mm}$$

가 된다. 두께를 12.5 mm로 하면, 하우징이 전달할 수 있는 토크와 하우징의 안전계수는 각각

$$T_h = \frac{S_{ys}\pi(d_{out}^4 - d_{in}^4)}{16 d_{out}} = \frac{450\times 3.14\times 10^6 (0.125^4 - 0.100^4)}{1,000\times(16\times 0.125)} = 101.835 \text{ kN}\cdot\text{m}$$

$$SF = \frac{T_h}{T_r} = \frac{101.835}{10.46} = 9.74$$

가 된다.

⑤ 스플라인

스플라인은 인벌류트 스플라인으로서 축의 외경을 베어링의 내경과 같은 100 mm로 설정하면, 공칭 지름 100 mm에 적용할 수 있는 적절한 스플라인의 모듈과 잇수는 각각 $m = 3.75$ mm, $z = 25$이다. 따라서 스플라인의 피치원 지름은

$$d_p = mz = 3.75\times 25 = 93.75 \text{ mm}$$

가 된다. 스플라인이 전달해야 할 최대 토크는 10.46 kN · m이고, 잇수가 25이므로, 1개의 이가 전달해야 할 전달력은

$$F_t = \frac{2T_r}{zd_p} = \frac{2\times 10.46\times 10^3}{25\times 93.75\times 10^{-3}} = 8,922.7 \text{ N}$$

이다. 스플라인의 속도는 구동 차축의 속도와 같은 99.94 rpm이므로 피치원 속도는

$$v_p = \omega_r r_p = (99.94 \times \frac{2\pi}{60}) \times \frac{93.75 \times 10^{-3}}{2} = 0.49 \text{ m/s}$$

가 되고, 속도계수는

$$K_v = \frac{3.05 + v_p}{3.05} = \frac{3.05 + 0.49}{3.05} = 1.16$$

이 된다. 토크 변환기의 재료는 굽힘 강도가 430 MPa이므로 안전계수를 2.0으로 하여 스플라인의 길이를 구하면, 잇수가 25일 때 형상계수는 Y=0.341이므로,

$$L = \frac{K_v F_t}{\frac{S_{yb}}{n} m Y} = \frac{1.16 \times 8{,}922.7}{\frac{430 \times 10^6}{2} \times (3.75 \times 10^{-3}) \times 0.341} = 0.0377 \text{ m}$$

가 된다. 따라서 스플라인의 길이는 38 mm로 결정하였다. 스플라인의 다른 치수는 표준 규격에 따라 결정한다.

⑥ 고정 볼트

8개의 S45C M18 볼트를 사용하여 구동 차축에 토크 변환기를 고정하고, 다음과 같이 안전계수를 확인한다. M18 볼트의 골 지름은 15.294 mm이고 볼트 재료 S45C의 항복 인장 강도는 569 MPa이므로 볼트 원 지름을 202 mm로 하면, 토크 변환기가 최대 토크 10.46 kN · m를 구동륜으로 전달할 때 볼트에 작용하는 전단 응력은

$$\tau_b = \frac{2T_r}{\frac{\pi}{4} d_b^2 n_b D_b} = \frac{2 \times 10.46 \times 10^3}{\frac{\pi}{4}(15.294 \times 10^{-3})^2 \times 8 \times (202 \times 10^{-3})} \times \frac{1}{10^6} = 70.48 \text{ MPa}$$

이 된다. 따라서 전단 파괴에 대한 볼트의 안전계수는

$$SF = \frac{S_{yb}}{2 \times \tau_b} = \frac{569}{2 \times 70.48} = 4.0$$

이 되고 최대 토크를 전달하는 데 충분한 것으로 판단된다. 이와 같이 설계한 토크 변환기의 형상과 치수는 그림 1-11에서와 같다.

⑦ 스트레인 게이지 부착

그림 1-9에서와 같이 스트레인 게이지를 지름이 70 mm이고 폭이 20 mm인 변환기 부위에 부착하고 휘스톤 브리지 회로를 구성한다. 이제 구동 차축에 작용하는 토크 부하는 식 (1-7)을 이용하여 추정할 수 있다. 즉

$$T = \frac{\pi r^3 E}{G(1+\nu)} \frac{V_{out}}{V_{in}} = \frac{3.14 \times 35^3 \times 200}{2(1+0.3)} \frac{V_{out}}{V_{in}} \text{ N} \cdot \text{m}$$

가 된다.

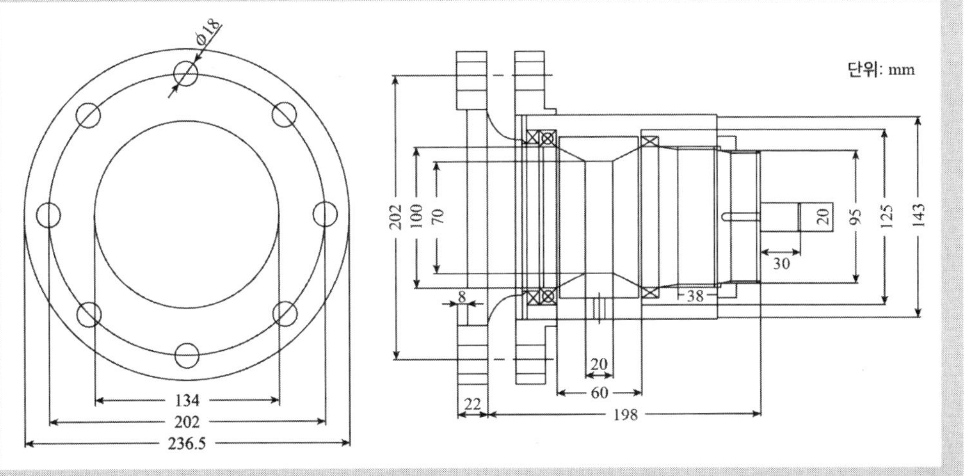

그림 1-11 구동륜 토크 변환기의 형상과 치수

[예제 1-2] 설계한 토크 변환기로써 구동 차축의 토크 부하를 측정하였다. 입력 전압이 10 V이고 출력 전압이 2.5 mV이면 구동 차축의 토크 부하는 얼마인가?

[풀이] 위의 식을 적용하면 토크 부하의 측정값은

$$T=\frac{3.14\times 35^3\times 200}{2(1+0.3)}\times\frac{2.5\times 10^{-3}}{10}=2{,}589\ \mathrm{N\cdot m}$$

이다.

(3) 스트레인 로젯트

스트레인 게이지는 일반적으로 하중의 작용 방향, 즉 주응력의 방향과 평행한 방향으로 부착한다. 그러나 하중의 작용 방향을 정확하게 확인할 수 없는 경우에는 스트레인 로젯트를 이용하여 주응력의 방향을 결정할 수 있다. 스트레인 로젯트는 그림 1-12에서와 같이 3개의 1축 스트레인 게이지를 일정한 각으로 배치한 것이다.

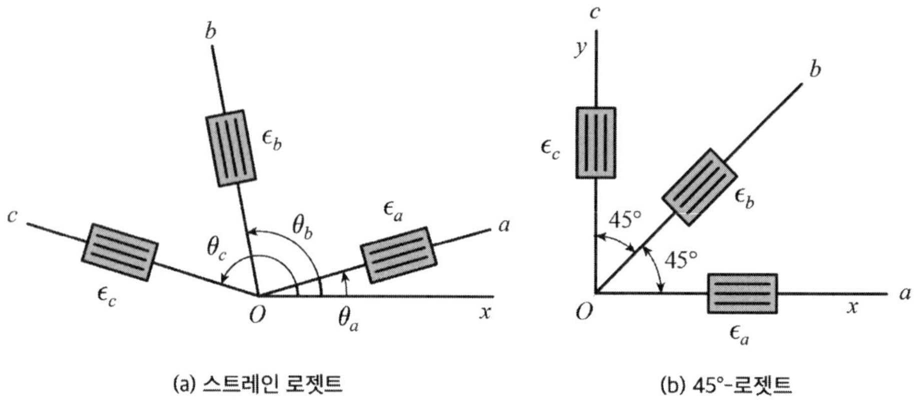

그림 1-12 스트레인 로젯트

평면 상의 한 점에 x, y 방향의 수직 응력 σ_x, σ_y와 전단 응력 τ_{xy}가 작용할 때 이 응력으로 인한 각 방향의 변형률과 전단 변형률을 각각 ϵ_x, ϵ_y, γ_{xy}라고 하면 그림 1-13에서와 같이 x축과 반시계 방향으로 θ_a각을 이루는 a 방향의 변형은 다음과 같이 나타낼 수 있다.

$$(ds+\epsilon_a ds)^2=(dx+\epsilon_x dx)^2+(dy+\epsilon_y dy)^2-2(dx+\epsilon_x dx)(dy+\epsilon_y dy)\cos(90^o+\gamma_{xy})$$

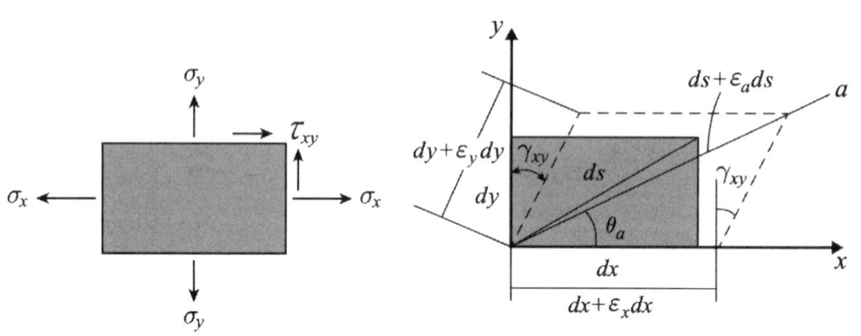

그림 1-13 스트레인 변환

변형률과 미소 길이는 아주 작은 값으로서 그 곱은 근사적으로 0이 되므로, 즉 $\epsilon_a^2 \approx \epsilon_x^2 \approx \epsilon_y^2 \approx \epsilon_x dx \approx \epsilon_y dy \approx 0$이 되므로 이를 적용하면

$$(ds)^2(1+2\epsilon_a)=(dx)^2(1+2\epsilon_x)+(dy)^2(1+2\epsilon_y)+2dxdy\sin\gamma_{xy} \qquad (1\text{-}8)$$

가 된다. 또한

$$\frac{dx}{ds} \approx \cos\theta_a, \quad \frac{dy}{ds} \approx \sin\theta_a, \quad \sin^2\theta_a = \frac{1}{2}(1-\cos 2\theta_a),$$

$$\cos^2\theta_a = \frac{1}{2}(1+\cos 2\theta_a)$$

이므로 이를 식 (1-8)에 적용하여 a 방향의 변형률 ϵ_a를 구하면

$$\epsilon_a = \frac{\epsilon_x+\epsilon_y}{2} + \frac{\epsilon_x-\epsilon_y}{2}cos2\theta_a + \frac{\gamma_{xy}}{2}sin2\theta_a \tag{1-9}$$

가 된다. 따라서 그림 1-12(a)에서와 같이 x축과 θ_b, θ_c각을 이루는 b, c 방향의 변형률 ϵ_b, ϵ_c는 각각 다음과 같이 표현된다.

$$\epsilon_b = \frac{\epsilon_x+\epsilon_y}{2} + \frac{\epsilon_x-\epsilon_y}{2}cos2\theta_b + \frac{\gamma_{xy}}{2}sin2\theta_b \tag{1-10}$$

$$\epsilon_c = \frac{\epsilon_x+\epsilon_y}{2} + \frac{\epsilon_x-\epsilon_y}{2}cos2\theta_c + \frac{\gamma_{xy}}{2}sin2\theta_c \tag{1-11}$$

45°-로젯트의 경우 $\theta_a = 0^o$, $\theta_b = 45^o$, $\theta_c = 90^o$이므로 이를 각각 식 (1-9), (1-10), (1-11)에 대입하면

$$\epsilon_a = \frac{\epsilon_x+\epsilon_y}{2} + \frac{\epsilon_x-\epsilon_y}{2} \tag{1-12}$$

$$\epsilon_b = \frac{\epsilon_x+\epsilon_y}{2} + \frac{\gamma_{xy}}{2} \tag{1-13}$$

$$\epsilon_c = \frac{\epsilon_x+\epsilon_y}{2} - \frac{\epsilon_x-\epsilon_y}{2} \tag{1-14}$$

가 된다. ϵ_x, ϵ_y, γ_{xy}는 식 (1-12), (1-13), (1-14)를 연립으로 풀어서 구할 수 있으며, ϵ_x, ϵ_y, γ_{xy}가 결정되면 평면 상의 한 점에 작용하는 σ_x, σ_y, τ_{xy}는 각각 다음 식으로 구한다.

$$\sigma_x = \frac{E}{1-\nu^2}(\epsilon_x + \nu\epsilon_y) \tag{1-15}$$

$$\sigma_y = \frac{E}{1-\nu^2}(\epsilon_y + \nu\epsilon_x) \tag{1-16}$$

$$\tau_{xy} = G\gamma_{xy} \tag{1-17}$$

또한 ϵ_x, ϵ_y, γ_{xy}가 결정되면 스트레인 몰 원을 이용하여 주응력 방향의 최대 주변형률 ϵ_1,

최소 주변형률 ϵ_2, x축과 주응력 축이 이루는 각을 구할 수 있다.

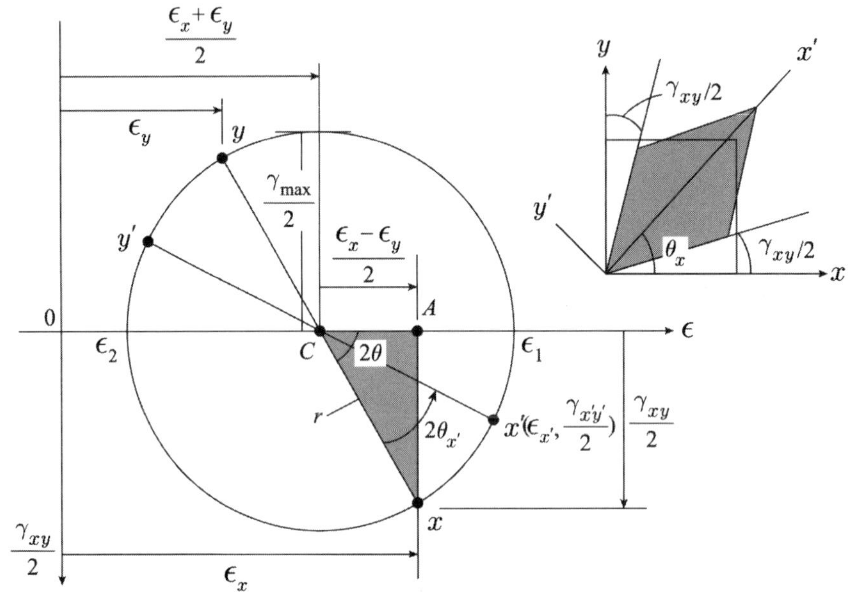

그림 1-14 스트레인 몰 원

스트레인 몰 원(strain Mohr's circle)은 그림 1-14에서와 같이 변형률 ϵ을 수평축, 전단 변형률 $\gamma/2$를 수직축으로 한 변형률 좌표계에서 두 점 $(\epsilon_x,\ \frac{\gamma_{xy}}{2})$와 $(\epsilon_y,\ -\frac{\gamma_{xy}}{2})$를 연결한 직선을 지름으로 한 원이다. 이 몰 원의 반지름 r은

$$r = \sqrt{(\frac{\epsilon_x - \epsilon_y}{2})^2 + (\frac{\gamma_{xy}}{2})^2} \tag{1-18}$$

가 되므로 최대 주변형률 ϵ_1, 최소 주변형률 ϵ_2, 최대 전단 변형률 γ_{max}는 각각 다음과 같이 표현된다.

$$\epsilon_1 = \frac{\epsilon_x + \epsilon_y}{2} + r \tag{1-19}$$

$$\epsilon_2 = \frac{\epsilon_x + \epsilon_y}{2} - r \tag{1-20}$$

$$\gamma_{max} = 2r \quad (1\text{–}21)$$

또한 x축과 주변형률 축이 이루는 각은

$$\theta = \frac{1}{2}tan^{-1}(\frac{\gamma_{xy}}{\epsilon_x - \epsilon_y}) \quad (1\text{–}22)$$

이다. 일반적으로 $x-y$ 좌표계의 변형률 ϵ_x, ϵ_y, γ_{xy}를 반시계 방향으로 $\theta_{x'}$만큼 회전한 $x'-y'$ 좌표계의 변형률 $\epsilon_{x'}$, $\epsilon_{y'}$, $\gamma_{x'y'}$ 로 변환하면 다음과 같이 표현된다.

$$\epsilon_{x'} = \frac{\epsilon_x + \epsilon_y}{2} + \frac{d}{2}cos(2|\theta - \theta_{x'}|) \quad (1\text{–}23)$$

$$\epsilon_{y'} = \frac{\epsilon_x + \epsilon_y}{2} - \frac{d}{2}cos(2|\theta - \theta_{x'}|) \quad (1\text{–}24)$$

$$\gamma_{x'y'} = \frac{d}{2}sin(2|\theta - \theta_{x'}|) \quad (1\text{–}25)$$

주변형률은 스트레인 로젯트로써 측정한 변형률 ϵ_a, ϵ_b, ϵ_c를 이용하여 다음과 같이 직접 구할 수도 있다.

① 그림 1–15에서와 같이 ϵ을 수평축, $\gamma/2$를 수직축으로 한 변형률 좌표계를 설정하고 측정한 ϵ_a, ϵ_b, ϵ_c를 ϵ축 상에 표시한다. 이때 $\gamma/2$의 + 방향은 아래쪽 방향이다.

② 몰 원의 중심인 $\epsilon_{avg} = \frac{1}{2}(\epsilon_a + \epsilon_c)$를 ϵ축 상에 표시한다.

③ $(\epsilon_{avg}, 0)$을 중심으로 하여 ϵ_a, ϵ_b, ϵ_c를 내포하는 몰 원을 그리고 ϵ_a, ϵ_b, ϵ_c에서 ϵ축과 직각인 직선이 몰 원과 만나는 두 점을 결정한다.

④ 몰 원 상에 투영된 ϵ_a의 투영점 중에서 ϵ_{a1}은 ϵ_{a1}에서 ϵ_b의 투영점으로 가는 방향과 스트레인 로젯트의 a축에서 b축으로 가는 방향이 같도록 결정한다. 스트레인 로젯트에서 b, c축은 a축에서 시계 방향 또는 반시계 방향으로 각각 45°, 90^o가 되므로 몰 원 상에서 ϵ_b, ϵ_c의 투영점 ϵ_{b1}, ϵ_{c1}은 ϵ_{a1}에서 같은 방향으로 각각 90°, 180^o가 되는 투영점이고, ϵ축에 대한 이들의 대칭점은 각각 ϵ_{b2}, ϵ_{c2}가 된다.

⑤ 몰 원 상에서 $\triangle\epsilon_{a1}\epsilon_{a2}\epsilon_{c1}$과 이를 시계 방향으로 90° 회전한 $\triangle\epsilon_{b1}\epsilon_{b2}\epsilon_{c*}$는 합동이므로, 즉 $\triangle\epsilon_{a1}\epsilon_{a2}\epsilon_{c1} \equiv \triangle\epsilon_{b1}\epsilon_{b2}\epsilon_{c*}$이므로

$$\overline{\epsilon_{a1}\epsilon_{a2}} = \overline{\epsilon_{b2}\epsilon_{c*}} = 2\left[\epsilon_b - \frac{1}{2}(\epsilon_a + \epsilon_c)\right] = 2\epsilon_b - \epsilon_a - \epsilon_c$$

$$\overline{\epsilon_{a2}\epsilon_{c1}} = \overline{\epsilon_{b2}\epsilon_{b1}} = \epsilon_a - \epsilon_c$$

가 된다. 이를 이용하여 다음과 같이 몰 원의 반지름 r을 구한다.

$$r = \frac{1}{2}\sqrt{(2\epsilon_b - \epsilon_a - \epsilon_c)^2 + (\epsilon_a - \epsilon_c)^2} \tag{1-26}$$

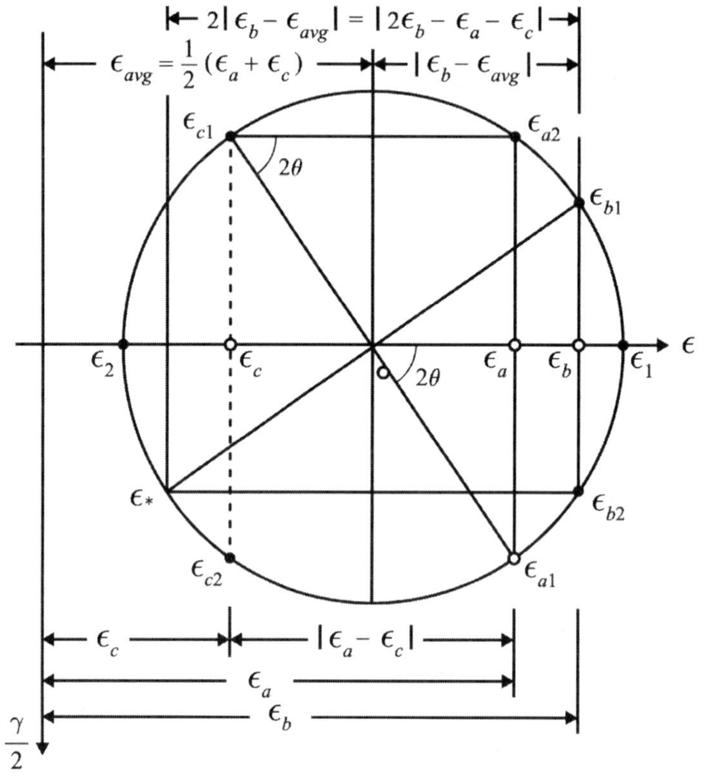

그림 1-15 스트레인 로젯트의 측정 변형률을 이용한 주변형률 결정

2개의 삼각형이 필요한 이유는 1개의 삼각형에서는 몰 원의 지름인 삼각형의 빗변을 구할 수 없고, $\triangle\epsilon_{a1}\epsilon_{a2}\epsilon_{c1}$에서 $\overline{\epsilon_{b2}\epsilon_{c1}}$ 을, $\triangle\epsilon_{b1}\epsilon_{b2}\epsilon_{c*}$에서 $\overline{\epsilon_{b2}\epsilon_{c*}}$ 를 구하여 빗변의 길이를 구해야 하기 때문이다.

⑥ 몰 원의 반지름이 결정되면 최대 주변형률 ϵ_1, 최소 주변형률 ϵ_2, 최대 전단 변형률 γ_{max}은 각각 다음과 같이 구한다.

$$\epsilon_1 = \frac{\epsilon_a + \epsilon_c}{2} + r \tag{1-27}$$

$$\epsilon_2 = \frac{\epsilon_a + \epsilon_c}{2} - r \tag{1-28}$$

$$\gamma_{max} = 2r \tag{1-29}$$

⑦ 로젯트의 a축과 주변형률 축이 이루는 각 θ는 다음과 같이 구한다.

$$\theta = \frac{1}{2}tan^{-1}\left(\frac{2\epsilon_b - \epsilon_a - \epsilon_c}{\epsilon_a - \epsilon_c}\right) \tag{1-30}$$

최대 주변형률 ϵ_1, 최소 주변형률 ϵ_2, 최대 전단 변형률 γ_{max}가 결정되면 최대 주응력 σ_1, 최소 주응력 σ_2, 최대 전단 응력 τ_{max}는 각각 다음 식으로써 구할 수 있다.

$$\sigma_1 = \frac{E}{1-\nu^2}(\epsilon_1 + \nu\epsilon_2) \tag{1-31}$$

$$\sigma_2 = \frac{E}{1-\nu^2}(\epsilon_2 + \nu\epsilon_1) \tag{1-32}$$

$$\tau_{max} = \frac{1}{2}(\sigma_1 - \sigma_2) \tag{1-33}$$

[예제 1-3] 그림 1-12 (b)에서와 같은 45°-로젯트로써 측정한 a, b, c축 방향의 축 변형률은 각각 $\epsilon_a = 770 \times 10^{-6}$, $\epsilon_b = 1,180 \times 10^{-6}$, $\epsilon_c = -350 \times 10^{-6}$이다. 최대 주변형률, 최소 주변형률, 최대 전단 변형률, a축과 최대 주변형률 축이 이루는 각을 구하여라. 또한 이러한 변형률을 유발하는 주응력과 최대 전단 응력을 구하여라. 축의 탄성계수, 강성계수, 포아슨비는 각각 200 GPa, 80 GPa, 0.3이다.

[풀이] a축과 x축이 일치한다고 하면 $\theta_a = 0^o$, $\theta_b = 45^o$, $\theta_c = 90^o$이므로 식 (1-12), (1-13), (1-14)를 적용하면

$$\frac{\epsilon_x + \epsilon_y}{2} + \frac{\epsilon_x - \epsilon_y}{2} = 770\mu$$

$$\frac{\epsilon_x+\epsilon_y}{2}+\frac{\gamma_{xy}}{2}=1,180\mu$$

$$\frac{\epsilon_x+\epsilon_y}{2}-\frac{\epsilon_x-\epsilon_y}{2}=-350\mu$$

가 된다. 위 식에서 ϵ_x, ϵ_y, γ_{ry}를 구하면 각각 $\epsilon_x=770\mu$, $\epsilon_y=-350\mu$, $\gamma_{ry}=1,940\mu$이다. 식 (1-18)을 이용하여 몰 원의 반지름을 구하면

$$r=\sqrt{[\frac{770-(-350)}{2}]^2+(\frac{1,940}{2})^2}=1,120\mu$$

이고, 식 (1-19), (1-20), (1-21)을 이용하여 최대 주변형률, 최소 주변형률, 최대 전단 변형률을 구하면 각각

$$\epsilon_1=\frac{770-350}{2}+1,120=1,330\mu$$

$$\epsilon_2=\frac{770-350}{2}-1,120=-910\mu$$

$$\gamma_{max}=2\times1,120=2,240\mu$$

가 된다. 또한 x축과 주변형률 축이 이루는 각은

$$\theta=\frac{1}{2}tan^{-1}[\frac{1,940}{770-(-350)}]=60^o$$

이다. 측정값을 이용하여 식 (1-26)으로부터 몰 원의 반지름을 구하면

$$r=\frac{1}{2}\sqrt{[2\times770-1,180-(-350)]^2+[770-(-350)]^2}=1,120\mu$$

가 되고 식 (1-27), (1-28), (1-29)를 이용하여 최대 주변형률, 최소 주변형률, 최대 전단 변형률을 구하면 각각 다음과 같이 같은 결과를 얻을 수 있다.

$$\epsilon_1=\frac{770-350}{2}+1,120=1,330\mu$$

$$\epsilon_2=\frac{770-350}{2}-1,120=-910\mu$$

$$\gamma_{max}=2\times1,120=2,240\mu$$

주응력과 최대 전단 응력은 식 (1-31), (1-32), (1-33)을 이용하여 구한다.

$$\sigma_1=\frac{200\times10^9}{1-0.3^2}(1,330-0.3\times910)\times10^{-6}=232.3\times10^6\ \text{Pa}=232.3\ \text{MPa}$$

$$\sigma_1 = \frac{200 \times 10^9}{1-0.3^2}(-910+0.3 \times 1,330) \times 10^{-6} = -112.3 \times 10^6 \text{ Pa} = -112.3 \text{ MPa}$$

$$\tau_{max} = \frac{1}{2}[232.3-(-112.3)] \times 10^6 = 172.3 \times 10^6 \text{ Pa} = 172.3 \text{ MPa}$$

1.4 측정 데이터의 편집과 처리

측정 데이터는 데이터를 분석하기 이전에 측정 대상인 물리량의 특성과 처리의 목적에 따라 처리하여야 한다. 일반적으로 데이터 처리는 다음과 같이 3개의 과정으로 구분할 수 있다.

(1) 데이터 전송과 저장

변환기의 출력 신호는 이를 저장한 후 나중에 처리하는 것이 일반적이나, 최근에는 실시간으로 처리하여 저장하는 경우가 많다. 측정 데이터를 실시간으로 처리하여 저장하는 경우에는 변환기에서 출력된 신호의 이상 여부를 확인하는 데 어려움이 있다. 변환기의 출력 신호를 실시간으로 수치화하여 저장하는 경우에는 주로 컴퓨터가 이용되며, 아나로그 데이터인 출력 신호를 원형으로 저장하는 데는 테입 레코드가 사용된다. 변환기의 출력 신호는 대부분 전선을 통하여 데이터 저장장치로 전송되나 전선을 사용할 수 없는 경우에는 무선 전송장치(telemetry)가 사용된다.

(2) 데이터 편집

일반적으로 테입 레코드에서 출력되는 데이터 신호는 시간 함수의 전압 신호이다. 이 전압 신호를 모두 유용한 데이터로서 활용하기는 어렵다. 변환기의 결함, 주위 환경과 측정 조건의 변화 등으로 인하여 예상치 못한 불량 신호, 신호의 단절 등이 발생할 수 있기 때문이다. 따라서 전압 신호를 유용한 측정 데이터로서 활용하기 위해서는 데이터 신호의 편집과 수치화가 필요하다.

데이터 신호의 편집은 측정과 저장 과정에서 발생한 과도한 노이즈, 신호 단절, 불량 신호 등 부적절한 신호를 검색하여 이를 제거하기 위한 것이다. 훈련된 사람은 육안으로도 데이터 신호를 편집할 수 있으나, 보다 정밀한 편집을 위해서는 실시간 스펙트럼 분석기와 같은 특수 장비를 사용하여야 한다. 일단 데이터 신호를 수치화한 후에는 확실한 오류가 있는 경우에도 이를 검색하기가 대단히 어렵기 때문에 데이터 신호의 편집은 반드시 수치화 이전에 실시하는 것이 바람직하다.

(3) 데이터 처리

1) 수치화

불량 신호를 제거한 데이터 신호는 일반적으로 시간 함수의 아나로그 신호이다. 수치화는 이 아나로그 신호를 디지털 신호로 변환시키는 것이며 A/D(Analog/Digital) 컨버터를 이용하여 실시한다. 수치화는 샘플링(sampling)과 계량화(quantization) 과정으로 구분되며, 샘플링은 데이터 신호의 시간 간격을 결정하는 과정이고 계량화는 샘플링한 시간 간격으로 데이터 신호를 수치화하는 과정이다.

수치화를 위한 샘플링은 그림 1-16에서와 같이 등간격으로 실시한다. 즉 샘플링은 측정한 시간을 동일한 크기의 간격으로 나누는 것이다. 간격이 너무 작으면 데이터 수가 불필요하게 많아 노력과 비용의 증가를 초래하며, 간격이 너무 크면 데이터 신호에서 주파수 혼란이 야기된다. 데이터 신호의 주파수 혼란을 앨리어싱(aliasing)이라고 하며, 모든 수치화 과정에서 발생할 수 있는 오류의 원인이 된다.

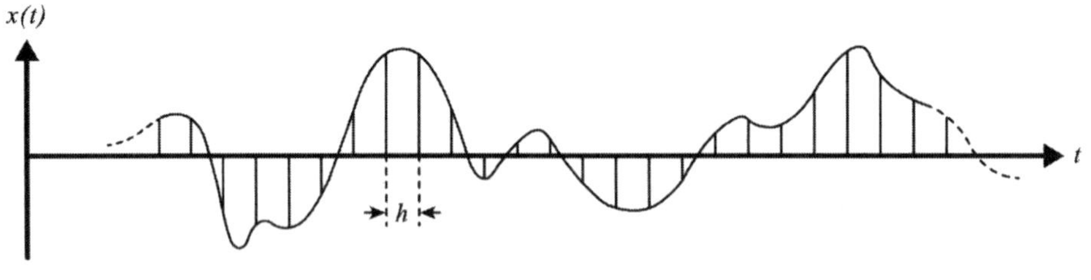

그림 1-16 데이터 신호의 샘플링

그림 1-16에서와 같이 샘플링한 데이터 신호의 시간 간격을 h초라고 하면 샘플링 레이트(sampling rate)는 1초당 $1/h$개의 데이터가 된다. 데이터 신호의 주파수를 결정하기 위해서는 최소한 1초당 2개의 데이터가 요구되며 샘플링 레이트를 $1/h$로 하였을 때 데이터 신

호에서 얻을 수 있는 최대 주파수는 $\frac{1}{2h}$ Hz이다. 따라서 데이터 신호에 $\frac{1}{2h}$ Hz 이상의 주파수가 포함되어 있는 경우에는 이러한 주파수와 $0 \sim \frac{1}{2h}$ Hz 범위의 주파수가 겹쳐 주파수 혼란이 야기된다. 이때 주파수 $\frac{1}{2h}$ Hz, 즉

$$f_c = \frac{1}{2h} \tag{1-34}$$

을 나퀴스트 주파수(Nyquist frequency)라고 한다. 실제 $0 \sim f_c$ 범위의 주파수와 겹치는 주파수는 그림 1-17에서와 같이 나타난다. 특히 $0 \sim f_c$ 범위의 주파수 f와 겹치는 f_c 이상의 주파수는 다음과 같이 정의된다.

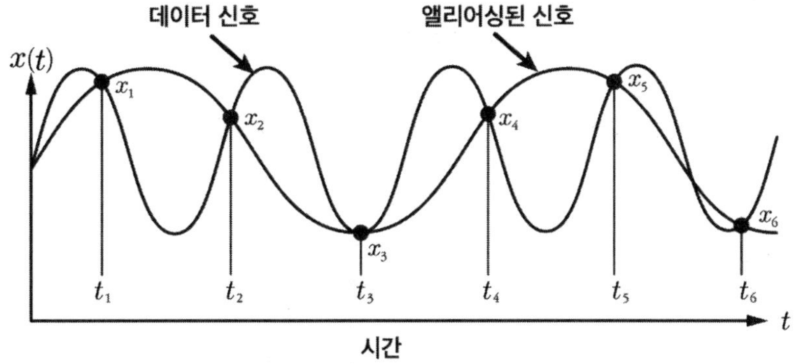

그림 1-17 앨리어싱된 신호

$$(2f_c \pm f), (4f_c \pm f), (6f_c \pm f)........(2nf_c \pm f).... \quad n = 1, 2, 3...$$

$t = \frac{1}{2f_c}$일 때 $\cos 2\pi f t = \cos 2\pi (2nf_c \pm f)\frac{1}{2f_c} = \cos\frac{\pi f}{f_c}$ 가 된다. 즉 샘플링 시간 간격이 $\frac{1}{2f_c}$이면 모든 $2nf_c \pm f$ 주파수에서 코사인 값은 주파수가 f일 때의 코사인 값과 같다. 예를 들면 $f_c = 100$ Hz이면 주파수가 $f = 30$ Hz일 때의 데이터는 주파수가 170, 230, 370, 430 .... Hz일 때의 데이터 신호와 앨리어싱을 일으키며, 또한 $f_c/2$ 이하의 저주파수에서 데이터의 제곱 값은 $f_c/2$ 이상의 고주파수에서 데이터의 제곱 값과 앨리어싱을 일

으킨다. 왜냐하면 $t=\dfrac{1}{2f_c}$일 때 f와 $2nf_c \pm f$ 사이의 주파수 범위에서 제곱 값 $\cos^2(2\pi ft)$와 $\sin^2(2\pi ft)$의 주파수는 구별되지 않기 때문이다. 즉 차단 주파수 f_c가 그림 1-18에서와 같으면 그림 1-19(a)의 실제 파워 스펙트럴 밀도 함수(power spectral density function)는 그림 1-19(b)에서와 같이 앨리어싱된 파워 스펙트럴 밀도 함수로 나타난다.

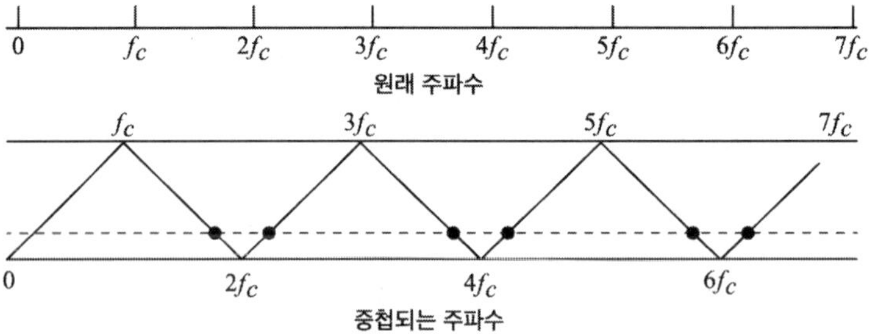

그림 1-18 니퀴스트 주파수와 중첩되는 주파수

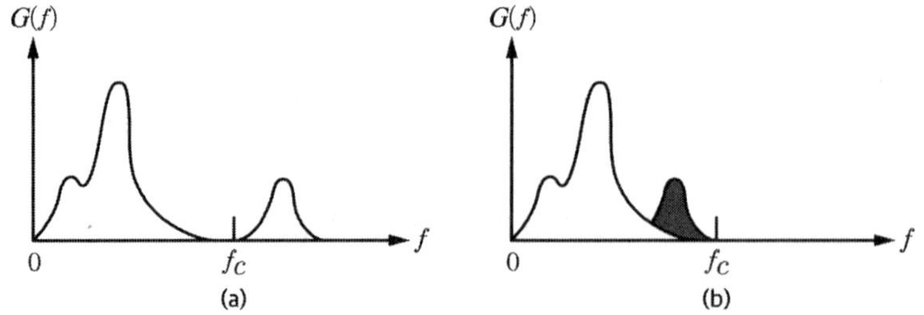

그림 1-19 앨리어싱 영향

이러한 앨리어싱 문제를 해결하는 데는 2가지 방법이 있다. 첫 번째는 샘플링 시간 간격을 아주 작게 하여 니퀴스트 주파수 이상의 주파수가 실제 존재할 가능성이 없도록 하는 것이다. 이 방법에서는 대단히 많은 데이터가 발생하므로 데이터 처리에 어려움이 있다. 두 번째 방법은 샘플링 이전에 시간 함수의 데이터 신호를 필터링하여 예상 최대 주파수 이상의 주파수가 데이터에 포함되지 않도록 하는 방법이다. 일반적으로 필터링을 위한 차단 주파수(cut-off frequency)는 예상 최대 주파수의 1.5 ~ 2.0배 정도로 하는 것이 좋다. 어떤

데이터 신호의 최대 예상 주파수가 2,000 Hz이면 저주파 필터링의 차단 주파수는 3,000 ~ 4,000 Hz로 할 수 있으며, 차단 주파수를 f_c=3,000 Hz로 하였을 때 최소 샘플링 시간 간격은 $h = \frac{1}{2f_c} = \frac{1}{6,000}$ =0.167 msec가 되므로 3,000 Hz 이하의 주파수에서는 앨리어싱 현상이 나타나지 않는다. 두 번째 방법이 데이터 처리 시간과 비용 면에서 선호도가 높다. 따라서 니퀴스트 주파수는 데이터 신호의 주기적 특성에 따라 적절한 값으로 결정하여야 한다.

하중-시간 선도의 주파수를 분석하기 위한 최소한의 샘플링 시간 간격은 일반적으로 예상 최대 주파수의 2배 정도로써 결정하지만, 랜덤 하중이 작용하는 기계 또는 부품의 피로 수명을 예측할 때는 니퀴스트 주파수보다도 훨씬 더 큰 값을 적용하여야 한다. 예상 최대 주파수의 10배 또는 최대 20배까지 적용하는 경우도 있다.

[예제 1-4] 시간 함수의 가속도 $a(t) = \sin 2\pi t + 2\cos 6\pi t + 3\cos 10\pi t + 4\sin 20\pi t$, m/s^{2}을 이용하여 시간 대역 $0 \leq t \leq 5$초를 64등분한 이산 함수(discrete function)와 256등분한 이산 함수를 이용하여 앨리어싱 현상을 설명하여라.

[풀이] 시간 함수 $a(t)$에 포함된 주파수는 1, 3, 5, 10 Hz이고, 최대 주파수는 10 Hz이므로 수치화의 시간 간격은 최소한 $h = \frac{1}{2 \times 10} = 0.05$초보다 작아야 한다. 즉 시간 간격이 0.05초보다 작으면 10 Hz 이하의 주파수에서는 앨리어싱 현상이 나타나지 않는다. 시간 대역 5초를 64등분하면 시간 간격은 $h = \frac{5}{64} = 0.07812$초로서 $f_c = \frac{1}{2h} = \frac{1}{2 \times 0.07812} = 6.4$ Hz가 되므로 니퀴스트 주파수는 6.4 Hz이고 6.4 Hz 이상의 주파수에서는 앨리어싱 현상이 나타난다. 즉 주파수가 6.4 Hz 이상인 주파수 함수는 그림 1-20(b)에서와 같이 0 ~ 6.4 Hz 사이의 주파수 함수와 대칭을 이루고, 각 주파수에서 시간 함수의 크기도 오차가 크다.

5초를 256등분하면 $h = \frac{5}{256} = 0.0195$초이고, 니퀴스트 주파수는 25.6 Hz이므로, 25.6 Hz 이하의 주파수에서는 그림 1-21(b)에서와 같이 앨리어싱 현상이 나타나지 않으며 시간 함수의 크기에서도 오차가 크지 않다. 그러나 25.6 Hz 이상의 주파수에서는 앨리어싱 현상이 나타난다.

시간 함수 $f(t)$의 주파수 함수는 EXCEL의 푸리에 변환(Fourier Transform) 기능을 이용하여 구할 수 있으며, 일반적으로 푸리에 분석에서는 시간 대역 또는 주기를 $n = 2^k$(k=정수) 등분하여야 한다.

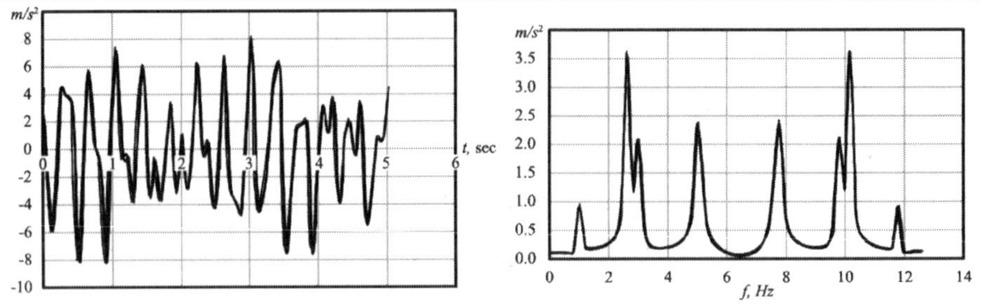

(a) 시간 함수 (b) 주파수 함수

그림 1-20 5초를 64등분한 경우의 시간 함수와 주파수 함수

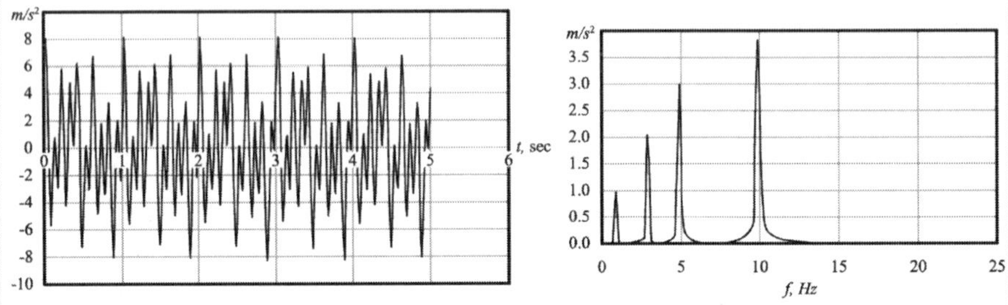

(a) 시간 함수 (b) 주파수 함수

그림 1-21 5초를 256등분한 경우의 시간 함수와 주파수 함수

2) 정량화

데이터 신호를 수치화하기 위해서는 이를 계량하기 위한 자(scale)가 필요하다. 이 자는 그림 1-22에서와 같이 눈금(digital level)이 많으면 많을수록 데이터 신호를 정확하게 계량할 수 있다. 이 자의 눈금에 해당하는 것이 디지타이저의 분해능이다. 분해능은 디지타이저의 비트 수로써 결정되며, 비트 수가 많을수록 눈금의 수, 즉 수치화의 수준도 많다. 6비트 디지타이저로써 수치화할 경우 데이터 신호는 $2^6 = 64$개의 눈금으로 나누어진다. 즉 데이터 신호의 최댓값과 최솟값 사이를 0에서부터 63까지 총 63개의 수준으로 나누며, 이를 + 부분과 - 부분으로 구별하면 -32에서 0까지 0에서 +33까지 총 63개의 수준이 된다. 데이터 신호의 값은 이렇게 나누어진 자의 눈금에 가장 가까운 값으로 결정된다.

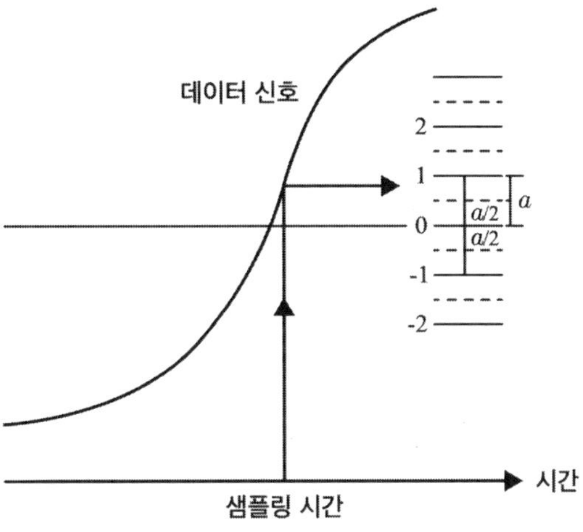

그림 1-22 정량화 수준

이상적인 아나로그-디지털 변환의 경우, 정량화 오차(quantization error) δ의 확률 밀도를

$$-0.5 \le \delta \le 0.5 \qquad p(\delta)=1$$

$$\delta < 0.5,\ \ \delta > 0.5 \qquad p(\delta)=0$$

라고 하면, 오차의 평균과 분산은 각각 다음과 같이 표현된다.

$$\mu_\delta = \int_{-0.5}^{0.5} \delta p(\delta) d\delta = 0$$

$$\sigma_\delta^2 = \int_{-0.5}^{0.5} (\delta - \mu_\delta)^2 p(\delta) d\delta = \int_{-0.5}^{0.5} \delta^2 d\delta = \frac{1}{12}$$

따라서 오차의 표준편차는

$$\sigma_\delta = \sqrt{\frac{1}{12}} = 0.29$$

가 되며, 자의 한 눈금에 해당하는 정량화 수준 간 간격을 a라고 하면 $0.29a$는 정량화 오차의 제곱평균의 제곱근(root mean square, rms)이다. 이는 데이터 신호의 rms 노이즈와 같다. 데이터 신호를 n비트로, 즉 (2^n-1)개의 수준으로 정량화할 경우 0을 기준으로 +값의 최댓값은 $(2^{n-1}-1)a$이므로 정량화의 rms 노이즈(noise)에 대한 데이터 신호(signal)의 최댓값의 비, 즉 최대 노이즈-신호비는

$$\text{S/N ratio} = \frac{(2^{n-1}-1)a}{0.29a} = \frac{2^{n-1}-1}{0.29}$$

이고, 이를 dB로 표현하면, 신호와 노이즈가 전압일 경우에는

$$\text{S/N ratio} = 10\log\left(\frac{2^{n-1}-1}{0.29}\right)\ \text{dB}$$

가 되며, 음향 출력일 경우에는

$$\text{S/N ratio} = 20\log\left(\frac{2^{n-1}-1}{0.29}\right)\ \text{dB}$$

가 된다. 따라서 데이터 신호가 전압일 경우, 8와 16비트 디지타이저의 최대 노이즈–신호비는 각각 26.4 dB와 50.5 dB가 된다.

변환기, 증폭기, 디지타이저 등 측정 장치에서 발생하는 노이즈는 측정 장치 자체에서 뿐만 아니라 이를 연결하는 각종 전선에서도 발생한다. 노이즈–신호비는 크면 클수록 노이즈에 비하여 출력 신호의 값이 크게 나타나므로 모든 측정 장치는 노이즈–신호비가 큰 장치를 선택하여야 한다.

일반적으로 데이터 측정과 처리 과정에서 수치화 오차는 다른 오차에 비하여 크지 않다. 그러나 데이터 신호의 피크–피크 범위와 디지타이저의 정량화 범위가 일치하도록 유의하여야 한다. 정량화 과정의 오차에는 이외에도 애퍼처 오차(aperture error), 지터 오차(jitter error)가 있다. 애퍼처 오차는 데이터 신호가 순간적으로 수치화되지 못하였을 때 발생하는 오차이며, 지터 오차는 샘플링 시간 간격이 변할 때 일어나는 오차이다.

복수 채널로써 데이터 신호를 동시에 수치화하는 경우 각 채널의 샘플링 레이트는 디지타이저의 샘플링 레이트를 채널 수로 나눈 값이 된다. 그러나 각 채널의 신호를 샘플링하는 시간 차이 때문에 오차가 발생할 수 있으며, 특히 주파수가 높은 데이터 신호에서 문제가 발생할 수 있다. 이러한 오차는 디지타이저에 샘플 유지 기능이 있으면 해결할 수 있다. 이 기능은 모든 채널의 데이터를 동시에 수치화하고, 수치화한 데이터를 각 채널 스위치가 작동할 때까지 유지하는 기능이다.

3) 캐리브레이션

캐리브레이션(calibration)은 수치화한 변환기의 출력 신호, 즉 데이터 신호를 실제 단위

의 측정값으로 변환하는 것이다. 캐리브레이션의 일반적인 방법은 이미 알고 있는 물리량과 이를 측정한 변환기의 데이터 신호 간의 관계를 구명하고 이 관계를 이용하여 변환기의 데이터 신호를 실제 단위의 측정값으로 환산하는 것이다. 일반적으로 변환기의 측정 범위에서 측정 물리량과 변환기의 출력 신호는 선형적인 관계이나, 가능한 한 다수의 물리량과 변환기의 신호를 직교 좌표계에 표시하여 최소자승법으로써 상관 관계를 결정한다. 이 상관 관계를 표현한 선도를 캐리브레이션 선도(calibration curve)라고 한다. 이 방법에서는 실제 측정 조건과 동일한 조건에서 캐리브레이션 선도를 작성하여야 한다. 그림 1-23은 예로서 변위 변환기의 캐리브레이션 선도를 나타낸 것이다.

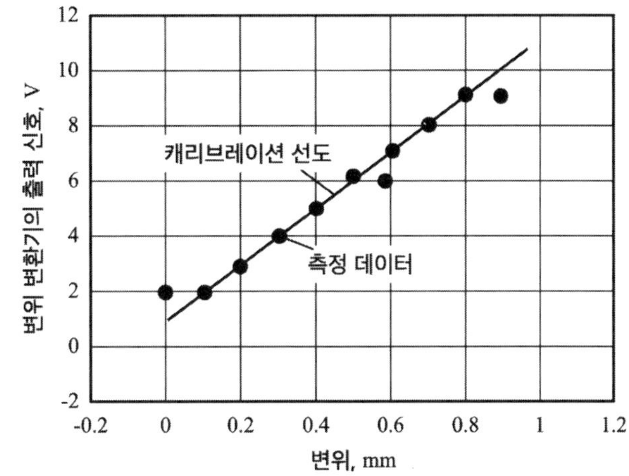

그림 1-23 캐리브레이션 선도

1.5 측정 데이터의 특성

시간 함수의 측정 데이터를 분석하고 그 결과를 바르게 해석하기 위해서는 측정한 데이터의 기본 특성 즉 정상성(stationarity), 주기성(periodicity), 정규성(normality)을 구명하여야 한다. 정상성 데이터(stationary data)와 비정상성 데이터(non-stationary data)의 분석 방법은 서로 다르며, 비정상성 데이터의 분석 방법은 정상성 데이터의 분석 방법보다도 훨씬 복잡하다. 분석 결과를 해석할 때에도 오류를 피하기 위해서는 이러한 데이터의 기본 특성을 확인하여야 한다.

(1) 정상성

동일한 현상에 대한 다수의 시계열 데이터에서, 즉 시간–데이터 엔셈블(ensemble)에서 엔셈블의 평균과 자기 상관 함수(autocorrelation function)가 시간에 따라 변하지 않는 데이터를 정상성 데이터라 하고, 엔셈블의 평균과 자기 상관 함수가 시간에 따라 변하는 데이터를 비정상성 데이터라고 한다. 그림 1–24에서와 같이 어떤 데이터 신호의 엔셈블 {x(t)}에서 시간이 t_1일 때 엔셈블의 평균 $\mu_x(t_1)$과 엔셈블의 자기 상관 함수 $R_x(t_1, t_1+\tau)$는 각각 다음과 같이 정의된다.

$$\mu_x(t_1) = \lim_{N\to\infty} \frac{1}{N} \sum_{k=1}^{N} x_k(t_1) \tag{1-35}$$

$$R_x(t_1, t_1+\tau) = \lim_{N\to\infty} \frac{1}{N} \sum_{k=1}^{N} x_k(t_1) x_k(t_1+\tau) \tag{1-36}$$

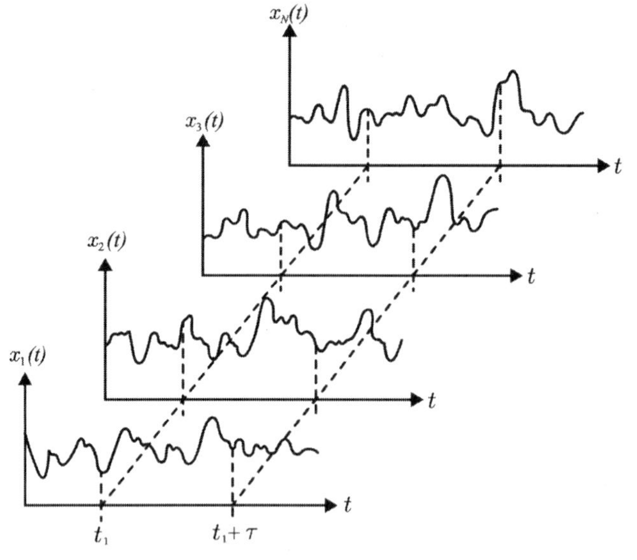

그림 1–24 시계열 데이터의 엔셈블

따라서 엔셈블의 평균 $\mu_x(t_1)$가 상수이고, 엔셈블의 자기 상관 함수가 $R_x(t_1, t_1+\tau) = R_x(\tau)$일 때, 즉 엔셈블의 자기 상관 함수가 시간 변위 τ만의 함수일 때 이를 정상성 데이터 신호라고 한다.

정상성 데이터 신호는 다시 에르고딕(ergodic) 데이터 신호와 비에르고딕(non-ergodic) 데이터 신호로 구분된다. 에르고딕 데이터 신호는 엔셈블의 평균과 샘플의 평균이 같고, 엔셈블의 자기 상관 함수와 샘플의 자기 상관 함수가 같은 데이터 신호로서 다음과 같이 표현할 수 있다.

$$\frac{\sum_{i=1}^{N} x_i(t)}{N} = \lim_{T \to \infty} \frac{1}{T} \int_0^T x_k(t)dt = \mu_x \tag{1-37}$$

$$\frac{\sum_{i=1}^{N} x_i(t)x_i(t+\tau)}{N} = \lim_{T \to \infty} \int_0^T x_k(t)x_k(t+\tau)dt = R_x(\tau) \tag{1-38}$$

비에르고딕 데이터 신호는 엔셈블과 샘플의 평균이 같지 않고, 엔셈블과 샘플의 자기 상관 함수도 같지 않은 데이터 신호이다. 따라서 에르고딕 데이터 신호는 반드시 정상성 데이터 신호이며, 정상성 데이터 신호는 일반적으로 에르고딕인 경우가 많다. 에르고딕 데이터 신호의 장점은 샘플 신호로써 엔셈블의 특성을 구명할 수 있다는 점이다.

데이터 신호의 정상성을 평가할 수 있는 가장 간단한 방법은 측정한 물리량을 지배하는현상을 관찰하는 것이다. 물리량을 지배하는 현상의 기본 변수가 시간에 따라서 변하지 않는 경우에는 일반적으로 측정한 물리량을 정상성 데이터 신호로 볼 수 있다. 그렇지 않는 경우에는 측정한 시간 함수의 샘플을 다음과 같이 통계적으로 검정하여야 한다. 먼저 시간 함수의 데이터 신호를 일정한 시간 간격으로 N등분하고 각 구간의 신호는 모두 독립된 것으로 가정한다. 다음에는 각 구간의 데이터 신호에 대한 평균, 표준편차 또는 제곱평균을 구하여 다음과 같이 시간 순서로 배열한다.

$$\mu_1,\ \mu_2,\ \mu_3, \cdots \mu_N$$

$$\sigma_1,\ \sigma_2,\ \sigma_3,\ \cdots\ \sigma_N$$

이 시계열 데이터에 어떤 변화가 존재하는가를 확인하기 위하여 비모수 검정(non-parametric test)으로서 런 검정(run test)을 실시한다. 즉 $\mu_1, \mu_2, \mu_3, \cdots \mu_N$가 각각 독립된 값의 배열이라는 가설을 설정하고 이 가설의 수용 여부를 통계적으로 검정하여 가설을 수용할 수 있으면 변화가 존재하지 않는 독립된 값이라고 판정한다. 런 검정은 이 배열의 중위값에 대한 배열의 런 수(run number)가 무작위로 선발한 독립된 값의 배열에서 기대되는 런 수와 같거나 또는 그 차이가 크지 않으면 가설을 수용하고, 그 차이가 크면 가설을 기각한다. 가설을 수용할 수 있으면, 즉 배열의 값에 변화가 없다고 하면 이 데이터 신호는 정상성 데이터 신호로 판단할 수 있다. 예를 들면 그림 1–25는 어떤 시간 함수의 데이터 신호를 20등분하여 각 구간에 대한 표준편차를 시간 함수로서 나타낸 것이다. 5% 유의 수준에서 이 데이터의 정상성 여부를 검정하고자 한다. 즉 이 표준편차의 시계열 데이터가 무작위로 선발한 독립된 값의 배열이라는 가설을 검정한다. 가설 검정은 표준편차의 배열에서 표준편차의 중위값 1.12를 기준으로 한 런 수가 표 1–1에서 $N=20$, $\alpha=0.05$일 때의 하한 값과 상한 값 사이이면 이 가설을 수용하고 이 값을 벗어나면 기각한다. 그림 1–25에서 표준편차의 배열은 런 수가 5이고, 표 1–1에서 가설을 수용할 수 있는 런 수의 하한 값과 상한 값의 범위는 $r_{10,1-\alpha/2} < r \le r_{10,\alpha/2} = 6 < r \le 15$이므로 이 가설을 기각한다. 즉 이 데이터는 정상성 데이터가 아니라 비정상성 데이터인 것으로 판정한다.

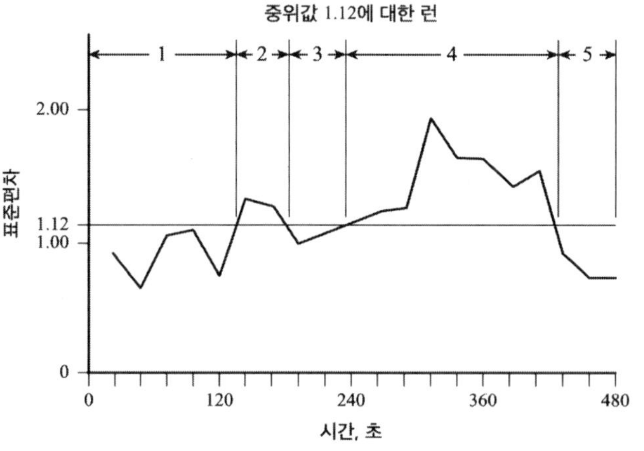

그림 1–25 런 검정을 위한 시계열 데이터의 예

표 1–1 런 분포 (Bendat and Piersol, 1971)

$n=N/2$	하한 값 $1-\alpha/2$			상한 값 $\alpha/2$		
$n_A=n_B=N/2$	0.99	0.975	0.95	0.05	0.025	0.01
5	2	2	3	8	9	9
6	2	3	3	10	10	11
7	3	3	4	11	12	12
8	4	4	5	12	13	13
9	4	5	6	13	14	15

10	5	6	6	15	15	16
11	6	7	7	16	16	17
12	7	7	8	17	18	18
13	7	8	9	18	19	20
14	8	9	10	19	20	21
15	9	10	11	20	21	22
16	10	11	11	22	22	23
18	11	12	13	24	25	26
20	13	14	15	26	27	28
15	17	18	19	32	33	34
30	21	22	24	37	39	40
35	25	27	28	43	44	46
40	30	31	33	48	50	51
45	34	36	37	54	55	57
50	38	40	42	59	61	63
55	43	45	46	65	66	68
60	47	49	51	70	72	74
65	52	54	56	75	77	79
70	56	58	60	81	83	85

런 검정은 또한 두 시계열 데이터의 동일 여부를 검정할 수 있는 가장 간단한 통계적 기법이다. 같은 조건에서 측정한 두 데이터 신호 $A(t)$와 $B(t)$에서 동일한 시간 간격으로 취한 n_A, n_B개의 데이터 $a_1, a_2, \dots a_{n_A}$와 $b_1, b_2, \dots b_{n_B}$를 더하여 총 $n_A + n_B$개의 데이터를 만들고, 이를 그 크기의 순서대로 배열하였을 때 $A(t)$ 데이터에서 $B(t)$ 데이터로 또는 $B(t)$ 데이터에서 $A(t)$ 데이터로 변경되는 횟수, 즉 데이터 신호의 런 수를 구하고, 이 데이터 신호의 런 수와 유의 수준에 따라 런 분포의 런 수와 비교하여 데이터 신호 $A(t)$와 $B(t)$가 동일하다는 가설을 검정할 수 있다. 데이터 신호의 런 수가 유의 수준에 따른 표 1-1의 하한 값과 상한 값 사이이면 가설을 수용하고 그 범위를 벗어나면 가설을 기각한다.

[예제 1-5] 동일한 주행 시험로에서 측정한 두 트랙터 A와 B의 앞차축 가속도를 동일한 시간 간격으로 수집하였을 때 각 가속도는 다음과 같다.

트랙터 A: $1.4g$ $1.8g$, $2.2g$, $2.0g$, $2.3g$, $1.5g$, $1.6g$, $2.0g$

트랙터 B: $2.4g$, $2.1g$, $1.9g$, $1.7g$, $2.4g$, $2.5g$, $1.3g$, $1.9g$

95% 신뢰 수준에서 두 트랙터의 앞차축에 작용하는 가속도가 동일하다는 가설을

검정하여라.

[풀이] 두 트랙터에서 수집한 가속도 데이터의 수는 각각 $n_A = 8$, $n_B = 8$이고, 두 가속도 데이터를 그 크기의 순서대로 배열하면 $B(1.3g)$, $A(1.4g,\ 1.5g,\ 1.6g)$, $B(1.7g)$, $A(1.8g)$, $B(1.9g,\ 1.9g)$, $A(2g,\ 2g)$, $B(2.1g)$, $A(2.2g,\ 2.3g)$, $B(2.4g,\ 2.4g,\ 2.5g)$가 된다. B 트랙터 데이터에서 A 트랙터 데이터로 변경되는 횟수, 즉 런 수는 9이다. 신뢰 수준이 95%이므로 유의 수준은 5%이고 $\alpha = 0.05$이다. 따라서 표 1-1에서 신뢰 수준이 95%일 때 런 분포의 하한 값과 상한 값은 각각 $r_{8,1-\frac{0.05}{2}} = 4$, $r_{8,\frac{0.05}{2}} = 13$이고 런 수가 하한 값과 상한 값 사이이므로 두 트랙터의 앞차축에 작용하는 가속도는 동일하다는 가설을 수용할 수 있다.

(2) 주기성

데이터 신호의 주기성은 데이터 신호의 파워 스펙트럴 밀도 함수(power spectral density function)에 존재하는 피크로써 확인할 수 있다. 그러나 주기성에 의한 데이터 신호의 피크는 주파수 대역이 좁은 랜덤 데이터의 피크와 혼동될 수 있기 때문에 유의하여야 한다. 주기성에 의한 데이터 신호의 피크와 협대역 랜덤 데이터에 의한 피크는 필터의 주파수 대역에 따른 파워 스펙트럴 밀도 함수의 피크 형태로써 구별할 수 있다. 즉 주파수 대역이 큰 필터로써 측정한 파워 스펙트럴 밀도 함수에서는 나타나지 않던 주기성 데이터의 피크가 주파수 대역이 좁은 필터로서 측정한 파워 스펙트럴 밀도 함수에서는 나타나기 때문에 필터의 주파수 대역을 점점 좁히면서 측정한 각각의 파워 스펙트럴 밀도 함수에서 나타난 피크의 변화를 확인하여야 한다. 주기성 데이터 신호에 의한 파워 스펙트럴 밀도 함수의 피크는 필터의 주파수 대역이 작을수록 비례적으로 증가한다. 또한 파워 스펙트럴 밀도 함수에서 주기성 데이터에 의한 피크의 주파수 대역은 항상 이 파워 스펙트럴 밀도 함수를 측정할 때 사용한 필터의 주파수 대역과 같다. 그러나 이러한 구별은 파워 스펙트럴 밀도 함수의 필터 주파수 대역이 랜덤 데이터의 협대역 주파수보다 작을 때 가능하다. 또한 데이터 샘플의 시간 대역이 충분히 길어야 한다.

데이터 신호의 주기성을 확인할 수 있는 또 다른 방법에는 자기 상관 함수를 이용하는 방법이 있다. 주기성 데이터 신호가 포함되지 않은 데이터 샘플의 자기 상관 함수는 시간 변위가 증가함에 따라 샘플 평균의 제곱에 접근한다. 그러나 주기성 데이터 신호가 포함된 경우에는 시간 변위가 증가하더라도 자기 상관 함수는 샘플 평균의 제곱에 접근하지 않고 항상 일정한 형상으로 반복한다.

(3) 정규성

정규성에 대한 가장 확실한 검정은 시간 함수의 데이터 신호로부터 확률 밀도 함수를 구하고 이를 정규 분포의 확률 밀도 함수와 비교하는 것이다. 데이터 신호의 시간 대역이 충분하여 큰 오차 없이 확률 밀도 함수를 구할 수 있으면, 이를 정규 분포의 확률 밀도 함수와 비교하여 정규성의 정도를 평가할 수 있다.

통계적인 방법으로써 데이터 신호의 정규성을 검정하는 방법에는 카이제곱 적합도 검정(Chi-square goodness-of-fit test)이 있다. 이 방법은 수치화된 시계열 데이터에만 적용할 수 있다. 카이제곱 적합도 검정은 데이터 신호의 확률 밀도 함수가 어떤 이론적인 확률 밀도 함수와 같다는 가설을 검정하는 것으로서, 두 확률 밀도 함수 사이의 차이를 카이제곱 분포로서 검정하는 것이다.

N개의 데이터 $x_1,\ x_2,\ \ldots\ldots x_N$으로 구성된 데이터 신호의 확률 밀도 함수를 $p(x)$라고 하자. N개 데이터를 K구간으로 구분하여 i번째 구간에 포함된 데이터 수를 f_i라 하고, N개 데이터의 실제 확률 밀도 함수가 $p_o(x)$일 때 i번째 구간에서 기대되는 데이터 수를 F_i 라고 하면 i번째 구간에서 두 확률 밀도 함수로부터 기대되는 데이터 수의 차이는 $f_i - F_i$ 가 된다. 이를 이용하여 다음과 같은 통계치 χ^2을 구한다.

$$\chi^2 = \sum_{i=1}^{K} \frac{(f_i - F_i)^2}{F_i} \tag{1-39}$$

데이터 신호의 정규성을 평가하기 위하여 카이제곱 적합도 검정을 적용할 때 χ^2의 자유도 n은 $n = K - 3$이다 (Bendat and Piersol, 1971). 이제 정규성 검정을 위한 귀무 가설은 $p(x) = p_o(x)$가 된다. N개 데이터를 K구간으로 나누어 $p(x) = p_o(x)$일 때 각 구간에서 기대되는 데이터 수를 구하고 식 (1-39)를 이용하여 χ^2의 값을 구한다. $p_o(x)$로부터 $p(x)$의 편차가 크면 클수록 χ^2의 값은 증가한다. 따라서 유의 수준 α에서 귀무 가설을 수용할 수 있는 χ^2의 값은

$$\chi^2 \le \chi^2_{n,\alpha}$$

이다. 여기서 $\chi^2_{n,\alpha}$은 카이제곱 분포표에서 구할 수 있다.

데이터 신호에서 구간을 결정하는 방법에는 2가지 방법이 있다. 첫 번째 방법은 기대되는 데이터 수가 같도록 하는 방법이다. 이 방법에서는 구간의 길이가 구간에 따라 달라진다. 두

번째 방법은 구간의 폭을 모두 같도록 하는 방법이다. 이 방법에서는 구간에 따라 기대되는 데이터 수가 달라진다. 기대 데이터 수를 같도록 하는 경우, 유의 수준을 0.05로 할 때 최소 구간의 수는 표 1-2에서와 같이 하여야 한다.

표 1-2 유의 수준이 0.05일 때 데이터 수에 따른 최소 구간의 수

N	200	400	600	800	1000	1500	2000
K	16	20	24	27	30	35	39

구간의 폭을 일정하게 할 경우, 대부분의 구간은 표준편차당 2.5이면 충분하다. 그러나 각 구간당 기대되는 데이터 수는 최소한 5개 정도가 바람직하다.

[예제 1-6] 표 1-3은 데이터 수가 200개인 어떤 데이터 신호의 측정값을 크기의 순서대로 배열한 것이다. 5% 유의 수준에서 카이제곱 적합도 검정을 적용하여 이 샘플의 정규성을 확인하여라. 구간은 기대 데이터 수가 같도록 결정하여라.

[풀이] 기대되는 데이터 수가 같도록 구간을 결정할 경우, 측정값의 수가 200개이므로 최소 구간의 수는 표 1-4에서와 같이 16이 된다. 측정값의 평균과 표준편차를 구하면

$$\bar{x} = \frac{1}{N}\sum x_i = 0.27$$

$$\sigma_x = \sqrt{\frac{1}{N}\sum (x_i - \bar{x})^2} = 3.31$$

이다. 구간을 16으로 나눌 때 한 구간의 확률은 $\frac{1}{16}$=0.0625가 되며, 각 구간에서 기대되는 측정값의 수는 $\frac{200}{16}$=12.5이다. 정규 분포를 가정하면 각 구간의 확률 α_i는 $\alpha_i = 1 - 0.0625i,\ i = 1, 2, \ldots 16$이 된다. 따라서 각 구간에서 기대되는 측정값의 최댓값은 $x = \bar{x} + z_{\alpha_i}\sigma_x$이다. 여기서 z_{α_i}는 정규 분포의 확률 밀도 함수에서 확률 α_i에 해당되는 표준 정규 변수의 값이다. 각 구간의 최댓값이 결정되면 각 구간에 대한 측정값의 수를 구할 수 있다. 이제 측정값의 χ^2의 값을 구하면 표 1-4에서와 같이 χ^2=3.36이다. χ^2의 자유도는 $n = K - 3 = 16 - 3 = 13$이므로 유의 수준이 5%일 때 $\chi^2_{13,0.05}$=22.36이 된다. 따라서 $\chi^2 < \chi^2_{13,0.05}$이므로 5%의 유의 수준에서 측정값의 분포가 정규 분포이라는 가설을 수용할 수 있다. 즉 측정값의 분포는 5%의 유의 수준에서 정규 분포를 따른다고 할 수 있다.

표 1-3 데이터 신호의 측정값

−7.6	−3.8	−2.5	−1.6	−0.7	0.2	1.1	2.0	3.4	4.6
−6.9	−3.8	−2.5	−1.6	−0.7	0.2	1.1	2.1	3.5	4.8
−6.6	−3.7	−2.4	−1.6	−0.6	0.2	1.2	2.3	3.5	4.8
−6.4	−3.6	−2.3	−1.5	−0.6	0.3	1.2	2.3	3.6	4.9
−6.4	−3.5	−2.3	−1.5	−0.5	0.3	1.3	2.3	3.6	5.0
−6.1	−3.4	−2.3	−1.4	−0.5	0.3	1.3	2.4	3.6	5.2
−6.0	−3.4	−2.2	−1.4	−0.4	0.4	1.3	2.4	3.7	5.3
−5.7	−3.4	−2.2	−1.2	−0.4	0.4	1.4	2.5	3.7	5.4
−5.6	−3.3	−2.1	−1.2	−0.4	0.5	1.5	2.5	3.7	5.6
−5.5	−3.2	−2.1	−1.2	−0.3	0.5	1.5	2.6	3.7	5.9
−5.1	−3.2	−2.0	−1.1	−0.3	0.6	1.6	2.6	3.8	6.1
−4.8	−3.1	−2.0	−1.1	−0.2	0.6	1.6	2.6	3.8	6.3
−4.8	−3.0	−1.0	−1.0	−0.2	0.7	1.6	2.7	3.9	6.3
−4.6	−3.0	−1.9	−1.0	−0.2	0.8	1.7	2.8	4.0	6.5
−4.4	−2.9	−1.8	−1.0	−0.1	0.9	1.8	2.8	4.2	6.9
−4.4	−2.9	−1.8	−0.9	−0.0	0.9	1.8	2.9	4.2	7.1
−4.3	−2.9	−1.8	−0.9	0.0	1.0	1.8	3.1	4.3	7.2
−4.1	−2.7	−1.7	−0.8	0.1	1.0	1.9	3.2	4.3	7.4
−4.0	−2.6	−1.7	−0.8	0.1	1.1	1.9	3.2	4.4	7.9
−3.8	−2.6	−1.6	−0.7	0.2	1.1	2.0	3.3	4.4	9.0

표 1-4 데이터 신호의 정규성 검토

등급 구간	등급 구간의 최댓값			f_i	F_i	$\lvert f_i - F_i \rvert$	$\frac{(f_i - F_i)^2}{F_i}$
	α	z_α	$x = \bar{x} + z_\alpha \sigma_x$				
1	0.9375	−1.5341	−4.8031	13	12.5	0.5	0.02
2	0.8750	−1.1503	−3.5338	11	12.5	1.5	0.18
3	0.8125	−0.8871	−2.6632	14	12.5	1.5	0.18
4	0.7500	−0.6745	−1.9599	14	12.5	1.5	0.18
5	0.6875	−0.4888	−1.3456	15	12.5	2.5	0.50
6	0.6250	−0.3186	−0.7829	12	12.5	0.5	0.02
7	0.5625	−0.1573	−0.2493	12	12.5	0.5	0.02
8	0.5000	0.0000	0.2710	12	12.5	0.5	0.02
9	0.4375	0.1573	0.7913	10	12.5	2.5	0.50
10	0.3750	0.3186	1.3249	14	12.5	1.5	0.18
11	0.3125	0.4888	1.8876	10	12.5	2.5	0.50
12	0.2500	0.6745	2.5019	10	12.5	2.5	0.50
13	0.1875	0.8871	3.2052	12	12.5	0.5	0.02
14	0.1250	1.1503	4.0758	15	12.5	2.5	0.50
15	0.0625	1.5341	5.3451	13	12.5	0.5	0.02
16	0			13	12.5	0.5	0.02
				200	200		3.36

1.6 데이터 분석

데이터 분석은 데이터로부터 유용한 정보를 얻기 위한 것이다. 따라서 데이터 분석 방법은 데이터로부터 어떤 형태의 정보를 얻고자 하는가에 달려 있다. 시간 함수의 데이터 신호에 대한 분석은 크게 2가지 형태로 구분할 수 있다. 첫 번째는 데이터 신호에 대한 개별적인 분석이고 두 번째는 데이터 신호의 집합체, 즉 엔셈블 데이터에 대한 종합적인 분석이다.

(1) 시간-데이터 신호의 분석

시간-데이터 신호에 대한 분석은 엔셈블을 구성하는 각각의 샘플 데이터 신호에 대한 분석으로서 평균(mean), 제곱평균(mean square), 자기 상관, 파워 스펙트럼 밀도, 확률 밀도 분석 등이 있다.

1) 평균과 제곱평균

평균과 제곱평균은 가장 기본적인 데이터 신호의 특성으로서 데이터 신호의 전체적인 특성과 분산 정도를 나타낸다. 시간 함수의 데이터 신호를 $x(t)$라고 하면 평균 μ_x와 제곱평균 Ψ^2은 각각 다음과 같이 정의된다.

$$\mu_x = \lim_{T\to\infty} \frac{1}{T}\int_0^T x(t)dt \tag{1-40}$$

$$\Psi_x{}^2 = \lim_{T\to\infty} \frac{1}{T}\int_0^T x^2(t)dt \tag{1-41}$$

제곱평균의 제곱근을 rms(root mean square)값이라고 하며, 평균과 같이 데이터 신호의 전체적인 특성을 나타내는 데 널리 사용된다.

$$rms = \sqrt{\lim_{T\to\infty} \frac{1}{T}\int_0^T x^2(t)dt} \tag{1-42}$$

일반적으로 시간 함수의 데이터 신호는 시간에 따라서 변하는 부분과 변하지 않는 부분으로 구성되어 있으며, 평균은 시간에 따라서 변하지 않는 부분을, 제곱평균은 변하는 부분을 나타낸다. 데이터 신호와 평균 간 차이의 제곱평균을 분산(variance)이라고 하며 다음과 같이 정의된다.

$$\sigma_x^2 = \lim_{T\to\infty} \frac{1}{T}\int_0^T [x(t) - \mu_x]^2 dt \tag{1-43}$$

분산의 제곱근이 표준편차이다. 평균, 제곱평균, 분산 사이에는 다음과 같은 관계가 있다.

$$\sigma_x^2 = \Psi^2 - \mu_x^2 \tag{1-44}$$

2) 자기 상관

자기 상관 함수는 시간 변위에 따른 데이터 신호의 상관 관계를 나타낸 것이다. 즉 그림 1-26에서와 같이 시간 t에서 데이터 신호 $x(t)$와 시간 $t+\tau$에서 데이터 신호 $x(t+\tau)$ 사이의 상관 관계를 나타낸 것이다. 이때 τ를 시간 변위라고 한다. 따라서 자기 상관 함수 $R_x(\tau)$는 다음과 같이 정의된다.

$$R_x(\tau) = \lim_{T\to\infty} \frac{1}{T}\int_0^T x(t)x(t+\tau)dt \tag{1-45}$$

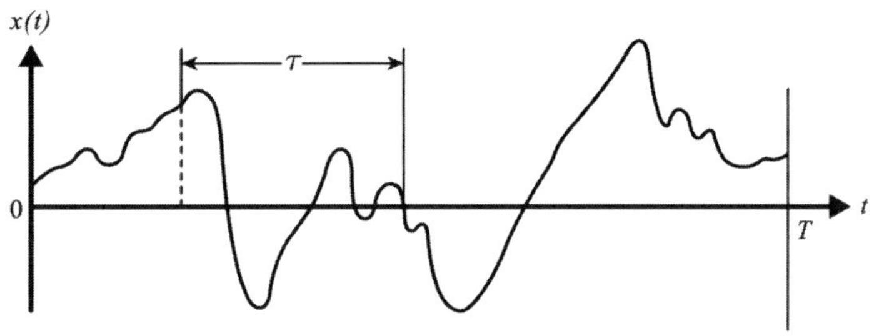

그림 1-26 자기 상관 함수

시간 변위가 무한히 길 때 자기 상관의 제곱근은 평균이 되며, 시간 변위가 0일 때 자기 상관은 제곱평균이 된다. 즉

$$\mu_x = \sqrt{R_x(\infty)} \tag{1-46}$$

$$\Psi_x{}^2 = R_x(0) \tag{1-47}$$

이다. 자기 상관 함수는 시간 함수의 데이터 신호에 포함된 주기성 데이터를 검색하는 데 응용된다.

[예제 1-7] 주기가 T인 시간 함수 $x(t) = A\sin\omega t$의 자기 상관 함수, 제곱평균, 제곱평균의 제곱근(root mean square)을 구하여라.

[풀이] 식 (1-45)의 자기 상관 함수의 정의에 따라

$$R_x(\tau) = \frac{A^2}{T}\int_0^T (\sin\omega t)[\sin\omega(t+\tau)]dt$$

이다. 따라서

$$R_x(\tau) = \frac{A^2}{T}(\cos\omega\tau\int_0^T \sin^2\omega t dt + \sin\omega\tau\int_0^T \sin\omega t\ \cos\omega t dt)$$

$$= \frac{A^2}{T}(\cos\omega\tau)(\frac{T}{2} - \frac{\sin 2\omega T}{4\omega}) + \frac{A^2}{T}(\sin\omega\tau)(\frac{1}{2\omega}sin^2\omega T)$$

이고, $T = \frac{2\pi}{\omega}$ 이므로, 자기 상관 함수와 제곱평균은 각각 다음과 같다.

$$R_x(\tau) = \frac{A^2\omega}{2\pi}(\cos\omega\tau)(\frac{\pi}{\omega}) = \frac{A^2}{2}cos\omega\tau$$

$$\Psi_x{}^2 = R_x(0) = \frac{A^2}{2}$$

또한 제곱평균의 제곱근은

$$rms = \frac{A}{\sqrt{2}}$$

가 된다.

3) 확률 밀도 함수

확률 밀도 함수는 어떤 특정 시간에 데이터 신호의 값이 특정한 값이 될 확률을 나타낸다. 그림 1-27에서와 같이 시각 t에서 $x(t)$가 x와 $x + \Delta x$ 사이의 값이 될 확률은

$$P[x < x(t) \leq x + \Delta x] = \lim_{T\to\infty}\frac{T_x}{T} \tag{1-48}$$

$$T_x = \sum_{i=1}^{k}\Delta t_i \tag{1-49}$$

가 된다. 확률 밀도 함수는 T가 무한대가 될 때이며, 다음과 같이 정의된다.

$$p(x) = \lim_{\Delta x\to 0}\frac{1}{\Delta x}[\lim_{T\to\infty}\frac{T_x}{T}] = \frac{1}{dx}[\lim_{T\to\infty}\frac{T_x}{T}] \tag{1-50}$$

확률 밀도 함수는 종 모양인 정규 분포의 확률 밀도 함수와 비교하여 데이터 신호의 정규성을 검정하는 데 사용된다.

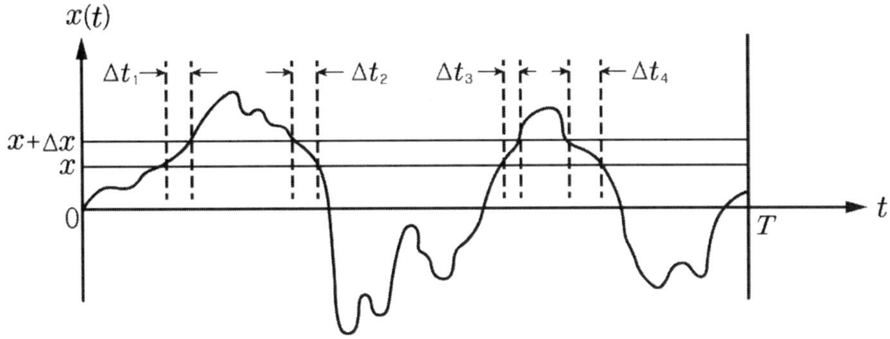

그림 1-27 확률 밀도 함수

[예제 1-8] 주기가 T인 시간 함수 $x(t) = x_o \sin\omega t$의 확률 밀도 함수를 구하여라.

[풀이] 시간 함수 $x(t)$의 값이 임의의 값 x와 $x+dx$ 사이에 존재할 확률은, 즉 $P(x \le x(t) \le x+dx)$는 그림 1-28에서와 같이 $2dt/T$이다.

$\frac{dx}{dt} = x_o\omega\cos\omega t$ 에서 dt를 구하면

$$dt = \frac{dx}{x_o\omega\cos\omega t} = \frac{dx}{x_o\omega\sqrt{1-\sin^2\omega t}} = \frac{dx}{\omega\sqrt{x_o^2 - x^2}}$$

이므로 $\frac{2dt}{T} = \frac{2dx}{T\omega\sqrt{x_o^2 - x^2}}$

가 된다. 또한 $T = \frac{2\pi}{\omega}$ 이므로

$$\frac{2dt}{T} = \frac{dx}{\pi\sqrt{x_o^2 - x^2}}$$

이다. 따라서 식 (1-50)을 적용하면 확률 밀도 함수는

$$p(x) = \frac{1}{dx}P[x \le x(t) \le x+dx] = \frac{1}{dx}\left(\frac{2dt}{T}\right) = \frac{1}{dx}\left(\frac{dx}{\pi\sqrt{x_o^2 - x^2}}\right) = \frac{1}{\pi\sqrt{x_o^2 - x^2}}$$ 이다.

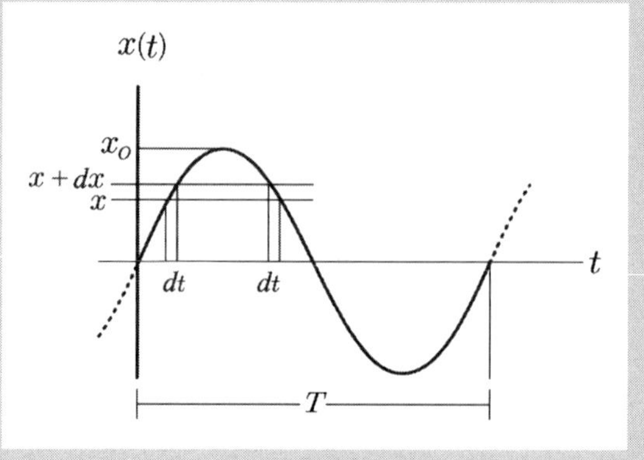

그림 1-28 확률 밀도

4) 파워 스펙트럴 밀도 함수

특정 범위의 주파수 f와 $f+\triangle f$ 사이에 있는 데이터 신호를 제곱하여 평균하면

$$\Psi_x^2(f,\triangle f)=\lim_{T\to\infty}\frac{1}{T}\int_0^T x^2(t,f,\triangle f)dt \tag{1-51}$$

가 되며, 파워 스펙트럴 밀도 함수 $G_x(f)$는 $\triangle f\to 0$일 때의 값으로서 다음과 같이 정의된다.

$$G_x(f)=\lim_{\triangle f\to 0}\frac{1}{\triangle f}[\lim_{T\to\infty}\frac{1}{T}\int_0^T x^2(t,f,\triangle f)dt] \tag{1-52}$$

파워 스펙트럴 밀도 함수 아래의 면적은 데이터 신호의 제곱평균(mean square)과 같다. 즉

$$\Psi_x{}^2=\int_0^\infty G_x(f)df \tag{1-53}$$

가 된다. 파워 스펙트럴 밀도는 일반적으로 데이터 신호의 주파수 구성과 구성 주파수의 특징을 구명하는 데 사용된다. 또한 선형 시스템의 경우 입력 파워 스펙트럴 밀도 함수와 출력 파워 스펙트럴 밀도 함수를 측정하여 이들 사이의 주파수 응답 함수를 구할 수 있으며, 시스템의 동특성을 구명할 수도 있다. 선형 시스템의 입력 파워 스펙트럴 밀도 함수와 출력 파워 스펙트럴 밀도 함수를 각각 $G_x(f)$, $G_y(f)$라고 하면 시스템의 주파수 응답 함수 $H(f)$는 다음과 같이 표현된다.

$$G_y(f)=|H(f)|^2G_x(f) \tag{1-54}$$

[예제 1-9] 시간 함수의 가속도 $a(t) = \sin 2\pi t + 2\cos 6\pi t + 3\cos 10\pi t + 4\sin 20\pi t$, m/s^2 에서 시간 대역 $0 \le t \le 5$초를 256등분한 이산 함수 $a(t)$를 이용하여 파워 스펙트럴 밀도-주파수 선도를 구하고, 식 (1-44)와 식 (1-53)의 관계를 증명하여라.

[풀이] 5초를 주기로 가정하고 이를 256등분하면 데이터 수는 $N=256$이 되고 샘플링 레이트와 이산 함수의 시간 간격은 각각 다음과 같이 결정된다.

$$\text{샘플링 레이트} = \frac{\text{데이터 수}}{\text{주기}} = \frac{256}{5} = 51.2 \ \text{데이터/초}$$

$$\text{시간 간격, } \Delta t = \frac{1}{\text{샘플링 레이트}} = \frac{\text{주기}}{\text{데이터 수}} = \frac{1}{51.2} = \frac{5}{256} = 0.019531 \ \text{초}$$

또한 이산 함수의 푸리에 변환을 위한 주파수 간격과 나키스트 주파수는 각각

$$\text{주파수 간격, } \Delta f = \frac{\text{샘플링 레이트}}{\text{데이터 수}} = \frac{51.2}{256} = \frac{1}{5} = 0.2 \ \text{Hz}$$

$$\text{나키스트 주파수} = \frac{1}{2 \times \text{시간 간격}} = \frac{1}{2 \times 0.01953} = 25.6 \ \text{Hz}$$

가 된다. 5초 간 가속도의 평균, 제곱평균, 분산을 구하기 위하여 시간의 이산 함수로서 가속도 $a(t_i)$, 가속도 제곱 $a^2(t_i)$, 편차 제곱 $[a(t_i) - \mu_a]^2$을 구하면 표 1-5에서와 같다. 표 1-5에서 $a(t_i)$계수, $a^2(t_i)$계수, $[a(t_i) - \mu_a]^2$계수는 각각 적분을 위한 심슨 법칙(Simpson's rule)에 적용되는 계수이다. 짝수 개의 데이터 $a_i = a(t_i)$, $a_i^2 = a^2(t_i)$, $i = 0, 1, 2, 3 \ldots\ldots 255$를 이용하여 심슨 법칙으로써 가속도의 평균 μ_a, 제곱평균 Ψ_a^2, 분산 σ_a^2을 구하면 각각

$$\mu_a = \lim_{T \to 5} \frac{1}{T} \int_0^T a(t)dt = \frac{1}{5}\left[\frac{\Delta t}{3}(a_o + 4a_1 + 2a_2 + \ldots\ldots + 2a_{253} + 4a_{254} + a_{255})\right]$$
$$= \frac{1}{5}(-0.041406) = -0.008281 \ m/s^2$$

$$\Psi_a^2 = \lim_{T \to 5} \frac{1}{T} \int_0^T a^2(t)dt = \frac{1}{5}\left[\frac{\Delta t}{3}(a_o^2 + 4a_1^2 + 2a_2^2 + \ldots\ldots + 2a_{253}^2 + 4a_{254}^2 + a_{255}^2)\right]$$
$$= \frac{1}{5}(74.871959) = 14.974392 \ (m/s^2)^2$$

$$\sigma_a^2 = \lim_{T \to 5} \frac{1}{T} \int_0^T [a(t) - \mu_a]^2 dt = \frac{1}{5}\frac{\Delta t}{3}[(a_o - \mu_a)^2 + 4(a_1 - \mu_a)^2 + 2(a_2 - \mu_a)^2 \ldots\ldots\ldots\ldots$$
$$+ 2(a_{253} - \mu_a)^2 + 4(a_{254} - \mu_a)^2 + (a_{255} - \mu_1)^2]$$
$$= \frac{1}{5}(74.8716125) = 14.974323 \ (m/s^2)^2$$

가 된다. rms값은

$$rms = \sqrt{\Psi_a^2} = \sqrt{14.974392} = 3.869675 \quad m/s^2$$

이고, 식 (1-44)를 적용하여 분산을 구하면

$$\sigma_a^2 = \Psi_a{}^2 - \mu_a^2 = 14.974392 - (-0.008281)^2 = 14.974323 \quad (m/s^2)^2$$

이고, 이는 편차로써 구한 분산과 같다.

표 1-5 시간 함수의 가속도

i	t_i	$a(t_i)$	$a(t_i)$ × 심슨계수	$a^2(t_i)$	$a^2(t_i)$ × 심슨계수	$[a(t_i)-\mu_a]^2$	$[a(t_i)-\mu_a]^2$ × 심슨계수
0	0.000000	5.000000	5.000000	25.000000	25.000000	25.082881	25.082881
1	0.019531	8.207098	32.828391	67.356452	269.425809	67.492450	269.969801
2	0.039063	5.279108	10.558216	27.868982	55.737965	27.956486	55.912972
3	0.058594	−1.587500	−6.350000	2.520156	10.080626	2.493932	9.975728
4	0.078125	−5.573035	−11.146070	31.058719	62.117439	30.966485	61.932970
5	0.097656	−3.546824	−14.187297	12.579961	50.319846	12.521286	50.085144
6	0.117188	0.426245	0.852491	0.181685	0.363370	0.188813	0.377627
7	0.136719	0.822398	3.289593	0.676339	2.705355	0.690028	2.760113
⋮	⋮	⋮	⋮	⋮	⋮	⋮	⋮
249	4.863281	−6.018538	−24.074150	36.222794	144.891177	36.123181	144.492725
250	4.882813	−8.170814	−16.341627	66.762195	133.524390	66.626935	133.253870
251	4.902344	−4.247151	−16.988603	18.038289	72.153156	17.968015	71.872058
252	4.921875	0.909314	1.818628	0.826852	1.653704	0.841981	1.683962
253	4.941406	1.983174	7.932695	3.932979	15.731914	3.965893	15.863573
254	4.960938	−0.076496	−0.152991	0.005852	0.011703	0.004653	0.009306
255	4.980469	0.067885	0.067885	0.004608	0.004608	0.005801	0.005801
256	5.000000	4.337913		18.817490		18.889404	
			Σ=−6.359972		Σ=11500.332937		Σ=11500.279995
			$\int_0^T a(t)dt$=−0.041406		$\int_0^T a^2(t)dt$=74.871959		$\int_0^T [a(t)-\mu_a]^2 dt$=74.871
			μ_a=−0.008281		$\Psi_a{}^2$=14.974392		σ_a^2=14.974323

Excel의 푸리에 변환 기능을 이용하여 시간 함수의 가속도를 주파수 함수의 가속도로 변환하면 표 1-6에서와 같이 주파수의 이산 함수로서 복소수인 $a_{fi} + jb_{fi}$ 형식의 푸리에 변환계수를 출력한다. 이 복소수로부터 주파수 함수의 가속도를 구하면

$$a(f_i) = \frac{2}{N}\sqrt{a_{fi}^2 + b_{fi}^2}, \quad i = 0, 1, 2, \ldots\ldots \frac{N}{2}$$

가 된다. 이 주파수 함수의 가속도는 그림 1-21(b)에서와 같다. 주파수 f_i에서 파워 스펙트럴

밀도 $G(f_i)$는 주파수 함수로부터 다음과 같이 결정한다.

$$G(f_0) = \frac{a^2(f_o)}{\Delta f}$$

$$G(f_i) = [\frac{a(f_i)}{\sqrt{2}}]^2 \frac{1}{\Delta f} = \frac{0.5a^2(f_i)}{\Delta f}, \quad i = 1,2,3,.....\frac{N}{2}$$

따라서 가속도의 파워 스펙트럴 밀도 함수는 그림 1-29에서와 같다. 파워 스펙트럴 밀도의 주파수 대역은 f_i를 중심 주파수로 한 Δf가 된다. $G(f_i)$ 계산식에서 0.5는 정현파 함수의 rms 값을 기준으로 하기 때문이다.

파워 스펙트럴 밀도 함수를 이용하여 제곱평균을 구하면

$$\Psi_a{}^2 = \int_0^\infty G_a(f)df$$

$$= \frac{\Delta f}{3}[G_a(f_o) + 4G_a(f_i) + 2G_a(f_2) + ... + 4G_a(f_{127}) + G_a(f_{128})]$$

$$= \frac{0.2}{3}(220.224463) = 14.681631 \ (m/s^2)^2$$

가 된다. 계산 과정의 오차를 고려하면 이는 앞에서 구한 제곱평균 14.974323 $(m/s^2)^2$과 같은 값이다.

표 1-6 푸리에 변환

i	f_i	엑셀의 푸리에 변환계수, $a_{fi} + b_{fi}$	$a(f_i)$	$G(f_i)$	$G(f_i)$×심슨계수
0	0.0	−0.265474872066178	0.002074	0.000022	0.000022
1	0.2	−0.267199245512531+3.99137836078491E−02i	0.002111	0.000011	0.000045
2	0.4	−0.272422742893273+8.76121445298052E−02i	0.002236	0.000012	0.000025
3	0.6	−0.281259512104226+0.16057426281774i	0.002530	0.000016	0.000064
4	0.8	−0.293489788477589+0.341031227183173i	0.003515	0.000031	0.000062
5	1.0	−1.33381983676247−127.961918979778i	0.999757	2.498784	9.995137
6	1.2	−0.341552711233904−0.274456852110127i	0.003423	0.000029	0.000059
7	1.4	−0.372250263918501−9.65316808223259E−02i	0.003004	0.000023	0.000090
⋮	⋮	⋮	⋮	⋮	⋮
120	24.0	0.360126625511258−4.83597618247495E−02i	0.002839	0.000020	0.000040
121	24.2	0.360071858493802−4.22360750066864E−02i	0.002832	0.000020	0.000080
122	24.4	0.360024452934901−3.61441346404583E−02i	0.002827	0.000020	0.000040
123	24.6	0.359984383790098−3.00792189347874E−02i	0.002822	0.000020	0.000080
124	24.8	0.359951629617265−2.40366932958857E−02i	0.002818	0.000020	0.000040
125	25.0	0.359926172704017−1.80119948873056E−02i	0.002815	0.000020	0.000079
126	25.2	0.359907999172342−1.20006176920658E−02i	0.002813	0.000020	0.000040

127	25.4	0.35989709905523-5.99809796900918E-03i	0.002812	0.000020	0.000079
128	25.6	0.359893466350792	0.002812	0.000020	0.000020
					Σ=220.224463 $\int_0^{f_n} G(f)df$=14.681631

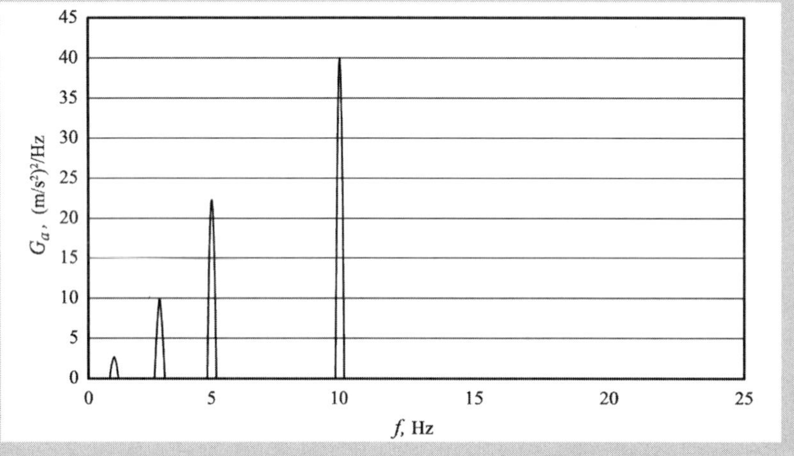

그림 1-29 파워 스펙트럴 밀도-주파수 선도

(2) 엔셈블 데이터의 분석

다수 데이터 신호의 집합체, 즉 엔셈블 데이터에 대한 분석은 각 데이터 신호 사이에 존재하는 어떤 상관 관계를 구명하기 위한 것이다. 일반적으로 데이터 신호를 측정한 시간 사이에 큰 차이가 있을 때는 데이터 신호 간에 상관 관계가 없는 것으로 판단할 수 있다. 그러나 시스템의 입력과 출력 신호를 동시에 측정하였을 때는 이들 사이에 어떤 상관 관계가 존재할 가능성이 높다. 두 데이터 신호 사이에 존재하는 상관 관계는 상호 상관 함수, 상호 스펙트럴 밀도 함수, 간섭 함수(coherence function), 주파수 응답 함수를 이용하여 구명할 수 있다.

1) 상호 상관 함수

상호 상관 함수는 두 개의 데이터 신호 사이에 존재하는 상관 관계를 나타낸다. 그림 1-30에서와 같이 두 개의 데이터 신호를 각각 $x(t)$, $y(t)$라고 하면 시간 t에서 $x(t)$와 $t+\tau$

에서 $y(t+\tau)$의 상호 상관 함수는 다음과 같이 정의된다.

$$R_{xy}(\tau) = \lim_{T \to \infty} \frac{1}{T} \int_0^T x(t) y(t+\tau) dt \tag{1-55}$$

$R_{xy}(\tau)=0$ 이면 $x(t)$와 $y(t)$ 사이에는 상관 관계가 존재하지 않는다. 즉 $x(t)$와 $y(t)$가 서로 독립된 데이터 신호이면 모든 시간 변위 τ에 대하여 $R_{xy}(\tau)=0$가 된다. 상호 상관 함수는 시스템의 시간 지연을 구명할 수 있으며, 특정 신호의 경로와 과도한 노이즈에 묻힌 신호를 검색하는 데 이용할 수 있다.

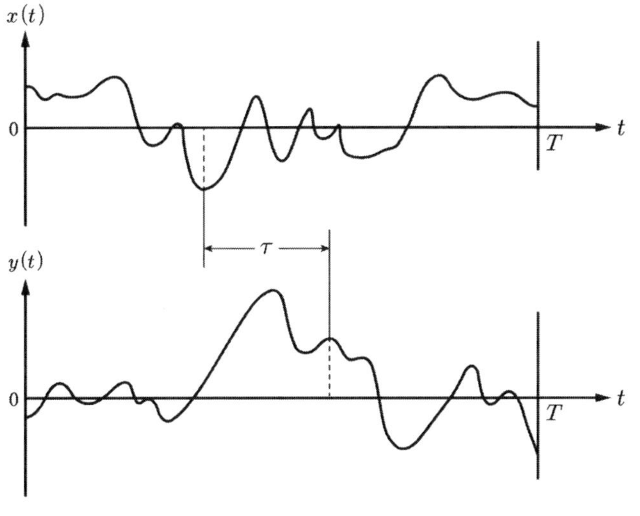

그림 1-30 상호 상관 함수

2) 상호 스펙트럴 밀도 함수

상호 스펙트럴 밀도 함수의 개념은 개별 데이터 신호에 대한 파워 스펙트럴 밀도 함수와 같다. 즉 주파수 대역 f와 $f+\Delta f$ 사이에 있는 $x(t)$와 $y(t)$의 곱을 평균하여 이 주파수 대역으로써 나눈 것이다. 상호 스펙트럴 밀도 함수는 상호 상관 함수를 푸리에 변환하여 구할 수도 있다. 상호 상관 함수는 짝함수(even function)가 아니기 때문에 상호 스펙트럴 밀도 함수 $G_{xy}(f)$는 일반적으로 식 (1-56)과 같이 복소수로서 나타낼 수 있다.

$$G_{xy}(f) = C_{xy}(f) - jQ_{xy}(f) \tag{1-56}$$

따라서 $G_{xy}(f)$의 크기와 방향은 각각 다음과 같이 표현된다.

$$| G_{xy}(f) | = \sqrt{C_{xy}^2(f) + Q_{xy}^2(f)} \quad (1-57)$$

$$\theta_{xy}(f) = \tan^{-1}[\frac{Q_{xy}(f)}{C_{xy}(f)}] \quad (1-58)$$

또한 상호 스펙트럴 밀도 함수와 주파수 응답 함수 사이에는 다음과 같은 관계가 있다.

$$G_{xy}(f) = H(f)G_x(f) \quad (1-59)$$

여기서, $G_{xy}(f)$=입력과 출력 데이터 신호의 상호 스펙트럴 밀도 함수
$H(f)$=선형 시스템의 주파수 응답 함수
$G_x(f)$=입력 데이터 신호의 파워 스펙트럴 밀도 함수

3) 간섭 함수

간섭 함수는 다음과 같이 정의된다.

$$\gamma_{xt}^2(f) = \frac{| G_{xy}(f) |^2}{G_x(f)G_y(f)} \leq 1 \quad (1-60)$$

어떤 특정 주파수 f에서 $\gamma_{xy}^2(f)$=0이면 이 주파수에서 $x(t)$와 $y(t)$ 사이에는 아무런 상관 관계가 존재하지 않는다. 만약 $\gamma_{xy}^2(f)$=1이면 $x(t)$와 $y(t)$ 사이에는 밀접한 상관 관계가 존재한다. $x(t)$와 $y(t)$가 서로 독립된 데이터 신호이면 모든 주파수에서 $\gamma_{xy}^2(f)$=0이 된다.

4) 주파수 응답 함수

입력 신호에 대한 시스템의 주파수 반응 특성을 주파수 응답 함수라고 하며, 선형 시스템의 주파수 응답 함수는 선형 시스템의 동특성을 구명하는 데 사용된다. 시스템의 주파수 응답 함수는 일반적으로 입력 신호의 크기에 대한 출력 신호의 크기비로서 나타내며, 입력 신호와 출력 신호의 형태에 따라 주파수 응답 함수는 서로 다르다. 예를 들면, 입력 변위에 대한 출력 변위의 주파수 응답 함수, 입력 힘에 대한 출력 변위의 주파수 응답 함수, 입력 가속도에 대한 출력 속도의 주파수 응답 함수 등은 서로 다르다. 시스템의 변수가 상수인 선형 시스템의 주파수 응답 함수는 주파수만의 함수이나, 비선형 시스템의 주파수 응답 함수는 입력 신호와 시간의 함수가 된다.

5) 베이스 진동에 대한 진동계의 주파수 응답 함수

자유도가 1인 진동계를 이용하여 다양한 형태의 주파수 응답 함수를 구할 수 있다. 그림

1–31은 스프링 상수 k와 댐핑계수(damping coefficient) c가 상수인 진동계로서 x를 입력 변위, y를 출력 변위라고 하면, 입력 변위와 출력 변위의 관계는 다음과 같이 운동 방정식으로써 나타낼 수 있다.

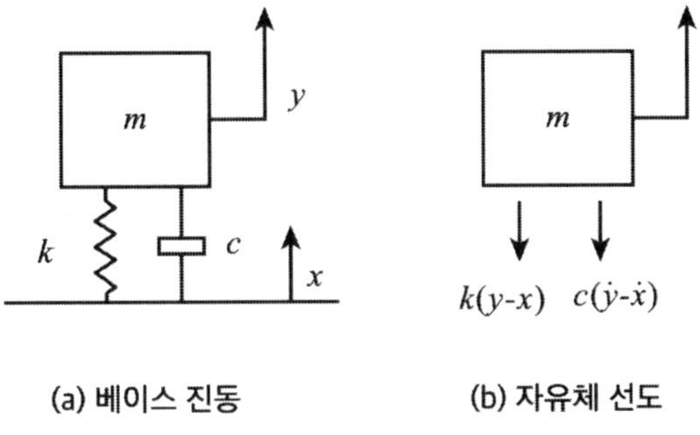

그림 1–31 자유도가 1인 진동계의 베이스 진동과 자유체 선도

$$m\ddot{y} = -c(\dot{y} - \dot{x}) - k(y - x)$$
$$m\ddot{y} + c\dot{y} + ky = c\dot{x} + kx \quad (1\text{–}61)$$

식 (1–61)에서 $\omega_n = \sqrt{\dfrac{k}{m}}$, $\zeta = \dfrac{c}{2\sqrt{km}}$라고 하면 운동 방정식은 다음과 같이 표현할 수 있다.

$$\ddot{y} + 2\zeta\omega_n\dot{y} + \omega_n^2 y = 2\zeta\omega_n\dot{x} + \omega_n^2 x$$

진동계가 선형이면 정상 상태(steady state)에서 출력 변위 y의 주파수는 입력 변위의 주파수와 같고, 위상(phase)은 입력 변위의 위상을 일정한 각으로써 추종한다. 따라서 정상 상태에서 x와 y는 각각 다음과 같이 조화 운동(harmonic motion)으로서 나타낼 수 있다.

$$x = Xe^{j\omega t}$$
$$y = Ye^{j(\omega t - \phi)}$$

여기서 ω는 입력 변위의 각속도(angular frequency)이고, ϕ는 입력 변위와 출력 변위 사이의 위상차(phase shift)이다. 따라서 $\ddot{y}$, $\dot{y}$, $\dot{x}$을 구하여 이를 운동 방정식에 대입하면

$$[(\omega_n^2 - \omega^2) + j2\zeta\omega_n\omega]\,Ye^{j(\omega t - \phi)} = (j2\zeta\omega_n\omega + \omega_n^2)Xe^{j\omega t} \quad (1\text{–}62)$$

가 된다. 입력 변위에 대한 출력 변위의 비는, 식 (1–62)으로부터

$$\frac{y}{x} = \frac{Ye^{j(\omega t - \phi)}}{Xe^{j\omega t}} = \frac{Y}{X}e^{-j\phi} = \frac{\omega_n^2 + j2\zeta\omega_n\omega}{(\omega_n^2 - \omega^2) + j2\zeta\omega_n\omega}$$

$$= \sqrt{\frac{\omega_n^4 + (2\zeta\omega_n\omega)^2}{(\omega_n^2 - \omega^2)^2 + (2\zeta\omega_n\omega)^2}}\, e^{j(\phi_1 - \phi_2)} \tag{1-63}$$

가 되고, 위상차는 $\phi = \phi_2 - \phi_1 = \tan^{-1}\frac{2\zeta\omega_n\omega}{(\omega_n^2 - \omega^2)} - \tan^{-1}(\frac{2\zeta\omega}{\omega_n})$가 된다. 진동계의 고유 진동수와 입력 변위의 주파수를 각각 f_n, f라고 하면 $f_n = \frac{\omega_n}{2\pi}$, $f = \frac{\omega}{2\pi}$이므로 이를 (1-63)에 대입하면 주파수 함수로서 입력 변위에 대한 출력 변위의 비는

$$\frac{y}{x} = \frac{Y}{X}(f)e^{-j\phi} = \sqrt{\frac{f_n^4 + (2\zeta f_n f)^2}{(f_n^2 - f^2)^2 + (2\zeta f_n f)^2}}\, e^{j(\phi_1 - \phi_2)} \tag{1-64}$$

가 되고, 위상차는 $\phi = \phi_2 - \phi_1 = \tan^{-1}\frac{2\zeta f_n f}{(f_n^2 - f^2)} - \tan^{-1}(\frac{2\zeta f}{f_n})$가 된다. 식 (1-64)에서

$$|\frac{Y}{X}(f)| = |H(f)|_{d-d} = \sqrt{\frac{f_n^4 + (2\zeta f_n f)^2}{(f_n^2 - f^2)^2 + (2\zeta f_n f)^2}}$$

를 전달비(transmissibility)라고 하며, 입력 변위에 대한 출력 변위의 주파수 응답 함수이다. 입력 변위의 주파수가 진동계의 고유 진동수와 같을 때는 공진이 일어나며, 이때 주파수 응답 함수는 다음과 같이 댐핑지수(damping factor) ζ만의 함수로서 나타낼 수 있다.

$$|\frac{Y}{X}| = \sqrt{\frac{1 + (2\zeta)^2}{(2\zeta)^2}} = \sqrt{1 + \frac{1}{4\zeta^2}}$$

입력 변위에 대한 출력 속도의 비는

$$\frac{\dot{y}}{x} = \frac{j\omega Ye^{j(\omega t - \phi)}}{Xe^{j\omega t}} = j\omega\frac{Y}{X}e^{-j\phi}$$

$$= j\omega[\frac{\omega_n^2 + j2\zeta\omega_n\omega}{(\omega_n^2 - \omega^2) + j2\zeta\omega_n\omega}] = \frac{-2\zeta\omega_n\omega^2 + j\omega_n^2\omega}{(\omega_n^2 - \omega^2) + j2\zeta\omega_n\omega}$$

$$= \sqrt{\frac{(-2\zeta\omega_n\omega^2)^2 + (\omega_n^2\omega)^2}{(\omega_n^2 - \omega^2)^2 + (2\zeta\omega_n\omega)^2}}\, e^{j(\phi_1 - \phi_2)}$$

$$\phi = \phi_2 - \phi_1 = \tan^{-1}(\frac{2\zeta\omega_n\omega}{\omega_n^2 - \omega^2}) - \tan^{-1}(-\frac{\omega_n}{2\zeta\omega})$$

이므로, 입력 변위에 대한 출력 속도의 주파수 응답 함수는

$$|H(f)|_{d-v} = 2\pi f \sqrt{\frac{(-2\zeta f_n f)^2 + (f_n^2)^2}{(f_n^2 - f^2)^2 + (2\zeta f_n f)^2}} = 2\pi f |H(f)|_{d-d} \quad (1\text{–}65)$$

가 되고, 입력 변위에 대한 출력 가속도의 주파수 응답 함수는

$$\frac{\ddot{y}}{x} = \frac{-\omega^2 Y e^{j(\omega t - \phi)}}{X e^{j\omega t}} = -\omega^2 \frac{Y}{X} e^{-j\phi}$$

$$= -\omega^2 [\frac{\omega_n^2 + j2\zeta\omega_n\omega}{(\omega_n^2 - \omega^2) + j2\zeta\omega_n\omega}] = \frac{-\omega_n^2\omega^2 - j2\zeta\omega_n\omega^3}{(\omega_n^2 - \omega^2) + j2\zeta\omega_n\omega}$$

$$= \sqrt{\frac{(-\omega_n^2\omega^2)^2 + (-2\zeta\omega_n\omega^3)^2}{(\omega_n^2 - \omega^2)^2 + (2\zeta\omega_n\omega)^2}} e^{j(\phi_1 - \phi_2)}$$

$$\phi = \phi_2 - \phi_1 = \pi + \tan^{-1}(\frac{2\zeta\omega_n\omega}{\omega_n^2 - \omega^2}) - \tan^{-1}(\frac{2\zeta\omega}{\omega_n})$$

이므로

$$|H(f)|_{d-a} = (2\pi f)^2 \sqrt{\frac{(-f_n^2)^2 + (-2\zeta f_n f)^2}{(f_n^2 - f^2)^2 + (2\zeta f_n f)^2}} = (2\pi f)^2 |H(f)|_{d-d} \quad (1\text{–}66)$$

가 된다. 입력 신호가 가속도인 경우, 입력 가속도에 대한 출력 변위의 주파수 응답 함수는

$$\frac{y}{\ddot{x}} = \frac{Y e^{j(\omega t - \phi)}}{-\omega^2 X e^{j\omega t}} = -\frac{1}{\omega^2} \frac{Y}{X} e^{-j\phi}$$

$$= -\frac{1}{\omega^2} \frac{\omega_n^2 + j2\zeta\omega_n\omega}{[(\omega_n^2 - \omega^2) + j2\zeta\omega_n\omega]} = \frac{-\omega_n^2 - j2\zeta\omega_n\omega}{[(\omega_n^2 - \omega^2)\omega^2 + j2\zeta\omega_n\omega^3]}$$

$$= \sqrt{\frac{(-\omega_n^2)^2 + (-2\zeta\omega_n\omega)^2}{[(\omega_n^2 - \omega^2)\omega^2]^2 + (2\zeta\omega_n\omega^3)^2}} e^{j(\phi_1 - \phi_2)}$$

$$\phi = \phi_2 - \phi_1 = \pi + \tan^{-1}[\frac{2\zeta\omega_n\omega^3}{(\omega_n^2 - \omega^2)\omega^2}] - \tan^{-1}(\frac{2\zeta\omega}{\omega_n})$$

이므로

$$|H(f)|_{a-d} = (\frac{1}{2\pi f})^2 \sqrt{\frac{(-f_n^2)^2 + (-2\zeta f_n f)^2}{(f_n^2 - f^2)^2 + (2\zeta f_n f)^2}} = (\frac{1}{2\pi f})^2 |H(f)|_{d-d} \quad (1\text{–}67)$$

가 되고, 입력 가속도에 대한 출력 속도의 주파수 응답 함수는

$$\frac{\dot{y}}{\ddot{x}} = \frac{j\omega Y e^{j(\omega t - \phi)}}{-\omega^2 X e^{j\omega t}} = -j\frac{1}{\omega}\frac{Y}{X}e^{-j\phi}$$

$$= -j\frac{1}{\omega}\left[\frac{\omega_n^2 + j2\zeta\omega_n\omega}{(\omega_n^2 - \omega^2) + j2\zeta\omega_n\omega}\right] = \frac{2\zeta\omega_n\omega - j\omega_n^2}{(\omega_n^2 - \omega^2)\omega + j2\zeta\omega_n\omega^2}$$

$$= \sqrt{\frac{(2\zeta\omega_n\omega)^2 + (-\omega_n^2)^2}{[(\omega_n^2 - \omega^2)\omega]^2 + (2\zeta\omega_n\omega^2)^2}}\, e^{j(\phi_1 - \phi_2)}$$

$$\phi = \phi_2 - \phi_1 = \pi + \tan^{-1}\left(\frac{2\zeta\omega_n\omega}{\omega_n^2 - \omega^2}\right) - \tan^{-1}\left(-\frac{\omega_n}{2\zeta\omega}\right)$$

이므로

$$|H(f)|_{a-v} = \frac{1}{2\pi f}\sqrt{\frac{(2\zeta f_n f)^2 + (-f_n^2)^2}{(f_n^2 - f^2)^2 + (2\zeta f_n f)^2}} = \frac{1}{2\pi f}|H(f)|_{d-d} \quad (1\text{–}68)$$

가 된다. 입력 가속도에 대한 출력 가속도의 주파수 응답 함수는 입력 변위에 대한 출력 변위의 주파수 응답 함수와 같다. 즉

$$|H(f)|_{a-a} = |H(f)|_{d-d} \equiv \sqrt{\frac{f_n^4 + (2\zeta f_n f)^2}{(f_n^2 - f^2)^2 + (2\zeta f_n f)^2}} \quad (1\text{–}69)$$

이다. 입력 신호가 속도인 경우에도 같은 방법으로 출력 신호가 변위, 속도, 가속도일 때의 주파수 응답 함수를 구할 수 있다.

진동계의 주파수 응답 함수는 입력 변위에 대한 출력 변위의 주파수 응답 함수를 기준으로 결정할 수도 있다. 입력 신호가 변위이고 출력 신호가 속도와 가속도이면 주파수 응답 함수의 크기는 식 (1–65)와 식 (1–66)에서와 같이 변위 출력에서보다 각각 $2\pi f$, $(2\pi f)^2$배로 증가하며 위상차는 각각 90°, 180^o로 증가한다. 입력 신호가 가속도이고, 출력 신호가 변위, 속도이면 주파수 응답 함수의 크기는 식 (1–67)과 식 (1–68)에서와 같이 각각 변위 출력의 $1/(2\pi f)^2$, $1/2\pi f$로 감소하며, 위상차는 각각 180°, 90^o로 감소한다.

6) 가진력이 작용하는 진동계의 주파수 응답 함수

진동계의 피진동체에 가진력이 작용할 때, 피진동체의 자유체 선도와 운동 방정식은 각각 그림 1–32와 식 (1–70)에서와 같다.

$$m\ddot{y} + c\dot{y} + ky = Fe^{j\omega t} \quad (1\text{–}70)$$

$\omega_n = \sqrt{\dfrac{k}{m}}$, $\zeta = \dfrac{c}{2\sqrt{km}}$라고 하면, 운동 방정식은

$$\ddot{y} + 2\zeta\omega_n\dot{y} + \omega_n^2 y = \frac{F}{m}e^{j\omega t}$$

가 되고, 정상 상태에서 출력 변위의 주파수는 가진력의 주파수와 같고, 위상차는 일정한 각으로써 지연되므로 출력 변위는 다음과 같이 표현된다.

$$y = Ye^{j(\omega t - \phi)}$$

이를 운동 방정식에 대입하면

$$(-\omega^2 + j2\zeta\omega_n\omega + \omega_n^2)Ye^{j(\omega t - \phi)} = \frac{F}{m}e^{j\omega t}$$

가 되고, 가진력의 크기에 대한 출력 변위의 크기비는

$$\frac{Y}{F} = \frac{1/m}{\omega_n^2 - \omega^2 + j2\zeta\omega_n\omega}e^{-j\phi} = \frac{1}{4m\pi^2}\frac{1}{f_n^2 - f^2 + j2\zeta f_n f}e^{-\phi}$$

$$\phi = \tan^{-1}\left(\frac{2\zeta\omega_n\omega}{\omega_n^2 - \omega^2}\right) = \tan^{-1}\left(\frac{2\zeta f_n f}{f_n^2 - f^2}\right)$$

가 된다. 따라서 가진력에 대한 출력 변위의 주파수 응답 함수는 다음과 같이 표현된다.

$$|H(f)|_{f-d} = \frac{1}{4m\pi^2}\frac{1}{\sqrt{(f_n^2 - f^2)^2 + (2\zeta f_n f)^2}} \qquad (1\text{–}71)$$

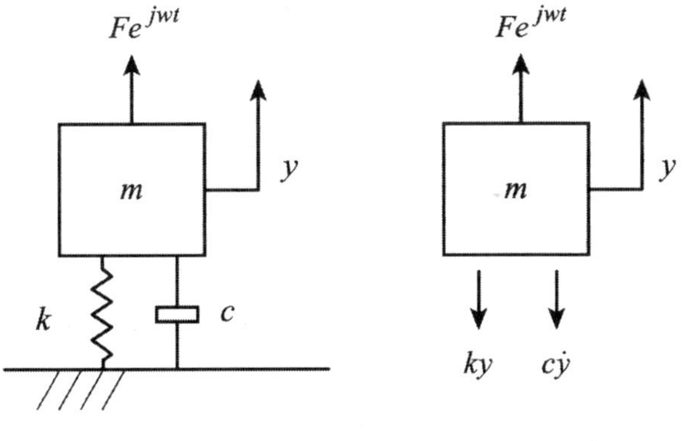

그림 1–32 자유도가 1인 진동계에 작용하는 가진력과 자유체 선도

[예제 1-10] ISO 5007은 트랙터의 질량이 3,600 kg 미만일 경우 좌석 현가장치를 평가하기 위한 입력 진동으로서 수직 방향 가속도의 파워 스펙트럴 밀도 함수 $G_{\ddot{x}}(f)$를 다음과 같이 정의하였다.

$$G_{\ddot{x}}(f) = 9.25(HP_{48})^2(LP_{48})^2$$

여기서

$$HP_{48} = \frac{S^8}{1+5.126S+13.137S^2+21.846S^3+25.688S^4+21.846S^5+13.137S^6+5.126S^7+S^8}$$

$$LP_{48} = \frac{1}{1+5.126S+13.137S^2+21.846S^3+25.688S^4+21.846S^5+13.137S^6+5.126S^7+S^8}$$

$$S = j\frac{f}{f_c},\ j = \sqrt{-1}$$

f=주파수, Hz

f_c=차단 주파수, Hz

이고, H_{48}과 L_{48}은 고주파 필터와 저주파 필터의 기울기가 각각 48 dB/octave임을 나타낸 것이다. 이때 고주파 필터의 차단 주파수는 3.0 Hz, 저주파 필터의 차단 주파수는 3.5 Hz이다. 따라서 주파수가 2.0 ~ 4.6 Hz일 때 이 파워 스펙트럴 밀도 함수의 값은 표 1-7의 $G_{\ddot{x}}(f)$와 같다.

좌석 현가장치의 질량이 m=75 kg, 스프링상수가 k = 25,500 N/m, 댐핑계수가 c = 371 N/s/m일 때 식 (1-54)와 식 (1-60)을 이용하여 출력 가속도의 파워 스펙트럴 밀도 함수, rms, 입력 상호 스펙트럴 밀도 함수, 출력 상호 스펙트럴 밀도 함수를 구하여라.

[풀이] m=75 kg, k=25,500 N/m, c=371 N/s/m이므로, 현가장치의 고유 진동수 f_n과 댐핑지수 ζ는 각각

$$f_n = \frac{\omega_n}{2\pi} = \frac{1}{2\pi}\sqrt{\frac{k}{m}} = \frac{1}{2\pi}\sqrt{\frac{25500}{75}} = 2.936 \text{ Hz}$$

$$\zeta = \frac{c}{2\sqrt{km}} = \frac{371}{2\sqrt{25500 \times 75}} = 0.134$$

가 된다. 이 값을 현가장치의 주파수 응답 함수에 대입하면 식 (1-69)로부터

$$|H(f)|_{a-a} = |H(f)|_{d-d} = |\frac{Y}{X}(f)| = \sqrt{\frac{1+(2\zeta\frac{f}{f_n})^2}{[1-(\frac{f}{f_n})^2]^2+(2\zeta\frac{f}{f_n})^2}}$$

$$|H(f)|^2_{a-a} = \frac{1+(2\zeta\frac{f}{f_n})^2}{[1-(\frac{f}{f_n})^2]^2+(2\zeta\frac{f}{f_n})^2}$$

가 되고, 식 (1-54)와 식 (1-60)을 적용하면

$$G_{\ddot{y}}(f) = \frac{1+(2\zeta\frac{f}{f_n})^2}{[1-(\frac{f}{f_n})^2]^2+(2\zeta\frac{f}{f_n})^2} G_{\ddot{x}}(f) = \frac{1+0.00835f^2}{(1-0.116f^2)^2+0.00835f^2} G_{\ddot{x}}(f)$$

$$G_{\ddot{x}\ddot{y}}(f) = \sqrt{=\frac{1+0.00835f^2}{(1-0.116f^2)^2+0.00835f^2}}\, G_{\ddot{x}}(f)$$

가 된다. 이 식을 이용하여 주파수 f에 따라 출력 가속도의 파워 스펙트럴 밀도 $G_{\ddot{y}}(f)$와 입출력 가속도의 상호 스펙트럴 밀도 $G_{\ddot{x}\ddot{y}}(f)$를 구하면 표 1-7에서와 같고, 입력 및 출력 파워 스펙트럴 밀도-주파수 선도와 상호 스펙트럴 밀도-주파수 선도는 그림 1-33에서와 같다. 출력 가속도의 rms 값은 $rms = \sqrt{\int_{2.0}^{4.6} G_{\ddot{y}}(f)df}$ 이므로 심슨 법칙을 적용하여 rms 값을 구하면

$$rms = \sqrt{\frac{0.1}{3}(0.0453+0.461+.....0.383+0.059)} = \sqrt{\frac{0.1}{3}\times 1164.103} = 6.23 \quad m/s^2$$

이다. 같은 방법으로 입력 가속도의 rms 값을 구하면 2.25 m/s^2이다. 표 1-7의 심슨계수는 적분을 위한 심슨 법칙에 적용되는 $G_{\ddot{x}}(f)$와 $G_{\ddot{y}}(f)$의 계수이다.

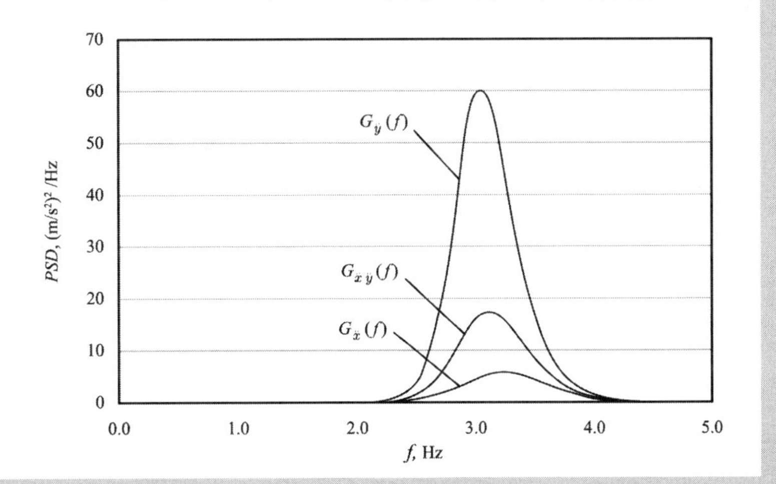

그림 1-33 입출력 스펙트럴 밀도 함수와 입출력 상호 스펙트럴 밀도 함수

표 1-7 주파수 응답 함수와 파워 스펙트럴 밀도 함수

f	$H_{a-a}(f)$	$H_{a-a}^2(f)$	$G_{\ddot{x}}(f)$	$G_{\ddot{y}}(f)$	$G_{\ddot{x}\ddot{y}}(f)$	$G_{\ddot{x}}(f)\times$ 심슨계수	$G_{\ddot{y}}(f)\times$ 심슨계수
2.0	1.7950534	3.2222167	0.0140597	0.0453032	0.0252378	0.014059651	0.045303241
2.1	1.9402675	3.7646381	0.0306329	0.1153217	0.059436	0.12253148	0.461286682
2.2	2.1142064	4.4698687	0.0642321	0.2871089	0.1357999	0.128464152	0.574217887
2.3	2.3232408	5.3974479	0.1298026	0.7006029	0.3015627	0.519210487	2.802411536
2.4	2.5737511	6.6241948	0.2527116	1.6740108	0.6504167	0.505423185	3.348021641
2.5	2.8691305	8.2319099	0.4726496	3.8908088	1.3560933	1.890598316	15.56323505
2.6	3.2020742	10.253279	0.8439896	8.6536612	2.7025174	1.687979298	17.30732248
2.7	3.5391529	12.525603	1.4243734	17.841136	5.0410753	5.697493713	71.36454511
2.8	3.8032949	14.465052	2.2414719	32.423008	8.5249787	4.482943829	64.84601667
2.9	3.8877383	15.114509	3.2423786	49.00696	12.605519	12.96951421	196.0278384
3.0	3.7351014	13.950983	4.2655413	59.508492	15.932229	8.531082565	119.0169842
3.1	3.4011016	11.567492	5.0850855	58.821684	17.294892	20.34034185	235.2867372
3.2	2.9982509	8.9895087	5.5112876	49.543768	16.524223	11.0225752	99.08753616
3.3	2.6097078	6.8105746	5.4682539	37.241951	14.270545	21.8730158	148.9678051
3.4	2.2703899	5.1546702	5.0062705	25.805673	11.366186	10.01254093	51.61134619
3.5	1.9860296	3.9443137	4.2655413	16.824633	8.4714914	17.06216513	67.29853155
3.6	1.7508646	3.0655268	3.4171391	10.475332	5.9829479	6.834278281	20.95066327
3.7	1.5563921	2.4223564	2.6049939	6.3102238	4.054392	10.41997558	25.24089502
3.8	1.3946117	1.9449419	1.9139341	3.7224906	2.669195	3.827868271	7.444981232
3.9	1.2588914	1.5848076	1.3713167	2.1732731	1.7263388	5.485266721	8.693092468
4.0	1.1439864	1.3087049	0.967533	1.2662152	1.1068446	1.935066068	2.532430425
4.1	1.0458168	1.0937328	0.6771891	0.7406639	0.7082157	2.708756287	2.962655605
4.2	0.9612178	0.9239397	0.4726496	0.4366997	0.4543192	0.945299158	0.873399407
4.3	0.887725	0.7880556	0.3301324	0.2601627	0.2930667	1.32052942	1.04065063
4.4	0.8234057	0.677997	0.2312888	0.1568131	0.1904445	0.462577659	0.313626245
4.5	0.7667316	0.5878774	0.1627665	0.0956867	0.1247982	0.651065923	0.382746955
4.6	0.7164831	0.5133481	0.115158	0.0591162	0.0825088	0.115158029	0.059116154
					$\Sigma=$	151.5657812	1164.103396
					$\int G(f)df=$	5.052192707	38.80344655
					rms=	2.247708323	6.22924125

입력 가속도의 파워 스펙트럴 밀도 함수를 $G_{\ddot{x}}(f)$라고 하면 출력 가속도의 제곱평균은, 식 (1−53)과 식 (1−54)로부터,

$$\Psi_{\ddot{y}}^2 = \int_0^\infty G_{\ddot{y}}(f)df = \int_0^\infty |H(f)|_{a-a}^2 G_{\ddot{x}}(f)df \quad (1\text{–}72)$$

가 된다. 만약 입력 가속도의 파워 스펙트럼 밀도가 모든 주파수에서 일정한 값 X_{apsd}라고 하면, 식 (1–69)로부터 출력 가속도의 제곱평균은 다음과 같이 표현할 수 있다.

$$\begin{aligned}\Psi_{\ddot{y}}^2 &= X_{apsd}\int_0^\infty \left|\frac{f_n^2 + j2\zeta f_n f}{f_n^2 - f^2 + j2\zeta f_n f}\right|^2 df \\ &= X_{apsd}\left[\frac{1}{2}\int_{-\infty}^\infty \left|\frac{f_n^2 + j2\zeta f_n f}{f_n^2 + j2f_n f + (jf)^2}\right|^2 df = \frac{X_{apsd}}{2}\frac{\pi f_n(1+4\zeta^2)}{2\zeta}\right.\end{aligned} \quad (1\text{–}73)$$

여기서 적분은 식 (1–74) 또는 식 (1–75)의 적분 공식(Newland, 1975)을 적용하여 구한다.

$$\int_{-\infty}^\infty \left|\frac{B_o}{A_o + (jf)A_1}\right|^2 df = \frac{\pi B_o^2}{A_o A_1} \quad (1\text{–}74)$$

$$\int_{-\infty}^\infty \left|\frac{B_o + (jf)B_1}{A_o + (jf)A_1 + (jf)^2 A_2}\right|^2 d\omega = \frac{\pi(A_o B_1^2 + A_2 B_o^2)}{A_o A_1 A_2} \quad (1\text{–}75)$$

댐핑이 아주 작은 경우, 보통 $\zeta \le 0.1$인 경우에는,

$$1 + 4\zeta^2 \approx 1$$

이고, 품질계수(quality factor)를 $Q = \dfrac{1}{2\zeta}$라고 하면, 출력 가속도의 rms값, Y_{arms}는

$$Y_{arms} = \sqrt{\Psi_{\ddot{y}}^2} = \sqrt{\frac{\pi}{2} f_n Q X_{apsd}} \quad (1\text{–}76)$$

가 된다. 이 식을 마일의 식(Miles equation)이라고 한다. 출력 변위의 rms값 Y_{drms}와 출력 속도의 rms값, Y_{vrms}는 식 (1–67), 식 (1–68)과 마일의 식을 이용하여 각각 다음과 같이 구할 수 있다.

$$Y_{drms} = \frac{1}{(2\pi f_n)^2}\sqrt{\frac{\pi}{2} f_n Q X_{apsd}} = \sqrt{\frac{Q X_{apsd}}{32\pi^3 f_n^3}} \quad (1\text{–}77)$$

$$Y_{vrms} = \frac{1}{(2\pi f_n)}\sqrt{\frac{\pi}{2} f_n Q X_{apsd}} = \sqrt{\frac{Q X_{apsd}}{8\pi f_n}} \quad (1\text{–}78)$$

마일의 식은 입력 가속도의 크기가 일정한 진동 환경에서 자유도가 1인 저댐핑 진동계의

반응을 간단하게 구할 수 있는 식이다.

[예제 1-11] 스프링 상수와 댐핑계수가 각각 k=7 kN/m, c=100 N.s/m인 현가장치에 질량이 40 kg인 기계가 설치되어 있다. 현가장치의 진동 환경은 가속도 스펙트럴 밀도가 0.05 g^2/Hz인 0~100 Hz의 협대역 진동이다. 마일의 식을 이용하여 기계가 받는 가속도의 rms값을 구하여라.

[풀이] 현가장치의 고유 진동수, 댐핑지수, 품질계수는 각각

$$f_n=\frac{1}{2\pi}\sqrt{\frac{k}{m}}=\frac{1}{2\pi}\sqrt{\frac{7000}{40}}=2.11\ \text{Hz}$$

$$\zeta=\frac{c}{2\sqrt{km}}=\frac{100}{2\sqrt{7000\times 40}}=0.095$$

$$Q=\frac{1}{2\zeta}=\frac{1}{2\times 0.095}=5.29$$

이고, 파워 스펙트럴 밀도는 0.05 g^2/Hz이므로 마일의 식을 적용하면 기계가 받는 가속도의 rms값은

$$rms=\sqrt{\frac{\pi}{2}f_n QX_{apsd}}=\sqrt{\frac{3.14}{2}\times 2.11\times 5.29\times 0.05}=0.935g$$

이다.

●●● 참 고 문 헌

Bendat, J. S. and A. G. Piersol. 1971. Random data: Analysis and measurement procedures. Wiley-Interscience Publications. New York.

Collins, J. A. 2003. Mechanical design of machine elements and machines. John Wiley & Sons.

ISO. 2003. ISO 5007 Agricultural wheeled tractors -Operator's seat- Laboratory measurement of transmitted vibration. Geneva, Switzerland

Newland, D. E. 1975. An introduction to random vibrations and spectral analysis. Longman.

제 2 장

부하 스펙트럼과 등가 하중

제 2 장 부하 스펙트럼과 등가 하중

기계에 작용하는 부하의 형태와 크기는 기계를 사용하는 조건과 방법에 따라 다르다. 기계의 사용 형태는 주기적으로 같은 과정을 반복하는 경우와 반복하지 않는 경우가 있다. 사용 형태가 주기적으로 같은 과정을 반복하는 경우는 일반적으로 동일한 작업 조건에서 동일한 작업을 반복하는 경우이다. 그러나 차량과 같은 경우에는 사용 형태가 반복되지 않는다. 즉 차량을 사용하는 조건은 일정하지 않고, 차량에 작용하는 하중은 항상 변한다. 이와 같이 항상 변하는 비주기적인 하중의 형태를 랜덤 하중(random load)이라고 한다.

기계 또는 부품의 수명을 예측하거나, 신뢰도(reliability)를 평가하기 위해서는 반드시 이를 사용하는 조건과 형태를 구명하여야 한다. 즉 기계 또는 부품이 설계 수명 또는 보증 기간에 걸쳐 실제 사용 조건에서 받는 하중의 형태, 크기, 빈도, 작용 시간 등의 데이터를 수집하고 이를 분석하여 작업 사이클(duty cycle), 등가 하중(equivalent load) 또는 부하 스펙트럼(load spectrum)을 작성하여야 한다.

2.1 작업 사이클

작업 사이클은 기계가 동일한 작업을 반복적으로 수행할 때 한 사이클의 작업 과정을 말하며 이때 기계에 작용하는 부하는 주기적인 단일 또는 일정한 수의 변동 하중으로 구성된다. 작업 사이클은 이 하중의 변화를 시간 함수 또는 작용 시간 비율로서 나타낸 것이다. 따라서 작업 사이클을 작성하기 위해서는 기계를 사용하는 조건별로 작용 부하의 크기, 방향,

빈도, 작용 시간을 정확하게 구명하여야 한다. 표 2-1은 한 예로서 어떤 유압 기기의 작업 사이클을 나타낸 것이다. 즉 이 유압 기기의 작업 사이클은 8개의 사용 조건으로 구성되어 있으며, 각 사용 조건에서 유압 기기에 작용하는 부하의 크기, 작용 시간 비율, 작업 속도를 나타낸 것이다.

표 2-1 유압 실린더의 작업 사이클 예

사용 조건, i	작용 시간 비율, h_i (%)	펌프 속도, ω_i (rpm)	부하의 크기, p_i (bar)
1	21	2,600	100
2	16	2,200	140
3	18	2,100	170
4	13	1,950	195
5	15	1,890	240
6	12	1,750	250
7	3	1,720	270
8	2	1,700	280
계	100		

자동차와 트랙터에서와 같이 작용하는 하중의 크기와 방향이 항상 변하는 경우에는 관련 작업과 관점에 따라서 작업 사이클은 다르다. 설계 관점에서 작업 사이클은 기계를 어떻게 사용하는가에 따라 결정되며, 운용 관점에서는 기계를 얼마나 장기간 사용하는가에 따라 결정된다. 설계 관점에서 작업 사이클을 결정할 때는 다음과 같은 데이터를 측정하고 분석하여야 한다.

- 평균 속도
- 최대 속도
- 공회전 시간
- 동력 취출 시간
- 사이클당 연속 운전 시간
- 일일 사용 시간
- 주당 사용 일수
- 측정 사이클당 총 주행 거리
- 포장, 비포장 도로의 사용 비율

- 적재와 비적재 비율
- 일일 변속 시간/횟수
- 부하 프로파일
- 피크 부하 프로파일

차량의 작업 사이클은 차량마다 다를 수 있으며, 한 차량의 작업 사이클도 사용 기간에 따라 다를 수 있다. 일반적으로 차량의 작업 사이클은 최소한 1년 동안의 데이터를 수집하여 결정하여야 한다.

2.2 사용 프로파일

기계를 사용하는 형태는 기계의 용도, 사용자의 습관, 사용 환경 등에 따라서 다르다. 기계의 사용 형태는 사용 속도, 작용 부하, 수행 작업 등으로써 나타낼 수 있으며, 일반적으로 기계의 일생 동안 예상되는 사용 형태별 시간 백분율, 즉 사용 속도, 작용 부하, 수행 작업의 시간 백분율로써 나타낸다. 기계의 일생 동안 사용 형태의 시간 백분율 또는 총 주행 거리에 대한 사용 형태별 주행 거리 백분율을 기계의 사용 프로파일(use profile) 또는 임무 프로파일(mission profile)이라고 한다.

기계가 일생 동안 사용되는 형태를 구명하기 위해서는 기계의 속도, 부하의 크기, 변속 단수, 사용 시간 등 기계에 따라 사용상의 특징을 나타낼 수 있는 변수를 실제 사용 조건에서 측정하여 이들의 스펙트럼을 작성하여야 한다. 그러나 기계의 일생 동안 이러한 변수의 측정은 불가능하기 때문에 몇 가지 전형적인 사용 형태에서 일정 기간 이러한 변수를 측정하여 이를 기계의 일생에 해당하는 시간 또는 거리로 환산하여야 한다. 예를 들면 승용차의 경우 도시 일반 주행, 도시 출퇴근 주행, 고속 도로 주행, 국도 주행, 산악 도로 주행 등과 같은 사용 형태를 전형적인 사용 형태로 보고, 이러한 사용 형태에서 주행 속도, 차축 토크, 차축 속도, 변속 단수 등을 측정하여 각 사용 형태별 주행 속도, 차축 토크, 차축 속도, 변속 단수의 스펙트럼을 작성하여야 한다. 농업용 트랙터의 경우에는 쟁기 작업, 로터리 작업, 운반 작업, 로더 작업 등을 전형적인 작업으로 볼 수 있으며, 이러한 사용 형태에 따라 속도, 부하 등의 스펙트럼을 작성하여야 한다.

신뢰도 평가 방법을 개발하기 위해서는 일반적으로 제품의 설계 수명 기간에 대한 사용 형태의 시간, 거리, 면적 등의 백분율로써 사용 프로파일을 작성한다. 표 2-2는 승용차의 사용 프로파일의 예를 나타낸 것이고, 표 2-3과 표 2-4는 각각 도시 주행에서 속도와 변속 단수의 분포를 예로서 나타낸 것이다.

표 2-2 승용차의 사용 프로파일 예

사용 도로	목표 고객			
	도시 고객 %	교외 고객 %	고속 도로 고객 %	산간지 고객 %
도시	73	10	13	24
일반 도로	13	79	16	31
고속 도로	12	7	68	20
산간 도로	1	2	2	23
건설 현장	1	2	1	2
총 주행 거리, km	270,000	270,000	270,000	270,000

표 2-3 도시 주행에서 주행 속도 분포의 예

주행 속도, km/h	0 ~ 10	10 ~ 20	20 ~ 30	30 ~ 40	40 ~ 50	50 ~ 60	60 ~ 70	70 ~ 80	80 ~ 90	90 ~ 100
%	0.6	4.8	13.7	16.7	23.9	18.8	9.9	5.7	5.0	0.9

표 2-4 도시 주행에서 사용 변속 단수 분포의 예

변속 단수	1	2	3	4	5	R
%	6.5	40.8	42.8	9.9	-	-

또 다른 예로서 유럽에서 널리 사용되고 있는 5톤 트럭의 경우, 사용 형태는 52.9%가 고속 도로 주행이며, 일일 평균 주행 거리는 400 km 이상이 27.9%이다. 또한 평균 적재량은 5톤 이하가 89.8%, 최대 적재량은 5톤 이상이 13.0%이며, 소유 기간은 5년이 42.7%를 차지하고 있다. 표 2-5 ~ 표 2-9는 5톤 트럭의 사용 도로별, 일일 평균 주행 거리별, 평균 적재량별, 최대 적재량별, 소유 기간별 분포의 예를 나타낸 것이다.

표 2-5 5톤 트럭의 주행 도로 분포의 예

도로 형태	고속 도로	2차선 차도	2차선 농로	도시
%	52.9	19.5	20.6	6.2

표 2-6 5톤 트럭의 일일 평균 주행 거리 분포의 예

주행 거리, km	0 ~ 50	50 ~ 100	100 ~ 200	200 ~ 300	300 ~ 400	400 ~ 500	500 이상
%	11.5	15.7	13.3	11.3	20.3	13.4	14.5

표 2-7 5톤 트럭의 평균 적재량 분포의 예

평균 적재량, ton	1 ~ 2	2 ~ 3	3 ~ 5	5 이상
%	20.5	40.2	29.1	10.2

표 2-8 5톤 트럭의 최대 적재량 분포의 예

최대 적재량, ton	0 ~ 2.5	2.5 ~ 5.0	5.0 ~ 7.5	7.5 이상
%	20.3	66.7	10.5	2.5

표 2-9 5톤 트럭의 소유 기간 분포의 예

소유 기간, 연	3 이하	4	5	6	7	8 이상
%	7.6	11.9	42.7	14	15.4	8.4

그림 2-1은 서유럽에서 사용되고 있는 농업용 트랙터의 주행 속도별 누적 시간 비율을 나타낸 것이다 (Renius, 2020). 트랙터의 주작업 속도는 사용 형태에 따라 다르나 대체로 4 ~ 12 km/h 범위이고 이 범위의 속도로써 트랙터가 사용되는 시간은 총 사용 시간의 50 ~ 83% 정도이다. 특정 속도 범위에서 트랙터가 사용되는 시간 비율은 해당 속도에 대한 누적 시간 비율의 차이로써 구할 수 있다. 서유럽 평균의 경우 8 ~ 10 km/h의 속도로 사용되는 시간 비율은 10 km/h일 때의 누적 시간 비율에서 8 km/h일 때의 누적 시간 비율을 빼서 구한다. 즉 60% - 40%로서 20%가 된다. 표 2-10은 국내에서 사용되고 있는 농업용 트랙터의 작업별 연간 작업 면적, 이용 시간, 이용 일수의 백분율을 나타낸 것이다.

일반적으로 차량의 사용 프로파일은 차량의 종류, 사용 지역, 운전자의 특성 등에 따라서 다를 수밖에 없다. 차량은 승용차, 상용차, 농업용 트랙터 등으로 구별할 수 있으며, 차량을 사용하는 지역은 대도시, 소도시, 농촌 등과 같이 사용자의 거주 지역, 인구, 교통량의 정도 등으로써 그 특징을 구별할 수 있다. 또한 운전자의 특성에는 운전자의 성별, 나이, 직업 등

이 포함된다. 실제로 모든 운전자는 자신만의 사용 프로파일을 만들 수 있으며, 이러한 사용 프로파일도 운전자가 거주하는 지역에 따라 다를 수 있다.

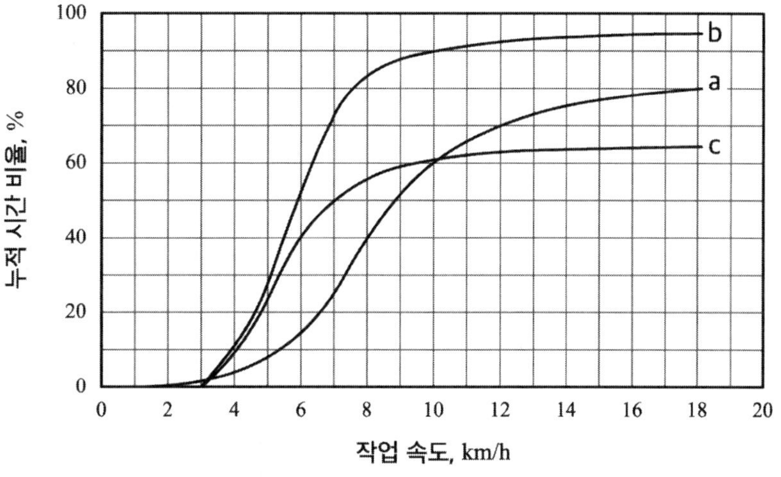

그림 2-1 트랙터의 작업 속도 분포(Renius, 2019)

표 2-10 국내 농업용 트랙터의 작업별 이용 시간 분포의 예 (국립농업과학원, 2020)

작업	작업 면적		이용 시간		이용 일수	
	ha/년	%	시간/년	%	일/년	%
경운	3.5	16.1	18.1	12.9	3.4	9.6
정지	9.1	41.9	44.6	31.9	8.0	22.5
균평	2.6	12.0	14.1	10.1	2.6	7.3
비료 살포	2.6	12.0	8.2	5.9	1.9	5.3
로더	–	–	23.4	16.7	8.3	23.3
곤포	0.3	1.4	2.7	1.9	0.4	1.1
퇴비 살포	1.3	6.0	5.7	4.1	1.2	3.4
운반	–	–	14.0	10.0	8.1	22.7
기타	2.3	10.6	9.1	6.5	1.7	4.8
계	21.7	100	139.9	100	35.6	100

사용 프로파일의 작성이 어려운 경우에는 작업 사이클의 작성도 어렵다. 이러한 경우에는 기계의 동력원으로 사용되는 엔진의 작동 상태를 분석하여 사용 빈도가 높은 다수의 출력 토크–속도 조합과 일정 기간 각 조합의 사용 시간 비율을 구명하여 작업 사이클로 이용할 수도 있다. 예를 들면, 5단 수동 변속기를 장착한 승용차의 경우 1단 기어에서 사용한 출력 토크–속도 조합과 이 조합의 사용 시간 비율을 표 2–11에서와 같이 나타낼 수 있다. 다른 변속 단수에서도 동일한 형태의 작업 사이클을 작성할 수 있다. 그러나 이러한 출력 토크–속도 조합을 구명하기 위해서도 많은 측정과 분석 작업이 요구된다.

표 2–11 승용차의 변속 기어 사용 프로파일의 예

변속 단수	출력 토크, N · m	출력 속도, rpm	사용 시간 비율, %
1	163	1,800	60
2	339	1,400	30
3	474	1,000	10

2.3 기계 수명

(1) 설계 수명

설계 수명은 기계 또는 부품을 설계할 때 목표로 설정한 수명을 말한다. 설계 수명은 제품의 개발 전략 또는 개발 업체의 사정에 따라 다르기 때문에 일률적으로 정하기는 어려우나, 시장 조사 결과, 기존 제품의 수명, 유사 제품의 수명, 사용 프로파일 등을 이용하여 결정할 수 있다. 수명은 사용 시간, 사용 거리, 사용 횟수 등 제품에 따라 구체적인 단위의 값으로 나타낸다.

차량의 경우에는 예상되는 일일 주행 거리, 연간 사용 일수, 사용 연수로써 다음과 같이 설계 수명을 결정할 수 있다.

$$\text{설계 수명} = \text{일일 주행 거리} \times \text{연간 사용 일수} \times \text{사용 연수} \tag{2–1}$$

예로서 5톤 트럭의 경우, 연간 사용 일수를 350일로 하고, 표 2–6에서 일일 주행 거리의 비율이 가장 큰 400 km와 표 2–9에서 소유 기간의 비율이 가장 큰 5년을 선택하면 설계 수명은

$$350 \times 400 \times 5 = 700{,}000 \text{ km}$$

가 된다. 같은 방법으로 일일 사용 시간 또는 일일 사용 횟수를 이용하여 시간 또는 횟수 단위의 설계 수명은 다음과 같이 결정할 수도 있다.

설계 수명(시간) = 일일 사용 시간 × 연간 사용 일수 × 사용 연수

설계 수명(회) = 일일 사용 횟수 × 연간 사용 일수 × 사용 연수

(2) 가용 수명

제품이 수명을 다했을 때 일어나는 고장을 마모 고장(wearout failure)이라고 한다. 가용 수명(useful life)은 이러한 마모 고장이 일어날 때까지의 수명을 말한다. 그러나 실제 고장이 일어났을 때 마모 고장의 여부를 확인하기는 쉽지 않다. 이론적으로 마모 고장은 고장률이 증가하면서 시작한다. 즉 일정한 값을 유지하던 고장률이 증가하기 시작하면 제품은 가용 수명을 다한 것으로 판단할 수 있다. 그러나 이 또한 다양한 제품의 사용 형태와 제품 자체의 변이 때문에 정확한 고장률의 변화를 결정하기는 쉽지 않다. 따라서 보다 현실적으로 적용이 가능한 가용 수명의 정의가 요구된다.

볼라(Bolla, 2002)는 가용 수명을 95%의 고객이 사용하는 조건에서 마모 고장에 대한 신뢰도가 95%인 시점까지라고 하였다. 이 정의를 적용하면 신뢰도 목표로서 가용 수명은 다음과 같이 설정할 수 있다. 승용차 운전자 1,000명과 소형 트럭 운전자 1,000명을 대상으로 한 설문 조사에서 95%의 응답자가 하루에 최소한 15회 차량을 시동한다고 하면 10년 간 예상되는 총 시동 횟수는 10년×365일×15회=54,750회가 되며, 10년 간 이 시동 횟수 중 95%에 해당하는 54,750×0.95=52,013회가 성공해야만 신뢰도는 95%가 된다. 따라서 이 시동 장치의 가용 수명을 $B_5 = 54{,}750$ 회로 설정할 수 있다. 즉 가용 수명을 $B_5 = 54{,}750$ 회로 설정하면 총 54,750회의 시동이 이루어질 때까지 95%에 해당하는 52,013회는 시동에 성공하여야 하며, 5%에 해당하는 2,737회는 실패를 허용하는 수명이다.

일반적으로 어떤 제품의 가용 수명을 $B_{10} = 1{,}000$ 시간이라고 하면, 1,000시간까지 제품의 신뢰도가 90%인 수명 또는 1,000시간까지 제품의 10%에서 고장을 허용하는 수명이다.

(3) 보증 수명

신뢰도 평가에서는 설계 수명보다는 보증 수명을 대상으로 하는 경우가 많다. 보증 수명은 제품의 무고장 또는 무상 수리를 보증하는 최소한의 수명을 말한다. 보증 수명도 제품의

개발 전략과 개발 업체의 사정에 따라 다르기 때문에 일률적으로 정하기는 어렵다. 그러나 제품의 용도에 따라 보증 기간을 먼저 설정한 후 실제 보증 수명을 정할 수도 있다. 예로서 일반 승용차의 보증 기간을 10년으로 설정하면, 이에 해당되는 보증 수명은 다음과 같이 결정할 수 있다.

$$\text{보증 수명} = (\text{출퇴근 시 평균 주행 거리/일} \times \text{출퇴근 일수/년} + \text{휴일과 주말 평균 주행 거리} \times \text{휴일과 주말 수/년}) \times 10\text{년} \quad (2\text{-}2)$$

일일 출퇴근 시 평균 주행 거리를 40 km, 연간 출퇴근 일수를 300일, 휴일과 주말의 평균 주행 거리를 120 km, 연간 휴일과 주말 수를 65일로 가정하면 10년 간 주행거리는

$$(40 \times 300 + 120 \times 65) \times 10 = 198{,}000 \text{ km}$$

가 되며, 이를 근거로 보증 수명을 10년 또는 200,000 km로 설정할 수 있다. 그러나 보증 수명은 추정에 포함된 각 변수의 값에 따라 달라지므로 합리적인 변수의 값을 구하기 위해서는 실제 사용 형태에 대한 많은 조사와 통계적인 분석이 필요하다.

(4) 보증 기간

제품의 고장률은 일반적으로 그림 2-2에서와 같이 사용 초기에는 높지만 점차 감소하여 일정한 수준에 이르며 사용 시간이 증가함에 따라 다시 증가하는 형태를 나타낸다. 사용 초기의 높은 고장률이 점차 감소하여 일정한 수준에 이를 때까지를 초기 고장(infant mortality) 기간, 고장률이 일정한 기간을 가용 수명(useful life) 기간, 고장률이 다시 증가하는 기간을 마모 고장(wearout) 기간이라고 한다.

제품의 보증 기간(warranty period)은 판매 전략과 소요 비용을 고려하여 결정하지만 보통 가용 수명 기간까지 또는 가용 수명 기간의 일부만을 포함하여 결정한다. 초기 고장 기간 t_{im}의 고장률을 λ_{im}, 가용 수명 기간 t_{ul}의 고장률을 λ_{ul}이라고 하면 초기 고장 기간과 가용 수명 기간을 전부 포함한 보증 기간 t_{wp}의 평균 고장률 λ_{wp}은 다음과 같이 결정할 수 있다.

$$\lambda_{wp} = \frac{1}{t_{wp}}(\lambda_{im} t_{im} + \lambda_{ul} t_{ul}) \quad (2\text{-}3)$$

보증 기간을 가용 수명 기간의 α%까지만 포함한다고 하면

$$t_{wp} = t_{im} + \frac{\alpha}{100} t_{ul} \tag{2-4}$$

이므로 평균 고장률은

$$\lambda_{wp} = \frac{1}{t_{im} + \frac{\alpha}{100} t_{ul}} (\lambda_{im} t_{im} + \lambda_{ul} t_{ul}) \tag{2-5}$$

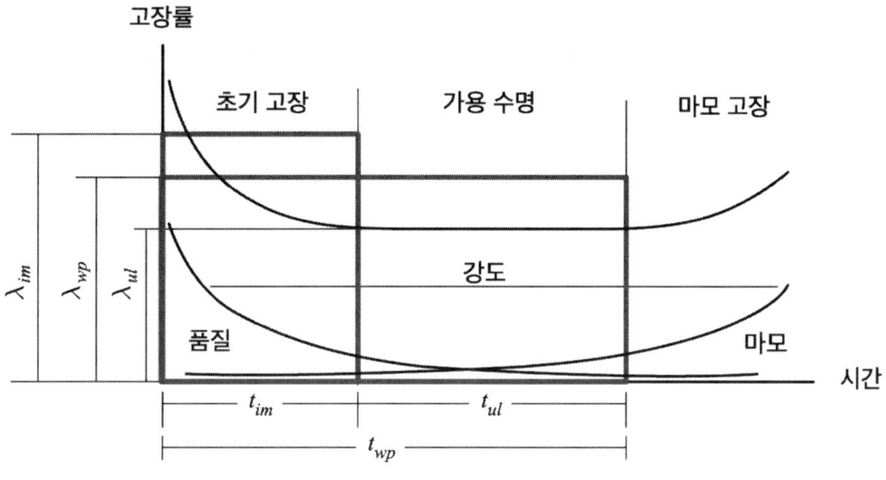

그림 2-2 보증 기간의 설정

가 된다. 고장률 λ과 평균고장간격(mean time between failures) η의 관계는 $\lambda\eta = 1$이므로 식 (2-5)를 평균고장간격 η로써 표현하면 다음과 같다.

$$\eta_{wp} = \frac{t_{im} + \frac{\alpha}{100} t_{ul}}{\frac{t_{im}}{\eta_{im}} + \frac{t_{ul}}{\eta_{ul}}} \tag{2-6}$$

또한 보증 기간을 가용 수명 기간의 α%까지 포함할 때 보증 기간의 고장률과 평균고장간격을 각각 λ_{wp}, η_{wp}라고 하면 유지해야 할 가용 수명 기간의 고장률과 평균고장간격은 각각 다음과 같이 표현된다.

$$\lambda_{ul} = \left(\frac{t_{im}}{t_{ul}} + \frac{\alpha}{100}\right)\lambda_{wp} - \frac{t_{im}}{t_{ul}} \lambda_{im} \tag{2-7}$$

$$\eta_{ul} = \frac{\eta_{wp}\eta_{im}}{(\frac{t_{im}}{t_{ul}} + \frac{\alpha}{100})\eta_{im} - \frac{t_{im}}{t_{ul}}\eta_{wp}} \tag{2-8}$$

보증 기간의 고장률 또는 평균고장간격을 일정한 수준으로 유지하기 위해서는 초기 고장 기간의 고장률을 일정한 수준으로 제한하여야 한다. 초기 고장 기간의 고장률, 평균고장간격은 일반적으로 가용 수명 기간의 고장률 또는 평균고장간격에 대한 비로써 제한할 수 있다. 또는 초기 고장 기간의 고장 수 r_{im}을 보증 기간의 고장 수 r_{wp}에 대한 비로서도 제한할 수도 있다. 식 (2-9)와 식 (2-10)은 각각 가용 수명 기간의 고장률과 평균고장간격에 대한 초기 고장 기간의 고장률 비 r_λ와 평균고장간격 비 r_η를 나타낸 것이고 식 (2-11)은 보증 기간의 고장 수에 대한 초기 고장 기간의 고장 수 비 r_r을 나타낸 것이다.

$$r_\lambda = \frac{\lambda_{im}}{\lambda_{ul}} \tag{2-9}$$

$$r_\eta = \frac{\eta_{im}}{\eta_{ul}} \tag{2-10}$$

$$r_r = \frac{r_{im}}{r_{wp}} = \frac{\lambda_{im}t_{im}}{\lambda_{wp}t_{wp}} = r_\lambda \frac{t_{im}}{t_{wp}} \tag{2-11}$$

[예제 2-1] 초기 고장 기간의 고장 수가 보증 기간에 발생한 총 고장 수의 50%일 때 보증 기간까지 목표 평균고장간격을 유지하기 위한 가용 수명 기간의 평균고장간격을 구하여라. 보증 기간은 초기 고장 기간과 가용 수명 기간을 모두 포함하며, 주요 데이터는 다음과 같다.

보증 기간: 2년
소비자의 평균 연간 사용 시간=300시간/년
보증 기간의 목표 평균고장간격: 1,000시간
초기 고장 기간=150시간

[풀이] $t_{wp} = 2 \times 300 = 600$ 시간, $\eta_{wp} = 1{,}000$ 시간, $t_{im} = 150$ 시간이므로
가용 수명 기간은 식 (2-4)로부터

$$t_{ul} = (t_{wp} - t_{im})\frac{100}{\alpha} = (600 - 150) \times \frac{100}{100} = 450 \text{ 시간}$$

이다. 또한 $\dfrac{\lambda_{im}t_{im}}{\lambda_{wp}t_{wp}}=\dfrac{\eta_{wp}t_{im}}{\eta_{im}t_{wp}}=0.5$이므로

$$\eta_{im}=\frac{2\eta_{wp}t_{im}}{t_{wp}}=\frac{2\times1,000\times150}{600}=500 \text{ 시간}$$

이 된다. 위의 값을 식 (2-8)에 대입하면

$$\eta_{ul}=\frac{\eta_{wp}\eta_{im}}{(\frac{t_{im}}{t_{ul}}+\frac{\alpha}{100})\eta_{im}-\frac{t_{im}}{t_{ul}}\eta_{wp}}=\frac{1,000\times500}{(\frac{150}{450}+\frac{100}{100})\times500-\frac{150}{450}\times1,000}=1,500 \text{ 시간}$$

이 된다.

2.4 레인 플로 사이클 카운팅

(1) 사이클 카운팅

차량의 변속기에 작용하는 부하는 비주기적이고 시간에 따라 크기가 연속적으로 변한다. 이와 같이 부하의 형태가 비주기적일 때는 하나의 작업 사이클을 구할 수가 없다. 비주기적인 부하는 크기가 다른 다수의 부하가 결합된 형태이므로 이를 구성하는 각 부하의 크기와 그 빈도를 구하여 누적 빈도의 함수로서 부하의 크기를 나타내어야 한다. 즉 부품이 일생 동안 받는 비주기적 부하는 그 크기와 빈도로써 나타내지 않으면 안 된다. 부품이 일생 동안 받는 부하의 크기를 누적 빈도의 함수로서 나타낸 것을 부하 스펙트럼(load spectrum)이라고 한다.

시간 함수로서 측정한 부하는 변동이 크고 다양한 크기를 포함하고 있다. 시간 함수의 부하를 그 크기와 빈도로 분해하기 위해서는 일정한 크기의 부하가 발생한 횟수를 정확하게 카운팅하여야 한다. 이를 사이클 카운팅(cycle counting)이라고 하며, 사이클 카운팅 방법에는 레벨 크로싱 카운팅(level crossing counting), 피크 카운팅(peak counting), 레인 플로 카운팅(rain flow counting) 등이 있다.

레벨 크로싱 카운팅은 그림 2-3에서와 같이 부하의 범위를 일정한 간격으로 나눈 후, 부하 곡선이 평균 부하 이상일 때는 증가 곡선이, 이하일 때는 감소 곡선이 각 부하 수준을 통과할 때마다 통과 수를 세는 방법이다. 그러나 이 방법은 그림 2-4에서와 같이 상이한 부하-시간 선도에서도 같은 결과를 초래할 위험성이 있다. 피크 카운팅은 극대점과 극소점을

모두 세는 방법이다. 이 방법도 그림 2-5에서와 같이 작용 부하의 차이를 구별하기가 어렵다는 단점이 있다. 레벨 크로싱과 피크 카운팅 방법에서는 피로 수명에 큰 영향을 미치는 하중 간의 차이와 하중의 작용 순서가 고려되지 않는다는 문제점이 있다. 따라서 이러한 카운팅 방법은 부하의 형태가 불규칙한 경우에는 적합하지 않다.

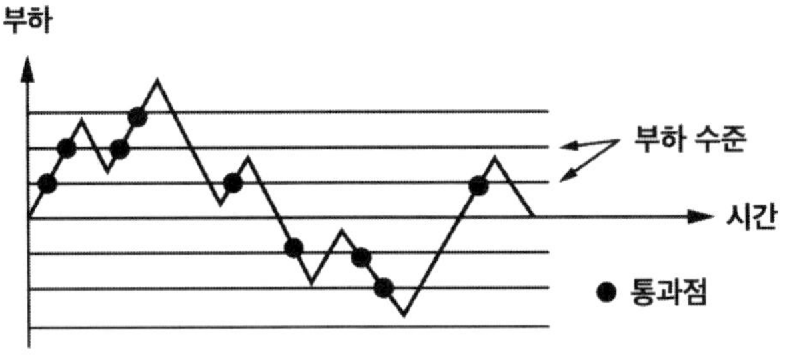

그림 2-3 레벨 크로싱 카운팅

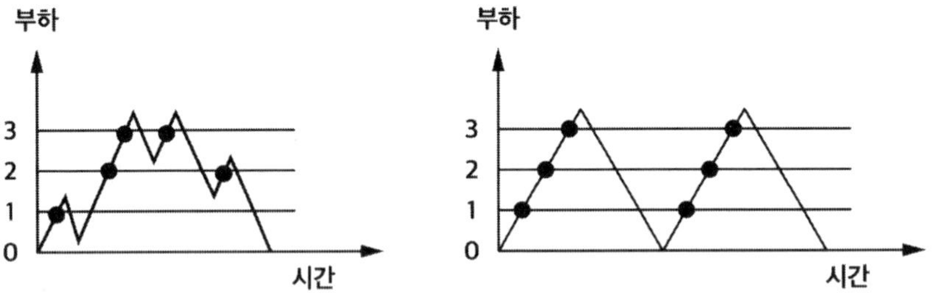

그림 2-4 레벨 크로싱 카운팅의 문제점

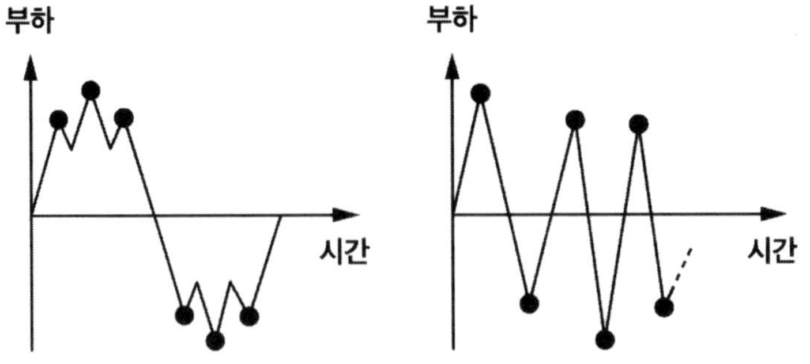

그림 2-5 피크 카운팅

(2) 레인 플로 사이클 카운팅

레인 플로 사이클 카운팅은 변형률–시간 선도에서 변형률 히스테리시스 루프(strain hysteresis loop)를 세는 방법이다. 변형률–시간 선도에서 극대점과 극소점을 연결한 경사선을 따라 가상 빗방울이 흘러내린다고 가정할 때 형성되는 사이클을 실제 발생한 하중의 한 사이클로 간주한다. 이 방법을 적용하기 위해서는, 먼저 부하–시간 선도(변형률–시간 선도 또는 응력–시간 선도)의 시간축이 연직선이 되도록 부하–시간 선도를 회전시킨다. 이때 부하–시간 선도의 시작점은 최대 부하점 또는 최소 부하점으로 하고, 극대점은 오른쪽으로, 극소점은 왼쪽으로 배치한다. 모든 극대점과 극소점에서 출발한 가상 빗방울은 다음과 같은 법칙에 따라 차례로 흘러내린다(Nelson, 1978).

극대점에서 시작할 경우

① 극대점에서 시작한 가상 빗방울이 경사면을 따라 흘러 극소점에 이르면 아래로 떨어질 것인가 아니면 멈출 것인가를 결정하여야 한다. 도착한 극소점 다음의 극대점이 시작한 극대점과 같거나 보다 높으면 이 극소점에서 멈춘다. 극대점이 시작한 극대점보다 작으면 극소점에서 아래로 떨어진다. 이때 떨어질 경사면이 있는 경우와 없는 경우가 있다. 떨어질 경사면이 없는 경우에는 극소점에서 멈춘다. 떨어질 경사면이 있으면 떨어진 경사면의 극대점과 시작한 극대점 사이에 시작한 극대점보다 더 큰 극대점이 없으면 가상 물방울은 경사면에서 떨어져 아래로 굴러간다. 만약 시작한 극대점보다 더 큰 극대점이 있으면 극소점에서 멈춘다.

② 경사면을 따라 흐르던 빗방울이 앞에서 지나간 흐름의 자국과 만나면 만난 점에서 멈춘다.

③ 가상 빗방울은 ①과 ②의 조건이 만족될 때까지 아래의 경사면으로 떨어지며 계속 흐른다. 아래로 떨어질 경사면이 없으면 ①에서와 같이 도착한 극소점에서 멈춘다.

극소점에서 시작할 경우에도 동일한 방법으로

① 극소점에서 시작한 가상 빗방울이 경사면을 따라 흘러 극대점에 이르면 아래로 떨어질 것인가 아니면 멈출 것인가를 결정하여야 한다. 도착한 극대점 다음의 극소점이 시작한 극소점과 같거나 보다 작으면 이 극대점에서 멈춘다. 극소점이 시작한 극소점보다 더 크면 극대점에서 아래로 떨어진다. 이때 떨어질 경사면이 있는 경우와 없는 경우가

있다. 떨어질 경사면이 없는 경우에는 극대점에서 멈춘다. 떨어질 경사면이 있으면 떨어진 경사면의 극소점과 시작한 극소점 사이에 시작한 극소점보다 더 작은 극소점이 없으면 가상 물방울은 경사면으로 떨어져 아래로 굴러간다. 만약 시작한 극소점보다 더 작은 극소점이 있으면 극대점에서 멈춘다.

② 경사면을 따라 흐르던 빗방울이 앞에서 지나간 흐름의 자국과 만나면 만난 점에서 멈춘다.

③ 가상 빗방울은 ①과 ②의 조건이 만족될 때까지 아래의 경사면으로 떨어지며 계속 흐른다. 아래로 떨어질 경사면이 없으면 ①에서와 같이 도착한 극대점에서 멈춘다.

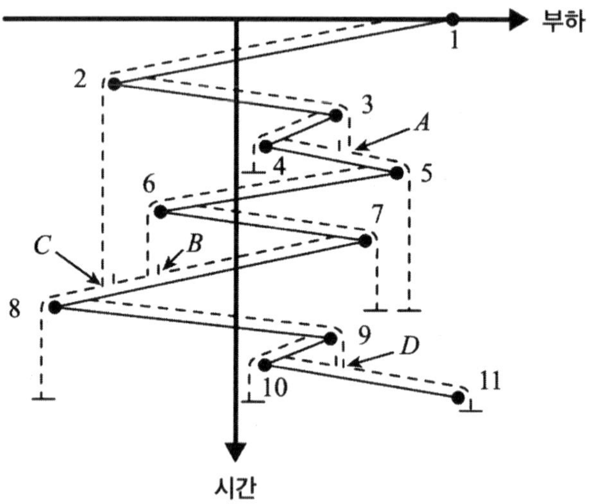

그림 2-6 레인 플로 사이클 카운팅

그림 2-6은 이 법칙에 따라 가상 빗방울이 흐르는 과정을 나타낸 것이다. 극대점 1에서 출발한 빗방울은 극소점 2에서, 떨어질 경사면 7-8의 극대점 7과 시작한 극대점 1 사이에 시작한 극대점 1보다 더 큰 극대점이 없기 때문에, 경사면 7-8로 떨어진다. 경사면 7-8로 떨어진 빗방울은 경사면을 따라 극소점 8에 도착하여 다시 8에서 아래로 떨어질 것인가 멈출 것인가를 결정한다. 극소점 8에서는 아래로 떨어질 경사면이 없으므로 극소점 8에서 멈춘다. 극소점 2에서 출발한 빗방울은 극대점 3에 도착하여 다음 극소점 4가 시작한 극소점 2보다 더 크므로 아래 경사면 4-5로 떨어진다. 떨어진 빗방울은 경사면을 따라 극대점 5에 도착한다. 극대점 5에서는 떨어질 경사면 10-11이 있으나, 이 경사면의 극소점 10과 처음

시작한 극소점 2 사이에 극소점 2보다 더 작은 극소점 8이 있으므로, 극대점 5에서 멈춘다. 극대점 3에서 출발한 빗방울은 경사면 3–4를 따라 흐르며, 극소점 4에 도달하여 다음 극대점 5가 시작한 극대점 3보다 더 크기 때문에, 극소점 4에서 멈춘다. 극소점 4에서 출발한 빗방울은 극대점 2에서 시작한 흐름의 자국과 A에서 만나므로 A에서 멈춘다. 극대점 5에서 출발한 빗방울은 극소점 6에서 다음 극대점 7이 시작한 극대점 5보다 더 작으므로 아래 경사면 7–8로 떨어지고, 경사면 7–8에서는 극대점 1에서 시작한 흐름의 자국과 C점에서 만나므로 C점에서 멈춘다. 극소점 6에서 출발한 빗방울은 극대점 7까지 흐르고 극대점 7에서는 다음 극소점 8이 시작한 극소점 6보다 더 작으므로 멈춘다. 극대점 7에서 출발한 빗방울은 극대점 5에서 시작한 흐름의 자국과 B점에서 만나므로 B에서 멈춘다. 극소점 8에서 출발한 빗방울은 극대점 9에서 아래로 떨어져 극대점 11까지 흐른 후 멈춘다. 극대점 9에서 출발한 빗방울은 극소점 10에서 다음 극대점 11이 시작한 극대점 9보다 더 크므로 멈춘다. 극소점 10에서 출발한 빗방울은 극소점 8에서 시작한 흐름의 자국과 D점에서 만나므로 D점에서 멈춘다. 이러한 카운팅 과정은 전체 부하–시간 선도를 따라 실시된다. 이러한 방법으로 구한 하중의 사이클 수는 5개이며 다음과 같이 구성된다.

가장 큰 사이클 = 하중 범위 1 ~ 8 + 하중 범위 8 ~ 11
중간 크기의 사이클 = 하중 범위 2 ~ 5 + 하중 범위 5 ~ C
하중 범위 6 ~ 7 + 하중 범위 7 ~ B
작은 사이클 = 하중 범위 3 ~ 4 + 하중 범위 4 ~ A
하중 범위 9 ~ 10 + 하중 범위 10 ~ D

빗방울이 출발한 극대점 또는 극소점에서 빗방울이 멈춘 지점까지는 부하 사이클의 1/2이 되며 출발점과 멈춘 지점 사이의 수평 길이는 하중의 범위(range)를 나타낸다. 따라서 부하 사이클의 크기와 평균은 각각 다음과 같이 구한다.

사이클 1–8–11: 하중 크기=[하중(1)–하중(8)]/2
평균 하중=[하중(1)+하중(8)]/2
사이클 2–5–C: 하중 크기=[하중(5)–하중(2)]/2
평균 하중=[하중(5)+하중(2)]/2
사이클 6–7–B: 하중 크기=[하중(7)–하중(6)]/2

평균 하중=[하중(7)+하중(6)]/2
사이클 3-4-A: 하중 크기=[하중(3)-하중(4)]/2
평균 하중=[하중(3)+하중(4)]/2
사이클 9-10-D: 하중 크기=[하중(9)-하중(10)]/2
평균 하중=[하중(9)+하중(10)]/2

이와 같이 부하-시간 선도를 레인 플로 카운팅하면 부하-시간 선도에 포함된 모든 부하 사이클의 하중 크기와 평균 하중이 계산된다. 이 하중 크기와 평균 하중을 이용하여 등가 완전 반복 하중을 구한다. 등가 완전 반복 하중을 구하는 방법에는 스미스-왓슨-토퍼(Smith-Waston-Topper, Bannantine, at al., 1990)식을 이용하거나, 하중 크기와 평균 하중을 응력 크기와 평균 응력으로 변환하여 등가 완전 반복 응력(equivalent completely reversed stress)을 구하는 방법이 있다(Zahavi, 1996). 스미스-왓슨-토퍼(Smith-Watson-Topper)식은 식 (2-12)와 같고, 등가 완전 반복 응력은 식 (2-13)을 이용하여 구할 수 있다.

$$P_{eq} = \sqrt{(P_a + P_m)P_a} = \sqrt{P_{\max}P_a} \tag{2-12}$$

여기서, P_{eq} = 등가 완전 반복 하중

P_a = 하중 크기

P_m = 평균 하중

$P_{\max}$ = 최대 하중

$$\sigma_{eq} = \frac{S_u \sigma_a}{S_u - \sigma_m} \tag{2-13}$$

여기서, σ_{eq}= 등가 완전 반복 응력

σ_m= 평균 응력

σ_a= 응력 크기

S_u= 하중이 작용하는 재료의 극한 강도

스미스-왓슨-토퍼식은 재료의 강도를 모르는 경우에도 적용할 수 있다는 장점이 있다.

레인 플로 카운팅으로써 구한 각 부하 사이클에 대한 하중의 크기와 평균 하중을 등가 완전 반복 하중 또는 등가 완전 반복 응력으로 변환하고, 등가 완전 반복 하중 또는 등가 완전

반복 응력의 최댓값과 최솟값 사이를 일정한 수로 등분하여 각 수준에 해당되는 부하 사이클의 수를 결정한다. 즉 레인 플로 카운팅의 최종 결과는 등가 완전 반복 하중 또는 등가 완전 반복 응력의 수준별 사이클 수가 된다. 만약 3차원으로서 카운팅 결과를 나타내고자 할 경우에는 하중의 크기와 평균 하중을 각각 일정한 수준으로 구분하여 각 수준에 해당되는 부하 사이클의 수로써 나타낼 수 있다.

레인 플로 사이클 카운팅은 다른 방법보다도 피로 수명을 예측하는 데 가장 적합한 것으로 알려져 있으며, 산업체에서도 널리 사용하고 있으나 하중의 작용 순서를 고려할 수 없다는 단점이 있다. 그러나 하중의 작용 순서가 부품의 피로 수명에 미치는 영향은 크지 않는 것으로 알려져 있다 (Collins, 2003).

레인 플로 사이클 카운팅 방법의 알고리즘은 위에서와 같이 경사면을 따라 흐르는 빗방울의 형태를 모사한 탑지붕 방법(pagoda roof method) 외에도 히스테리시스 필터링(hysteresis filtering), 극대–극소 필터링(peak–valley filtering), 계량화(binning and discretization) 및 4점 계수법(4–point counting)을 기본으로 한 미국재료시험학회의 4점법(four point method) 알고리즘(ASTM E1049, 2017)이 있다.

[예제 2–2] 어떤 기계 부품에 작용하는 응력–시간 선도는 그림 2–7에서와 같다. 레인 플로 카운팅 방법으로써 1분 간 이 부품에 작용하는 완전 반복 응력의 크기와 빈도를 구하여라. 이 재료의 극한 강도는 430 MPa이다.

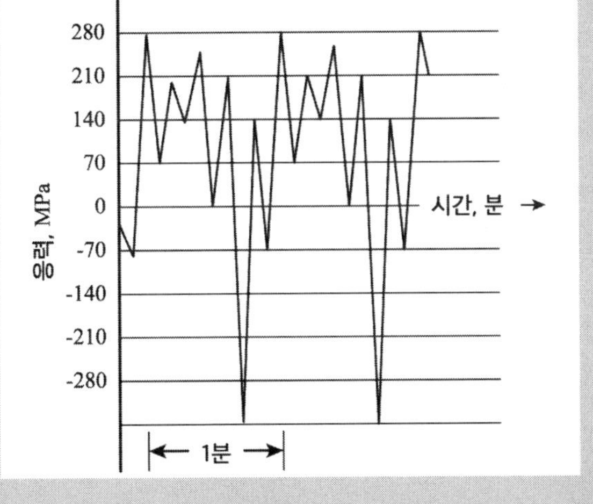

그림 2–7 응력–시간 선도

[풀이] 1분 간의 응력-시간 선도에서 극소점과 극대점을 차례로 1, 2, 3, 4, ...11까지 번호를 붙이면, 각 극소점과 극대점에서 출발한 빗방울은 다음과 같이 흘러간다. 출발점과 멈춘 점의 응력은 ( )안에 표시하였다. 그림 2-8에서와 같이

① 극소점 1에서 시작한 빗방울은 극대점 2에서 다음 극소점 3이 극소점 1보다 크므로 아래로 떨어진다. 그러나 극대점 2에서 빗방울은 떨어질 지붕이 없으므로 멈춘다 (-70 → 280).

② 극대점 2에서 시작한 빗방울은 극소점 3에서 다음 극대점 4가 시작 극대점 2보다 작으므로 아래로 떨어진다. 극소점 3에서 떨어진 빗방울은 경사면 6-7의 A점에 떨어져 극소점 7까지 굴러간다. 극소점 7에서 빗방울은 다음 극대점 8이 시작한 극대점 2보다 작으므로 경사면 8-9의 B점에 떨어져 극소점 9까지 굴러간다. 극소점 9에서 빗방울은 다음 극대점 10이 시작한 극대점 2보다 작으므로 아래로 떨어진다. 그러나 극소점 9에서 빗방울은 떨어질 지붕이 없으므로 멈춘다(280 → -350).

③ 극소점 3에서 출발한 빗방울은 극대점 4에서 다음 극소점 5가 시작한 극소점 3보다 크므로 경사면 5-6의 C점에 떨어져 극대점 6까지 굴러간다. 극대점 6에서 빗방울은 다음 극소점 7이 시작한 극소점 3보다 작으므로 멈춘다(70 → 245).

④ 극대점 4에서 출발한 빗방울은 극소점 5에서 다음 극대점 6이 시작한 극대점 4보다 크므로 멈춘다(210 → 140).

⑤ 극소점 5에서 출발한 빗방울은 극소점 3에서 출발한 빗방울의 자국과 C점에서 만나므로 C점에서 멈춘다(140 → 210).

⑥ 극대점 6에서 출발한 빗방울은 극대점 2에서 출발한 빗방울의 자국과 A점에서 만나므로 A점에서 멈춘다(245 → 70).

⑥ 극소점 7에서 출발한 빗방울은 극대점 8에서 다음 극소점 9가 시작한 극소점 7보다 작으므로 멈춘다(0 → 210).

⑧ 극대점 8에서 출발한 빗방울은 극대점 2에서 출발한 빗방울의 자국과 B점에서 만나므로 B점에서 멈춘다(210 → 0).

⑨ 극소점 9에서 출발한 빗방울은 극대점 10에서 다음 극소점 11이 시작한 극소점 9보다 크므로 아래로 떨어진다. 그러나 극대점 10에서 빗방울은 떨어질 지붕이 없으므로 멈춘다(-350 → 140).

⑩ 극대점 10에서 출발한 빗방울은 극소점 11에서 아래로 떨어질 지붕이 없으므로 멈춘다(140 → -70).

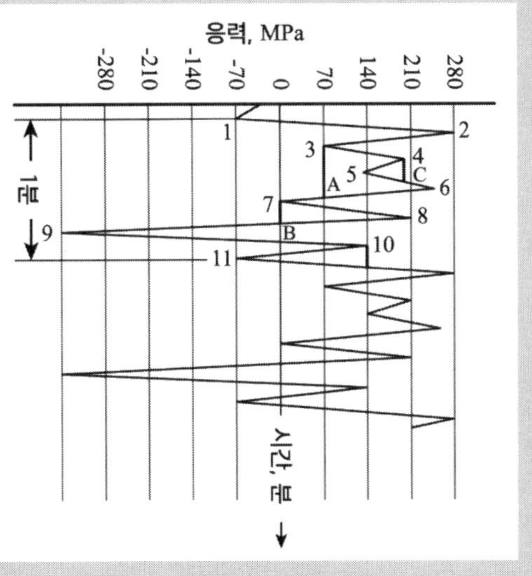

그림 2-8 레인 플로 사이클 카운팅

이상의 과정에서 한 사이클은 출발점과 멈춘 점이 일치하는 흐름이다. 즉 다음과 같이 4개의 사이클이 형성된다.

−70 → 280 → −350 → 140 → −70: 사이클 1

70 → 245 → 70: 사이클 2

210 → 140 → 210: 사이클 3

0 → 210 → 0: 사이클 4

각 사이클에 대한 최대 응력, 최소 응력, 평균 응력, 응력 크기, 빈도는 표 2-12에서와 같다.

표 2-12 레인 플로 사이클 카운팅의 결과

사이클 번호	최대 응력 MPa	최소 응력 MPa	평균 응력 MPa	응력 크기 MPa	빈도
1	280	−350	−35	315	1
2	245	70	157.5	87.5	1
3	210	140	175	35	1
4	210	0	105	105	1

식 (2-13)을 이용하여 각 사이클에 대한 등가 완전 반복 응력을 구하면,

사이클 1: $\sigma_{eq} = \dfrac{430 \times 315}{430-(-35)} = 291.3\ \text{MPa}$

사이클 2: $\sigma_{eq}=\dfrac{430\times 87.5}{430-157.5}=138.1\ \text{MPa}$

사이클 3: $\sigma_{eq}=\dfrac{430\times 35}{430-175}=59\ \text{MPa}$

사이클 4: $\sigma_{eq}=\dfrac{430\times 105}{430-105}=138.9\ \text{MPa}$

과 같다.

2.5 부하 스펙트럼

(1) 부하 스펙트럼의 작성

부하 스펙트럼은 기계 또는 부품이 일생 동안 받는 변동 부하의 크기를 누적 사이클 수의 함수로서 나타낸 선도이며 그림 2-9에서와 같이 수평축을 누적 사이클 수의 로그값으로서, 수직축을 등가 완전 반복 하중 또는 등가 완전 반복 응력으로서 나타낸 것이다. 수평축은 총 사용 시간 또는 수명에 대한 시간 백분율로써 나타낼 수도 있다.

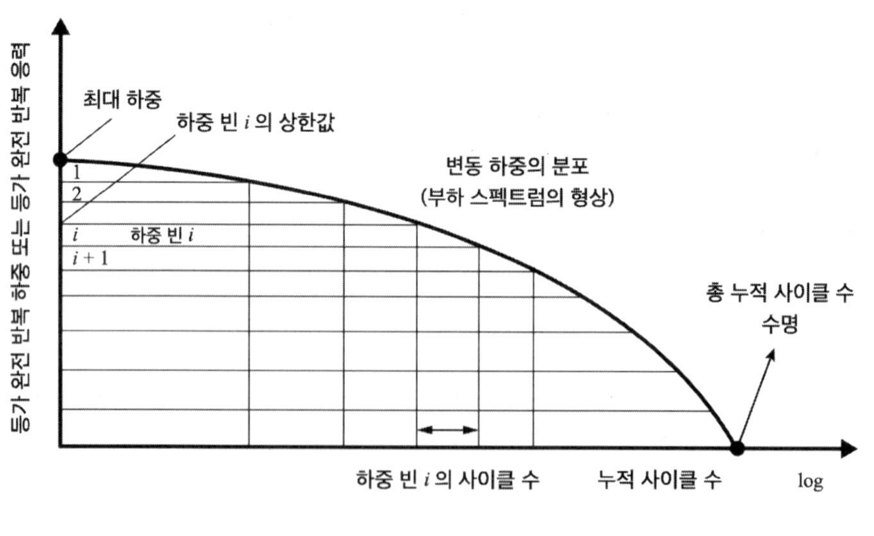

그림 2-9 부하 스펙트럼

부하 스펙트럼은 레이플로우 사이클 카운팅 방법으로 하중–시간 선도로부터 부하 사이클의 크기와 빈도, 즉 등가 완전 반복 하중 또는 등가 완전 반복 응력과 그 사이클 수를 구하고 이를 이용하여 다음과 같은 방법으로 만든다. 먼저 등가 완전 반복 하중의 최댓값과 최솟값 사이, 즉 등가 완전 반복 하중의 범위를 등간격으로 나누고 각 구간에 해당하는 부하 사이클의 수를 결정한다. 각 구간을 하중 빈(load bin)이라고 하며, 일반적으로 하중 빈의 수는 최소한 64개 이상으로 한다. 하중 빈의 크기는 동일한 크기로 하는 것이 일반적이나 하중이 큰 영역에서는 작게, 하중이 작은 영역에서는 크게 할 수도 있다. 각 부하 사이클에 해당하는 하중의 크기는 하중 빈의 상한 값으로 한다.

예로서 어떤 전동축에 작용하는 토크–시간 선도로부터 구한 48개 하중 빈의 하한 및 상한 값과 각 하중 빈의 사이클 수 및 누적 사이클 수가 표 2–13에서와 같다고 하면 이 전동축의 부하 스펙트럼은 그림 2–10에서와 같다. 그림 2–11은 부하 스펙트럼의 한 예로서 (Renius, 2019) 트랙터의 구동축 부하 스펙트럼을 나타낸 것이다. 수직축은 구동축의 토크비, 즉 구동축의 정격 토크에 대한 실제 토크의 비를 나타낸 것이고 수평축은 일생 동안 예상되는 구동축 토크의 총 누적 사이클에 대한 각 토크비의 누적 사이클을 백분율로서 나타낸 것이다.

부하 스펙트럼은 랜덤 부하(random load)가 작용하는 기계 또는 부품의 피로 수명을 예측할 때와 가속 수명 시험을 설계할 때 이용된다. 부하 스펙트럼을 이용한 피로 수명 예측과 가속 수명 시험은 제4장에서 구체적으로 설명한다.

표 2–13 전동축의 하중 빈과 사이클 수의 예

하중 빈 번호	토크, N·m		사이클		하중 빈 번호	토크, N·m		사이클	
	하한 값	상한 값	수	누적 수		하한 값	상한 값	수	누적 수
1	25.502	25.578	0	0	25	20.929	21.362	117	718
2	25.424	25.501	0	0	26	20.463	20.928	124	842
3	25.347	25.423	14	14	27	19.96	20.463	61	903
4	25.269	25.346	8	22	28	19.417	19.959	140	1,043
5	25.192	25.268	5	27	29	18.836	19.416	148	1,191
6	25.114	25.191	8	35	30	18.216	18.835	117	1,308
7	25.029	25.113	16	51	31	17.557	18.215	121	1,429
8	24.936	25.028	8	59	32	16.851	17.556	174	1,603

9	24.853	24.935	5	64	33	16.1	16.851	185	1,788
10	24.727	24.834	11	75	34	15.301	16.099	196	1,984
11	24.61	24.726	16	91	35	14.456	15.301	207	2,191
12	24.479	24.609	19	110	36	13.565	14.456	161	2,352
13	24.331	24.478	14	124	37	12.62	13.564	168	2,520
14	24.168	24.33	14	138	38	11.62	12.619	237	2,757
15	23.99	24.168	11	149	39	10.565	11.619	252	3,009
16	23.796	23.898	15	164	40	9.457	10.565	263	3,272
17	23.579	23.796	31	195	41	8.294	9.456	275	3,547
18	23.339	23.579	28	223	42	7.07	8.294	178	3,725
19	23.076	23.338	36	259	43	5.783	7.069	103	3,828
20	22.789	23.075	52	311	44	4.434	5.782	7	3,835
21	22.479	22.788	39	350	45	3.024	4.434	0	3,835
22	22.138	22.478	96	446	46	1.551	3.023	0	3,835
23	21.766	22.137	106	552	47	1	1.55	0	3,835
24	21.363	21.765	49	601	48	0	0	0	3,835

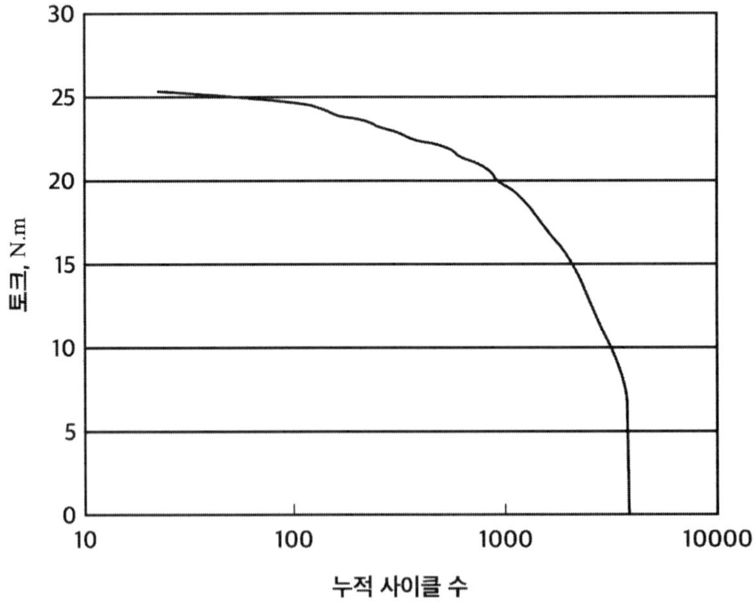

그림 2-10 전동축의 부하 스펙트럼 예

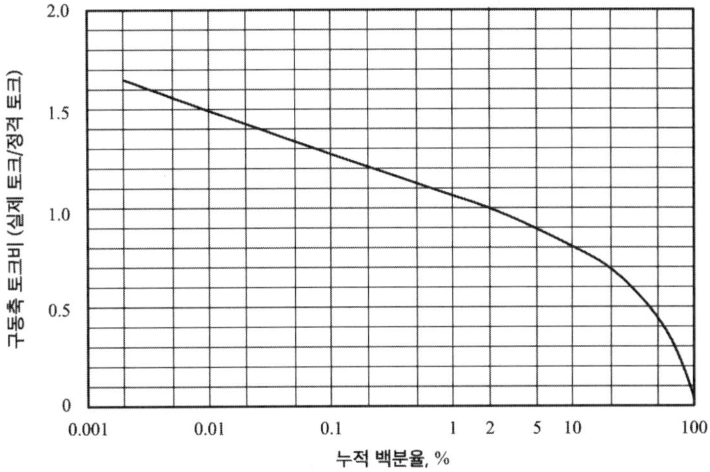

그림 2-11 트랙터의 구동축 부하 스펙트럼 (Renius, 2019)

(2) 부하 스펙트럼의 형상

부하 스펙트럼의 형상을 결정하는 중요한 변수는 그림 2-12에서와 같이 부하의 최대 크기, 부하의 크기별 분포, 총 누적 사이클 수이다. 부하의 크기는 절대적인 값보다는 최대 부하에 대한 상대적 크기의 비 또는 엔진의 정격 토크, 차축의 최대 구동 토크 등과 같은 기준값에 대한 비로서 나타낼 수도 있으며, 총 누적 사이클 수는 피로 수명에 대한 시간 비율로서 나타낼 수도 있다.

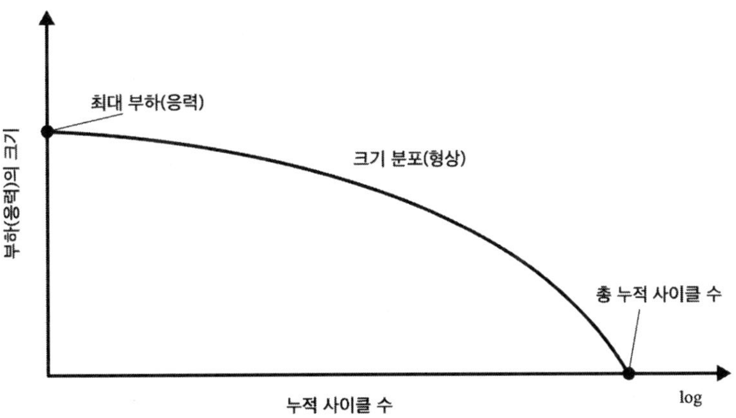

그림 2-12 부하 스펙트럼의 주요 변수

부하 스펙트럼의 일반식은 식 (2-14)에서와 같이 표현할 수 있다.

$$L = L_o^{\,1-\left(\frac{P}{P_{\max}}\right)^{\nu}} \tag{2-14}$$

여기서, L=누적 사이클 수

L_o=피로 수명 또는 총 누적 사이클 수

P=부하의 크기

$P_{\max}$=부하의 최대 크기

ν=형상계수

이 부하 스펙트럼의 일반식은 부하의 크기 비 $P/P_{\max}$가 0이면, 즉 부하의 크기가 0이면 수명은 크기 분포의 형상에 관계없이 피로 수명 L_o사이클이 되고, $P/P_{\max}=1$이면, 즉 부하의 크기가 최대 크기이면 수명은 $\log 1 = 0$ 인 모델이다. 또한 형상계수는 그림 2-13에서와 같이 부하의 크기 분포에 따라 결정되는 변수로서 그 값에 따라 다음과 같은 특징을 나타낸다 (Kohler et. al, 2017).

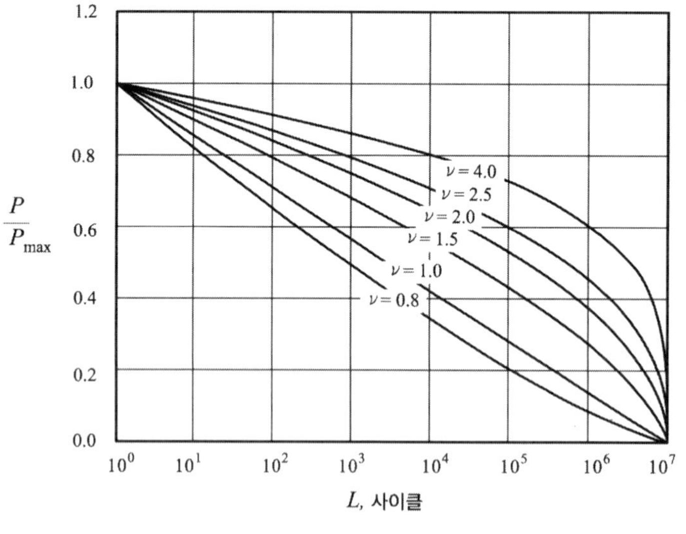

그림 2-13 부하 스펙트럼의 형상계수

$\nu = 0.8$: 부하의 크기 분포는 로그-정규 분포에 해당하며, 장기간의 회오리 바람과 같은 부하이다.

$\nu = 1.0$: 부하의 크기 분포는 다수의 정규 분포가 혼합된 지수 분포의 형태이며, 거친 파도로 인한 하중과 같은 부하이다.

$\nu = 2.0$: 부하의 크기 분포는 정규 분포를 따르며, 거친 파도로 인한 하중이나 직진 주행 차량의 수직 하중과 같은 부하이다.

$\nu = 4.0$: 크레인 또는 교량의 부하와 같은 부하이다.

하중의 크기가 정규 분포일수록 형상계수 ν는 증가하는 경향이 있으며, 하중의 크기가 정규 분포인 다수의 부하가 중첩된 경우에는 $\nu = 1.0$인 직선이 된다.

(3) 부하 스펙트럼의 확장

수명을 다할 때까지 제품의 부하 스펙트럼을 정확하게 예측하기는 대단히 어려운 일이다. 그러나 제품에 따라서는 일정 기간에 측정한 부하 데이터를 활용하여 수명 기간의 부하 스펙트럼을 작성할 수 있다.

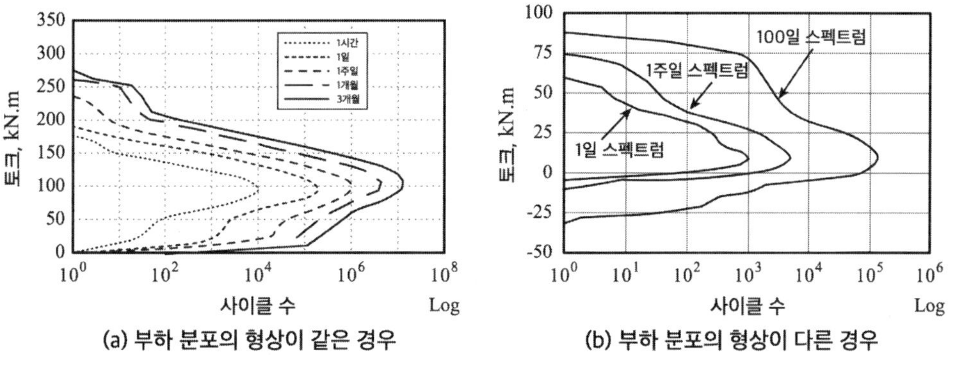

그림 2-14 부하의 측정 기간과 부하 분포의 형상(Köhler et al., 2017)

그림 2-14(a)에서와 같이 1일, 1주일, 1개월 또는 수년 간 측정한 데이터를 활용하여 작성한 부하 분포의 형상이 같거나 유사한 경우에는, 제한된 시간의 부하 스펙트럼을 수명 기간의 부하 스펙트럼으로 확장(extrapolation)할 수 있다. 그러나 그림 2-14(b)에서와 같이 측정 기간에 따라 부하 분포의 형상이 다른 경우에는 다양한 사용 조건에서 장기간 부하를 측정하여 부하 스펙트럼을 작성하여야 한다. 특히 수명 기간의 최대 부하는 제한된 시간에 측정한 최대 부하보다도 클 가능성이 높기 때문에 부하 스펙트럼의 최대 부하는 측정한

최대 부하와 안전계수를 곱하여 결정하여야 한다.

제한된 시간에 측정한 데이터를 기반으로 한 부하 스펙트럼은 다음과 같이 수명 기간의 부하 스펙트럼으로 확장할 수 있다. 측정 기반 부하 스펙트럼의 누적 사이클 수 L_M과 최대 부하 P_M를 수명 L_N과 수명 기간의 최대 부하 P_N으로 확장하였을 때 수명확장계수 e와 부하확장계수 E는 각각 다음과 같이 정의된다.

$$e = \frac{L_N}{L_M} \tag{2-15}$$

$$E = \frac{P_N}{P_M} \tag{2-16}$$

수명 기간의 부하 스펙트럼은 식 (2-14)를 적용하면 다음과 같이 표현할 수 있다.

$$L = L_N^{1-(\frac{P}{P_N})^{\nu}} \tag{2-17}$$

따라서 부하가 측정 부하의 최댓값이면, 즉 $P = P_M$이면 누적 사이클 수는

$$L = L_N^{1-(\frac{P_M}{P_N})^{\nu}}$$

가 된다. 그림 2-15에서와 같이 대수 스케일의 총 누적 사이클 수 L_M을 L_N까지 확장하였을 때 같은 확장비를 적용하면 $L = 1$은 $L = L_N/L_M$까지 확장하여야 한다. 따라서 $P = P_M$일 때 수명 기간 부하 스펙트럼의 누적 사이클 수는 L_N/L_M이 되어야 한다. 즉

$$\frac{L_N}{L_M} = L_N^{1-(\frac{P_M}{P_N})^{\nu}}$$

가 된다. 양변에 대수를 취하면

$$\log L_N - \log L_M = [1 - (\frac{P_M}{P_N})^{\nu}]\log L_N$$

$$(\frac{P_M}{P_N})^{\nu} = \frac{\log L_M}{\log L_N}$$

가 되고, 이를 다시 정리하면

$$\frac{P_N}{P_M} = (\frac{\log L_N}{\log L_M})^{\frac{1}{\nu}}$$

가 된다. 따라서 부하확장계수는

$$E=(\frac{\log L_N}{\log L_M})^{\frac{1}{\nu}}=[\frac{\log(eL_M)}{\log L_M}]^{\frac{1}{\nu}} \tag{2-18}$$

이다. 부하확장계수는 식 (2–18)에서와 같이 수명확장계수 e, 측정 기반 부하 스펙트럼의 최대 부하 L_M, 형상계수 ν에 따라 결정된다. 부하확장계수 E가 결정되면 식 (2–16)을 이용하여 수명 기간의 최대 부하 P_N을 결정하고, 수명 기간의 부하 스펙트럼은 반대수지에서 형상계수가 ν이고, 3점 (1, P_N), (L_N/L_M ,P_M/P_N), (L_N, 0)을 지나는 스펙트럼으로 결정한다.

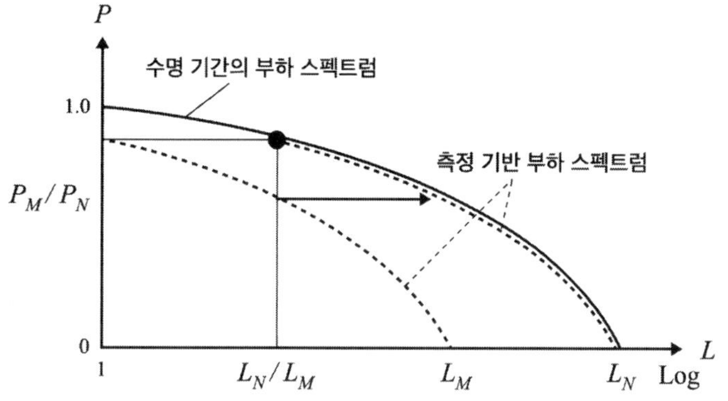

그림 2–15 부하 스펙트럼의 확장 (Köhler et al., 2017).

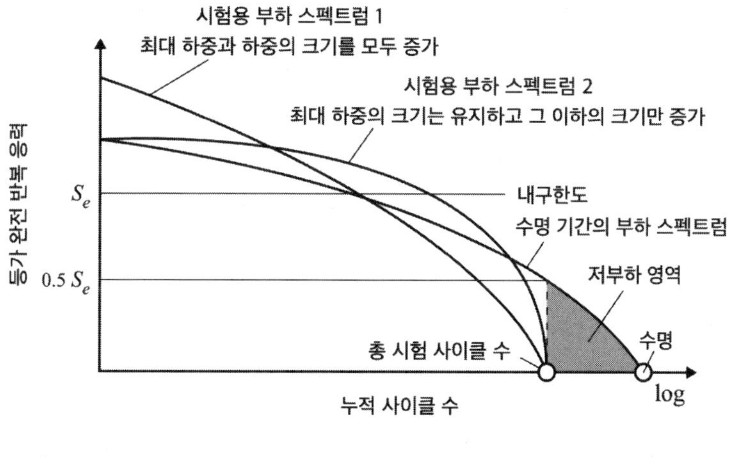

그림 2–16 시험용 부하 스펙트럼의 작성

가속 수명 시험에 적용할 부하 스펙트럼은 수명 기간의 부하 스펙트럼에서 형상계수를 조정하여 작성할 수 있다. 일반적으로 시험용 부하 스펙트럼은 시험 시간을 단축하기 위하여 그림 2-16에서와 같이 수명 기간의 부하 스펙트럼에서 부하의 크기가 작은 영역은 줄이고, 큰 영역은 늘이는 방법으로 형상계수를 조정한다. 보통 시험용 부하 스펙트럼의 총 누적 사이클 수는 수명 기간의 부하 스펙트럼에서 내구한도(endurance limit)의 50%에 해당하는 사이클 수까지 줄일 수 있으며, 부하의 크기는 최대 부하와 내구한도 이상의 크기를 모두 증가시키는 방법과 최대 부하를 유지한 상태에서 내구한도의 50% 이상인 크기만을 증가시키는 방법이 있다. 이론적으로 시험용 부하 스펙트럼의 형상계수는 수명 기간의 부하 스펙트럼에서 감소한 면적과 증가한 면적에 해당하는 누적 피로 손상이 같도록 조정하여야 한다.

2.6 하중 지속 분포

하중 지속 분포(load duration distribution, LDD)는 기계 또는 부품에 작용하는 하중의 크기별 작용 시간의 분포를 나타낸 것이다. 기어의 이와 전동축을 지지하는 베어링에 작용하는 하중의 작용 시간은 축 또는 하우징에 작용하는 하중의 작용 시간과 다르다. 기어에 하중이 작용하는 시간은 이가 접촉하는 짧은 시간이며, 베어링에서도 기어의 이가 접촉하는 짧은 시간 동안에만 레이디얼 하중이 크게 증가한다. 따라서 기어와 베어링의 부하 스펙트럼은 작용 하중의 사이클 수보다는 작용 시간으로써 나타내는 것이 더 효과적일 수 있다. 작용 하중의 작용 시간은 피니언 또는 축의 속도로써 용이하게 사이클 수로 변환할 수도 있다.

하중 지속 분포는 그림 2-17(a)에서와 같이 하중-시간 선도의 하중 범위를 다수의 수준으로 등분하고, 각 하중 수준을 통과하는 시간을 더하여 하중 수준별 작용 시간을 구하는 방법과 그림 2-17(b)에서와 같이 하중-시간 선도의 시간 축을 같은 크기의 시간 간격 Δt로 세분하고, 각 하중 수준에 포함된 시간 간격을 계수하여 하중 수준별 작용 시간을 구하는 방법이 있다. 예로서 그림 2-17(a)에서와 같이 하중 수준이 i=4일 때 하중 수준 i를 통과하는 하중-시간 선도의 시간을 각각 $\Delta t_{i,j},\ j=1,2,3,\ldots$라고 하면 하중 수준 i의 작용 시간 t_i는 다음과 같이 표현된다.

$$t_i = \sum \Delta t_{i,j} \tag{2-19}$$

그림 2-17(b)에서도 하중 수준 i에 포함된 시간 간격의 수를 $n_{i,j},\ j=1,2,3,\ldots.$라고 하면 하중 수준 i의 작용 시간 t_i는

$$t_i = \Delta t \sum n_{i,j} \tag{2-20}$$

가 된다. 하중 지속 분포에서 하중 수준별 작용 시간을 모두 더하면 하중-시간 선도의 측정 시간과 같고, 시간 간격이 작으면 작을수록 두 방법에 의한 하중 지속 분포는 같아진다.

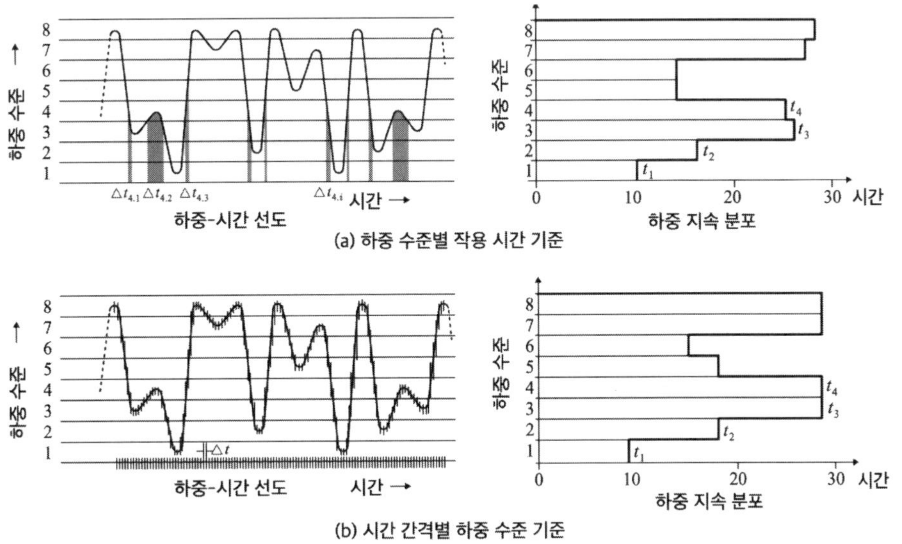

그림 2-17 하중 지속 분포

하중 지속 분포는 작용 하중의 크기와 사이클 수에 대한 정보가 아니기 때문에 피로 수명을 예측하는 데는 직접 이용할 수 없으나, 부하가 작용하는 전동축 또는 차축 등의 회전속도를 이용하여 작용 시간을 사이클 수로 변환할 수 있다. 즉 부하 수준 i의 작용 시간을 t_i 시간, 회전 속도를 ω_i rpm, 회전당 부하의 작용 각도를 α_c^o라고 하면, 부하 수준 i의 총 사이클 수 L_i는

$$L_i = 60 t_i \omega_i \left(\frac{360}{\alpha_c}\right) = 21,600 \frac{t_i \omega_i}{\alpha_c}$$

가 된다.

2.7 피로 손상 스펙트럼

진동 환경에 노출된 기계 또는 부품에는 진동으로 인한 응력이 발생하며, 이 응력은 진동

의 크기와 방향에 따라서 변한다. 진동으로 인한 응력은 변위, 가속도보다는 유사 속도(pseudo velocity)의 영향을 크게 받으며, 유사 속도에 비례하는 것으로 알려져 있다(Lalanne, 2009). 따라서 진동 환경에서 발생하는 응력에 의한 피로 손상을 이용하여 진동 환경의 가혹도를 비교하거나, 진동 환경에서와 같은 가혹도의 시험용 진동 프로파일을 작성할 수 있다.

피로 손상 스펙트럼(fatigue damage spectrum)은 진동 환경에 의하여 자유도가 1인 진동계에서 발생하는 피로 손상을 진동계의 고유 진동수에 따라 나타낸 것이다. 진동 환경에 노출된 자유도가 1인 진동계의 입력 진동, 즉 진동 환경의 진동은 시간 영역 또는 주파수 영역의 가속도로써 나타낼 수 있으며, 출력 진동은 시간 영역 또는 주파수 영역의 유사 속도로써 나타낼 수 있다. 이 출력 진동을 이용한 피로 손상 스펙트럼은 각각 다음과 같이 작성한다.

(1) 시간 영역의 유사 속도를 이용한 피로 손상 스펙트럼

자유도가 1인 진동계가 가속도 $\ddot{x}(t)$에 의하여 가진될 때 진동체의 운동은 식 (1–61)로부터 다음과 같이 표현된다.

$$m(\ddot{y}-\ddot{x})+c(\dot{y}-\dot{x})+k(y-x)=-m\ddot{x}$$

이를 상대 변위 $z=y-x$로서 표현하면

$$m\ddot{z}+c\dot{z}+kz=-m\ddot{x} \tag{2–21}$$

이다. 유사 속도는 진동계의 상대 변위와 고유 각속도(natural angular frequency)의 곱 또는 상대 가속도를 고유 각속도로 나눈 값으로 정의된다(Lalanne, 2009). 즉 유사 속도 v_p는 식 (2–22) 또는 식 (2–23)으로써 나타낼 수 있다.

$$v_p=\omega_n z \tag{2–22}$$

$$v_p=\frac{\ddot{z}}{\omega_n} \tag{2–23}$$

식 (2–21)에서 $\sqrt{\frac{k}{m}}$을 ω_n, $\frac{c}{2\sqrt{km}}$를 ζ로 치환하고, $\ddot{x}(t)$를 시간의 이산 함수 $a(t)$로써 표현하면

$$\ddot{z}+2\zeta\omega_n\dot{z}+\omega_n^2 z=-a(t) \tag{2–24}$$

가 된다. 식 (2-24)는 수치 해석의 방법을 적용하여 풀 수 있으며, 여기서는 다음과 같이 시간 단계법(time-stepping method)을 적용하여 상대 변위와 상대 속도를 구하였다.

임의의 시각 $t_i \le t \le t_{i+1}$에서 식 (2-24)는 이산 함수의 가속도로써 그림 2-18(a)에서와 같이 표현할 수 있다. 즉

$$\ddot{z} + 2\zeta\omega_n \dot{z} + \omega_n^2 z = -a_i - \frac{\Delta a_i}{\Delta t_i}(t - t_i)$$

가 된다.

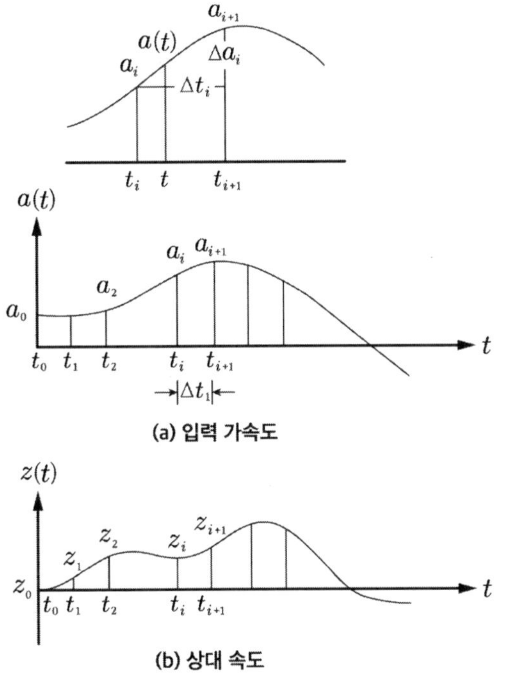

그림 2-18 시간 단계법

이 식의 일반해는 동차해(homogeneous solution)와 특수해(particular solution)의 합으로서

$$z(t) = e^{-\zeta\omega_n(t-t_i)}[A\cos\phi\sin\omega_d(t-t_i) + A\sin\phi\cos\omega_d(t-t_i)]$$
$$-\frac{a_i}{\omega_n^2} - \frac{1}{\omega_n^2}\frac{\Delta a_i}{\Delta t_i}(t-t_i) + \frac{2\zeta}{\omega_n^3}\frac{\Delta a_i}{\Delta t_i} \qquad (2\text{-}25)$$

가 되며, 시간에 대한 1차 도함수는

$$\dot{z}(t)=(-\zeta\omega_n)e^{-\zeta\omega_n(t-t_i)}[Acos\phi\sin\omega_d(t-t_i)+A\sin\phi\cos\omega_d(t-t_i)]$$

$$+e^{-\zeta\omega_n(t-t_i)}[\omega_d Acos\phi\cos\omega_d(t-t_i)-\omega_d A\sin\phi\sin\omega_d(t-t_i)]-\frac{1}{\omega_n^2}\frac{\Delta a_i}{\Delta t_i} \quad (2\text{-}26)$$

가 된다. $t=t_i$일 때, $z=z_i$, $\dot{z}=\dot{z}_i$이므로 이를 식 (2-25)와 식 (2-26)에 대입하면

$$z_i=A\sin\phi-\frac{a_i}{\omega_n^2}+\frac{2\zeta}{\omega_n^3}\frac{\Delta a_i}{\Delta t_i}$$

$$\dot{z}_i=(-\zeta\omega_n)A\sin\phi+\omega_d Acos\phi-\frac{1}{\omega_n^2}\frac{\Delta a_i}{\Delta t_i}$$

이고, 이 식에서 $A\sin\phi$와 $A\cos\phi$를 구하면 각각

$$A\sin\phi=z_i+\frac{a_i}{\omega_n^2}-\frac{2\zeta}{\omega_n^3}\frac{\Delta a_i}{\Delta t_i}$$

$$A\cos\phi=\frac{1}{\omega_d}[\frac{1}{\omega_n^2}\frac{\Delta a_i}{\Delta t_i}+\dot{z}_i+\zeta\omega_n(z_i+\frac{a_i}{\omega_n^2}-\frac{2\zeta}{\omega_n^3}\frac{\Delta a_i}{\Delta t_i})]$$

$$=\frac{1}{\omega_d}(\zeta\omega_n z_i+\dot{z}_i+\frac{\zeta}{\omega_n}a_i+\frac{1-2\zeta^2}{\omega_n^2}\frac{\Delta a_i}{\Delta t_i})$$

가 된다. 이를 다시 식 (2-25)와 식 (2-26)에 대입하여, $t=t_{i+1}$일 때 상대 변위 z_{i+1}과 상대 속도 $\dot{z}_{i+1}$를 구하면 각각

$$z_{i+1}=e^{-\zeta\omega_n\Delta t_i}[\frac{1}{\omega_d}(\zeta\omega_n z_i+\dot{z}_i+\frac{\zeta}{\omega_n}a_i+\frac{1-2\zeta^2}{\omega_n^2}\frac{\Delta a_i}{\Delta t_i})\ \sin\omega_d\Delta t_i]$$

$$+e^{-\zeta\omega_n\Delta t_i}[(z_i+\frac{a_i}{\omega_n^2}-\frac{2\zeta}{\omega_n^3}\frac{\Delta a_i}{\Delta t_i})\cos\omega_d\Delta t_i]$$

$$-\frac{a_i}{\omega_n^2}-\frac{1}{\omega_n^2}\frac{\Delta a_i}{\Delta t_i}\Delta t_i+\frac{2\zeta}{\omega_n^3}\frac{\Delta a_i}{\Delta t_i}$$

$$\dot{z}_{i+1}=(-\zeta\omega_n)e^{-\zeta\omega_n\Delta t_i}[\frac{1}{\omega_d}(\zeta\omega_n z_i+\dot{z}_i+\frac{\zeta}{\omega_n}a_i+\frac{1-2\zeta^2}{\omega_n^2}\frac{\Delta a_i}{\Delta t_i})\sin\omega_d\Delta t_i]$$

$$+e^{-\zeta\omega_n\Delta t_i}[\omega_d\frac{1}{\omega_d}(\zeta\omega_n z_i+\dot{z}_i+\frac{\zeta}{\omega_n}a_i+\frac{1-2\zeta^2}{\omega_n^2}\frac{\Delta a_i}{\Delta t_i})\cos\omega_d\Delta t_i]$$

$$+(-\zeta\omega_n)e^{-\zeta\omega_n\Delta t_i}[(z_i+\frac{a_i}{\omega_n^2}-\frac{2\zeta}{\omega_n^3}\frac{\Delta a_i}{\Delta t_i})\cos\omega_d\Delta t_i]$$

$$-e^{-\zeta\omega_n\Delta t_i}[\omega_d(z_i+\frac{a_i}{\omega_n^2}-\frac{2\zeta}{\omega_n^3}\frac{\Delta a_i}{\Delta t_i})\sin\omega_d\Delta t_i]-\frac{1}{\omega_n^2}\frac{\Delta a_i}{\Delta t_i}$$

가 된다. 이 식을 z_i, $\dot{z}_i$, a_i, a_{i+1}로써 표현하면 각각 식 (2-27)과 식 (2-28)에서와 같다.

$$z_{i+1}=Az_i+B\dot{z}_i+Ca_i+Da_{i+1},\ \ i=0,1,2,......n \qquad (2\text{-}27)$$

여기서, $A=e^{-\zeta\omega_n\Delta t_i}(\frac{1}{\omega_d}\zeta\omega_n\sin\omega_d\Delta t_i+\cos\omega_d\Delta t_i)$

$$B=e^{-\zeta\omega_n\Delta t_i}(\frac{1}{\omega_d}sin\omega_d\Delta t_i)$$

$$C=e^{-\zeta\omega_n\Delta t_i}[(\frac{\zeta}{\omega_d\omega_n}-\frac{1-2\zeta^2}{\omega_d\omega_n^2\Delta t_i})\sin\omega_d\Delta t_i+(\frac{1}{\omega_n^2}+\frac{2\zeta}{\omega_n^3\Delta t_i})\cos\omega_d\Delta t_i]-\frac{2\zeta}{\omega_n^3\Delta t_i}$$

$$D=e^{-\zeta\omega_n\Delta t_i}[(\frac{1-2\zeta^2}{\omega_d\omega_n^2\Delta t_i})\sin\omega_d\Delta t_i-(\frac{2\zeta}{\omega_n^3\Delta t_i})\cos\omega_d\Delta t_i]+\frac{2\zeta}{\omega_n^3\Delta t_i}-\frac{1}{\omega_n^2}$$

$$\dot{z}_{i+1}=A'z_i+B'\dot{z}_i+C'a_i+D'a_{i+1},\ \ i=0,1,2,......n \qquad (2\text{-}28)$$

여기서, $A'=-e^{-\zeta\omega_n\Delta t_i}(\frac{\omega_n^2}{\omega_d}sin\omega_d\Delta t_i)$

$$B'=e^{-\zeta\omega_n\Delta t_i}(\cos\omega_d\Delta t_i-\frac{\zeta\omega_n}{\omega_d}sin\omega_d\Delta t_i)$$

$$C'=e^{-\zeta\omega_n\Delta t_i}[(\frac{\zeta}{\omega_n}-\frac{1-2\zeta^2}{\omega_n^2\Delta t_i})(\cos\omega_d\Delta t_i-\frac{\zeta\omega_n}{\omega_d}sin\omega_d\Delta t_i)$$
$$-(\frac{2\zeta}{\omega_n^3\Delta t_i}+\frac{1}{\omega_n^2})(\zeta\omega_n\cos\omega_d\Delta t_i+\omega_d\sin\omega_d\Delta t_i)]+\frac{1}{\omega_n^2\Delta t_i}$$

$$D'=e^{-\zeta\omega_n\Delta t_i}[(\frac{1-2\zeta^2}{\omega_n^2\Delta t_i})(\cos\omega_d\Delta t_i-\frac{\zeta\omega_n}{\omega_d}sin\omega_d\Delta t_i)$$
$$+(\frac{2\zeta}{\omega_n^3\Delta t_i})(\zeta\omega_n\cos\omega_d\Delta t_i+\omega_d\sin\omega_d\Delta t_i)]-\frac{1}{\omega_n^2\Delta t_i}$$

A, B, C, D와 A', B', C', D'은 진동계의 ω_n, ζ, $\omega_d=\omega_n\sqrt{1-\zeta^2}$ 및 가속도 데이터의 시간 간격 Δt_i에 따라 결정되는 상수이다. 가속도 데이터의 시간 간격이 등간격인 경우 Δt_i는 상수가 되며, $i=0$일 때의 z_0, $\dot{z}_0$, a_0의 값은 진동계의 초기 조건에 의하여 결정된다. 따라서 상대 변위와 상대 속도는 초기 조건에서 시간이 Δt_i만큼 증가함에 따라 식 (2-27)과 식 (2-28)을 이용하여 순차적으로 구한다.

상대 변위가 결정되면, 식 (2-22)를 이용하여 시간 함수의 유사 속도를 구한다. 다음에는 레인 플로 사이클 카운팅 방법을 적용하여 유사 속도를 구성하는 각 속도 성분의 평균 $(v_p)_m$과 크기 $(v_p)_a$ 및 해당 속도 성분의 사이클 수 n을 구한다. 유사 속도와 응력은 비례하므로 비례 상수를 k_v라고 하면 응력의 평균 σ_m과 크기 σ_a는 각각

$$\sigma_m = k_v (v_p)_m$$
$$\sigma_a = k_v (v_p)_a$$

가 되고, 굿맨 선도를 적용하여 평균 응력이 0인 등가 완전 반복 응력 σ_{eq}를 구하면

$$\sigma_{eq} = \frac{\sigma_a S_{ut}}{S_{ut} - \sigma_m}$$

가 된다. 같은 방법으로 모든 속도 성분에 대한 등가 완전 반복 응력과 사이클 수를 결정하고, 기계 또는 부품의 S-N 선도와 팜그렌-마이너식(Parmgren-Miner)을 적용하여 식 (2-29)에서와 같이 총 피로 손상을 구한다.

$$D_i = \sum_j \frac{n_j}{N_j} \tag{2-29}$$

여기서, D_i=고유 진동수가 f_{n_i}일 때 피로 손상

n_j=고유 진동수가 f_{n_i}일 때의 반응 속도 중 j번째 성분의 사이클 수

N_j=S-N 선도에서 j번째 완전 반복 응력에 대한 수명, 사이클 수

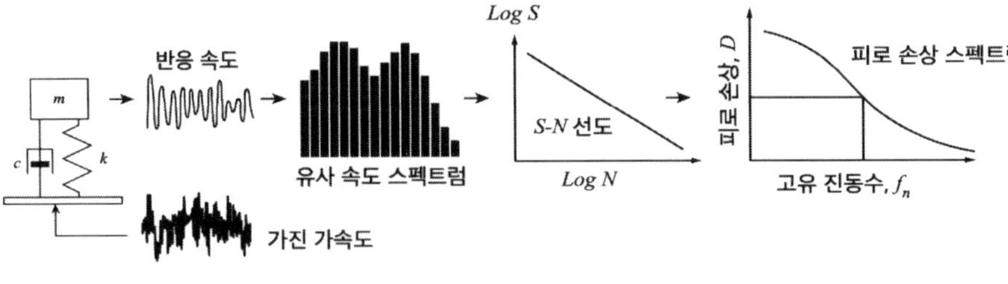

그림 2-19 시간 영역의 가속도를 이용한 피로 손상 스펙트럼

피로 손상 스펙트럼은 품질계수 $Q = \frac{1}{2\zeta}$에서 고유 진동수 $f_n = \frac{\omega_n}{2\pi}$를 증가시키며 각 고유 진동수에서 출력되는 유사 속도에 의한 총 피로 손상을 그래프로서 나타낸 것이다. 품질

계수 Q는 진동계의 댐핑을 나타내며, 자유도가 1인 진동계를 고유 진동수로써 가진할 때 출력 진동의 최댓값과 같다. 그림 2-18은 시간 영역의 가속도 신호를 이용한 피로 손상 스펙트럼의 작성 과정을 나타낸 것이다.

(2) 랜덤 진동의 극댓값 분포와 빈도

진동 환경에서 측정한 가속도는 일반적으로 광대역 정규 분포의 랜덤 진동이다. 주파수 영역에서 피로 손상 스펙트럼을 작성하기 위해서는 이러한 랜덤 진동의 극댓값 분포와 사이클 수를 결정하여야 한다.

임의의 랜덤 진동 $y(t)$의 극댓값이 a보다 크기 위한 조건은 $y=a$에서 y에 대한 접선의 기울기, 즉 $\frac{dy}{dt}$가 +값이 되어야 한다. T시간 동안 랜덤 진동 $y(t)$의 극댓값이 a보다 큰 사이클 수, 즉 $y=a$에서 $0<\frac{dy}{dt}$인 사이클 수를 n_a^+라고 하면, 단위 시간당 사이클 수 v_a^+는

$$v_a^+ = \frac{n_a^+}{T} \tag{2-30}$$

가 된다. $y(t)$가 연속 함수일 때 임의의 시각 t에서 미소 시간 dt 사이에 $y=a$에서 접선의 기울기가 + 되기 위한 조건은

$$y<a,\ \frac{a-y}{dt}<\frac{dy}{dt}\ \text{ 또는 }\ a-y<\dot{y}dt \tag{2-31}$$

이다. 이 조건의 만족 여부는 y와 $\dot{y}$값의 분포에 달려있다. y와 $\dot{y}$의 결합 확률 밀도 함수(joint probability density function)가 $p(y,\dot{y})$일 때 $y=a$에서 접선의 기울기가 +일 것으로 기대되는 확률은 그림 2-20에서와 같이

$$P(a-y<\dot{y}dt,\ y=a)=\int_0^\infty\left[\int_{a-\dot{y}dt}^{a}p(a,\dot{y})dy\right]d\dot{y} \tag{2-32}$$

가 된다. 식 (2-32)에서

$$\int_{a-\dot{y}dt}^{a}p(a,\dot{y})dy=p(a,\dot{y})[a-(a-\dot{y}dt)]=p(a,\dot{y})\dot{y}dt \tag{2-33}$$

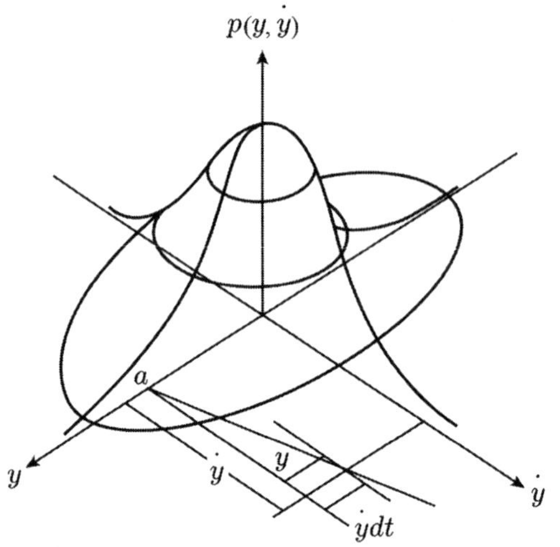

그림 2-20 y와 $\dot{y}$의 결합 확률 밀도 함수

이므로 이를 식 (2-32)에 대입하면

$$P(a-y<\dot{y}dt,\ y=a)=dt\int_0^{\infty}p(a,\dot{y})\dot{y}d\dot{y} \tag{2-34}$$

가 된다. 또한 dt시간 동안에 $y=a$에서 접선의 기울기가 +인 사이클 수는 v_a^+dt이므로

$$v_a^+dt=dt\int_0^{\infty}p(a,\dot{y})\dot{y}d\dot{y} \tag{2-35}$$

가 된다. 따라서

$$v_a^+=\int_0^{\infty}p(a,\dot{y})\dot{y}d\dot{y} \tag{2-36}$$

이다. 이 식은 모든 y와 $\dot{y}$의 확률 분포에 적용할 수 있으며, 단위 시간당 사이클 수 v_a^+를 y와 $\dot{y}$의 결합 확률 밀도 함수로써 나타낸 것이다.

랜덤 진동의 총 사이클 수는 $y=0$에서 기울기가 +인 사이클 수와 같으므로, 단위 시간당 $y=0$에서 기울기가 +인 사이클 수를 v_o^+라고 하면, 식 (2-36)에 따라

$$v_o^+=\int_0^{\infty}p(0,\dot{y})\dot{y}d\dot{y} \tag{2-37}$$

가 되며, 총 사이클 수에서 y의 극댓값이 a보다 큰 사이클 수의 비는 $\frac{v_a^+}{v_o^+}$가 된다. 이는 임의의 극댓값이 a보다 클 것으로 기대되는 확률과 같다. 또한 $y(t)$의 극댓값 y_p가 a와 $a+da$ 사이에 존재할 확률을 $p_p(a)da$라고 하면 극댓값이 a보다 클 확률은

$$P(a \le y_p) = \int_a^\infty p_p(a)da \tag{2-38}$$

가 된다. 여기서 $p_p(y_p)$는 극댓값 y_p의 확률 밀도 함수이다. 따라서

$$\int_a^\infty p_p(a)da = \frac{v_a^+}{v_o^+} \tag{2-39}$$

이고, 이 식을 a에 대하여 미분하면 $p_p(\infty)=0$이므로 극댓값의 확률 밀도 함수는

$$-p_p(a) = \frac{1}{v_o^+}\frac{d}{da}(v_a^+) \tag{2-40}$$

가 된다. 이 식은 모든 분포의 랜덤 진동에 적용할 수 있는 일반식이다.

랜덤 진동 $y(t)$의 크기가 정규 분포를 따른다고 하면 극댓값의 확률 밀도 함수는 식 (2-40)을 이용하여 다음과 같이 구할 수 있다. 먼저 y가 정규 분포이면 $\dot{y}$도 정규 분포이므로 결합 확률 밀도 함수 $p(y,\dot{y})$는

$$p(y,\dot{y}) = [\frac{1}{\sqrt{2\pi}\,\sigma_y}e^{-\frac{1}{2}(\frac{y}{\sigma_y})^2}][\frac{1}{\sqrt{2\pi}\,\sigma_{\dot{y}}}e^{-\frac{1}{2}(\frac{\dot{y}}{\sigma_{\dot{y}}})^2}]$$

이다. 식 (2-36)을 적용하면 v_a^+와 v_o^+는 각각

$$\begin{aligned} v_a^+ &= \frac{1}{\sqrt{2\pi}\,\sigma_y}e^{-\frac{1}{2}(\frac{a}{\sigma_y})^2}\int_o^\infty \frac{1}{\sqrt{2\pi}\,\sigma_{\dot{y}}}e^{-\frac{1}{2}(\frac{\dot{y}}{\sigma_{\dot{y}}})^2}\dot{y}d\dot{y} \\ &= \frac{1}{\sqrt{2\pi}\,\sigma_y}e^{-\frac{1}{2}(\frac{a}{\sigma_y})^2}(\frac{1}{\sqrt{2\pi}\,\sigma_{\dot{y}}}\sigma_{\dot{y}}^2) = \frac{1}{2\pi}\frac{\sigma_{\dot{y}}}{\sigma_y}e^{-\frac{1}{2}(\frac{a}{\sigma_y})^2} \end{aligned} \tag{2-41}$$

$$v_o^+ = \frac{1}{\sqrt{2\pi}\,\sigma_y}e^{-\frac{1}{2}(\frac{0}{\sigma_y})^2}\int_o^\infty \frac{1}{\sqrt{2\pi}\,\sigma_{\dot{y}}}e^{-\frac{1}{2}(\frac{\dot{y}}{\sigma_{\dot{y}}})^2}\dot{y}d\dot{y}$$

$$= \frac{1}{\sqrt{2\pi}\,\sigma_y}\left(\frac{1}{\sqrt{2\pi}\,\sigma_{\dot{y}}}\sigma_{\dot{y}}^2\right) = \frac{1}{2\pi}\frac{\sigma_{\dot{y}}}{\sigma_y} \tag{2-42}$$

이고, 이를 식 (2–40)에 대입하면

$$-p_p(a) = \frac{2\pi\sigma_y}{\sigma_{\dot{y}}}\frac{d}{da}\left[\frac{1}{2\pi}\frac{\sigma_{\dot{y}}}{\sigma_y}e^{-\frac{1}{2}\left(\frac{a}{\sigma_y}\right)^2}\right] = -\frac{a}{e_y^2}e^{-\frac{1}{2}\left(\frac{a}{\sigma_y}\right)^2}$$

$$p_p(a) = \frac{a}{\sigma_y^2}e^{-\frac{1}{2}\left(\frac{a}{\sigma_y}\right)^2} \tag{2-43}$$

가 된다. 식 (2–43)은 크기가 정규 분포를 따르는 랜덤 진동 $y(t)$의 극댓값이 a일 때의 확률 밀도를 나타내며, 최대 확률 밀도는 $a = \sigma_y$일 때, 즉 a가 랜덤 진동의 표준편차와 같을 때의 확률 밀도이다. 이 확률 밀도 함수는 레일이 분포(Rayleigh distribution)의 확률 밀도 함수와 같다. 따라서 정규 분포를 따르는 랜덤 진동의 극댓값은 레일리 분포를 따른다고 할 수 있다. 이 확률 밀도 함수를 이용하여 y의 극댓값 y_p가 a보다 클 것으로 기대되는 확률은

$$P(y_p > a) = \int_a^{\infty}\frac{y}{\sigma_y^2}e^{-\frac{1}{2}\left(\frac{y}{\sigma_y}\right)^2}dy = -e^{-\frac{1}{2}\left(\frac{y}{\sigma_y}\right)^2}\Big|_a^{\infty} = e^{-\frac{1}{2}\left(\frac{a}{\sigma_y}\right)^2}$$

가 된다. 또한 랜덤 진동 $y(t)$에서 극댓값의 사이클 수는 $y = 0$에서 접선의 기울기가 +인 사이클 수와 같으므로, 단위 시간당 극댓값의 사이클 수 N_{y_p}는

$$N_{y_p} = v_o^+ = \frac{1}{2\pi}\frac{\sigma_{\dot{y}}}{\sigma_y} \tag{2-44}$$

가 된다. 랜덤 진동 $y(t)$와 1차 시간 도함수 $\dot{y}(t)$의 표준편차 σ_y, $\sigma_{\dot{y}}$는 식 (1–44)에서와 같이

$$\sigma_y^2 = \Psi_y^2 - \mu_y^2$$
$$\sigma_{\dot{y}}^2 = \Psi_{\dot{y}}^2 - \mu_{\dot{y}}^2$$

이고, y와 $\dot{y}$의 확률 밀도 함수를 각각 $p(y)$, $p(\dot{y})$라고 하면 y와 $\dot{y}$의 평균은 각각 다음과 같이 구할 수 있다.

$$\mu_y = \int_{-\infty}^{\infty} yp(y)dy \tag{2-45}$$

$$\mu_{\dot{y}} = \int_{-\infty}^{\infty} \dot{y} p(\dot{y}) d\dot{y} \tag{2-46}$$

정규 분포의 가속도 $a(t)$가 자유도가 1인 진동계를 가진할 때 출력 상대 변위 $z(t)$가 $z=0$을 통과하는 횟수, 즉 극댓값의 사이클 수는 식 (2-44)를 이용하여 구한다. 식 (2-24)에서 $x = Xe^{j\omega t}$, $z = Ze^{j(\omega t - \phi)}$라고 하면, $a(t) = -\omega^2 Xe^{j\omega t}$가 되고, 이를 식 (2-24)에 대입하면

$$(\omega_n^2 - \omega^2 + j2\zeta\omega_n\omega) Ze^{j(\omega t - \phi)} = \omega^2 Xe^{j\omega t}$$

가 된다. 따라서 가속도에 대한 상대 변위의 크기 비는

$$\frac{Z}{-\omega^2 X} = \frac{1}{\omega_n^2 - \omega^2 + j2\zeta\omega_n\omega} e^{j\phi} \tag{2-47}$$

가 되고, 가속도에 대한 상대 변위의 주파수 응답 함수는 다음과 같이 표현된다.

$$|H(f)|_{a-z} = \frac{1}{4\pi^2} \left| \frac{1}{f_n^2 - f^2 + j2\zeta f_n f} \right| \tag{2-48}$$

같은 방법으로 가진 가속도에 대한 상대 속도의 주파수 응답 함수를 구하면

$$|H(f)|_{a-\dot{z}} = \frac{1}{2\pi} \left| \frac{jf}{f_n^2 - f^2 + j2\zeta f_n f} \right| \tag{2-49}$$

이다.

광대역 정규 분포의 가속도가 저댐핑 선형 진동계를 가진할 때 출력 상대 변위와 상대 속도의 형태는 진동계의 고유 진동수를 중심으로 한 협대역 진동으로서 위상과 크기가 변하는 사인파의 연속과 같다. 따라서 출력 상대 변위와 상대 속도의 평균은 0이 된다. 즉 식 (1-44)에서 $\mu_z = 0$, $\mu_{\dot{z}} = 0$이 되므로, 적분식 (1-53)과 식 (1-54)를 이용하여 출력 상대 변위와 상대 속도의 표준편차를 구하면 각각

$$\sigma_z = \sqrt{\Psi_z^2} = \sqrt{\int_0^{\infty} G_z(f) df} = \sqrt{\frac{1}{2}\left(\frac{1}{4\pi^2}\right)^2 \int_{-\infty}^{\infty} \left| \frac{1}{f_n^2 + 2\zeta f_n (jf) + (jf)^2} \right|^2 df}$$
$$= \sqrt{\frac{1}{2}\left(\frac{1}{4\pi^2}\right)^2 \frac{\pi}{2\zeta f_n^3}}$$

$$\sigma_{\dot{z}} = \sqrt{\Psi_{\dot{z}}^2} = \sqrt{\int_0^{\infty} G_{\dot{z}}(f)df} = \sqrt{\frac{1}{2}(\frac{1}{2\pi})^2 \int_{-\infty}^{\infty} |\frac{jf}{f_n^2 + 2\zeta f_n(jf) + (jf)^2}|^2 df}$$

$$= \sqrt{\frac{1}{2}(\frac{1}{2\pi})^2 \frac{\pi f_n^2}{2\zeta f_n^3}}$$

가 된다. 이를 식 (2-44)에 대입하여 극댓값의 사이클 수를 구하면

$$v_o^+ = \frac{1}{2\pi}\frac{\sigma_{\dot{z}}}{\sigma_z} = \frac{1}{2\pi}\sqrt{(2\pi)^2 f_n^2} = f_n \tag{2-50}$$

이다. 이는 자유도가 1인 진동계가 정규 분포의 가속도에 의하여 가진될 때, 출력 상대 변위가 0을 통과하는 횟수, 즉 극댓값의 사이클 수는 진동계의 고유 진동수와 같다는 것을 나타낸다.

(3) 주파수 영역의 가속도를 이용한 피로 손상 스펙트럼

자유도가 1인 진동계의 반응 진동은 앞에서 설명한 바와 같이 진동계의 고유 진동수를 중심으로 한 협대역(narrow band) 진동으로서 그 형태는 위상과 크기가 변하는 사인파의 연속과 같다. 따라서 반응 진동의 평균은 0이 되며, 분산은 식 (1-44)에서와 같이 평균이 0이므로 제곱평균(mean square)과 같다. 또한 입력 진동의 크기가 정규 분포이면 반응 진동도 정규 분포를 따르며, 반응 진동의 극댓값은 레일리 분포를 따른다.

T시간 동안 반응 진동 $y(t)$에서 기대되는 극댓값의 사이클 수는 $y=0$에서 $0 < \frac{dy}{dt}$인 사이클 수와 같으므로, 식 (2-30)으로부터, $v_o^+ T$가 된다. 응력을 유발하는 극댓값의 확률 밀도 함수를 $p(S)$라고 하면, 극댓값의 사이클 수 중 응력이 S와 dS 사이에 존재할 것으로 기대되는 사이클 수는

$$n_S = v_o^+ Tp(S)dS \tag{2-51}$$

이다. 진동체의 S-N 선도에서 응력이 S일 때 수명이 L_S 사이클이면, 응력 S에서 n_S 사이클에 의한 부분 피로 손상은

$$\frac{n_S}{L_S} = \frac{v_o^+ Tp(S)dS}{L_S}$$

가 된다. 또한 S-N 선도에서

$$L_S = \frac{C}{S^\lambda}$$

이므로 부분 피로 손상은 다음과 같이 표현된다.

$$\frac{n_S}{L_S} = \frac{v_o^+ TS^\lambda p(S)dS}{C}$$

따라서 모든 응력에 대한 부분 피로 손상의 합, 즉 총 피로 손상 D는

$$D = \sum \frac{n_S}{L_S} = \frac{v_o^+ T}{C} \int_0^\infty S^\lambda p(S)dS \tag{2-52}$$

이다. 응력이 반응 속도에 비례하고 반응 속도가 정규 분포이면 응력도 정규 분포가 되며, 반응 속도의 극댓값은 레일리 분포를 따르므로 응력의 극댓값도 레일리 분포를 따른다. 응력의 극댓값 분포에 레일리 분포를 적용하면, 극댓값 S의 확률 밀도 함수 $p(S)$는

$$p(S) = \frac{S}{\sigma_S} e^{-\frac{1}{2}(\frac{S}{\sigma_S})^2} \tag{2-53}$$

로 정의된다. 이를 식 (2-52)에 대입하면 총 피로 손상은 다음과 같이 표현된다.

$$\begin{aligned} D &= \frac{v_o^+ T}{C} \int_0^\infty S^\lambda \frac{S}{\sigma_S} e^{-\frac{1}{2}(\frac{S}{\sigma_S})^2} dS \\ &= \frac{v_o^+ T}{C} (2\sigma_S^2)^{\frac{\lambda}{2}} \Gamma(1 + \frac{\lambda}{2}) \end{aligned} \tag{2-54}$$

응력을 유사 속도로 변환하기 위하여 응력과 유사 속도의 비례 상수를 k_v라고 하면, 즉 $S = k_v v_p$라고 하면 총 피로 손상은

$$D = \frac{k_v^\lambda v_o^+ T}{C} (2\sigma_{pv}^2)^{\frac{\lambda}{2}} \Gamma(1 + \frac{\lambda}{2}) \tag{2-55}$$

여기서, C=진동체의 피로 파괴 용량
k_v=반응 속도와 응력 사이의 비례 상수
v_o^+=유사 속도의 단위 시간당 사이클 수
T=반응 시간
σ_{pv}=유사 속도의 표준편차
λ=진동체의 피로손상지수

가 된다. 식 (2−55)에서 $k_v = 1$로 설정할 수 있으며, 유사 속도의 표준편차 σ_{pv}는 진동계의 품질계수 Q와 고유 진동수 f_n에 따라 변한다.

식 (2−22)와 식 (2−48)로부터 입력 가속도에 대한 유사 속도의 주파수 응답 함수는

$$|H(f)|_{a-pv} = (2\pi f_n)|H(f)|_{a-z} = \frac{1}{2\pi}\frac{f_n}{f_n^2 - f^2 + j2\zeta f_n f}$$

가 된다. 입력 가속도의 파워 스펙트럴 밀도 함수를 $PSD_a(f)$라고 하면, 유사 속도의 파워 스펙트럴 밀도 함수 $PSD_{pv}(f)$는

$$PSD_{pv}(f) = |H_{a-pv}(f)|^2 PSD_a(f) = \frac{1}{4\pi^2}\left|\frac{f_n}{f_n^2 - f^2 + j2\zeta f_n f}\right|^2 PSD_a(f) \qquad (2-56)$$

가 된다. 따라서 유사 속도의 표준편차는 식 (1−53)을 적용하면

$$\sigma_{pv} = \sqrt{\Psi_{pv}^2} = \sqrt{\frac{1}{4\pi^2}\int_0^\infty \frac{f_n^2}{(f_n^2 - f^2)^2 + (2\zeta f_n f)^2} PSD_a(f)\,df} \qquad (2-57)$$

이다. 여기서도 상대 변위의 평균이 0인 것은 가속도에 대한 진동계의 반응이 크기와 위상이 변하는 사인파의 협대역 진동으로 가정할 수 있기 때문이다.

입력 가속도의 파워 스펙트럴 밀도 함수가 광대역 주파수 영역에서 크기가 일정한 경우에는, 즉 $PSD_a(f) = X_{apsd}$이면 식 (2−56)과 식 (1−53)을 이용하여 다음과 같이 유사 속도의 표준편차를 구할 수 있다.

$$\begin{aligned}
\sigma_{pv} = \sqrt{\Psi_{pv}^2} &= \sqrt{\frac{1}{2}\left(\frac{1}{4\pi^2}\right)X_{apsd}\int_{-\infty}^{\infty}\left|\frac{f_n}{f_n^2 - f^2 + j2\zeta f_n f}\right|^2 df} \\
&= \sqrt{\frac{1}{2}\left(\frac{1}{4\pi^2}\right)X_{apsd}\left(\frac{\pi}{2\zeta f_n}\right)} \\
&= \sqrt{\frac{QX_{apsd}}{8\pi f_n}} \qquad (2-58)
\end{aligned}$$

여기서 Q는 $Q = 1/2\zeta$로서 품질계수이다. 피로 손상 스펙트럼은 이 표준편차를 식 (2−55)에 대입하여 총 피로 손상을 구하고 고유 진동수의 함수로서 이를 나타낸 것이다.

기계 또는 부품이 일생 동안 다수의 진동 환경에 노출되는 경우에는 각각의 진동 환경에 대한 피로 손상 스펙트럼을 구하고, 이를 각 진동 환경의 노출 시간 비율에 비례하는 값으로 변환한 후 이들의 합으로서 총 피로 손상 스펙트럼을 구한다. 즉 식 (2−59)를 이용하여 구한다.

$$TFDS(f_n, Q) = \sum_i^k FDS_i(f_n, Q) \times \frac{t_i}{\sum_i^k t_i} \tag{2-59}$$

여기서, k=노출되는 진동 환경의 수

$TFDS$=총 피로 손상 스펙트럼

FDS_i=i번째 진동 환경에 대한 피로 손상 스펙트럼

t_i=i번째 진동 환경에 노출된 시간

진동 환경에 대한 진동 반응의 스펙트럼에는 피로 손상 스펙트럼 외에도 진동 반응의 피크 값을 고유 진동수의 함수로서 나타낸 진동 반응 스펙트럼(vibration response spectrum)과 충격에 의한 충격 반응의 피크 값을 고유 주파수의 함수로서 나타낸 충격 반응 스펙트럼(shock response spectrum)이 있다.

[예제 2-3] 질량이 1,000 kg인 시험용 트레일러를 불규칙한 주행 시험로에서 시속 100 km/h의 속도로써 시험하고 있다. 트레일러의 현가장치로 입력되는 연직 방향의 가속도는 표 2-14에서와 같고 현가장치의 스프링 상수와 댐핑계수는 각각 k=350 kN/m, c=18,708 N/m/s이다. 시간 단계법을 적용하여 트레일러의 유사 속도를 구하여라.

[풀이] 현가장치의 고유 각속도, 댐핑지수, 댐핑 각속도를 구하면 각각

$$\omega_n = \sqrt{\frac{350000}{1000}} = 18.71 \text{ rad/s}$$

$$\zeta = \frac{c}{2\sqrt{km}} = \frac{18708}{2\sqrt{350000 \times 1000}} = 0.5$$

$$\omega_d = \omega_n\sqrt{1-\zeta^2} = 18.71\sqrt{1-0.5^2} = 16.2 \text{ rad/s}$$

이고, 가속도 데이터에서 시간 간격 Δt_i는 모두 0.05초이므로 이를 이용하여 식 (2-27)과 식 (2-28)의 $A, B, C, D, A', B', C', D'$을 구하면

$$A = 0.69386,\ B = 0.02801,\ C = -0.00055,\ D = -0.00032$$

$$A' = -9.80234,\ B' = 0.16991,\ C' = -0.01051,\ D' = -0.01749$$

가 된다. 식 (2-27)과 식 (2-28)을 이용하여 시간 단계법으로써 2초 동안 상대 변위 z_i, 상대 속도 $\dot{z}_i$, 유사 속도 v_p를 구하면 표 2-14에서와 같다.

표 2-14 시간 단계법을 이용한 유사 속도의 계산

t_i, 초	$a(t_i)$ m/s²	$a(t_{i+1})$ m/s²	z_i m	$\dot{z}_i$ m/s	z_{i+1} m	$\dot{z}_{i+1}$ m/s	v_p m/s
0.00	0.00	−46.94	0.0000	0.0000	0.0151	0.8211	0.0000
0.05	−46.94	−40.82	0.0151	0.8211	0.0726	1.1991	0.2825
0.10	−40.82	−12.32	0.0726	1.1991	0.1105	0.1371	1.3575
0.15	−12.32	7.74	0.1105	0.1371	0.0848	−1.0654	2.0667
0.20	7.74	34.99	0.0848	−1.0654	0.0135	−1.7058	1.5867
0.25	34.99	50.10	0.0135	−1.7058	−0.0739	−1.6662	0.2521
0.30	50.10	12.30	−0.0739	−1.6662	−0.1296	−0.3007	−1.3824
0.35	12.30	−41.19	−0.1296	−0.3007	−0.0919	1.8105	−2.4245
0.40	−41.19	−45.74	−0.0919	1.8105	0.0244	2.4416	−1.7192
0.45	−45.74	−17.49	0.0244	2.4416	0.1163	0.9621	0.4572
0.50	−17.49	3.66	0.1163	0.9621	0.1161	−0.8563	2.1749
0.55	3.66	28.80	0.1161	−0.8563	0.0453	−1.8259	2.1722
0.60	28.80	50.70	0.0453	−1.8259	−0.0519	−1.9439	0.8473
0.65	50.70	23.82	−0.0519	−1.9439	−0.1262	−0.7708	−0.9718
0.70	23.82	−33.02	−0.1262	−0.7708	−0.1117	1.4332	−2.3607
0.75	−33.02	−49.22	−0.1117	1.4332	−0.0033	2.5465	−2.0896
0.80	−49.22	−23.23	−0.0033	2.5465	0.1037	1.3885	−0.0611
0.85	−23.23	−0.17	0.1037	1.3885	0.1238	−0.5338	1.9408
0.90	−0.17	22.70	0.1238	−0.5338	0.0637	−1.6993	2.3156
0.95	22.70	48.98	0.0637	−1.6993	−0.0317	−2.0088	1.1921
1.00	48.98	33.84	−0.0317	−2.0088	−0.1162	−1.1376	−0.5928
1.05	33.84	−22.83	−0.1162	−1.1376	−0.1239	0.9895	−2.1742
1.10	−22.83	−50.74	−0.1239	0.9895	−0.0293	2.5100	−2.3174
1.15	−50.74	−29.36	−0.0293	2.5100	0.0875	1.7606	−0.5479
1.20	−29.36	−4.01	0.0875	1.7606	0.1275	−0.1795	1.6366
1.25	−4.01	17.00	0.1275	−0.1795	0.0802	−1.5358	2.3859
1.30	17.00	45.35	0.0802	−1.5358	−0.0113	−2.0193	1.5006
1.35	45.35	41.81	−0.0113	−2.0193	−0.1030	−1.4400	−0.2123
1.40	41.81	−11.22	−0.1030	−1.4400	−0.1313	0.5212	−1.9261
1.45	−11.22	−49.92	−0.1313	0.5212	−0.0542	2.3666	−2.4560
1.50	−49.92	−35.54	−0.0542	2.3666	0.0677	2.0802	−1.0145
1.55	−35.54	−8.13	0.0677	2.0802	0.1275	0.2057	1.2664

1.60	−8.13	11.88	0.1275	0.2057	0.0949	−1.3372	2.3853
1.65	11.88	40.32	0.0949	−1.3372	0.0089	−1.9877	1.7755
1.70	40.32	47.33	0.0089	−1.9877	−0.0870	−1.6764	0.1657
1.75	47.33	1.11	−0.0870	−1.6764	−0.1339	0.0514	−1.6284
1.80	1.11	−46.53	−0.1339	0.0514	−0.0771	2.1233	−2.5046
1.85	−46.53	−41.30	−0.0771	2.1233	0.0450	2.3282	−1.4424
1.90	−41.30	−12.76	0.0450	2.3282	0.1234	0.6120	0.8416
1.95	−12.76	7.36	0.1234	0.6120	0.1074	−1.0999	2.3079
2.00	7.36	−	0.1074	−1.0999	0.0397	−1.3173	2.0097

[예제 2-4] 크기 분포가 정규 분포인 가속도로써 자유도가 1인 진동계를 가진할 때 진동체가 평형 상태를 통과하는 단위 시간당 횟수와 가진 주파수가 같음을 증명하여라.

[풀이] 진동체가 평형 상태를 통과하는 횟수는 진동체의 변위가 0인 지점을 통과하는 횟수와 같으므로 식 (2-44)의 $v_o^+ = \frac{1}{2\pi}\frac{\sigma_{\dot{y}}}{\sigma_y}$를 이용하여 진동체의 변위가 0인 지점을 통과하는 단위 시간당 횟수를 구한다. 크기 분포가 정규 분포인 가속도로써 자유도가 1인 진동계를 가진하면 진동체의 변위와 속도도 정규 분포가 되며, 그 형태는 고유 주파수 주위의 협대역 진동으로서 위상과 크기가 변하는 사인파의 연속과 같다. 따라서 진동체의 변위와 속도의 평균은 모두 0이 된다. 즉 $\mu_y = 0$, $\mu_{\dot{y}} = 0$이므로 표준편차는 식 (1-44)로부터

$$\sigma_y = \sqrt{\Psi_y^2} = \sqrt{\int_0^\infty G_y(f)df} = \sqrt{\int_0^\infty |H(f)|_{a-y}^2 df}$$

$$\sigma_{\dot{y}} = \sqrt{\Psi_{\dot{y}}^2} = \sqrt{\int_0^\infty G_{\dot{y}}(f)df} = \sqrt{\int_0^\infty |H(f)|_{a-\dot{y}}^2 df}$$

가 된다. 식 (1-67)과 식 (1-68)의 주파수 응답 함수로써 표현하면, 변위와 속도의 표준편차는 각각 다음과 같이 표현된다.

$$\sigma_y = \sqrt{\left(\frac{1}{2\pi f}\right)^4 \int_0^\infty \frac{(-f_n^2)^2 + (-2\zeta f_n f)^2}{(f_n^2 - f^2)^2 + (2\zeta f_n f)^2} df}$$

$$\sigma_{\dot{y}} = \sqrt{\left(\frac{1}{2\pi f}\right)^2 \int_0^\infty \frac{(2\zeta f_n f)^2 + (-f_n^2)^2}{(f_n^2 - f^2)^2 + (2\zeta f_n f)^2} df}$$

이를 식 (2-44)에 대입하면

$$v_o^+ = \frac{1}{2\pi}\frac{\sigma_{\dot{y}}}{\sigma_y} = \frac{1}{2\pi}(2\pi f) = f \text{ Hz}$$

가 된다. 즉 진동체가 평형 상태를 통과하는 단위 시간당 횟수는 가진 주파수와 같다.

[예제 2-5] 자유도가 1인 진동계의 댐핑지수는 $\zeta = 0.05$이고 가진 가속도의 파워 스펙트럴 밀도 함수는 그림 2-21에서와 같다. 진동계의 고유 진동수가 f_n=850 Hz일 때 출력 유사 속도의 파워 스펙트럴 밀도 함수를 구하고, $T=20$초, $k_v=1$, $C=1$, $\lambda=8$일 때 피로 손상 스펙트럼을 작성하여라.

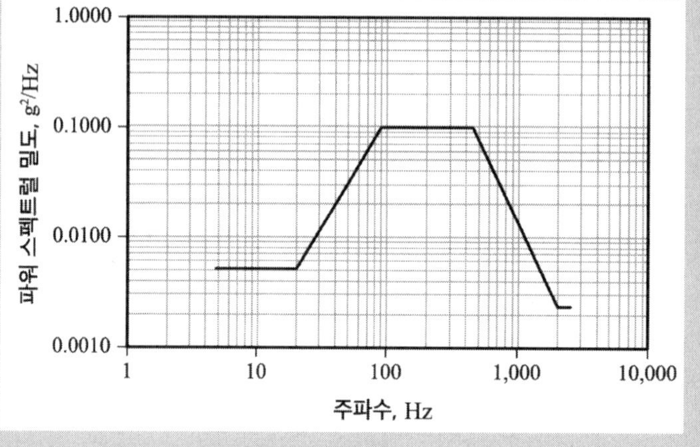

그림 2-21 가진 가속도의 파워 스펙트럴 밀도 함수

[풀이] 그림 2-21의 가속도 파워 스펙트럴 밀도 함수는 다음과 같이 정의된다.

$$PSD_a(f) = 0.005 \qquad 5 \le f < 20 \text{ Hz}$$

$$PSD_a(f) = e^{\frac{\ln f - \ln 285.85}{0.502}} \qquad 20 \le f < 90 \text{ Hz}$$

$$PSD_a(f) = 0.1 \qquad 90 \le f < 450 \text{ Hz}$$

$$PSD_a(f) = e^{\frac{\ln 179.173 - \ln f}{0.3999}} \qquad 450 \le f < 2000 \text{ Hz}$$

$$PSD_a(f) = 0.0024 \qquad 2000 \le f < 2500 \text{ Hz}$$

식 (2-56)을 이용하여 $f_n = 850$ Hz일 때 유사 속도의 파워 스펙트럴 밀도 함수를 구하면

$$PSD_{pv}(f) = \frac{1}{4\pi^2} \frac{850^2}{(850^2 - f^2)^2 + (1700\zeta f)^2} \times 0.005 \qquad 5 \le f < 20 \text{ Hz}$$

$$PSD_{pv}(f) = \frac{1}{4\pi^2} \frac{850^2 e^{\frac{\ln f - \ln 285.85}{0.502}}}{(850^2 - f^2)^2 + (1700\zeta f)^2} \qquad 20 \le f < 90 \text{ Hz}$$

$$PSD_{pv}(f) = \frac{1}{4\pi^2} \frac{850^2}{(850^2 - f^2)^2 + (1700\zeta f)^2} \times 0.1 \qquad 90 \le f < 450 \text{ Hz}$$

$$PSD_{pv}(f) = \frac{1}{4\pi^2} \frac{850^2 e^{\frac{\ln 179.173 - \ln f}{0.3999}}}{(850^2 - f^2)^2 + (1700\zeta f)^2} \qquad 450 \le f < 2000 \text{ Hz}$$

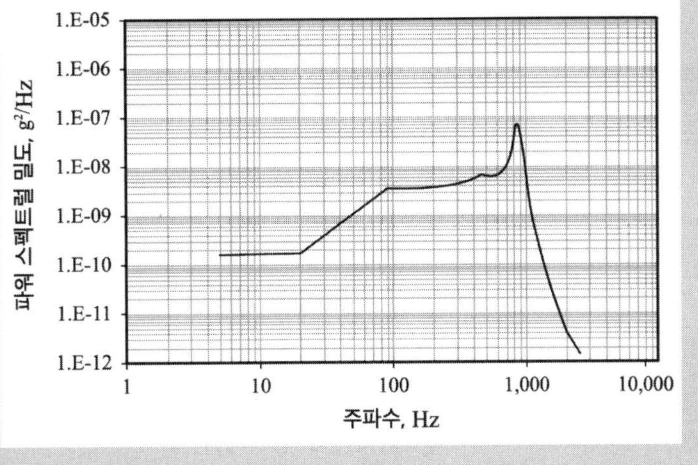

그림 2-22 $f_n = 850$ Hz일 때 출력 유사 속도의 파워 스펙트럴 밀도 함수

$$PSD_{pv}(f) = \frac{1}{4\pi^2} \frac{850^2}{(850^2 - f^2)^2 + (1700\zeta f)^2} \times 0.0024 \qquad 2000 \le f < 2500 \text{ Hz}$$

가 된다. 이를 그래프로 나타내면 그림 2-22와 같다.

피로 손상은 식 (2-55)을 이용하여 구한다. 식 (2-55)에서 σ_{pv}^2은 유사 속도의 주파수-파워 스펙트럴 밀도 선도 아래의 면적과 같으므로 심슨의 법칙을 적용하면 근사적으로 구할 수 있다. 즉 $\sigma_{pv}^2 = \int_{-\infty}^{\infty} PSD_{pv}(f)df = 2\int_{0}^{\infty} PSD_{pv}(f)df = 2\times$ (주파수-파워 스펙트럴 밀도 선도 아래 면적) 이다. 주파수-파워 스펙트럴 밀도 선도 아래의 면적을 이용하여 σ_{pv}^2을 구하면

$$\sigma_{pv}^2 = 0.0000133\mathrm{g}^2$$

이다. 또한 v_o^+는 식 (2-50)으로부터 고유 진동수와 같으므로 식 (2-55)를 이용하여 피로 손상을 구하면

$$D = \frac{k_v^\lambda v_o^+ T}{C}(2\sigma_{pv}^2)^{\frac{\lambda}{2}}\Gamma(1+\frac{\lambda}{2}) = \frac{1^8 \times 850 \times 20}{1}(2\times 0.0000133)^{\frac{8}{2}}\Gamma(1+\frac{8}{2}) = 2.04262\times 10^{-13}$$

가 된다. 고유 진동수가 5 ~ 2,500 Hz일 때 같은 방법으로 구한 피로 손상 스펙트럼은 그림 2-23에서와 같다.

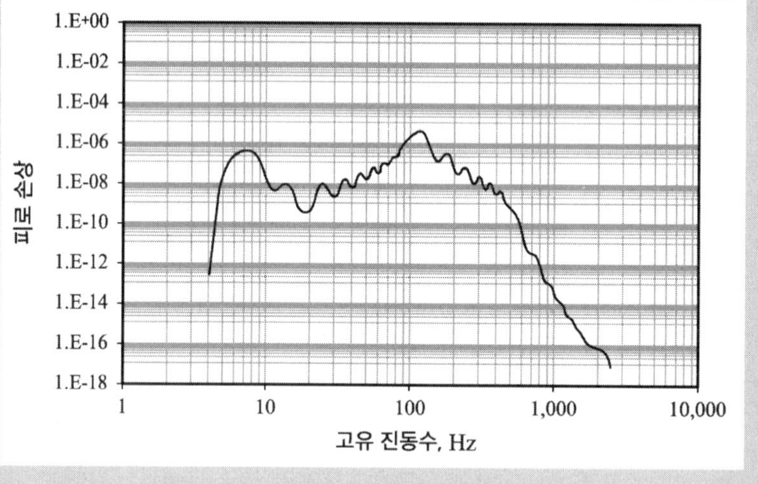

그림 2-23 피로 손상 스펙트럼

2.8 등가 하중

(1) 등가 완전 반복 하중

동하중은 일반적으로 하중의 평균과 크기로써 나타낼 수 있으나 재료의 내구한도(endurance limit) 또는 피로 강도(fatigue strength)는 완전 반복 하중을 견딜 수 있는 능력으로서 결정된다. 따라서 동하중에 의한 재료의 피로 파괴 여부를 결정하기 위해서는 이를 완전 반복 하중으로 변환하여야 한다. 즉 평균 하중이 피로 파괴에 미치는 영향을 하중의 크기에

반영한 등가 완전 반복 하중(equivalent completely reversed load)으로 변환하여야 한다. 따라서 등가 완전 반복 하중은 평균 하중이 0이고, 하중의 크기만 존재한다. 또한 동하중의 크기가 정적 파괴에 미치는 영향을 평균 하중에 반영하여 하중의 크기가 0이고 평균 하중만이 존재하는 정하중으로 변환하였을 때 이를 등가 정하중(equivalent static load)이라고 한다. 이러한 등가 하중의 개념은 등가 응력에도 그대로 적용된다.

등가 완전 반복 하중은 식 (2-12)에서 소개한 스미스-왓슨-토퍼식을 이용하여 구할 수 있으며, 이를 다시 소개하면 다음 식과 같다.

$$P_{eq} = \sqrt{(P_a + P_m)P_a} = \sqrt{P_{\max} P_a}$$

등가 완전 반복 응력은 동하중에 의한 평균 응력과 응력의 크기 및 재료의 피로 강도, 항복 강도, 극한 강도를 이용하여 구할 수 있다. 등가 완전 반복 응력을 구할 때 적용할 수 있는 가장 대표적인 재료의 파괴 이론에는 굿맨(Goodman) 이론과 소더버그(Soderberg) 이론이 있다. 굿맨 이론과 소더버그 이론은 그림 2-24에서와 같이 동하중에 의한 평균 응력 σ_m과 응력 크기 σ_a의 위치가 평균 응력을 나타내는 수평 σ_m축, 응력 크기를 나타내는 수직 σ_a축, 굿맨 라인, 소더버그 라인으로 이루어지는 영역을 벗어나면 파괴된다는 이론이다. 굿맨 라인은 $\sigma_m - \sigma_a$ 좌표계에서 σ_a축의 피로 강도 S_e와 σ_m축의 극한 강도 S_u를 연결한 직선이고, 소더버그 라인은 σ_a축의 피로 강도 S_e와 σ_m축의 항복 강도 S_y를 연결한 직선이다. 이제 평균 응력과 응력 크기가 각각 (σ_m, σ_a)인 변동 응력이 피로 파괴에 미치는 영향과 같은 영향을 미치는 응력, 즉 등가 완전 반복 응력 σ_{eq}는 다음과 같이 결정할 수 있다.

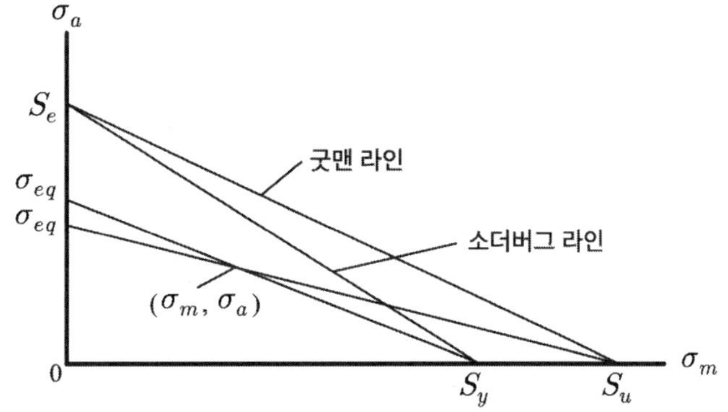

그림 2-24 등가 완전 반복 응력.

굿맨 라인을 적용한 경우: $\sigma_{eq} = \dfrac{S_u \sigma_a}{S_u - \sigma_m}$ (2-60)

소더버그 라인을 적용한 경우: $\sigma_{eq} = \dfrac{S_y \sigma_a}{S_y - \sigma_m}$ (2-61)

변동 응력이 재료 파괴에 미치는 영향과 같은 영향을 미치는 등가 정적 응력(equivalent static stress)은 $\sigma_m - \sigma_a$ 좌표계에서 $(\sigma_m,\ \sigma_a)$점을 지나고 각각 굿맨 라인 또는 소더버그 라인과 평행한 직선이 σ_m축과 만나는 점의 응력으로 결정된다. 그림 2-25에서와 같이 $(\sigma_m,\ \sigma_a)$를 지나고 각각 굿맨 라인과 소더버그 라인에 평행한 직선이 평균 응력축과 만나는 점을 $(\sigma_{eq})_{st}$라고 하면 $(\sigma_{eq})_{st}$는 변동 응력 $(\sigma_m,\ \sigma_a)$이 재료 파괴에 미치는 영향과 같은 영향을 미치는 정적 응력이 된다. 따라서 응력 크기가 0인 등가 정적 응력(Shigley, et al., 2004)은 다음과 같이 표현된다.

굿맨 라인을 적용한 경우: $(\sigma_{eq})_{st} = \dfrac{S_u}{S_e}\sigma_a + \sigma_m$ (2-62)

소더버그 라인을 적용한 경우: $(\sigma_{eq})_{st} = \dfrac{S_y}{S_e}\sigma_a + \sigma_m$ (2-63)

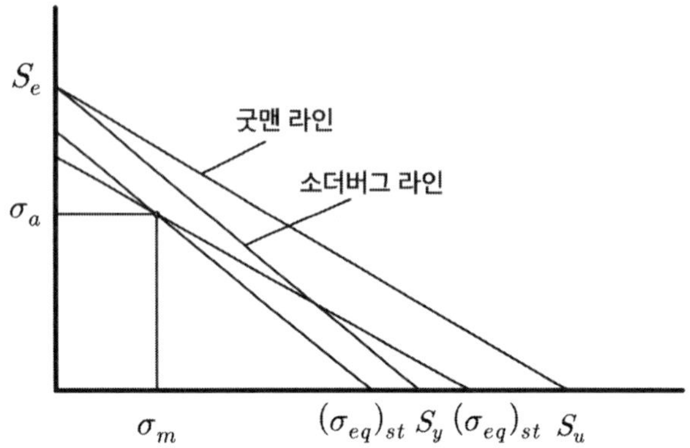

그림 2-25 등가 정적 응력

등가 정적 응력은 전단 응력의 경우에도 같은 방법을 적용할 수 있다. 즉

굿맨 라인을 적용하면: $(\tau_{eq})_{st} = \dfrac{S_{su}}{S_{se}}\tau_a + \tau_m$ (2-64)

소더버그 라인을 적용하면: $(\tau_{eq})_{st} = \dfrac{S_{sy}}{S_{se}}\tau_a + \tau_m$ (2-65)

가 된다. 여기서 S_{su}, S_{sy}는 각각 재료의 전단 극한 강도, 전단 항복 강도이다.

[예제 2-6] 지름이 23 mm인 전동축에 작용하는 굽힘 하중의 평균과 크기는 각각 80 N · m, 100 N · m이고, 축 재료의 극한 강도, 항복 강도, 피로 강도는 각각 440 MPa, 370 MPa, 170 MPa이다. 등가 완전 반복 하중과 소더버그 라인을 적용한 등가 완전 반복 응력 및 등가 정적 응력을 구하여라.

[풀이] 굽힘 하중의 평균과 크기는 각각 $M_m = 80$ N,m, $M_a = 100$ N · m이므로 식 (2−12)를 적용하여 등가 완전 반복 하중을 구하면

$$M_{eq} = \sqrt{(M_m + M_a)M_a} = \sqrt{(80+100)100} = 134.16 \text{ N} \cdot \text{m}$$

이고, 이를 적용하여 등가 완전 반복 응력을 구하면

$$\sigma_{eq} = \frac{32M_{eq}}{\pi d^3} = \frac{32 \times 134.16}{3.14 \times (\frac{23}{1,000})^3} = 112.38 \times 10^6 \text{ Pa}$$

이다. 소더버그 라인을 적용하기 위하여 굽힘 하중에 의한 굽힘 응력의 평균과 크기를 구하면 각각

$$\sigma_m = \frac{32M_m}{\pi d^3} = \frac{32 \times 80}{3.14 \times (\frac{23}{1000})^3} = 67 \times 10^6 \text{ Pa}$$

$$\sigma_a = \frac{32M_a}{\pi d^3} = \frac{32 \times 100}{3.14 \times (\frac{23}{1000})^3} = 83.76 \times 10^6 \text{ Pa}$$

가 된다. 식 (2-61)과 식 (2-63)을 이용하여 등가 완전 반복 응력과 등가 정적 응력을 구하면 각각

$$\sigma_{eq} = \frac{S_y \sigma_a}{S_y - \sigma_m} = \frac{370 \times 83.76}{370 - 67} = 102.3 \text{ MPa}$$

$$(\sigma_{eq})_{st} = \frac{S_y}{S_e}\sigma_a + \sigma_m = \frac{370}{170} \times 83.76 + 67 = 249.3 \text{ MPa}$$

이다. 스미스-왓슨-토퍼식을 이용한 등가 완전 반복 응력은 112.38 MPa이고 소더버그 라인을 이용한 등가 완전 반복 응력은 102.3 MPa이다. 일반적으로 등가 완전 반복 응력은 스미스-왓슨-토퍼식을 이용하여 추정한 값이 가장 크고, 그 다음으로는 소더버그 라인과 굿맨 라인을 이용하여 추정한 값이다.

(2) 선형 누적피로손상이론에 의한 등가 하중

크기와 작용 속도가 다른 다수의 부하가 기계 또는 부품에 작용하는 경우에는 다수의 부하가 재료의 피로 파괴에 미치는 영향과 동일한 영향을 미치는 하나의 부하, 즉 하나의 하중과 작용 속도를 가진 부하를 구해야 한다. 이때 피로 파괴에 동일한 영향을 미치는 하나의 하중을 등가 하중이라 하며, 등가 하중이 작용하는 속도를 등가 속도라고 한다.

재료의 피로 파괴 선도에서 완전 반복 하중 P와 재료가 파괴될 때의 사이클 수 L, 즉 피로 수명과의 관계는 다음과 같이 표현된다.

$$LP^{\lambda} = C \tag{2-66}$$

여기서, P=완전 반복 하중

L=사이클 수

λ=피로 손상지수

C=피로 파괴 용량으로 상수

그림 2-26(a)의 피로 파괴 선도에서 임의의 하중 P_1이 작용할 때 수명 L_1은 P_1^{λ}의 수평선과 곡선 $P^{\lambda}L = C$가 만나는 점의 L 좌표이다. 이때 P_1^{λ}와 L_1으로 이루어지는 사각형의 면적을 D라고 하면, D는 하중 P_1에 의하여 재료가 피로 파괴될 때까지 누적된 총 피로 손상(total fatigue damage) 또는 피로 파괴 용량(fatigue failure capacity)이라고 할 수 있다. 마찬가지로 하중이 P_2일 때도 P_2^{λ}와 L_2로 이루어지는 면적은 D가 되며 하중 P_2에 의한 총 피로 손상이 된다. 즉 재료가 피로 파괴될 때 임의의 부하 P_i^{λ}와 L_i로 이루어지는 면적은 항상 같으며 하중 P_i에 의한 총 피로 손상, 즉 수명을 다할 때까지 재료에 누적되는 피로 손상을 나타낸다. 그러나 그림 2-26(b)에서와 같이 수명에 이르기 전까지 하중 P_a에 의한 피로 손상, 즉 부분 피로 손상(partial fatigue damage)은 P_a^{λ}와 L_a로 이루어지는 사각형의 면적 K와 같다. 이는 총 피로 손상에서 부분 피로 손상의 면적을 뺀 만큼 재료에는 아직 피로 파괴 용량의 일부가 남아 있다는 것이다. 다수의 하중에 의한 이러한 부분 피로 손상의 합, 즉 누적 피로 손상이 D가 되면 부품은 수명을 다하게 된다. 이러한 이론을 선형 누적피로손상법(linear cumulative fatigue damage theory)이라고 하며, 팜그렌-마이너식(Palmgren-Miner rule)의 기본 이론이다.

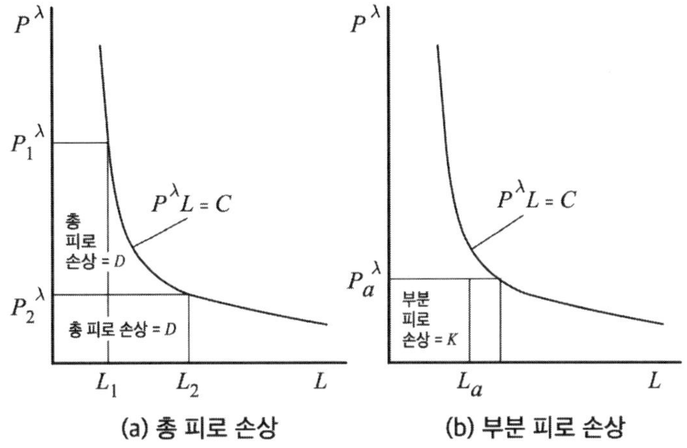

그림 2-26 동하중에 의한 재료의 피로 손상

어떤 부품에 작용하는 하중과 사이클 수가 그림 2-27에서와 같이 각각 $P_1, P_2, P_3, \ldots.. P_i$, N_1, N_2, $N_3, \ldots.. N_i$일 때 각 하중에 의한 부분 피로 손상의 합 D는 다음과 같이 표현할 수 있다.

$$P_1^\lambda N_1 + P_2^\lambda N_2 + P_2^\lambda N_3 + \ldots\ldots\ldots P_i^\lambda N_i = D \tag{2-67}$$

등가 하중이 다수의 하중과 같은 영향을 피로 수명에 미치기 위해서는 이 등가 하중에 의한 총 피로 손상이 다수의 하중에 의한 부분 피로 손상의 합과 같아야 한다. 즉 등가 하중 P_e에 의한 총 피로 손상은 D가 되어야 한다. 따라서 식 (2-67)과 식 (2-68)로부터 등가 하중은 식 (2-69)와 같이 표현할 수 있다.

$$P_e^\lambda (N_1 + N_2 + N_3 + \ldots\ldots. N_i) = D \tag{2-68}$$

$$P_e = \left(\frac{P_1^\lambda N_1 + P_2^\lambda N_2 + P_3^\lambda N_3 + \ldots.. P_i^\lambda N_i}{N_1 + N_2 + N_3 + \ldots... N_i}\right)^{\frac{1}{\lambda}} \tag{2-69}$$

총 사이클 수 L에 대한 각 하중의 사이클 수, 즉 부하 사이클의 수 N_k의 비를 f_k라고 하면, 각 하중에 의한 수명 비 f_k는 다음과 같이 표현할 수 있다.

$$f_k = \frac{N_k}{L} = \frac{N_k}{N_1 + N_2 + N_3 + \ldots\ldots. N_i}, \quad k = 1, 2, 3, \ldots.. i \tag{2-70}$$

식 (2-70)을 식 (2-69)에 대입하면 등가 하중은 다음과 같이 표현할 수 있다.

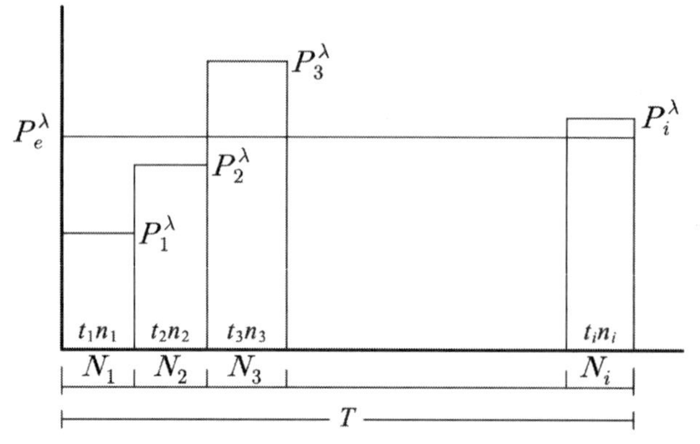

그림 2-27 선형 누적피로손상법에 의한 등가 하중

$$P_e = (\sum f_i P_i^\lambda)^{\frac{1}{\lambda}} \tag{2-71}$$

각 부하 사이클 수 N_i는 하중의 작용 시간 t_i와 회전 속도 n_i의 곱과 같으므로, 즉 $N_i = n_i t_i$ 이므로

$$t_i = \frac{N_i}{n_i} = \frac{f_i L}{n_i}$$

이고

$$T = \sum t_i = \sum \frac{f_i L}{n_i} = L \sum \frac{f_i}{n_i} \tag{2-72}$$

가 된다. 또한 총 사이클 수 L은 등가 속도 n_e와 총 사이클 수에 해당하는 시간 T의 곱과 같으므로 즉,

$$L = n_e T \tag{2-73}$$

이므로 이를 식 (2-72)에 대입하여 등가 속도를 구하면

$$n_e = \frac{1}{\sum \frac{f_i}{n_i}} \tag{2-74}$$

가 된다. 만약 하중의 수명 비 f_i 대신 총 시간 T에 대한 각 하중의 작용 시간 t_i의 비 h_i, 즉 $h_i = \frac{t_i}{T}$ 로써 사용 프로파일이 작성된 경우의 등가 속도는 식 (2-73)으로부터

$$n_e = \frac{L}{T} = \frac{1}{T}(t_1 n_1 + t_2 n_2 + t_3 n_3 + ...t_i n_i) = \sum h_i n_i \tag{2-75}$$

가 된다. $f_i = \frac{n_i t_i}{L}$, $t_i = h_i T$, $\frac{L}{T} = \sum h_i n_i$를 식 (2–71)에 대입하면, 등가 하중은 다음과 같이 간단히 표현할 수도 있다.

$$P_e = [\frac{\sum h_i n_i P_i^{\lambda}}{\sum h_i n_i}]^{\frac{1}{\lambda}} \tag{2-76}$$

식 (2–71)과 식 (2–74)는 사용 프로파일이 부하 사이클 수의 비 f_i로 제시되었을 때 적용할 수 있으며, 식 (2–75)와 식 (2–76)은 부하의 작용 시간 비 h_i로 제시되었을 때 적용할 수 있다.

(3) 부하 스펙트럼을 이용한 등가 하중

등가 하중의 개념은 부하 스펙트럼을 하나의 정량적인 값으로써 나타낼 때에도 적용할 수 있다. 그림 2–28에서와 같이 부하 스펙트럼의 하중 범위를 k등분하였을 때 각 하중 수준을 P_i, 각 하중 수준의 작용 사이클 수를 n_i라고 하면 작용 하중에 의한 총 피로 손상은 다음과 같이 표현된다.

$$D = \sum_{i=1}^{k} n_i P_i^{\lambda} \tag{2-77}$$

여기서 λ는 하중이 작용하는 부품의 피로손상지수이고, 하중 수준은 하중 빈의 상한 값을 취하며, 하중 범위는 부품의 내구한도(endurance limit) 또는 피로 강도 이상의 응력을 유발하는 하중만을 취할 수도 있다.

등가 하중은 목표 수명, 즉 목표 사이클 수에 따라 결정할 수 있으며, 목표 사이클 수와 등가 하중에 의한 총 피로 손상이 부하 스펙트럼에 의한 총 피로 손상과 같도록 결정한다. 즉 목표 사이클 수를 N_{eq}라고 하면 등가 하중 P_{eq}는 다음과 같이 결정된다.

$$P_{eq} = [\frac{1}{N_{eq}} \sum_{i=1}^{k} n_i P_i^{\lambda}]^{\frac{1}{\lambda}} \tag{2-78}$$

강재 부품의 경우, 내구한도를 S_e라고 하면 피로 손상 D_e은

$$D_e = 10^6 \times S_e^{\lambda}$$

이므로 목표 사이클 수가 10^6일 때의 등가 하중과 내구한도를 비교하여 강재의 피로 파괴에 대한 안전계수를 구할 수 있다. 즉 기준 사이클 수가 10^6일 때의 등가 하중은

$$P_{eq} = [\frac{1}{10^6}\sum_{i=1}^{k} n_i P_i^{\lambda}]^{\frac{1}{\lambda}} \tag{2-79}$$

이므로 안전계수는

$$SF = \frac{S_e}{P_{eq}} = \frac{S_e}{[\frac{1}{10^6}\sum_{i=1}^{k} n_i P_i^{\lambda}]^{\frac{1}{\lambda}}} \tag{2-80}$$

가 된다.

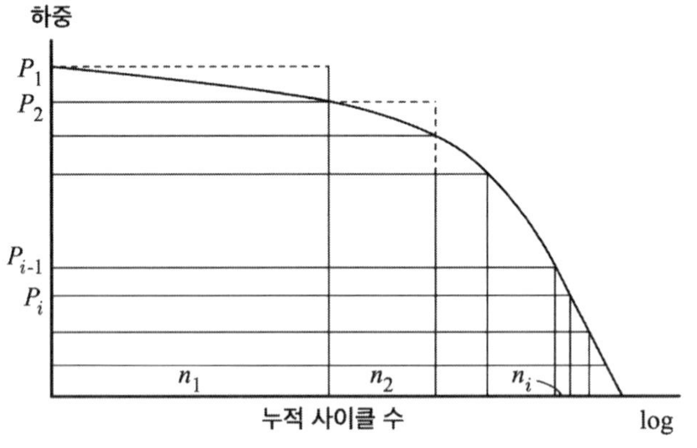

그림 2-28 부하 스펙트럼을 이용한 등가 하중

[예제 2-7] 표 2-15의 부하 사이클을 이용하여 피로손상지수가 $\lambda=8$인 유압 기기의 등가 하중과 등가 속도를 구하여라.

[풀이] 부하의 작용 시간 비 h_i를 이용하여 등가 속도는 식 (2-75)를, 등가 하중은 식 (2-76)을 적용하여 구한다. 먼저 조건 1에 대한 $h_1 n_1$를 구하면

$$h_1 n_1 = 0.21 \times 2600 = 546 \text{ rpm}$$

가 되고, 다른 조건에 대한 $h_i n_i$의 값은 표 2-15에서와 같다.
따라서 등가 속도는

$$n_e = \sum h_i n_i = 546+352+378+253.5+283.5+210+51.6+34 = 2108.6 \text{ rpm}$$

이다. 또한 조건 1에 대한 $h_1 n_1 P_1^8$은

$$h_1 n_1 P_1^8 = 0.21 \times 2600 \times 100^8 = 5.46E18$$

이고, 다른 조건에 대한 $h_i n_i P_i^8$의 값은 표 2-15에서와 같다. 따라서 등가 하중은

$$P_e = [\frac{\sum h_i n_i P_i^8}{\sum h_i n_i}]^{\frac{1}{\lambda}} = (\frac{9.92E21}{2108.6})^{\frac{1}{8}} = 215.8 \text{ bar}$$

가 된다.

표 2-15 등가 하중과 등가 속도의 계산

조건, i	작용 시간 비 h_i, %	작용 속도 n_i, rpm	하중 P_i, bar	$h_i n_i$	$h_i n_i P_i^8$
1	21	2,600	100	546	5.46E18
2	16	2,200	140	352	5.19E19
3	18	2,100	170	378	2.64E20
4	13	1,950	195	253.5	5.30E20
5	15	1,890	240	283.5	3.12E21
6	12	1,750	250	210	3.20E21
7	3	1,720	270	51.6	1.46E21
8	2	1,700	280	34	1.28E21
계	100			2,108.6	9.92E21

[예제 2-8] 표 2-16은 어떤 기어 축에 작용하는 부하 토크와 사이클 수를 측정한 것이다. 부하 스펙트럼을 작성하여라. 또한 피로손상지수가 $\lambda = 6.6$이고 내구한도에서 수명이 $L_{eq} = 5 \times 10^7$사이클일 때 등가 토크를 구하여라.

표 2-16 토크 빈의 부하 토크와 사이클 데이터

토크 빈, i	토크 T_i, N·m	사이클, n_i	토크 빈, i	토크 T_i, N·m	사이클, n_i
1	1,400	2.88×10^3	11	1,150	9.90×10^6
2	1,375,	2.88×10^3	12	1,125	2.88×10^7

3	1,350	1.71×10^4	13	1,100	4.68×10^7
4	1,325	1.65×10^4	14	1,075	6.30×10^7
5	1,300	6.37×10^4	15	1,050	1.98×10^8
6	1,275	1.17×10^5	16	1,025	3.33×10^8
7	1,250	3.33×10^5	17	1,000	5.22×10^8
8	1,225	5.22×10^5	18	975	9.18×10^8
9	1,200	1.89×10^6	19	950	1.12×10^9
10	1,175	3.42×10^6	20	925	8.19×10^8

[풀이] 각 토크 빈에 대한 총 피로 손상은 식 (2–77)을 이용하여 구할 수 있다. 각 토크 빈의 누적 사이클과 총 피로 손상을 구하면 표 2-17에서와 같다. 각 토크 빈의 누적 사이클과 부하 토크를 이용하여 부하 스펙트럼을 그리면 그림 2-29에서와 같고, 각 토크 빈의 총 피로 손상의 합은

$$\sum_{i=1}^{20} n_i T_i^{\lambda} = 2.24 \times 10^{29}$$

이므로 등가 수명을 $L_{eq} = 5 \times 10^7$ 사이클이라고 하면 등가 토크는

$$T_{eq} = \left(\frac{\sum_{i=1}^{20} n_i T_i^{\lambda}}{L_{eq}}\right)^{\frac{1}{\lambda}} = \left(\frac{2.24 \times 10^{29}}{5 \times 10^7}\right)^{\frac{1}{6.6}} = 1907.6 \ \mathrm{N \cdot m}$$

가 된다.

표 2–17 토크 빈의 누적 사이클의 총 피로 손상

i	T_i , N·m	n_i, 사이클	누적 사이클	$n_i T_i^{\lambda}$
1	1,400	2.88E+03	2.88E+03	1.67E+24
2	1,375	2.88E+03	5.76E+03	1.49E+24
3	1,350	1.71E+04	2.29E+04	7.82E+24
4	1,325	1.65E+04	3.94E+04	6.67E+24
5	1,300	6.37E+04	1.03E+05	2.27E+25
6	1,275	1.17E+05	2.20E+05	3.67E+25
7	1,250	3.33E+05	5.53E+05	9.16E+25
8	1,225	5.22E+05	1.08E+06	1.26E+26
9	1,200	1.89E+06	2.97E+06	3.97E+26
10	1,175	3.42E+06	6.39E+06	6.26E+26
11	1,150	9.90E+06	1.63E+07	1.57E+27
12	1,125	2.88E+07	4.51E+07	3.95E+27
13	1,100	4.68E+07	9.19E+07	5.54E+27

14	1,075	6.30E+07	1.55E+08	6.41E+27
15	1,050	1.98E+08	3.53E+08	1.72E+28
16	1,025	3.33E+08	6.86E+08	2.47E+28
17	1,000	5.22E+08	1.21E+09	3.29E+28
18	975	9.18E+08	2.13E+09	4.90E+28
19	950	1.12E+09	3.25E+09	5.04E+28
20	925	8.19E+08	4.06E+09	3.09E+28
			계	2.24E+29

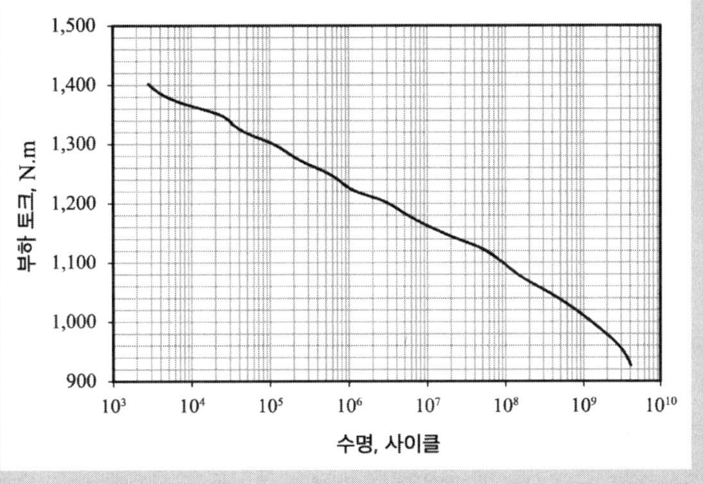

그림 2-29 토크 부하 스펙트럼

2.9 베어링의 동등가 하중

베어링에 작용하는 하중에는 반경 방향으로 작용하는 레이디얼 하중(radial load)과 축 방향으로 작용하는 스러스트 하중(thrust load)이 있다. 이 하중은 베어링이 사용되는 곳에 따라 다르며, 하나의 하중만이 작용하는 경우와 두 개의 하중이 동시에 작용하는 경우가 있다. 평기어에 사용되는 베어링에는 레이디얼 하중만이 작용하며, 헤리컬 기어에 사용되는 베어링에는 레이디얼 하중과 스러스트 하중이 동시에 작용한다.

베어링 제조업체에서 제공하는 베어링 규격에는 베어링 선택에 필요한 기본 동정격 하중

(basic dynamic load rating)으로 레이디얼 하중만을 제공하기 때문에 레이디얼 하중과 스러스트 하중이 동시에 작용하는 경우에는 스러스트 하중의 영향을 고려한 새로운 레이디얼 하중을 결정하여야 한다. 스러스트 하중의 영향을 고려한 이 새로운 레이디얼 하중을 베어링의 동등가 하중(dynamic equivalent load)이라고 한다. 따라서 레이디얼 하중과 스러스트 하중이 동시에 작용하는 베어링의 경우에는 동등가 하중을 구하여 적절한 베어링을 선택하여야 한다.

표 2-18 깊은 홈 볼 베어링의 동등가 하중

깊은 홈 볼 베어링(deep groove ball bearing) F_r=레이디얼 하중, F_a=스러스트 하중, C_o=기본 정정격 하중, 내륜 회전 $V=1$, 외륜 회전 $V=1.2$	
$e = 0.5065(\frac{F_a}{C_o})^{0.232}$, $Y = 0.434e^{-1.0114}$	
$\frac{F_a}{VF_r} \le e$	$F_e = VF_r$
$e < \frac{F_a}{VF_r}$	$F_e = 0.56VF_r + YF_a$

베어링의 동등가 하중을 구하는 방법은 베어링 제조업체와 그 종류에 따라 약간의 차이는 있으나 기본적으로는 같다. 즉 베어링에 작용하는 레이디얼 하중을 F_r, 스러스트 하중을 F_a라고 하면 동등가 하중은 다음과 같이 구한다.

$$F_e = VXF_r + YF_a \tag{2-81}$$

여기서, F_e=동등가 하중

F_r=레이디얼 하중

F_a=스러스트 하중

V=회전계수로서, 내륜 회전이면 $V=1.0$이고

외륜 회전이면 $V=1.2$이다.

X=레이디얼계수

Y=스러스트계수

레이디얼계수와 스러스트계수는 베어링에 작용하는 스러스트 하중과 베어링의 기본 정정격 하중(basic static load rating)에 따라 결정되는 값이며, 베어링의 종류에 따라 각 계수와 동등가 하중을 결정하는 방법은 표 2-18 ~ 표 2-23에서와 같다. 베어링의 기본 동정격 하중과 기본 정정격 하중은 베어링의 기본 제원으로서 제조업체가 제공하는 값이다. 베어링 제조업체와 종류에 따른 차이는 레이디얼계수와 스러스트계수를 구하는 방법의 차이이기 때문에 동등가 하중을 구할 때는 제조업체가 제공하는 동등가 하중의 결정 방법을 명확히 확인하여야 한다.

표 2-19 단열 앵귤러 콘텍트 볼 베어링의 동등가 하중

단열 앵귤러 콘텍트 볼 베어링(single row angular contact ball bearing) F_r=레이디얼 하중, F_a=스러스트 하중, C_o=기본 정정격 하중				
접촉각	직렬 배열		배면 배열 또는 전면 배열	
	$e = 0.6194(\frac{F_a}{C_o})^{-0.1247}$ $Y = 0.5862e^{-0.9448}$		$e = 0.5681(\frac{F_a}{C_o})^{-0.1247}$ $Y_1 = 0.6568e^{-0.9445}$ $Y_2 = 0.9606e^{-0.9347}$	
15°	$\frac{F_a}{VF_r} \leq e$	$F_e = VF_r$	$\frac{F_a}{VF_r} \leq e$	$F_e = VF_r + Y_1F_a$
	$e < \frac{F_a}{VF_r}$	$F_e = 0.44\,VF_r + YF_a$	$e < \frac{F_a}{VF_r}$	$F_e = 0.72\,VF_r + Y_2F_a$
25°	$\frac{F_a}{VF_r} \leq e$	$F_e = VF_r$	$\frac{F_a}{VF_r} \leq e$	$F_e = VF_r + 0.9F_a$
	$e < \frac{F_a}{VF_r}$	$F_e = 0.41\,VF_r + 0.87F_a$	$e < \frac{F_a}{VF_r}$	$F_e = 0.67\,VF_r + 1.41F_a$
30°	$\frac{F_a}{VF_r} \leq e$	$F_e = VF_r$	$\frac{F_a}{VF_r} \leq e$	$F_e = VF_r + 0.78F_a$
	$e < \frac{F_a}{VF_r}$	$F_e = 0.39\,VF_r + 0.76F_a$	$e < \frac{F_a}{VF_r}$	$F_e = 0.63\,VF_r + 1.24F_a$
40°	$\frac{F_a}{VF_r} \leq e$	$F_e = VF_r$	$\frac{F_a}{VF_r} \leq e$	$F_e = VF_r + 0.55F_a$
	$e < \frac{F_a}{VF_r}$	$F_e = 0.35\,VF_r + 0.57F_a$	$e < \frac{F_a}{VF_r}$	$F_e = 0.57\,VF_r + 0.93F_a$

표 2-20 복열 앵귤러 콘텍트 볼 베어링의 동등가 하중

복열 앵귤러 콘택트 볼 베어링(double row angular contact ball bearing) F_r=레이디얼 하중, F_a=스러스트 하중				
접촉각	조건	등가 하중	조건	등가 하중
20°	$\frac{F_a}{VF_r} \le 0.57$	$F_e = VF_r + 1.09F_a$	$0.57 < \frac{F_a}{VF_r}$	$F_e = 0.67VF_r + 1.63F_a$
25°	$\frac{F_a}{VF_r} \le 0.68$	$F_e = VF_r + 0.92F_a$	$0.68 < \frac{F_a}{VF_r}$	$F_e = 0.67VF_r + 1.41F_a$
30°	$\frac{F_a}{VF_r} \le 0.80$	$F_e = VF_r + 0.78F_a$	$0.80 < \frac{F_a}{VF_r}$	$F_e = 0.64VF_r + 1.24F_a$
35°	$\frac{F_a}{VF_r} \le 0.95$	$F_e = VF_r + 0.66F_a$	$0.95 < \frac{F_a}{VF_r}$	$F_e = 0.6VF_r + 1.07F_a$

표 2-21 자동 조심 볼 베어링의 동등가 하중

자동 조심 볼 베어링(self-aligning ball bearing) F_r=레이디얼 하중, F_a=스러스트 하중, C_o=기본 정정격 하중	
$e = 0.5065(\frac{F_a}{C_o})^{0.232}$, $Y_2 = 0.9747e^{-1.0001}$, $Y_3 = 0.6311e^{-1.0006}$	
$\frac{F_a}{VF_r} \le e$	$F_e = VF_r + Y_3F_a$
$e < \frac{F_a}{VF_r}$	$F_e = 0.65VF_r + Y_2F_a$

표 2-22 테이퍼 롤러 베어링의 동등가 하중

테이퍼 롤러 베어링(taper roller bearing) F_r=레이디얼 하중, F_a=스러스트 하중, C_o=기본 정정격 하중	
$e = 0.5065(\frac{F_a}{C_o})^{0.232}$, $Y = 0.6034e^{-0.9862}$	
$\frac{F_a}{VF_r} \le e$	$F_e = VF_r$
$e < \frac{F_a}{VF_r}$	$F_e = 0.4VF_r + YF_a$

표 2-23 자동 조심 롤러 베어링의 동등가 하중

<table>
<tr><th colspan="2">자동 조심 롤러 베어링(self-aligning roller bearing)
F_r=레이디얼 하중, F_a=스러스트 하중, C_o=기본 정정격 하중</th></tr>
<tr><td colspan="2">$e = 0.5065(\frac{F_a}{C_o})^{0.232}$, $Y_2 = 1.0093e^{-0.9966}$, $Y_3 = 0.6719e^{-1.0021}$</td></tr>
<tr><td>$\frac{F_a}{VF_r} \le e$</td><td>$F_e = VF_r + Y_3F_a$</td></tr>
<tr><td>$e < \frac{F_a}{VF_r}$</td><td>$F_e = 0.67VF_r + Y_2F_a$</td></tr>
</table>

[예제 2-9] 내륜이 회전하는 자동 조심 롤러 베어링 23932에 작용하는 부하 사이클은 표 2-24에서와 같다. 각 부하 사이클에 대한 베어링의 동등가 하중을 구하고, 선형 누적피로손상법을 적용하여 등가 하중과 등가 속도를 구하여라. 이 베어링의 기본 정정격 하중은 675 kN이고, 피로손상지수는 $\lambda = \frac{10}{3}$이다.

표 2-24 베어링의 부하 사이클

부하 사이클	작용 시간 비, %	회전속도, rpm	레이디얼 하중, kN	스러스트 하중, kN
1	5	1,200	10	2
2	10	1,000	12	4
3	60	800	20	6
4	15	600	25	7
5	10	400	30	10

[풀이] 부하 사이클 1에서 베어링의 동등가 하중을 구한다. 먼저 표 2-23에서와 같이 자동 조심 롤러 베어링의 e를 구하면, $\frac{F_a}{C_o} = \frac{2}{675} = 0.002963$이 되므로 $e = 0.5065(0.002963)^{0.232} = 0.13123$이다.

따라서 $Y_2 = 1.0093(0.13123)^{-0.9966} = 7.64$,

$Y_3 = 0.6719(0.13123)^{-1.0021} = 5.14$가 되고, 또한 $\frac{F_a}{VF_r} = \frac{2}{1 \times 10} = 0.2 > e$이므로 동등가 하중은 $F_e = 0.67 \times 1 \times 10 + 7.64 \times 2 = 21.98$ kN이 된다. 같은 방법으로 부하 사이클 2, 3, 4, 5에서 동등가 하중을 구하면 표 2-25에서와 같다.

각 부하 사이클에서 동등가 하중이 결정되면, 표 2-26에서와 같이 각 부하 사이클의 $h_i n_i$와 $h_i n_i P_i^{\frac{10}{3}}$ 을 구한다. 따라서 등가 속도와 등가 하중은 각각 다음과 같이 결정된다.

$$n_e = \sum h_i n_i = 770 \text{ rpm}$$

$$P_e = [\frac{\sum h_i n_i P_i^{\frac{10}{3}}}{\sum h_i n_i}]^{\frac{3}{10}} = (\frac{3.48E8}{770})^{\frac{3}{10}} = 49.72 \text{ kN}$$

표 2-25 베어링의 동등가 하중

부하 사이클	레이디얼 하중, kN	스러스트 하중, kN	$\frac{F_a}{C_o}$	e	Y_2	Y_3	F_e, kN
1	10	2	0.00296	0.13123	7.64	5.14	21.98
2	12	4	0.00593	0.15412	6.51	4.38	34.07
3	20	6	0.00889	0.16932	5.92	3.98	48.95
4	25	7	0.01037	0.17549	5.72	3.84	56.77
5	30	10	0.01482	0.1906	5.26	3.54	72.75

표 2-26 베어링의 등가 하중과 등가 속도

부하 사이클, i	작용 시간 비 h_i, %	회전 속도 n_i, rpm	동등가 하중 P_i, kN	$h_i n_i$	$h_i n_i P_i^{\frac{10}{3}}$
1	5	1,200	21.98	60	1.78E6
2	10	1,000	34.07	100	1.28E7
3	60	800	48.95	480	2.06E8
4	15	600	56.77	90	6.33E7
5	10	400	72.75	40	6.43E7
계				770	3.48E8

● ● ● 참 고 문 헌

김경욱. 2006. 가변 부하가 작용하는 기계 부품의 가속 시험 방법 개발. 한국기계연구원 신뢰성평가센터 보고서.

국립농업과학원. 2020. 2019 농업 기계 이용 실태 조사. 발간등록번호 11-1390802-001111-11. 농촌진흥청 국립농업과학원

ASTM E1049-85, 2017. Standard practices for cycle counting in fatigue analysis. ASTM International, West Conshohocken, PA.

Bannantine, J. A., J. J. Comer and J. L. Handrock. 1990. Fundamentals of metal fatigue analysis. Prentice Hall, Englewood Cliffs NJ 07632.

Bolla, G. A. 2002. Accelerated useful life testing and field correlation methods. SAE Technical Paper Series 2002-01-1175.

Irvine, T. An introduction to shock & vibration response spectra. enDAQ.com

Kelly, R. D. and G. Richman. 1969. Principles and techniques of shock data analysis.The Shock and Vibration Information Center, Naval Research Laboratory, Washington, D. C. USA.

Köhler, M., S. Jenne, K. Potter and H. Zenner. 2017. Load assumption for fatigue design of structures and components. Springer-Verlag GmbH Germany,

Lalanne, C. 2009. Fatigue damage. Mechanical vibration and shock analysis, 2nd ed. Volume 4. ISTE, Ltd. John Wiley & Sons, Inc.

McNeill S. I. 2008. Implementing the fatigue damage spectrum and fatigue damage equivalent vibration testing. Presented at the 79th Shock and Vibration Symposium. October 26-30, 2008. Orlando Florida.

Nam, J. S., H. E. Kim and K. U. kim. 2013. A new accelerated zero-failure test model for rolling bearings under elevated temperature conditions. Journal of Mechanical Science and Technology 27(6): 1801-1807.

Nigam, N. C. and P. C. Jennings. 1968. Digital calculation of response spectra from strong-motion earthquake records. Earthquake Engineering Research Laboratory, California Institute of Technology, Pasadena, California, USA.

Renius, K. Th. 2019. Fundamentals of tractor design. Springer

Shigley J. E, C. R. Mischke and R. G. Budynas. 2004. Mechanical engineering design 7th Edition. McGraw Hill Higher Education.

Zahavi, E. 1996. Fatigue design, life expectancy of machine parts. CRC Press, Inc.

제 3 장

재료의 강도와 파괴 이론

제 3 장 재료의 강도와 파괴 이론

기계와 부품의 재료는 대부분 금속 재료이고, 금속 재료는 철 금속과 비철 금속으로 나눌 수 있다. 철 금속에는 강, 무쇠, 탄소강, 합금강 등이 있고 비철 금속에는 구리, 알루미늄, 니켈 등이 있다. 기계와 부품의 재료에는 이러한 금속 재료 외에도 공업용 플라스틱 등 비금속 재료가 있다. 재료의 강도는 재료가 파괴되지 않고 외부의 하중을 지지할 수 있는 능력으로 정의할 수 있으며, 강도는 하중의 형태와 파괴 기준에 따라 구분할 수 있다.

재료의 강도는 기본적으로 파괴 시험을 통하여 결정할 수 있으며, 같은 재료라 하더라도 다수의 시편으로 측정한 강도에는 편차가 있기 때문에 이를 통계적으로 결정하여야 한다. 본 장에서는 금속 재료의 강도를 결정하기 위한 시험 방법과 재료의 강도 및 파괴 이론을 다룬다.

3.1 정적 강도

(1) 단순 인장 시험

재료의 정적 강도(static strength)는 재료가 파괴되지 않고 정하중을 견딜 수 있는 능력으로 정의할 수 있으며, 단순 인장 시험을 통하여 결정한다. 단순 인장 시험은 규정된 크기로 가공한 시편에 축 방향으로 인장 하중을 가하여 시편의 변형과 인장 하중의 관계를 구명하고, 파괴 기준에 따라 해당 강도를 결정한다. 단순 인장 시험의 시편은 그림 3-1에서와 같이 양단보다 중앙의 지름이 작은 짧은 봉으로서 게이지 길이 L_o와 단면 지름 d_o은 적용 표준에 따라 다르다. 미국의 재료시험학회(ASTM)에서는 $\frac{L_o}{\sqrt{d_o}}=4.0$, 영국 표준에서는 $\frac{L_o}{\sqrt{d_o}}=5.0$, 독일 표준에서는 $\frac{L_o}{\sqrt{d_o}}=10.0$을 권장하고 있다.

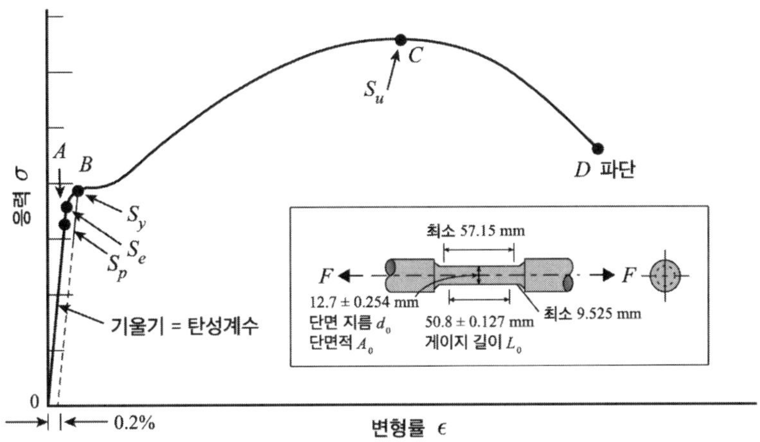

그림 3-1 단순 인장 시험

일반적으로 게이지의 길이는 10, 25, 50 mm가 많고 단면 지름은 2.5, 6.25, 12.5 mm가 많다. 시편의 열처리는 가공 이전에 실시하고, 표면 경화, 표면 코팅은 가공 이후에 실시하여 열처리와 표면 처리가 강도에 반영될 수 있도록 한다.

만능재료시험기와 같은 시험기를 이용하여 시편의 양단에 인장 하중을 가하고 이를 서서히 증가시키면 시편은 늘어나고, 단면은 감소하여 결국에는 파괴된다. 이때 게이지부의 단면에는 응력(stress)이 발생하고, 길이는 늘어나서 변형률(strain)이 증가한다. 응력과 변형률은 초기 상태의 게이지 길이와 단면적을 기준으로 결정하며, 감소하는 실제 단면적을 기준으로 한 실제 응력 및 변형률과 구별하기 위하여 이를 공학 응력(engineering stress)과 공학 변형률(engineering strain)이라고 한다. 실제 응력은 시편의 길이가 늘어남에 따라 단면적이 감소하기 때문에 공학 응력보다는 크다. 그러나 실제 응력을 결정하기 위해서는 게이지 길이와 단면의 지름을 동시에 측정해야 하는 어려움 있기 때문에 강도 시험에서는 일반적으로 공학 응력과 공학 변형률을 사용

하며 식 (3-1)과 식 (3-2)에서와 같이 표현한다.

$$\sigma = \frac{F}{A_o} \tag{3-1}$$

$$\epsilon = \frac{L - L_o}{L_o} = \frac{\delta}{L_o} \tag{3-2}$$

여기서, σ=응력, MPa
F=인장 하중, N
A_o=게이지부의 초기 단면적, mm^2
ϵ=변형률
L=게이지부의 길이, mm
L_o=게이지부의 초기 길이, mm
δ=게이지부의 인장 변형, mm

단순 인장 시험의 결과로서 강재의 전형적인 변형률—응력 선도는 그림 3-1에서와 같다. 즉 인장 하중이 증가함에 따라 시편은 인장 하중에 비례하여 늘어나는 탄성 변형을 하며 하중이 더욱 증가하면 소성 변형을 거쳐 파괴된다. 재료의 강도는 이러한 변형 과정에서 나타난 특이점을 기준으로 다음과 같이 결정한다.

- **비례한도**(proportional limit): 변형률-응력 선도에서 응력과 변형률이 비례하는 구간의 최대 응력으로서 그림 3-1의 S_p이다. 비례한도까지 응력은 변형률에 비례하며 식 (3-3)에서와 같이 표현된다. 이 비례 관계를 후크의 법칙(Hook's law)이라고 하며 비례 상수 E를 재료의 탄성계수라고 한다.

$$\sigma = E\,\epsilon \tag{3-3}$$

- **탄성한계**(elastic limit): 인장 하중을 제거하였을 때 변형이 0인 초기 상태로 돌아갈 수 있는 구간의 최대 응력으로서 그림 3-1의 S_e이다. 응력이 탄성한계를 초과하면 변형은 소성 상태가 되며, 인장 하중을 제거하더라도 변형은 0인 초기 상태로 돌아가지 않고, 일부가 잔존한다. 이 잔존 변형을 소성 변형(plastic deformation)이라고 한다.
- **항복점**(yield point): 응력이 탄성한계를 초과하면 시편의 변형은 응력이 크게 증가하지 않더라도 크게 증가한다. 이러한 현상을 항복(yield)이라고 하며, 항복 현상이 일어날 때의 응력을 항복점 또는 항복 강도(yield strength)라고 한다. 실제 변형률-응력 선도에서는 명확한 항복 현상을 확인하기가 어렵기 때문에 일반적으로 항복 강도는 소성 변형

이 0.2%일 때의 응력으로 정의하며 그림 3-1에서 S_y 이다.

- **극한 강도**(ultimate strength): 인장 하중이 계속 증가하면 시편의 응력은 변형률-응력 선도에서 최고점에 이르게 된다. 극한 강도는 이 최고점의 응력으로서 그림 3-1의 변형률-응력 선도에서 S_u 이다.
- **파단**(fracture): 응력이 극한 강도를 지나 더욱 증가하면 시편은 파괴된다. 시편이 파괴되는 상태를 파단이라고 하며, 이때의 응력을 파단 강도라고 한다.

이 외에도 변형률-응력 선도를 이용하여 정의한 재료의 특성에는 다음과 같은 것이 있다.

- **리질리언스**(resilience): 재료가 탄성 에너지를 저장할 수 있는 능력으로서 응력이 비례 한도에 이를 때까지 변형률-응력 선도 아래의 면적과 같다. 즉,

$$\text{리질리언스} = \int_0^{\epsilon_p} \sigma d\epsilon = \int_0^{\epsilon_p} E\,\epsilon\, d\epsilon = \frac{E}{2}\epsilon_p^2 = \frac{E}{2}\left(\frac{S_p}{E}\right)^2 = \frac{1}{2E}S_p^2 \qquad (3\text{–}4)$$

여기서, S_p = 비례한도

ϵ_p = 비례한도에서 변형률

이다.

- **인성**(toughness): 재료의 강인함 정도를 나타내며, 시편이 파단에 이를 때까지 변형률-응력 선도 아래의 면적과 같다. 즉,

$$\text{인성} = \int_0^{\epsilon_f} \sigma d\epsilon \qquad (3\text{–}5)$$

여기서, ϵ_f = 파단이 일어날 때의 변형률

리질리언스와 인성의 단위는 단위 체적당 에너지로서 J/m^3 이다.

- **취성과 연성**(brittle and ductility): 재료의 취성과 연성은 과부하를 견딜 수 있는 재료의 능력으로서, 시편이 파단될 때 시편의 신장률 또는 단면 감소율로써 결정한다. 즉 신장률 또는 단면 감소율이 5% 이상이면 연성 재료이고 5% 미만이면 취성 재료이다. 즉

$$\frac{L_f - L_o}{L_o} = \frac{\delta}{L_o} \geq 0.05 \text{ 또는 } \frac{A_o - A_f}{A_o} \geq 0.05 \text{ 이면 연성 재료}$$

$$\frac{L_f - L_o}{L_o} = \frac{\delta}{L_o} < 0.05 \text{ 또는 } \frac{A_o - A_f}{A_o} < 0.05 \text{ 이면 취성 재료}$$

여기서, L_f=파단 시 게이지부의 길이

A_f=파단 시 게이지부의 단면적
L_o=게이지부의 초기 길이
A_o=게이지부의 초기 단면적

이다.

(2) 정적 강도

기계 설계에서 사용하는 재료의 기본 강도는 항복 강도이며, 정하중의 형태에 따라 인장 하중의 경우에는 인장 항복 강도(tensile yield strength), 압축 하중의 경우에는 압축 항복 강도(compressive yield strength), 굽힘 하중의 경우에는 굽힘 항복 강도(bending yield strength), 전단 하중 또는 비틀림 하중의 경우에는 전단 항복 강도(shear yield strength) 등으로 구별할 수 있다. 그러나 일반적으로 항복 강도는 단순 인장 시험으로써 결정한 인장 항복 강도가 사용되며, 압축, 굽힘, 전단 항복 강도는 인장 항복 강도를 이용하여 나타내는 경우가 많다. 극한 강도는 약간의 소성 변형을 허용할 수 있는 구조 설계에서는 적용할 수 있으나, 변형을 허용할 수 없는 기계 설계에서는 적용할 수 없다. 그러나 극한 강도는 재료의 경도와 피로 강도를 결정하는 데 이용된다.

연성 재료의 경우 인장 항복 강도와 압축 항복 강도는 같은 값으로 볼 수 있으나, 주철과 같은 취성 재료의 경우에는 압축 항복 강도가 인장 항복 강도보다 2.5 ~ 5.0배 정도 크다. 즉

연성 재료의 경우: $S_{yc} = S_{yt}$
취성 재료의 경우: $S_{yc} = (2.5 \sim 5.0)S_{yt}$

여기서, S_{yt}=인장 항복 강도
S_{yc}=압축 항복 강도

이다. 굽힘 항복 강도는 인장 항복 강도와 같이 응력의 방향이 단면에 직각인 수직 응력이므로 인장 항복 강도와 같으며, 굽힘 압축 강도도 재료의 압축 항복 강도와 같다. 응력의 방향이 단면에 접하는 전단 강도의 경우에는, 직접 전단 시험으로써 전단 항복 강도를 결정하기보다는 단순 인장 시험에서 항복 현상이 일어날 때의 전단 응력으로써 결정한다. 가장 일반적인 전단 항복 강도는 인장 항복 강도의 1/2이다. 즉

$$S_{ys} = \frac{1}{2}S_{yt}$$

여기서, S_{ys}=전단 항복 강도

이다. 전단 강도는 재료의 파괴 이론에서 좀 더 자세히 다루기로 한다.

강재의 항복 강도와 극한 강도는 강재의 풀림(annealing), 담금(quenching), 뜨임(tempering), 표면 경화(case hardening) 등 열처리와 크롬, 니켈, 마그네슘, 텅스텐 등을 함유한 합금강의 종류에 따라 다르다. 일반적으로 강재를 열처리하거나 합금하면 그 강도는 증가한다. 재료의 강도를 결정할 때 가장 좋은 방법은 실제 사용하는 재료를 직접 시험하여 결정하는 것이다. 직접 시험하기가 어려운 경우에는 소재를 생산하는 제조업체가 제공하는 강도를 적용하거나 KS, JIS, DIN, ANSI 등 국가 또는 공인 기관이 제공하는 표준 규격의 강도를 적용하는 것이 바람직하다.

3.2 피로 강도

(1) 회전축 피로 시험

재료의 피로 강도는 일정한 규격의 시편에 크기가 일정한 하중을 편진 또는 양진으로 가하여 시편이 파괴될 때 시편의 응력과 하중의 반복수로써 결정한다.

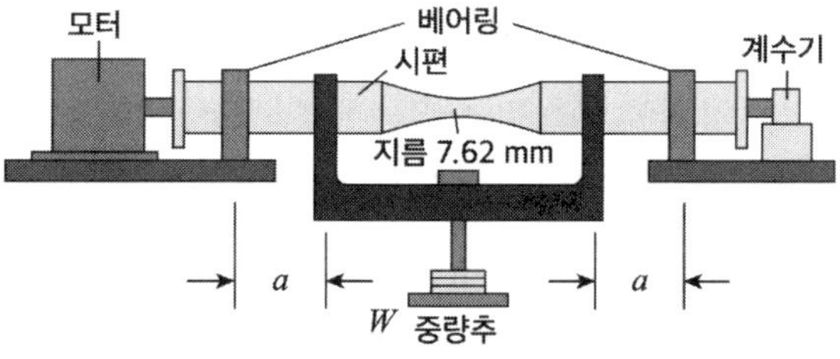

(a) 회전축 피로 시험기

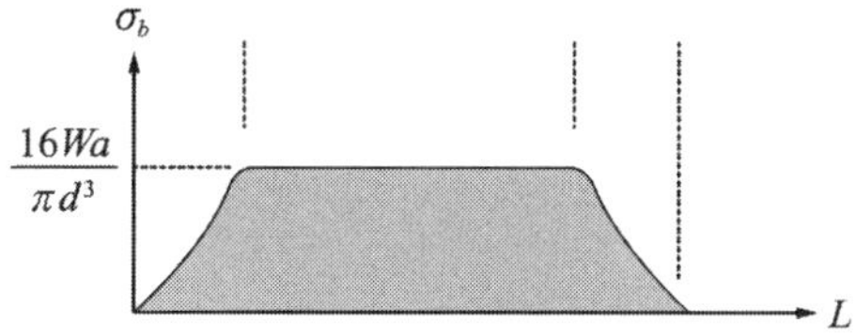

(b) 굽힘 응력도

그림 3-2 회전축 피로 시험기

이러한 시험을 재료의 피로 시험이라고 하며, 가장 대표적인 피로 시험에는 회전축 피로 시험(rotating beam fatigue test)이 있다. 회전축 피로 시험은 그림 3-2(a)에서와 같이 단면의 지름이 7.62 mm인 시편의 양단을 지지하고 양단에서 거리가 a인 지점에 각각 $\frac{W}{2}$의 하중을 가한 상태에서 축을 회전시키는 피로 시험이다. 축이 회전함에 따라 시편의 표면에는 180^o를 주기로 그림 3-2(b)에서와 같이 굽힘 하중에 의한 인장 응력과 압축 응력이 교대로 일어난다. 즉 시편의 표면에는 평균 응력이 0인 완전 반복 응력이 축의 회전수만큼 반복된다. 완전 반복 응력의 크기는 중량추의 무게를 W, 축 지지점에서 하중 작용점까지의 거리를 a, 시편의 지름을 d라고 하면 식 (3-6)에서와 같이 결정되며, a와 d가 일정하므로 완전 반복 응력의 크기는 중량추의 무게 W에 따라 변한다.

$$\sigma_b = \frac{16\,Wa}{\pi d^3} \tag{3-6}$$

축의 회전 속도를 일정하게 유지한 상태에서 다수의 시편을 이용하여 중량추로써 완전 반복 응력의 크기를 변화시키며, 시편이 파괴될 때까지 축의 총 회전수를 측정한다. 시험 결과는 그림 3-3에서와 같이 대수-정수지 또는 대수-대수지(log-log paper)에서 축의 총 회전수, 즉 응력의 총 사이클 수를 수평축에, 응력의 크기를 수직축에 나타낸다. 이 선도를 재료의 S-N(stress-number of cycles) 선도라고 하며, 재료의 피로 강도를 결정하는 데 사용된다. 그림 3-3은 전형적인 철강재의 S-N 선도로서 시편에 작용하는 완전 반복 응력의 크기가 감소함에 따라 시편이 파괴될 때까지 총 사이클 수, 즉 피로 수명은 증가하며, 어떤 한계 값 이하의 완전 반복 응력에 이르면 시편은 더 이상 파괴되지 않는 무한 수명의 상태가 된다. 유한 수명과 무한 수명이 구분되는 영역의 파괴점은 그림 3-3에서와 같이 변곡점을 형성하며, 변곡점이 형성되는 영역의 총 사이클 수는 $10^6 \sim 10^7$ 정도이다. 강재의 S-N 선도에서 10^6 사이클에 해당하는 완전 반복 응력의 크기를 내구한도(endurance limit)라고 하며, 10^6 사이클을 기준으로 그 이하의 영역을 유한 수명, 이 이상의 영역을 무한 수명으로 구분할 수 있다. 또한 사이클 수가 1,000 이하인 영역을 저사이클 피로 영역(low cycle fatigue region)이라고 하며, 1,000사이클을 초과하는 영역을 고사이클 피로 영역(high cycle fatigue region)이라고 한다.

구리, 알루미늄 등 비철 소재의 S-N 선도에서는 그림 3-4에서와 같이 유한 수명과 무한 수명의 경계가 강재에서보다 명확하지 않다. 즉 완전 반복 응력의 크기가 감소하더라도 무한 수명의 영역은 명확히 나타나지 않고, 시편은 계속 파괴되는 형태를 나타낸다. S-N 선도가 이러한 특성을 나타내는 비철 소재의 피로 강도는 특정 사이클 수에 해당하는 완전 반복 응력의 크기로서 결정한다.

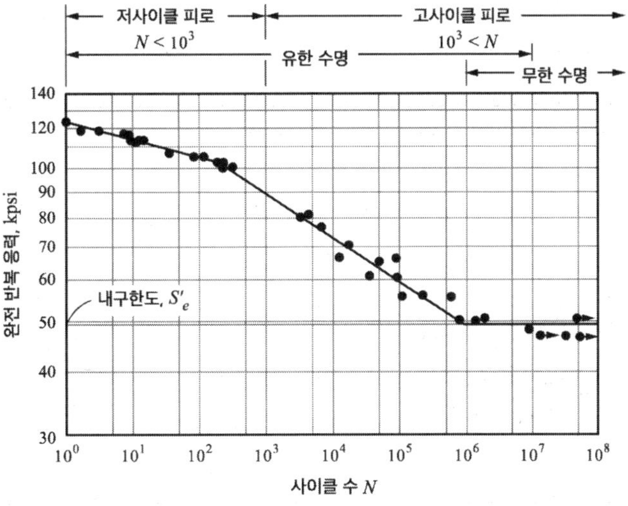

그림 3-3 전형적인 철강재의 S–N 선도

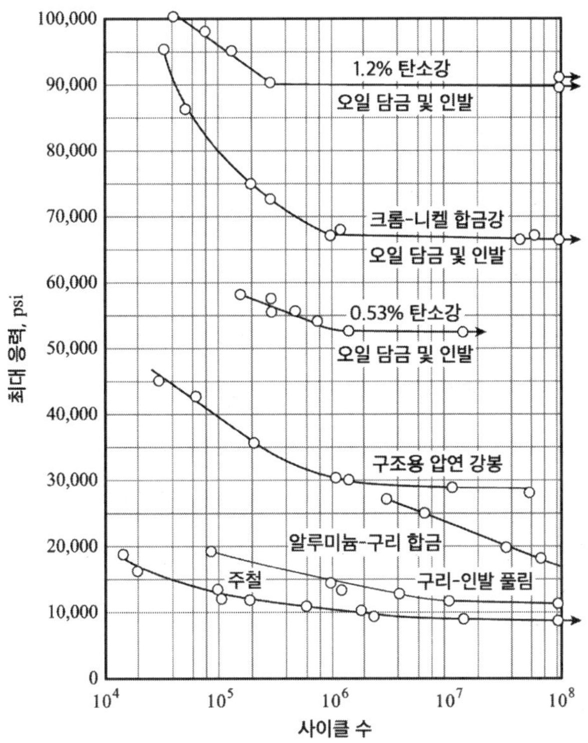

그림 3-4 금속 재료의 S–N 선도(ASM, 2003)

기계 부품의 피로 수명을 결정하기 위해서는 소재의 S-N 선도뿐만 아니라 축, 기어, 크랭크축 등 해당 기계 부품의 S-N 선도를 작성하여야 하며, 이를 위해서는 각 기계 부품에 적합한 피로 시험 장치를 제작하고 피로 수명 시험을 실시하여야 한다. 그림 3-5는 기어에 대한 S-N 선도의 예를 나타낸 것이다.

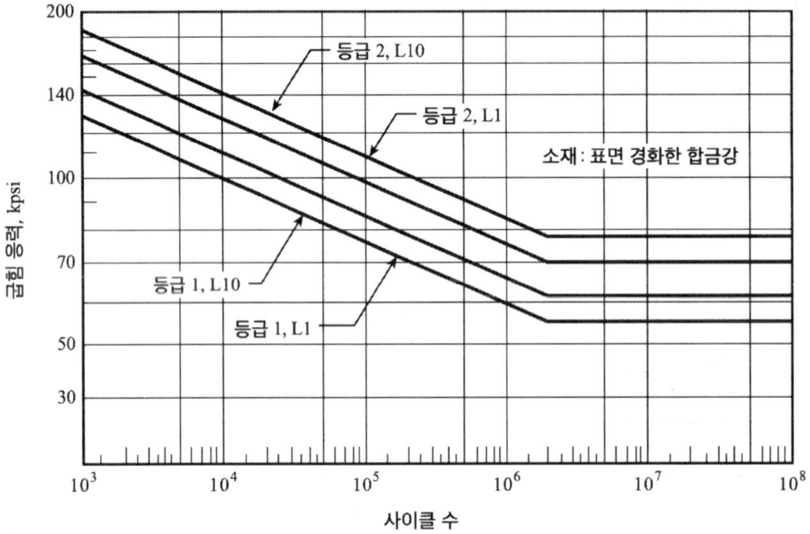

그림 3-5 기어의 S-N 선도 예 (AGMA, 2015)

(2) 피로 강도

철 금속의 피로 강도는 S-N 선도에서 내구한도, 즉 피로 수명이 10^6 사이클일 때의 완전 반복 응력의 크기로서 결정한다. 회전축 피로 시험에서 구한 강철의 피로 강도는 일반적으로 인장 극한 강도의 40 ~ 60% 수준인 것으로 알려져 있다. 또한 많은 시험 결과에 의하면 회전축 피로 시험에서 구한 강재의 피로 강도 S_e' 와 인장 극한 강도 S_{ut} 사이에는 다음과 같은 관계가 성립한다 (Budynas and Nisbett, 2008).

$$S_e' = 0.50 S_{ut} \qquad S_{ut} \le 1,400 \text{ MPa} \tag{3-7}$$

$$S_e' = 700 \text{ MPa} \qquad S_{ut} > 1,400 \text{ MPa} \tag{3-8}$$

인장 극한 강도는 재료의 경도로써 나타낼 수 있으며, 강재의 경우 인장 극한 강도와 브린넬 경도 사이에는 다음과 같은 관계가 있다 (Budynas and Nisbett, 2008).

$$S_{ut} = 3.41 H_B \quad \text{MPa} \tag{3-9}$$

여기서, H_B = 브린넬 경도수, $200 \le H_B \le 450$

알루미늄과 같이 S-N 선도에서 피로 강도가 가시적으로 나타나지 않는 비철 금속의 경우에는 5×10^8 사이클에 해당하는 응력을 피로 강도로 보는 것이 일반적이다. 철강재의 경우에도 사용 환경이 부식에 노출되는 환경인 경우에는 피로 강도가 나타나지 않을 수도 있다. 표 3-1은 주요 금속 재료의 피로 강도를 나타낸 것이다.

표 3-1 주요 금속 재료의 피로 강도

재료	피로 수명 (총 사이클 수)	피로 강도
Steel(S_{ut}〈1460 MPa)	10^6	$0.504S_{ut}$
Steel(S_{ut} ≥1460 MPa)	10^6	740 MPa
Steel-Ferrite	10^6	$0.58S_{ut}$
Steel-Ferrite & Pearlite	10^6	$0.38S_{ut}$
Steel Pearlite	10^6	$0.38S_{ut}$
Steel-untempered, Martensite	10^6	$0.26S_{ut}$
Steel-highly tempered, Martensite	10^6	$0.55S_{ut}$
Steel-highly tempered, Martensite & tempered Bainite	10^6	$0.50S_{ut}$
Steel-tempered Bainite	10^6	$0.50S_{ut}$
Steel-Austenite	10^6	$0.37S_{ut}$
Cast iron(S_{ut}〈400 MPa)	10^6	$0.40S_{ut}$
Cast iron(S_{ut} ≥400 MPa)	10^6	160 MPa
Wrought Aluminum(S_{ut}〈260 MPa)	10^6	$0.40S_{ut}$
Wrought Aluminum(S_{ut} ≥260 MPa)	5×10^8	130 MPa
Permanent mold cast aluminum	5×10^8	80 MPa
Sand cast aluminum	5×10^8	55 MPa
Copper alloy(S_{ut}〈280 MPa)	5×10^8	$0.40S_{ut}$
Copper alloy(S_{ut} ≥280 MPa)	5×10^8	100 MPa

(3) 피로강도감소계수

실제 설계에서 사용하는 피로 강도는 회전축 피로 시험에서 구한 피로 강도와 피로강도감소계수(fatigue strength reduction coefficient)를 곱하여 구한다. 피로강도감소계수는 시편과 실제 부품 사이에 강도 차이가 있기 때문에 평균 응력, 부식성, 표면 처리, 응력 집중, 부품의 크기, 온도, 하중의 반복수, 신뢰도, 작업 정도, 용접 등 부품의 강도를 약화시키는 각종 요인의 영향을 피로 강도에 반영하기 위한 것이다. 따라서 실제 설계에서는 10^3 사이클과 10^6 사이클에서 재료의 피로 강도 S_{10^3}과 S_e는 각각 다음과 같이 보정한다.

$$S_{10^3} = k_f S_{10^3}' \tag{3-10}$$

$$S_e = k_a k_b k_c k_d k_e k_f S_e' \tag{3-11}$$

식 (3–10)과 식 (3–11)에서 S_{10^3}'과 S_e'은 각각 회전축 피로 시험에서 측정한 10^3 사이클과 10^6 사이클에서 재료의 피로 강도이며, 피로강도감소계수는 다음과 같이 결정한다.

- **표면계수** k_a: 회전축 피로 시험의 시편은 표면 처리가 잘 된 시편이다. 표면계수는 표면 처리가 잘 된 이 시편을 기준으로 실제 부품의 표면 처리가 부품의 피로 강도에 미치는 영향을 반영하기 위한 계수로서, 표면 처리의 종류와 재료의 인장 극한 강도에 따라 다음과 같이 결정한다.

$$k_a = aS_{ut}^b \tag{3-12}$$

여기서, a = 상수
S_{ut} = 인장 극한 강도, MPa
b = 상수

상수 a와 b는 표면 처리의 종류에 따라 표 3–2에서와 같이 결정한다.

표 3–2 표면계수

표면 처리의 종류	a	b
흑피(ground)	1.58	−0.085
절삭(machined) 또는 냉간 인발(cold–drawn)	4.51	−0.265
열간 압연(hot–rolled)	57.7	−0.718
단조(forged)	272.0	−0.995

- **크기계수** k_b: 회전축 피로 시험의 시편은 일반적으로 지름이 7.62 mm이다. 크기계수는 이 시편의 크기를 기준으로 실제 부품의 크기가 피로 강도에 미치는 영향을 고려하기 위한 것이다. 일반적으로 부품은 시편보다 크기가 크므로 표면에 균열이나 흠이 존재할 가능성도 더 크다. 즉 부품의 피로 강도는 시편의 피로 강도보다 약하므로 이를 고려하기 위한 것이다. 부품의 지름을 d라고 하면, 굽힘 하중과 비틀림 하중이 작용하는 회전축의 크기계수는 다음 식으로써 결정한다.

$$
\begin{aligned}
&d < 2.79 \text{ mm} && k_b = 1.0 \\
&2.79 \le d \le 51 \text{ mm} && k_b = 1.24 d^{-0.107} \\
&51 < d \le 254 \text{ mm} && k_b = 1.51 d^{-0.157}
\end{aligned}
\tag{3-13}
$$

비회전 원형 축이나 단면이 비원형인 경우에는 등가 지름을 구하여 결정한다. 등가 지름은 최대 응력의 95% 이상이 작용하는 비원형 단면의 면적과 최대 응력의 95% 이상이 작용하는 시편의 단면적이 같다고 가정하여 구한다. 최대 응력의 95% 이상이 작용하는 시편의 단면적은 외경이 d이고 내경이 $0.95d$인 중공축의 단면적과 같다. 즉

$$A_{95} = \pi\left[\frac{d^2 - (0.95d)^2}{4}\right] = 0.0765 d^2 \tag{3-14}$$

이다. 따라서 비원형 단면에서 최대 응력의 95% 이상이 작용하는 면적을 A_{95}라고 하면, 등가 지름은 다음과 같이 결정된다.

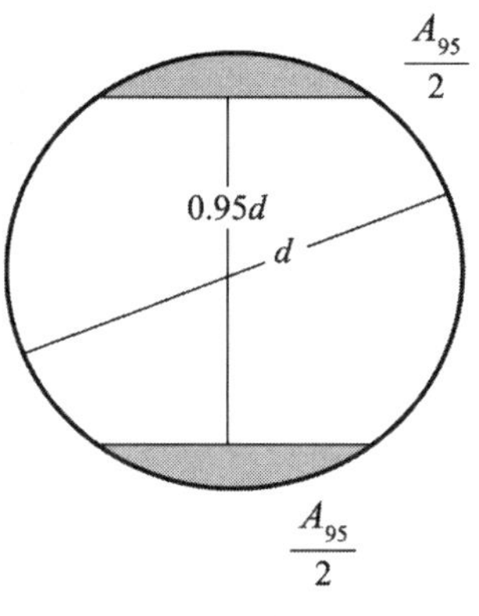

그림 3-6 최대응력의 95% 이상이 작용하는 면적

$$d_e = \sqrt{\frac{A_{95}}{0.0765}} \tag{3-15}$$

비원형 단면에서 최대 응력의 95% 이상이 작용하는 단면적 A_{95}는 일반적으로 전체 면적의 5% 정도이다. 비회전 원형 축의 경우, 최대 응력의 95% 이상이 작용하는 면적은 그림 3-6에서와 같이 간격이 $0.95d$인 평행한 두 현과 원주로 이루어진 면적의 2배와 같다. 즉, $A_{95} = 0.01046d^2$이다. 따라서 지름이 d인 비회전 원형축의 등가 지름은

$$d_e = \sqrt{\frac{0.01046d^2}{0.0765}} = 0.370d \tag{3-16}$$

가 된다. 단면이 $h \times b$인 장방형의 경우 $A_{95} = 0.05hb$이므로 등가 지름은

$$d_e = \sqrt{\frac{0.05hb}{0.0765}} = 0.808\sqrt{hb} \tag{3-17}$$

이다. 이 등가 지름을 식 (3-13)에 적용하여 크기계수를 구한다.

축 하중에 대한 크기계수는 $k_b = 1$로서 축 방향의 피로 강도는 축의 크기에 영향을 받지 않는다.

- **하중계수** k_c: 하중계수는 축에 작용하는 하중의 종류가 부품의 피로 강도에 미치는 영향을 반영하기 위한 것으로서 다음과 같이 구한다.

① 회전 굽힘 하중의 하중계수

회전축 피로 시험에서 시편의 표면에 발생하는 응력은 축이 회전함에 따라 인장 응력과 압축 응력이 반복되는 완전 반복 응력이다. 일반적으로 재료의 피로 강도는 회전축 피로 시험에서 굽힘 하중에 의하여 발생하는 완전 반복 응력의 크기를 말한다. 따라서 회전 굽힘 하중에 대한 하중계수는 k_c=1이다.

② 반복 축 하중의 하중계수

시편의 축 방향으로 크기가 같은 인장 하중과 압축 하중이 반복하여 작용하면 시편의 단면에는 완전 반복 응력이 발생한다. 이러한 축 방향의 완전 반복 하중(completely reversed axial load)에 대한 재료의 피로 강도는 회전 굽힘 하중에 대한 피로 강도의 약 90% 수준인 것으로 알려져 있다. 만약 축 하중의 작용점이 편심되어 편심에 의한 굽힘 응력이 동시에 발생하는 경우에는 70 ~ 90% 수준으로 더욱 약화되며, 굽힘 하중이 함께 작용하

는 경우에는 60% 수준까지 감소한다. 평균적으로 축 하중에 대한 하중계수는

$$k_c = 1.43 S_{ut}^{-0.0778} \tag{3-18}$$

여기서, S_{ut}=인장 극한 강도, MPa

로 주어진다.

③ 반복 굽힘 하중의 하중계수

외팔보에서와 같이 시편의 한쪽을 고정하고 다른 한쪽에 수직 방향으로 완전 반복 하중을 가하면 시편의 표면에는 완전 반복 응력이 발생한다. 이때 완전 반복 응력은 회전축 피로 시험에서와 같이 모든 표면에 발생하는 것이 아니라 항상 시편의 상부와 하부 표면에서만 발생한다. 피로 파괴가 시작되는 작은 균열이나 흠이 시편의 상부와 하부에만 존재할 가능성은 전 표면에 존재할 가능성보다 낮다. 따라서 반복 굽힘 하중에 대한 피로 강도는 회전 굽힘 하중에 대한 피로 강도보다 약간 높다. 그러나 보통 그 차이는 대단히 작고, 일반적으로 무시할 수 있다. 따라서 반복 굽힘 하중에 대한 하중계수는 $k_c = 1.0$으로 한다.

④ 반복 비틀림 하중의 하중계수

연성 재료의 경우, 반복 비틀림 하중에 대한 피로 강도는 회전 굽힘 하중에 대한 피로 강도의 약 58% 수준인 것으로 알려져 있다. 전단 극한 강도로서 피로 강도를 나타내면 수명이 10^3 사이클일 때 피로 강도는 전단 극한 강도의 0.9배이다. 일반적으로 강재의 전단 극한 강도는 인장 극한 강도의 약 80% 수준이며, 보통 연성 재료의 경우에는 70% 수준이다. 따라서 반복 비틀림 하중에 대한 평균 하중계수는 $k_c = 0.58$이다. 반복 비틀림 하중에 대한 하중계수를 인장 극한 강도 S_{ut}(MPa)로써 표현하면 식 (3-19)에서와 같다.

$$k_c = 0.258 S_{ut}^{0.125} \tag{3-19}$$

이상의 하중계수를 다시 정리하면 다음과 같다.

비틀림 하중의 경우: 연성 재료일 때 k_c=0.58

주철일 때 k_c=0.8

축 하중의 경우: k_c=0.85

굽힘 하중의 경우: k_c=1.0

- **온도계수** k_d: 강재의 피로 강도는 온도가 증가하면 다소 증가하는 경향이 있으나

200 ~ 370^oC 범위에서는 다시 감소한다. 회전축 피로 시험에서 측정한 피로 강도는 상온에서 결정된 것이므로 온도계수는 고온이 재료의 피로 강도에 미치는 영향을 고려하기 위한 것이다. 온도계수는 표 3-3에서와 같고, 온도 T_c의 함수로서 표현하면 식 (3-20)에서와 같다.

$$k_d = 0.9877 + 0.6507(10^{-3})T_c - 0.3414(10^{-5})T_c^2 + 0.5621(10^{-8})T_c^3 - 6.246(10^{-12})T_c^4 \quad (3\text{-}20)$$

여기서 T_c의 범위는 $37 \le T_c \le 540^oC$이다.

표 3-3 온도계수

온도, ^oC	온도계수	온도, ^oC	온도계수	온도, ^oC	온도계수	온도, ^oC	온도계수
20	1.000	200	1.020	400	0.900	600	0.549
50	1.010	250	1.000	450	0.843		
100	1.020	300	0.975	500	0.768		
150	1.025	350	0.943	550	0.672		

- **신뢰도계수** k_e: 신뢰도계수는 피로 강도에 대한 신뢰도(reliability) 수준을 반영하기 위한 것으로서 표 3-4에서와 같다.

표 3-4 신뢰도계수

신뢰도	신뢰도계수	신뢰도	신뢰도계수
0.50	1.000	0.999	0.753
0.90	0.897	0.9999	0.702
0.95	0.868	0.99999	0.659
0.99	0.814	0.999999	0.620

- **피로응력집중계수** k_f: 완전 반복 하중이 작용할 때 균열, 흠, 틈 등 각종 노치가 응력 집중에 미치는 영향은 재료의 종류에 따라 다르다. 균열, 흠, 틈 등 노치가 응력 집중에 미치는 영향을 노치 민감도(notch sensitivity)라고 하며 다음과 같이 정의한다.

$$q = \frac{K_f - 1}{K_t - 1} \quad (3\text{-}21)$$

여기서, K_f = 피로응력집중계수

K_t = 형상에 의한 응력집중계수

q = 노치 민감도

피로응력집중계수는 응력 집중이 재료의 피로 강도에 미치는 영향을 고려하기 위한 것이며, 형상에 의한 응력집중계수는 형상 변화가 응력 증가에 미치는 영향을 고려하기 위한 것이다.

노치 민감도는 0에서 1 사이의 값으로서 균열, 홈 등 노치가 응력에 미치는 영향이 클수록 1에 가까운 값을 나타낸다. 노치 민감도는 또한 하중의 형태, 재료의 강도에 따라서도 변하며, 굽힘 하중과 축 하중보다는 비틀림 하중일 때 크고, 경도와 강도가 높을수록 크다. 강, 알루미늄, 마그네슘 등 연성 재료의 경우 노치의 영향은 피로 수명이 10^3 사이클일 때보다는 피로 수명이 10^6 사이클일 때 크고, 강도가 높은 합금의 경우에는 10^3 사이클에서도 10^6 사이클에서와 같은 정도의 영향을 미친다. 취성 재료의 경우에는 특히 무쇠의 경우, 노치 민감도는 아주 작은 값이며 q=0.2 정도이다. 그림 3-7은 굽힘 하중에 대한 강재의 노치 민감도를 나타낸 것이다.

강재의 피로 강도에서, 즉 10^6 사이클에서 피로응력집중계수는 다음과 같이 표현된다.

$$K_f = 1 + q(K_t - 1) \tag{3-22}$$

피로응력집중계수는 먼저 부품의 형상에 따라 K_t를 구하고, 재료의 종류에 따라 q를 결정한 후 식 (3-22)를 적용하여 K_f를 결정한다. 일반적으로 K_f의 범위는 다음과 같다.

K_f 〈4.0: 경화 강, 단조 알루미늄, 단조 마그네슘

K_f 〈3.0: 풀림 강, 주조 알루미늄

K_f ≤1.4: 인장 극한 강도가 550 MPa 이하인 저강도 주철

10^6 사이클에서 피로응력집중계수는 노치의 크기와 노이버 상수(Neuber constant)를 이용하여 식 (3-23)으로도 결정할 수 있다.

$$K_f = \frac{K_t}{1 + \frac{2(K_t - 1)}{K_t}\frac{\sqrt{a}}{\sqrt{r}}} \tag{3-23}$$

여기서, K_t = 형상에 의한 응력집중계수

r = 노치의 반경, mm

$\sqrt{a}$ = 노이버 상수로서 재료의 극한 강도 S_{ut}(MPa)에 따라 다음과 같이 결정한다.

노치가 관통 구멍일 경우 $\sqrt{a} = \frac{174}{S_{ut}}$, $\sqrt{mm}$

노치가 턱인 경우 $\sqrt{a} = \dfrac{139}{S_{ut}}, \quad \sqrt{mm}$

노치가 홈인 경우 $\sqrt{a} = \dfrac{104}{S_{ut}}, \quad \sqrt{mm}$

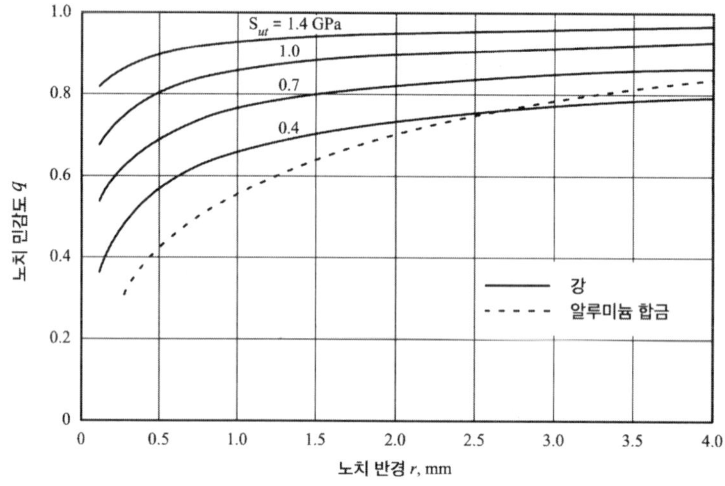

그림 3-7 강재의 노치 민감도

하중의 사이클 수가 변하면 피로응력집중계수도 변한다. 일반적으로 사이클 수가 10^3 사이클 이하인 경우에는 그 영향을 무시할 수 있으나 $10^3 \sim 10^6$ 사이클 범위에서는 사이클 수에 따라 그 영향이 연속적으로 증가하고 10^6 사이클 이상인 경우에는 그 영향이 크다. $10^3 \sim 10^6$ 사이클 범위에서 피로응력집중계수는 대수–대수지에서 사이클 수와 선형적인 관계가 있는 것으로 알려져 있다. 이 관계를 이용하면 10^3 사이클에서 피로응력집중계수가 K_f' 이고, 10^6 사이클에서 피로응력집중계수가 K_f 일 때 임의의 사이클 수 N에서 피로응력집중계수 K_{fN}은 다음과 같이 구할 수 있다. 대수–대수지에서 사이클 수 N과 피로응력집중계수 K_{fN}은 선형 관계이므로

$$K_{fN} = aN^b \tag{3-24}$$

와 같이 표현할 수 있고 양변에 대수를 취하여 10^3 사이클과 10^6 사이클에서 피로응력집중계수를 대입하면

$$\log K_f' = \log a + b\log 10^3$$

$$\log K_f = \log a + b \log 10^6$$

가 된다. 두 식에서 상수 a와 b를 구하면 각각

$$a = \frac{{K_f'}^2}{K_f},\ \ b = \frac{1}{3} log(\frac{K_f}{k_f}')$$

이다. 따라서 사이클 수가 N일 때 피로응력집중계수는 식 (3-25)에서와 같이 표현된다.

$$K_{fN} = \frac{{K_f'}^2}{K_f} N^{\frac{1}{3} log \frac{K_f}{K_f'}} \tag{3-25}$$

사이클 수가 10^3일 때의 피로응력집중계수 K_f'은 그림 3-8을 이용하여 구할 수 있다. 그림 3-8에서 $\frac{K_f'-1}{K_f-1}$의 값은 재료의 극한 강도의 함수이다. 따라서 재료의 극한 강도에 따라 구한 $\frac{K_f'-1}{K_f-1}$의 값을 p라고 하면, 즉 $p = \frac{K_f'-1}{K_f-1}$ 라고 하면

$$K_f' = 1 + p(K_f - 1) \tag{3-26}$$

가 된다.

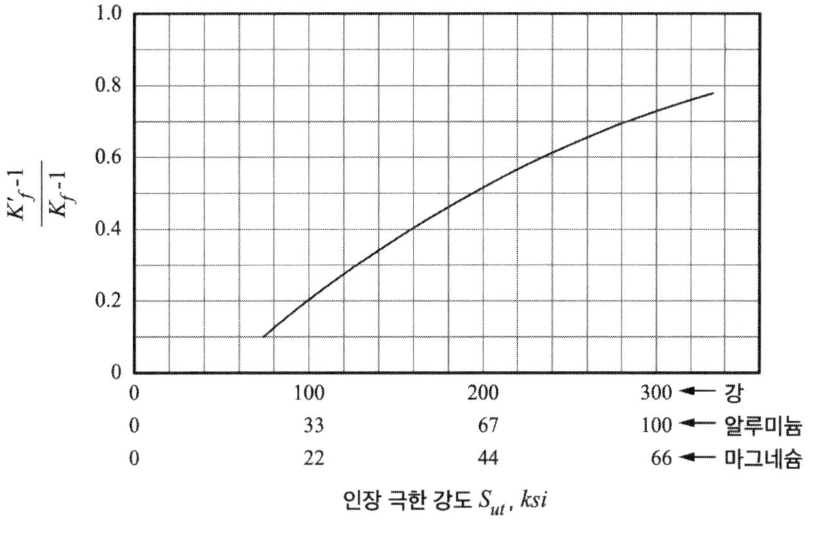

그림 3-8 10^3 사이클에서 피로응력집중계수

피로응력집중계수 k_f는 피로 강도를 감소시키는 계수이므로 K_f의 역수로서 식 (3-27)과 같다.

$$k_f = \frac{1}{K_f} \tag{3-27}$$

[예제 3-1] 변동 비틀림 하중이 작용하는 전동축의 형상은 그림 3-9에서와 같다. 전동축 소재를 절삭 가공하여 측정한 시편의 극한 강도와 내구한도는 각각 S_u=640 MPa, S_e'=364 MPa이었다. 전동축의 노출 온도가 최고 300°C일 때, 신뢰도를 99.9%로 하여 전동축 설계에 적용할 내구한도를 결정하여라.

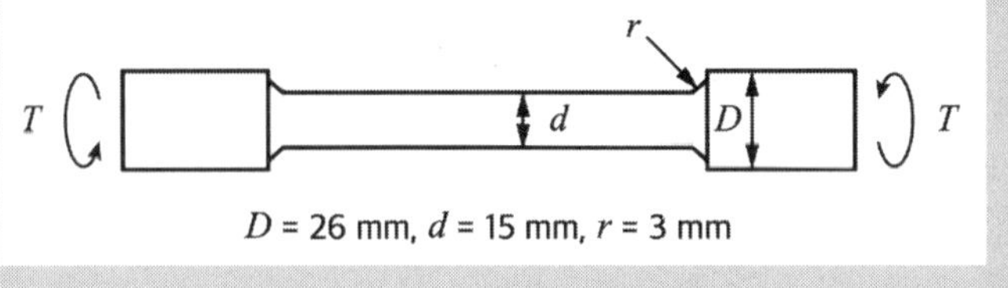

그림 3-9 전동축의 내구한도

[풀이] 다음과 같이 피로강도감소계수를 구한다.

표면계수: 절삭 가공이므로 표 3-2의 값을 이용하면 $k_a = 4.51(640)^{-0.265}$ =0.814

크기계수: d=15 mm이므로 식 (3-13)을 이용하면 $k_b = 1.24(15)^{-0.107}$ =0.928

하중계수: 변동 비틀림 하중이므로 $k_c = 0.58$

온도계수: 최고 온도가 $300^o C$이므로 표 3-3의 값을 이용하면 k_d =0.975

신뢰도계수: 목표 신뢰도가 99.9%이므로 표 3-4의 값을 이용하면 $k_e = 0.753$

피로응력집중계수: 식 (3-23)을 적용하면 $K_t = 1.95$, $\sqrt{a} = \frac{139}{S_{ut}} = \frac{139}{640} = 0.217$,

$\sqrt{r} = \sqrt{3}$ 이므로

$$K_f = \frac{K_t}{1 + \frac{2(K_t - 1)}{K_t}\frac{\sqrt{a}}{\sqrt{r}}} = \frac{1.95}{1 + \frac{2(1.95-1)}{1.95}\frac{0.217}{\sqrt{3}}} = 1.738$$

$$k_f = \frac{1}{K_f} = \frac{1}{1.738} = 0.575$$

따라서 전동축의 내구한도는

$$S_e = k_a k_b k_c k_d k_e k_f S_e' = (0.814)(0.928)(0.58)(0.975)(0.575)(0.753) \times 364 = 67.36 \text{ MPa}$$

가 된다.

(4) S–N 모형

회전축 피로 시험으로써 결정한 S–N 선도는 같은 소재라 하더라도 시편에 따라 차이가 있고, 또한 온도, 습도 등 여러 가지 환경 요인의 영향을 받기 때문에 사용 조건에 따라서 변할 수 있다. 따라서 신뢰도가 높은 S–N 선도를 얻기 위해서는 설계 조건과 같은 조건에서 회전축 피로 시험을 수행하여 S–N 선도를 작성하여야 한다. 그러나 설계 조건이 변할 때마다 회전축 피로 시험을 수행하기는 어렵기 때문에 재료의 극한 강도와 하중 조건을 고려하여 S–N 모형을 개발하고 이를 이용할 수 있다.

S–N 모형은 그림 3–10에서와 같이 완전 반복 하중의 크기와 총 사이클 수, 즉 피로 수명과의 관계를 대수–대수지에서 선형화한 모형이다. 저사이클 피로 영역, 즉 총 사이클 수가 10^3 이하인 영역의 피로 강도를 S_{10^3}, 고사이클 피로 영역, 즉 피로 수명이 10^6 사이클 이상

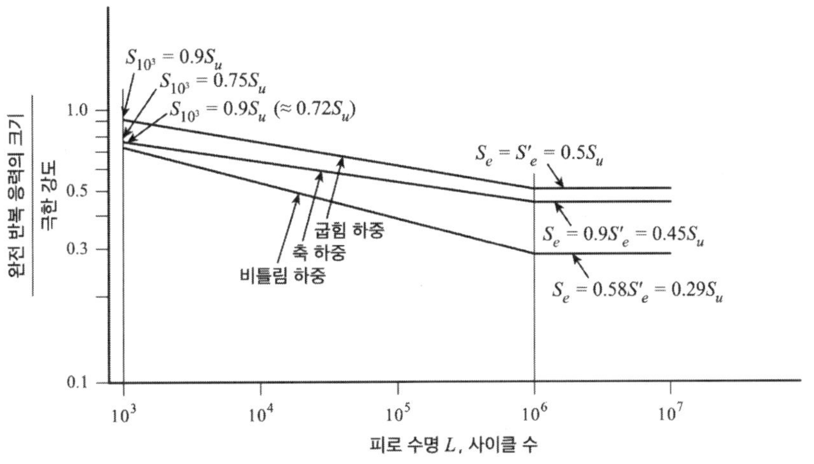

그림 3–10 강재의 S–N 모형

인 영역의 피로 강도를 S_e로 하여 사이클 수가 $10^3 \sim 10^6$인 범위의 피로 강도를 사이클 수의 함수로서 나타낸 것이다. 이를 식으로 표현하면, 대수–대수지에서 직선이므로,

$$S = aL^b \tag{3–28}$$

가 된다. 상수 a와 직선의 기울기 b는 다음과 같이 구할 수 있다. 식 (3–28)의 양변에 대수를 취하면

$$\log S_e = b\log 10^6 + \log a$$

$$\log S_{10^3} = b\log 10^3 + \log a$$

가 된다. 따라서 기울기 b는

$$b(\log 10^6 - \log 10^3) = \log S_e - \log S_{10^3}$$

$$b = \frac{1}{3}\log(\frac{\mathrm{S_e}}{\mathrm{S_{10^3}}})$$

가 되며, 상수 a는

$$2\log S_{10^3} = 2b\log 10^3 + 2\log a$$

$$\log S_e = b\log 10^6 + \log a$$

에서

$$\log a = \log(S_{10^3}^2) - \log S_e$$

이므로

$$a = \frac{S_{10^3}^2}{S_e}$$

가 된다. 따라서 S–N 모형은 다음과 같이 표현할 수 있다.

$$S = S_{10^3} \qquad 1 \leqq L \leqq 10^3 \tag{3-29}$$

$$S = \frac{S_{10^3}^2}{S_e} L^{\frac{1}{3}log\frac{S_e}{S_{10^3}}} \qquad 10^3 < L < 10^6 \tag{3-30}$$

$$S = S_e \qquad L \geqq 10^6 \tag{3-31}$$

S_{10^3}과 S_e의 값은 굽힘 하중, 축 하중, 비틀림 하중에 따라 극한 강도와 하중계수를 고려하여 표 3–5에서와 같이 결정한다.

S–N 모형은 피크 응력이 항복 강도를 넘지 않는 경우, 즉 탄성 범위 내에 있을 때 적용할 수 있는 모형으로서 일반적으로 수명이 10^3 사이클을 초과하는 고사이클 피로 파괴에 적합하다. 반면 하중의 크기가 항복 강도보다 클 때, 즉 부분적으로 소성 변형이 일어나는 경우에는 재료의 수명이 10^3 사이클 보다 적다. 이러한 피로 파괴를 저사이클 피로 파괴라고 하며, 저사이클 피로 파괴에는 변형률 피로 모형이 적합하다. 변형률 피로 모형은 제4장에서 다룬다.

표 3-5 하중 형태에 따른 하중계수

하중 형태	S_{10^3}의 값	S_e의 값
굽힘 하중	$0.9S_u$	$0.5S_u$
축 하중	$0.75S_u$	$0.45S_u$
비틀림 하중	$0.72S_u$	$0.29S_u$

S_u=재료의 인장 극한 강도

S_{us}=재료의 전단 극한 강도

S_e'=회전축 피로 시험으로 결정한 내구한도 (endurance limit)

식 (3-28)의 S-N 모형은 식 (3-32)에서와 같이 표현할 수도 있으며, 식 (3-32)의 S-N 모형을 이용하여 하중 형태에 따라 표 3-1의 강재에 대한 피로손상지수 λ를 구하면 표 3-6에서와 같다.

$$LP^{\lambda} = C \tag{3-32}$$

여기서, L=피로 수명, 사이클 수

P=하중

λ=피로손상지수

C=상수

표 3-6 하중 형태에 따른 강재의 피로손상지수

강재의 종류	피로손상지수, λ		
	굽힘 하중	축 하중	비틀림 하중
Steel(S_{ut} 〈1460 MPa)	11.9	13.7	7.6
Steel-Ferrite	15.7	19.1	9.0
Steel-Ferrite & Pearlite	8.0	8.8	5.8
Steel Pearlite	8.0	8.8	5.8
Steel-untempered, Martensite	5.6	5.9	4.4
Steel-highly tempered, Martensite	14.0	16.6	8.4
Steel-highly tempered, Martensite & tempered Bainite	11.8	13.5	7.6
Steel-tempered Bainite	11.8	13.5	7.6
Steel-Austenite	7.8	8.5	5.7
Cast iron(S_{ut} 〈400 MPa)	8.5	9.4	6.1

피로손상지수 λ는 표 3-6에서와 같이 피로 강도가 같은 경우에도 작용하는 하중의 형태에 따라 다르다. λ는 비틀림 하중일 때 가장 작고, 굽힘 하중, 축 하중의 순서로 크다. λ가 크면 클수록 하중 증가에 따른 수명 감소는 크다. 강재의 경우 λ 값의 범위는 비틀림 하중일 때 4.4 ~ 9.0, 굽힘 하중일 때 5.6 ~ 15.7, 축 하중일 때 5.9 ~ 16.6 정도이다. 피로손상지수는 온도, 습도, 하중의 종류, 응력 집중, 재료 등에 따라서 변하며, 생산업체의 기술 수준에도 영향을 받는다. 따라서 생산업체는 생산 부품에 대한 피로손상지수를 대외비로 관리하고 있으며, 같은 종류의 부품이라 하더라도 생산업체마다 피로손상지수는 다를 수 있다. 그러나 구름 베어링의 경우에는 모든 생산업체가 같은 피로손상지수를 사용하여 기본 동정격 하중을 결정하고 있다. 구름 베어링의 피로손상지수는 볼 베어링의 경우 $\lambda = 3$, 롤러 베어링의 경우 $\lambda = 10/3$이며, 베어링의 피로손상지수, 수명, 등가 레이디얼 하중, 기본 동정격 하중(basic dynamic loading rate)의 관계는 다음과 같이 표현된다.

볼 베어링의 경우 $LP^3 = C_o^3$

롤러 베어링의 경우 $LP^{\frac{10}{3}} = C_o^{\frac{10}{3}}$

여기서, L=신뢰도가 90%인 수명, $\times 10^6$ 사이클

P=등가 레이디얼 하중

C_o=기본 동정격 하중

기어의 피로손상지수는 4 ~ 15 정도이고(Lechner and Naunheimer, 1999) ISO 6333-6 (ISO, 2006)에서는 토크 하중이 작용할 때 강재 기어의 피로 수명에 대한 피로손상지수를 표 3-7에서와 같이 추천하고 있다.

표 3-7 열처리에 따른 강재 기어의 피로손상지수

열처리	피팅		굽힘	
	피로손상지수, λ	기준 수명, 사이클	피로손상지수, λ	기준 수명, 사이클
표면 침탄 강	6.610	5×10^7	8.738	3×10^6
담금질 강	6.610	5×10^7	6.225	3×10^6
질화 강	5.709	2×10^6	17.035	3×10^6
침탄 질화 강	15.715	2×10^6	84.003	3×10^6

일반적으로 강재의 S–N 모형에서는 내구한도(endurance limit) 이하의 완전 반복 응력이 피로 수명에 미치는 영향은 무시하고 있으나, 즉 내구한도 이하의 응력 또는 하중에 대해서는 피로 수명을 무한 수명으로 보고 있으나 이를 무시할 수 없다는 이론도 있다. 하이바크(Haibach, 1970)는 내구한도 이하의 완전 반복 응력이 피로 수명에 미치는 영향을 무시할 수는 없고, S–N 선도의 기울기를 조정하여 내구한도 이하의 완전 반복 응력의 영향을 고려해야 한다고 하였다. 하이바크가 제시한 내구한도 이하의 완전 반복 응력에 대한 S–N 선도는 식 (3–33)으로 나타낼 수 있으며,

$$LP^{2\lambda-1} = C \tag{3–33}$$

이는 그림 3–11에서와 같이 내구한도 이하의 완전 반복 응력에 대한 S–N 선도의 기울기를 $(2\lambda-1)$로 조정한 것이다. 즉 10^6 사이클 이상의 피로 수명에 대한 S–N 선도의 기울기는 $10^3 \sim 10^6$ 사이클 사이의 피로 수명에 대한 S–N 선도의 기울기보다 낮게 한 것이다. 그러나 아직 하이바크의 이론이 완전히 입증된 것은 아니다.

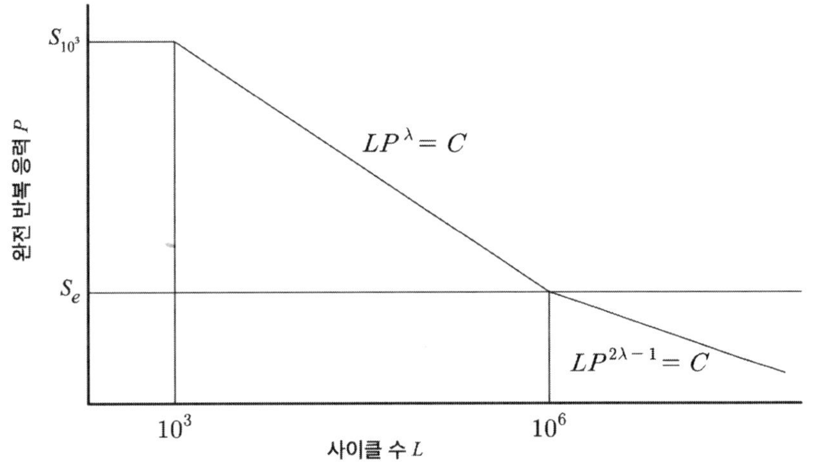

그림 3–11 내구한도 이하의 완전 반복 응력에 대한 강재의 S–N 모형

[예제 3–2] 표 3–8은 3종류의 강재 시편에 대한 회전축 피로 시험의 결과이다.

(1) 각 강재의 S–N 선도와 유한 수명의 범위에서 응력과 수명의 관계식을 유도하여라.

(2) 각 강재의 내구한도를 결정하여라.

표 3-8 강재의 회전축 피로 시험 결과

강재 A		강재 B		강재 C	
완전 반복 응력, P, MPa	수명, L 사이클 수	완전 반복 응력, P, MPa	수명, L 사이클 수	완전 반복 응력, P, MPa	수명, L 사이클 수
222.5	4.5E+04	560.8	4.4E+04	757.9	2.4E+04
208.8	2.4E+05	514.7	8.5E+04	723.5	3.1E+04
192.2	8.0E+05	493.3	1.4E+05	689.0	4.5E+04
178.5	1.5E+06	445.8	6.3E+05	675.2	8.7E+04
175.0	2.7E+06	427.9	1.9E+06	654.5	1.5E+05
168.1	7.8E+06	410.6	2.9E+06	633.9a	1.0E+08
165.4a	1.2E+07	405.1	6.4E+06	620.1a	1.0E+08
162.6a	1.8E+07	404.4	1.4E+07		
161.9a	2.2E+07	394.1a	1.0E+08		
		387.2a	1.1E+08		

[a]: 시편이 파괴되지 않음.

[풀이] 대수-대수지에서 S-N 선도는 그림 3-12에서와 같고, 응력과 수명의 관계식은 각 강재의 파괴점 a와 b를 $LP^{\lambda}=C$에 적용하여 구한다. 식 (3-32)로부터 $\ln L+\lambda \ln P=\ln C$이므로, 파괴점 a, b를 적용하면

$$\ln L_a+\lambda \ln P_a=\ln C$$

$$\ln L_b+\lambda \ln P_b=\ln C$$

가 되고, 두 식에서 λ와 C를 구하면 각각

$$\lambda=\frac{\ln\frac{L_b}{L_a}}{\ln\frac{P_a}{P_b}},\ C=L_aP_a^{\lambda}\ \text{또는}\ C=L_bP_b^{\lambda}$$

이다. 강재 A의 경우 a점 (222.5, 4.5E4)과 b점 (168.1, 7.8E6)을 적용하면

$$\lambda=\ln(7.8E6/4.5E4)/\ln(222.5/168.1)=18$$

$$C=4.5E4\times 222.5^{18}=6.5E47$$

가 된다. 따라서 응력과 수명의 관계식은

$$LP^{18}=6.5E47$$

이다.

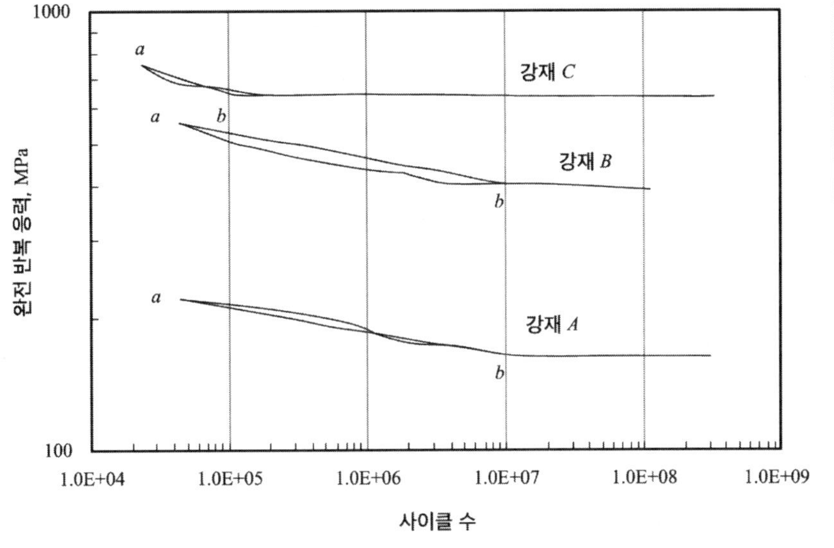

그림 3-12 회전축 피로 시험 결과를 이용한 S-N 선도

같은 방법으로 강재 B와 강재 C에 대한 응력과 수명의 관계식을 구하면

강재 B: $LP^{18} = 1.2E53$

강재 C: $LP^{12} = 2.3E40$

이다. 각 강재의 내구한도는 강재 A의 경우 $L = 10^5$ 사이클에 해당하는 응력이므로

$$\text{강재 A의 내구한도} = \left(\frac{6.5E47}{1E5}\right)^{1/18} = 239.1 \text{ MPa}$$

가 되고, 강재 B와 C의 경우 $L = 10^7$ 사이클에 해당하는 응력이므로 같은 방법으로

$$\text{강재 B의 내구한도} = \left(\frac{1.2E53}{1E7}\right)^{1/18} = 363.6 \text{ MPa}$$

$$\text{강재 C의 내구한도} = \left(\frac{2.3E40}{1E7}\right)^{1/12} = 602.3 \text{ MPa}$$

가 된다.

3.3 강도의 신뢰 수준

같은 소재로 만든 시편이라 하더라도 단순 인장 시험과 회전축 피로 시험에서 측정한 시편의 항복 강도, 극한 강도, 피로 강도는 모두 같지 않고 각각 조금씩 다르다. 따라서 재료의

강도는 가능한 한 다수의 시편으로 그 값을 측정하고 이를 통계적으로 처리하여 결정하여야 한다. 시편으로 측정한 강도의 분포는 일반적으로 정규 분포(normal distribution)로 가정할 수 있으며, 측정한 강도의 평균과 분산은 모집단에 대한 최선의 추정치이다. 따라서 측정한 시편의 평균과 분산, 즉 최선의 추정치를 이용하여 통계적으로 모집단의 강도를 추정하여야 한다. 이 추정은 모집단의 분산을 모르는 상태에서 샘플의 평균과 분산을 이용하여 모집단의 평균을 추정하는 것과 같다.

n개의 시편으로써 측정한 샘플의 평균 강도와 표준편차를 각각 $\overline{S}$, s_S라 하고, 모집단의 평균 강도를 μ_S라고 하면, 이러한 변수로써 결정된 통계량(statistic) t는 다음과 같이 표현된다.

$$t = \frac{\overline{S} - \mu_S}{\frac{s_S}{\sqrt{n}}} \tag{3-34}$$

이 t는 모집단의 평균과 표준편차의 영향을 받지 않고 샘플 수 n에 따라 결정되는 t 분포를 따른다. 또한 변수 t의 평균은 0이며, 확률 밀도 함수는 그림 3-13에서와 같이 정규 분포의 확률 밀도 함수와 유사한 종 모양의 형태로서 정규 분포의 확률 밀도 함수보다 중앙은 낮고 양단 부분의 면적은 더 넓다. 그러나 샘플 수가 증가하면 증가할수록 t 분포의 확률 밀도 함수는 정규 분포의 확률 밀도 함수에 접근한다.

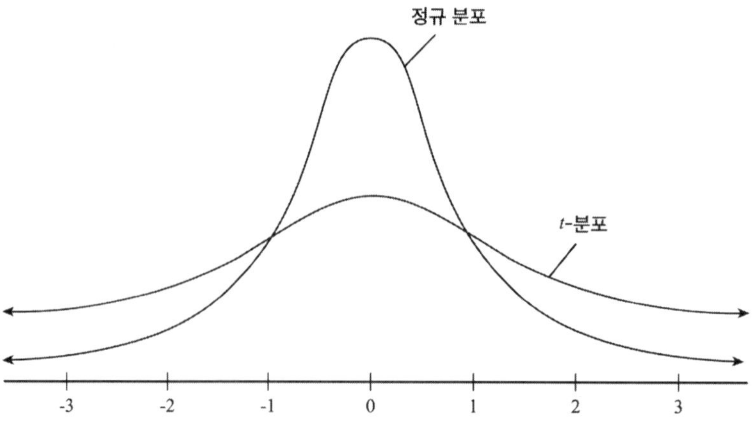

그림 3-13 정규 분포와 t-분포

t 분포에서 t 값이 t_α보다 클 것으로 기대되는 확률을 α라고 하면, 즉

$$P(t < -t_\alpha) = P(t > t_\alpha) = \alpha$$

라고 하면 α는 그림 3-14에서와 같이 $t = -\infty$에서 $t = -t_\alpha$까지 또는 $t = t_\alpha$에서 $t = +\infty$까지 t 분포의 확률 밀도 선도 아래의 면적과 같다. 즉

$$\int_{-\infty}^{-t_\alpha} p(t)dt = \int_{t_\alpha}^{\infty} p(t)dt = \alpha \tag{3-35}$$

이다. 그러나 t 분포의 확률 밀도 함수와 확률 밀도 선도 아래의 면적은 샘플 수 n에 따라 변하기 때문에 t_α의 값도 n에 따라 변한다. 따라서 t_α의 값은 $n-1$, 즉 샘플의 자유도 $\nu = n-1$과 함께 나타내어야 하며, 자유도가 ν일 때의 t_α의 값은 $t_{\alpha,\nu}$로서 표시한다.

재료의 강도를 추정할 때 추정에서 오류를 범할 확률, 즉 유의 수준(significant level)을 α라고 하면 추정 값의 신뢰 수준은 $1-\alpha$가 된다. 따라서 식 (3-34)로부터 신뢰 수준이 $1-\alpha$인 강도의 추정치 μ_S는 다음과 같이 표현할 수 있다.

$$\overline{S} - t_{\frac{\alpha}{2},\nu} \frac{s_S}{\sqrt{n}} \le \mu_S \le \overline{S} + t_{\frac{\alpha}{2},\nu} \frac{s_S}{\sqrt{n}} \tag{3-36}$$

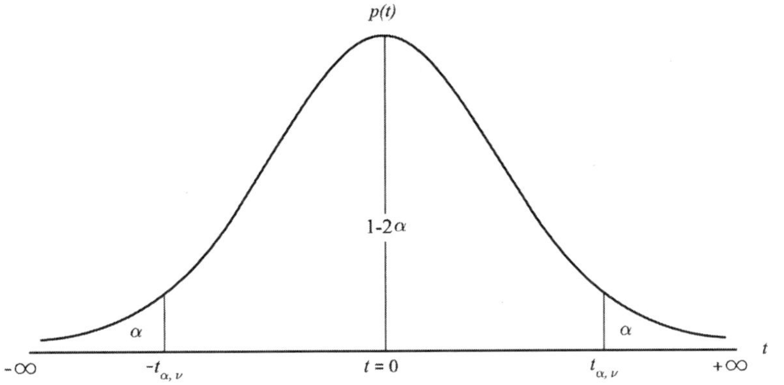

그림 3-14 t분포의 확률 밀도 함수

$t_{\alpha,\nu}$의 값은 EXCEL에서 단측일 경우에는 T.INV(α, ν), 양측일 경우에는 T.INV.2T(2α, ν)로써 구할 수 있다. 예를 들면 $t_{0.025,9}$의 값은 EXCEL에서

T.INV(0.025,9)=−2.26216, T.INV.2T(0.05,9)=2.26216이 되며, − 기호는 $t=0$을 기준으로 한 t 분포 선도의 좌측을 의미한다. 이제 신뢰 수준에 따른 강도의 범위는 측정한 평균과 표준편차로부터 식 (3-36)을 이용하여 구할 수 있다.

제조업자 또는 산업 표준에서 제공하는 재료표의 강도는 일반적으로 평균 강도, 최소 강도, 또는 99 퍼센타일(percentile) 강도와 같이 퍼센타일 강도를 나타내므로 재료표에서 제시한 강도는 명확한 기준을 확인하고 사용하여야 한다.

[예제 3-3] 표 3-9는 단순 인장 시험으로 측정한 1,000개의 시편에 대한 극한 강도이다. 90% 신뢰 수준에서 극한 강도의 범위를 결정하여라.

표 3-9 단순 인장 시험으로 측정한 시편의 극한 강도

극한 강도, MPa	시편 수	극한 강도, MPa	시편 수	극한 강도, MPa	시편 수	극한 강도, MPa	시편 수
395.5	2	423.5	83	451.5	139	479.5	28
402.5	18	430.5	109	458.5	130	486.5	11
409.5	23	437.5	138	465.5	82	493.5	4
416.5	31	444.5	151	472.5	49	500.5	2

[풀이] 표 3-9의 값을 이용하여 표 3-10에서와 같이 총 시편 수, 극한 강도 × 시편 수, 편차 제곱 × 시편 수의 합을 구한다. 표 3-10의 값을 이용하여 극한 강도의 평균과 표준편차를 구하면

표 3-10 극한 강도의 평균과 표준편차의 계산

극한 강도, MPa	시편 수	극한 강도 x 시편 수	편차 제곱 x 시편 수
395.5	2	791	4975.031
402.5	18	7245	33088.78
409.5	23	9418.5	29601.36
416.5	31	12911.5	25846.73
423.5	83	35150.5	39716.8
430.5	109	46924.5	24117.95
437.5	138	60375	8558.156
444.5	151	67119.5	115.6094
451.5	139	62758.5	5214.672

458.5	130	59605	22394.53
465.5	82	38171	33211.28
472.5	49	23152.5	36052.52
479.5	28	13426	32606.44
486.5	11	5351.5	18603.92
493.5	4	1974	9264.063
500.5	2	1001	6077.531
합계	1000	445,375	329,445.4

극한 강도의 평균은 $\bar{S}_{ut} = \frac{445,375}{1,000} = 445.375$ MPa이고, 극한 강도의 표준편차는 $s_S = \sqrt{\frac{329,445.4}{1,000-1}} = 18.16$ MPa이다. 신뢰 수준이 90%이면 유의 수준은 10%이고, 양측 검정에서 t 변수의 값은 $t_{\frac{0.1}{2},999} = -1.64638$이므로 신뢰 수준 90%에서 극한 강도의 범위는

$$445.375 - 1.64638 \times \frac{18.16}{\sqrt{1,000}} \le S_{ut} \le 445.375 + 1.64638 \times \frac{18.16}{\sqrt{1,000}}$$

$$444.43 \le S_{ut} \le 446.32 \text{ MPa}$$

이다.

3.4 정하중에 의한 파괴 이론

재료는 외부에서 작용하는 하중을 견디지 못할 때 파괴된다. 즉 기계 또는 부품은 외부에서 작용하는 하중으로 인하여 그 내부에서 발생하는 응력이 각 재료의 강도보다 클 때 파괴된다. 따라서 재료의 파괴를 예측하기 위해서는 외부 하중으로 인하여 재료의 내부에서 발생하는 응력을 구명하여야 한다. 재료의 파괴 이론은 이 내부의 응력을 기본으로 한 것이다. 정적 파괴 이론은 정하중, 즉 외부 하중의 크기와 방향이 시간에 따라 변하지 않는 하중을 대상으로 한 파괴 이론이다.

(1) 주응력과 최대 전단 응력

기계 또는 부품에 축 하중, 굽힘 하중, 비틀림 하중이 작용하면 그 내부에는 이 외부 하중

에 의하여 수직 응력(normal stress)과 전단 응력(shear stress)이 발생한다. 축 하중과 굽힘 하중은 수직 응력을 유발하고, 비틀림 하중은 전단 응력을 유발한다.

외부 하중에 의하여 재료의 내부에서 발생하는 한 점의 응력 상태는 그림 3-15(a)에서와 같이 나타낼 수 있다. σ_x, σ_y, σ_z는 각각 x축, y축, z축 방향과 수직인 평면에 작용하는 수직 응력이고, τ_{ij}는 i축 방향과 수직인 평면에서 j방향으로 작용하는 전단 응력이다. 그림 3-15에서 각 화살표의 방향은 응력의 +방향을 나타내며, 전단 응력은 평형 조건에 의하여 $\tau_{ij} = \tau_{ji}$가 된다.

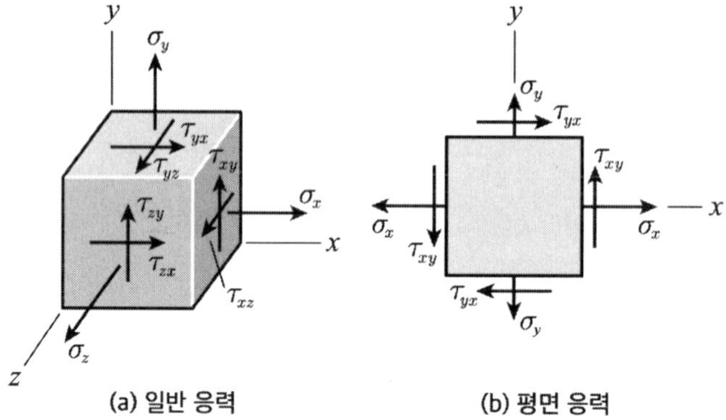

그림 3-15 재료 내부의 응력 상태

그림 3-15(a)의 응력 상태는 $x-y-z$ 좌표계에서 다음과 같이 응력 텐서(stress tensor)로서 나타낼 수 있다.

$$\sigma_{ij} = \begin{bmatrix} \sigma_x & \tau_{xy} & \tau_{xz} \\ \tau_{yx} & \sigma_y & \tau_{yz} \\ \tau_{zx} & \tau_{zy} & \sigma_z \end{bmatrix}$$

주응력 축이 x, y, z축과 이루는 각을 각각 θ_1, θ_2, θ_3라고 하면 주응력 축 방향의 단위 벡터 $\vec{u}$는 다음과 같이 표현된다. 여기서 i, j, k는 각각 x, y, z축 방향의 단위 벡터이다.

$$\vec{u} = u_1 i + u_2 j + u_3 k = \cos\theta_1 i + \cos\theta_2 j + \cos\theta_3 k$$

코시의 법칙(Cauchy's law)에 의하면 주응력 축과 수직인 평면에 작용하는 응력 벡터(stress vector) $\vec{\sigma_t}$는 다음과 같이 표현된다.

$$\begin{bmatrix} \sigma_x & \tau_{xy} & \tau_{xz} \\ \tau_{yx} & \sigma_y & \tau_{yz} \\ \tau_{zx} & \tau_{zy} & \sigma_z \end{bmatrix} \begin{bmatrix} u_1 \\ u_2 \\ u_3 \end{bmatrix} = \begin{bmatrix} \sigma_x u_1 + \tau_{xy} u_2 + \tau_{xz} u_3 \\ \tau_{yx} u_1 + \sigma_y u_2 + \tau_{yz} u_3 \\ \tau_{zx} u_1 + \tau_{zy} u_2 + \sigma_z u_3 \end{bmatrix}$$

즉

$$\vec{\sigma}_t = (\sigma_x u_1 + \tau_{xy} u_2 + \tau_{xz} u_3)i + (\tau_{yx} u_1 + \sigma_y u_2 + \tau_{yz} u_3)j + (\tau_{zx} u_1 + \tau_{zy} u_2 + \sigma_z u_3)k$$

이다. 또한 주응력의 크기를 σ_p라고 하면 주응력 벡터 $\vec{\sigma}_p$는

$$\vec{\sigma}_p = \sigma_p u_1 i + \sigma_p u_2 j + \sigma_p u_3 k$$

가 된다. 따라서 $\vec{\sigma}_t$가 주응력이 되기 위해서는 $\vec{\sigma}_p$와 같아야 하므로, 즉 $\vec{\sigma}_t = \vec{\sigma}_p$가 되어야 하므로 다음 조건을 만족하여야 한다.

$$\sigma_x u_1 + \tau_{xy} u_2 + \tau_{xz} u_3 = \sigma_p u_1$$
$$\tau_{yx} u_1 + \sigma_y u_2 + \tau_{yz} u_3 = \sigma_p u_2$$
$$\tau_{zx} u_1 + \tau_{zy} u_2 + \sigma_z u_3 = \sigma_p u_3$$

이 식을 정리하면

$$\begin{bmatrix} \sigma_x - \sigma_p & \tau_{xy} & \tau_{xz} \\ \tau_{yx} & \sigma_y - \sigma_p & \tau_{yz} \\ \tau_{zx} & \tau_{zy} & \sigma_z - \sigma_p \end{bmatrix} \begin{bmatrix} u_1 \\ u_2 \\ u_3 \end{bmatrix} = \begin{bmatrix} 0 \\ 0 \\ 0 \end{bmatrix} \qquad (3-37)$$

가 된다. 식 (3-37)에서, 단위 벡터는 $\vec{u} \neq 0$가 될 수 없으므로, 해가 존재하기 위해서는 응력 텐서 σ_{ij}의 행렬식이 0이 되어야 한다. 즉

$$\begin{vmatrix} \sigma_x - \sigma_p & \tau_{xy} & \tau_{xz} \\ \tau_{yx} & \sigma_y - \sigma_p & \tau_{yz} \\ \tau_{zx} & \tau_{zy} & \sigma_z - \sigma_p \end{vmatrix} = 0$$

가 되어야 한다. 이 행렬식을 전개하면 식 (3-38)과 같이 주응력 σ_p을 미지수로 한 3차 방정식이 유도되고, 이 3차 방정식을 풀어서 3개 주응력 σ_1, σ_2, σ_3을 구한다.

$$\sigma_p^3 - I_1 \sigma_p^2 + I_2 \sigma_p - I_3 = 0 \qquad (3-38)$$

여기서, $I_1 = \sigma_x + \sigma_y + \sigma_z$

$$I_2 = \begin{vmatrix} \sigma_x & \tau_{xy} \\ \tau_{yx} & \sigma_y \end{vmatrix} + \begin{vmatrix} \sigma_x & \tau_{xz} \\ \tau_{zx} & \sigma_z \end{vmatrix} + \begin{vmatrix} \sigma_y & \tau_{yz} \\ \tau_{zy} & \sigma_z \end{vmatrix}$$

$$I_3 = \begin{vmatrix} \sigma_x & \tau_{xy} & \tau_{xz} \\ \tau_{yx} & \sigma_y & \tau_{yz} \\ \tau_{zx} & \tau_{zy} & \sigma_z \end{vmatrix}$$

주응력 σ_1, σ_2, σ_3을 구하면 최대 전단 응력은

$$\tau_{12} = |\frac{\sigma_1 - \sigma_2}{2}|, \quad \tau_{23} = |\frac{\sigma_2 - \sigma_3}{2}|, \quad \tau_{13} = |\frac{\sigma_1 - \sigma_3}{2}|$$

중에서 가장 큰 값이 된다.

평면 응력의 경우에는 그림 3-16에서와 같이 몰 원(Mohr's circle)을 이용하여 보다 간단하게 주응력과 최대 전단 응력을 구할 수 있으며, 식 (3-39) ~ 식 (3-41)은 주응력과 최대 전단 응력을 구하기 위한 식이다.

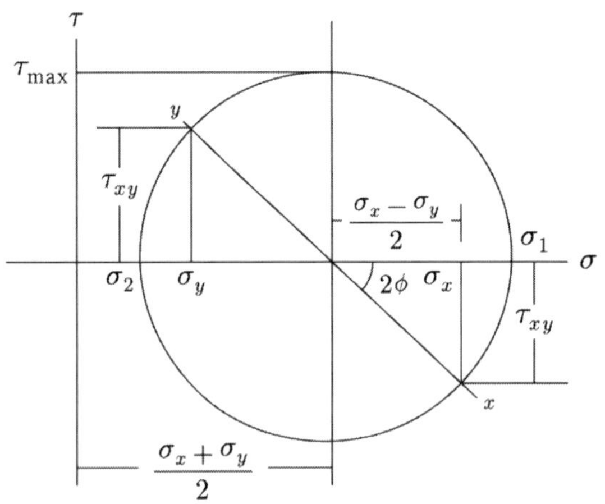

그림 3-16 평면 응력의 몰 원

$$\sigma_1 = \frac{\sigma_x + \sigma_y}{2} + \sqrt{(\frac{\sigma_x - \sigma_y}{2})^2 + \tau_{xy}^2} \tag{3-39}$$

$$\sigma_2 = \frac{\sigma_x + \sigma_y}{2} - \sqrt{(\frac{\sigma_x - \sigma_y}{2})^2 + \tau_{xy}^2} \tag{3-40}$$

$$\tau_{max} = \sqrt{(\frac{\sigma_x - \sigma_y}{2})^2 + \tau_{xy}^2} \tag{3-41}$$

[예제 3-4] 한 점의 응력 상태가 $\sigma_x=20$ MPa, $\sigma_y=40$ MPa, $\sigma_z=-20$ MPa, $\tau_{xy}=-40$ MPa, $\tau_{yz}=20$ MPa, $\tau_{xz}=-60$ MPa일 때 주응력 σ_1, σ_2, σ_3을 구하고, 각 주응력 축과 직각인 평면에 작용하는 최대 전단 응력과 각 주응력 축의 방향 코사인 값을 구하여라.

[풀이] 식 (3-38)을 이용하기 위하여 I_1, I_2, I_3을 구하면

$$I_1=\sigma_x+\sigma_y+\sigma_z=20+40-20=40 \text{ MPa}$$

$$I_2=\begin{vmatrix}\sigma_x & \tau_{xy}\\ \tau_{yx} & \sigma_y\end{vmatrix}+\begin{vmatrix}\sigma_x & \tau_{xz}\\ \tau_{zx} & \sigma_z\end{vmatrix}+\begin{vmatrix}\sigma_y & \tau_{yz}\\ \tau_{zy} & \sigma_z\end{vmatrix}=\begin{vmatrix}20 & -40\\ -40 & 40\end{vmatrix}+\begin{vmatrix}20 & -60\\ -60 & -20\end{vmatrix}+\begin{vmatrix}40 & 20\\ 20 & -20\end{vmatrix}=-6000$$

$$I_3=\begin{vmatrix}\sigma_x & \tau_{xy} & \tau_{xz}\\ \tau_{yx} & \sigma_y & \tau_{yz}\\ \tau_{zx} & \tau_{zy} & \sigma_z\end{vmatrix}=\begin{vmatrix}20 & -40 & -60\\ -40 & 40 & 20\\ -60 & 20 & -20\end{vmatrix}=-40000$$

이다. 이를 $\sigma_p^3-I_1\sigma_p^2+I_2\sigma_p-I_3=0$에 대입하면, $\sigma_p^3-40\sigma_p^2-6000\sigma_p+40000=0$이다. 이 식에서주응력 σ_p를 구하면

$$\sigma_1=97.390 \text{ MPa},\ \sigma_2=6.435 \text{ MPa},\ \sigma_3=-63.825 \text{ MPa}$$

이다. 각 주응력을 몰 원으로써 나타내면 그림 3-17에서와 같다.

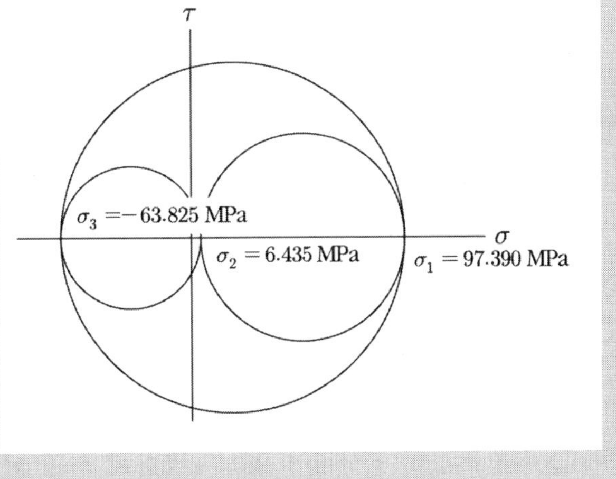

그림 3-17 주응력을 나타낸 몰 원

각 몰 원에서 최대 전단 응력을 구하면

$$\tau_{12}=\frac{\sigma_1-\sigma_2}{2}=\frac{97.390-6.435}{2}=45.52 \text{ MPa}$$

$$\tau_{23} = \frac{\sigma_2 - \sigma_3}{2} = \frac{6.435-(-63.825)}{2} = 35.13 \text{ MPa}$$

$$\tau_{13} = \frac{\sigma_1 - \sigma_3}{2} = \frac{97.390-(63.825)}{2} = 80.61 \text{ MPa}$$

이다. 따라서 최대 전단 응력은 τ_{max} =80.61 MPa이 된다. 각 주응력 축의 단위 벡터는 식 (3-37)을 이용하여 구한다.

$$\begin{bmatrix} 20-97.390 & -40 & -60 \\ -40 & 40-97.390 & 20 \\ -60 & 20 & -20-97.390 \end{bmatrix}\begin{bmatrix} u_1 \\ u_2 \\ u_3 \end{bmatrix} = \begin{bmatrix} 0 \\ 0 \\ 0 \end{bmatrix}$$

$$\begin{bmatrix} 20-6.435 & -40 & -60 \\ -40 & 40-6.435 & 20 \\ -60 & 20 & -20-6.435 \end{bmatrix}\begin{bmatrix} u_1 \\ u_2 \\ u_3 \end{bmatrix} = \begin{bmatrix} 0 \\ 0 \\ 0 \end{bmatrix}$$

$$\begin{bmatrix} 20+63.825 & -40 & -60 \\ -40 & 40+63.825 & 20 \\ -60 & 20 & -20+63.825 \end{bmatrix}\begin{bmatrix} u_1 \\ u_2 \\ u_3 \end{bmatrix} = \begin{bmatrix} 0 \\ 0 \\ 0 \end{bmatrix}$$

따라서 σ_1축 방향의 단위 벡터는 $\vec{u} = 0.6574i - 0.6116j - 0.4402k$,

σ_2축 방향의 단위 벡터는 $\vec{u} = 0.4488i + 0.7871j - 0.4232k$,

σ_3축 방향의 단위 벡터는 $\vec{u} = 0.6053i + 0.0807j + 0.7910k$,

이다.

(2) 최대 주응력설

최대 주응력설(maximum normal stress theory)은 외부 하중에 의하여 기계 또는 부품의 내부에서 발생하는 최대 주응력이 단순 인장 시험에서 시편이 파괴될 때 시편에서 발생하는 최대 주응력보다 크면 기계 또는 부품이 파괴된다는 이론이다. 단순 인장 시험에서 시편의 응력 상태는 그림 3-18(a)에서와 같이 σ_x만이 존재하며, 시편이 파괴될 때 σ_x는 파괴 기준에 따라 항복 파괴이면 $\sigma_x = S_y$가 되고 극한 파괴이면 $\sigma_x = S_u$가 된다. 그림 3-18(b)에서와 같이 몰 원을 적용하여 시편이 항복 파괴될 때 시편에서 발생하는 최대 주응력를 구하면 $\sigma_1 = S_y$가 된다. 따라서 최대 주응력설은 외부 하중에 의하여 재료의 내부에서 발생하는 주응력 σ_1, σ_2, σ_3 중 최대 주응력이 재료의 항복 강도 또는 극한 강도보다 클 때 파괴된다는 것이다. 이를 수식으로 표현하면

$$항복\ 파괴인\ 경우\ S_y \le \max(\sigma_1,\ \sigma_2,\ \sigma_3) \qquad (3-42)$$
$$극한\ 파괴인\ 경우\ S_u \le \max(\sigma_1,\ \sigma_2,\ \sigma_3)$$

이다. 또한 최대 주응력설을 적용하면 항복 파괴와 극한 파괴에 대한 안전계수는

$$n = \frac{S_y}{\max(\sigma_1, \sigma_2, \sigma_3)}\ 또는\ n = \frac{S_u}{\max(\sigma_1, \sigma_2, \sigma_3)}$$

가 된다.

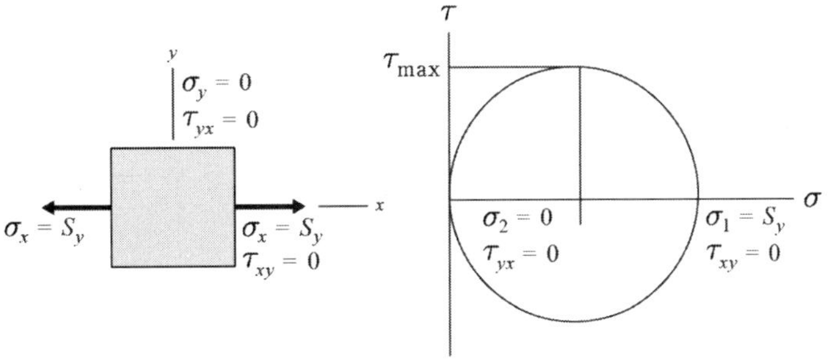

그림 3-18 단순 인장 시험의 응력 상태와 몰 원

최대 주응력설은 주로 취성 재료에 적용할 수 있는 파괴 이론이다. 취성 재료에 적용할 수 있는 파괴 이론에는 몰-쿨롱 이론(Mohr-Coloumb theory)도 있으나, 이는 금속 재료보다는 주로 토양 파괴에 적용된다.

(3) 최대 전단 응력설

최대 전단 응력설(maximum shear stress theory)은 외부 하중에 의하여 기계 또는 부품의 내부에서 발생하는 최대 전단 응력이 단순 인장 시험에서 시편이 파괴될 때 시편에서 발생하는 최대 전단 응력보다 크면 기계 또는 부품이 파괴된다는 이론이다. 단순 인장 시험에서 시편이 항복 파괴될 때 최대 전단 응력은 그림 3-18(b)의 몰 원에서와 같이 $\tau_{max} = \frac{1}{2}S_y$이다. 따라서 최대 전단 응력설은 외부 하중에 의하여 재료의 내부에서 발생하는 최대 전단 응력 τ_{max}가 그 재료의 항복 강도 또는 극한 강도의 1/2보다 클 때 파괴된다는 것이다. 이를 수식으로 표현하면

$$\tau_{max} = \max(|\frac{\sigma_1 - \sigma_2}{2}|, |\frac{\sigma_2 - \sigma_3}{2}|, |\frac{\sigma_1 - \sigma_3}{2}|)$$

$\frac{S_y}{2} \leq \tau_{max}$ 이면 항복 파괴가 일어난다. (3-43)

$\frac{S_u}{2} \leq \tau_{max}$ 이면 극한 파괴가 일어난다.

이다. 또한 최대 전단 응력설을 적용하면 항복 파괴와 극한 파괴에 대한 안전계수는 각각

$$n = \frac{S_y}{2\tau_{max}}, n = \frac{S_u}{2\tau_{max}}$$

가 된다.

최대 전단 응력설은 주로 연성 재료에 적용되는 파괴 이론이다. 최대 전단 응력설을 적용하면 연성 재료의 전단 강도는 항복 강도의 1/2이 된다.

(4) 변형 에너지설

변형 에너지설(distortion energy theory)은 외부 하중에 의하여 기계 또는 부품의 내부에서 발생하는 단위 체적당 변형 에너지(distortion energy)가 단순 인장 시험에서 시편이 파괴될 때 시편에서 발생하는 단위 체적당 변형 에너지보다 크면 기계 또는 부품이 파괴된다는 이론이다. 기계 또는 부품에 작용하는 외부 하중에 의하여 그 내부에서 발생하는 응력은 그림 3-19에서와 같이 3축 방향의 주응력 σ_1, σ_2, $\sigma_3(\sigma_1 > \sigma_2 > \sigma_3)$으로써 나타낼 수 있다. 이 주응력에 의하여 발생하는 단위 체적당 탄성 에너지는 다음과 같이 표현된다.

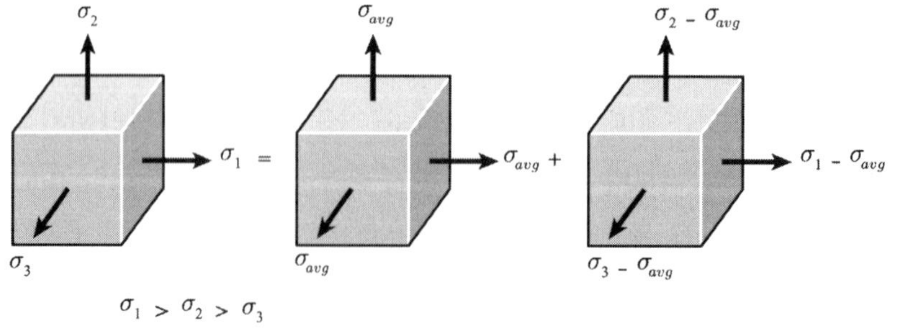

그림 3-19 변형 에너지를 초래하는 응력

$$
\begin{aligned}
u &= \frac{1}{2}(\sigma_1\epsilon_1 + \sigma_2\epsilon_2 + \sigma_3\epsilon_3) \\
&= \frac{1}{2}[\sigma_1(\frac{\sigma_1}{E} - \nu\frac{\sigma_2}{E} - \nu\frac{\sigma_3}{E}) + \sigma_2(\frac{\sigma_2}{E} - \nu\frac{\sigma_1}{E} - \nu\frac{\sigma_3}{E}) + \sigma_3(\frac{\sigma_3}{E} - \nu\frac{\sigma_1}{E} - \nu\frac{\sigma_2}{E})] \\
&= \frac{1}{2E}[\sigma_1^2 + \sigma_2^2 + \sigma_3^2 - 2\nu(\sigma_1\sigma_2 + \sigma_1\sigma_3 + \sigma_2\sigma_3)] \qquad (3\text{–}44)
\end{aligned}
$$

또한 이 주응력은 형상 변화 없이 체적 변화만을 초래하는 응력과 체적 변화 없이 형상 변화만을 초래하는 응력의 합으로 구성되어 있다. 체적 변화만을 초래하는 응력은, 수중의 물체에 작용하는 수압과 같이, 모든 표면에 작용하는 같은 크기의 응력으로서 주응력의 평균값으로 볼 수 있다. 따라서 체적 변화만을 초래하는 응력은

$$
\sigma_{avg} = \frac{1}{3}(\sigma_1 + \sigma_2 + \sigma_3) \qquad (3\text{–}45)
$$

가 되고, σ_{avg}에 의하여 발생하는 단위 체적당 탄성 에너지는, 식 (3–44)에서 $\sigma_1 = \sigma_2 = \sigma_3 = \sigma_{avg}$이므로,

$$
\begin{aligned}
u_v &= \frac{1}{2E}[3\sigma_{avg}^2 - 2\nu(3\sigma_{avg}^2)] = \frac{3\sigma_{avg}^2}{2E}(1-2\nu) \\
&= \frac{1-2\nu}{6E}[\sigma_1^2 + \sigma_2^2 + \sigma_3^2 + 2(\sigma_1\sigma_2 + \sigma_2\sigma_3 + \sigma_1\sigma_3)] \qquad (3\text{–}46)
\end{aligned}
$$

가 된다. 변형 에너지는 형상 변화만을 초래하는 응력에 의하여 발생하는 탄성 에너지로서 총 탄성 에너지에서 체적 변화에 의한 탄성 에너지를 뺀 값이 된다. 즉 단위 체적당 변형 에너지는

$$
u_d = u - u_v = \frac{1+\nu}{3E}[\frac{(\sigma_1-\sigma_2)^2 + (\sigma_2-\sigma_3)^2 + (\sigma_1-\sigma_3)^2}{2}] \qquad (3\text{–}47)
$$

가 된다.

단순 인장 시험에서 시편이 항복 파괴될 때 주응력의 상태는 $\sigma_1 = S_y,\ \sigma_2 = 0,\ \sigma_3 = 0$이므로 이때 시편에서 발생하는 단위 체적당 변형 에너지는

$$
(u_d)_{test} = \frac{1+\nu}{3E}S_y^2 \qquad (3\text{–}48)
$$

가 된다. 따라서 변형 에너지설은 $(u_d)_{test} \le u_d$일 때 재료가 파괴되는 이론이므로 식

(3-47)과 식 (3-48)을 적용하면 다음과 같이 표현된다.

$$S_y^2 \le \frac{(\sigma_1-\sigma_2)^2+(\sigma_2-\sigma_3)^2+(\sigma_1-\sigma_3)^2}{2} \text{ 이면 항복 파괴} \qquad (3-49)$$

식 (3-49)에서 $\sqrt{\dfrac{(\sigma_1-\sigma_2)^2+(\sigma_2-\sigma_3)^2+(\sigma_1-\sigma_3)^2}{2}}$ 을 폰 미세스 응력(Von Mises stress)이라고 한다. 평면 응력 상태에서는 $\sigma_3=0$이므로 폰 미세스 응력은

$$\sigma_v = \sqrt{\sigma_1^2-\sigma_1\sigma_2+\sigma_2^2}$$

가 된다. 따라서 평면 응력으로써 변형 에너지설을 표현하면 식 (3-50)과 같다.

$$S_y \le \sqrt{\sigma_1^2-\sigma_1\sigma_2+\sigma_2^2} \text{ 이면 항복 파괴} \qquad (3-50)$$

식 (3-39)와 식 (3-40)을 식 (3-50)에 대입하면 변형 에너지설은 σ_x, σ_y, τ_{xy}로써 다음과 같이 표현된다.

$$S_y \le \sqrt{\sigma_x^2+\sigma_y^2-\sigma_x\sigma_y+3\tau_{xy}^2} \text{ 이면 항복 파괴} \qquad (3-51)$$

변형 에너지설을 적용하면 항복 파괴에 대한 안전계수는

$$n=\frac{S_y}{\sqrt{\sigma_1^2-\sigma_1\sigma_2+\sigma_2^2}}$$

가 된다.

변형 에너지설은 연성 재료에 적용할 수 있는 파괴 이론이다. 순수 전단 응력만이 작용하면 $\sigma_x=0$, $\sigma_y=0$이 되고 이때 재료가 파괴되었다고 하면 식 (3-51)에 의하여 연성 재료의 전단 강도는

$$S_{sy}=\frac{S_y}{\sqrt{3}}=0.577S_y$$

가 된다. 즉 변형 에너지설을 적용하면 연성 재료의 전단 강도는 항복 강도의 0.577배이다.

(5) 정적 파괴 이론의 비교

식 (3-42), 식 (3-43), 식 (3-50)으로부터 최대 주응력설, 최대 전단 응력설, 변형 에너

지설에 의한 안전 영역을 수식으로 표현하면

최대 주응력설의 안전 영역: $|\sigma_1| < S_y$, $|\sigma_2| < S_y$ (3-52)

최대 전단 응력설의 안전 영역: $\left|\frac{\sigma_1 - \sigma_2}{2}\right| < \frac{S_y}{2}$ (3-53)

변형 에너지설의 안전 영역: $(\sigma_1^2 - \sigma_1\sigma_2 + \sigma_2^2) < S_y^2$ (3-54)

가 되고, 재료의 압축 강도와 인장 강도가 같을 때 안전 영역은 그림 3-20에서와 같이 $\sigma_1 - \sigma_2$ 좌표계에서 각 선도의 내부 영역이 된다. 즉 그림 3-20에서 주응력 σ_1과 σ_2로 결정되는 좌표가 식 (3-52), (3-53), (3-54)로써 결정되는 영역 내부에 위치하면 재료는 파괴되지 않는다. 정적 파괴 이론의 안전 영역을 비교하면 그림 3-20에서와 같이 변형 에너지설의 안전 영역이 가장 크고, 다음으로는 최대 전단 응력설, 최대 주응력설 순이다.

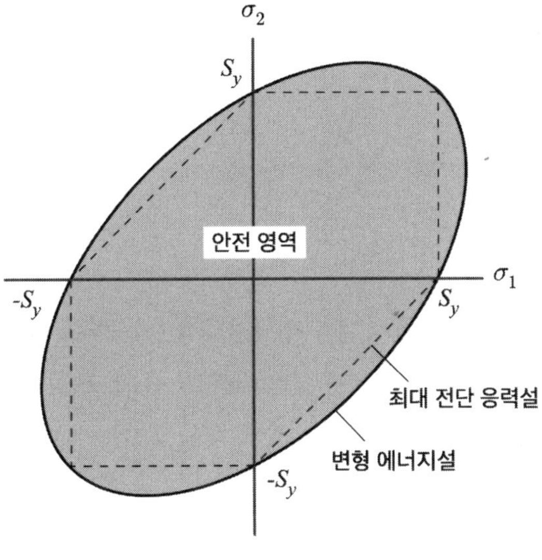

그림 3-20 정적 파괴 이론의 안전 영역

[예제 3-5] 어떤 전동축에 작용하는 한 점의 응력 상태는 σ_x =84 MPa, σ_y =28 MPa τ_{xy} =10 MPa이고, 전동축 재료의 항복 강도는 500 MPa이다. 최대 주응력설, 최대 전단 응력설, 변형 에너지설을 적용하여 전동축의 안전계수를 구하여라.

[풀이] 응력 상태를 이용하여 주응력과 최대 전단 응력을 구하면

$$\sigma_1 = \frac{84+28}{2} + \sqrt{(\frac{84-28}{2})^2 + 10^2} = 85.73 \text{ MPa}$$

$$\sigma_2 = \frac{84+28}{2} - \sqrt{(\frac{84-28}{2})^2 + 10^2} = 26.27 \text{ MPa}$$

$$\tau_{\max} = \sqrt{(\frac{84-28}{2})^2 + 10^2} = 29.73 \text{ MPa}$$

이다. 따라서 안전계수는

1) $n = \frac{S_y}{\sigma_1} = \frac{500}{85.73} = 5.83$

2) $n = \frac{S_y}{2\tau_{\max}} = \frac{500}{2 \times 29.73} = 8.41$

3) $\sigma_v = \sqrt{\sigma_1^2 - \sigma_1\sigma_2 + \sigma_2^2} = \sqrt{85.73^2 - (85.73)(26.27) + 26.27^2} = 76.08 \text{ MPa}$

$n = \frac{S_y}{\sigma_v} = \frac{500}{76.08} = 6.57$

가 된다.

3.5 동하중에 의한 파괴 이론

동하중에 의하여 기계 또는 부품의 내부에서 발생하는 응력은 시간에 따라 그 크기와 방향이 변하는 변동 응력이다. 변동 응력은 2개의 변수, 즉 평균 응력(mean stress)과 응력 크기(stress amplitude)로써 나타낼 수 있으며, 평균 응력은 정하중에 의한 응력과 같고, 응력 크기는 완전 반복 하중에 의한 응력과 같다. 평균 응력, σ_m과 응력 크기, σ_a는 각각 다음과 같이 정의된다.

$$\sigma_m = \frac{\sigma_{\max} + \sigma_{\min}}{2} \tag{3-55}$$

$$\sigma_a = \frac{\sigma_{\max} - \sigma_{\min}}{2} \tag{3-56}$$

여기서, $\sigma_{\max}$ =최대 응력

$\sigma_{\min}$ =최소 응력

동하중에 의한 기계 또는 부품의 피로 파괴는 평균 응력과 응력 크기에 의하여 결정되며,

피로 파괴 이론에는 평균 응력과 응력 크기로써 피로 파괴에 대한 안전 영역을 결정하는 방법에 따라 다음과 같은 이론이 있다.

(1) 굿맨도와 수정 굿맨도

굿맨도(Goodman diagram)는 재료의 극한 강도, 항복 강도, 피로 강도로써 그림 3-21(a)에서와 같이 피로 파괴에 대한 안전 영역을 정의한 그림이다. 평균 응력을 수평축, 응력 크기를 수직축으로 한 직교 좌표계에서 평균 응력의 크기에 따라 피로 파괴가 일어날 수 있는 응력 크기의 한계를 설정한 것이다. 굿맨도는 평균 응력의 한계를 극한 강도로 하여 피로 강도와 극한 강도를 연결한 직선으로서 평균 응력에 대한 응력 크기의 한계를 설정하였으며, 수정 굿맨도(modified Goodman diagram)는 다수의 피로 파괴 시험의 결과를 반영하여 굿맨도를 수정한 것으로서 평균 응력의 한계를 항복 강도로 제한하고 피로 강도와 항복 강도로써 그림 3-21(b)에서와 같이 평균 응력에 대한 응력 크기의 한계를 설정한 것이다. 굿맨도와 수정 굿맨도에 의하면 평균 응력이 σ_m 일 때 피로 파괴가 일어나지 않는 응력 크기 σ_a는 평균 응력을 지나는 연직선과 대각선이 만나는 점에서 상하로 응력 크기의 한계선까지이다. 따라서 피로 파괴에 대한 안전 영역은 응력 크기의 한계선 내부 영역이 된다. 일반적으로 압축 하중에 의한 피로 파괴는 무시할 수 있으므로, 굿맨도와 수정 굿맨도는 주로 인장 하중에 의한 피로 파괴에 적용되며 수정 굿맨도가 더 보수적이다.

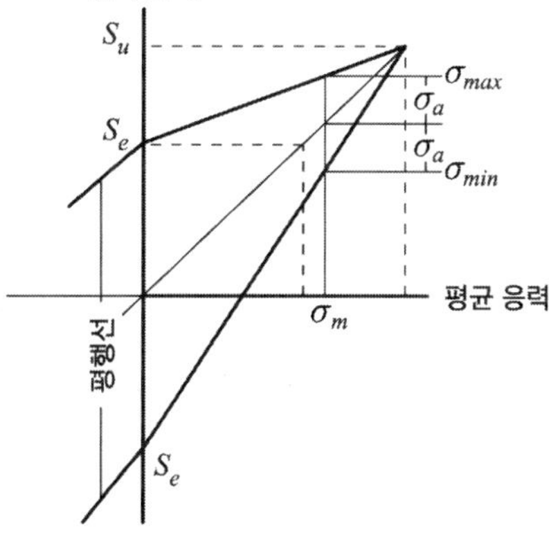

(a) 굿맨도

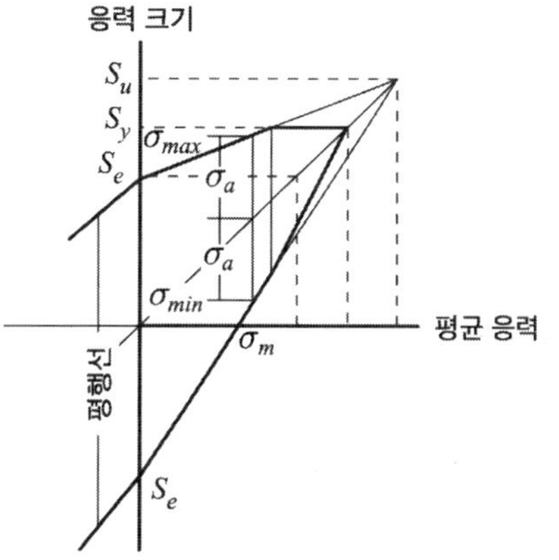

(b) 수정 굿맨도

그림 3-21 굿맨도와 수정 굿맨도

(2) 피로 파괴선

피로 파괴선은 그림 3-22에서와 같이 극한 강도, 항복 강도, 피로 강도로써 평균 응력에 대한 응력 크기의 한계를 설정한 선도이다. 평균 응력을 수평축, 응력 크기를 수직축으로 하는 직교 좌표계에서 수직축의 피로 강도와 수평축의 항복 강도 또는 극한 강도를 연결한 직선 또는 곡선으로서 피로 파괴의 안전 영역을 설정한 것이다. 피로 파괴선에는 피로 강도, 항복 강도, 극한 강도를 이용하여 평균 응력에 대한 응력 크기의 한계를 모형화한 방식에 따라 다음과 같은 종류가 있다.

- **굿맨 라인:** 굿맨 라인(Goodman line)은 피로 강도 S_e와 극한 강도 S_{ut}를 이용하여 평균 응력에 대한 응력 크기의 한계를 선형으로 모형화한 것으로서 선형 식과 피로 파괴에 대한 안전계수 n은 각각 다음 식으로 표현된다.

$$\frac{\sigma_m}{S_{ut}} + \frac{\sigma_a}{S_e} = 1$$

$$\frac{\sigma_m}{S_{ut}} + \frac{\sigma_a}{S_e} = \frac{1}{n} \qquad (3-57)$$

- **소더버그 라인:** 소더버그 라인(Soderberg line)은 피로 강도 S_e와 항복 강도 S_{yt}를 이용하여 평균 응력에 대한 응력 크기의 한계를 선형으로 모형화한 것으로서 선형 식과 피로 파괴에 대한 안전계수 n은 각각 다음 식으로 표현된다.

$$\frac{\sigma_m}{S_{yt}} + \frac{\sigma_a}{S_e} = 1$$

$$\frac{\sigma_m}{S_{yt}} + \frac{\sigma_a}{S_e} = \frac{1}{n} \qquad (3-58)$$

- **거버 라인:** 거버 라인(Gerber line)은 피로 강도 S_e와 극한 강도 S_{ut}를 이용하여 평균 응력에 대한 응력 크기의 한계를 비선형 2차 곡선으로 모형화한 것으로서 비선형 식과 피로 파괴에 대한 안전계수 n은 각각 다음 식으로 표현된다.

$$(\frac{\sigma_m}{S_{ut}})^2 + \frac{\sigma_a}{S_e} = 1$$

$$(\frac{\sigma_m}{S_{ut}})^2 + \frac{\sigma_a}{S_e} = \frac{1}{n} \qquad (3-59)$$

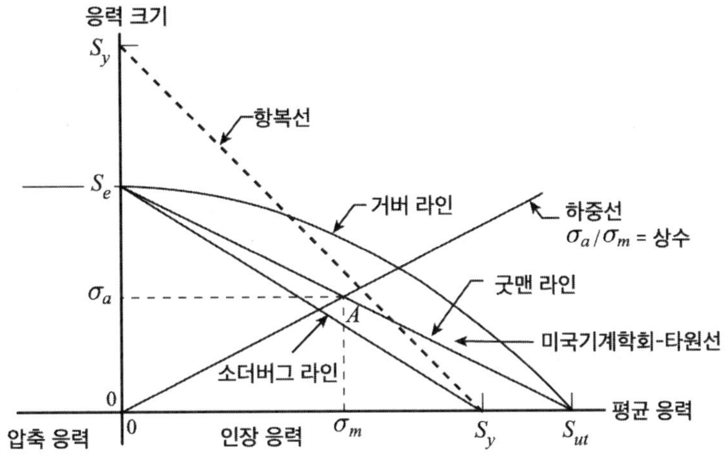

그림 3-22 피로 파괴선

- **미국기계학회–타원선:** 미국기계학회-타원선(ASME-elliptic line)은 피로 강도 S_e와 항복 강도 S_{yt}를 이용하여 평균 응력에 대한 응력 크기의 한계를 비선형 2차 곡선으로 모형화한 것으로서 비선형 식과 피로 파괴에 대한 안전계수 n은 각각 다음 식으로 표현된다.

$$(\frac{\sigma_a}{S_e})^2 + (\frac{\sigma_m}{S_{yt}})^2 = 1$$

$$(\frac{\sigma_a}{S_e})^2 + (\frac{\sigma_m}{S_{yt}})^2 = \frac{1}{n^2} \quad (3-60)$$

- **항복선:** 항복선(yield line)은 항복 강도 S_{yt}만을 이용하여 평균 응력에 대한 응력 크기의 한계를 선형으로 모형화한 것으로서 선형 식과 피로 파괴에 대한 안전계수 n은 각각 다음 식으로 표현된다.

$$\frac{\sigma_a}{S_{yt}} + \frac{\sigma_m}{S_{yt}} = 1$$

$$\frac{\sigma_a}{S_{yt}} + \frac{\sigma_m}{S_{yt}} = \frac{1}{n} \quad (3-61)$$

그림 3-22에서 수평축은 응력 크기가 0인 상태를 나타내며, 수직축은 평균 응력이 0인 상태를 나타낸다. 즉 수평축은 정하중 상태를 나타내며, 수직축은 완전 반복 하중 상태를 나타낸다. 임의의 평균 응력 σ_m에 대한 응력 크기 σ_a의 한계는 피로 파괴선에 의하여 결정되

며, 피로 파괴에 대한 안전 영역은 피로 파괴선 아래의 영역이 된다. 따라서 그림 3-22에서 A점은 소더버그 라인의 상부 영역에 존재하므로 소더버그 라인을 기준으로 하였을 때는 피로 파괴의 위험성이 높은 응력 상태이나 굿맨 라인과 거버 라인을 기준으로 하였을 때는 안전한 응력 상태가 된다. 피로 파괴선상의 응력 상태는 피로 수명이 같은 응력 상태이다.

압축 응력은 피로 파괴에 큰 영향을 미치지 않기 때문에 일반적으로 피로 파괴선은 인장 응력만을 고려하여 수직축의 오른쪽에 나타내지만, 압축 응력에 대한 피로 파괴선은 피로 강도를 지나는 수평 직선으로써 나타내며 압축 하중에 의한 피로 파괴는 항상 응력 크기가 피로 강도보다 클 때 일어난다.

(3) 등피로 수명 선도

동하중에 의한 피로 파괴 이론에 의하면 피로 수명은 피로 파괴선상의 모든 응력 상태에서 같다. 따라서 피로 파괴선은 특정 피로 수명에 대한 등피로 수명선과 같으며, 위에서 제시한 다수의 피로 파괴선은 모두 피로 수명이 10^6 사이클인 등피로 수명선이다. 그림 3-23은 다수의 피로 수명에 대한 피로 파괴선을 동시에 나타낸 것이다. 이러한 선도를 등피로 수명 선도(constant fatigue life diagram)라고 한다. 피로 수명을 유발하는 피로 응력, 즉 완전 반복 응력의 크기는 S-N 선도에서 구할 수 있다.

등피로 수명 선도 또는 특정 피로 수명에 대한 피로 파괴선을 이용하면 그림 3-23의 A점과 같이 평균 응력 σ_m과 응력 크기 σ_a로써 나타낸 동적 응력 상태는 피로 수명이 같은 완전 반복 응력 상태로 변환할 수 있다. 이때 변환한 완전 반복 응력을 등가 완전 반복 응력(equivalent completely reversed stress)이라고 하며, 적용한 피로 파괴선에 따라 다음과 같이 구한다.

굿맨 라인을 기준으로 한 경우: $$\sigma_{eq} = \frac{\sigma_a S_{ut}}{S_{ut} - \sigma_m} \tag{3-62}$$

소더버그 라인을 기준으로 한 경우: $$\sigma_{eq} = \frac{\sigma_a S_y}{S_y - \sigma_m} \tag{3-63}$$

여기서, σ_{eq}=등가 완전 반복 응력

S_{ut}=극한 강도

S_y=항복 강도

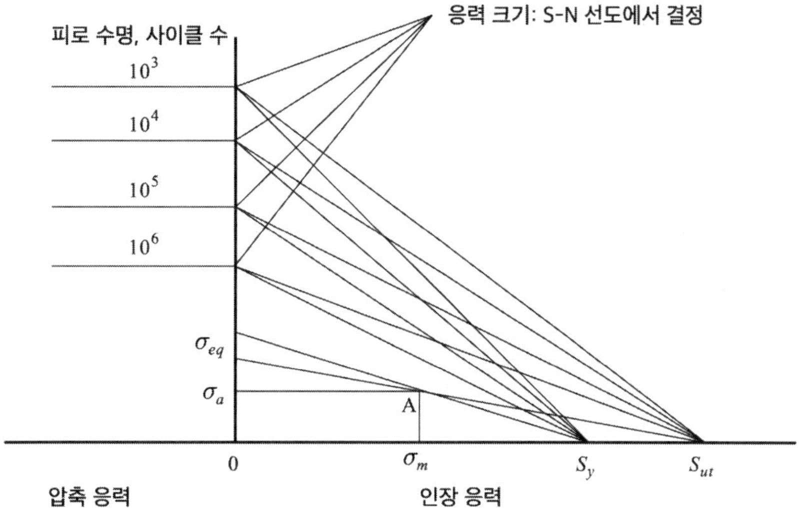

그림 3-23 등피로 수명 선도

변동 비틀림 하중과 변동 굽힘 하중이 동시에 작용할 때 재료의 내부에는 비틀림 동하중에 의한 전단 응력의 평균 성분 τ_m과 크기 성분 τ_a 및 굽힘 동하중에 의한 굽힘 응력의 평균 성분 σ_m과 크기 성분 σ_a가 동시에 발생한다. 이러한 4개의 응력 성분이 존재할 때 적용할 수 있는 파괴 이론에는 크게 동하중을 정하중으로 변환하여 최대 전단 응력설 또는 변형 에너지설을 적용하는 방법과 평균 성분은 평균 성분대로 크기 성분은 크기 성분대로 최대 전단 응력설 또는 변형 에너지설을 적용하여 최대 전단 응력의 평균 성분과 크기 성분을 또는 폰 미세스 응력의 평균 성분과 크기 성분을 구하여 피로 파괴 이론으로서 굿맨 라인, 소더버그 라인, ASME-타원선, 거버 라인과 같은 피로 파괴 이론을 적용하는 방법이 있다.

동하중에 의한 응력은 굿맨 라인 또는 소더버그 라인을 이용하여 정적 등가 응력으로도 변환할 수 있다. 굿맨 라인을 이용하여 굽힘 동하중과 비틀림 동하중에 의한 응력을 정적 등가 굽힘 응력과 정적 등가 전단 응력으로 변환하면

$$(\sigma_{eq})_{st} = \frac{S_u}{S_e}\sigma_a + \sigma_m \tag{3-64}$$

$$(\tau_{eq})_{st} = \frac{S_{su}}{S_{se}}\tau_a + \tau_m \tag{3-65}$$

가 되고, 소더버그 라인을 적용하면 각각

$$(\sigma_{eq})_{st} = \frac{S_y}{S_e}\sigma_a + \sigma_m \tag{3-66}$$

$$(\tau_{eq})_{st} = \frac{S_{sy}}{S_{se}}\tau_a + \tau_m \tag{3-67}$$

가 된다.

식 (3-64)와 식 (3-65) 또는 식 (3-66)과 식 (3-67)을 이용하여 최대 전단 응력설을 적용하면 재료가 파괴되는 최대 전단 응력은

$$(\tau_{\max})_{st} = \sqrt{[\frac{(\sigma_{eq})_{st}}{2}]^2 + (\tau_{eq})_{st}^2} \tag{3-68}$$

가 되고, 안전계수는

$$n = \frac{S_{sy}}{(\tau_{\max})_{st}} \tag{3-69}$$

가 된다. 변형 에너지설을 적용하면 재료가 파괴되는 폰 미세스 응력과 안전계수는 각각

$$(\sigma_v)_{st} = \sqrt{(\sigma_{eq})_{st}^2 + 3(\tau_{eq})_{st}^2} \tag{3-70}$$

$$n = \frac{S_y}{(\sigma_v)_{st}} \tag{3-71}$$

가 된다.

평균 성분은 평균 성분대로 크기 성분은 크기 성분대로 최대 전단 응력설을 적용하여 최대 전단 응력의 평균 성분과 크기 성분을 구하면 각각

$$(\tau_{\max})_m = \sqrt{(\frac{\sigma_m}{2})^2 + \tau_m^2} \tag{3-72}$$

$$(\tau_{\max})_a = \sqrt{(\frac{\sigma_a}{2})^2 + \tau_a^2} \tag{3-73}$$

가 되고, 피로 파괴에 대한 안전계수 n은

굿맨 라인의 경우 $$\frac{(\tau_{\max})_m}{S_{su}} + \frac{(\tau_{\max})_a}{S_{se}} = \frac{1}{n} \tag{3-74}$$

소더버그 라인의 경우 $$\frac{(\tau_{\max})_m}{S_{sy}} + \frac{(\tau_{\max})_a}{S_{se}} = \frac{1}{n} \tag{3-75}$$

ASME 타원선의 경우 $[\frac{(\tau_{\max})_m}{S_{sy}}]^2 + [\frac{(\tau_{\max})_a}{S_{se}}]^2 = \frac{1}{n^2}$ (3-76)

거버 라인의 경우 $[\frac{n(\tau_{\max})_m}{S_{su}}]^2 + \frac{n(\tau_{\max})_a}{S_{se}} = 1$ (3-77)

가 된다. 같은 방법으로 변형 에너지설을 적용하여 폰 미세스 응력의 평균 성분과 크기 성분을 구하면

$$(\sigma_v)_m = \sqrt{\sigma_m^2 + 3\tau_m^2} \tag{3-78}$$

$$(\sigma_v)_a = \sqrt{\sigma_a^2 + 3\tau_a^2} \tag{3-79}$$

가 되고 피로 파괴에 대한 안전계수는 각각

굿맨 라인의 경우 $\frac{(\sigma_v)_m}{S_u} + \frac{(\sigma_v)_a}{S_e} = \frac{1}{n}$ (3-80)

소더버그 라인의 경우 $\frac{(\sigma_v)_m}{S_y} + \frac{(\sigma_v)_a}{S_e} = \frac{1}{n}$ (3-81)

ASME 타원선의 경우 $[\frac{(\sigma_v)_m}{S_y}]^2 + [\frac{(\sigma_v)_a}{S_e}]^2 = \frac{1}{n^2}$ (3-82)

거버 라인의 경우 $[\frac{n(\sigma_v)_m}{S_u}]^2 + \frac{n(\sigma_v)_a}{S_e} = 1$ (3-83)

가 된다.

[예제 3-6] 어떤 강재의 피로 강도, 항복 강도, 극한 강도는 각각 S_e=290 MPa, S_y=550 MPa, S_u=750 MPa이다. 이 강재에 동하중이 작용하였을 때 강재 내부의 평균 응력과 응력 크기는 각각 150 MPa, 200 MPa이었다.

1) 굿맨 라인을 이용하여 이 강재의 안전계수를 구하여라.

2) 굿맨 라인을 이용하여 등가 완전 반복 응력을 구하여라.

3) 소더버그 라인을 이용하여 이 강재의 안전계수를 구하여라.

4) 소더버그 라인을 이용하여 평균 응력에 대한 허용 응력 크기를 구하여라.

[풀이] 식 (3-57)을 이용하여 안전계수를 구한다.

1) $\frac{150}{750}+\frac{200}{290}=\frac{1}{n}$, $n=1.12$

식 (3-62)를 이용하여 등가 완전 반복 응력을 구한다.

2) $\frac{\sigma_{eq}}{750}=\frac{200}{750-150}$, $\sigma_{eq}=750\times\frac{200}{750-150}=250$ MPa

식 (3-58)을 이용하여 소더버그 라인을 이용한 안전계수를 구한다.

3) $\frac{150}{550}+\frac{200}{290}=\frac{1}{n}$, $n=1.04$

허용 응력 크기 σ_a는 식 (3-58)을 이용하여 구한다.

4) $\frac{150}{550}+\frac{\sigma_a}{290}=1$, $\sigma_a=290(1-\frac{150}{550})=210.9$ MPa

[예제 3-7] 어떤 전동축에 굽힘 동하중과 비틀림 동하중이 동시에 작용한다. 굽힘 동하중의 평균과 크기는 각각 $M_m=57$ N · m, $M_a=70$ N · m이고 비틀림 동하중의 평균과 크기는 각각 $T_m=40$ N · m, $T_a=45$ N · m이다. 전동축 재료의 극한 강도, 항복 강도, 피로 강도는 각각 $S_u=700$ MPa, $S_y=550$ MPa, $S_e=200$ MPa이고, 전단 강도는 항복 강도의 1/2이며, 축의 안전계수는 2.0으로 한다.

(1) 굿맨 라인에 의한 등가 정적 응력과 최대 전단 응력설(Goodman-MSS)을 적용하여 전동축의 지름을 구하여라.

(2) 굿맨 라인에 의한 등가 정적 응력과 변형 에너지설(Goodman-DE)을 적용하여 전동축의 지름을 구하여라.

(3) 소더버그 라인에 의한 등가 정적 응력과 최대 전단 응력설 (Soderburg-MSS)을 적용하여 전동축의 지름을 구하여라.

(4) 소더버그 라인에 의한 등가 정적 응력과 변형 에너지설(Soderberg-DE)을 적용하여 전동축의 지름을 구하여라.

(5) 최대 전단 응력설과 굿맨 라인(MSS-Soderburg)을 적용하여 전동축의 지름을 구하여라.

(6) 최대 전단 응력설과 소더버그 라인(MSS-Goodman)을 적용하여 전동축의 지름을 구하여라.

(7) 최대 전단 응력설과 거버 라인(MSS-Gerber)을 적용하여 전동축의 지름을 구하여라.

(8) 최대 전단 응력설과 ASME-타원선((MSS-ASME Elliptic)을 적용하여 전동축의 지름을 구하여라.

(9) 변형 에너지설과 굿맨 라인(DE-Goodman)을 적용하여 전동축의 지름을 구하여라.

(10) 변형 에너지설과 소더버그 라인(DE-Soderberg)을 적용하여 전동축의 지름을 구하여라.

(11) 변형 에너지설과 거버 라인(DE-Gerber)을 적용하여 전동축의 지름을 구하여라.

(12) 변형 에너지설과 ASME-타원선(DE-ASME Elliptic)을 적용하여 전동축 지름을 구하여라.

[풀이] 전동축의 지름을 d라고 하면 굽힘 동하중에 의한 굽힘 응력의 평균과 크기, 비틀림 동하중에 의한 전단 응력의 평균과 크기는 각각

$$\sigma_m = \frac{32M_m}{\pi d^3}, \sigma_a = \frac{32M_a}{\pi d^3}, \tau_m = \frac{16T_m}{\pi d^3}, \tau_a = \frac{16T_a}{\pi d^3}$$

가 되며, 굿맨 라인을 이용하여 정적 등가 굽힘 응력과 정적 등가 전단 응력을 구하면

$$(\sigma_{eq})_{st} = \frac{S_u}{S_e}\frac{32M_a}{\pi d^3} + \frac{32M_m}{\pi d^3}, (\tau_{eq})_{st} = \frac{S_{su}}{S_{se}}\frac{16T_a}{\pi d^3} + \frac{16T_m}{\pi d^3}$$

가 된다. 최대 전단 응력설을 적용하여 최대 전단 응력을 구하면

$$(\tau_{\max})_{st} = \sqrt{[\frac{1}{2}(\frac{S_u}{S_e}\frac{32M_a}{\pi d^3} + \frac{32M_m}{\pi d^3})]^2 + (\frac{S_{su}}{S_{se}}\frac{16T_a}{\pi d^3} + \frac{16T_m}{\pi d^3})^2}$$

가 되고, 안전계수 $n = \frac{S_{sy}}{(\tau_{\max})_{st}} = 2.0$, $S_{su} = \frac{1}{2}S_u$, $S_{se} = \frac{1}{2}S_e$를 윗식에 대입하여 전동축의 지름을 구하면

$$d_{Goodman-MSS} = \sqrt[3]{\frac{n16}{\pi S_{sy}}\sqrt{(\frac{S_u}{S_e}M_a + M_m)^2 + (\frac{S_{su}}{S_{se}}T_a + T_m)^2}}$$

$$= \sqrt[3]{\frac{2.0 \times 16}{\pi \times 275}\sqrt{(\frac{700}{200} \times 70 + 57)^2 + (\frac{350}{100} \times 45 + 40)^2}} = 23.7357 \times 10^{-3}\ \text{m}$$

이다. 변형 에너지설을 적용하여 폰 미세스 응력을 구하면

$$(\sigma_v)_{st} = \sqrt{(\frac{S_u}{S_e}\frac{32M_a}{\pi d^3} + \frac{32M_m}{\pi d^3})^2 + 3(\frac{S_{su}}{S_{se}}\frac{16T_a}{\pi d^3} + \frac{16T_m}{\pi d^3})^2}$$

가 되고, 안전계수 $n = \frac{S_y}{(\sigma_v)_{st}} = 2.0$, $S_{su} = \frac{1}{2}S_u$, $S_{se} = \frac{1}{2}S_e$를 윗식에 대입하여 전동축의 지름을 구하면

$$d_{Goodman-DE} = \sqrt[3]{\frac{n16}{\pi S_y}\sqrt{4(\frac{S_u}{S_e}M_a + M_m)^2 + 3(\frac{S_{su}}{S_{se}}T_a + T_m)^2}}$$

$$= \sqrt[3]{\frac{2.0\times 16}{\pi\times 550}\sqrt{4(\frac{700}{200}\times 70 + 57)^2 + 3(\frac{350}{100}\times 45 + 40)^2}} = 23.4298\times 10^{-3}\ \text{m}$$

이다. 소더버그 라인을 이용하여 정적 등가 굽힘 응력과 정적 등가 전단 응력을 구하면

$$(\sigma_{eq})_{st} = \frac{S_y}{S_e}\frac{32M_a}{\pi d^3} + \frac{32M_m}{\pi d^3}, (\tau_{eq})_{st} = \frac{S_{sy}}{S_{se}}\frac{16T_a}{\pi d^3} + \frac{16T_m}{\pi d^3}$$

이고, 같은 방법으로 최대 전단 응력설과 변형 에너지설을 적용하여 전동축의 지름을 구하면

$$d_{Soderberg-MSS} = \sqrt[3]{\frac{n16}{\pi S_{sy}}\sqrt{(\frac{S_y}{S_e}M_a + M_m)^2 + (\frac{S_{sy}}{S_{se}}T_a + T_m)^2}}$$

$$= \sqrt[3]{\frac{2.0\times 16}{\pi\times 275}\sqrt{(\frac{550}{200}\times 70 + 57)^2 + (\frac{275}{100}\times 45 + 40)^2}} = 22.2798\times 10^{-3}\ \text{m}$$

$$d_{Soderberg-DE} = \sqrt[3]{\frac{n16}{\pi S_y}\sqrt{4(\frac{S_y}{S_e}M_a + M_m)^2 + 3(\frac{S_{sy}}{S_{se}}T_a + T_m)^2}}$$

$$= \sqrt[3]{\frac{2.0\times 16}{\pi\times 550}\sqrt{4(\frac{550}{200}\times 70 + 57)^2 + 3(\frac{275}{100}\times 45 + 40)^2}} = 21.9912\times 10^{-3}\ \text{m}$$

가 된다. 최대 전단 응력설을 적용하여 굽힘 동하중과 비틀림 동하중에 의한 최대 전단 응력의 평균과 크기를 구하면

$$(\tau_{\max})_m = \sqrt{(\frac{\sigma_m}{2})^2 + \tau_m^2} = \sqrt{(\frac{1}{2}\frac{32M_m}{\pi d^3})^2 + (\frac{16T_m}{\pi d^3})^2}$$

$$(\tau_{\max})_a = \sqrt{(\frac{\sigma_a}{2})^2 + \tau_a^2} = \sqrt{(\frac{1}{2}\frac{32M_a}{\pi d^3})^2 + (\frac{16T_a}{\pi d^3})^2}$$

가 되고, 굿맨 라인, 소더버그 라인, ASME 타원선, 거버 라인을 이용하여 전동축의 지름을 구하면 각각

$$d_{MSS-Goodman} = \sqrt[3]{\frac{n16}{\pi}(\frac{1}{S_{su}}\sqrt{M_m^2+T_m^2}+\frac{1}{S_{se}}\sqrt{M_a^2+T_a^2})}$$

$$= \sqrt[3]{\frac{2.0\times 16}{\pi}(\frac{1}{350}\sqrt{57^2+40^2}+\frac{1}{100}\sqrt{70^2+45^2})} = 21.9033\times 10^{-3}\ \text{m}$$

$$d_{MSS-Soderberg} = \sqrt[3]{\frac{n16}{\pi}(\frac{1}{S_{sy}}\sqrt{M_m^2+T_m^2}+\frac{1}{S_{se}}\sqrt{M_a^2+T_a^2})}$$

$$= \sqrt[3]{\frac{2.0\times 16}{\pi}(\frac{1}{275}\sqrt{57^2+40^2}+\frac{1}{100}\sqrt{70^2+45^2})} = 22.2809\times 10^{-3}\text{m}$$

$$d_{MSS-ASMEelliptic} = \sqrt[6]{(\frac{n16}{\pi})^2[(\frac{1}{S_{sy}}\sqrt{M_m^2+T_m^2})^2+(\frac{1}{S_{se}}\sqrt{M_a^2+T_a^2})^2]}$$

$$= \sqrt[6]{(\frac{2.0\times 16}{\pi})^2[(\frac{1}{275}\sqrt{57^2+40^2})^2+(\frac{1}{100}\sqrt{70^2+45^2})^2} = 20.6959\times 10^{-3}\text{m}$$

$$d_{MSS-Gerber} = \sqrt[3]{\frac{32(\frac{n}{S_{su}}\sqrt{M_m^2+T_m^2})^2}{\pi[\sqrt{(\frac{n}{S_{se}}\sqrt{M_a^2+T_a^2})^2+4(\frac{n}{S_{su}}\sqrt{M_m^2+T_m^2})^2}-\frac{n}{S_{se}}\sqrt{M_a^2+T_a^2}]}}$$

$$= \sqrt[3]{\frac{32(\frac{2.0}{350}\sqrt{57^2+40^2})^2}{\pi[\sqrt{(\frac{2.0}{100}\sqrt{70^2+45^2})^2+4(\frac{2.0}{350}\sqrt{57^2+40^2})^2}-\frac{2.0}{100}(\sqrt{70^2+45^2})]}}$$

$$= 20.7548\times 10^{-3}\text{m}$$

가 된다. 변형 에너지설을 적용하여 굽힘 동하중과 비틀림 동하중에 의한 최대 전단 응력의 평균과 크기를 구하면

$$(\sigma_v)_m = \sqrt{\sigma_m^2+3\tau_m^2} = \sqrt{(\frac{32M_m}{\pi d^3})^2+3(\frac{16T_m}{\pi d^3})^2}$$

$$(\sigma_v)_a = \sqrt{\sigma_a^2+3\tau_a^2} = \sqrt{(\frac{32M_a}{\pi d^3})^2+3(\frac{16T_a}{\pi d^3})^2}$$

가 되고, 굿맨 라인, 소더버그 라인, ASME 타원선, 거버 라인을 이용하여 전동축의 지름을 구

하면

$$d_{DE-Goodman}=\sqrt[3]{\frac{n16}{\pi}\left(\frac{1}{S_u}\sqrt{4M_m^2+3T_m^2}+\frac{1}{S_e}\sqrt{4M_a^2+3T_a^2}\right)}$$

$$=\sqrt[3]{\frac{2.0\times16}{\pi}\left(\frac{1}{700}\sqrt{4(57)^2+3(40)^2}+\frac{1}{200}\sqrt{4(70)^2+3(45)^2}\right)}=21.6208\times10^{-3}\ \text{m}$$

$$d_{DE-Sodergerg}=\sqrt[3]{\frac{n16}{\pi}\left(\frac{1}{S_y}\sqrt{4M_m^2+3T_m^2}+\frac{1}{S_e}\sqrt{4M_a^2+3T_a^2}\right)}$$

$$=\sqrt[3]{\frac{2.0\times16}{\pi}\left(\frac{1}{550}\sqrt{4(57)^2+3(40)^2}+\frac{1}{200}\sqrt{4(70)^2+3(45)^2}\right)}=21.9921\times10^{-3}\ \text{m}$$

$$d_{DE-ASMEliptic}=\sqrt[6]{\left(\frac{n16}{\pi}\right)^2\left[\left(\frac{1}{S_y}\sqrt{4M_m^2+3T_m^2}\right)^2+\left(\frac{1}{S_e}\sqrt{4M_a^2+3T_a^2}\right)^2\right]}$$

$$=\sqrt[6]{\left(\frac{2.0\times16}{\pi}\right)^2\left[\left(\frac{1}{550}\sqrt{4(57)^2+3(40)^2}\right)^2+\left(\frac{1}{200}\sqrt{4(70)^2+3(45)^2}\right)^2\right]}=20.4328\times10^{-3}\ \text{m}$$

$$d_{DE-Gerber}=\sqrt[3]{\frac{32\left(\frac{n}{S_u}\sqrt{4M_m^2+3T_m^2}\right)^2}{\pi\left[\sqrt{\left(\frac{n}{S_e}\sqrt{4M_a^2+3T_a^2}\right)^2+4\left(\frac{n}{S_u}\sqrt{4M_m^2+3T_m^2}\right)^2}-\frac{n}{S_e}\sqrt{4M_a^2+3T_a^2}\right]}}$$

$$=\sqrt[3]{\frac{32\left(\frac{2.0}{700}\sqrt{4(57)^2+3(40)^2}\right)^2}{\pi\left[\sqrt{\left(\frac{2.0}{200}\sqrt{4(70)^2+3(45)^2}\right)^2+4\left(\frac{2.0}{700}\sqrt{4(57)^2+3(40)^2}\right)^2}-\frac{2.0}{200}\sqrt{4(70)^2+3(45)^2}\right]}}$$

$$=20.4905\times10^{-3}\ \text{m}$$

이다. 12가지 방법으로 구한 전동축의 지름은 20.43~23.75 mm 범위이고 그 차이는 최대 3.32 mm 정도이며, 가장 보수적인 방법은 굿맨 라인을 이용한 등가 정적 응력과 최대 전단 응력설을 적용한 방법이다.

(4) 선형 누적피로손상법

하중의 가장 일반적인 형태인 비주기적인 다수의 동하중이 동시에 작용할 때, 즉 랜덤 하중이 작용할 때 적용할 수 있는 파괴 이론에는 선형 누적피로손상법(linear cumulated fatigue damage rule)이 있다.

선형 누적피로손상법은 피로 수명에 이를 때까지 재료에 누적되는 총 피로 손상 또는 피로 파괴 용량은 일정하다는 이론을 기본으로 한 것이다. 하중이 작용할 때 재료의 피로 손상은 하중의 크기와 사이클 수에 따라 결정되며 다음 식으로 표현된다.

$$D = LP^{\lambda} \tag{3-84}$$

여기서, D=피로 손상
P=완전 반복 하중 또는 완전 반복 응력
L=하중의 사이클 수
λ=피로손상지수

피로손상지수 λ는 고사이클 피로 영역에서 S-N 선도의 기울기이다. 따라서 강재의 경우 피로 수명을 10^6 사이클이라고 하면 피로 수명에 이를 때까지 강재에 누적되는 총 피로 손상은 $D = 10^6 S_e^{\lambda}$가 된다.

이제 평균과 크기가 다른 다수의 동하중 P_1, P_2, ..., P_i가 각각 n_1, n_2,....n_i 사이클만큼 작용할 때 각 동하중으로 인한 부분 피로 손상의 합 PD는

$$PD = \sum n_i P_i^{\lambda} \tag{3-85}$$

가 되며, 단일 동하중 P_i로 인한 피로 수명을 L_i 사이클이라고 하면 총 피로 손상 D는

$$D = L_i P_i^{\lambda} \tag{3-86}$$

가 된다. 선형 누적피로손상법은 각 하중에 의한 총 피로 손상 대비 부분 피로 손상의 합, 즉 각 하중에 의한 피로 손상률의 합이 1이 될 때 재료가 파괴된다는 이론이다. 이를 식으로 표현하면

$$\sum \frac{n_i P_i^{\lambda}}{L_i P_i^{\lambda}} = \sum \frac{n_i}{L_i} = 1 \tag{3-87}$$

이 된다. 많은 실험 결과에 의하면 피로 파괴가 일어날 때 피로 손상률의 합은 실제 0.7~2.2의 범위이고 평균은 1.0인 것으로 알려져 있다. 식 (3-87)은 이 이론을 제시한 팜그렌(Palmgren)과 마이너(Miner)의 이름을 따라 팜그렌-마이너식이라고 한다.

선형 누적피로손상법은 하중의 작용 순서가 피로 수명에 미치는 영향을 고려할 수 없다는

단점은 있으나, 적용 방법이 간단하고, 현재까지 가장 널리 적용하고 있는 피로 수명 예측 이론이다.

[예제 3-8] 어떤 강재의 S-N 모형은 $\sigma = 1{,}084L^{-0.0785}$ (σ의 단위는 MPa, L은 사이클 수)이다. 극한 강도가 S_u =600 MPa인 이 부품에 작용하는 하중의 형태는 표 3-11에서와 같다.

1) 팜그렌-마이너식을 이용하여 이 부품의 피로 손상률을 구하여라.
2) 표 3-11의 하중이 모두 작용한 후 평균 응력과 응력 크기가 각각 300 MPa인 새로운 하중이 다시 작용하면 이 부품의 잔류 수명은 얼마인가?

표 3-11 하중의 작용 상태

응력 상태		사이클 수
σ_m, MPa	σ_a, MPa	
100	300	1,000
200	250	2,500
300	190	3,000
350	220	2,800

[풀이] 굿맨 라인을 이용하여 각 응력 상태에 대한 등가 완전 반복 응력 σ_{eq}를 구하고, S-N 모형을 이용하여 $(\sigma_{eq})_i$일 때 피로 수명 L_i를 구한다. 예를 들면, $\sigma_m = 100$ MPa, $\sigma_a = 300$ MPa의 경우, 등가 완전 반복 응력은

$$(\sigma_{eq})_1 = \frac{\sigma_a S_u}{S_y - \sigma_m} = \frac{300 \times 600}{600 - 100} = 360 \text{ MPa}$$

이고, $(\sigma_{eq})_1 = 360$ MPa일 때 피로 수명은

$$L_1 = (\frac{1{,}084}{\sigma_{eq}})^{\frac{1}{0.0785}} = (\frac{1{,}084}{360})^{\frac{1}{0.0785}} = 1{,}254{,}383.51 \text{ 사이클}$$

이다. 또한 이 응력에 의한 피로 손상률은

$$\frac{n_1}{L_1} = \frac{1{,}000}{1{,}254{,}383.51} = 0.000797$$

가 된다. 같은 방법으로 모든 응력 상태에서 피로 손상률을 구하면 표 3-12에서와 같다.

표 3-12 피로 손상률의 계산

σ_m, MPa	σ_a, MPa	σ_{eq}, MPa	사이클 수, n_i	σ_{eq}에서 피로 수명, L_i	피로 손상률, $\frac{n_i}{L_i}$
100	300	360	1,000	1254,383.51	0.000797
200	250	375	2,500	7457,37.825	0.003352
300	190	380	3,000	629,952.925	0.004762
350	220	528	2,800	9,540.2273	0.293494
					Σ=0.302406

1) 각 하중에 의한 피로 손상률의 합은 $\sum \frac{n_i}{L_i} = 0.302406$이다.

2) 평균 응력이 $\sigma_m = 300$ MPa이고 응력 크기가 $\sigma_a = 300$ MPa인 경우 등가 완전 반복 응력은

$$\sigma_{eq} = \frac{\sigma_a S_u}{S_y - \sigma_m} = \frac{300 \times 600}{600 - 300} = 600 \text{ MPa}$$

이므로, 이 응력 상태에서 피로 수명은

$L = (\frac{1,084}{\sigma_{eq}})^{\frac{1}{0.0785}} = (\frac{1,084}{600})^{\frac{1}{0.0785}} = 1,872.1$ 사이클이다. 따라서 팜그렌-마이너식을 적용하면 잔류 수명은

$0.302406 + \frac{n}{1,872.1} = 1, n = 1,305.97$ 사이클이 된다.

●●● 참 고 문 헌

AGMA. 2015. Standard 6002-C15 Design guide for vehicle spur and helical gears. American Gear Manufacturers Association. Alexandria, VA USA.

Bannantine., J. A., J. J. Comer and J. L. Handrock. 1990. Fundamentals of metal fatigue analysis. Prentice Hall.

ASM. 2003. Atlas of fatigue curves. American Society for Metals. Metals Park, OH USA.

Bundynas, R. G. and J. K. Nisbett. 2008. Shigley's mechanical engineering design, 8th Edition. McGraw Hill Higher Education.

Haibach, E. 1970. Modified linear damage accumulation hypothesis on the consideration of the fall in fatigue limit with continuing damage. Fraunhofer Institute for Operating Strength, DARMSTADT TM No. 50/70.

ISO. 2006. ISO 6336-6 Calculation of load capacity of spur and helical gears - Part 6: Calculation of service life under variable load. International Organization for Standardization. Geneva Switzerland.

Juvinall, R. C. 1967. Engineering Considerations of stress, strain, and strength. McGraw-Hill Book.

Juvinall, R. C. and K. M. Marshek. 1983. Fundamentals of machine component design 2nd ed. John Wiley & Sons.

Lechner, G.and H. Naunheimer. 1999. Automotive transmissions, Fundamentals, selection, design and application. Springer.

Norton, R. L. 2000. Machine design, An integrated approach 2nd Edition. Prentice Hall.

Shigley J. E, C. R. Mischke and R. G. Budynas. 2004. Mechanical engineering design 7th Edition. McGraw Hill Higher Education.

제 4 장
수명 예측

제 4 장 수명 예측

동하중을 받는 부품의 피로 수명을 예측하기 위해서는 동하중의 특성과 하중을 받는 부품의 S–N 선도 또는 응력–변형률 히스테리시스(stress–strain hysteresis) 선도가 요구된다. 또한 피로 수명을 예측할 때는 재료의 강도를 약화시킬 수 있는 부품의 작동 조건과 환경 등 제반 요인을 고려하여야 한다. 그러나 정확한 수명 예측은 대단히 어려운 일로 인식되고 있으며, 피로 파괴의 이론에 따라서도 차이가 있을 수 있다. 따라서 피로 수명은 하중, 강도, 환경 조건 등에 의하여 결정되는 통계적인 변수로 보아야 한다.

4.1 기계 부품의 수명

기계 또는 부품의 수명은 평균적인 사용 조건에서 그 목적에 따라 고장 없이 제 기능을 원활히 수행할 것으로 기대되는 총 사용 시간, 총 주행 거리, 총 작업 면적 등을 말한다. 따라서 수명은 설계 단계에서부터 목표로 설정한 설계 수명(design life)이 있으며, 보증 수명(warranty life)과 같이 특별한 목적으로 설정한 수명도 있다. 그러나 수명은 고장 또는 수명을 다한 상태를 어떻게 정의하는가에 따라서도 달라질 수 있다. 일반적으로 기계는 많은 부품으로 구성되어 있으며, 부품의 종류에는 일정 주기로 교체해야 하는 소모품, 전자 부품과 같이 한 번의 고장으로 그 기능을 완전히 상실하는 부품, 베어링, 기어와 같이 고장으로 판단되는 경우에도 그 기능을 완전히 상실하지 않는 부품이 있다. 고장으로 인하여 안전에 치명적인 결과를 초래하는 부품도 있으며, 단순히 기능만 정지되는 부품도 있다. 따라서 수명을 설정할 때는 기계와 부품의 특성과 안전에 대한 요구 정도에 따라 수명을 다한 상태 또는 고장을 객관적으로 판단할 수 있는 기준을 명확히 정해야 한다. 그러나 제2장의 2.3에서 설명한 바와 같이 기계와 부품의 수명을 일률적으로 정하기는 어려우며, 제품의 개발 전략, 경쟁 제품과의 비교, 개발 업체 사정 등에 따라 적절한 수준으로 설정하여야 한다.

기계 또는 부품은 설계 수명 또는 보증 수명을 적절한 수준으로 설정한 후 개발하고 생산하지만 생산 제품이 모두 동일한 수명을 가질 것으로 기대하기는 어렵다. 강도, 탄성계수 등 소재 특성의 변이와 가공 기술, 사용 조건과 방법 등에 따라서도 수명에는 차이가 날 수밖에 없다. 따라서 기계 또는 부품의 수명은 특정한 사용 조건에서 제 기능을 고장 없이 원활히 수행할 것으로 기대되는 확률과 함께 나타낸다. 사용 조건은 소비자의 백분위 수로써 나타낼 수 있다. 예를 들면 소비자의 95% 이상이 사용하는 사용 조건의 95%를 제품의 사용 조건으로 설정할 수 있다. 소비자의 사용 조건은 광범위하고 다양하기 때문에 모든 소비자가 사용하는 조건, 즉 100%의 사용 조건에서 수명을 설정하기는 실질적으로 불가능할 뿐만 아니라 경제적으로도 타당하지 않다. 설계에 반영되지 못한 일부 소비자의 무리한 사용 조건은 제품에 대한 안전 수칙, 안전 교육 등 소비자 교육을 통하여 극복하여야 한다.

(1) B_X 수명

수명에 대한 확률은 기계 또는 부품이 설정한 수명까지 고장 없이 제 기능을 원활히 수행할 것으로 기대되는 확률로 정의되며, 이를 신뢰도(reliability)라고 한다. 신뢰도과 함께 수명을 나타낼 때는 $B_X = L$과 같이 표현하며, 'B_X 수명이 L이다'라고 말한다. 이는 제품이 수명 L까지 고장 없이 제 기능을 원활히 수행할 것으로 기대되는 확률이 $(100-X)$% 또는 제품의 $(100-X)$%는 고장 없이 제 기능을 원활이 수행할 것으로 기대하는 수명이 L임을 나타낸다. 따라서 B_1 수명은 제품의 99%가 고장 없이 제 기능을 수행할 것으로 기대되는 수명이고, B_{10} =1,000시간은 1,000시간까지 제품이 고장 없이 제 기능을 원활히 수행할 것으로 기대되는 확률이 90%라는 것이다. 신뢰도는 기계와 부품의 종류, 안전 요구도 등에 따라서 적절한 수준으로 설정하여야 하며, 안전 요구도가 높을수록 신뢰도는 높아야 한다.

부품의 신뢰도는 부품의 고장 특성에 따라 다르며, 부품의 고장 특성은 동일한 사용 조건에서 발생한 부품의 고장 시간 분포에 따라 결정된다. 기계 부품의 일반적인 고장 시간 분포로서 2모수 와이블 분포를 적용하면 신뢰도 함수는 다음과 같이 표현된다.

$$R(t) = e^{-(\frac{t}{\eta})^{\beta}} \tag{4-1}$$

여기서, R=신뢰도, 소수

t=시간

η=특성 수명, 시간

β=형상계수

와이블 분포의 특성 수명과 형상계수는 제5장에서 자세히 설명한다.

식 (4–1)의 양변에 자연 대수를 취하면

$$\ln R = -(\frac{t}{\eta})^{\beta}$$

가 되고, 시간 단위로서 B_X 수명에 대한 신뢰도는 $(100 - X)$%이므로

$$\ln(1 - \frac{X}{100}) = -(\frac{B_X}{\eta})^{\beta} \tag{4-2}$$

가 된다. 또한 B_Y 수명에 대한 신뢰도는 $(100 - Y)$%이므로

$$\ln(1 - \frac{Y}{100}) = -(\frac{B_Y}{\eta})^{\beta} \tag{4-3}$$

가 된다. 식 (4–2)에서 η를 구하여 식 (4–3)에 대입하면

$$B_Y = B_X[\frac{\ln(1 - \frac{Y}{100})}{\ln(1 - \frac{X}{100})}]^{1/\beta} \tag{4-4}$$

가 된다. 부품의 고장 특성이 동일할 때 수명과 신뢰도는 식 (4–4)를 이용하여 필요에 따라 변환할 수 있다.

일반적으로 수명의 신뢰 수준(confidence level)은 50%이다. 즉 $B_{10} = 1,000$시간이라고 하면 이는 동일한 수의 샘플로써 10번의 시험을 수행하였을 때 5번의 시험에서는 1,000시간까지 최소한 샘플의 10%에서 고장이 일어날 것으로 예상되는 수준이다. 신뢰 수준을 구체적으로 제시한 경우에는 신뢰 수준을 B_X 수명 앞에 표시한다. 즉 90% 신뢰 수준에서 $B_{10} = 1,000$시간은 $90B_{10} = 1,000$시간으로 표시한다. 표 4–1은 주요 기계와 장비에 적용할 수 있는 수명 B_X와 각 B_X 수명에 대한 신뢰 수준을 나타낸 것이다.

표 4-1 주요 기계와 장비의 수명에 대한 신뢰도와 신뢰 수준

기계 또는 장비	B_X	신뢰 수준, %
농업 기계	B_{20}	60
건설 중장비	B_{20}	70
공작 기계	B_{10}	70
군용 장비	B_{10}	80
제철 생산 설비	B_5	95
자동차	B_3	90
원자력 발전 설비	B_1	95
철도 차량	B_1	95
항공기	B_1	95

[예제 4-1] 기본 동정격 하중에서 볼 베어링의 수명은 10^6 사이클이고 신뢰도는 90%이다. 이를 정격 수명이라고 한다. 신뢰도를 50%로 낮추면 기대할 수 있는 베어링의 수명은 얼마인가? 볼 베어링의 형상계수는 1.5이다.

[풀이] 식 (4-4)를 이용하면

$$B_{50} = 10^6 \left[\frac{\ln\left(1 - \frac{50}{100}\right)}{\ln\left(1 - \frac{90}{100}\right)} \right]^{1.5} = 1.65 \times 10^6 \text{ 사이클}$$

이 된다. 즉 신뢰도를 50%로 낮추면 베어링의 수명은 정격 수명의 1.65배까지 기대할 수 있다. 신뢰도 90%는 기본 동정격 하중에서 베어링이 1백만 번(10^6 사이클) 회전할 때까지 예상되는 고장 확률이 10%이고, 신뢰도 50%는 1.65백만 번 회전할 때까지 고장 확률인 50%인 수준이다.

[예제 4-2] 전동축에 설치할 볼 베어링의 설계 조건은 내륜 속도가 ω=1,500 rpm, 레이디얼 하중이 1,000 N, 수명이 $B_5 = 3{,}000$시간이다. 볼 베어링의 신뢰도 함수는 $R(t) = e^{-\left(\frac{t}{4.5}\right)^{1.48}}$이고 피로손상지수는 3이다. 10^6 사이클까지 신뢰도가 90%인 정격 수명, 즉 $B_{10} = 10^6$ 사이클이 되는 이 볼 베어링의 기본 동정격 하중을 구하여라.

[풀이] 신뢰도가 각각 90%, 95%인 S-N 선도는 그림 4-1에서와 같이 나타낼 수 있다. 신뢰도가 90%인

S–N 선도에서 정격 수명 $L_{10}=10^6$ 사이클에 해당하는 C점과 C점을 지나고 수평축과 평행한 직선이 신뢰도가 95%인 S–N 선도와 만나는 점을 B점으로 표시하고, 신뢰도가 95%인 S–N 선도에는 설계 조건인 레이디얼 하중 F_D와 수명 L_D로 결정되는 D점을 표시한다. 신뢰도가 95%인 S–N 선도에서 B점과 D점의 하중과 수명은 식 (3–32)를 적용하면

$$L_B F_B^{\lambda} = L_D F_D^{\lambda}$$

이므로 $F_B = F_D(\frac{L_D}{L_B})^{\frac{1}{\lambda}}$

가 된다. 수명이 L_B일 때 베어링의 신뢰도는 95%이므로

$$0.95 = e^{-(\frac{L_B}{4.5})^{1.48}}$$

에서 L_B를 구하면

$$L_B = 4.5(-\ln 0.95)^{\frac{1}{1.48}} = 0.6\times 10^6 \text{ 사이클}$$

이다. 요구 수명은 95% 신뢰도에서

$$L_D = 60\omega t = 60\times 1,500\times 3,000 = 270\times 10^6 \text{ 사이클}$$

이고 레이디얼 하중은 $F_D = 1,000$ N이므로 F_B를 구하면

$$F_B = 1,000(\frac{270}{0.6})^{\frac{1}{3}} = 7,642.65 \text{ N}$$

이다. F_B는 그림 4-1에서와 같이 베어링의 수명이 L_{10}일 때의 레이디얼 하중이다. 즉 베어링의 수명이 $L_{10}=10^6$일 때의 기본 동정격 하중 C_{10}과 같다.

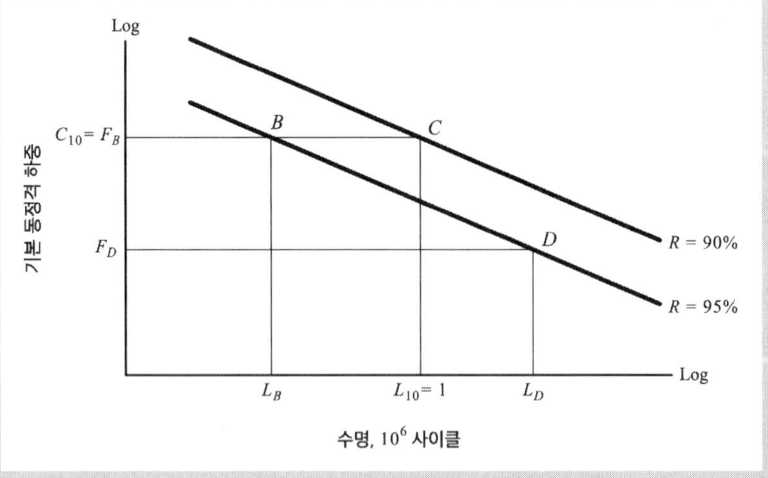

그림 4–1 베어링의 신뢰도 변환

(2) 기대 수명

기계 또는 부품이 고장 없이 제 기능을 수행할 것으로 기대되는 수명을 부품의 기대 수명(expected life) 또는 평균 수명이라고 한다. 기계 또는 부품의 신뢰도 함수가 $R(t)$일 때 기대 수명은 다음과 같이 구할 수 있다.

$$\text{기대 수명} = \int_0^\infty R(t)dt$$

신뢰도 함수는 고장 분포 함수를 $F(t)$라고 하면 $R(t) = 1 - F(t)$이고, 고장 분포 함수는 고장 밀도 함수를 $f(t)$라고 하면 $\frac{d}{dt}F(t) = f(t)$이므로, $dR(t) = -f(t)dt$가 된다. 부분 적분을 적용하여 기대 수명을 구하면

$$\begin{aligned}\text{기대 수명} &= \int_0^\infty R(t)dt = tR(t)|_0^\infty - \int_0^\infty tdR(t) \\ &= |tR(t)|_0^\infty + \int_0^\infty tf(t)dt = \int_0^\infty tf(t)dt \end{aligned} \qquad (4\text{–}5)$$

이다. 식 (4–5)에서 $t = 0$일 때 $tR(t) = 0$이고 $t \to \infty$ 일 때 $tR(t) = 0$이므로 첫 번째 항은 0이 된다. 따라서 부품의 기대 수명은 부품의 신뢰도 함수 또는 고장 확률 밀도 함수에 따라 결정된다.

4.2 단순 동하중에 의한 피로 수명

단순 동하중이 작용할 때 부품의 내부에서 발생하는 응력 상태는 평균 응력과 응력 크기로써 나타낼 수 있다. 그림 4–2(a)에서와 같이 변동 응력 A의 위치를 평균 응력과 응력 크기로써 결정하고 A점과 수평축의 극한 강도를 직선으로 연결하여 수직축과 만나는 교점을 B라고 하면, 이 교점 B의 응력 상태는 등가 완전 반복 응력으로서 평균 하중이 0인 완전 반복 하중이 작용할 때의 응력 상태와 같다. 두 점 A, B를 연결한 직선은 등피로 수명 선도로서 이 직선 상의 모든 응력 상태에서 피로 수명은 모두 같다. 즉 A점의 응력 상태와 B점의 응력 상태에서 피로 수명은 서로 같다. B점의 완전 반복 응력이 작용할 때의 피로 수명은 부품의 S–N 선도에서 구한다. 그림 4–2(b)의 S–N 선도에서 σ_B를 B점의 완전 반복 응력이라고 하면 이때의 피로 수명은 L_B가 되고, A점의 응력 상태에서 피로 수명 L_A는 B점의

피로 수명과 같으므로

$$L_A = L_B \tag{4-6}$$

가 된다.

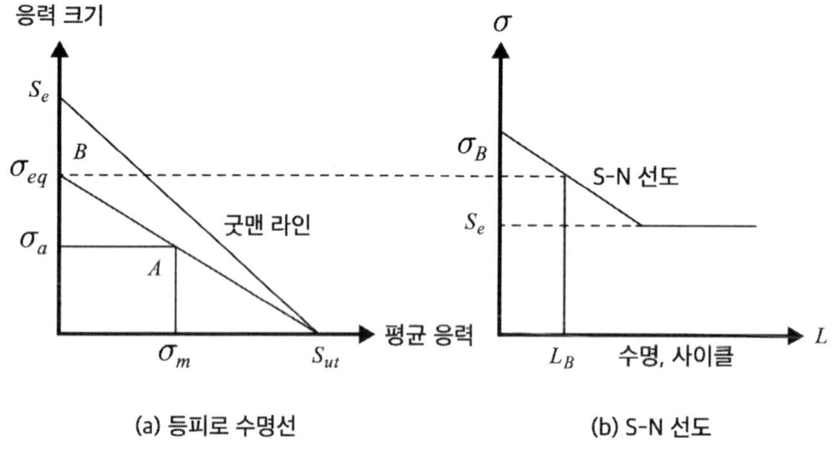

그림 4-2 단순 동하중에 의한 피로 수명 예측

4.3 선형 누적피로손상법을 이용한 피로 수명 예측

선형 누적피로손상법은 크기가 다른 다수의 반복 하중이 작용할 때 피로 수명을 예측하는 방법으로서 식 (3-87)의 팜그렌-마이너식을 적용하는 방법이다. 선형 누적피로손상법을 적용하기 위해서는 먼저 대상 부품의 S-N 선도를 확보하여야 한다. 어떤 부품에 k개의 변동 하중이 t시간 동안 동시에 작용하였을 때, 각 변동 하중에 의한 평균 응력과 응력 크기가 각각 σ_{m_i}, σ_{a_i}이고 작용 사이클 수가 n_i이면 이 부품의 피로 수명은 다음과 같이 예측할 수 있다. 먼저 평균 응력과 응력 크기를 이용하여 식 (3-62)의 굿맨 라인 또는 식 (3-63)의 소더버그 라인을 기준으로 한 등가 완전 반복 응력 σ_{eq_i}을 구한다. 다음에는 S-N 선도를 이용하여 각 변동 하중에 의한 등가 완전 반복 응력이 작용할 때의 피로 수명 L_i 사이클을 구하고, 이 피로 수명에 대한 작용 사이클 수의 비, 즉 피로 손상률 n_i/L_i을 구하여 더한다. 피로 수명은 이 피로 손상률의 합을 이용하여 다음 식으로써 예측한다.

$$L = \frac{t}{\sum_{i=1}^{k} \frac{n_i}{L_i}} \tag{4-7}$$

크기가 다른 다수의 하중으로 구성된 랜덤 하중이 작용할 때는 각각의 하중 성분에 대한 사이클 수의 비를 구하여 팜그렌-마이너식을 적용한다. 즉 랜덤 하중의 부하 스펙트럼으로부터 각 하중 성분의 작용 사이클 수와 S-N 선도로부터 각 하중 성분에 대한 피로 수명을 구하여 팜그렌-마이너식을 적용한다. 그림 4-3은 대수-대수지에 작용 하중의 부하 스펙트럼과 부품의 S-N 선도를 함께 나타낸 것이다. 부하 스펙트럼의 하중 또는 응력 수준은 측정한 작용 하중 또는 응력의 범위를 등간격으로 나누어 정할 수 있으며, 이때 등간격으로 나눈 각 구간의 하중 또는 응력 수준의 값은 각 구간에 해당하는 최댓값을 적용한다. 팜그렌-마이너식을 적용할 때는 내구한도 이하의 하중 또는 응력을 포함하는 경우와 포함하지 않는 경우가 있다. 포함하는 경우에는 그림 3-11에서와 같이 소재에 따라 내구한도 이하의 하중 또는 응력에 대한 S-N 선도의 기울기를 결정하여야 한다. 그림 4-3에서 누적 사이클 수 L_s까지 부분 피로 손상률의 합은 내구한도 이하의 하중 또는 응력을 포함하지 않는 경우에는

$$\sum = \frac{n_1}{L_1} + \frac{n_2}{L_2} \tag{4-8}$$

가 되며, 내구한도 이하의 하중 또는 응력을 모두 포함하는 경우에는

$$\sum = \frac{n_1}{L_1} + \frac{n_2}{L_2} + \frac{n_3}{L_3} + \frac{n_4}{L_4} \tag{4-9}$$

가 된다. 따라서 내구한도 이하의 하중 또는 응력을 포함하지 않는 경우의 수명은

$$L = \frac{L_s}{\frac{n_1}{L_1} + \frac{n_2}{L_2}}, \text{ 사이클} \tag{4-10}$$

이 되며, 포함하는 경우에는

$$L = \frac{L_s}{\frac{n_1}{L_1} + \frac{n_2}{L_2} + \frac{n_3}{L_3} + \frac{n_4}{L_4}}, \text{ 사이클} \tag{4-11}$$

이 된다.

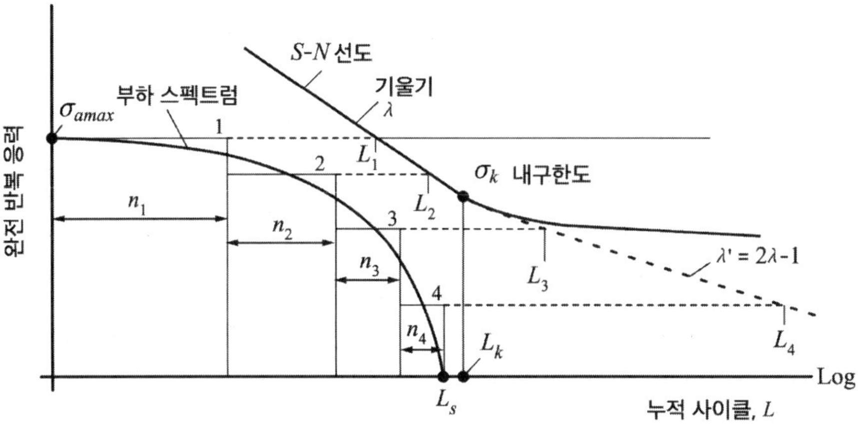

그림 4-3 부하 스펙트럼과 S-N 선도

[예제 4-3] 어떤 부품에 동하중이 작용할 때 20초 간 측정한 시간–응력 선도와 부품의 S–N 선도는 그림 4-4에서와 같다. 이 부품의 피로 수명을 추정하여라.

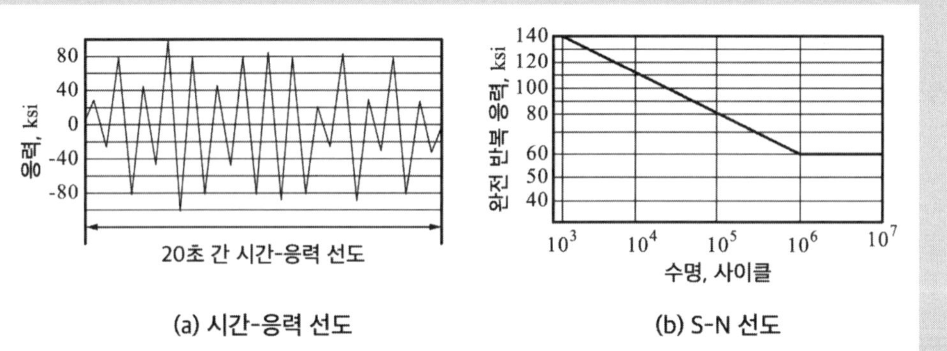

그림 4-4 동하중에 의한 시간–응력 선도와 부품의 S–N 선도

[풀이] 시간–응력 선도로부터 완전 반복 응력의 크기와 사이클 수를 구하고, 부품의 S–N 선도로부터 각각의 완전 반복 응력이 작용할 때 부품의 수명을 구하면 표 4-2에서와 같다. 식 (4-7)을 적용하면

$$L = \frac{20}{\frac{3}{\infty}+\frac{2}{\infty}+\frac{5}{10^5}+\frac{2}{3.8\times10^4}+\frac{1}{1.6\times10^4}} = 121{,}115.54\text{초} = 33.64\text{시간}$$

이 된다. 부품의 S-N 선도에서 부품의 내구한도는 60 ksi이므로, 이보다 작은 크기의 완전 반복 응력은 수명에 영향을 미치지 않는다.

표 4-2 피로 수명 예측의 예

응력 크기, σ_i, ksi	사이클 수, n_i	수명, L_i, 사이클 수
35	3	∞
50	2	∞
80	5	10^5
100	1	1.6×10^4
90	2	3.8×10^4

[예제 4-4] 1년 간 어떤 부품에 작용하는 응력 상태는 그림 4-5에서와 같이 크기가 75 MPa인 완전 반복 응력이 1,000사이클, 45 MPa이 9,000사이클, 25 MPa이 6,990,000사이클, 20 MPa이 23,000,000사이클이다. 부품의 S-N 선도는 그림 4-5에서와 같다. 이 부품의 내구한도가 30 MPa일 때 내구한도 이하의 응력을 포함하지 않는 경우와 포함하는 경우 부품의 피로 수명을 구하여라.

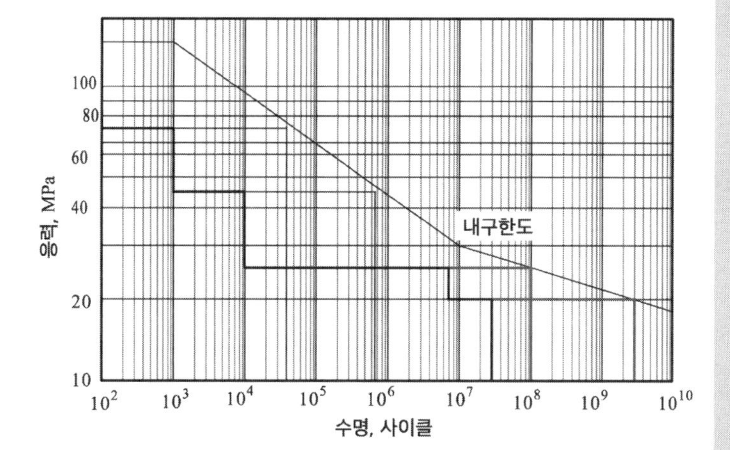

그림 4-5 응력 상태와 S-N 선도

[풀이] S-N 선도를 이용하여 각 응력에 대한 피로 수명과 피로 손상률을 구하면 표 4-3에서와 같다. 부품의 내구한도가 30 MPa이므로, 내구한도 이하의 응력을 포함하지 않는 경우의 피로 수명은

$$L=\frac{1}{3.33\times10^{-2}+1.50\times10^{-2}}=20.7\text{년}$$

표 4-3 피로 수명과 피로 손상률의 계산

작용 응력, σ_i, MPa	피로 수명, L_i	작용 사이클 수, n_i/연	피로 손상률, n_i/L_i
75	3×10^4	1,000	3.33×10^{-2}
45	6×10^5	9,000	1.50×10^{-2}
25	7.5×10^8	6,990,000	9.32×10^{-3}
20	3×10^9	23,000,000	7.67×10^{-3}

이 되고, 내구한도 이하의 응력을 포함하는 경우의 피로 수명은

$$L = \frac{1}{3.33 \times 10^{-2} + 1.50 \times 10^{-2} + 9.32 \times 10^{-3} + 7.67 \times 10^{-3}} = 15.3\text{년}$$

이 된다.

[예제 4-5] 그림 4-6은 대수-대수지에 트랙터 차축 토크의 부하 스펙트럼과 S-N 선도를 나타낸 것이다. 수직축은 차축의 정격 토크에 대한 차축 토크의 비이고, 수평축은 10^7 사이클을 기준으로 한 누적 사이클 수의 비이다. 내구한도에서 수명 10^7 사이클을 기준으로 한 차축의 수명을 구하여라.

[풀이] 차축의 내구한도는 수명이 10^7 사이클일 때 차축 토크이므로 차축의 정격 토크에 대한 토크비는 1.6이다. 따라서 내구한도 이상의 부하 범위는 정격 토크 대비 $1.6 \sim 2.6$이고, 내구한도 이하의 부하를 포함한 범위는 $0.35 \sim 2.6$이다. 따라서 내구한도를 기준으로 한 피로 손상률은

$$\sum = \frac{0.0006}{0.03} + \frac{0.0022}{0.065} + \frac{0.009}{0.12} + \frac{0.058}{0.26} + \frac{0.23}{0.65} = 0.706$$

이고, 수명 사이클은

$$L = \frac{10^7}{0.706} = 1.42 \times 10^7 \text{ 사이클}$$

이 된다. 내구한도 이하의 토크까지 포함하면 피로 손상률은

$$\sum = \frac{0.0006}{0.03} + \frac{0.0022}{0.065} + \frac{0.009}{0.12} + \frac{0.058}{0.26} + \frac{0.23}{0.65} + \frac{0.7}{2.6} + \frac{2.6}{19} = 1.11$$

가 되므로 수명 사이클은

$$L = \frac{10^7}{1.11} = 0.90 \times 10^7 \text{ 사이클}$$

이 된다. 즉 차축은 10^7 사이클에 이전에 이미 수명을 다한 상태가 된다.

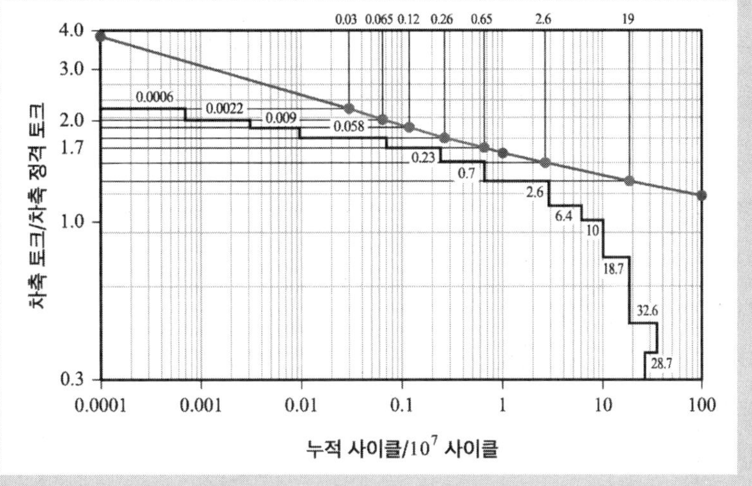

그림 4-6 트랙터 차축 토크의 부하 스펙트럼과 S-N 선도

[예제 4-6] 6단 변속기의 승용차가 0.5 km를 주행할 때 5단 변속에서 측정한 변속기 입력축의 토크와 회전수는 그림 4-7에서와 같다. 변속 기어에 작용하는 면압은 다음 식을 이용하여 구할 수 있으며, 면압을 기준으로 한 변속 기어의 S-N 선도는 그림 4-8에서와 같다. 5단 변속의 피로 수명을 구하여라.

$$\sigma_c = 978\sqrt{\frac{T_c}{1,400}},\ \text{N/mm}^2$$

여기서, T_c=중간축에 작용하는 토크, N · m

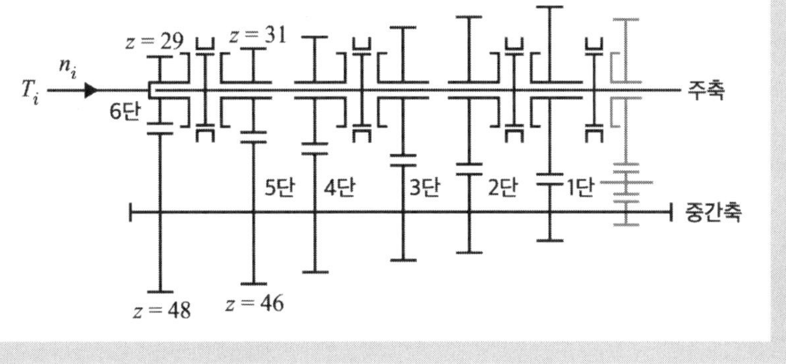

i	1	2	3	4
T_i, N.m	500	1,000	1,500	2,000
n_i, 회전	67	251	21	4

그림 4-7 변속기 기어의 수면 예측

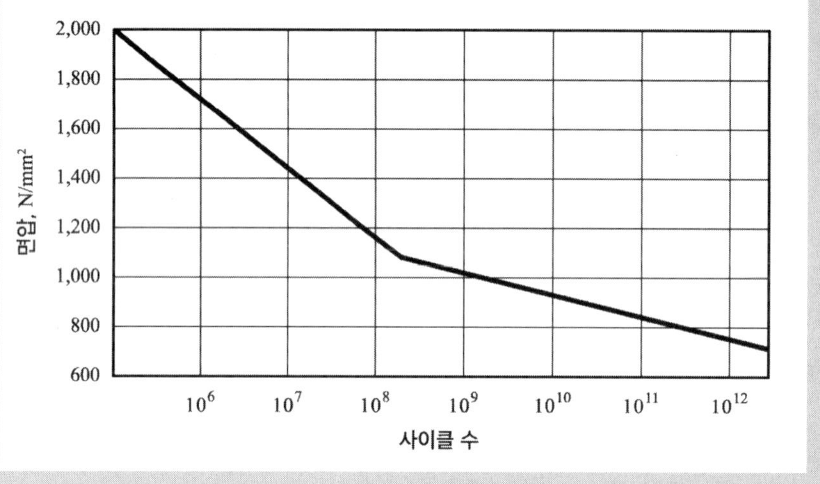

그림 4-8 변속기 기어의 면압 기준 S-N 선도

[풀이] 변속 기어의 잇수를 이용하여 $i=1$일 때 5단 변속에서 중간축에 작용하는 토크와 회전수를 구하면 각각

$$T_c = T_{in}(\frac{48}{29}\times\frac{31}{46}) = 500(\frac{48}{29}\times\frac{31}{46}) = 827.59 \text{ N}\cdot\text{m}$$

$$n_1 = n_{in}(\frac{29}{48}\times\frac{36}{31}) = 67(\frac{29}{48}\times\frac{36}{31}) = 60.07 \text{ 회전}$$

이고 T_c를 이용하여 σ_1를 구하면

$$\sigma_1 = 978\sqrt{\frac{827.59}{1,400}} = 751.94 \text{ N/mm}^2$$

이다. S-N 선도에서 $\sigma_c = 751.94 \text{ N/mm}^2$일 때 수명 L_1을 구하면 10^{12} 사이클이고, 피로 손상률을 구하면

$$\frac{n_1}{L_1} = \frac{60.07}{10^{12}} = 6.01\times10^{-11}$$

이 된다. 같은 방법으로 $i=2, 3, 4$일 때 T_c, n_i, σ_i와 수명 L_i 및 피로 손상률을 구하면 표 4-4에서와 같다.

표 4-4 5단 변속의 수명 계산

i	T_{in}, N·m	T_c, N·m	σ_i, N/mm^2	n_{in}, cycle	n_i, cycle	L_i, cycle	n_i/L_i
1	500	827.59	751.94	67	60.07	1.00E+12	6.01E-11
2	1,000	1,655.17	1,063.40	251	225.02	3.00E+08	7.50E-07
3	1,500	2,482.76	1,302.39	21	18.83	3.00E+07	6.28E-07
5	2,000	3,310.34	1,503.87	4	3.59	6.00E+06	5.98E-07

팜그렌-마이너식을 적용하여 5단 변속의 피로 수명을 구하면

$$L=\frac{0.5}{6.01\times10^{-11}+7.5\times10^{-7}+6.28\times10^{-7}+5.98\times10^{-7}}=253,118.4\ \text{km}$$

가 된다.

4.4 변형률-피로 모형을 이용한 수명 예측

변형률-피로 모형(strain range fatigue model)은 연성 재료의 응력-변형률 히스테리시스 선도를 이용한 모형으로서, 하중의 크기가 일정한 범위에서 변하고 간헐적으로 큰 하중이 작용하는 부품에 적용할 수 있으며 저사이클 피로 파괴에 적합하다.

크기가 일정한 반복 하중이 작용할 때 연성 재료의 응력-변형률 히스테리시스 선도는 그림 4-9에서와 같다. 초기 인장력이 작용할 때 재료 내부에서 발생하는 응력과 변형률은 점 1로써 나타낼 수 있다. 하중을 제거하면 변형률은 감소되어 점 2의 상태로 변한다. 이때 탄성 변형률(elastic strain) $\Delta\epsilon_e$는 사라지고, 소성 변형률 $\Delta\epsilon_p$는 남게 된다. 반대 방향으로 압축 하중이 작용하면 소성 변형률은 점 3에서 없어지고, 압축 하중이 계속 증가하면 점 4까지 압축 소성 변형이 일어난다. 다시 인장 하중이 증가하면 응력과 변형률은 점 4에서 점 1까지 왼쪽 선도를 따라 변한다. 점 1에서 점 4까지 변형률을 총 변형률이라고 하며, 총 변형률은 탄성 변형률과 소성 변형률의 합이 된다.

탄성 변형률과 응력 및 소성 변형률과 응력은 많은 재료 시험 결과에 의하면 각각 식 (4-12)와 (4-13)에서와 같이 표현된다.

$$\sigma = E\epsilon_e \tag{4-12}$$

$$\sigma = K\epsilon_p^n \tag{4-13}$$

여기서, σ=응력

E=탄성계수

K=사이클 강도계수

n=사이클 변형률 경화지수

ϵ_e=탄성 변형률

ϵ_p=소성 변형률

완전 반복 하중이 작용할 때 연성 재료의 소성 변형률과 피로 수명의 관계는 식 (4–14)에서와 같이 표현된다.

$$\frac{\Delta\epsilon_p}{2} = \epsilon_f'(2N_f)^c \tag{4-14}$$

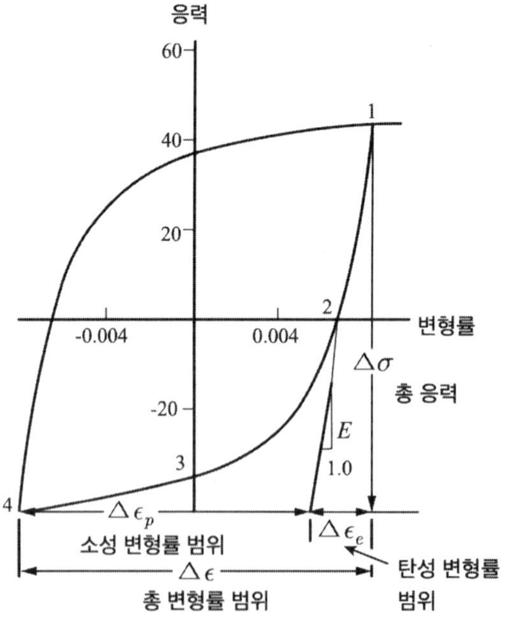

그림 4–9 연성 재료의 히스테리시스 선도

여기서, N_f= 피로 수명, 사이클 수

$\Delta\epsilon_p$= 소성 변형률

$\epsilon_f{}'$= 피로연성계수

c= 피로연성지수

강재의 경우 이 관계는 그림 4-10에서와 같이 대수-대수지에서 직선으로 표현된다. 피로 연성계수(fatigue ductility coefficient)는 그림 4-10에서 소성 변형률축의 절편으로서, 첫 번째 반복 하중에서 재료가 파괴될 때 파괴점의 변형률을 나타내며 다음 식을 이용하여 근사적으로 구할 수 있다.

$$\epsilon_f{}' = \ln\frac{100}{100 - \%RA}$$

여기서 $\%RA$는 단순 인장 시험에서 재료가 파괴될 때 시편의 단면 감소율이다.
피로연성지수(fatigue ductility exponent)는 그림 4-10에서 직선의 기울기로서 -0.7 ~ -0.5범위의 값이며, 금속의 경우에는 -0.6이 사용된다. 재료 내에서 소성 변형은 탄성 변형에 비하여 응력과 변형률이 크므로 소성 변형을 기초로 한 식 (4-14)는 저사이클 피로 수명(low cycle fatigue life)을 예측하는 데 적합하다.

탄성 변형과 고사이클 피로 수명 사이에도 이와 유사한 관계가 존재한다. 변형이 재료의 탄성 한계 내에 있을 때 강재의 피로 수명과 탄성 변형률의 관계는 다음과 같이 표현된다.

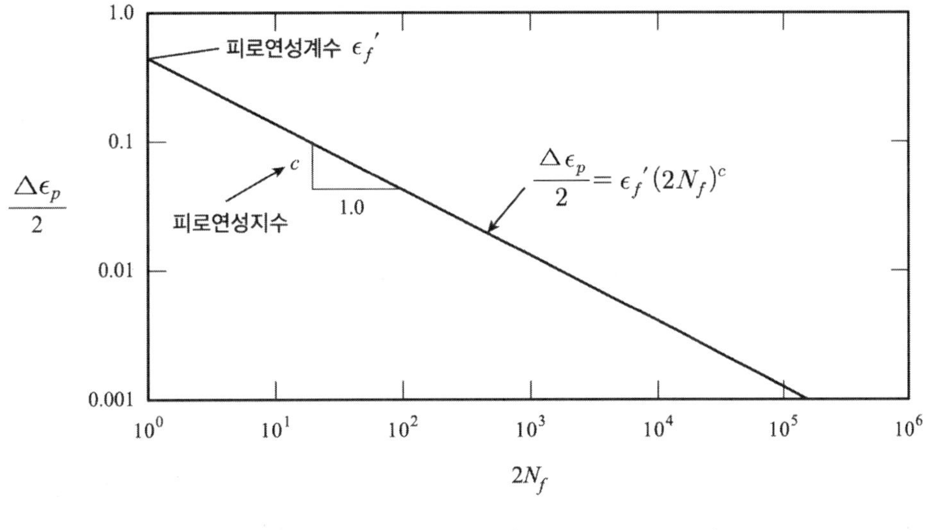

그림 4-10 피로 수명과 소성 변형률

$$\frac{\Delta\epsilon_e}{2} = \frac{\sigma_f'}{E}(2N_f)^b$$

$$\frac{E\Delta\epsilon_p}{2} = \frac{\Delta\sigma}{2} = \sigma_f'(2N_f)^b \quad (4-15)$$

여기서, N_f=피로 수명, 사이클 수

E=탄성계수

$\Delta\epsilon_e$=탄성 변형률

$\Delta\sigma$=응력

σ_f'=피로강도계수

b=피로강도지수

이 관계는 그림 4-11에서와 같이 대수-대수지에서 직선이 된다. 피로강도계수(fatigue strength coefficient)는 그림 4-11에서 응력축의 절편으로서, 첫 번째 반복 하중에서 재료가 파괴될 때 이 파괴점의 응력을 나타내며, 일반적으로 재료의 파괴 강도(fracture strength)와 같은 값을 취한다. 피로강도지수(fatigue strength exponent)는 그림 4-11에서 직선의 기울기로서, 완전 반복 하중일 경우 b=-0.085를 취하며, 재료가 무른 경우에는 b=-0.1, 재료가 냉간 경화한 경우에는 b=-0.05를 취한다. 일반적으로 대부분의 금속재료의 피로강도지수는 다음 식으로써 구할 수 있다.

$$b \approx -\frac{1}{6}\log\frac{2\sigma_f'}{S_u} \quad (4-16)$$

탄성 변형을 기본으로 한 식 (4-15)는 고사이클 피로 수명을 예측하는 데 적합하다.

총 변형률은 소성 변형률과 탄성 변형률의 합이므로

$$\Delta\epsilon = \Delta\epsilon_p + \Delta\epsilon_e \quad (4-17)$$

가 된다. 식 (4-14)와 (4-15)에서 각각 소성 변형률과 탄성 변형률을 구하여 식 (4-17)에 대입하면 총 변형률과 피로 수명의 관계는 식 (4-18)에서와 같이 표현된다. 이 식을 맨션-코핀(Manson-Coffin)의 식이라고 한다.

$$\frac{\Delta\epsilon}{2} = \frac{\sigma_f'}{E}(2N_f)^b + \epsilon_f'(2N_f)^c \quad (4-18)$$

어떤 부품에 대한 변형률-시간 선도가 작성되면 변형률-시간 선도의 각 변형률 루프 $\Delta\epsilon$에 대한 피로 수명 N_f는 식 (4-18)에서 N_f에 대한 비선형 방정식을 수치 해석으로 풀어서 구한다. 이때 E, ϵ_f', σ_f', b, c는 부품 재료의 특성에 따라 결정되는 상수이다. 가장 널리 사용되는 수치 해석의 방법에는 뉴턴-랩슨(Newton-Raphson)법이 있으며, 식 (4-18)을 다음과 같이 $2N_f$의 함수로 변환하여 $2N_f$를 구한다.

$$f(2N_f) = \frac{\sigma_f'}{E}(2N_f)^b + \epsilon_f'(2N_f)^c - \frac{\Delta\epsilon}{2} \tag{4-19}$$

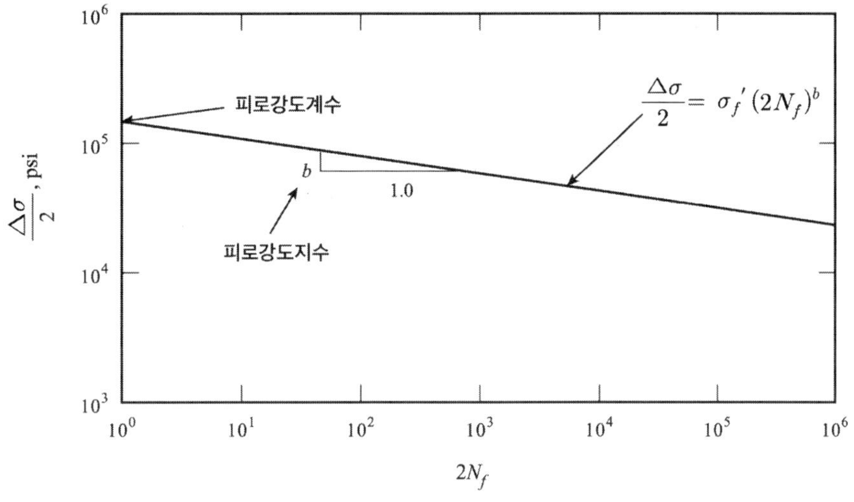

그림 4-11 응력과 피로 수명

식 (4-14), (4-15), (4-19)는 피로 수명을 예측하기 위한 변형률-피로 모형으로서 이를 그림으로 나타내면 그림 4-12에서와 같다. 각 모형을 나타내는 직선과 곡선 아래의 영역이 피로 파괴에 대한 안전 영역이 된다. 즉 이 영역에 존재하는 변형률 또는 응력에서는 해당 수명까지 피로 파괴가 일어나지 않을 것으로 기대되는 영역이다.

크기가 다른 다수의 응력-변형률 히스테리시스 선도가 존재할 때는 각 응력-변형률 히스테리시스 선도에 대한 피로 수명을 구하고, 이를 팜그렌-마이너식을 적용하여 피로 수명을 구한다.

변형률-피로 모형은 일부 소성 변형까지 하중을 허용하는 모형이므로, 특히 소성 영역에서는 안전도가 감소된다. 그러나 부품의 중량과 생산 원가를 줄이는 데는 기여할 수 있다. 변형률-피로 모형을 적용하기 위해서는 반드시 부하-시간 선도가 요구되며, 부하-시간 선도로부터 시간-변형률 선도를 구하고, 부하를 구성하는 특정 변형률 루프의 크기와 사이클 수를 결정하여야 한다. 그러나 소성과 탄성 변형, 특히 응력 집중이 발생하는 부분의 변형을 결정하기가 어렵기 때문에 실제 설계에서는 널리 활용하기가 어렵다.

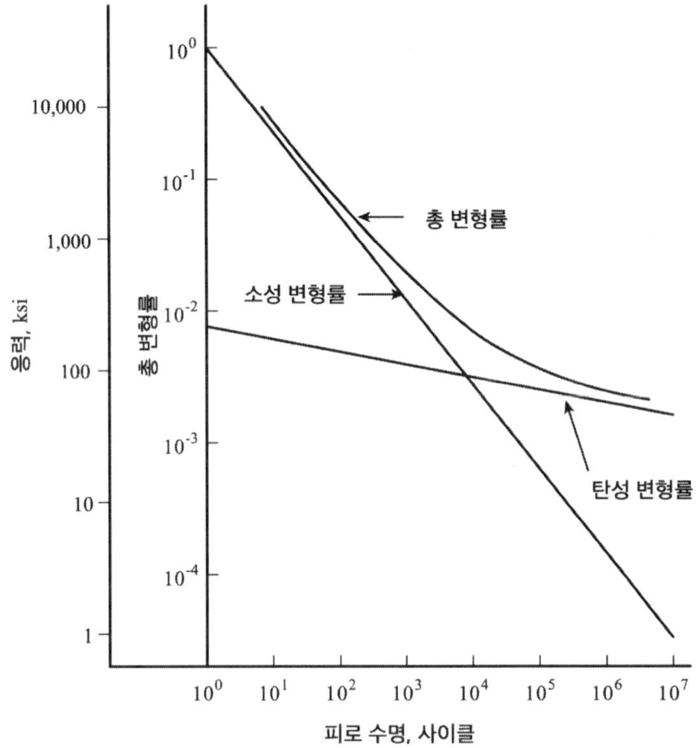

그림 4-12 변형률-피로 모형

[예제 4-7] 어떤 강재의 탄성계수, 피로연성계수, 피로강도계수, 피로연성지수, 피로강도지수는 각각 E=200 GPa, ϵ_f'=0.48, σ_f'=2,000 MPa, c=−0.60, b=−0.091이다. 또한 이 재료의 사이클 강도계수와 사이클 변형률 경화지수는 각각 1,050 MPa, 0.15이다. 이 소재를 이용하여 그림 4-13에서와 같이 측면에 반원형 노치가 있는 평판을 제작하였다. 평판의 단면 치수는 9x36 mm이고, 노치로 인한 피로 응력집중계수는 1.6이다. 크기가 70 kN인 완전 반복 하중 F가 평판에 작용할 때 평판의 피로 수명, 즉 평판이 파괴될 때까지 작용할 수 있는 하중의 사이클 수를 구하여라.

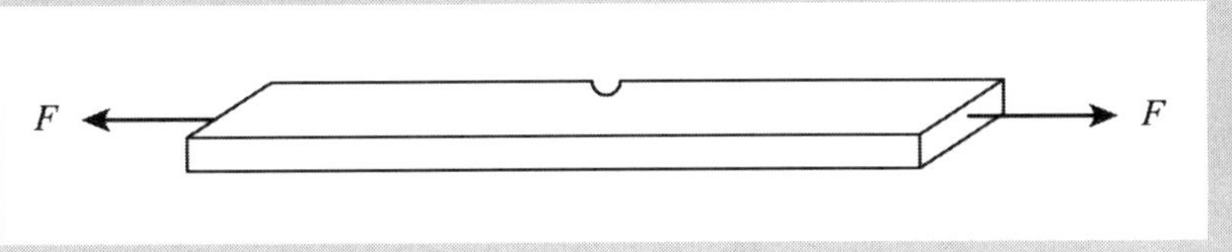

그림 4-13 완전 반복 하중이 작용하는 강재 평판

[풀이] 응력집중계수를 고려하여 노치부의 응력을 구하면

$$\sigma_a = K_t \frac{F}{A} = 1.6 \times \frac{70{,}000}{9 \times 36 \times 10^{-6}} = 345.68 \times 10^6 \text{ Pa}$$

이다. 응력 범위는 $\Delta\sigma = 2\sigma_a = 2 \times 345.68 = 691.36$ MPa이다. 탄성 변형률 범위를 구하면

$$\frac{\Delta\epsilon_e}{2} = \frac{\Delta\sigma}{2E} = \frac{691.36 \times 10^6}{2 \times 200 \times 10^9} = 1.7284 \times 10^{-3}$$

이고, 소성 변형률 범위를 구하면

$$\frac{\Delta\epsilon_p}{2} = \left(\frac{\Delta\sigma}{2K}\right)^{\frac{1}{n}} = \left(\frac{691.36 \times 10^6}{2 \times 1{,}050 \times 10^6}\right)^{\frac{1}{0.15}} = 6.071 \times 10^{-4}$$

이다. 총 변형률은

$$\frac{\Delta\epsilon}{2} = \frac{\Delta\epsilon_e}{2} + \frac{\Delta\epsilon_p}{2} = 1.7284 \times 10^{-3} + 6.071 \times 10^{-4} = 2.335 \times 10^{-3}$$

이고, 총 변형률과 피로 수명과의 관계식을 이용하면

$$\frac{\Delta\epsilon}{2} = \frac{\sigma_f'}{E}(2N_f)^b + \epsilon_f'(2N_f)^c$$

$$2.335 \times 10^{-3} = \frac{2{,}000 \times 10^6}{200 \times 10^9}(2N_f)^{-0.091} + 0.48(2N_f)^{-0.6}$$

가 되므로 수치 해석으로써 N_f를 구하면 $N_f = 5 \times 10^6$ 사이클이다.

[예제 4-8] 1회의 충격 하중으로 발생한 어떤 부품의 응력-변형률 선도와 변형률-시간 선도는 그림 4-14에서와 같고, 부품 재료의 특성은 탄성계수가 195,000 MPa, 피로연성계수가 0.41, 피로연성지수가 -0.51, 피로강도계수가 860 MPa, 피로강도지수가 -0.12이다. 이 부품의 피로 수명을 구하여라.

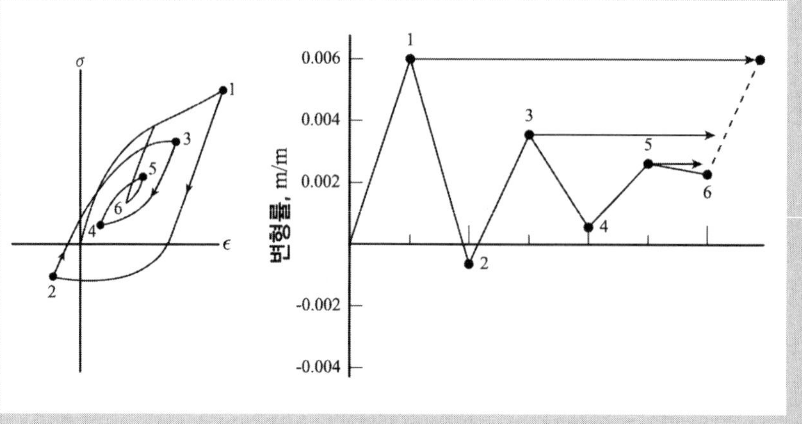

그림 4-14 응력-변형률 선도와 변형률-시간 선도

[풀이] 응력-변형률 선도에는 3개의 변형률 루프가 있다. 이를 각각 루프 1-2, 루프 3-4, 루프 5-6이라고 하면 각 루프의 총 변형률은 변형률-시간 선도로부터 다음과 같이 결정할 수 있다.

$$\Delta\epsilon_{1-2} = 0.006 - (-0.0005) = 0.0065$$

$$\Delta\epsilon_{3-4} = 0.0038 - 0.0006 = 0.0032$$

$$\Delta\epsilon_{5-6} = 0.0028 - 0.0024 = 0.0004$$

식 (4-19)를 이용하여 각 변형률 루프에 의한 피로 수명 N_f를 구한다. 뉴턴-랩슨법을 적용하기 위하여 식 (4-19)를 $2N_f$에 대하여 미분하면

$$\frac{df(2N_f)}{d(2N_f)} = \frac{b\sigma_f'}{E}(2N_f)^{b-1} + c\epsilon_f'(2N_f)^{c-1}$$

가 되고, 반복(iteration)을 수행하기 위한 반복식은

$$(2N_f)_{\neq w} = (2N_f)_{old} - \frac{\dfrac{\sigma_f'}{E}(2N_f)^b + \epsilon_f'(2N_f)^c - \dfrac{\Delta\epsilon}{2}}{\dfrac{b\sigma_f'}{E}(2N_f)^{b-1} + c\epsilon_f'(2N_f)^{c-1}}$$

가 된다. 따라서 재료의 특성 값을 대입하여, 각 루프에 대한 반복식을 구하면

루프 1-2: $(2N_f)_n = (2N_f) - \dfrac{0.00441(2N_f)^{-0.12} + 0.41(2N_f)^{-0.51} - 0.00325}{-0.000529(2N_f)^{-1.12} - 0.2091(2N_f)^{-1.51}}$

루프 3-4: $(2N_f)_n = (2N_f) - \dfrac{0.00441(2N_f)^{-0.12} + 0.41(2N_f)^{-0.51} - 0.0016}{-0.000529(2N_f)^{-1.12} - 0.2091(2N_f)^{-1.51}}$

$$\text{루프 5-6: } (2N_f)_n = (2N_f) - \frac{0.00441(2N_f)^{-0.12} + 0.41(2N_f)^{-0.51} - 0.0002}{-0.000529(2N_f)^{-1.12} - 0.2091(2N_f)^{-1.51}}$$

가 된다. 각 반복식을 만족하는 피로 수명을 구하면

루프 1-2의 경우 $2N_f = 34{,}413.536$이므로 $N_f = 17{,}206.77$ 사이클

루프 3-4의 경우 $2N_f = 321{,}441.7557$이므로 $N_f = 160{,}720.88$ 사이클

이다. 루프 5-6의 경우는 해가 존재하지 않으므로, 탄성 변형에 의한 무한 수명으로 볼 수 있다. 루프 1-2와 루프 3-4로 인한 피로 수명은 팜그렌-마이너식을 적용하여 구한다. 즉

$$L = \frac{1}{\frac{1}{17{,}206} + \frac{1}{160{,}720} + \frac{1}{\infty}} = 15{,}542 \text{ 사이클}$$

이다.

4.5 피로 파괴 용량을 이용한 수명 예측

재료의 피로 파괴 용량(fatigue failure capacity)은 재료가 피로에 의하여 파괴될 때까지 누적되는 총 피로 손상으로서 작용 하중과 작용 하중의 사이클 수, 즉 재료의 피로 강도와 피로 수명으로써 다음과 같이 정의된다.

$$C = N_f S_f^{\lambda} \tag{4-20}$$

여기서, C = 피로 파괴 용량

N_f = 피로 수명, 사이클 수

S_f = 피로 강도

λ = 피로손상지수

그러나 재료의 피로 파괴 용량은 작용 하중의 종류, 파괴의 정도, 파괴에 대한 신뢰도 등에 따라 다르다. 베어링의 경우 신뢰도가 90%인 정격 수명은 기본 동정격 하중에서 10^6 사이클이므로 기본 동정격 하중을 P라고 하면 정격 수명을 기준으로 한 피로 파괴 용량은

$$C = P^a \times 10^6$$

여기서, P=베어링의 기본 동정격 하중

a=피로손상지수로서 볼 베어링은 3, 롤러 베어링은 10/3이다.

이 된다.

피로 파괴 용량을 이용한 수명 예측은 피로 파괴 용량을 부하에 의한 시간당 피로 손상으로 나누어 수명을 예측하는 방법이다. 즉 부하의 크기를 P, 시간당 부하 사이클 수를 n_h 라고 하면 수명은 식 (4-21)로써 예측할 수 있다.

$$L_h = \frac{C}{n_h P^\lambda} = \frac{N_f S_f^\lambda}{n_h P^\lambda} = \frac{N_f}{n_h}\left(\frac{S_f}{P}\right)^\lambda \tag{4-21}$$

그림 4-15에서와 같이 하중의 크기와 속도가 시간에 따라 변하는 경우에는 등가 하중 P_{eq}와 등가 속도 ω_{eq}를 구하여 같은 방법으로 수명을 예측할 수 있다. 즉 시간 함수의 하중 $P(t)$와 속도 $\omega(t)$를 이용하여 다음과 같이 등가 하중과 등가 속도를 구하고 이를 식 (4-22)에 대입하여 피로 수명을 구할 수 있다.

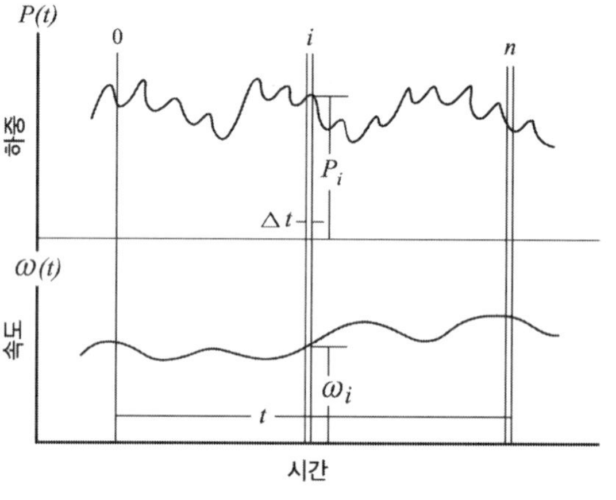

그림 4-15 시간 함수의 하중과 속도

$$P_{eq} = \frac{\int_0^t \omega(t)P(t)dt}{\int_0^t \omega(t)dt}$$

$$\omega_{eq} = \frac{\int_0^t \omega(t)dt}{t}, \text{ rpm}$$

$$L_h = \frac{N_f}{60\omega_{eq}}(\frac{S_f}{P_{eq}})^{\lambda} \tag{4-22}$$

[예제 4-9] 피니언이 일정한 각속도 1,000 rpm으로 기어를 구동할 때 피니언과 기어의 접촉 응력은 735 MPa이다. 기어 재료의 피팅 피로 파괴 용량은 $C = 8.58\times 10^{24}$ (MPa 기준)이고 피로손상지수는 6이다. 피니언의 수명을 구하여라.

[풀이] 시간당 부하 사이클은 $n_h = 60\times 1,000 = 60,000$사이클이므로

$$L_h = \frac{8.58\times 10^{24}}{60,000\times 735^6} = 907\text{시간}$$

이다.

[예제 4-10] 등가 토크와 등가 속도가 각각 T_{eq}=263 N · m, ω_{eq} =1,300 rpm인 변속기 기어가 있다. 이 기어에 작용하는 최대 토크는 T_{max} =830 N · m이고 기어 재료의 면압 강도는 $S_c = 1,700$ MPa이다. 변속 단수의 사용 시간 비율은 전진 70%, 후진 15%, 중립 15%이다. 전진에 의하여 이 기어가 피팅 피로 파괴에 도달하는 시간을 구하여라. 기어의 피팅 피로 파괴 용량은 8.63×10^{24} (MPa 기준)이고, 피팅 피로 파괴의 피로손상지수는 6이다.

[풀이] 기어의 등가 면압을 구하면

$$S_{eq} = S_{max}\times\frac{T_{eq}}{T_{max}} = 1,700\times\frac{263}{830} = 538.67 \text{ MPa}$$

피팅 피로 파괴에 도달하는 시간은

$$L_h = \frac{8.63\times 10^{24}}{60\times 1,300\times 538.67^6} = 4,528.76\text{시간}$$

이고, 전진을 위한 변속 단수 사용 시간의 비율을 고려하면

$$L_h = \frac{4,528.76}{0.7} = 6,469.65\text{시간}$$

이다.

[예제 4-11] 굽힘 피로 강도가 510 MPa인 구조강 SCM21H의 피로 수명은 2.9×0^{6} 사이클이고, 피로손상지수는 7.7이다. 이 재료의 굽힘에 대한 피로 파괴 용량을 구하여라.

[풀이] 피로 파괴 용량은

$$C = N_f S_f^{\lambda} = (2.9 \times 10^{6})(510)^{7.7} = 2.04 \times 10^{27} \ \text{(MPa 기준)}$$

이 된다.

[예제 4-12] 엔진의 정격 출력이 20 kW인 지게차의 변속기는 그림 4-16에서와 같이 전후진 2단 변속기이다. 이 지게차의 보증 수명은 10,000시간이고 각 변속 단수의 사용 시간 비율은 전진 1단이 42%, 전진 2단이28%, 후진 1단이 14%, 후진 2단이 1%, 중립이 15%이다. 각 변속 단수에서 측정한 변속기 입력축의 등가 토크와 등가 속도는 표 4-5에서와 같다. 각 변속 단수에서 변속기 기어에 작용하는 면압과 보증 수명까지 각 기어의 누적 피팅 피로 손상을 구하여라. 변속기 기어의 제원은 표 4-6에서와 같고 재질은 강재이다. 기어의 피팅 피로 손상 용량이 8.90×10^{25} (MPa 기준)일 때 보증 수명까지 각 기어의 파괴 여부를 판단하여라. 전동 손실은 없는 것으로 가정한다.

표 4-5 변속기 입력축의 등가 토크와 등가 속도

변속 단수	등가 토크, N · m	등가 속도,rpm	변속 단수	등가 토크, N · m	등가 속도, rpm
전진 1단	29	1,800	후진 1단	23	2,089
전진 2단	41	2,227	후진 2단	56	1,602

표 4-6 변속기 기어의 제원

기어	G1	G2	G3	G4	G5	G6	G7	G8	G9	G10	G11
모듈, mm	4	4	4	4	4	4	4	4	4	4	4
잇수	21	32	40	23	24	30	20	20	21	57	54
치폭, mm	21	19	24	24	24	22	20	20	27	23	23

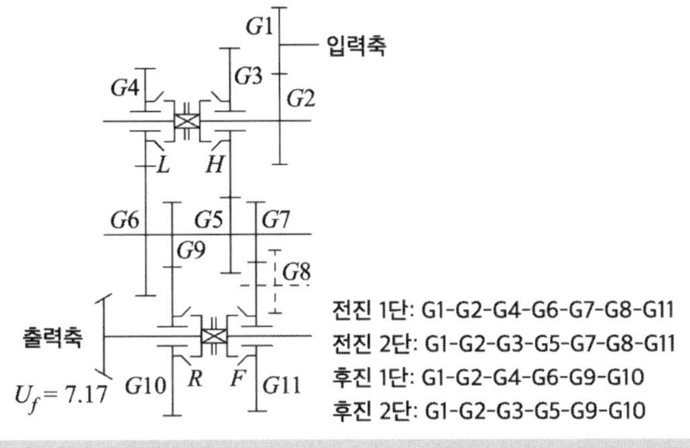

그림 4-16 지게차 변속기의 동력 전달도

[풀이] 변속기 입력축으로 전달되는 등가 토크가 T_{eq}일 때 한 쌍의 구동 기어 i와 피동 기어 g에 작용하는 접촉력과 면압은 각각 다음 식으로 구한다.

$$W_{ci} = \frac{2T_{eq}U_i}{d_{pi}\cos\phi_i}$$

$$\sigma_{ci} = C_{pi}\sqrt{\frac{K_{vi}W_{ci}}{b\left(\frac{1}{r_{pi}}+\frac{1}{r_g}\right)}}$$

여기서, $C_{pi} = \sqrt{\frac{1}{\pi\left(\frac{1-\nu_{pi}^2}{E_{pi}}+\frac{1-\nu_g^2}{E_g}\right)}}$

$$K_{vi} = \frac{3.05+v_p}{3.05}$$

T_{eq}=변속기 입력축의 등가 토크, N · m

W_{ci}=기어 i의 치면에 작용하는 압축 하중, N

U_i=변속기 입력축과 구동 기어 i 사이의 감속비

d_{pi}=구동 기어 i의 피치원 지름, m

ϕ_i=구동 기어 i의 압력각, 도

σ_{ci}=구동 기어 i의 면압력, Pa

C_{pi}=구동 기어 i의 탄성계수, $\sqrt{\text{Pa}}$

K_{vi}=구동 기어 i의 속도계수

$r_{pi}=\frac{d_{pi}}{2}sin\phi_i$, 피치점에서 구동 기어 i의 치면 곡률 반경, m

$r_g=\frac{d_g}{2}sin\phi_i$, 피치점에서 피동 기어 g의 치면 곡률 반경, m

b =구동 기어와 피동 기어 중 폭이 작은 기어의 이 폭, m

ν_{pi}=구동 기어 재료의 포아슨비

ν_g=피동 기어 재료의 포아슨비

E_{pi}=구동 기어 재료의 탄성계수, Pa

E_g=피동 기어 재료의 탄성계수, Pa

v_p=피치 라인 속도, m/s

모든 기어의 재질은 같고 강재라고 하면, 강재의 포아슨비와 탄성계수는 각각 0.3, 200 GPa이므로 기어의 탄성계수는

$$C_p=\sqrt{\frac{1}{\pi(\frac{1-0.3^2}{200\times10^9}+\frac{1-0.3^2}{200\times10^9})}}=187{,}074.45\ \sqrt{\text{Pa}}$$

가 된다. 전진 1단일 때, 모든 구동 기어와 피동 기어에 작용하는 접촉력과 면압을 구하면

기어 G1-G2: $T_1=29\ N.m,\ \ W_{c1}=\frac{2T_1}{d_p\cos\phi}=\frac{2\times29}{0.042\cos20^o}=734.79\ N$

$$r_{p1}=0.042\sin20^o=0.014365\ m,\ \ r_g=0.064\sin20^o=0.021889\ \ m$$

$$v_{p1}=r_{p1}\omega=(0.042)(1{,}800\times2\pi/60)=7.913\ m/s$$

$$K_{v1}=\frac{3.05+v_{p1}}{3.05}=\frac{3.05+7.913}{3.05}=3.59$$

$$\sigma_{c1}=C_{p1}\sqrt{\frac{W_{c1}K_{v1}}{b}(\frac{1}{r_{p1}}+\frac{1}{r_g})}=187{,}074.45\sqrt{\frac{734.78\times3.59}{0.019}(\frac{1}{0.014}+\frac{1}{0.022})}$$

$$=748.93\times10^6\ \text{Pa}$$

기어 G4-G6: $T_2=T_4=29\times\frac{21}{19}=44.19\ N.m,\ \ W_{c4}=\frac{2T_4}{d_p\cos\phi}=\frac{2\times44.19}{0.046\cos20^o}=1{,}022.32\ N$

$$r_{p4}=0.046\sin20^o=0.015733\ m,\ \ r_g=0.06\sin20^o=0.020521\ \ m$$

$$v_{p4}=r_{p4}\omega=(0.046)(1181.25\times2\pi/60)=5.687\ m/s$$

$$K_{v4} = \frac{3.05 + v_{p4}}{3.05} = \frac{3.05 + 5.687}{3.05} = 2.86$$

$$\sigma_{c4} = C_{p4}\sqrt{\frac{W_{c4}K_{v4}}{b}\left(\frac{1}{r_{p4}} + \frac{1}{r_g}\right)} = 187{,}074.45\sqrt{\frac{1022.32 \times 2.86}{0.022}\left(\frac{1}{0.016} + \frac{1}{0.021}\right)}$$

$$= 723.28 \times 10^6 \text{ Pa}$$

기어 G7-G8: $T_7 = 57.64\ N.m,\ \ W_{c7} = \dfrac{2T_7}{d_p \cos\phi} = \dfrac{2 \times 57.64}{0.040\cos 20^o} = 1{,}533.47\ N$

$$r_{p7} = 0.040\sin 20^o = 0.013681\ m,\ \ r_g = 0.040\sin 20^o = 0.013681\ m$$

$$v_{p7} = r_{p7}\omega = (0.040)(906.63 \times 2\pi/60) = 3.791\ m/s$$

$$K_{v7} = \frac{3.05 + v_{p7}}{3.05} = \frac{3.05 + 3.791}{3.05} = 2.243$$

$$\sigma_{c7} = C_{p7}\sqrt{\frac{W_{c7}K_{v7}}{b}\left(\frac{1}{r_{p7}} + \frac{1}{r_g}\right)} = 187{,}074.45\sqrt{\frac{1{,}533.47 \times 2.243}{0.020}\left(\frac{1}{0.014} + \frac{1}{0.014}\right)} = 938.05 \times 10^6 \text{ Pa}$$

기어 G8-G11: $T_8 = 57.64\ N.m,\ \ W_{c8} = \dfrac{2T_8}{d_p \cos\phi} = \dfrac{2 \times 57.64}{0.040\cos 20^o} = 1{,}533.47\ N$

$$r_{p8} = 0.040\sin 20^o = 0.013681\ m,\ \ r_g = 0.108\sin 20^o = 0.036938\ m$$

$$v_{p8} = r_{p8}\omega = (0.040)(906.63 \times 2\pi/60) = 3.791\ m/s$$

$$K_{v8} = \frac{3.05 + v_{p8}}{3.05} = \frac{3.05 + 3.791}{3.05} = 2.243$$

$$\sigma_{c8} = C_{p8}\sqrt{\frac{W_{c8}K_{v8}}{b}\left(\frac{1}{r_{p8}} + \frac{1}{r_g}\right)} = 187{,}074.45\sqrt{\frac{1{,}533.47 \times 2.243}{0.020}\left(\frac{1}{0.014} + \frac{1}{0.037}\right)}$$

$$= 776.48 \times 10^6 \text{ Pa}$$

같은 방법으로 각 변속 단수에서 구한 기어 속도와 치면에 작용하는 면압은 표 4-7에서와 같다.

표 4-7 기어 속도와 치 면압의 계산

변속 단수 / 기어	전진 1단		전진 2단		후진 1단		후진 2단	
	면압, MPa	속도, rpm	면압, MPa	속도, rpm	면압, MPa	속도, rpm	면압, MPa	속도, rpm
G1	748.93	1,800	963.73	2,227	704.56	2,089	998.56	1,602
G2	748.93	1,181.25	963.73	1,461.47	704.56	1370.91	998.56	1051.31

G3			769.41	1,461.47			791.79	1,051.31
G4	723.28	1,181.25			676.95	1,370.91		
G5			769.41	2,435.78			791.79	1,752.19
G6	723.28	905.63			676.95	1,051.03		
G7	938.05	905.63	1,052.67	2,435.78				
G8	938.05	905.63	1,052.67	2,435.78				
	776.48	905.63	871.35	2,435.78				
G9					649.79	1,051.03	814.21	1,752.19
G10					649.79	387.22	814.12	645.54
G11	776.48	335.42	871.35	902.14				

기어의 누적 피팅 피로 손상은 각 변속 단수에서 받는 피팅 피로 손상을 모두 더하여 구하며 기어의 피팅 피로 손상은 면압, 속도, 보증 수명을 이용하여 다음 식으로 구한다.

$$D_{iK} = \sigma_{ciK}^{6}(60\omega_{iK}h_{ik})$$

여기서, σ_{ciK}=변속 단수 K에서 기어 i의 면압, MPa

ω_{iK}=변속 단수 K에서 기어 i의 속도, rpm

h_{ik}=변속 단수 K에서 기어 i의 보증 시간

따라서 기어의 누적 피팅 피로 손상은 다음과 같이 표현된다.

$$D = \sum D_{iK}$$

기어가 동력을 전달하지 않으면 피팅 피로 손상은 0이며, 기어 8과 같이 양치면으로 동력을 전달하는 경우에는 각 면에 대한 피팅 피로 손상을 구하여 더한다. 각 변속 단수에 대한 보증 시간은 변속 단수별 사용 시간 비율을 이용하여 구한다. 즉

전진 1단: $10,000 \times \frac{42}{100} = 4,200$시간

전진 2단: $10,000 \times \frac{28}{100} = 2,800$시간

후진 1단: $10,000 \times \frac{14}{100} = 1,400$시간

후진 2단: $10,000 \times \frac{1}{100} = 100$시간

전진 1단에서 보증 시간 4,200시간에 대한 각 기어의 피팅 피로 손상은 다음과 같이 구한다.

$$D_{1F1} = \sigma_{c1F1}^{6}(60\omega_{1F1}h_{1F1}) = (748.93)^6(60 \times 1800 \times 4200) = 8.00 \times 10^{25}$$

$$D_{2F1} = \sigma_{c2F1}^{6}(60\omega_{2F1}h_{2F1}) = (748.93)^6(60 \times 1181.25 \times 4200) = 5.25 \times 10^{25}$$

$$D_{4F1} = \sigma_{c4F1}^{6}(60\omega_{4F1}h_{4F1}) = (723.28)^6(60 \times 1181.25 \times 4200) = 4.26 \times 10^{25}$$

$$D_{6F1} = \sigma_{c6F1}^{6}(60\omega_{6F1}h_{6F1}) = (723.28)^6(60 \times 905.63 \times 4200) = 3.27 \times 10^{25}$$

$$D_{7F1} = \sigma_{c7F1}^{6}(60\omega_{7F1}h_{7F1}) = (938.05)^6(60 \times 905.63 \times 4200) = 1.55 \times 10^{26}$$

$$D_{8F1} = \sigma_{c8F1}^{6}(60\omega_{8F1}h_{8F1}) = (938.05)^6(60 \times 905.63 \times 4200) = 1.55 \times 10^{26}$$

$$D_{8F1} = \sigma_{c8F1}^{6}(60\omega_{8F1}h_{8F1}) = (776.48)^6(60 \times 905.63 \times 4200) = 5.00 \times 10^{25}$$

$$D_{11F1} = \sigma_{c11F1}^{6}(60\omega_{11F1}h_{11F1}) = (776.48)^6(60 \times 335.42 \times 4200) = 1.85 \times 10^{25}$$

같은 방법으로 전진 2단, 후진 1단, 후진 2단에서 보증 시간 동안 각 기어의 피팅 피로 손상을 구하면 표 4-8에서와 같다. 각 변속 단수에서 구한 각 기어의 피팅 피로 손상을 모두 더하여 각각의 기어에 대한 총 피팅 피로 손상, 즉 누적 피팅 피로 손상을 구한다. 표 4-8에서 전진 1단, 전진 2단, 후진 1단, 후진 2단에서 구한 기어 1의 피팅 피로 손상을 모두 더하면 기어 1의 총 피팅 피로 손상이 된다. 즉

$$D_1 = 8.00E25 + 3.00E26 + 2.15E25 + 9.53E24 = 4.11E26$$

이다. 이와 같은 방법으로 모든 기어에 대한 총 피팅 피로 손상을 구한다. 10,000시간의 수명을 보증하기 위해서는 기어의 총 피팅 피로 손상과 피팅 피로 파괴 용량을 비교하여 총 피팅 피로 손상이 피팅 피로 파괴 용량보다 크지 않아야 한다. 따라서 기어의 피팅 피로 파괴 용량이 8.90×10^{25} (MPa 기준)이면, 표 4-8에서와 같이 기어 G1, G2, G7, G8은 10,000시간 이전에 피팅 피로 파괴가 일어날 수 있다.

표 4-8 기어의 총 피팅 피로 손상

기어	전진 1단	전진 2단	후진 1단	후진 2단	총 누적 피로 손상
G1	8.00E+25	3.00E+26	2.15E+25	9.53E+24	4.11E+26
G2	5.25E+25	1.97E+26	1.41E+25	6.25E+24	2.70E+26
G3	0	5.09E+25	0	1.55E+24	5.25E+25
G4	4.26E+25	0	1.11E+25	0	5.37E+25
G5	0	8.49E+35	0	2.59E+24	8.75E+25
G6	3.27E+35	0	8.50E+24	0	4.12E+25
G7	1.55E+26	5.57E+26	0	0	7.12E+26
G8	1.55E+26 5.00E+25	5.57E+26 1.79E+26	0	0	9.41E+26
G9	0	0	6.65E+24	3.06E+24	9.71E+24
G10	0	0	2.45E+24	1.13E+24	3.58E+24
G11	1.85E+25	6.63E+25	0	0	8.49E+25

●●● 참 고 문 헌

김경욱. 2006. 가변부하가 작용하는 기계 부품의 가속 시험방법 개발. 한국기계연구원 신뢰성평가센터.

Budynas, R. G. and J. Keith Nisbett. 2008. Shigley's mechanical engineering design, 8th Edition in SI units. McGraw-Hill Co. Inc.

Juvinall, R. C. and K. M. Marshek. 1983. Fundamentals of machine component design. 2nd ed. John Wiley & Sons.

Lechner, G. and H. Naunheimer. 1999. Automotive transmissions, Fundamentals, selection, design and application. Springer-Verlag Berlin Heidelberg, Germany

Renius, K. Th. Application of cumulative damage theory to agricultural tractor design elements. Kloeckner-Humboldt-Deutz AG -R&D Center, 5 Koeln 90.

Zahavi, E. 1996. Fatigue design, life expectancy of machine parts. CRC Press, Inc.

Takahashi, T. 2007. Unpublished report to to the Reliability Assessment Center of the Korean Institute of Machines and Materials, Korea.

제 5 장

신뢰도와 고장 분포 함수

제 5 장 신뢰도와 고장 분포 함수

신품인 기계 또는 부품은 아무리 정상적으로 사용한다고 하더라도 어떤 시점에 이르면 작동이 가능한 상태이거나 또는 고장이 난 상태이거나 둘 중의 하나이다. 기계 또는 부품이 어떤 시점까지 고장이 나지 않고 정상적으로 작동할 확률과 고장이 날 확률의 합은 1이다. 전자를 신뢰도(reliability)라고 하고 후자를 고장 확률(failure probability)이라고 한다. 모든 기계와 부품은 사용 시간이 증가함에 따라 점차 신뢰도는 감소하고 고장 확률은 증가한다. 따라서 기계와 부품을 관리하고 운용할 때는 특정 사용 시간까지 이들의 신뢰도와 고장 확률을 예측할 필요가 있다. 그러나 신뢰도와 고장 확률은 기계 또는 부품의 종류, 특성, 사용 조건 등에 따라서 다르기 때문에 이를 예측하기 위해서는 다양한 사용 조건에서 고장이 발생하는 원인과 고장이 날 때까지 사용한 시간 등 현장 데이터(field data)를 수집하고 이를 통계적으로 분석하여야 한다. 새로 개발한 제품의 경우에는 실내의 실험실에서 유사한 사용 조건으로 고장 시험을 실시하고 그 결과를 분석하여 특정 사용 시간까지 고장이 일어날 확률을 결정하여야 한다. 본 장에서는 기계 또는 부품의 신뢰도와 고장 확률을 분석하는 데 필요한 기초 이론과 방법을 다룬다.

5.1 신뢰도

기계 또는 부품을 설계할 때 설계 강도를 높게 하면 재료의 낭비를 초래한다. 반대로 설계 강도를 낮게 하면 기계 또는 부품이 제 기능을 수행하지 못하고 파괴될 수 있다. 따라서 기계 설계에서 기계의 각 부품이 어떤 하중 조건에서도 파괴되지 않고 안전하게 제 기능을 수행할 수 있도록 적절한 설계 강도를 결정하는 일은 대단히 중요한 일이다. 이 문제는 '안전계수를 어떻게 적절히 결정할 것인가' 하는 문제와 같다.

어떠한 설계에서도 100%의 안전을 보장할 수는 없다. 설계에서는 주어진 하중 조건에서 정해진 시간까지 기계 또는 부품이 파괴되지 않고 안전하게 제 기능을 수행할 것으로 기대하는 수준의 정도, 즉 적절한 목표 신뢰도의 수준을 설정하는 것이 중요하다. 생산 제품에 대해서는 항상 보고된 고장과 그 원인을 구명하고 신뢰도 향상을 통하여 전형적인 사용 조건에서 설계 수명까지 목표 신뢰도를 만족할 수 있도록 하여야 한다.

(1) 신뢰도의 정의

신뢰도는 기계 또는 부품이 주어진 사용 조건에서 정해진 기간 동안 고장이 나지 않고 본래의 기능을 확실히 수행할 것으로 기대되는 확률을 말한다. 예를 들면 100개의 베어링을 동일한 사용 조건에서 500시간 사용하였을 때 10개의 베어링에서 고장이 발생하였다고 하면 이 베어링의 신뢰도는 500시간까지 90%가 된다. 기계 또는 부품의 고장은 일반적으로 그 기능과 성능이 생산자가 제시한 것과 상이한 경우라고 할 수 있으나, 조정 불량으로 인한 단순한 오작동에서부터 실제 사용이 불가능한 작동 불능 상태에 이르기까지 그 범위가 넓고 원인도 다양하다. 따라서 신뢰도를 평가할 때는 고장에 대한 정의와 범위를 명확히 하여야 한다.

t시간까지 제품의 신뢰도를 $R(t)$라고 하면 t시간까지 고장이 날 확률 $F(t)$는

$$F(t) = 1 - R(t) \tag{5-1}$$

가 된다. 즉 t시간까지 제품의 신뢰도와 고장 확률의 합은 1이 된다. 일반적으로 고장 확률은 고장 시험에서 추정한 고장 분포 함수로부터 구할 수 있다. 따라서 제품의 신뢰도는 고장 확률을 추정하고 식 (5-1)을 이용하여 구한다. 신뢰도가 $R(t)$인 제품을 T시간까지 사용하였을 때 다음 t시간까지 기대되는 신뢰도를 조건부 신뢰도(conditional reliability)라고 하며 다음과 같이 정의한다.

$$R(T,t) = \frac{R(T+t)}{R(T)} \tag{5-2}$$

예를 들면 목적지까지 비행 거리가 5,000 km인 여객기가 3,000 km를 비행하였을 때 무사히 목적지에 착륙할 것으로 기대되는 확률을 구하여 보자. 식 (5-2)를 적용하면 조건부 확률은

$$R(3{,}000, 2{,}000) = \frac{R(5{,}000)}{R(3{,}000)}$$

이 되고, $R(5{,}000) = 0.9995$, $R(3{,}000) = 0.9999$라고 하면

$$R(3{,}000, 2{,}000) = \frac{0.9995}{0.9999} = 0.9996$$

이 된다. 즉 여객기가 3,000 km를 비행한 조건에서 다음 2,000 km까지 기대되는 신뢰도는 0.9996이고 이는 여객기가 무사히 착륙할 확률과 같다.

(2) 신뢰도의 중요성

신뢰도는 왜 중요한가? 소비자와 생산자에게 이 질문의 의미는 약간 다르다. 소비자의 관점에서 기계란 언제나 작동이 가능하고 또 필요할 때에 사용할 수 있어야 한다. 고장으로 인한 시간 손실과 작업 지연은 경제적인 손실을 초래하며, 보증 기간이 지난 후의 고장은 소비자에게 직접적인 경제적 부담이 된다. 특히, 농업 기계의 경우에는 고장으로 인하여 파종, 방제, 수확 등 농작업의 적기를 상실하면 그 피해가 치명적일 수도 있다. 소비자가 기계에 대한 높은 수준의 신뢰도를 요구하는 이유는 여기에 있다.

필요할 때 즉시 기계의 활용이 가능할 것으로 기대되는 확률을 나타내는 지수로서 기계이용가능지수(machine availability index)가 있으며 다음과 같이 정의한다.

$$\text{기계이용가능지수} = \frac{\text{기계 사용 시간/년}}{\text{기계 사용 시간/년} + \text{정비 및 고장으로 인한 기계 정지 시간/년}}$$

여기서 기계 사용 시간은 순수한 기계의 작동 시간이며, 정비 및 고장으로 인한 기계 정지 시간은 정비와 수리 시간뿐만 아니라 수리 장소까지 수송 시간, 수리 대기 시간, 부품 조달 시간 등 정비와 수리로 인한 모든 시간 손실을 포함한다.

신뢰도가 낮은 제품을 생산함으로써 생산자는 추가적인 보증 수리 비용, 설계 변경 비용, 소비자의 불만으로 인한 판매 감소, 새로운 고객 확보의 어려움, 시장 점유율의 감소, 생산자의 명성 하락 등 직접 또는 간접적으로 큰 손실을 입게 되며, 이러한 요인으로 투자에 대한 수익률(return on investment, ROI)도 자연히 감소된다. 신뢰도가 높은 제품의 경우 투자에 대한 수익률은 17 ~ 20% 정도이나 신뢰도가 낮은 제품은 4 ~ 5% 수준으로 떨어진다. 판매 감소로 인한 손실을 간단히 금액으로 환산하면

$$\text{생산자 손실 비용} = \text{판매 감소 대수} \times \text{대당 생산자 이윤}$$

이 된다. 이러한 비용은 신뢰도가 낮은 제품을 생산함으로써 간접적으로 발생한 손실 비용이다. 생산자의 관점에서 신뢰도의 중요성은 제품의 신뢰도를 높임으로써 제품에 대한 품질관리 비용을 줄이고, 고도의 생산자 명성을 유지하여, 투자에 대한 수익률을 높이는 데 있다.

(3) 신뢰도 평가

제품의 신뢰도는 일반적으로 %로써 표시한다. 그러나 신뢰도를 나타내는 데는 %뿐만 아니라 평균 수명, 고장률, B_{10} 수명 등 제품의 고장 빈도와 관련된 변수를 사용할 수도 있다.

5.2 목표 신뢰도

새로운 제품을 개발할 때는 개발한 제품의 고장 특성과 신뢰도를 확인하기 위한 시험이 필수적이다. 즉 개발한 제품이 예상된 사용 조건에서 기대한 수명까지 고장 없이 제 기능을 원활히 수행할 것인지 그 여부를 확인하여야 한다. 이러한 신뢰도 평가 시험은 동일한 기종의 제품이라 하더라도 제작사마다 그 방법이 다를 수 있으며, 대부분 비밀로서 공개를 극히 제한하고 있다.

제품의 목표 신뢰도는 제품의 목표 수명에 대한 신뢰도(reliability)와 신뢰도에 대한 신뢰 수준(confidence level)으로써 나타낸다. 예를 들면 어떤 유압 기기의 목표 수명을 1,000시간, 1,000시간에 대한 신뢰도를 95%, 신뢰도에 대한 신뢰 수준을 90%라고 하면, 목표 신뢰도는 목표 수명 1,000시간까지 신뢰도 95%, 즉 $B_5 = 1{,}000$시간과 신뢰 수준 C =90%로써 나타낼 수 있다. 이는 95%의 제품이 최소한 1,000시간까지는 고장 없이 원활히 작동할 수 있으며 이를 90% 신뢰할 수 있다는 것이다. 즉 10번의 시험에서 최소한 9번은 1,000시간까지 시험 샘플의 95%는 고장이 없을 것으로 기대할 수 있다는 것이다. 이러한 목표 신뢰도는 제품의 종류, 제작사의 경험, 소비자의 요구, 경쟁 제품의 수준, 개발 전략과 비용 등에 따라서 적절히 결정하여야 한다.

목표 수명에 대한 신뢰도와 신뢰 수준은 표 4-1에서와 같이 특별한 경우가 아니면 각각 80 ~ 99%, 60 ~ 95% 수준으로 설정할 수 있다. 북미 자동차 산업의 경우 목표 수명에 대한 신뢰도와 신뢰 수준은 보통 95%, 90%인 것으로 알려져 있다(Su et al., 2004). 목표 수명을 몇 시간, 몇 사이클 또는 몇 km로 할 것인가 하는 문제는 소비자의 사용 프로파일(use profile)을 분석하여 결정한다. 일반적으로 가용 수명(useful life)을 적용할 수도 있으나, 제품의 개발 전략에 따라 다르다. 이를 테면 개발 전략에 따라 소비자의 95%가 10년 또는 20년 간 사용하는 시간으로 설정할 수도 있으며 소비자의 90%가 15년 또는 25년 간 사용하는 시간으로 설정할 수도 있다. 한 예로서 북미에서 사용하고 있는 대형 트럭의 경우 목표 수명은 $B_{50} = 500,000 \sim 700,000$마일인 것으로 알려져 있으며 최근에는 1,000,000마일까지 요구하고 있다 (Jones, 1991).

수명에 대한 신뢰 수준은 제품의 중요도에 따라 결정된다. 중요도가 높으면 높을수록 신뢰 수준도 높아야 한다. 그러나 신뢰 수준이 높으면 그만큼 평가 시험의 시간도 증가하며, 시험 비용도 증가한다. 적절한 신뢰 수준의 결정 방법에 대해서는 제8장에서 좀 더 자세히 설명하기로 한다.

5.3 고장 분포 함수

모든 기계와 부품은 정상적인 사용 조건에서도 사용 시간이 증가함에 따라 고장도 증가한다. 즉 사용 시간이 증가하면 현재 작동하고 있는 기계와 부품에서도 다음 순간 고장이 일어날 확률은 증가한다. 따라서 사용 시간이 증가함에 따라 고장 수도 점점 증가하며, 어떤 특정 시간에 이르면 모든 기계와 부품은 고장이 난다. 즉 수명을 다 하게 된다. 이러한 고장 형태는 분포 함수와 밀도 함수를 이용하여 수학적으로 모형화할 수 있다. 기계와 부품의 고장 분포를 모형화하는 데 적용할 수 있는 주요 분포 함수에는 와이블 분포 함수, 지수 분포 함수, 정규 분포 함수, 로그 정규 분포 함수가 있다.

(1) 와이블 분포

와이블 분포(Weibull distribution)는 기계 부품의 고장 분포를 사용 기간에 따라 나타내는 데 가장 적합한 분포로서, 와이블 분포 함수는 3개의 매개 변수와 1개의 독립 변수로써 다음과 같이 표현된다.

$$F(t) = 1 - e^{-\left(\frac{t-\delta}{\eta-\delta}\right)^{\beta}}, \quad t \geq \delta \tag{5-3}$$

식 (5-3)에서 매개 변수는 β, δ, η이며, β를 형상계수(shape parameter), η를 척도계수

(scale parameter), δ를 위치계수(location parameter)라고 한다. 형상계수는 와이블 확률 밀도 함수의 형상을 나타내며, 척도계수는 부품의 특성 수명을, 위치계수는 최소 수명을 나타낸다. 독립 변수 t는 부품의 고장 시간, 즉 사용 시간을 나타낸다. 부품이 특정 사용 시간까지 절대적으로 고장 나지 않는다고 하면 이 시간을 최소 수명으로 할 수 있으나, 사용하기 전부터 이미 고장이 발생한 경우가 있을 수 있기 때문에 최소 수명은 일반적으로 $\delta = 0$으로 한다. 최소 수명이 0이면 와이블 분포 함수는 2개의 매개 변수로써 다음과 같이 표현할 수 있다.

$$F(t) = 1 - e^{-(\frac{t}{\eta})^{\beta}} \tag{5-4}$$

고장 분포에 적용한 와이블 분포 함수는 고장 확률 분포 함수로서 사용 시간 t까지 부품이 고장 날 확률을 나타낸다. 식 (5-4)에서 η에 t를 대입하면, 모든 β값에 대하여, 즉 β값에 관계없이 고장 확률은 식 (5-5)에서와 같이 63.2%가 된다. 이를 부품의 특성 수명이라 하며, 부품의 63.2%가 고장 날 것으로 예상되는 사용 시간을 의미한다.

$$F(t) = 1 - e^{-(1)^{\beta}} = 1 - \frac{1}{e} = 0.632 \tag{5-5}$$

사용 시간 t까지 고장 확률을 $F(t)$라고 하면 사용 시간 t까지 고장이 나지 않을 확률, 즉 생존 확률은 $1 - F(t)$가 된다. 이 생존 확률을 신뢰도(reliability)라고 하며, 와이블 고장 분포의 신뢰도 함수는

$$R(t) = e^{-(\frac{t}{\eta})^{\beta}} \tag{5-6}$$

가 된다.

고장 확률 분포 함수가 $F(t)$인 N개의 부품을 t시간까지 사용하였을 때, t시간 이후 Δt 시간 동안에 고장이 발생할 것으로 예상되는 부품의 수는 $N[F(t+\Delta t) - F(t)]$가 된다. 따라서 Δt 시간 동안에 예상되는 단위 시간당 고장 부품의 수는

$$\frac{N[F(t+\Delta t) - F(t)]}{\Delta t}$$

가 되며 $\Delta t \to 0$일 때는

$$\lim_{\Delta t \to 0} \frac{N[F(t+\Delta t) - F(t)]}{\Delta t} = N\frac{d}{dt}F(t) = Nf(t)$$

가 된다. 이 식에서 $\frac{d}{dt}F(t)=f(t)$를 고장 확률 밀도 함수라고 하며, 특정 사용 시간 t에서 부품의 고장 확률을 나타낸다. 고장 확률 밀도 함수는 고장 확률 분포 함수를 미분하여 구할 수 있으며, 고장 확률 밀도 함수 아래의 면적은 1.0이 된다. 와이블 고장 확률 분포 함수를 미분하면 와이블 고장 확률 밀도 함수는

$$f(t)=\frac{dF(t)}{dt}=\frac{\beta}{\eta}\left(\frac{t}{\eta}\right)^{\beta-1}e^{-\left(\frac{t}{\eta}\right)^{\beta}} \tag{5-7}$$

가 된다. 와이블 고장 확률 밀도 함수는 그림 5-1에서와 같이 β값에 따라 그 모양이 변하며, β값이 $3.5\sim4.0$일 때 정규 분포의 밀도 함수와 유사한 모양이 된다.

신뢰도 함수를 $R(t)$라고 하면 N개의 부품이 t시간까지 고장이 나지 않고 작동할 것으로 기대되는 부품 수는 $NR(t)$이다. 따라서 t시간까지 작동 중인 부품을 기준으로 t시간 후 Δt 시간 동안에 고장이 일어날 확률은

$$\frac{N[F(t+\Delta t)-F(t)]}{NR(t)}=\frac{F(t+\Delta t)-F(t)}{R(t)}$$

가 되며, Δt 시간 동안 단위 시간당 고장 확률은

$$\frac{F(t+\Delta t)-F(t)}{\Delta t R(t)}$$

가 된다. 이 확률을 고장률(failure rate)이라고 하며, $\Delta t\to0$일 때의 고장률, 즉 순간 고장률을 위험 함수(hazard function)라고 한다. 따라서 위험 함수 $h(t)$는 다음과 같이 정의된다.

$$h(t)=\lim_{\Delta t\to0}\frac{F(t+\Delta t)-F(t)}{\Delta t R(t)}=\frac{f(t)}{R(t)} \tag{5-8}$$

위험 함수는 t시간까지 작동 중인 부품이 순간적으로 고장이 날 확률을 의미하며 고장률의 시간 변화율을 나타낸다.

식 (5-8)을 신뢰도 함수 $R(t)$로 나타내면

$$h(t)=\lim_{\Delta t\to0}\frac{F(t+\Delta t)-F(t)}{\Delta t R(t)}=\lim_{\Delta t\to0}\frac{R(t)-R(t+\Delta t)}{\Delta t R(t)}=-\frac{1}{R(t)}\frac{d}{dt}R(t)$$

이므로

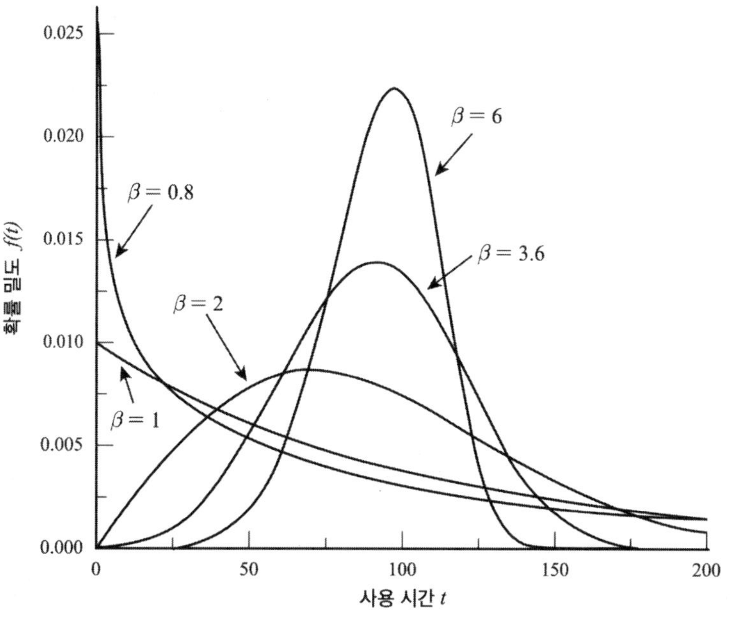

그림 5-1 와이블 고장 확률 밀도 함수

$$\int_0^t h(t)dt = -\int_1^{R(t)} \frac{dR(t)}{R(t)} = -\ln R(t)$$

가 된다. 또는 $H(t) = \int_0^t h(t)dt$라고 하면

$$H(t) = -\ln R(t)$$

가 된다. 여기서 $H(t)$를 누적 위험 함수(cumulative hazard function) 또는 고장 계수 함수(failure count function)라고 하며 t시간까지 일어날 고장 수를 나타낸다. 위험 함수 $h(t)$에서 $R(t)$를 구하면

$$R(t) = e^{-\int_0^t h(t)dt} = e^{-H(t)} \tag{5-9}$$

가 되며, 또한 식 (5–8)로부터 $f(t) = h(t)R(t)$이므로

$$f(t) = h(t)e^{-\int_0^t h(t)dt} \tag{5-10}$$

가 된다. 식 (5–8), 식 (5–9), 식 (5–10)은 신뢰도 함수, 고장 확률 밀도 함수, 위험 함수의 관계를 나타낸 것이다.

와이블 확률 분포의 평균 μ와 분산 σ^2은 각각 식 (5–11)과 (5–12)를 이용하여 구할 수 있다.

$$\mu = \int_o^\infty tf(t)dt = \eta\int_0^\infty [(\frac{t}{\eta})^\beta]^{1+\frac{1}{\beta}-1}\frac{\beta}{\eta}(\frac{t}{\eta})^{\beta-1}e^{-(\frac{t}{\eta})^\beta}dt = \eta\Gamma(1+\frac{1}{\beta}) \qquad (5\text{–}11)$$

$$\sigma^2 = \int_0^\infty (t-\mu)^2 f(t)dt = \int_0^\infty [t^2 - 2\mu t + \mu^2]f(t)dt$$

$$= \int_0^\infty t^2 f(t)dt - 2\mu\int_0^\infty tf(t)dt + \mu^2\int_0^\infty f(t)dt = \int_0^\infty t^2 f(t)dt - \mu^2$$

위의 식에서 $\int_0^\infty f(t)dt$는 확률 밀도 선도 아래의 면적으로서 1과 같다. 위의 식에 고장 확률 밀도 함수 식 (5–7)을 대입하면

$$\sigma^2 = \int_o^\infty t^2\frac{\beta}{\eta}(\frac{t}{\eta})^{\beta-1}e^{-(\frac{t}{\eta})^\beta}dt - \mu^2 = \eta^2\int_0^\infty [(\frac{t}{\eta})^\beta]^{1+\frac{2}{\beta}-1}\frac{\beta}{\eta}(\frac{t}{\eta})^{\beta-1}e^{-(\frac{t}{\eta})^\beta}dt - \mu^2$$

$$= \eta^2[\Gamma(1+\frac{2}{\beta}) - \Gamma^2(1+\frac{1}{\beta})] \qquad (5\text{–}12)$$

가 된다. 여기서 감마 함수(gamma function) Γ는 x가 양의 실수일 때

$$\Gamma(n) = \int_0^\infty x^{n-1}e^{-x}dx$$

로 정의되는 함수이다. 식 (5–6)과 식 (5–7)을 식 (5–8)에 대입하면 와이블 분포의 위험 함수는

$$h(t) = \frac{\beta}{\eta}(\frac{t}{\eta})^{\beta-1} \qquad (5\text{–}13)$$

가 된다. 그림 5–2에서와 같이 $1<\beta$이면 시간 t가 증가함에 따라 위험 함수는 증가하며, $\beta<1$일 때는 t가 증가함에 따라 감소하고, $\beta=1$일 때는 항상 일정한 값을 유지한다. β값에 따른 위험 함수, 즉 순간 고장률은 그림 5–3에서와 같은 곡선으로써 나타낼 수 있다.

이 곡선을 욕조 곡선(bathtub curve)이라고 하며, $\beta < 1$일 때를 초기 고장(infant mortality failures), 즉 사용 초기에 발생하는 조립 또는 가공 불량으로 인한 고장으로, $\beta = 1$일 때를 우발 고장(random failures), 즉 충격이나 예상하지 못한 사고로 인한 고장으로, $1 < \beta$일 때를 마모 고장(wearout failures), 즉 부품이 수명을 다한 노후로 인한 고장으로 판단한다.

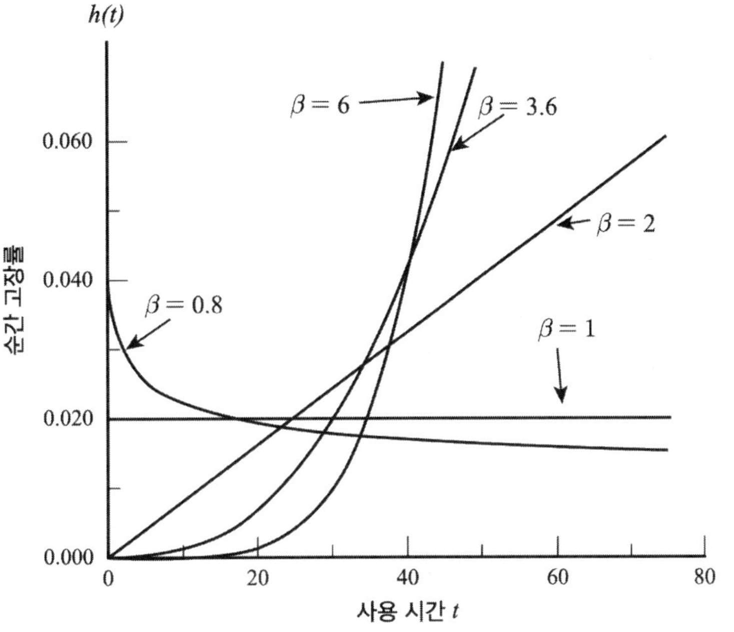

그림 5-2 와이블 고장 확률 분포의 위험 함수

일반적으로 β값은 0.5 ~ 8.0 범위의 값이며(Dodson, 1994), 고장 데이터를 이용하여 구할 수 있다. 그러나 각종 기계 부품의 β값에 대한 데이터는 구하기가 쉽지 않다. 사후봉사 데이터를 활용할 수도 있으나 정확한 β값을 구하기 위해서는 고장 시험을 실시하여 고장 데이터를 확보하여야 한다. 그러나 고장 시험에는 많은 시간과 비용이 요구된다. 일반적으로 사용할 수 있는 β값에는 배링거(Barringer & Associates, 2010)에서 제공한 데이터 베이스가 있다. 베링거가 제공한 β값은 교육용으로 참고할 수는 있으나 실제 적용할 때는, 동일한 부품이라 하더라도 적용 대상과 사용 조건에 따라서 큰 차이가 있을 수 있기

때문에, 사용 조건과 경험을 고려하여 조정하여야 한다. 부록 B.1은 베링거가 제공한 β값을 나타낸 것이다. 이외에도 베르체(Bertsche, 2008)는 그림 5-4에서와 같이 전동축, 베어링, 기어에 대한 β값을 제시하였으며, 볼치와 가이트너(Bloch and Geitner, 1999)는 부품의 고장 형태에 따라 β값과 함께 부품의 수명, 예방 및 정비 전략을 제시하였다. 부록 B.2는 볼치와 가이트너가 제시한 주요 기계 부품의 고장 형태에 따른 β값, 수명, 정비 전략을 나타낸 것이다.

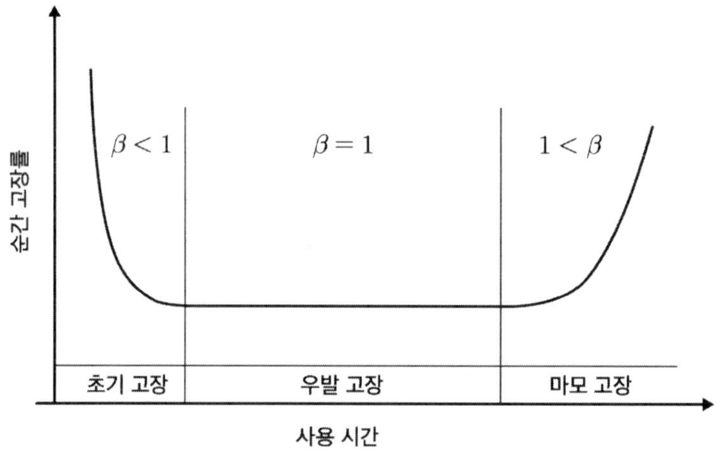

그림 5-3 욕조 곡선

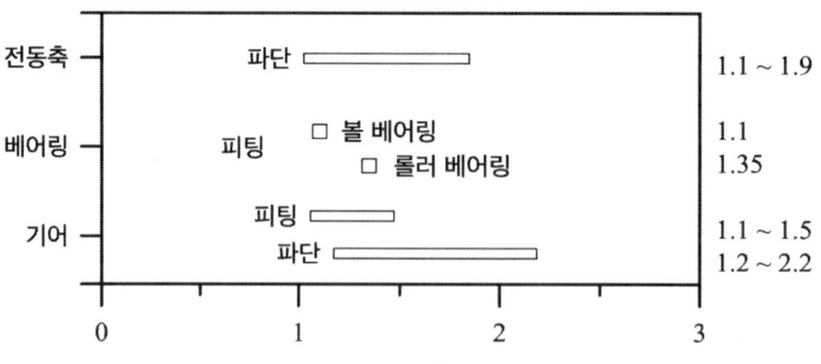

그림 5-4 전동축, 베어링, 기어의 형상계수(Bertsche, 2008)

[예제 5-1] 와이블 분포를 따르는 어떤 부품의 특성 수명은 500시간이고 와이블 분포의 형상계수는 1.8이다. 사용 시간이 700시간이 되었을 때 이 부품의 신뢰도와 순간 고장률을 구하여라.

[풀이] (5-6)과 식 (5-13)을 적용하면

$$R(700) = e^{-(\frac{t}{\eta})^{\beta}} = e^{-(\frac{700}{500})^{1.8}} = 0.16$$

$$h(700) = \frac{\beta}{\eta}(\frac{t}{\eta})^{\beta-1} = \frac{1.8}{500}(\frac{700}{500})^{1.8-1} = 0.0047/\text{시간}$$

이 된다. 따라서 사용 시간이 700시간이 되었을 때 부품의 신뢰도는 16%이고, 순간 고장률은 0.0047/시간이다.

[예제 5-2] 어떤 볼 베어링의 B_{10} 수명은 500×10^6회전이고, 고장 분포는 형상계수가 1.3인 와이블 분포를 따른다. 이 베어링을 일정한 속도 4,000 rpm으로써 1,000시간 가동하였을 때 신뢰도는 얼마인가?

[풀이] 형상계수 $\beta = 1.3$이고, B_{10} 수명이 500×10^6회전이므로 와이블 고장 분포 함수로부터 특성 수명을 구하면

$$0.9 = e^{-(\frac{500 \times 10^6}{\eta})^{1.3}}$$

$$\eta = \frac{500 \times 10^6}{[\ln(\frac{1}{0.9})]^{1/1.3}} = 2,823,294,907\text{회전}$$

이다. 따라서 $4000 \times (60 \times 1000) = 240 \times 10^6$회전하였을 때의 신뢰도는

$$R = e^{-(\frac{240 \times 10^6}{2,823,294,907})^{1.3}} = 0.96$$

이다.

(2) 지수 분포

지수 분포(exponential distribution)는 주로 전자 부품 또는 다수의 부품으로 구성된 단위 기계의 고장 분포에 적합한 분포이며, 와이블 고장 확률 분포에서 형상계수가

$\beta = 1$인 특수한 경우에 해당한다. 즉 고장률이 일정한 경우이다. 따라서 지수 분포의 고장 확률 분포 함수, 고장 확률 밀도 함수, 신뢰도 함수, 위험 함수는 각각 다음과 같이 나타낼 수 있다.

$$F(t) = 1 - e^{-(\frac{t}{\eta})}, \quad t \geq 0 \tag{5-14}$$

$$f(t) = \frac{1}{\eta} e^{-(\frac{t}{\eta})} \tag{5-15}$$

$$R(t) = e^{-(\frac{t}{\eta})} \tag{5-16}$$

$$h(t) = \frac{1}{\eta} \tag{5-17}$$

지수 고장 확률 분포 함수의 η는 와이블 고장 확률 분포 함수의 특성 수명과 같으며, 일반적으로 평균 수명 또는 평균고장간격 (MTBF, mean time between failure)이라고 한다. 지수 고장 확률 분포 함수의 순간 고장률은 평균고장간격의 역수, 즉 $1/\eta$로서 그림 5-5에서와 같이 사용 시간에 관계없이 항상 일정하다. 만약 기계의 평균고장간격을 200시간이라고 하면 순간 고장률은 0.005회/시간이 되며, 이는 기계의 사용 시간에 관계없이 단위 시간당 고장 확률은 항상 0.005임을 나타낸다.

부분 적분(partial integration)을 이용하여 지수 분포의 평균과 분산을 구하면 각각 식 (5-18)과 식 (5-19)에서와 같이 η, η^2이 된다.

$$\begin{aligned} \mu &= \int_0^{\infty} tf(t)dt = \int_0^{\infty} t(\frac{1}{\eta} e^{-\frac{t}{\eta}})dt \\ &= -te^{-\frac{t}{\eta}}|_0^{\infty} + \int e^{-\frac{t}{\eta}} dt = -\eta[e^{-\frac{t}{\eta}}]_0^{\infty} = \eta \end{aligned} \tag{5-18}$$

$$\begin{aligned} \sigma^2 &= \int_0^{\infty} (t-\mu)^2 f(t)dt = \int_0^{\infty} [t^2 - 2\mu t + \mu^2] f(t)dt = \int_0^{\infty} t^2 f(t)dt - \mu^2 \\ &= \int_0^{\infty} t^2 \frac{1}{\eta} e^{-\frac{t}{\eta}} dt - \mu^2 = -t^2 e^{-\frac{t}{\eta}}|_0^{\infty} + 2\int_0^{\infty} te^{-\frac{t}{\eta}} dt - \mu^2 \\ &= 2\eta \int_0^{\infty} t(\frac{1}{\eta} e^{-\frac{t}{\eta}})dt - \mu^2 = 2\eta^2 - \eta^2 = \eta^2 \end{aligned} \tag{5-19}$$

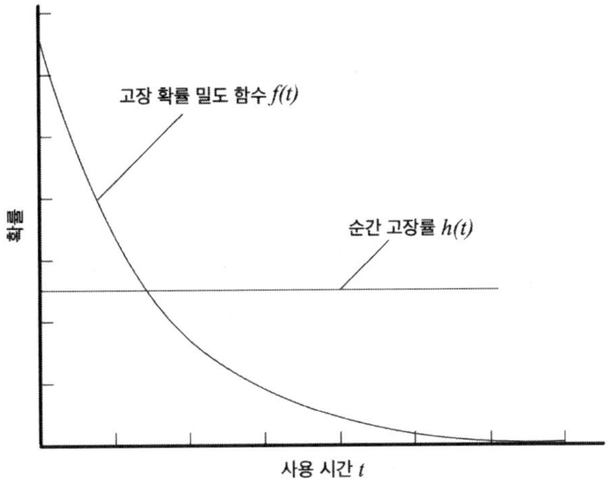

그림 5-5 지수 분포의 고장 확률 밀도 함수와 순간 고장률

[예제 5-3] 어떤 전자 부품을 100시간을 사용하였을 때 30%에서 고장이 발생하였다. 이 전자 부품의 B_{10}과 B_{90} 수명을 구하여라.

[풀이] 식 (5-14)를 적용하면

$$0.3 = 1 - e^{-(\frac{100}{\eta})}$$

이 된다. 이 식에서 평균고장간격을 구하면

$$\eta = \frac{100}{\ln(\frac{1}{0.7})} = 280.3 \text{ 시간}$$

이다. 따라서 식 (5-14)를 적용하여

$$0.1 = 1 - e^{-(\frac{B_{10}}{280.3})}$$

$$0.9 = 1 - e^{-(\frac{B_{90}}{280.3})}$$

에서 B_{10}과 B_{90}을 구하면 각각

$$B_{10} = 280.3\ln(\frac{1}{0.9}) = 29.5 \text{ 시간}$$

$$B_{90} = 280.3\ln(\frac{1}{0.1}) = 645.6 \text{ 시간}$$

이 된다.

[예제 5-4] 10개의 샘플을 500시간까지 시험하였을 때 2개의 샘플에서 고장이 발생하였다. 평균고장간격과 평균고장간격에 대한 신뢰도를 구하여라.

[풀이] 10개의 샘플 중 2개가 고장이므로 예상되는 대당 평균 고장 수는 $\frac{2}{10}$이고, 500시간 시험하였으므로 시간당 대당 평균 고장률은 $\frac{2/10}{500}=\frac{1}{2,500}$이다. 평균고장간격은 고장률의 역수이므로 2,500시간이다. 따라서 평균고장간격 2,500시간까지 신뢰도는

$$R=e^{-\frac{t}{2,500}}=e^{-\frac{2500}{2500}}=0.368$$

이 된다.

(3) 정규 분포

기계 또는 부품의 고장 시간, 즉 수명을 정규 분포에 적용하면 고장 확률 밀도 함수는 그림 5-6에서와 같이 종 모양을 이루며, 평균 수명을 μ, 수명의 표준편차를 σ라고 하면 정규 분포의 고장 확률 밀도 함수와 고장 확률 분포 함수는 각각

$$f(t)=\frac{1}{\sigma\sqrt{2\pi}}e^{-\frac{1}{2}(\frac{t-\mu}{\sigma})^2} \tag{5-20}$$

$$F(t)=\int_{-\infty}^{t}\frac{1}{\sigma\sqrt{2\pi}}e^{-\frac{1}{2}(\frac{t-\mu}{\sigma})^2}dt \tag{5-21}$$

와 같이 표현된다. 즉 단위 시간당 고장 확률은 시간에 따라 증가하지만 일정한 시간이 지난 후에는 다시 시간에 따라 감소하는 형태를 나타낸다. 정규 분포의 신뢰도 함수는 식 (5-22)와 같고, 위험 함수는 식 (5-8)을 적용하면 식 (5-23)과 같이 표현된다. 정규 고장 확률 분포 함수는 부품의 마모 고장을 모형화하는 데 적합한 분포이다.

$$R(t)=1-F(t)=1-\int_{-\infty}^{t}\frac{1}{\sigma\sqrt{2\pi}}e^{-\frac{1}{2}(\frac{t-\mu}{\sigma})^2}dt \tag{5-22}$$

$$h(t)=\frac{f(t)}{R(t)}=\frac{\frac{1}{\sigma\sqrt{2\pi}}e^{-\frac{1}{2}(\frac{t-\mu}{\sigma})^2}}{1-\int_{-\infty}^{t}\frac{1}{\sigma\sqrt{2\pi}}e^{-\frac{1}{2}(\frac{t-\mu}{\sigma})^2}dt} \tag{5-23}$$

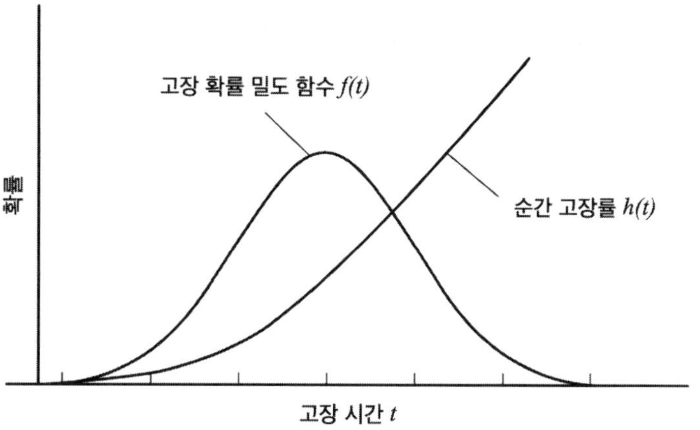

그림 5-6 정규 분포의 고장 확률 밀도 함수와 순간 고장률

[예제 5-5] 정규 분포를 따르는 전구의 평균 수명은 900시간이고 표준편차는 200시간이었다. 사용 시간이 700시간 되었을 때 이 전구의 신뢰도와 순간 고장률을 구하여라.

[풀이] $t = 700$시간일 때 고장 확률 밀도 함수와 고장 확률 분포 함수의 값은 각각

$$f(700) = \frac{1}{200\sqrt{2\pi}} e^{-\frac{1}{2}\left(\frac{700-900}{200}\right)^2} = 0.00121/\text{시간}$$

$$F(700) = \int_{-\infty}^{700} \frac{1}{200\sqrt{2\pi}} e^{-\frac{1}{2}\left(\frac{t-900}{200}\right)^2} dt = 0.1586$$

이다. 식 (5-22)와 식 (5-23)을 적용하면 신뢰도와 순간 고장률은 각각

$$R(700) = 1 - 0.1586 = 0.8414$$

$$h(700) = \frac{f(700)}{R(700)} = \frac{0.00121}{0.8414} = 0.00144/\text{시간}$$

이 된다.

[예제 5-6] 고장 시간이 정규 분포를 따르는 어떤 부품의 고장 데이터는 다음과 같다. 이 부품의 B_{10} 수명을 구하여라.

600, 700, 700, 800, 800, 800, 800, 900, 900, 1,000시간

[풀이] 부품의 평균 고장 시간은

$$\bar{t} = \frac{1\times600+2\times700+4\times800+2\times900+1\times1000}{10} = 800\text{시간}$$

이고, 표준편차는

$$s = \sqrt{\frac{1(600-800)^2+2(700-800)^2+4(800-800)^2+2(900-800)^2+1(1000-800)^2}{10-1}}$$

$$= 115.47\text{시간}$$

이다. 정규 분포를 따르는 고장 분포에서 고장 확률이 10%일 때 고장 시간을 구하면, 즉

$$\int_{-\infty}^{t} \frac{1}{115.47\sqrt{2\pi}} e^{-\frac{1}{2}\left(\frac{t-800}{115.47}\right)^2} dt = 0.1$$

을 만족하는 시간 t를 EXCEL을 이용하여 구하면 652.5시간이다. 따라서 $B_{10} = 652.5$시간이다.

[예제 5-7] 정규 분포를 따르는 어떤 부품의 고장 시간은 다음과 같다.

590, 420, 520, 480, 490, 510, 450, 480시간

최소한 99%의 신뢰도를 유지하기 위한 부품의 교체 시간을 구하여라.

[풀이] 부품의 평균 고장 시간은

$$\bar{t} = \frac{590+420+520+480+510+450+480}{8} = 492.5\text{시간}$$

이고 표준편차는

$$s = \left[\frac{(590-492.5)^2+(420-492.5)^2+(520-492.5)^2+(480-492.5)^2}{8-1}\right.$$

$$\left.\frac{+(510-492.5)^2+(450-492.5)^2+(480-492.5)^2}{}\right]^{1/2} = 50.64\text{시간}$$

이다. 99%의 신뢰도를 유지하기 위해서는 고장 확률이 1% 이하이어야 하므로, 고장 확률이 1%인 시간을 구하면, 즉

$$\int_{-\infty}^{t} \frac{1}{50.64\sqrt{2\pi}} e^{-\frac{1}{2}\left(\frac{t-492.5}{50.64}\right)^2} dt = 0.01$$

을 만족하는 t를 구하면 374.7시간이 된다. 따라서 부품은 최소한 374시간 이전에 교체하여야 한다.

[예제 5-8] 가공한 전동축의 평균 지름은 37.8 mm이고 표준편차는 0.13 mm이다. 전동축의 지름이 38.1 mm보다 크면 불량으로 처리된다. 가공한 전동축의 지름이 정규 분포를 따른다고 하면 가공 불량률은 얼마인가?

[풀이] 평균 지름이 37.8 mm이고 표준편차가 0.13 mm인 정규 분포에서 지름이 38.1 mm보다 클 확률은

$$p(38.1 < d) = 1 - \int_{-\infty}^{38.1} \frac{1}{0.13\sqrt{2\pi}} e^{-\frac{1}{2}\left(\frac{x-37.8}{0.13}\right)^2} dx = 0.01051$$

이다. 따라서 가공 불량률은 1.05%가 된다.

(4) 로그 정규 분포

변수의 대수 값이 정규 분포를 따를 때 이를 로그 정규 분포(lognormal distribution)라고 한다. 부품 또는 기계의 고장 시간 t가 로그 정규 분포를 따른다고 하면 t의 대수 값 $\ln t$가 정규 분포를 따르므로 $t' = \ln t$의 고장 확률 밀도 함수는

$$f(t') = \frac{1}{\sigma'\sqrt{2\pi}} e^{-\frac{1}{2}\left(\frac{t'-\mu'}{\sigma'}\right)^2}$$

가 되고, t에 대한 고장 확률 밀도 함수를 $f(t)$라고 하면 $f(t)$는

$$f(t)dt = f(t')dt'$$

을 만족하여야 한다. 여기서 μ'과 σ'은 각각 $\ln t$의 평균과 표준편차이다. 또한 $dt' = \frac{1}{t}dt$이고 $f(t) = \frac{1}{t}f(t')$이므로

$$f(t) = \frac{1}{t\sigma'\sqrt{2\pi}} e^{-\frac{1}{2}\left(\frac{t'-\mu'}{\sigma'}\right)}$$

가 된다. 따라서 로그 정규 분포를 고장 분포에 적용할 때는 고장 시간을 대수 값으로 전환한 후 대수-전환 고장 데이터를 대상으로 정규 분포를 적용한다. 대수-전환 고장 시간의 평균 μ'을 $\mu_{\ln}$, 대수-전환 고장 시간의 표준편차 σ'을 $\sigma_{\ln}$이라고 하면 로그 정규 분포의 고장 확률 밀도 함수는 다음과 같이 표현된다.

$$f(t) = \frac{1}{t\sigma_{\ln}\sqrt{2\pi}} e^{-\frac{1}{2}(\frac{\ln t - \mu_{\ln}}{\sigma_{\ln}})^2} \tag{5-24}$$

로그 정규 분포의 고장 확률 밀도 함수는 그림 5-7(a)에서와 같이 대수-전환 고장 시간의 표준편차 $\sigma_{\ln}$이 증가함에 따라 왼쪽으로 이동하는 경향이 있다. 로그 정규 분포의 고장 분포 함수, 신뢰도 함수, 위험 함수는 각각 다음과 같이 표현된다.

$$F(t) = \int_0^t \frac{1}{t\sigma_{\ln}\sqrt{2\pi}} e^{-\frac{1}{2}(\frac{\ln t - \mu_{\ln}}{\sigma_{\ln}})^2} dt = \Phi[\frac{\ln t - \mu_{\ln}}{\sigma_{\ln}}] \tag{5-25}$$

$$R(t) = 1 - F(t) = 1 - \Phi[\frac{\ln t - \mu_{\ln}}{\sigma_{\ln}}] \tag{5-26}$$

$$h(t) = \frac{f(t)}{R(t)} = \frac{\frac{1}{t\sigma_{\ln}\sqrt{2\pi}} e^{-\frac{1}{2}(\frac{\ln t - \mu_{\ln}}{\sigma_{\ln}})^2}}{1 - \Phi[\frac{\ln t - \mu_{\ln}}{\sigma_{\ln}}]} \tag{5-27}$$

여기서 $\Phi[\frac{\ln t - \mu_{\ln}}{\sigma_{\ln}}]$은 표준 정규 변수의 범위가 $-\infty \sim \frac{\ln t - \mu_{\ln}}{\sigma_{\ln}}$일 때 표준 정규 분포 선도 아래의 면적과 같다.

로그 정규 분포의 평균과 분산은 각각 식 (5-11)과 식 (5-12)에서와 같은 방법으로 구한다. 먼저 평균은 .

$$\mu = \int_0^\infty \frac{t}{t\sigma_{\ln}\sqrt{2\pi}} e^{-\frac{1}{2}(\frac{\ln t - \mu_{\ln}}{\sigma_{\ln}})^2} dt = \int_0^\infty \frac{1}{\sigma_{\ln}\sqrt{2\pi}} e^{-\frac{1}{2}(\frac{\ln t - \mu_{\ln}}{\sigma_{\ln}})^2} dt$$

이므로 이 식에서 $\ln t = x$라고 하면 $t = e^x$, $dt = e^x dx$가 되고 이를 위의 식에 대입하면

$$\begin{aligned}
\mu &= \frac{1}{\sigma_{\ln}\sqrt{2\pi}} \int_{-\infty}^{\infty} e^{-\frac{1}{2}(\frac{x - \mu_{\ln}}{\sigma_{\ln}})^2} e^x dx \\
&= \frac{1}{\sigma_{\ln}\sqrt{2\pi}} \int_{-\infty}^{\infty} e^{-\frac{1}{2}[\frac{x - (\mu_{\ln} + \sigma_{\ln}^2)}{\sigma_{\ln}}]^2 + (\mu_{\ln} + \frac{1}{2}\sigma_{\ln}^2)} dx \\
&= e^{\mu_{\ln} + \frac{1}{2}\sigma_{\ln}^2} \frac{1}{\sigma_{\ln}\sqrt{2\pi}} \int_{-\infty}^{\infty} e^{-\frac{1}{2}[\frac{x - (\mu_{\ln} + \sigma_{\ln}^2)}{\sigma_{\ln}}]^2} dx
\end{aligned}$$

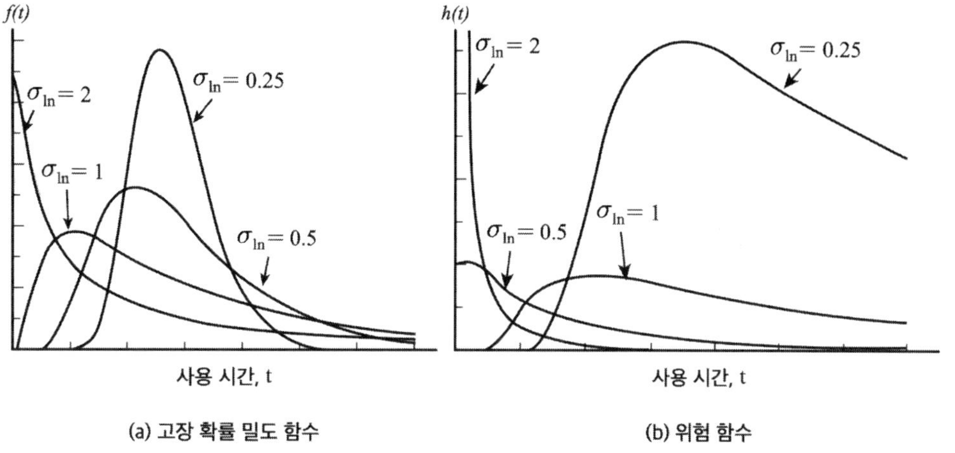

그림 5-7 로그 정규 분포

가 된다. 다시 $z=\dfrac{x-(\mu_{\ln}+\sigma_{\ln}^2)}{\sigma_{\ln}}$라고 하면 $dz=\dfrac{1}{\sigma_{\ln}}dx$이므로 위의 식은

$$\mu=e^{\mu_{\ln}+\frac{1}{2}\sigma_{\ln}^2}\int_{-\infty}^{\infty}\frac{1}{\sqrt{2\pi}}e^{-\frac{1}{2}z^2}dz$$

가 된다. 위의 식에서 $\int_{-\infty}^{\infty}\frac{1}{\sqrt{2\pi}}e^{-\frac{1}{2}z^2}dz$는 평균이 0이고 분산이 1인 정규 분포의 확률 밀도 선도 아래의 면적과 같으므로 1이다. 따라서 로그 정규 분포의 평균은

$$\mu=e^{\mu_{\ln}+\frac{1}{2}\sigma_{\ln}^2} \tag{5-28}$$

이다. 또한 로그 정규 분포의 분산은

$$\sigma^2=\int_0^{\infty}t^2f(t)dt-\mu^2=\int_0^{\infty}\frac{t^2}{t\,\sigma_{\ln}\sqrt{2\pi}}e^{-\frac{1}{2}\left(\frac{\ln t-\mu_{\ln}}{\sigma_{\ln}}\right)^2}dt-\mu^2$$

이고, 같은 방법으로 $\ln t=x$라고 하면 위의 식은 다음과 같이 표현할 수 있다.

$$\sigma^2=\frac{1}{\sigma_{\ln}\sqrt{2\pi}}\int_{-\infty}^{\infty}e^{-\frac{1}{2}\left(\frac{x-\mu_{\ln}}{\sigma_{\ln}}\right)^2}e^{2x}dx-\mu^2$$

평균을 구할 때와 같은 방법을 적용하면

$$\sigma^2 = \frac{1}{\sigma_{\ln}\sqrt{2\pi}}\int_{-\infty}^{\infty} e^{-\frac{1}{2}[\frac{x-(\mu_{\ln}+2\sigma_{\ln}^2)}{\sigma_{\ln}}]^2+(2\mu_{\ln}+2\sigma_{\ln}^2)} dx - \mu^2$$

$$= e^{2\mu_{\ln}+2\sigma_{\ln}^2}\int_{-\infty}^{\infty}\frac{1}{\sigma_{\ln}\sqrt{2\pi}} e^{-\frac{1}{2}[\frac{x-(\mu_{\ln}+2\sigma_{\ln}^2)}{\sigma_{\ln}}]^2} dx - \mu^2$$

가 된다. 따라서 로그 정규 분포의 분산은

$$\sigma^2 = e^{2\mu_{\ln}+2\sigma_{\ln}^2} - \mu^2 = e^{2\mu_{\ln}+2\sigma_{\ln}^2} - (e^{\mu_{\ln}+\frac{\sigma_{\ln}^2}{2}})^2 = e^{2\mu_{\ln}+\sigma_{\ln}^2}(e^{\sigma_{\ln}^2}-1) \qquad (5\text{–}29)$$

이 된다.

[예제 5–9] 로그 정규 분포를 따르는 전구 6개의 수명은 115, 155, 160, 183, 196, 217시간이었다. 사용 시간이 200시간 되었을 때 이 전구의 신뢰도를 구하여라.

[풀이] 수명 데이터를 대수–전환 수명으로 전환하면 표 5–1에서와 같고, 대수–전환 수명의 평균과 표준편차를 구하면 각각

표 5–1 로그 정규 분포의 고장 데이터

전구 번호, i	수명 L_i, 시간	대수–전환 수명, $\ln L_i$	$(\ln L_i - \mu_{\ln})^2$
1	115	4.744932	0.142058
2	155	5.043425	0.006149
3	160	5.075174	0.002178
4	183	5.209486	0.007682
5	196	5.278115	0.024422
6	217	5.379897	0.066595
합계		30.73103	0.249083
평균, $\mu_{\ln}$		5.121838	

$$\mu_{\ln} = \frac{1}{6}(4.74493+5.04342+5.07517+5.020948+5.27811+5.37989) = 5.1218$$

$$\sigma_{\ln} = \sqrt{\frac{0.249083}{6-1}} = 0.22319$$

가 된다. 사용 시간이 200시간이 되었을 때 표준 정규 변수는

$$z = \frac{\ln 200 - 5.1218}{0.22319} = 0.79069$$

이므로, $z_\alpha = 0.79069$를 만족하는 α를 구하면 $\alpha = 0.7854$이다. 따라서 200시간에서 신뢰도는 $R = 1 - \alpha = 1 - 0.7854 = 0.2145$가 된다.

[예제 5-10] 어떤 기계의 제어봉을 지지하는 코일 스프링은 부하 사이클이 10^6 사이클에 이르면 교체하여야 한다. 이 스프링의 고장 분포는 로그 정규 분포를 따르고 대수-전환 수명의 평균과 표준편차는 각각 13.258사이클, 6.572사이클이었다. 스프링의 고장 확률은 얼마인가?

[풀이] 기대 수명은 10^6 사이클이고, $\mu_{\ln} = 13.258$, $\sigma_{\ln} = 6.572$이다. 고장 확률은 사이클 수가 10^6 사이클보다 적을 확률과 같다. 따라서 고장 확률은

$$p(z < 10^6) = F(10^6) = \int_0^{10^6} \frac{1}{z(6.572)\sqrt{2\pi}} e^{\frac{1}{2}\left(\frac{\ln z - 13.258}{6.572}\right)^2} = 0.5338$$

또는

$$p(z \le \ln 10^6 = 13.815) = F(13.815) = \int_{-\infty}^{13.815} \frac{1}{6.572\sqrt{2\pi}} e^{-\frac{1}{2}\left(\frac{z - 13.258}{6.572}\right)^2} dz = 0.5338$$

로서 53.38%가 된다.

(5) 이항 분포

결과가 2가지뿐인 어떤 행위를 다수 수행하였을 때 그 중 한 결과를 나타낸 X가 다음과 같은 조건을 만족하였을 때 X를 이항 변수라고 하며, 이항 변수의 확률이 이루는 분포를 이항 분포라고 한다.

X는 0, 1, 2, 3...n과 같은 정수이다.

n은 고정된 값으로서 어떤 행위의 수이다.

각 행위는 독립적이다.

각 행위의 결과는 성공 또는 실패, 삶 또는 죽음 등과 같이 둘 중의 하나이다.

각 행위의 결과에 대한 확률은 모든 행위에서 같다.

한 행위로 인한 두 결과 중 한 결과의 확률을 p라고 하면 나머지 한 결과의 확률은 $(1-p)$

가 된다. 이제 n번 시행한 행위 중에서 r개의 행위가 동일한 결과를 얻을 것으로 기대되는 확률은

$$P(r) = P(X = r) = \binom{n}{r} p^r (1-p)^{n-r} \tag{5-30}$$

로 표현된다. r이 0에서부터 1, 2, 3, ...n까지 모두 $(n+1)$개의 값을 차례로 취하면 모두 $(n+1)$개의 확률 $P(r)$이 결정되고 이 $(n+1)$개의 확률로써 이루지는 분포가 이항 분포가 된다. 이때 X는 n과 p에 의한 이항 분포를 가진다고 하며, $X \sim B(n,p)$로 표시한다. 예를 들면 1개의 주사위를 20번 던졌을 때 숫자 6은 한 번도 얻지 못하는 경우에서부터 20번 모두 얻는 경우에 이르기까지 다수의 경우가 있다. 모든 경우에 대한 확률을 구하면, 한 번 던졌을 때 숫자가 6이 될 확률은 1/6이므로,

$$\text{한 번도 얻지 못하는 경우의 확률: } P(X=0) = \binom{20}{0}\left(\frac{1}{6}\right)^0 \left(\frac{5}{6}\right)^{20} = 0.0261$$

$$\text{한 번 얻는 경우의 확률: } P(X=1) = \binom{20}{1}\left(\frac{1}{6}\right)^1 \left(\frac{5}{6}\right)^{19} = 0.1043$$

$$\text{두 번 얻는 경우의 확률: } P(X=2) = \binom{20}{2}\left(\frac{1}{6}\right)^2 \left(\frac{5}{6}\right)^{18} = 0.1982$$

$$\vdots$$

$$\text{스무 번 얻는 경우의 확률: } P(X=20) = \binom{20}{20}\left(\frac{1}{6}\right)^{20} \left(\frac{5}{6}\right)^{0} = 2.74 \times 10^{-16}$$

이다. 이 확률 분포의 확률 밀도 함수와 확률 분포 함수는 그림 5–8에서와 같다. 이항 분포의 확률 밀도 함수는 $p = 0.5$일 때 대칭을 이루며, p가 0에 가까울수록 또는 1에 가까울수록 한쪽으로 치우친다.

총 n개의 행위 중에서 최소한 r개의 행위에서 동일한 결과를 얻을 것으로 기대되는 확률은

$$P(X \le r) = \sum_{i=0}^{r} \binom{n}{i} p^i (1-p)^{n-i} \tag{5-31}$$

로 나타낼 수 있으며, 이는 그 결과가 n개의 모든 행위에서 일어나지 않는 경우의 확률, 1개의 행위에서 일어나는 경우의 확률, 2개의 행위에서 일어나는 경우의 확률 등 $(r+1)$개의 행위에서 일어나는 경우의 확률을 모두 더한 것과 같다.

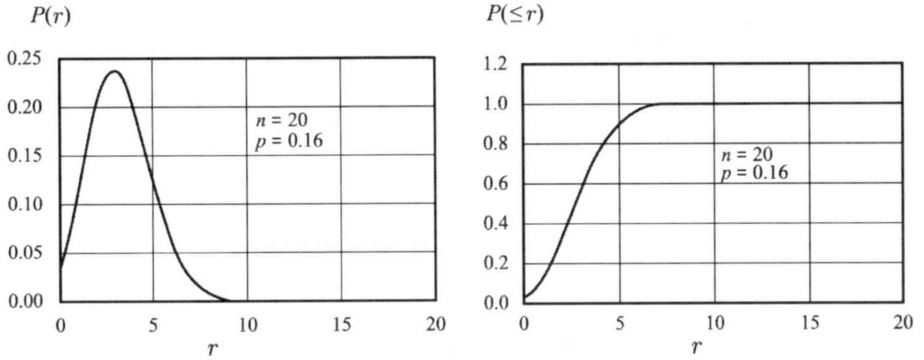

(a) 확률 밀도 함수 (b) 확률 분포 함수

그림 5-8 이항 분포

이항 분포 $B(n,p)$의 평균 μ는, 성공 확률이 p인 행위에서 n번의 행위 중 성공이 m번이었다고 하면, 다음과 같이 나타낼 수 있다.

$$\mu = \sum_{m=0}^{n} mf(m) = \sum_{m=0}^{n} m\binom{n}{m}p^m(1-p)^{n-m} = \sum_{m=0}^{n} \frac{mn!}{m!(n-m)!}p^m(1-p)^{n-m}$$

여기서 $f(m)$은 성공의 확률 밀도 함수이다. $m=0$일 때 위의 식은 0이 되므로 이 식은 다음과 같이 표현할 수 있다.

$$\mu = \sum_{m=1}^{n} \frac{n!(n-1)!pp^{m-1}(1-p)^{(n-1)-(m-1)}}{(n-1)!(m-1)![(n-1)-(m-1)]!}$$

또한 $j=m-1$이라고 하면 m이 1에서 n까지 증가할 때 j는 0에서 $n-1$까지 증가하므로 평균은 다음과 같이 표현할 수 있다.

$$\mu = \frac{n!p}{(n-1)!}\sum_{j=0}^{n-1} \frac{(n-1)!}{j![(n-1)-j]!}p^j(1-p)^{(n-1)-j}$$
$$= np\sum_{j=0}^{n-1}\binom{n-1}{j}p^j(1-p)^{(n-1)-j} = np[p+(1-p)]^{n-1} = np \qquad (5\text{-}32)$$

여기서 $\sum_{j=0}^{n-1}\binom{n-1}{j}p^j(1-p)^{(n-1)-j}$는 이항 정리(binomial theorem)를 적용하면 $[p+(1-p)]^{n-1}$이 된다. 또한 이항 분포의 분산은 식 (5-12)을 적용하면 다음과 같이 나타낼 수 있다.

$$\sigma^2 = \sum_{m=0}^{n} m^2 f(m) - \mu^2 = \sum_{m=0}^{n} m^2 \binom{n}{m} p^m (1-p)^{n-m} - \mu^2$$

$$= \sum_{m=0}^{n} \frac{m^2 n!}{m!(n-m)!} p^m (1-p)^{n-m} - \mu^2$$

$$= \sum_{m=0}^{n} \frac{m(m-1+1)n!}{m!(n-m)!} p^m (1-p)^{n-m} - \mu^2$$

$$= \sum_{m=0}^{n} \frac{m(m-1)n!}{m!(n-m)!} p^m (1-p)^{n-m} + \sum_{m=0}^{n} \frac{mn!}{m!(n-m)!} p^m (1-p)^{n-m} - \mu^2$$

위의 식에서 $m = 0$, $m = 1$이면 첫 번째 부분은 0이 되며, 두 번째 부분은 μ와 같으므로 이 식은 다음과 같이 표현할 수 있다.

$$\sigma^2 = \sum_{m=2}^{n} \frac{m(m-1)n!}{m!(n-m)!} p^m (1-p)^{n-m} + \mu - \mu^2$$

$$= \sum_{m=2}^{n} \frac{n(n-1)(n-2)!}{(m-2)![(n-2)-(m-2)]!} p^{m-2} p^2 (1-p)^{n-2-(m-2)} + \mu - \mu^2$$

$j = m - 2$일 때 이항 정리를 적용하면 위의 식은

$$\sigma^2 = p^2 n(n-1) \sum_{j=0}^{n-2} \frac{(n-2)!}{j![(n-2)-j]!} p^j (1-p)^{n-2-j} + \mu - \mu^2$$

$$= p^2 n(n-1) \sum_{j=0}^{n-2} \binom{n-2}{j} p^j (1-p)^{n-2-j} + \mu - \mu^2$$

$$= p^2 n(n-1)[p + (1-p)]^{n-2} + \mu - \mu^2$$

$$= p^2 n^2 - p^2 n + \mu - \mu^2$$

가 된다. 위의 식에 평균 $\mu = np$를 대입하면 이항 분포의 분산은

$$\sigma^2 = p^2 n^2 - p^2 n + pn - p^2 n^2 = np(1-p) \tag{5-33}$$

가 된다. 예를 들면 동전을 1번 던졌을 때 앞면 또는 뒷면이 나올 확률은 각각 0.5이다. 동전을 10번 던졌을 때 평균적으로 앞면이 나올 확률은 $10 \times 0.5 = 5$로서 다섯 번이고, 분산은 $10 \times 0.5 \times (1 - 0.5) = 0.25$가 된다.

이항 분포에서 행위의 수 n가 증가하면 증가할수록 이항 분포는 평균과 분산이 각각 np, $np(1-p)$인 정규 분포와 가까운 형태가 된다. 이러한 특성을 이용하여 이항 분포의 확

률을 표준 정규 변수의 확률로써 근사적으로 구할 수 있다. 즉 한 행위에서 나타날 수 있는 두 결과 중 한 결과의 확률을 p_o이라 하고, n번의 행위에서 이 결과가 나타난 횟수를 X라고 하면 X를 다음과 같이 표준 정규 변수 z로 변환할 수 있다.

$$z = \frac{X - np_o}{\sqrt{np_o(1 - p_o)}} \tag{5-34}$$

변환한 z값은 정규 분포에 의한 표준 정규 변수 z의 값과 근사적으로 같다는 것이다. 따라서 식 (5-34)는 귀무 가설 $H_o : p = p_o$을 검정하기 위한 검정 통계치(test statistic)로 활용할 수 있으며, z값이 유의 수준 α에 대한 표준 정규 변수 z_α보다 크면 귀무 가설을 기각하고, 작으면 수용한다. 단측 검정과 양측 검정의 선택은 대립 가설이 단측인가 또는 양측인가에 따라 결정된다.

[예제 5-11] 어떤 트랙터 생산업체에서 생산한 트랙터의 평균 결함률은 10%이다. 이 트랙터를 50대 수출하였을 때 50대 모두 결함이 있을 확률과 모두 결함이 없을 확률은 얼마인가?

[풀이] 평균 결함률이 10%이므로 $p=0.1$이고 $(1-p)=0.9$이다. 따라서

모두 결함이 있을 확률: $P(X=50) = \binom{50}{50}(0.1)^{50}(1-0.1)^0 = 0$

모두 결함이 없을 확률: $P(X=50) = \binom{50}{0}(0.1)^0(1-0.1)^{50} = 0.0051$

이다.

[예제 5-12] 결함률이 10%인 유압 모터를 4대 선택하여 성능 시험을 수행하였을 때 최소한 2대에서 결함이 나타날 확률은 얼마인가?

[풀이] 식 (5-31)을 적용하면

$$P(2 \le X \le 4) = \sum_{i=2}^{4}\binom{4}{i}0.1^i(1-0.1)^{n-i} = \binom{4}{2}(0.1)^2(0.9)^2 + \binom{4}{3}(0.1)^3(0.9)^1 + \binom{4}{4}(0.1)^4(0.9)^0 = 0.0523$$

이다.

[예제 5-13] 500개의 전동축을 가공하였을 때, 오차 범위를 벗어난 불량품이 15개였다. 5% 유의 수준에서 가공 불량률이 1% 이상인지 아닌지를 검정하여라.

[풀이] 가공 불량률 p가 1%인가를 검정하기 위한 귀무 가설과 대립 가설은

$$H_o : p \leq 0.01$$

$$H_a : p > 0.01$$

이다. 식 (5-34)를 이용하면, $X = 15$, $n = 500$, $p_o = 0.01$, $1 - p_o = 0.99$이므로

$$z = \frac{X - np_o}{\sqrt{np_o(1-p_o)}} = \frac{15 - 500 \times 0.01}{\sqrt{500 \times 0.01 \times (1 - 0.99)}} = 4.4947$$

이다. 대립 가설이 단측이므로 이를 적용하면, 5%의 유의 수준에서 단측 검정을 위한 z는 $z_{0.05} = -1.6448$이므로 $z_{0.05} < z$가 된다. 따라서 귀무 가설을 기각하고 대립 가설을 수용한다. 즉 5%의 유의 수준에서 가공 불량률은 1% 이상이라고 할 수 있다.

(6) 카이제곱 분포

카이제곱 분포(Chi-square distribution)는 표준 정규 변수의 제곱이 이루는 분포이며, 분산을 추정하거나 통계적 가설을 검정하는 데 사용된다. 어떤 수명 모집단의 평균 수명과 표준편차가 각각 μ, σ이고, 이 모집단에서 임의로 취한 1개의 수명 데이터를 t_1이라고 하면, t_1에 대한 표준 정규 변수의 제곱은

$$z_1^2 = (\frac{t_1 - \mu}{\sigma})^2$$

이 된다. 이제 임의로 ν개의 수명 데이터를 취하여 각 수명의 z_i^2을 구하고 이를 더하면,

$$\chi_\nu^2 = \sum_{i=1}^{\nu} z_i^2 = \sum_{i=1}^{\nu} (\frac{t_i - \mu}{\sigma})^2 = \frac{1}{\sigma^2} \sum_{i=1}^{\nu} (t_i - \mu)^2 \qquad (5\text{-}35)$$

이 되며, 이 값을 자유도가 ν인 카이제곱이라고 한다. 또 다른 ν개의 수명 데이터를 취하여 같은 방법으로 자유도가 ν인 카이제곱을 만들 수 있다. 이러한 방법으로 만든 다수의 카이제곱의 분포를 자유도가 ν인 카이제곱 분포라고 한다.

χ_ν^2의 값은 분산에 대한 편차 제곱의 합이므로 -값은 될 수가 없으며, 최솟값은 $z_i = 0$일 때 0이 된다. 그러나 $z_i = 0$이면 임의로 취한 수명 데이터와 모집단의 평균 수명이 같은 경

우이므로 그 가능성은 극히 낮다. 따라서 $\chi_\nu^2 = 0$이 될 가능성도 극히 낮다. χ_ν^2의 값은 임의로 취한 수명 데이터의 값이 클수록 증가하지만, 이 수명 데이터와 평균 수명 간의 차이가 무한히 클 수는 없기 때문에 χ_ν^2의 값도 무한히 증가할 가능성은 극히 낮다. 또한 χ_ν^2 값은 자유도가 증가할수록, 즉 임의로 취한 수명 데이터의 수가 증가할수록, z_i의 수도 증가하기 때문에, 증가하지만 대부분 χ_ν^2 분포의 평균값에서 크게 벗어나지는 않으며, 분포 곡선도 오른쪽으로 치우치게 된다. 자유도가 무한히 증가하면 카이제곱 분포는 정규 분포가 된다.

카이제곱 분포의 확률 밀도 함수와 확률 분포 함수는 각각 식 (5-36)과 식 (5-37)로 표현되며, 자유도에 따른 확률 밀도 함수의 모양은 그림 5-9에서와 같다.

$$f(\chi_\nu^2) = \frac{1}{2^{\nu/2}\Gamma(\frac{\nu}{2})}(\chi_\nu^2)^{\frac{\nu-2}{2}} e^{-\frac{\chi_\nu^2}{2}}, \quad 0 \le \chi_\nu^2 \tag{5-36}$$

$$F(\chi_\nu^2) = \frac{1}{2^{\nu/2}\Gamma(\frac{\nu}{2})}\int_o^\infty (\chi_\nu^2)^{\frac{\nu-2}{2}} e^{-\frac{\chi_\nu^2}{2}} d\chi_\nu^2 \tag{5-37}$$

또한 식 (5-11)과 식 (5-12)를 적용하면 카이제곱 분포의 평균 μ와 분산 σ^2은 다음과 같이 카이제곱 분포의 자유도 ν로써 나타낼 수 있으며 각각 ν와 2ν가 된다.

$$\mu = \int_0^\infty \chi_\nu^2 f(\chi_\nu^2)d\chi_\nu^2 = \int_0^\infty \frac{(\chi_\nu^2)^{\nu/2+1-1}}{2^{\nu/2}\Gamma(\nu/2)} e^{-\chi_\nu^2/2} d\chi_\nu^2$$

$$= \frac{1}{2^{\nu/2}\Gamma(\nu/2)}\int_0^\infty (\chi_\nu^2)^{\frac{\nu}{2}+1-1} e^{-\frac{\chi_\nu^2}{2}} d\chi_\nu^2$$

$$= \frac{1}{2^{\nu/2}\Gamma(\nu/2)} 2^{\nu/2+1}\int_0^\infty (\frac{\chi_\nu^2}{2})^{\nu/2+1-1} e^{-\frac{\chi_\nu^2}{2}} d(\frac{\chi_\nu^2}{2})$$

$$= \frac{2^{\nu/2+1}}{2^{\nu/2}\Gamma(\nu/2)}\Gamma(\frac{\nu}{2}+1) = \frac{2^{\nu/2+1}}{2^{\nu/2}\Gamma(\nu/2)}\frac{\nu}{2}\Gamma(\nu/2) = \nu$$

$$\sigma^2 = \int_0^\infty (\chi_\nu^2)^2 f(\chi_\nu^2)d\chi_\nu^2 - \mu^2 = \frac{2^{\nu/2+2}}{2^{\nu/2}\Gamma(\nu/2)}\int_0^\infty (\frac{\chi_\nu^2}{2})^{\nu/2+2-1} e^{-\frac{\chi_\nu^2}{2}} d(\frac{\chi_\nu^2}{2}) - \mu^2$$

$$= \frac{2^{\nu/2+2}}{2^{\nu/2}\Gamma(\nu/2)}\Gamma(\frac{\nu}{2}+2) - \mu^2 = \frac{2^{\nu/2+2}}{2^{\nu/2}\Gamma(\nu/2)}(\frac{\nu}{2}+1)(\frac{\nu}{2})\Gamma(\frac{\nu}{2}) - \mu^2$$

$$= \nu^2 + 2\nu - \mu^2 = \nu^2 + 2\nu - \nu^2 = 2\nu$$

고장 시험에서 취한 ν개 수명 데이터의 평균 수명을 $\bar{t}$ 라고 하면 이 평균 수명에 대한 분산 s^2은

$$s^2 = \frac{\sum_{i=1}^{\nu}(t_i - \bar{t})^2}{\nu - 1} \tag{5-38}$$

가 된다. 식 (5-38)에서 $\sum_{i=1}^{\nu}(t_i - \bar{t})^2$은 모집단의 $\sum_{i=1}^{\nu}(t_i - \mu)^2$에 대한 최선의 추정치이므로

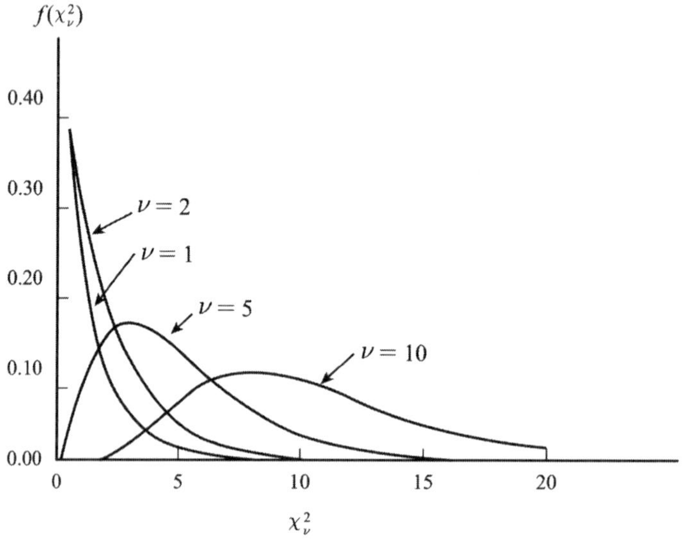

그림 5-9 카이제곱 분포의 확률 밀도 함수

식 (5-38)을 식 (5-35)에 대입하면 카이제곱은 식 (5-39)와 같이 표현된다.

$$\chi_\nu^2 = \frac{(\nu - 1)s^2}{\sigma^2} \tag{5-39}$$

식 (5-39)에서 ν는 고장 시험에서 취한 수명 데이터의 수이므로 모집단에서 취한 수와 구별하기 위하여 ν를 n으로 치환하면, 카이제곱은 자유도가 $n-1$인 카이제곱의 값이 된다. 따라서 고장 시험에서 구한 카이제곱은 식 (5-40)과 같이 표현할 수 있고, 식 (5-40)을 이용하면 임의의 신뢰 수준에서 수명 데이터의 분산 s^2으로부터 모집단의 분산 σ^2을 추정할

수 있다.

$$\chi_\nu^2 = \frac{(n-1)s^2}{\sigma^2}, \text{ 자유도: } \nu = n-1 \tag{5-40}$$

따라서 모집단의 분산을 추정할 때 범할 수 있는 오류의 가능성을 α라고 하면 신뢰 수준은 $(1-\alpha)$가 되고, 신뢰 수준 $(1-\alpha)$에서 모집단의 분산 σ^2의 신뢰 구간은 다음 식으로써 추정할 수 있다.

$$\frac{(n-1)s^2}{\chi^2_{1-\alpha/2,\nu}} \le \sigma^2 \le \frac{(n-1)s^2}{\chi^2_{\alpha/2,\nu}}, \text{ 자유도: } \nu = n-1 \tag{5-41}$$

$\chi^2_{\alpha,\nu}$의 값은 그림 5-10에서와 같이 0에서 $\chi^2_{\alpha,\nu}$까지 확률 밀도 함수 아래의 면적이 α인 χ^2_ν의 값이고, EXCEL에서는 CHISQ.INV(α,ν)로써 구할 수 있다. 또한 카이제곱의 값이 $\chi^2_{\alpha,\nu}$ 이하일 확률은, 즉 $p(\chi^2_\nu \le \chi^2_{\alpha,\nu})$은 식 (5-42)에서와 같이 확률 밀도 함수를 이용하여 구할 수 있으며, 이는 그림 5-10에서 $\chi^2_\nu = 0$에서 $\chi^2_\nu = \chi^2_{\alpha,\nu}$까지 확률 밀도 함수 아래의 면적 α와 같다. EXCEL에서는 $p(\chi^2_\nu \le \chi^2_{\alpha,\nu})$을 CHISQ.DIST$(\chi^2_{\alpha,\nu}, \nu, true)$를 이용하여 구할 수 있다.

$$p(\chi^2_\nu \le \chi^2_{\alpha,\nu}) = \int_0^{\chi^2_{\alpha,\nu}} f(\chi^2_\nu)\,d\chi^2_\nu \tag{5-42}$$

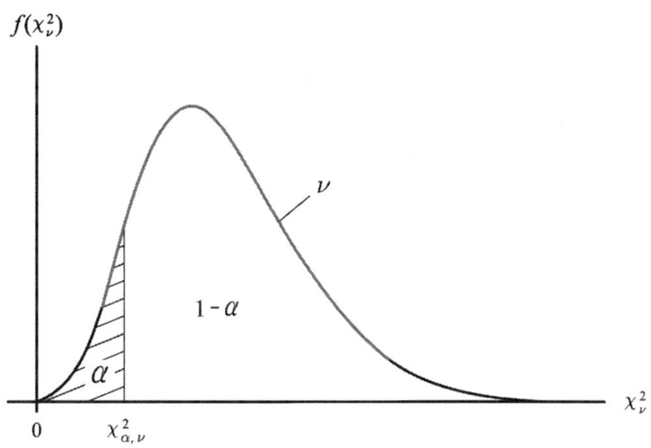

그림 5-10 카이제곱 분포의 신뢰 구간

카이제곱의 값은 이항 분포를 이용하여 근사적으로 구할 수도 있다. 이항 변수 X의 확률을 p, 반대 확률을 $(1-p)=q$라고 하면 n번의 행위에서 X에 대한 평균과 분산은 각각 식 (5-32)와 식 (5-33)으로부터 $\mu = np$, $\sigma^2 = npq$이므로 이를 식 (5-35)에 대입하면

$$\chi^2 = \frac{(X-\mu)^2}{\sigma^2} = \frac{(X-np)^2}{npq}$$

가 된다. 이 식은 다음과 같이 변환할 수 있다.

$$\begin{aligned}\chi^2 &= \frac{(X-np)^2}{npq} = \frac{(X-np)^2}{np} + \frac{(X-np)^2}{nq} \\ &= \frac{(X-np)^2}{np} + \frac{[X-n(1-q)]^2}{nq} \\ &= \frac{(X-np)^2}{np} + \frac{[-(n-X)+nq]^2}{nq} \\ &= \frac{(X-np)^2}{np} + \frac{[(n-X)-nq]^2}{nq} \qquad (5\text{-}43)\end{aligned}$$

식 (5-43)은 이항 변수를 2그룹으로 나누어, 각 그룹에 대한 $\frac{(\text{관측치} - \text{예측치})^2}{\text{예측치}}$의 값을 구하고 이를 더한 것과 같다. 즉 한 그룹의 측정치를 X이라 하면, 다른 그룹의 측정치는 $n-X$가 되고, 한 그룹의 예측치를 np라고 하면 다른 그룹의 예측치는 $n(1-p)=nq$가 된다. 식 (5-43)의 χ^2에 대한 자유도는 2그룹이 서로 독립된 그룹이 아니기 때문에 2-1=1로서 1이 된다.

같은 원리를 적용하여 다항 변수(multinomial variable)에 대한 카이제곱을 구할 수 있다. 즉 한 행위에 의하여 나타날 수 있는 결과가 k개이면 이를 k그룹으로 나누어 각 그룹에 대한 $\frac{(\text{관측치} - \text{예측치})^2}{\text{예측치}}$의 값을 구하고 이를 더하여, 자유도가 $\nu = k-1$인 χ^2_ν의 값을 구할 수 있다. 이를 식으로 표현하면 식 (5-44)와 같다

$$\chi^2_\nu = \frac{(X_1-np_1)^2}{np_1} + \frac{(X_2-np_2)^2}{np_2} + ... \frac{(X_k-np_k)^2}{np_k} = \sum_{i=1}^{k} \frac{(X_i-np_i)^2}{np_i} \qquad (5\text{-}44)$$

여기서, n=행위의 총 수

X_i=결과가 i인 그룹의 관측치

p_i=결과가 i인 그룹의 확률

분산에 대한 가설 검정은 식 (5−40)을 이용하여 수행할 수 있다. 어떤 모집단의 분산이 σ_o이라는 가설을 검정하기 위해서는 다음과 같이 귀무 가설과 대립 가설을 설정한다.

$$H_o : \sigma = \sigma_o$$
$$H_a : \sigma \neq \sigma_o$$

n개의 샘플로부터 구한 분산이 s^2 이었다고 하면, 가설 검정을 위한 검정치는

$$\chi^2 = \frac{(n-1)s^2}{\sigma_o^2} \tag{5-45}$$

가 된다. 검정치는 샘플의 분산 s^2이 크면 클수록 증가하며, 작으면 작을수록 감소한다. 즉 샘플의 분산이 모집단의 분산보다 크면 클수록 검정치는 증가하며, 작으면 작을수록 감소한다. 따라서 검정치가 너무 큰 값이거나 너무 작은 값이면 귀무 가설을 기각하여야 한다. 귀무 가설을 수용할 수 있는 검정치의 하한과 상한은 가설 검정을 위한 유의 수준에 따라 결정되며, 유의 수준을 α라고 하면 검정치의 하한은 $\chi^2_{\alpha/2, n-1}$이 되며 상한은 $\chi^2_{1-\alpha/2, n-1}$이 된다. 따라서 검정치가 $\chi^2_{\alpha/2, n-1} < \chi^2 < \chi^2_{1-\alpha/2, n-1}$이면 귀무 가설을 수용하고, 즉 모집단의 분산이 σ_o이라는 가설을 수용하고, $\chi^2 \leq \chi^2_{\alpha/2, n-1}$ 또는 $\chi^2_{1-\alpha/2, n-1} \leq \chi^2$이면 귀무 가설을 기각하고 대립 가설을 수용하여야 한다. 여기서 대립 가설은 $H_a : \sigma \neq \sigma_o$이므로, 즉 $\sigma < \sigma_o$와 $\sigma_o < \sigma$인 경우를 모두 포함하므로 양측 검정(two−tailed test)을 적용하여 $\sigma < \sigma_o$인 경우에는 검정치의 하한을, $\sigma_o < \sigma$인 경우에는 상한을 적용한다. 그러나 대립 가설이 $\sigma < \sigma_o$ 또는 $\sigma_o < \sigma$인 경우에는 단측 검정(one−tailed test)을 적용하여 귀무 가설을 기각하기 위한 위험 영역을 각각 $\chi^2 \leq \chi^2_{\alpha, n-1}$ 또는 $\chi^2_{1-\alpha, n-1} \leq \chi^2$와 같이 설정하여야 한다.

식 (5−44)에서는 관측치가 예측치에 접근하면 접근할수록 χ^2_ν의 값은 감소하고 관측치와 예측치의 차이가 크면 클수록 증가한다. 따라서 관측치와 예측치가 같다는 가설을 수용하기 위해서는 χ^2_ν의 값이 가능하면 작아야 하고, 유의 수준에 따라 설정한 χ^2_ν의 상한을 초과하지 않아야 한다. 유의 수준이 α일 때 관측치와 예측치가 같다는 가설을 기각해야 할 χ^2_ν의 위험 영역은 $\chi^2_{1-\alpha, \nu} < \chi^2_\nu$로 설정할 수 있다. 또한 식 (5−44)는 샘플의 분포가 특정 분포를 따른다는 가설을 검정할 때, 즉 특정 분포에 대한 매개 변수의 적합성을 검정할 때 이용할 수 있는 식이다. 특정 분포의 매개 변수에 대한 적합성 검정은 제6장에서 다룬다.

[예제 5-14] 일정 기간 사용한 트랙터의 밴드 브레이크에서 교체한 10개 밴드의 마모량은 각각 0.95, 1.13, 1.25, 1.43, 1.56, 1.78, 1.98, 2.05, 2.10, 2.15 mm이었다. 95%의 신뢰 수준에서 모집단에 대한 마모량의 표준편차를 구하여라.

[풀이] 평균 마모량은 EXCEL을 이용하면

$$\overline{X} = AVERAGE(0.95+1.13+1.25+1.43+1.56+1.78+1.98+2.05+2.1+2.15) = 1.638$$

mm이고 분산은

$$s^2 = VAR.S(0.95+1.13+1.25+1.43+1.56+1.78+1.98+2.05+2.1+2.15) = 0.19 \text{ mm}$$

이다. 식 (5-41)을 이용하면, $\nu = 10-1 = 9$이고, $\chi^2_{\frac{0.05}{2},9} = XSQ.INV(0.025,9) = 2.7$,

$\chi^2_{1-\frac{0.05}{2},9} = XSQ.INV(0.975,9) = 19.0$이므로, 표준편차의 범위는

$$\sqrt{\frac{(10-1)\times 0.19}{19.0}} \le \sigma \le \sqrt{\frac{(10-1)\times 0.19}{2.7}}, \quad 0.300 \le \sigma \le 0.797 \text{ mm}$$

가 된다.

[예제 5-15] 표 5-2는 5개 로트에서 각각 50대의 기계를 선발하였을 때 각 로트에서 발견된 결함 기계의 수를 나타낸 것이다. 10% 유의 수준에서 이 기계의 평균 결함률이 8% 이상인지 검정하여라.

표 5-2 로트별 결함 기계의 수

로트 번호	결함 기계의 수	무결함 기계의 수
1	2	48
2	9	41
3	12	38
4	6	44
5	3	47

[풀이] 평균 결함률을 8%로 가정하고 예측한 각 로트별 결함 기계의 수와 실제 관측한 결함 기계의 수를 이용하여 카이제곱을 구하면 표 5-3에서와 같다.

표 5-3 카이제곱의 계산

로트 번호	결함 기계의 수, X_i	무결함 기계의 수 $n_i - X_i$	n_i	$n_i p$	$(X_i - n_i p)^2$	$\frac{(X_i - n_i p)^2}{n_i p}$
1	2	48	50	4	4	1.00
2	9	41	50	4	25	6.25
3	12	38	50	4	64	16.00
4	6	44	50	4	4	1.00
5	3	47	50	4	1	0.25
합						24.50

검정할 가설은 $H_o : p \geq 0.08$

$H_a : p < 0.08$

이다. $\chi_4^2 = \sum_{i=1}^{5} \frac{(X_i - n_i p)^2}{n_i p} = 24.50$이고 유의 수준을 $\alpha = 10\%$라고 하면 귀무 가설을 기각해야 할 위험 영역은 $\chi_{1-0.1,4}^2 = 7.78 < \chi_4^2$ 이다. 따라서 χ_4^2=24.5이므로 귀무 가설을 기각하고 대립 가설을 수용한다. 즉 기계의 결함률은 8% 이상이라고 할 수 없다.

(7) 포아슨 분포

포아슨 분포(Poisson distribution)는 특정 범위의 시간, 거리, 면적 등에서 일정 비율로 발생하는 상호 독립적인 사건의 이산 분포(discrete distribution)이다. 예를 들면 어떤 버스회사에서 1달 동안 발생하는 버스의 고장 수, 5분 동안 어떤 교차로를 통과하는 자동차의 수, 1시간 동안 어떤 자동 현금 인출기를 사용하는 고객의 수, 인쇄물의 면당 잘 못된 철자의 수 등과 같은 수의 분포이다. 이러한 사건의 수를 포아슨의 이산 변수(discrete variable)라고 하며, 포아슨 분포를 따르는 임의의 이산 변수를 X라고 하면 포아슨 분포는 $X \sim P(\lambda)$로써 나타낸다. 포아슨 분포의 매개 변수 λ는 일정 기간에 발생하는 사건 수의 평균으로서 사건의 발생률이다.

일정 기간에 발생한 사건 수의 평균을 λ라고 하면, 즉 사건의 발생률을 λ라고 하면 같은 기간에 k개의 사건이 발생할 확률은 다음과 같이 표현된다.

$$f(k) = \frac{\lambda^k e^{-\lambda}}{k!} \tag{5-46}$$

식 (5-46)을 포아슨 분포의 확률 밀도 함수 또는 확률 질량 함수(probability mass function)라고 한다. 포아슨 분포의 평균은 다음과 같이 표현되며

$$\mu = \sum_{k=0}^{\infty} kf(k) = \sum_{k=0}^{\infty} k\frac{\lambda^k e^{-\lambda}}{k!} = \lambda e^{-\lambda}\sum_{k=1}^{\infty}\frac{\lambda^{k-1}}{(k-1)!} \tag{5-47}$$

식 (5-47)에서

$$\sum_{k=1}^{\infty}\frac{\lambda^{k-1}}{(k-1)!} = \frac{\lambda^0}{0!} + \frac{\lambda}{1!} + \frac{\lambda^2}{2!} + \frac{\lambda^3}{3!} + \cdots\cdots = e^{\lambda}$$

이므로 이를 식 (5-47)에 대입하면

$$\mu = \lambda e^{-\lambda}\sum_{k=1}^{\infty}\frac{\lambda^{k-1}}{(k-1)!} = \lambda e^{-\lambda}e^{\lambda} = \lambda$$

가 된다. 또한 분산은 다음과 같이 표현되며

$$\begin{aligned}
\sigma^2 &= \sum_{k=0}^{\infty}(k-\mu)^2 f(k) = \sum_{k=0}^{\infty}(k-\lambda)^2\frac{\lambda^k e^{-\lambda}}{k!} = \sum_{k=0}^{\infty}(k^2 - 2\lambda k + \lambda^2)\frac{\lambda^k e^{-\lambda}}{k!} \\
&= \sum_{k=0}^{\infty} k\frac{\lambda\lambda^{k-1}e^{-\lambda}}{(k-1)!} - 2\lambda\sum_{k=0}^{\infty} k\frac{\lambda^k e^{-\lambda}}{k!} + \lambda^2 e^{-\lambda}\sum_{k=0}^{\infty}\frac{\lambda^k}{k!} \\
&= \lambda e^{-\lambda}\sum_{k=0}^{\infty}\frac{k\lambda^{k-1}}{(k-1)!} - 2\lambda^2 + \lambda^2 e^{-\lambda}e^{\lambda}
\end{aligned} \tag{5-48}$$

식 (5-48)에서 $k-1=i$라고 하면

$$\sum_{k=1}^{\infty}\frac{k\lambda^{k-1}}{(k-1)!} = \sum_{i=0}^{\infty}\frac{(i+1)\lambda^i}{i!} = e^{\lambda}\sum_{i=0}^{\infty}\frac{i\lambda^i e^{-\lambda}}{i!} + \sum_{i=0}^{\infty}\frac{\lambda^i}{i!} = \lambda e^{\lambda} + e^{\lambda}$$

가 되므로 이를 식 (5-48)에 대입하면

$$\sigma^2 = \lambda e^{-\lambda}(\lambda e^{\lambda} + e^{\lambda}) - 2\lambda^2 + \lambda^2 = \lambda$$

가 된다. 즉 포아슨 분포의 평균과 분산은 같고, 이는 일정 기간에 발생한 사건 수의 평균, 즉 λ와 같다.

포아슨 분포의 누적 확률은 다음과 같이 표현된다.

$$F(k) = \sum_{i=0}^{k}\frac{\lambda^k e^{-\lambda}}{k!} = e^{-\lambda}\sum_{i=0}^{k}\frac{\lambda^k}{k!} \tag{5-49}$$

이는 일정 기간에 발생한 사건 수의 평균이 λ일 때, 같은 기간에 최소한 k개의 사건이 발생할 확률을 나타낸다.

포아슨 분포는 지수 분포와 밀접한 관계가 있으며 X를 포아슨 분포의 무작위 변수(random variable)라고 하면 $1/X$는 지수 분포의 무작위 변수가 되며, x를 지수 분포의 무작위 변수라고 하면 $1/x$는 포아슨 분포의 무작위 변수가 된다. 특정 범위에서 발생하는 사건의 수가 포아슨 분포를 따르기 위해서는 그 수가 특정 범위에 비례하여야 하며 상호 독립적인 것이어야 한다.

[예제 5-16] 어떤 부품 가공 공장에서 가동하고 있는 선반은 총 20대이다. 310일 간 연속으로 기록한 선반의 고장 수는 표 5-4에서와 같다.

(1) 일일 선반의 고장 수가 0, 1, 2, 3이 될 확률을 구하여라.

(2) 일일 최소한 1번의 고장이 일어날 확률을 구하여라.

(3) 일일 대당 최소한 1번의 고장이 일어날 확률을 구하여라.

일일 선반의 고장 수	고장이 일어난 날 수
0	158
1	85
2	33
3	20
4	10
5	4

[풀이] 310일 간 총 고장 수는

$$0\times158+1\times85+2\times33+3\times20+4\times10+5\times4=271$$

이고 일일 평균 고장 수와 일일 대당 평균 고장 수는 각각

$$\frac{271}{310}=0.874/\text{일}, \frac{271}{310\times20}=0.0437/\text{일}/\text{대}$$

이다. 일일 고장 수가 0, 1, 2, 3, 4가 될 확률은 각각

$$P(r=0)=\frac{0.874^0e^{-0.874}}{0!}=0.417$$

$$P(r=1)=\frac{0.874^1 e^{-0.874}}{1!}=0.365$$

$$P(r=2)=\frac{0.874^2 e^{-0.874}}{2!}=0.159$$

$$P(r=3)=\frac{0.874^3 e^{-0.874}}{3!}=0.046$$

$$P(r=4)=\frac{0.874^4 e^{-0.874}}{4!}=0.0102$$

이다. 최소한 일일 한 번의 고장이 일어날 확률은

$$P(1 \le r)=1-P(r=0)=1-0.417=0.582$$

가 된다. 대당 일일 한 번의 고장이 일어날 확률은, 대당 일일 평균 고장수가 0.0437이므로

$$P(1 \le r)=1-P(r=0)=1-\frac{0.0437^0 e^{-0.0437}}{0!}=1-0.9572=0.04277$$

이다.

5.4 고장률

제품의 고장률은 단위 시간당 고장 난 제품의 수 또는 단위 시간당 고장 수로 정의할 수 있으며 그림 5-3에서와 같이 시간에 따라 고장률이 감소하는 경우, 시간에 관계없이 고장률이 일정한 경우, 시간에 따라 고장률이 증가하는 경우가 있다.

시간에 따라 고장률이 감소하는 고장은 주로 사용 초기에 발생하며 부품, 재질, 조립, 가공 등의 불량이 주원인이다. 따라서 이러한 고장은 번인(burn-in), 토처 시험(torture test) 등 정성 시험을 통하여 그 원인을 구명하고 고장 원인에 따라 재질, 조립, 가공 등의 개선, 즉 품질 관리를 통하여 최소화할 수 있다. 고장률이 일정한 고장은 주로 정성 시험에서 생존한 제품에서 일어나며 우발적인 사고가 주원인인 경우가 많다. 고장률이 일정한 고장은 제품의 사용 시간에 영향을 받지 않는 고장이다. 즉 사용 기간 중 고장 확률은 항상 같고 제품을 사용한 시간에는 영향을 받지 않는다는 것이다. 이러한 고장은 제품의 강도와 설계를 실제 사용 조건에 맞도록 개선함으로써 해결할 수 있다. 고장률이 일정한 기간은 제품의 가격, 보증 기간, 수리비 등을 결정하는 데 기본이 되며 수리 부품의 재고량, 제품의 정비 주기 등을 결정하는 데에도 기준이 된다. 고장률이 시간에 따라서 증가하는 고장은 보통 가

동부의 피로, 부식, 마모 등 노화가 주원인이며 이 기간에는 정기적인 정비, 검사, 부품 교체 등의 조치가 필요한 기간이다.

시간에 따라 고장률이 감소하거나 증가할 때 시간 함수의 고장률을 위험 함수라고 하며 식 (5-8)에서와 같이 고장 밀도 함수와 신뢰도 함수에 의하여 결정된다. 고장률이 일정한 고장 분포 함수는 지수 분포 함수이며 고장률은 평균고장간격의 역수가 된다. 고장률이 다른 다수의 부품으로 구성된 기계, 정기적으로 부품 교체가 이루어진 기계, 작동 모드에 따라 고장률이 다른 기계 등의 경우에는 다음과 같이 고장률을 구한다.

(1) 고장률이 다른 다수의 부품으로 구성된 기계의 고장률

고장률이 다른 다수의 부품으로 구성된 기계의 고장률은 각 부품의 고장률을 더한 것과 같다. 즉 n개의 주요 부품으로 구성된 기계에서 각 구성 부품의 고장률을 λ_1, λ_2, ...λ_n이라고 하면 기계의 고장률 λ_{eq}는

$$\lambda_{eq} = \lambda_1 + \lambda_2 + ...\lambda_n \tag{5-50}$$

가 된다.

(2) 필요에 따라 수시로 사용하는 기계의 고장률

대부분의 기계는 수명을 다할 때까지 연속적으로 사용하기보다는 필요에 따라 수시로 사용하는 경우가 많다. 기계를 사용할 때는 먼저 시동을 위하여 전원을 인가하거나 명령 신호를 입력하여야 한다. 따라서 시동의 성공 여부는 기계의 고장률에 큰 영향을 미친다. 수시로 사용하는 기계로서 시동 실패율이 낮은 기계의 고장률은 다음과 같이 구한다.

t시간 동안 필요한 기계의 시동 횟수를 N, 시동 실패율, 즉 시동 시 기계가 작동하지 않을 확률을 p라고 하면, N회 시동 중 기계가 작동하지 않을 것으로 예상되는 수 n의 확률은 이항 분포에 의하여

$$P(n) = {}_N C_n p^n (1-p)^{N-n} \tag{5-51}$$

가 된다. 또한 단위 시간당 필요한 시동 횟수를 m이라고 하면

$$m = \frac{N}{t} \tag{5-52}$$

가 되고, 기계의 고장률을 λ, t시간 동안 평균 고장 수를 $n_f = \lambda t$라고 하면

$$p = \frac{n_f}{N} = \frac{n_f}{mt} \tag{5-53}$$

가 된다. 식 (5–53)이 유효한 조건은 고장이 독립적이고, 즉 앞서 일어난 고장이 다음 일어날 고장에 영향을 미치지 않아야 하며, t시간 동안 평균 고장 수는 t시간 동안 예상되는 시동 실패 수와 같다는 조건이다. 즉 N은 $n_f = pN = pmt$를 만족하는 조건이다. 이러한 조건에서 고장률은

$$\lambda = pm \tag{5-54}$$

이 된다. 이를 증명하기 위하여 식 (5–53)을 식 (5–51)에 대입하여 변환하면

$$\begin{aligned}
P(n) &= {}_N C_n \left(\frac{n_f}{N}\right)^n \left(1 - \frac{n_f}{N}\right)^{N-n} \\
&= \frac{N!}{n!(N-n)!}\left(\frac{n_f}{N}\right)^n \left(1 - \frac{n_f}{N}\right)^{N-n} \\
&= \frac{N(N-1)(N-2)\ldots\ldots(N-n+1)}{N^n}\left(\frac{n_f^n}{n!}\right)\left(1 - \frac{n_f}{N}\right)^{N-n} \\
&= \frac{N}{N}\frac{N-1}{N}\frac{N-2}{N}\ldots\ldots\ldots\ldots\frac{N-n+1}{N}\left(\frac{n_f^n}{n!}\right)\left(1 - \frac{n_f}{N}\right)^{N}\left(1 - \frac{n_f}{N}\right)^{-n}
\end{aligned}$$

가 된다. 위의 식에서 N가 무한대로 접근하면

$$\lim_{N\to\infty}\left(\frac{N}{N}\frac{N-1}{N}\frac{N-2}{N}\ldots\ldots\ldots\ldots\frac{N-n+1}{N}\right) = 1$$

$$\lim_{N\to\infty}\left(1 - \frac{n_f}{N}\right)^{-n} = 1$$

이 되고, $x = -\dfrac{N}{n_f}$라고 하면 $N \to \infty$ 일 때 $x \to -\infty$ 이고

$$\lim_{N\to\infty}\left(1 - \frac{n_f}{N}\right)^N = \lim_{x\to-\infty}\left(1 - \frac{n_f}{-n_f x}\right)^{-n_f x} = \lim_{x\to-\infty}\left[\left(1 + \frac{1}{x}\right)^x\right]^{-n_f}$$

$$= \lim_{x\to\infty}\left[\frac{1}{\left(1 - \frac{1}{x}\right)^x}\right]^{-n_f} = \left[\frac{1}{\frac{1}{e}}\right]^{-n_f} = e^{-n_f}$$

가 되므로

$$\lim_{N \to \infty} P(n) = p(n, pmt) = \frac{n_f^n e^{-n_f}}{n!} = \frac{(pmt)^n e^{-pmt}}{n!} \tag{5-55}$$

가 된다. 식 (5–55)는 포아슨 분포의 확률 밀도 함수로서, t시간 동안 평균 고장 수가 pmt일 때 t시간 동안 n회의 고장이 일어날 확률을 나타낸다. 즉 $N \to \infty$ 일 때 t시간 동안 평균 고장 수는 pN 또는 pmt가 된다. 따라서 식 (5–53)은 일정 기간에 필요한 시동 횟수는 많지만 시동 실패율이 낮은 기계 또는 자동화 시스템에 유효하며, 고장률은 단위 시간당 필요한 시동 횟수와 시동 실패율의 곱으로서 일정한 값이 된다. 즉 고장률은 $\lambda = pm$이 된다. 보통 이항 분포에서 $20 < N,\ p < 0.05$이면 이항 분포는 근사적으로 포아슨 분포가 된다.

(3) 다수의 작동 모드로 구성된 시스템의 고장률

일반적으로 자동화된 시스템은 다수의 작동 모드로 구성되어 있으며 작동 조건에 따라 시동–작동–대기와 같은 작동 모드를 반복한다. 예를 들면 냉난방 시스템은 실내 온도에 따라 명령 신호가 입력되면 가동을 시작하여 설정 온도에 이를 때까지 작동하고 이후에는 시동 조건에 이를 때가지 전원이 꺼지거나 대기 상태를 유지한다. 세탁기와 같은 경우에도 명령 신호가 입력되면 입수–세척–배수–탈수–입수–헹굼–탈수의 작업 모드로써 1회의 작업 사이클을 수행한다. 이때 각 작동 모드의 시간 비율을 $C_i,\ i = 1,2,3,....n$이라 하고 고장률을 $\lambda_i,\ i = 1,2,3.....n$이라고 하면 시스템 또는 기계의 등가 고장률(equivalent failure rate) λ_{eq}는 다음과 같이 구할 수 있다.

$$\lambda_{eq} = \lambda_s + C_1\lambda_1 + C_2\lambda_2 + C_3\lambda_3 + ...C_n\lambda_n \tag{5-56}$$

여기서 $C_1 + C_2 + C_3 + ...C_n = 1$이 되고 λ_s는 명령 신호의 고장률로서 일정 기간에 필요한 명령 신호의 횟수와 명령 신호가 실패할 확률에 의하여 결정되며 식 (5–54)의 pm과 같다. 따라서 이러한 시스템 또는 기계의 고장률은 상수가 되며 신뢰도 함수는

$$R(t) = e^{-\lambda_{eq} t}$$

가 된다.

(4) 정기적으로 부품을 교체하는 기계의 고장률

기계를 장기간 고장 없이 연속적으로 사용하기 위해서는 일정 기간에 필요한 정비 또는

부품의 교체 횟수를 알아야 한다. t시간 동안 필요한 정비 횟수가 n일 확률을 $p(\frac{n}{t})$이라고 하면 $p(\frac{n}{t})$는 다음과 같은 조건을 만족하여야 한다.

$$t=0\text{일 때 } 0<n\text{인 모든 } n\text{에 대하여 } p(\frac{0}{0})=1, \quad p(\frac{n}{0})=0$$

$$0<t\text{일 때 } \sum p(\frac{n}{t})=1, \ n=0,\ 1,\ 2, \ldots\ldots \infty$$

고장률 λ가 일정한 기계에서 t시간 및 $(t+\Delta t)$시간까지 정비 또는 부품 교체가 없을 확률을 각각 $p(\frac{0}{t})$, $p(\frac{0}{t+\Delta t})$라고 하면 $p(\frac{0}{t+\Delta t})$는 다음과 같이 표현할 수 있다.

$$p(\frac{0}{t+\Delta t})=p(\frac{0}{t})(1-\lambda\Delta t)$$

$$p(\frac{0}{t+\Delta t})-p(\frac{0}{t})=-p(\frac{0}{t})\lambda\Delta t \tag{5-57}$$

여기서 $\lambda\Delta t$는 Δt시간 동안에 고장이 일어날 확률이고 $1-\lambda\Delta t$는 고장이 일어나지 않을 확률이다. 식 (5–57)의 양변을 Δt로 나누고 $\Delta t\to 0$이면

$$\lim_{\Delta t\to 0}\left[\frac{p(\frac{0}{t+\Delta t})-p(\frac{0}{t})}{\Delta t}\right]=-p(\frac{0}{t})\lambda$$

가 된다. 이는 시간에 대한 $p(\frac{0}{t})$의 1차 도함수와 같다. 즉

$$\frac{d\,p(\frac{0}{t})}{dt}=-p(\frac{0}{t})\lambda$$

이다. 이 미분 방정식의 해를 구하면

$$\int_0^t \frac{dp(\frac{0}{t})}{p(\frac{0}{t})}=-\int_0^t \lambda dt$$

$$\ln p(\frac{0}{t})=-\lambda t$$

$$p(\frac{0}{t})=e^{-\lambda t} \tag{5-58}$$

가 된다.

$p(\frac{n}{t})$을 구하기 위해서는 먼저 $t+\Delta t$시간에 필요한 정비 또는 부품 교체의 수가 n이 될 확률, 즉 $p(\frac{n}{t+\Delta t})$을 구해야 한다. 이 확률은 t시간까지 이미 n회의 정비 또는 부품 교체가 이루어져 Δt시간 동안에는 정비 또는 부품 교체가 없을 확률과 t시간까지 $(n-1)$회의 정비 또는 부품 교체가 이루어져 Δt시간 동안에는 반드시 1회의 정비 또는 부품 교체가 있을 확률을 더한 것과 같다. 즉

$$p(\frac{n}{t+\Delta t}) = p(\frac{n}{t})(1-\lambda\Delta t) + p(\frac{n-1}{t})\lambda\Delta t \tag{5-59}$$

가 된다. 이 식을 미분 방정식의 형태로 변형하면

$$\lim_{\Delta t \to 0}[\frac{p(\frac{n}{t+\Delta t}) - p(\frac{n}{t})}{\Delta t}] = -p(\frac{n}{t})\lambda + p(\frac{n-1}{t})\lambda$$

$$\frac{d}{dt}p(\frac{n}{t}) + p(\frac{n}{t})\lambda = p(\frac{n-1}{t})\lambda \tag{5-60}$$

가 된다. 미분 방정식의 해를 구하기 위하여 적분 인자(integrating factor) $\mu(t)$를 적용하면

$$\mu(t)[\frac{d}{dt}p(\frac{n}{t}) + p(\frac{n}{t})\lambda] = \frac{d}{dt}[\mu(t)p(\frac{n}{t})]$$

가 되고 이를 만족하는 $\mu(t)$는 $\mu(t) = e^{\lambda t}$이므로

$$\frac{d}{dt}[e^{\lambda t}p(\frac{n}{t})] = \lambda e^{\lambda t}p(\frac{n}{t}) + e^{\lambda t}\frac{d}{dt}p(\frac{n}{t}) = e^{\lambda t}[\frac{d}{dt}p(\frac{n}{t}) + \lambda p(\frac{n}{t})] \tag{5-61}$$

가 된다. 따라서 식 (5-60)을 식 (5-61)에 대입하면 식 (5-61)은 식 (5-62)와 같이 변형된다.

$$\frac{d}{dt}[e^{\lambda t}p(\frac{n}{t})] = e^{\lambda t}p(\frac{n-1}{t})\lambda \tag{5-62}$$

식 (5-62)를 적분하면

$$\int_0^t d[e^{\lambda t}p(\frac{n}{t})] = \int_0^t e^{\lambda t}p(\frac{n-1}{t})\lambda dt$$

$$e^{\lambda t}[p(\frac{n}{t})-p(\frac{n}{0})]=\lambda\int_0^t e^{\lambda t}p(\frac{n-1}{t})dt$$

가 되고, $p(\frac{n}{0})=0$이므로

$$e^{\lambda t}\,p(\frac{n}{t})=\lambda\int_0^t e^{\lambda t}p(\frac{n-1}{t})dt \tag{5-63}$$

가 된다. 식 (5-63)에서 $n=1$이면 식 (5-58)에서 $p(\frac{0}{t})=e^{-\lambda t}$이므로

$$e^{\lambda t}\,p(\frac{1}{t})=\lambda\int_0^t e^{\lambda t}p(\frac{0}{t})dt=\lambda\int_0^t e^{\lambda t}e^{-\lambda t}dt=\lambda t$$

$$p(\frac{1}{t})=\lambda te^{-\lambda t}$$

가 되고, $n=2$이면

$$e^{\lambda t}\,p(\frac{2}{t})=\lambda\int_0^t e^{\lambda t}p(\frac{1}{t})dt=\lambda\int_0^t e^{\lambda t}(\lambda te^{-\lambda t})dt=\frac{1}{2}(\lambda t)^2$$

$$p(\frac{2}{t})=\frac{1}{2}(\lambda t)^2\,e^{-\lambda t}$$

가 된다. 같은 방법으로 $n=3,\ 4,\ 5\ldots n$일 때 $p(\frac{n}{t})$을 구할 수 있다. 따라서 식 (5-63)의 오른쪽 항은 포아슨 분포의 확률 밀도 함수와 같다. 즉

$$p(\frac{n}{t})=\frac{(\lambda t)^n e^{-\lambda t}}{n!}$$

이다. 포아슨 분포의 평균 μ_n과 분산 σ_n^2은 λt이고 이는 t시간 동안 일어난 기계의 고장 수로서 t시간 동안 필요한 정비 또는 부품 교체의 수와 같다. 즉

$$\mu_n=\lambda t \tag{5-64}$$

$$\sigma_n^2=\lambda t \tag{5-65}$$

이다. 따라서 정기적으로 부품을 교체하는 기계의 고장률은 다음과 같이 표현된다.

$$\lambda=\frac{\mu_n}{t}=\frac{\sigma_n^2}{t} \tag{5-66}$$

(5) 평균고장간격이 일정한 제품의 고장률

제품의 고장을 수리하여 계속 사용할 경우 t 시간까지 평균 고장 수가 μ_n 이고, 고장률이 일정한 상수 λ 라고 하면 제품의 평균고장간격(MTBF, mean time between failures)은 다음과 같이 정의된다.

$$MTBF = \frac{t}{\mu_n} = \frac{1}{\lambda} \tag{5-67}$$

또한 제품의 고장률은 다음과 같이 표현된다.

$$\lambda = \frac{\mu_n}{t}$$

t 시간까지 필요한 정비 또는 부품 교체의 수가 N보다 적거나 같을 누적 확률과 많을 누적 확률은 포아슨 분포에 따라 각각 다음과 같이 나타낼 수 있다.

$$P(\frac{n \le N}{t}) = p(\frac{0}{t}) + p(\frac{1}{t}) + p(\frac{2}{t}) + ...p(\frac{N}{t}) = \sum_{n=0}^{N} \frac{(\lambda t)^n e^{-\lambda t}}{n!} \tag{5-68}$$

$$P(\frac{n > N}{t}) = p(\frac{N+1}{t}) + p(\frac{N+2}{t}) + ...p(\frac{\infty}{t}) = \sum_{n=N+1}^{\infty} \frac{(\lambda t)^n e^{-\lambda t}}{n!} \tag{5-69}$$

[예제 5-17] 어떤 부품의 위험 함수는 $h(t) = 0.01t^{0.56}$ 이다.

1) 신뢰도 함수를 구하여라.
2) 고장 밀도 함수를 구하여라.
3) 평균 고장 시간을 구하여라.

[풀이] 식 (5-9)로부터 $R(t) = e^{-\int_0^t h(t)dt}$ 이므로 $-\int_0^t h(t)dt$를 구하면

$$-\int_0^t 0.01t^{0.56}dt = -\frac{0.01}{1+0.56}t^{1+0.56} = -0.00641t^{1.56}$$

이다. 따라서

$$R(t) = e^{-0.00641t^{1.56}}$$

이고, 고장 밀도 함수는 식 (5-8)로부터

$$f(t) = h(t)R(t) = 0.01t^{0.56}e^{-0.00641t^{1.56}}$$

가 된다. 평균 고장 시간은 식 (5-11)로부터

$$\mu = \int_0^{\infty} tf(t)dt = \int_0^{\infty} 0.01t^{1.56}e^{-0.00641t^{1.56}}dt$$

가 되고, 이를 수치 해석으로 풀면 근사적으로 $\mu = 22.86$이다.

[예제 5-18] 1일 40,000개의 전구를 생산하는 제조업체의 출하 전 검사에서 전구의 결함률은 5,000개당 3개이었다. 1일 생산한 제품에서 임의로 선정한 10개의 전구가 모두 결함일 확률은 얼마인가?

[풀이] 1일 생산량 40,000개의 전구에 대한 평균 결함률은

$$3 \times \frac{40,000}{5,000} = 24\text{개/일}$$

이고, 1일 생산량 40,000개 중에서 10개가 결함일 확률은 식 (5-46)을 적용하면

$$P(10, 24) = \frac{24^{10}e^{-24}}{10!} = 0.0006596$$

이다.

[예제 5-19] 10대의 동일한 승용차를 임대하는 임대업자가 30일 간 조사한 승용차의 고장 실태는 표 5-5에서와 같다. 일일 고장 수가 1회 이하일 승용차의 대당 확률을 구하여라.

표 5-5 임대 승용차의 30일 간 고장 데이터

1일 고장 수	해당 일수
0	10
1	12
2	15
3	9
4	6
5	4
6	2
7	0

[풀이] 30일 동안 총 고장 수는

$$0\times10+1\times12+2\times15+3\times9+4\times6+5\times4+6\times2+7\times0=125$$

이고, 대당 일일 평균 고장률은

$$\lambda=\frac{125}{10\times30}=0.4167$$

이다. 따라서 일일 고장 수가 1회 이하일 승용차의 대당 확률은

$$P(failure\leq1)=\frac{0.4167^0e^{-0.4167}}{0!}+\frac{0.4167^1e^{-0.4167}}{1!}=0.934$$

가 된다.

[예제 5-20] 어떤 전자 제품에서 요구되는 고장은 사용 시간 10,000시간까지 3개 이하이다. 90%의 신뢰 수준에서 이를 만족하기 위한 제품의 평균 고장률과 단위 시간당 고장률을 구하여라.

[풀이] 평균 고장률을 λ라고 하면, 고장 수가 3 이하인 포아슨 분포의 확률과 신뢰 수준이 같아야 하므로, 즉

$$P(r\leq3)=\frac{\lambda^0e^{-\lambda}}{0!}+\frac{\lambda^1e^{-\lambda}}{1!}+\frac{\lambda^2e^{-\lambda}}{2!}+\frac{\lambda^3e^{-\lambda}}{3!}=0.9$$

가 되어야 하므로 이를 만족하는 λ를 구하면

$$\lambda=1.744$$

이다. 따라서 고장 조건을 만족하기 위한 제품의 평균 고장률은 10,000시간까지 1.744대이고 단위 시간당 고장률은

$$\lambda_o=\frac{\lambda}{t}=\frac{1.744}{10,000}=0.000174/\text{시간}$$

이다.

[예제 5-21] 난방 시스템에 설치된 모터는 설정 온도에 따라 시동-가동-대기 상태의 작동 사이클을 반복한다. 각 작동 상태에서 예상되는 고장률은 다음과 같고 24시간 기록한 열풍기의 작동 상태는 표 5-6에서와 같다. 작동 기간이 1개월 되었을 때 열풍기의 신뢰도를 구하여라. 시동 상태에서 고장 확률

은 p=0.0005/시동, 가동 상태에서 고장률은 λ_{op}=0.0004/시간, 대기 상태에서 고장률은 λ_{stnby}= 0.00001/시간이다.

표 5-6 열풍기의 작동 상태

시동 신호 번호	시동 시각	가동 중지 시각	가동 시간
1	0:47am	1:01am	0.23
2	1:41am	2:07am	0.43
3	2:53am	3:04am	0.18
4	3:55am	4:13am	0.30
5	4:43am	5:05am	0.37
6	5:58am	6:19am	0.35
7	6:50am	7:14am	0.40
8	7:46am	8:07am	0.35
9	8:55am	9:08am	0.22
10	9:49am	10:05am	0.27
11	10:49am	11:01am	0.20
12	11:52am	12:08am	0.27
13	12:59am	1:11pm	0.20
14	1:49pm	2:04pm	0.25
15	2:52pm	3:11pm	0.32
16	3:58pm	4:05pm	0.12
17	4:41pm	4:59pm	0.30
18	5:43pm	6:02pm	0.32
19	6:37pm	7:00pm	0.38
20	7:37pm	7:58pm	0.35
21	8:37pm	8:55pm	0.30
22	9:29pm	9:52pm	0.38
23	10:35pm	10:47pm	0.20
24	11;37pm	11:53pm	0.27

[풀이] 작동 시간 24시간 중 열풍기의 가동 시간은 6.96시간이고, 가동 시간 비율은 C=6.96/24=0.29이다. 또한 24시간 동안 시동 신호의 수는 N=24회이므로 시간당 시동 횟수는

$$m=\frac{24}{24}=1\text{회/시간}$$

이 된다. 따라서 등가 고장률은

$$\lambda_{eq}=mp+C\lambda_{op}+(1-C)\lambda_{stnby}$$

$$\lambda_{e1} = 1\times 0.0005 + 0.29\times 0.0004 + (1-0.29)\times 0.00001 = 6.23\times 10^{-4}$$

이고, 신뢰도 함수는

$$R(t) = e^{-0.0006.23t}$$

가 된다. 1개월은 $24\times 30 = 720$시간이므로 720시간이 되었을 때 열풍기의 신뢰도는

$$R(720) = e^{-0.000623\times 729} = 0.64$$

가 된다.

[예제 5-22] 자동차 충격 흡수 장치의 고장 분포는 로그 정규 분포를 따른다. 자동차의 주행 거리가 200,000~250,000 km에 이르면 90%의 충격 흡수 장치에서는 고장이 발생한다. 주행 거리가 220,000 km되었을 때 고장률은 얼마인가?

[풀이] 고장 확률이 90%일 때의 표준 정규 변수를 구하면

$$z_{\frac{0.1}{2}} = \frac{\ln 200,000-\mu_{\ln}}{\sigma_{\ln}} = -1.64485,\ z_{1-\frac{0.1}{2}} = \frac{\ln 250,000-\mu_{\ln}}{\sigma_{\ln}} = 1.64485$$

이므로

$$-1.64485\sigma_{\ln} + \mu_{\ln} = \ln 200,000$$

$$1.64485\sigma_{\ln} + \mu_{\ln} = \ln 250,000$$

이고, 두 식에서 $\mu_{\ln}$과 $\sigma_{\ln}$을 구하면

$$\mu_{\ln} = 12.3176,\ \sigma_{\ln} = 0.06783$$

이다. 따라서 로그 정규 분포의 위험 함수는

$$h(t) = \frac{\dfrac{1}{0.06783t\sqrt{2\pi}} e^{-\frac{1}{2}\left(\frac{\ln t - 12.3176}{0.06783}\right)^2}}{1-\Phi\left[\dfrac{\ln t - 12.3164}{0.06783}\right]}$$

이다. 주행 거리가 $t = 220,000$ km일 때의 고장률은

$$h(220,000) = \frac{\dfrac{5.7148}{220,000}}{1-0.4053} = 4.37\times 10^{-5}/\text{km}$$

가 된다.

[예제 5-23] 자동차 타이어의 90%는 60,000~80,000 km 주행하였을 때 파손되는 것으로 나타났다. 타이어 파손이 정규 분포를 따른다고 하면 70,000 km를 주행하였을 때 고장률은 얼마인가?

[풀이] 고장 확률이 90%일 때의 표준 정규 변수를 구하면

$$z_{\frac{0.1}{2}} = \frac{60,000-\mu}{\sigma} = -1.64485, z_{1-\frac{0.1}{2}} = \frac{80,000-\mu}{\sigma} = 1.64485$$

이므로

$$-1.64485\sigma + \mu = 60,000$$

$$1.64485\sigma + \mu = 80,000$$

이고, 두 식에서 μ과 σ을 구하면

μ=70,000 km, σ=6,079.57 km

이다. 따라서 정규 분포의 위험 함수는

$$h(t) = \frac{\frac{1}{6,079.57\sqrt{2\pi}} e^{-\frac{1}{2}\left(\frac{t-70,000}{6,079.57}\right)^2}}{1-\int_{-\infty}^{t} \frac{1}{6,079.57\sqrt{2\pi}} e^{-\frac{1}{2}\left(\frac{t-70,000}{6,079.57}\right)^2} dt}$$

이고, EXCEL을 이용하여 $t = 70,000$ km일 때 위험 함수의 값을 구하면

$$h(70,000) = \frac{NORMDIST(70000,70000,6079.57,false)}{1-NORMDIST(70000,70000,6079.57,true)} = 0.000131 \text{ km}$$

이다. 즉 주행 거리가 70,000 km일 때 고장률은 0.000131/km이다.

[예제 5-24] 콤바인에 사용되는 공기 필터는 2년에 1번씩 교체하여야 한다. 공기 필터의 재고가 1개인 대리점에서 6개월 내에 재고가 없어질 확률은 얼마인가? 만약 재고가 2개이면 6개월 내에 재고가 없어질 확률은 얼마인가?

[풀이] 공기 필터의 교체율, 즉 고장률은 $\lambda = 0.5$/년이고, 6개월 동안 예상되는 공기 필터의 수는

$$\lambda t = \frac{0.5}{년} \times \frac{1}{2}년 = 0.25$$

이다. 6개월까지 공기 필터의 교체가 1회 이상 일어날 확률은

$$p(n \geq \frac{1}{0.5\text{년}}) = 1 - p(\frac{0}{0.5\text{년}}) = 1 - \frac{(\lambda t)^0 e^{-\lambda t}}{0!} = 1 - e^{-0.25} = 0.2212$$

이므로 1개의 재고가 없어질 확률은 22.1%이다.

재고가 2개일 경우 6개월까지 공기 필터의 교체가 2회 이상 일어날 확률은

$$p(n \geq \frac{2}{0.5\text{년}}) = 1 - [p(\frac{0}{0.5\text{년}}) + p(\frac{1}{0.5\text{년}})]$$

$$= 1 - (\frac{0.25^0 e^{-0.25}}{0!} + \frac{0.25^1 e^{-0.25}}{1!}) = 1 - 0.7788 - 0.1947 = 0.0265$$

이므로 2개의 재고가 없어질 확률은 2.65%이다.

5.5 응력-강도 신뢰도

기계 또는 부품의 강도가 외부 하중에 의하여 그 내부에서 발생하는 응력보다 크면 기계 또는 부품은 파괴되지 않는다. 즉 부품이 파괴되지 않을 것으로 기대되는 확률은 재료의 강도 S가 응력 σ보다 클 것으로 기대되는 확률과 같다. 그러나 강도와 응력은 임의 변수(random variable)로서 통계적으로 처리하지 않으면 안 된다. 강도의 확률 밀도 함수를 $f_S(S)$, 응력의 확률 밀도 함수를 $f_\sigma(\sigma)$라고 하면, 재료의 강도 S가 응력 σ_x보다 클 것으로 기대되는 확률은 그림 5-11에서와 같이

$$P(\sigma_x < S) = \int_{\sigma_x}^{\infty} f_S(S) dS \tag{5-70}$$

이고, 응력 σ_x의 확률은 $f_\sigma(\sigma_x) d\sigma_x$이므로, 재료가 파괴되지 않을 것으로 기대되는 확률, 즉 부품의 신뢰도 R은 두 확률의 곱과 같다. 따라서

$$R = f_\sigma(\sigma_x) d\sigma_x \int_{\sigma_x}^{\infty} f_S(S) dS \tag{5-71}$$

가 된다. 외부 하중에 의하여 기계 또는 부품 내부에서 발생하는 모든 응력을 고려하면 신뢰도는 다음과 같이 표현된다.

$$R = \int_0^{\infty} f_\sigma(\sigma) [\int_{\sigma}^{\infty} f_s(S) dS] d\sigma \tag{5-72}$$

재료의 강도와 응력이 정규 분포이면 두 확률 밀도 함수는 그림 5-12(a)에서와 같이 응력이 큰 부분과 강도가 낮은 부분에서 중첩한다. 이 중첩 부분을 응력과 강도의 간섭 영역(interference area)이라고 하며, 재료가 파괴될 가능성이 가장 높은 영역이다. 따라서 신뢰도를 높이기 위해서는 간섭 영역이 최소화되도록 재료의 강도를 선정하여야 한다.

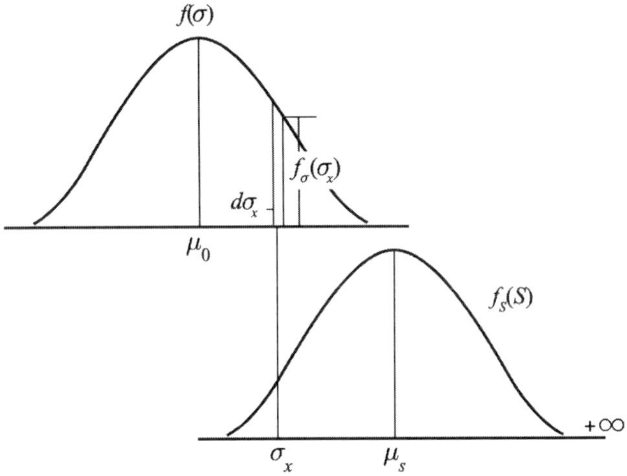

그림 5-11 응력에 대한 강도의 신뢰도

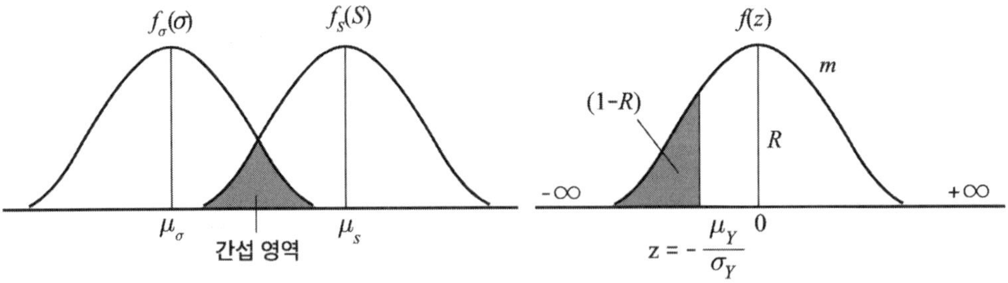

(a) 간섭 영역

(b) 신뢰도

그림 5-12 응력과 강도의 간섭 영역과 신뢰도

재료의 강도와 응력이 정규 분포이면 강도와 응력의 차이, 즉 $Y = S - \sigma$도 정규 분포가 되며 μ_S와 μ_σ를 각각 강도와 응력의 평균, σ_S^2과 σ_σ^2을 각각 강도와 응력의 분산이라고 하면 $Y = S - \sigma$의 평균과 분산은 각각 다음과 같이 표현된다.

$$\mu_Y = \mu_S - \mu_\sigma \tag{5-73}$$

$$\sigma_Y^2 = \sigma_S^2 + \sigma_\sigma^2 \tag{5-74}$$

또한 $Y = S - \sigma$의 정규 확률 밀도 함수 $f(Y)$는 다음과 같이 표현된다.

$$f(Y) = \frac{1}{\sigma_Y \sqrt{2\pi}} e^{-\frac{1}{2}(\frac{Y-\mu_Y}{\sigma_Y})^2} \tag{5-75}$$

강도가 응력보다 클 확률은 $P(\sigma < S) = P(0 < Y)$이므로, 즉 신뢰도 R은

$$R = P(0 < Y) = \int_0^\infty \frac{1}{\sigma_Y \sqrt{2\pi}} e^{-\frac{1}{2}(\frac{Y-\mu_Y}{\sigma_Y})^2} dY \tag{5-76}$$

가 된다. Y를 평균이 0이고 분산이 1인 표준 정규 변수 z로 변환하면

$$z = \frac{Y-\mu_Y}{\sigma_Y} \quad , dz = \frac{1}{\sigma_Y} dY$$

이고 $Y = 0$일 때 $z = -\frac{\mu_Y}{\sigma_Y}$이므로 이를 식 (5-76)에 대입하여 정리하면

$$R = P(-\frac{\mu_Y}{\sigma_Y} < z) = \frac{1}{\sqrt{2\pi}} \int_{-\frac{\mu_Y}{\sigma_Y}}^\infty e^{-\frac{1}{2}z^2} dz \tag{5-77}$$

가 된다. 이 값은 그림 5-12(b)에서와 같이 z가 $-\frac{\mu_Y}{\sigma_Y} \le z \le \infty$인 표준 정규 분포 선도 아래의 면적과 같다.

응력 분포와 강도 분포가 결정되면 재료 또는 부품의 신뢰도는 일반적으로 식 (5-72)를 적용하여 구할 수 있다. 응력과 강도가 각각 지수 분포를 따른다고 하면 다음과 같이 신뢰도를 구한다. 먼저 강도 분포의 확률 밀도 함수로부터

$$\int_\sigma^\infty \frac{1}{\eta_S} e^{-\frac{S}{\eta_S}} dS = -e^{-\frac{S}{\eta_s}} \Big|_\sigma^\infty = e^{-\frac{\sigma}{\eta_s}} \tag{5-78}$$

이므로, 신뢰도는

$$R = \int_0^\infty \frac{1}{\eta_\sigma} e^{-\frac{\sigma}{\eta_\sigma}} e^{-\frac{\sigma}{\eta_s}} d\sigma = \int_0^\sigma \frac{1}{\eta_\sigma} e^{-(\frac{1}{\eta_\sigma}+\frac{1}{\eta_S})\sigma} d\sigma$$

$$= \frac{1}{\eta_\sigma}[-(\frac{\eta_\sigma \eta_S}{\eta_\sigma + \eta_S})] \int_0^\infty e^{-(\frac{1}{\eta_\sigma}+\frac{1}{\eta_S})\sigma} d\sigma = \frac{1}{\eta_\sigma}[-(\frac{\eta_\sigma \eta_S}{\eta_\sigma + \eta_S})] | e^{-(\frac{1}{\eta_\sigma}+\frac{1}{\eta_S})\sigma} |_o^\infty$$

$$= \frac{\eta_S}{\eta_\sigma + \eta_S} \tag{5-79}$$

가 된다. 여기서 η_S와 η_σ는 각각 강도와 응력에 대한 지수 분포 함수의 매개 변수로서 평균 강도와 평균 응력이다.

응력과 강도가 각각 매개 변수가 $(\beta_\sigma, \eta_\sigma)$, (β_S, η_S)인 와이블 분포를 따른다고 하면 같은 방법을 적용하여 먼저 강도 분포의 확률 밀도 함수로부터

$$\int_\sigma^\infty \frac{\beta_S}{\eta_S}(\frac{S}{\eta_S})^{\beta_S - 1} e^{-(\frac{S}{\eta_S})^{\beta_S}} dS = -e^{-(\frac{S}{\eta_S})^{\beta_S}} |_\sigma^\infty = e^{-(\frac{\sigma}{\eta_S})^{\beta_S}} \tag{5-80}$$

을 구하고 이를 식 (5-72)에 대입하여 신뢰도를 구하면

$$R = \int_0^\infty \frac{\beta_\sigma}{\eta_\sigma}(\frac{\sigma}{\eta_\sigma})^{\beta_\sigma - 1} e^{-(\frac{\sigma}{\eta_\sigma})^{\beta_\sigma}} e^{-(\frac{\sigma}{\eta_S})^{\beta_S}} d\sigma = \frac{\beta_\sigma}{\eta_\sigma}\int_0^\infty (\frac{\sigma}{\eta_\sigma})^{\beta_\sigma - 1} e^{-[(\frac{\sigma}{\eta_\sigma})^{\beta_\sigma} + (\frac{\sigma}{\eta_S})^{\beta_S}]} d\sigma \tag{5-81}$$

가 된다. 식 (5-81)은 해석적으로 풀기가 어렵기 때문에 수치 해석의 방법을 적용하여 풀어야 한다. 그러나 응력과 강도 분포의 형상계수가 같을 때는, 즉 $\beta_S = \beta_\sigma = \beta$일 때는 신뢰도를 해석적으로 구할 수 있다. 즉

$$R = \frac{\beta}{\eta_\sigma}\int_0^\infty (\frac{\sigma}{\eta_\sigma})^{\beta - 1} e^{-[(\frac{\sigma}{\eta_\sigma})^{\beta} + (\frac{\sigma}{\eta_S})^{\beta}]} d\sigma$$

$$= -(\frac{1}{\eta_\sigma})^\beta [\frac{1}{(\frac{1}{\eta_\sigma})^\beta + (\frac{1}{\eta_S})^\beta}] | e^{-[(\frac{\sigma}{\eta_\sigma})^{\beta} + (\frac{\sigma}{\eta_S})^{\beta}]} |_o^\infty$$

$$= \frac{(\frac{1}{\eta_\sigma})^\beta}{(\frac{1}{\eta_\sigma})^\beta + (\frac{1}{\eta_S})^\beta} = \frac{\eta_S^\beta}{\eta_\sigma^\beta + \eta_S^\beta} \tag{5-82}$$

가 되며, $\beta_S = 2\beta_\sigma$일 때, 즉 강도 분포의 형상계수가 응력 분포 형상계수의 2배일 때는

$$R = \frac{\beta_\sigma}{\eta_\sigma}\int_0^\infty (\frac{\sigma}{\eta_\sigma})^{\beta_\sigma - 1} e^{-[(\frac{\sigma}{\eta_\sigma})^{\beta_\sigma} + (\frac{\sigma}{\eta_S})^{2\beta_\sigma}]} d\sigma$$

가 된다. 이 식은 다음과 같이 변형할 수 있다.

$$R=\frac{\beta_\sigma}{\eta_\sigma^{\beta_\sigma}}\int_0^\infty \sigma^{\beta_\sigma-1}e^{-(\frac{1}{\eta_S})^{2\beta_\sigma}[\sigma^{2\beta_\sigma}+(\frac{\eta_S^2}{\eta_\sigma})^{\beta_\sigma}\sigma^{\beta_\sigma}]}d\sigma$$

$$=\frac{\beta_\sigma}{\eta_\sigma^{\beta_\sigma}}\int_0^\infty \sigma^{\beta_\sigma-1}e^{-(\frac{1}{\eta_S})^{2\beta_\sigma}[(\sigma^{\beta_\sigma}+\frac{1}{2}(\frac{\eta_S^2}{\eta_\sigma})^{\beta_\sigma})^2-\frac{1}{4}(\frac{\eta_S^2}{\eta_\sigma})^{2\beta_\sigma}]}d\sigma$$

$$=\frac{\beta_\sigma}{\eta_\sigma^{\beta_\sigma}}e^{\frac{1}{4}(\frac{\eta_S}{\eta_\sigma})^{2\beta_\sigma}}\int_0^\infty \sigma^{\beta_\sigma-1}e^{-(\frac{1}{\eta_S})^{2\beta_\sigma}[(\sigma^{\beta_\sigma}+\frac{1}{2}(\frac{\eta_S^2}{\eta_\sigma})^{\beta_\sigma}]^2}d\sigma \quad (5-83)$$

여기서 $z=\sqrt{2}(\frac{1}{\eta_S})^{\beta_\sigma}[\sigma^{\beta_\sigma}+\frac{1}{2}(\frac{\eta_S^2}{\eta_\sigma})^{\beta_\sigma}]$ 라고 하면 $dz=\sqrt{2}(\frac{1}{\eta_S})^{\beta_\sigma}(\beta_\sigma\sigma^{\beta_\sigma-1})d\sigma$가 되고, $\sigma=0$일 때 $z=\frac{1}{\sqrt{2}}(\frac{\eta_S}{\eta_\sigma})^{\beta_\sigma}$이므로, 이를 식 (5-83)에 대입하면 신뢰도는 다음과 같이 표현된다.

$$R=\frac{1}{\sqrt{2}}\frac{1}{\eta_\sigma^{\beta_\sigma}}e^{\frac{1}{4}(\frac{\eta_S}{\eta_\sigma})^{2\beta_\sigma}}\frac{1}{(\frac{1}{\eta_S})^{\beta_\sigma}}\int_{\frac{1}{\sqrt{2}}(\frac{\eta_S}{\eta_\sigma})^{\beta_\sigma}}^\infty e^{-\frac{1}{2}z^2}dz$$

$$=\frac{1}{\sqrt{2}}(\frac{\eta_S}{\eta_\sigma})^{\beta_\sigma}e^{\frac{1}{4}(\frac{\eta_S}{\eta_\sigma})^{2\beta_\sigma}}\sqrt{2\pi}\int_{\frac{1}{\sqrt{2}}(\frac{\eta_S}{\eta_\sigma})^{\beta_\sigma}}^\infty \frac{1}{\sqrt{2\pi}}e^{-\frac{1}{2}z^2}dz$$

$$=\sqrt{\pi}(\frac{\eta_S}{\eta_\sigma})^{\beta_\sigma}e^{\frac{1}{4}(\frac{\eta_S}{\eta_\sigma})^{2\beta_\sigma}}\int_{\frac{1}{\sqrt{2}}(\frac{\eta_S}{\eta_\sigma})^{\beta_\sigma}}^\infty \frac{1}{\sqrt{2\pi}}e^{-\frac{1}{2}z^2}dz \quad (5-84)$$

식 (5-84)에서 $\int_{\frac{1}{\sqrt{2}}(\frac{\eta_S}{\eta_\sigma})^{\beta_\sigma}}^\infty \frac{1}{\sqrt{2}}e^{-\frac{1}{2}z^2}dz$는 평균이 0이고 분산이 1인 표준 정규 변수 z가 $z=\frac{1}{\sqrt{2}}(\frac{\eta_S}{\eta_\sigma})^{\beta_\sigma}$에서 $z=\infty$까지 변할 때 표준 정규 변수 선도 아래의 면적에 해당한다. 따라서 EXCEL의 함수를 이용하면 식 (5-84)는 다음과 같이 간단히 표현할 수 있다.

$$R=\sqrt{\pi}(\frac{\eta_S}{\eta_\sigma})^{\beta_\sigma}e^{\frac{1}{4}(\frac{\eta_S}{\eta_\sigma})^{2\beta_\sigma}}[1-NORM.DIST(\frac{1}{\sqrt{2}}(\frac{\eta_S}{\eta_\sigma})^{\beta_\sigma},0,1,true)] \quad (5-85)$$

이 외에도 응력과 강도가 각각 로그 정규 분포(lognormal distribution), 역와이블 분포(inverse Weibull distribution), 레일리 분포(Rayleigh distribution), 역레일리 분포

(inverse Rayleigh distribution)를 따르는 경우에도 위에서와 같은 방법으로 신뢰도를 구할 수 있다.

[예제 5-25] 지름이 12 mm인 원형 축에 평균이 31.5 kN이고 표준편차가 2 kN인 정규 분포의 인장 하중이 작용한다. 축 재료의 강도 분포는 평균이 330 MPa이고 표준편차가 30 MPa인 정규 분포이다. 원형 축의 신뢰도를 구하여라.

[풀이] 인장 하중으로 인한 원형 축의 평균 응력과 응력의 표준편차를 구하면

$$\mu_\sigma = \frac{\mu_P}{A} = \frac{31.5\times10^3}{\frac{\pi}{4}\times0.012^2} = 278.66 \text{ MPa}$$

$$\sigma_\sigma = \frac{\sigma_P}{A} = \frac{2\times10^3}{\frac{\pi}{4}\times0.012^2} = 17.69 \text{ MPa}$$

이다. 강도와 응력의 차이를 Y라고 하면 Y의 평균과 표준편차는 식 (5-73)과 식 (5-74)를 이용하여 구한다.

$$\mu_Y = \mu_S - \mu_\sigma = 330 - 278.66 = 51.34 \text{ MPa}$$

$$\sigma_Y = \sqrt{\sigma_S^2 + \sigma_\sigma^2} = \sqrt{30^2 + 17.69^2} = 34.83 \text{ MPa}$$

$P(0 < Y) = P(0 < S - \sigma)$를 구하기 위한 표준 정규 변수는

$$z = -\frac{\mu_Y}{\sigma_Y} = -\frac{51.34}{34.83} = -1.474$$

이므로 신뢰도는 $R = 1 - P(-1.474 < z) = 0.92975$이다.

[예제 5-26] 어떤 금속 재료의 강도는 와이블 분포를 따르며, 특성 강도와 형상계수는 각각 550 MPa, 2.8이다. 이 금속 재료를 소재로 한 전동축의 응력도 와이블 분포를 따르며, 특성 응력은 500 MPa이다. 응력 분포의 형상계수가 강도 분포의 형상계수와 같을 때와 1/2일 때 전동축의 신뢰도를 구하여라.

[풀이] 응력 분포의 형상계수와 강도 분포의 형상계수가 같을 때, 즉 $\beta_\sigma = \beta_S = 2.8$일 때 전동축의 신뢰도는 식 (5-82)로부터

$$R=\frac{\eta_S^\beta}{\eta_\sigma^\beta+\eta_S^\beta}=\frac{550^{2.8}}{500^{2.8}+550^{2.8}}=0.566$$

가 되고, $\beta_S=2.8$, $\beta_\sigma=1.4$이면 식 (5-85)로부터

$$R=\sqrt{\pi}\,(\frac{\eta_S}{\eta_\sigma})^{\beta_\sigma}e^{\frac{1}{4}(\frac{\eta_S}{\eta_\sigma})^{2\beta_S}}[1-NORM.DIST(\frac{1}{\sqrt{2}}(\frac{\eta_S}{\eta_\sigma})^{\beta_\sigma},0,1,true)]$$

$$=\sqrt{\pi}\,(\frac{550}{500})^{1.4}e^{\frac{1}{4}(\frac{550}{500})^{28}}[1-NORM.DIST(\frac{1}{\sqrt{2}}(\frac{550}{500})^{1.4},0,1,true)]$$

$$=2.8067(1-0.79)=0.588$$

이 된다.

5.6 비모수적 신뢰도 함수

평균, 분산, 형상계수, 특성 수명 등 분포의 매개 변수로써 정의된 신뢰도 함수를 모수적 신뢰도 함수(parametric reliability function)라고 한다. 비모수적 신뢰도 함수는 특정 분포를 가정하지 않고 경험적 확률 분포를 직접 고장 데이터에 적용하여 유도한 신뢰도 함수이다. 비모수적 신뢰도 함수를 추정하는 방법에는 다수의 방법이 있으나 시험 중단이 있는 고장 데이터에 적용할 수 있는 방법으로서 가장 널리 사용하고 있는 방법은 카플란–메이에르 추정법(Kaplan–Meier estimator)이다.

카플란–메이에르 추정법은 고장과 시험 중단이 발생한 시간을 구별 없이 그 순서대로 기록하고, 각 시점에서 작동한 샘플 수와 고장 난 샘플 수를 이용하여 각 시점별 생존 확률을 추정하고, 이 생존 확률을 차례로 곱하여 특정 시점의 생존 확률, 즉 특정 시점의 신뢰도를 추정하는 방법이다.

카플란–메이에르 추정법을 적용하기 위해서는 먼저 표 5–7에서와 같이 고장과 시험 중단이 발생한 시간을 순서대로 $t_1,\ t_2,\dots.\ t_i\dots\dots\ t_n$과 같이 정리하고 각 t_i에서 시험을 중단한 샘플 수 n_{c_i}와 고장이 발생한 샘플 수 n_{d_i}를 기록하여, 각 t_i에서 작동한 샘플 수와 생존한 샘플 수를 다음과 같이 결정한다.

$$n_{w_1}=n$$

$$n_{s_i}=n_{w_i}-n_{d_i},\quad i=1,\ 2,\dots.n \qquad (5\text{–}86)$$

$$n_{w_i} = n_{w_{i-1}} - n_{c_{i-1}} - n_{d_{i-1}}, \quad i = 2, 3, ...n$$

여기서 n은 고장 시험에서 시험한 샘플의 총 수이며, n_{w_i}와 n_{s_i}는 각각 t_i 시점에서 작동한 샘플 수와 t_i 시점에서 생존한 샘플 수이다. 따라서 $\frac{n_{s_i}}{n_{w_i}}$와 $\frac{n_{d_i}}{n_{w_i}}$는 각각 t_i 시점에서 생존율과 고장률이 된다. t_i 시점에서 시험을 중단한 샘플은 언제 고장이 날지는 알 수 없으나 t_i 시점에서는 고장이 일어나지 않았다고 가정한다. 그러나 시험을 중단한 샘플은 다음 시점에서 샘플의 수를 그만큼 감소시키므로 다음 시점의 생존율에 영향을 미친다. 이러한 생존율과 고장률을 조건부 생존 확률(conditional probability of survival)과 조건부 고장 확률(conditional probability of failure)이라고 한다. 이제 t_k 시점에서 생존율, 즉 신뢰도는 이전 시점의 조건부 생존 확률을 모두 곱한 것과 같다. 즉

$$R(t_k) = \prod_{i=1}^{k} \left(\frac{n_{s_i}}{n_{w_i}}\right), \quad k = 1, 2, ...n \tag{5-87}$$

이다. 또한 고장 확률은

$$F(t_k) = \prod_{i=1}^{k} \left(1 - \frac{n_{s_i}}{n_{w_i}}\right), \quad k = 1, 2, ...n \tag{5-88}$$

가 된다. 신뢰도 $R(t_n)$이 0이 되는 경우는 마지막 샘플이 고장 난 경우이며, 시험이 중단된 경우는 0이 되지 않는다. 또한 $R(t_k)$와 $F(t_k)$는 연속 분포 함수(continuous distribution function)가 아닌 이산 분포 함수(discrete distribution function)가 된다.

비모수적 신뢰도 함수 $R(t_i)$와 고장 분포 함수 $F(t_i)$는 임의 변수의 이산 분포 함수이고 각각 $p = \frac{n_{s_i}}{n_{w_i}}$와 $(1-p) = (1 - \frac{n_{s_i}}{n_{w_i}})$에 의하여 결정되므로 이항 분포를 적용할 수 있다. 따라서 t_i 시점에서 d_{s_i}개의 샘플이 모두 생존할 확률 p_i는

$$p_i = \left(\frac{n_{si}}{n_{wi}}\right)^{n_{s_i}} \left(1 - \frac{n_{si}}{n_{wi}}\right)^{n_{d_i}} \tag{5-89}$$

이므로 모든 고장 시간 및 시험 중단 시간에서 p_i의 우도 함수(likelihood function)는

$$L = \prod_{i=1}^{n} \left[\left(\frac{n_{s_i}}{n_{w_i}}\right)^{n_{s_i}} \left(1 - \frac{n_{s_i}}{n_{w_i}}\right)^{n_{d_i}}\right] \tag{5-90}$$

가 된다. 우도 함수를 최대로 하는 $\frac{n_{s_i}}{n_{w_i}}$를 구하기 위하여, $\frac{n_{s_i}}{n_{w_i}}$에 대한 로그 우드 함수의 도함수가 0이 되는 $\frac{n_{s_i}}{n_{w_i}}$를 구하면

$$\ln L = \sum_{i=1}^{n} n_{s_i} \ln\left(\frac{n_{s_i}}{n_{w_i}}\right) + \sum_{i=1}^{n} n_{d_i} \ln\left(1 - \frac{n_{s_i}}{n_{w_i}}\right)$$

$$\frac{d \ln L}{d\left(\frac{n_{s_i}}{n_{w_i}}\right)} = \sum_{i=1}^{n}\left[\frac{n_{si}}{\left(\frac{n_{s_i}}{n_{w_i}}\right)}\right] - \sum_{i=1}^{n}\left[\frac{n_{d_i}}{\left(1 - \frac{n_{s_i}}{n_{w_i}}\right)}\right] = 0$$

$$n_{s_i}\left(1 - \frac{n_{s_i}}{n_{w_i}}\right) - n_{d_i}\left(\frac{n_{s_i}}{n_{w_i}}\right) = 0$$

$$\frac{n_{s_i}}{n_{w_i}} = \frac{n_{s_i}}{n_{s_i} + n_{d_i}} \tag{5-91}$$

가 된다. $n_{s_i} + n_{d_i} = n_{w_i}$이므로, 우도 함수는 $\frac{n_{s_i}}{n_{w_i}} = \frac{n_{s_i}}{n_{w_i}}$일 때 최대가 된다. 즉 카플란-마이에르 추정법으로 추정한 신뢰도 함수 $R(t_i)$는 이미 최우 추정법으로써 추정한 신뢰도 함수와 같다는 것이다.

신뢰도 함수 $R(t_k)$의 신뢰 구간을 구하기 위해서는 $R(t_k)$의 분산을 구해야 한다. 식 (5-87)의 양변에 자연 대수를 취하면

$$\ln R(t_k) = \sum_{i=1}^{k} \ln\left(\frac{n_{s_i}}{n_{w_i}}\right), \quad k = 1, 2, \ldots..n \tag{5-92}$$

이고, $\ln R(t_k)$의 미소 증분을 구하면 다음 식으로 표현된다.

$$d[\ln R(t_k)] = \frac{1}{R(t_k)} d[R(t_k)] \tag{5-93}$$

분산은 미소 증분의 제곱과 같으므로 $R(t_k)$의 분산은

$$Var[R(t_k)] = R^2(t_k)\, Var[\ln R(t_k)] \tag{5-94}$$

가 된다. 또한 식 (5-92)로부터

$$Var[\ln R(t_k)] = Var[\sum_{i=1}^{k} \ln (\frac{n_{s_i}}{n_{w_i}})] \tag{5-95}$$

이므로, 같은 미소 증분의 방법을 적용하면

$$Var[\ln R(t_k)] = \sum_{i=1}^{k} \frac{1}{(\frac{n_{s_i}}{n_{w_i}})^2} Var[\frac{n_{s_i}}{n_{w_i}}] \tag{5-96}$$

가 된다. $Var[\frac{n_{s_i}}{n_{w_i}}]$는 t_i 시점의 생존 확률 $p = \frac{n_{s_i}}{n_{w_i}}$와 고장 확률 $(1-p) = (1 - \frac{n_{s_i}}{n_{w_i}})$, 즉 생존 비율과 고장 비율로써 이루어진 표본 비율(sample proportion)의 분산이므로

$$Var[\frac{n_{s_i}}{n_{w_i}}] = \frac{(\frac{n_{s_i}}{n_{w_i}})(1 - \frac{n_{s_i}}{n_{w_i}})}{n_{w_i}} \tag{5-97}$$

가 된다. 식 (5−97)을 식 (5−96)에 대입하면

$$Var[\ln R(t_k)] = \sum_{i=1}^{k} \frac{1}{(\frac{n_{s_i}}{n_{w_i}})^2} \frac{(\frac{n_{s_i}}{n_{w_i}})(1 - \frac{n_{s_i}}{n_{w_i}})}{n_{w_i}} = \sum_{i=1}^{k} \frac{n_{w_i} - n_{s_i}}{n_{s_i} n_{w_i}} = \sum_{i=1}^{k} \frac{n_{d_i}}{n_{s_i} n_{w_i}} \tag{5-98}$$

가 되고, 식 (5−98)을 식 (5−94)에 대입하여 $Var[R(t_k)]$를 구하면

$$Var[R(t_k)] = R^2(t_k) \sum_{i=1}^{k} (\frac{n_{d_i}}{n_{s_i} n_{w_i}}) \tag{5-99}$$

가 된다. 식 (5−99)를 그린우드의 분산식(Greenwood's formula)이라고 한다. 따라서 유의 수준이 α일 때 신뢰도 함수 $R(t_k)$의 신뢰 구간은 정규 분포를 적용하여 다음과 같이 나타낼 수 있다.

$$R(t_k) - z_{\alpha/2}\sqrt{Var[R(t_k)]} \le CI[R(t_k)] \le R(t_k) + z_{(1-\alpha)/2}\sqrt{Var[R(t_k)]}, \quad k = 1, 2, \ldots\ldots n \tag{5-100}$$

식 (5−100)에 의한 신뢰도 함수의 신뢰 구간은 경우에 따라 [0, 1]의 범위를 넘는 경우가 발생하기 때문에, 이를 [0,1]의 범위로 제한하기 위하여 신뢰 구간의 형식을

$\ln-\ln$ 식 또는 $\ln$ 식으로 전환하는 경우가 있다. $\ln-\ln$ 식으로 전환하는 경우에는 신뢰도 함수를

$$r(t_k)=\ln[-\ln R(t_k)] \quad k=1,\ 2,\ldots\ldots n \tag{5-101}$$

과 같이 전환하고, $r(t_k)$의 분산을 이용하여 $r(t_k)$의 신뢰 구간을 구한 다음 이를 다시 $R(t_k)$의 신뢰 구간으로 재전환한다. $r(t_k)$의 분산은 식 (5-94)에서와 같은 방법을 적용하면 식 (5-102)와 같이 표현할 수 있다. 식 (5-92)와 식 (5-98)을 식 (5-102)에 대입하면 $r(t_k)$의 분산은 식 (5-103)이 된다.

$$Var[r(t_k)]=\frac{1}{[-\ln R(t_k)]^2}Var[-\ln R(t_k)] \tag{5-102}$$

$$Var[r(t_k)]=-\frac{\sum_{i=1}^{k}\frac{n_{d_i}}{n_{s_i}n_{w_i}}}{[\sum_{i=1}^{k}\ln(\frac{n_{s_i}}{n_{w_i}})]^2} \tag{5-103}$$

따라서 유의 수준이 α일 때 $r(t_k)$의 신뢰 구간은 다음과 같이 나타낼 수 있다.

$$r(t_k)=\ln[-\ln R(t_k)]\pm z_{\alpha/2}\sqrt{Var[r(t_k)]},\quad k=1,\ 2,\ldots\ldots n \tag{5-104}$$

식 (5-101)에서 $r(t_k)$를 $R(t_k)$로 재전환하면

$$R(t_k)=e^{-e^{r(t_k)}},\quad k=1,\ 2,\ldots\ldots n \tag{5-105}$$

이므로 식 (5-104)를 식 (5-105)에 대입하면 신뢰도 함수 $R(t_k)$의 $\ln-\ln$ 식 신뢰 구간은 다음과 같이 표현된다.

$$e^{-e^{\ln[-\ln R(t_k)]+z_{\alpha/2}\sqrt{Var[r(t_k)]}}}\le R(t_k)\le e^{-e^{\ln[-\ln R(t_k)]-z_{\alpha/2}\sqrt{Var[r(t_k)]}}} \quad k=1,\ 2,\ldots\ldots n \tag{5-106}$$

신뢰 구간의 형식이 $\ln$ 식인 경우에도 같은 방법으로 $R(t_k)$를

$$r(t_k)=\ln R(t_k),\quad k=1,\ 2,\ldots\ldots n \tag{5-107}$$

로 전환하고 $r(t_k)$의 분산을 이용하여 $r(t_k)$의 신뢰 구간을 구한 다음 이를 다시 $R(t_k)$의 신뢰 구간으로 재전환한다. 식 (5-107)에서 $r(t_k)$의 분산은

$$Var[r(t_k)] = \frac{1}{[R(t_k)]^2} VarR(t_k) \tag{5-108}$$

이고, 식 (5−99)를 식 (5−108)에 대입하면

$$Var[r(t_k)] = \sum_{i=1}^{k} (\frac{n_{d_i}}{n_{s_i} n_{w_i}}) \tag{5-109}$$

이므로 $r(t_k)$의 신뢰 구간은

$$r(t_k) = \ln R(t_k) \pm z_{\alpha/2} [\sum_{i=1}^{k} (\frac{n_{d_i}}{n_{s_i} n_{w_i}})]^{1/2} \tag{5-110}$$

가 된다. 식 (5−107)을 이용하여 $r(t_k)$를 다시 $R(t_k)$로 재전환하면

$$R(t_k) = e^{r(t_k)}$$

가 된다. 따라서 신뢰도 함수 $R(t_k)$의 ln식 신뢰 구간은 다음과 같이 표현된다.

$$e^{\ln R(t_k) + z_{\alpha/2} [\sum_{i=1}^{k} (\frac{n_{d_i}}{n_{s_i} n_{w_i}})]^{1/2}} \le R(t_k) \le e^{\ln R(t_k) - z_{\alpha/2} [\sum_{i=1}^{k} (\frac{n_{d_i}}{n_{s_i} n_{w_i}})]^{1/2}} \quad k = 1,\ 2, \ldots\ldots n \tag{5-111}$$

예로서 표 5−7의 고장 데이터를 이용하여 카플란−메이에르 추정법으로 신뢰도와 신뢰 구간을 추정하여 보자. 고장 데이터에서 C로 표시된 시간은 고장이 발생하지는 않았지만 시험을 중단한 시간을 나타낸다. 먼저 표 5−7에서와 같이 고장 시간과 시험 중단 시간을 차례로 정리하고, 각 t_i에서 시험을 중단한 샘플 수 n_{c_i}와 고장이 발생한 샘플 수 n_{d_i}를 기록한다. 즉 t_1에서는 $n_{c_1} = 1$, $n_{d_1} = 0$, t_2에서는 $n_{c_2} = 0$, $n_{d_2} = 1$, t_3에서는 $n_{c_3} = 1$, $n_{d_3} = 0$와 같이 기록한다. 다음에는 식 (5−86)을 이용하여 t_i에서 시험한 샘플 수 n_{w_i}와 고장 없이 작동한 샘플 수 n_{s_i}를 결정한다. t_1에서 시험한 샘플 수는 고장 시험을 시작할 때의 샘플 수와 같다. 따라서 표 5−7의 고장 데이터에서 시험한 샘플 수는 20개이므로 $n_{w_1} = 20$이 되고

$$n_{w_1} = n = 20$$

$$n_{s_1} = n_{w_1} - n_{d_1} = 20 - 0 = 20$$

$$n_{w_2} = n_{w_1} - n_{c_1} - n_{d_1} = 20 - 1 - 0 = 19$$

$$n_{s_2} = n_{w_2} - n_{d_2} = 19 - 1 = 18$$

$$n_{w_3} = n_{w_2} - n_{c_2} - n_{d_2} = 19 - 0 - 1 = 18$$

$$n_{s_3} = n_{w_3} - n_{d_3} = 18 - 0 = 18$$

$$\vdots$$

표 5-7 카플란-메이에르 추정법에 의한 신뢰도와 분산을 이용한 신뢰 구간 추정

i	t_i	n_{c_i}	n_{d_i}	n_{w_i}	n_{s_i}	$\frac{n_{s_i}}{n_{w_i}}$	$R(t_i)$	$\frac{n_{d_i}}{n_{s_i}n_{w_i}}$	$\sum\frac{n_{d_i}}{n_{s_i}n_{w_i}}$	표준편차 $s_{R(t_i)}$	신뢰 구간 하한	신뢰 구간 상한
1	42.1C	1	0	20	20	1	1	0	0	0	1	1
2	77.8	0	1	19	18	0.9474	0.9474	0.0029	0.0029	0.0512	08470	1.0478
3	83.3C	1	0	18	18	1.0000	0.9474	0.0000	0.0029	0.0512	0.8470	1.0478
4	88.7C	1	0	17	17	1.0000	0.9474	0.0000	0.0029	0.0512	0.8470	1.0478
5	101.8	0	1	16	15	0.9375	0.8882	0.0042	0.0071	0.0748	0.7416	1.0347
6	105.9	0	1	15	14	0.9333	0.8289	0.0048	0.0119	0.0902	0.6521	1.0058
7	117	0	1	14	13	0.9286	0.7697	0.0055	0.0173	0.1014	0.5710	0.9684
8	126.9	0	1	13	12	0.9231	0.7105	0.0064	0.0238	0.1095	0.4959	0.9252
9	138.7	0	1	12	11	0.9167	0.6513	0.0076	0.0313	0.1153	0.4254	0.8773
10	148.9	0	1	11	10	0.9091	0.5921	0.0091	0.0404	0.1190	0.3588	0.8254
11	151.3C	1	0	10	10	1.0000	0.5921	0.0000	0.0404	0.1190	0.3588	0.8254
12	157.3	0	1	9	8	0.8889	0.5263	0.0139	0.0543	0.1227	0.2859	0.7667
13	163.8	0	1	8	7	0.8750	0.4605	0.0179	0.0722	0.1237	0.2180	0.7030
14	177.2C	1	0	7	7	1.0000	0.4605	0.0000	0.0722	0.1237	0.2180	0.7030
15	194.3C	1	0	6	6	1.0000	0.4605	0.0000	0.0722	0.1237	0.2180	0.7030
16	195.6C	1	0	5	5	1.0000	0.4605	0.0000	0.0722	0.1237	0.2180	0.7030
17	207	0	1	4	3	0.7500	0.3454	0.0833	0.1555	0.1362	0.0784	0.6123
18	215.3C	1	0	3	3	1.0000	0.3454	0.0000	0.1555	0.1362	0.0784	0.6123
19	217.4	0	1	2	1	0.5000	0.1727	0.5000	0.6555	0.1398	−0.1013	0.4467
20	258.8C	1	0	1	1	1.0000	0.1727	0.0000	0.6555	0.1398	−0.1013	0.4467

가 된다. 다음에는 각 t_i에서 조건부 생존율을 구하고 식 (5−87)을 이용하여 다음과 같이 신뢰도를 구한다.

$$R(t_1) = \frac{n_{s_1}}{n_{w_1}} = \frac{20}{20} = 1.0$$

$$R(t_2) = (\frac{n_{s_1}}{n_{w_1}})(\frac{n_{s_2}}{n_{w_2}}) = (\frac{20}{20})(\frac{18}{19}) = 0.9474$$

$$R(t_3)=(\frac{n_{s_1}}{n_{w_1}})(\frac{n_{s_2}}{n_{w_2}})(\frac{n_{s_3}}{n_{w_3}})=(\frac{20}{20})(\frac{18}{19})(\frac{18}{18})=0.9474$$
$$\vdots$$

$R(t_i)$의 분산은 식 (5-99)를 이용하여 다음과 같이 구한다.

$$Var[R(t_1)]=R^2(t_1)(\frac{n_{d_1}}{n_{s_1}n_{w_1}})=(1)^2(\frac{0}{20\times 20})=0$$

$$Var[R(t_2)]=R^2(t_2)[(\frac{n_{d_1}}{n_{s_1}n_{w_1}})+(\frac{n_{d_2}}{n_{s_2}n_{w_2}})]=(0.9474)^2[(\frac{0}{20\times 20})+(\frac{1}{18\times 19})]=0.0026$$

$$Var[R(t_3)]=R^2(t_3)[(\frac{n_{d_1}}{n_{s_1}n_{w_1}})+(\frac{n_{d_2}}{n_{s_2}n_{w_2}})+(\frac{n_{d_3}}{n_{s_3}n_{w_3}})]$$
$$=(0.9474)^2[(\frac{0}{20\times 20})+(\frac{1}{18\times 19})+\frac{0}{18\times 18})]=0.0026$$
$$\vdots$$

따라서 유의 수준을 5%로 하였을 때 식 (5-100)으로부터 $R(t_i)$의 신뢰 구간을 구하면

$$1.0-z_{0.05/2}\sqrt{0}\le R(t_1)\le 1.0+z_{(1-0.05)/2}\sqrt{0}$$
$$0.9474-z_{0.05/2}\sqrt{0.0026}\le R(t_2)\le 0.9474+z_{(1-0.05)/2}\sqrt{0.0026}$$
$$0.9474-z_{0.05/2}\sqrt{0.0026}\le R(t_3)\le 0.9474+z_{(1-0.05)/2}\sqrt{0.0026}$$
$$\vdots$$

가 된다. 이와 같은 방법으로 모든 고장 시간과 시험 중단 시간에서 구한 신뢰도와 신뢰 구간은 표 5-7에서와 같다. 그린우드의 분산식을 적용하면 표 5-7에서와 같이 신뢰 구간이 [0,1]의 범위를 벗어나는 경우가 발생한다.

신뢰 구간을 $\ln-\ln$ 식으로 전환하기 위하여 $R(t_i)$를 $r(t_i)=\ln[-\ln R(t_i)]$로 전환하면 $r(t_i)$의 분산은 식 (5-103)으로부터

$$Var[r(t_1)]=-\frac{\frac{n_{d_1}}{n_{s_1}n_{w_1}}}{[\ln(\frac{n_{s_1}}{n_{w_1}})]^2}=\frac{\frac{0}{20\times 20}}{[\ln\frac{20}{20}]^2}=\infty$$

$$Var[r(t_2)] = -\frac{\frac{n_{d_1}}{n_{s_1}n_{w_1}} + \frac{n_{d_2}}{n_{s_2}n_{w_2}}}{[\ln(\frac{n_{s_1}}{n_{w_1}}) + \ln(\frac{n_{s_2}}{n_{w_2}})]^2} = \frac{\frac{0}{20\times 20} + \frac{1}{18\times 19}}{[\ln\frac{20}{20} + \ln\frac{18}{19}]^2} = 1.0002$$

$$Var[r(t_3)] = -\frac{\frac{n_{d_1}}{n_{s_1}n_{w_1}} + \frac{n_{d_2}}{n_{s_2}n_{w_2}} + \frac{n_{d_3}}{n_{s_3}n_{w_3}}}{[\ln(\frac{n_{s_1}}{n_{w_1}}) + \ln(\frac{n_{s_2}}{n_{w_2}}) + \ln(\frac{n_{s_3}}{n_{w_3}})]^2} = \frac{\frac{0}{20\times 20} + \frac{1}{18\times 19} + \frac{0}{18\times 18}}{[\ln\frac{20}{20} + \ln\frac{18}{19} + \ln\frac{18}{18}]^2} = 1.0002$$

$$\vdots$$

와 같이 구할 수 있다. 따라서 유의 수준이 5%일 때 $r(t_i)$의 신뢰 구간은 식 (5-104)로부터

$$r(t_1) = \ln[-\ln R(t_1)] \pm z_{\alpha/2}\sqrt{Var[r(t_1)]} = \ln[-\ln(1)] \pm z_{0.05/2}\sqrt{\infty},$$

$$r(t_2) = \ln[-\ln R(t_2)] \pm z_{\alpha/2}\sqrt{Var[r(t_2)]} = \ln[-\ln(0.9474)] \pm z_{0.05/2}\sqrt{1.0002}$$

$$r(t_3) = \ln[-\ln R(t_3)] \pm z_{\alpha/2}\sqrt{Var[r(t_3)]} = \ln[-\ln(0.9474)] \pm z_{0.05/2}\sqrt{1.0002}$$

$$\vdots$$

가 되며, 식 (5-106)을 이용하여 $r(t_i)$의 신뢰 구간을 다시 $R(t_i)$의 신뢰 구간으로 재전환하면

$$e^{-e^{\infty}} \le R(t_1) \le e^{-e^{\infty}}$$

$$e^{-e^{-2.9181 + z_{0.05/2}\sqrt{1.0002}}} \le R(t_2) \le e^{-e^{-2.9181 - z_{0.05/2}\sqrt{1.0002}}}$$

$$e^{-e^{-2.9181 + z_{0.05/2}\sqrt{1.0002}}} \le R(t_3) \le e^{-e^{-2.9181 - z_{0.05/2}\sqrt{1.0002}}}$$

$$\vdots$$

가 된다. 표 5-8은 위의 과정을 따라 계산한 결과이다.

표 5-8 $\ln - \ln$식 신뢰 구간을 적용한 카플란-메이에르 추정 신뢰도의 신뢰 구간

i	t_i	$R(t_i)$	$\sum\frac{n_{d_i}}{n_{s_i}n_{w_i}}$	$\sum[\ln(\frac{n_{s_i}}{n_{w_i}})]$	$Var[r(t_i)]$	$r(t_i)$		$R(t_i)$	
						하한	상한	하한	상한
1	42.1C	1	0	0	∞	–	–	–	–
2	77.8	0.9474	0.0029	−0.0541	1.0002	−4.8777	−0.9573	0.6812	0.9924
3	83.3C	0.9474	0.0029	−0.0541	1.0002	−4.8777	−0.9573	0.6812	0.9924
4	88.7C	0.9474	0.0029	−0.0541	1.0002	−4.8777	−0.9573	0.6812	0.9924

5	101.8	0.8882	0.0071	−0.1186	0.5041	−3.5235	−0.7404	0.6207	0.9709
6	105.9	0.8289	0.0119	−0.1876	0.3368	−2.8109	−0.5360	0.5571	0.9416
7	117	0.7697	0.0173	−0.2617	0.2533	−2.3269	−0.3541	0.4957	0.9070
8	126.9	0.7105	0.0238	−0.3417	0.2034	−1.9577	−0.1897	0.4373	0.8683
9	138.7	0.6513	0.0313	−0.4288	0.1704	−1.6560	−0.0377	0.3817	0.8262
10	148.9	0.5921	0.0404	−0.5241	0.1472	−1.3981	0.1058	0.3290	0.7811
11	151.3C	0.5921	0.0404	−0.5241	0.1472	−1.3981	0.1058	0.3290	0.7811
12	157.3	0.5263	0.0543	−0.6419	0.1318	−1.1550	0.2683	0.2704	0.7298
13	163.8	0.4605	0.0722	−0.7754	0.1200	−0.9335	0.4247	0.2167	0.6749
14	177.2C	0.4605	0.0722	−0.7754	0.1200	−0.9335	0.4247	0.2167	0.6749
15	194.3C	0.4605	0.0722	−0.7754	0.1200	−0.9335	0.4247	0.2167	0.6749
16	195.6C	0.4605	0.0722	−0.7754	0.1200	−0.9335	0.4247	0.2167	0.6749
17	207	0.3454	0.1555	−1.0631	0.1376	−0.6659	0.7882	0.1109	0.5982
18	215.3C	0.3454	0.1555	−1.0631	0.1376	−0.6659	0.7882	0.1109	0.5982
19	217.4	0.1727	0.6555	−1.7562	0.2125	−0.3404	1.4667	0.0131	0.4909
20	258.8C	0.1727	0.6555	−1.7562	0.2125	−0.3404	1.4667	0.0131	0.4909

같은 방법으로 $R(t_i)$를 $r(t_k)=\ln R(t_k)$로 전환하여 식 (5−109)로부터 $r(t_k)$의 분산을 구하면

$$Var[r(t_1)] = (\frac{n_{d_1}}{n_{s_1}n_{w_1}}) = (\frac{0}{20\times 20}) = 0$$

$$Var[r(t_2)] = [(\frac{n_{d_1}}{n_{s_1}n_{w_1}}) + (\frac{n_{d_2}}{n_{s_2}n_{w_2}})] = [(\frac{0}{20\times 20}) + (\frac{1}{18\times 19})] = 0.0029$$

$$Var[r(t_3)] = [(\frac{n_{d_1}}{n_{s_1}n_{w_1}}) + (\frac{n_{d_2}}{n_{s_2}n_{w_2}}) + (\frac{n_{d_3}}{n_{s_3}n_{w_3}})]$$

$$= [(\frac{0}{20\times 20}) + (\frac{1}{18\times 19}) + \frac{0}{18\times 18})] = 0.0029$$

이고, $r(t_k)$의 신뢰 구간은 식 (5−110)으로부터

$$r(t_1) = \ln R(t_1) \pm z_{\alpha/2}(\frac{n_{d_i}}{n_{s_i}n_{w_i}})^{1/2} = \ln(1) \pm z_{0.05/2}(0)^{1/2}$$

$$r(t_2) = \ln R(t_2) \pm z_{\alpha/2}(\frac{n_{d_1}}{n_{s_1}n_{w_1}} + \frac{n_{d_2}}{n_{s_2}n_{w_2}})^{1/2} = \ln(0.9474) \pm z_{0.05/2}(0.0029)^{1/2}$$

$$r(t_3) = \ln R(t_3) \pm z_{\alpha/2}\left(\frac{n_{d_1}}{n_{s_1}n_{w_1}} + \frac{n_{d_2}}{n_{s_2}n_{w_2}} + \frac{n_{d_3}}{n_{s_3}n_{w_3}}\right)^{1/2} = \ln(0.9474) \pm z_{0.05/2}(0.0029)^{1/2}$$

$$\vdots$$

가 된다. 식 (5-111)을 이용하여 $r(t_k)$의 신뢰 구간을 다시 $R(t_k)$의 신뢰 구간으로 재전환하면

$$e^{\ln(1) + z_{0.05/2}(0)^{1/2}} \le R(t_1) \le e^{\ln(1) - z_{0.05/2}(0)^{1/2}}$$

$$e^{\ln(0.9474) + z_{0.05/2}(0.0029)^{1/2}} \le R(t_2) \le e^{\ln(0.9474) - z_{0.05/2}(0.0029)^{1/2}}$$

$$e^{\ln(0.9474) + z_{0.05/2}(0.0029)^{1/2}} \le R(t_3) \le e^{\ln(0.9474) - z_{0.05/2}(0.0029)^{1/2}}$$

$$\vdots$$

와 같다. 표 5-9는 위의 과정을 따라 계산한 결과이다.

표 5-9 ln식 신뢰 구간을 적용한 카플란-메이에르 추정 신뢰도의 신뢰 구간

i	t_i	$\frac{n_{d_i}}{n_{s_i}n_{w_i}}$	$\sum\frac{n_{d_i}}{n_{s_i}n_{w_i}}$	$R(t_i)$	$r(t_i)$		$R(t_i)$	
					하한	상한	하한	상한
1	42.1C	0	0	1	0	0	1	1
2	77.8	0.0029	0.0029	0.9474	−0.1600	0.0519	0.8521	1.0533
3	83.3C	0.0000	0.0029	0.9474	−0.1600	0.0519	0.8521	1.0533
4	88.7C	0.0000	0.0029	0.9474	−0.1600	0.0519	0.8521	1.0533
5	101.8	0.0042	0.0071	0.8882	−0.2836	0.0464	0.7530	1.0475
6	105.9	0.0048	0.0119	0.8289	−0.4010	0.0258	0.6697	1.0261
7	117	0.0055	0.0173	0.7697	−0.5198	−0.0036	0.5946	0.9964
8	126.9	0.0064	0.0238	0.7105	−0.6438	−0.0397	0.5253	0.9611
9	138.7	0.0076	0.0313	0.6513	−0.7757	−0.0818	0.4604	0.9214
10	148.9	0.0091	0.0404	0.5921	−0.9181	−0.1300	0.3993	0.8781
11	151.3C	0.0000	0.0404	0.5921	−0.9181	−0.1300	0.3993	0.8781
12	157.3	0.0139	0.0543	0.5263	−1.0986	−0.1851	0.3333	0.8310
13	163.8	0.0179	0.0722	0.4605	−1.3019	−0.2489	0.2720	0.7797
14	177.2C	0.0000	0.0722	0.4605	−1.3019	−0.2489	0.2720	0.7797
15	194.3C	0.0000	0.0722	0.4605	−1.3019	−0.2489	0.2720	0.7797
16	195.6C	0.0000	0.0722	0.4605	−1.3019	−0.2489	0.2720	0.7797
17	207	0.0833	0.1555	0.3454	−1.8360	−0.2902	0.1595	0.7481
18	215.3C	0.0000	0.1555	0.3454	−1.8360	−0.2902	0.1595	0.7481
19	217.4	0.5000	0.6555	0.1727	−3.3431	−0.1694	0.0353	0.8442
20	258.8C	0.0000	0.6555	0.1727	−3.3431	−0.1694	0.0353	0.8442

5.7 시스템 신뢰도

(1) 단순 시스템

기계는 다수의 장치로써 구성된다. 따라서 기계의 신뢰도는 이를 구성하는 장치의 구성 방식과 이들의 신뢰도에 따라 결정된다. 기계 장치의 구성 방식은 그림 5-13에서와 같이 크게 직렬 구조(series structure), 병렬 구조(parallel structure), 혼합 구조(combination structure)로 나눌 수 있다. 기계를 구성하는 모든 장치가 작동할 때만 기계가 작동하는 구조를 직렬 구조, 모든 장치 중 최소한 1개의 장치만 작동하더라도 기계가 작동할 수 있는 구조를 병렬 구조라고 하며, 직렬 구조와 병렬 구조가 모두 포함된 구조를 혼합 구조라고 한다. 따라서 직렬 구조에서는 장치 중 한 장치만 고장이 발생하면 기계는 고장 상태가 되며, 병렬 구조에서는 한 장치에서 고장이 발생하더라도 기계는 아직 작동 상태를 유지할 수 있다. 그러나 혼합 구조에서는 고장이 발생한 장치의 구조적 위치에 따라 기계의 상태는 달라진다.

서로 독립한, 즉 한 장치의 작동과 고장이 다른 장치의 작동과 고장에 영향을 미치지 않는 n개의 장치로써 구성된 기계에서 i번째 장치의 신뢰도를 R_i라고 하면, 기계의 신뢰도 R_s는 그 구조에 따라 각각 다음과 같이 표현된다.

$$\text{직렬 구조의 경우;}\ R_s = \prod_{i=1}^{n} R_i \tag{5-112}$$

$$\text{병렬 구조의 경우;}\ R_s = 1 - \prod_{i=1}^{n} (1 - R_i) \tag{5-113}$$

따라서 직렬 구조의 신뢰도는 각 장치의 신뢰도보다 항상 낮으며, 병렬 구조의 신뢰도는 각 장치의 신뢰도보다 항상 높다.

신뢰도가 같은 n개의 장치로써 구성된 기계 또는 시스템이 최소한 $n-k$개의 장치에서 고장이 발생하더라도, 즉 최소한 k개의 장치만 작동하더라도, 작동할 수 있다고 하면 이 기계 또는 시스템의 신뢰도는

$$R_s = \sum_{i=k}^{n} \binom{n}{i} R^i (1-R)^{n-i} = \sum_{i=k}^{n} [\frac{n!}{i!(n-i)!} R^i (1-R)^{n-i}] \tag{5-114}$$

가 된다.

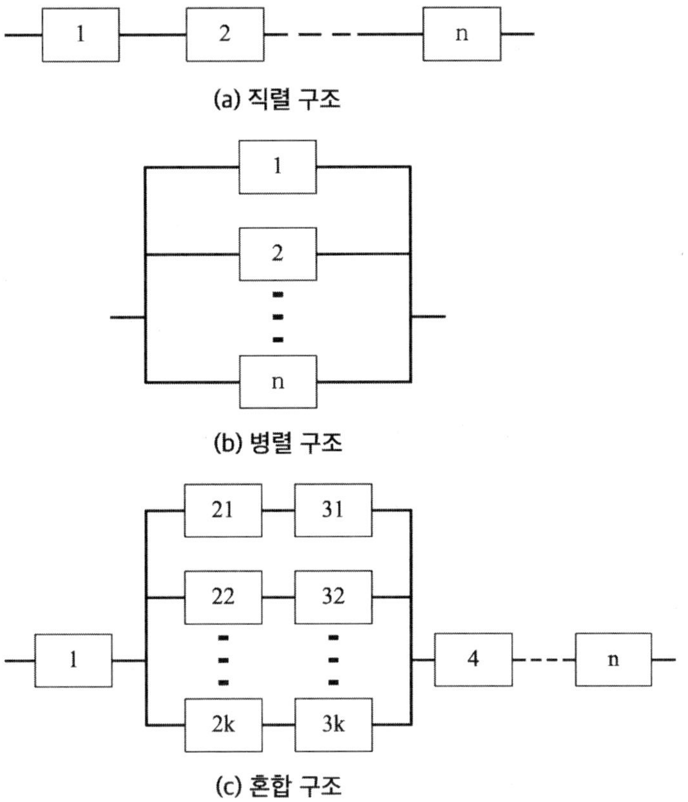

그림 5-13 신뢰도 블록도

[예제 5-27] 고장 분포가 정규 분포를 따르는 2개의 부품이 직렬로 연결된 시스템이 있다. 각 부품의 평균 수명과 표준편차는 각각 1,500시간, 300시간과 1,200시간 100시간이다. 1,000시간이 되었을 때 이 시스템의 신뢰도를 구하여라.

[풀이] 1,000시간이 되었을 때 평균 수명과 표준편차가 각각 1,500시간, 300시간인 부품의 신뢰도는

$$R_1 = 1 - \int_{-\infty}^{1,000} \frac{1}{300\sqrt{2\pi}} e^{-\frac{1}{2}\left(\frac{t-1,500}{300}\right)^2} dt = 0.952$$

이고, 평균 수명과 표준편차가 1,200시간, 100시간이 부품의 신뢰도는

$$R_2 = 1 - \int_{-\infty}^{1000} \frac{1}{100\sqrt{2\pi}} e^{-\frac{1}{2}\left(\frac{t-1200}{100}\right)^2} dt = 0.977$$

이므로, 직렬시스템의 신뢰도는

$$R = R_1 R_2 = 0.952 \times 0.977 = 0.93$$

이 된다.

[예제 5-28] 혼합 구조로 구성된 기계 장치의 각 신뢰도는 그림 5-14에서와 같다. 이 기계의 신뢰도를 구하여라.

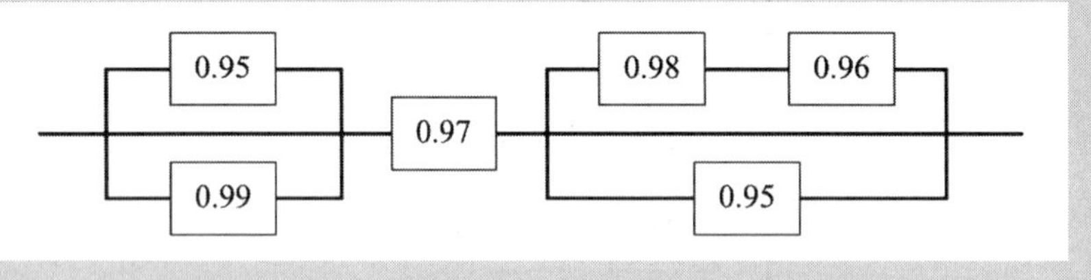

그림 5-14 혼합 구조 기계 장치의 신뢰도

[풀이] $R_s = [1-(1-0.95)(1-0.99)](0.97)[1-(1-0.98\times 0.96)(1-0.95)] = 0.967$

[예제 5-29] 어떤 부품 제작업체는 신뢰도가 95%인 8대의 공작 기계를 운영하고 있다. 이 업체가 주문을 납기 내에 납품하기 위해서는 최소한 6대의 공작 기계를 가동하여야 한다. 이 업체가 성공적으로 납품할 수 있을 것으로 기대되는 확률은 얼마인가?

[풀이] 식 (5-114)을 적용하면

$$R_s = \sum_{i=6}^{8}\left[\frac{n!}{i!(n-i)!}(0.95)^i(1-0.95)^{n-i}\right]$$

$$= \frac{8!}{6!(8-6)!}(0.95)^6(1-0.95)^{(8-6)} + \frac{8!}{7!(8-7)!}(0.95)^7(1-0.95)^{(8-7)}$$

$$+ \frac{8!}{8!(8-8)!}(0.95)^8(1-0.95)^{(8-8)}$$

$$=0.997$$

이다.

(2) 결합 시스템

단순 시스템의 신뢰도만으로써 모든 기계와 시스템의 신뢰도를 평가하기는 어렵다. 보다 복잡한 기계와 시스템의 신뢰도를 평가하기 위해서는 결합 시스템(coherent system)의 개념을 도입하여야 한다.

기계 또는 시스템은 다수의 장치로써 구성되어 있기 때문에 이들의 상태는 이를 구성하는 각 장치의 상태에 의하여 결정된다. 각 장치의 상태는 작동 또는 고장 중 하나로서 다음과 같이 상태 변수 S_i로써 나타낼 수 있다.

$S_i = 1$: i번째 장치가 작동일 때

$S_i = 0$: i번째 장치가 고장일 때

n개의 장치로써 구성된 기계 또는 시스템의 상태는 n개의 상태 변수에 의하여 결정되며, 각 장치의 상태 변수를 S_1, $S_2, \ldots\ldots S_n$이라고 하면, 상태 변수의 함수 $\phi(S_1,\ S_2, \ldots\ldots\ S_n)$로서 나타낼 수 있다. 이 상태 변수의 함수를 기계 또는 시스템의 구조 함수(structure function)라고 한다. 이 구조 함수의 값은 기계 또는 시스템이 작동 상태이면 $\phi(S_1,\ S_2, \ldots\ldots\ S_n) = 1$이 되고, 고장 상태이면 $\phi(S_1,\ S_2, \ldots\ldots\ S_n) = 0$이 된다. 직렬 구조와 병렬 구조의 구조 함수는 각각 다음과 같이 표현할 수 있다.

$$\text{직렬 구조:}\quad \phi = \prod_{i=1}^{n} S_i \tag{5-115}$$

$$\text{병렬 구조:}\quad \phi = 1 - \prod_{i=1}^{n} (1 - S_i) \tag{5-116}$$

또한 상태 변수는 다음과 같은 성질이 있다.

$$S_i S_i = S_i,$$
$$S_i + S_i = S_i,$$
$$S_i(1 - S_i) = 0,$$
$$S_i + (1 - S_i) = 1$$

결합 시스템은 일부 상태 변수가 작동에서 고장으로 또는 고장에서 작동 상태로 변하더라도 기계 또는 시스템의 상태는 그대로 유지되는 시스템을 말한다.

기계 또는 시스템이 작동하기 위해서는 반드시 작동해야 하는 최소한의 장치만으로써 구성된 경로를 최소 작동 경로(minimal path)라 하고, 기계 또는 시스템이 고장인 상태가 되기 위해서는 모두 고장이 나야 하는 최소한의 장치만으로써 구성된 경로를 최소 단절 경로

(minimal cut)라고 한다. 다시 말하면 최소 작동 경로의 장치만 작동하면, 다른 모든 장치에서 고장이 발생하더라도 기계 또는 시스템은 작동할 수 있으며, 모든 장치가 작동하더라도 최소 단절 경로를 구성하는 장치에서 모두 고장이 발생하면 기계 또는 시스템은 고장인 상태가 된다. 이러한 최소 작동 경로와 최소 단절 경로가 많으면 많을수록 그만큼 기계 또는 시스템의 신뢰도는 높아진다.

기계 또는 시스템에 k개의 최소 작동 경로 $P_1,\ P_2, \ldots .P_k$가 존재하면, 모든 최소 작동 경로에서 고장이 발생하지 않는 한 기계 또는 시스템은 작동이 가능하므로, 이 시스템의 구조 함수는

$$\phi_P = 1-(1-\prod_{i\forall P_1} S_i)(1-\prod_{i\forall P_2} S_i)\ldots..(1-\prod_{i\forall P_k} S_i) \tag{5-117}$$

가 되며, k개의 최소 단절 경로 $C_1,\ C_2, \ldots .C_k$가 존재하면, 모든 최소 단절 경로에서 고장이 발생하지 않는 한 기계 또는 시스템은 작동이 가능하므로 이 시스템의 구조 함수는

$$\phi_C = [1-\prod_{i\forall C_1}(1-S_i)][1-\prod_{i\forall C_2}(1-S_i)]\ldots..[1-\prod_{i\forall C_k}(1-S_i)] \tag{5-118}$$

가 된다. 그림 5-15에서와 같이 6개의 장치로써 구성된 시스템에 구조 함수를 적용하면, 최소 작동 경로는 1-2-3-4와 1-2-5-6이고, 최소 단절 경로는 1, 2, 3-5, 3-6, 4-5, 4-6이 되므로 각 경로에 대한 구조 함수는

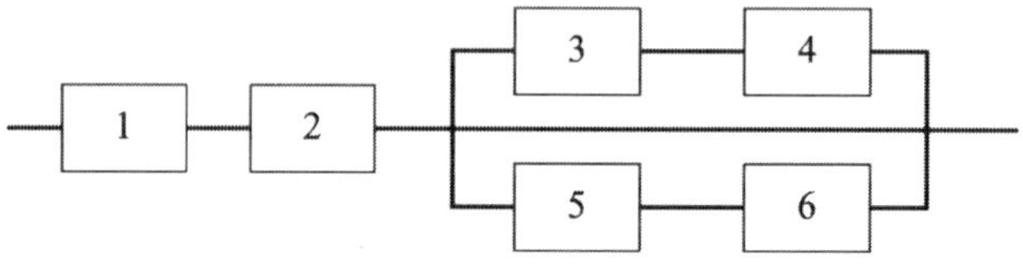

그림 5-15 혼합 구조의 구조 함수

$$\phi_P = 1-(1-S_1S_2S_3S_4)(1-S_1S_2S_5S_6)$$
$$\phi_C = [1-(1-S_1)][1-(1-S_2)][1-(1-S_3)(1-S_5)][1-(1-S_3)(1-S_6)]$$
$$[1-(1-S_4)(1-S_5)][1-(1-S_4)(1-S_6)]$$

가 된다. 상태 변수의 성질을 이용하여 구조 함수를 전개하고 다시 정리하면

$$\phi_P = \phi_C = S_1S_2S_3S_4 + S_1S_2S_5S_6 - S_1S_2S_3S_4S_5S_6 \tag{5-119}$$

가 된다. 일반적으로 최소 작동 경로와 최소 단절 경로에 대한 구조 함수는 같다. 즉

$$\phi_P = \phi_C \ \ \forall \{S_i\} \tag{5-120}$$

이다. 그러나 최소 작동 경로의 수와 최소 단절 경로의 수는 반드시 같지 않다. 구조 함수가 결정되면 시스템의 정확한 신뢰도는 구조 함수의 S_i를 해당 장치의 신뢰도로 치환하여, 즉 i번째 장치의 신뢰도를 R_i라고 하면 $S_i = R_i$로 치환하여, 구한다. 그러나 복잡한 시스템에서는 다수의 최소 작동 경로 또는 최소 단절 경로를 모두 확인하기가 어렵고, 최소 작동 경로 또는 최소 단절 경로를 모두 확인하였다 하더라도 그 수가 많은 경우에는 구조 함수의 항을 처리하기가 어렵기 때문에 정확한 신뢰도를 구하기도 어렵다. 최소 작동 경로 또는 최소 단절 경로의 수가 k개인 경우 구조 함수의 항은 $2^k - 1$개가 된다. 따라서 시스템이 복잡한 경우에는 시스템의 신뢰도를 그 상한과 하한으로써 결정한다.

복잡한 시스템에 대한 신뢰도는, 시스템의 최소 작동 경로 P_1, P_2......P_k와 최소 단절 경로 C_1, C_2,......C_k가 모두 독립적이라고 가정하고, 그 상한 R_U과 하한 R_L를 다음 식으로 결정할 수 있다. 그러나 실제 최소 작동 경로와 최소 단절 경로가 모두 독립적인 것은 아닐 수 있다.

$$R_U = 1 - (1 - \prod_{i \forall P_1} R_i)(1 - \prod_{i \forall P_2} R_i).....(1 - \prod_{i \forall P_k} R_i) \tag{5-121}$$

$$R_L = [1 - \prod_{i \forall C_1} F_i][(1 - \prod_{i \forall C_2} F_i].....[(1 - \prod_{i \forall C_k} F_i] \tag{5-122}$$

여기서, R_i=i번째 장치의 신뢰도

F_i=i번째 장치의 고장 확률

일반적으로 시스템을 구성하는 장치의 신뢰도가 90% 이상으로 높으면 시스템 신뢰도의 최선 추정치는 하한 신뢰도이고 장치의 신뢰도가 낮은 경우에는 상한 신뢰도가 된다. 즉 구성 장치의 신뢰도가 대부분 높은 경우에는 하한 신뢰도가 더 보수적이고, 최소 단절 경로의 장치가 최소 작동 경로의 장치보다 더 중요한 장치가 된다.

그림 5-15의 시스템에 포함된 6개 장치의 신뢰도가 모두 92%일 때 시스템 신뢰도의 상한과 하한은 각각 다음과 같이 구할 수 있다. 즉 $R = R_1 = R_2 = R_3 = R_4 = R_5 = R_6 = 0.92$이면 고장 확률은 $F = F_1 = F_2 = F_3 = F_4 = F_5 = F_6 = 0.08$이므로

$$R_U = 1 - (1 - R^4)(1 - R^4) = 1 - (1 - 0.92^4)(1 - 0.92^4) = 0.9196$$

$$\begin{aligned} R_L &= (1 - F_1)(1 - F_2)(1 - F_3F_5)(1 - F_3F_6)(1 - F_3F_5)(1 - F_4F_6) \\ &= (1 - 0.08)^2(1 - 0.08^2)^4 = 0.8249 \end{aligned}$$

가 된다. 이 시스템의 정확한 신뢰도는 식 (5-119)로부터

$$R = R_1R_2R_3R_4 + R_1R_2R_5R_6 - R_1R_2R_3R_4R_5R_6 = 2(0.92)^4 - (0.92)^6 = 0.8264$$

이다. 시스템의 하한 신뢰도가 정확한 시스템 신뢰도의 최선 추정치임을 알 수 있다.

[예제 5-30] 그림 5-16에서와 같이 5개의 장치로써 구성된 브리지 시스템의 구조 함수를 결정하고, 각 장치의 신뢰도가 95%일 때 브리지 시스템의 정확한 신뢰도와 근삿값을 구하여라.

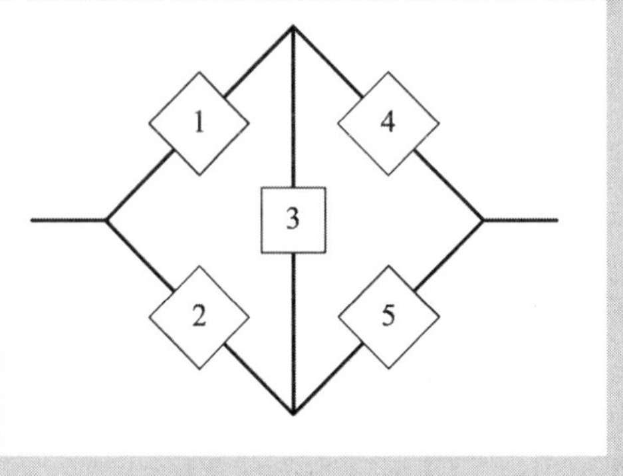

그림 5-16 브리지 시스템

[풀이] 브리지 시스템에는 최소 작동 경로로서 1-4, 2-5, 1-3-5, 2-3-4가 있으며, 최소 단절 경로서는 1-2, 4-5, 1-3-5, 2-3-4가 있다. 따라서 구조 함수는

$$\phi_P = 1-(1-S_1S_4)(1-S_2S_5)(1-S_1S_3S_5)(1-S_2S_3S_4)$$

$$\phi_C = [1-(1-S_1)(1-S_2)][1-(1-S_4)(1-S_5)]$$

$$[1-(1-S_1)(1-S_3)(1-S_5)][1-(1-S_2)(1-S_3)(1-S_4)]$$

가 된다. 상태 변수의 특성을 적용하여 구조 함수를 풀면

$$\phi = S_1S_4 + S_2S_5 + S_1S_3S_5 + S_2S_3S_4 - S_1S_2S_3S_4 - S_1S_2S_3S_5 - S_1S_2S_4S_5$$

$$- S_1S_3S_4S_5 - S_2S_3S_4S_5 + 2S_1S_2S_3S_4S_5$$

가 된다. 각 장치의 신뢰도를 $R = R_1 = R_2 = R_3 = R_4 = R_5 = R_6 = 0.95$라고 하면

$$\phi = 2R^2 + 2R^3 - 5R^4 + 2R^5$$

이다. 따라서 정확한 신뢰도는

$$R = 2(0.95)^2 + 2(0.95)^3 - 5(0.95)^4 + 2(0.95)^5 = 0.9947$$

이다. 근사적인 값은 각 장치의 신뢰도가 높은 편이므로

$$R_L = (1 - F_1F_2)(1 - F_4F_5)(1 - F_1F_3F_5)(1 - F_2F_3F_4)$$

로 구할 수 있고, $F_1 = F_2 = F_3 = F_4 = F_5 = F_6 = 1 - R = 0.05$이므로

근삿값은 $R_L = (1 - 0.05^2)^2(1 - 0.05^3)^2 = 0.9947$이 된다.

●●● 참고문헌

Bertsche, Bernd. 2008. Reliability in automotive and mechanical engineering. Springer-Verlag Berlin Heidelberg, Germany

Kapur, K. C. and L. R. Lamberson. 1977. Reliability in engineering design. John Wiley & Sons. New York, USA.

Lipson, C. and N. J. Sheth. 1973. Statistical design and analysis of engineering experiments. McGraw-Hill Book Co. New York, USA.

Jones, C. R. 1991. Heavy duty drivetrains - The system and component application. SAE Paper 910035.

Su, H., M. Ma and D. Olson. 2004. Accelerated tests of wiper motor retainers using CAE durability and reliability techniques. SAE Technical Paper Series 2004-01-1644.

제 6 장

고장 데이터 분석과 매개 변수 결정

제 6 장 고장 데이터 분석과 매개 변수 결정

신뢰도 함수, 위험 함수, 고장률 등은 모두 고장 분포 함수에 따라 결정된다. 따라서 신뢰도를 평가하기 위해서는 해당 기계 또는 부품의 고장 분포 함수를 구명하는 것이 가장 중요하다. 고장 분포 함수는 같은 기종이라 하더라도 소재, 제조 기술, 사용 환경 등에 따라 다르기 때문에 제조업체는 자사 제품의 사용 환경과 고장을 추적하여 고장 분포 함수를 구명하고 이를 관리하여야 한다. 고장 분포 함수의 매개 변수를 결정하기 위해서는 다양한 사용 조건에서 발생하는 기계 또는 부품의 고장 형태와 고장이 일어날 때까지 사용한 시간 등의 고장 데이터를 수집하고 이를 통계적으로 분석하여야 한다. 즉 장기간의 고장 추적이 필요하고 이를 위해서는 많은 시간과 비용이 요구된다. 따라서 중소 제조업체가 체계적인 고장 데이터를 수집하고 이를 기반으로 한 제품의 고장 분석과 신뢰도 향상 기술을 개발하는 데는 한계가 있다. 또한 고장 분포 함수의 매개 변수는 제품의 품질과 고장 특성을 반영하고 있기 때문에 대부분의 제조업체에서는 이를 대외비로 취급하고 있다.

6.1 고장 데이터

기계 또는 부품의 고장 분포 함수의 매개 변수를 결정하기 위해서는 해당 기계 또는 부품의 고장 데이터가 요구된다. 고장 데이터는 다수의 신품 기계 또는 부품을 대표적인 사용 조건에서 사용하였을 때 고장이 일어난 시간과 수를 시간 순으로 기록한 데이터이다. 고장 데이터는 소비자들이 제품을 사용할 때 제품에서 실제 고장이 발생한 시간이지만 고장 시험 또는 수명 시험을 통하여 확보할 수도 있다. 고장 시험은 시험 장비와 설비가 필요하고 또 이를 유지 관리하는 데 많은 비용이 요구되는 반면 확실한 고장 데이터를 체계적으로 수집할 수 있다는 장점이 있다. 소비자의 고장 데이터는 큰 비용이 들지 않는다는 장점은 있으나, 데이터 수집이 어렵고 수집한 데이터의 정확성이 낮은 단점이 있다. 어떤 방법이든 매개 변수를 결정하기 위해서는 최소한의 고장 데이터를 확보하여야 한다.

고장 시험 방법에는 정해진 시간에 이르면 고장 난 기계 또는 부품 수에 관계없이 모든 시험을 중단하는 정시 중단(time censoring, type I censored)과 시험 대상 기계 또는 부품에서 정해진 수의 고장이 발생하면 시험을 중단하는 정수 중단(failure censoring, type II censored)이 있으며, 정시 중단에는 한 번의 정시 중단으로 고장 시험을 완료하는 단수 중단(single time censoring)과 고장이 발생하지 않더라도 여러 가지 원인으로 2회 이상 시험을 중단하는 복수 중단(multiple time censoring)이 있다. 또한 고장 시험 중에는 시험 장비의 고장, 정전 등 여러 가지 원인으로 일부 시험 대상 기계 또는 부품의 시험을 중단할 수밖에 없는 경우가 있기 때문에 매개 변수를 결정할 때는 고장 시험의 방법과 데이터 형태에 따라 적절한 방법을 적용하여야 한다.

(1) 보증 수리 데이터

보증 기간에 발생한 각종 고장에 대한 수리 자료는 고장 데이터로서 가장 좋은 자료가 된다. 고장 데이터로서 보증 수리에 대한 자료는 다음과 같은 장점이 있다.

① 제품의 실제 사용 조건에서 발생한 고장 데이터이다.

② 제품의 다양한 사용 조건을 확인할 수 있다.

③ 고장 데이터가 정확하다.

그러나 보증 수리에 대한 자료는 다음과 같은 단점도 있다.

① 1년 또는 2년 정도의 제품 보증 기간에 발생한 고장에 국한된다.

② 데이터 수집 기간이 길다.

보증 수리 데이터는 고장 원인, 사용 시간, 수리비, 보증 기간 등을 결정하는 데 활용할 수 있으며, 기계 전체, 주요 장치 또는 단품을 대상으로 분석할 수 있다. 보증 수리 데이터로부터 구한 고장 분포, 평균고장간격, 시간당 수리비 등은 제품의 신뢰도를 종합적으로 나타낼 수 있는 지표가 될 수 있으며 제품에 대한 개선의 방향과 수준도 보증 수리 데이터의 분석 결과에 따라 결정할 수 있다. 보증 수리 데이터 분석은 제7장에서 다룬다.

(2) 고장지수

고장지수(failure index)는 부품 또는 기계의 고장 빈도를 간단히 나타낼 수 있는 변수로서 다음과 같이 정의된다.

$$\text{고장 지수} = \frac{\text{사용 시간 중 고장 수}}{\text{사용 시간}} \tag{6-1}$$

고장지수는 고장의 심각성을 1차적으로 판단하는 데 활용할 수 있으며, 일단 고장이 심각한 것으로 판단되면 와이블 분석과 같이 보다 정밀한 고장 분석을 실시하여야 한다. 고장지수를 고장률(failure rate)이라고도 하며, 고장률이 일정할 때 그 역수를 평균고장간격(MTBF, mean time between failures)이라고 한다.

(3) 위험 분석

무결함 또는 100% 신뢰도는 모든 기계와 부품에서 요구되는 이상이다. 그러나 이 이상을 달성하는 데는 과잉 설계와 이에 따른 막대한 생산 원가가 요구된다. 따라서 실제 부품과 기계를 설계할 때는 항상 적절한 수준의 신뢰도와 생산 원가를 고려하여 설계하여야 하며 어느 정도의 고장은 감수할 수밖에 없다. 위험 분석이란 부품 또는 기계에 내재된 고장의 위험 정도를 분석하고 이를 수치화하는 것이며, 위험 부담 비용, 위험을 대처하는 방법과 시기 등을 결정하는 데 이용된다. 위험 분석에서 제기되는 기본적인 문제는

① 결함으로 판정된 부품을 계속 생산하였을 때 위험 부담 비용은 얼마인가?

② 결함에 대한 개선을 일정 기간 지연하였을 때 위험 부담 비용은 얼마인가?

③ 충분한 고장 시험 없이 새로운 부품을 사용하였을 때 위험 부담 비용은 얼마인가?

④ 재설계는 막대한 설비 투자를 보장할 정도로 안전한 것인가?

와 같은 문제들이다. 특히 설비 투자는 위험 분석의 결과를 이용하여 부품 또는 기계를 재설계할 경우와 설계를 변경할 경우의 추가적인 설비 투자비를 비교하여 결정하여야 한다. 위험 부담 비용은 일반적으로 다음 식으로 구한다.

$$\text{위험 부담 비용} = \text{고장이 발생할 확률} \times \text{총 생산 대수} \times \text{고장당 비용} \tag{6-2}$$

예를 들면, 1,000시간까지 고장률이 5%인 부품을 6개월 간 1,000개를 생산하였을 때, 고장당 비용을 500,000원이라고 하면 위험 부담 비용은

위험 부담 비용 = 0.05 × 1,000 × 500,000 = 25,000,000원

이다. 만약 고장률을 1%로 감소시킬 수 있는 개선 방안이 개발되었으나, 사정상 6개월 간 이를 시행할 수 없었다고 하면 6개월 간 부담해야 될 위험 부담 비용은

위험 부담 비용 = (0.05 - 0.01) × 1,000 × 500,000 = 20,000,000원

이 된다.

고장이 발생할 확률은 고장 데이터, 유사 부품의 고장 실태, 수명 시험의 결과 등을 이용하여 결정할 수 있으나, 이러한 자료가 부족할 경우에는 사용자의 경험과 판단에 의하여 결정하여야 한다.

6.2 와이블 고장 분포 함수의 매개 변수 결정

와이블 고장 분포 함수의 장점은 다양한 부품의 고장 분포를 모형화할 수 있다는 데 있으며, 단점은 매개 변수인 형상계수 β, 특성 수명 η, 최소 수명 δ의 값을 결정하기가 어렵다는 데 있다. 매개 변수는 이를 결정하는 방법에 따라 그 값이 다르고, 고장 데이터의 수와 형태 등에 따라서도 그 값이 다를 수 있다. 일반적으로 와이블 고장 분포에서 모든 부품은 사용하기 전부터 이미 고장인 상태에 있을 수 있기 때문에, 최소 수명은 δ=0으로 가정하여 결정할 수 있으며 β와 η는 다음과 같은 방법으로 결정할 수 있다.

확률 선도법(probability plotting)

위험 선도법(hazard plotting)

최우 추정법(maximum likelihood estimation)

모멘트 추정법(moment estimators)

(1) 확률 선도법

확률 선도법은 대수-대수지에서 고장 시간과 고장 확률이 이루는 선형 관계를 이용하여 매개 변수의 값을 결정하는 방법이다. 식 (5-4)의 와이블 고장 분포 함수의 양변에 대수를 2번 취하면 식 (6-3)과 같이 표현된다.

$$\ln[\ln(\frac{1}{1-F(t)})] = \beta\ln t - \beta\ln\eta \qquad (6-3)$$

식 (6–3)에서 $Y = \ln[\ln(\frac{1}{1-F(t)})]$, $X = \ln t$, $C = \beta \ln \eta$라고 하면 식 (6–3)은 $Y = \beta X - C$와 같은 선형 함수로 변환할 수 있으며, 이는 그림 6–1에서와 같이 직선으로 표현된다. β는 이 직선의 기울기이며 C는 이 직선의 $-Y$축 절편으로서 항상 + 값이다. 따라서 η는 $\eta = e^{\frac{C}{\beta}}$가 된다. $-Y$축 절편을 구하기 어려운 경우에는 식 (5–4)에서 $t = \eta$일 때 $F(t) = 0.632$가 되므로, η는 그림 6–1에서와 같이 $\ln[\ln(\frac{1}{1-0.632})] = -0.0003$일 때의 t 값이 된다. 즉 그림 6–1에서 $\ln t = 4.8$이므로 $\eta = t = e^{4.8} = 121.51$이 된다.

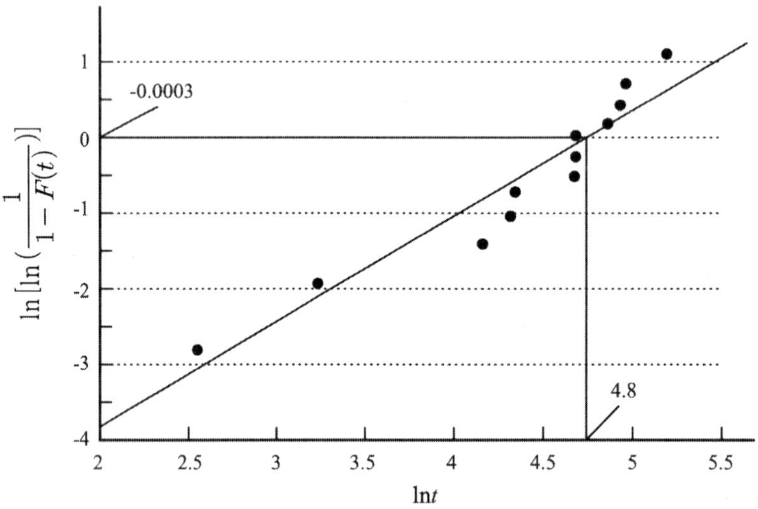

그림 6–1 확률 선도법

확률 선도법은 고장 순위에 따라 중위 계급으로써 고장 시간의 고장 확률을 구하고, 같은 고장 시간에 다수의 고장 부품이 있거나, 시험 중단 부품이 있는 경우에는 고장 순위를 조정하여 해당 고장 시간의 고장 확률을 구한다.

1) 완전 또는 정시 중단 고장 데이터를 이용한 매개 변수의 결정

고장 시험을 시작한 후 중단 없이 시험 샘플의 고장 시간을 모두 측정한 데이터를 완전 데이터(complete data)라고 한다. 이러한 완전 데이터와 정시 중단 고장 데이터를 이용하여 매개 변수를 결정하기 위해서는 먼저 다음과 같이 각 고장 시간의 고장 확률을 구해야 한다.

고장 데이터에 포함된 부품은 생산된 부품의 극히 일부분에 지나지 않기 때문에 각 고장 시간의 고장 확률을 통계적으로 결정하여야 한다.

고장 시간의 고장 확률을 구하는 방법에는 평균 계급(mean rank)과 중위 계급(median rank)을 이용하는 방법이 있다. 평균 계급은 크기 순서로 정리한 n개의 고장 데이터에서 j번째 고장 시간의 고장 확률을 $\frac{j}{(n+1)}$로 구하며, 중위 계급은 $\frac{j-0.3}{n+0.4}$으로써 구한다. 예를 들면 표 6-1에서와 같이 5개의 고장 데이터에서, 첫 번째 고장 시간, 즉 67시간에 대한 고장 확률은 평균 계급으로는 1/(5+1)=0.167이 되며, 중위 계급으로는 (1-0.3)/(5+0.4)=0.129가 된다.

표 6-1 평균 계급과 중위 계급에 의한 고장 확률

고장 순위, j	고장 시간, t_j	평균 계급에 의한 고장 확률, $p=\frac{j}{n+1}$	중위 계급에 의한 고장 확률, $p=\frac{j-0.3}{n+0.4}$
1	67	0.167	0.129
2	120	0.333	0.314
3	130	0.500	0.500
4	220	0.667	0.686
5	290	0.833	0.870

같은 시간에 고장 난 부품 수가 2개 이상인 경우, 이 고장 시간에 대한 고장 순위, 즉 j값은 이 시간에 고장 난 부품 수의 1/2과 이보다 짧은 시간에 고장 난 부품 수를 모두 더한 값으로 한다. 예를 들면 표 6-2에서와 같은 고장 데이터에서 첫 번째 고장 시간에 고장 난 부품이 3개이고 두 번째 고장 시간에 고장 난 부품이 5개일 때, 첫 번째 고장 시간의 고장 순위는 $j=0+\frac{3}{2}=1.5$가 되므로 평균 계급에 의한 고장 확률은 1.5/(100+1)=0.0149이고 중위 계급에 의한 고장 확률은 (1.5-0.3)/(100+0.4)=0.012가 되며, 두 번째 고장 시간의 고장 순위는 $j=3+\frac{5}{2}=5.5$가 되므로 평균 계급과 중위 계급에 의한 고장 확률은 각각 5.5/(100+1)=0.0545, (5.5-0.3)/(100+0.4)=0.0518이 된다. 이와 같은 방법으로 결정한 각 고장 시간과 고장 확률을 그림 6-2에서와 같이 최소 자승법으로써 선형화하고, 식 (6-3)을 이용하여 매개 변수 β와 η의 값을 결정한다. 그림 6-2에서 β와 η의 값은 각

각 $\beta = 36.16$, $\eta = e^{\frac{183.13}{36.16}} = 158.3$시간으로 결정할 수 있다. 따라서 이 부품의 고장 분포 함수는

$$F(t) = 1 - e^{-(\frac{t}{158.3})^{36.16}}$$

가 되며, 위험 함수는 식 (5–13)으로부터 다음과 같이 표현된다.

$$h(t) = \frac{\beta}{\eta}(\frac{t}{\eta})^{\beta-1} = \frac{36.16}{158.3}(\frac{t}{158.3})^{36.16-1} = 0.2284(\frac{t}{158.3})^{35.16}$$

또한 $1 < \beta$이므로 이 부품의 고장 형태는 마모 고장에 해당하며, 평균 수명과 분산은 각각 식 (5–11)과 (5–12)를 이용하여 구한다. 즉

$$\mu = 158.3\Gamma(1 + \frac{1}{36.16}) = 155.89\text{시간}$$

$$\sigma^2 = 158.3^2[\Gamma(1 + \frac{2}{36.16}) - \Gamma^2(1 + \frac{1}{36.16})] = 29.4\text{시간}$$

이다.

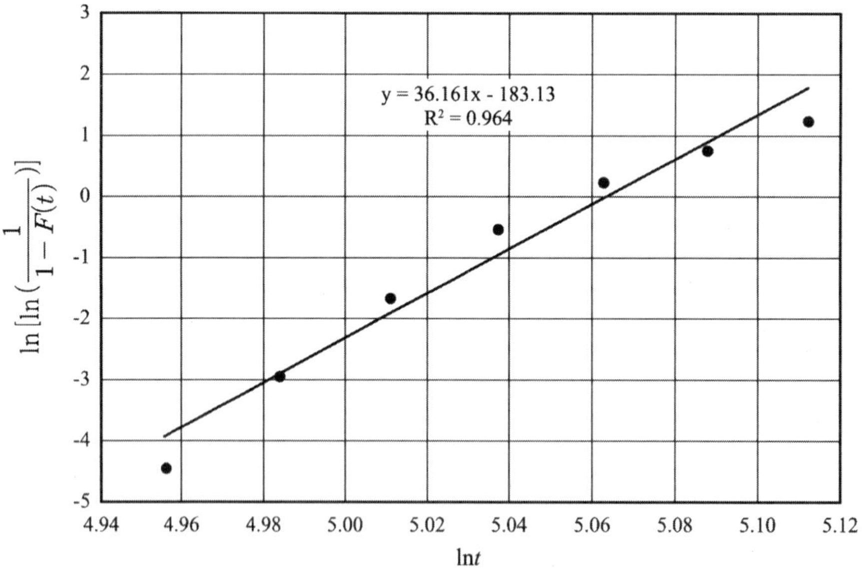

그림 6–2 완전 또는 정시 중단 고장 데이터를 이용한 매개 변수의 결정

표 6-2 같은 시간에 고장 난 부품 수가 복수인 경우의 고장 확률

고장 시간, t	고장 부품 수	고장 순위, j	중위 계급에 의한 고장 확률, $F(t)$	$\ln t$	$\ln[\ln(\frac{1}{1-F(t)})]$
142	3	0+3/2=1.5	(1.5−0.3)/100.4=0.0120	4.9558	−4.421
146	5	3+5/2=5.5	(5.5−0.3)/100.4=0.0518	4.9836	−2.934
150	20	8+20/2=18	(18.0−0.3)/100.4=0.1763	5.0106	−1.640
154	36	28+36/2=46	(46.0−0.3)/100.4=0.4552	5.0369	−0.499
158	18	64+18/2=73	(73.0−0.3)/100.4=0.7241	5.0626	0.253
162	13	82+13/2=88.5	(88.5−0.3)/100.4=0.8785	5.0876	0.746
166	5	95+5/2=97.5	(97.5−0.3)/100.4=0.9681	5.1120	1.237

2) 중단이 있는 고장 데이터를 이용한 매개 변수의 결정

고장 시험 중에는 정전, 시험 장치의 고장 등 샘플 고장 이외의 여러 가지 원인으로 일부 샘플의 시험을 중단하는 경우가 있다. 이때 시험을 중단한 샘플을 시험 중단 샘플(censored item)이라고 한다. 만약 10개의 샘플로써 고장 시험을 시작한 후 고장 이외의 원인으로 2개의 샘플을 시험 중단하였다고 하면 이 2개 샘플이 시험 중단 샘플이 된다. 이와 같은 경우, 고장 시험의 결과는 2개의 시험 중단 샘플의 시험 중단 시간과 나머지 8개 샘플의 고장 시간을 순서대로 정리한다. 시험 중단 샘플을 포함한 고장 데이터에서 각 고장 시간의 고장 확률을 구하는 방법은 다음과 같다.

시험 중단 시간 다음에 있는 고장 시간의 고장 순위는 직전 고장 시간의 고장 순위에 다음 식으로 계산한 증가분을 더하여 구한다.

$$증가분 = \frac{(n+1) - 직전\ 고장\ 시간의\ 고장\ 순위}{1 + 시험\ 중단\ 샘플\ 이후\ 작동을\ 계속한\ 샘플의\ 총\ 수} \quad (6\text{-}4)$$

여기서 n은 고장 시험에 사용된 샘플의 총 수이다. 이 증가분은 다음 시험 중단 샘플이 있을 때까지 그 사이의 모든 고장 시간의 고장 순위에 추가한다. 예로서 10개의 기어에 대한 고장 시험에서 표 6-3에서와 같이 6개의 기어가 시험 중단되고 4개 기어가 고장 났을 때, 고장 난 4개 기어의 고장 확률은 중위 계급으로써 다음과 같이 구한다.

시험 중단 기어 G1 다음의 고장 시간, 즉 750시간에 대한 고장 순위는 직전 고장 시간의 순위에 다음 식으로 계산된 증가분을 더하여 구한다. 750시간 이전에 일어난 고장은 없으므로 직전 고장 시간의 순위는 0이다. 따라서 식 (6-4)에 의한 증가분 △를 구하면

$$\triangle = \frac{(10+1)-0}{1+9} = 1.10$$

이 되고, 750시간에 대한 고장 순위는

$$j = 0 + 1.10 = 1.10$$

이다. 따라서 750시간에 대한 고장 확률은

$$\frac{1.10-0.3}{10+0.4} = 0.0769$$

가 된다. 두 번째 고장 시간인 2,200시간에 대한 고장 순위는 직전 고장 시간의 고장 순위 1.10에 다음 증가분을 더하여 구한다.

$$\triangle = \frac{(10+1)-1.10}{1+6} = 1.4143$$

따라서 2,200시간에 대한 고장 순위는

$$j = 1.10 + 1.4143 = 2.5143$$

이고, 고장 확률은

$$\frac{2.5143-0.3}{10+0.4} = 0.2129$$

이다. 세 번째 고장 시간, 즉 4,000시간에 대한 고장 순위는 2,200시간과 4,000시간 사이에 시험 중단 기어가 없기 때문에 동일한 증가분을 사용하여 계산하면

$$j = 2.5143 + 1.4143 = 3.9286$$

이 되고, 고장 확률은

$$\frac{3.9286-0.3}{10+0.4} = 0.3489$$

가 된다. 마지막으로 네 번째 고장 시간인 8,000시간에 대한 고장 순위는 앞에서와 같은 방법으로 증가분을 구하여 계산한다. 즉 증가분은

$$\triangle = \frac{10+1-3.9286}{1+2} = 2.3571$$

이 되고 고장 순위와 고장 확률은 각각

$$j = 3.9286 + 2.3571 = 6.2857$$

$$\frac{6.2857 - 0.3}{10 + 0.4} = 0.5755$$

가 된다.

이와 같이 구한 각 고장 시간의 고장 순위와 고장 확률은 표 6-3에서와 같고, 이들의 관계를 그림 6-3에서와 같이 선형화하여 식 (6-3)을 적용하면 매개 변수의 값은 $\beta = 1.0$이 되고 $\eta = e^{\frac{9.1437}{1}} = 9355.3$이 된다.

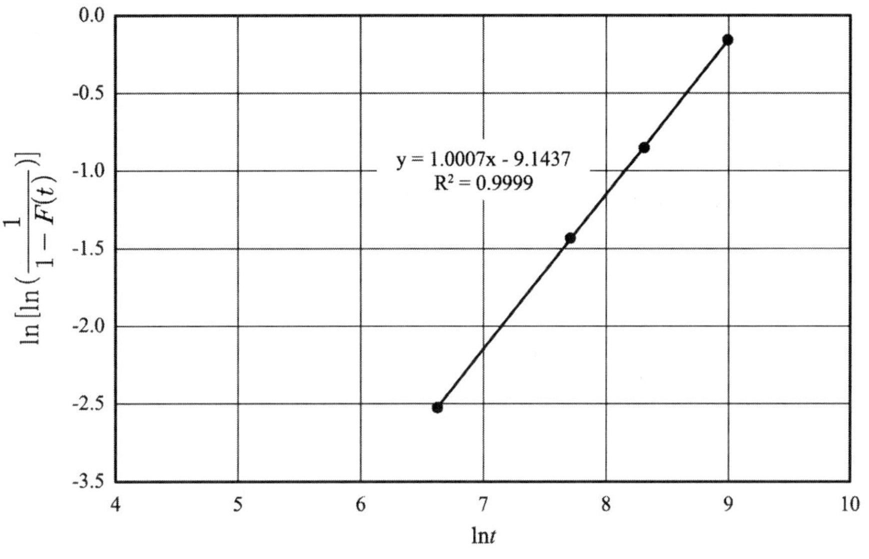

그림 6-3 시험 중단을 포함한 고장 데이터를 이용한 매개 변수의 결정

표 6-3 시험 중단을 포함한 고장 데이터의 고장 순위와 고장 확률

샘플 번호	기어 번호	고장 또는 시험 중단	고장 순위, j	시간, t	고장 확률, $F(t)$	$\ln t$	$\ln[\ln(\frac{1}{1-F(t)})]$
1	G1	시험 중단		500C			
2	G2	고장	1.1	750	0.0769	6.62	−2.525
3	G3	시험 중단		800C			
4	G4	시험 중단		900C			
5	G5	고장	2.5143	2200	0.2129	7.69	−1.429
6	G6	고장	3.9286	4000	0.3489	8.29	−0.846

7	G7	시험 중단		4100C			
8	G8	시험 중단		5700C			
9	G9	고장	6.2857	8000	0.5755	8.99	−0.154
10	G10	시험 중단		8500C			

3) 사용 시간 범위별 고장 데이터를 이용한 매개 변수의 결정

기계 또는 부품의 정확한 고장 시간을 추정하기는 쉽지 않다. 그러나 일정한 사용 시간 범위에서 발생한 고장은 보다 쉽게 추정할 수 있다. 사용 시간 범위에 따라 추정한 고장 데이터가 있으면 다음과 같이 매개 변수를 결정한다.

고장 시간은 사용 시간 범위에서 최대 사용 시간이고, 각 고장 시간의 고장 확률은

$$\text{고장 시간 } t_i\text{의 고장 확률} = \frac{t_i\text{시간까지 고장난 부품의 수}}{\text{고장 부품의 총 수}} \tag{6-5}$$

으로써 구한다. 표 6-4는 사용 시간 범위의 고장 데이터를 이용하여 각 고장 시간의 고장 확률을 구한 것이며, 그림 6-4는 $\ln t$와 $\ln[\ln(\frac{1}{1-F(t)})]$의 선형 관계를 나타낸 것이다.

따라서 $\beta = 3.64$이고, $\eta = e^{\frac{17.47}{3.64}} = 121.4$가 된다.

표 6-4 사용 시간 범위별 고장 데이터

사용 시간 범위	고장 시간, t	고장 수	누적 고장 수	고장 확률, $F(t)$	$\ln t$	$\ln[\ln(\frac{1}{1-F(t)})]$
0 ~ 20	20	1	1	0.0014	2.9957	−6.5503
20 ~ 40	40	13	14	0.0200	3.6889	−3.9019
40 ~ 60	60	32	46	0.0657	4.0943	−2.6886
60 ~ 80	80	85	131	0.1871	4.3820	−1.5741
80 ~ 100	100	127	258	0.3686	4.6052	−0.7770
100 ~ 120	120	161	419	0.5986	4.7875	−0.0913
120 ~ 140	140	152	571	0.8157	4.9416	0.5525
140 ~ 160	160	80	651	0.9300	5.0752	0.9780
160 ~ 180	180	44	695	0.9928	5.1929	1.5977
180 이상		5	700	−	−	−

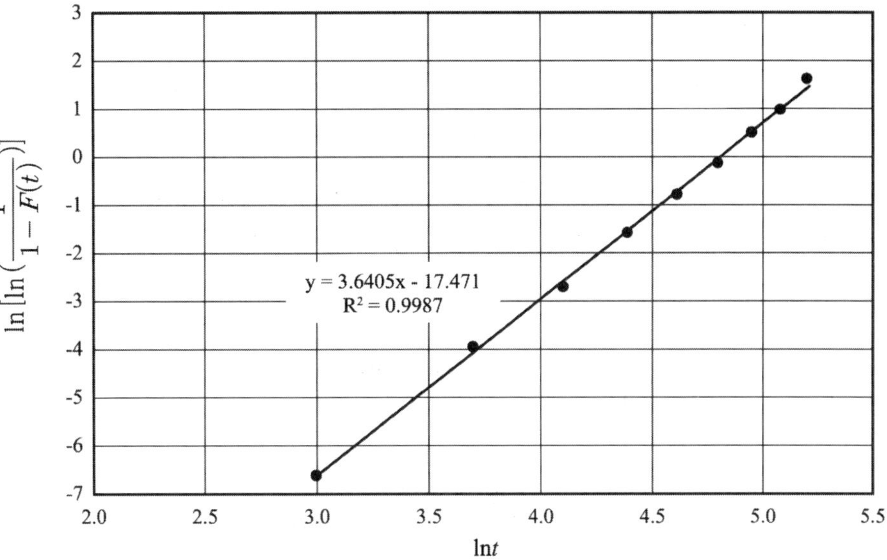

그림 6-4 사용 시간 범위별 고장 데이터를 이용한 매개 변수의 결정

4) 신속 고장 시험

신속 고장 시험(sudden death testing)은 신속하게 고장 데이터를 얻을 수 있고, 고장 시험에 필요한 시간을 단축할 수 있으며, 제한된 고장 데이터를 효과적으로 활용할 수 있다는 장점이 있다. 이 방법은 일정한 수의 샘플로 구성한 다수의 그룹을 대상으로 고장 시험을 실시하고 각 그룹에서 첫 번째 발생한 고장 시간을 그 순서대로 정리하여 고장 데이터를 만든다. 이 고장 데이터의 각 고장 시간에 대한 고장 확률은 중위 계급으로써 계산하며, 고장 시간과 고장 확률의 관계는 대수-대수지에서 선형화한다. 선형화한 직선을 신속 고장선이라고 하며, 이 신속 고장선상의 각 점은 각 그룹에서 발생한 첫 번째 고장 시간의 샘플을 나타낸다. 즉 각 그룹의 샘플 수를 n이라고 하면 첫 번째 고장 시간의 고장 확률은 중위 계급으로서 $\frac{1-0.3}{n+0.4}$이므로, 신속 고장선은 각 그룹에서 고장 확률이 $\frac{1-0.3}{n+0.4}$인 고장 시간의 추정치를 나타낸다. 따라서 고장 확률이 $\frac{1-0.3}{n+0.4}$인 고장 시간의 최선 추정치는 신속 고장선에서 고장 확률이 50%인 고장 시간이다. 전체 부품의 고장 시간 -고장 확률 선도, 즉 모집단의 고장 시간-고장 확률 선도는 그림 6-5에서와 같이 신속 고장선상에서 고장 확률이

50%인 점에서 내린 연직선과 고장 확률이 $\frac{1-0.3}{n+0.4}$ 인 수평선이 만나는 교점을 지나고 신속 고장선에 평행한 직선으로써 나타낼 수 있다. β는 이 모집단의 고장 분포를 나타내는 직선의 기울기이며 η는 고장 확률이 63.2%인 고장 시간이다. 신속 고장시험은 각 그룹에서 첫 번째 고장 시간만을 사용하므로 빠른 시간에 시험을 수행할 수 있으며, 그룹별 시험을 동시에 시작하는 방법과 순차적으로 시험하는 방법이 있다.

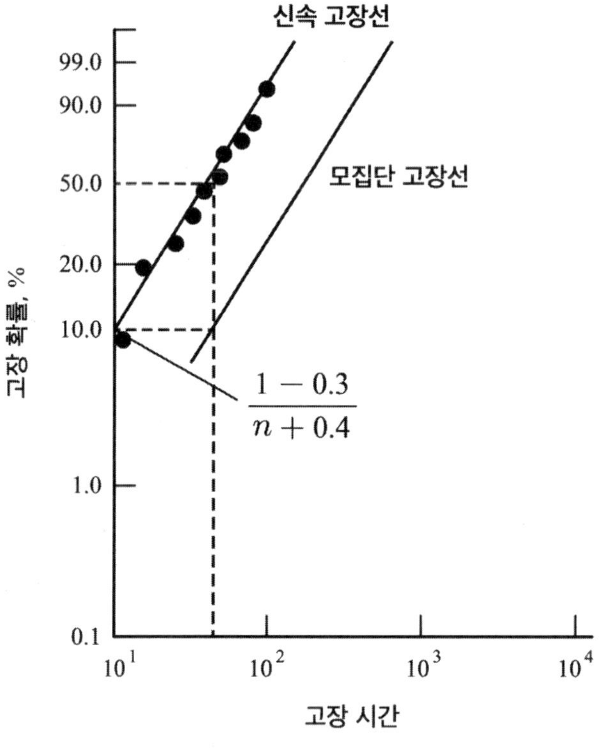

그림 6-5 신속 고장선

> **[예제 6-1]** 표 6-5는 10개의 그룹으로 실시한 어떤 제품의 신속 고장 시험 결과를 나타낸 것이다. 각 그룹의 샘플 수는 8개로 모두 같다. 고장 분포가 와이블 분포일 때 매개 변수 β와 η를 결정하여라.

표 6-5 신속 고장 시험 데이터

그룹 번호	그룹 내 샘플 수	그룹 내 첫 번째 고장 시간	그룹 번호	그룹 내 샘플 수	그룹 내 첫 번째 고장 시간
1	8	10	6	8	43
2	8	25	7	8	36
3	8	18	8	8	49
4	8	30	9	8	72
5	8	92	10	8	61

[풀이] 그룹 내 첫 번째 고장 시간을 시간 순서대로 정리하여 각 고장 시간의 고장 순위와 중위 계급에 의한 각 고장 순위의 고장 확률을 구하면 표 6-6에서와 같다.

표 6-6 신속 고장 시험의 고장 순위에 대한 고장 확률

그룹 번호	그룹 내 샘플 수, n	그룹 내 첫 번째 고장 시간, t	고장 순위, j	고장 확률, $F(t)$ $(\frac{j-0.3}{10+0.4})$	$\ln t$	$\ln[\ln(\frac{1}{1-F(t)})]$
1	8	10	1	0.067307692	2.3025850	−2.6638430
2	8	18	2	0.163461538	2.8903717	−1.7232631
3	8	25	3	0.259615384	3.2188758	−1.2020231
4	8	30	4	0.355769230	3.4011973	−0.8216665
5	8	36	5	0.451923076	3.5835189	−0.5085953
6	8	42	6	0.548076923	3.7376696	−0.2303654
7	8	49	7	0.644230769	3.8918202	0.03292496
8	8	61	8	0.740384615	4.1108738	0.29903293
9	8	72	9	0.836538461	4.2766661	0.59397721
10	8	92	10	0.932692307	4.5217885	0.992688929

대수-대수지에서 각 그룹의 첫 번째 고장 시간 t에 대한 $\ln t$ 와 $\ln[\ln[\frac{1}{(1-F(t))}]]$의 선형 관계는 그림 6-6에서와 같고, 이 신속 고장선은 고장 확률이 $\frac{1-0.3}{8+0.4}=0.083$인 고장 시간, 즉 $B_{8.3}$ 수명의 추정치를 나타낸다. 따라서 $B_{8.3}$의 최선 추정치는 신속 고장선에서 고장 확률이 50%,

즉 $\ln[\ln[\frac{1}{(1-0.5)}]]=-0.3665$인 점 B의 고장 시간이다. 고장 확률이 8.3%, 즉 $\ln[\ln[\frac{1}{(1-0.083)}]]$ =-2.4459인 수평선과 B에서 내린 연직선의 교점을 A라고 하면 A점을 지나고 신속 고장선과 평행한 직선은 모집단의 고장 시간-고장 확률의 관계를 나타낸다. 신속 고장선의 기울기는 그림 6-6에서와 같이 회귀선의 기울기로서 1.6623이다. 따라서 모집단 고장선은 기울기가 $\beta=1.6623$이고 $(\ln t,\ \ln[\ln\frac{1}{1-F(t)}]])=(3.874,\ -2.466)$인 점을 지나는 직선이므로 수직축의 절편은 식 (6-3)으로부터

$$-\beta\ln\eta=\ln[\ln[\frac{1}{(1-F(t))}]]-\beta\ln t=-2.446-1.6623\times3.784=-8.736$$

가 된다. 모집단의 고장선을 이용하여 특성 수명을 구하면 $\eta=e^{\frac{C}{\beta}}=e^{\frac{8.736}{1.6623}}=191.6$시간이다. 특성 수명은 이 직선에서 고장 확률이 63.2%, 즉 $\ln[\ln[\frac{1}{(1-0.632)}]]=0$인 고장 시간으로도 구할 수 있다.

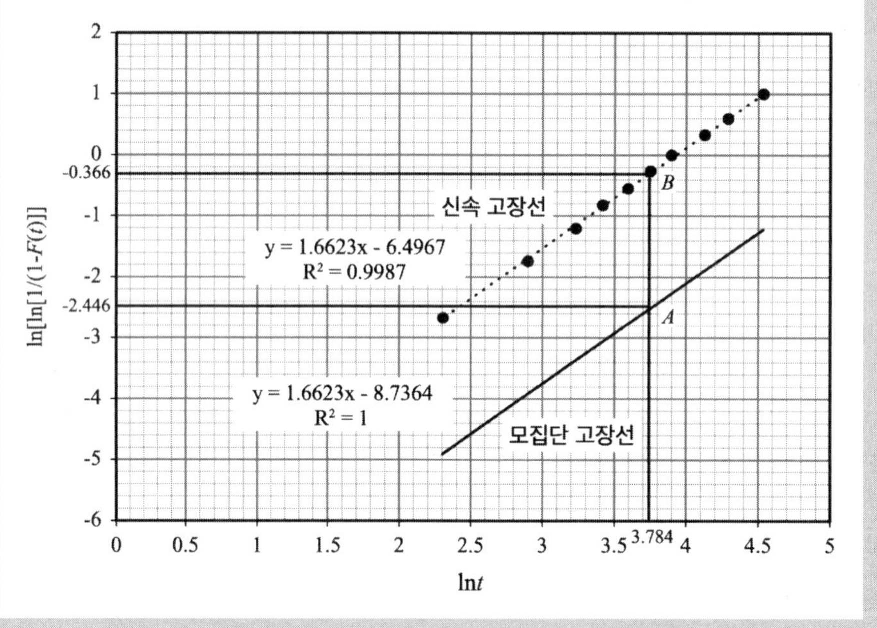

그림 6-6 신속 고장선을 이용한 매개 변수 결정

(2) 위험 선도법

위험 선도법은 고장 시간과 누적 위험 함수의 관계를 이용하는 방법이다. 즉 식 (5-9)로부터 신뢰도와 누적 위험 함수의 관계를 구하면

$$R(t) = e^{-H(t)} = e^{-(\frac{t}{\eta})^{\beta}}$$

이고 양변에 자연 대수를 2번 취하면

$$\ln H(t) = \beta \ln t - \beta \ln \eta \tag{6-6}$$

가 된다. 식 (6-6)에서 $Y = \ln H(t)$, $X = \ln t$, $C = \beta \ln \eta$라고 하면 $\ln t$와 $\ln H(t)$의 선형 관계는 직선 $Y = \beta X - C$로서 나타낼 수 있다. β는 이 직선의 기울기이고, η는 $\eta = e^{\frac{C}{\beta}}$에서 구할 수 있다. 누적 위험 함수 $H(t)$는

$$H(t) = \int_0^t h(t)dt$$

이므로, 고장 데이터의 각 고장 시간 t_i에서 다음과 같이 고장률 $h(t_i)$를 구하고

$$h(t_i) = \frac{1}{1 + t_i \text{시간 이후 작동 중인 샘플의 수}} \tag{6-7}$$

t시간까지 구한 각각의 $h(t_i)$를 더하여 구한다. 즉

$$H(t) = \sum_{i=1}^{t} h(t_i) \tag{6-8}$$

이다. 위험 선도법은 시험 중단 샘플로 인한 고장 순위를 조정하지 않고, 단지 고장 샘플의 고장률만을 반영하기 때문에 확률 선도법보다 매개 변수의 결정이 간편하다는 장점이 있다. 표 6-7과 그림 6-7은 위험 선도법을 적용하여 표 6-3의 고장 데이터를 분석한 고장 시간별 고장률과 누적 고장률 및 $\ln t$와 $\ln H(t)$의 선형 관계를 나타낸 것이다. 그림 6-7에서 $\beta = 0.9223$이고 $\eta = e^{\frac{8.2275}{0.9223}} = 7484.83$시간이다. 확률 선도법를 적용하였을 때의 $\beta = 1.0$과 $\eta = e^{\frac{9.1437}{1}} = 9355.3$시간과 비교하면 형상계수는 큰 차이가 없으나 특성 수명에서는 큰 차이가 있다.

표 6-7 위험 선도법을 적용한 고장 데이터

고장 시간, t_i	고장 순위, j	고장률, $h(t)$	누적 고장률, $H(t)$	$\ln t_i$	$\ln H(t)$
500C	1				
750	2	0.1111	0.1111	6.6201	−2.1972
800C	3				
900C	4				
2200	5	0.1667	0.2778	7.6962	−1.2809
2400	6	0.2000	0.4778	7.7832	−0.7386
4100C	7				
5700C	8				
8000	9	0.5000	0.9778	8.9872	−0.0225
8500C	10	1.0000			

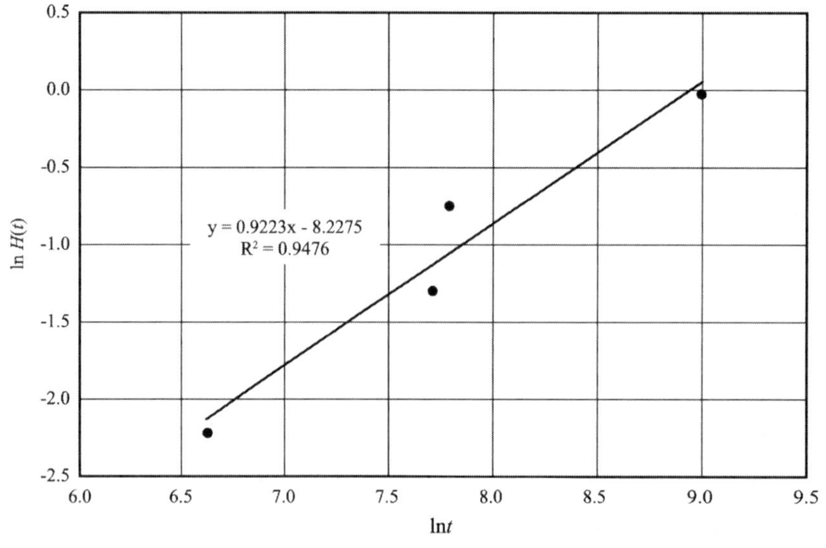

그림 6-7 위험 선도법을 이용한 매개 변수의 결정

(3) 최우 추정법

최우 추정법(maximum likelihood estimation)은 측정한 고장 시간의 고장 확률이 모두 최대의 고장 확률이 될 수 있도록 매개 변수를 결정하는 방법이다. 고장 시간 분포가 와

이블 분포를 따른다고 하면 n개 고장 시간 $t_1,\ t_2,\ t_3, \ldots.\ t_n$의 고장 확률은 식 (5-7)의 와이블 고장 확률 밀도 함수로부터 각각 다음과 같이 구할 수 있다.

$$f(t_1) = \frac{\beta}{\eta}(\frac{t_1}{\eta})^{\beta-1} e^{-(\frac{t_1}{\eta})^{\beta}}$$

$$f(t_2) = \frac{\beta}{\eta}(\frac{t_2}{\eta})^{\beta-1} e^{-(\frac{t_2}{\eta})^{\beta}}$$

$$\vdots$$

$$f(t_n) = \frac{\beta}{\eta}(\frac{t_n}{\eta})^{\beta-1} e^{-(\frac{t_n}{\eta})^{\beta}}$$

따라서 n개 부품이 모두 고장 시간 $t_1,\ t_2,\ t_3, \ldots.t_n$에서 고장이 일어날 확률은 각 고장 시간의 고장 확률을 곱한 것과 같다. 즉 식 (6-9)에서와 같이 나타낼 수 있다.

$$L(t_1, t_2, t_3, \ldots.t_n;\ \beta, \eta) = \prod_{i=1}^{n} [\frac{\beta}{\eta}(\frac{t_i}{\eta})^{\beta-1} e^{-(\frac{t_i}{\eta})^{\beta}}] \tag{6-9}$$

이 식을 매개 변수 β와 η의 우도 함수(likelihood function)라고 하며, 최우 추정법은 우도 함수의 값이 최대가 되도록 β와 η를 결정하는 방법이다. 이는 측정한 모든 고장 시간의 고장 확률이 최대가 되면 우도 함수도 최대가 되기 때문이다. 최우 추정법으로 추정한 매개 변수 β와 η의 추정치를 각각 $\hat{\beta}$와 $\hat{\eta}$라고 하면 $\hat{\beta}$와 $\hat{\eta}$를 각각 β와 η의 최우 추정치(maximum likelihood estimator)라고 한다.

우도 함수의 값을 최대로 하는 β와 η를 구하기 위해서는 식 (6-9)에서 β와 η의 편도함수를 구하고 이를 0로 하는 β와 η를 구해야 한다. 그러나 식 (6-9)에서 직접 β와 η의 편도함수를 구하기가 쉽지 않기 때문에 우도 함수에 자연 대수를 취하여 이를 로그 우도 함수(log likelihood function)로 변환한 후 이 로그 우도 함수의 값을 최대로 하는 β와 η를 구한다. 식 (6-9)의 양변에 자연 대수를 취하여 로그 우도 함수를 만들면

$$\begin{aligned}
\ln L(\beta,\ \eta) &= \ln(\frac{\beta}{\eta})^n + (\beta-1)[\sum_{i=1}^{n} \ln t_i - n\ln\eta] - \sum_{i=1}^{n}(\frac{t_i}{\eta})^{\beta} \\
&= n\ln\beta - n\ln\eta - (\beta-1)n\ln\eta + (\beta-1)\sum_{i=1}^{n}\ln t_i - \sum_{i=1}^{n}(\frac{t_i}{\eta})^{\beta} \\
&= n\ln\beta - \beta n\ln\eta + (\beta-1)\sum_{i=1}^{n}\ln t_i - \sum_{i=1}^{n}(\frac{t_i}{\eta})^{\beta}
\end{aligned} \tag{6-10}$$

가 된다. 식 (6-10)에서 η에 대한 편미분을 취하여 이를 0으로 하는 η를 구하면,

$$\frac{\partial \ln L(\beta,\eta)}{\partial \eta} = -\frac{\beta n}{\eta} + \frac{\beta}{\eta^{\beta+1}}\sum_{i=1}^{n} t_i^{\beta} = 0$$

$$\eta = \left[\frac{\sum_{i=1}^{n} t_i^{\beta}}{n}\right]^{\frac{1}{\beta}} \qquad (6\text{-}11)$$

이다. 또한 식 (6-10)에서 β에 대한 편미분을 취하면

$$\frac{\partial \ln L(\beta,\eta)}{\partial \beta} = \frac{n}{\beta} - n\ln\eta + \sum_{i=1}^{n}\ln t_i - [(\frac{t_1}{\eta})^{\beta}(\ln t_1 - \ln\eta) + \ldots(\frac{t_n}{\eta})^{\beta}(\ln t_n - \ln\eta)]$$

$$= \frac{n}{\beta} - n\ln\eta + \sum_{i=1}^{n}\ln t_i - [\frac{1}{\eta^{\beta}}\sum_{i=1}^{n} t_i^{\beta}\ln t_i] + [\sum_{i=1}^{n}(\frac{t_i}{\eta})^{\beta}]\ln\eta \qquad (6\text{-}12)$$

가 된다. 식 (6-11)에서

$$\eta^{\beta} = \frac{\sum_{i=1}^{n} t_i^{\beta}}{n}, \quad n = \sum_{i=1}^{n}(\frac{t_i}{\eta})^{\beta}$$

이므로 이를 식 (6-12)에 대입하면

$$\frac{\partial \ln L(\beta,\eta)}{\partial \beta} = \frac{n}{\beta} + \sum_{i=1}^{n}\ln t_i - \frac{n\sum_{i=1}^{n} t_i^{\beta}\ln t_i}{\sum_{i=1}^{n} t_i^{\beta}} \qquad (6\text{-}13)$$

가 된다. 식 (6-13)에서 β의 편도함수를 0으로 하는 β는 직접 구할 수가 없기 때문에 식 (6-13)을 식 (6-14)에서와 같이 변환하여 양변이 같은 값이 되도록 반복법으로써 β를 구한다. β를 구한 다음 η는 식 (6-11)을 이용하여 구한다.

$$\frac{1}{n}\sum_{i=1}^{n}\ln t_i = \frac{\sum_{i=1}^{n} t_i^{\beta}\ln t_i}{\sum_{i=1}^{n} t_i^{\beta}} - \frac{1}{\beta} \qquad (6\text{-}14)$$

총 n개의 샘플 중 k개의 샘플을 시험 중단하였다고 하면, 시험을 중단한 k개 샘플은 시험 중단 시간까지 고장이 나지 않은 것으로 가정한다. 따라서 k개 샘플에는 시험 중단 시간까지 신뢰도를 적용하여 우도 함수를 만든다. 따라서 k개의 시험 중단이 있는 경우 우도 함수는

$$L(t_1,t_2,t_3,.t_{n-k}......t_n;\ \beta,\eta)=\prod_{i=1}^{n-k}[\frac{\beta}{\eta}(\frac{t_i}{\eta})^{\beta-1}e^{-(\frac{t_i}{\eta})^\beta}]\prod_{i=n-k+1}^{n}[e^{-(\frac{t_i}{\eta})^\beta}] \quad (6\text{–}15)$$

가 되고, 로그 우도 함수는

$$\ln L(\beta,\eta)=(n-k)\ln\beta-\beta(n-k)\ln\eta+(\beta-1)\sum_{i=1}^{n-k}\ln t_i-\sum_{i=1}^{n}(\frac{t_i}{\eta})^\beta \quad (6\text{–}16)$$

가 된다. 로그 우도 함수를 최대로 하는 η와 β는 식 (6–16)에서 각각 η와 β에 대한 편미분을 취하고 이를 0으로 하는 η와 β이다. 즉

$$\frac{\partial\ln L(\beta,\eta)}{\partial\eta}=-\frac{\beta(n-k)}{\eta}+\frac{\beta}{\eta^{\beta+1}}\sum_{i=1}^{n}t_i^\beta=0$$

$$\eta=[\frac{\sum_{i=1}^{n}t_i^\beta}{n-k}]^{\frac{1}{\beta}} \quad (6\text{–}17)$$

$$\frac{\partial\ln L(\beta,\eta)}{\partial\beta}=\frac{n-k}{\beta}-(n-k)\ln\eta+\sum_{i=1}^{n-k}\ln t_i-[\frac{1}{\eta^\beta}\sum_{i=1}^{n}t_i^\beta(\ln\frac{t_i}{\eta})]=0 \quad (6\text{–}18)$$

에서 η와 β를 구한다. 식 (6–17)을 식 (6–18)에 대입하여 정리하면

$$\frac{1}{n-k}\sum_{i=1}^{n-k}\ln t_i=\frac{\sum_{i=1}^{n}t_i^\beta\ln t_i}{\sum_{i=1}^{n}t_i^\beta}-\frac{1}{\beta} \quad (6\text{–}19)$$

가 된다. 식 (6–19)에서 β값은 식 (6–14)에서와 같이 반복법으로써 구하고, η값은 β값을 구한 다음 식 (6–17)에 β값을 대입하여 구한다.

시험 중단이 있는 고장 데이터; 42.1C, 77.8, 83.3C, 88.7C, 101.8, 105.9, 117.0, 126.9, 138.7, 148.9, 151.3C, 157.3, 163.8, 177.2C, 194.3C, 195.6C, 207.0, 215.3C, 217.4, 258.8C를 이용하여 최우 추정법으로써 매개 변수 β와 η를 구하여 보자. C는 시험 중단을 나타낸 것이다. 먼저 고장 시간과 시험 중단 시간을 구별하여 표 6–8에서와 같이 시간 순서로 정리한다. 식 (6–19)를 적용하기 위하여 $n=20$, $k=9$로 하고, 반복법의 초기 β값을 설정하여 각 고장 시간 t_i에 대한 $\ln t_i$, t_i^β, $t_i^\beta\ln t_i$를 6–8표에서와 같이 구한다. 식 (6–19)에서 좌변과 우변의 차이는

$$차이 = \frac{1}{n-k}\sum_{i=1}^{n-k}\ln t_i - \frac{\sum_{i=1}^{n} t_i^{\beta}\ln t_i}{\sum_{i=1}^{n} t_i^{\beta}} + \frac{1}{\beta}$$

이므로 β값을 변화시키며 차이가 정해진 범위에 이를 때까지 반복법으로써 β를 결정한다. 위의 고장 데이터에서는 $\beta = 2.974$일 때 차이가 0.000이 되므로 β를 $\beta = 2.974$로 결정하고 이를 식 (6-17)에 대입하여 다음과 같이 η를 구한다.

$$\eta = [\frac{\sum_{i=1}^{n} t_i^{\beta}}{n-k}]^{\frac{1}{\beta}} = (\frac{80,495,705.351}{20-9})^{\frac{1}{2.974}} = 203.297 \text{ 시간}$$

표 6-8 시험 중단이 있는 고장 데이터와 최우 추정법의 적용

n=20, k=9, β=2.974			
고장 시간, t_i	$\ln t_i$	t_i^{β}	$t_i^{\beta}\ln t_i$
77.8	4.354	420,507.089	1,830,947.338
101.8	4.623	935,495.907	4,324,807.031
105.9	4.662	1,052,060.186	4,905,225.621
117.0	4.762	1,415,092.251	6,738,915.434
126.9	4.843	1,801,751.383	8,726,601.522
138.7	4.932	2,347,120.546	11,576,733.952
148.9	5.003	2,898,603.626	14,502,510.881
157.3	5.058	3,412,488.693	17,260,896.098
163.8	5.099	3,849,191.614	19,625,666.085
207.0	5.333	7,721,395.664	41,176,031.768
217.4	5.382	8,933,257.882	48,076,462.114
42.1C		67,704.097	253,216.557
83.3C		515,226.550	2,278,562.907
88.7C		621,047.539	2,785,559.617
151.3C		3,039,771.732	15,257,418.707
177.2C		4,863,300.397	25,178,663.204
194.3C		6,396,142.178	33,703,853.060
195.6C		6,524,255.513	34,422,440.254
215.3C		8,679,065.075	46,624,218.823
258.8C		15,002,227.428	83,353,209.154
$\sum$	54.052	80,495,705.351	422,601,940.128

(4) 모멘트 추정법

모멘트 추정법(moment estimation)은 모집단의 모멘트(moment)와 매개 변수 사이의 관계식을 유도하고, 샘플에서 추정한 모집단의 모멘트를 이 관계식에 대입하여 매개 변수를 결정하는 방법이다. 즉 와이블 분포의 1차 모멘트인 평균 μ 및 2차 모멘트인 분산 σ^2과 매개 변수 사이의 관계식을 유도하고 고장 데이터의 평균과 분산을 이 관계식에 대입하여 매개 변수 β와 η를 결정하는 방법이다. 만약 최소 고장 시간 δ가 0이 아니라고 하면, 3차 모멘트인 치중계수(coefficient of skewness)를 포함하여야 한다.

n개의 고장 시간 t_1, t_2, $t_3, \ldots t_n$으로부터 평균 고장 시간 $\bar{t}$와 분산 s^2을 구하면

$$\bar{t} = \frac{1}{n}\sum_{i=1}^{n} t_i \tag{6-20}$$

$$s^2 = \frac{\sum_{i=1}^{n}(t_i - \bar{t})^2}{n-1} \tag{6-21}$$

이고, 와이블 고장 분포의 매개 변수와 평균 및 분산의 관계식은 식 (5-11)과 (5-12)로 부터 각각

$$\mu = \eta\Gamma(1 + \frac{1}{\beta}) \tag{6-22}$$

$$\sigma^2 + \mu^2 = \eta^2\Gamma(1 + \frac{2}{\beta}) \tag{6-23}$$

이므로 식 (6-20)과 식 (6-21)의 $\bar{t}$와 분산 s^2을 각각 식 (6-22)와 식 (6-23)의 μ와 σ^2에 대입하면

$$\bar{t} = \eta\Gamma(1 + \frac{1}{\beta}) \tag{6-24}$$

$$s^2 + \bar{t}^2 = \eta^2\Gamma(1 + \frac{2}{\beta}) \tag{6-25}$$

가 된다. 식 (6-24)에서 η를 구하여 식 (6-25)에 대입하면

$$\frac{s^2 + \bar{t}^2}{\bar{t}^2} = \frac{\Gamma(1 + \frac{2}{\beta})}{\Gamma^2(1 + \frac{1}{\beta})} \tag{6-26}$$

가 되고 식 (6-26)으로부터 β가 결정되면 식 (6-24)을 이용하여 η를 구한다.

코헨과 휘턴(Cohen and Whitten, 1982)은 와이블 분포의 3차 모멘트인 치중계수 대신 모집단과 샘플의 최초 고장 시간, 최초 고장 시간에 대한 고장 확률, 중위값을 이용하여 수정 모멘트 추정식을 제시하였다. 모집단의 최초 고장 시간을 $\mu/n^{1/\beta}$이라고 하면(Cohen and Whitten, 1982), 이는 샘플의 최초 고장 시간 t_1의 최선 추정치이므로 이들의 관계는 식 (6-27)과 같이 표현된다.

$$t_1 = E(t_1) = \frac{\mu}{n^{\frac{1}{\beta}}} = \frac{\eta\Gamma(1+\frac{1}{\beta})}{n^{\frac{1}{\beta}}} \tag{6-27}$$

최초 고장 시간을 이용한 수정 모멘트 추정식은 식 (6-27)과 식 (6-24) 및 식 (6-25)로부터 다음과 같이 표현된다.

$$\frac{s^2}{(\bar{t}-t_1)^2} = \frac{\Gamma(1+\frac{2}{\beta}) - \Gamma^2(1+\frac{1}{\beta})}{[\Gamma(1+\frac{1}{\beta})(1-\frac{1}{n^{\frac{1}{\beta}}})]^2} \tag{6-28}$$

모집단과 샘플의 최초 고장 시간과 평균 계급에 의한 고장 확률의 관계는 샘플의 크기를 n이라고 하면

$$F(t_1) = 1 - e^{-(\frac{t_1}{\eta})^\beta} = \frac{1}{n+1}$$

이므로 이 식을 다시 정리하면

$$e^{-(\frac{t_1}{\eta})^\beta} = \frac{n}{n+1}$$

$$(\frac{t_1}{\eta})^\beta = -\ln(\frac{n}{n+1}) \tag{6-29}$$

가 된다. 따라서 식 (6-27)과 식 (6-24) 및 식 (6-29)로부터 최초 고장 시간의 고장 확률을 이용한 수정 모멘트 추정식은 다음과 같이 표현된다.

$$\frac{s^2}{(\bar{t}-t_1)^2} = \frac{\Gamma(1+\frac{2}{\beta}) - \Gamma^2(1+\frac{1}{\beta})}{[\Gamma(1+\frac{1}{\beta}) - (-\ln(\frac{n}{n+1}))^{\frac{1}{\beta}}]^2} \tag{6-30}$$

샘플의 중위값을 t_m 이라고 하면 모집단의 중위값과 샘플의 중위값 사이의 관계는

$$t_m = \eta(\ln 2)^{\frac{1}{\beta}} \tag{6-31}$$

이다. 따라서 식 (6-31)과 식 (6-24) 및 식 (6-29)로부터 중위값을 이용한 수정 모멘트 추정식은 다음과 같이 표현된다.

$$\frac{s^2}{(\bar{t}-t_m)^2} = \frac{\Gamma(1+\frac{2}{\beta}) - \Gamma^2(1+\frac{1}{\beta})}{[\Gamma(1+\frac{1}{\beta}) - (\ln 2)^{\frac{1}{\beta}}]^2} \tag{6-32}$$

식 (6-26), 식 (6-28), 식 (6-30), 식 (6-32)는 각각 고장 데이터의 분산, 평균 고장 시간, 최초 고장 시간, 최초 고장 시간에 대한 고장 확률, 중위값을 이용한 모멘트 및 수정 모멘트 추정식으로서 와이블 고장 분포 함수의 매개 변수 β를 구하는 식이고, β가 결정되면 η는 각각 식 (6-24), 식 (6-27), 식 (6-29), 식 (6-31)을 이용하여 구할 수 있다.

표 6-9는 완전 고장 시간 데이터 12.5, 24.4, 58.2, 68, 69.1, 95.5, 96.6, 97, 114.2, 123.2, 125.6, 152.7 시간을 이용하여 초기 고장을 $\delta = 0$으로 가정하고 확률 선도법, 위험 선도법, 최우 추정법, 모멘트 추정법으로써 추정한 형상계수 β와 특성 수명 η의 값을 나타낸 것이다. 표 6-9에서와 같이 추정 방법에 따라 β와 η값에는 차이가 있으며, 특히 수정 모멘트법을 적용한 경우에는 차이가 크다. 따라서 수정 모멘트법에 의한 매개 변수의 추정은 권장하지 않는다. 이러한 방법 외에도 문헌에는 다수의 추정 방법이 소개되고 있으나 최선의 방법을 하나로 정하기는 어렵다. 도슨(Dodson, 1962)은 고장 데이터의 수가 적은 경우, 보통 7개 이하인 경우에는 위험 선도법이 가장 우수하고, 7 ~ 15개 정도인 경우에는 확률 선도법이 우수하며, 그 이상의 경우에는 최우 추정법이 가장 우수한 것으로 평가하였다.

이상의 매개 변수 추정법에서는 초기 고장을 0으로 가정하였으나 특정 시간까지 절대로 고장이 발생하지 않는다고 하면 초기 고장을 0으로 가정할 수 없다. 초기 고장이 0이 아닌 경우에는, 3모수-와이블 분포 함수와 와이블 밀도 함수를 이용하여 로그 우도 함수를 유도하고, 각각 β, η, δ에 대한 편도함수의 값이 0이 되는 β, η, δ의 값을 구해야 한다.

그림 6-8에서와 같이 대수-대수지에서 고장 시간-고장 확률 선도의 끝부분이 위쪽 또는 아래쪽으로 휘어지는 경향이 심한 경우에는 초기 고장이 0이 아닐 가능성이 있으며, β값이 6 이상으로 큰 경우에도 초기 고장이 0이 아닐 가능성이 높다 (Doson, 1962).

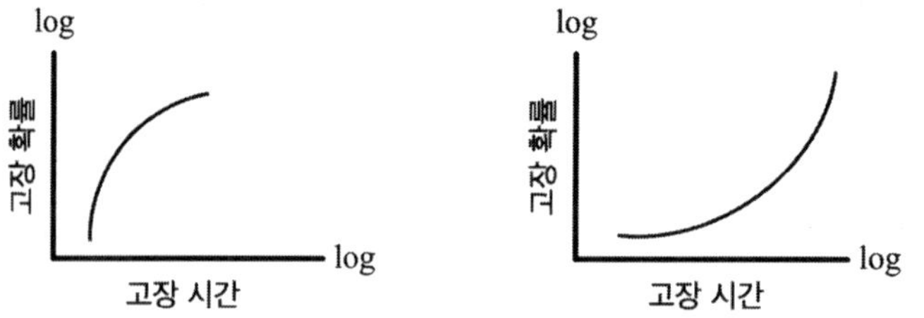

초기 고장: $\delta > 0$　　　　초기 고장: $\delta < 0$

그림 6-8 초기 고장과 고장 시간-고장 확률 선도

실제 고장 시험의 결과를 분석할 때는 고장 시험의 샘플 수에 따라 위험 선도법, 확률 선도법, 최우 추정법 중 하나를 선택하고, 생산 제품에 대한 현장의 고장 실태와 비교하여 선택한 방법의 타당성을 확인하여야 한다. 선택한 방법이 타당한 경우에는 방법의 일관성을 유지하여야 하며, 타당성이 낮은 경우에는 다른 방법을 다시 검토할 필요가 있다.

표 6-9 매개 변수 추정법의 비교

고장 데이터		확률 선도법			위험 선도법			최우 추정법	
j	t_i	$\ln t_i$	$F(t_i)$	A	$h(t_i)$	$H(t_i)$	$\ln H(t_i)$	t_i^β	$t_i^\beta \ln t_i$
1	12.5	2.5257	0.0564	−2.8454	0.091	0.0909	−2.3979	293.7971	742.0518
2	24.4	3.1946	0.1371	−1.9143	0.100	0.1909	−1.6559	1323.2049	4227.0881
3	58.2	4.0639	0.2177	−1.4042	0.111	0.3020	−1.1973	9355.7092	38020.5297
4	68.0	4.2195	0.2984	−1.0374	0.125	0.4270	−0.8509	13278.3788	56028.2216
5	69.1	4.2356	0.3790	−0.7413	0.143	0.5699	−0.5623	13766.5655	58309.0418
6	95.5	4.5591	0.4597	−0.4852	0.167	0.7365	−0.3058	28510.6807	129983.7926
7	96.6	4.5706	0.5403	−0.2520	0.200	0.9365	−0.0656	29254.8944	133711.7983
8	97.0	4.5747	0.6209	−0.0303	0.250	1.1865	0.17104	29528.1611	135082.8029
9	114.2	4.7379	0.7016	0.19009	0.333	1.5199	0.41863	42633.2788	201994.3984
10	123.2	4.8138	0.7823	0.42163	0.500	2.0199	0.70304	50567.8038	243423.7518
11	125.6	4.8331	0.8629	0.68666	1.000	3.0199	1.10522	52811.2794	255242.3134
12	152.7	5.0285	0.9435	1.05583	−	−	−	81966.7722	412167.8824
$\sum$		51.3570						353290.5260	1668933.6730

$n=12$ $\bar{t}=86.4$ $s^2=1736.1$ $t_m=96.1$	A: $\ln[\ln(\frac{1}{1-F(t_i)})]$ $C=6.84$	$C=5.78$	$(\sum_{i=1}^{n}\ln t_i)/n=4.2797$ $\sum_{i=1}^{n}t_i^{\beta}\ln t_i/\sum_{i=1}^{n}t_i^{\beta}-1/\beta=4.2795$ 오차=0.00022
β	1.47	1.26	2.25
η	103.75	98.11	96.87

표 6-9 계속

고장 데이터		모멘트 추정법							
		모멘트 추정법		수정 모멘트 추정법 – 최초 고장		수정 모멘트 추정법 – 최초 고장 확률		수정 모멘트 추정법 – 중위값	
s^2	$\bar{t}^2$	$\frac{s^2+\bar{t}^2}{\bar{t}^2}$	$\frac{\Gamma_1}{\Gamma_2^2}$	$\frac{s^2}{(\bar{t}-t_1)^2}$	$\frac{\Gamma_2-\Gamma_1^2}{[\Gamma_1(1-n^{-1/\beta})]^2}$	$\frac{s^2}{(\bar{t}-t_1)^2}$	$\frac{\Gamma_2-\Gamma_1^2}{[\Gamma_1-(-\ln n/(n+1))^{1/\beta}]^2}$	$\frac{s^2}{(\bar{t}-t_m)^2}$	$\frac{\Gamma_2-\Gamma_1^2}{[\Gamma_1-(\ln 2)^{1/\beta}]^2}$
1736.0833	7467.8403	1.2325	1.2321	0.3177	0.3179	0.3178	0.4302	18.7076	39.4533
오차		0.0003		−0.0002		−0.1124		−20.7457	
β		2.19		6.8		10		100	
η		97.58		19.29		16.09		12.55	
$\Gamma_1=\Gamma(1+\frac{1}{\beta})$ $\Gamma_2=\Gamma(1+\frac{2}{\beta})$									

(5) 와이블 매개 변수의 신뢰 구간

매개 변수에 대한 로그 우도 함수의 1차 편도함수를 피셔의 스코어 함수(Fisher's score function)라고 하며, 식 (6-16)에서와 같이 매개 변수가 2개 이상이면 스코어 함수는 다음과 같이 벡터로서 표현할 수 있다.

$$\begin{Bmatrix} \dfrac{\partial \ln L(\beta,\eta)}{\partial \beta} \\ \dfrac{\partial \ln L(\beta,\eta)}{\partial \eta} \end{Bmatrix} = \begin{Bmatrix} \dfrac{n-k}{\beta} + \sum_{i=1}^{n-k} \ln t_i - [\dfrac{1}{\beta^3}\sum_{i=1}^{n} t_i^{\beta} \ln t_i] \\ -\dfrac{\beta(n-k)}{\eta} + \dfrac{\beta}{\eta^{\beta+1}}\sum_{i=1}^{n} t_i^{\beta} \end{Bmatrix} \tag{6-33}$$

최우 추정법을 이용한 매개 변수의 추정은 이 스코어 함수가 0이 되도록 매개 변수의 값을

결정하는 방법이다. 만약 추정한 매개 변수가 우연히 진 값이라고 하면 스코어 함수의 값은 0이 된다. 즉

$$\begin{Bmatrix} E[\dfrac{\partial \ln L(\beta,\eta)}{\partial \beta}] \\ E[\dfrac{\partial \ln L(\beta,\eta)}{\partial \eta}] \end{Bmatrix} = \begin{Bmatrix} 0 \\ 0 \end{Bmatrix}$$

가 된다. 스코어 함수의 1차 편도함수 행렬, 즉 로그 우도 함수의 2차 편도함수 행렬의 −값을 피셔의 정보 행렬(Fisher's information matrix)이라고 하며, 이 정보 행렬의 역행렬(inverse matrix)이 매개 변수의 분산–공분산 행렬이 된다. 와이블 분포 함수의 매개 변수에 대한 피셔의 정보 행렬과 분산–공분산 행렬은 각각 식 (6–34)와 식 (6–35)에서와 같다.

$$\text{정보 행렬: } I(\beta,\eta) = \begin{bmatrix} -\dfrac{\partial^2 \ln L(\beta,\eta)}{\partial \beta^2} & -\dfrac{\partial^2 \ln L(\beta,\eta)}{\partial \beta \partial \eta} \\ -\dfrac{\partial^2 \ln L(\beta,\eta)}{\partial \beta \partial \eta} & -\dfrac{\partial^2 \ln L(\beta,\eta)}{\partial \eta^2} \end{bmatrix} \tag{6-34}$$

분산–공분산 행렬:

$$I^{-1}(\beta,\eta) = \begin{bmatrix} -\dfrac{\partial^2 \ln L(\beta,\eta)}{\partial \beta^2} & -\dfrac{\partial^2 \ln L(\beta,\eta)}{\partial \beta \partial \eta} \\ -\dfrac{\partial^2 \ln L(\beta,\eta)}{\partial \beta \partial \eta} & -\dfrac{\partial^2 \ln L(\beta,\eta)}{\partial \eta^2} \end{bmatrix}^{-1} = \begin{bmatrix} Var(\beta) & Cov(\beta,\eta) \\ Cov(\beta,\eta) & Var(\eta) \end{bmatrix} \tag{6-35}$$

식 (6–16)을 이용하여 매개 변수 β와 η에 대한 로그 우도 함수의 2차 편도함수를 구하면

$$\frac{\partial^2 \ln L(\beta,\eta)}{\partial \beta^2} = -\frac{n-k}{\beta^2} - \sum_{i=1}^{n} [(\frac{t_i}{\eta})^{\beta} (\ln \frac{t_i}{\eta})^2] \tag{6-36}$$

$$\frac{\partial^2 \ln L(\beta,\eta)}{\partial \eta^2} = \frac{\beta(n-k)}{\eta^2} - (\beta+1)\frac{\beta}{\eta^{\beta+2}} \sum_{i=1}^{n} t_i^{\beta} \tag{6-37}$$

$$\frac{\partial^2 \ln L(\beta,\eta)}{\partial \beta \partial \eta} = -\frac{n-k}{\eta} + \frac{1}{\eta} \sum_{i=1}^{n} (\frac{t_i}{\eta})^{\beta} + \frac{\beta}{\eta} \sum_{i=1}^{n} [(\frac{t_i}{\eta})^{\beta} (\ln \frac{t_i}{\eta})] \tag{6-38}$$

가 된다. 여기서 n은 고장 시험의 총 샘플 수이고, k는 시험을 중단한 샘플 수이다. 고장 데이터의 수가 증가할수록, 즉 샘플 수가 증가할수록 최우 추정법으로 추정한 매개 변수 $\hat{\beta}$와 $\hat{\eta}$의 분포는 정규 분포를 따른다. 따라서 샘플 수가 적을 때는 최우 추정법으로 추정한 매개 변수가 근사적으로 정규 분포를 따른다고 가정하고, 신뢰 수준이 $(1-\alpha)$일 때 매개 변수 β

와 η의 신뢰 구간은 표준 정규 분포의 확률 밀도 함수와 분산-공분산 행렬로부터 β와 η의 분산을 이용하여 다음과 같이 근사적으로 구할 수 있다.

$$\hat{\beta}-z_{\frac{\alpha}{2}}\sqrt{Var(\beta)|_{\beta=\hat{\beta},\ \eta=\hat{\eta}}}\le\beta\le\hat{\beta}+z_{\frac{\alpha}{2}}\sqrt{Var(\beta)|_{\beta=\hat{\beta},\ \eta=\hat{\eta}}} \tag{6-39}$$

$$\hat{\eta}-z_{\frac{\alpha}{2}}\sqrt{Var(\eta)|_{\beta=\hat{\beta},\ \eta=\hat{\eta}}}\le\eta\le\hat{\eta}+z_{\frac{\alpha}{2}}\sqrt{Var(\eta)|_{\beta=\hat{\beta},\eta=\hat{\eta}}} \tag{6-40}$$

표 6-10의 고장 데이터를 이용하여 매개 변수 β와 η에 대한 신뢰 구간을 구하여보자. 먼저 정보 행렬을 구하는 데 필요한 $\sum_{i=1}^{n}t_i^{\hat{\beta}}$, $\sum_{i=1}^{n}(\frac{t_i}{\hat{\eta}})^{\hat{\beta}}$, $\sum_{i=1}^{n}(\frac{t_i}{\hat{\eta}})^{\hat{\beta}}(\ln\frac{t_i}{\hat{\eta}})$, $\sum_{i=1}^{n}(\frac{t_i}{\hat{\eta}})^{\hat{\beta}}(\ln\frac{t_i}{\hat{\eta}})^2$의 값을 표 6-10에서와 같이 결정한다. 정보 행렬의 각 요소는 표 6-10의 값과 식 (6-36), 식 (6-37), 식 (6-38)을 이용하여 구한다. 즉

$$\frac{\partial^2\ln L(\beta,\eta)}{\partial\beta^2}=-\frac{20-9}{2.974^2}-0.7480=-1.991723$$

$$\frac{\partial^2\ln L(\beta,\eta)}{\partial\beta\eta}=-\frac{20-7}{203.297^2}+\frac{1}{203.297}(11)+\frac{2.974}{203.297}(-0.7114)=-0.010407$$

$$\frac{\partial^2\ln L(\beta,\eta)}{\partial\eta^2}=\frac{2.974(20-9)}{203.297^2}-(2.974+1)\frac{2.974}{203.297^{2.974+2}}(80,495,705.351)$$

$$=-0.002354$$

가 된다. 따라서 정보 행렬과 그 역행렬인 분산-공분산 행렬은 각각

$$I(\hat{\beta},\hat{\eta})=\begin{bmatrix}1.991723 & 0.010407\\ 0.010407 & 0.002354\end{bmatrix}$$

$$I^{-1}(\hat{\beta},\hat{\eta})=\begin{bmatrix}0.51395 & -2.2721\\ -2.2721 & 434.8467\end{bmatrix}$$

가 된다. 식 (6-39)와 식 (6-40)을 이용하여 매개 변수 β와 η에 대한 신뢰 구간을 구하면 다음과 같다.

$$2.974-1.96(\sqrt{0.51395})\le\beta\le2.974+1.96(\sqrt{0.51395}),$$

$$1.569\le\beta\le4.379$$

$$203.297-1.96(\sqrt{434.8467})\le\eta\le203.297+1.96(\sqrt{434.8467})$$

$$162.426\le\eta\le244.168$$

표 6-10 정보 행렬의 추정

$n=20,\ k=9,\ \hat{\beta}=2.974,\ \hat{\eta}=203.297$					
고장 시간, t_i	$\ln t_i$	$t_i^{\hat{\beta}}$	$(\frac{t_i}{\hat{\eta}})^{\hat{\beta}}$	$(\frac{t_i}{\hat{\eta}})^{\hat{\beta}}(\ln\frac{t_i}{\hat{\eta}})$	$(\frac{t_i}{\hat{\eta}})^{\hat{\beta}}(\ln\frac{t_i}{\hat{\eta}})^2$
77.8	4.354	420507.089	0.0575	−0.0552	0.0530
101.8	4.623	935495.907	0.1278	−0.0884	0.0612
105.9	4.662	1052060.186	0.1438	−0.0938	0.0611
117	4.762	1415092.251	0.1934	−0.1068	0.0590
126.9	4.843	1801751.383	0.2462	−0.1160	0.0547
138.7	4.932	2347120.546	0.3207	−0.1226	0.0469
148.9	5.003	2898603.626	0.3961	−0.1233	0.0384
157.3	5.058	3412488.693	0.4663	−0.1196	0.0307
163.8	5.099	3849191.614	0.5260	−0.1136	0.0245
207	5.333	7721395.664	1.0552	0.0190	0.0003
217.4	5.382	8933257.882	1.2208	0.0819	0.0055
중단 시간					
42.1C		67704.097	0.0093	−0.0146	0.0229
83.3C		515226.550	0.0704	−0.0628	0.0560
88.7C		621047.539	0.0849	−0.0704	0.0584
151.3C		3039771.732	0.4154	−0.1227	0.0362
177.2C		4863300.397	0.6646	−0.0913	0.0125
194.3C		6396142.178	0.8741	−0.0396	0.0018
195.6C		6524255.513	0.8916	−0.0344	0.0013
215.3C		8679065.075	1.1860	0.0680	0.0039
258.8C		15002227.428	2.0501	0.4949	0.1195
Σ	54.052	80495705.351	11.0000	−0.7114	0.7480

[예제 6-2] 정규 분포의 평균 μ와 표준편차 σ에 대한 피셔의 정보 행렬을 구하여라.

[풀이] 정규 분포의 확률 밀도 함수는 $f(x)=\frac{1}{\sigma\sqrt{2\pi}}e^{-\frac{1}{2\sigma^2}(x-\mu)^2}$이므로 우도 함수는

$$L(\mu,\sigma)=\prod_{i=0}^{n}[\frac{1}{\sigma\sqrt{2\pi}}e^{-\frac{1}{2\sigma^2}(x_i-\mu)^2}]$$

이고, 로그 우도 함수는

$$\ln L(\mu,\sigma)=n(\ln\frac{1}{\sigma\sqrt{2\pi}})-\sum_{i=1}^{n}\frac{1}{2\sigma^2}(x_i-\mu)^2=-n(\ln\sigma+\ln\sqrt{2\pi})-\sum_{i=1}^{n}\frac{1}{2\sigma^2}(x_i-\mu)^2$$

이다. μ와 σ에 대한 로그 우도 함수의 1차 및 2차 편도함수를 구하면

$$\frac{\partial \ln L(\mu,\sigma)}{\partial \mu}=\frac{1}{\sigma^2}\sum_{i=1}^{n}(x_i-\mu),\quad \frac{\partial \ln L(\mu,\sigma)}{\partial \sigma}=-\frac{n}{\sigma}+\sum_{i=1}^{n}\frac{1}{\sigma^3}(x_i-\mu)^2$$

$$\frac{\partial^2 \ln L(\mu,\sigma)}{\partial \mu^2}=-\frac{n}{\sigma^2}$$

$$\frac{\partial^2 \ln L(\mu,\sigma)}{\partial \mu \partial \sigma}=-\frac{2}{\sigma^3}\sum_{i=1}^{n}(x_i-\mu)=-\frac{2}{\sigma^3}\times 0=0,$$

$$\frac{\partial^2 \ln L(\mu,\sigma)}{\partial \sigma^2}=\frac{n}{\sigma^2}-\frac{3}{\sigma^4}\sum_{i=1}^{n}(x_i-\mu)^2=\frac{n}{\sigma^2}-\frac{3}{\sigma^4}\times n\sigma^2=-\frac{2n}{\sigma^2}$$

이다. 따라서 피셔의 정보 행렬은

$$I(\mu,\sigma)=-\begin{bmatrix}-\frac{n}{\sigma^2} & 0\\ 0 & -\frac{2n}{\sigma^2}\end{bmatrix}=\begin{bmatrix}\frac{n}{\sigma^2} & 0\\ 0 & \frac{2n}{\sigma^2}\end{bmatrix}$$

가 된다.

6.3 지수 고장 분포 함수의 매개 변수 결정

지수 고장 분포 함수의 매개 변수는 평균 수명 또는 평균고장간격(MTBF)을 나타내는 η이며, 와이블 고장 분포 함수에서와 같은 방법으로 결정할 수 있다. 여기서는 확률 선도법과 최우 추정법을 소개한다.

확률 선도법은 고장 확률 분포 함수인 식 (5-14)의 양변에 자연 대수를 취한 식 (6-41)을 이용하여 매개 변수 η를 결정하는 방법이다. 식 (6-41)에서 고장 확률 $F(t)$는 와이블 분포 함수에서와 같이 중위 계급을 이용하여 구한다.

$$\ln[1-F(t)]=-\frac{t}{\eta} \tag{6-41}$$

식 (6-41)에서 $\ln[1-F(t)]$와 고장 시간 t의 관계는 선형으로서 기울기가 $-\frac{1}{\eta}$인 직선이다. 따라서 확률 선도법에서 매개 변수 η는 $\ln[1-F(t)]-t$ 선도의 기울기를 이용하여 구할 수 있다.

고장 시험에서 측정한 n개 샘플의 고장 시간을 각각 $t_1,\ t_2,\ t_3, \ldots t_n$이라고 하면 최우 추정

법의 우도 함수와 로그 우도 함수는 각각 다음과 같이 표현된다.

$$L(t_1, t_2, \ldots\ldots t_n;\ \eta) = \prod_{i=1}^{n} \frac{1}{\eta} e^{-(\frac{t_i}{\eta})} \tag{6-42}$$

$$\ln L(\eta) = n \ln \frac{1}{\eta} - \frac{1}{\eta} \sum_{i=1}^{n} t_i$$

η에 대한 로그 우도 함수의 도함수가 0되는 η를 구하면

$$\frac{d \ln L(\eta)}{d\eta} = -\frac{n}{\eta} + \frac{1}{\eta^2} \sum_{i=1}^{n} t_i = \frac{1}{\eta}(\frac{1}{\eta} \sum_{i=1}^{n} t_i - n) = 0$$

$$\eta = \frac{\sum_{i=1}^{n} t_i}{n} \tag{6-43}$$

가 된다. 즉 지수 고장 분포 함수의 매개 변수 η는 평균 고장 시간과 같다.

고장 시험에서 n개의 샘플 중 k개의 샘플이 시험 중단되었다고 하면, k개 샘플에는 시험 중단 시간까지 신뢰도를 적용하여 지수 고장 분포의 우도 함수와 로그 우도 함수를 각각 다음과 같이 표현할 수 있다.

$$L(t_1, t_2, \ldots\ldots t_n;\ \eta) = \prod_{i=1}^{n-k} \frac{1}{\eta} e^{-(\frac{t_i}{\eta})} \prod_{i=n-k+1}^{n} e^{-\frac{t_i}{\eta}}$$

$$\ln L(\eta) = (n-k) \ln \frac{1}{\eta} - \frac{1}{\eta} \sum_{i=1}^{n-k} t_i - \frac{1}{\eta} \sum_{i=n-k+1}^{n} t_i = (n-k) \ln \frac{1}{\eta} - \frac{1}{\eta} \sum_{i=1}^{n} t_i$$

η에 대한 로그 우도 함수의 도함수가 0이 되는 η를 구하면

$$\frac{d \ln L(\eta)}{d\eta} = -\frac{n-k}{\eta} + \frac{1}{\eta^2} \sum_{i=1}^{n} t_i = \frac{1}{\eta}[\frac{1}{\eta} \sum_{i=1}^{n} t_i - (n-k)] = 0$$

$$\eta = \frac{\sum_{i=1}^{n} t_i}{n-k} \tag{6-44}$$

가 된다. 즉 시험 중단이 있는 경우 η는 고장 시간과 시험 중단 시간을 더한 총 시험 시간을 고장 수로 나눈 값과 같다.

고장 시간 $t_1,\ t_2,\ t_3, \ldots t_n$이 매개 변수가 η인 지수 분포를 따른다고 하면, 고장 시간에 상수 $\frac{2}{\eta}$를 곱한 $\frac{2t_1}{\eta}, \frac{2t_2}{\eta}, \ldots\ldots\ldots\ldots \frac{2t_n}{\eta}$도 지수 분포를 따르며, 최우 추정법에 의한 매개 변수

의 최우 추정치 $\hat{\eta}$은 식 (6−43)으로부터

$$\hat{\eta}=\frac{\sum_{i=1}^{n}(\frac{2t_i}{\eta})}{n}=\frac{\frac{2}{\eta}\sum_{i=1}^{n}t_i}{n}=\frac{2}{\eta}\times\eta=2$$

가 된다. 따라서 $\frac{2t_1}{\eta},\frac{2t_2}{\eta},\cdots\cdots\cdots\frac{2t_n}{\eta}$는 매개 변수 η가 2인 지수 분포를 따른다.
즉 지수 분포의 확률 밀도 함수는

$$f(t)=\frac{1}{2}e^{-\frac{t}{2}}$$

가 된다. 이는 식 (5−36)에서와 같이 자유도가 2인 카이제곱 분포의 확률 밀도 함수와 같다. 다시 말하면, 고장 시간 t가 평균고장간격이 η인 지수 분포를 따른다고 하면 $\frac{2t}{\eta}$는 자유도가 2인 카이제곱 분포를 따른다고 할 수 있다. 따라서 자유도가 2인 카이제곱 분포를 따르는 모집단에서 임의의 n개 변수 $\frac{2t_1}{\eta},\frac{2t_2}{\eta},\cdots\cdots\cdots\frac{2t_n}{\eta}$를 취하여 이를 더하면 그 합은, 즉 $\frac{2\sum_{i=1}^{n}t_i}{\eta}$은 자유도가 $2n$인 카이제곱 분포를 따르게 된다. 따라서 신뢰 수준을 $(1-\alpha)$로 설정하면 $\frac{2}{\eta}\sum_{i=1}^{n}t_i$의 신뢰 구간은

$$\chi^2_{\frac{\alpha}{2},2n}\le\frac{2\sum_{1=1}^{n}t_i}{\eta}\le\chi^2_{1-\frac{\alpha}{2},2n}$$

가 되고, 매개 변수 η의 신뢰 구간은 식 (6−45)와 식 (6−46)과 같이 표현된다. 식 (6−45)는 정수 중단인 경우에 적용할 수 있는 신뢰 구간이며, 정시 중단인 경우에는 시험 중단 후 1개의 고장이 더 발생한 것으로 가정하여 카이제곱 분포의 자유도를 $2(n+1)$로 한다. 즉 지수 분포의 매개 변수 η의 신뢰 구간은 시험 중단의 형태에 따라 다음과 같이 표현된다.

$$\text{정수 중단의 경우: }\frac{2\sum_{i=1}^{n}t_i}{\chi^2_{1-\frac{\alpha}{2},2n}}\le\eta\le\frac{2\sum_{i=1}^{n}t_i}{\chi^2_{\frac{\alpha}{2},2n}}\qquad(6-45)$$

$$\text{정시 중단의 경우:}\ \frac{2\sum_{i=1}^{n} t_i}{\chi^2_{1-\frac{\alpha}{2},2(n+1)}} \le \eta \le \frac{2\sum_{i=1}^{n} t_i}{\chi^2_{\frac{\alpha}{2},2(n+1)}} \tag{6-46}$$

[예제 6-3] 고장 시험에서 측정한 부품의 고장 시간은 각각 75, 135, 146, 185, 270, 453, 586, 894시간이었다. 고장 분포가 지수 분포일 때 확률 선도법과 최우 추정법으로써 평균고장간격을 구하고, 평균고장간격에 대한 90% 신뢰 구간을 구하여라.

[풀이] 중위 계급으로써 구한 각 고장 시간의 고장 확률과 $\ln[1-F(t)]$의 값은 표 6-11에서와 같다. 따라서 $\ln[1-F(t)]$-t 선도는 그림 6-9에서와 같고, 기울기는 -0.0028이므로

$$\eta = -\frac{1}{-0.0028} = 357.14,\ \text{시간}$$

이 된다.

최우 추정법에 의한 η는 식 (6-43)으로부터

$$\eta = \frac{\sum_{i=1}^{n} t_i}{n} = \frac{2744}{8} = 343\,\text{시간}$$

이다. 평균고장간격에 대한 90% 신뢰 구간은 식 (6-46)를 이용하여 구한다. 즉

$$\frac{2(2744)}{\chi^2_{1-\frac{0.1}{2},2(1+8)}} \le \eta \le \frac{2(2744)}{\chi^2_{\frac{0.1}{2},2(1+8)}},$$

$$\frac{2(2744)}{28.87} \le \eta \le \frac{2(2744)}{9.39},$$

$$190.1\text{시간} \le \eta \le 584.42\text{시간}$$

이다.

표 6-11 지수 고장 분포의 매개 변수 결정

j	t_i	$F(t_i)$	$\ln[1-F(t_i)]$
1	75	0.0833	−0.0870
2	135	0.2024	−0.2261
3	146	0.3214	−0.3878
4	185	0.4405	−0.5807
5	270	0.5595	−0.8199
6	453	0.6786	−1.1350
7	586	0.7976	−1.5976
8	894	0.9167	−2.4849
Σ	2744		

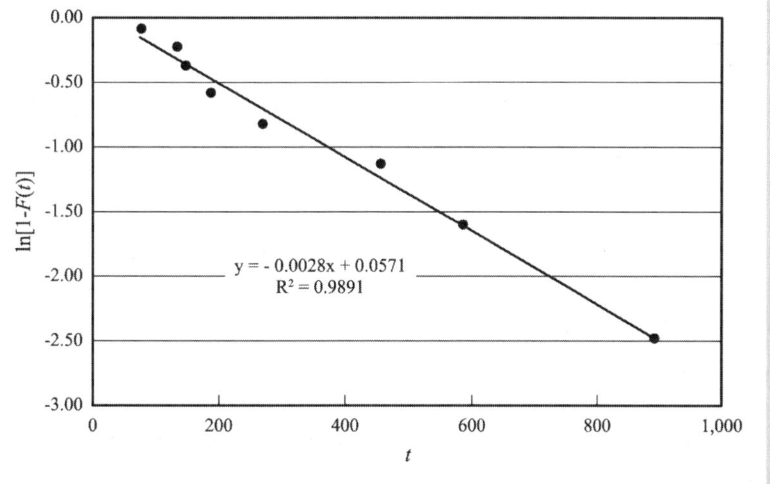

그림 6-9 확률 선도법을 이용한 지수 고장 분포 함수의 매개 변수 결정

6.4 고장 분포의 적합성 검정

어떤 분포에 대한 매개 변수의 추정은 추정에 사용된 시험 샘플이 그 분포의 모집단에서 취한 샘플이라는 가정을 기본으로 한 것이다. 따라서 분포가 다른 모집단에서 취한 샘플로 써 추정한 매개 변수는 유효하지 않으며, 이를 기반으로 한 신뢰도, 신뢰 구간, 가설 검정

등도 모두 잘 못된 것이 된다. 따라서 고장 데이터를 분석할 때는 실제 측정한 고장 분포와 가장 유사한 분포를 적용하여야 하며, 적용한 분포가 실제 고장 분포와 일치하는지 확인하여야 한다. 즉 적용 분포와 실제 분포 사이의 적합성 정도(goodness of fit)를 검정하여야 한다.

분포를 검정하는 방법은 크게 경험적 방법과 통계적 방법으로 나눌 수 있다. 경험적 방법은 직관 또는 분포의 그래픽 특성을 이용한 방법으로서 이해하기가 쉽고 적용하기도 편리하다. 통계적 방법은 샘플로부터 추정한 분포가 특정 분포라는 가설을 설정하고 이를 통계적으로 검정하는 방법으로서 경험적 방법보다도 정량적이고 신뢰도가 높다.

적합성 검정은 기본적으로 누적 분포 함수(cumulative distribution function) 또는 확률 밀도 함수(probability density function)에 근거한 것으로서, 카이제곱 검정은 확률 밀도 함수를 기본으로 한 것이고, 앤더슨–다링(Anderson–Darling) 검정은 누적 분포 함수를 기본으로 한 것이다.

(1) 그래픽 검정

확률 선도를 이용하여 와이블 분포의 매개 변수를 결정한 경우에는, 고장 데이터로부터 결정한 $\ln t$와 $\ln[\ln(\frac{1}{1-F(t)})]$의 상관 관계를 선형화하고 고장 데이터가 선형화된 직선으로부터 떨어진 정도를 이용하여 적합성을 검정한다. 직선으로부터 $(\ln t,\ \ln[\ln(\frac{1}{1-F(t)})])$가 떨어진 정도는 결정계수(coefficient of determination) r^2으로써 판단할 수 있으며, 육안으로도 쉽게 판단할 수 있다. r^2의 값이 크면 클수록 직선으로부터 떨어진 정도가 적으며 적합성도 높다. 즉 r^2 값이 크면 클수록 고장 분포는 와이블 분포를 따른다고 할 수 있다. 만약 직선의 끝부분이 그림 6–8에서와 같이 위쪽 또는 아래쪽으로 휘어지는 경우에는 초기 고장이 0이 아닐 가능성이 높다. 위험 선도를 이용하여 와이블 분포의 매개 변수를 결정한 경우에도 같은 방법으로 $\ln t$와 $\ln H(t)$의 선형 관계에 대한 결정계수로써 적합성 정도를 검정할 수 있다.

이와 같이 그래픽 검정은 고장 데이터로써 고장 분포를 모형화하고 고장 데이터와 모형 사이의 상관 관계를 이용하여 적합성을 검정하는 방법이다.

(2) 앤더슨–달링 검정

앤더슨–달링(Anderson–Darling) 검정은 고장 데이터로써 추정한 앤더슨–달링 검정치를 이용하여 기준 유의 수준에서 고장 시간 분포가 특정 분포를 따른다는 귀무 가설을 검정하는 것이다. 엔더슨-달링 검정은 시험 중단이 없는 완전 고장 데이터에 적용할 수 있으며, 검정치는 검정할 고장 분포 함수와 고장 데이터를 이용하여 식 (6-47)에서와 같이 구한다.

$$A = -n - \frac{1}{n}\sum_{i=1}^{n}[(2i-1)[\ln F(t_i) + \ln(1-F(t_{n-i+1}))]] \tag{6-47}$$

여기서, A=앤더슨-달링 검정치
n=샘플 수
i=시간 순서로 배열한 고장 순위
t_i=i번째 고장 시간
$F(t_i)$=i번째 고장 시간에 대한 고장 분포 확률

식 (6-47)에서 고장 분포 확률 $F(t_i)$는 고장 시간이 t_i일 때 검정 대상 분포 함수의 누적 분포 확률로서 도해적 방법 또는 최우 추정법으로써 결정한 매개 변수의 값을 이용하여 구한다.

귀무 가설을 검정하기 위한 유의 수준을 α라고 하면, 귀무 가설을 수용하기 위한 앤더슨-달링 검정치의 한계값 $A_{critical}$은 분포의 종류에 따라 다르며, 표 6-12에서와 같다. 따라서 귀무 가설을 수용하기 위해서는 유의 수준 α에서 앤더슨-달링 검정치 A가 $A_{critical}$보다 커야 한다.

표 6-12 유의 수준에 따른 앤더슨-달링 검정치의 한계값

가설 검정을 위한 유의 수준, α		0.1	0.05	0.025	0.01
$A_{critical}$	정규 분포 로그 정규 분포	0.631	0.752	0.873	1.035
	와이블 분포 지수 분포	0.637	0.757	0.877	1.038

만약 고장 데이터가 20개 이하로 적은 경우에는 앤더슨-달링 검정치를 다음과 같이 보정한다.

정규 분포의 경우; $A^* = A(1 + \frac{0.75}{n} + \frac{2.25}{n^2})$

와이블 분포의 경우; $A^* = A(1 + \frac{0.2}{\sqrt{n}})$ (6-48)

지수 분포의 경우; $A^* = A(1 + \frac{0.3}{n})$

보정한 앤더슨-달링 검정치에 대한 위험 확률과 관측 유의 수준(observed significance level)은 식 (6-49)에서와 같이 구하며, 이는 가설 검정에서 귀무 가설을 기각하는 오류를 범할 위험 확률을 의미한다. 따라서 귀무 가설을 수용하기 위해서는 가설 검정을 위한 유의 수준보다 검정치에 대한 확률 또는 관측 유의 수준이 높아야 한다.

$$
\begin{aligned}
&0.6 \le A^* && p = e^{1.2937 - 5.709A^* + 0.0186A^{*2}} \\
&0.34 < A^* < 0.6 && p = e^{0.9177 - 4.279A^* - 1.38A^{*2}} \\
&0.2 < A^* < 0.34 && p = e^{-8.318 + 42.796A^* - 59.938A^{*2}} \\
&A^* \le 0.2 && p = e^{-13.436 + 101.14A^* - 223.73A^{*2}}
\end{aligned}
\qquad (6\text{-}49)
$$

$$OSL = \frac{1}{1 + e^{-0.1 + 2.14\ln A^* + 4.48A^*}}$$

여기서, A^*=앤더슨-달링 보정치

p=앤더슨-달링 보정치에 대한 위험 확률

OSL=관측 유의 수준

가설 검정을 위한 귀무 가설 H_o과 대립 가설 H_a은 각각 다음과 같이 설정할 수 있다.

H_o : 고장 시간 분포는 특정 분포를 따른다.

H_a: 고장 시간 분포는 특정 분포를 따르지 않는다.

특정 분포는 정규 분포, 와이블 분포, 지수 분포, 대수 정규 분포 등이며, 고장 데이터를 이용하여 특정 분포의 매개 변수가 결정되면, 각 고장 시간에 대한 고장 분포 확률을 결정한다. 고장 분포 확률은 추정한 매개 변수를 이용한 고장 분포 함수로부터 구할 수 있으며, EXCEL을 이용하여 구할 수도 있다. EXCEL을 이용할 경우 주요 분포의 고장 분포 확률, 즉 누적 확률 분포는 다음과 같이 구할 수 있다.

정규 분포; $F(t_i|\overline{t}, s) = \int_{-\infty}^{t_i} \frac{1}{s\sqrt{2\pi}} e^{-\frac{1}{2}(\frac{t_i - \overline{t}}{s})^2} dt$

NORMDIST$(t_i, \overline{t}, s, true)$

와이블 분포; $F(t_i|\beta, \eta) = 1 - e^{-(\frac{t_i}{\eta})^\beta}$:

$$\text{WEIBULL}(t_i, \beta, \eta, true)$$

지수 분포; $F(t_i|\eta) = 1 - e^{-\frac{t_i}{\eta}}$

$$\text{EXPONDIST}(t_i, 1/\eta, true)$$

앤더슨-달링 검정을 적용하여 5%의 유의 수준에서 표 6-13의 고장 시간 분포를 정규 분포, 와이블 분포, 지수 분포로 가정하고 각 분포에 대한 적합성을 검정하여 보자. 먼저 고장 시간을 최초 고장 시간에서 크기순으로 정리한 후 정규 분포로 가정할 경우에는 매개 변수인 평균 $\bar{t}$ 와 표준편차 s를, 와이블 분포로 가정할 경우에는 매개 변수 β와 η를, 지수 분포로 가정할 경우에는 매개 변수 η를 추정한다.

정규 분포로 가정하면 평균 $\bar{t}$ 와 표준편차 s는 각각

$$\bar{t} = \frac{1}{6}(294.2 + 308.5 + 313.1 + 317.7 + 322.7 + 338.7) = 315.8$$

$$s^2 = [(294.2 - 315.8)^2 + (308.5 - 315.8)^2 + (313.1 - 315.8)^2 + (317.7 - 315.8)^2 + (322.7 - 315.8)^2 + (338.7 - 315.8)^2]/(6-1) = 220.55$$

$$s = 14.85$$

가 되고, $\bar{t} = 315.8$, $s = 14.85$일 때 EXCEL을 이용하여 구한 정규 분포의 누적 확률 분포 함수 $F(t_i|\bar{t}, s)$의 값은 표 6-13에서와 같다. 식 (6-47), 식 (6-48), 식 (6-49)와 표 6-13의 계산 결과를 이용하여 엔더슨-달링 검정을 위한 검정치, 보정치, 보정치에 대한 위험 확률을 구하면 각각

$$A = -6 - \frac{1}{6}(-37.0196) = 0.1699$$

$$A^* = 0.1699\left(1 + \frac{0.75}{6} + \frac{2.25}{6^2}\right) = 0.2018$$

$$p = e^{-8.318 + 42.796(0.2018) - 59.938(0.2018)^2} = 0.1197$$

가 된다. 보정치에 대한 위험 확률은 $p = 0.1197$로서 검정을 위한 유의 수준 0.05보다 크므로 고장 데이터가 정규 분포를 따른다는 귀무 가설을 기각할 이유가 없다. 즉 5% 유의 수준에서 고장 데이터가 정규 분포를 따른다는 귀무 가설을 수용할 수 있다. 그림 6-10은 고장 시간에 따른 확률 밀도를 나타낸 것으로서 앤더슨-달링 검정 결과를 확률 밀도 함수로서 다시 한 번 확인할 수 있다.

표 6-13 앤더슨-달링 검정을 이용한 정규 분포의 적합성 검정

i	고장 시간 t_i	$F(t_i\|\bar{t},s)$	$1-F(t_{n-i+1}\|\bar{t},s)$	$(2i-1)[\ln F(t_i\|\bar{t},s)+\ln(1-F(t_{n-i+1}\|\bar{t},s))]$	확률 밀도 함수 $f(t_i\|\bar{t},s)$
1	294.2	0.0728	0.0617	−5.4065	0.0093
2	308.5	0.3111	0.3215	−6.9069	0.0238
3	313.1	0.4274	0.4495	−8.2475	0.0264
4	317.7	0.5505	0.5726	−8.0824	0.0267
5	322.7	0.6785	0.6889	−6.8451	0.0241
6	338.7	0.9383	0.9272	−1.5312	0.0082
				Σ=−37.0196	

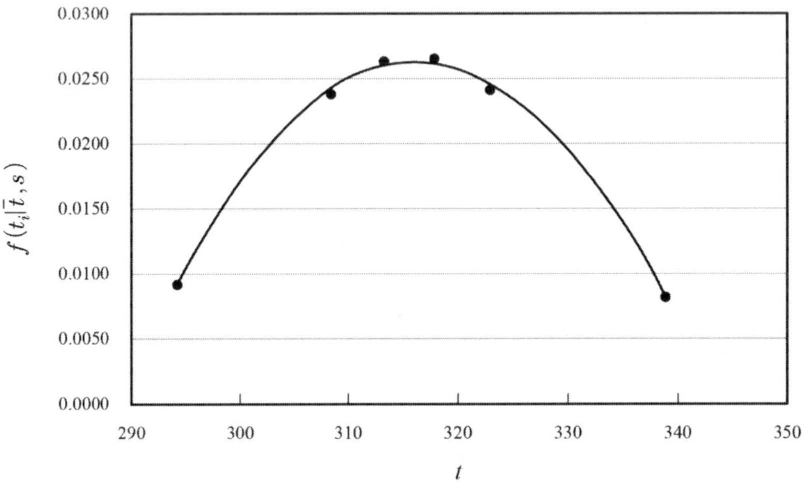

그림 6-10 확률 밀도 함수

고장 시간이 와이블 분포를 따른다고 가정하면, 먼저 표 6-14에서와 같이 고장 시간에 따른 고장 확률, β, η 및 앤더슨-달링 검정치를 구하기 위한 값을 계산한다. 고장 분포 확률 $F(t_i)$는 중위 계급으로써 구하고, β와 η는 확률 선도법을 이용하여 그림 6-11에서와 같이 추정할 수 있다. 즉 와이블 분포의 매개 변수는 각각 $\beta=22.1$, $\eta=322.8$로 추정된다. $\beta=22.1$, $\eta=322.8$일 때 고장 시간에 따른 누적 확률 분포 $F(t_i|\beta,\eta)$는 EXCEL을 이용하여 구한다. 또한 식 (6-47), 식 (6-48), 식 (6-49)를 이용하여 앤더슨-달링 검정치, 보정치, 보정치에 대한 위험 확률을 구하면 각각 아래에서와 같다. 따라서 보정치에 대한 위험

확률이 검정을 위한 유의 수준 0.05보다 크므로 고장 시간 분포가 와이블 분포를 따른다는 귀무 가설을 수용할 수 있다.

$$A = -6 - \frac{1}{6}(-37.4940) = 0.2490$$

$$A^* = 0.2490(1 + \frac{0.2}{\sqrt{6}}) = 0.2693$$

$$p = e^{-8.318 + 42.796(0.2693) - 59.938(0.2693)^2} = 0.32$$

표 6-14 앤더슨-달링 검정을 이용한 와이블 분포의 적합성 검정

i	t_i	$F(t_i)$	$\ln t_i$	$\ln[\ln(\frac{1}{1-F(t_i)})]$	$F(t_i \vert \beta,\eta)$	$1-F(t_k \vert \beta,\eta)$	$(2i-1)[\ln F(t_i \vert \beta,\eta) + \ln(1-F(t_k \vert \beta,\eta))]$
1	294.2	0.1094	5.6843	−2.1556	0.1212	0.0556	−5.0004
2	308.5	0.2656	5.7317	−1.1753	0.3079	0.3703	−6.5141
3	313.1	0.4219	5.7465	−0.6015	0.3996	0.4947	−8.1056
4	317.7	0.5781	5.7611	−0.1473	0.5053	0.6004	−8.3491
5	322.7	0.7344	5.7767	0.2819	0.6297	0.6921	−7.4751
6	338.7	0.8906	5.8251	0.7943	0.9444	0.8788	−2.0498
$k = n - i + 1$							Σ=−37.4940

지수 분포에 대한 적합성 검정을 위해서도 위에서와 같은 방법으로 먼저 지수 분포의 매개 변수인 η를 추정하고, EXCEL을 이용하여 고장 시간에 따른 누적 고장 확률 $F(t_i|\eta)$을 구한다. 표 6-15는 앤더슨-달링 검정을 위한 계산 값을 나타낸 것이다. 최우 추정법에 의한 매개 변수 η는

$$\eta = \frac{1}{6}(294.2 + 308.5 + 313.1 + 317.7 + 322.7 + 338.7) = 315.8$$

가 되며, 앤더슨-달링 추정치, 보정치, 보정치에 대한 위험 확률은 각각 아래에서와 같다. 보정치에 대한 위험 확률이 검정을 위한 유의 수준 0.05보다 작으므로 고장 시간이 지수 분포를 따른다는 귀무 가설을 기각한다.

$$A = -6 - \frac{1}{6}(-51.1918) = 2.5320$$

$$A^* = 2.5320(1 + \frac{0.3}{6}) = 2.6586$$

$$p = e^{-8.318 + 42.796(2.6586) - 59.938(2.6586)^2} = 0.000$$

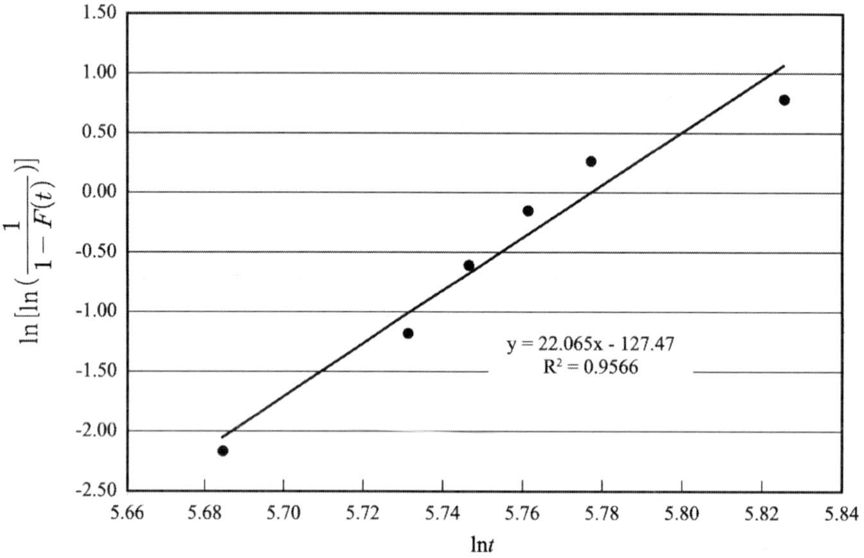

그림 6-11 확률 선도법에 의한 β와 η의 결정

표 6-15 앤더슨-달링 검정을 이용한 지수 분포의 적합성 검정

i	t_i	$F(t_i \vert \eta)$	$1-F(t_k \vert \eta)$	$(2i-1)[\ln F(t_i \vert \eta) + \ln(1-F(t_k \vert \eta))]$
1	294.2	0.6061	0.3422	−1.5732
2	308.5	0.6235	0.3599	−4.4826
3	313.1	0.6289	0.3657	−7.3484
4	317.7	0.6343	0.3711	−10.1263
5	322.7	0.6401	0.3765	−12.8073
6	338.7	0.6578	0.3939	−14.8539
$k=n-i+1$				Σ=−51.1918

(3) 카이제곱 검정

카이제곱 검정은 일반적으로 고장 데이터가 많은 경우에 적용할 수 있는 적합성 검정법이다. 앤더슨-달링 검정에서와 같이 고장 데이터를 이용하여 검정치로서 카이제곱을 구하고 기준 유의 수준에서 고장 시간 분포가 특정 분포를 따른다는 귀무 가설을 검정한다.

고장 데이터를 이용하여 카이제곱을 구하기 위해서는 고장 데이터를 최초 고장 시간부터 크기순으로 정리한 후 N개의 고장 시간을 몇 개의 그룹으로 나눈다. 그룹은 고장 시간 수가 같도록 하기 보다는 가능하면 각 그룹의 고장 확률이 같도록 나누어야 하며, 그룹의 수 k는 $k = \frac{N}{5}$ 정도로 한다. 각 그룹에 포함된 측정 고장 시간의 수를 관측 고장 수라 하고, 특정 분포를 적용하여 각 그룹에서 가장 큰 고장 시간의 고장 확률로써 추정한 고장 수를 추정 고장 수라고 한다. 각 그룹별로 관측 고장 수와 추정 고장 수를 결정하고 식 (6-50)을 이용하여 카이제곱을 구한다.

$$\chi_\nu^2 = \sum_{i=1}^{k} \frac{(\text{관측 고장 수} - \text{추정 고장 수})^2}{\text{추정 고장 수}} = \sum_{i=1}^{k} \frac{(n_i - Np_i)^2}{Np_i} \qquad (6\text{-}50)$$

여기서, k=그룹의 수

n_i=그룹 i의 고장 시간 수

N=총 고장 시간 수, $N = n_1 + n_2 + ...n_k$

p_i=그룹 i의 고장 확률

i번째 그룹의 고장 확률은 특정 분포에 따라 다음과 같이 고장 확률 밀도 함수 또는 EXCEL을 이용하여 구한다.

정규 분포, $p_i = \int_{t_{i-1,\max}}^{t_{i,\max}} \frac{1}{s\sqrt{2\pi}} e^{-\frac{1}{2}(\frac{t-\bar{t}}{s})^2} dt$

$$p_i = NORMDIST(t_{i,\max}, \bar{t}, s, true) - NORMDIST(t_{i-1,\max}, \bar{t}, s, true)$$

와이블 분포, $p_i = \int_{t_{i-1,\max}}^{t_{i,\max}} \frac{\beta}{\eta}(\frac{t}{\eta})^{\beta-1} e^{-(\frac{t}{\eta})^\beta} dt = e^{-(\frac{t_{i,\max}}{\eta})^\beta} - e^{-(\frac{t_{i-1,\max}}{\eta})^\beta}$

$$p_i = WEIBULL(t_{i,\max}, \beta, \eta, true) - WEIBULL(t_{i-1,\max}, \beta, \eta, true)$$

지수 분포, $p_i = \frac{1}{\eta}\int_{t_{i-1,\max}}^{t_{i,\max}} e^{-(\frac{t}{\eta})} dt = e^{-\frac{t_{i,\max}}{\eta}} - e^{-\frac{t_{i-1,\max}}{\eta}}$

$$p_i = \mathrm{EXP}\,ONDIST(t_{i,\max}, 1/\eta, true) - \mathrm{EXP}\,ONDIST(t_{i-1,\max}, 1/\eta, true)$$

여기서 $t_{i,\max}$는 i번째 그룹에서 가장 큰 고장 시간이며, $t_{i-1,\max}$는 $(i-1)$번째 그룹에서 가장 큰 고장 시간이다. 따라서 각 그룹의 고장 확률을 모두 더하면 1이 된다. 즉

$$1 = \sum_{i=1}^{k} p_i$$

이다. 가설 검정을 위한 유의 수준 α에서 카이제곱의 한계값은 자유도에 따라 다르며, 자유도 ν는 다음과 같이 구한다.

$$\nu = k - 1 - d_p$$

여기서, k=그룹의 수

d_p=특정 분포에 대한 매개 변수의 수로서, 지수 분포의 경우 $d_p = 1$, 정규 분포와 와이블 분포의 경우 $d_p = 2$이다.

따라서 유의 수준 α에서 자유도가 ν인 카이제곱의 한계값은 EXCEL에서 CHISQ.INV(1−α,ν)로써 구할 수 있으며, $\chi^2_{1-\alpha,\nu}$가 결정되면, $\chi^2_\nu < \chi^2_{1-\alpha,\nu}$일 때 귀무 가설을 수용한다. 즉 가설 검정을 위한 카이제곱의 한계값(critical chi−square value) $\chi^2_{1-\alpha,\nu}$이 고장 시간 분포에 의한 카이제곱 χ^2_ν 보다 크면 귀무 가설을 기각할 이유는 없다고 할 수 있다.

카이제곱을 이용한 적합성 검정은 고장 데이터의 수가 최소한 25개 이상으로 많아야 한다는 단점이 있으며, 또한 고장 데이터를 어떻게 그룹화 하는가에 따라 결과가 달라질 수 있다. 따라서 고장 시험에서 샘플 수가 제한되는 경우에는 카아제곱 검정을 적용하기가 어렵다. 표 6−4의 고장 시간 분포를 정규 분포, 와이블 분포, 지수 분포로 가정하고 5%의 유의 수준에서 카이제곱 검정을 적용하여 각 분포에 대한 적합성을 검정하여 보자. 표 6−4의 고장 데이터를 정규 분포로 가정하면 매개 변수인 평균 고장 시간과 표준편차는 각각 $\bar{t} = 137.65$, $s = 39.93$이고, 와이블 분포로 가정하면 매개 변수인 형상계수와 특성 수명은 각각 $\beta = 3.641$, $\eta = 121.397$이 되며, 지수 분포로 가정하면 매개 변수인 평균 고장 시간은 $\eta = 137.65$가 된다. 각 그룹별 고장 확률, 추정 고장 수, 카이제곱의 값은 표 6−16에서와 같다. 정규 분포로 가정한 경우에는 카이제곱이 카이제곱의 한계값보다 크므로, 즉 $\chi^2_{0.95,\nu} < \chi^2_\nu$이므로 고장 분포가 정규 분포를 따른다는 귀무 가설을 기각하며, 와이블 분포로 가정한 경우에는 $\chi^2_\nu < \chi^2_{0.95,\nu}$이므로 귀무 가설을 수용하고, 지수 분포로 가정한 경우에는 $\chi^2_{0.95,\nu} < \chi^2_\nu$이므로 귀무 가설을 기각한다. 즉 카이제곱 검정에 의하면 표 6−4의 고장 시간 분포는 와이블 분포를 따른다는 가설을 수용할 수 있으며, 정규 분포와 지수 분포를 따른다는 가설은 수용할 수 없다.

표 6-16 카이제곱 검정의 예

i	그룹	$t_{i,\max}$	n_i	정규 분포			와이블 분포			지수 분포		
				p_i	Np_i	$\frac{(n_i-Np_i)^2}{Np_i}$	p_i	Np_i	$\frac{(n_i-Np_i)^2}{Np_i}$	p_i	Np_i	$\frac{(n_i-Np_i)^2}{Np_i}$
1	0~20	20	1	0.0016	1.1252	0.0139	0.0014	0.9854	0.0002	0.1352	94.6636	92.6742
2	20~40	40	13	0.0056	3.9372	20.8614	0.0160	11.2053	0.2875	0.1169	81.8619	57.9264
3	40~60	60	32	0.0187	13.0735	27.4000	0.0566	39.6072	1.4611	0.1011	70.7914	21.2564
4	60~80	80	85	0.0485	33.9448	76.7905	0.1228	85.9325	0.0101	0.0875	61.2180	9.2388
5	80~100	100	127	0.0985	68.9256	48.9316	0.1929	135.0042	0.4746	0.0756	52.9393	103.6091
6	100~120	120	161	0.1564	109.4591	24.2691	0.2270	158.9022	0.0277	0.0654	45.7801	289.9868
7	120~140	140	152	0.1942	135.9605	1.8922	0.1971	137.9574	1.4294	0.0566	39.5891	319.1842
8	140~160	160	80	0.1887	132.0918	20.5430	0.1212	84.8605	0.2784	0.0489	34.2353	61.1768
9	160~180	180	44	0.1434	100.3782	31.6653	0.0500	34.9987	2.3150	0.0423	29.6055	6.9987
10	180 이상	∞	5	0.1444	101.1041	91.3514	0.0151	10.5466	2.9170	0.2705	189.3157	179.4478
	계		700	1	700	343.7184	1	700	9.2010	1	700	1141.4991
귀무 가설				H_o : $\mu = 137.65$, $s = 39.93$인 정규 분포이다.			H_o : $\beta = 3.641$, $\eta = 121.397$인 와이블 분포이다.			H_o : $\eta = 137.65$인 지수 분포이다.		
대립 가설				H_a : $\mu = 137.65$, $s = 39.93$인 정규분포가 아니다.			H_a : $\beta = 3.641$, $\eta = 121.397$인 와이블 분포가 아니다.			H_a : $\eta = 137.65$인 지수 분포가 아니다		
자유도, ν				10−2−1=7			10−2−1=7			10−1−1=8		
χ^2				343.7184			9.2010			1141.4991		
$\chi^2_{0.95,\nu}$				14.067			14.067			15.507		
검정 결과				$\chi^2 > \chi^2_{0.95,\nu}$이므로 귀무 가설을 기각한다.			$\chi^2 < \chi^2_{0.95,\nu}$이므로 귀무 가설을 수용한다.			$\chi^2 > \chi^2_{0.95,\nu}$이므로 귀무 가설을 기각한다.		

(4) 만 검정

만 (Mann, 1973) 검정은 2모수 와이블 분포를 검정하기 위한 검정법으로서, 만의 검정치와 F-분포의 한계값을 이용하여 고장 시간 분포가 와이블 분포를 따른다는 귀무 가설을 검정한다. n개의 샘플을 이용한 고장 시험에서 처음 r개의 고장 시간을 크기순으로 $t_1,\ t_2, \ldots\ldots t_r$이라고 하면 만의 검정치 M은 다음과 같이 구한다.

$$M = \frac{k_1 \sum_{i=k_1+1}^{r-1} [\frac{\ln t_{i+1} - \ln t_i}{M_i}]}{k_2 \sum_{i=1}^{k_1} [\frac{\ln t_{i+1} - \ln t_i}{M_i}]} \tag{6-51}$$

$$k_1 = 정수(\frac{r}{2})$$

$$k_2 = 정수(\frac{r-1}{2})$$

$$M_i = Z_{i+1} - Z_i$$

$$Z_i = \ln[-\ln(1 - \frac{i-0.5}{n+0.25})]$$

가설 검정을 위한 F-분포의 한계값은 분자와 분모의 자유도가 각각 $\nu_1 = 2k_2$, $\nu_2 = 2k_1$인 값으로서 유의 수준을 α라고 하면 $F_{\alpha, 2k_2, 2k_1}$로 나타낼 수 있다. $F_{\alpha, 2k_2, 2k_1}$의 값은 EXCEL에서 $F.INV(1-\alpha, 2k_2, 2k_1)$로써 구할 수 있다. 식 (6-51)로써 구한 만의 검정치 M과 $F_{\alpha, 2k_2, 2k_1}$의 값을 비교하여 $M < F_{\alpha, 2k_2, 2k_1}$이면 고장 분포가 와이블 분포를 따른다는 귀무 가설을 수용한다. 만의 검정은 와이블 분포의 매개 변수를 추정할 필요가 없으며, 고장 데이터만으로써 와이블 분포의 적합성을 검정할 수 있다는 장점이 있다. 시험 중단이 있는 경우에도 적용할 수 있다.

표 6-10의 고장 데이터를 이용하여 만의 검정으로써 고장 시간 분포가 와이블 분포를 따른다는 귀무 가설을 검정하여 보자. 고장 시험의 샘플 수는 20이고, 고장 수는 11이므로 $n = 20$, $r = 11$이다. 따라서 $k_1 = 5$, $k_2 = 5$, $\nu_1 = 10$, $\nu_2 = 10$이 된다. 만의 검정치 M을 구하기 위한 중간 과정의 계산 결과는 표 6-17에서와 같고, 이를 이용하여 M을 구하면

$$M = \frac{5 \times 2.4581}{5 \times 1.2584} = 1.9534$$

이다. 유의 수준을 5%로 설정하면 $F_{0.05, \nu_1, \nu_2} = F_{0.05, 10, 10} = 2.9782$이므로 $M < F_{0.05, 10, 10}$

가 된다. 따라서 고장 분포는 유의 수준 5%에서 와이블 분포를 따른다는 귀무 가설을 수용할 수 있다.

표 6-17 만 검정을 이용한 와이블 분포의 적합성 검정

i	t_i	Z_i	M_i	$\frac{\ln t_{i+1} - \ln t_i}{M_i}$	계
1	77.8	−3.6888	1.1244	0.2391	
2	101.8	−2.5645	0.5378	0.0734	
3	105.9	−2.0267	0.3647	0.2733	1.2584
4	117	−1.6620	0.2810	0.2891	
5	126.9	−1.3811	0.2319	0.3834	
6	138.7	−1.1491	0.2001	0.3546	
7	148.9	−0.9490	0.1782	0.3080	
8	157.3	−0.7708	0.1626	0.2490	
9	163.8	−0.6083	0.1514	1.5465	2.4581
10	207	−0.4569	0.1434	0.3419	
11	217.4	−0.3135	−	−	

(5) 바트렛 검정

바트렛 검정(Bartlett's test)은 샘플과 모집단의 분산이 같을 때 적용할 수 있는 검정 방법으로서 지수 분포를 검정하는 데 사용할 수 있으며 바트렛 검정치 B와 카이제곱 분포의 한계값을 이용하여 고장 시간이 지수 분포를 따른다는 귀무 가설을 검정한다. 고장 시험에서 n개의 고장 시간을 $t_1,\ t_2, \ldots\ldots t_n$ 이라고 하면 바트렛의 검정치 B는 식 (6−52)로써 구한다.

$$B = \frac{2n[\ln(\frac{\sum_{i=1}^{n} t_i}{n}) - \frac{1}{n}\sum_{i=1}^{n}\ln t_i]}{1 + \frac{n+1}{6n}} \tag{6-52}$$

가설 검정을 위한 카이제곱 분포의 자유도는 $n-1$로 한다. 따라서 가설 검정을 위한 유의 수준이 α일 때 카이제곱 분포의 한계값은 $\chi^2_{\frac{\alpha}{2}, n-1} \sim \chi^2_{1-\frac{\alpha}{2}, n-1}$ 이므로, $\chi^2_{\frac{\alpha}{2}, n-1} < B < \chi^2_{1-\frac{\alpha}{2}, n-1}$ 이면 고장 시간이 지수 분포를 따른다는 귀무 가설을 수용할 수 있다. 바트렛 검정은 20개 이상의

완전 또는 정시 중단 고장 데이터가 필요하다는 단점은 있으나 지수 분포의 매개 변수를 추정할 필요가 없다는 장점이 있다.

표 6-11의 고장 데이터를 이용하여 바트렛 검정으로써 고장 시간 분포가 지수 분포를 따른다는 귀무 가설을 검정하여 보자. 바트렛 검정치를 구하는 데 필요한 중간 과정의 계산 결과는 표 6-18에서와 같고, 이를 이용하여 바트렛 검정치를 구하면

$$B = \frac{(2\times 11)[\ln(\frac{1562.5}{11}) - \frac{54.0521}{11}]}{1+\frac{11+1}{6\times 11}} = 0.7879$$

이다. 5% 유의 수준에서 귀무 가설을 수용할 수 있는 카이제곱의 한계값은 $\chi^2_{0.05/2,10} \sim \chi^2_{1-0.05/2,10} = 3.2470 \sim 20.4832$이므로 바트렛 검정치는 카이제곱의 한계값을 벗어난다. 따라서 고장 시간 분포가 지수 분포를 따른다는 귀무 가설을 기각한다.

표 6-18 바트렛 검정을 이용한 지수 분포의 검정

i	t_i	$\ln t_i$
1	77.8	4.3541
2	101.8	4.6230
3	105.9	4.6625
4	117	4.7622
5	126.9	4.8434
6	138.7	4.9323
7	148.9	5.0033
8	157.3	5.0582
9	163.8	5.0986
10	207	5.3327
11	217.4	5.3817
계	1562.5	54.0521

(6) 정규 분포의 검정

정규 분포의 매개 변수는 평균과 표준편차이다. 고장 분포가 평균이 μ이고 표준편차가 σ인 정규 분포를 따른다고 하면 고장 시간은 표준 정규 변수로 변환할 수 있다. 표준 정규 변수는 식 (6-53)에서와 같이 고장 시간의 1차 함수로서 이들의 상관 관계는 직교 좌표계에서

직선으로 나타낼 수 있다.

$$z = \frac{t-\mu}{\sigma} = \frac{1}{\sigma}t - \frac{\mu}{\sigma} \qquad (6\text{–}53)$$

식 (6–53)에서 표준 정규 변수 z는 고장 시간의 고장 확률로부터 구할 수 있다. 따라서 고장 데이터로부터 구한 표준 정규 변수와 고장 시간의 상관 관계가 선형이면 고장 분포는 정규 분포가 되며, 이 직선의 기울기와 절편으로부터 정규 분포의 평균과 표준편차를 구할 수 있다. 즉 직교 좌표계에서 표준 정규 변수와 고장 시간의 선형 관계는

$$z = at + b$$

와 같이 표현할 수 있고 이를 식 (6–53)에 대입하면 정규 분포의 평균과 표준편차는 각각 다음과 같이 구할 수 있다.

$$\mu = -\frac{b}{a} \qquad (6\text{–}54)$$

$$\sigma = \frac{1}{a} \qquad (6\text{–}55)$$

다음은 고장 시험의 결과이다: 202, 196, 282, 326, 241, 359, 221, 406, 326, 470, 342, 340, 225, 403, 252, 178, 207, 351, 430, 299, 459, 483시간. 이 고장 데이터를 이용하여 고장 분포가 정규 분포임을 확인하고 정규 분포의 평균과 표준편차를 구하여 보자. 먼저 고장 데이터의 고장 시간을 시간 순서대로 정리하여 표 6–19에서와 같이 고장 순위를 결정하고, 고장 순위에 따라 중위 계급으로써 각 고장 시간의 고장 확률을 구한다. 각 고장 확률에 대한 표준 정규 변수는 식 (6–56)에서와 같이 EXCEL의 NORM.INV의 기능을 이용하여 구할 수 있으며 그 결과는 표 6–19에서와 같다.

$$z_i = NORM.INV(F(t_i), 0, 1) \qquad (6\text{–}56)$$

표 6–19 고장 데이터의 고장 확률과 표준 정규 변수

고장 시간, t_i	고장 순위, j	$F(t_i)$, $\frac{j-0.3}{n+0.4}$, $n=22$	z_i
178	1	0.03125	−1.862732
196	2	0.075893	−1.433252
202	3	0.120536	−1.172313
207	4	0.165179	−0.973395

221	5	0.209821	−0.807041
225	6	0.254464	−0.660507
241	7	0.299107	−0.52697
252	8	0.34375	−0.40225
282	9	0.388393	−0.28351
299	10	0.433036	−0.168651
326	11	0.477679	−0.055981
326	12	0.522321	0.055981
340	13	0.566964	0.168651
342	14	0.611607	0.28351
351	15	0.65625	0.40225
359	16	0.700893	0.52697
403	17	0.745536	0.660507
406	18	0.790179	0.807041
430	19	0.834821	0.973395
459	20	0.879464	1.172313
470	21	0.924107	1.433252
483	22	0.96875	1.862732

직교 좌표계에서 고장 시간에 따른 표준 정규 변수는 그림 6−12에서와 같고 이들의 상관 관계는 결정계수가 $r^2 = 0.9625$ 인 선형 관계로 볼 수 있다. 정규 분포의 수용 여부는 상관 관계의 결정계수에 따라 결정되지만 결정계수가 0.96 이상이면 고장 시간 분포는 표준 정규 분포로 판단할 수 있다. 그림 6−12에서 표준 정규 변수와 고장 시간의 회귀식은

$$z = 0.0098t - 3.1023$$

이므로 식 (6−54)와 식 (6−55)를 이용하여 정규 변수의 평균과 표준편차를 구하면 각각

$$\mu = -\frac{b}{a} = -\frac{-3.1023}{0.0098} = 316.56\text{시간}$$

$$\sigma = \frac{1}{a} = \frac{1}{0.0098} = 102\text{시간}$$

가 된다. 이는 모집단 평균과 표준편차의 최선 추정치이고 고장 데이터에서 구한 샘플의 평균 및 표준편차와는 차이가 있다.

같은 원리를 로그 정규 분포에 적용하면 로그 정규 분포의 표준 정규 변수는 고장 시간의 1차 함수로서 식 (6−57)에서와 같이 나타낼 수 있다.

$$z = \frac{1}{\sigma_{\ln}} \ln t - \frac{\mu_{\ln}}{\sigma_{\ln}} \tag{6−57}$$

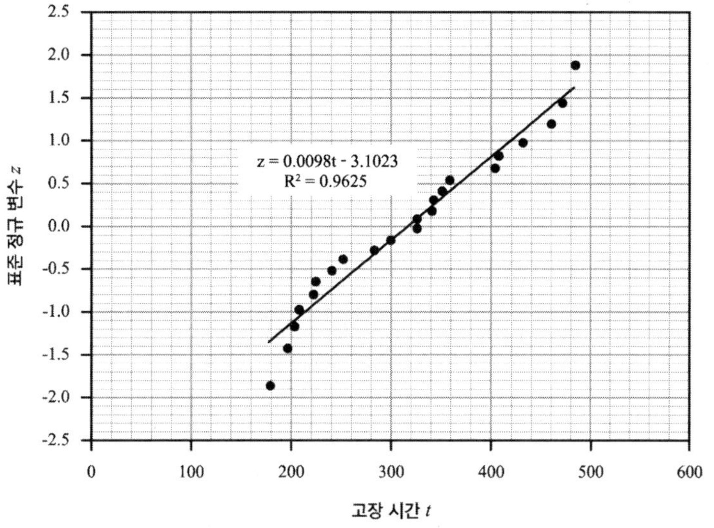

그림 6-12 고장 시간과 표준 정규 변수의 관계식.

고장 데이터로부터 구한 표준 정규 변수와 대수-전환 고장 시간의 상관 관계가 선형이면, 즉 $z = a\ln t + b$이면 고장 시간은 대수 정규 분포를 따른다고 할 수 있다. 로그 정규 분포의 평균과 표준편차는 식 (6-54)와 식 (6-55)에서와 같이 이 상관 관계의 회귀식으로부터 구할 수 있다. 즉,

$$\mu_{\ln} = -\frac{b}{a}$$

$$\sigma_{\ln} = \frac{1}{a}$$

이다.

● ● ● 참 고 문 헌

Brandt, R. A. and W. W. Brixius. 1988. Reliability in design. ASAE Distinguished lecture series. Tractor Design No. 13. American Society of Agricultural Engineers, 2950 Niles Rd., St. Joseph, MI 49085-9659 USA.

Bertsche, B. 2008. Reliability in automotive and mechanical engineering. Springer-Verlag Berlin Heidelberg, Germany

Cohen, A. C. 1975. Multi-censored sampling in the three-parameter Weibull distribution.Technometrics 17(3): 347-351.

Cohen, A. C. and B. Whitten. 1982. Modified maximum likelihood and modified moment estimators for the three-parameter Weibull distribution. Communications in Statics-Theory and Methods 11(23): 2631-2656.

Dodson, B. 1962. Weibull analysis. ASQ Quality Press. Milwaukee,Wisconsin USA.

Dodson, B and H. Schwab. 2006. Accelerated testing. SAE International. 400 Commonwealth Drive, Warrendale PA, USA.

Lipson, C. and N. J. Sheth. 1973. Statistical design and analysis of engineering experiments. McGraw-Hill Book Co.

Mann, N. R., E. M. Scheuer and K. W. Fertig. 1973. A new goodness-of-fit test for the two parameter Weibull or extreme-value distribution with unknown parameters. Communications in Statistics 2: 383-400.

제 7 장

보증 기간의 고장 분석

제 7 장 보증 기간의 고장 분석

생산자가 제품의 품질을 일정 기간 소비자에게 보증하는 제도를 품질 보증(warranty)이라고 하며, 보증 기간, 보증 범위, 보증 비용 등은 생산자와 제품에 따라 다르다. 일반적으로 보증 기간은 제품을 판매한 후 경과한 일 수 또는 누적 사용량으로써 정하며 이 중 먼저 도래한 시간으로 종료된다. 보증 범위는 제품의 결함으로 인한 고장을 수리하거나 결함 부품을 교체하는 수준이며 이와 관련한 비용은 생산자가 부담하는 것이 원칙이나 경우에 따라서는 비용의 일부를 소비자가 부담하는 경우도 있다. 또한 제품의 주요 부품에 따라 보증 범위가 다른 경우도 있다.

보증 기간에 발생한 제품의 고장과 결함의 내용, 즉 클레임(claim)의 내용과 시간은 제품의 품질과 신뢰도를 평가할 때 유용한 자료가 된다. 이러한 클레임 데이터(claims data)는 보증 기간에 발생한 고장으로 한정되어 있으나 고장의 종류와 형태는 다양한 사용 조건에서 발생한 것이기 때문에 초기의 고장 특성을 구명하는 데 필요한 기초 자료가 된다.

7.1 클레임 데이터의 특성

클레임 데이터는 크게 제품 데이터, 고장 데이터, 수리 데이터로써 구성된다. 제품 데이터는 제품의 일련 번호, 생산 일자, 생산 공장, 판매 일자, 판매 지역, 가격 등을 포함하여야 하며, 고장 데이터는 고장 시간, 고장 증상, 사용 조건, 누적 사용 시간, 고장 형태, 고장 원인 등을 포함하여야 한다. 또한 수리 데이터는 수리 일자, 수리 시간, 수리 또는 교체한 부품 번호, 수리비, 교체 부품의 가격 등을 포함하여야 한다. 보증 기간에는 고장 증상이 나타나기 전부터 부품을 교체하는 경우가 있기 때문에 보증 기간의 수리 횟수는 실제 고장 난 부품 수보다 많을 수도 있다.

클레임 데이터는 실제 사용 조건에서 발생한 제품의 고장과 결함을 수집한 데이터이므로 고장 시험에서 수집한 고장 데이터보다는 소비자의 실제 사용 실태가 반영된 장점은 있으나 다음과 같은 결함도 있다.

1) 클레임 데이터에서는 장기간의 고장 추적이 어렵다.

2) 클레임 데이터에서는 제품의 설계 변경과 생산 공정의 변화를 확인하기가 어렵다.

3) 실제 고장 시간과 클레임 시간은 같지 않을 수 있다.

7.2 클레임 데이터의 추적

동일한 조건에서 생산된 제품의 클레임을 연속적으로 추적하면 이 제품의 신뢰도 변화를 추적할 수 있다. 보증 기간의 신뢰도 변화는 소재, 제조 공정, 사용 조건 등이 원인이므로 클레임 데이터를 추적하여 이러한 변화를 조기에 발견하면 클레임 증가를 사전에 방지할 수 있고 이에 따른 비용도 절약할 수 있다.

보증 기간의 클레임 수는 제품의 고장 분포 함수 또는 신뢰도 함수를 따르므로 예측한 클레임 수와 실제 추적한 클레임 수가 크게 다른 경우에는 적용한 고장 분포 함수 또는 신뢰도 함수가 적합하지 않거나 추적한 클레임 수에 오류가 있거나 둘 중의 하나이다. 따라서 클레임 데이터 분석에서는 먼저 보증 기간의 고장 분포 함수 또는 신뢰도 함수와 클레임 수의 적합성을 확인하여야 한다.

i 시점에 판매한 n_i대의 제품에서 판매 후 j시간에 예측한 클레임 수를 r_{ij}라 하고 실제 발생한 클레임 수를 a_{ij}라고 하면 예측 오차 ϵ_{ij}는 다음과 같이 표현된다.

$$\epsilon_{ij} = r_{ij} - a_{ij} \tag{7-1}$$

클레임 예측이 정확하다고 하면 예측 오차는 평균이 0이고 표준편차가 s인 정규 분포를 따른다고 할 수 있다. 즉

$$\bar{\epsilon}_{ij} = \frac{\sum_i \sum_j \epsilon_{ij}}{n} = 0$$

$$s = \sqrt{\frac{1}{n-1} \sum_i \sum_j \epsilon_{ij}^2}$$

$n = \sum n_i$로서 총 클레임 수

가 된다. ϵ_{ij}를 평균이 0이고 표준편차가 1인 표준 정규 변수 z_{ij}로 변환하면

$$z_{ij} = \frac{\epsilon_{ij} - \bar{\epsilon}_{ij}}{s} \tag{7-2}$$

가 된다.

적용한 보증 기간의 고장 분포 함수 또는 신뢰도 함수가 적합한 경우 클레임 수의 이상 여부는 클레임 수에 대한 표준 정규 변수의 제곱 z_{ij}^2을 이용하여 판단할 수 있다. 즉 임의의 변수가 정규 분포를 따를 때 표준 정규 변수의 제곱은 자유도가 1인 카이제곱 분포를 따르며, k개 표준 정규 변수의 제곱합은 자유도가 k인 카이제곱 분포를 따르므로 이를 이용하여 특정 시점에서 판매한 제품의 클레임 수에 대한 이상 여부를 확인할 수 있다.

유의 수준이 α일 때 특정 시점에서 발생한 클레임 수의 z_{ij}^2이 자유도가 1인 카이제곱보다 크면 이 클레임 수는 비정상적인 것으로 판단할 수 있으며, z_{ij}^2의 합이 자유도가 $k = i \times j$인 카이제곱보다 크면 총 클레임 수도 비정상적인 것으로 판단할 수 있다. 즉

$\chi_{1,\alpha}^2 < z_{ij}^2$이면 비정상적인 클레임 수

$\chi_{\alpha, i \times j}^2 < \sum z_{ij}^2$이면 비정상적인 클레임 총 수

로 판단한다. 클레임 수가 비정상적이면 적용한 보증 기간의 고장 분포 함수 또는 신뢰도 함수가 적합하지 않기 때문에 이를 재확인하고 필요하면 변경하여야 한다.

[예제 7-1] 어떤 제품의 판매 대수와 판매 후 발생한 클레임 수는 표 7-1에서와 같다. 이 제품에 적용한 고장 분포가 β=2.19, η=44.3인 와이블 분포일 때 고장 분포의 적합 여부를 확인하여라.

표 7-1 판매 대수와 클레임 수

판매		클레임 수		
판매 시점	판매 대수	5월	6월	7월
1월	1,250	9	11	12
2월	3,723	17	20	25
3월	1,319	4	6	7
4월	3,600	6	12	15

[풀이] 이 제품의 고장 분포 확률은

$$F(t)=1-e^{-(\frac{t}{44.3})^{2.19}}$$

이므로, i월의 판매 대수에서 예상되는 j월의 클레임 수는

$$r_{ij}=n_i[F(j-i+1)-F(j-i)]=n_i[e^{-(\frac{j-i}{44.3})^{2.19}}-e^{-(\frac{j-i+1}{44.3})^{2.19}}]$$

가 된다. 이 식을 이용하여 1～4월의 판매 대수에서 예상되는 5～7월의 클레임 수를 구하고, 식 (7-1)과 식 (7-2)를 이용하여 예측 오차의 표준 정규 변수와 표준 정규 변수의 제곱을 구하면 표 7-2에서와 같다.

표 7-2 클레임 예측 오차의 표준 정규 변수와 표준 정규 변수의 제곱

	5월			6월			7월		
	ϵ_{ij}	z_{ij}	z_{ij}^2	ϵ_{ij}	z_{ij}	z_{ij}^2	ϵ_{ij}	z_{ij}	z_{ij}^2
1월	−4.90	0.19	0.037	−5.89	−0.18	0.033	−5.80	−0.14	0.021
2월	−8.05	−1.05	1.110	−7.96	−1.02	1.042	−9.78	−1.75	3.068
3월	−1.87	1.44	2.066	−2.83	1.05	1.104	−2.74	1.09	1.183
4월	−2.82	1.05	1.111	−6.18	−0.30	0.091	−6.35	−0.37	0.134

예측한 12개의 클레임 수에 대한 표준 정규 변수의 제곱합은

$$\sum z_{ij}^2=0.037+1.110+2.066+1.111+0.033+1.042$$
$$+1.104+0.091+0.021+3.068+1.183+0.134=11$$

이다. 유의 수준이 $\alpha=0.05$일 때 자유도가 12인 카이제곱은 $\chi^2_{0.05,12}=5.226$ 이므로 $\chi^2_{0.05,12}<\sum z_{i,j}^2$ 이다. 즉 실제 클레임 수에 대한 표준 정규 변수의 제곱합이 자유도가 12인 카이제곱보다 더 크다. 따라서 적용한 β=2.19, η=44.3인 와이블 분포가 고장 분포에 적합하지 않을 수 있다.

7.3 클레임 데이터의 분석

클레임(claims)은 소비자가 제품을 구입한 후 보증 기간 중 발생한 제품의 결함 또는 고장에 대한 수리, 교환 등 적절한 시정을 제조업체에게 요구하는 행위이다. 제품을 판매한 후 일정한 시간 간격으로 이러한 클레임의 원인과 처리 내용을 기록한 자료를 클레임 데이터라고 한다. 클레임 데이터는 보통 단품보다는 완제품을 대상으로 한 경우가 많으며, 실시간으로 기록하기보다는 판매 일로부터 1주일, 10일, 1개월 등 일정한 시간 간격으로 기록하는 것이 일반적이다. 따라서 클레임 데이터에서 제품의 고장 시간은 실제 고장이 발생한 시간과 이를 기록한 시간상의 차이 때문에 약간의 오차가 발생할 수 있으며, 이러한 오차는 기록 간격이 크면 클수록 증가한다.

제품의 보증 기간은 판매 후 경과한 시간 또는 주행 거리, 누적 운행 시간 등과 같이 실제 제품을 가동한 시간 중 먼저 도래한 시간으로 종료되기 때문에 클레임 데이터에는 제품을 판매한 후 경과한 시간과 실제 가동한 시간을 모두 기록하여야 한다. 제품을 판매한 후 경과한 시간과 실제 가동 시간은 소비자에 따라 다르기 때문이다.

(1) 보증 기간의 클레임 데이터

클레임을 1개월 단위로 기록할 경우 k개월 동안 매달 판매한 제품의 수를 각각 C_1, C_2, … C_k라 하고, t_i달에 판매한 C_i대의 제품에서 k월까지 매달 발생한 클레임 수를 각각 $r_{i,i}$, $r_{i,i+1}$, $r_{i,i+2}$,… $r_{i,k}$라고 하면 k개월 동안 판매한 모든 제품에서 발생한 고장 수는 표 7-3에서와 같이 나타낼 수 있다. 여기서 $r_{i,i}$는 제품을 판매한 달에 발생한 고장을 의미한다. 이러한 형식으로 정리한 클레임 데이터를 네바다 차트(Nevada chart)라고 한다.

표 7-3 네바다 챠트

판매		고장 대수							
		월							
월	판매 대수	t_1	t_2	$\cdots$	t_i	$\cdots$	t_k	고장 수	생존 수
t_1	C_1	$r_{1,1}$	$r_{1,2}$	$\cdots$	$r_{1,i}$	$\cdots$	$r_{1,k}$	n_k	s_k
t_2	C_2		$r_{2,2}$		$r_{2,i}$		$r_{2,k}$	$\vdots$	$\vdots$
$\vdots$	$\vdots$				$\vdots$		$\vdots$	n_i	s_i
t_i	C_i				$r_{i,i}$		$r_{i,k}$	$\vdots$	$\vdots$

⋮	⋮						⋮	n_2	s_2
t_k	C_k						$r_{k,k}$	n_1	s_1

클레임 데이터를 이용하여 제품의 고장 분포 특성을 추정하기 위해서는 먼저 클레임 데이터를 분석할 기간을 정하고, 이 기간에 매달 판매한 제품 수와 판매 후 이 제품에서 발생한 월별 클레임 수를 기록하여야 한다. 분석 기간 중 판매한 모든 제품에서 판매 후 발생한 월별 클레임 수는 네바다 챠트에서 대각선상의 고장 수를 합한 것과 같다. 즉 k개월 동안 매달 판매한 모든 제품에서 판매 후 i월에 발생한 고장 수 n_i는 식 (7–3)을 이용하여 구할 수 있다.

$$n_i = \sum_{j=1}^{k+1-i} r_{j,\,j+i-1}, \quad i = 1,\ 2,\ \ldots,\ k \tag{7–3}$$

t_i월에 판매한 제품 수에서 판매 후 t_k월까지 매달 발생한 고장 수를 빼면 남은 수는 t_k월까지 고장 없이 생존한 수로서, 고장 분포 특성을 추정할 때는 이를 t_k시간에서 고장 시험이 중단된 것으로 간주한다. 따라서 t_k월에 고장 시험이 중단된 수, 즉 t_k월 후 생존한 수 s_i는 다음과 같이 표현된다.

$$s_i = C_{k+1-i} - \sum_{j=k+1-i}^{k} r_{k+1-i,\,j}, \quad i = 1,\ 2,\ \ldots\ k \tag{7–4}$$

식 (7–3)과 식 (7–4)를 이용하여 t_k개월 동안 t_i달에 발생한 고장 총 수와 시험 중단 수는표 7–4에서와 같이 정리할 수 있다. 고장 분석을 위한 클레임 데이터의 고장은 보증 기간 중 최초로 발생한 고장만을 기록한 것으로 가정하며, 제품의 사용 시간은 보증 시간을 초과하지 않은 것으로 가정한다.

표 7–4 클레임 데이터의 고장 수와 시험 중단 수

고장 시간 t_i, 월	고장 수, n_i	시험 중단 수, s_i
t_1	n_1	s_1
t_2	n_2	s_2
⋮	⋮	⋮
t_k	n_k	s_k
계	$\sum n_i$	$\sum s_i$

[예제 7-2] 표 7-5는 8개월 동안 판매한 어떤 제품의 매달 판매량과 판매 후 매달 발생한 클레임 수를 정리한 것이다. 8개월 동안 판매한 모든 제품에서 발생한 월별 고장 수와 8개월 후 생존한 제품의 수를 결정하여라.

표 7-5 클레임 데이터의 예

판매		클레임								고장 수	시험 중단 수
판매 월	판매 대수	1월	2월	3월	4월	5월	6월	7월	8월		
1	1,150	2	4	5	7	12	13	16	17	17	1,074
2	1,100		3	4	5	3	8	11	14	30	1,052
3	1,200			2	3	5	7	23	13	37	1,147
4	1,155				2	3	4	6	7	50	1,133
5	1,255					2	3	3	4	27	1,243
6	1,150						2	3	3	25	1,142
7	1,105							2	12	32	1,091
8	1,110								2	17	1,108
합	9,225	2	7	11	17	25	37	64	72	235	8,990

[풀이] 클레임 데이터를 기록한 시간 간격은 1개월이고 분석 기간은 8개월이므로 $k=8$이다. 식 (7-3)을 이용하여 k개월 동안 판매한 모든 제품에서 판매 후 i월에 발생한 고장 수 n_i를 구하면

$$n_1 = \sum_{j=1}^{k} r_{j,j+0} = 2+3+2+2+2+2+2+2 = 17$$

$$n_2 = \sum_{j=1}^{k-1} r_{j,j+1} = 4+4+3+3+3+3+12 = 32$$

$$n_3 = \sum_{j=1}^{k-2} r_{j,j+2} = 5+5+5+4+3+3 = 25$$

$$n_4 = \sum_{j=1}^{k-3} r_{j,j+3} = 7+3+7+6+4 = 27$$

$$n_5 = \sum_{j=1}^{k-4} r_{j,j+4} = 12+8+23+7 = 50$$

$$n_6 = \sum_{j=1}^{k-5} r_{j,j+5} = 13+11+13 = 37$$

$$n_7 = \sum_{j=1}^{k-6} r_{j,j+6} = 16+14 = 30$$

$$n_8 = \sum_{j=1}^{k-7} r_{j,j+7} = 17$$

가 된다. 식 (7-4)를 이용하여 t_i 월에 판매한 제품에서 t_k 월 이후에도 생존한 제품 수, 즉 시험 중단 수 s_i를 구하면

$$s_1 = C_8 - \sum_{j=8}^{k} r_{8,j} = 1,110 - 2 = 1,108$$

$$s_2 = C_7 - \sum_{j=7}^{k} r_{7,j} = 1,105 - 2 - 12 = 1,091$$

$$s_3 = C_6 - \sum_{j=6}^{k} r_{6,j} = 1,150 - 2 - 3 - 3 = 1,142$$

$$s_4 = C_5 - \sum_{j=5}^{k} r_{5,j} = 1,255 - 2 - 3 - 3 - 4 = 1,243$$

$$s_5 = C_4 - \sum_{j=4}^{k} r_{4,j} = 1,155 - 2 - 3 - 4 - 6 - 7 = 1,133$$

$$s_6 = C_3 - \sum_{j=3}^{k} r_{3,j} = 1,200 - 2 - 3 - 5 - 7 - 23 - 13 = 1,147$$

$$s_7 = C_2 - \sum_{j=2}^{k} r_{2,j} = 1,100 - 3 - 4 - 5 - 3 - 8 - 11 - 14 = 1,052$$

$$s_8 = C_1 - \sum_{j=1}^{k} r_{1,j} = 1,150 - 2 - 4 - 5 - 7 - 12 - 13 - 16 - 17 = 1,074$$

가 된다. 따라서 매달 발생한 고장 수와 시험 중단 수는 표 7-6에서와 같다.

표 7-6 클레임 데이터의 고장 시간, 고장 수, 시험 중단 수

월, t_i	고장 수, n_i	시험 중단 수, s_i
1	17	1,108
2	32	1,091
3	25	1,142
4	27	1,243
5	50	1,133
6	37	1,147
7	30	1,052
8	17	1,074
합	235	8,990

(2) 클레임 데이터의 고장 분포

클레임 데이터를 분석하여 표 7-4에서와 같이 고장 시간별 고장 수와 시험 중단 수가 결정되면 이를 이용하여 고장 분포의 매개 변수를 결정할 수 있다. 매개 변수의 결정 방법은 제6장에서 소개한 방법을 적용할 수 있으나 클레임 데이터에는 고장 수와 시험 중단 수가 중복되어 있기 때문에 최우 추정법이 적합하다.

표 7-4의 기호를 이용하여 고장 분포를 와이블 분포로 가정하고 매개 변수 β와 η의 우도 함수와 로그 우도 함수를 구하면 각각

$$L = \prod_{i=1}^{k}[\frac{\beta}{\eta}(\frac{t_i}{\eta})^{\beta-1}e^{-(\frac{t_i}{\eta})^{\beta}}]^{n_i}\prod_{i=1}^{k}[e^{-(\frac{t_i}{\eta})^{\beta}}]^{s_i}$$

$$\ln L(\beta,\eta) = \sum_{i=1}^{k}n_i[\ln\beta - \beta\ln\eta + (\beta-1)\ln t_i - (\frac{t_i}{\eta})^{\beta}] - \sum_{i=1}^{k}s_i(\frac{t_i}{\eta})^{\beta}$$

가 된다. 여기서 시험 중단 수 s_i는 고장이 나지 않은 제품의 수로서 시험 중단 시간까지 신뢰도를 적용한다, β와 η는 β와 η에 대한 로그 우도 함수의 편도함수가 0이 되는 값으로 결정된다. 즉

$$\frac{\partial \ln L}{\partial \beta} = \sum_{i=1}^{k}n_i[\frac{1}{\beta} - \ln\eta + \ln t_i - (\frac{t_i}{\eta})^{\beta}\ln(\frac{t_i}{\eta})] - \sum_{i=1}^{k}s_i(\frac{t_i}{\eta})^{\beta}\ln(\frac{t_i}{\eta}) = 0 \qquad (7\text{-}5)$$

$$\frac{\partial \ln L}{\partial \eta} = \sum_{i=1}^{k}n_i[-\frac{\beta}{\eta} - \beta(\frac{t_i}{\eta})^{\beta-1}(-\frac{t_i}{\eta^2})] - \sum_{i=1}^{k}s_i\beta(\frac{t_i}{\eta})^{\beta-1}(-\frac{t_i}{\eta^2}) = 0 \qquad (7\text{-}6)$$

을 만족하는 β와 η로 결정된다. 식 (7-6)에서 η를 구하면 식 (7-7)에서와 같이 β의 함수로서 나타낼 수 있다. 또한 식 (7-5)는 식 (7-8)과 같이 정리할 수 있다.

$$\sum_{i=1}^{k}n_i[(\frac{t_i}{\eta})^{\beta} - 1] + \sum_{i=1}^{k}s_i(\frac{t_i}{\eta})^{\beta} = 0$$

$$\frac{1}{\eta^{\beta}}\sum_{i=1}^{k}n_i t_i^{\beta} + \frac{1}{\eta^{\beta}}\sum_{i=1}^{k}s_i t_i^{\beta} = \sum_{i=1}^{k}n_i$$

$$\eta = [\frac{\sum_{i=1}^{k}n_i t_i^{\beta} + \sum_{i=1}^{k}s_i t_i^{\beta}}{\sum_{i=1}^{k}n_i}]^{\frac{1}{\beta}} \qquad (7\text{-}7)$$

$$(\frac{1}{\beta} - \ln\eta)\sum_{i=1}^{k}n_i + \sum_{i=1}^{k}n_i\ln t_i = \sum_{i=1}^{k}n_i(\frac{t_i}{\eta})^{\beta}\ln(\frac{t_i}{\eta}) + \sum_{i=1}^{k}s_i(\frac{t_i}{\eta})^{\beta}\ln(\frac{t_i}{\eta}) \qquad (7\text{-}8)$$

β를 가정하여 식 (7-7)로써 η를 구하고, β와 η를 식 (7-8)에 대입하여 식 (7-8)이 만족할 때까지 반복법으로써 β와 η를 구할 수 있다.

표 7-7은 어떤 제품의 클레임 데이터로서 11개월 간 매달 판매한 제품 수와 판매 후 매달 발생한 클레임 수를 조사한 것이다. 최우 추정법으로써 와이블 분포의 형상계수 β와 특성수명 η를 구하여 보자.

표 7-7 클레임 데이터

판매		월별 클레임 수										
월	대수	1월	2월	3월	4월	5월	6월	7월	8월	9월	10월	11월
1	12,571	1	0	1	1	2	2	1	0	1	0	0
2	13,058		2	0	3	4	4	5	3	4	2	3
3	20,806			0	2	1	2	2	3	5	4	4
4	18,165				2	0	1	2	5	4	5	6
5	16,461					1	1	3	5	4	3	5
6	13,431						1	3	5	3	7	4
7	16,164							3	5	4	3	6
8	15,192								3	2	5	4
9	11,971									1	3	3
10	5,958										2	0
11	2,868											2
합	146,645	1	2	1	8	8	11	19	29	28	34	37

먼저 식 (7-3)과 식 (7-4)를 이용하여 표 7-8에서와 같이 11개월 동안 판매한 제품에서 발생한 월별 클레임 수 n_i와 시험 중단 수 s_i를 구한다. 다음에는 β값을 가정하여 식 (7-7)과 식 (7-8)을 수행하는 데 필요한 값을 구한다. 표 7-8은 $\beta = 1.492$일 때 필요한 각 항의 값을 나타낸 것이고, 이를 이용하여 $\beta = 1.492$일 때 η를 구하면

$$\eta = [\frac{\sum_{i=1}^{k} n_i t_i^{\beta} + \sum_{i=1}^{k} s_i t_i^{\beta}}{\sum_{i=1}^{k} n_i}]^{\frac{1}{\beta}} = (\frac{1,959.0180 + 2,682,611.0}{178})^{\frac{1}{1.492}} = 631.79$$

가 된다. $\beta = 1.492$와 $\eta = 631.79$를 식 (7-8)에 대입하면 좌변과 우변은 각각

$$(\frac{1}{\beta} - \ln\eta)\sum_{i=1}^{k} n_i + \sum_{i=1}^{k} n_i \ln t_i = [\frac{1}{1.492} - \ln(631.79)](178) + 247.2082 = -781.332$$

$$\sum_{i=1}^{k} n_i (\frac{t_i}{\eta})^{\beta} \ln(\frac{t_i}{\eta}) + \sum_{i=1}^{k} s_i (\frac{t_i}{\eta})^{\beta} \ln(\frac{t_i}{\eta}) = -0.6076 - 780.7250 = -781.333$$

가 되고 근사적으로 식 (7–8)을 만족한다. 따라서 매개 변수는 $\beta = 1.492$, $\eta = 631.79$로 결정할 수 있으며 클레임의 확률 밀도 함수와 분포 함수는 제품의 월 나이 t의 함수로서 다음과 같이 표현할 수 있다.

$$f_t(t) = \frac{1.492}{631.79} (\frac{t}{631.79})^{1.492-1} e^{-(\frac{t}{631.79})^{1.492}}$$
$$= \frac{t^{0.492}}{10,108.5} e^{-(\frac{t}{637.79})^{1.492}}$$
$$F_t(t) = 1 - e^{-(\frac{t}{637.79})^{1.492}}$$

표 7–8 최우 추정법을 적용한 클레임 데이터

t_i	n_i	s_i	$n_i t_i^{\beta}$	$s_i t_i^{\beta}$	$n_i \ln t_i$	$n_i(\frac{t_i}{\eta})^{\beta}\ln(\frac{t_i}{\eta})$	$s_i(\frac{t_i}{\eta})^{\beta}\ln(\frac{t_i}{\eta})$
1	18	2,866	18	2,866.0	0	−0.0077	−1.2254
2	16	5,956	45.0046	16,753.0	11.0904	−0.0172	−6.3931
3	26	11,964	133.9178	61,622.8	28.5639	−0.0475	−21.8593
4	24	15,178	189.8824	120,084.8	33.2711	−0.0637	−40.3068
5	30	16,143	331.1193	178,175.3	48.2831	−0.1062	−57.1688
6	21	13,408	304.2433	194,252.1	37.6269	−0.0939	−59.9789
7	19	16,439	346.4495	299,751.7	36.9723	−0.1034	−89.4901
8	14	18,140	311.5576	403,689.6	29.1122	−0.0903	−116.9460
9	7	20,783	185.7068	551,363.6	15.3806	−0.0523	−155.4210
10	3	13,028	93.1368	404,462.0	6.9078	−0.0256	−111.1860
11	0	12,562	0	449,590.0	0	0	−120.7500
합	178	146,467	1,959.0180	2,682,611.0	247.2082	−0.6079	−780.7250

7.4 불완전 클레임 데이터

제품의 판매 일에 따라 판매 후 클레임을 구별하지 않고 표 7–9에서와 같이 일정한 시간 간격으로 판매 대수와 클레임 수만을 기록한 데이터를 불완전 클레임 데이터(incomplete claim data)라고 한다. 이러한 불완전 클레임 데이터는 보증 기간의 고장 분포를 추정하는 데는 직접 활용할 수 없다. 불완전 클레임 데이터에서는 특정 시간에 판매한 제품의 수와 특정 시간에 발생한 클레임 수는 알 수 있으나, 클레임이 발생한 제품의 정확한 판매 시간은 알 수 없기 때문이다.

불완전 클레임 데이터를 이용하여 보증 기간의 고장 분포를 추정하기 위해서는 먼저 분석 기간 동안 예상되는 평균 고장 시간을 추정하고 이를 이용하여 판매 일로부터 일정 시간이 지난 후 발생했을 것으로 예상되는 고장 수를 예측하여 표 7-3에서와 같이 완전 클레임 데이터를 작성하여야 한다. 다음에는 추정한 완전 클레임 데이터를 이용하여 고장 분포의 매개 변수를 결정하고, 이 매개 변수를 이용하여 완전 클레임 데이터를 다시 추정한다. 고장 분포의 매개 변수는 이러한 완전 클레임 데이터의 추정과 매개 변수의 결정 과정을 반복하여 매개 변수가 안정화되었을 때 이를 결정한다. 다음은 불완전 클레임 데이터를 이용하여 고장 분포를 추정하는 과정을 단계별로 나타낸 것이다.

표 7-9 불완전 클레임 데이터

조사 시간, t_i	t_1	t_2	…	t_i	…	t_k	합계
시간 단위, 월	1	2	…		…	12	
판매 대수, C_i	C_1	C_2	…	C_i	…	C_k	
클레임 수, n_i	n_1	n_2	…	n_i	…	n_k	

• **단계 1:** 고장 분포를 형상계수가 1인 와이블 분포로 가정하고 다음 식을 이용하여 판매 제품의 특성 수명을 추정한다.

$$\text{특성 수명, } \eta = \frac{\text{사용 시간}}{\text{총 고장 수}}$$

위의 식에서 사용 시간은 판매 일부터 클레임이 발생한 시간까지 제품을 사용한 시간을 말하며 불완전 클레임 데이터를 이용하여 구한다. 표 7-9의 불완전 클레임 데이터에서 t_i 시간에 판매한 제품 C_i의 사용 시간은 C_i를 t_i에서 t_k까지 사용한 시간에서 클레임 제품 n_i의 예상 사용 시간을 빼서 구한다. n_i의 예상 사용 시간은 t_i 시간의 50%와 t_{i+1}에서 t_k까지 예상되는 사용 시간을 더한 것이다. 따라서 t_i에서 t_k까지 매달 판매한 제품의 총 사용 시간은 식 (7-9)를 이용하여 구할 수 있다.

$$\text{사용 시간} = \sum_{i=1}^{k}[C_i(t_k - i + 1) - n_i(t_k - i + 0.5)], i = 1,\ 2,\ 3, \ldots k \qquad (7\text{-}9)$$

여기서, C_i=t_i 시간에 판매한 제품 수

$n_i = t_i$ 시간에 발생한 클레임 수

총 고장 수는 t_i에서 t_k까지 매달 발생한 클레임의 총 수와 같다. 즉

$$\text{총 고장 수} = \sum_{i=1}^{k} n_i$$

이다,

- 단계 2: 추정한 특성 수명 η를 이용하여 t_i 시간에 판매한 제품 C_i 중 j 시간 후 예상되는 클레임 수 $r_{i,j}$를 식 (7-10)으로써 예측한다.

$$r_{i,j} = C_i[e^{-(\frac{t_{j-1}}{\eta})^\beta} - e^{(\frac{t_j}{\eta})^\beta}], \quad i = 1, 2, ... k, \quad j = i, i+1, ... k \qquad (7-10)$$

여기서 $t_0 = 0$이다.

- 단계 3: t_i 시간에 예측한 총 클레임 수 N_i가 조사한 클레임 수와 같도록 예측한 클레임 수를 다음과 같이 정규화(normalize)하여 완전 클레임 데이터를 완성한다.

$$r_{i,j} = n_i \frac{r_{i,j}}{N_i} \qquad (7-11)$$

$$N_i = \sum_{j=1}^{i} r_{j,i}, \quad i = 1, 2 .... k$$

- 단계 4: 정규화된 완전 클레임 데이터를 이용하여 최우 추정법으로써 와이블 분포의 η와 β값을 추정한다.
- 단계 5: 추정한 η, β 값과 이전 η, β값의 차이가 허용 범위에 이를 때까지 단계 2부터 단계 5의 과정을 반복한다.

이러한 클레임 수의 추정 방법은 클레임 데이터의 분석 기간이 짧을수록 큰 오차가 발생한다.

[예제 7-3] 표 7-10은 6개월 간 1개월 단위로 조사한 판매 및 클레임 수이다. 이 제품의 고장 분포 함수를 추정하여라.

표 7-10 불완전 클레임 데이터의 예

월	1월	2월	3월	4월	5월	6월	합
판매 대수	1,000	1,100	1,240	1,250	1,350	1,400	7,340

클레임 수	3	13	20	31	42	50	159

[풀이] 1월부터 6월 말까지 판매한 제품의 총 사용 시간은 $t_k = 6$개월이므로

$$\text{총 사용 시간} = \sum_{i=1}^{6}[C_i(6+1-i)-n_i(6+0.5-i)]$$

$$= (1{,}000\times6-3\times5.5)+(1{,}100\times5-13\times4.5)+(1{,}240\times4-20\times3.5)$$

$$+(1{,}250\times3-31\times2.5)+(1{,}350\times2-42\times1.5)+(1{,}400\times1-50\times0.5)$$

$$= 23{,}995.5\text{개월}$$

이고 총 클레임 수는

$$\text{총 클레임 수} = \sum_{i=1}^{6} n_i = 3+13+20+31+42+50 = 159$$

이므로 특성 수명은

$$\eta = \frac{23{,}999.5}{159} = 150.94\text{개월}$$

이 된다.

$\eta = 150.94$월, $\beta = 1$인 와이블 분포를 가정하여 매월 판매한 제품에서 판매 후 매달 예상되는 클레임 수를 추정한다. 1월에 판매한 1,000대에서 판매 후 매월 발생할 것으로 예상되는 클레임 수는

$$\text{1월: } 1{,}000[e^{-(\frac{0}{150.94})^1} - e^{-(\frac{1}{150.94})^1}] = 6.60$$

$$\text{2월: } 1{,}000[e^{-(\frac{1}{150.94})^1} - e^{-(\frac{2}{150.94})^1}] = 6.56$$

$$\text{3월: } 1{,}000[e^{-(\frac{2}{150.94})^1} - e^{-(\frac{3}{150.94})^1}] = 6.52$$

$$\text{4월: } 1{,}000[e^{-(\frac{3}{150.94})^1} - e^{-(\frac{4}{150.94})^1}] = 6.47$$

$$\text{5월: } 1{,}000[e^{-(\frac{4}{150.94})^1} - e^{-(\frac{5}{150.94})^1}] = 6.43$$

$$\text{6월: } 1{,}000[e^{-(\frac{5}{150.94})^1} - e^{-(\frac{6}{150.94})^1}] = 6.39$$

이다. 같은 방법으로 2~6월에 판매한 제품에서 판매 후 매달 발생할 것으로 예상되는 클레임 수를 구하면 표 7-11에서와 같다. 다음에는 월별 예상 클레임 수와 조사한 클레임 수가 같도록 식 (7-11)을 이용하여 예상 클레임 수를 표 7-12에서와 같이 정규화한다.

표 7-11 예상 클레임 수

판매		예상 클레임 수					
월	대수	1월	2월	3월	4월	5월	6월
1	1,000	6.60	6.56	6.52	6.47	6.43	6.39
2	1,100		7.26	7.22	7.17	7.12	7.07
3	1,240			8.19	8.13	8.08	8.03
4	1,250				8.25	8.20	8.15
5	1,350					8.91	8.86
6	1,400						9.24
합	7,340	6.60	13.82	21.92	30.03	38.75	47.73

표 7-12 정규화한 예상 클레임 수

판매		예상 클레임 수					
월	대수	1월	2월	3월	4월	5월	6월
1	1,000	3.0	6.17	5.95	6.68	6.97	6.69
2	1,100		6.83	6.58	7.40	7.72	7.41
3	1,240			7.47	8.40	8.76	8.41
4	1,250				8.52	8.89	8.53
5	1,350					8.66	9.28
6	1,400						9.68
합	7,340	3	13	20	31	42	50

표 7-12는 표 7-10의 불완전 클레임 데이터로부터 추정한 완전 클레임 데이터이다. 이 추정 완전 클레임 데이터를 이용하여 최우 추정법으로써 와이블 분포의 매개 변수 β와 η를 추정하면 $\beta=1.452$, $\eta=54.1$월이 된다. 이 β와 η는 처음 시작한 $\beta=1$, $\eta=150.94$월과 큰 차이가 있으므로 $\beta=1.452$, $\eta=54.1$월을 이용하여 식 (7-10)으로써 다시 예상 클레임 수를 추정하고 정규화한다. 재추정한 완전 클레임 데이터를 이용하여 다시 매개 변수를 추정하면 $\beta=1.79$, $\eta=34$월이 된다. 연속으로 추정한 두 β와 η 간의 차이가 각각 일정한 범위에 이를 때까지 이러한 과정을 반복하여 β와 η를 결정한다. 이 예제에서는 반복이 6회에 이르면 $\beta=2.36$, $\eta=21.2$월에 수렴하므로 이를 매개 변수의 값으로 결정한다. 따라서 고장 분포 함수는

$$F(t)=1-e^{-\left(\frac{t}{21.2}\right)^{2.36}}$$

이 된다.

7.5. 보고 지연을 고려한 클레임 확률

보증 기간에 발생한 클레임을 표 7-3에서와 같이 완전 클레임 데이터로서 정리한 경우에도 클레임이 발생한 시간을 실시간으로 데이터 베이스에 입력하지 않는 한 정확한 고장 시간은 확인하기가 어렵다. 일반적으로 클레임이 발생한 시간과 이를 데이터 베이스에 입력한 시간은 차이가 있으며 이 차이를 보고 지연(reporting lag)이라고 한다. 클레임 데이터에 보고 지연이 있을 때는 이를 고려하여 클레임 데이터를 분석하여야 한다.

제품을 판매한 후 t일이 되었을 때, 즉 제품의 날 나이가 t가 되었을 때 클레임 확률을 λ_t라고 하면 x일에 판매한 C_x개 제품에서 t일 후 발생할 것으로 예상되는 클레임 수는 $\lambda_t C_x$가 된다. 클레임이 발생한 날로부터 l일까지 이 클레임이 모두 데이터 베이스에 기록된다고 하면 클레임의 보고 지연 기간은 l일이 된다. 클레임이 발생한 후 j일만에 이를 데이터 베이스에 기록할 것으로 기대되는 확률, 즉 보고 지연 일이 j일 확률을 f_j라고 하면

$$\sum_{j=0}^{l} f_j = 1 \tag{7-12}$$

이 된다. 여기서 f_0는 보고 지연 없는 경우로서 클레임이 발생한 시간에 이를 실시간으로 데이터 베이스에 기록하는 확률이다. 보고 지연이 l일이면 x일에 판매한 C_x대의 제품에서 나이가 t가 되었을 때 발생한 클레임 수 r_t는 t일 후 l일 동안에 모두 데이터 베이스에 기록된다. 따라서 보고 지연이 3일인 경우 T일 간 매일 판매한 $C_1, C_2, \ldots C_T$대의 제품에서 판매 후 t일까지 매일 발생한 클레임 수 r_i, $i=1, 2, \ldots t$는 표 7-13에서와 같이 나타낼 수 있다. 즉

$$r_1 = C_1\lambda_1 f_0 + C_2\lambda_1 f_0 + \ldots . C_T\lambda_1 f_0 = \lambda_1 f_0 \sum_{i=0}^{T} C_i$$

$$r_2 = C_1\lambda_1 f_1 + C_1\lambda_2 f_0 + C_2\lambda_1 f_1 + C_2\lambda_2 f_0 + \ldots C_{T-1}\lambda_1 f_1 + C_{T-1}\lambda_2 f_0 = (\lambda_2 f_0 + \lambda_1 f_1)\sum_{i=1}^{T-1} C_i$$

$$r_3 = C_1\lambda_1 f_2 + C_1\lambda_2 f_1 + C_1\lambda_3 f_0 + C_2\lambda_1 f_2 + C_2\lambda_2 f_1 + C_2\lambda_3 f_0 + \ldots C_{T-2}\lambda_1 f_2 + C_{T-2}\lambda_2 f_1 + C_{T-2}\lambda_3 f_0$$

$$= (\lambda_3 f_0 + \lambda_2 f_1 + \lambda_1 f_2)\sum_{i=1}^{T-2} C_i$$

$$r_4 = C_1\lambda_1 f_3 + C_1\lambda_2 f_2 + C_1\lambda_3 f_1 + C_1\lambda_4 f_0 + C_2\lambda_1 f_3 + C_2\lambda_2 f_2 + C_2\lambda_3 f_1 + C_2\lambda_4 f_0$$

$$+ \ldots C_{T-3}\lambda_1 f_3 + C_{T-3}\lambda_2 f_2 + C_{T-3}\lambda_3 f_1 + C_{T-3}\lambda_4 f_0 = (\lambda_4 f_0 + \lambda_3 f_1 + \lambda_2 f_2 + \lambda_1 f_3)\sum_{i=1}^{T-3} C_i$$

$$r_5 = (\lambda_5 f_0 + \lambda_4 f_1 + \lambda_3 f_2 + \lambda_2 f_3) \sum_{i=1}^{T-4} C_i$$

$$\vdots$$

$$r_t = (\lambda_t f_o + \lambda_{t-1} f_1 + \lambda_{t-2} f_2 + \lambda_{t-3} f_3) \sum_{i=1}^{T+1-t} C_i$$

이다, 이를 식으로 표현하면

$$r_t = (\sum_{i=0}^{l} f_i \lambda_{t-i})(\sum_{j=1}^{T+1-t} C_j), \; t = 1, 2, \ldots T \tag{7-13}$$

여기서, r_t=판매 후 t일째 데이터 베이스에 기록된 클레임 수

λ_t=나이가 t인 제품의 클레임 확률,

t=제품을 판매한 후 경과한 일수, 즉 제품의 나이

l=최장 보고 지연 일수

f_i=i번째 보고 지연 일에 기록할 확률, $i = 0, 1, 2, \ldots l-1$

T=총 판매 일수

C_j=j번째 판매 일의 판매 대수, $j = 1, 2, \ldots T$

가 되고, 보고 지연이 없는 경우, 즉 $f_0 = 1$, $f_1 = f_2 = \ldots f_i = 0$인 경우에는

$$r_t = \lambda_t \sum_{j=1}^{T+1-t} C_j \;, \; t = 1, 2, \ldots T \tag{7-14}$$

가 된다. 이는 클레임이 발생한 날 이를 모두 데이터 베이스에 기록한 경우에 해당한다. 따라서 판매 후 t일에 기록한 클레임 수와 나이가 t인 제품의 클레임 수는 같다.

표 7-13 보고 지연이 3일인 클레임 데이터

판매	판매 후 경과한 날 수												
대수	1	2	3	4				…		$T-3$	$T-2$	$T-1$	T
C_1	$C_1\lambda_1 f_0$	$C_1\lambda_1 f_1$	$C_1\lambda_1 f_2$	$C_1\lambda_1 f_3$									
		$C_1\lambda_2 f_0$	$C_1\lambda_2 f_1$	$C_1\lambda_2 f_2$	$C_1\lambda_2 f_3$								
			$C_1\lambda_3 f_0$	$C_1\lambda_3 f_1$	$C_1\lambda_3 f_2$	$C_1\lambda_3 f_3$		…					
				$C_1\lambda_4 f_0$	$C_1\lambda_4 f_1$	$C_1\lambda_4 f_2$	$C_1\lambda_4 f_3$						
										$C_1\lambda_{T-3} f_0$	$C_1\lambda_{T-3} f_1$	$C_1\lambda_{T-3} f_2$	$C_1\lambda_{T-3} f_3$
											$C_1\lambda_{T-2} f_0$	$C_1\lambda_{T-2} f_1$	$C_1\lambda_{T-2} f_2$
												$C_1\lambda_{T-1} f_0$	$C_1\lambda_{T-1} f_1$
													$C_1\lambda_T f_0$
C_2	$C_2\lambda_1 f_0$	$C_2\lambda_1 f_1$	$C_2\lambda_1 f_2$	$C_2\lambda_1 f_3$									
		$C_2\lambda_2 f_0$	$C_2\lambda_2 f_1$	$C_2\lambda_2 f_2$	$C_2\lambda_2 f_3$			…					
			$C_2\lambda_3 f_0$	$C_2\lambda_3 f_1$	$C_2\lambda_3 f_2$	$C_2\lambda_3 f_3$							
				$C_2\lambda_4 f_0$	$C_2\lambda_4 f_1$	$C_2\lambda_4 f_2$	$C_2\lambda_4 f_3$						
									$C_2\lambda_{T-4} f_0$	$C_2\lambda_{T-4} f_1$	$C_2\lambda_{T-4} f_2$	$C_2\lambda_{T-4} f_3$	
										$C_2\lambda_{T-3} f_0$	$C_2\lambda_{T-3} f_1$	$C_2\lambda_{T-3} f_2$	
											$C_2\lambda_{T-2} f_0$	$C_2\lambda_{T-2} f_1$	
												$C_2\lambda_{T-1} f_0$	
C_{T-3}	$C_{T-3}\lambda_1 f_0$	$C_{T-3}\lambda_1 f_1$	$C_{T-3}\lambda_1 f_2$	$C_{T-3}\lambda_1 f_3$									
		$C_{T-3}\lambda_2 f_0$	$C_{T-2}\lambda_2 f_1$	$C_{T-3}\lambda_2 f_2$									
			$C_{T-3}\lambda_3 f_0$	$C_{T-3}\lambda_3 f_1$									
				$C_{T-3}\lambda_4 f_0$									
C_{T-2}	$C_{T-2}\lambda_1 f_0$	$C_{T-2}\lambda_1 f_1$	$C_{T-2}\lambda_1 f_2$										
		$C_{T-2}\lambda_2 f_0$	$C_{T-2}\lambda_2 f_1$										
			$C_{T-2}\lambda_3 f_0$										
C_{T-1}	$C_{T-1}\lambda_1 f_0$	$C_{T-1}\lambda_1 f_1$											
		$C_{T-1}\lambda_2 f_0$											
C_T	$C_T\lambda_1 f_0$												
	r_1	r_2	r_3	r_4						r_{T-3}	r_{T-2}	r_{T-1}	r_T

식 (7-13)에서 나이 t에 따른 클레임 확률 λ_t를 구하면

$$\lambda_t = \frac{1}{f_0}\left(\frac{n_t}{\sum_{j=1}^{T+1-t} N_j} - \sum_{i=1}^{l} f_i \lambda_{t-i}\right),\ \ t = 1, 2, \ldots T \tag{7-15}$$

가 된다. 보고 지연이 없는 경우에는 식 (7-14)로부터

$$\lambda_t = \frac{n_t}{\sum_{j=1}^{T+1-t} C_j}\ ,\ \ t = 1, 2, \ldots T \tag{7-16}$$

가 된다.

[예제 7-4] 표 7-14는 어떤 제품의 연간 월별 판매량과 데이터 베이스에 기록된 판매 후 월별 클레임 수를 나타낸 것이다. 클레임의 보고 지연 일은 3일이고 보고 지연 일이 1일, 2일, 3일일 확률은 각각 0.7, 0.2, 0.1이다. 판매 후 경과한 개월 수에 따라 클레임 확률을 추정하고, 보고 지연이 없는 경우의 클레임 확률과 비교하여라.

표 7-14 연간 월별 판매량과 클레임

판매 월	판매 대수	판매 후 개월 수											
		1	2	3	4	5	6	7	8	9	10	11	12
1	28	0	0	0	0	0	0	1	0	0	0	0	0
2	34	0	0	1	0	1	0	0	2	0	0	1	
3	25	0	2	0	2	2	0	0	0	0	0		
4	49	3	5	6	1	2	1	0	3	4			
5	54	9	3	4	2	0	0	2	1				
6	5	0	1	0	1	1	0	0					
7	1	1	0	0	0	0	0						
8	1	1	0	0	0	0							
9	5	0	0	2	0								
10	3	0	0	1									
11	7	0	0										
12	18	0											
계	230	14	11	14	6	6	1	3	6	4	0	1	0

[풀이] $T=12$, $l=3$, $f_0=0.7$, $f_1=0.2$, $f_2=0.1$이고, 식 (7-15)를 적용하면

$$\lambda_1 = \frac{1}{0.7}\left(\frac{14}{\sum_{j=1}^{12+1-1} C_j} - \sum_{i=1}^{2} f_i \lambda_{1-i}\right) = \frac{1}{0.7}\left[\frac{14}{230} - (0.2\times 0)\right] = 0.087$$

$$\lambda_2 = \frac{1}{0.7}\left(\frac{11}{\sum_{j=1}^{12+1-2} C_j} - \sum_{i=1}^{2} f_i \lambda_{2-i}\right) = \frac{1}{0.7}\left[\frac{11}{212} - (0.2\times 0.087 + 0.1\times 0)\right] = 0.0493$$

$$\lambda_3 = \frac{1}{0.7}\left(\frac{14}{\sum_{j=1}^{12+1-3} C_j} - \sum_{i=1}^{2} f_i \lambda_{3-i}\right) = \frac{1}{0.7}\left[\frac{14}{205} - (0.2\times 0.0493 + 0.1\times 0.087)\right] = 0.0710$$

$$\lambda_4 = \frac{1}{0.2}\left(\frac{6}{\sum_{j=1}^{12+1-4} C_j} - \sum_{i=1}^{2} f_i \lambda_{4-i}\right) = \frac{1}{0.7}\left[\frac{6}{202} - (0.2\times 0.0710 + 0.1\times 0.0493)\right] = 0.0151$$

가 된다. 같은 방법으로 판매 후 경과한 개월 수에 따라 클레임 확률을 구하면 표 7-15에서와 같다. 보고 지연이 없는 경우에는 식 (7-16)을 적용하여 클레임 확률을 구한다. 즉

$$\lambda_1 = \frac{r_1}{\sum_{j=1}^{12+1-1} C_j} = \frac{14}{230} = 0.061$$

$$\lambda_2 = \frac{r_2}{\sum_{j=1}^{12+2-1} C_i} = \frac{11}{212} = 0.0519$$

이다. 같은 방법으로 구한 보고 지연이 없을 때의 클레임 확률은 표 7-15에서와 같다.

표 7-15 보고 지연의 유무에 따른 클레임 확률

i	t_i	C_i	r_i	보고 지연이 있는 경우, λ_i	보고 지연이 없는 경우, λ_i
1	1	28	14	0.0869565	0.060869565
2	2	34	11	0.0492793	0.051886792
3	3	25	14	0.0710588	0.068292683
4	4	49	6	0.0150904	0.02970297
5	5	54	6	0.029047	0.030456853
6	6	5	1	−0.003166	0.005102041
7	7	1	3	0.0187331	0.015384615
8	8	1	6	0.0402128	0.031578947
9	9	5	4	0.0278513	0.029411765
10	10	3	0	−0.013702	0
11	11	7	1	0.0229776	0.016129032
12	12	18	0	−0.004608	0
합계		230	66		

7.6 보증 기간의 신뢰도 함수

제품의 보증 기간은 제품을 판매한 날부터 경과한 시간 또는 제품을 실제 사용한 시간, 즉 제품의 작동 시간 중 먼저 도래한 시간으로 결정된다. 제품을 판매한 날부터 경과한 시간을 제품의 나이(age of machine)라고 하며, 제품이 실제 작동한 시간 또는 이를 반영한 작업량, 주행 거리 등을 제품의 사용량(usage of machine)이라고 한다. 보증 기간의 고장은 기본적으로 제품의 나이와 사용량에 따라 결정되는 것이므로, 이 기간의 신뢰도도 제품의 나이와 사용량의 함수가 된다. 나이와 사용량으로써 보증 기간을 정한 제품의 품질 보증을 2원-보증(two-dimensional warranty)이라고 한다.

제품의 보증 기간을 나이 t_0와 사용량 u_0로써 설정하면 고장 영역은 그림 7-1에서와 같이 4개의 영역으로 나눌 수 있다. 영역 I은 나이와 사용량이 모두 보증 기간 이전에 일어난 고장을 나타내며, 영역 II는 사용량은 보증 기간을 지났으나 나이는 아직 보증 기간 이전인 고장을 나타낸다. 반대로 영역 III은 나이는 보증 기간을 지났으나 사용량은 아직 보증 기간 이전인 고장을 나타내며, 영역 IV는 나이와 사용량이 모두 보증 기간을 지난 고장을 나타낸다.

제품의 고장 밀도 함수를 나이 t와 사용량 u의 함수로서 $f(t,u)$라고 하면 제품의 고장 확률 분포는 다음과 같이 나타낼 수 있다.

$$F(u,t) = \int_0^t \int_0^u f(u,t)dudt \tag{7-17}$$

또한 제품의 신뢰도는 다음과 같이 표현된다.

$$R(u,t) = 1 - F(u,t) = \int_t^\infty \int_u^\infty f(u,t)dudt \tag{7-18}$$

식 (7-17)을 이용하면 그림 7-1의 각 고장 영역에서 최대 고장 확률은 각각 다음과 같이 표현할 수 있다.

$$F_I(u,t) = \int_0^{u_0} \int_0^{t_0} f(u,t)dudt \tag{7-19}$$

$$F_{II}(u,t) = \int_0^{t_0} \int_{u_0}^\infty f(u,t)dudt \tag{7-20}$$

$$F_{III}(u,t) = \int_{t_0}^{\infty} \int_{0}^{u_0} f(u,t)dudt \tag{7-21}$$

$$F_{IV}(u,t) = \int_{t_0}^{\infty} \int_{u_0}^{\infty} f(u,t)dudt \tag{7-22}$$

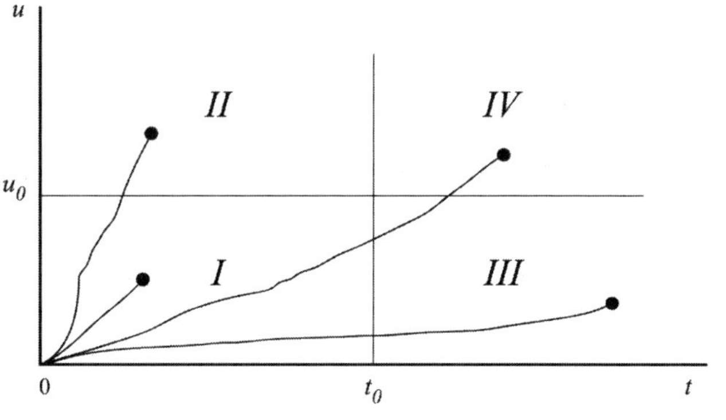

그림 7-1 제품의 나이와 사용량에 따른 보증 기간의 고장 영역

보증 기간의 신뢰도와 고장 영역 *I, II, III, IV*에 대한 고장 확률 분포를 추정하기 위해서는 고장 확률 밀도 함수 $f(u,t)$를 결정하여야 한다. 고장 확률 밀도 함수 $f(u,t)$는 나이와 사용량의 공통 확률 밀도 함수로서, 나이의 함수로서 고장 밀도 함수 $f_t(t)$와 나이가 t일 때의 사용량 함수로서 조건부 고장 밀도 함수 $f_{u|t}(u)$의 곱과 같다. 즉

$$f(u,t) = f_{u|t}(u)f_t(t) \tag{7-23}$$

이다. 고장 밀도 함수 $f_t(t)$와 조건부 고장 밀도 함수 $f_{u|t}(u)$는 각각 다음과 같은 방법으로 구한다.

(1) 고장 밀도 함수 $f_t(t)$의 결정

제품의 나이 t의 함수로서 고장 밀도 함수 $f_t(t)$는 제품의 클레임 데이터를 이용하여 7.3에서와 같이 고장 분포의 매개 변수를 추정하여 구한다. 클레임 데이터의 고장 분포가 와이블 분포인 경우 고장 밀도 함수는 식 (5-7)에서와 같이

$$f_t(t) = \frac{\beta}{\eta}\left(\frac{t}{\eta}\right)^{\beta-1} e^{-\left(\frac{t}{\eta}\right)^{\beta}}$$

가 된다. 다른 고장 분포의 밀도 함수도 제5장의 각 고장 분포의 매개 변수를 이용하여 구한다. 클레임 데이터를 이용한 고장 밀도 함수의 결정은 클레임 데이터가 모두 보증 기간 또는 보증 사용량 이전에 발생한 것으로 가정한다.

(2) 조건부 고장 밀도 함수 $f_{u|t}(u)$의 결정

조건부 고장 밀도 함수 $f_{u|t}(u)$는 제품의 나이가 t일 때 클레임이 발생한 제품의 사용량 분포를 이용하여 추정한다. 나이가 t일 때 클레임이 발생한 제품의 사용량 분포는 보증 기간뿐만 아니라 보증 기간이 지난 고장을 모두 포함하는 것이 바람직하다. 그러나 클레임이 대부분 보증 기간 중에 발생한 것이라고 하면 클레임 데이터만을 활용할 수도 있다.

제품이 고장 날 때까지 실제 사용한 제품의 사용량을 한계 사용량(marginal usage)이라고 하며 이는 나이에 따른 사용량과는 다르다. 나이에 따른 사용량 분포는 고장과 관계없이 나이가 같은 제품의 사용량 분포이다. 만약 나이가 t일 때 사용량 분포의 평균이 그림 7-2에서와 같이 한계 사용량 분포의 중위 수준(median)일 경우에는 사용량 분포를 한계 사용량 분포로 활용할 수 있다 (Yang, 2007).

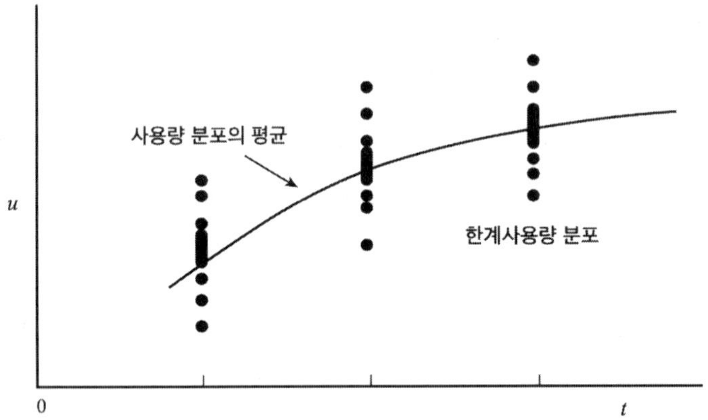

그림 7-2 한계 사용량 분포와 나이에 따른 사용량 분포

사용량 분포의 평균이 한계 사용량 분포의 중위 수준과 다른 경우에는 클레임 데이터를 이용하여 조건부 고장 밀도 함수 $f_{u|t}(u)$를 추정하여야 한다. 나이가 t일 때 클레임이 발생한 제품의 한계 사용량 데이터를 이용하여 한계 사용량 분포의 매개 변수를 결정하고, 이 매개 변수와 나이 사이의 상관 관계를 구명하여 고장 밀도 함수 $f_{u|t}(u)$를 추정한다.

제품의 나이가 t일 때 한계 사용량을 이용한 조건부 고장 밀도 함수는 최우 추정법, 위험 선도법, 선형 누적법, 순차 회귀 분석법으로써 추정할 수 있으며 각각의 추정법은 다음과 같다.

1) 최우 추정법

한계 사용량 분포는 제품에 따라 다르나 일반적으로 와이블 분포를 적용할 수 있다. 한계 사용량 분포를 와이블 분포로 가정하면 나이가 t_i일 때 한계 사용량 분포의 매개 변수 β_i, η_i는 다음과 같이 추정할 수 있다.

나이가 t_i일 때 클레임이 발생한 n_i개 제품의 한계 사용량을 각각 $u_1, u_2, \ldots u_{n_i}$라고 하면 β_i와 η_i를 추정하기 위한 우도 함수와 로그 우도 함수는 각각 다음과 같이 표현된다.

$$L(\beta_i, \eta_i) = \prod_{j=1}^{n_i} [\frac{\beta_i}{\eta_i} (\frac{u_j}{\eta_i})^{\beta_i - 1} e^{-(\frac{u_j}{\eta_i})^{\beta_i}}] \tag{7-24}$$

$$\ln L = \sum_{j=1}^{n_i} [\ln\beta_i - \ln\eta_i + (\beta_i - 1)(\ln u_j - \ln\eta_i) - (\frac{u_j}{\eta_i})^{\beta_i}] \tag{7-25}$$

β_i와 η_i는 β_i와 η_i에 대한 로그 우도 함수의 편도함수가 0일 때, 즉

$$\frac{\partial \ln L}{\partial \beta_i} = \sum_{j=1}^{n_i} [\frac{1}{\beta_i} - (\ln u_j - \ln\eta_i) - (\frac{u_j}{\eta_i})^{\beta_i} (\ln \frac{u_j}{\eta_i})] = 0 \tag{7-26}$$

$$\frac{\partial \ln L}{\partial \eta_i} = \sum_{j=1}^{n_i} \frac{\beta_i}{\eta_i} [(\frac{u_j}{\eta_i})^{\beta_i} - 1] = 0 \tag{7-27}$$

을 만족하는 β_i와 η_i이다. 식 (7-27)에서 η_i를 구하면

$$\eta_i = [\frac{\sum_{j=1}^{n_i} u_j^{\beta_i}}{n_i}]^{\frac{1}{\beta_i}} \tag{7-28}$$

이다. β_i는 식 (7-28)을 식 (7-26)에 대입하여 시행 착오법으로써 구한다. β_i가 결정되면 이를 다시 식 (7-28)에 대입하여 η_i를 결정한다. 같은 방법으로 제품의 나이가 각각 $t_1, t_2, \ldots t_k$일 때 각 한계 사용량 분포의 매개 변수 $\beta_1, \beta_2, \ldots \beta_k$와 $\eta_1, \eta_2, \ldots \eta_k$를 추정하여 나이 t의 선형 함수로서 매개 변수 $\beta(t)$와 $\eta(t)$를 결정하고 이를 이용하여 다음과 같이 나이 t에서 조건부 사용량 밀도 함수를 구한다.

$$f_{u|t}(u)=\frac{\beta(t)}{\eta(t)}[\frac{u}{\eta(t)}]^{\beta(t)-1}e^{-[\frac{u}{\eta(t)}]^{\beta(t)}} \tag{7-29}$$

2) 선형 누적법

제품의 누적 사용량 u가 나이 t에 비례한다고 하면 사용량 누적률 ρ는

$$\rho=\frac{u}{t} \tag{7-30}$$

가 되며, 누적 사용량 u는

$$u=\rho t \tag{7-31}$$

가 된다. 사용량 누적률 ρ는 제품에 따라 결정되는 상수로서 사용량 누적률이 큰 제품은 사용량 누적률이 작은 제품보다 보증 사용량 u_0에 이르는 시간이 빠르다. 차량의 경우 사용량 누적률 ρ는 일반적으로 대수 정규 분포를 따르는 것으로 알려져 있다 (Yang, 2007)

식 (7–31)의 양변에 대수를 취하면

$$\ln u=\ln\rho+\ln t$$

또는 $$\ln\rho=\ln u-\ln t$$

가 된다. ρ가 대수 정규 분포를 따른다고 하면 $\ln\rho$는 정규 분포를 따르고, $\ln\rho$의 평균과 표준편차를 각각 $\mu_{\ln\rho}$, $\sigma_{\ln\rho}$라고 하면 u도 평균이 $\mu_{\ln\rho}+\ln t$이고 표준편차가 $\sigma_{\ln\rho}$인 로그 정규 분포를 따른다. $\mu_{\ln\rho}$와 $\sigma_{\ln\rho}$를 결정하기 위해서는 제품의 나이에 따라 많은 누적 사용량 데이터가 요구된다. 따라서 보증 기간이 지난 후까지 정확하게 조사한 누적 사용량 데이터가 없는 경우에는 이를 적용하기가 어렵다. 적절한 양의 데이터가 없는 경우에는 순차 회귀 분석법(sequential regression analysis)을 적용한다.

충분한 누적 사용량 데이터가 있는 경우에는 이를 이용하여 $\mu_{\ln\rho}$와 $\sigma_{\ln\rho}$를 추정하고 식 (7–32)에서와 같이 제품의 나이가 t일 때 $\ln\rho$의 확률 밀도 함수를 구한다.

$$f(t)=\frac{1}{\sigma_{\ln\rho}t\sqrt{2\pi}}e^{\frac{1}{2}(\frac{\ln\rho-\mu_{\ln\rho}}{\sigma_{\ln\rho}})^2}=\frac{1}{\sigma_{\ln\rho}t\sqrt{2\pi}}e^{\frac{1}{2}(\frac{\ln u-\ln t-\mu_{\ln\rho}}{\sigma_{\ln\rho}})^2} \tag{7-32}$$

$\ln\rho$의 표준 정규 변수 z는

$$z = \frac{\ln\rho - \mu_{\ln\rho}}{\sigma_{\ln\rho}} = \frac{\ln u - \ln t - \mu_{\ln\rho}}{\sigma_{\ln\rho}}$$

가 된다. 제품의 나이가 t일 때 제품의 누적 사용량 u가 보증 사용량 u_0보다 많을 확률, 즉 $\ln\rho$가 $\ln u_0 - \ln t$보다 클 확률은 표준 정규 변수 z가

$$\frac{\ln u_0 - \ln t - \mu_{\ln\rho}}{\sigma_{\ln\rho}} \le z$$

일 때이므로

$$P(u_o \le u|t) = P(\frac{\ln u_0 - \ln t - \mu_{\ln\rho}}{\sigma_{\ln\rho}} \le z)$$

$$= \int_{\frac{\ln u_0 - \ln t - \mu_{\ln\rho}}{\sigma_{\ln\rho}}}^{\infty} \frac{1}{\sigma_{\ln\rho} t\sqrt{2\pi}} e^{\frac{1}{2}(\frac{\ln u_0 - \ln t - \mu_{\ln\rho}}{\sigma_{\ln\rho}})^2} dt$$

가 된다. 이 식은 다음과 같이 표현할 수 있다.

$$P(u_o < u|t) = 1 - \Phi(\frac{\ln u_0 - \ln t - \mu_{\ln\rho}}{\sigma_{\ln\rho}}) \tag{7-33}$$

또한 제품의 나이가 t일 때 누적 사용량 u의 밀도 함수는 식 (7–32)로부터 다음과 같이 나타낼 수 있다. 즉

$$f_{u|t}(u) = \frac{1}{\sigma_{\ln\rho} t\sqrt{2\pi}} e^{\frac{1}{2}(\frac{\ln u - \mu_{\ln\rho} - \ln t}{\sigma_{\ln\rho}})^2} \tag{7-34}$$

이다.

[예제 7–5] 트랙터의 보증 기간은 24개월 또는 누적 사용 시간 400시간 중 먼저 도래하는 시간으로 결정된다. 이 트랙터의 사용 시간 누적률은 평균이 $\mu_{\ln\rho} = 3.12$이고 표준편차가 $\sigma_{\ln\rho} = 0.75$인 로그 정규 분포를 따른다고 하면, 보증 기간이 도래하였을 때 트랙터의 누적 사용 시간이 400시간을 초과할 확률은 얼마인가?

[풀이] $t = 24$개월일 때 $u_0 = 400$시간이므로 식 (7–33)을 적용하면

$$P(400 \leq u|t=24) = 1 - \Phi[\frac{\ln 400 - \ln 24 - 3.12}{0.75}] = 0.659$$

가 된다. 따라서 보증 기간이 도래하였을 때 누적 사용 시간이 400시간을 초과할 것으로 기대되는 트랙터 수는 약 66%가 된다.

[예제 7-6] 트랙터의 사용 시간 누적률이 예제 7-5에서와 같이 평균과 표준편차가 각각 $\mu_{\ln\rho} = 3.12$, $\sigma_{\ln\rho} = 0.75$인 로그 정규 분포를 따를 때 누적 사용 시간이 400시간을 초과할 것으로 예상되는 확률을 트랙터 나이의 함수로서 나타내어라.

[풀이] 식 (7-33)을 이용하면 $u_0 = 400$시간, $\mu_{\ln\rho} = 3.12$, $\sigma_{\ln\rho} = 0.75$일 때 $u_0 \leq u$일 확률은 $P(400|t \leq u) = 1 - \Phi(\frac{\ln 400 - \ln t - 3.12}{0.75})$이므로 이를 트랙터 나이 t의 함수로서 나타내면 그림 7-3에서와 같다.

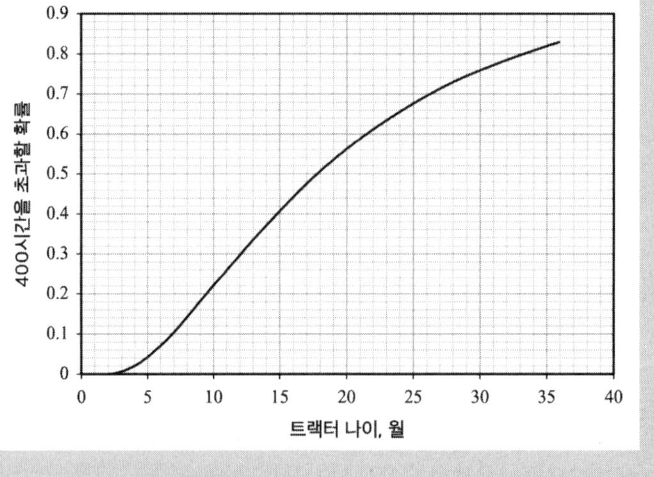

그림 7-3 누적 사용량이 한계 사용량을 초과할 확률

3) 순차 회귀 분석법

제품의 고장은 다양한 형태로 나타나기 때문에 누적 사용량도 고장 형태에 따라 다르다. 그러나 고장 형태에 따라 누적 사용량을 구분하지 않고 모든 형태의 고장을 대상으로 한 누적 사용량 분포는 근사적으로 제품의 나이에 따른 한계 사용량 분포에 접근한다.

순차 회귀 분석법은 다음과 같은 가정을 기본으로 한 것이다.

(1) 제품의 초기 고장은 나이가 t_1일 때까지 모두 제거된 것으로 가정한다. 이는 제품의 고장이 초기 고장의 영향을 받지 않도록 하기 위한 것이다.

(2) 나이가 t_2일 때까지 고장 난 제품의 누적 사용량은 보증 사용량보다 적다. 즉 $t_1 < t_2$이고, t_2까지 제품의 누적 사용량은 대부분 보증 사용량보다 적다.

제품의 나이 t가 $t_1 \le t \le t_2$일 때 고장 난 제품의 누적 사용량 데이터는 시험 중단이 없는 고장 데이터와 같다. 나이가 t일 때 고장 난 제품의 누적 사용량 분포를 나이가 t인 조건부 사용량 분포라고 하며, 이 조건부 사용량 분포는 밀도 함수 $f_{u|t}(u)$로서 나타낼 수 있다. 이 밀도 함수의 매개 변수를 $\widehat{\mu_u}(t)$, $\widehat{\sigma_u}(t)$라고 하면 제품의 나이가 $t_1,\ t_{2,}\cdots\ t_i$일 때 누적 사용량 밀도 함수의 매개 변수는 각각 다음과 같이 나타낼 수 있다.

$$\widehat{\mu_u}(t_1),\ \widehat{\mu_u}(t_2)\ ,\cdots \widehat{\mu_u}(t_i)$$

$$\widehat{\sigma_u}(t_1),\ \widehat{\sigma_u}(t_2)\ ,\cdots.\ \widehat{\sigma_u}(t_i)$$

따라서 나이가 $t_1 \le t \le t_2$인 범위에서 조건부 사용량 밀도 함수의 매개 변수는 회귀 분석법을 적용하여 제품의 나이 t의 함수로서 다음과 같이 나타낼 수 있다. 즉

$$\mu_u(t) = g_1(t) \tag{7-35}$$

$$\sigma_u(t) = g_2(t) \tag{7-36}$$

가 된다.

제품의 나이가 t_2 이상으로 증가하면 누적 사용량이 보증 사용량 u_0을 초과하여 보증 기간이 지난 제품이 나타날 수 있다. 따라서 나이가 (t_2+1)일 때 고장 난 제품의 수는 보증 사용량을 초과하지 않은 제품의 고장 수와 보증 사용량을 초과한 제품의 고장 수를 모두 합한 고장 수이다. 나이가 (t_2+1)일 때 고장 수를 r_{t_2+1}이라 하고 누적 사용량이 보증 사용량 이하일 확률을 p_0이라고 하면, 보증 사용량을 초과한 제품에서 발생한 고장 수 $r_{t_2+1}(u_0 < u)$는 다음과 같이 추정할 수 있다.

$$r_{t_2+1} = r_{t_2+1}(u \le u_0) + r_{t_2+1}(u_0 < u)$$
$$r_{t_2+1}(u \le u_0) = p_0 r_{t_2+1}$$
$$r_{t_2+1}(u_0 < u) = (1-p_0) r_{t_2+1}$$

$$r_{t_2+1}(u_0 < u) = r_{t_2+1}(u \le u_0)(\frac{1-p_0}{p_0}) \tag{7-37}$$

따라서 나이가 (t_2+1)일 때 보증 사용량을 초과하지 않은 $r_{t_2+1}(u \le u_0)$개 고장 제품의 누적 사용량은 한계 사용량 데이터가 되고, 한계 사용량을 초과한 $r_{t_2+1}(u_0 < u)$개 고장 제품의 누적 사용량은 (t_2+1)에서 시험을 중단한 데이터로 볼 수 있다. 이 한계 사용량 데이터와 시험 중단 데이터로써 나이가 $t \le t_2$일 때의 분포와 동일한 분포를 적용하여 (t_2+1)일 때 밀도 함수의 매개 변수를 결정한다. 즉 $\hat{\mu}(t_2+1)$과 $\sigma\widehat{(t_2+1)}$을 결정한다. 이 $\hat{\mu}(t_2+1)$과 $\sigma\widehat{(t_2+1)}$을 $t \le t_2$일 때의 매개 변수에 추가하여 $t \le t_2+1$일 때 개선된 조건부 확률 밀도 함수의 매개 변수 $\mu(t)$, $\sigma(t)$를 추정한다. 제품의 나이가 t_k에 이를 때까지 이러한 추가 매개 변수의 추정과 회귀 분석법을 순차적으로 적용하여 나이가 $t \le t_k$인 범위에서 t의 함수로서 조건부 밀도 함수의 매개 변수 $\mu(t)$, $\sigma(t)$를 추정할 수 있다.

이 방법을 적용하기 위해서는 나이에 따라 제품의 누적 사용량 u가 보증 사용량 u_0보다 적을 확률 p_0을 구명하여야 한다. 이 확률은 보증 기간이 지난 후에도 제품의 나이에 따라 사용량 데이터를 수집하고 이를 분석하여 추정할 수 있다.

[예제 7-7] 표 7-16은 어떤 전자 제품의 1년 간 월별 판매량과 판매 후 월별 클레임 수를 나타낸 것이다. 이 제품의 보증 기간은 나이로서 24개월 또는 사용 시간으로서 3,500시간까지이고, 로그 정규 분포를 따르는 사용량 누적률의 평균과 표준편차는 각각 5.5시간, 0.65시간이다. 판매 후 월별 보증 사용량을 초과한 제품의 수를 구하여라.

표 7-16 클레임 데이터

판매		판매 후 월별 클레임 수											
월	대	1	2	3	4	5	6	7	8	9	10	11	12
1	500	1	1	1	1	2	3	1	2	2	1	1	1
2	480	1	0	1	2	2	2	2	1	2	2	2	
3	502	2	2	1	1	3	2	3	2	3	3		
4	495	0	1	2	2	3	3	3	3	3			
5	498	1	1	2	3	4	3	3	2				
6	505	1	3	3	2	4	2	2					

7	498	1	2	2	2	3	1						
8	500	2	2	3	3	2							
9	503	1	3	2	2								
10	497	2	1	1									
11	499	2	0										
12	501	1											

[풀이] 판매 후 매달 초에 생존한 제품의 수는 전월에 생존한 제품 수에서 전월의 클레임 수를 빼서 구한다. 즉 판매 후 j번째 월 초에 생존한 제품의 수 s_j는

$$s_1 = \sum_{i=1}^{T} s_{i,1}$$

$$s_j = \sum_{i=1}^{T+1-j} (s_{i,j-1} - r_{i,j-1}),\ j = 2, 3, \ldots k$$

여기서, $s_{i,j}$ =i번째 달에 판매한 제품 중 판매 후 j번째 달에 생존한 제품 수

$r_{i,j}$ =i번째 달에 판매한 제품 중 판매 후 j번째 달에 발생한 클레임 수

$s_{i,1}$ =i번째 판매한 제품 수

T=판매 개월 수

k=판매 후 경과한 개월 수

가 된다. 표 7-16의 클레임 데이터를 이용하여 판매 후 2번째 월 초의 생존 수를 구하면, 즉 $j=2$일 때의 생존 수는

$$s_2 = \sum_{i=1}^{12+1-2} s_{i,2} = \sum_{i=1}^{12+1-2} (s_{i,1} - r_{i,1})$$

=(500-1)+(480-1)+(502-2)+(495-0)+(498-1)+(505-1)+(498-1)+(500-2)

+(503-1)+(497-2)+(499-2)=5,463

가 된다. 같은 방법으로 판매 후 1년 간 매월 초 생존 수를 구하면 표 7-17에서와 같다. 생존한 제품 수 s_j는 보증 사용량 $u_0 = 3,500$시간을 지나지 않은 제품과 지난 제품 수의 합이므로 제품의 사용 시간이 보증 사용량 이하일 확률을 p_0라고 하면 보증 사용량을 초과한 제품의 수는 $s_j(1-p_0)$가 된다. p_0는 표준 정규 변수를 이용하여 다음과 같이 구한다.

$$p_0 = p(3,500 \le u|t) = \Phi[\frac{\ln 3,500 - \ln t - 5.5}{0.65}]$$

따라서 판매 후 월별 보증 사용량을 초과한 제품 수는

$$s_j(3,500 \le u|t_j) = s_j[1 - \Phi(\frac{\ln 3,500 - \ln t_j - 5.5}{0.65})]$$

로써 구하며 표 7-18에서와 같다.

표 7-17 판매 후 월별 생존 제품의 수

판매월	판매 후 개월											
	1	2	3	4	5	6	7	8	9	10	11	12
1	500	499	498	497	496	494	491	490	488	486	485	484
2	480	479	479	478	476	474	472	470	469	467	465	
3	502	500	498	497	496	493	491	488	486	483		
4	495	495	494	492	490	487	484	481	478			
5	498	497	496	494	491	487	484	481				
6	505	504	501	498	496	492	490					
7	498	497	495	493	491	488						
8	500	498	496	493	490							
9	503	502	499	497								
10	497	495	494									
11	499	497										
12	501											
s_j	5,978	5,463	4,950	4,439	3,926	3,415	2,912	2,410	1,921	1,436	950	484

표 7-18 보증 사용량을 초과한 생존 제품과 클레임 수

t_j	r_j	s_j	p_0	$r_j(u \le u_0)$	$s_j(u \le u_0)$	$r_j(u_0 < u)$	$s_j(u_0 < u)$
1	15	5,978	0.9999	15	5,978	0	0
2	16	5,463	0.9988	16	5,456	0	7
3	18	4,950	0.9919	18	4,910	0	40
4	18	4,439	0.9750	18	4,328	0	111
5	23	3,926	0.9471	22	3,718	1	208
6	16	3,415	0.9093	15	3,105	1	310
7	14	2,912	0.8624	12	2,517	2	395
8	10	2,410	0.8143	8	1,962	2	447
9	10	1,921	0.7620	8	1,464	2	457
10	6	1,436	0.7091	4	1,018	2	418
11	3	950	0.6569	2	624	1	326
12	1	484	0.6065	1	294	0	190
합계	150	38,284		137	35,374	13	2,910

[예제 7-8] 표 7-18에서 보증 사용량을 초과하지 않은 제품의 클레임만을 대상으로 위험 선도법으로써 고장 밀도 함수를 추정하여라.

[풀이] 클레임 데이터에서 위험 함수 $h(t)$는 다음과 같이 정의할 수 있다.

$$h(t) = \frac{\text{시간 } t\text{와 } t+\Delta t \text{ 사이에서 발생한 클레임 수}}{\text{시간 } t\text{에 생존한 제품의 수}}$$

여기서 Δt는 클레임 데이터를 기록한 시간 간격이고 t와 $t+\Delta t$ 사이에서 발생한 클레임 수는 이 기간에 최초로 발생한 클레임 수로 가정한다. t시간에 생존한 제품의 수는 t시간까지 누적 사용량이 보증 사용량을 초과하지 않은 제품의 수이다. 따라서 클레임 데이터의 위험 함수는 다음과 같이 표현된다.

$$h_j = h(t_j) = \frac{r_j}{s_j(u \le u_0)}$$

또한 누적 위험 함수는

$$H_j = \sum_{i=1}^{j} h_j$$

가 된다. 표 7-18의 클레임 데이터를 이용하여 t_j에 따라 h_j와 H_j를 구하면 표 7-19에서와 같고 $\ln t_j$와 $\ln H_j$의 상관 관계는 그림 7-4에서와 같다. 따라서 클레임 데이터의 고장 분포는 와이블 분포로 추정할 수 있으며, 와이블 분포의 형상계수는 $\beta = 1.3$이고 특성 수명은 $\eta = e^{-(\frac{6.0607}{1.3})} = 105.8$개월이 된다.

표 7-19 위험 선도법을 이용한 고장 밀도 함수 추정

t_j	r_j	$r_j(u \le u_0)$	$s_j(u \le u_0)$	h_j	H_j	$\ln t_j$	$\ln H_j$
1	15	15	5,978	0.002509	0.002509	0	-5.98777
2	16	16	5,456	0.002932	0.005442	0.693147	-5.21367
3	18	18	4,910	0.003666	0.009108	1.098612	-4.69862
4	18	18	4,328	0.004159	0.013267	1.386294	-4.3225
5	23	22	3,718	0.006186	0.019453	1.609438	-3.93978
6	16	15	3,105	0.005152	0.024605	1.791759	-3.70481
7	14	12	2,517	0.005563	0.030168	1.94591	-3.50097
8	10	8	1,962	0.005095	0.035264	2.079442	-3.3449
9	10	8	1,464	0.006832	0.042095	2.197225	-3.16782
10	6	4	1,018	0.005893	0.047988	2.302585	-3.03681

11	3	2	624	0.004807	0.052795	2.397895	−2.94134
12	1	1	294	0.003407	0.056202	2.484907	−2.87881
합계	150	137	35,374				

따라서 $t \le 12$일 때 고장 밀도 함수는

$$f_t(t) = (\frac{1.3}{105.8})(\frac{t}{105.8})^{1.3-1} e^{-(\frac{t}{105.8})^{1.3}}$$

가 된다.

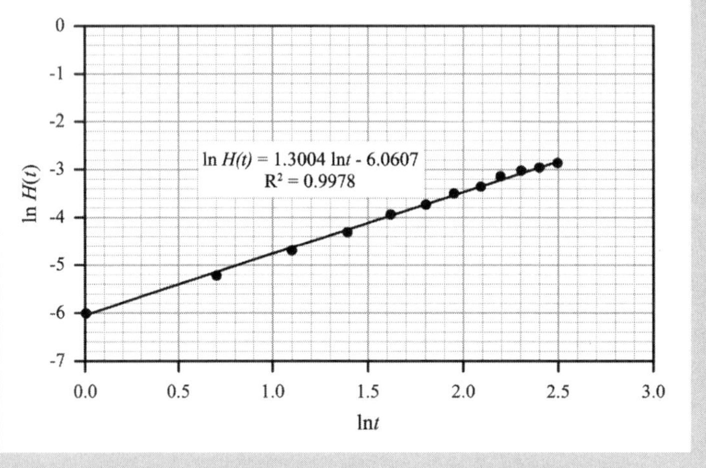

그림 7-4 위험 선도법을 이용한 고장 밀도 함수의 추정

[예제 7-9] 어떤 제품의 고장 분포는 형상계수가 $\beta = 0.971$이고 특성 수명이 $\eta = 43$개월인 와이블 분포이고, 제품의 나이가 t일 때 조건부 사용량 분포의 형상계수 및 특성 수명은 각각 $\beta_u = 0.045t + 1.0$, $\eta_u = 14.8t + 12.9$시간이다. 이 제품의 보증 기간은 24개월 또는 500시간 중 먼저 도래하는 시간으로 결정된다. 보증 기간의 최소 신뢰도를 구하여라.

[풀이] 제품의 나이 t에 의한 고장 밀도 함수는

$$f_t(t) = (\frac{0.971}{43})(\frac{t}{43})^{0.971-1} e^{-(\frac{t}{43})^{0.971}}$$

이고 조건부 사용량 밀도 함수는

$$f_{u|t}(u) = (\frac{0.045t + 1.0}{14.8t + 12.9})(\frac{u}{14.8t + 12.9})^{0.045t + 1.0 - 1.0} e^{-(\frac{u}{14.8t + 12.9})^{0.045t + 1.0}}$$

이므로 식 (7-23)을 적용하면

$$f(u, t) = (\frac{0.971}{43^{0.971}})[\frac{0.045t + 1}{(14.8t + 12.9)^{0.045t + 1}}] t^{-0.029} u^{0.045t} e^{-[(\frac{t}{43})^{0.971} + (\frac{u}{14.8t + 12.9})^{0.045t + 1}]}$$

가 된다. 보증 기간의 최저 신뢰도는 $t = 24$개월, $u = 500$시간일 때의 신뢰도이므로

$$R(24, 500) = 1 - \int_0^{24} \int_0^{500} (\frac{0.971}{43^{0.971}})[\frac{0.045t + 1}{(14.8t + 12.9)^{0.045t + 1}}]$$

$$t^{-0.029} u^{0.045t} e^{-[(\frac{t}{43})^{0.971} + (\frac{u}{14.8t + 12.9})^{0.045t + 1}]} dudt = 0.59$$

이다. 이중 적분을 위한 심슨의 방법을 적용하여 이 식을 수치 해석으로 풀면 0.59가 된다. 즉 보증 기간의 최소 신뢰도는 59%이다.

7.7 갱신 함수

기계는 그 특성에 따라 작동을 시작한 후 일정한 시간이 지나면 고장이 발생한다. 이때 고장을 수리하면 기계는 다시 작동할 수 있다. 만약 고장 난 기계를 수리하는 데 소요되는 시간이 고장이 날 때까지 작동한 시간 즉, 고장 시간에 비하여 아주 짧다고 하면, 일정한 작동 시간까지 예상되는 수리 횟수를 추정할 수 있다. 이러한 예상 수리 횟수는 기계의 고장 분포 함수와 고장 밀도 함수에 따라 다르며 갱신 함수(renewal function)를 적용하여 추정한다.

수리한 기계는 새 것과 같은 상태가 되는 경우(as good as new), 수리하기 직전 상태가 되는 경우(as bad as old), 수리하기 직전보다 못 한 상태(worse than old)가 되는 경우 등이 있으며, 갱신 함수는 이러한 상태를 대상으로 구별할 수 있다.수리한 기계가 새 것과 같은 상태가 되는 경우를 완벽 갱신(perfect renewal)이라고 한다. 그러나 수리한 기계가 항상 새 것과 같거나 수리하기 직전 상태가 될 수는 없으며 대부분 이 두 상태의 중간 상태가 된다. 이러한 중간 상태로 이루어지는 수리를 일반 갱신(general renewal)이라고 한다.

(1) 수리율

수리가 가능한 기계는 고장이 발생하면 조정, 분해 정비, 부품 교체 등 수리를 통하여

작동을 회복시킬 수 있다. t 시간 동안 어떤 제품에서 발생한 누적 고장 수를 $N(t)$라고 하면 $N(t)$는 단계 함수(step function)로서 고장이 발생할 때마다 한 단계씩 증가하며 다음 고장이 발생할 때까지 그 단계를 유지한다. 모든 제품에는 고유한 $N(t)$가 존재할 수 있으며 다수의 동일한 제품의 $N(t)$를 평균한 $\Lambda(t)$는 t 시간 동안 이 제품에서 예상되는 누적 고장 수가 된다. $\Lambda(t)$의 시간 변화율, 즉 $\frac{d\Lambda(t)}{dt}=\lambda(t)$를 수리율(repair rate) 또는 고장 발생률(rate of occurrence of failure, ROCOF)이라고 한다. 이는 t 시간까지 고장 없이 작동 중인 제품에서 다음 순간 고장이 일어날 확률을 의미하며 순간 고장 확률 또는 위험 함수와 같다. 일반적으로 수리율은 수리가 가능한 기계에만 적용되고, 고장률은 수리가 불가능한 기계에서 발생한 첫 번째 고장에만 적용할 수 있기 때문에 엄밀한 의미에서 수리율과 고장률은 구분된다.

수리율 모델에는 동질성 포아손 모델(homogeneous Poisson Process, HPP), 승법 비동질성 포아손 모델(non-homogeneous Poisson Process following power law), 지수법 비동질성 포아손 모델(non-homogeneous Poisson Process following exponential law)이 있다.

동질성 포아손 모델(homogeneous Poisson Process, HPP)은 수리율 $\lambda(t)$가 상수인 모델이다. 즉 수리율이 변하지 않고 일정한 모델이다. 이 모델은 고장 시간을 상호 독립적이고 동일한 임의의 변수로 가정한 것이며, 고장 분포가 지수 분포를 따르는 모델이다. 따라서 이 모델의 고장 분포 함수 $F(t)$, 평균 고장 수 $\Lambda(t)$, t 시간 동안 고장 수가 k일 확률 $P[N(t)=k]$, 평균고장간격 $MTBF$는 각각 다음과 같다.

$$F(t)=1-e^{-\lambda t}$$
$$\Lambda(t)=\lambda t$$
$$P[N(t)=k]=\frac{(\lambda t)^k e^{-\lambda t}}{k!}$$
$$\lambda(t)=\lambda$$
$$MTBF=\frac{1}{\lambda}$$

그러나 일반적으로 고장 시간은 그 이전에 발생한 고장의 영향을 받기 때문에 완전히 상호 독립적이라고는 할 수 없다. 따라서 동질성 포아손 모델의 수리율은 실제 수리율과는 차이가 있으며, 이러한 차이는 고장 데이터 수가 많으면 많을수록 줄일 수 있다.

비동질성 포아슨 모델(non-homogeneous Poisson Process)은 수리율을 상수로 보지 않고 시간 t의 함수로서, 즉 시간에 따라 변하는 것으로 가정한 것이다. 승법 비동질성 포아슨 모델은 수리율을 식 (7-38)에서와 같이 시간의 b승으로 가정한 것이다.

$$\lambda(t) = at^b \tag{7-38}$$

따라서 승법 비동질성 포아슨 모델에서 t 시간 동안 예상되는 평균 고장 수는

$$\Lambda(t) = \int_0^t at^b dt = \frac{a}{b+1} t^{b+1} \tag{7-39}$$

이 된다. 식 (7-39)에서 a와 b는 제품의 고장 특성에 따라 결정되는 상수이다. 또한 $\Lambda(t)$는 0보다 커야 하므로, $0 < \Lambda(t)$가 되기 위해서는 $0 < a$와 $-1 < b$의 조건을 만족하여야 한다. 따라서 수리율은 b에 따라 $-1 < b < 0$이면 감소, $b = 0$이면 일정, $0 < b$이면 증가하는 경우가 된다. 일반적으로 신뢰도 향상을 위해서는 $b = -0.6 \sim -0.3$이 되어야 한다.

승법 비동질성 포아슨 모델에서 t 시간 동안 고장 수가 k일 확률은 식 (7-40)을 이용하여 구할 수 있다.

$$P[N(t) = k] = \frac{M^k(t) e^{-M(t)}}{k!} = \frac{[\frac{a}{1-b} t^{1-b}]^k e^{-(\frac{a}{1-b} t^{1-b})}}{k!} \tag{7-40}$$

수리율이 $\lambda(t) = at^b$인 비동질성 포아슨 모델의 신뢰도 함수와 고장 밀도 함수는 식 (5-9)와 (5-10)의 위험 함수를 적용하면 각각 다음과 같이 표현된다.

$$R(t) = e^{-\int_0^t at^b dt} = e^{-\frac{a}{b+1} t^{b+1}} \tag{7-41}$$

$$f(t) = at^b e^{-\int_0^t at^{-b} dt} = at^b e^{-\frac{a}{b+1} t^{b+1}} \tag{7-42}$$

따라서 t_{i-1} 시간까지 작동한 제품이 t_i 시간에 고장 날 확률, 즉 순간 고장 확률은 다음과 같이 표현된다.

$$f(t_i | t_{i-1}) = \frac{f(t_i)}{R(t_{i-1})} = \frac{at^b e^{-\frac{a}{b+1} t_i^{b+1}}}{e^{-\frac{a}{b+1} t_{i-1}^{b+1}}} = at^b e^{-\frac{a}{b+1}(t_i^{b+1} - t_{i-1}^{b+1})} \tag{7-43}$$

최우 추정법을 적용하여 식 (7-43)으로부터 수리율의 매개 변수 a와 b를 추정하기 위한 우도 함수와 대수 우도 함수는, 시작 시간을 0이라고 하면, 즉 $t_0 = 0$이라고 하면 각각

$$L(a,b) = \prod_{i=1}^{n} [at_i^b e^{-\frac{a}{b+1}(t_i^{b+1} - t_{i-1}^{b+1})} = a^n (t_1 t_2 \ldots t_n)^b e^{-\frac{a}{b+1}(t_1^{b+1} - t_o^{b+1} + t_2^{b+1} - t_1^{b+1} \ldots t_n^{b+1} - t_{n-1}^{b+1})}$$

$$\ln L(a,b) = n \ln a + b \sum_{i=1}^{n} \ln t_i - \frac{a}{b+1} t_n^{b+1}$$

가 된다. 따라서 매개 변수 a와 b에 대한 대수 우도 함수의 편미분은

$$\frac{\partial \ln L}{\partial a} = \frac{n}{a} - \frac{t_n^{b+1}}{b+1}$$

$$\frac{\partial \ln L}{\partial b} = \sum_{i=1}^{n} \ln t_i + \frac{a}{(b+1)^2} t_n^{b+1} - \frac{a}{b+1} t_n^{b+1} \ln t_n$$

가 되고, 이를 0으로 하는 a와 b를 구하면 각각

$$a = \frac{n(b+1)}{t_n^{b+1}} \tag{7-44}$$

$$b = \frac{n}{n \ln t_n - \sum_{i=1}^{n} t_i} - 1 \tag{7-45}$$

가 된다. n개의 수리 데이터를 이용하여 식 (7−45)에서 b를 구하고 이를 식 (7−44)에 대입하여 a를 구한다.

(2) 완벽 갱신

기계의 최초 고장 시간을 t_1, 이를 수리하여 가동하였을 때 다시 고장 난 시간을 t_2, 수리 후 가동을 계속하였을 때 고장 난 시간을 차례로 $t_3, t_4, \ldots t_k$라고 하면, 각각의 고장 시간 t_i와 누적 고장 시간 T_i는 그림 7−5에서와 같이 나타낼 수 있다.

그림 7−5 고장 시간과 누적 고장 시간

즉 $T_0 = 0,\ T_1 = t_1,\ T_2 = t_1 + t_2,\ \ldots\ T_k = t_1 + t_2 + \ldots t_k = \sum_{i=1}^{k} t_i,\ 1 \le k$ 가 된다. 고장 시

간이 각각 독립적이고 그 분포가 같다고 하면 고장 시간 t_i는 독립적인 동일 분포의 임의 변수(independent and identically distributed random variable)가 된다. 독립적인 동일 분포의 임의 변수 t의 밀도 함수를 $f(t)$라고 하면 고장 시간의 기대치는 다음과 같이 나타낼 수 있다.

$$E[t] = \mu = \int_0^t tf(t)dt \tag{7-46}$$

이는 고장 분포의 평균으로서 평균 수리 간격(mean time between repairs)과 같다. 그러나 이러한 평균 수리 간격은 $k \to \infty$ 인 경우에 적용할 수 있으며, 즉

$$\lim_{k \to \infty}(\frac{T_k}{k}) = \mu \tag{7-47}$$

가 되며, t가 $t < \mu$와 같이 제한되는 경우에는 t시간까지 예상되는 수리 횟수 $N(t)$는 다음과 같이 나타낼 수 있다.

$$N(t) = \max[k : T_k \le t] \tag{7-48}$$

이 $N(t)$의 최선 추정치, 즉 평균 $m(t)$는 $T_k(t)$의 분포 함수를 이용하여 구할 수 있으며 다음과 같이 표현된다.

$$\begin{aligned}
m(t) = E[N(t)] = \sum_{k=1}^{\infty} P[k \le N(t)] &= P[1 \le N(t)] + P[2 \le N(t)] + \ldots P[k \le N(t)] \\
&= P[1 = N(t)] + P[2 = N(t)] + \ldots.. \quad P[k = N(t)] \\
&\quad + P[2 = N(t)] + P[3 = N(t)] + \ldots.. \quad P[k = N(t)] \\
&\quad + P[3 = N(t)] + P(4 = N(t)] + \ldots. \quad P[k = N(t)] \\
&\quad \vdots \\
&\quad + P[k-1 = N(t)] + P[k = N(t)] \\
&\quad + P[k = N(t)] \\
&= \sum_{k=1}^{\infty} kP[k = N(t)] \\
&= \sum_{k=1}^{\infty} P(T_k \le t) = \sum_{k=1}^{\infty} F_{T_k}(t)
\end{aligned} \tag{7-49}$$

여기서 $F_{T_k}(t)$는 $T_k(t)$의 분포 함수로서, 고장 시간 분포 함수 $F(t)$의 자체 k겹 합성곱(k

−fold convolution with itself)과 같다.

$T_i(t)$, $i=1, 2, \ldots k$의 분포 함수는 $T_i(t)$, $i=1, 2, \ldots k$의 밀도 함수로부터 구할 수 있으며, $T_i(t)$, $i=1, 2, \ldots k$의 밀도 함수는 고장 시간의 밀도 함수 $f(t)$의 자체 i겹 합성곱 $f_{T_i}(t)$로써 나타낼 수 있다.

일반적으로 합성곱(convolution)은 밀도 함수가 다른 두 변수의 합에 대한 밀도 함수와 같으며, 밀도 함수의 자체 i겹 합성곱은 밀도 함수가 같은 다수의 변수를 하나씩 더한 새로운 변수와 그 다음 변수의 합에 대한 밀도 함수를 i번째 변수까지 차례로 합성곱하여 구한 밀도 함수이다. 즉 밀도 함수가 같은 k개의 상호 독립적인 임의의 변수 $t_1, t_2, \ldots t_k$가 있을 때 밀도 함수의 자체 k겹 합성곱은 먼저 두 변수 t_1과 t_2의 합에 대한 밀도 함수, 즉 자체 2겹 합성곱을 구하고 다음에는 변수 (t_1+t_2)와 다음 변수 t_3의 합에 대한 밀도 함수, 즉 자체 3겹 합성곱을 구한다. 이때 변수 (t_1+t_2)의 밀도 함수는 자체 2겹 합성곱과 같다. 자체 k겹 합성곱은 같은 방법을 차례로 반복하여 구한 두 변수 $(t_1+t_2 \ldots + t_{k-1})$과 t_k의 합에 대한 밀도 함수이다. 그림 7−6에서 T_2의 밀도 함수는 두 변수, 즉 고장 시간 t_1과 t_2의 합 (t_1+t_2)에 대한 밀도 함수와 같다. 따라서 $t=t_1$, $s=t+t_2$라고 하면 T_2의 밀도 함수 $f_{T_2}(s)$는 $f(t)$의 자체 2겹 합성곱으로서 다음과 같이 표현된다.

$$f_{T_2}(s)=\int_0^s f(t)f(t_2)dt=\int_o^s f(t)f(s-t)dt \tag{7-50}$$

여기서 $f(t)=f(t_1)$으로서 $f(t_1)$의 자체 1겹 합성곱과 같다. $f(t)$의 자체 3겹 합성곱은 $t=t_1+t_2$, $s=t+t_3$이라고 하면 T_3의 밀도 함수는

$$f_{T_3}(s)=\int_0^s f_{T_2}(t)f(t_3)dt=\int_0^s f_{T_2}(t)f(s-t)dt \tag{7-51}$$

가 된다. 같은 방법으로 T_k의 밀도 함수를 구하면

$$f_{T_k}(s)=\int_0^s f_{T_{k-1}}(t)f(t_k)dt=\int_0^s f_{T_{k-1}}(t)f(s-t)dt \tag{7-52}$$

여기서, $t=t_1+t_2 \ldots t_{k-1}$

$s=t+t_k$

이다.

T_i, $i=1, 2, \ldots k$의 분포 함수 $F_{T_i}(t)$는 T_i, $i=1, 2, \ldots k$의 밀도 함수를 적분하여 구하

며, 이는 고장 시간 $F(t)$의 자체 i겹 합성곱과 같고 다음과 같이 표현된다.

$$F_{T_i}(t) = \int_0^t f_{T_i}(s)ds, \;\; i = 1, 2, \ldots k \tag{7-53}$$

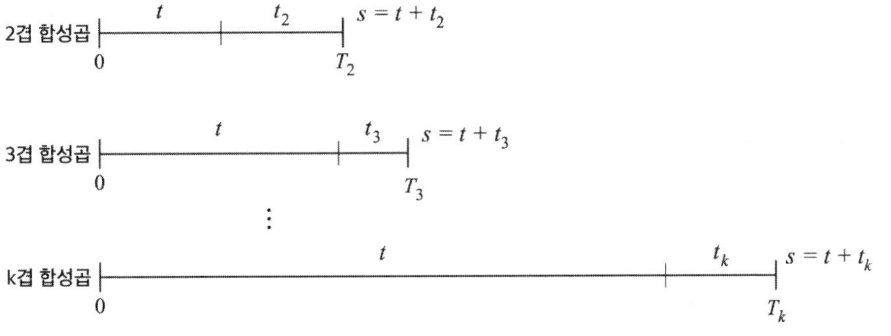

그림 7-6 자체 k겹 합성곱

식 (7-49)의 $m(t)$는 식 (7-53)을 식 (7-49)에 대입하여 구할 수 있다. 또한 $m(t)$의 최선 기대치는

$$m(t) = E[N(t)] = \sum_{k=1}^{\infty} E[N(t_k)]f(t_k) = \int_0^{\infty} E[N(t)]f(t)dt \tag{7-54}$$

와 같이 나타낼 수 있으며, 첫 번째 고장 시간을 $t_1 = s$라고 하면 $E[N(t)]$는 다음과 같이 표현된다.

$$E[N(t)] = 1 + E[N(t-s)] \tag{7-55}$$

고장을 수리한 후 첫 번째 고장 시간은, 즉 $t = 0$에서 작동을 시작하여 첫 번째 고장을 수리한 후 두 번째 고장이 일어난 시간 t_2까지는 수리 후 첫 번째 고장 시간이 되므로 $s = t_1 + t_2$이고, 수리 후 상태를 신품과 같은 상태라고 하면 $E[N(t)]$는 식 (7-55)와 같이 표현된다. 따라서 수리 후 제품의 상태가 모두 신품과 같은 상태라고 가정하면 식 (7-55)는

$$\begin{aligned} m(t) &= \int_0^{\infty} E[N(t)]f(t)dt = \int_0^t [1 + E[N(t-s)]]f(s)ds \\ &= \int_0^t f(s)ds + \int_0^t E[N(t-s)]f(s)ds \end{aligned}$$

$$m(t) = F(t) + \int_0^t m(t-s)f(s)ds \tag{7-56}$$

가 된다. 식 (7−56)을 갱신 식 (renewal equation)이라고 한다. 대부분의 경우 식 (7−56)의 닫힌 해(closed form solution)는 존재하지 않는 경우가 많으며 수치 해석을 적용하여 근사적으로 구할 수 있다. 고장 분포의 매개 변수에 따라 오차의 크기는 다르나 다음과 같은 근사식이 있다 (Campbell, 2018).

$$m(t) \approx \frac{F(t)}{1 - \frac{1}{2}F(t)} \tag{7-57}$$

$$m(t) \approx \frac{1}{2}[F(t) + \frac{F(t)}{1 - F(t)}] \tag{7-58}$$

$$m(t) \approx \frac{F(t)}{\sqrt{1 - F(t)}} \tag{7-59}$$

$$m(t) \approx F(t) + \frac{1}{2}[F(t)]^2 \tag{7-60}$$

$$m(t) \approx F(t)[1 + F(\frac{t}{2})] \tag{7-61}$$

[예제 7−10] 이산 변수 x와 y의 밀도 함수는 각각 다음과 같이 정의된다.

x={0, 1, 2}이면 $f_x(x) = \frac{1}{2}$, $x \neq$ {0, 1, 2}이면 $f_x(x) = 0$

y={1, 2}이면 $f_y(y) = \frac{1}{3}$, $y \neq$ {1, 2}이면 $f_y(y) = 0$

x와 y가 상호 독립적일 때 이산 변수 $z = x + y$의 밀도 함수를 구하여라.

[풀이] 이산 변수 z의 영역은 R_z={0, 1, 2, 3, 4}가 되고 밀도 함수는 다음과 같이 표현된다.

$$f_z(z) = \sum_{z \epsilon R_z} f_x(x) f_y(y) = \sum_{x \epsilon R_x} f_x(x) f_y(z-x)$$

따라서 $z = 0$이면

$$f_z(0) = \sum_{x \epsilon R_x} f_x(x) f_y(0-x) = f_x(0)f_y(0-0) + f_x(1)f_y(0-1) + f_x(2)f_y(0-2)$$

$$= (\frac{1}{2})(0) + (\frac{1}{2})(0) + (\frac{1}{2})(0) = 0$$

$z=1$이면

$$f_z(1)=\sum_{x\epsilon R_x} f_x(x)f_y(1-x)=f_x(0)f_y(1-0)+f_x(1)f_y(1-1)+f_x(2)f_y(1-2)$$

$$=(\frac{1}{2})(\frac{1}{3})+(\frac{1}{2})(0)+(\frac{1}{2})(0)=\frac{1}{6}$$

$z=2$이면

$$f_z(2)=\sum_{x\epsilon R_x} f_x(x)f_y(2-x)=f_x(0)f_y(2-0)+f_x(1)f_y(2-1)+f_x(2)f_y(2-2)$$

$$=(\frac{1}{2})(\frac{1}{3})+(\frac{1}{2})(\frac{1}{3})+(\frac{1}{2})(0)=\frac{2}{6}$$

$z=3$이면

$$f_z(3)=\sum_{x\epsilon R_x} f_x(x)f_y(3-x)=f_x(0)f_y(3-0)+f_x(1)f_y(3-1)+f_x(2)f_y(3-2)$$

$$=(\frac{1}{2})(0)+(\frac{1}{2})(\frac{1}{3})+(\frac{1}{2})(\frac{1}{3})=\frac{2}{6}$$

$z=4$이면

$$f_z(4)=\sum_{x\epsilon R_x} f_x(x)f_y(4-x)=f_x(0)f_y(4-0)+f_x(1)f_y(4-1)+f_x(2)f_y(4-2)$$

$$=(\frac{1}{2})(0)+(\frac{1}{2})(0)+(\frac{1}{2})(\frac{1}{3})=\frac{1}{6}$$

가 된다. 즉

$z\le 0$이면 $f_z(z)=0$

$z=\{1,\ 4\}$ 이면$f_z(z)=\frac{1}{6}$

$z=\{2,\ 3\}$ 이면$f_z(z)=\frac{1}{3}$

$5\le z$이면 $f_z(z)=0$

이다.

[예제 7-11] 동일한 다수의 제품에서 발생한 n회의 고장 시간이, 즉 첫 번째 고장 시간 t_1, 두 번째 고장 시간 t_2, 및 n번째 고장 시간 t_n이 상호 독립적이고 고장률 λ가 모두 동일한 지수 분포를 따를 때 $T_n=t_1+t_2+\ldots t_n$의 밀도 함수를 구하여라.

[풀이] 각 고장 시간의 밀도 함수는

$$f(t_1)=f(t_2)=\ldots f(t_i)=\lambda e^{-\lambda t_i},\ i=1,\ 2,\ \ldots n$$

이므로, 식 (7-50)을 이용하여 $T_2=t_1+t_2$의 밀도 함수를 구하면

$$f_{T_2}(s)=\int_0^s f(t)f(t_2)dt=\int_o^s(\lambda e^{-\lambda t})[\lambda e^{-\lambda(s-t)}]dt=\lambda^2 e^{-\lambda s}\int_0^s dt=\lambda^2 se^{-\lambda s}$$

가 된다. 식 (7-51)을 이용하여 $T_3=t_1+t_2+t_3$의 밀도 함수를 구하면

$$f_{T_3}(s)=\int_0^s f_{T_2}(t)f(t_3)dt=\int_0^s(\lambda^2 te^{-\lambda t})[\lambda e^{-\lambda(s-t)}]dt=\lambda^2 e^{-\lambda s}\int_0^s tdt=\lambda^3\frac{1}{2}s^2 e^{-\lambda s}$$

가 된다. 또한 $T_4=t_1+t_2+t_3+t_4$의 밀도 함수를 구하면

$$f_{T_4}(s)=\int_0^s f_{T_3}(t)f(t_4)dt=\int_0^s(\lambda^3\frac{1}{2}t^2 e^{-\lambda t})[\lambda e^{-\lambda(s-t}]dt=\lambda^4 e^{-\lambda s}\frac{1}{2}\int_0^s t^2 dt$$

$$=\lambda^4 e^{-\lambda s}\frac{1}{2}\frac{1}{3}s^3$$

이다. 같은 방법으로 $T_n=t_1+t_2+\ldots t_{n-1}+t_n$의 밀도 함수를 구하면

$$f_{T_n}(s)=\int_0^s f_{T_{n-1}}(t)f(t_n)dt=\int_0^s[\lambda^{n-1}e^{-\lambda t}\frac{1}{2.3.4\ldots(n-2)}t^{n-2}][\lambda e^{-\lambda(s-t)}]dt$$

$$=\lambda^n e^{-\lambda s}\frac{1}{2.3.4\ldots.(n-2)}\int_0^s t^{n-2}dt$$

$$=\lambda^n e^{-\lambda s}\frac{1}{2.3.4\ldots(n-2)}\frac{1}{n-1}s^{n-1}=\frac{\lambda^n s^{n-1}}{(n-1)!}e^{-\lambda s}$$

가 된다.

(3) 일반 갱신

i번째 고장이 발생한 후 수리한 제품의 명목상 나이와 실질적인 나이(virtual age)를 각각 T_i와 V_i라고 하면 이들의 관계는 수리 효과를 나타내는 회복계수 q를 이용하여 다음과 같이 나타낼 수 있다.

$$V_i=qT_i \tag{7-62}$$

명목상 나이는 제품이 작동하기 시작한 후 경과한 시간을 말하며, 실질적인 나이는 수리한 후 제품의 상태를 나타내는 나이를 말한다. 회복계수가 $q=0$이면 수리한 후 실질적인 나이는 0이 되며 이는 수리한 후 제품의 상태가 신품과 같은 상태임을 나타낸다. 회복계수가 $q=1$이면 수리한 후 실질적인 나이는 명목상 나이와 같고 이는 수리한 후 제품의 상태가 수

리하기 직전 상태와 같은 상태임을 나타낸다. 일반 갱신은 회복계수가 $0 < q < 1$인 경우이며, 회복계수가 $1 < q$이면 실질적인 나이가 명목상 나이보다 많은 경우로서 수리한 후 제품의 상태가 수리하기 직전 상태보다 나쁜 상태임을 나타낸다.

일반 갱신의 경우 t_0 시간까지 예상되는 수리 횟수 $m(t_0)$는 다음 식으로써 추정할 수 있다.

$$m(t_0) = \int_0^{t_0} [g(\tau|0) + \int_0^{\tau} w(x) g(\tau - x|x) dx] d\tau \tag{7-63}$$

여기서, $g(t|x) = \dfrac{f(t+qx)}{1-F(qx)}, \;\; 0 \le t,\, x;\;\; w(x) = \dfrac{dm(x)}{dx}$

식 (7–63)에서 $f(t)$와 $F(t)$는 각각 고장 분포의 밀도 함수와 분포 함수를 나타내며, $g(t|0) = f(t)$이다. 일반적으로 식 (7–63)의 닫힌 해는 존재하지 않는 경우가 많으며, 그 해를 구하기 위한 다양한 수치 해석의 방법이 제시되고 있다. 여기서는 고장 분포가 와이블 분포일 때 최우 추정법을 적용한 방법을 소개한다.

그림 7–7에서와 같이 제품의 고장 시간을 t_i, 누적 고장 시간, 즉 명목상 나이를 T_i라고 하면, 제품의 회복계수가 q일 때 i번째 고장을 수리한 후 이 제품의 명목상 나이와 실질적인 나이 V_i는 다음과 같이 나타낼 수 있다.

$$T_0 = 0$$

$$T_1 = t_1$$

$$T_2 = t_1 + t_2$$

$$\vdots$$

$$T_n = \sum_{i=1}^{n} t_i$$

$$V_0 = 0$$

$$V_1 = qt_1$$

$$V_2 = q(V_1 + t_2) = q(qt_1 + t_2)$$

$$\vdots$$

$$V_i = q(V_{i-1} + t_i) = q(q^{i-1} t_1 + q^{i-2} t_2 + \ldots t_i)$$

이는 실제 제품의 수리는 직전에 수행한 수리의 영향뿐만 아니라 그 이전에 수행한 모든 수리의 영향을 받는 것으로 가정할 수 있기 때문이다. 실질적인 나이 V_{i-1} 시간까지 작동한 제품이 V_{i-1} 시간 후 t_i 시간에 고장이 일어날 확률은 조건부 확률로서

$$F(V_{i-1}+t_i)=\frac{R(V_{i-1})-R(V_{i-1}+t_i)}{R(V_{i-1})}=1-\frac{R(V_{i-1}+t_i)}{R(V_{i-1})}$$

로 나타낼 수 있으며, 고장 분포가 와이블 분포라고 하면

$$F(V_{i-1}+t_i)=1-\frac{e^{-(\frac{V_{i-1}+t_i}{\eta})^{\beta}}}{e^{-(\frac{V_{i-1}}{\eta})^{\beta}}}=1-e^{-\frac{1}{\eta^{\beta}}[(V_{i-1}+t_i)^{\beta}-V_{i-1}^{\beta}]}$$

가 된다. 이 조건부 고장 분포 함수로부터 조건부 고장 밀도 함수를 구하면

$$\begin{aligned}f(V_{i-1}+t_i)&=\frac{dF(V_{i-1}+t_i)}{dt_i}=-e^{-\frac{1}{\eta^{\beta}}[(V_{i-1}+t_i)^{\beta}-V_{i}^{\beta}]}[-\frac{\beta}{\eta^{\beta}}(V_{i-1}+t_i)^{\beta-1}]\\&=\frac{\beta}{\eta^{\beta}}(V_{i-1}+t_i)^{\beta-1}e^{-\frac{1}{\eta^{\beta}}[(V_{i-1}+t_i)^{\beta}-V_{i-1}^{\beta}]}\end{aligned} \tag{7-64}$$

가 된다.

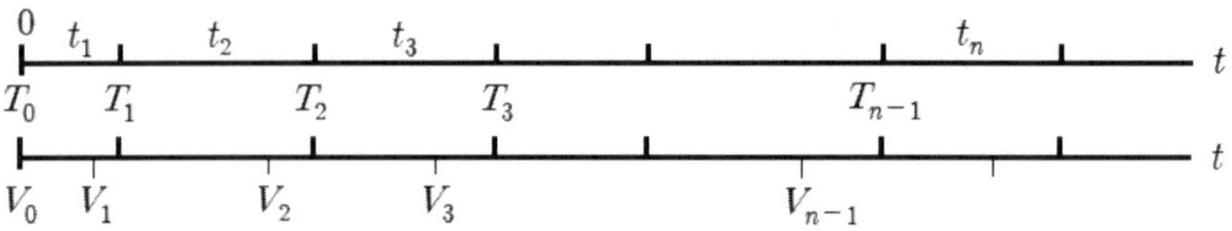

그림 7-7 제품의 명목상 나이 T_i와 실질적인 나이 V_i

n개의 수리 시간 데이터 $t_1,\ t_2,\ t_3,\dots\ t_n$을 이용하여 최우 추정법을 적용하기 위한 우도 함수와 로그 우도 함수를 유도하면

$$L(\eta,\beta,q)=\prod_{i=1}^{n}[\frac{\beta}{\eta^{\beta}}(V_{i-1}+t_i)^{\beta-1}e^{-\frac{1}{\eta^{\beta}}[(V_{i-1}+t_i)^{\beta}-(V_{i-1})^{\beta}]}] \tag{7-65}$$

$$\ln L(\eta,\beta,q)=n\ln(\frac{\beta}{\eta^{\beta}})+(\beta-1)[\sum_{i=1}^{n}\ln(V_{i-1}+t_i)]-\frac{1}{\eta^{\beta}}\sum_{i=1}^{n}[(V_{i-1}+t_i)^{\beta}-(V_{i-1})^{\beta}] \tag{7-66}$$

가 된다. 로그 우도 함수를 최대로 하는 매개 변수 η, β, q의 값은 매개 변수 η, β, q에 대한 로그 우도 함수의 편미분을 0으로 하는 값으로서, 즉

$$\frac{\partial \ln L}{\partial \eta} = -\frac{n\beta}{\eta} + \left(\frac{\beta}{\eta^{\beta+1}}\right)\sum_{i=1}^{n}[(V_{i-1}+t_i)^{\beta} - (V_{i-1})^{\beta}] = 0$$

$$\frac{\partial \ln L}{\partial \beta} = \frac{n}{\beta} - n\ln\eta + \sum_{i=1}^{n}\ln(V_{i-1}+t_i) - \sum_{i=1}^{n}\left[\left(\frac{V_{i-1}+t_i}{\eta}\right)^{\beta}\ln\left(\frac{V_{i-1}+t_i}{\eta}\right)\right] + \sum_{i=1}^{n}\left[\left(\frac{V_{i-1}}{\eta}\right)^{\beta}\ln\left(\frac{V_{i-1}}{\eta}\right)\right] = 0$$

$$\frac{\partial \ln L}{\partial q} = (\beta-1)\left[\sum_{i=1}^{n}\left(\frac{\frac{dV_{i-1}}{dq}}{V_{i-1}+t_i}\right)\right] - \frac{\beta}{\eta^{\beta}}\sum_{i=1}^{n}\left[(V_{i-1}+t_i)^{\beta-1}\left(\frac{dV_{i-1}}{dq}\right) - (V_{i-1})^{\beta-1}\left(\frac{dV_{i-1}}{dq}\right)\right] = 0$$

을 만족하는 η, β, q의 값으로서 이 식을 다시 정리하면 식 (7–67), 식 (7–68), 식 (7–69)와 같다.

$$\frac{1}{\eta^{\beta}}\sum_{i=1}^{n}[(V_{i-1}+t_i)^{\beta} - (V_{i-1})^{\beta}] - n = 0 \qquad (7\text{–}67)$$

$$\frac{\sum_{i=1}^{n}[(V_{i-1}+t_i)^{\beta}\ln(V_{i-1}+t_i) - (V_{i-1})^{\beta}\ln(V_{i-1})]}{\sum_{i=1}^{n}[(V_{i-1}+t_i)^{\beta} - (V_{i-1})^{\beta}]} - \frac{1}{\beta} - \frac{\sum_{i=1}^{n}\ln(V_{i-1}+t_i)}{n} = 0 \qquad (7\text{–}68)$$

$$(\beta-1)\left[\sum_{i=1}^{n}\left(\frac{\frac{dV_{i-1}}{dq}}{V_{i-1}+t_i}\right)\right] - \frac{\beta}{\eta^{\beta}}\sum_{i=1}^{n}\left[(V_{i-1}+t_i)^{\beta-1}\left(\frac{dV_{i-1}}{dq}\right) - (V_{i-1})^{\beta-1}\left(\frac{dV_{i-1}}{dq}\right)\right] = 0 \qquad (7\text{–}69)$$

식 (7–69)에서 $\frac{dV_{i-1}}{dq}$는

$$\frac{dV_{i-1}}{dq} = \frac{dV_0}{dq} = 0, \ i = 1$$

$$\frac{dV_{i-1}}{dq} = \frac{d}{dq}[q(V_{i-2}+t_{i-1})] = (V_{i-2}+t_{i-1}) + q\frac{dV_{i-2}}{dq}, \ i = 2, 3, \ldots n$$

이다. 회복계수 q를 가정하여 식 (7–68)을 만족하는 β를 구하고, q와 β를 식 (7–67)에 대

입하여 식 (7−67)을 만족하는 η를 구한다. 다음에는 q, β, η를 식 (7−69)에 대입하여 식 (7−69)를 만족하는 q, β, η를 결정한다. q를 변화시키며 이 과정을 반복하여 식 (7−69)가 만족될 때까지 시행 착오법으로써 q, β, η를 결정한다.

식 (7−67), 식 (7−68), 식 (7−69)는 수리 횟수가 정수인 경우에 적용할 수 있으며, 특정 시간에 수리가 중단된 경우에는, 즉 정시 중단인 경우에는 중단된 시간 $V_n + t$까지 신뢰도를 반영한 우도 함수를 유도하고 같은 방법을 적용하여 q, β, η를 결정한다. 즉 정시 중단인 경우의 우도 함수는

$$L(\eta,\beta,q) = [e^{-(\frac{V_n + t}{\eta})^{\beta}}]\prod_{i=1}^{n}[\frac{\beta}{\eta^{\beta}}(V_{i-1}+t_i)^{\beta-1}e^{-\frac{1}{\eta^{\beta}}[(V_{i-1}+t_i)^{\beta}-(V_{i-1})^{\beta}]}] \qquad (7-70)$$

가 된다. 식 (7−67), 식 (7−68), 식 (7−69)의 해를 구하기 위한 닫힌 해는 존재하지 않으나 여러 가지 수치 해석의 방법이 소개되고 있다 (Yanez et al., 2002).

$q = 0$이면, 즉 완벽 갱신이면 식 (7−67)과 식 (7−68)은

$$-n + \frac{\sum_{i=1}^{n} t_i^{\beta}}{\eta^{\beta}} = 0$$

$$\frac{n}{\beta} - n\ln\eta + \sum_{i=1}^{n}\ln(t_i) - \sum_{i=1}^{n}[(\frac{t_i}{\eta})^{\beta}\ln(\frac{t_i}{\eta})] = 0$$

가 되며 두 식에서 η와 β를 구하면

$$\eta = [\frac{\sum_{i=1}^{n} t_i^{\beta}}{n}]^{\frac{1}{\beta}} \qquad (7-71)$$

$$\frac{\sum_{i=1}^{n}(t_i^{\beta}\ln t_i)}{\sum_{i=1}^{n} t_i^{\beta}} - \frac{1}{\beta} = \frac{\sum_{i=1}^{n}\ln t_i}{n} \qquad (7-72)$$

가 된다. 따라서 시행 착오법으로써 식 (7−72)를 만족하는 β를 구하고 이를 식 (7−71)에 대입하여 η를 구한다. 식 (7−71)과 식 (7−72)는 고장 데이터를 이용하여 와이블 분포의 매개 변수를 구하는 식과 같다.

$q = 1$이면, 즉 수리 직전과 같은 상태로 갱신되는 경우에는 식 (7−67)과 (7−68)은

$$-\frac{n\beta}{\eta}+(\frac{\beta}{\eta^{\beta+1}})\sum_{i=1}^{n}[(T_{i-1}+t_i)^{\beta}-(T_{i-1})^{\beta}]=0$$

$$\frac{n}{\beta}-n\ln\eta+\sum_{i=1}^{n}\ln(T_{i-1}+t_i)-\sum_{i=1}^{n}[(\frac{T_{i-1}+t_i}{\eta})^{\beta}\ln(\frac{T_{i-1}+t_i}{\eta})]$$
$$+\sum_{i=1}^{n}[(\frac{T_{i-1}}{\eta})^{\beta}\ln(\frac{T_{i-1}}{\eta})]=0$$

가 되며, 두 식에서 η와 β를 구하면

$$\eta=[\frac{\sum_{i=1}^{n}[(T_{i-1}+t_i)^{\beta}-(T_{i-1})^{\beta}]}{n}]^{\frac{1}{\beta}}=(\frac{T_n^{\beta}}{n})^{\frac{1}{\beta}} \tag{7-73}$$

$$\frac{\sum_{i=1}^{n}[(T_{i-1}+t_i)^{\beta}\ln(T_{i-1}+t_i)-(T_{i-1})^{\beta}\ln(T_{i-1})]}{\sum_{i=1}^{n}[(T_{i-1}+t_i)^{\beta}-(T_{i-1})^{\beta}]}-\frac{1}{\beta}=\frac{\sum_{i=1}^{n}\ln(T_i)}{n}$$

$$\frac{T_n^{\beta}\ln T_n}{T_n^{\beta}}-\frac{1}{\beta}=\frac{\sum_{i=1}^{n}\ln(T_i)}{n}$$

$$\frac{n}{\beta}=n\ln T_n-\sum_{i=1}^{n}\ln(T_i)$$

$$\beta=\frac{n}{n\ln T_n-\sum_{i=1}^{n}\ln(T_i)} \tag{7-74}$$

가 된다. 식 (7-74)에서 β를 구하고 이를 식 (7-73)에 대입하여 η를 구한다.

회복계수가 q일 때 t 시간까지 예상되는 평균 수리 횟수는 β와 η를 이용하여 다음 식으로 써 산출할 수 있다. 이는 식 (10-14)에서와 같다.

$$\Lambda(t)=\int_0^t\frac{\beta}{\eta}(\frac{t}{\eta})^{\beta-1}dt=(\frac{t}{\eta})^{\beta} \tag{7-75}$$

[예제 7-12] 표 7-20은 수리가 가능한 어떤 시스템의 수리 간 시간 간격을 기록한 정수 중단 수리 데이터이다. 수리 시간은 사용 시간에 비하여 무시할 정도로 짧고, 수리 간 시간 간격은 와이블 분포를 따른다. 이 수리 데이터에 대한 회복계수와 순간 고장률을 구하여라. 또한 회복계수가 각각 $q=0$, $q=1.0$일 때 순간 고장률과 400시간까지 예상되는 누적 수리 횟수를 추정하고 이를 고장 데이터와 비교하여라.

표 7-20 수리 가능한 시스템의 수리 데이터의 예(Relia soft)

수리 번호, i	수리 간 시간, T_i	수리 번호, i	수리 간 시간, T_i	수리 번호, i	수리 간 시간, T_i	수리 번호, i	수리 간 시간, T_i
1	0.7	15	0.7	29	1.1	43	3.5
2	3.0	16	2.2	30	20.3	44	3.9
3	9.5	17	9.5	31	31.8	45	0.4
4	1.8	18	0.2	32	4.2	46	17.1
5	2.6	19	8.7	33	1.8	47	8.2
6	7.7	20	1.0	34	9.3	48	5.0
7	22.2	21	3.6	35	3.4	49	9.4
8	6.5	22	7.9	36	9.6	50	0.3
9	0.5	23	17.6	37	1.6	51	1.4
10	1.9	24	12.0	38	8.1	52	6.7
11	7.2	25	1.7	39	2.2	53	6.4
12	8.6	26	9.8	40	19.0	54	9.6
13	27.0	27	2.9	41	11.4	55	5.9
14	0.4	28	14.2	42	1.7	56	0.3

[풀이] 회복계수와 형상계수가 각각 q와 β일 때 수리 번호 i에 따라 식 (7-67), 식 (7-68), 식 (7-69)를 적용하기 위한 V_{i-1}, $(V_{i-1})^{\beta}$, $\ln(V_{i-1})$, $(V_{i-1})^{\beta}\ln(V_{i-1})$, $V_{i-1}+t_i$, $(V_{i-1}+t_i)^{\beta}$, $\ln(V_{i-1}+t_i)$, $(V_{i-1}+t_i)^{\beta}\ln(V_{i-1}+t_i)$, $\frac{dV_{i-1}}{dq}$, $(\frac{dV_{i-1}}{dq})/(V_{i-1}+t_i)$, $(V_{i-1}+t_i)^{\beta}(\frac{dV_{i-1}}{dq})$, $(V_{i-1})^{\beta}(\frac{dV_{i-1}}{dq})$을 표 7-21에서와 같이 구한다. 회복계수 q와 β를 변화시키며 식 (7-67)과 식 (6-68)을 만족하는 β와 η를 결정한다. 표 7-21은 $q=0.93156$일 때 β를 변화시키며 식 (7-68)을 만족하는 β를 구한 것이다. 즉 표 7-21의 계산값을 적용하면 $\beta=0.89442$일 때 식 (7-68)은

$$\frac{12,632.596-11,431.317}{2,816.244-2,589.768}-\frac{1}{0.89442}-\frac{243.426}{56}=-3.296\times10^{-6}$$

가 되므로 만족된다. 또한 식 (7-67)을 이용하여 $\beta=0.89442$일 때 η를 구하면

$$\eta=[\frac{\sum_{i=1}^{n}[(V_{i-1}+t_i)^{\beta}-(V_{i-1})^{\beta}]}{n}]^{\frac{1}{\beta}}=(\frac{2,816.244-2,589.768}{56})^{\frac{1}{0.89442}}=4.769$$

가 된다. 식 (7-69)는 $q=0.93156,\ \beta=0.89442,\ \eta=4.769$일 때

$$(0.89441-1)(479.938)-\frac{0.89442}{4.769^{0.89442}}(27,970.934-28,200.053)=0.0001785$$

가 되므로 만족된다. 따라서 수리 데이터의 회복계수는 $q=0.935$로서 수리에 의하여 시스템 상태는 고장이 났을 때보다 약간 나아진 것으로 추정할 수 있으며, 순간 고장률은

$$\lambda(t)=\frac{\beta}{\eta^{\beta}}t^{\beta-1}=\frac{0.89442}{4.769^{0.89442}}t^{0.89442-1}=0.2212t^{-0.10558}$$

로 추정할 수 있다 (Mettas and Zhao, 2005).

$q=0$일 경우에도 같은 방법으로써 표 7-21에서와 같은 값을 구하여 적용하면 $\beta=0.9846$일 때 식 (7-72)는 만족된다. 즉

$$\frac{\sum_{i=1}^{n}(t_i^{\beta}\ln t_i)}{\sum_{i=1}^{n}t_i^{\beta}}-\frac{1}{\beta}-\frac{\sum_{i=1}^{n}\ln t_i}{n}=\frac{905.645}{380.965}-\frac{1}{0.9846}-\frac{76.250}{56}=-8.63\times10^{-6}$$

이므로 $\beta=0.9846$으로 결정하고 이를 식 (7-71)에 대입하면 η는

$$\eta=[\frac{\sum_{i=1}^{n}t_i^{\beta}}{n}]^{\frac{1}{\beta}}=(\frac{380.965}{56})^{\frac{1}{0.9846}}=7.01$$

로 추정된다. $q=1$인 경우에는 식 (7-74)로부터 β를 구한다. 즉

$$\beta=\frac{n}{n\ln T_n-\sum_{i=1}^{n}\ln(T_i)}=\frac{56}{56\ln 395.2-275.099}=0.937$$

가 된다. 식 (7-73)에 $\beta=0.937$를 대입하면

$$\eta=(\frac{T_n^{\beta}}{n})^{\frac{1}{\beta}}=(\frac{395.2^{0.937}}{56})^{\frac{1}{0.937}}=5.384$$

가 된다. 따라서 $q=0$, $q=1$일 때 예상되는 시스템의 누적 수리 횟수는 각각 식 (7-75)를 이용하여 구할 수 있다. 즉

$$q=0\text{일 때 }\Lambda(t)=(\frac{t}{\eta})^{\beta}=(\frac{t}{7.01})^{0.9846}$$

$$q=1\text{일 때 }\Lambda(t)=(\frac{t}{\eta})^{\beta}=(\frac{t}{5.384})^{0.937}$$

표 7-21 일반 갱신 함수에 최우 추정법을 적용하기 위한 계산값

$q=0.93156$, $\beta=0.89442$일 때													
i	t_i	V_{i-1}	$(V_{i-1})^\beta$	$\ln(V_{i-1})$	$(V_{i-1})^\beta \ln(V_{i-1})$	$V_{i-1}+t_i$	$(V_{i-1}+t_i)^\beta$	$\ln(V_{i-1}+t_i)$	$(V_{i-1}+t_i)^\beta \ln(V_{i-1}+t_i)$	dV_{i-1}/dq	$\frac{dV_{i-1}/dq}{V_{i-1}+t_i}$	$(V_{i-1}+t_i)^{\beta-1}(dV_{i-1}/dq)$	$(V_{i-1})^{\beta-1}(dV_{i-1}/dq)$
1	0.7	0.000	0.000	0.000	0.000	0.700	0.727	−0.357	−0.259	0.000	0.000	0.000	0.000
2	3.0	0.652	0.682	−0.428	−0.292	3.652	3.185	1.295	4.126	0.700	0.192	0.611	0.732
3	9.5	3.402	2.990	1.224	3.660	12.902	9.849	2.557	25.188	4.304	0.334	3.286	3.782
4	1.8	12.019	9.244	2.486	22.985	13.819	10.473	2.626	27.502	16.912	1.224	12.817	13.007
5	2.6	12.873	9.829	2.555	25.116	15.473	11.587	2.739	31.739	29.573	1.911	22.147	22.581
6	7.7	14.414	10.876	2.668	29.018	22.114	15.948	3.096	49.378	43.023	1.945	31.026	32.460
7	22.2	20.601	14.968	3.025	45.283	42.801	28.787	3.757	108.142	62.193	1.453	41.830	45.188
8	6.5	39.872	27.019	3.686	99.582	46.372	30.926	3.837	118.655	100.737	2.172	67.184	68.264
9	0.5	43.198	29.026	3.766	109.307	43.698	29.327	3.777	110.775	140.214	3.209	94.100	94.215
10	1.9	40.707	27.525	3.706	102.018	42.607	28.671	3.752	107.574	174.316	4.091	117.299	117.866
11	7.2	39.691	26.909	3.681	99.057	46.891	31.236	3.848	120.191	204.993	4.372	136.554	138.979
12	8.6	43.682	29.317	3.777	110.728	52.282	34.429	3.957	136.225	237.854	4.549	156.634	159.635
13	27.0	48.704	32.314	3.886	125.564	75.704	47.942	4.327	207.439	273.857	3.617	173.431	181.699
14	0.4	70.523	44.997	4.256	191.503	70.923	45.225	4.262	192.730	330.818	4.664	210.952	211.078
15	0.7	66.069	42.446	4.191	177.880	66.769	42.848	4.201	180.016	379.100	5.678	243.285	243.556
16	2.2	62.199	40.216	4.130	166.105	64.399	41.486	4.165	172.792	419.923	6.521	270.513	271.507
17	9.5	59.992	38.937	4.094	159.415	69.492	44.408	4.241	188.343	455.582	6.556	291.136	295.690
18	0.2	64.736	41.679	4.170	173.816	64.936	41.795	4.173	174.426	493.894	7.606	317.886	317.990
19	8.7	60.491	39.227	4.103	160.928	69.191	44.236	4.237	187.424	525.027	7.588	335.667	340.464
20	1.0	64.456	41.518	4.166	172.965	65.456	42.094	4.181	176.011	558.286	8.529	359.028	359.612
21	3.6	60.976	39.508	4.110	162.396	64.576	41.588	4.168	173.331	585.533	9.067	377.089	379.380
22	7.9	60.157	39.032	4.097	159.914	68.057	43.587	4.220	183.951	610.035	8.964	390.697	395.820
23	17.6	63.399	40.909	4.149	169.749	80.999	50.931	4.394	223.812	636.340	7.856	400.122	410.607
24	12.0	75.455	47.802	4.324	206.672	87.455	54.547	4.471	243.887	673.788	7.704	420.252	426.852
25	1.7	81.470	51.196	4.400	225.273	83.170	52.150	4.421	230.550	715.129	8.598	448.409	449.388

i	t_i	V_{i-1}	$(V_{i-1})^\beta$	$\ln(V_{i-1})$	$(V_{i-1})^\beta \ln(V_{i-1})$	$V_{i-1}+t_i$	$(V_{i-1}+t_i)^\beta$	$\ln(V_{i-1}+t_i)$	$(V_{i-1}+t_i)^\beta \ln(V_{i-1}+t_i)$	dV_{i-1}/dq	$\frac{dV_{i-1}/dq}{V_{i-1}+t_i}$	$(V_{i-1}+t_i)^{\beta-1}(dV_{i-1}/dq)$	$(V_{i-1})^{\beta-1}(dV_{i-1}/dq)$
26	9.8	77.478	48.946	4.350	212.914	87.278	54.448	4.469	243.333	749.355	8.586	467.485	473.400
27	2.9	81.304	51.103	4.398	224.760	84.204	52.730	4.433	233.765	785.347	9.327	491.796	493.619
28	14.2	78.441	49.490	4.362	215.894	92.641	57.431	4.529	260.092	815.802	8.806	505.743	514.706
29	1.1	86.301	53.903	4.458	240.290	87.401	54.517	4.471	243.718	852.610	9.755	531.821	532.532
30	20.3	81.419	51.167	4.400	225.116	101.719	62.440	4.622	288.610	881.659	8.668	541.201	554.072
31	31.8	94.758	58.603	4.551	266.723	126.558	75.915	4.841	367.482	923.037	7.293	553.681	570.858
32	4.2	117.896	71.251	4.770	339.853	122.096	73.517	4.805	353.235	986.422	8.079	593.949	596.148
33	1.8	113.740	69.000	4.734	326.640	115.540	69.976	4.750	332.358	1,041.007	9.010	630.479	631.525
34	9.3	107.632	65.676	4.679	307.282	116.932	70.730	4.762	336.786	1,085.301	9.281	656.474	662.243
35	3.4	108.929	66.384	4.691	311.387	112.329	68.234	4.721	322.163	1,127.955	10.041	685.174	687.401
36	9.6	104.642	64.042	4.651	297.829	114.242	69.272	4.738	328.234	1,163.087	10.181	705.257	711.823
37	1.6	106.423	65.016	4.667	303.457	108.023	65.890	4.682	308.518	1,197.727	11.088	730.566	731.717
38	8.1	100.630	61.841	4.611	285.178	108.730	66.275	4.689	310.755	1,223.777	11.255	745.941	752.063
39	2.2	101.288	62.203	4.618	287.252	103.488	63.410	4.639	294.189	1,248.752	12.067	765.145	766.883
40	19.0	96.406	59.514	4.569	271.894	115.406	69.903	4.748	331.932	1,266.775	10.977	767.308	782.020
41	11.4	107.507	65.608	4.678	306.886	118.907	71.797	4.778	343.072	1,295.483	10.895	782.224	790.592
42	1.7	110.769	67.386	4.707	317.216	112.469	68.310	4.723	322.607	1,325.727	11.787	805.204	806.500
43	3.5	104.772	64.113	4.652	298.241	108.272	66.025	4.685	309.306	1,347.464	12.445	821.699	824.555
44	3.9	100.862	61.969	4.614	285.908	104.762	64.108	4.652	298.209	1,363.515	13.015	834.386	837.735
45	0.4	97.592	60.169	4.581	275.621	97.992	60.389	4.585	276.878	1,374.958	14.031	847.344	847.710
46	17.1	91.285	56.679	4.514	255.848	108.385	66.087	4.686	309.665	1,378.847	12.722	840.745	856.125
47	8.2	100.967	62.027	4.615	286.241	109.167	66.514	4.693	312.141	1,392.864	12.759	848.647	855.672
48	5.0	101.696	62.427	4.622	288.537	106.696	65.165	4.670	304.321	1,406.704	13.184	859.154	863.518
49	9.4	99.394	61.161	4.599	281.287	108.794	66.310	4.689	310.958	1,417.125	13.026	863.741	872.021
50	0.3	101.348	62.236	4.619	287.440	101.648	62.401	4.622	288.385	1,428.931	14.058	877.206	877.480

i	t_i	V_{i-1}	$(V_{i-1})^{\beta}$	$\ln(V_{i-1})$	$(V_{i-1})^{\beta}\ln(V_{i-1})$	$V_{i-1}+t_i$	$(V_{i-1}+t_i)^{\beta}$	$\ln(V_{i-1}+t_i)$	$(V_{i-1}+t_i)^{\beta}\ln(V_{i-1}+t_i)$	dV_{i-1}/dq	$\frac{dV_{i-1}/dq}{V_{i-1}+t_i}$	$(V_{i-1}+t_i)^{\beta-1}(dV_{i-1}/dq)$	$(V_{i-1})^{\beta-1}(dV_{i-1}/dq)$
51	1.4	94.691	58.567	4.551	266.514	96.091	59.341	4.565	270.907	1,432.783	14.911	884.807	886.179
52	6.7	89.515	55.695	4.494	250.314	96.215	59.409	4.567	271.295	1,430.814	14.871	883.472	890.230
53	6.4	89.630	55.759	4.496	250.673	96.030	59.307	4.565	270.714	1,429.104	14.882	882.595	889.045
54	9.6	89.457	55.663	4.494	250.135	99.057	60.976	4.596	280.229	1,427.326	14.409	878.612	888.119
55	5.9	92.278	57.230	4.525	258.954	98.178	60.492	4.587	277.463	1,428.697	14.552	880.285	886.064
56	0.3	91.459	56.775	4.516	256.390	91.759	56.942	4.519	257.329	1,429.095	15.575	886.839	887.146
계	395.200	4130.244	2589.768	226.008	11431.317	4525.444	2816.244	234.426	12632.596	45330.180	479.938	27970.934	28200.053

가 된다. 이 식을 이용하여 400시간까지 예상되는 누적 수리 횟수를 추정하면 그림 7-8에서와 같다. 즉 예상되는 누적 수리 횟수는 $q=0$일 때보다 $q=1$일 때 더 많은 것으로 추정된다. 이는 $q=0$이면 수리 후 시스템 상태는 신품과 같은 상태가 되므로 $q=1$일 때보다는 더 우수한 상태가 되기 때문이다.

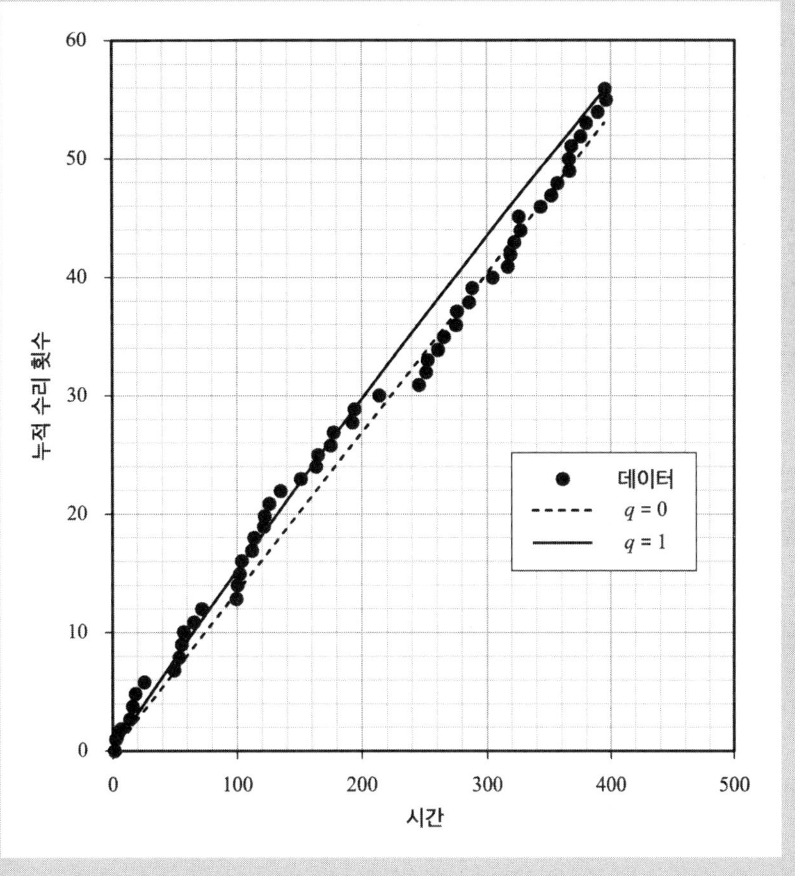

그림 7-8 회복계수와 예상 누적 수리 횟수

7.8 보증 비용의 추정

보증 기간에 발생한 고장을 수리하거나 부품을 교환하는 데 소요되는 비용은 클레임 횟수와 보증 방법에 따라 결정된다. 보증 방법에는 무료 교체(free replacement), 비례 교체

(pro−rata replacement), 무료 교체와 비례 교체를 조합한 방법이 있다. 무료 교체는 교환 비용을 모두 제조업체가 부담하는 방식이고 비례 교체는 교환 비용의 일부를 소비자가 부담하는 방식이다.

제품의 대당 평균 보증 비용은 보증 기간에 지출한 총 보증 비용을 클레임 대수로 나눈 값으로서 제품의 종류에 따라 다르나 단순한 제품인 경우에는 판매 가격의 0.5% 이하 복잡한 제품인 경우에는 2% 이하인 것이 보통이다.

(1) 무료 교체 비용

무료 교체 비용에는 재료비, 인건비, 폐기비 등이 포함되므로 같은 고장인 경우에도 수리당 비용은 다를 수 있다. 수리당 평균 비용을 c_0라고 하면 대당 예상 보증 비용 C_w는 다음과 같이 추정할 수 있다.

$$C_w = c_0 m(t_0) \tag{7-76}$$

여기서, $m(t_0)$=보증 기간 t_0까지 예상되는 제품당 수리 횟수

보증 기간 t_0까지 예상되는 제품당 수리 횟수는 제품의 고장 특성에 따라 결정되며 식 (7−56)을 이용하여 추정할 수 있다. 이는 수리한 제품이 신품과 같은 상태가 되는 수리 횟수이다.

고장 분포가 와이블 분포라고 하면 식 (7−56)의 $m(t_0)$는 평균 수리 횟수로서 식 (7−75) 또는 식 (7−77)을 이용하여 근사적으로 구할 수 있으며 $\frac{t_0}{\eta} < 1$일 때는 $k = 10$에서도 비교적 정확한 값을 구할 수 있다. 그러나 $\frac{t_0}{\eta}$가 증가하면 증가할수록 오차도 증가한다(White, 1964).

$$m(t_0) = m_1(t_0) \tag{7-77}$$

$$s(t_0) = \sqrt{2m_2(t_0) + m_1(t_0) - m_1^2(t_0)} \tag{7-78}$$

여기서, $m_1(t_0) = \sum_{k=1}^{\infty} \frac{(-1)^{k-1} A_k \left(\frac{t_0}{\eta}\right)^{k\beta}}{\Gamma(k\beta + 1)}$

$$m_2(t_0) = \sum_{k=2}^{\infty} \frac{(-1)^{k-1} A_k (\frac{t_0}{\eta})^{k\beta}}{\Gamma(k\beta+1)}$$

$$A_k = \gamma_k - \sum_{j=1}^{k-1} \gamma_j A_{k-j}$$

$$\gamma_k = \frac{\Gamma(k\beta+1)}{k!}$$

식 (7-78)에서 $s(t_0)$는 $m(t_0)$의 표준편차이다.

만약 수리한 제품의 상태가 고장 직전과 같은 상태가 된다고 하면, 즉 회복계수가 $q=1$이라고 하면 보증 기간에 예상되는 수리 횟수는 위험 함수와 고장 강도 함수(failure intensity function)가 같은 비동질성 포아슨 분포(non-homogeneous Poisson distribution)로써 모형화할 수 있다 (Yang, 2007). 즉 보증 기간에 예상되는 평균 수리 횟수는 다음 식으로 추정할 수 있다.

$$m(t_0) = \int_0^{t_0} h(t)dt = \ln\frac{1}{1-F(t_0)} = \ln\frac{1}{R(t_0)} \tag{7-79}$$

여기서 $h(t)$는 위험 함수이고 $F(t_0)$와 $R(t_0)$는 각각 고장 시간이 t_0일 때 고장 분포 확률과 신뢰도이다. 위험 함수와 고장 분포 확률은 보증 기간의 고장 데이터를 이용하여 구할 수 있으며, 보증 기간이 짧아 신뢰도가 높은 경우에는 보증 기간의 고장 횟수를 근사적으로 t_0까지 누적 고장 확률로써 구할 수 있다. 즉 $m(t_0) \approx F(t_0)$가 된다.

[예제 7-13] 어떤 제조업체에서 생산한 트랙터의 초기 고장은 형상계수가 $\beta=0.97$이고 특성 수명이 $\eta=40$개월인 와이블 분포를 따른다. 이 트랙터의 보증 기간이 판매 후 2년일 때 95% 신뢰 수준에서 보증 기간에 예상되는 최대 수리 횟수와 평균 수리 횟수를 추정하여라. 또한 식 (7-57)~식 (7-61)을 이용하여 근사적인 수리 횟수를 구하여라.

[풀이] $\frac{t_0}{\eta} = \frac{24}{40} = 0.6$일 때 식 (7-77)과 식 (7-78)로써 $m(t_0)$와 $s(t_0)$를 구하기 위한

γ_k, A_k, $\dfrac{(-1)^{k-1}A_k(\frac{t_0}{\eta})^{k\beta}}{\Gamma(k\beta+1)}$, $k=1,2,3,....10$의 값은 표 7-22에서와 같다.

표 7-22 와이블 고장 분포의 매개 변수가 $\beta=0.97$, η=40월일 때 2년 간 예상 수리 대수를 추정하기 위한 계산식의 값

k	$\gamma_k=\dfrac{\Gamma(0.97k+1)}{k!}$	$A_k=\gamma_k-\sum_{j=1}^{k-1}\gamma_j A_{k-j}$	$\dfrac{(-1)^{k-1}A_k(\frac{24}{40})^{0.97k}}{\Gamma(0.97k+1)}$
1	0.987684984	0.987684984	0.609265677
2	0.94681594	−0.028705687	0.005627115
3	0.894141483	−0.012662228	−0.000533793
4	0.83600026	−0.007444563	5.11268E−05
5	0.775801129	−0.004895147	−4.41436E−06
6	0.715631037	−0.00341281	3.3879E−07
7	0.656835723	−0.002464699	−2.32019E−08
8	0.600293021	−0.001821449	1.42885E−09
9	0.546564413	−0.001367574	−7.9764E−11
10	0.495988778	−0.947757497	3.71133E−09
$\sum$			0.614406033

표 7-22의 값을 이용하면

$$m_1(t_0)=\sum_{k=1}^{10}\frac{(-1)^{k-1}A_k(\frac{24}{40})^{0.97k}}{\Gamma(0.97k+1)}=0.614406033$$

$$m_2(t_0)=\sum_{k=2}^{10}\frac{(-1)^{k-1}A_k(\frac{24}{40})^{0.97k}}{\Gamma(0.97k+1)}=0.614406033\text{-}0.614406033=0.005140356$$

가 된다. 또한

$$s(t_0)=\sqrt{2m_2(t_0)+m_1(t_0)-m_1^2(t_0)}=\sqrt{2(0.00514)+0.61441-(0.61441)^2}=0.4972$$

이다. 따라서 95% 신뢰 수준에서 2년까지 예상되는 수리 횟수의 하한과 상한은

$$0.61441-z_{0.025}0.4972\le m(t_0)\le 0.61441+z_{0.025}0.4792$$

이고, $z_{0.025}=1.96$이므로 $-0.36\le m(t_0)\le 1.59$가 된다. 즉 2년 간 최대 1.59회의 수리가 예상

된다.

2년 간 예상되는 평균 수리 횟수 $m(t_0)$는 식 (7-77)을 이용하면

$$m(t_0) = m_1(t_0) = 0.61441$$

가 되고, 식 (7-79)를 이용하면

$$m(t_0) = \ln\left[\frac{1}{e^{-(\frac{24}{40})^{0.97}}}\right] = 0.6093$$

가 된다. 즉 식 (7-77)과 식 (7-79)로써 추정한 평균 수리 횟수는 근사적으로 같다.

식 (7-57) ~ 식 (7-61)을 이용하여 근사적인 수리 횟수를 구하면

$$F(t_0) = 1 - e^{-(\frac{24}{40})^{0.97}} = 0.45625$$

$$F(\frac{t_0}{2}) = 1 - e^{-(\frac{12}{40})^{0.97}} = 0.26731$$

이므로

$$m(t_0) \approx \frac{F(t_0)}{1 - \frac{1}{2}F(t_0)} = \frac{0.45625}{1 - \frac{0.45625}{2}} = 0.591$$

$$m(t_0) \approx \frac{1}{2}\left[F(t_0) + \frac{F(t_0)}{1 - F(t_0)}\right] = \frac{1}{2}(0.45625 + \frac{0.45625}{1 - 0.45625}) = 0.6476$$

$$m(t_0) \approx \frac{F(t_0)}{\sqrt{1 - F(t_0)}} = \frac{0.45625}{\sqrt{1 - 0.45625}} = 0.6187$$

$$m(t_0) \approx F(t_0) + \frac{1}{2}[F(t_0)]^2 = 0.45625 + \frac{0.45625^2}{2} = 0.5603$$

$$m(t_0) \approx F(t_0)[1 + F(\frac{t_0}{2})] = 0.45625(1 + 0.26731) = 0.5782$$

가 된다.

(2) 비례 교체 비용

수리 비용의 일부를 제조업체가 부담하는 비례 교체는 대부분 수리가 불가능한 부품에 적용된다. 즉 수리보다는 교체 비용이라고 할 수 있다. 제품의 구입 비용이 c_p이고, 교체 비용이 제품의 나이에 비례한다고 하면 제품당 제조업체의 보증 비용은 다음과 같이 나타낼 수 있다.

$$C_w(t) = c_p(1 - \frac{t}{t_0}), \quad 0 \le t \le t_0 \tag{7-80}$$

$$= 0 t_0 < t$$

여기서 t는 제품의 나이이고 t_0는 보증 기간이다. 보증 비용 $C_w(t)$는 나이의 함수로서 $t_0 < t$이면 $C_w(t) = 0$가 되므로 예상 비용은 다음 식으로 표현된다.

$$\begin{aligned} E[C_w(t)] &= \int_0^{t_0} C_w(t)dF(t) \\ &= \int_o^{t_0} c_p(1 - \frac{t}{t_o})dF(t) = c_p[\int_0^{t_0} dF(t) - \frac{1}{t_0}\int_0^{t_0} tdF(t)] \\ &= c_p\int_0^{t_0} dF(t) - \frac{c_p}{t_0}\int_0^{t_0} tf(t)dt \\ &= c_p[F(t_0) - F(0)] - \frac{c_p}{t_0}[\mu(t_0) - \mu(0)] \\ &= c_p[F(t_0) - \frac{\mu(t_0)}{t_0}] \end{aligned} \tag{7-81}$$

여기서 $F(t)$는 고장 확률 분포 함수이고 $f(t)$는 고장 확률 밀도 함수이다. $t = 0$일 때 고장 분포 확률은 0이므로 $F(0) = 0$이 되고 $\int_0^t tf(t)dt$는 t시간까지 고장 분포의 평균이므로 $t = 0$일 때 평균은 $\mu(0) = 0$가 된다. $\mu(t_0)$는 보증 기간 t_0까지 예상되는 평균 고장 확률이다. 즉

$$\mu(t_0) = \int_0^{t_0} tdF(t) = \int_0^{t_0} tf(t)dt \tag{7-82}$$

이다.

[예제 7-14] 어떤 제품의 고장 분포는 평균이 1,500시간이고, 표준편차가 10시간인 로그 정규 분포이다. 이 제품의 판매 가격은 130,000원이고 보증 기간은 판매 후 1년 또는 사용 시간으로 1,000시간이다. 소비자의 월 평균 사용 시간이 60시간일 때 이 제품의 대당 보증 비용을 구하여라.

[풀이] 소비자의 연평균 사용 시간 t는

$$t = 60\text{시간} \times 12\text{월} = 720\text{시간}$$

이 되고 보증 기간은 $t_0 = 1{,}000$시간이므로 식 (7-80)을 적용하면

$$C_w(t) = 130{,}000\left(1 - \frac{t}{1{,}000}\right)$$

이다. 이를 식 (7-81)에 대입하면 예상 보증 비용은

$$E[C_w(t)] = \int_0^t \left[130{,}000\left(1 - \frac{t}{1{,}000}\right)\right] dF(t) = 130{,}000\left[F(t) - \frac{1}{1000}\int_0^t tf(t)dt\right]$$

가 된다. $\mu_{\ln} = \ln 1{,}500 = 7.31$, $\sigma_{\ln} = \ln 10 = 2.3$이므로 로그 정규 분포의 $F(t)$와 $\mu(t)$를 구하면

$$F(720) = \Phi\left(\frac{\ln 720 - \ln 1{,}500}{\ln 10}\right) = 0.375$$

$$\mu(720) = \int_0^{720} \frac{t}{t\sigma_{\ln}\sqrt{2\pi}} e^{-\frac{1}{2}\left(\frac{\ln t - \mu_{\ln}}{\sigma_{\ln}}\right)^2} dt = \frac{1}{2.3\sqrt{2\pi}} \int_0^{720} e^{-\frac{1}{2}\left(\frac{\ln t - 7.31}{2.3}\right)^2} dt$$

$$= e^{7.31 + \frac{2.3^2}{2}} \int_{-\infty}^{\ln 720} \frac{1}{2.3\sqrt{2\pi}} e^{-\frac{1}{2}\left[\frac{x - (7.31 + 2.3^2)}{2.3}\right]^2} dx$$

$$= e^{7.31 + \frac{2.3^2}{2}} \Phi\left[\frac{\ln 720 - (7.31 + 2.3^2)}{2.3}\right] = 93.1$$

이다. 따라서 제품당 예상 보증 비용은

$$E[C_w(720)] = 130{,}000\left[F(720) - \frac{1}{1000}\mu(720)\right] = 130{,}000\left(0.375 + \frac{93.1}{1{,}000}\right) = 36{,}645.9\text{원}$$

이다.

(3) 무료 교체와 비례 교체를 조합한 비용

보증 방법이 무료 교체와 비례 교체를 조합한 경우에는 보증 기간을 t_1과 $t_0(t_1 < t_0)$로 구분하여 t_1까지는 소비자의 부담 없이 제조업체가 모든 비용을 부담하며, t_1과 t_0 사이의 기간에서는 수리 및 교체 비용의 일부를 소비자가 부담한다. 비례 교체에서와 같이 이러한 방법의 보증은 주로 수리할 수 없는 제품에 적용된다.

제품의 구입 가격을 c_p라 하고 비례 교체 기간의 비용은 제품의 나이에 반비례한다고 하면, 즉 나이가 많으면 소비자의 부담은 증가하고 제조업자의 부담은 감소하게 되므로 제조

업체가 부담해야 할 제품당 보증 비용은 다음과 같이 나타낼 수 있다.

$$\begin{aligned} C_w(t) &= c_p & 0 \le t \le t_1 \\ &= c_p & (\frac{t_0 - t}{t_0 - t_1})\ t_1 < t \le t_0 \\ &= 0 & t_0 < t \end{aligned} \tag{7-83}$$

따라서 예상 비용은

$$\begin{aligned} E[C_w(t)] &= \int_0^{\infty} C_w(t)dF(t) = \int_0^{t_1} c_p dF(t) + \int_{t_i}^{t_0} c_p(\frac{t_0 - t}{t_0 - t_1})dF(t) \\ &= \frac{c_p}{t_0 - t}[t_0 F(t_1) - t_1 F(t_1) - \mu(t_0) + \mu(t_1)] \end{aligned} \tag{7-84}$$

가 된다. 식 (7-84)에서 $F(t)$는 제품의 고장 분포 함수이다.

[예제 7-15] 트랙터에 사용되는 축전지의 판매 가격은 대당 100,000원이고 보증 정책은 처음 12개월은 무료 교체, 다음 24개월은 12개월 후 사용 시간에 비례하여 교체 비용의 일부를 소비자가 부담한다. 축전지의 수명 분포는 형상계수가 1.5이고 특성수명이 60개월인 와이블 분포이다. 축전지의 대당 보증 비용을 추정하여라.

[풀이] 보증 정책은 무료 교체와 비례 교체를 조합한 방법으로서 $c_p = 100,000$원, $t_0 = 12 + 24 = 36$개월, $t_1 = 12$개월이고, 축전지의 고장 분포 함수는

$$F(t) = 1 - e^{-(\frac{t}{\eta})^{\beta}} = 1 - e^{-(\frac{t}{60})^{1.5}}$$

이다. 따라서 식 (7-84)을 적용하면

$$E[C_w(36)] = \frac{100,000}{36-12}[36F(36) - 12F(12) - \mu(36) + \mu(12)]$$

이고 각 항을 구하면

$$F(12) = 1 - e^{-(\frac{12}{60})^{1.5}} = 0.0855$$

$$F(36) = 1 - e^{-(\frac{36}{60})^{1.5}} = 0.372$$

$$\mu(12) = \int_0^{12} t(\frac{1.5}{60})(\frac{t}{60})^{1.5-1} e^{-(\frac{t}{60})^{1.5}} dt = 0.61$$

$$\mu(36)=\int_0^{36} t(\frac{1.5}{60})(\frac{t}{60})^{1.5-1}e^{-(\frac{t}{60})^{1.5}}dt=7.49$$

이다. $\mu(12)$와 $\mu(36)$은 수치 해석의 방법으로 구한다. 따라서 예상 대당 보증 비용은

$$E[C_w(36)]=\frac{100,000}{36-12}[36\times0.372-12\times0.0855-7.49+0.61]=22,803.7\text{원}$$

이다.

●●● 참고문헌

Kalbfleisch, J. D., J. F. Lawless and J. A. Robinson. 1991. Methods for the analysis and prediction of warranty claims. Technometrics 33(3): 273–285.

Mettas, A. and W. Zhao. 2005. Modeling and analysis of repairable system with general repair. Proceedings of Annual Reliability and Maintainablility Symposium 2005: 176–182

Mohan, Karen, Brad Cline and Jennifer Aker. 2008. A practical method for failure analysis using incomplete warranty data. IEEE

Lawless, J. F. 1998. Statistical analysis of product warranty data. International Statistical Review 66(1): 41–60.

Lipson, C. and N. J. Sheth. 1973. Statistical design and analysis of engineering experiments. McGraw–Hill Inc.

ReliaSoft. Reliability growth & repairable system data analysis reference. ReliaSoft Corporation. http://www.ReliaSoft.com

Yanez, M., F. Joglar and M. Modarres. 2002. Generalized renewal process for analysis of repairable systems with limited failure experience. Reliability Engineering and System Safety 77: 167–180

Yang, Guangbin. 2007. Life cycle reliability engineering. John Wiley & Sons, Inc., Hoboken, New Jersey

White, J. S. 1964. Weibull renewal analysis. 3rd Annual Aerospace Reliability Maintainability Conference. Washington, D. C. June 29–July 1.

제 8 장
가속 수명 시험

제 8 장 가속 수명 시험

정상적인 사용 조건에서 제품의 수명을 예측하기 위해서는 장기간에 걸친 수명 데이터 또는 고장 데이터 수집이 요구된다. 그러나 장기간에 걸친 고장 데이터 수집은 신속하게 제품을 개선하거나 개발 주기를 단축하는 데는 효과적이지 못하다. 반면 가속 수명 시험은 신속하게 고장 데이터를 얻기 위한 방법이다. 즉 가속 수명 시험은 제품을 정상적인 사용 조건에서보다 더 가혹한 조건에서 가동하여 정상적인 사용 조건에서 발생하는 고장을 보다 빠르게 일어나도록 하는 시험이다. 가속 수명 시험의 가혹 조건은 제품의 성능과 수명에 영향을 미치는 하중, 응력, 진동, 전압, 온도, 습도 등이 될 수 있으며, 이러한 조건을 복합적으로 조합하는 경우도 있다.

또한 가속 수명 시험은 제품의 설계 결함, 취약 부분, 고장 특성, 신뢰도 등을 가능한 한 신속하게 구명하기 위한 것으로서, 그 목적에 따라 다양한 형태로 실시할 수 있으나 가속 수명 시험에서 발생하는 제품의 고장 특성은 반드시 정상적인 사용 환경에서 발생하는 고장 특성과 같아야 한다. 즉 가속 수명 시험의 시험 조건이 지나치게 가혹하여 정상적인 사용 환경에서는 발생하지 않는 고장을 유발해서는 안 된다. 이러한 가속 수명 시험의 고장 데이터는 정상적인 사용 조건에서 제품의 수명을 추정할 수 있는 다양한 정보를 제공한다.

8.1 가속 수명 시험의 종류

가속 수명 시험은 그 목적에 따라 다음과 같이 나눌 수 있다.

(1) 정성 시험

정성 시험(qualitative test)은 제품의 모든 고장 형태를 신속하게 확인하기 위한 가속 시험으로서 엘리펀트 시험(elephant tests), 토처 시험(torture tests), 고가속 수명 시험(HALT, highly accelerated life testing), 세이크 앤 베이커 시험(shake & bake tests) 등이 있다. 즉 정성 시험은 기본적으로 제품에서 일어날 수 있는 모든 형태의 고장을 가능한 한 모두 확인하기 위한 것이다. 따라서 우수한 정성 시험이란 정상적인 사용 조건에서 일어날 수 있는 모든 형태의 고장을 신속하게 일어나도록 하는 시험이다. 정성 시험에서는 고장 특성을 구명하기 위한 고장 데이터는 없으며, 제품의 수명도 추정하지 않는다. 정성 시험은 하나의 시제품을 사용하여 정상적인 부하에서보다 더 가혹한 단일 부하에서 시험한다. 이러한 부하 조건에서 고장이 없으면 제품은 시험을 통과한 것으로 간주하고, 고장이 일어나면 이러한 고장이 일어나지 않도록 설계 개선 등 적절한 조치를 취한다.

정성 시험은 모든 형태의 고장을 구명함으로써 제품의 품질을 높일 수 있다는 장점은 있으나 정상적인 사용 조건에서 제품의 신뢰도를 추정하기는 어렵다.

(2) 환경 스트레스 스크리닝과 번인

환경 스트레스 스크리닝(environmental stress screening)은 정성 시험의 한 형태로서 열 사이클, 랜덤 진동, 전기적 스트레스 등을 제품에 인가하여 육안으로는 발견하기 어려운 잠재적인 고장을 신속하게 확인하기 위한 시험으로서 일반적으로 소수의 샘플이 아니라 모든 제품을 대상으로 실시한다.

번인(burn-in)은 환경 스트레스 스크리닝의 특별한 경우로서 제작상 결함이 있는 부품을 사전에 찾아 이를 제거하기 위한 것이다. 결함 부품은 기계 고장의 원인이 된다. 번인도 환경 스트레스 스크리닝과 같이 모든 제품을 대상으로 실시한다.

(3) 정량 시험

정량 시험(quantitative test)은 정상적인 사용 조건에서 제품의 고장 분포, 고장 밀도, 신뢰도, 수명 등 제품의 신뢰도 정보를 얻기 위한 시험으로서, 일정한 수의 샘플로써 일정한 수의 고장에 이를 때까지 또는 일정한 시간에 이를 때가지 시험을 계속한다. 보통 가속 시험이라고 하며, 일반적인 사용 환경에서 제품의 수명과 환경 부하 사이의 관계를 얻기 위한 것이다. 정량 시험은 시험 중 발생할 수 있는 고장, 시험 중단 등 여러 가지 경우에 따라 제6장에서와 같은 적절한 방법으로 시험 데이터를 처리하여야 한다.

(4) 입증 시험

입증 시험은 제품의 신뢰도를 입증하기 위한 시험으로서, 제조업자가 제시한 제품의 신뢰도를 확인하기 위한 것이다. 입증 시험에는 고장을 허용하지 않는 경우와 일정한 수의 고장을 허용하는 경우가 있다. 고장을 허용하지 않는 입증 시험을 무고장 시험 (zero failure test) 또는 성공시험(success run)이라고 한다. 입증 시험은 제9장에서 자세히 설명한다.

8.2 가속 시험의 방법

가속 시험은 정상적인 사용 조건에서보다 더 가혹한 조건에서 제품의 수명을 추정하는 것이므로, 가혹한 조건을 만드는 방법에 따라 여러 가지 방법이 있다. 그러나 가장 일반적인 방법은 사용률을 증가시키거나 응력 또는 하중 수준을 증가시키는 것이며, 사용률과 하중 수준을 모두 증가시킬 수도 있다. 사용률을 증가시키는 방법을 사용률 가속(usage rate acceleration)이라고 하며 응력 또는 하중 수준을 증가시키는 것을 과부하 가속 (overstress acceleration)이라고 한다. 이 2가지 형태의 가속 시험은 모두 제품의 노화를 촉진하여 제품의 실제 수명보다 훨씬 짧은 시간에 고장을 유발하기 위한 것이다.

사용률 가속 시험은 연속적으로 사용하지 않는 제품에 적합한 방법으로서 제품을 연속적으로 가동하여 빠른 시간에 고장이 일어나도록 하는 것이다. 따라서 사용률 가속 시험은 세탁기, 전자 레인지 등과 같이 1회 사용 시간이 비교적 짧고 사용 횟수가 많은 제품에 적합하다.

과부하 가속 시험은 사용 시간이 비교적 길고 연속적인 제품에 적합한 방법으로서 정상적인 사용 조건에서보다 큰 부하를 가하여 제품의 고장을 촉진하는 것이다. 정상적인 사용 조건에서 고장 특성은 과부하 가속 시험의 고장 데이터를 이용하여 보간법으로써 추정할 수 있으며, 과부하 가속 시험의 부하는 온도, 습도, 진동, 응력, 하중 등이 될 수 있다.

과부하 가속 시험의 부하 형태와 수준은 제품의 고장을 촉진하지만 정상적인 사용 조건에서 일어나지 않는 형태의 고장을 유발해서는 안 된다. 이러한 부하의 형태와 수준은 일반적으로 그림 8-1에서와 같이 제품의 제원 한계(specification limit)와 설계 한계(design limit) 사이의 수준이다. 부하의 형태와 수준 설정은 과부하 가속 시험에서 가장 중요한 부분으로서 부하 수준이 높으면 높을수록 시험 시간은 단축할 수 있으나 부하 수준이 너무 높으면 예측 수명에 대한 신뢰도는 그만큼 떨어진다.

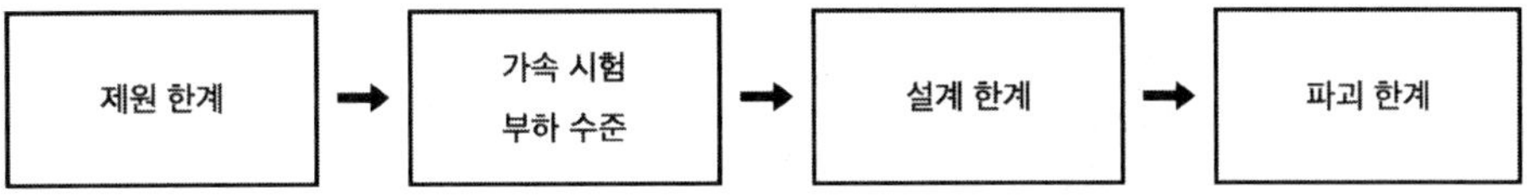

그림 8-1 과부하 가속 시험의 부하 수준

과부하 가속 시험의 고장 데이터를 이용하여 정상적인 사용 조건에서 제품의 고장 특성을 추정하기 위해서는 과부하 상태의 고장 특성과 정상적인 상태의 고장 특성 사이에 존재하는 상관 관계를 구명하여야 한다. 즉 그림 8-2에서와 같이 과부하 상태의 A'과 정상적인 상태의 A 사이에 존재하는 상관 관계를 수학적 함수로서 표현하여야 한다. 그러나 상관 관계는 과부하 가속 시험의 부하 수준에 따라 오차가 증가하기 때문에 정상적인 상태의 고장 특성을 보다 합리적으로 예측하기 위해서는 최소한 2수준의 과부하 상태에서 상관 관계를 확인하여야 한다.

과부하 가속 시험의 부하 형태는 일정한 크기의 부하, 계단식 부하, 주기적 부하, 랜덤 부하가 있다. 이러한 부하는 부하의 크기가 시간에 따라 변하는 형태에 따라 구분된다. 일반적으로 부하의 형태는 부하의 크기가 시간에 따라 변하는 시간-종속성 부하와 변하지 않는 시간-비종속성 부하로 구분할 수 있다. 그러나 가장 널리 사용되는 부하의 형태는 시간-비종속성 부하 즉 일정한 크기의 부하이다. 크기가 일정한 부하는 시간-종속성 부하에 비하여 다음과 같은 장점이 있다.

① 정상적인 사용 조건에서 모든 제품에는 일정한 크기의 부하가 작용하는 것으로 가정할 수 있다.

② 가속 시험은 일정한 크기의 부하에서 훨씬 용이하다.

③ 일정한 크기의 부하에서 실시한 가속 시험은 시간-종속성 부하에서 실시한 가속 시험에서보다 정확한 결과를 예측할 수 있다.

시간-종속성 부하의 대표적인 형태는 계단식 부하와 시간에 따라 크기가 일정한 비율로 변하는 부하이다. 일반적으로 시간-종속성 부하에 의한 가속 시험은 시험 샘플의 고장을 더욱 촉진하는 경향이 있다. 그러나 시간-종속성 부하는 시간-비종속성 부하에 비하여 이를 구현하기 위한 시험 설비가 복잡하고 시험 결과에 대한 분석 방법도 다양하다 (Nelson, 1990).

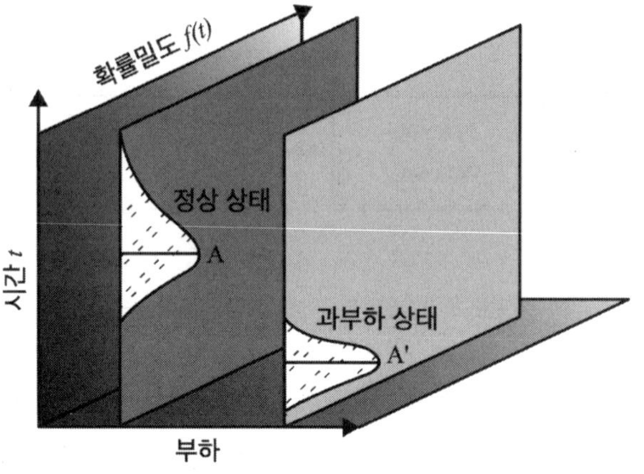

그림 8-2 정상 상태와 과부하 상태

가속 시험에서 고려해야 할 주요 사항은 시험 부하, 시험 샘플의 수, 시험 시간, 허용 고장 수, 신뢰 수준, 시험 설비, 시험 비용 등이다. 이러한 사항은 가속 시험의 목적과 조건에 따라 다를 수 있으나, 가능한 한 시험 비용이 최소가 되도록 결정하여야 한다.

(1) 시험 시간

어떤 제품을 소비자의 전형적인 사용 조건에서 t시간까지 시험하였을 때 t시간까지 예상되는 결과는 t시간 이전에 고장이 일어나는 경우와 t시간까지 고장 없이 작동하는 경우 중 하나이다. t시간까지 n개의 시험 샘플에서 r개가 고장 날 확률 $p(r)$은 다음과 같이 표현할 수 있다.

$$p(r) = \binom{n}{r}(1-R)^r(R)^{n-r} = \frac{n!}{r!(n-r)!}(1-R)^r(R)^{n-r} \tag{8-1}$$

여기서, R = 제품의 신뢰도
r = t시간까지 고장 수
n = 총 시험 샘플 수

만약 n개 샘플이 t시간까지 모두 작동하였다고 하면, 즉 t시간까지 고장 수가 $r=0$이라고 하면, t시간까지 제품이 작동할 확률 $p(0)$은 다음과 같이 표현할 수 있다.

$$p(0) = \binom{n}{0}(1-R)^0(R)^{n-0} = \frac{n!}{0!(n-0)!}(1-R)^0(R)^{n-0} = R^n \tag{8-2}$$

이러한 확률 $p(r)$, $p(0)$에 대한 위험성, 즉 확률이 틀릴 가능성을 α라고 하면, $p(r)$, $p(0)$을 통계적으로 수용하기 위해서는 다음과 같은 조건을 만족하여야 한다.

$$\alpha \le p(r) = \frac{n!}{r!(n-r)!}(1-R)^r (R)^{n-r} \tag{8-3}$$

$$\alpha \le p(0) = R^n \tag{8-4}$$

즉 제품이 고장 날 확률이 오류를 범할 확률보다 커야 한다. α를 유의 수준(significant level)이라고 하며 신뢰 수준 CL과 α 사이에는

$$\alpha = 1 - CL$$

의 관계가 있으므로 r개의 제품이 고장 날 확률과 모두 고장 나지 않을 확률의 하한은 각각 다음과 같이 표현할 수 있다.

$$(1-CL) = \frac{n!}{r!(n-r)!}(1-R)^r (R)^{n-r} \tag{8-5}$$

$$(1-CL) = R^n \tag{8-6}$$

식 (8–5)는 유의 수준과 샘플 r개가 고장이 날 확률이 같은 시간 t를, 식 (8–6)은 유의 수준과 고장이 나지 않을 확률, 즉 무고장일 확률이 같은 시간 t를 구하기 위한 기본식이다. 식 (8–5)와 식 (8–6)에서 신뢰도 R은 제품의 고장 분포 특성에 따라 결정된다. 제품의 고장 분포 특성을 모르는 경우에는 고장 시험으로써 고장 분포 특성을 구명하거나 유사한 제품의 고장 분포 특성을 적용할 수 있다.

고장 분포가 지수 분포인 경우 식 (8–5)와 식 (8–6)은 각각 다음과 같이 표현된다.

$$\frac{(1-CL)r!(n-r)!}{n!} = (1-e^{-\frac{t}{\eta}})^r (e^{-\frac{t}{\eta}})^{n-r}$$

$$1 - CL = (e^{-\frac{t}{\eta}})^n$$

목표 수명 B_X에서 신뢰도를 R_X라고 하면 지수 분포의 특성 수명 η, 즉 평균고장간격(mean time between failures)은 $\eta = -\frac{B_X}{\ln R_X}$이므로 이를 위의 식에 대입하고 양변에 자연 대수를 취하여 정리하면 각각

$$r\ln(1-e^{\frac{\ln R_X}{B_X}t}) + (n-r)\frac{\ln R_X}{B_X}t = \ln[\frac{(1-CL)r!(n-r)!}{n!}] \tag{8-7}$$

$$t = B_X\left[\frac{\ln(1-CL)}{n\ln R_X}\right] \tag{8-8}$$

가 된다.

고장 분포가 와이블 분포인 경우 식 (8–5)와 식 (8–6)은 각각 다음과 같이 표현된다.

$$\frac{(1-CL)r!(n-r)!}{n!} = [1-e^{-(\frac{t}{\eta})^\beta}]^r[e^{-(\frac{t}{\eta})^\beta}]^{n-r}$$

$$1-CL = [e^{-(\frac{t}{\eta})^\beta}]^n$$

목표 수명 B_X에서 신뢰도가 R_X일 때 와이블 분포의 특성 수명은 $\eta = \dfrac{B_X}{(-\ln R_X)^{1/\beta}}$ 이므로 이를 위의 식에 대입하고 양변에 자연 대수를 취하여 정리하면 각각

$$r\ln[1-e^{-[\frac{(-\ln R_X)^{1/\beta}}{B_X}t]^\beta}] - (n-r)[\frac{(-\ln R_X)^{1/\beta}}{B_X}t]^\beta = \ln[\frac{(1-CL)r!(n-r)!}{n!}] \tag{8-9}$$

$$t = B_X\left[\frac{\ln(1-CL)}{n\ln R_X}\right]^{1/\beta} \tag{8-10}$$

가 된다. 식 (8–7)과 식 (8–9)에서 t는 고장 분포가 각각 지수 분포와 와이블 분포이고 목표 수명 B_X의 신뢰도가 R_X일 때 신뢰 수준 CL에서 r개가 고장이 날 것으로 예상되는 시험 시간으로서 시행 착오법으로써 구할 수 있다. 즉 식 (8–7)과 식 (8–9)로써 구한 시험 시간 t까지 고장 난 샘플 수가 r개이면 신뢰 수준 CL에서 목표 수명 B_X에 대한 기대 신뢰도는 R_X가 된다는 것이다. 만약 고장을 허용하지 않는다면, 즉 무고장 시험일 경우에는 식 (8–8)과 식 (8–10)을 이용하여 시험 시간을 구할 수 있고, 이는 시험 시간 t시간까지 고장이 없으면 신뢰 수준 CL에서 목표 수명 B_X에 대한 기대 신뢰도는 R_X가 된다.

시험 시간은 식 (8–7) ~ 식 (8–10)에서와 같이 시험에 사용되는 샘플 수에 따라 변하며, 시험 샘플이 많으면 많을수록 단축할 수 있다. 그러나 변속기 등과 같이 많은 샘플을 사용할 수 없는 경우에는 시험 시간이 길어져 현실적으로 이를 적용하기가 어렵다. 따라서 시험 시간을 현실적으로 수용할 수 있는 범위로 단축하지 않으면 안 된다. 시험 시간을 단축하기 위해서는 실제 사용 환경에서보다도 더 가혹한 사용 환경에서 시험을 수행하여야 한다. 시험 시간을 단축하기 위하여 실제 사용 환경에서보다 더 가혹한 환경에서 수행하는 시험을 가속 시험(accelerated test)이라고 한다.

[예제 8-1] 수명이 $B_{10}=1{,}000$시간인 제품이 있다. 이 제품의 사용 조건에서 2개의 시험 샘플을 시험하였을 때 90% 신뢰 수준에서 2개의 샘플이 모두 작동할 것으로 기대되는 시험 시간과 1개 또는 2개의 샘플이 고장 날 것으로 예상되는 시험 시간을 구하여라. 이 부품의 고장 분포는 와이블 분포를 따르고 β값은 2이다.

[풀이] $CL=0.9$, $B_{10}=1{,}000$시간, 즉 1,000시간까지 신뢰도가 R=90%이므로 고장이 없을 것으로 기대 되는 시험 시간은 식 (8-10)으로부터

$$t=1{,}000[\frac{\ln(1-0.9)}{2\ln 0.9}]^{\frac{1}{2}}=3{,}305.6\text{시간}$$

이 된다. 이는 10회 중 9회의 시험에서 2개의 샘플이 모두 고장 없이 t=3,305.6시간까지 작동할 경우 이 제품의 기대 신뢰도는 1,000시간까지 90%라는 것이다. 1개가 고장 날 것으로 예상되는 시험 시간은 식 (8-9)로부터

$$\ln[\frac{(1-0.9)1!(2-1)!}{2!}]=1\times\ln[1-e^{-[\frac{(-\ln 0.9)^{1/2}}{1{,}000}t]^2}]-(2-1)[\frac{(-\ln 0.9)^{1/2}}{1{,}000}t]^2$$

가 되고, 시행 착오법으로써 t를 구하면 $t=5{,}283.8$시간이 된다. 이는 10회 중 9회의 시험에서 $t=5{,}283.8$시간까지 1개의 샘플만이 고장일 경우 이 제품의 기대 신뢰도는 1,000시간까지 90%라는 것이다. 2개의 샘플이 모두 고장 날 것으로 예상되는 시험 시간은 식 (8-9)로부터

$$\ln[\frac{(1-0.9)2!(2-2)!}{2!}]=2\ln[1-e^{-[\frac{(-\ln 0.9)^{1/2}}{1{,}000}t]^2}]-(2-2)[\frac{(-\ln 0.9)^{1/2}}{1{,}000}t]^2$$

이고, 같은 방법으로 t를 구하면 $t=1{,}900$시간이 된다. 마찬가지로 이는 10회 중 9회의 시험에서 $t=1{,}900$시간까지 2개의 샘플이 모두 고장일 경우 이 제품의 기대 신뢰도는 1,000시간까지 90%라는 것이다.

(2) 시험 샘플의 수

시험 시간은 샘플 수가 증가하면 감소한다. 가속 시험에서 r개의 고장을 허용하면 필요한 샘플 수는 식 (8-5)을 이용하여 시행 착오법으로써 구할 수 있으며, 최소한의 샘플 수는 허용 고장 수에 따라 증가한다. 무고장 시험의 경우에는 식 (8-6)을 이용하면 식 (8-11)에서와 같이 최소한의 샘플 수 n_L를 구할 수 있다.

$$n_L=\frac{\ln(1-CL)}{\ln R} \tag{8-11}$$

그림 8-3은 식 (8-11)을 이용하여 무고장 시험에서 필요한 최소한의 샘플 수 n_L, 신뢰 수준 CL, 신뢰도 R의 관계를 나타낸 것이며, 그림 8-3에서와 같이 최소한의 샘플 수는 신뢰 수준과 신뢰도가 증가함에 따라 증가한다.

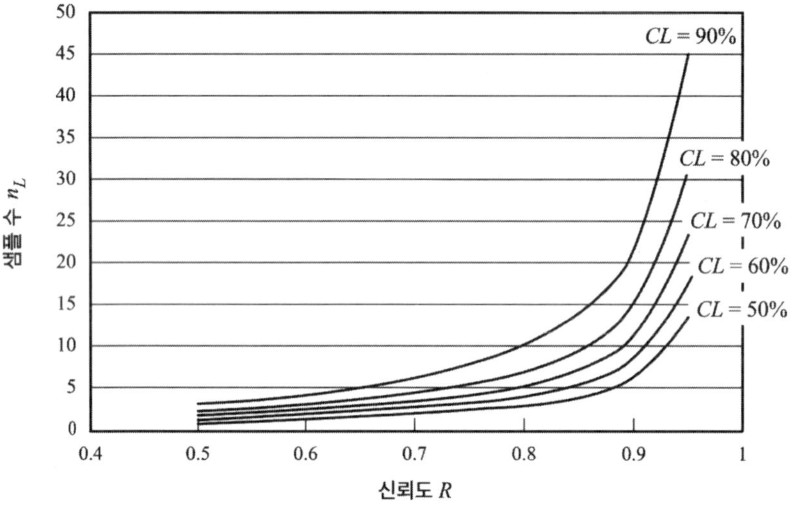

그림 8-3 무고장 시험에서 신뢰도 입증을 위한 최소한의 샘플 수

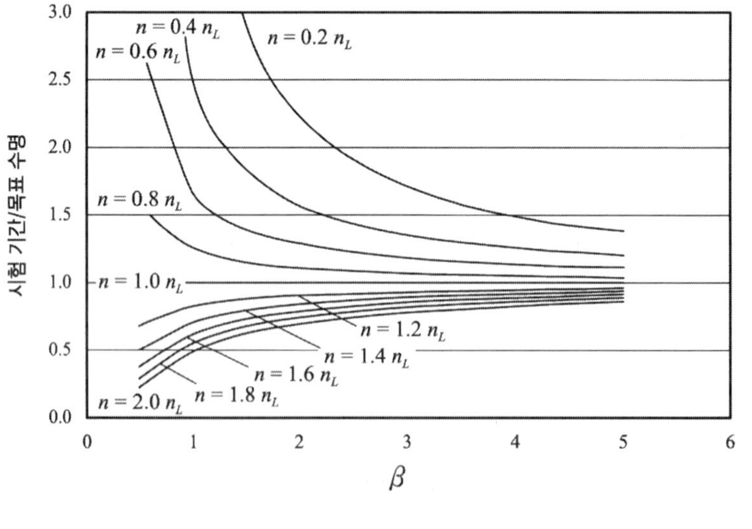

그림 8-4 샘플 수와 β값에 따른 무고장 시험의 시험 시간

무고장 시험에서 샘플 수가 시험 시간에 미치는 영향은 식 (8-10)에서와 같이 β값과 신뢰도 입증에 필요한 최소한의 샘플 수 n_L에 따라 다르다. β값이 크면 클수록 시험 시간은 단축되어 목표 수명과 같은 시간에 이른다. 그러나 샘플 수가 무고장 시험에서 필요한 최소한의 샘플 수 n_L와 같은 경우에는, 그림 8-4에서와 같이 β값에 관계없이 시험 시간은 항상 목표 수명과 같아야 한다. 즉 필요한 최소한의 샘플 수로써 목표 수명까지 시험하여 모두 고장이 없어야 목표 수명의 신뢰도가 입증된다. 샘플 수 n이 필요한 최소한의 샘플 수 n_L보다 적은 경우, 시험 시간은 β값에 따라 감소하나 항상 목표 수명보다 길어야 하며, 샘플 수 n이 최소한의 샘플 수 n_L보다 많은 경우에는 항상 목표 수명보다 짧다. 일반적으로 샘플의 단가가 높은 경우에는 필요한 최소한의 샘플 수보다 많이 샘플을 시험하기가 어렵기 때문에 시험 시간은 항상 목표 수명보다 길어야 한다. 시험 시간이 목표 수명보다 짧은 경우에도 목표 수명이 긴 경우에는 시험 시간도 길어진다. 따라서 어떤 경우에도 시험 시간을 단축하기 위한 가속 시험이 필요하며, 샘플 수가 제한되는 경우에는 특히 가속 시험이 요구된다. 따라서 적정 시험 시간과 샘플 수는 현실적으로 시험 비용을 최소화하는 방법으로 결정할 수밖에 없다. 가속 시험의 시험 비용은 다음 식으로 추정할 수 있다.

$$C_t = t(C_l + C_d + C_m) + nC_p \tag{8-12}$$

여기서, C_t=시험 비용

C_l=단위 시간당 인건비

C_d=단위 시간당 개발비

C_m=단위 시간당 기계 이용비

C_p=샘플의 대당 가격

t=시험 시간

n=샘플 수

시험 비용 산출의 한 예로서 자동차 수명 시험에 소요되는 비용을 추정하여 보자. 자동차의 목표 수명은 90% 신뢰 수준에서 $B_5 = 200{,}000$ km이고, 고장 분포는 형상계수가 $\beta = 3$인 와이블 분포이다. 시험에 필요한 샘플의 대당 가격은 2,000만 원, km당 기계 이용비, 인건비, 개발 비용은 각각 $C_m = 400$원, $C_l = 300$원, $C_d = 400$원이라고 가정한다. 샘플 수를 n이라고 하면 무고장 시험의 시험 거리는 식 (8-10)으로부터

$$t = 200,000[\frac{\ln(1-0.9)}{n\ln 0.95}]^{1/3} \text{ km}$$

가 된다. 따라서 식 (8−12)를 이용하면 무고장 시험의 시험 비용은 다음과 같이 샘플 수 n의 함수로서 나타낼 수 있다.

$$C_t = 200,000(\frac{\ln 0.1}{n\ln 0.95})^{\frac{1}{3}}(300+400+400)+20,000,000n$$

샘플 수 n에 따라 시험 비용 C_t는 그림 8−5에서와 같이 변하며, $n=7$일 때 시험 비용이 최소가 된다. 따라서 적정 샘플 수는 7개이며, 이때 시험 거리는 371,577.2 km, 시험 비용은 548.7백만 원으로 추정할 수 있다.

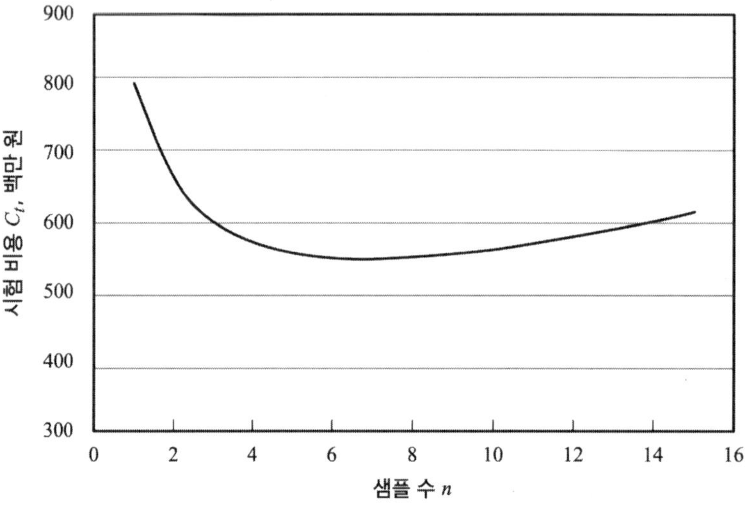

그림 8−5 시험 비용의 추정

(3) 가속 부하

그림 8−6은 피로 시험의 결과를 대수−대수지에 나타낸 S−N 선도 또는 하중−수명 선도이다. 하중−수명 선도는 제품의 피로 수명과 완전 반복 하중의 관계를 나타낸 것이다. 하중−수명 선상의 모든 점에서 피로 수명 L 사이클과 완전 반복 하중 P의 관계는 다음과 같이 표현된다.

$$LP^{\lambda} = C$$

여기서 λ는 하중–수명 선도의 기울기로서 피로손상지수이며, C는 상수이고 λ와 C는 제품에 따라 결정된다. 따라서 하중–수명 선상의 모든 점에서 LP^λ의 값은 같으며, LP^λ의 값을 총 피로 손상이라고 한다. 즉 하중–수명 선도는 완전 반복 하중이 제품에 일생 동안 작용할 때 제품에 누적되는 총 피로 손상을 나타낸 선도로서 등 총 피로 손상 선도라고 할 수 있다.

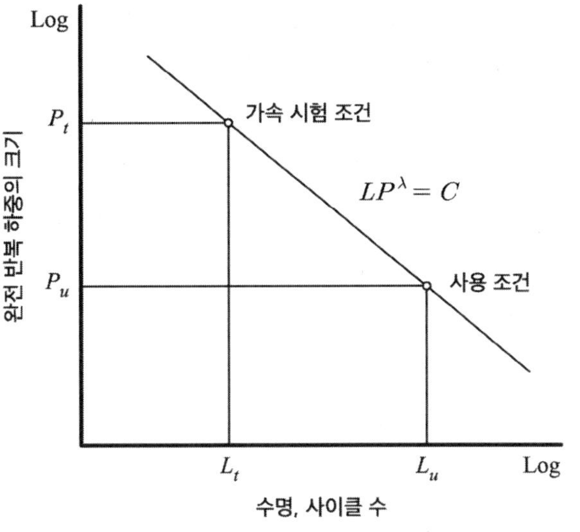

그림 8–6 하중–수명 선도

그림 8–6에서와 같이 정상적인 사용 조건에서 제품에 작용하는 완전 반복 하중의 크기가 P_u일 때 제품의 수명을 L_u 사이클이라고 하면 일생 동안 제품에 누적되는 총 피로 손상은 $D = L_u P_u^\lambda$가 된다. 가속 시험의 부하와 부하 사이클은 실제 사용 조건에서 제품에 누적되는 총 피로 손상과 가속 시험에서 누적되는 총 피로 손상이 같도록 결정한다. 즉 가속 시험의 완전 반복 하중과 부하 사이클을 각각 P_t, L_t라고 하면 가속 시험의 조건은 식 (8–13)으로써 결정할 수 있다.

$$L_t P_t^\lambda = L_u P_u^\lambda \tag{8–13}$$

식 (8–13)에서 완전 반복 하중의 작용 시간과 속도를 각각 t시간, ω rpm이라고 하면 제품에 작용하는 부하 사이클 수는

$$L = 60\omega t$$

가 되므로 사용 조건의 속도를 ω_u rpm, 가속 시험의 속도를 ω_t rpm이라고 하면 식 (8-13)은 다음과 같이 표현된다.

$$\omega_t t_t P_t^{\lambda} = \omega_u t_u P_u^{\lambda} \tag{8-14}$$

가속 시험의 대상 제품은 베어링, 기어 등과 같이 단품인 것도 있으나 대부분은 다수의 부품이 결합된 제품이다. 다수의 부품이 결합된 제품은 구성 부품 중에서 수명에 가장 큰 영향을 미치는 주요 부품을 확인하여야 한다. 일반적으로 제품을 구성하는 주요 부품은 베어링, 기어, 축, 실린더, 피스톤, 실, 나사 등으로서 주기적으로 교체하는 소모품을 제외하면 주요 부품은 주로 베어링, 기어, 축, 실린더, 피스톤 등이다. 제품의 주요 부품을 확인한 다음에는 이 부품에 대한 하중-수명 선도와 고장 특성을 구명하여야 한다.

주요 부품의 하중-수명 선도와 고장 특성은 각각 피로 시험과 고장 시험을 통하여 결정한다. 피로 시험과 고장 시험에는 많은 시간과 비용이 요구되므로 이러한 시험을 통하여 하중-수명 선도와 고장 특성을 구명하기가 어려울 때는 기존 데이터 또는 문헌을 이용할 수밖에 없다. 문헌을 통하여 하중-수명 선도와 고장 특성을 결정할 때는 문헌의 공인 여부와 정확성을 확인하여야 한다. 가속 시험을 계획할 때 실질적으로 가장 어려운 부분은 시험 대상 제품에 대한 하중-수명 선도와 고장 특성을 구명하는 일이다.

제품의 하중-수명 선도 및 고장 특성을 구명한 다음에는 이들을 이용하여 시험 시간, 등가 부하, 등가 속도를 결정하는 데 필요한 고장 분포 함수의 매개 변수와 피로손상지수 λ를 결정한다. 제품을 구성하는 주요 부품의 하중-수명 선도가 결정되면 부하 수준에 따라 고장이 발생하는 부품의 순서를 확인하고 부하 수준에 따라 해당 부품의 하중-수명 선도를 적용하여야 한다. 그림 8-7은 3개의 주요 부품으로 구성된 제품의 하중-수명 선도로서 구성 부품의 하중-수명 선도를 동일한 대수-대수지에 나타낸 것이다. λ값이 클수록 하중-수명 선도의 기울기는 감소한다. 이는 하중이 증가함에 따라 λ값이 큰 부품은 λ값이 작은 부품에 비하여 수명이 빠르게 감소함을 의미한다. 그림 8-7에서 부품 A와 B, 부품 B와 C의 하중-수명 선도가 교차하는 점을 각각 L_1, L_2라고 하면 이 제품의 수명은 L_1까지는 부품 A, L_1과 L_2사이에서는 부품 B, L_2 이상에서는 부품 C에 의하여 결정된다. 따라서 다수의 부품으로 구성된 제품의 하중-수명 선도는 목표 수명에 따라 부품의 하중-수명 선도를 적절히 결합하여 결정하여야 한다.

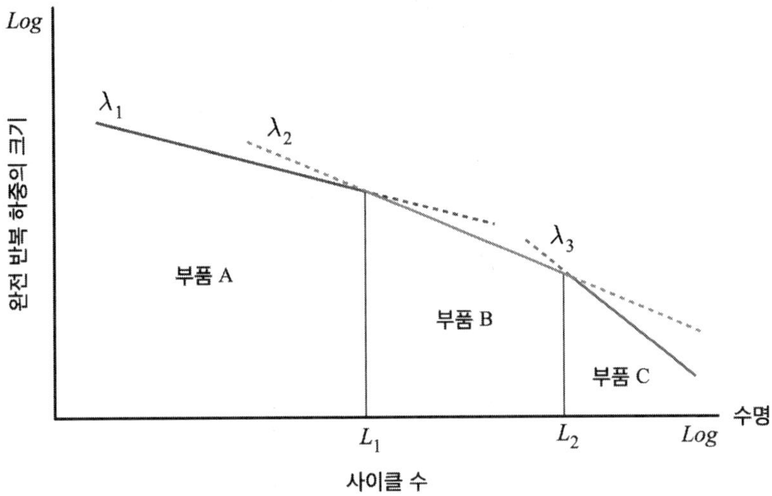

그림 8-7 3개의 부품으로 구성된 제품의 하중-수명 선도

(4) 가속 시험 사이클

가속 시험 조건이 가혹하면 가혹할수록 시험 시간은 단축된다. 그러나 가혹도에 따라 고장 형태가 달라지므로 실제 사용 조건에서 일어나는 고장 형태와 다른 형태의 고장이 일어나는 가혹 조건은 가속 시험에 적용할 수 없다. 일반적으로 가속 시험은 제품의 제조업자가 규정한 최대 부하, 최고 속도, 최고 온도 등 최대 허용 부하 조건에서 실시한다. 동력원으로서 엔진, 전기 모터 등을 사용하는 제품의 경우에는 동력원이 전달할 수 있는 최대 토크 또는 최대 출력 수준에서 실시한다. 디젤 엔진을 동력원으로 사용하는 제품의 경우에는 가혹 조건을 그림 8-8에서와 같이 전부하 상태에서 최대 출력점, 최대 토크점, 최대 출력점과 최대 토크점 간 중간 지점의 토크와 속도, 즉 $(T_1, \omega_1), (T_2, \omega_2), (T_3, \omega_3)$으로 설정할 수 있다.

가속 시험의 한 사이클은 표 8-1에서와 같이 시험 부하의 크기, 속도, 작용 시간 비율 등을 부하 수준에 따라 적절하게 조합한 것이다. 이 사이클의 주요 구성 요소는 시험 부하의 주기, 평균, 최대 및 최저 수준, 각 부하의 유지 시간, 무부하 상태에서 최대 부하까지 상승 시간, 최대 부하에서 무부하 상태까지 하강 시간 등으로서 이러한 요소의 구성 형태에 따라 가속 시험 사이클의 특징이 결정된다. 가속 시험 사이클은 제품의 실제 사용 조건과 사용 프로파일 등을 고려하여 설계하여야 한다.

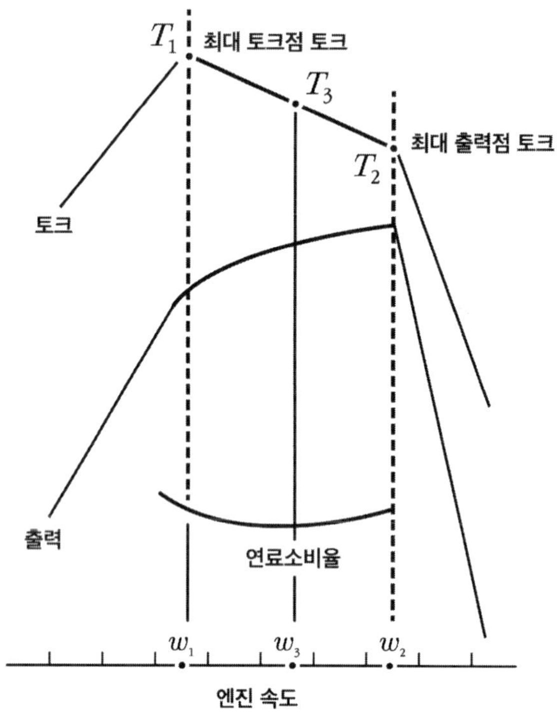

그림 8-8 전부하 상태에서 디젤 엔진의 성능 곡선

표 8-1 가속 시험 사이클의 작성 예

부하 조건, i	부하 수준, P_i	부하 속도, ω_i	작용 시간 비율, %
1	100 bar	1000 rpm	10
2	200 bar	800 rpm	20
3	300 bar	600 rpm	30
⋮	⋮	⋮	⋮
합			100

가속 시험의 시험 시간 t_{test}, 부하 수준 P_{test}, 부하 속도 ω_{test}가 결정되면 이를 이용하여 가속 시험 사이클을 결정한다. 가속 시험 사이클은 가속 시험에서 주기적으로 반복되는 부하의 형태로서 연속적으로 구성된 단계별 부하 조건이다. 이러한 가속 시험 사이클을 결정할 때는 다음과 같은 일반 원리를 적용한다.

① 가속 시험 사이클은 제품의 다양한 부하 조건을 반영하여야 한다.

② 가속 시험 사이클에서 최대 부하는 최소한 2초 이상 작용하여야 한다.

③ 최소 부하에서 최대 부하까지 또는 최대 부하에서 최소 부하까지 부하의 증감은 일정한 비율로 이루어져야 하며, 급격한 증가나 감소보다는 점진적인 증가와 감소가 바람직하다.

④ 한 사이클의 주기는 8 ~ 30초 정도로 한다.

이상과 같은 일반적인 원리를 적용하여 부품, 장치 또는 기계에 따라 적절한 가속 시험 사이클을 설계하고, 이 가속 시험 사이클의 등가 부하와 등가 속도를 다시 계산하여 식 (8-14)의 P_t와 ω_t로 사용한다. 이때 계산한 가속 시험 시간은 가속 시험 사이클로써 시험할 때 필요한 시험 시간이다.

(5) 가속계수

가속계수는 실제 부하에 대한 가속 부하의 비로서, 실제 사용 조건과 가속 시험 사이클의 등가 부하와 등가 속도를 이용하여 구한다. 가속계수는 하중 증가로 인한 가속계수와 속도 증가로 인한 가속계수로 구분할 수 있으며, 가속계수는 이들의 곱과 같다. 하중 증가로 인한 가속계수 a_P와 속도 증가로 인한 가속계수 a_ω는 각각 다음과 같이 결정된다.

$$a_P = [\frac{(P_{eq})_a}{(P_{eq})_u}]^\lambda \tag{8-15}$$

$$a_\omega = [\frac{(\omega_{eq})_a}{(\omega_{eq})_u}] \tag{8-16}$$

여기서, $(P_{eq})_u$=실제 사용 조건의 등가 부하
$(P_{eq})_a$=가속 시험 사이클의 등가 부하
$(\omega_{eq})_u$=실제 사용 조건의 등가 속도
$(\omega_{eq})_a$=가속 시험 사이클의 등가 속도
a_P=하중 증가로 인한 가속계수
a_ω=속도 증가로 인한 가속계수

따라서 가속계수 AF는

$$AF = a_P \, a_\omega \tag{8-17}$$

가 된다.

8.3 수명-부하 모델

부하가 일정할 때 부하에 대한 수명 데이터는 일반적으로 그림 8-9에서와 같다. 즉 부하가 작을 때는 수명이 길고, 부하가 클 때는 수명이 짧다. 또한 부하가 작을 때는 수명 분포의 범위가 넓고, 부하가 클 때는 수명 분포의 범위가 좁다. 그러나 일정한 부하 상태에서도 제품의 실제 수명은 일정하지 않기 때문에 제품에 따라 적절한 수명 분포 함수를 결정하여야 한다. 수명-부하 선도는 수명 분포의 특성을 나타내며, 수명-부하 선도에서 수명은 평균 수명(average life), 중위 수명(median life), 특성 수명 등으로써 나타낼 수 있다. 수명-부하 선도는 사용 그래프의 스케일에 따라 직선 또는 곡선으로 나타낼 수 있으나 보간법을 적용하는 데는 대수-대수지에서와 같이 직선화한 수명-부하 선도가 편리하다. 직선화한 수명-부하 선도, 즉 수명-부하 관계의 대표적인 모델에는 어레니우스(Arrhenius) 모델과 역승법(inverse power law) 모델이 있다.

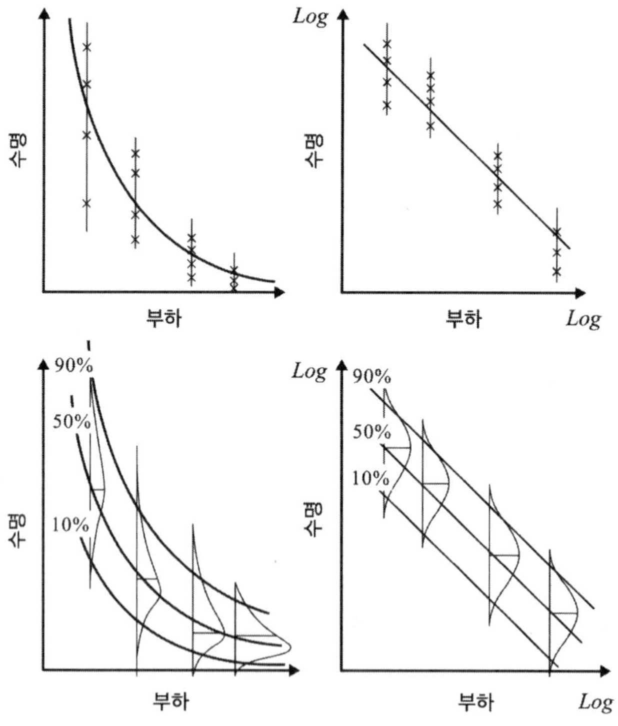

그림 8-9 수명-부하 선도

(1) 어레니우스 모델

어레니우스 모델은 온도에 따라 변하는 화학 반응을 기본으로 한 모델로서 절연체, 반도체, 축전지 셀, 윤활유, 그리스, 합성수지 등 온도가 수명에 미치는 영향이 큰 제품에 적용할 수 있다. 어레니우스 모델은 온도의 함수로서 다음과 같이 정의된다.

$$L = Ae^{\frac{B}{T}} \tag{8-18}$$

여기서, $L=$ 호칭 수명

A, B =제품의 형상, 시편의 크기, 조립 상태, 시험 방법 등에 따라 결정되는 상수

T = 절대 온도, ^oK

식 (8–18)의 양변에 자연 대수를 취하면

$$\ln L = \ln A + \frac{B}{T} \tag{8-19}$$

가 된다. $Y = \ln L$, $X = \frac{1}{T}$, $C = \ln A$라고 하면, 식 (8–19)는 X의 선형 함수로서 $Y = BX + C$로 나타낼 수 있으며 $X-Y$좌표계에서 직선이 된다. 따라서 A는 $1/T$=0일 때 Y축의 절편을 C라고 하면 $A = e^C$가 되고, B는 이 직선의 기울기가 된다. 수명이 온도 또는 열의 영향만을 받는 경우에는 B를 활성 에너지(activation energy)로 나타낼 수 있으며, 다음과 같이 활성 에너지와 볼쯔만의 상수로써 구할 수 있다.

$$B = \frac{E_A}{C_B}$$

여기서, E_A=활성 에너지, eV

C_B=볼쯔만의 상수, $8.623 \times 10^{-5}\ eV/^oK$

어레니우스 모델에서 절대 온도가 T'일 때 수명 L'에 대한 절대 온도가 T일 때 수명 L의 비를 가속계수(acceleration factor)라고 하며, 가속계수 A_F는 다음과 같이 표현된다.

$$A_F = \frac{L}{L'} = e^{B\left(\frac{1}{T} - \frac{1}{T'}\right)} \tag{8-20}$$

어레니우스 수명–부하 모델에서 수명 분포로 널리 사용되는 모델에는 와이블 분포, 지수 분포, 로그 정규 분포가 있다.

1) 어레니우스-와이블 모델

어레니우스-와이블 모델은 절대 온도 T에서 제품의 수명 분포를 와이블 분포로 가정하고 와이블 분포의 특성 수명 η를 절대 온도 T의 함수로서 나타낸 것이다. 즉 어레니우스-와이블 모델은 다음과 같이 표현된다.

$$\eta(T) = Ae^{\frac{B}{T}} \tag{8-21}$$

이를 2모수 와이블 분포 함수에 대입하면, 어레니우스-와이블 모델의 고장 확률 밀도 함수는 시간 t와 절대 온도 T의 함수로서 다음과 같이 표현된다.

$$f(t, T) = \frac{\beta}{Ae^{B/T}}\left(\frac{t}{Ae^{B/T}}\right)^{\beta-1}e^{-\left(\frac{t}{Ae^{B/T}}\right)^{\beta}} \tag{8-22}$$

어레니우스-와이블 모델의 고장 확률 분포 함수, 신뢰도 함수, 평균 수명, 분산은 각각 식 (5-4), 식 (5-6), 식 (5-11), 식 (5-12)를 적용하여 구할 수 있으며 다음과 같이 표현된다.

$$F(t, T) = 1 - e^{-\left(\frac{t}{Ae^{B/T}}\right)^{\beta}}$$

$$R(t, T) = e^{-\left(\frac{t}{Ae^{B/T}}\right)^{\beta}}$$

$$\mu = Ae^{B/T}\Gamma\left(1 + \frac{1}{\beta}\right)$$

$$\sigma^2 = (Ae^{B/T})^2\left[\Gamma\left(1 + \frac{2}{\beta}\right) - \Gamma^2\left(1 + \frac{1}{\beta}\right)\right]$$

2) 어레니우스-지수 모델

어레니우스-지수 모델은 절대 온도 T에서 수명 분포를 지수 분포로 가정하고 지수 분포의 특성 수명, 즉 평균고장간격 η를 식 (8-23)에서와 같이 절대 온도 T의 함수로서 나타낸 것이다.

$$\eta(T) = Ae^{\frac{B}{T}} \tag{8-23}$$

식 (8-23)을 지수 분포의 밀도 함수에 대입하면 어레니우스-지수 모델의 고장 확률 밀도 함수는 시간 t와 온도 T의 함수로서 다음과 같이 표현된다.

$$f(t, T) = \frac{1}{Ae^{B/T}} e^{-\frac{t}{Ae^{B/T}}} \qquad (8-24)$$

따라서 어레니우스-지수 모델의 고장 확률 분포 함수, 신뢰도 함수, 평균 수명, 분산은 각각 식 (5-14), 식 (5-16), 식 (5-18), 식 (5-19)를 적용하여 구할 수 있으며 다음과 같이 표현된다.

$$F(t, T) = 1 - e^{-\frac{t}{Ae^{B/T}}}$$

$$R(t, T) = e^{-\frac{t}{Ae^{B/T}}}$$

$$\mu = Ae^{\frac{B}{T}}$$

$$\sigma^2 = A^2 e^{2B/T}$$

3) 어레니우스-로그 정규 모델

어레니우스-로그 정규 모델은 절대 온도 T에서 수명 분포를 로그 정규 분포로 가정하고 수명-부하 모델의 수명을 로그 정규 분포의 중위 수명(median life)으로써 나타낸 것이다. 로그 정규 분포의 중위 수명(median life)을 $e^{\mu_{\ln}}$이라고 하면, 어레니우스-로그 정규 모델은 다음과 같이 표현된다.

$$e^{\mu_{\ln}} = Ae^{\frac{B}{T}}$$

양변에 자연 대수를 취하면

$$\mu_{\ln} = \ln A + \frac{B}{T} \qquad (8-25)$$

가 되고, 식 (8-25)를 로그 정규 분포 함수에 대입하면 어레니우스-로그 정규 모델의 고장 확률 밀도 함수와 고장 확률 분포 함수는 각각

$$f(t, T) = \frac{1}{t\sigma_{\ln}\sqrt{2\pi}} e^{-\frac{1}{2}\left(\frac{\ln t - \ln A - \frac{B}{T}}{\sigma_{\ln}}\right)^2} \qquad (8-26)$$

$$F(t, T) = \int_{-\infty}^{t} \frac{1}{t\sigma_{\ln}\sqrt{2\pi}} e^{-\frac{1}{2}\left(\frac{\ln t - \ln A - \frac{B}{T}}{\sigma_{\ln}}\right)^2} dt = \Phi\left(\frac{\ln t - \ln A - \frac{B}{T}}{\sigma_{\ln}}\right) \qquad (8-27)$$

가 된다. 따라서 어레니우스-로그 정규 모델의 신뢰도 함수, 평균 수명, 분산은 각각 식 (5-26), 식 (5-28), 식 (5-29)를 적용하여 구할 수 있으며 다음과 같이 표현된다.

$$R(t,T) = 1 - \Phi\left[\frac{\ln t - (\ln A + B/T)}{\sigma_{\ln}}\right]$$

$$\mu = e^{\ln A + B/T + \frac{1}{2}\sigma_{\ln}^2}$$

$$\sigma^2 = e^{2(\ln A + B/T) + \sigma_{\ln}^2}\left(e^{\sigma_{\ln}^2} - 1\right)$$

여기서 $\Phi\left[\frac{\ln t - \ln A - B/T}{\sigma_{\ln}}\right]$은 표준 정규 변수의 범위가 $-\infty \sim \frac{\ln t - \ln A - B/T}{\sigma_{\ln}}$일 때 표준 정규 분포 선도 아래의 면적과 같고, $\sigma_{\ln}$는 로그 정규 분포의 표준편차이고 t는 제품의 사용 시간이다.

(2) 아이링 모델

수명을 온도의 함수로서 모형화한 온도-수명 모델에는 아이링 모델(Eyring model)도 있다. 아이링 모델은 양자 역학을 기본으로 한 모형으로서 화학적 열화의 반응률을 나타낸 것이며 다음과 같이 표현된다.

$$L = \frac{A}{T}e^{\frac{B}{kT}} \tag{8-28}$$

여기서, L=수명
T=절대 온도
A, B=제품과 시험 방법에 따른 상수
k=볼쯔만의 상수

절대 온도 T의 변화가 작으면 A/T는 상수에 가까운 값이며, 아이링 모델은 어레니우스 모델에 접근한다. 아이링 모델도 어레니우스 모델에서와 같이 수명 분포에 따라 아이링-와이블 모델, 아이링-지수 모델, 아이링-로그 정규 모델로 모형화할 수 있으며, 각 모델의 매개변수는 최우 추정법으로써 구할 수 있다.

아이링 모델은 온도와 함께 습도, 응력 등 다수의 다른 부하 변수의 영향을 고려한 부하-수명 모델로서도 사용할 수 있으며, 수명 L은 절대 온도 T와 다른 부하 변수 $S_1, S_2, \ldots S_n$의 함수로서 다음과 같이 표현된다.

$$L = \frac{A}{T} e^{\frac{B}{T}} e^{(C_1 + \frac{D_1}{T})S_1} e^{(C_2 + \frac{D_2}{T})S_2} \cdots\cdots e^{(C_n + \frac{D_n}{T})S_n} \qquad (8-29)$$

여기서 $A, B, C_1, C_2 \cdots C_n, D_1, D_2, \cdots D_n$은 모두 제품과 시험 방법에 따라 결정되는 상수이다. 식 (8-29)의 아이링 모델은 부하 변수의 상호 작용에 대한 영향을 고려한 것이다. 그러나 아이링 모델은 매개 변수를 결정하기 위하여 많은 조합의 부하 상태에서 수명 시험이 요구되므로 실질적으로는 적용하기 어렵다. 부하 변수가 2개이면 아이링 모델의 매개 변수는 4개가 되고, 이를 결정하기 위해서는 최소한 4조합의 부하 변수 수준에서 수명 시험을 실시하여야 한다.

(3) 역승법 모델

역승법(IPL, inverse power law) 모델은 응력의 함수로서 제품의 수명을 나타낸 모델이다. 즉 제품의 수명과 응력 사이의 관계를 모형화한 것으로서, 주로 베어링 등 외부 하중을 받는 금속 제품에 적용된다.

역승법 모델에서 제품의 호칭 수명 L은 응력 S의 함수로서 다음과 같이 표현된다.

$$L(S) = \frac{1}{KS^n} \qquad (8-30)$$

여기서 K와 n은 제품의 특성, 시편의 형상, 조립 상태, 시험 방법 등에 따라 결정되는 상수로서 시험 데이터로써 결정한다. 역승법 모델에는 제품의 수명 분포에 따라 와이블 분포의 특성 수명과 결합한 역승법-와이블 모델, 지수 분포의 특성 수명, 즉 평균고장간격(MTBF)과 결합한 역승법-지수 모델, 로그 정규 분포의 중위 수명과 결합한 역승법-로그 정규 모델이 있다. 따라서 역승법-와이블 모델, 역승법-지수 모델, 역승법-로그 정규 모델은 와이블 분포, 지수 분포, 로그 정규 분포의 특성 수명과 중위 수명을 각각 $\eta = \frac{1}{KS^n}$, $\mu_{\ln} = \ln(\frac{1}{KS^n})$로써 대체한 것이며 각 모델은 다음과 같이 표현된다.

역승법-와이블 모델 $$f(t,S) = (\beta KS^n)(tKS^n)^{\beta-1} e^{-(tKS^n)^\beta} \qquad (8-31)$$

역승법-지수 모델 $$f(t,S) = (KS^n) e^{-tKS^n} \qquad (8-32)$$

역승법-로그 정규 모델 $$f(t,S) = \frac{1}{t\sigma_{\ln}\sqrt{2\pi}} e^{-\frac{1}{2}(\frac{\ln t + \ln K + n \ln S}{\sigma_{\ln}})^2} \qquad (8-33)$$

각 모델의 고장 확률 밀도 함수는 응력이 S일 때 시각 t에서 제품의 고장 확률을 나타낸 것으로서 각 모델의 매개 변수는 최우 추정법으로써 구할 수 있다.

대표적인 역승법 모델에는 팜그렌 식(Palmgren's equation)과 코핀–맨션 식(Coffin–Manson equation)이 있다. 팜그렌 식은 레이디얼 하중의 함수로서 구름 베어링의 정격 수명을 나타낸 것이며

$$L_{10} = (\frac{C}{P_e})^a \tag{8–34}$$

여기서, L_{10} = 정격 수명, 신뢰도가 90%인 수명, 10^6 사이클
C = 기본 동정격 하중
P_e = 레이디얼 등가 하중
a = 볼 베어링의 경우 3, 롤러 베어링의 경우 $\frac{10}{3}$

와 같이 표현된다. 베어링의 수명은 일반적으로 와이블 분포를 따르며, 정격 수명에 대한 신뢰도가 90%이므로 와이블 분포의 신뢰도를 적용하면 식 (8–34)는 다음과 같이 표현할 수 있다.

$$\eta(\ln\frac{1}{0.9})^{1/\beta} = (\frac{C}{P_e})^a \tag{8–35}$$

베어링의 요구 수명이 $n \times 10^6$ 사이클일 때 요구 신뢰도를 R이라고 하면

$$R = e^{-(\frac{n}{\eta})^\beta}$$

가 되고, 위의 식에서 특성 수명 η를 구하여 식 (8–35)에 대입하면

$$C = P_e[\frac{n(\ln\frac{1}{0.9})^{1/\beta}}{(\ln\frac{1}{R})^{1/\beta}}]^{1/a} \tag{8–36}$$

가 된다. 식 (8–36)은 수명 분포가 와이블 분포를 따를 때 요구 수명 $n \times 10^6$ 사이클, 작용 하중 P_e, 요구 신뢰도 R의 조건을 만족하는 베어링의 기본 동정격 하중을 구하는 식이다.

코핀–맨션 식은 열 사이클에 의한 금속의 피로 수명을 나타낸 것으로서

$$N = \frac{A}{(\Delta T)^B} \tag{8–37}$$

여기서, N = 피로 수명, 사이클

ΔT = 열 사이클의 온도 차

A, B = 재질, 열, 시험 방법에 따른 상수

와 같이 표현된다. 금속의 경우 B값은 2 정도이며, 비금속인 합성수지 제품의 경우에는 5에 가까운 값이다. 일반적으로 금속의 피로 수명은 로그 정규 분포이므로 식 (8-37)은 로그 정규 분포 함수와 결합할 수 있다.

[예제 8-2] 회전 속도가 2,500 rpm인 전동축을 지지하는 볼 베어링이 있다. 이 베어링에 작용하는 레이디얼 등가 하중은 2.5 kN이고, 요구 신뢰도는 3,000시간까지 99%이다. 베어링의 고장 분포는 와이블 분포이다. 형상계수가 1.48일 때 이 베어링을 선정하는 데 필요한 기본 동정격 하중을 구하여라.

[풀이] 수명 3,000시간까지 하중 사이클은 $2{,}500 \times (60 \times 3{,}000) = 450 \times 10^6$ 사이클이고, 요구 신뢰도는 99%이므로, 식 (8-36)을 이용하여 기본 동정격 하중을 구하면

$$C = 2.5\left[\frac{450(\ln\frac{1}{0.9})^{1/1.48}}{(\ln\frac{1}{0.99})^{1/1.48}}\right]^{1/3} = 16.8 \text{ kN}$$

가 된다.

(4) 수명-부하 모델의 매개 변수 결정

어레니우스 모델과 역승법 모델의 매개 변수 A, B, K, n을 구하는 방법에는 도해적 방법과 해석적 방법이 있다. 이러한 방법은 부하와 수명이 대수-대수지 또는 반대수지에서 선형 관계임을 이용한 것이다.

1) 도해적 방법

어레니우스 모델과 역승법 모델의 양변에 자연 대수를 취하면 각각 식 (8-18)과 식 (8-30)으로부터

$$\ln L = \ln A + \frac{B}{T} \tag{8-38}$$

$$\ln L = -\ln K - n \ln S \tag{8-39}$$

가 된다. 식 (8-38)과 식 (8-39)에서 수명은 고장 분포가 와이블 분포와 지수 분포인 경우에는 특성 수명 즉 고장 확률이 63.2%인 수명을, 대수 정규 분포인 경우에는 고장 확률이 50%인 수명, 즉 중위 수명이다. 각 부하 수준에서 특성 수명과 중위 수명은 수명 시험 데이터를 이용하여 고장 확률 분포 선도를 작성하고, 이 고장 확률 분포 선도로부터 구할 수 있다. 도해적 방법은 식 (8-38)과 식 (8-39)에서와 같이 대수-대수지 또는 반대수지에서 특성 수명 또는 중위 수명과 부하 수준이 이루는 선형 관계를 이용하여 매개 변수 A, B, n, K의 값을 구하는 방법이다.

수명 시험 데이터를 이용하여 도해적 방법으로 어레니우스 모델의 매개 변수를 결정하여 보자. 표 8-2의 수명 시험 데이터는 4수준의 온도 부하 190, 220, 240, 260^oC 에서 측정한 절연 장치의 수명 데이터 t_{ik}로서, 시험 중단이 없는 완전 데이터이다. 각 부하 수준 k에서 고장 확률 $F(t_{ik})$는 제6장의 방법을 적용하여 구할 수 있으며, 중위 계급의 고장 확률을 적용할 경우에는 표 8-2에서와 같고, 고장 확률-수명 선도는 그림 8-10(a)에서와 같다.

각 온도 수준에서 고장 분포가 와이블 분포와 지수 분포인 경우에는 고장 확률-수명 선도에서 고장 확률이 63.2%인 수명을, 로그 정규 분포인 경우에는 고장 확률이 50%인 수명을 구한다. 예로서 고장 분포를 로그 정규 분포로 가정하고, 각 온도 수준에서 고장 확률-수명 선도로부터 고장 확률이 50%인 수명을 구하면 다음과 같다.

$$T = 190^oC \text{ 일 때} \qquad L = 4,517 \times 0.5 + 6,719 = 8,977.5 \ (R^2 = 0.9987)$$
$$T = 220^oC \text{ 일 때} \qquad L = 1,752 \times 0.5 + 1,837.4 = 2,713.4 \ (R^2 = 0.9691)$$
$$T = 240^oC \text{ 일 때} \qquad L = 770 \times 0.5 + 1,211.2 = 1,596.2 \ (R^2 = 0.8993)$$
$$T = 260^oC \text{ 일 때} \qquad L = 1,431.6 \times 0.5 + 420.84 = 1,136.6 \ (R^2 = 0.9661)$$

이 중위 수명과 절대 온도의 관계를 반대수지에 나타내면 그림 8-10(b)에서와 같다.

표 8-2 어레니우스 모델을 적용하기 위한 수명 시험 데이터의 예

$T_1 = 190^oC$			$T_2 = 220^oC$			$T_3 = 240^oC$			$T_4 = 260^oC$		
t_{i1}	j	$F(t_{i1})$	t_{i2}	j	$F(t_{i2})$	t_{i3}	j	$F(t_{i3})$	t_{i4}	j	$F(t_{i4})$
7,228	1.5	0.115	1,764	1	0.067	1,175	1	0.067	600	1	0.067
7,228	1.5	0.115	2,436	3.5	0.308	1,175	1	0.067	744	2.5	0.212
7,228	1.5	0.115	2,436	3.5	0.308	1,521	3	0.260	744	2.5	0.212
8,448	4	0.356	2,436	3.5	0.308	1,569	4	0.356	744	2.5	0.212

9,167	6	0.548	2,436	3.5	0.308	1,617	5	0.452	912	5	0.452
9,167	6	0.548	2,436	3.5	0.308	1,665	6	0.548	1,128	6	0.548
9,167	6	0.548	3,108	8	0.740	1,665	6	0.548	1,320	7	0.644
9,167	6	0.548	3,108	8	0.740	1,713	8	0.740	1,464	8	0.740
10,511	9	0.837	3,108	8	0.740	1,671	9	0.837	1,608	9	0.837
10,511	9	0.837	3,108	8	0.740	1,953	10	0.933	1,896	10	0.933

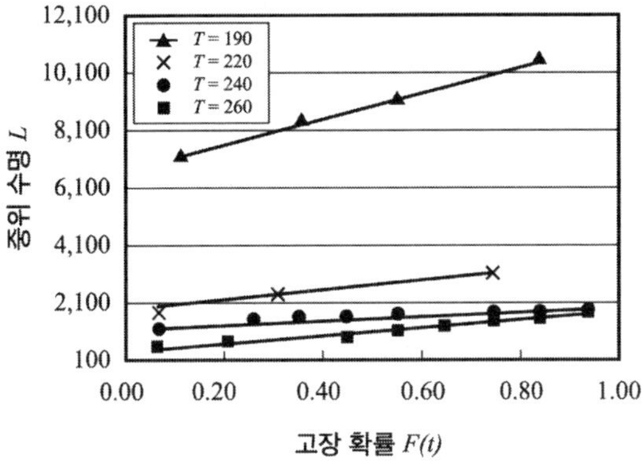

(a) 고장 확률-수명 선도

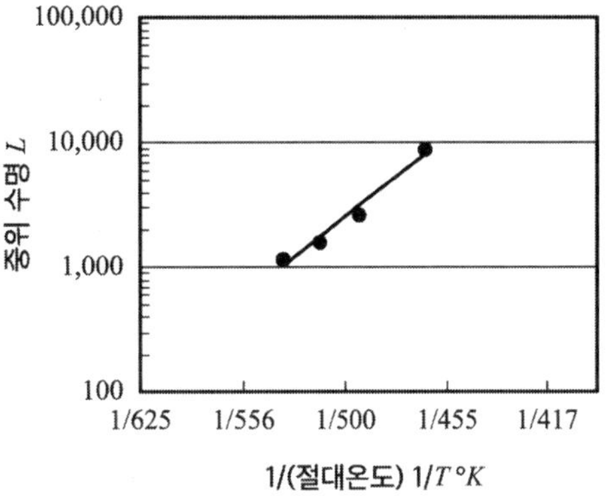

(b) 절대 온도-중위 수명 선도

그림 8-10 표 8-2의 수명 데이터를 이용한 아레니우스 모델의 매개 변수 결정

그림 8-10(b)의 절대 온도-중위 수명 선도를 식 (8-38)에 적용하여 매개 변수 A 와 B를 구하면, 절대 온도-중위 수명의 선형 관계식이

$$\ln L = \ln 0.001 + \frac{7,387.6}{T}$$

이므로 $A = 0.001$, $B = 7,387.6$이 된다. 따라서 어레니우스-로그 정규 모델을 이용하여 $180^{o}C$에서 절연 장치의 중위 수명을 구하면

$$\ln L = \ln 0.001 + \frac{7,387.6}{180 + 273} = 9.4$$

$$L = 12,093.4\text{시간}$$

이 된다.

역승법 모델의 매개 변수도 유사한 도해적 방법으로써 결정할 수 있다. 표 8-3은 전압 수준에 따른 단열 유체의 수명을 측정한 완전 데이터이다. 단열 유체의 수명이 와이블 분포를 따를 때 도해적 방법으로 역승법 모델의 매개 변수를 구하여 보자.

표 8-3 전압 수준에 따른 단열 유체의 완전 수명 시험 데이터

고장 시간, 분						
26 kV	28 kV	30 kV	32 kV	34 kV	36 kV	38 kV
5.67	68.85	7.74	0.27	0.19	0.35	0.09
1,579.52	108.29	17.05	0.40	0.78	0.59	0.39
2,323.70	110.29	20.46	0.69	0.96	0.96	0.47
	426.07	21.02	0.79	1.31	0.99	0.73
	1,067.60	22.66	2.75	2.78	1.69	0.74
		43.40	3.91	3.16	1.97	1.13
		47.30	9.88	4.15	2.07	1.40
		139.07	13.95	4.67	2.58	2.38
		144.12	15.93	4.85	2.71	
		175.88	27.80	6.50	2.90	
		194.90	53.24	7.35	3.67	
			82.85	8.01	3.99	
			89.29	8.27	5.35	
			100.58	12.06	13.77	
			215.10	31.75	25.50	
				32.52		
				33.91		
				36.71		
				72.89		

먼저 각 전압 수준에서 중위 계급으로 고장 시간에 따른 고장 확률을 구한다. 그림 8-11(a)는 고장 확률-수명 선도이고 각 전압 수준에 따른 고장 확률-수명 선도는 다음과 같이 표현된다.

$$\mathrm{V} = 26\ \mathrm{kV}\text{에서} \quad L = 1.692e^{10.191p}\ (R^2 = 0.7981)$$
$$\mathrm{V} = 28\ \mathrm{kV}\text{에서} \quad L = 32.441e^{3.7002p}\ (R^2 = 0.896)$$
$$\mathrm{V} = 30\ \mathrm{kV}\text{에서} \quad L = 7.135e^{3.714p}\ (R^2 = 0.9455)$$
$$\mathrm{V} = 32\ \mathrm{kV}\text{에서} \quad L = 0.2197e^{7.4878p}\ (R^2 = 0.9786)$$

$$V = 34\ \text{kV에서}\qquad L = 0.4673e^{5.0944p}\ (R^2 = 0.9387)$$
$$V = 36\ \text{kV에서}\qquad L = 0.3946e^{3.655p}\ (R^2 = 0.9145)$$
$$V = 38\ \text{kV에서}\qquad L = 0.1323e^{3.1961p}\ (R^2 = 0.8832)$$

고장 확률—수명 선도에서 고장 확률이 63.2%인 특성 수명을 구하고 이를 대수—대수지에서 전압의 함수로서 표현하면 그림 8-11(b)에서와 같다.

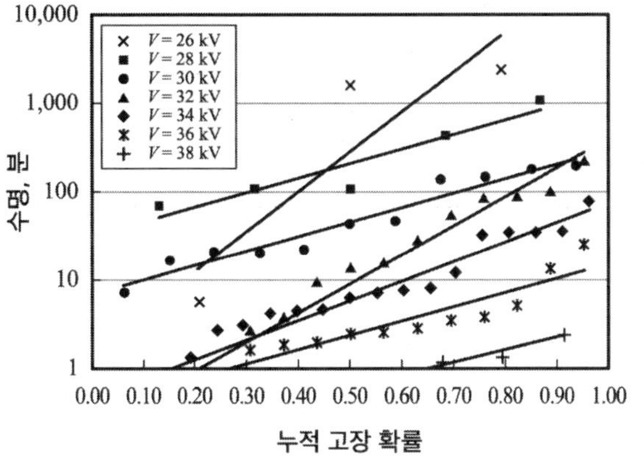

(a) 고장 확률-수명 선도

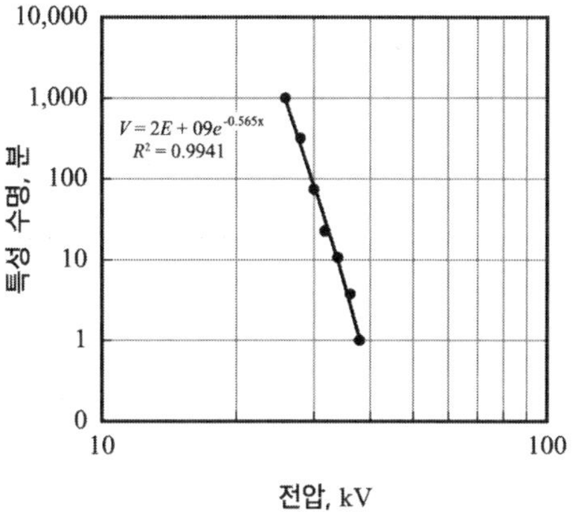

(b) 전압-특성 수명 선도

그림 8-11 표 8-2의 수명 선도를 이용한 역승법-와이블 모델의 매개 변수 결정

전압과 특성 수명을 자연 대수의 값으로 표현하면 식 (8-39)와 같고 이들의 관계는 그림 8-12에서와 같다. 즉 전압과 특성 수명의 관계는

$$\ln L = -17.89 \ln S + 65.312\ \ (R^2 = 0.9947)$$

로 표현된다. 따라서 역승법-와이블 모델의 매개 변수는 $n = 17.89$, $K = e^{-65.312}$=4.32 $\times 10^{-29}$가 된다. 즉 표 8-2의 전압 부하에 따른 단열 유체의 특성 수명은 역승법 모델로서 다음과 같이 표현된다.

$$\eta(S) = \frac{1}{KS^n} = \frac{1}{(4.32 \times 10^{-29})S^{17.89}}$$

아레니우스-와이블 모델과 역승법-와이블 모델에서는 특성 수명뿐만 아니라 고장 확률이 5%인 B_5 수명, 고장 확률이 10%인 B_{10} 수명 등도 같은 방법으로 구할 수 있다.

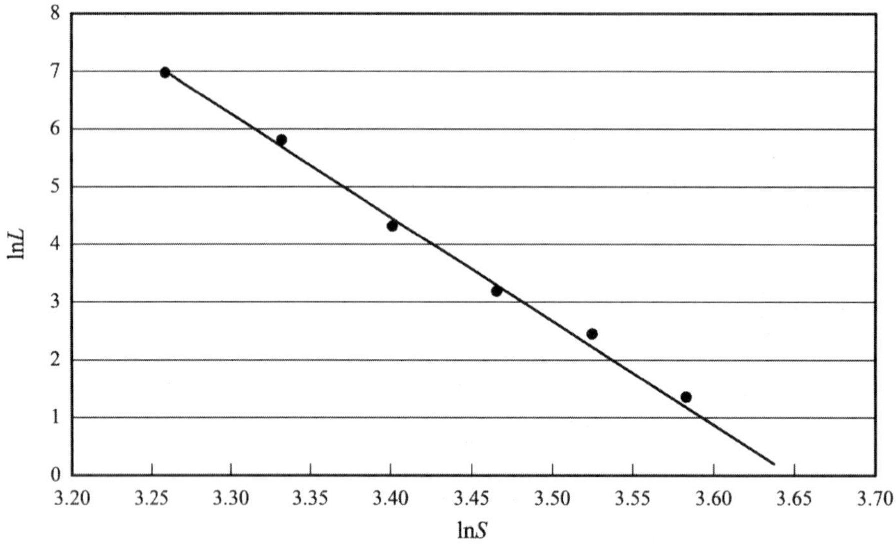

그림 8-12 역승법 모델의 매개 변수 결정

2) 최소 자승법

해석적 방법으로서 가장 널리 사용되는 방법은 최소 자승법이다. 그러나 최소 자승법은 수명 분포가 정규 분포 또는 로그 정규 분포이고, 수명이 부하에 따라 선형으로 감소하는 경우에 적용할 수 있으며, 이를 적용하기 위해서는 완전 수명 데이터가 필요하다.

부하 수준 P_j $j=1,2,.....m$에서 각각 n_j개의 샘플을 시험하여 구한 수명 데이터 $t_{i,j}$는 표 8-4에서와 같이 배열할 수 있다.

시험한 샘플의 총 수 n은 $n = n_1 + n_2 + ...n_m$이 된다. 최소 자승법으로써 모델 상수를 구하기 위해서는 먼저 각 부하 수준에서 평균 수명 $\overline{t_j}$와 표준편차 s_j 및 식 (8-42)~식 (8-46)의 값을 구해야 한다.

$$\overline{t_j} = (t_{1j} + t_{2j} + ...t_{n_j j})/n_j \tag{8-40}$$

$$s_j = \sqrt{\frac{(t_{1j} - \overline{t_j})^2 + ...(t_{n_j j} - \overline{t_j})^2}{(n_j - 1)}} \tag{8-41}$$

$$\overline{P} = (n_1 P_1 + n_2 P_2 + ...n_m P_m)/n \tag{8-42}$$

$$\overline{t} = (n_1 \overline{t_1} + n_2 \overline{t_2} + ...n_m \overline{t_m})/n \tag{8-43}$$

$$S_{tt} = \sum_{j=1}^{m}\sum_{i=1}^{n_j}(t_{ij} - \bar{t}\,)^2 = \sum_{j=1}^{m}\sum_{i=1}^{n_j}t_{ij}^2 - n\bar{t}^{\ 2} \tag{8-44}$$

$$S_{pp} = n_1(P_1 - \overline{P}\ )^2 + ...n_m(P_m - \overline{P}\ )^2 = \sum_{i=1}^{m}n_iP_i^2 - 2\overline{P}\sum_{i=1}^{m}n_iP_i + n\overline{P}^{\ 2} \tag{8-45}$$

$$S_{pt} = n_1(P_1 - \overline{P})\overline{t_1} + ...n_m(P_m - \overline{P})\overline{t_j} = \sum_{i=1}^{m}n_iP_i\overline{t_i} - n\overline{P}\ \bar{t} \tag{8-46}$$

표 8-4 최소 자승법을 적용하기 위한 수명 데이터의 배열

부하 수준				
P_1	P_2	P_3	.....	P_m
t_{11}	t_{12}	t_{13}	.....	t_{1m}
t_{21}	t_{22}	t_{23}	.....	t_{2m}
.....				
.....				
$t_{n_1 1}$	$t_{n_2 2}$	$t_{n_3 3}$	.....	$t_{n_m m}$

수명과 부하의 관계를 평균 수명과 부하의 선형 함수로 모형화하고, 즉 $\mu = C_1 + C_2P$로 모형화하고 위의 값을 이용하여 다음과 같이 모델 상수 C_1과 C_2를구한다.

$$C_2 = \frac{S_{pt}}{S_{pp}} \tag{8-47}$$

$$C_1 = \bar{t} - C_2\overline{P} \tag{8-48}$$

또한 이 선형 모델의 표준편차 s는 다음과 같이 구한다. 이때 s의 자유도는 $\nu = n - m$이다.

$$s = \sqrt{\frac{(n_1-1)s_1^2 + (n_2-1)s_2^2 + ...(n_m-1)s_m^2}{n-m}} \tag{8-49}$$

부하 수준 P에서 평균 수명 $\mu(P)$에 대한 표준편차 s_P는

$$s_P = s\sqrt{\frac{1}{n} + \frac{(P-\overline{P})^2}{S_{pp}}} \tag{8-50}$$

가 된다. 따라서 α%에 해당하는 평균 수명 $\mu(P)$의 신뢰 구간은

$$\mu(P) - t_{\alpha,\nu}\, s_P \le \mu \le \mu(P) + t_{\alpha,\nu}\, s_P \tag{8–51}$$

이다. 여기서 $t_{\alpha,\nu}$는 자유도가 ν일 때 t분포의 α%에 해당하는 값이다.

표 8–2의 수명 데이터를 이용하여 최소 자승법으로써 수명 분포가 로그 정규 분포인 어레니우스–로그 정규 모델의 매개 변수를 구하여 보자. 수명 분포가 로그 정규 분포이므로 수명을 모두 대수 값으로 변환하여 최소 자승법을 적용한다. 작용 부하는 식 (8–38)에서와 같이 절대 온도의 역수로 하였다.

표 8–5는 자연 대수로 변환한 수명 데이터와 최소 자승법을 적용하기 위한 식 (8–40) ~ 식 (8–46)의 값을 나타낸 것이다. 이 값을 이용하면

표 8–5 수명 데이터와 어레니우스 모델에 최소 자승법을 적용하기 위한 수식의 값

i \ j	1 $\ln t_{i1}$	2 $\ln t_{i2}$	3 $\ln t_{i3}$	4 $\ln t_{i4}$	계
1	8.8857	7.4753	7.0690	6.3969	
2	8.8857	7.7981	7.0690	6.6120	
3	8.8857	7.7981	7.3271	6.6120	
4	9.0417	7.7981	7.3582	6.6120	
5	9.1234	7.7981	7.3883	6.8156	
6	9.1234	7.7981	7.4176	7.0282	
7	9.1234	8.0417	7.4176	7.1854	
8	9.1234	8.0417	7.4460	7.2889	
9	9.2602	8.0417	7.4736	7.3827	
10	9.2602	8.0417	7.5771	7.5475	
P_j	0.002160	0.002028	0.001949	0.001876	
n_j	10	10	10	10	40
$\overline{t_j}$	9.0713	7.8633	7.3544	6.9481	
s_j	0.1439	0.1823	0.1650	0.3926	
n_jP_j	0.0216	0.0203	0.0195	0.0188	0.0801
$n_j\overline{t_j}$	90.7127	78.6328	73.5436	69.4815	312.37061.60
$n_jP_j^2$	4.6649×10^{-5}	4.1144×10^{-5}	3.7988×10^{-5}	3.5200×10^{-5}	99×10^{-4}
$n_jP_j\overline{t_j^2}$	0.1959	0.1595	0.1434	0.1304	0.6291
$(n_j-1)s_j^2$	0.1864	0.2991	0.2450	1.3872	2.1177

$\overline{P}$	0.0020				
$\bar{t}$	7.8093				
S_{tt}	27.5580				
S_{pp}	4.4206×10^{-7}				
S_{pt}	0.0033				

$$C_2 = \frac{S_{pt}}{S_{pp}} = \frac{0.0033}{4.42\times 10^{-7}} = 7,531.1356$$

$$C_1 = \bar{t} - C_2\overline{P} = 7.8093 - 7,531.14 \times 0.0020 = -7.253$$

가 된다. 따라서 평균 수명은

$$\ln \mu = C_1 + C_2 P = -7.253 + 7,531.1356 \times \frac{1}{T+273}$$

가 되고, $T = 180^o C$일 때의 평균 수명은

$$\ln \mu = -7.253 + 7,531.1356 \times \frac{1}{180+273} = 9.37$$

$$\mu = e^{9.37} = 1,1731.11$$

가 된다. 수명을 식 (8–18)과 같이 표현하면 매개 변수 A와 B는 각각

$$A = e^{-7.253} = 0.0007$$

$$B = 7,531.14$$

가 된다. 도해적 방법으로 구한 값은 $A = 0.001$, $B = 7,387.6$이었다.

$T = 180^o C$일 때 평균 수명에 대한 95% 신뢰 구간은 식 (8–51)을 이용하여 구한다. 먼저 선형 모델의 표준편차 s와 $T = 180^o C$일 때 평균 수명에 대한 표준편차 s_P를 구하면

$$s = \sqrt{\frac{(10-1)0.1439^2 + (10-1)0.1823^2 + (10-1)0.1650^2 + (10-1)0.3926^2}{40-4}} = 0.2425$$

$$s_P = 0.2425\sqrt{\frac{1}{40} + \frac{[1/(180+273) - 0.0020]^2}{4.4206\times 10^{-7}}} = 0.0837$$

가 된다. 유의 수준이 95%이고 자유도가 $\nu = n - m = 40 - 4 = 36$일 때 t분포의 t값은 $t_{0.95,36} = 2.0281$이므로 식 (8–51)을 이용하여 신뢰 구간을 구하면

$$9.3462 - 2.0281 \times 0.0837 \le \ln\mu \le 9.3462 + 2.0281 \times 0.0837$$

$$9.1764 \le \ln\mu \le 9.5160$$

가 되고, 평균 수명 μ의 신뢰 구간은

$$9{,}665.88 \le \mu \le 13{,}575.61$$

가 된다.

역승법 모델은 식 (8–39)에서와 같이 수명과 부하의 자연 대수가 선형 관계인 모델이다. 따라서 역승법 모델에서는 최소 자승법으로써 평균 수명의 자연 대수 $\ln L$과 부하의 자연 대수 $\ln P$의 선형 관계를 구하고 이를 이용하여 역승법 모델의 매개 변수를 결정한다.

표 8–6은 표 8–3의 수명 데이터를 자연 대수로 전환하고, 최소 자승법을 적용하기 위한 식 (8–40) ~ 식 (8–46)의 값을 나타낸 것이다. 이 값을 이용하면

$$C_2 = \frac{S_{pt}}{S_{pp}} = \frac{-11.6263}{0.7093} = -16.3908$$

$$C_1 = \bar{t} - C_2\overline{P} = 2.1457 - (-16.3908) \times 3.4959 = 59.4465$$

가 된다. 따라서 평균 수명에 대한 역승법 모델은

$$\ln\mu = C_1 + C_2 P = 59.45 - 16.39 \ln P$$

또는 $$\mu(P) = \frac{1}{(1.52 \times 10^{-26}) P^{16.39}}$$

와 같이 표현된다. 이 모델을 이용하여 전압이 20 kV일 때 단열 유체의 평균 수명을 구하면

$$\mu = \frac{1}{(1.52 \times 10^{-26}) 20^{16.39}} = 31{,}067.45\text{분}$$

이 된다. 평균 수명에 대한 신뢰 구간도 어레니우스–로그 정규 모델에서와 같은 방법으로 구할 수 있다.

표 8-6 수명 데이터를 이용한 역승법 모델에 최소 자승법을 적용하기 위한 수식의 값

i \ j	1 $\ln t_{i1}$	2 $\ln t_{i2}$	3 $\ln t_{i3}$	4 $\ln t_{i4}$	5 $\ln t_{i5}$	6 $\ln t_{i6}$	7 $\ln t_{i7}$	계
1	1.7561	4.2319	2.0464	−1.3093	−1.6607	−1.0498	−2.4079	
2	7.3649	4.6848	2.8362	−0.9163	−0.2485	−0.5276	−0.9416	
3	7.7509	4.7031	3.0185	−0.3711	−0.0408	−0.0408	−0.7550	
4		6.0546	3.0455	−0.2357	0.2700	−0.0101	−0.3147	
5		6.9732	3.1206	1.0116	1.0225	0.5247	−0.3011	
6			3.7705	1.3635	1.1506	0.6780	0.1222	
7			3.8565	2.2905	1.4231	0.7275	0.3365	
8			4.9350	2.6355	1.5412	0.9478	0.8671	
9			4.9706	2.7682	1.5790	0.9969		
10			5.1698	3.3250	1.8718	1.0647		
11			5.2725	3.9748	1.9947	1.3002		
12				4.4170	2.0807	1.3838		
13				4.4919	2.1126	1.6771		
14				4.6110	2.4899	2.6225		
15				5.3711	3.4579	3.2387		
16					3.4819			
17					3.5237			
18					3.6030			
19					4.2890			
$\ln P_j$	3.2581	3.3322	3.4012	3.4657	3.5264	3.5835	3.6376	
n_j	3	5	11	15	19	15	8	76
$\overline{t}_j$	5.6240	5.3295	3.8220	2.2285	1.7864	0.9022	−0.4243	
s_j	3.3552	1.1446	1.1112	2.1981	1.5252	1.1099	0.9917	
$n_j P_j$	9.7743	16.6610	37.4132	51.9860	67.0008	53.7528	29.1007	265.6888
$n_j \overline{t}_j$	16.8719	26.6476	42.0420	33.4277	33.9415	13.5337	−3.3946	163.0698
$n_j P_j^2$	31.8456	55.5179	127.2496	180.1699	236.2692	192.6241	105.8563	929.5325
$n_j P_j \overline{t_j^2}$	54.9704	88.7953	142.9931	115.8517	119.6898	48.4982	−12.3482	558.4504
$(n_j-1)s_j^2$	22.5148	5.2401	12.3477	67.6425	41.8728	17.2463	6.8842	173.7484
$\overline{P}$	3.4959							
$\overline{t}$	2.1457							
S_{tt}	370.2258							
S_{pp}	0.7093							
S_{pt}	−11.6263							

3) 최우 추정법

최우 추정법은 완전 수명 데이터뿐만 아니라 시험 중단이 있는 수명 데이터에도 적용할 수 있으며, 추정값이 도해적 방법과 최소 자승법보다 더 정확하다는 장점이 있다. 그러나 수명 분포에 따라 계산 과정이 복잡하고, 추정값을 구하기가 어렵다는 단점도 있다.

수명이 와이블 분포를 따르는 어레니우스-와이블 모델의 경우 최우 추정법은 어레니우스-와이블 모델의 고장 확률 밀도 함수인 식 (8-22)를 이용한다. 수명 데이터는 표 8-4에서와 같이 부하 수준인 절대 온도 $T_1, T_2, .. T_m$ 에서 각각 $n_1, n_2, ... n_m$ 개의 샘플을 이용하여 실시한 고장 시험의 결과로서 측정한 샘플의 고장 시간 $t_{1,j}, t_{2,j}, ...t_{i,j}$, $i = 1, 2, 3, ...n_j$, $j = 1, 2, 3, ...m$이다. 시험을 중단한 부품은 시험 중단 시간까지 와이블 분포의 신뢰도를 적용한다. $n_1, n_2, ... n_m$ 개의 시험 샘플에서 $k_1, k_2, ...k_m$ 개의 샘플이 시험 중단되었다고 하면 최우 추정법을 적용하기 위한 우도 함수와 로그 우도 함수는 각각 다음과 같이 표현된다.

$$L = \prod_{i=1}^{n_1-k_1}\left[\frac{\beta}{Ae^{B/T_1}}\left(\frac{t_{i1}}{Ae^{B/T_1}}\right)^{\beta-1}e^{-\left(\frac{t_{i1}}{Ae^{B/T_1}}\right)^{\beta}}\right]\prod_{i=n_1-k_1+1}^{n_1}\left[e^{-\left(\frac{t_{i1}}{Ae^{B/T_1}}\right)^{\beta}}\right]$$

$$\prod_{i=1}^{n_2-k_2}\left[\frac{\beta}{Ae^{B/T_2}}\left(\frac{t_{i2}}{Ae^{B/T_2}}\right)^{\beta-1}e^{-\left(\frac{t_{i2}}{Ae^{B/T_2}}\right)^{\beta}}\right]\prod_{i=n_2-k_2+1}^{n_2}\left[e^{-\left(\frac{t_{i2}}{Ae^{B/T_2}}\right)^{\beta}}\right]$$

$$\vdots$$

$$\prod_{i=1}^{n_m-k_m}\left[\frac{\beta}{Ae^{B/T_m}}\left(\frac{t_{im}}{Ae^{B/T_m}}\right)^{\beta-1}e^{-\left(\frac{t_{im}}{Ae^{B/T_m}}\right)^{\beta}}\right]\prod_{i=n_m-k_m+1}^{n_m}\left[e^{-\left(\frac{t_{im}}{Ae^{B/T_m}}\right)^{\beta}}\right]$$

$$\ln L = (n_1-k_1)\left[\ln\beta-\beta\left(\ln A+\frac{B}{T_1}\right)\right]+(\beta-1)\sum_{i=1}^{n_1-k_1}\ln t_{i1}-\sum_{i=1}^{n_1}\left(\frac{t_{i1}}{Ae^{B/T_1}}\right)^{\beta}$$

$$+(n_2-k_2)\left[\ln\beta-\beta\left(\ln A+\frac{B}{T_2}\right)\right]+(\beta-1)\sum_{i=1}^{n_2-k_2}\ln t_{i2}-\sum_{i=1}^{n_2}\left(\frac{t_{i2}}{Ae^{B/T_2}}\right)^{\beta}$$

$$\vdots$$

$$+(n_m-k_m)\left[\ln\beta-\beta\left(\ln A+\frac{B}{T_m}\right)\right]+(\beta-1)\sum_{i=1}^{n_m-k_m}\ln t_{im}-\sum_{i=1}^{n_m}\left(\frac{t_{im}}{Ae^{B/T_m}}\right)^{\beta}$$

어레니우스-와이블 모델의 매개 변수 β, A, B의 값은 로그 우도 함수를 최대화하는 값으로서 β, A, B에 대한 로그 우도 함수의 편도함수를 0로 하는 값이다. 따라서 β, A, B에 대한 로그 우도 함수의 편도함수가 0이면

$$\frac{\partial \ln L}{\partial \beta}= \frac{1}{\beta}\sum_{j=1}^{m}(n_j-k_j)-\sum_{j=1}^{m}(n_j-k_j)(\ln A+\frac{B}{T_j})+\sum_{j=1}^{m}\sum_{i=1}^{n_j-k_j}\ln t_{ij}$$

$$-\sum_{j=1}^{m}\sum_{i=1}^{n_j}[(\frac{t_{ij}}{Ae^{B/T_j}})^{\beta}\ln t_{ij}] + \sum_{j=1}^{m}\sum_{i=1}^{n_j}[(\frac{t_{ij}}{Ae^{B/T_j}})^{\beta}(\ln A+\frac{B}{T_j})]=0$$

$$\frac{\partial \ln L}{\partial A}=-\frac{\beta}{A}\sum_{j=1}^{m}(n_j-k_j)+\frac{\beta}{A}\sum_{j=1}^{m}\sum_{i=1}^{n_j}(\frac{t_{ij}}{Ae^{B/T_j}})^{\beta}=0$$

$$\frac{\partial \ln L}{\partial B}=-\beta\sum_{j=1}^{m}\frac{n_j-k_j}{T_j}+\beta\sum_{j=1}^{m}\sum_{i=1}^{n_j}[\frac{1}{T_j}(\frac{t_{ij}}{Ae^{B/T_j}})^{\beta}]=0$$

가 되고, $\frac{\partial \ln L}{\partial A}$와 $\frac{\partial \ln L}{\partial B}$를 $\frac{\partial \ln L}{\partial \beta}$에 대입하여 정리하면

$$\frac{1}{\beta}\sum_{j=1}^{m}(n_j-k_j)+\sum_{j=1}^{m}\sum_{i=i}^{n_j-k_j}\ln t_{ij}-\sum_{j=1}^{m}\sum_{i=1}^{n_j}[(\frac{t_{ij}}{Ae^{B/T_j}})^{\beta}\ln t_{ij}]=0 \tag{8-52}$$

$$\sum_{j=1}^{m}(n_j-k_j)-\sum_{j=1}^{m}\sum_{i=1}^{n_j}(\frac{t_{ij}}{Ae^{B/T_j}})^{\beta}=0 \tag{8-53}$$

$$\sum_{j=1}^{m}\frac{n_j-k_j}{T_j}-\sum_{j=1}^{m}\sum_{i=1}^{n_j}[\frac{1}{T_j}(\frac{t_{ij}}{Ae^{B/T_j}})^{\beta}]=0 \tag{8-54}$$

가 된다. 식 (8–53)으로부터 각 절대 온도 $T_1, T_2, \ldots T_m$에서 수명 데이터는

$$\sum_{i=1}^{n_j}(\frac{t_{ij}}{Ae^{B/T_j}})^{\beta}=(\frac{1}{Ae^{B/T_j}})^{\beta}\sum_{i=1}^{n_j}t_{ij}^{\beta}=n_j-k_j, \quad j=1,2,\ldots m$$

의 관계가 있으므로 이를 식 (8–52)에 대입하여 정리하면 식 (8–55)가 된다.

$$\frac{1}{\beta}\sum_{j=1}^{m}(n_j-k_j)+\sum_{j=1}^{m}\sum_{i=1}^{n_j-k_j}\ln t_{ij}=\sum_{j=1}^{m}[(n_j-k_j)(\frac{\sum_{i=1}^{n_j}t_{ij}^{\beta}\ln t_{ij}}{\sum_{i=1}^{n_j}t_{ij}^{\beta}})] \tag{8-55}$$

β는 식 (8–55)를 이용하여 좌우변의 값이 같을 때까지 β를 변화시키며 반복법으로써 결정한다. β가 결정되면 식 (8–52)와 식 (8–53)으로부터 A를 구한다. 즉

$$A=[\frac{\sum_{j=1}^{m}[(\frac{1}{e^{B/T_j}})^{\beta}\sum_{i=1}^{n_j}t_{ij}^{\beta}\ln t_{ij}]}{\frac{1}{\beta}\sum_{j=1}^{m}(n_j-k_j)+\sum_{j=1}^{m}\sum_{i=1}^{n_j-k_j}\ln t_{ij}}]^{\frac{1}{\beta}} \tag{8-56}$$

$$A = [\frac{\sum_{j=1}^{m}[(\frac{1}{e^{B/T_j}})^{\beta}\sum_{i=1}^{n_j} t_{ij}^{\beta}]}{\sum_{i=j}^{m}(n_j - k_j)}]^{\frac{1}{\beta}} \tag{8-57}$$

가 된다. 다음에는 식 (8–56)과 식 (8–57)의 A가 같을 때까지 B를 변화시키며 반복법으로써 A와 B를 동시에 구한다. A와 B가 결정되면 와이블 분포의 특성 수명 η와 신뢰도 함수는 다음과 같이 절대 온도 T의 함수로서 표현된다.

$$\eta(T) = Ae^{\frac{B}{T}} \tag{8-58}$$

$$R(t, T) = e^{-(\frac{t}{Ae^{B/T}})^{\beta}} \tag{8-59}$$

[예제 8–3] 절대 온도 $T_1 = 393^oK$, $T_2 = 408^oK$, $T_3 = 423^oK$에서 각각 10개의 샘플을 이용하여 실시한 고장 시험의 완전 수명 데이터는 표 8–7에서와 같다. 최우 추정법을 적용하여 어레니우스–와이블 모델의 매개 변수를 구하여라.

표 8–7 절대 온도에서 시험한 수명 데이터

온도, ^oK	393	408	423
수명, 시간	3,850	3,300	2,750
	4,340	3,720	3,100
	4,760	4,080	3,400
	5,320	4,560	3,800
	5,740	4,920	4,100
	6,160	5,280	4,400
	6,580	5,640	4,700
	7,410	6,120	5,100
	7,980	6,840	5,700
	8,960	7,680	6,400

[풀이] β값을 가정하여 각 절대 온도에서 식 (8–55)의 각 항을 구하는 데 필요한 값을 계산한다.

$\beta = 4.29$ 일 때 식 (8–55)에서 필요한 항의 값은 표 8–8에서와 같고, 식 (8–55)는

$$\frac{1}{4.29}(30) + (8.6847E01 + 8.5269E0 + 8.3445E01) =$$

$$\frac{10}{2.6259E17}(2.3419E18)+\frac{10}{1.3251E17}(1.1607E18)+\frac{10}{6.0612E16}(5.1987E17)$$

가 된다. 이때 좌우변의 차이는 0.00594로서 무시할 정도이므로 $\beta=4.29$로 결정한다.

표 8-8 어레니우스-와이블 모델의 매개 변수 결정(데이터, ReliaSoft)

$T_1=393^oK$			
$n_1-k_1=10-0=10$			
t_{i1}	t_{i1}^{β}	$\ln t_{i1}$	$t_{i1}^{\beta}\ln t_{i1}$
3,850	2.4078E+15	8.2558E+00	1.9879E+16
4,340	4.0256E+15	8.3756E+00	3.3717E+16
4,760	5.9832E+15	8.4680E+00	5.0666E+16
5,320	9.6419E+15	8.5792E+00	8.2720E+16
5,740	1.3358E+16	8.6552E+00	1.1561E+17
6,160	1.8084E+16	8.7258E+00	1.5780E+17
6,580	2.3999E+16	8.7918E+00	2.1099E+17
7,410	3.9950E+16	8.9106E+00	3.5598E+17
7,980	5.4903E+16	8.9847E+00	4.9328E+17
8,960	9.0240E+16	9.1005E+00	8.2124E+17
Σ	2.6259E+17	8.6847E+01	2.3419E+18

$T_2=408^oK$			
$n_2-k_2=10-0=10$			
t_{i2}	t_{i2}^{β}	$\ln t_{i2}$	$t_{i}^{\beta}\ln t_{i2}$
3,300	1.2429E+15	8.1017E+00	1.0069E+16
3,720	2.0779E+15	8.2215E+00	1.7084E+16
4,080	3.0884E+15	8.3139E+00	2.5676E+16
4,560	4.9769E+15	8.4251E+00	4.1931E+16
4,920	6.8949E+15	8.5011E+00	5.8614E+16
5,280	9.3347E+15	8.5717E+00	8.0014E+16
5,640	1.2388E+16	8.6376E+00	1.0700E+17
6,120	1.7586E+16	8.7193E+00	1.5334E+17
6,840	2.8339E+16	8.8305E+00	2.5025E+17
7,680	4.6580E+16	8.9464E+00	4.1672E+17
Σ	1.3251E+17	8.5269E+01	1.1607E+18

$T_3 = 423^o K$			
$n_3 - k_3 = 10 - 0 = 10$			
t_{i3}	t_{i3}^{β}	$\ln t_{i3}$	$t_{i3}^{\beta}\ln t_{i3}$
2,750	5.6851E+14	7.9194E+00	4.5022E+15
3,100	9.5048E+14	8.0392E+00	7.6410E+15
3,400	1.4127E+15	8.1315E+00	1.1487E+16
3,800	2.2765E+15	8.2428E+00	1.8765E+16
4,100	3.1539E+15	8.3187E+00	2.6236E+16
4,400	4.2698E+15	8.3894E+00	3.5821E+16
4,700	5.6663E+15	8.4553E+00	4.7910E+16
5,100	8.0441E+15	8.5370E+00	6.8672E+16
5,700	1.2963E+16	8.6482E+00	1.1211E+17
6,400	2.1306E+16	8.7641E+00	1.8673E+17
Σ	6.0612E+16	8.3445E+01	5.1987E+17

$\beta = 4.29$일 때 B를 변화시키며 식 (8-56)과 식 (8-57)의 A를 구한다. $B = 1,861.6$일 때 A는 각각 다음과 같다.

$$A = [\frac{\sum_{j=1}^{m}[(\frac{1}{e^{B/T_j}})^{\beta}\sum_{i=1}^{n_j} t_{ij}^{\beta}\ln t_{ij}]}{\frac{1}{\beta}\sum_{j=1}^{m}(n_j - k_j) + \sum_{j=1}^{m}\sum_{i=1}^{n_j - k_j}\ln t_{ij}}]^{\frac{1}{\beta}}$$

$$= [\frac{(\frac{1}{e^{B/393}})^{4.29}(2.3419E18) + (\frac{1}{e^{B/408}})^{4.29}(1.1607E18) + (\frac{1}{e^{B/423}})^{4.29}(5.1987E17)}{\frac{30}{4.29} + 8.6847E1 + 8.5269E1 + 8.3445E1}]^{1/4.29} = 58.9029$$

$$A = [\frac{\sum_{j=1}^{m}[(\frac{1}{e^{B/T_j}})^{\beta}\sum_{i=1}^{n_j} t_{ij}^{\beta}]}{\sum_{i=j}^{m}(n_j - k_j)}]^{\frac{1}{\beta}}$$

$$= [\frac{(\frac{1}{e^{B/393}})^{4.29}(2.6259E17) + (\frac{1}{e^{B/408}})^{4.29}(1.3251E17) + (\frac{1}{e^{B/423}})^{4.29}(6.0612E16)}{30}]^{\frac{1}{4.29}} = 58.9021$$

$B = 1,861.6$일 때 두 A의 차이는 0.000759로서 무시할 정도이므로 $B = 1,861.6$, $A = 58.9$로 결정한다.

어레니우스-지수 모델은 $\beta=1$이므로 매개 변수는 A와 B이고 고장 확률 밀도 함수는 식 (8-24)와 같다. 최우 추정법을 적용하기 위한 어레니우스-지수 모델의 우도 함수와 로그 우도 함수는 각각 다음과 같이 표현된다.

$$L=\prod_{i=1}^{n_1-k_1}\left[\frac{1}{Ae^{B/T_1}}e^{-\left(\frac{t_{i1}}{Ae^{B/T_1}}\right)}\right]\prod_{i=n_1-k_1+1}^{n_1}\left[e^{-\left(\frac{t_{i1}}{Ae^{B/T_1}}\right)}\right]$$

$$\prod_{i=1}^{n_2-k_2}\left[\frac{1}{Ae^{B/T_2}}e^{-\left(\frac{t_{i2}}{Ae^{B/T_2}}\right)}\right]\prod_{i=n_2-k_2+1}^{n_2}\left[e^{-\left(\frac{t_{i2}}{Ae^{B/T_2}}\right)}\right]$$

$$\vdots$$

$$\prod_{i=1}^{n_m-k_m}\left[\frac{1}{Ae^{B/T_m}}e^{-\left(\frac{t_{im}}{Ae^{B/T_m}}\right)}\right]\prod_{i=n_m-k_m+1}^{n_m}\left[e^{-\left(\frac{t_{im}}{Ae^{B/T_m}}\right)}\right]$$

$$\ln L=-(n_1-k_1)\left(\ln A+\frac{B}{T_1}\right)-\sum_{i=1}^{n_1}\left(\frac{t_{i1}}{Ae^{B/T_1}}\right)$$

$$-(n_2-k_2)\left(\ln A+\frac{B}{T_2}\right)-\sum_{i=1}^{n_2}\left(\frac{t_{i2}}{Ae^{B/T_2}}\right)$$

$$\vdots$$

$$-(n_m-k_m)\left(\ln A+\frac{B}{T_m}\right)-\sum_{i=1}^{n_m}\left(\frac{t_{im}}{Ae^{B/T_m}}\right)$$

A, B 에 대한 로그 우도 함수의 편도함수가 0이면

$$\frac{\partial \ln L}{\partial A}=-\frac{1}{A}\sum_{j=1}^{m}(n_j-k_j)+\frac{1}{A}\sum_{j=1}^{m}\sum_{i=1}^{n_j}\frac{t_{ij}}{Ae^{B/T_j}}=0$$

$$\frac{\partial \ln L}{\partial B}=-\sum_{j=1}^{m}\frac{n_j-k_j}{T_j}+\sum_{j=1}^{m}\sum_{i=1}^{n_j}\left[\frac{1}{T_j}\left(\frac{t_{ij}}{Ae^{B/T_j}}\right)\right]=0$$

가 되고, 이를 다시 정리하면

$$\left(\frac{1}{A}\right)\sum_{j=1}^{m}\left[\left(\frac{1}{e^{B/T_j}}\right)\sum_{i=1}^{n_j}t_{ij}\right]=\sum_{j=1}^{m}(n_j-k_j) \tag{8-60}$$

$$\left(\frac{1}{A}\right)\sum_{j=1}^{m}\left[\left(\frac{1}{T_je^{B/T_j}}\right)\sum_{i=1}^{n_j}t_{ij}\right]=\sum_{j=1}^{m}\left(\frac{n_j-k_j}{T_j}\right) \tag{8-61}$$

가 된다. 두 식에서 $1/A$을 소거하고 정리하면

$$\frac{\sum_{j=1}^{m}(n_j-k_j)}{\sum_{j=1}^{m}[(\frac{1}{e^{B/T_j}})(\sum_{i=1}^{n_j}t_{ij})]}=\frac{\sum_{j=1}^{m}\frac{n_j-k_j}{T_j}}{\sum_{j=1}^{m}[(\frac{1}{T_je^{B/T_j}})\sum_{i=1}^{n_j}t_{ij}]} \tag{8-62}$$

이다. B는 식 (8-62)의 좌우변이 같은 값이 될 때까지 B를 변화시키며 반복법으로써 결정한다. B가 결정되면 A는 다음과 같이 식 (8-60)으로부터 구한다.

$$A=\frac{\sum_{j=1}^{m}[(\frac{1}{e^{B/T_j}})\sum_{i=1}^{n_j}t_{ij}]}{\sum_{j=1}^{m}(n_j-k_j)} \tag{8-63}$$

수명이 로그 정규 분포를 따르는 어레니우스-로그 정규 모델의 고장 확률 밀도 함수는 식 (8-26)과 같고, 어레니우스-로그 정규 모델의 우도 함수와 로그 우도 함수는 각각 다음과 같이 표현된다. $n_1, n_2, ...n_m$ 개의 샘플에서 $k_1, k_2, ...k_m$ 개의 시험 중단이 있는 경우에는 시험 중단 시간까지 고장이 없는 것으로 가정하여 로그 정규 분포의 신뢰도를 적용한다.

$$L=\prod_{i=1}^{n_1-k_1}[\frac{1}{t_{i1}\sigma_{\ln}\sqrt{2\pi}}e^{-\frac{1}{2}(\frac{\ln t_{i1}-\ln A-\frac{B}{T_1}}{\sigma_{\ln}})^2}]\sum_{i=n_1-k_1+1}^{n_1}[1-\Phi(\frac{\ln t_{i1}-\ln A-B/T_1}{\sigma_{\ln}})]$$

$$\prod_{i=1}^{n_2-k_2}[\frac{1}{t_{i2}\sigma_{\ln}\sqrt{2\pi}}e^{-\frac{1}{2}(\frac{\ln t_{i2}-\ln A-\frac{B}{T_2}}{\sigma_{\ln}})^2}]\sum_{i=n_2-k_2+1}^{n_2}[1-\Phi(\frac{\ln t_{i2}-\ln A-B/T_2}{\sigma_{\ln}})]$$

$$\vdots$$

$$\prod_{i=1}^{n_m-k_m}[\frac{1}{t_{im}\sigma_{\ln}\sqrt{2\pi}}e^{-\frac{1}{2}(\frac{\ln t_{im}-\ln A-\frac{B}{T_m}}{\sigma_{\ln}})^2}]\sum_{i=n_m-k_m+1}^{n_m}[1-\Phi(\frac{\ln t_{im}-\ln A-B/T_m}{\sigma_{\ln}})]$$

$$\begin{aligned}\ln L=&-(n_1-k_1)\ln(\sigma_{\ln}\sqrt{2\pi})-\sum_{i=1}^{n_1-k_1}\ln t_{i1}-\frac{1}{2}\sum_{i=1}^{n_1-k_1}(\frac{\ln t_{i1}-\ln A-B/T_1}{\sigma_{\ln}})^2\\&+\sum_{i=n_1-k_1+1}^{n_1}\ln[1-\Phi(\frac{\ln t_{i1}-\ln A-B/T_1}{\sigma_{\ln}})]\\&-(n_2-k_2)\ln(\sigma_{\ln}\sqrt{2\pi})-\sum_{i=1}^{n_2-k_2}\ln t_{i2}-\frac{1}{2}\sum_{i=1}^{n_2-k_2}(\frac{\ln t_{i2}-\ln A-B/T_2}{\sigma_{\ln}})^2\\&+\sum_{i=n_2-k_2+1}^{n_2}\ln[1-\Phi(\frac{\ln t_{i2}-\ln A-B/T_2}{\sigma_{\ln}})]\end{aligned}$$

$$\vdots$$

$$-(n_m-k_m)\ln(\sigma_{\ln}\sqrt{2\pi})-\sum_{i=1}^{n_m-k_m}\ln t_{im}-\frac{1}{2}\sum_{i=1}^{n_m-k_m}(\frac{\ln t_{im}-\ln A-B/T_m}{\sigma_{\ln}})^2$$

$$+\sum_{i=n_m-k_m+1}^{n_m}\ln[1-\Phi(\frac{\ln t_{im}-\ln A-B/T_m}{\sigma_{\ln}})]$$

매개 변수 $\sigma_{\ln}$, A, B에 대한 로그 우도 함수의 편도함수를 0으로 하면

$$\frac{\partial \ln L}{\partial \sigma_{\ln}}=-\frac{1}{\sigma_{\ln}}\sum_{j=1}^{m}(n_j-k_j)+\frac{1}{\sigma_{\ln}^3}\sum_{j=1}^{m}\sum_{i=1}^{n_j-k_j}[(\ln t_{ij}-\ln A-B/T_j)^2]+\frac{1}{\sigma_{\ln}}\sum_{j=1}^{m}\sum_{i=n_j-k_j+1}^{n_j}[\frac{z_{i,j}\phi(z_{i,j})}{1-\Phi(z_{i,j})}]=0$$

$$\frac{\partial \ln L}{\partial A}=\frac{1}{A\sigma_{\ln}^2}\sum_{j=1}^{m}\sum_{i=1}^{n_j-k_j}[(\ln t_{ij}-\ln A-B/T_j)]+\frac{1}{A\sigma_{\ln}}\sum_{j=1}^{m}\sum_{i=n_j-k_j+1}^{n_j}[\frac{\phi(z_{i,j})}{1-\Phi(z_{i,j})}]=0$$

$$\frac{\partial \ln L}{\partial B}=\frac{1}{\sigma_{\ln}^2}\sum_{j=1}^{m}[\frac{1}{T_j}\sum_{i=1}^{n_j-k_j}(\ln t_{ij}-\ln A-B/T_j)]+\frac{1}{\sigma_{\ln}}\sum_{j=1}^{m}[\frac{1}{T_j}\sum_{i=n_j-k_j+1}^{n_j}\frac{\phi(z_{i,j})}{1-\Phi(z_{i,j})}]=0$$

가 되고, 이 식을 다시 정리하면

$$-\sum_{j=1}^{m}(n_j-k_j)+\frac{1}{\sigma_{\ln}^2}\sum_{j=1}^{m}\sum_{i=1}^{n_j-k_j}[(\ln t_{ij}-\ln A-B/T_j)^2]+\sum_{j=1}^{m}\sum_{i=n_j-k_j+1}^{n_j}[\frac{z_{i,j}\phi(z_{i,j})}{1-\Phi(z_{i,j})}]=0 \tag{8-64}$$

$$[\sum_{j=1}^{m}(n_j-k_j)]\ln A+[\sum_{j=1}^{m}(\frac{n_j-k_j}{T_j})]B-\sum_{j=1}^{m}\sum_{i=1}^{n_j-k_j}\ln t_{ij}-\sigma_{\ln}\sum_{j=1}^{m}\sum_{i=n_j-k_j+1}^{n_j}[\frac{\phi(z_{i,j})}{1-\Phi(z_{i,j})}]=0 \tag{8-65}$$

$$[\sum_{j=1}^{m}(\frac{n_j-k_j}{T_j})]\ln A+[\sum_{j=1}^{m}(\frac{n_j-k_j}{T_j^2})]B-\sum_{j=1}^{m}(\frac{1}{T_j}\sum_{i=1}^{n_j-k_j}\ln t_{ij})-\sigma_{\ln}\sum_{j=1}^{m}[\frac{1}{T_j}\sum_{i=n_j-k_j+1}^{n_j}\frac{\phi(z_{i,j})}{1-\Phi(z_{i,j})}]=0 \tag{8-66}$$

가 된다. 여기서 $\phi(z_{i,j})$, $j=1,2,....m$은 표준 정규 변수가 $z_{i,j}=\dfrac{\ln t_{ij}-\ln A-B/T_j}{\sigma_{\ln}}$일 때 표준 정규 밀도 함수 $\phi(z_{i,j})=\dfrac{1}{\sqrt{2\pi}}e^{-\frac{1}{2}z_{i,j}^2}$의 값이며, $\Phi(z_{i,j})$, $j=1,2,....m$은 표준 정규 변수 $z_{i,j}$가 $-\infty\sim\dfrac{\ln t_{ij}-\ln A-B/T_j}{\sigma_{\ln}}$일 때 표준 정규 분포 선도 아래의 면적과 같다. 즉

$$\Phi(z_{i,j}) = \frac{1}{\sqrt{2\pi}} \int_{-\infty}^{\frac{\ln t_{ij} - \ln A - B/T_j}{\sigma_{\ln}}} e^{-\frac{1}{2}z^2} dz, \quad j = 1, 2, ...m$$

이다. 식 (8-64), 식 (8-65), 식 (8-66)은 비선형 연립 방정식으로서 그 해는 수치 해석으로써 구할 수 있다. 이 식에서 $z_{i,j}$, $\phi(z_{i,j})$, $\Phi(z_{i,j})$는 시험을 중단한 샘플의 값이므로, 시험 중단이 없는 완전 데이터의 경우에는

$$\sum_{j=1}^{m} \sum_{i=n_j-k_j+1}^{n_j} [\frac{z_{i,j}\phi(z_{i,j})}{1-\Phi(z_{i,j})}] = 0$$

$$\sigma_{\ln} \sum_{j=1}^{m} \sum_{i=n_j-k_j+1}^{n_j} [\frac{\phi(z_{i,j})}{1-\Phi(z_{i,j})}] = 0$$

$$\sigma_{\ln} \sum_{j=1}^{m} [\frac{1}{T_j} \sum_{i=n_j-k_j+1}^{n_j} \frac{\phi(z_{i,j})}{1-\Phi(z_{i,j})}] = 0$$

가 된다. 따라서 식 (8-65)와 식 (8-66)으로부터 $\ln A$와 B를 구하고 이를 식 (8-64)에 대입하여 $\sigma_{\ln}$을 구한다. 즉

$$\ln A = \frac{[\sum_{j=1}^{m}(\frac{1}{T_j}\sum_{i=1}^{n_j}\ln t_{ij}](\sum_{j=1}^{m}\frac{n_j}{T_j}) - (\sum_{j=1}^{m}\sum_{i=1}^{n_j}\ln t_{ij})(\sum_{j=1}^{m}\frac{n_j}{T_j^2})}{(\sum_{j=1}^{m}\frac{n_j}{T_j})^2 - (\sum_{j=1}^{m}n_j)(\sum_{j=1}^{m}\frac{n_j}{T_j^2})} \tag{8-67}$$

$$B = \frac{\sum_{j=1}^{m}\sum_{i=1}^{n_j}\ln t_{ij} - [\sum_{j=1}^{m}(n_j)]\ln A}{\sum_{j=1}^{m}\frac{n_j}{T_j}} \tag{8-68}$$

$$\sigma_{\ln} = [\frac{\sum_{j=1}^{m}\sum_{i=1}^{n_j}(\ln t_{ij} - \ln A - B/T_j)^2}{\sum_{j=1}^{m}n_j}]^{1/2} \tag{8-69}$$

가 된다.

표 8-2의 완전 수명 데이터에 이용하여 식 (8-67), 식 (8-68), 식 (8-69)로써 어레니우스-로그 정규 모델의 매개 변수 $\sigma_{\ln}$, A, B를 구하여 보자. 식 (8-67), 식 (8-68), 식 (8-69)에서 필요한 항의 값은 표 8-9에서와 같이 구한다. 따라서

$$\sum_{j=1}^{4} n_j = 10+10+10+10 = 40$$

$$\sum_{j=1}^{4}\sum_{i=1}^{n_4} \ln t_{ij} = 90.7127+78.6328+73.5436+69.4815 = 312.3706$$

$$\sum_{j=1}^{4}\left(\frac{1}{T_j}\sum_{i=1}^{10}\ln t_{ij}\right) = [(\frac{1}{190+273})(90.7127)] + [(\frac{1}{220+273})(78.6328)]$$

$$[(\frac{1}{240+273})(73.5436)][(\frac{1}{260+273})(69.4815)] = 0.629141$$

$$\sum_{j=1}^{4}\frac{n_i}{T_j} = \frac{10}{190+273}+\frac{10}{220+273}+\frac{10}{240+273}+\frac{10}{260+273} = 0.08014$$

$$\sum_{j=1}^{4}\frac{n_i}{T_j^2} = \frac{10}{(190+273)^2}+\frac{10}{(220+273)^2}+\frac{10}{(240+273)^2}+\frac{10}{(260+273)^2} = 0.000161$$

$$\sum_{j=1}^{4}\sum_{i=1}^{n_j}(t_{ij}-\ln A - B/T_j)^2 = 0.2572+0.4787+0.2674+1.4818 = 2.4851$$

가 된다. 이를 식 (8−67)에 대입하여 $\ln A$와 A를 구하면

$$\ln A = \frac{(0.62914)(0.08014)-(312.37)(0.000161)}{(0.08014)^2-(40)(0.000161)} = -7.27$$

$$A = e^{-7.27} = 0.00069$$

가 되고, 식 (8−68)과 식 (8−69)를 이용하여 B와 $\sigma_{\ln}$을 구하면 각각 다음과 같다.

$$B = \frac{312.37-40\times(-7.27)}{0.08014} = 7526.45$$

$$\sigma_{\ln} = \sqrt{\frac{2.4851}{40}} = 0.249$$

이 값은 계산 과정에서 유효 숫자에 따라 차이가 있으나, 최소 자승법으로 구한 값과 같다.

표 8−9 수명 데이터와 어레니우스 모델에 최우 추정법을 적용하기 위한 추정식의 값

i \ j	$T_1=(190+273)^oC$			$T_2=(220+273)^oC$		
	t_{i1}	$\ln t_{i1}$	$(\ln t_{i1}-\ln A-B/T_1)^2$	t_{i2}	$\ln t_{i2}$	$(\ln t_{i2}-\ln A-B/T_2)^2$
1	7,228	8.8857	0.0103	1,764	7.4753	0.2725
2	7,228	8.8857	0.0103	2,436	7.7981	0.0397
3	7,228	8.8857	0.0103	2,436	7.7981	0.0397
4	8,448	9.0417	0.0030	2,436	7.7981	0.0397

5	9,167	9.1234	0.0186	2,436	7.7981	0.0397
6	9,167	9.1234	0.0186	2,436	7.7981	0.0397
7	9,167	9.1234	0.0186	3,108	8.0417	0.0020
8	9,167	9.1234	0.0186	3,108	8.0417	0.0020
9	10,511	9.2602	0.0746	3,108	8.0417	0.0020
10	10,511	9.2602	0.0746	3,108	8.0417	0.0020
Σ		90.7127	0.2572		78.6328	0.4787
n_j	10			10		
n_j/T_j	0.0216			0.0203		
n_j/T_j^2	4.66485E-05			4.1144E-05		
$(\sum \ln t_{ij})/T_j$	0.1959			0.1596		

i \\ j	$T_3=(240+273)^o C$			$T_4=(260+273)^o C$		
	t_{i3}	$\ln t_{i3}$	$(\ln t_{i3}-\ln A-B/T_3)^2$	t_{i4}	$\ln t_{i4}$	$(\ln t_{i4}-\ln A-B/T_4)^2$
1	1,175	7.0690	0.1107	600	6.3969	0.2061
2	1,175	7.0690	0.1107	744	6.6120	0.0570
3	1,521	7.3271	0.0056	744	6.6120	0.0570
4	1,569	7.3581	0.0019	744	6.6120	0.0570
5	1,617	7.3883	0.0002	912	6.8156	0.0012
6	1,665	7.4176	0.0003	1,128	7.0282	0.0314
7	1,665	7.4176	0.0003	1,320	7.1854	0.1119
8	1,713	7.4460	0.0020	1,464	7.2889	0.1919
9	1,761	7.4736	0.0052	1,608	7.3827	0.2829
10	1,953	7.5771	0.0308	1,896	7.5475	0.4853
Σ		73.5436	0.2674		69.4815	1.4818
n_j	10			10		
n_j/T_j	0.0195			0.0188		
n_j/T_j^2	3.79984E-05			3.52E-05		
$(\sum \ln t_{ij})/T_j$	0.1434			0.1304		

수명이 와이블 분포를 따르는 역승법-와이블 모델에 대한 최우 추정법은 식 (8-31)의 역승법-와이블 모델의 고장 확률 밀도 함수를 이용한다. 수명 데이터는 응력 부하 $S_1, S_2, ..S_m$에서 각각 $n_1, n_2, ...n_m$개 샘플을 이용하여 실시한 고장 시험의 결과로서 측정한 샘플의 고장 시간 $t_{1j}, t_{2j}, ...t_{ij}$, $i=1,2,3,....n_j$, $j=1, 2, 3,...m$이다. 시험을 중단한 샘플은 시험 중단 시간까지 와이블 분포의 신뢰도를 적용한다. $n_1, n_2, ...n_m$개의 샘플에서

$k_1, k_2, ...k_m$ 개의 샘플이 시험 중단되었다고 하면 최우 추정법을 적용하기 위한 우도 함수와 로그 우도 함수는 각각 다음과 같이 표현된다.

$$L = [\prod_{j=1}^{m} (\beta K^{\beta} S_j^{n\beta})^{n_j - k_j} \prod_{i=1}^{n_j - k_j} t_{ij}^{\beta - 1}] e^{-[\sum_{j=}^{m} \sum_{i=1}^{n_j - k_j} (t_{ij} K S_j^n)^{\beta}]} e^{-[\sum_{j=1}^{m} \sum_{i=n_j - k_j + 1}^{n_j} (t_{ij} K S_j^n)^{\beta}]}$$

$$\ln L = (\ln\beta + \beta \ln K) \sum_{j=1}^{m} (n_j - k_j) + n\beta \sum_{j=1}^{m} [(n_j - k_j) \ln S_j] + (\beta - 1) \sum_{j=1}^{m} \sum_{i=1}^{n_j - k_j} \ln t_{ij} - \sum_{j=1}^{m} \sum_{i=1}^{n_j} (t_{ij} K S_j^n)^{\beta}$$

매개 변수 β, K, n은 로그 우도 함수의 편도함수를 0으로 하는 값이다. 즉 식 (8-70) ~ 식 (8-72)를 만족하는 β, K, n이다

$$\frac{\partial \ln L}{\partial \beta} = (\frac{1}{\beta} + \ln K) \sum_{j=1}^{m} (n_j - k_j) + n \sum_{j=1}^{m} [(n_j - k_j) \ln S_j] + \sum_{j=1}^{m} \sum_{i=1}^{n_j - k_j} \ln t_{ij}$$

$$- \sum_{j=1}^{m} \sum_{i=1}^{n_j} [(t_{ij} K S_j^n)^{\beta} \ln (t_{ij} K S_j^n)] = 0 \qquad (8-70)$$

$$\frac{\partial \ln L}{\partial K} = \frac{\beta}{K} \sum_{j=1}^{m} (n_j - k_j) - \frac{\beta}{K} \sum_{j=1}^{m} \sum_{i=1}^{n_j} (t_{ij} K S_j^n)^{\beta} = 0 \qquad (8-71)$$

$$\frac{\partial \ln L}{\partial n} = \beta \sum_{j=1}^{m} [(n_j - k_j) \ln S_j] - \beta \sum_{j=1}^{m} \sum_{i=1}^{n_j} [(t_{ij} K S_j^n)^{\beta} \ln S_j] = 0 \qquad (8-72)$$

식 (8-70)의 마지막 항은

$$\sum_{j=1}^{m} \sum_{i=1}^{n_j} [(t_{ij} K S_j^n)^{\beta} \ln (t_{ij} K S_j^n)] = \sum_{j=1}^{m} \sum_{i=1}^{n_j} [(t_{ij} K S_j^n)^{\beta} \ln t_{ij}] + \ln K \sum_{j=1}^{m} \sum_{i=1}^{n_j} (t_{ij} K S_j^n)^{\beta}$$

$$+ n \sum_{j=1}^{m} \sum_{i=1}^{n_j} [(t_{ij} K S_j^n)^{\beta} \ln S_j]$$

이므로 식 (8-71)과 식 (8-72)를 대입하면

$$\sum_{j=1}^{m} \sum_{i=1}^{n_j} [(t_{ij} K S_j^n)^{\beta} \ln (t_{ij} K S_j^n)] = \sum_{j=1}^{m} \sum_{i=1}^{n_j} [(t_{ij} K S_j^n)^{\beta} \ln t_{ij}] + \ln K \sum_{j=1}^{m} (n_j - k_j) + n \sum_{j=1}^{m} [(n_j - k_j) \ln S_j]$$

가 된다. 이를 식 (8-70)에 대입하면 식 (8-70)은 다음과 같이 표현된다.

$$\frac{1}{\beta} \sum_{j=1}^{m} (n_j - k_j) + \sum_{j=1}^{m} \sum_{i=1}^{n_j - k_j} \ln t_{ij} = \sum_{j=1}^{m} \sum_{i=1}^{n_j} [(t_{ij} K S_j^n)^{\beta} \ln t_{ij}] \qquad (8-73)$$

식 (8-71)로부터

$$\sum_{j=1}^{m}(KS_j^n)^\beta = \sum_{j=1}^{m}[\frac{(n_j-k_j)}{\sum_{i=1}^{n_j}t_{ij}^\beta}]$$

이므로 이를 식 (8-73)에 대입하면

$$\frac{1}{\beta}\sum_{j=1}^{m}(n_j-k_j)+\sum_{j=1}^{m}\sum_{i=1}^{n_j-k_j}\ln t_{ij} = \sum_{j=1}^{m}[(n_j-k_j)(\frac{\sum_{i=1}^{n_j}t_{ij}^\beta \ln t_{ij}}{\sum_{i=1}^{n_j}t_{ij}^\beta})] \tag{8-74}$$

가 된다. β는 식 (8-74)의 양변이 같은 값이 될 때까지 β를 변화시키며 반복법으로써 결정한다. β가 결정되면 식 (8-71)과 식 (8-73)으로부터 각각 다음과 같이 K를 구한다.

$$K = [\frac{\sum_{j=1}^{m}(n_j-k_j)}{\sum_{j=1}^{m}[(S_j^n)^\beta \sum_{i=1}^{n_j}t_{ij}^\beta]}]^{\frac{1}{\beta}} \tag{8-75}$$

$$K = [\frac{\frac{1}{\beta}\sum_{j=1}^{m}(n_j-k_j)+\sum_{j=1}^{m}\sum_{i=1}^{n_j-k_j}\ln t_{ij}}{\sum_{j=1}^{m}[(S_j^n)^\beta \sum_{i=1}^{n_j}(t_{ij}^\beta \ln t_{ij})]}]^{\frac{1}{\beta}} \tag{8-76}$$

n과 K는 식 (8-75)의 K와 식 (8-76)의 K가 같은 값이 될 때까지 n을 변화시키며 반복법으로써 구한다.

예로서 표 8-10의 수명 데이터를 이용하여 역승법-와이블 모델의 매개 변수를 결정하여 보자. 먼저 β를 가정하여 식 (8-74)의 좌변과 우변의 값을 결정한다. 반복 과정을 거쳐 $\beta = 2.6165$일 때 좌변과 우변의 값은 같은 수준에 이른다. 즉

$$\frac{1}{2.6165}(19)+(11.3212+28.0893) \approx 4\times\frac{24,117.6578}{8,092.5221}+15\times\frac{9,130.0072}{3,940.8638}$$

$$46.67211 \approx 46,67225$$

가 된다. β를 $\beta = 2.6165$로 결정한 후 n을 변화시키며 식 (8-75)와 식 (8-76)의 K가 같은 값이 되도록 반복법으로써 n과 K를 동시에 결정한다. $n = 1.327$이면 K는 $K = 0.00137$로서 각각 다음과 같이 같은 수준에 이른다.

$$K=[\frac{\sum_{j=1}^{m}(n_j-k_j)}{\sum_{j=1}^{m}[(S_j^n)^\beta \sum_{i=1}^{n_j} t_{ij}^\beta]}]^{\frac{1}{\beta}}=[\frac{4+15}{266,308,045.2871+322,488,339.1821}]^{\frac{1}{2.6165}}=0.00137$$

$$K=[\frac{\frac{1}{\beta}\sum_{j=1}^{m}(n_j-k_j)+\sum_{j=1}^{m}\sum_{i=1}^{n_j-k_j}\ln t_{ij}}{\sum_{j=1}^{m}[(S_j^n)^\beta \sum_{i=1}^{n_j}(t_{ij}^\beta \ln t_{ij})]}]^{\frac{1}{\beta}}$$

$$=[\frac{\frac{19}{2.6165}+11.3212+28.0893}{797,787,605.9737+1,050,698,141.4416}]^{\frac{1}{2.6165}}=0.00133$$

표 8-10 최우 추정법으로써 역승법-와이블 모델의 매개 변수를 결정하기 위한 수명 데이터와 추정식의 값

i \ j	$S_1=20\,V$					
	t_{i1}	$\ln t_{i1}$	t_{i1}^β	$t_{i1}^\beta \ln t_{i1}$	$t_{i1}^\beta S_1^{\beta n}$	$t_{i1}^\beta S_1^{\beta n}\ln S_1$
1	11.7	2.4596	623.6032	1,533.8074	20,521,481.0336	61,476,863.0336
2	16.2	2.7850	1,461.1541	4,069.3307	48,083,539.4595	144,045,410.9856
3	18.3	2.9069	2,010.0334	5,842.9683	66,146,012.6496	198,155,744.8612
4	23.8	3.1697	3,997.7314	12,671.5515	131,557,012.1444	394,109,587.0932
Σ		11.3212	8,092.5221	24,117.6578	26,6308,045.2871	797,787,605.9737
S_j	20					
n_j	4					
$n_j \ln S_j$	11.9829					
k_j	0					
n_j-k_j	4					
i \ j	$S_2=26\,V$					
	t_{i2}	$\ln t_{i2}$	t_{i2}^β	$t_{i2}^\beta \ln t_{i2}$	$t_{i2}^\beta S_2^{\beta n}$	$t_{i2}^\beta S_2^{\beta n}\ln S_2$
1	2.3	0.8329	8.8402	7.3631	723,408.2829	2,356,934.0221
2	3.2	1.1632	20.9761	24.3984	1,716,514.6422	5,592,570.4131
3	3.7	1.3083	30.6690	40.1253	2,509,703.4353	8,176,856.0739
4	4.7	1.5476	57.3514	88.7549	4,693,173.8202	15,290,813.3761
5	4.9	1.5892	63.9585	101.6450	5,233,842.3561	17,052,363.6610
6	5.7	1.7405	95.0050	165.3530	7,774,440.6763	25,329,878.2525

7	6	1.7918	108.6508	194.6760	8,891,096.8445	28,968,051.8483
8	6.8	1.9169	150.7508	288.9776	12,336,221.6579	40,192,601.0760
9	7.5	2.0149	194.8040	392.5111	15,941,177.2149	51,937,894.2958
10	8.6	2.1518	278.6860	599.6661	22,805,405.1328	74,302,211.5115
11	9	2.1972	313.8886	689.6837	25,686,097.1055	83,687,784.0546
12	10.2	2.3224	435.5142	1,011.4329	35,638,953.5466	116,115,151.1690
13	10.9	2.3888	518.1153	1,237.6546	42,398,356.8648	138,137,939.7191
14	12	2.4849	666.3121	1,655.7235	54,525,583.8213	177,649,615.8818
15	14	2.6391	997.3418	2,632.0421	81,614,363.7807	265,907,476.0869
Σ		28.0893	3,940.8638	9,130.0072	322,488,339.1821	1,050,698,141.4416
S_j	26					
n_j	15					
$n_j \ln S_j$	48.8714					
k_j	0					
$n_j - k_j$	15					

역승법-지수 모델의 매개 변수는 식 (8-32)의 고장 확률 밀도 함수를 이용하여 구한다. 최우 추정법을 적용하기 위한 역승법-지수 모델의 우도 함수와 로그 우도 함수는 각각 다음과 같이 표현된다.

$$L = [\prod_{j=1}^{m} (KS_j^n)^{n_j - k_j}] e^{-[\sum_{j=}^{m} \sum_{i=1}^{n_j - k_j} (t_{ij} KS_j^n)]} e^{-[\sum_{j=1}^{m} \sum_{i=n_j-k_j+1}^{n_j} (t_{ij} KS_j^n)]}$$

$$\ln L = \ln K \sum_{j=1}^{m} (n_j - k_j) + n \sum_{j=1}^{m} [(n_j - k_j) \ln S_j] - \sum_{j=1}^{m} \sum_{i=1}^{n_j} t_{ij} KS_j^n$$

매개 변수 K, n에 대한 로그 우도 함수의 편도함수는 식 (8-77), 식 (8-78)과 같고, 이를 0으로 하는 K와 n의 값을 구하여 매개 변수를 결정한다.

$$\frac{\partial \ln L}{\partial K} = \frac{1}{K} \sum_{j=1}^{m} (n_j - k_j) - \sum_{j=1}^{m} \sum_{i=1}^{n_j} t_{ij} S_j^n = 0 \qquad (8-77)$$

$$\frac{\partial \ln L}{\partial n} = \sum_{j=1}^{m} [(n_j - k_j) \ln S_j] - K \sum_{j=1}^{m} \sum_{i=1}^{n_j} [(t_{ij} S_j^n) \ln S_j] = 0 \qquad (8-78)$$

식 (8-77)에서 K를 구하여 식 (8-78)에 대입하면

$$\frac{\sum_{j=1}^{m}(n_j-k_j)}{\sum_{j=1}^{m}\sum_{i=1}^{n_j}t_{ij}S_j^n}=\frac{\sum_{j=1}^{m}[(n_j-k_j)\ln S_j]}{\sum_{j=1}^{m}\sum_{i=1}^{n_i}[(t_{ij}S_j^n)\ln S_j]} \tag{8-79}$$

가 된다. 식 (8-79)를 이용하여 좌우변의 값이 같을 때까지 n을 변화시키며 반복법으로써 n을 결정하고, n이 결정되면 식 (8-80)을 이용하여 K를 결정한다.

$$K=[\frac{\sum_{j=1}^{m}(n_j-k_j)}{\sum_{j=1}^{m}\sum_{i=1}^{n_j}t_{ij}S_j^n}] \tag{8-80}$$

역승법-로그 정규 모델의 매개 변수는 식 (8-33)의 고장 확률 밀도 함수를 이용하여 구한다. 최우 추정법을 적용하기 위한 역승법-로그 정규 모델의 우도 함수와 로그 우도 함수는 각각 다음과 같이 표현된다.

$$L=[\prod_{j=1}^{m}\prod_{i=1}^{n_j-k_j}\frac{1}{t_{ij}\sigma_{\ln}\sqrt{2\pi}}e^{-\frac{1}{2}(\frac{\ln t_{ij}+\ln K+n\ln S_j}{\sigma_{\ln}})^2}]\sum_{j=1}^{m}\sum_{i=n_j-k_j+1}^{n_j}[1-\Phi(\frac{\ln t_{ij}+\ln K+n\ln S_j}{\sigma_{\ln}})]$$

$$\ln L=-\sum_{j=1}^{m}[(n_j-k_j)\ln(\sigma_{\ln}\sqrt{2\pi})]-\sum_{j=1}^{m}\sum_{i=1}^{n_j-k_j}\ln t_{ij}-\frac{1}{2}\sum_{j=1}^{m}\sum_{i=1}^{n_j-k_j}(\frac{\ln t_{ij}+\ln K+n\ln S_j}{\sigma_{\ln}})^2$$

$$+\sum_{j=1}^{m}\sum_{i=n_j-k_j+1}^{n_j}\ln[1-\Phi(\frac{\ln t_{ij}+\ln K+n\ln S_j}{\sigma_{\ln}})]$$

매개 변수 $\sigma_{\ln}$, K, n에 대한 로그 우도 함수의 편도함수는 각각 다음과 같다.

$$\frac{\partial \ln L}{\partial \sigma_{\ln}}=-\frac{1}{\sigma_{\ln}}\sum_{j=1}^{m}(n_j-k_j)+\frac{1}{\sigma_{\ln}^3}\sum_{j=1}^{m}\sum_{i=1}^{n_j-k_j}[(\ln t_{ij}+\ln K+n\ln S_j)^2]+\frac{1}{\sigma_{\ln}}\sum_{j=1}^{m}\sum_{i=n_j-k_j+1}^{n_j}[\frac{z_{i,j}\phi(z_{i,j})}{1-\Phi(z_{i,j})}]=0$$

$$\frac{\partial \ln L}{\partial K}=\frac{1}{K\sigma_{\ln}^2}\sum_{j=1}^{m}\sum_{i=1}^{n_j-k_j}(\ln t_{ij}+\ln K+n\ln S_j)-\frac{1}{K\sigma_{\ln}}\sum_{j=1}^{m}\sum_{i=n_j-k_j+1}^{n_j}[\frac{\phi(z_{i,j})}{1-\Phi(z_{i,j})}]=0$$

$$\frac{\partial \ln L}{\partial n}=\frac{1}{\sigma_{\ln}^2}\sum_{j=1}^{m}[\ln S_j\sum_{i=1}^{n_j-k_j}(\ln t_{ij}+\ln K+n\ln S_j)]-\frac{1}{\sigma_{\ln}}\sum_{j=1}^{m}[\ln S_j\sum_{i=n_j-k_j+1}^{n_j}\frac{\phi(z_{i,j})}{1-\Phi(z_{i,j})}]=0$$

이 식을 다시 정리하면

$$-\sum_{j=1}^{m}(n_j-k_j)+\frac{1}{\sigma_{\ln}^2}\sum_{j=1}^{m}\sum_{i=1}^{n_j-k_j}(\ln t_{ij}+\ln K+n\ln S_j)^2+\sum_{j=1}^{m}\sum_{i=n_j-k_j+1}^{n_j}[\frac{z_{i,j}\phi(z_{i,j})}{1-\Phi(z_{i,j})}]=0 \tag{8-81}$$

$$\ln K[\sum_{j=1}^{m}(n_j-k_j)]+n\sum_{j=1}^{m}[(n_j-k_k)\ln S_j]+\sum_{j=1}^{m}\sum_{i=1}^{n_j-k_j}\ln t_{ij}$$

$$-\sigma_{\ln}\sum_{j=1}^{m}\sum_{i=n_j-k_j+1}^{n_j}[\frac{\phi(z_{i,j})}{1-\Phi(z_{i,j})}]=0 \tag{8-82}$$

$$\ln K[\sum_{j=1}^{m}(n_j-k_j)\ln S_j]+n\sum_{j=1}^{m}[(n_j-k_j)(\ln S_j)^2]+\sum_{j=1}^{m}(\ln S_j\sum_{i=1}^{n_j-k_j}\ln t_{ij})$$

$$-\sigma_{\ln}\sum_{j=1}^{m}[\ln S_j\sum_{i=n_j-k_j+1}^{n_j}\frac{\phi(z_{i,j})}{1-\Phi(z_{i,j})}]=0 \tag{8-83}$$

가 된다. 여기서 $\phi(z_{i,j})$, $j=1,2,....m$은 표준 정규 변수가 $z_{i,j}=\frac{\ln t_{ij}+\ln K+n\ln S_j}{\sigma_{\ln}}$일 때 표준 정규 밀도 함수 $\phi(z_{i,j})=\frac{1}{\sqrt{2\pi}}e^{-\frac{1}{2}z_{ij}^2}$의 값이며, $\Phi(z_{i,j})$, $j=1,2,....m$은 표준 정규 변수 $z_{i,j}$가 $-\infty\sim\frac{\ln t_{ij}+\ln K+n\ln S_j}{\sigma_{\ln}}$일 때 표준 정규 분포 선도 아래의 면적과 같다. 즉

$$\Phi(z_{i,j})=\frac{1}{\sqrt{2\pi}}\int_{-\infty}^{\frac{\ln t_{ij}+\ln K+nS_j}{\sigma_{\ln}}}e^{-\frac{1}{2}z^2}dz,\quad j=1,2,....m$$

이다. 식 (8–81), 식 (8–82), 식 (8–83)은 비선형 연립 방정식으로서 그 해는 수치 해석으로써 구한다. 이 식에서 $z_{i,j}$, $\phi(z_{i,j})$, $\Phi(z_{i,j})$는 시험 중단 샘플에 대한 것이므로, 시험 중단이 없는 완전 데이터의 경우에는

$$\sum_{j=1}^{m}\sum_{i=n_j-k_j+1}^{n_j}[\frac{z_{i,j}\phi(z_{i,j})}{1-\Phi(z_{i,j})}]=0$$

$$\sigma_{\ln}\sum_{j=1}^{m}\sum_{i=n_j-k_j+1}^{n_j}[\frac{\phi(z_{i,j})}{1-\Phi(z_{i,j})}]=0$$

$$\sigma_{\ln}\sum_{j=1}^{m}[\frac{1}{T_j}\sum_{i=n_j-k_j+1}^{n_j}\frac{\phi(z_{i,j})}{1-\Phi(z_{i,j})}]=0$$

가 된다. 따라서 시험 중단이 없는 경우에는 식 (8–82)와 식 (8–83)으로부터 $\ln K$와 n을 구하고 이를 식 (8–81)에 대입하여 $\sigma_{\ln}$을 구한다. 즉

$$\ln K = \frac{(\sum_{j=1}^{m}\sum_{i=1}^{n_j}\ln t_{ij})[\sum_{j=1}^{m} n_j(\ln S_j)^2] - (\sum_{j=1}^{m} n_j \ln S_j)[\sum_{j=1}^{m}(\ln S_j \sum_{i=1}^{n_j}\ln t_{ij})]}{(\sum_{j=1}^{m} n_j)[\sum_{j=1}^{m} n_j(\ln S_j)^2] - (\sum_{j=1}^{m} n_j \ln S_j)^2} \tag{8-84}$$

$$n = -\frac{\sum_{j=1}^{m}\sum_{i=1}^{n_j}\ln t_{ij} + \ln K(\sum_{j=1}^{m} n_j)}{\sum_{j=1}^{m} n_j \ln S_j} \tag{8-85}$$

$$\sigma_{\ln} = [\frac{\sum_{j=1}^{m}\sum_{i=1}^{n_j}(\ln t_{ij} + \ln K - nS_j)^2}{\sum_{j=1}^{m} n_j}]^{1/2} \tag{8-86}$$

가 된다. 표 8–11은 표 8–3의 수명 데이터를 이용하여 최우 추정법으로써 역승법–로그 정규 분포의 매개 변수를 결정하기 위한 값을 계산한 것이다. 매개 변수는 표 8–11의 값을 이용하여 다음과 같이 결정한다. 먼저 식 (8–84)에서 $\ln K$를 결정하기 위한 값은

$$\sum_{j=1}^{7}\sum_{i=1}^{n_j}\ln t_{ij} = 16.8719 + 26.6476 + 42.0420 + 33.4277 + 33.9415 + 13.5337 - 3.3946 = 163.0698$$

$$\sum_{j=1}^{7} n_j(S_j)^2 = 31.8456 + 55.5179 + 127.2496 + 180.1699 + 236.2692$$
$$+ 192.6241 + 105.8563 = 929.5325$$

$$\sum_{j=1}^{7} n_j \ln S_i = 9.7743 + 16.6610 + 37.4132 + 51.9860 + 67.0008 + 53.7528 + 29.1007 = 265.6888$$

$$\sum_{j=1}^{7}(\ln S_j \sum_{i=1}^{n_j} t_{ij}) = 54.9704 + 88.7953 + 142.9931 + 115.8517 + 119.6898$$
$$+ 48.4982 - 12.3482 = 558.4504$$

$$\sum_{j=1}^{7} n_j = 3 + 5 + 11 + 15 + 19 + 15 + 8 = 76$$

$$(\sum_{j=1}^{7} n_j \ln S_j)^2 = 95.5367 + 277.5897 + 1399.7454 + 2702.5482 + 4489.1139$$

$$+ 2889.3618 + 846.8501 = 70590.5625$$

이다. 따라서 $\ln K = \dfrac{163.0698 \times 929.5323 - 265.6888 \times 558.4503}{76 \times 929.5323 - 70950.5625} = 59.4465$

가 되고, $K = e^{59.4465} = 6.5655 \times 10^{25}$가 된다. $\ln K = 59.4465$이면 n은 식 (8–85)로부터

$$n = -\frac{163.0698 + 76 \times 59.4465}{265.6888} = -17.6184$$

가 되고, $\ln K = 59.4465$, $n = -17.6184$이면

$$\sum_{j=1}^{7}\sum_{i=1}^{n_j}(\ln t_{ij} + \ln K + n \ln S_j)^2 = 198.9154 + 189.3443 + 135.4233$$

$$+ 73.3049 + 57.1204 + 133.7576 + 212.2116 = 1000.0775$$

이므로 $\sigma_{\ln}$은 식 (8–86)으로부터

$$\sigma_{\ln} = [\frac{1000.0775}{76}]^{1/2} = 3.6275$$

가 된다.

표 8-11 수명 데이터와 와이블 로그 정규 모델에 최우 추정법을 적용하기 위한 추정식의 값

i \ j	$S_1 = 26$ kV			$S_2 = 28$ kV			$S_3 = 30$ kV		
	t_{i1}	$\ln t_{i1}$	$(\ln t_{i1} + \ln K + n\ln S_1)^2$	t_{i2}	$\ln t_{i2}$	$(\ln t_{i2} + \ln K + n\ln S_2)^2$	t_{i3}	$\ln t_{i3}$	$(\ln t_{i3} + \ln K + n\ln S_3)^2$
1	5.79	1.7561	14.4422	68.85	4.2319	24.7051	7.74	2.0464	2.4629
2	1,579.52	7.3649	88.5298	108.29	4.6848	29.4122	17.05	2.8362	5.5654
3	2,323.7	7.7509	95.9434	110.29	4.7031	29.6111	20.46	3.0185	6.4588
4				426.07	6.0546	46.1462	21.02	3.0455	6.5968
5				1,067.6	6.9732	59.4697	22.66	3.1206	6.9884
6							43.4	3.7705	10.8466
7							47.3	3.8565	11.4208
8							139.07	4.9350	19.8731
9							144.12	4.9706	20.1924
10							175.88	5.1698	22.0219
11							194.9	5.2725	22.9962
12									
$\sum$	3,909.01	16.8719	198.9154	1781.1	26.6476	189.3443	833.6	42.0420	135.4233
S_j	26			28			30		
$\ln S_j$	3.2581			3.3322			3.4012		
n_j	3			5			11		
k_j	0			0			0		
$n_j - k_j$	3			5			11		
$n_j \ln S_j$	9.7743			16.6610			37.4132		
$n_j(\ln S_j)^2$	31.8456			55.5179			127.2496		
$(n_j \ln S_j)^2$	95.5367			277.5897			1,399.7454		
$\ln S_j \sum t_{ij}$	54.9704			88.7953			142.9931		

i \ j	$S_4 = 32$ kV			$S_5 = 34$ kV			$S_6 = 36$ kV		
	t_{i4}	$\ln t_{i4}$	$(\ln t_{i4} + \ln K + n \ln S_4)^2$	t_{i5}	$\ln t_{i5}$	$(\ln t_{i5} + \ln K + n \ln S_5)^2$	t_{i6}	$\ln t_{i6}$	$(\ln t_{i6} + \ln K + n \ln S_6)^2$
1	0.27	−1.3093	8.5465	0.19	−1.6607	18.8612	0.35	−1.0498	22.4588
2	0.4	−0.9163	6.4029	0.78	−0.2485	8.5889	0.59	−0.5276	17.7821
3	0.69	−0.3711	3.9409	0.96	−0.0408	7.4149	0.96	−0.0408	13.9135
4	0.79	−0.2357	3.4219	1.31	0.2700	5.8187	0.99	−0.0101	13.6849
5	2.75	1.0116	0.3630	2.78	1.0225	2.7548	1.69	0.5247	10.0142
6	3.91	1.3635	0.0628	3.16	1.1506	2.3459	1.97	0.6780	9.0674
7	9.88	2.2905	0.4575	4.15	1.4231	1.5854	2.07	0.7275	8.7717
8	13.95	2.6355	1.0432	4.67	1.5412	1.3020	2.58	0.9478	7.5156
9	15.93	2.7682	1.3319	4.85	1.5790	1.2171	2.71	0.9969	7.2485
10	27.8	3.3250	2.9273	6.5	1.8718	0.6568	2.9	1.0647	6.8882
11	53.23	3.9748	5.5729	7.35	1.9947	0.4727	3.67	1.3002	5.7076
12	82.85	4.4170	7.8564	8.01	2.0807	0.3618	3.99	1.3838	5.3152
13	89.29	4.4919	8.2816	8.27	2.1126	0.3244	5.35	1.6771	4.0488
14	100.58	4.6110	8.9811	12.06	2.4899	0.0370	13.77	2.6225	1.1380
15	215.1	5.3711	14.1150	31.75	3.4579	0.6017	25.5	3.2387	0.2030
16				32.52	3.4819	0.6394			
17				33.91	3.5237	0.7081			
18				36.71	3.6030	0.8479			
19				72.89	4.2890	2.5816			
$\sum$	617.43	33.4277	73.3049	272.82	33.9415	57.1204	69.09	13.5337	133.7576
S_j		32			34			36	
$\ln S_j$		3.4657			3.5264			3.5835	
n_j		15			19.0000			15.0000	
k_j		0			0.0000			0.0000	
$n_j - k_j$		15			19.0000			15.0000	

$n_j \ln S_j$	51.9860	67.0008	53.7528
$n_j (\ln S_j)^2$	180.1699	236.2692	192.6241
$(n_j \ln S_j)^2$	2,702.5482	4,489.1139	2,889.3618
$\ln S_j \sum t_{ij}$	115.8517	119.6898	48.4982

i \ j	$S_7 = 38$ kV		
	t_{i7}	$\ln t_{i7}$	$(\ln t_{i7} + \ln K + n \ln S_7)^2$
1	0.09	−2.4079	49.6993
2	0.39	−0.9416	31.1748
3	0.47	−0.7550	29.1260
4	0.73	−0.3147	24.5673
5	0.74	−0.3011	24.4326
6	1.13	0.1222	20.4269
7	1.4	0.3365	18.5361
8	2.38	0.8671	14.2486
$\sum$	7.33	−3.3946	212.2116
S_j	38		
$\ln S_j$	3.6376		
n_j	8.0000		
k_j	0.0000		
$n_j - k_j$	8.0000		
$n_j \ln S_j$	29.1007		
$n_j (\ln S_j)^2$	105.8563		
$(n_j \ln S_j)^2$	846.8501		
$\ln S_j \sum t_{ij}$	−12.3482		

8.4 가속 주행 시험

신뢰도는 기계를 구성하는 주요 단품에 대한 평가뿐만 아니라 완성품에 대한 평가도 필요하다. 특히 완성 차량은 다양한 형태의 도로 또는 주행 시험로(proving ground)에서 주행 시험을 실시하는 것이 일반적이다. 주행 시험에서는 노면의 형태와 거칠기에 따라 차량에 가해지는 동하중의 형태와 크기가 다르기 때문에 차량의 속도와 노면 거칠기는 가속 시험의 변수가 된다. 따라서 가속 주행 시험을 위한 시험 시간 또는 시험 주행 거리는 시험로의 거칠기와 차량 속도에 따라 결정된다.

(1) 노면 프로파일

노면 거칠기는 그림 8-13에서와 같이 주행 방향의 거리에 따라 기준 평면상에서 지면의 수직 높이로서 정의할 수 있으며, 이를 노면 프로파일(road profile)이라고 한다. 노면의 수직 높이는 랜덤 변수이고 비주기적이기 때문에 노면 프로파일은 통계적인 방법, 즉 제곱평균의 제곱근(RMS) 또는 파워 스펙트럴 밀도(PSD) 함수로써 표현할 수 있다. 만약 동일한 노면 프로파일에서 취한 일부 노면 프로파일의 주파수 분포와 제곱평균의 제곱근 또는 파워 스펙트럴 밀도가 같으면, 즉 그림 8-13에서

$$AB\text{의 } RMS \equiv CD\text{의 } RMS$$
$$AB\text{의 } PSD \equiv CD\text{의 } PSD$$

이면 이 노면 프로파일은 정상성(stationary)이고, 같은 노면에서 취한 상이한 노면 프로파일의 제곱평균의 제곱근 또는 파워 스펙트럴 밀도가 같으면, 즉

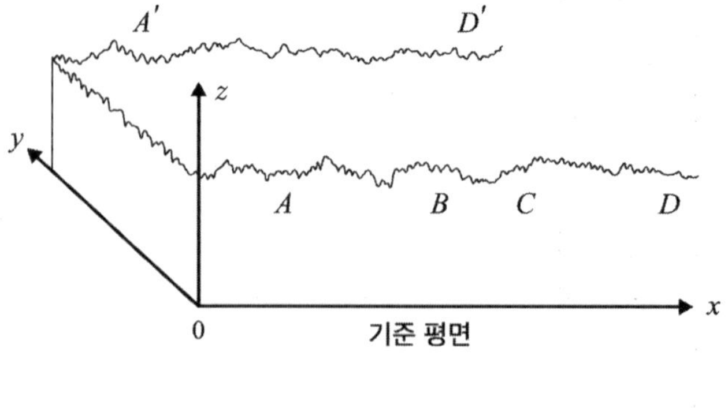

그림 8-13 노면 프로파일

AD의 $RMS \equiv A'D'$의 RMS

AD의 $PSD \equiv A'D'$의 PSD

이면 이 노면 프로파일은 에르고딕(ergodic)이다. 한 노면에서 측정한 노면 프로파일이 정상성이고 에르고딕이면 이 노면 프로파일은 이 노면을 대표할 수 있는 노면이라고 할 수 있다.

노면 프로파일은 그림 8-14에서와 같이 다수의 정현파 곡선을 합한 형상으로 볼 수 있으며, 식 (8-87)에서와 같이 거리 x의 함수로서 표현할 수 있다.

$$h(x) = h_1 \sin \Omega_1 x + h_2 \sin \Omega_2 x + \ldots h_n \sin \Omega_n x = \sum_{i=1}^{n} h_i \sin \Omega_i x \tag{8-87}$$

여기서 i는 단위 길이에 포함된 정현파의 수이고, $\Omega_i = \dfrac{2\pi}{\lambda_i}$는 정현파 i의 파수(wave number) 또는 공간 주파수(spatial frequency), λ_i는 정현파 i의 파장(wave length)이다.

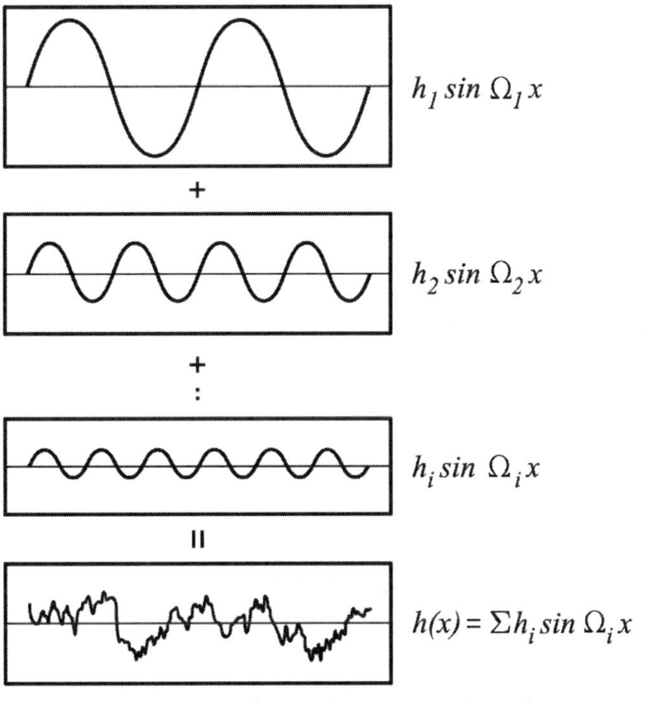

그림 8-14 노면 프로파일의 구성

총 길이가 L인 노면의 노면 프로파일을 그림 8–15에서와 같이 측정하였을 때 예상되는 최대 공간 주파수를 Ω_{max}라고 하면 앨리어싱을 피하기 위한 샘플링의 최대 간격 Δx와 총 샘플링 수 N은 각각

$$\Delta x = \frac{1}{2\Omega_{max}}$$

$$N = \frac{L}{\Delta x} + 1$$

가 되며 주행 거리 x_i는

$$x_i = (\Delta x) \times i, \quad i = 0, 1, 2, \ldots\ldots N-1$$

로써 나타낼 수 있다. 따라서 노면 프로파일을 구성하는 공간 주파수와 파장은 각각 다음과 같이 표현된다.

$$\Omega_i = \frac{i}{L}, \quad i = 0, 1, 2, \ldots N-1$$

$$\lambda_i = \frac{1}{\Omega_i}$$

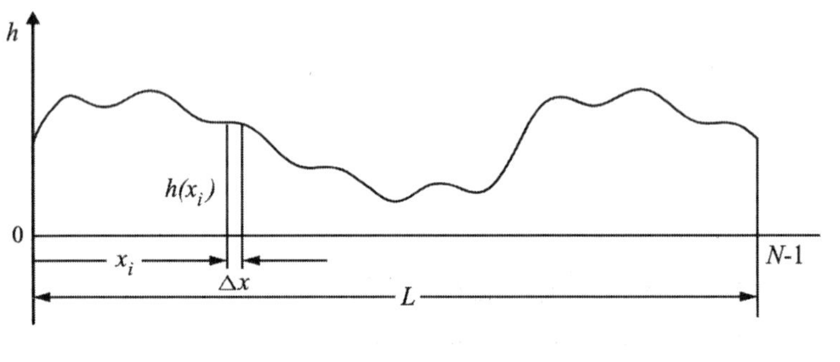

그림 8–15 노면 프로파일의 샘플링

(2) 노면 프로파일의 공간 주파수 파워 스펙트럴 밀도 함수

노면 프로파일을 나타낼 때 가장 널리 사용되는 제곱평균의 제곱근과 파워 스펙트럴 밀도는 각각 다음과 같이 정의된다.

$$RMS = \sqrt{\frac{1}{L}\int_{0}^{L} h^2(x)dx} = \sqrt{\frac{1}{L}\sum_{i=0}^{N-1} h^2(x_i)} \quad (8-88)$$

$$PSD = \frac{\int_{0}^{L} (h_i \sin \Omega_i \, x)^2 dx}{\Delta \Omega} \quad (8-89)$$

일반적으로 노면의 파워 스펙트럴 밀도 함수는 노면 프로파일을 푸리에 변환하여 구하며 공간 주파수(spatial frequency)의 함수로서 식 (8-90)에서와 같이 나타낼 수 있고 그림 8-16에서와 같이 대수-대수지에서는 직선이 된다.

$$PSD(\Omega) = C\Omega^{-b} \quad (8-90)$$

노면의 거칠기에 따른 파워 스펙트럴 밀도 함수의 매개 변수 C와 b의 값은 표 8-12에서와 같다. 일반적으로 노면의 파워 스펙트럴 밀도 함수의 파장은 0.01~10 사이클/m 정도이며, 파장이 클수록 파워 스펙트럴 밀도는 감소한다.

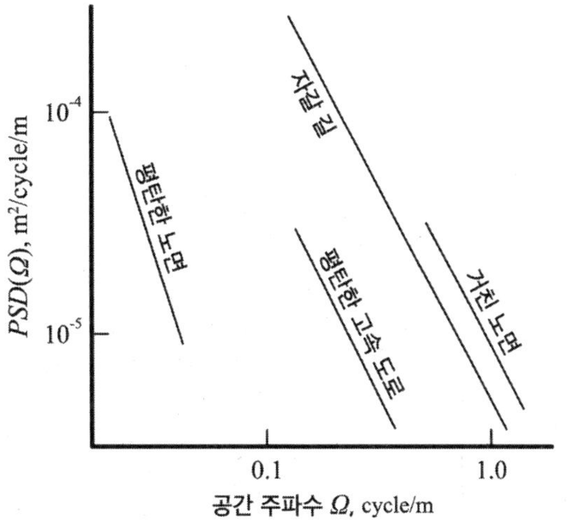

그림 8-16 각종 노면의 파워 스펙트럴 밀도 선도

국제표준기구 표준 ISO 8608에서는 노면 거칠기를 8등급으로 분류하여, 공간 주파수에 따른 각 등급의 파워 스펙트럴 밀도 함수를 그림 8-17에서와 같이 나타내었다. 또한 공간 주파수 $\Omega_0 = \frac{1}{2\pi}$ cycle/m을 기준으로 하여 Ω_0보다 큰 공간 주파수와 작은 공간 주파수

범위에서 파워 스펙트럴 밀도 함수를 각각 다음과 같이 표현하였다.

$$\Omega \leq \Omega_0 \; PSD(\Omega) = PSD(\Omega_o)(\frac{\Omega}{\Omega_0})^{-2}$$

$$\Omega_0 < \Omega \; PSD(\Omega) = PSD(\Omega_o)(\frac{\Omega}{\Omega_0})^{-1.5}$$

공간 주파수 $\Omega_0 = \frac{1}{2\pi}$ cycle/m에서 각 등급의 파워 스펙트럴 밀도는 표 8-13에서와 같다.

표 8-12 각종 노면의 파워 스펙트럴 밀도 함수의 매개 변수

노면 형태	b	C
평탄한 노면(smooth runway)	3.8	4.3×10^{-11}
거친 노면(rough runway)	2.1	8.1×10^{-6}
평탄한 고속 도로(smooth highway)	2.1	4.8×10^{-7}
초원(pasture)	2.1	4.4×10^{-6}
경운한 포장(plowed field)	1.6	3.0×10^{-4}
	1.6	6.5×10^{-4}

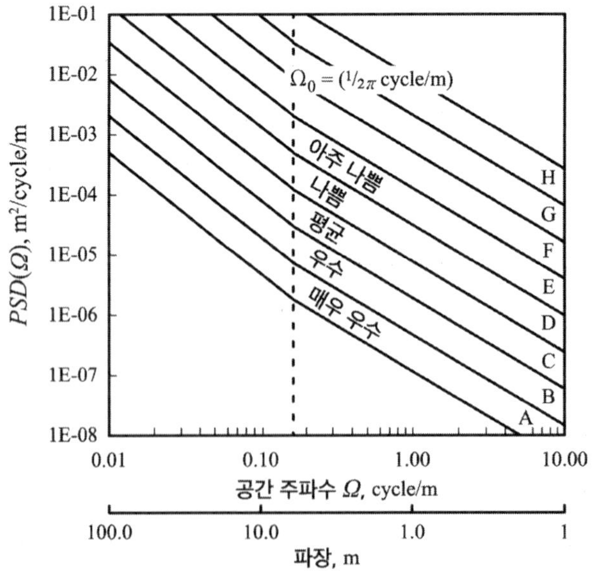

그림 8-17 ISO 8608의 노면 거칠기

표 8-13 ISO 8608의 노면 거칠기 등급

노면의 거칠기 등급	공간 주파수가 $\Omega_0 = \frac{1}{2\pi}$(cycle/m)일 때 PSD ($m^2$/cycle/m)
A: 매우 우수	$<8\times10^{-6}$
B: 우수	$(8\sim32)\times10^{-6}$
C: 평균	$(32\sim128)\times10^{-6}$
D: 나쁨	$(128\sim512)\times10^{-6}$
E: 아주 나쁨	$(512\sim2048)\times10^{-6}$
F:	$(2048\sim8192)\times10^{-6}$
G:	$(8192\sim32678)\times10^{-6}$
H:	$>32678\times10^{-6}$

(3) 노면 프로파일의 시간 주파수 파워 스펙트럴 밀도 함수

노면 거칠기로 인한 차량의 손상을 평가할 때는 노면 자체의 공간 주파수 스펙트럼보다는 노면의 시간 주파수 스펙트럼을 이용한다. 노면의 시간 주파수 스펙트럼은 공간 주파수 스펙트럼에 차량 속도를 반영한 것으로서, 차량 속도가 v일 때 노면의 공간 주파수 파워 스펙트럴 밀도 함수 $PSD(\Omega)$는 식 (8-91)에서와 같이 노면의 시간 주파수(temporal frequency) 파워 스펙트럴 밀도 함수$PSD(f,v)$로 변환할 수 있다.

$$PSD(f, v) = \frac{PDS(\Omega)}{v} \qquad (8-91)$$

여기서 시간 주파수 f는 공간 주파수와 속도의 곱으로서 $f = \Omega v$이다. 식 (8-90)을 식 (8-91)에 대입하면

$$PSD(f,v) = \frac{C\Omega^{-b}}{v} = C\frac{(\frac{f}{v})^{-b}}{v} = C\frac{v^{b-1}}{f^b} \qquad (8-92)$$

가 된다. 따라서 특정 시간 주파수 f에서 차량의 속도가 각각 v_s와 v_t일 때 거칠기가 같은 노면의 공간 주파수 파워 스펙트럴 밀도 함수는 각각

$$PSD(f,v_s) = C\frac{v_s^{b-1}}{f^b}$$

$$PSD(f, v_t) = C\frac{v_t^{b-1}}{f^b}$$

가 되며, 이들의 관계는 시간 주파수 f와 상수 C를 소거하면 다음과 같이 표현된다.

$$PSD(f, v_t) = PSD(f, v_s)(\frac{v_t}{v_s})^{b-1} \tag{8-93}$$

즉 거칠기가 같은 노면에서 차량의 속도가 $\frac{v_t}{v_s}$배 증가하면 노면의 파워 스펙트럴 밀도는 $(\frac{v_t}{v_s})^{b-1}$배 증가한다.

(4) 파워 스펙트럴 밀도를 이용한 가속 시험

차량이 주행할 때 차량의 주요 구조물에서 발생하는 응력은 노면 거칠기에 비례하므로 구조물의 피로 수명은 S-N 선도에서와 같이 노면 거칠기의 RMS 또는 PSD 함수로서 다음과 같이 표현할 수 있다.

$$L(RMS)^{\lambda} = L(RMS^2)^{\frac{\lambda}{2}} = L(PSD)^{\frac{\lambda}{2}} = C \tag{8-94}$$

여기서, L=피로 수명, 사이클 수
λ=피로손상지수
C=구조물에 따라 결정되는 상수

따라서 차량이 사용되는 주행 노면과 시험용 노면의 RMS와 PSD를 각각 RMS_s와 PSD_s 및 RMS_t와 PSD_t라고 하면 사용 노면에서 수명 L_s와 시험 노면에서 수명 L_t의 관계는 각각

$$L_t = L_s(\frac{RMS_s}{RMS_t})^{\lambda} \tag{8-95}$$

$$L_t = L_s(\frac{PSD_s}{PSD_t})^{\frac{\lambda}{2}} \tag{8-96}$$

가 된다. 여기서 피로손상지수 λ는 정현파 하중이면 $\lambda = 4$, 랜덤 하중이면 $\lambda = 7.5$를 적용한다(MIL-STD-810H). 식 (8-96)에서 수명 L_s, L_t는 사용 노면과 시험 노면의 파워 스펙트럴 밀도 함수의 모양이 같다고 하면 이를 각각 시험 시간 t_s, t_t로 대체할 수 있으며, 식

(8-92)의 시간 주파수 파워 스펙트럴 밀도 함수를 식 (8-96)에 적용하면

$$t_t = t_s\left[\frac{PSD_s(f_c, v_s)}{PSD_t(f_c, v_t)}\right]^{\frac{\lambda}{2}} = t_s\left[\frac{PSD_s(f_c, v_t)(\frac{v_s}{v_t})^{b-1}}{PSD_t(f_c, v_t)}\right]^{\frac{\lambda}{2}} = t_s\left[(\frac{v_s}{v_t})^{b-1}\frac{PSD_s(f_c, v_t)}{PSD_t(f_c, v_t)}\right]^{\frac{\lambda}{2}} \tag{8-97}$$

가 되며, 이를 주행 거리 D로써 표현하면, $D = vt$이므로,

$$D_t = D_s\frac{v_t}{v_s}\left[\frac{PSD_s(f_c, v_s)}{PSD_t(f_c, v_t)}\right]^{\frac{\lambda}{2}} = D_s\frac{v_t}{v_s}\left[(\frac{v_s}{v_t})^{b-1}\frac{PSD_s(f_c, v_t)}{PSD_t(f_c, v_t)}\right]^{\frac{\lambda}{2}} \tag{8-98}$$

가 된다. 식 (8-97)과 식 (8-98)에서 주파수 f_c는 거칠기가 다른 노면에서 발생한 차량의 손상을 비교할 때 기준이 되는 주파수로서, 차량이 주행할 때 노면 거칠기로 인하여 차량의 구조물에서 발생하는 응력의 지배 주파수 또는 차량 구조물의 고유 주파수가 될 수 있다. 주파수가 f_c일 때 노면 거칠기의 공간 주파수 파워 스펙트럴 밀도, 즉 $PSD(\Omega_c) = PSD(\frac{f_c}{v})$를 거칠기 지수(roughness index)라고 한다. 공간 주파수 파워 스펙트럴 밀도 함수의 기울기가 유사한 노면에서는 차량 구조물의 응력 스펙트럴 밀도 함수를 이용하여 식 (8-99)에서와 같이 f_c를 구하며, 기울기가 다른 노면에서는 가장 거친 노면에서 추정한 응력 스펙트럴 밀도 함수를 이용하여 구한다.

$$f_c = \frac{1}{2\pi}\sqrt{\frac{\int_0^{\infty}(2\pi f)^2 PSD(f)df}{\int_0^{\infty}PSD(f)df}} \tag{8-99}$$

여기서, $PSD(f)$=응력의 파워 스펙트럴 밀도 함수

차량이 사용되는 주행로가 그림 8-18에서와 같이 각각 노면 거칠기가 다른 $D_1, D_2, \ldots D_k$ 이고 각 노면의 공간 주파수 파워 스펙트럴 밀도 함수를 $PSD_i(\Omega)$라고 하면 시험 속도가 v_t일 때 가속 시험을 위한 주행 거리는 식 (8-98)을 적용하면

$$D_t = \sum_{i=1}^{k} D_i(\frac{v_t}{v_i})\left[(\frac{v_i}{v_t})^{b-1}\frac{PSD_i(f_c, v_t)}{PSD_t(f_c, v_t)}\right]^{\frac{\lambda}{2}} \tag{8-100}$$

가 된다. 시험 주행로는 사용 노면 중 가장 거친 노면과 같은 정도의 거칠기를 가진 노면으

로 하며, 시험 속도는 가장 험한 노면에서 주행하는 속도와 같은 정도의 속도로 한다. 따라서 시험 주행로와 사용 노면의 공간 주파수 스펙트럼의 기울기 b는 큰 차이가 없어야 한다. 그러나 기울기 b가 가속 시험의 시험 주행 거리에 미치는 영향은 피로손상지수 λ보다는 적은 것으로 알려져 있다.

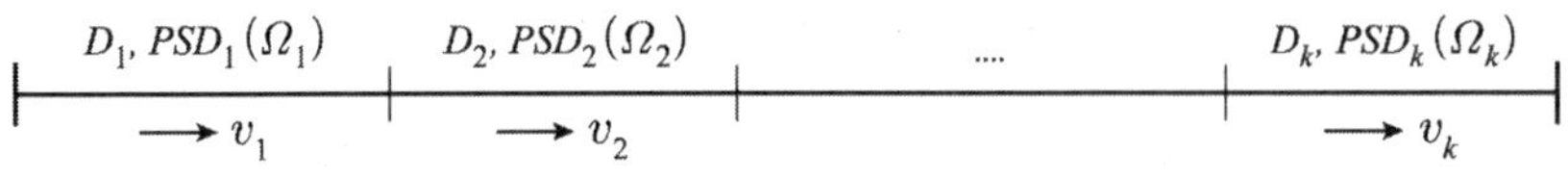

그림 8-18 차량의 주행로

[예제 8-4] 표 8-14는 국제표준기구 표준 ISO 5008에서 정의한 트랙터의 승차 진동 시험용 거친 노면의 좌우 지면 높이 h_L과 h_R을 나타낸 것이다. 분석을 위한 노면의 길이는 20.4 m, 데이터 간격은 0.08 m, 지면 높이의 데이터 수는 256이다.

(1) 좌우 노면의 평균, 제곱평균, 제곱평균 제곱근(rms)을 구하여라.

(2) 좌우 노면의 공간 주파수 파워 스펙트럴 밀도 함수를 구하고, $\Omega=\frac{1}{2\pi}$일 때 파워 스펙트럴 밀도를 구하여라.

(3) 차량이 v=10 km/h로써 이 노면을 주행할 때 좌우 노면의 시간 주파수 파워 스펙트럴 밀도 함수를 구하여라.

표 8-14 ISO 5008의 트랙터 승차 진동 시험용 주행로의 거친 노면 프로파일

x, m	h_L, mm	h_R, mm	x, m	h_L, mm	h_R, mm	x, m	h_L, mm	h_R, mm	x, m	h_L, mm	h_R, mm
0.00	160	90	5.20	55	20	10.40	125	100	15.60	110	50
0.08	160	115	5.28	55	20	10.48	125	90	15.68	100	40
0.16	165	140	5.36	55	20	10.56	135	75	15.76	100	65
0.24	155	135	5.44	50	25	10.64	90	95	15.84	110	90
0.32	135	135	5.52	45	25	10.72	45	125	15.92	115	85
0.40	135	115	5.60	45	25	10.80	45	135	16.00	120	75
0.48	140	100	5.68	50	30	10.88	45	125	16.08	125	90
0.56	145	95	5.76	45	40	10.96	45	115	16.16	140	100
0.64	150	90	5.84	45	50	11.04	45	85	16.24	125	90
0.72	140	85	5.92	45	45	11.12	50	55	16.32	115	75

0.80	135	75	6.00	40	40	11.20	65	50	16.40	110	90
0.88	135	90	6.08	55	30	11.28	75	40	16.48	100	100
0.96	135	100	6.16	90	25	11.36	95	70	16.56	100	95
1.04	125	95	6.24	100	30	11.44	115	95	16.64	95	95
1.12	120	95	6.32	100	40	11.52	150	120	16.72	115	115
1.20	120	95	6.40	95	50	11.60	190	145	16.80	145	140
1.28	115	95	6.48	85	70	11.68	170	125	16.88	150	150
1.36	120	100	6.56	70	90	11.76	150	115	16.96	160	145
1.44	125	110	6.64	50	110	11.84	125	95	17.04	160	145
1.52	135	100	6.72	40	125	11.92	100	75	17.12	150	125
1.60	115	90	6.80	40	110	12.00	100	70	17.20	145	100
1.68	90	95	6.88	30	90	12.08	100	65	17.28	150	110
1.76	70	95	6.96	30	65	12.16	90	55	17.36	160	135
1.84	50	90	7.04	25	45	12.24	95	55	17.44	160	140
1.92	50	75	7.12	25	40	12.32	115	65	17.52	165	145
2.00	55	65	7.20	30	20	12.40	110	70	17.60	150	150
2.08	70	50	7.28	50	25	12.48	100	70	17.68	135	165
2.16	85	40	7.36	65	30	12.56	110	65	17.76	135	150
2.24	85	45	7.44	75	40	12.64	115	65	17.84	135	145
2.32	85	55	7.52	85	45	12.72	100	75	17.92	125	145
2.40	85	55	7.60	75	65	12.80	90	95	18.00	115	140
2.48	75	55	7.68	75	90	12.88	85	75	18.08	115	135
2.56	75	65	7.76	70	100	12.96	75	55	18.16	120	135
2.64	75	75	7.84	90	95	13.04	85	65	18.24	125	120
2.72	95	85	7.92	100	95	13.12	90	70	18.32	140	100
2.80	115	90	8.00	115	110	13.20	95	55	18.40	160	100
2.88	135	75	8.08	125	115	13.28	100	50	18.48	145	100
2.96	150	65	8.16	135	115	13.36	115	50	18.56	135	100
3.04	165	70	8.24	135	115	13.44	135	50	18.64	125	95
3.12	160	75	8.32	125	110	13.52	140	65	18.72	125	90
3.20	135	75	8.40	125	100	13.60	145	75	18.80	115	85
3.28	125	55	8.48	125	110	13.68	150	90	18.88	95	85
3.36	115	40	8.56	115	115	13.76	140	85	18.96	100	90
3.44	115	45	8.64	125	110	13.84	115	75	19.04	110	115
3.52	120	50	8.72	140	100	13.92	100	90	19.12	110	100
3.60	110	55	8.80	125	95	14.00	95	100	19.20	115	95
3.68	100	70	8.88	115	90	14.08	90	95	19.28	125	85

3.76	110	75	8.96	110	75	14.16	85	90	19.36	140	75
3.84	110	75	9.04	110	70	14.24	90	70	19.44	150	85
3.92	90	65	9.12	100	45	14.32	95	60	19.52	165	90
4.00	75	55	9.20	100	25	14.40	55	45	19.60	165	90
4.08	75	75	9.28	100	05	14.48	25	40	19.68	165	95
4.16	75	90	9.36	85	40	14.56	40	30	19.76	125	100
4.24	85	90	9.44	65	50	14.64	50	25	19.84	100	110
4.32	85	90	9.52	65	65	14.72	55	45	19.92	110	115
4.40	115	75	9.60	70	75	14.80	55	45	20.00	100	120
4.48	145	55	9.68	70	85	14.88	75	55	20.08	100	120
4.56	150	55	9.76	75	90	14.96	90	70	20.16	110	120
4.64	125	50	9.84	75	75	15.04	110	75	20.24	115	120
4.72	110	55	9.92	85	75	15.12	135	90	20.32	125	115
4.80	90	55	10.00	100	75	15.20	120	95	20.40	135	110
4.88	75	65	10.08	115	75	15.28	100	100			
4.96	50	50	10.16	115	75	15.36	95	100			
5.04	50	50	10.24	115	75	15.44	100	85			
5.12	55	40	10.32	120	90	15.52	115	65			

[풀이] (1) 노면 높이의 평균과 제곱평균은 심슨의 적분식

$$\mu = \frac{1}{L}\int_0^L h(x)dx \approx \frac{1}{L}\frac{\Delta x}{3}[h(x_0)+4h(x_1)+2h(x_2)+...2h(x_{n-2})+4h(x_{n-1})+h(x_n)]$$

을 이용하여 구한다. 표 8-15는 심슨 적분식의 각 항의 값을 나타낸 것이다. 따라서 좌우 노면의 평균 거칠기는 각각

$$\mu_L = \frac{1}{L}[\frac{\Delta x}{3}\sum_{i=0}^{255} C_i h_L(x_i)] = \frac{1}{20.4}[\frac{0.08}{3}(78,995)] = 103.26mm$$

$$\mu_R = \frac{1}{L}[\frac{\Delta x}{3}\sum_{i=0}^{255} C_i h_R(x_i)] = \frac{1}{20.4}[\frac{0.08}{3}(62,430)] = 81.61mm$$

이고, 좌우 노면의 제곱평균과 제곱평균 제곱근은 각각

$$\Phi_L^2 = \frac{1}{L}[\frac{\Delta x}{3}\sum_{i=0}^{255} C_i h_L^2(x_i)] = \frac{1}{20.4}[\frac{0.08}{3}(9,086,325)] = 11,877.55mm^2$$

$$RMS_L = \sqrt{11,877.55} = 108.98mm$$

$$\Phi_R^2 = \frac{1}{L}[\frac{\Delta x}{3}\sum_{i=0}^{255} C_i h_R^2(x_i)] = \frac{1}{20.4}[\frac{0.08}{3}(5,843,850)] = 7,639.02mm^2$$

$$RMS_L = \sqrt{7,639.02} = 87.04 \text{ mm}$$

가 된다. 그림 8-19는 좌우 주행 시험로의 지면 높이를 나타낸 것이다.

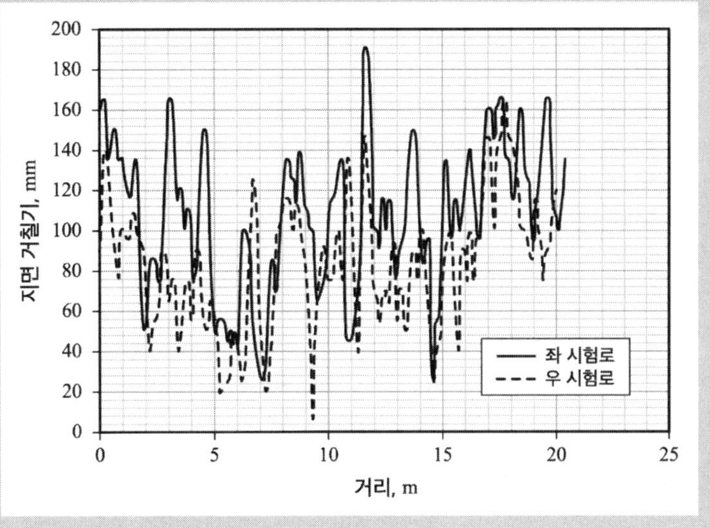

그림 8-19 좌우 주행 시험로의 지면 높이

표 8-15 좌우 노면 거칠기의 평균과 평균제곱의 추정

i	x_i, m	$h_L(x_i)$, mm	$C_i h_L(x_i)$	$C_i h_L^2(x_i)$	$h_R(x_i)$, mm	$C_i h_R(x_i)$	$C_i h_R^2(x_i)$
0	0	160	160	25600	90	90	8100
1	0.08	160	640	102400	115	460	52900
2	0.16	165	330	54450	140	280	39200
3	0.24	155	620	96100	135	540	72900
4	0.32	135	270	36450	135	270	36450
⋮	⋮	⋮	⋮	⋮	⋮	⋮	⋮
250	20.00	100	200	20000	120	240	28800
251	20.08	100	400	40000	120	480	57600
252	20.16	110	220	24200	120	240	28800
253	20.24	115	460	52900	120	480	57600
254	20.32	125	250	31250	115	230	26450
255	20.4	135	135	18225	110	110	12100
		$\sum$	78,995	9,086,325		62,430	5,843,850

(2) 주행 노면의 길이와 데이터 간격은 각각 $L=20.4$ m, Δx=0.08 m이므로 앨리어싱을 피하기 위한 니키스트 공간 주파수는

$$\Omega=\frac{1}{2\times\Delta x}=\frac{1}{2\times0.08}=6.25\ \text{사이클/m}$$

가 되고 공간 주파수 파워 스펙트럴 밀도 함수의 공간 주파수의 간격은

$$\Delta\Omega=\frac{1}{20.4}=0.049\ \text{사이클/m}$$

가 된다. 푸리에 변환을 위한 데이터 수는 k가 정수일 때 2^k이 되어야 하므로 2^8=256개이고 EXCEL의 FFT 기능을 이용하여 좌우 노면 프로파일을 푸리에 변환하면 공간 주파수별 지면 높이는 표 8-16에서와 같다. 또한 차량의 속도가 $v=10$ km/h=2.78 m/s이면 시간 주파수 파워 스펙트럴 밀도 함수의 시간 주파수 간격은

$$\Delta f=\Delta\Omega\times v=0.049\times2.78=0.1362\ \text{Hz}$$

가 된다. 표 8-16은 노면의 길이, 공간 주파수, 시간 주파수에 따라 좌우 노면의 지면 높이, 공간 주파수별 지면 높이, 공간 주파수 및 시간 주파수별 파워 스펙트럴 밀도를 나타낸 것이다. 공간 주파수 및 시간 주파수별 파워 스펙트럴 밀도는 각각 그림 8-20과 그림 8-21에서와 같다.

공간 주파수 스펙트럴 밀도 함수는 그림 8-20에서 좌우 노면의 추세선을 이용하여 구하면 $1\le\Omega\le10$일 때

$$PSD_L(\Omega)=0.0006\Omega^{-3.452}$$

$$PSD_R(\Omega)=0.0005\Omega^{-3.097}$$

가 되고, $\Omega=\frac{1}{2\pi}=0.1592$ 사이클/m일 때 좌우 노면의 파워 스펙트럴 밀도는 각각

$$PSD_L(0.1592)=0.0006(0.1592)^{-3.452}=0.341\ \text{mm2/cycle/m}$$

$$PSD_R(0.1592)=0.0005(0.1592)^{-3.097}=0.148\ \text{mm2/cycle/m}$$

가 된다.

표 8-16 좌우 시험로의 공간 주파수 파워 스펙트럴 밀도와 시간 주파수 파워 스펙트럴 밀도

데이터 번호, i	거리, 주파수			좌 시험로				우 시험로			
	x_i, m	Ω_i, cycle/m	$f_i=\Omega_i v$, Hz	$h_L(x_i)$ mm	$h_L(\Omega_i)$, mm	PSD_L, mm²/cycle/m	PSD_L mm²/Hz	$h_R(x_i)$, mm	$h_R(\Omega_i)$, mm	PSD_R, mm²/cycle/m	PSD_R, mm²/Hz
0	0	0.0000	0.0000	160	2.07E+02	8.76E-01	3.15E-01	90	1.63E+02	5.45E-01	1.96E-01
1	0.08	0.0490	0.1362	160	2.36E+01	1.14E-02	4.10E-03	115	1.98E+01	8.03E-03	2.89E-03
2	0.16	0.0980	0.2723	165	1.30E+01	3.47E-03	1.25E-03	140	1.94E+01	7.68E-03	2.77E-03
3	0.24	0.1471	0.4085	155	7.70E+00	1.21E-03	4.35E-04	135	6.53E+00	8.69E-04	3.13E-04
4	0.32	0.1961	0.5447	135	7.55E+00	1.16E-03	4.18E-04	135	7.57E+00	1.17E-03	4.21E-04
5	0.4	0.2451	0.6808	135	1.75E+01	6.22E-03	2.24E-03	115	8.11E+00	1.34E-03	4.84E-04
⋮	⋮	⋮	⋮	⋮	⋮	⋮	⋮	⋮	⋮	⋮	⋮
126	10.08	6.1765	17.1569	115	4.31E-01	3.79E-06	1.36E-06	75	2.53E-01	1.31E-06	4.72E-07
127	10.16	6.2255	17.2930	115	3.76E-01	2.88E-06	1.04E-06	75	2.28E-01	1.06E-06	3.80E-07
128	10.24	6.2745	17.4292	115	1.17E-01	2.80E-07	1.01E-07	75	5.86E-01	7.00E-06	2.52E-06
129	10.32	6.3235	17.5654	120	3.76E-01	2.88E-06	1.04E-06	90	2.28E-01	1.06E-06	3.80E-07
130	10.4	6.3725	17.7015	125	4.31E-01	3.79E-06	1.36E-06	100	2.53E-01	1.31E-06	4.72E-07
⋮	⋮	⋮	⋮	⋮	⋮	⋮	⋮	⋮	⋮	⋮	⋮
251	20.08	12.3039	34.1776	100	1.75E+01	6.22E-03	2.24E-03	120	8.11E+00	1.34E-03	4.84E-04
252	20.16	12.3529	34.3137	110	7.55E+00	1.16E-03	4.18E-04	120	7.57E+00	1.17E-03	4.21E-04
253	20.24	12.4020	34.4499	115	7.70E+00	1.21E-03	4.35E-04	120	6.53E+00	8.69E-04	3.13E-04
254	20.32	12.4510	34.5861	125	1.30E+01	3.47E-03	1.25E-03	115	1.94E+01	7.68E-03	2.77E-03
255	20.4	12.5000	34.7222	135	2.36E+01	1.14E-02	4.10E-03	110	1.98E+01	8.03E-03	2.89E-03

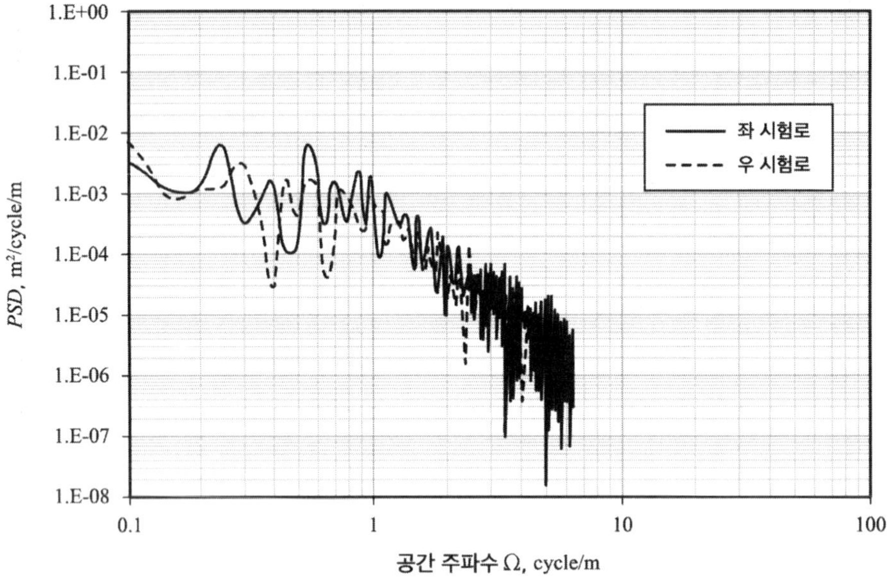

그림 8-20 좌우 노면의 공간 주파수 파워 스펙트럴 밀도 선도

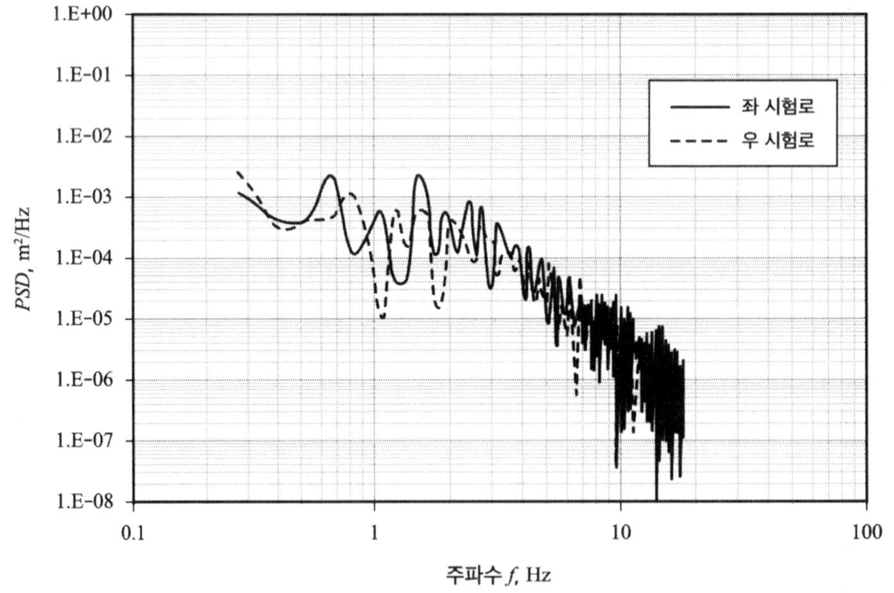

그림 8-21 좌우 노면의 시간 주파수 파워 스펙트럴 밀도 선도

[예제 8-5] 차량의 속도가 v=72 km/h일 때 노면 거칠기로 인하여 차량의 구조물에서 발생하는 응력의 지배 주파수는 10 Hz이다. 이 노면의 공간 주파수 스펙트럼 밀도 함수는 $PSD = 6.5\times10^{-4}\Omega^{1.6}$ m²/cycle/m이다. 시간 주파수가 10 Hz이고 주행 속도가 72 km/h일 때 이 노면의 거칠기 지수를 구하여라.

[풀이] 노면 거칠기의 공간 주파수와 파장은 각각

$$\Omega = \frac{f}{v} = \frac{10}{(72000/3600)} = 0.5 \text{ 사이클/m}$$

$$\lambda = \frac{1}{\Omega} = \frac{1}{0.5} = 2 \text{ m}$$

가 되고, 노면의 거칠기 지수는

$$RI = 6.5\times10^{-4}(0.5)^{1.6} = 2\times10^{-4} \text{ m}^3$$

이 된다.

[예제 8-6] 어떤 차량이 주행 속도가 90 km/h일 때 거칠기 지수가 $RI_s = 4\times10^{-7}$ m³인 1,000 km의 노면을 144 km/h의 속도로써 주행한다. 이 차량이 90 km/h의 속도에서 거칠기 지수가 더 큰 $RI_t = 10^{-6}$ m³인 노면을 90 km/h의 속도로써 주행할 때 동일한 피로 손상을 초래할 주행 거리를 구하여라. 두 노면의 공간 주파수 파워스펙트럼 밀도 함수의 기울기는 b=2이고, 차량 구조물의 피로 손상 지수는 $\lambda = 7.5$이다.

[풀이] $v_s = 144$ km/h=40 m/s, v_t =90 km/h=25 m/s이고, 식 (8-98)을 적용하면

$$D_t = D_s \frac{v_t}{v_s}[(\frac{v_s}{v_t})^{b-1}\frac{PSD_s(f_c,v_t)}{PSD_t(f_c,v_t)}]^{\frac{\lambda}{2}} = 1000(\frac{25}{40})[(\frac{40}{25})^{2-1}(\frac{4\times10^{-7}}{10^{-6}})]^{\frac{7.5}{2}} = 117.2 \text{ km}$$

가 된다.

[예제 8-7] 어떤 차량의 설계 수명은 200,000 km이고 도로별 예상 주행 거리와 주행 속도는 표 8-17에서와 같다. 각 노면의 공간 주파수 스펙트럼 밀도 함수의 기울기 b와 주행 속도가 30 m/s일 때 노면 거칠기 지수 RI는 표 8-17에서와 같다. v_t=10 m/h의 속도로써 노면 거칠기 지수가 5×10^{-7} m^{3}인 노면에서 가속 주행 시험을 하고자 할 때 가속 시험을 위한 도로별 주행 거리를 구하여라. 차량의 피로 손상 지수는 λ=8이다.

표 8-17 도로별 주행 거리와 속도 및 노면의 거칠기.

도로 번호	주행 거리, D_i, km	차량 속도, v_i, m/s	$v=30$ m/s일 때 RI, m^3	노면 PSD의 기울기 b	시험 주행 거리, km
1	2,000	10	5×10^{-7}	2.0	2,000.00
2	8,000	15	2×10^{-7}	2.5	1,555.20
3	40,000	25	1×10^{-7}	1.8	480.45
4	150,000	30	5×10^{-8}	2.2	975.33
계	200,000				5,010.98

[풀이] 식 (8-100)을 적용하면 도로별 가속 시험의 주행 거리는 각각

$$D_{t1}=2{,}000\times\frac{10}{10}[(\frac{10}{10})^{2-1}(\frac{5\times10^{-7}}{5\times10^{-7}})]^{\frac{8}{2}}=2{,}000 \text{ km}$$

$$D_{t2}=8{,}000\times\frac{10}{15}[(\frac{15}{10})^{2.5-1}(\frac{2\times10^{-7}}{5\times10^{-7}})]^{\frac{8}{2}}=1{,}555.2 \text{ km}$$

$$D_{t3}=40{,}000\times\frac{10}{25}[(\frac{25}{10})^{1.8-1}(\frac{1\times10^{-7}}{5\times10^{-7}})]^{\frac{8}{2}}=480.45 \text{ km}$$

$$D_{t4}=200{,}000\times\frac{10}{30}[(\frac{30}{10})^{2.2-1}(\frac{5\times10^{-8}}{5\times10^{-7}})]^{\frac{8}{2}}=975.33 \text{ km}$$

가 된다. 따라서 가속 시험을 위한 총 주행 거리는

$$D=2{,}000+1{,}555.20+480.45+975.33=5010.98 \text{ km}$$

이다.

8.5 가속 시험 계획

가속 시험을 수행하기 위해서는 시험 방법의 정확도, 부하 수준의 크기와 수, 각 부하 수준에서 요구되는 시험 샘플의 수 등을 검토하여야 한다. 이는 가속 시험의 신뢰도, 경비, 시간 등에 직접적인 영향을 미친다.

(1) 시험 샘플의 수

부하와 수명의 관계가 선형일 때 시험할 수 있는 최소 부하 수준을 P_L, 최대 부하 수준을 P_H 라고 하면, P_H보다 큰 임의의 부하 수준 P에 대한 보간계수(extrapolation factor) ξ는

$$\xi = \frac{P - P_L}{P_H - P_L} \tag{8-101}$$

로서 나타낼 수 있다. $P = P_L$일 때는 $\xi = 0$이 되며, $P = P_H$일 때는 $\xi = 1$이 된다. 부하 수준을 보간계수로 표현하면 P_L은 $\xi_L = 0$으로써 나타낼 수 있으며, P_H는 $\xi_H = 1$로써 나타낼 수 있다. 시험에 사용할 샘플의 총 수가 n개일 때 P_L에서 시험할 샘플 수의 비율을 p라고 하면, P_L에서 시험할 샘플의 수 n_L은 np가 되며, P_H에서 시험할 샘플의 수 n_H 는 $n(1-p)$가 된다. 이제 두 부하 수준 ξ_L과 ξ_H에서 각각 n_L, n_H개의 샘플로써 시험할 때 부하 수준 ξ_o에 대한 평균 수명의 표준편차 σ_ξ는 식 (8–50)에서와 같이 선형 부하–수명 모델의 표준편차 σ으로써 다음과 같이 표현할 수 있다.

$$\sigma_\xi = \sigma\sqrt{\frac{1}{n} + \frac{(\xi_o - \bar{\xi})^2}{S_{\xi\xi}}} \tag{8-102}$$

여기서, $\bar{\xi} = \dfrac{n_L\xi_L + n_H\xi_H}{n_L + n_H} = \dfrac{np \times 0 + n(1-p) \times 1}{n} = 1 - p$

$$S_{\xi\xi} = n_L\xi_L^2 + n_H\xi_H^2 - n\overline{\xi^2} = np \times 0^2 + n(1-p) \times 1^2 - n(1-p)^2 = np(1-p)$$

$\bar{\xi}$와 $S_{\xi\xi}$를 식 (8–102)에 대입하여 표준편차를 p의 함수로서 표현하면

$$\sigma_\xi = \sigma\sqrt{\frac{1}{n}[1 + \frac{(\xi_o - 1 + p)^2}{p(1-p)}]} \tag{8-103}$$

가 된다. 이제 두 부하 수준에서 적절한 샘플 수를 결정하기 위하여 표준편차 σ_ξ를 최소화하

는 p를 구한다. 표준편차의 최소화는 평균 수명에 대한 오차를 최소화하는 것과 같다. σ와 n은 일정한 값이므로 $\frac{(\xi_o - 1 + p)^2}{p(1-p)}$를 최소화하는 p를 구하면

$$p = \frac{\xi_o - 1}{2\xi_o - 1} \tag{8-104}$$

가 된다. 이를 식 (8–103)에 대입하여 표준편차의 최솟값을 구하면

$$(\sigma_{\xi})_{\min} = \sigma \sqrt{\frac{1}{n}[1 + 4\xi_o(\xi_o - 1)]} \tag{8-105}$$

가 된다. 식 (8–104)에서와 같이 부하 수준이 시험할 수 있는 최대 수준보다 크면 클수록 $p = 1/2$이 된다. 즉 최소 부하 수준과 최대 부하 수준에서 샘플의 수를 모두 같도록 하여야 한다. 그러나 부하 수준이 최소 부하 수준에 가까울수록 $p = 1$이 되어 최소 부하 수준에서 대부분의 샘플을 시험하여야 한다. 부하 –수명 모델의 표준편차 σ는 시험 후 시험 데이터를 이용하여 식 (8–49)로써 구할 수 있다.

(2) 시험 계획

1) 전통적인 계획

전통적인 가속 시험에서는 부하 수준을 등간격으로 하고, 각 부하 수준에서 동일한 수의 샘플을 시험하여 모든 샘플에 대한 수명 데이터를 얻는다. 이 방법은 시험 기간이 길다는 단점은 있으나, 수명 데이터가 완전하여 복잡한 수명–부하 모델에도 쉽게 적용할 수 있다는 장점이 있다.

부하 수준의 수에 따라 임의의 부하 수준 ξ_o에서 평균 수명에 대한 최소 표준편차를 구하면 식 (8–102)로부터 부하 수준이 2수준인 경우, $\xi_1 = 0$, $\xi_2 = 1$, $n_1 = \frac{1}{2}n$, $n_2 = \frac{1}{2}n$ 이므로

$$\bar{\xi} = \frac{n_1\xi_1 + n_2\xi_2}{n_1 + n_2} = \frac{(\frac{n}{2})(0) + (\frac{n}{2})(1)}{n} = \frac{1}{2}$$

$$S_{\xi\xi} = n_1\xi_1^2 + n_2\xi_2^2 - n\overline{\xi^2} = (\frac{n}{2})(0)^2 + (\frac{n}{2})(1)^2 - n(\frac{1}{2})^2 = \frac{n}{4}$$

이고, 따라서

$$\sigma_\xi = \sigma\sqrt{\frac{1}{n}[1+4(\xi_o-0.5)^2]}$$

가 된다. 부하 수준이 3수준인 경우, $\xi_1=0$, $\xi_2=\frac{1}{2}$, $\xi_3=1$, $n_1=\frac{1}{3}n$, $n_2=\frac{1}{3}n$, $n_3=\frac{1}{3}n$이므로

$$\bar{\xi}=\frac{n_1\xi_1+n_2\xi_2+n_3\xi_3}{n_1+n_2+n_3}=\frac{(\frac{n}{3})(0)+(\frac{n}{3})(\frac{1}{2})+(\frac{n}{3})(1)}{\frac{n}{3}+\frac{n}{3}+\frac{n}{3}}=\frac{1}{2}$$

$$S_{\xi\xi}=n_1\xi_1^2+n_2\xi_2^2+n_3\xi_3^2-n\overline{\xi^2}=(\frac{n}{3})(0)^2+(\frac{n}{3})(\frac{1}{2})^2+(\frac{n}{3})(1)^2-n(\frac{1}{2})^2=\frac{n}{6}$$

이고, 따라서

$$\sigma_\xi = \sigma\sqrt{\frac{1}{n}[1+6(\xi_o-0.5)^2]}$$

가 된다. 같은 방법으로 부하 수준이 4수준인 경우에는

$$\xi_1=0,\ \xi_2=\frac{1}{3},\ \xi_3=\frac{2}{3},\ \xi_4=1,\ n_1=\frac{1}{4}n,\ n_2=\frac{1}{4}n,\ n_3=\frac{1}{4}n,\ n_4=\frac{1}{4}n$$

이므로

$$\bar{\xi}=\frac{(\frac{n}{4})(0)+(\frac{n}{4})(\frac{1}{3})+(\frac{n}{4})(\frac{2}{3})+(\frac{n}{4})(1)}{n}=\frac{1}{2}$$

$$S_{\xi\xi}=(\frac{n}{4})(0)^2+(\frac{n}{4})(\frac{1}{3})^2+(\frac{n}{4})(\frac{2}{3})^2+(\frac{n}{4})(1)^2-n(\frac{1}{2})^2=\frac{5n}{36}$$

$$\sigma_\xi = \sigma\sqrt{\frac{1}{n}[1+\frac{36}{5}(\xi_o-0.5)^2]}$$

가 된다. 샘플의 수가 일정한 경우 부하 수준의 수가 증가하면 표준편차도 증가한다. 즉 시험 오차가 증가한다. 따라서 부하 수준의 수를 증가시킬 경우에는 샘플의 수도 증가시켜야 한다.

특정 부하 수준에서 수명에 대한 특정 정밀도가 요구될 때는, 즉 수명에 대한 특정 표준편차가 요구될 때는 샘플의 수를 다음과 같이 결정한다. 특정 부하 수준 ξ_0에서 요구되는 표준

편차가 w일 때 식 (8-102)로부터

$$\sigma\sqrt{\frac{1}{n}[1+J(\xi_o-0.5)^2]}=\frac{w}{z_p} \tag{8-106}$$

가 된다. 여기서 J는 부하 수준의 수에 따라 표준편차가 최소가 되는 상수로서 2수준이면 $J=4$, 3수준이면 $J=6$, 4수준이면 $J=36/5$이 된다. z_p는 정규 분포에서 $p\%$에 해당되는 값이다. 식 (8-106)의 양변을 제곱하여 n을 구하면

$$n=[1+J(\xi_o-0.5)^2](z_p\frac{\sigma}{w})^2 \tag{8-107}$$

가 된다.

일반적으로 전통적인 계획은 부하 수준에 따라 샘플의 수가 다른 적정 계획 또는 우수 계획에 비하여 수명 분포의 정밀도가 떨어지기 때문에 널리 권장되지는 않는다.

2) 적정 계획

적정 계획은 수명에 대한 표준편차가 가장 작은 상태, 즉 부하 수준을 2수준으로 하여 시험하는 것이다. 그러나 적정 계획은 다음과 같은 결함이 있기 때문에 다수의 부하 수준에서 시험하는 것이 일반적이다.

① 부하 수준이 높은 경우에는 시험에서 보인 것과 다른 형태의 고장이 일어날 수 있다.

② 부하 수준이 낮은 경우에는 제한된 시험 시간 내에 고장이 일어나지 않을 수 있다. 이런 경우에는 분석이 불가능하다.

③ 시험 중 한 부하에서 문제가 발생할 경우 시험 데이터를 얻을 수 없다.

④ 2수준의 부하 시험으로는 선형 관계를 확인하기가 어렵다.

3) 우수 계획

우수 계획(good plan)은 다목적이고, 예측이 정확하여야 한다. 이러한 계획은 부하 수준을 3 ~ 4개 수준으로 하여 각 부하 수준에서 서로 다른 수의 샘플을 시험하는 것이다. 즉 최저 수준과 최대 수준의 부하에 보다 많은 수의 샘플을 할당하고, 중간 수준의 부하에는 보다 적은 수의 샘플을 할당하는 것이다. 또는 시험 시간에 제한이 없는 경우에는 보다 많은 수의 샘플을 부하 수준이 낮은 곳에 할당하는 것이다. 이러한 우수 계획에 대한 표준편차는 식 (8-102)을 이용하여 구할 수 있다.

[예제 8-8] 가속 시험을 통하여 전동기에 사용할 절연체의 수명을 추정하고자 한다. 절연체의 설계 온도는 $180^{o}C$이고, 가속 시험 장치에서 시험할 수 있는 온도의 범위는 $190 \sim 260^{o}C$이다. 시험 샘플은 모두 30개이다. 최고 온도와 최저 온도에서 시험할 때, $180^{o}C$에서 수명의 표준편차를 최소화하기 위한 샘플 수를 구하고, 시험 샘플을 190, 215, $260^{o}C$ 3수준의 시험 온도에 각각 10개씩 등분할 때, $180^{o}C$에서 수명의 표준편차를 구하여라.

[풀이] 최저 온도와 최고 온도, 2개의 부하 수준에서 시험할 때는 식 (8-101)로부터 보간계수가

$$\xi_o = \frac{P-P_L}{P_H - P_L} = \frac{180-190}{260-190} = -0.143$$

이 되어, 0에 인접하므로 최저 온도에서 수명의 표준편차를 최소화하는 데 필요한 샘플 수의 비율은 식 (8-104)로부터

$$p = \frac{\xi_o - 1}{2\xi_o - 1} = \frac{-0.143-1}{2(-0.143)-1} = 0.89$$가 된다. 따라서 $190^{o}C$ 에서 필요한 샘플 수는

$$n_L = 30 \times 0.89 = 27$$

이고,$260^{o}C$에서 필요한 샘플 수는

$$n_H = 30 \times (1-0.89) = 3$$

이 된다. 이때 $180^{o}C$에서 수명의 최소 표준편차는 식 (8-105)로부터

$$\frac{(\sigma_\xi)^2_{\min}}{\sigma^2} = \frac{1}{n}[1+4\xi_o(\xi_o - 1)] = \frac{1}{30}[1+4(-0.143)(-0.143-1)] = 0.055$$ 이다.

부하 수준을 190, 215, $260^{o}C$ 3수준으로 설정하고 시험 샘플을 3등분하면 식 (8-101)로부터

$$\xi_1 = \frac{190-190}{260-190} = 0, \xi_2 = \frac{215-190}{260-190} = 0.357, \xi_3 = \frac{260-190}{260-190} = 1.0$$

가 되고, $n_1 = n_2 = n_3 = 10$이므로

$$\bar{\xi} = \frac{10(0)+10(0.357)+10(1)}{30} = 0.452$$

$$S_{\xi\xi} = 10(0^2)+10(0.357^2)+10(1^2)-30(0.452^2) = 5.136$$

가 된다. 또한 $180^{o}C$에서 수명의 표준편차는

$$(\frac{\sigma_\xi}{\sigma})^2 = \frac{1}{30} + \frac{(-0.143-0.452)^2}{5.136} = 0.102$$

이다. 따라서 샘플을 3부하 수준으로 3등분하기보다는, 최저 온도에서 27개 최고 온도에서 3개로 할당하는 것이 수명의 편차를 줄이는 방법이다.

(3) 부하 편집

부하 편집은 기술적으로 타당하고 반복이 가능한 방법으로 실시하여야 한다. 또한 샘플에는 실제 부하에서와 같은 형태의 고장이 일어나야 하고 일어난 지점과 시간도 큰 차이가 없어야 한다.

1) 시간 영역의 편집

과부하 가속 시험은 부하를 선형적으로 증가시켜 같은 지점에서 고장이 일어나도록 한 것이다. 그러나 부하의 순서가 고려되지 않기 때문에 정상적인 부하 조건에서는 일어나지 않는 형태의 고장이 일어날 수도 있다.

부하–시간 선도의 유효성은 부하 순서의 타당성에 달려 있다. 따라서 시간 영역 편집에 의한 가속 시험은 부하–시간 선도를 편집하기 전과 후에 나타난 고장의 형태와 분포가 같을 때만 정당화된다. 최근 단수 또는 복수 채널의 시험 장치를 이용하여 보다 합리적으로 시간–부하 선도를 편집할 수 있는 기술이 개발되고 있다.

부하 편집은 각 채널의 부하–시간 선도를 다수의 시간 창으로 나누고 편집 기준에 따라 유지 또는 삭제해야 할 시간 창을 구분한다. 유지해야 할 시간 창은 합리적인 방법으로 배열하여 차례로 연결한다. 필요한 경우에는 한 창의 마지막 부분과 다음 창의 처음 부분을 원활하게 연결하기 위하여 연결 함수를 추가할 수도 있다. 이때 연결 함수는 데이터 신호의 동특성과 시험 장비의 반응 능력에 적합한 것이어야 한다.

2) 산과 골 영역의 편집

부하–시간 선도에서 산과 골 또는 전환점을 추출하면 가속 시험의 명령 신호에서 재생해야 할 지점의 수를 5 ~ 10배 줄일 수 있다. 그러나 이러한 방법은 부하–시간 선도의 주파수 구성이 시험 결과에 영향을 미치지 않는 경우에만 적용할 수 있다. 공진으로 피로가 일어나거나 주파수에 민감한 재료에는 적용할 수 없다. 제품의 내구성 시험에서는 시험 장비의 성능에 맞는 단일 주파수의 신호를 재생하여 사용하는 경우도 있다.

산과 골을 추출할 때 사용되는 게이트(gate) 범위는 작은 산과 골 또는 작은 사이클을 제거할 때도 응용할 수 있다. 이때는 예상 피로 수명에 영향을 미치지 않는, 즉 고장을 유발하는 사이클이 제거되지 않도록 최대 게이트 문턱값(maximum gate threshold)을 확인하여야 한다. 스트레인 라이프(strain life)에 이 방법을 적용하는 경우에는 유의하여야 한다. 또한 응력/변형률 경로에 민감한 다축 재질에 대한 피로 거동 즉, 다축 문제를 다룰 때에도 유의하여야 한다.

3) 사이클 또는 히스토그램의 편집

시간 영역 또는 온라인 부하 데이터를 레인 플로 카운팅할 때도 게이트 범위를 지정할 수 있다. 이 방법은 시간 영역 데이터를 게이트 범위와 평균 히스토그램으로 단축한 산과 골로 재구성할 수 있다. 재구성한 산과 골의 반복은 실제 부하의 반복과 같아야 한다. 히스토그램은 피로 해석과 사이클 검사의 입력 데이터로서 직접 사용할 수 있으며, 고장을 유발하는 히스토그램은 고장을 유발하지 않는 사이클의 위치를 확인하는 데 사용할 수 있다. 전형적으로 고장은 아주 작은 부분의 사이클에서만 일어나므로 편집한 히스토그램으로써 산-골의 구동 신호를 재생하면 시험 속도를 크게 증가시킬 수 있다. 그러나 이 방법은 단일 채널 구동에서만 적용할 수 있다.

4) 주파수 영역의 편집

일반적으로 고주파 사이클은 시간 영역 데이터에서 크기가 작고 심각한 고장을 유발하지 않는다는 가정 하에 저주파 사이클만을 추출하는 것이 보통이다. 저주파 필터링의 차단 주파수는 보통 고장에 영향을 미치는 예상 최대 주파수로 한다. 즉 필터링은 예상 최대 주파수 이하의 주파수 사이클만을 추출한다. 따라서 적절한 필터링 방법을 결정하기 위해서는 고장과 주파수의 관계를 구명하여야 한다.

장시간의 시간 영역 데이터는 주파수 스펙트럼으로 나타낼 수 있고, 필요한 주파수로써 일정한 길이의 시간 영역 데이터를 재생할 때는 이 스펙트럼을 편집하여 재생할 수 있다. 그러나 이 방법은 주파수 스펙트럼에서 재생한 시간 영역 데이터가 동일한 피로 수명을 구현하지 않기 때문에 권장하기 어렵다. 일반적으로 실제보다 긴 수명을 초래한다.

데이터 편집은 두 가지 방법을 결합하여 실시할 수도 있다. 주파수가 영향을 미치지 않는 부분은 필터링으로써 제거한 후 필터링한 시간 영역 데이터에서 고장에 영향을 미치지 않는 부분을 제거하여 시간 영역 데이터를 축소할 수 있다.

5) 시간 영역의 비교

편집한 부하 데이터와 실제 측정한 부하 데이터에서 고장을 유발하는 성분은 가능한 한 같아야 한다. 그러나 편집한 부하 데이터를 이용하여 유도한 고장은 부분적이지만 인위적으로 유발한 고장이 포함된 것으로 볼 수 있다.

6) 주파수 영역의 비교

부하 편집에서는 편집한 데이터와 실제 측정한 데이터의 부하–고장 선도를 비교하는 것만으로는 충분하지 않다. 편집한 데이터와 실제 측정한 데이터의 주파수 성분도 유사하여야 한다. 즉 편집한 시간–부하 선도와 실제 측정한 시간–부하 선도를 주파수 영역에서 비교하여 같은 주파수 성분을 유지하여야 한다.

(4) 부하 스펙트럼

부하 스펙트럼은 관성이 크고 다양한 형태의 하중이 작용하는 기계 또는 부품을 시험할 때 가장 널리 적용할 수 있는 부하의 형태로서 기계 또는 부품의 사용 환경을 반영한 것이다. 즉 부하 스펙트럼은 기계 또는 부품의 전형적인 사용 조건에서 측정한 부하의 크기–누적 사이클 선도로서 일정 기간에 발생한 부하를 크기에 따라 누적 빈도의 함수로서 나타낸 것이다. 이 부하 스펙트럼에는 기본적으로 다음과 같은 2가지 제한 요소가 있다.

① 부하가 작용한 순서를 고려할 수 없다.

② 다수의 하중이 동시에 작용한 경우 동기화가 어렵다.

1) 부하 스펙트럼의 재현

실제 사용 조건에서 기계 또는 부품에 작용하는 부하는 고성능 전자 유압 발진기를 이용하여 실험실에서 정확하게 재현할 수 있다. 이러한 전자 유압 발진기를 이용한 부하의 재현 방식은 특히 고주파 진동 시험과 구조 시험에 적합하다. 그러나 발진 시스템과 시험 장치는 자체의 주파수 반응 특성을 가지고 있기 때문에 스펙트럼 분석기와 이콜라이저(equalizer)를 사용하여 그 영향을 배제하여야 한다. 먼저 측정한 랜덤 신호의 스펙트럼을 분석하여 특정 주파수 대역의 파워 스펙트럴 밀도(power spectral density)를 구명하고, 같은 랜덤 신호를 이용하여 발진기와 시험 장치에서 재현한 부하 신호의 파워 스펙트럴 밀도와 비교하며 두 파워 스펙트럴 밀도가 일치하도록 발진기와 시험 장치를 조정하여야 한다. 이러한 방법으로 발진기와 시험 장치의 주파수 반응 특성이 데이터에 미치는 영향을 배제할 수 있다.

2) 내구성 시험용 부하 스펙트럼

내구성 시험에서 가장 중요한 부분은 실제 기계 또는 부품에 작용하는 변동 부하를 부하–시간 선도 또는 부하 스펙트럼의 형태로서 재현한 입력 부하이다. 내구성 시험에서 추정한 기계 또는 부품의 내구 수명에 대한 신뢰도는 입력 부하의 정확도에 달려 있기 때문이다. 따라서 입력 부하는 실제 사용 조건에서 기계 또는 부품에 작용하는 부하를 정확하게 재현하여야 한다.

내구성 시험은 실제 사용 조건에서 기대할 수 있는 기계 또는 부품의 피로 수명을 추정하기 위한 것으로서 실제 사용 현장 또는 실험실에서 실시할 수 있다. 사용 현장에서 시험할 경우에는 자연적으로 기계의 모든 부품이 실제의 부하 상태에 노출되기 때문에 측정 결과에 대한 신뢰 수준은 높다. 그러나 시험할 수 있는 샘플 수가 제한되는 경우에는 시험 결과에 대한 통계적인 검정이 어렵고 운전자, 기상 조건 등 사용 환경이 변하기 때문에 완전하게 시험을 재현하기도 어렵다. 실험실에서 실시하는 경우에는 실제의 부하 상태를 정확하게 재현하기가 어렵다는 단점은 있으나 동일한 시험을 정확하게 반복할 수 있다는 장점이 있다. 따라서 실험실 시험에서 가장 중요한 부분은 실제 사용 환경에서 작용하는 부하를 정확하게 재현하는 것이다. 그러나 최근에는 실험 장비의 기술이 크게 발전함에 따라 이러한 문제는 큰 장애가 되지 않는다.

내구성 시험에서 시험 부하를 제어하기 위한 입력 신호는 실제 사용 조건에서 측정한 부하 데이터이다. 따라서 시험하기 이전에 시험할 기계 또는 부품을 이용하여 전형적인 사용 조건에서 부하 측정을 완료하여야 한다. 측정한 부하 데이터는 통계적으로 신뢰 수준이 높고 대표적인 것이어야 하며 새로운 모델의 제품에도 적용할 수 있어야 한다.

측정한 시간 함수의 부하 데이터는 시간 함수로서 재현하여 사용할 수도 있으나, 일반적으로 측정 시간이 제품의 수명에 비하여 극히 짧은 시간이기 때문에 이를 제품의 기대 수명 기간의 부하 스펙트럼으로 변환하여 사용한다. 전동 라인의 회전축과 같이 변동 부하가 작용하는 경우에는 레인 플로 스펙트럼(rain–flow spectra)이 적합하고 기어에서와 같이 부하가 주기적으로 작용하는 경우에는 부하 지속 분포(load duration distribution)를 적용할 수 있다. 부하 스펙트럼을 이용하여 기계 또는 부품의 피로 수명을 추정할 때는 기계 또는 부품의 S–N 선도와 마이너 식(Miner's rule)을 적용한다. 또한 기계 또는 부품에 작용하는 부하의 가혹도를 비교할 때에도 부하 스펙트럼을 활용할 수 있다.

차량의 전동 라인에 작용하는 부하 토크와 전동 라인의 피로 수명 사이에는 함수적인 관계가 존재하며, S-N 선도에서와 같이 대수-대수지에서 이들의 관계는 선형으로 나타낼 수 있다. 전동 라인의 부하 스펙트럼에서 부하 토크는 엔진에서 구동륜으로 전달된 구동 토크로써 나타낼 수도 있다. 대수-대수지에서 한 차량의 전동 라인에 대한 부하 토크와 수명 사이의 선형 관계는 평가계수를 이용하여 다른 차량의 부하 토크와 수명 사이의 선형 관계로 변환할 수 있다. 차량 A와 B 사이의 평가계수는 각 엔진의 정격 토크, 엔진과 구동축 간 감속비, 부하 토크-수명 선도의 기울기를 이용하여 식 (8-108)에서와 같이 구할 수 있으며, 차량 B의 부하 스펙트럼은 차량 A의 부하 스펙트럼에 평가계수 F를 곱하여 구한다.

$$F = \left(\frac{RAxle_A \times T_{eB}}{T_{eA} \times RAxle_B}\right)^K \qquad (8\text{-}108)$$

여기서, F=평가계수

T_{eA}, T_{eB}=차량 A와 B의 엔진 정격 토크

$RAxle_A$, $RAxle_B$=차량 A와 B의 엔진 속도에 대한 구동륜 속도의 비

K=대수-대수지에서 부하 토크-수명 선도의 기울기

부하 스펙트럼의 변환은 다음과 같은 경우에도 적용할 수 있다.

① 정격 토크 범위에서 측정한 부하 스펙트럼을 다른 토크 범위의 부하 스펙트럼으로 변환할 때,

② 평가할 차량과 유사한 차량에서 측정한 부하 스펙트럼을 평가할 차량의 부하 스펙트럼으로 변환할 때,

③ 실제 측정한 부하 스펙트럼을 필요한 백분위 수준으로 변환할 때.

3가지 방법 중 어떤 방법을 택할 것인가 하는 것은 필요에 따라 다르나 ①은 새로운 모델의 차량에 대한 후륜 차축 기어의 예비 설계 또는 현재 후륜 차축의 감속비를 변경하고자 할 때, 마이너 식을 적용하여 신속하게 수명을 추정하려고 할 때, ②는 시험 장치의 입력 부하로 사용하고자 할 때, ③은 보다 신뢰도가 높은 입력 부하를 구하고자 할 때 적용할 수 있다.

(5) 동력계를 이용한 부하 시뮬레이션

트랙터 전동 라인의 내구성 시험은 그림 8-22에서와 같이 동력계를 이용하여 수행할 수 있다. 그림 8-22에서와 같이 전동 라인에 동력계, 토크 변환기, 전동기, 컨트롤러 등을 설

치하고 전동기를 이용하여 변속기로 입력 동력을 전달한다. 변속기로 전달된 동력은 전후 차축으로 분리되며 각각의 차동 장치로 전달된다. 전후 차축의 차동 장치 앞에는 토크 변환기를 설치하여 각 차축으로 전달되는 토크 또는 각 차축에 작용하는 부하 토크를 측정한다. 각 차축과 연결된 동력 흡수기는 차축에 부하를 가하는 장치로서 부하 명령에 따라 컨트롤러를 통하여 각 차축에 부하 토크를 인가한다. 동력 흡수기에 입력되는 부하 명령은 실제 사용 조건에서 측정한 부하 스펙트럼을 프로그램한 입력 신호로서 폐회로 제어 명령으로 변환한 것이다. 토크 변환기에서 측정한 부하 토크는 증폭기를 통하여 컨트롤러로 피드백되며 컨트롤러는 프로그램된 부하 스펙트럼과 피드백된 부하를 비교하여 피드백 부하와 부하 스펙트럼이 항상 일치하도록 부하 명령을 조정한다.

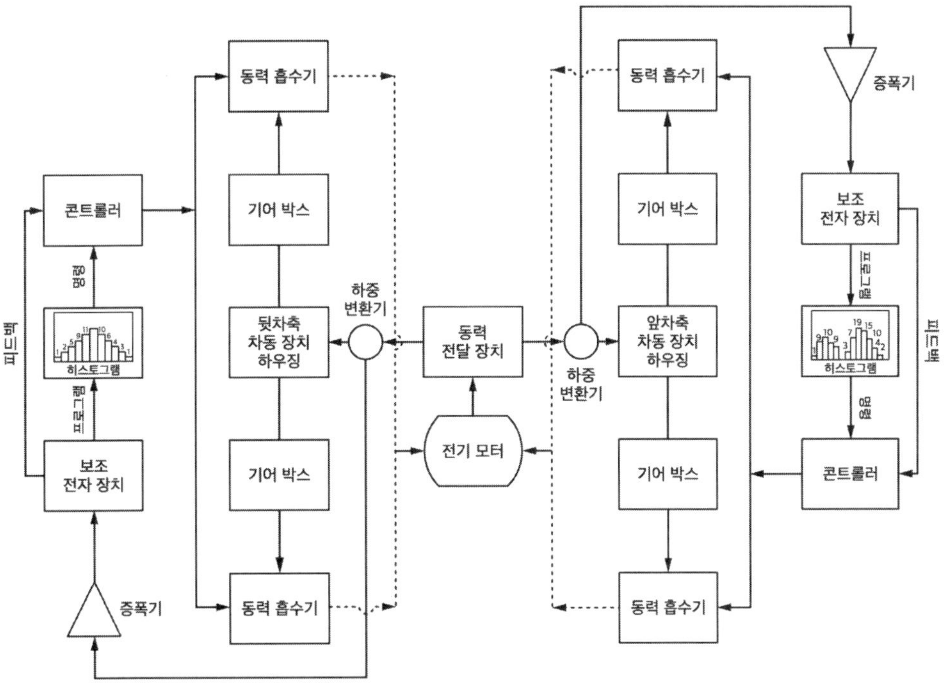

그림 8-22 전동 라인의 내구성 시험 장치 개념도(Singh, 1970)

이론적으로 실제 포장에서 측정한 부하, 동력계로 입력된 프로그램 부하, 각 차축에서 측정한 부하는 모두 일치하여야 한다. 그러나 실제 이들 사이에는 약간의 차이가 발생한다. 실제 포장에서 측정한 부하와 프로그램한 부하 사이에는 제어 시스템의 과도 효과로 인한 차이가 발생할 수 있으며, 프로그램한 부하와 피드백 부하 사이에는 측정 시스템의 동적 효과로 인한 차이가 발생할 수 있다. 그러나 이러한 차이는 실제 포장에서 측정한 부하를 기준으로 5%를 초과하지 않는 것이 좋다.

●●● 참고문헌

Ashmore, S. C., A. G. Piersol and J. J. Witte. 1992. Accelerated service life testing of automotive vehicles on a test course. Vehicle system Dynamics 21: 89–108.

Bendat, J. S. and A. G. Piersol. 1971. Random data: Analysis and measurement procedures. Wiley–Interscience. John Wiley & Sons, Inc.

Claudio Caiani Spano. Understanding accelerated life–testing analysis. Reliasoft Brasil.

Dodson, B. and H. Schwab. 2006. Accelerated testing, A practitioner's guide to accelerated and reliability testing. SAE International.

Department of Defense. 2019. Test method standard, Environmental engineering considerations and laboratory tests. MIL–STD–810H.

International Standard Organization. 2002. ISO 5008 Agricultural wheeled tractors and field machinery–Measurement of whole–body vibration of the operator. Switzerland

Nelson, W. B. 2004. Accelerated testing, Statistical models,test plans, and data analysis. Wiley–Interscience, John Wiley & Sons, Inc.

ReliaSoft. Life data analysis reference. Reliasoft Corporation. Tucson, Arizona 85710–6703, USA

ReliaSoft. Accelerated life testing reference. Reliasoft Corporation. Tucson, Arizona 85710–6703, USA

Singh, G. 1970. Laboratory simulation of field load spectrum. Proceedings of Institute of Mechanical Engineers 184 Pt 3Q: 90–103.

제 9 장

신뢰도 입증 시험

제 9 장 신뢰도 입증 시험

신뢰도 입증이란 고장 시험을 통하여 제품의 신뢰도를 증명하는 것이다. 예를 들면 90% 신뢰 수준에서 어떤 제품의 신뢰도가 1,000시간까지 90%라고 하면 신뢰도 입증 시험은 10개의 시험 샘플을 이용한 총 10번의 고장 시험에서 최소한 9번은 적어도 9개의 샘플이 1,000시간까지 고장 없이 본래의 기능을 수행할 수 있음을 증명하기 위한 것이다. 제품의 신뢰도는 목표 수명, 고장률, 평균고장간격 등으로써 나타낼 수 있으며 항상 신뢰도에 대한 신뢰 수준과 함께 나타낸다. 보통 $B_x = 1,000$시간이라고 하면 목표 수명 1,000시간까지 고장이 일어날 확률이 x% 또는 신뢰도가 (100−x)%임을 나타낸 것이다. 예를 들면 어떤 제품의 목표 수명이 $B_5 = 1,000$시간이라고 하면 목표 수명 1,000시간까지 제품이 고장 없이 제 기능을 원활히 수행할 것으로 기대되는 확률이 95%이고 고장이 일어날 확률이 5%이다. 신뢰도 입증이란 곧 특정 신뢰 수준에서 제품의 목표 수명과 목표 수명에 대한 신뢰도의 만족 여부를 확인하기 위한 시험이다.

9.1 신뢰도 입증 시험

신뢰도 입증 시험은 많은 시간과 비용이 요구된다. 특히 신뢰도가 높은 제품일수록 비용은 더욱 증가한다. 따라서 입증 시험은 시간과 비용을 최소화하는 방법으로 수행하여야 하며 이를 위해서는 무고장 가속 시험이 필수적이다. 신뢰도 입증 시험에는 다음과 같은 비용을 고려하여야 한다.

- **샘플비**: 시험에 사용될 샘플을 제작하는 데 소요되는 비용.
- **시험 장비 운용비**: 시험 장비를 운용하는 데 소요되는 비용으로서 에너지비, 정비 수리비, 감가상각비 등이 포함된다.
- **인건비**: 시험을 수행하는 인력의 인건비이다.
- **개발 지연 손실비**: 개발 지연으로 제품의 시장 출하가 늦어짐으로써 발생하는 비용이다.

신뢰도 입증 시험에서는 가장 먼저 시험할 샘플 수를 결정하여야 한다. 샘플 수는 샘플비와 시험할 제품에 따라 다르나 가능하면 많을수록 좋다. 샘플 수가 많으면 시험 시간은 단축된다. 비용 면에서 샘플비는 증가하나 인건비, 개발 지연 손실비는 감소한다. 샘플 수가 적으면 샘플비는 감소하나 시험 시간은 길어지고 인건비, 개발 지연 손실비는 증가한다.

신뢰도 입증 시험은 크게 시험할 제품의 고장 분포, 고장 특성, 또는 특성 수명 (characteristic life), 고장률 (failure rate), 고장 분포의 형상계수 등을 아는 경우와 모르는 경우로 구분할 수 있다.

(1) 고장 특성을 모르는 경우

제품의 고장 분포가 특정 분포를 따르지 않는 경우, 즉 고장 분포를 모르는 경우에는 제품을 목표 수명까지 시험하여 신뢰도를 입증하여야 한다. 고장 분포를 모르는 제품은 신뢰도뿐만 아니라 고장률, 고장 분포의 매개 변수도 제품의 목표 수명까지 시험하여 이를 추정하여야 하며 이러한 추정 방법을 비모수 예측 (non-parametric estimation)이라고 한다.

비모수 예측을 위한 신뢰도 입증 시험의 시험 시간은 가속 시험으로써 단축할 수가 없으며 목표 수명 또는 보증 기간과 일치하여야 한다. 즉 고장 분포를 모르는 제품의 신뢰도 입증 시험은 모든 시험 샘플을 정상적인 사용 조건에서 목표 수명까지 모두 시험하여야 한다. 이러한 시험을 또한 보기 시험 (bogey test)이라고 한다.

어떤 제품의 신뢰도가 t시간까지 R임을 입증하기 위하여 제품의 사용 조건과 같은 조건에서 n개의 시험 샘플을 t시간까지 시험하면 그 결과는 샘플이 도중에서 고장 났거나 또는 고장 없이 작동하거나 둘 중의 하나이다. 즉 입증 시험의 고장 분포는 이항 분포를 따른다. 고장 분포가 이항 분포일 때 t시간까지 시험한 n개의 시험 샘플 중 최소한 r개의 샘플에서 고장이 일어날 확률과 모두 고장이 없을 확률은 각각

$$p(failure \le r) = \sum_{i=0}^{r} C_i^n (1-R)^i R^{n-i} = \sum_{i=0}^{r} \frac{n!}{i!(n-i)!}(1-R)^i R^{n-i} \quad (9\text{-}1)$$

$$p(r=0) = \sum_{i=0}^{0} C_0^n (1-R)^0 R^{n-0} = \sum_{i=0}^{0} \frac{n!}{0!(n-0)!}(1-R)^0 R^{n-0} = R^n \quad (9\text{-}2)$$

이다. 또한 신뢰도 입증 시험은 특정 신뢰 수준 CL에서 t시간까지 일정한 수의 고장을 허용하는 경우와 고장을 허용하지 않는 경우로 구분할 수 있다.

고장을 허용하지 않는 경우에는 n개의 샘플이 모두 고장 없이 작동할 확률 R^n이 이에 대한 위험성, 즉 확률이 맞지 않을 가능성 α보다 커야 한다. 즉 α와 R^n의 관계는 다음과 같이 표현할 수 있다.

$$\alpha \le R^n$$

또한 신뢰 수준 CL과 α는 $(1-CL)=\alpha$의 관계이므로 R^n의 하한은

$$(1-CL) = R^n$$

가 된다. 양변에 자연 대수를 취하여 n을 구하면

$$\ln(1-CL) = n\ln R$$

$$n = \frac{\ln(1-CL)}{\ln R} \quad (9\text{-}3)$$

이다. 식 (9–3)에서 n은 신뢰 수준 CL에서 신뢰도 R을 입증하기 위하여 고장 없이 작동해야 할 최소한의 샘플 수이고, 이때 시험 시간은 목표 수명 t와 같다. 표 9–1은 신뢰도와 신뢰 수준이 각각 R과 CL일 때 이를 입증하기 위하여 무고장 보기 시험에서 필요한 샘플 수를 나타낸 것이다.

표 9–1 무고장 보기 시험에서 신뢰도 입증에 필요한 최소한의 샘플 수

신뢰도 R	신뢰 수준, CL									
	0.90	0.91	0.92	0.93	0.94	0.95	0.96	0.97	0.98	0.99
0.90	22	23	24	26	27	29	31	34	38	44
0.91	25	26	27	29	30	32	35	38	42	49
0.92	28	29	31	32	34	36	39	43	47	56
0.93	32	34	35	37	39	42	45	49	54	64

0.94	38	39	41	43	46	49	53	57	64	75
0.95	45	47	50	52	55	59	63	69	77	90
0.96	57	59	62	66	69	74	79	86	96	113
0.97	76	80	83	88	93	99	106	116	129	152
0.98	114	120	126	132	140	149	160	174	194	228
0.99	230	240	252	265	280	299	321	349	390	459

무고장 보기 시험에서 목표 신뢰도는 신뢰 수준에 따라 식 (9–3)으로써 구한 수의 샘플을 제품의 사용 조건에서 목표 수명까지 시험하여 샘플이 모두 고장 없이 작동할 때 입증된다. 그러나 필요한 수의 샘플을 모두 목표 수명까지 시험하기가 어렵기 때문에 무고장 보기 시험은 사실상 불가능한 경우가 많다.

일정한 수의 고장을 허용하는 경우에는 식 (9–1)을 이용하여 허용한 수의 샘플이 고장일 확률을 구하고 확률이 맞지 않을 가능성, 즉 유의 수준 α에 따라 식 (9–4)에서 필요한 최소한의 샘플 수 n을 구한다.

$$\alpha = \sum_{i=0}^{r} \frac{n!}{i!(n-i)!}(1-R)^i R^{n-i} \tag{9–4}$$

허용 고장 수가 증가하면 증가할수록 필요한 시험 시간은 증가하며 그만큼 시험 비용도 증가한다. 동일한 신뢰 수준에서 신뢰도를 입증할 때 고장을 허용하는 시험과 무고장 시험의 입증 조건은 통계적으로 우열의 차이가 없으며 고장을 허용할 때는 샘플 수의 증가로 인한 비용만 증가할 뿐이다. 만약 샘플 수가 같으면 고장을 허용한 입증 시험의 신뢰 수준은 무고장 시험에서보다 떨어진다. 따라서 일정한 수의 고장을 허용하는 신뢰도 입증 시험은 실질적으로 큰 의미가 없다고 할 수 있다. 그러나 시험 중 잘못으로 인한 오판을 방지하기 위하여 가능한 시험 시간 내에서는 많은 수의 고장이 적절하다는 주장도 있다(NIST/SEMATECH, 2012).

[예제 9–1] 90%의 신뢰 수준에서 80%의 신뢰도를 입증하기 위한 무고장 보기 시험의 샘플 수를 구하여라. 또 1개의 고장을 허용할 경우에는 몇 개의 샘플이 필요한가?

[풀이] 식(9–3)으로부터

$$n = \frac{\ln(1-0.9)}{\ln 0.8} = 10.3$$

이다. 따라서 무고장 보기 시험에서 필요한 샘플 수는 11개이다. 1개의 고장을 허용하면 식 (9-4)로부터 n은

$$0.1 = \sum_{i=0}^{1} \frac{n!}{i!(n-i)!}(1-0.8)^i (0.8)^{n-i} = \frac{n!}{0!(n-0)!}(1-0.8)^0 (0.8)^{n-0}$$

$$+ \frac{n!}{1!(n-1)!}(1-0.8)^1 (0.8)^{n-1}$$

$$0.1 = 0.8^n + n(1-0.8)(0.8)^{n-1}$$

$$n = 17.75$$

이고 샘플 수는 18개가 된다. 즉 무고장 시험이면 목표 수명까지 11개의 샘플에서 모두 고장이 없어야 하며, 1개 샘플의 고장을 허용하면 총 18개의 샘플에서 17개 샘플은 고장이 없어야 신뢰도가 입증된다. 이는 무고장 시험에서 11개의 샘플 중 1개의 샘플이 고장 나면 다음 7개의 샘플까지는 고장이 없어야 한다는 것이다.

(2) 고장 특성을 아는 경우

제품의 고장 특성은 제품의 고장 분포 함수 또는 신뢰도 함수로써 나타낼 수 있다. 제품의 고장 분포가 와이블 분포이고 t시간까지 신뢰도가 R인 경우 이 제품의 신뢰도는

$$R(t) = e^{-\left(\frac{t}{\eta}\right)^\beta}$$

로써 나타낼 수 있고 특성 수명은

$$\eta = -\frac{t}{[\ln R(t)]^{\frac{1}{\beta}}} \tag{9-5}$$

가 된다. 만약 이 제품의 신뢰도 R이 맞는다고 하면 n개의 샘플을 t_{test}시간까지 시험하였을 때 모든 샘플이 고장 없이 작동할 확률은 식 (9-2)로부터

$$1 - CL = \left[e^{-\left(\frac{t_{test}}{\eta}\right)^\beta}\right]^n \tag{9-6}$$

이다. 양변에 자연 대수를 취하면

$$t_{test} = \eta[\frac{-\ln(1-CL)}{n}]^{\frac{1}{\beta}} \tag{9-7}$$

가 되고, 식 (9–5)를 식 (9–7)에 대입하면

$$t_{test} = t[\frac{\ln(1-CL)}{n\ln R(t)}]^{\frac{1}{\beta}} \tag{9-8}$$

가 된다. 즉 t_{test}는 n개의 샘플로써 신뢰도가 t시간까지 $R(t)$인 제품의 신뢰도를 입증하는 데 필요한 무고장 시험의 시험 시간이다. 시험 시간과 샘플 수의 관계는

$$t_{test}n^{\frac{1}{\beta}} = t[\frac{\ln(1-CL)}{\ln R}]^{\frac{1}{\beta}}$$

이므로 같은 신뢰도와 신뢰 수준에서 시험 시간 t_{test1}, t_{test2}와 샘플 수 n_1, n_2의 관계는

$$\frac{t_{test2}}{t_{test1}} = (\frac{n_1}{n_2})^{\frac{1}{\beta}} \tag{9-9}$$

가 된다.

고장 분포가 지수 분포인 경우에도 같은 방법으로

$$1-CL = [e^{-(\frac{t_{test}}{\eta})}]^n$$

이고, 양변에 자연 대수를 취하여 정리하면

$$t_{test} = \eta[\frac{-\ln(1-CL)}{n}] \tag{9-10}$$

가 된다. 평균고장간격 η는 신뢰도 함수로부터

$$\eta = -\frac{t}{\ln R(t)}$$

이다. 이를 식 (9–10)에 대입하면 n개의 샘플로써 고장 분포가 지수 분포이고 t시간까지 신뢰도가 $R(t)$인 제품의 신뢰도를 입증하는 데 필요한 무고장 입증 시험의 시험 시간은

$$t_{test} = t[\frac{\ln(1-CL)}{n\ln R(t)}] \tag{9-11}$$

가 된다. 또한 고장 분포가 지수 분포일 때 같은 신뢰도와 신뢰 수준에서 무고장 시험 시간

과 샘플 수의 관계는

$$\frac{t_{test2}}{t_{test1}} = \frac{n_1}{n_2}$$

가 된다.

식 (9–8)과 식 (9–11)은 각각 고장 분포가 와이블 분포와 지수 분포일 때 t시간까지 신뢰도가 $R(t)$인 제품의 신뢰도를 입증하기 위한 무고장 시험의 시험 시간 t_{test}, 샘플 수 n, 신뢰 수준 CL의 관계를 나타낸 것이다. 즉 정상적인 제품의 사용 조건에서 n개의 샘플을 t_{test}시간까지 시험하였을 때 n개 샘플이 모두 고장 없이 정상적으로 작동하였다고 하면 이 제품은 신뢰 수준 CL에서 신뢰도 $R(t)$를 기대할 수 있다. 무고장 입증 시험의 시험 시간은 식 (9–8)과 식 (9–11)에서와 같이 샘플 수가 증가하면 감소하며 고장 분포가 와이블 분포인 경우에는 형상계수의 영향을 받는다.

n개의 샘플 중 최소한 r개의 고장을 허용하는 경우 신뢰도 입증 시험의 시험 시간은 다음과 같이 구한다. 신뢰 수준이 CL일 때 최소한 r개의 샘플에서 고장이 일어날 확률은 고장이 r개 이하인 모든 경우가 포함되므로,

$$1 - CL = \sum_{i=0}^{r} \binom{n}{i} [1 - R(t_{test})]^i R(t_{test})^{n-i} \tag{9–12}$$

가 된다. 시험 시간 t_{test}까지 신뢰도는 고장 분포가 와이블 분포인 경우에는

$$R(t_{test}) = e^{-(\frac{t_{test}}{\eta})^\beta} \tag{9–13}$$

이고, t시간까지 신뢰도가 $R(t)$라고 하면 와이블 분포의 특성 수명은

$$\eta = -\frac{t}{[\ln R(t)]^{\frac{1}{\beta}}}$$

가 된다. 이를 식 (9–13)에 대입하면

$$R(t_{test}) = e^{\ln R(t) (\frac{t_{test}}{t})^\beta} \tag{9–14}$$

가 된다. 이를 다시 식 (9–12)에 대입하면

$$1 - CL = \sum_{i=0}^{r} \binom{n}{i} [1 - e^{\ln R(t)(\frac{t_{test}}{t})^\beta}]^i [e^{\ln R(t)(\frac{t_{test}}{t})^\beta}]^{n-i} \tag{9–15}$$

가 된다. 식 (9−15)는 n개의 샘플에서 최소한 r개의 고장을 허용할 때 t시간까지 신뢰도가 $R(t)$인 제품의 신뢰도를 입증하기 위한 입증 시험의 시험 시간 t_{test}를 구하는 식이다. 식 (9−15)에서 t_{test}는 수치 해석 또는 시행 착오법으로써 구할 수 있다.

고장 분포가 지수 분포인 경우에는 식 (9−14)에서 β를 1로 하여 시험 시간 t_{test}를 구한다. 만약 시험 시간까지 제품의 신뢰도를 아는 경우에는 $R(t_{test})$의 값을 직접 식 (9−14)에 대입하여 r개의 고장을 허용할 때 필요한 샘플 수 n을 구할 수 있다.

[예제 9−2] 200시간까지 신뢰도가 99%인 제품의 신뢰도를 20개의 샘플로써 입증하고자 한다. 이 제품의 고장 분포는 와이블 분포이고 와이블 분포의 형상계수는 3.5이다. 80% 신뢰 수준에서 무고장 입증 시험의 시험 시간을 구하여라.

[풀이] 식 (9−8)을 이용하면

$$t_{test} = 200[\frac{\ln(1-0.8)}{20\ln 0.99}]^{\frac{1}{3.5}} = 362.4\text{시간}$$

이다. 따라서 필요한 시험 시간은 363시간이 된다.

[예제 9−3] 고장이 잦은 전동기를 재설계하였을 때 평균고장간격이 1,000시간으로 증가되었다. 2대의 샘플로써 이를 입증하기 위한 무고장 입증 시험의 시험 시간을 구하여라. 전동기의 고장 분포는 지수 분포이고, 신뢰 수준은 90%로 한다.

[풀이] 식 (9−10)을 이용하면, CL=90%, $n=2$, $\eta=1,000$시간이므로

$$t_{test} = \eta[\frac{-\ln(1-CL)}{n}] = 1,000[\frac{-\ln(1-0.9)}{2}] = 1,151.3 \text{ 시간이다.}$$

따라서 시험 시간은 1,152시간으로 한다.

[예제 9−4] 고장 분포가 지수 분포인 어떤 제품의 B_5 수명이 1,000시간임을 입증하기 위한 무고장 입증 시험의 총 시험 시간을 구하여라. 신뢰 수준은 50%로 한다.

[풀이] B_5=1,000시간이면 t=1,000시간까지 R=95%이고, CL=50%이므로 식 (9−11)로부터

$$nt_{test} = \frac{t\ln(1-CL)}{\ln R} = \frac{1{,}000\ln(1-0.5)}{\ln 0.95} = 13{,}513.41$$

이다. 따라서 총 시험 시간은 13,514시간이 된다.

[예제 9–5] 고장 분포가 와이블 분포이고 형상계수가 2.0인 어떤 부품의 신뢰도가 2,000시간까지 80%임을 입증하고자 한다. 가능한 시험 시간은 1,500시간이고, 신뢰 수준은 90%로 한다. 최소한 1개의 고장을 허용할 때 필요한 샘플 수를 구하여라.

[풀이] 먼저 신뢰도를 이용하여 특성 수명을 구하면

$$\eta = \frac{t}{[-(\ln R)]^{1/2}} = \frac{2{,}000}{[-(\ln 0.8)]^{1/2}} = 4{,}233.9 \text{ 시간}$$

이고, 시험 시간 1,500시간까지 신뢰도는

$$R(1{,}500) = e^{-\left(\frac{1{,}500}{4{,}233.9}\right)^2} = 0.882$$

이다. 따라서 90% 신뢰 수준에서 1개의 고장을 허용하는 경우, 샘플 수는 식 (9-12)를 이용하면

$$1-0.9 = \sum_{i=0}^{1} \binom{n}{i}(1-0.882)^i (0.882)^{n-i} = \binom{n}{0}(1-0.882)^0 (0.882)^{n-0}$$

$$+\binom{n}{1}(1-0.882)^1 (0.882)^{n-1}$$

$$(1-n)0.882^n + n0.882^{n-1} - 0.1 = 0$$

가 된다. 이 식에서 n을 구하면 $n = 31.3$이므로 샘플 수는 32로 한다.

[예제 9–6] 평균고장간격이 1,000시간인 전동기 3대를 2,200시간까지 시험하였다. 그 중 1대는 시험 도중에 고장이 났다. 전동기의 평균고장간격에 대한 신뢰 수준을 구하여라.

[풀이] 평균고장간격은 고장 특성이 지수 분포일 때의 특성 수명이므로 지수 분포를 적용하면 2,200시간까지 전동기의 신뢰도는

$$R(2{,}200) = e^{-\frac{2{,}200}{1{,}000}} = 0.111$$

이고, 1대가 고장이면

$$1-CL=\sum_{i=0}^{1}\binom{3}{i}(1-0.111)^{i}(0.111^{n-i})=\frac{3!}{0!(3-0)!}(1-0.111)^{0}(0.111)^{3-0}$$

$$+\frac{3!}{1!(3-1)!}(1-0.111)^{1}(0.111)^{3-1}=0.034228$$

이다. 따라서 $CL=1-0.0342=0.9658$가 된다.

(3) 카이제곱을 이용한 샘플 수와 시험 시간

제품의 고장 분포가 지수 분포인 경우에는 카이제곱 분포를 이용하여 신뢰도 입증 시험에서 필요한 샘플 수와 시험 시간을 구할 수도 있다. 고장 분포가 지수 분포인 경우 n개의 샘플을 t_{test}시간까지 시험하였을 때 r개의 샘플에서 고장이 났다고 하면 샘플의 평균고장간격 $MTBF$는

$$MTBF=\frac{nt_{test}}{r} \tag{9-16}$$

가 된다. 이 $MTBF$는 n개의 샘플로써 추정한 지수 분포 함수의 특성 수명 η의 최적 예측치이다. 따라서 평균고장간격이 $MTBF$인 신뢰도 함수는

$$R(t)=e^{-\frac{t}{MTBF}} \tag{9-17}$$

이고, 확률 밀도 함수는

$$f(t)=\frac{1}{MTBF}e^{-\frac{t}{MTBF}} \tag{9-18}$$

가 된다.

총 시험 시간 $t=nt_{test}$의 2배를 $MTBF$로 나눈 변수를 v라고 하면, 즉

$$v=\frac{2nt_{test}}{MTBF}=\frac{2t}{MTBF} \tag{9-19}$$

라고 하면 v는 자유도가 2인 카이제곱 분포를 따른다. 이를 입증하기 위하여 식 (9-19)에서 t와 t의 1차 도함수를 구하면

$$t=\frac{MTBF}{2}v$$

$$\frac{dt}{dv} = \frac{MTBF}{2}$$

가 된다. 또한 $f(v)$는 식 (9-20)에서와 같이 표현할 수 있으므로

$$f(v) = f(t)\frac{dt}{dv} = \frac{1}{MTBF}e^{-\frac{t}{MTBF}}\frac{MTBF}{2} \tag{9-20}$$

식 (9-20)에서 t를 v로 치환하면

$$f(v) = \frac{1}{MTBF}e^{-v\frac{MTBF}{2}\frac{1}{MTBF}}\frac{MTBF}{2} = \frac{1}{2}e^{-\frac{v}{2}} \tag{9-21}$$

가 된다. 식 (9-21)은 자유도가 2인 카이제곱 분포의 확률 밀도 함수와 같다. 따라서 식 (9-19)의 v는 자유도가 2인 카이제곱 분포를 따른다고 할 수 있다. 즉

$$v = \frac{2nt_{test}}{MTBF} \sim \chi^2(2) \tag{9-22}$$

가 된다.

식 (9-22)를 이용하면 n개 샘플 중에서 r개 샘플이 고장 났을 때 시험을 중단하였다고 하면 카이제곱 분포의 자유도는 $2r$이 되고 신뢰 수준 CL에서 v는, 즉 χ^2의 상한 값은

$$\chi^2_{CL,2r} = v = \frac{2nt_{test}}{MTBF}$$

가 된다. 따라서 신뢰도 입증 시험에서 필요한 샘플 수와 시험 시간의 곱, 즉 총 시험 시간은

$$nt_{test} = \frac{MTBF}{2}\chi^2_{CL,2r} \tag{9-23}$$

가 된다. 만약 r개 샘플에서 고장이 발생한 후에도 시험을 계속하여 미리 정한 시간이 되었을 때 시험을 중단하였다고 하면 자유도는 1개의 고장을 추가하여 $2(r+1)$로 한다. 미리 정한 수의 고장이 발생하였을 때 시험을 중단한 경우를 정수 중단 시험(failure truncated test)이라고 하며, 미리 정한 시간이 되었을 때 시험을 중단한 경우를 정시 중단 시험(time truncated test)이라고 한다. 따라서 신뢰도 입증 시험이 정시 중단 시험인 경우에는 다음 식을 적용한다.

$$\chi^2_{CL,2(r+1)} = \frac{2nt_{test}}{MTBF}$$

$$nt_{test} = \frac{MTBF}{2}\chi^2_{CL,2(r+1)} \tag{9-24}$$

만약 고장이 없었다고 하면, 즉 $r=0$이라고 하면 식 (9–24)에서 자유도는 2가 되므로

$$nt_{test} = \frac{MTBF}{2}\chi^2_{CL,2} \tag{9–25}$$

가 된다. 식 (9–23), 식 (9–24), 식 (9–25)는 각각 고장 분포가 지수 분포일 때 정수 중단, 정시 중단, 무고장 시험에서 샘플 수 n, 시험 시간 t_{test}, 신뢰 수준 CL의 관계를 나타낸 것이다. 식 (9–10)으로부터

$$\ln(1-CL) = -\frac{nt_{test}}{MTBF}$$

이므로, 무고장 시험의 경우

$$\frac{\chi^2_{CL,2}}{2} = -\ln(1-CL) \tag{9–26}$$

가 된다.

[예제 9–7] 신뢰도가 90%인 제품의 신뢰도 입증 시험에서 3개의 고장을 허용하면, 95% 신뢰 수준에서 필요한 샘플 수는 몇 개인가? 입증 시험은 정시 중단 시험으로 한다.

[풀이] 식 (9–24)로부터

$$n = \frac{1}{2}\chi^2_{0.95,2(3+1)}\frac{MTBF}{t_{test}}$$

이고 $0.9 = e^{-\frac{t_{test}}{MTBF}}$ 이므로,

$$\chi^2_{0.95,8} = 15.507, \quad \frac{t_{test}}{MTBF} = -\ln 0.9 = 0.1054$$

이다. 따라서

$$n = \left(\frac{1}{2}\right)(15.507)\left(\frac{1}{0.1054}\right) = 73.59$$

가 된다. 샘플 수는 $n=74$로 한다.

[예제 9–8] 어떤 제품의 평균고장간격이 최소 500시간임을 정시 중단 시험으로써 입증하고자 한다. 신뢰 수준을 90%로 하고 최소한 1개의 고장을 허용할 때 필요한 총

시험 시간을 구하여라.

[풀이] 식 (9−24)로부터

$$nt_{test}=\frac{1}{2}MTBF\chi^2_{CL,2(r+1)}=\frac{1}{2}(500)\chi^2_{0.9,2(1+1)}=1,944.86 \text{ 시간}$$

이다. 따라서 필요한 총 시험 시간은 1,945시간이다.

[예제 9−9] 고장 시간이 지수 분포를 따르는 제품이 있다. 이 제품의 신뢰도가 500시간까지 85%임을 90%의 신뢰 수준에서 입증하고자 한다. 입증 시험에서 고장은 2개까지 허용할 수 있으나, 시험 시간은 300시간으로 제한되었다. 입증 시험에 필요한 샘플 수를 구하여라. 또한 식 (9−12)를 이용하여 구한 샘플 수와 비교하여라.

[풀이] 신뢰도가 500시간까지 85%이면 이 제품의 평균고장간격, *MTBF*는

$$MTBF=-\frac{500}{\ln 0.85}=3,076.6\text{시간}$$

이다. 허용 고장 수가 2개이고 정시 중단이므로 자유도는 2(2+1)=6이다. 식 (9-24)로부터

$$n=MTBF\frac{\chi^2_{CL,2(r+1)}}{2t_{test}}=3,076.6\times\frac{\chi^2_{0.9,6}}{2\times 300}=3,076.6\times\frac{10.64}{2\times 300}=54.6$$

이다. 따라서 샘플 수는 55개로 한다. 총 시험 시간은 $55\times 300=16,500$시간이다. EXCEL에서 카이제곱은 CHISQ.INV(CL,dof)으로 구할 수 있으며 $\chi^2_{0.9,6}$는 CHISQ.INV(0.9,6)=10.64이다. 식 (9-12)를 이용하면 시험 시간 300시간까지 신뢰도는

$$R(300)=e^{-\frac{300}{3076.6}}=0.907$$

이므로

$$1-0.9=\sum_{i=0}^{2}\binom{n}{i}(1-0.907)^i(0.907)^{n-i}=\frac{n!}{0!(n-0)!}(1-0.907)^0(0.907)^n$$

$$+\frac{n!}{1!(n-1)!}(1-0.907)^1(0.907)^{n-1}$$

$$+\frac{n!}{2!(n-2)!}(1-0.907)^2(0.907)^{n-2}$$

$$0.1 = 0.907^n + n(1-0.907)(0.907)^{n-1} + \frac{n(n-1)}{2}(1-0.907)^2(0.907)^{n-2}$$

가 되고, 이를 만족하는 n을 시행 착오법으로써 구하면 $n=55$가 된다. 즉 같은 결과를 얻을 수 있다.

(4) 평균고장간격의 신뢰 구간

고장 분포가 지수 분포인 제품의 특성 수명, 즉 평균고장간격(MTBF)의 신뢰 구간은 다음과 같이 구한다. 식 (9−22)에서 자유도가 $2r$이고 유의 수준이 α일 때 카이제곱은 $\chi^2_{\alpha,2r}$이므로

$$\frac{2nt_{test}}{MTBF} = \chi^2_{\alpha,2r}$$

가 된다. 따라서 정수 중단 시험의 경우 양측 검정에 의한 모집단의 평균고장간격 $MTBF$, 즉 지수 분포의 특성 수명 η의 신뢰 구간은

$$\frac{2nt_{test}}{\chi^2_{1-\alpha/2,2r}} \le MTBF = \eta \le \frac{2nt_{test}}{\chi^2_{\alpha/2,2r}} \tag{9-27}$$

가 되고 정시 중단 시험의 경우에는

$$\frac{2nt_{test}}{\chi^2_{1-\alpha/2,2(r+1)}} \le MTBF = \eta \le \frac{2nt_{test}}{\chi^2_{\alpha/2,2(r+1)}} \tag{9-28}$$

가 된다. 카이제곱 $\chi^2_{\alpha,2r}$은 그림 9−1(a)에서와 같이 자유도가 $2r$인 카이제곱 밀도 선도 아래의 좌단 면적이 α가 되는 카이제곱의 값이다. 즉 $\chi^2=0$에서 $\chi^2_{\alpha,2r}$까지 카이제곱 밀도 선도 아래의 면적이 α가 되는 카이제곱의 값이다. 양측 검정을 위한 $\chi^2_{\frac{\alpha}{2},2r}$와 $\chi^2_{1-\frac{\alpha}{2},2r}$은 그림 9−1(b)에서와 같이 좌단과 우단의 면적이 각각 $\frac{\alpha}{2}$가 되는 카이제곱의 값이다.

만약 n개의 샘플을 t_{test}시간까지 시험하였을 때 고장이 없었다고 하면, 즉 $r=0$이면 식 (9−16)에서 분모가 0이 되므로 $MTBF$는 ∞가 되며, $MTBF$의 역수인 고장률도 0이 된다. 따라서 정시 중단 시험에서 고장이 없는 경우에는 식 (9−27)과 식 (9−28)을 이용하여 $MTBF$의 신뢰 구간을 구할 수 없다. 시험 시간 t_{test}까지 고장이 없을 때 $MTBF$는 t_{test}시

간 직후, 즉 시험이 종료된 후 추가로 1개의 샘플이 더 고장 난 것으로 가정하여 그 상한 값을 nt_{test}로 설정한다. 즉

$$p(\frac{2nt_{test}}{\chi^2_{1-\alpha/2,2}} \le \eta) = p(\eta \le \frac{2nt_{test}}{\chi^2_{\alpha/2,2}}) = 1-\alpha$$

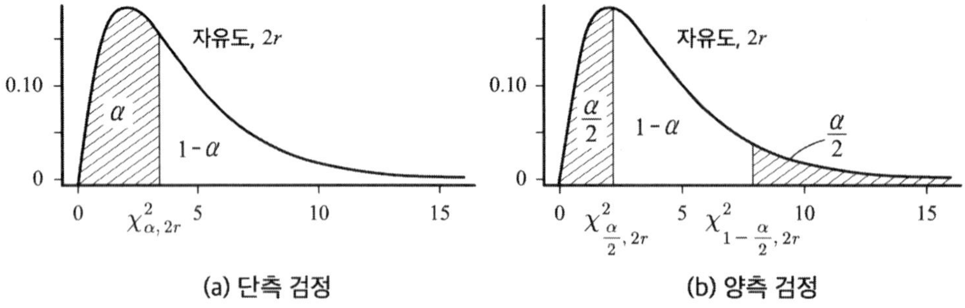

그림 9-1 카이제곱 밀도 함수

로 설정한다. 따라서 n개의 샘플을 t_{test} 시간까지 시험하였을 때 모두 고장이 없었다고 하면 신뢰 수준 $CL = 1-\alpha$에서 모집단의 평균고장간격의 상한 값은

$$\eta \le \frac{2nt_{test}}{\chi^2_{\alpha/2,2}} \tag{9-29}$$

가 된다. 같은 방법으로 고장이 없을 때 모집단의 평균고장간격 η의 신뢰 구간은

$$\frac{2nt_{test}}{\chi^2_{1-\alpha/2,2}} \le \eta \le \frac{2nt_{test}}{\chi^2_{\alpha/2,2}} \tag{9-30}$$

가 된다. 고장률은 η의 역수이므로, 고장률의 신뢰 구간은 정수 중단 시험의 경우

$$\frac{\chi^2_{1-\alpha/2,2r}}{2nt_{test}} \le \frac{1}{\eta} \le \frac{\chi^2_{\alpha/2,2r}}{2nt_{test}} \tag{9-31}$$

이고 정시 중단 시험의 경우에는

$$\frac{\chi^2_{\alpha/2,2(r+1)}}{2nt_{test}} \le \frac{1}{\eta} \le \frac{\chi^2_{1-\alpha/2,2(r+1)}}{2nt_{test}} \tag{9-32}$$

이다. 고장이 없는 경우, 고장률의 신뢰 구간은

$$\frac{\chi^2_{\alpha/2,2}}{2nt_{test}} \leq \frac{1}{\eta} \leq \frac{\chi^2_{1-\alpha/2,2}}{2nt_{test}} \tag{9-33}$$

가 된다. 식 (9−32)와 식 (9−33)은 제6장의 식 (6−46)과 식 (6−45)로부터 구할 수도 있다.

[예제 9−10] 90일 동안 연속으로 시험한 1,200개의 샘플에서 5개의 샘플이 고장 났다고 하면. 이 부품의 평균고장간격 *MTBF*와 고장률은 얼마인가?

[풀이] 총 시험 시간은 $90\times24\times1,200=2,592,000$시간이고, 고장 수가 5이므로 평균고장간격 *MTBF*는

$$MTBF=\frac{2,592,000}{5}=518,400\text{시간}$$

이고 고장률은

$$\text{고장률}=\frac{5}{2,592,000}=1.93\times10^{-6}\ \text{고장/시간}$$

이다. 즉 100만 시간당 1.93개의 고장이 발생하는 고장률이다.

[예제 9−11] 1,200대의 모니터 장치를 90일 동안 연속으로 사용하였을 때 5대에서 고장이 발생하였다. 95% 신뢰 수준에서 평균고장간격의 신뢰 구간을 구하여라.

[풀이] 총 사용 시간은 $90\times24\times1200=2,592,00$이므로, 정시 중단 시험을 적용하여 식 (9−28)로부터 신뢰 구간을 구하면

$$\frac{2\times2,592,000}{\chi^2_{0.975,2(5+1)}}\leq\eta\leq\frac{2\times2,592,000}{\chi^2_{0.025,2(5+1)}},\ \frac{2\times2,592,000}{23.3}\leq\eta\leq\frac{2\times2,592,000}{4.4}$$

$$221,139\leq\eta\leq1,177,168\text{시간}$$

이 된다.

(5) 평균 고장 시간과 평균고장간격

평균 고장 시간(mean time to failure, $MTTF$)은 정상적인 사용 조건에서 제품이 고장 날 때까지 사용한 시간의 평균으로서 일반적으로 수리할 수 없는 제품에 적용된다. 수리할

수 있는 제품의 경우에는 고장이 날 때마다 수리하여 계속 사용할 수 있으므로 고장과 고장 사이의 시간 간격을 평균고장간격(mean time between failure, $MTBF$)이라고 하며, 제품의 총 사용 시간을 고장 난 총 횟수로 나눈 값으로 정의한다. 즉

$$평균고장간격(MTBF) = \frac{제품의\ 수 \times 사용\ 시간}{고장\ 총\ 횟수}$$

이다. 평균고장간격은 제품의 고장률이 일정하다는 가정을 기본으로 한 것이다. 즉 고장 분포가 지수 분포를 따르는 경우에만 적용된다.

고장률이 일정한 부품으로 조립된 제품의 고장률 λ_s는 각 부품의 고장률을 더하여 다음과 같이 구하며 평균고장간격은 그 역수가 된다.

$$\lambda_s = \frac{1}{\eta_s} = \frac{1}{\eta_1} + \frac{1}{\eta_2} + \cdots\cdots \frac{1}{\eta_i} \tag{9-34}$$

η_s=조립 제품의 평균고장간격

η_i=부품 i의 평균고장간격

시험 중 고장이 발생하였을 때 샘플을 수리한 후 계속 시험할 수 있는 제품은 고장이 경미하고 고장 전후의 노화 수준이 동일한 경우이다. 이러한 샘플을 k번 수리하여 계속 시험하였다고 하면 이는 $k+1$개의 샘플을 시험하여 k개는 고장 난 샘플로, 1개는 고장 없이 계속 작동한 샘플로 간주한다.

[예제 9-12] 어떤 전자 제품의 1년 간 목표 신뢰도는 99%이다. 신뢰도 목표를 달성하기 위한 평균고장간격을 구하여라.

[풀이] $R(t) = e^{-\frac{t}{MTBF}}$에서 $MTBF = -\frac{t}{\ln R(t)}$이므로

$$MTBF = -\frac{365 \times 24}{\ln 0.99} = 871,612.7 \text{ 시간}$$

이다.

[예제 9-13] 95% 신뢰 수준에서 어떤 기계 부품의 평균고장간격이 1,000시간임을 입증하기 위하여 2개의 샘플을 시험하였다. 샘플 1개는 시험 중 간단한 고장으로 수리한 후 시험을 계속하였으며 다른 샘플은 고장이 없었다. 신뢰도 입증에 필요한 시험

시간을 구하여라.

[풀이] 간단한 고장으로 1개의 샘플을 수리한 후 시험을 계속하였으므로 2개의 샘플을 시험하여 1개는 고장이 났고 다른 1개는 고장이 없었던 것으로 간주한다. 따라서 처음부터 고장이 없었던 샘플을 포함하면 3개의 샘플을 시험하여 1개는 고장이고 2개는 고장이 없는 상태이다. 시험 시간을 t_{test}라고 하면 t_{test}시간까지 이 부품의 신뢰도는

$$R = e^{-\frac{t_{test}}{1,000}}$$

이고, 이 신뢰도가 맞다고 하면 입증 시험에서는 3개의 샘플 중 최소한 1개의 샘플이 고장일 확률과 유의 수준이 같아야 한다. 즉 $(1-CL)$과 같아야 한다. 따라서

$$1-0.95=\sum_{i=0}^{1}\binom{3}{i}(1-R)^i R^{n-i}=\frac{3!}{0!3!}(1-R)^0R^{3-0}+\frac{3!}{1!(3-1)!}(1-R)^1R^2$$

$$0.05=-2R^3+3R^2=-2\left(e^{-\frac{t_{test}}{1,000}}\right)^3+3\left(e^{-\frac{t_{test}}{1,000}}\right)$$

이고, 시행 착오법으로써 t_{test}를 구하면 $t_{test}=1,999$시간이 된다.

(6) 신뢰 수준

신뢰도 입증 시험의 시험 시간과 샘플 수를 결정할 때는 시험 결과에 대한 허용 오류의 수준, 즉 입증 시험이 모든 조건을 만족하였음에도 불구하고 그 결과가 기각될 오류의 가능성을 먼저 결정하여야 한다. 이러한 오류의 가능성은 샘플 수가 많으면 많을수록 시험 시간이 길면 길수록 감소한다. 그러나 입증 시험은 시간과 비용의 제약 때문에 어느 정도의 오류는 감수할 수밖에 없으며, 감수해야 할 오류의 정도는 제조업체가 고장 데이터, 즉 제품의 고장 모드와 각 고장 모드의 영향(FMEA, failure mode and effect analysis)을 분석하여 그 결과에 따라 고장 빈도, 고장 확인의 용이성, 고장의 영향 등을 반영한 위험 우선 번호(RPN, risk priority number)를 정하여 결정한다.

고장 빈도, 고장 확인의 용이성, 고장의 영향은 일반적으로 그 정도를 5수준 또는 10수준으로 구별하여 정할 수 있으며, 표 9-2와 표 9-3은 예로서 각각 10수준으로 정의한 고장 빈도, 고장 확인의 용이성 및 고장 영향의 수준별 정도를 나타낸 것이다. 위험 우선 번호는 이러한 수준을 이용하여 다음과 같이 결정한다,

위험 우선 번호 = 고장 빈도의 수준 × 고장 확인의 수준 × 고장 영향의 수준

위험 수준은 위험 우선 번호가 크면 클수록 높으며, 그 정도는 표 9-4에서와 같이 정의할 수 있다. 미국의 군사 표준 882E(Military Standard 882E, 2002)에서는 위험의 가능성과 심각성에 따라 위험 수준을 평가하기 위한 기준을 표 9-5에서와 같이 제시하였다.

허용 오류의 수준은 가능한 한 낮게 하여야 하며, 허용 오류 수준을 낮게 하기 위해서는 신뢰 수준을 높여야 한다. 즉 위험 수준이 높을수록 신뢰 수준은 높아야 한다. 따라서 신뢰 수준은 위험 수준에 따라 결정할 수 있으며, 표 9-6은 위험 수준에 따라 권장되는 신뢰 수준과 신뢰도를 나타낸 것이다. 신뢰 수준은 고장 빈도와 고장의 영향을 고려하여 결정할 수도 있다. 그림 9-2는 고장 빈도와 고장 영향의 수준을 이용하여 그 곱의 값에 따라 적용할 수 있는 신뢰 수준의 영역을 나타낸 것이다. 그러나 이러한 신뢰 수준은 제품의 특성에 따라 다르기 때문에 신뢰도 입증 시험의 경험을 반영하여 조정할 필요가 있다. 표 9-7은 기계의 종류에 따라 일반적으로 권장되는 신뢰도와 신뢰 수준을 나타낸 것이다.

표 9-2 10수준으로 정의한 고장 빈도와 고장 확인의 용이성

수준	고장 빈도	수준	고장 확인의 용이성
1	고장이 거의 발생하지 않음	1	거의 확실(almost certain)
2	희박함(remote)	2	매우 높음(very high)
3	비교적 빈도가 낮은 고장	3	높음(high)
4	낮음(very low)	4	비교적 높음(moderately high)
5	고장이 가끔 발생	5	보통(moderate)
6	보통(moderate)	6	낮음(low)
7	반복적인 고장	7	매우 낮음(very low)
8	높음(high)	8	희박(remote)
9	고장이 거의 필연적	9	매우 희박(very remote)
10	매우 높음(very high)	10	거의 불가능(almost impossible)

표 9-3 10수준으로 정의한 고장의 영향

수준	고장의 영향	평가 기준
1	없음(none)	영향 없음
2	매우 경미(very minor)	민감한 소비자는 결함을 감지할 수 있음
3	경미(minor)	일반적인 소비자도 결함을 감지할 수 있음

4	매우 낮음(very low)	대부분의 소비자가 결함을 감지할 수 있음
5	낮음(low)	소비자가 약간의 불편함을 느낄 수 있음
6	보통(moderate)	소비자가 불편을 느낌
7	높음(high)	소비자가 불만족함
8	매우 높음(very high)	주 기능 손상으로 정상적으로 작동하지 않음
9	예고가 있는 위험 (hazardous with warning)	고장에 대한 예고가 있음
10	예고가 없는 위험 (hazardous without warning	예고 없이 고장이 발생함

표 9-4 위험 수준의 정의와 영향

위험 수준	위험 수준의 영향	정의
높음	치명적	생명을 위협하거나 죽음에 이름.
중간	중요	병원 치료가 필요한 일시적 또는 영구적인 손상을 초래함.
낮음	경미	병원 치료가 필요 없는 경미한 손상, 불안, 불편을 초래함.

표 9-5 위험 수준을 평가하기 위한 위험의 가능성과 심각성 수준

심각성 / 가능성	재앙적 (catastrophic)	치명적 (critical)	거의 없는 정도 (marginal)	무시할 정도 (negligible)
빈번 (frequent)	높음	높음	심각	중간
가능 (probable)	높음	높음	심각	중간
간혹 (occasional)	높음	심각	중간	낮음
낮음 (remote)	심각	중간	중간	낮음
불가능 (improbable)	중간	중간	중간	낮음
제거됨 (eliminate)	제거됨			

표 9-6 위험 수준에 따른 권장 신뢰도 및 신뢰 수준

위험 수준	위험 수준의 영향	신뢰 수준	신뢰도
높음	치명적	95%	99%
중간	중요	95%	95%
낮음	경미	95%	90%

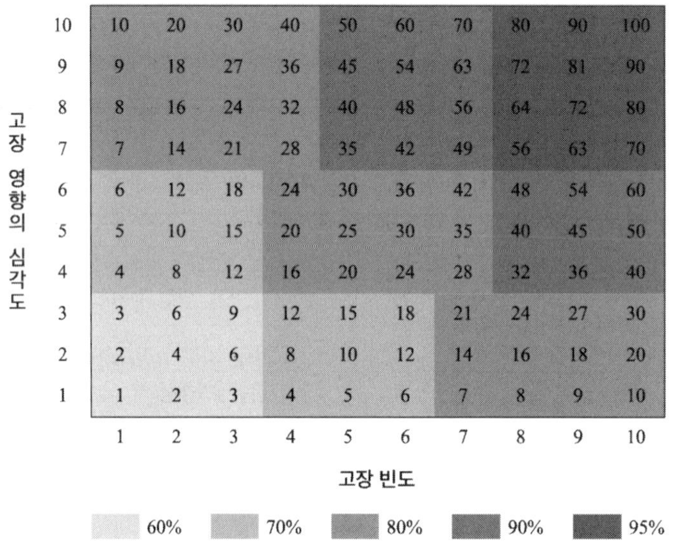

그림 9-2 고장 빈도와 영향을 고려한 신뢰 수준

표 9-7 기계 종류에 따른 권장 신뢰도와 신뢰 수준

분야	신뢰도, %	신뢰 수준, %
농업 기계	80	60
건설 중장비	80	70
공작기계	90	70
군용 장비	90	80
제철 생산 설비	95	95
자동차	97	90
원자력 발전 설비	99	95
철도 차량	99	95
항공기	99	95

9.2 가속 시험의 신뢰도

신뢰도 입증 시험은 일반적으로 시험 시간을 단축하기 위하여 실제 사용 조건에서보다 더 가혹한 조건에서 시험하기 때문에 이러한 가속 시험의 부하가 실제 제품에 작용하는 경우는 많지 않다. 따라서 가속 시험에서 입증한 신뢰도가 실제 사용 조건에서는 같지 않을 수도 있다. 무고장 가속 시험에서 입증한 제품의 신뢰도가 실제 사용 조건에서 예상되는 신뢰도와 다른 경우에는 이들의 관계를 구명하여 실제 사용 조건에서 기대되는 신뢰도를 추정하여야 한다.

고장 분포가 와이블 분포를 따르는 어떤 제품의 신뢰도가 그림 9-3에서와 같이 무고장 가속 시험 조건과 실제 사용 조건에서 다르다고 하면 무고장 가속 시험 조건에서 신뢰도 R_{test}와 실제 사용 조건에서 신뢰도 R_{field}는 각각 다음과 같이 표현할 수 있다.

$$R_{field} = e^{-(\frac{L_{field}}{\eta})^{\beta}} \tag{9-35}$$

$$R_{test} = e^{-(\frac{L_{test}}{\eta})^{\beta}} \tag{9-36}$$

또한 실제 사용 조건에서 신뢰도가 같은, 즉 등신뢰도 선상의 A점에서 신뢰도는

$$R_{field} = e^{-(\frac{L_{A}}{\eta})^{\beta}} \tag{9-37}$$

가 된다. 식 (9-37)에서 특성 수명 η를 구하여 식 (9-36)에 대입하면

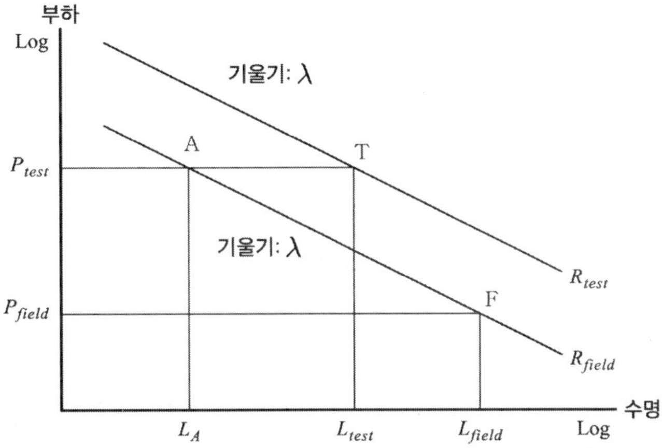

그림 9-3 실제 사용 조건과 무고장 가속 시험 조건에서 신뢰도가 다른 경우

$$R_{field} = e^{\ln R_{test}(\frac{L_A}{L_{test}})^{\beta}} \tag{9-38}$$

가 되고 등신뢰도 선상의 사용 조건 F와 A에서 하중-수명의 관계는

$$P_{field}^{\lambda} L_{field} = P_A^{\lambda} L_A \tag{9-39}$$

이므로 L_A를 구하여 식 (9-38)에 대입하면

$$R_{field} = e^{[\ln R_{test}(\frac{P_{field}}{P_A})^{\beta\lambda}(\frac{L_{field}}{L_{test}})^{\beta}]} \tag{9-40}$$

가 된다. P_A는 무고장 가속 시험의 시험 하중 P_{test}와 같고, $\frac{L_{field}}{L_{test}} = AF$는 가속계수이므로

$$R_{field} = e^{[\ln R_{test}(\frac{P_{field}}{P_{test}})^{\beta\lambda}(AF)^{\beta}]} \tag{9-41}$$

가 된다. 식 (9-41)은 무고장 가속 시험의 시험 하중 P_{test}, 신뢰도 R_{test}, 고장 특성 β를 이용하여 실제 사용 조건에서 예상되는 신뢰도를 실제 작용 하중 P_{field}의 함수로서 나타낸 것이다. 작용 하중에 따라 신뢰도가 변하는 경우에는 작용 하중의 확률 밀도 함수를 이용하여 다음과 같이 실제 사용 조건에서 예상되는 평균 신뢰도를 구할 수 있다.

$$R_{field} = \int_{P_{min}}^{P_{max}} R_{field}(P) f(P) dP \tag{9-42}$$

여기서, $R_{field}(P)$ = 작용 하중 P의 함수로서 신뢰도
$f(P)$ = 작용 하중 P의 확률 밀도 함수
P_{min}, P_{max} = 작용 하중 P의 최솟값과 최댓값

식 (9-42)의 해는 [예제 9-14]에서와 같이 수치 해석으로 구할 수 있다. 식 (9-40)에서 L_{field}와 L_{test}는 등피로 수명 선상의 수명이 아니기 때문에

$$P_{test}^{\lambda} L_{test} \neq P_{field}^{\lambda} L_{field}$$

임을 유의하여야 한다. 따라서 가속계수는 제품의 고장 특성이 변하지 않는 하중 범위에서 적절한 가속 시험의 하중과 시험 시간을 먼저 결정하고, 이 시험 시간에 대한 실제 사용 조건에서 제품의 보증 수명 또는 목표 수명의 비로서 결정하여야 한다. 즉

$$AF = \frac{L_{field}}{L_{test}} = \frac{\text{목표 수명}}{\text{가속 시험 시간}}$$

로써 결정할 수 있다.

일반적으로 실제 사용 조건에서보다 가혹한 조건에서 시험한 제품의 실제 신뢰도는 시험 조건에서보다 높을 수 있으나 (Kleyner, 2015), 실제 사용 조건에서 작용하는 하중의 확률 분포에 큰 영향을 받는다. 일반적으로 제품의 수명은 크기가 큰 하중의 영향을 크게 받지만 실제 사용 조건에서는 큰 하중이 작용하는 확률이 낮기 때문에 신뢰도에 미치는 영향도 낮게 반영될 수밖에 없다.

[예제 9-14] 자동차에 사용되는 전자 컨트롤러의 수명은 주위의 온도 변화에 큰 영향을 받는다. 이 컨트롤러의 주위 온도는 하루에 2번씩 변하며 온도 변화의 최대 범위는 $-40 \sim 125^o C$ 이고, 실제 사용 조건에서 온도차의 99%는 $\Delta T = 70^o C$ 이하이다. 이 컨트롤러의 수명을 10년 간 보증하기 위하여 가속 시험의 온도차를 $165^o C$, 신뢰도를 95%, 샘플 수를 14개, 가속계수를 9.7로 하여 무고장 가속 시험을 실시하였다. 실제 사용 조건에서 컨트롤러의 신뢰도를 구하여라. 컨트롤러의 고장은 와이블 분포를 따르며 $\beta = 2.5$이고, 온도차-수명 선도에서 기울기는 $\lambda = 2.65$이었다. 실제 사용 조건에서 온도차는 $0 \sim 100^o C$ 범위에서 로그 정규 분포를 따르며, 로그 정규 분포의 평균과 표준편차는 각각 3.69, 0.24이었다.

[풀이] 실제 사용 조건에서 목표 수명은 10년이므로

$$L_{field} = \frac{2\text{사이클}}{\text{일}} \times \frac{365\text{일}}{\text{년}} \times 10\text{년} = 7,300\text{사이클}$$

이다. 무고장 가속 시험에서 설정한 시험 하중, 즉 가속 시험의 온도차는 $\Delta T_{test} = 165^o C$, 신뢰도는 $R_{test} = 0.95$, 가속계수는 $AF = 9.7$이고, $\beta = 2.5$, $\lambda = 2.65$이므로 이를 식 (9-40)에 대입하면 실제 사용 조건에서 신뢰도는 작용 온도차의 함수로서 다음과 같이 표현된다.

$$R_{field}(\Delta T_{field}) = e^{\left[\ln 0.95 \left(\frac{\Delta T_{field}}{165}\right)^{2.5 \times 2.65} (9.7)^{2.5}\right]}$$

실제 사용 조건에서 온도차 ΔT_{field}는 $0 \sim 100^o C$의 범위에서 변하며, 확률 밀도 함수는 평균과 편차가 각각 3.69, 0.24인 로그 정규 분포이므로 $f(\Delta T_{field}) = LN(\Delta T_{field}, 3.69, 0.24)$로 나타낼

수 있다. 이 로그 정규 분포의 확률 밀도 함수는 EXCEL 프로그램의 LOGNORM.DIST(ΔT, 3.69, 0.24, false)를 이용하면 그림 9-4에서와 같다.

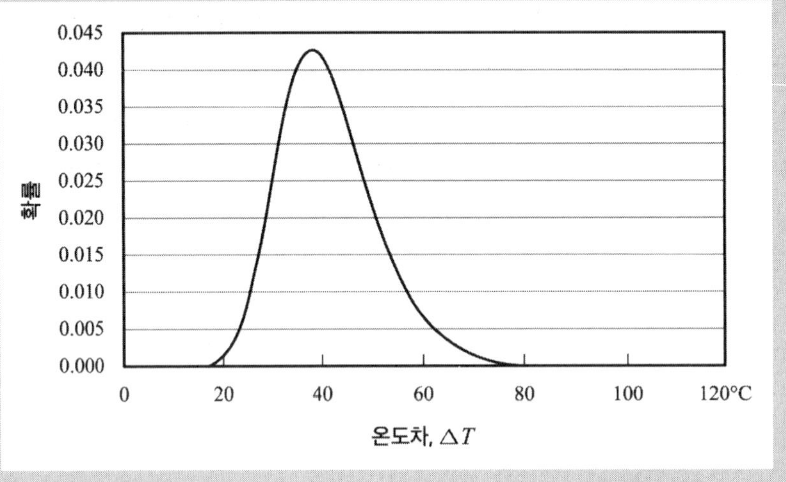

그림 9-4 평균과 편차가 각각 3.69, 0.24인 로그 정규 분포의 확률 밀도 함수

따라서 실제 사용 조건에서 전자 컨트롤러의 평균 신뢰도는 다음 식으로 표현할 수 있다.

$$R_{field} = \int_0^{100} e^{[\ln 0.95 (\frac{\Delta T}{165})^{25\times 265}(9.7)^{25}]} LN(\Delta T; 3.69, 0.24) d(\Delta P)$$

이 적분식의 해는 심슨의 법칙을 적용하여 다음과 같이 수치 해석으로 구할 수 있다. 먼저

$$Y(\Delta T) = e^{[\ln 0.95 (\frac{\Delta T}{165})^{25\times 265}(9.7)^{25}]} LN(\Delta T; 3.69, 0.24)$$

라고 하면 적분식은

$$R_{field} = \int_0^{100} Y(\Delta T) d(\Delta T)$$

가 되고, $\Delta T = \frac{100-0}{50} = 2$로 하여 심슨의 법칙을 적용하면

$$R_{field} \approx \frac{2}{3}[Y(0) + 4Y(2) + 2Y(4) + 4Y(6) + 2Y(8) + \ldots 4Y(98) + Y(100)]$$

가 된다. $Y(\Delta T)$의 값을 구하고 $Y(\Delta T)$의 심슨계수 C_j를 고려하여 [ ]안의 값을 구하면 표 9-8에서와 같이 1.4933865이다. 따라서 실제 사용 조건에서 신뢰도는

$$R_{field} = \frac{2}{3}(1.4933865) = 0.995591$$

가 된다.

표 9-8 실제 사용 조건에서 신뢰도 계산의 예

ΔT	C_f	$R_{field}(\Delta T)$	$\ln(\Delta T,\mu,\sigma)$	$Y(\Delta T)$	ΔT	C_f	$R_{field}(\Delta T)$	$\ln(\Delta T,\mu,\sigma)$	$Y(\Delta T)$
0	1	1	#NUM!	0	52	2	0.9928694	0.0176769	0.0351016
2	4	1	1.152E-34	4.609E-34	54	4	0.9908531	0.0141679	0.0561534
4	2	1	4.088E-21	8.175E-21	56	2	0.9883757	0.0111826	0.0221052
6	4	1	7.217E-15	2.887E-14	58	4	0.9853557	0.0087083	0.034323
8	2	1	3.458E-11	6.916E-11	60	2	0.9817019	0.0067017	0.0131582
10	4	0.9999999	9.203E-09	3.681E-08	62	4	0.9773128	0.0051042	0.0199536
12	2	0.9999996	4.641E-07	9.283E-07	64	2	0.9720768	0.0038521	0.0074891
14	4	0.9999988	8.143E-06	3.257E-05	66	4	0.9658714	0.0028839	0.0111418
16	2	0.9999971	6.977E-05	0.0001395	68	2	0.9585644	0.0021438	0.00411
18	4	0.9999937	0.0003589	0.0014354	70	4	0.9500143	0.0015838	0.0060185
20	2	0.9999873	0.0012663	0.0025326	72	2	0.9400711	0.0011637	0.002188
22	4	0.999976	0.003356	0.0134235	74	4	0.9285787	0.000851	0.0031608
24	2	0.9999573	0.0071192	0.0142379	76	2	0.9153766	0.0006197	0.0011345
26	4	0.9999275	0.0126614	0.0506421	78	4	0.9003036	0.0004496	0.0016193
28	2	0.9998815	0.01954	0.0390754	80	2	0.8832011	0.0003252	0.0005745
30	4	0.9998129	0.0268621	0.1074284	82	4	0.8639185	0.0002346	0.0008107
32	2	0.9997131	0.0335694	0.0671195	84	2	0.8423188	0.0001688	0.0002844
34	4	0.9995713	0.0387498	0.1549328	86	4	0.818285	0.0001213	0.0003969
36	2	0.9993741	0.0418458	0.0836393	88	2	0.791728	8.695E-05	0.0001377
38	4	0.9991046	0.0427128	0.1706984	90	4	0.7625945	6.226E-05	0.0001899
40	2	0.9987424	0.041556	0.0830075	92	2	0.7308761	4.453E-05	6.509E-05
42	4	0.998263	0.0388046	0.1549486	94	4	0.6966175	3.182E-05	8.866E-05
44	2	0.9976367	0.0349785	0.0697916	96	2	0.6599251	2.272E-05	2.999E-05
46	4	0.9968287	0.0305828	0.1219434	98	4	0.6209743	1.621E-05	4.027E-05
48	2	0.9957979	0.0260422	0.0518654	100	1	0.5800147	1.157E-05	6.71E-06
50	4	0.9944965	0.0216717	0.0862099				$\sum C_f Y(P)$	1.4933865

9.3 신뢰도 입증 시험의 위험 확률

신뢰도 입증 시험에서는 정확한 제품의 신뢰도를 모르기 때문에 입증을 위한 하위 신뢰도와 상위 신뢰도를 설정할 필요가 있다. 하위 신뢰도는 소비자가 수용할 수 있는 최소한의 신뢰도이며, 상위 신뢰도는 생산자가 추구하는 목표 신뢰도에 해당한다. 이 하위 신뢰도와 상

위 신뢰도 사이의 신뢰도는 아주 나쁜 상태도 아니고 아주 좋은 상태로 아닌 애매한 상태라고 할 수 있다.

제품의 신뢰도가 하위 신뢰도보다 높으면 소비자는 이를 수용할 수 있으나, 생산자는 목표 신뢰도에 도달하였는지 알 수가 없다. 신뢰도 입증 시험에서 소비자 위험(customer's risk)은 하위 신뢰도보다 낮은 제품의 신뢰도를 수용하는 위험을 말하며, 이 위험 확률의 최댓값을 β라고 하면 소비자 위험은 β보다 낮아야 한다. 생산자 위험(producer's risk)은 제품의 신뢰도가 상위 신뢰도보다 높지만 이를 기각하는 위험을 말한다. 이 위험 확률의 최댓값을 α라고 하면 생산자 위험은 α보다 낮아야 한다.

소비자와 생산자 위험은 확률 밀도 함수로써 정의할 수 있다. 일정한 수의 시험 샘플에서 허용한 수의 고장이 일어날 확률의 밀도 함수는 그림 9-5에서와 같다. 소비자 위험은 하위 신뢰도 R_L보다 낮은 신뢰도를 수용하는 확률이며 R_L보다 낮은 모든 신뢰도를 수용할 누적 위험 확률은 그림 9-5에서와 같이 빗금친 부분의 면적 β와 같다. 또한 생산자 위험은 상위 신뢰도 R_U보다 높은 신뢰도를 기각하는 확률이며 R_U보다 높은 모든 신뢰도를 기각할 누적 위험 확률은 빗금친 부분의 면적 α와 같다. 즉 소비자와 생산자 위험은 각각 $0 \sim R_L$의 신뢰도를 수용할 위험 확률과 $R_U \sim 1.0$의 신뢰도를 기각할 위험 확률과 같고, 이는 각각 허용할 수 있는 최대 위험 확률 β와 α보다는 낮아야 한다. 따라서 샘플 수와 허용 고장 수를 각각 n과 r이라고 하면 소비자와 생산자 위험은 각각 다음과 같이 표현된다.

$$\sum_{i=0}^{r} \binom{n}{i} (1-R_L)^i (R_L)^{n-i} \le \beta \tag{9-43}$$

$$1 - \sum_{i=0}^{r} \binom{n}{i} (1-R_U)^i (R_U)^{n-i} \le \alpha \tag{9-44}$$

허용 최대 위험 확률 α와 β는 신뢰도 입증 시험에서 하위 신뢰도와 상위 신뢰도를 입증할 때 각각 허용할 수 있는 최대 $100 \times \beta\%$와 $100 \times \alpha\%$의 오류를 의미한다. 즉 최대 $100 \times \beta\%$와 $100 \times \alpha\%$의 오류를 허용하는 것이다. 이를 신뢰 수준으로써 표현하면 소비자 위험의 신뢰 수준은 $1-\beta$이고 생산자 위험의 신뢰 수준은 $1-\alpha$가 된다. 식 (9-43)과 식 (9-44)는 미지수가 하위 신뢰도 R_L, 상위 신뢰도 R_U, 소비자 위험 β, 생산자 위험 α, 샘플 수 n, 허용 고장 수 r인 연립방정식이다. 이 6개의 미지수 중에서 4개 미지수는 그 값을 먼저 결정하여야 하며 나머지 2개는 연립방정식을 풀어서 구한다.

신뢰도 입증 시험에서 허용 고장 수가 많으면 많을수록 생산자 위험은 감소하고 소비자 위험은 증가한다. 소비자 위험과 생산자 위험은 서로 상반된 관계에 있다. 즉 소비자 위험이 증가하면 생산자 위험은 감소하고, 소비자 위험이 감소하면 생산자 위험은 증가한다. 따라서 신뢰도 입증 시험에서는 하위 신뢰도, 상위 신뢰도, 소비자 위험, 생산자 위험의 허용 최대 확률을 고려하여 시험 시간, 샘플 수, 허용 고장 수를 결정하여야 한다. 일반적으로 소비자 위험과 생산자 위험의 허용 최대 위험 확률은 같은 수준을 적용하며, 서로 다른 수준을 적용할 수도 있다. 샘플 수가 일정할 때 소비자 위험과 생산자 위험의 허용 최대 위험 확률이 같은 허용 고장 수는 수학적으로 존재할 수 있으나, 고장 수는 정수이기 때문에 정수의 허용 고장 수를 결정하기는 쉽지 않다. 따라서 실제는 허용 최대 위험 확률의 차이가 최소인 샘플 수와 허용 고장 수를 결정한다.

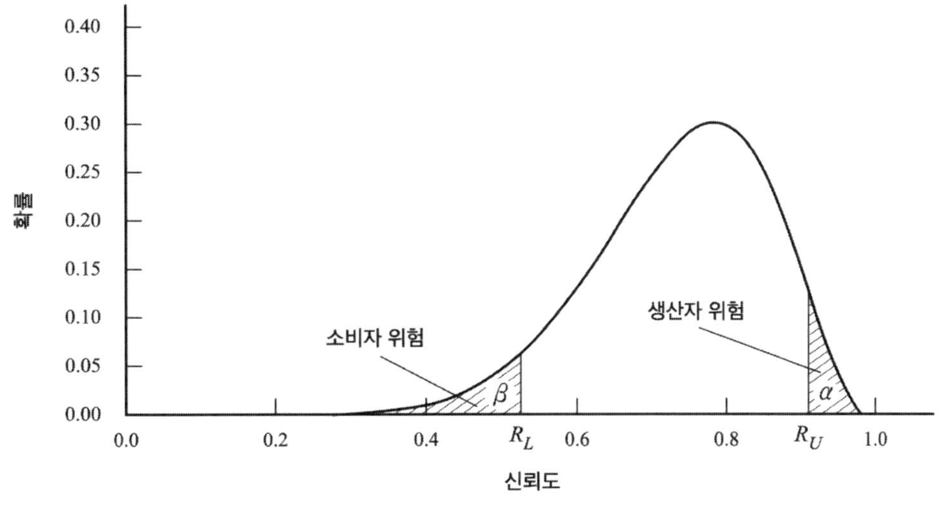

그림 9–5 소비자 위험과 생산자 위험

신뢰도 대신 누적 고장 확률 또는 결함률을 사용하는 경우에는 하위 누적 고장 확률 또는 결함률을 F_L, 상위 누적 고장 확률 또는 결함률을 F_U라고 하면 $F_L = 1 - R_U$, $F_U = 1 - R_L$이므로 식 (9–43)과 식 (9–44)는 각각 다음과 같이 표현된다.

$$\sum_{i=0}^{r} \binom{n}{i} (F_U)^i (1 - F_U)^{n-i} \le \beta \tag{9–45}$$

$$1 - \sum_{i=0}^{r} \binom{n}{i} (F_L)^i (1 - F_L)^{n-i} \le \alpha \tag{9–46}$$

(1) 표준 정규 변수를 이용한 근사적 방법

식 (9–43)과 식 (9–44)로부터 직접 해석적으로 샘플 수 n과 허용 고장 수 r을 구하기는 쉽지 않다. 따라서 먼저 근사적으로 n과 r을 구하고 이를 이용하여 시행 착오법으로써 보다 정확한 n과 r을 구할 수 있다. n과 r의 근삿값은 다음 식으로 구한다.

$$n = \frac{1}{(R_U - R_L)^2}\left[z_\alpha^2(R_U - R_U^2) + z_\beta^2(R_L - R_L^2) + 2z_\alpha z_\beta\sqrt{R_L R_U(1-R_L)(1-R_U)}\right] \tag{9–47}$$

$$r = -z_\alpha\sqrt{nR_U(1-R_U)} + n(1-R_U) - 0.5 \tag{9–48}$$

이 식은 R_L과 R_U가 0.95 이하일 때만 적용할 수 있으며, z_α와 z_β는 정규 분포의 확률 밀도 선도 아래 면적이 각각 α와 β인 표준 정규 변수의 값이다.

[예제 9–15] 어떤 제품의 목표 수명은 1,000시간이고, 1,000시간까지 하위 신뢰도와 상위 신뢰도는 각각 70%, 85%이다. 소비자 위험과 생산자 위험의 허용 최대 위험 확률이 모두 10%가 되도록 샘플 수와 허용 고장 수를 구하여라.

[풀이] $R_L = 0.7,\ R_U = 0.85,\ \alpha = \beta = 0.1$이 되어야 하므로 식 (9–47)과 식 (9–48)을 이용하여 샘플 수 n과 허용 고장 수 r의 근삿값을 구하면

$$n = \frac{1}{(0.85-0.7)^2}[(-1.2815)^2(0.85-0.85^2) + (-1.2815)^2(0.7-0.7^2)$$

$$+2(-1.2815)(-1.2815)\sqrt{0.7\times0.85(1-0.7)(1-0.85)}] = 48.5$$

$$r = -(-1.2815)\sqrt{48.5\times0.85(1-0.85)} + 48.5(1-0.85) - 0.5 = 9.97$$

이다. 이 값을 이용하여 식 (9-43)과 식 (9-44)로부터

$$\sum_{i=0}^{r}\binom{n}{i}(1-0.7)^i(0.7)^{n-i} \le 0.1$$

$$1 - \sum_{i=0}^{r}\binom{n}{i}(1-0.85)^i(0.85)^{n-i} \le 0.1$$

을 만족하는 최적의 정수 n와 r을 EXCEL로써 구하면, $n=48,\ r=10$이고 이때 $\alpha=0.096$, $\beta=0.107$이다.

[예제 9-16] 어떤 제품의 품질 검사에서 한 로트(lot)당 수용할 수 있는 최저 결함률은 2%이고 최고 결함률은 6%이다. 생산자 위험과 소비자 위험의 허용 최대 위험 확률이 각각 10%일 때 필요한 샘플 수와 로트의 수용 여부를 결정하기 위한 결함 수를 구하여라.

[풀이] $F_L = 0.02,\ F_U = 0.06,\ \alpha = 0.1,\ \beta = 0.1$이므로 식 (9-45)와 식 (9-46)을 적용하면

$$\sum_{i=0}^{r} \binom{n}{i}(0.06)^i (1-0.06)^{n-i} \le 0.1$$

$$1-\sum_{i=0}^{r} \binom{n}{i}(0.02)^i (1-0.02)^{n-i} \le 0.1$$

가 된다. EXCEL을 이용하여 시행 착오법으로써 두 식을 만족하는 정수 n과 r을 구하면, $n = 153,\ r = 5$이고 이때 $\alpha = 0.088,\ \beta = 0.098$이다. 따라서 로트당 임의로 153개의 샘플을 취하여 결함 샘플이 5개 이하이면 로트의 품질은 합격으로 수용할 수 있다.

[예제 9-17] 어떤 제조업체는 제품의 품질 관리를 위하여 배치(batch)당 임의로 100개의 샘플을 선발하여 결함 샘플이 2개 이상인 배치는 폐기한다. 제품의 하위 신뢰도는 95%, 상위 신뢰도는 99%이다. 배치의 폐기 기준에 대한 생산자 위험과 소비자 위험을 구하여라.

[풀이] 샘플 수와 허용 결함 수는 각각 $n = 100,\ r = 2$이고, 하위 및 상위 신뢰도는 각각 $R_L = 0.95$, $R_U = 0.99$이므로 식 (9-43)과 식 (9-44)를 이용하여 생산자 위험과 소비자자 위험을 구하면 각각

$$\alpha = 1-\sum_{i=0}^{2} \binom{100}{i}(1-0.99)^i (0.99)^{100-i} = 0.0794$$

$$\beta = \sum_{i=0}^{2} \binom{100}{i}(1-0.95)^i (1-0.95)^{100-i} = 0.1183$$

가 된다. 즉 생산자 위험은 7.9%, 소비자 위험은 11.8% 정도이다.

(2) 포아슨 분포를 이용한 근사적 방법

제품의 평균고장간격을 η라고 하면 총 시험 시간 t시간 동안 예상되는 평균 고장 수는 $\frac{t}{\eta}$가 된다. 포아슨 분포를 이용하면 t시간 동안 평균 고장 수가 $\frac{t}{\eta}$일 때 t시간까지 최소한 r개의 고장이 일어날 확률은 다음과 같이 표현된다.

$$p(r) = \sum_{i=0}^{r} \frac{(\frac{t}{\eta})^i e^{-\frac{t}{\eta}}}{i!} \tag{9-49}$$

평균고장간격의 하위 수준과 상위 수준을 각각 η_L과 η_U라고 하면 t시간까지 평균 고장 수의 하위 수준과 상위 수준은 각각 $\frac{t}{\eta_U}$, $\frac{t}{\eta_L}$가 된다. 따라서 t시간 동안 평균 고장 수가 각각 $\frac{t}{\eta_L}$, $\frac{t}{\eta_U}$일 때 t시간까지 최소한 r개의 고장이 일어날 확률은 각각 다음과 같이 표현된다.

$$p(r) = \sum_{i=0}^{r} \frac{(\frac{t}{\eta_L})^i e^{-\frac{t}{\eta_L}}}{i!} \tag{9-50}$$

$$p(r) = \sum_{i=0}^{r} \frac{(\frac{t}{\eta_U})^i e^{-\frac{t}{\eta_U}}}{i!} \tag{9-51}$$

t시간까지 누적 고장 확률의 하위 수준과 상위 수준이 각각 F_L, F_U이고 샘플 수가 n이면 평균 고장 수의 하위 수준과 상위 수준은 각각 nF_L, nF_U가 된다. 따라서 t시간 동안 평균 고장 수가 각각 nF_U, nF_L일 때 t시간까지 최소한 r개의 고장이 일어날 확률은 각각 다음과 같이 표현된다.

$$p(r) = \sum_{i=0}^{r} \frac{(nF_U)^i e^{-nF_u}}{i!} \tag{9-52}$$

$$p(r) = \sum_{i=0}^{r} \frac{(nF_L)^i e^{-nF_L}}{i!} \tag{9-53}$$

t시간 동안 평균 고장 수의 상위 수준을 기준으로 한 식 (9-50)과 식 (9-52)의 확률은

소비자 위험, 즉 t시간 동안 최소한 r개의 고장이 일어날 확률보다 낮아야 하며 평균 고장 수의 하위 수준을 기준으로 한 식 (9-51)과 식 (9-53)의 확률은 생산자 위험, 즉 t시간 동안 최소한 r개의 고장이 일어날 확률보다 높아야 한다. 따라서 소비자 위험을 β, 생산자 위험을 α라고 하면 식 (9-50)과 식 (9-51)은 각각

$$p(r)=\sum_{i=0}^{r}\frac{(\frac{t}{\eta_L})^i e^{-\frac{t}{\eta_L}}}{i!} \le \beta \tag{9-54}$$

$$p(r)=1-\sum_{i=0}^{r}\frac{(\frac{t}{\eta_U})^i e^{-\frac{t}{\eta_U}}}{i!} \le \alpha \tag{9-55}$$

가 되며 식 (9-52)와 식 (9-53)은 각각

$$p(r)=\sum_{i=0}^{r}\frac{(nF_U)^i e^{-nF_u}}{i!} \le \beta \tag{9-56}$$

$$p(r)=1-\sum_{i=0}^{r}\frac{(nF_L)^i e^{-nF_L}}{i!} \le \alpha \tag{9-57}$$

가 된다. 식 (9-54)와 식 (9-55)는 소비자 위험 및 생산자 위험을 이용하여 평균고장간격 η_L과 η_U를 입증하기 위한 시험 시간 t와 허용 고장 수 r을 구하기 위한 식이고, 식 (9-56)과 식 (9-57)은 결함률 F_U와 F_L을 입증하기 위한 샘플 수 n과 허용 고장 수 r을 구하기 위한 식이다.

[예제 6-1] 대공 방어시스템의 허용 평균고장간격은 80% 신뢰 수준에서 80시간이고, 목표 평균고장간격은 90% 신뢰 수준에서 220시간이다. 허용 고장 수가 최소한 4개일 때 신뢰도 입증 시험에 필요한 시험 시간을 구하여라.

[풀이] $\eta_L=80$시간, $\eta_U=220$시간이고, $\alpha=1-0.9=0.1$, $\beta=1-0.8=0.2$ 이므로

$$\sum_{i=0}^{4}\frac{(\frac{t}{80})^i e^{-\frac{t}{80}}}{i!}=0.2\ ,1-\sum_{i=0}^{4}\frac{(\frac{t}{220})^i e^{-\frac{t}{220}}}{i!}=0.1$$

를 만족하는 t를 시행 착오법으로써 구한다. $t=537$시간일 때

$$\sum_{i=0}^{4}\frac{(\frac{537}{80})^i e^{-\frac{537}{80}}}{i!}=0.200,\ \sum_{i=0}^{4}\frac{(\frac{537}{220})^i e^{-\frac{543}{220}}}{i!}=0.898$$

이므로 시험 시간은 537시간으로 결정한다.

(3) 작동 특성 선도

작동 특성 선도(operation characteristic curve)는 신뢰도 입증 시험으로 입증할 제품의 신뢰도와 소비자 위험 또는 신뢰도와 생산자 위험의 관계를 나타낸 것이다. 즉 샘플 수와 최소한의 허용 고장 수가 각각 n과 r인 신뢰도 입증 시험에서 소비자 위험과 생산자 위험을 식 (9–58)과 식 (9–59)에서와 같이 신뢰도 함수로서 나타낸 것이다.

$$\beta(R_L)=\sum_{i=0}^{r}\binom{n}{i}(1-R_L)^i(R_L)^{n-i} \tag{9–58}$$

$$\alpha(R_U)=1-\sum_{i=0}^{r}\binom{n}{i}(1-R_U)^i(R_U)^{n-i} \tag{9–59}$$

샘플 수가 $n=10$이고 최소한의 허용 고장 수가 $r=2$일 때 작동 특성 선도는 그림 9–6에서와 같다. 소비자 위험과 생산자 위험을 각각 10%라고 하면, 즉 $\beta=\alpha=0.1$이라고 하면 작동 특성 선도로부터 하위 신뢰도와 상위 신뢰도는 각각 55.1%, 88.4%로 결정된다. 이와 같이 작동 특성 선도는 샘플 수와 최소한의 허용 고장 수가 결정된 상태에서 소비자 위험과 생산자 위험에 따라 하위 신뢰도와 상위 신뢰도를 결정하거나 또는 하위 신뢰도와 상위 신뢰도에 따라 소비자 위험과 생산자 위험을 결정하는 데 사용된다.

작동 특성 선도는 생산 제품의 품질 관리에도 적용할 수 있다. 생산 제품의 품질을 수용할 수 있는 최소한의 기준을 설정하면 소비자와 생산자 위험에 따라 제품의 실제 결함률을 추정할 수 있다. 즉 품질의 합격 기준으로서 생산 로트당 최대 결함 샘플 수를 n개 샘플 중 r개로 설정하면 소비자 위험과 생산자 위험은 각각 식 (9–60)과 식 (9–61)에서와 같이 실제 결함률의 함수로서 나타낼 수 있다. 이 식을 이용하여 소비자 위험과 생산자 위험에 따라 제품의 하위 결함률 F_L과 상위 결함률 F_U을 결정할 수 있다.

$$\beta(F_U)=\sum_{i=0}^{r}\binom{n}{i}(F_U)^i(1-F_U)^{n-i} \tag{9–60}$$

$$\alpha(F_L) = 1 - \sum_{i=0}^{r} \binom{n}{i} (F_L)^i (1 - F_L)^{n-i} \tag{9-61}$$

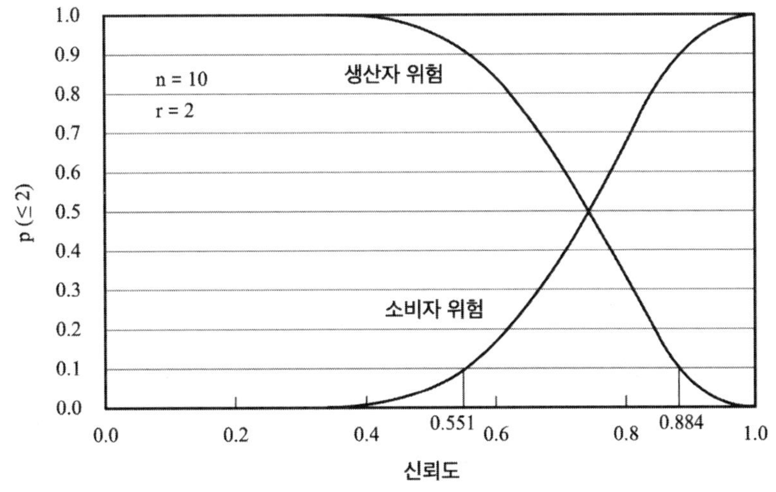

그림 9–6 작동 특성 선도

예로서 생산 로트당 허용할 수 있는 최소한의 결함 샘플 수를 100개당 2개라고 하면 제품의 결함률에 따른 소비자 위험과 생산자 위험은 그림 9–7에서와 같다. 따라서 생산자 위험과 소비자 위험이 10%일 때 제품의 하위 결함률은 5.23%, 상위 결함률은 1.11%가 된다.

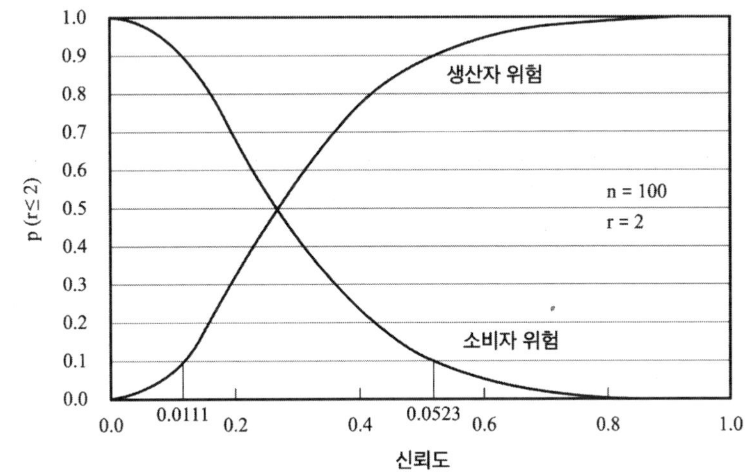

그림 9–7 결함률과 소비자 및 생산자 위험

고장 분포가 지수 분포인 제품의 경우에는, 즉 고장률이 일정한 제품의 경우에는 평균고장간격과 일정한 수의 고장이 일어날 확률의 관계를 작동 특성 선도로써 나타낼 수 있다. t 시간까지 평균 고장 수의 상위 수준을 nF_U 또는 $\frac{t}{\eta_L}$ 라고 하면, 평균고장간격 η_L까지 최소한 r개의 고장이 일어날 확률은 식 (9–54) 또는 식 (9–56)과 같이 나타낼 수 있으며 이는 소비자 위험과 같다. 즉

$$\beta = \sum_{i=0}^{r} \frac{(\frac{t}{\eta_L})^i e^{-\frac{t}{\eta_L}}}{i!} = \sum_{i=0}^{r} \frac{(nF_U)^i e^{-nF_u}}{i!} \tag{9–62}$$

이다. 작동 특성 선도는 식 (9–62)에서 평균고장간격 η_L과 η_L시간까지 최소한 r개의 고장이 일어날 확률의 관계를 나타낸 선도이다. 신뢰도 입증 시험의 입증 기준이 총 시험 시간 t시간까지 최소한의 고장 수가 r개일 때 식 (9–62)는 입증 시험에서 실제 평균고장간격이 η_L인 제품의 인증 확률을 예측할 때에도 적용할 수 있다. 예를 들면 총 시험 시간이 300시간이고 300시간까지 최소한의 허용 고장 수가 1개일 때 입증 시험에서 실제 평균고장간격이 400시간인 제품의 입증 확률은, 즉 300시간까지 고장 수가 최소한 1개 이하일 확률은

$$\sum_{i=0}^{1} \frac{(\frac{300}{400})^i e^{-\frac{300}{400}}}{i!} = 0.8266$$

이 된다. 따라서 신뢰도 입증 시험에서 이 제품의 평균고장간격이 400시간임을 입증할 확률은 82.6%라고 할 수 있다.

[예제 9–19] 어떤 제품의 신뢰도 입증 시험에서 총 시험 시간은 430시간이고 최대 허용 고장 수는 2개이다. 평균고장간격의 함수로서 최소한 2개의 고장이 일어날 확률을 그림으로 나타내어라.

[풀이] 총 시험 시간이 430시간이고 평균고장간격이 η시간일 때 430시간까지 최소한 2개의 고장이 일어날 확률은 식 (9–62)로부터

$$p(r \le 2) = \sum_{i=0}^{2} \frac{(\frac{430}{\eta})^i e^{-\frac{430}{\eta}}}{i!}$$

가 된다. 그림 9-8은 평균고장간격 η의 함수로서 확률 $p(r \le 2)$을 나타낸 작동 특성 선도이고, 평균고장간격이 200시간일 때 최소한 2개의 고장이 일어날 확률은 63.6%이다. 이는 실제 평균고장간격이 200시간인 제품이 이 시험을 통과할 확률이 63.6%인 것과 같다.

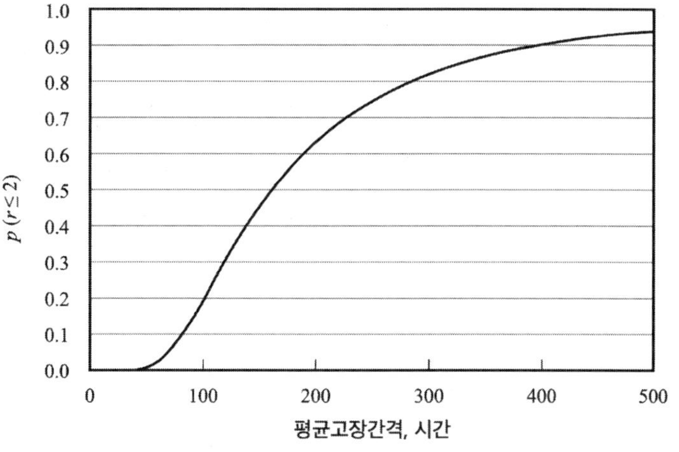

그림 9-8 평균고장간격과 고장 수가 2개 이하일 확률

9.4 순차 시험

순차 시험(sequential test)은 임의의 샘플을 하나씩 차례로 고장 날 때까지 또는 정해진 시간까지 시험하여 미리 정한 기준에 따라 요구 신뢰도를 수용, 요구 신뢰도를 기각, 계속 시험 중 하나를 결정하는 시험 방법이다. 통계적으로 순차 시험은 시험 결과에 따라 가설을 검정하기 위한 검정치를 재평가하고 재평가한 검정치와 결정 기준을 비교하여 가설을 검정하는 것과 같다. 즉 검정 결과에 따라 기각 또는 수용 기준을 만족하면 시험을 중지하고 그렇지 않으면 계속한다.

순차 시험의 장점은 신뢰도를 입증하는 데 필요한 샘플을 정해진 시간까지 시험할 필요가 없고 보다 일찍 결과를 결정할 수 있다는 것이다. 순차 시험에서 필요한 샘플 수를 미리 정할 수는 없으나 순차 시험의 특성상 보기 시험에서보다는 적다. 따라서 순차 시험은 다른 입증 시험에 비하여 시간과 비용을 줄일 수 있다.

(1) 순차 시험의 원리

순차 시험의 결과에 따라 신뢰도의 수용, 기각, 계속 시험을 결정하기 위한 기준은 요구 신뢰도의 상한, 하한, 상한에 따른 위험 확률, 하한에 따른 위험 확률 4개의 변수에 의하여 결정된다. 요구 신뢰도의 상한은 목표 신뢰도와 같고 하한은 수용할 수 있는 최소의 신뢰도이다. 상한에 대한 위험은 생산자 위험과 같고 하한에 대한 위험은 소비자 위험과 같다.

어떤 제품에서 요구되는 신뢰도의 상한과 하한을 각각 R_U, R_L이라 하고, 생산자 위험과 소비자 위험을 각각 α, β라고 하면 순차 시험은 순차 시험에서 추정한 신뢰도 R이 요구 신뢰도의 상한 R_U와 같다는 가설을 검정하는 것과 같다. 따라서 다음과 같이 통계적 귀무 가설과 대립 가설을 설정할 수 있으며 소비자 위험과 생산자 위험은 각각 가설 검정의 1종 오류와 2종 오류에 해당한다.

귀무 가설 $H_0 : R = R_U$

대립 가설 $H_a : R = R_L$

귀무 가설과 대립 가설의 신뢰도는 고장 분포에 따라 정규 분포의 평균 수명, 지수 분포의 평균고장간격(MTBF), 와이블 분포의 특성 수명으로 나타낼 수도 있다. 귀무 가설을 검정하기 위한 검정치는 순차 시험으로써 결정되는 제품의 확률비(probability ratio)이며 확률비는 신뢰도가 R_U일 때의 고장 확률에 대한 신뢰도가 R_L일 때의 고장 확률의 비로 정의된다. t_1, t_2,… t_n을 순차 시험의 고장 시간, $f(t_i;R)$를 신뢰도가 R일 때 각 고장 시간의 확률 밀도라고 하면 n개 고장 시간의 최우 함수는 다음과 같이 표현된다.

$$L(t_1, t_2, \dots t_n) = \prod_{i=1}^{n} f(t_i; R) \tag{9-63}$$

따라서 확률비는 $R = R_U$일 때의 최우 함수에 대한 $R = R_L$일 때의 최우 함수의 비가 된다. 즉 확률비 LR_n은 식 (9-64)에서와 같이 나타낼 수 있다. 이 확률비는 R_L과 R_U의 영향을 받으며 신뢰도 R은 R_L과 R_U 사이에 존재한다고 가정한다.

$$LR_n = \frac{L(t_1, t_2, \dots t_n;\ R_L)}{L(t_1, t_2, \dots t_n;\ R_U)} = \frac{\prod_{i=1}^{n} f(t_i;\ R_L)}{\prod_{i=1}^{n} f(t_i;\ R_U)} \tag{9-64}$$

만약 R이 R_L보다 R_U에 더 가까우면 $L(t_1, t_2, \dots t_n;\ R_U)$가 $L(t_1, t_2, \dots t_n;\ R_L)$보다 더 크다.

즉 LR_n이 1보다 작다. R_U가 점점 더 R에 접근하고 R_L이 점점 더 R에서 멀어지면 LR_n도 점점 더 작아진다. LR_n의 하한과 상한을 각각 A, B라고 하면 LR_n이 A보다 작을 때는, 즉 $LR_n \leq A$일 때는 귀무 가설 H_0을 수용할 수 있고 LR_n이 A보다 클 때는, 즉 $B \leq LR_n$일 때는 귀무 가설을 기각할 수 있다. LR_n이 하한과 상한 사이일 때는, 즉 $A < LR_n < B$일 때는 귀무 가설을 검정할 수 없는 상태가 되고 새로 시험한 샘플의 고장 시간에 따라 귀무 가설의 수용 여부를 결정하여야 한다. 이를 신뢰도 입증의 관점에서 정리하면

$LR_n \leq A$이면 신뢰도가 R_U임을 입증
$B \leq LR_n$이면 신뢰도가 R_U임을 기각
$A < LR_n < B$이면, 계속 시험

이 된다.

순차 시험은 샘플을 한 개씩 시험하여 그 결과에 따라 검정치, 즉 확률비 LR_n을 재평가하고 이를 결정 기준과 비교하여 신뢰도를 입증하는 시험이다. 확률비를 이용하기 때문에 이 시험을 순차 확률비 시험(sequential probability ratio test, SPRT)이라고도 한다.

확률비의 하한과 상한은 생산자 위험 α와 소비자 위험 β에 의하여 결정된다. 귀무 가설을 수용하면, 즉 입증할 신뢰도가 R_U라고 결정하면 이 결정이 맞을 확률은 $(1-\alpha)$가 되며, 입증할 신뢰도가 R_L이라는 대립 가설을 수용할 확률, 즉 잘 못 결정할 위험 확률은 β가 된다. 따라서 식 (9–64)에서 확률비의 하한은

$$LR_n = \frac{\prod_{i=1}^{n} f(t_i; R_L)}{\prod_{i=1}^{n} f(t_i; R_U)} \leq \frac{\beta}{1-\alpha} = A \tag{9–65}$$

가 된다. 마찬가지로 대립 가설을 수용하면, 즉 입증할 신뢰도가 R_L이라고 결정하면 이 결정이 맞을 확률은 $(1-\beta)$가 되며, 입증할 신뢰도가 R_U라는 귀무 가설을 수용할 확률, 즉 잘 못 결정할 위험 확률은 α가 된다. 따라서 식 (9–64)에서 확률비의 상한은

$$B = \frac{1-\beta}{\alpha} \leq \frac{\prod_{i=1}^{n} f(t_i; R_L)}{\prod_{i=1}^{n} f(t_i; R_U)} = LR_n \tag{9–66}$$

가 된다.

(2) 이항 분포의 경우

신뢰도 입증 시험에서 신뢰도가 R인 샘플이 시간 t에서 고장이 났다고 하면 샘플의 고장 확률은 $[1-R(t)]$가 되고 고장이 나지 않았다고 하면 생존 확률은 $R(t)$가 된다. n개의 샘플을 차례로 시험하였을 때 r개의 샘플이 고장이고 $(n-r)$개의 샘플이 계속 작동하였다고 하면 n번째 샘플까지 고장 확률은 다음과 같이 표현된다.

$$P(\text{고장 수}=r)=(1-R)^r R^{n-r}$$

신뢰도의 하한과 상한을 각각 R_L, R_U라고 하면 n번째 샘플까지 확률비는

$$LR_n=\frac{(1-R_L)^r R_L^{n-r}}{(1-R_U)^r R_U^{n-r}}$$

가 되고, 양변에 대수를 취하면 대수 확률비(log probability ratio)는

$$\begin{aligned}\ln LR_n &= r\ln(1-R_L)+(n-r)\ln R_L - r\ln(1-R_U)-(n-r)\ln R_U\\ &= r[\ln(1-R_L)-\ln R_L-\ln(1-R_U)+\ln R_U]+n(\ln R_L-\ln R_U)\\ &= r\ln\left[\frac{(1-R_L)R_U}{(1-R_U)R_L}\right]+n\ln\left(\frac{R_L}{R_U}\right)\end{aligned} \tag{9-67}$$

가 된다. 식 (9–65)와 식 (9–66)을 이용하여 대수 확률비의 하한과 상한을 구하면

$$\ln\left(\frac{1-\beta}{\alpha}\right)\le r\ln\left[\frac{(1-R_L)R_U}{(1-R_U)R_L}\right]+n\ln\left(\frac{R_L}{R_U}\right)\le\ln\left(\frac{\beta}{1-\alpha}\right) \tag{9-68}$$

가 된다. 식 (9–68)을 고장 수 r의 하한 r_L과 상한 r_U로써 표현하면

$$r_L\le r\le r_U \tag{9-69}$$

가 되고 하한 r_L과 상한 r_U는 각각 다음과 같이 표현된다.

$$r_L=\frac{1}{\ln\left[\frac{(1-R_L)R_U}{(1-R_U)R_L}\right]}\left[\ln\left(\frac{\beta}{1-\alpha}\right)-n\ln\left(\frac{R_L}{R_U}\right)\right] \tag{9-70}$$

$$r_U=\frac{1}{\ln\left[\frac{(1-R_L)R_U}{(1-R_U)R_L}\right]}\left[\ln\left(\frac{1-\beta}{\alpha}\right)-n\ln\left(\frac{R_L}{R_U}\right)\right] \tag{9-71}$$

식 (9–69)는 순차 시험에서 n번째 샘플까지 고장 난 샘플 수 r로써 신뢰도 입증과 계속

시험의 여부를 결정하기 위한 식이다. 즉 $r < r_L$이면 신뢰도가 R_U라는 가설을 수용하고, $r_U < r$이면 신뢰도가 R_U라는 가설을 기각하며, $r_L \le r \le r_U$이면 고장 시험을 계속하는 것으로 결정한다. 따라서 r_L은 신뢰도 입증과 계속 시험의 경계선이 되고 r_U는 계속 시험과 신뢰도 기각의 경계선이 된다.

식 (9–70)에서 $r_L = 0$일 때, 즉 n번째 샘플까지 고장이 없을 때 n은 신뢰도가 R_U라는 가설을 수용하는 데 필요한 최소한의 무고장 샘플 수이다. 또한 신뢰도 입증 시험에서 n번째 샘플까지 모두 고장이었다고 하면, 즉 식 (9–71)에서 $r_U = n$일 때 n은 신뢰도가 R_U라는 가설을 기각하는 데 필요한 최소한의 고장 수가 된다. 따라서 순차 시험에서 신뢰도가 R_U임을 입증하는 데 필요한 최소한의 무고장 샘플 수 n_a와 R_U가 아님을 입증하는 데 필요한 최소한의 고장 샘플 수 n_r은 각각 다음과 같이 표현된다.

$$n_a = \frac{\ln\left(\frac{\beta}{1-\alpha}\right)}{\ln\left(\frac{R_L}{R_U}\right)} \tag{9–72}$$

$$n_r = \frac{\ln\left(\frac{1-\beta}{\alpha}\right)}{\ln\left(\frac{1-R_L}{1-R_U}\right)} \tag{9–73}$$

[예제 9–20] 어떤 회사에서 개발한 트랙터 브레이크의 신뢰도는 1,000시간까지 상한이 99%, 하한이 90%인 것으로 평가되었다. 소비자 위험을 10%, 생산자 위험을 5%로 하여 순차 시험의 결정 기준을 제시하여라.

[풀이] $R_U = 0.99$, $R_L = 0.9$, $\alpha = 0.05$, $\beta = 0.1$이므로 식 (9–70), 식 (9–71)을 적용하여 샘플 수의 함수로서 고장 수의 하한과 상한을 구하면

$$r_L = \frac{1}{\ln\left[\frac{(1-0.9)0.99}{(1-0.99)0.9}\right]}\left[\ln\left(\frac{0.1}{1-0.05}\right) - n\ln\left(\frac{0.9}{0.99}\right)\right] = 0.03975n - 0.9389$$

$$r_U = \frac{1}{\ln\left[\frac{(1-0.9)0.09}{(1-0.09)0.9}\right]}\left[\ln\left(\frac{1-0.1}{0.05}\right) - n\ln\left(\frac{0.9}{0.09}\right)\right] = 0.03975n + 1.2054$$

가 된다. 따라서 n번째 샘플까지 발생한 고장 수를 r이라고 하면 결정 기준은 다음과 같이 설정

한다.

$r \le 0.03975n - 0.9389$이면 신뢰도가 $R_U = 99\%$임을 입증

$0.03975n + 1.2054 \le r$이면 신뢰도가 $R_U = 99\%$임을 기각

$0.03975n - 0.9389 < r < 0.03975 + 1.2054$이면 시험 계속

그림 9-9는 이 결정 기준을 나타낸 것이다.

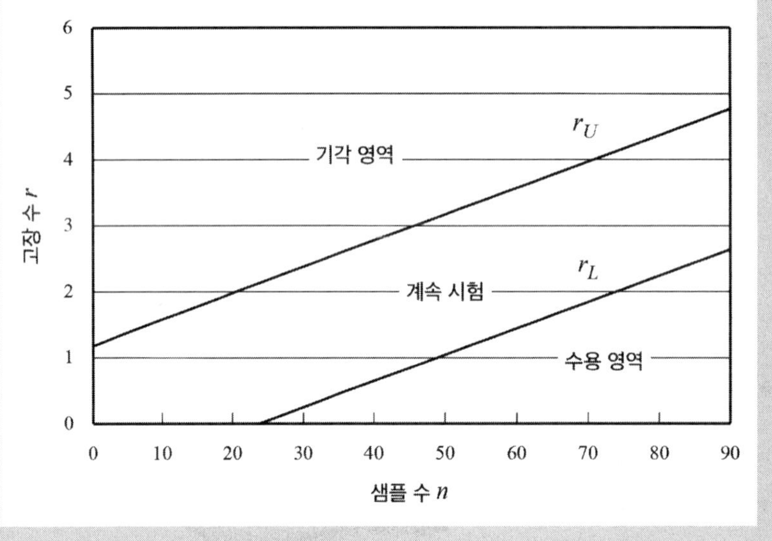

그림 9-9 신뢰도를 입증하기 위한 순차 시험의 결정 기준도

(3) 지수 분포의 경우

고장 분포가 지수 분포이면 제품의 수명은 평균고장간격(MTBF)으로써 나타낼 수 있다. 따라서 제품의 평균고장간격을 입증하기 위한 순차 시험의 확률비는 다음과 같이 나타낼 수 있다.

$$LR_n = \frac{L(t_1, t_2, \ldots. t_n; \eta_L)}{L(t_1, t_2, \ldots. t_n; \eta_U)} = \frac{\prod_{i=1}^{n} (\frac{1}{\eta_L} e^{-\frac{t_i}{\eta_L}})}{\prod_{i=1}^{n} (\frac{1}{\eta_U} e^{-\frac{t_i}{\eta_U}})} \tag{9-74}$$

여기서, η_U=평균고장간격의 상한

η_L=평균고장간격의 하한

t_i=i번째 샘플의 고장 시간

식 (9-74)의 양변에 대수를 취하면 대수 확률비는

$$\ln LR_n = -n\ln\eta_L - \frac{1}{\eta_L}\sum_{i=1}^{n} t_i + n\ln\eta_U + \frac{1}{\eta_U}\sum_{i=1}^{n} t_i = -n\ln\frac{\eta_L}{\eta_U} + \left(\frac{1}{\eta_U} - \frac{1}{\eta_L}\right)\sum_{i=1}^{n} t_i$$

$$= \frac{\eta_L - \eta_U}{\eta_L \eta_U}\sum_{i=1}^{n} t_i - n\ln\frac{\eta_L}{\eta_U} \tag{9-75}$$

가 된다. 평균고장간격의 하한에 대한 소비자 위험을 β, 상한에 대한 생산자 위험을 α라고 하면 대수 확률비의 하한과 상한은 식 (9-65)와 식 (9-66)을 이용하여 다음과 같이 표현할 수 있다.

$$\ln\left(\frac{1-\beta}{\alpha}\right) \le \frac{\eta_L - \eta_U}{\eta_L \eta_U}\sum_{i=1}^{n} t_i - n\ln\left(\frac{\eta_L}{\eta_U}\right) \le \ln\left(\frac{\beta}{1-\alpha}\right) \tag{9-76}$$

식 (9-76)에서 $\frac{\eta_L - \eta_U}{\eta_L \eta_U} < 0$이므로 식 (9-76)은 다음과 같이 표현된다.

$$\frac{\eta_L \eta_U}{\eta_L - \eta_U}\left[\ln\left(\frac{1-\beta}{\alpha}\right) + n\ln\left(\frac{\eta_L}{\eta_U}\right)\right] \le \sum_{i=1}^{n} t_i \le \frac{\eta_L \eta_U}{\eta_L - \eta_U}\left[\ln\left(\frac{\beta}{1-\alpha}\right) + n\ln\left(\frac{\eta_L}{\eta_U}\right)\right] \tag{9-77}$$

식 (9-77)의 좌변은 $\sum_{i=1}^{n} t_i$의 하한이고 우변은 상한이 된다. 이를 각각 t_L과 t_U라고 하면 t_L과 t_U는 샘플 수 n의 선형 함수로서 다음과 같이 나타낼 수 있다.

$$t_L = \left[\frac{\eta_L \eta_U}{\eta_L - \eta_U}\ln\left(\frac{\eta_L}{\eta_U}\right)\right]n + \frac{\eta_L \eta_U}{\eta_L - \eta_U}\ln\left(\frac{1-\beta}{\alpha}\right) \tag{9-78}$$

$$t_U = \left[\frac{\eta_L \eta_U}{\eta_L - \eta_U}\ln\left(\frac{\eta_L}{\eta_U}\right)\right]n + \frac{\eta_L \eta_U}{\eta_L - \eta_U}\ln\left(\frac{\beta}{1-\alpha}\right) \tag{9-79}$$

식 (9-78)과 식 (9-79)는 n번째 샘플까지 누적된 총 고장 시간과 샘플 수 n의 관계를 나타낸 식으로서 t_L은 신뢰도가 η_U라는 가설을 기각하기 위한 최소한의 총 고장 시간이며, t_U는 η_U라는 가설을 수용하기 위한 최소한의 총 고장 시간이다. 즉 n번째 샘플까지 누적한 총 고장 시간이 t_U보다 많으면 가설을 수용하고 t_L보다 적으면 가설을 기각하며 t_L과 t_U 사이이면 시험을 계속한다. 신뢰도 입증 시험에서 제품의 고장 시간은 작동한 시간과 같으므로 고장 시간을 작동 시간으로 표현하면 n번째 샘플까지 누적한 총 작동 시간이 t_U보다 많으면 가설을 수용하고 t_L보다 적으면 가설을 기각하며 t_L과 t_U 사이이면 시험을 계속한다. 이를 정리하면 평균고장간격을 입증하기 위한 순차 시험의 결정 기준은

$$t_U \le \sum_{i=1}^{n} t_i \text{이면 평균고장간격이 } \eta_U \text{임을 입증} \tag{9-80}$$

$$\sum_{i=1}^{n} t_i \le t_L \text{이면 평균고장간격이 } \eta_U \text{임을 기각} \tag{9-81}$$

$$t_L < \sum_{i=1}^{n} t_i < t_U \text{이면 계속 시험} \tag{9-82}$$

이 된다.

식 (9–78)에서 $t_U = 0$일 때, 즉 샘플의 총 작동 시간이 0일 때 n은 평균고장간격이 η_U임을 기각하는 데 필요한 최소한의 샘플 수 n_r이 되며, 식 (9–79)에서 $t_U = n\eta_U$일 때, 즉 샘플의 총 작동 시간이 샘플 수 n과 각 샘플의 평균고장간격의 곱과 같을 때 n은 평균고장간격이 η_U임을 입증하는 데 필요한 최소한의 샘플 수 n_a가 되며 각각 다음과 같이 표현된다.

$$n_r = -\frac{\ln(\frac{1-\beta}{\alpha})}{\ln\frac{\eta_L}{\eta_U}} \tag{9-83}$$

$$n_a = \frac{(\frac{\eta_L\eta_U}{\eta_L-\eta_U})\ln(\frac{\beta}{1-\alpha})}{(\eta_U - \frac{\eta_L\eta_U}{\eta_L-\eta_U})\ln(\frac{\eta_L}{\eta_U})} \tag{9-84}$$

[예제 9–21] 고장 분포가 지수 분포인 어떤 제품의 평균고장간격은 500시간과 320시간 사이인 것으로 추정된다. 이를 입증하기 위한 순차 시험의 결정 기준을 제시하여라. 단 소비자 위험과 생산자 위험은 모두 20%로 한다.

[풀이] $\eta_U = 500$시간, $\eta_L = 320$시간, $\alpha = \beta = 0.2$이므로 식 (9–78)과 (9–79)를 이용하여 n번째 샘플까지 누적된 총 고장 시간의 상한과 하한을 구하면

$$t_L = [\frac{320\times500}{320-500}\ln(\frac{320}{500})]n + \frac{320\times500}{320-500}\ln(\frac{1-0.2}{0.2}) = 396.7n - 1,232.26$$

$$t_U = [\frac{320\times500}{320-500}\ln(\frac{320}{500})]n + \frac{320\times500}{320-500}\ln(\frac{0.2}{1-0.2}) = 396.7n + 1,232.26$$

가 된다. 따라서 순차 시험의 결정기준은 다음과 같다.

$$396.7n+1,232.26 \le \sum_{i=1}^{n} t_i \text{이면 평균고장간격이 } \eta_U = 500\text{시간임을 입증}$$

$$\sum_{i=1}^{n} t_i \le 396.7n-1,232.26 \text{이면 평균고장간격이 } \eta_U = 500\text{시간임을 기각}$$

$$396.7n-1,232.26 < \sum_{i=1}^{n} t_i < 396.7n+1,232.26 \text{이면 계속 시험}$$

[예제 9-22] 위의 순차 시험에서 5번째 샘플까지 누적된 총 고장 시간은 400, 1,000, 1,200, 2,400, 3,400시간이었다. 결정 기준에 따라 평균고장간격의 입증 여부를 결정하여라.

[풀이] $\sum_{i=1}^{1} t_i = 400$시간, $\sum_{i=1}^{2} t_i = 1,000$시간, $\sum_{i=1}^{3} t_i = 1,200$시간, $\sum_{i=1}^{4} t_i = 2,400$시간, $\sum_{i=1}^{5} t_i = 3,400$시간이므로 이를 결정 기준도에서 표시하면 그림 9-10에서와 같다. 그림 9-10에서와 같이 5번째 샘플까지 누적된 총 고장 시간이 수용 영역에 포함되므로 제품의 평균고장간격이 $\eta_U = 500$시간이라는 가설을 수용할 수 있다. 즉 제품의 평균고장간격은 500시간임을 입증할 수 있다.

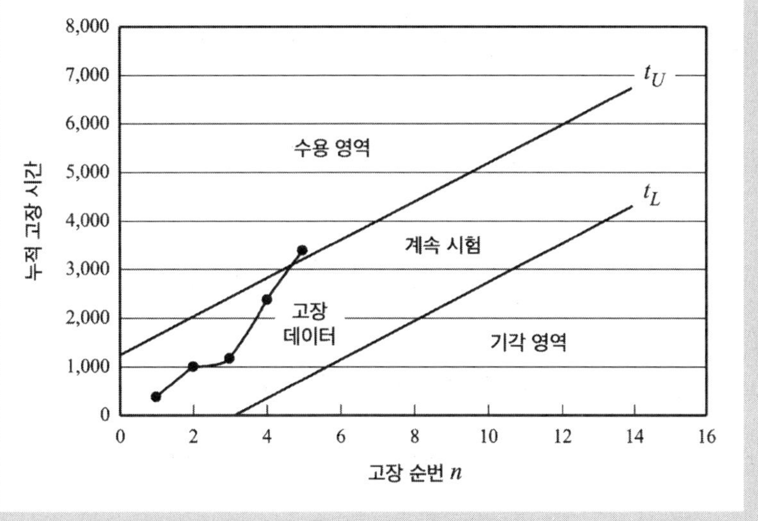

그림 9-10 평균고장간격을 입증하기 위한 순차 시험의 결정 기준도

(4) 와이블 분포의 경우

고장 분포가 와이블 분포를 따르는 경우에도 같은 방법으로 순차 시험의 결정 기준을 유도할 수 있다. 고장 분포가 와이블 분포이면 제품의 수명은 특성 수명으로써 나타낼 수 있다. 입증할 특성 수명의 하한과 상한을 각각 η_L, η_U라고 하면 특성 수명의 확률비는

$$LR_n = \frac{L(t_1, t_2, \ldots t_n; \eta_L)}{L(t_1, t_2, \ldots t_n; \eta_U)} = \frac{\prod_{i=1}^{n} [(\frac{b}{\eta_L})(\frac{t_i}{\eta_L})^{b-1} e^{-(\frac{t_i}{\eta_L})^b}]}{\prod_{i=1}^{n} [(\frac{b}{\eta_U})(\frac{t_i}{\eta_U})^{b-1} e^{-(\frac{t_i}{\eta_U})^b}]} \tag{9-85}$$

가 된다. 식 (9-85)에서 와이블 분포의 형상계수는 생산자 위험 β와 구별하기 위하여 기호 b를 사용하였다. 식 (9-85)의 양변에 대수를 취하면 대수 확률비는

$$\ln LR_n = -nb\ln(\frac{\eta_U}{\eta_L}) + \sum_{i=1}^{n} [(\frac{t_i}{\eta_U})^b - (\frac{t_i}{\eta_L})^b] = -nb\ln(\frac{\eta_U}{\eta_L}) + (\frac{\eta_L^b - \eta_U^b}{\eta_L^b \eta_U^b}) \sum_{i=1}^{n} t_i^b \tag{9-86}$$

가 된다.

특성 수명의 하한에 대한 소비자 위험을 β, 상한에 대한 생산자 위험을 α라고 하면 대수 확률비의 하한과 상한은 식 (9-65)와 식 (9-66)을 이용하여 다음과 같이 표현할 수 있다.

$$\ln(\frac{1-\beta}{\alpha}) \le -nb\ln(\frac{\eta_L}{\eta_U}) + (\frac{\eta_L^b - \eta_U^b}{\eta_L^b \eta_U^b}) \sum_{i=1}^{n} t_i^b \le \ln(\frac{\beta}{1-\alpha}) \tag{9-87}$$

식 (9-85)에서 $\frac{\eta_L^b - \eta_U^b}{\eta_L^b \eta_U^b} < 0$이므로 식 (9-85)는 다음과 같이 표현된다.

$$\frac{\eta_L^b \eta_U^b}{\eta_L^b - \eta_U^b} [\ln(\frac{1-\beta}{\alpha}) + nb\ln(\frac{\eta_L}{\eta_U})] \le \sum_{i=1}^{n} t_i^b \le \frac{\eta_L^b \eta_U^b}{\eta_L^b - \eta_U^b} [\ln(\frac{\beta}{1-\alpha}) + nb\ln(\frac{\eta_L}{\eta_U})] \tag{9-88}$$

식 (9-88)의 좌변은 $\sum_{i=1}^{n} t_i^b$의 하한이고 우변은 상한이 된다. 이를 각각 t_L과 t_U라고 하면 t_L과 t_U는 샘플 수 n의 선형 함수로서 다음과 같이 나타낼 수 있다.

$$t_L = [(\frac{\eta_L^b \eta_U^b}{\eta_L^b - \eta_U^b}) b\ln(\frac{\eta_L}{\eta_U})] n + \frac{\eta_L^b \eta_U^b}{\eta_L^b - \eta_U^b} \ln(\frac{1-\beta}{\alpha}) \tag{9-89}$$

$$t_U = [(\frac{\eta_L^b \eta_U^b}{\eta_L^b - \eta_U^b}) b \ln (\frac{\eta_L}{\eta_U})] n + \frac{\eta_L^b \eta_U^b}{\eta_L^b - \eta_U^b} \ln (\frac{\beta}{1-\alpha}) \tag{9-90}$$

식 (9–89)와 식 (9–90)은 n번째 샘플까지 누적된 $\sum_{i=1}^{n} t_i^b$와 샘플 수 n의 관계를 나타낸 식으로서 t_L은 신뢰도가 η_U라는 가설을 기각하기 위한 최소한의 값이며 t_U는 η_U라는 가설을 수용하기 위한 최소한의 값이다. 즉 n번째 샘플까지 누적된 $\sum_{i=1}^{n} t_i^b$가 t_U보다 많으면 가설을 수용하고 t_L보다 적으면 가설을 기각하며 t_L과 t_U 사이이면 시험을 계속한다. 이를 정리하면 순차 시험의 결정 기준은

$$t_U \le \sum_{i=1}^{n} t_i^b \text{이면 특성 수명이 } \eta_U \text{임을 입증} \tag{9-91}$$

$$\sum_{i=1}^{n} t_i^b \le t_L \text{이면 특성 수명이 } \eta_U \text{임을 기각} \tag{9-92}$$

$$t_L < \sum_{i=1}^{n} t_i^b < t_U \text{이면 계속시험} \tag{9-93}$$

이 된다.

지수 분포에서와 같은 방법으로 특성 수명이 η_U임을 기각하는 데 필요한 최소한의 샘플 수 n_r과 특성 수명이 η_U임을 입증하는 데 필요한 최소한의 샘플 수 n_a를 구하면 각각 다음과 같다.

$$n_r = -\frac{\ln (\frac{1-\beta}{\alpha})}{b \ln \frac{\eta_L}{\eta_U}} \tag{9-94}$$

$$n_a = \frac{(\frac{\eta_L^b \eta_U^b}{\eta_L^b - \eta_U^b}) \ln (\frac{\beta}{1-\alpha})}{\eta_U^b - (\frac{\eta_L^b \eta_U^b}{\eta_L^b - \eta_U^b}) b \ln (\frac{\eta_L}{\eta_U})} \tag{9-95}$$

[예제 9-23] 어떤 기계 부품의 고장은 형상계수가 1.5인 와이블 분포를 따른다. 95% 신뢰 수준에서 부품의 수명이 $B_8 = 200$시간임을 입증하기 위한 순차 시험을 수행하였으며 7번째 샘플까지 고장 시간은 각각 629, 369, 685, 270, 682, 194, 113시간이었다. 이 부품의 최소 신뢰도는 90% 신뢰 수준에서 200시간까지 82%이다. 순차 시험의 결과를 이용하여 부품의 신뢰도를 입증할 수 있는지 결정하여라.

[풀이] 먼저 순차 시험의 결정 기준을 설정하기 위한 변수를 구한다. $B_8 = 200$시간으로부터 η_U를 구하면

$$0.92 = e^{-(\frac{200}{\eta_U})^{1.5}}$$

$$\eta_U = \frac{200}{(-\ln 0.92)^{1/1.5}} = 1{,}047.89\text{시간}$$

이고 같은 방법으로 특성 수명의 하한을 구하면

$$\eta_L = \frac{200}{(-\ln 0.82)^{1/1.15}} = 587.84\text{시간}$$

이다. 또한 소비자 위험과 생산자 위험은 각각

$$\beta = 1 - 0.9 = 0.1$$

$$\alpha = 1 - 0.95 = 0.05$$

이 된다. 식 (9-89)와 식 (9-90)을 이용하여 t_L과 t_U를 구하면

$$t_L = [(\frac{587.84^{1.5} \times 1{,}047.89^{1.5}}{587.84^{1.5} - 1{,}047.89^{1.5}})(1.5)\ln(\frac{587.84}{1{,}047.89})]n + (\frac{587.84^{1.5} \times 1{,}047.89^{1.5}}{587.84^{1.5} - 1{,}047.89^{1.5}})\ln(\frac{1-0.1}{0.05})$$

$$= 21{,}313.84n + 55{,}337.20$$

$$t_U = [(\frac{587.84^{1.5} \times 1{,}047.89^{1.5}}{587.84^{1.5} - 1{,}047.89^{1.5}})(1.5)\ln(\frac{587.84}{1{,}047.89})]n + (\frac{587.84^{1.5} \times 1{,}047.89^{1.5}}{587.84^{1.5} - 1{,}047.89^{1.5}})\ln(\frac{0.1}{1-0.05})$$

$$= 21{,}313.84n - 71{,}045.92$$

가 된다. 샘플 수가 증가함에 따라 t_L과 t_U도 표 9-9에서와 같이 선형적으로 증가한다. t_L과 t_U의 값을 이용하여 결정 기준도를 작성하고 고장 데이터를 표시하면 그림 9-11에서와 같다. 7번째 샘플까지 누적된 $\sum_{i=1}^{n} t_i^{1.5}$의 값은 기각 영역에 포함되므로 부품의 특성 수명이 $\eta_U = 200$시간이라는 가설을 기각한다. 즉 이 순차 시험의 데이터로써는 특성 수명이 200시간임을 입증할 수 없다.

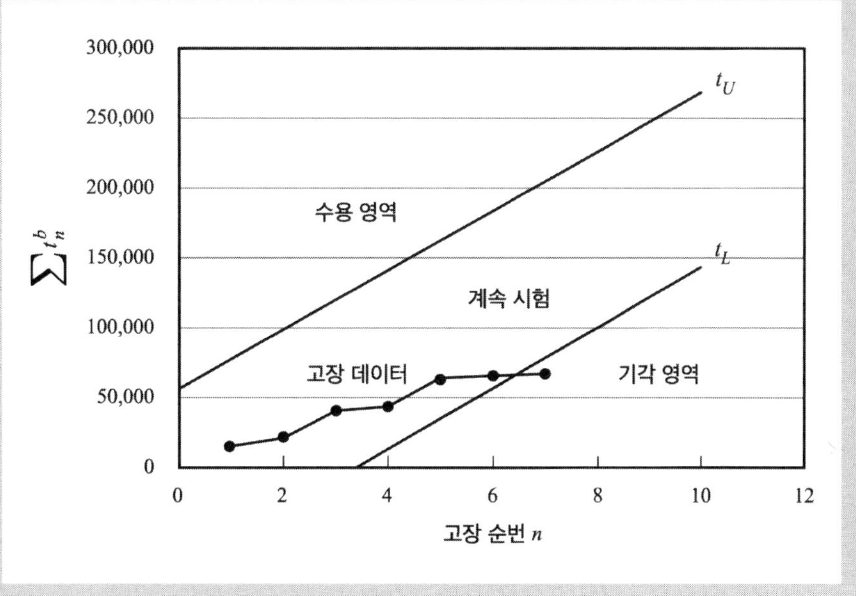

그림 9-11 고장 분포가 와이블 분포일 때 순차 시험의 결정 기준도

표 9-9 샘플의 고장 수에 따른 $\sum_{i=1}^{n} t_i^b$의 하한과 상한

샘플 번호, i	t_i	$\sum t_i^b$	t_L	t_U
1	629	15,775.24	76,651.041	−49,732.08
2	369	22,863.498	97,964.88	−28,418.24
3	685	40,791.664	119,278.72	−7,104.399
4	270	45,228.217	140,592.56	14,209.44
5	682	63,038.735	161,906.4	35,523.279
6	194	65,740.842	183,220.24	56,837.118
7	113	66,942.049	204,534.07	78,150.957

●●● 참고문헌

Kleyner, Andre. 2015. Effect of field stress variance on test to field correlation in accelerated reliability demonstration testing. Quality and Reliability Engineering International 31: 783-788.

NIST/SEMATECH e-Handbook of Statistical Methods,

http://www.itl.nist.gov/div898/handbook/, date.

Schmuhl, J. C. and L. G. Jones. 1978. Sequential testing: Basics and benefits. R and D TARADCOM Technical report NO. 12325. US Army Tank-Automotive Research and Development Command. Warren, Michigan USA.

제 10 장

신뢰도 성장 계획

제 10 장 신뢰도 성장 계획

개발한 제품의 신뢰도가 목표한 수준에 이르지 못할 때는 신뢰도 성장 계획을 수립하여 양산 이전에 신뢰도를 성장시켜야 한다. 신뢰도 성장이란 제품의 설계 또는 제작 방법, 치수, 부품 등을 수정하여 일정 기간에 제품의 신뢰도를 목표 수준까지 높이는 활동을 말한다. 따라서 신뢰도 성장 계획은 제품의 현재 신뢰도를 정확히 평가하고 시간, 비용 등이 가능한 범위에서 목표 신뢰도 수준에 이르는 과정을 단계별로 수립하여야 한다. 본 장에서는 신뢰도 성장 계획을 수립, 관리, 분석하는 데 필요한 신뢰도 성장 모델, 신뢰도 추정 모델, 추진 방법 등을 소개한다.

10.1 신뢰도 성장 모델

(1) 듀안 모델

신뢰도 성장 계획에서 신뢰도를 나타내는 지표는 주로 평균고장간격(MTBF) 또는 그 역수인 평균 고장률(failure rate)이 사용된다. 신뢰도 성장 과정의 평균고장간격 또는 평균고장률을 평가하기 위한 신뢰도 성장 모델에는 듀안(Duane) 모델과 Crow-AMSAA (army material systems analysis activity) 모델이 있다. 듀안 모델은 듀안(Duane, 1962)이 개발한 경험적 모델로서 제품의 평균고장간격(MTBF)과 누적 사용 시간 (cumulative operating time)은 대수–대수지에서 선형 관계가 있음을 확인하고 이를 모형화한 것이다. 즉 누적 사용 시간 t까지 발생한 누적 고장 수를 $r(t)$라고 하면 누적 사용 시간 t에서 평균고장간격 $MTBF$는

$$MTBF = \frac{t}{r(t)} \qquad (10\text{-}1)$$

가 되고, 대수-대수지에서 $MTBF$와 t의 선형 관계는

$$\ln MTBF = \alpha \ln t + \ln b \qquad (10\text{-}2)$$

와 같이 나타낼 수 있다. 이 선형 관계는 다음과 같이 표현할 수 있으며 이를 듀안 모델이라고 한다.

$$MTBF = bt^{\alpha} \qquad (10\text{-}3)$$

듀안 모델에서 t는 $0 < t$이어야 한다. 즉 신뢰도 성장의 시작점은 초기 신뢰도가 유지된 시간으로서 제품에 따라 다르나 보통 $t = 100$시간을 적용하는 경우가 많다.

평균고장간격의 역수는 평균 고장률이므로 평균 고장률을 λ라고 하면

$$\lambda = \frac{1}{MTBF} = \frac{1}{bt^{\alpha}} \qquad (10\text{-}4)$$

가 되고 누적 사용 시간 t까지 기대되는 누적 고장 수는

$$r(t) = \lambda t = \frac{1}{b} t^{1-\alpha} \qquad (10\text{-}5)$$

가 된다. 식 (10-3)과 식 (10-4)는 각각 누적 사용 시간에 따른 평균고장간격과 평균 고장률의 변화를 나타낸 것이다. 식 (10-5)를 시간에 대하여 미분하면, 즉 순간 고장률은

$$\frac{d}{dt} r(t) = \frac{1}{b}(1-\alpha)t^{-\alpha} = \frac{(1-\alpha)}{bt^{\alpha}} \qquad (10\text{-}6)$$

가 되고 식 (10-4)를 식 (10-6)에 대입하면 순간 고장률 λ_I는 식 (10-7)에서와 같이 표현된다. 또한 순간 평균고장간격 $MTBF_I$는 순간 고장률의 역수이므로

$$\lambda_I = (1-\alpha)\lambda \qquad (10\text{-}7)$$

$$MTBF_I = \frac{1}{(1-\alpha)\lambda} = \frac{MTBF}{1-\alpha} \qquad (10\text{-}8)$$

가 된다. 평균고장간격은 시험 제품을 사용하기 시작한 시간부터, 즉 $t = 0$부터 누적 사용

시간 t까지 고장 간격의 평균이고, 순간 평균고장간격은 누적 고장 수의 변화에 대한 누적 사용 시간의 변화율을 말하며 각각 다음과 같이 정의된다.

$$\text{평균고장간격} = \frac{\text{누적 사용 시간}}{\text{누적 고장 수}} \tag{10-9}$$

$$\text{순간 평균고장간격} = \frac{\text{누적 사용 시간의 증분}}{\text{누적 고장 수의 증분}} \tag{10-10}$$

신뢰도 성장 시험에서 가장 간단한 고장 데이터는 한 개의 샘플을 사용하여 고장이 날 때마다 조정, 부품 교환 등 적절한 수리를 한 후 시험을 계속하여 미리 정한 시간 또는 고장 횟수에 이를 때까지 고장 시간을 차례로 기록한 데이터이다. 따라서 누적 사용 시간은 시험을 시작한 시간부터 종료한 시간까지 경과한 총 시간이며 누적 사용 시간의 증분은 고장과 고장 사이의 시간을 말한다.

듀안 모델의 매개 변수는 α와 b로서 제품의 특성에 따라 결정되며 고장 데이터를 이용하여 구한다. 표 10-1은 고장 데이터로서 누적 사용 시간과 누적 고장 수를 나타낸 것이다. 이를 이용하여 듀안 모델의 매개 변수를 구하여 보자. 식 (10-9)와 식 (10-10)을 이용하여 구한 평균고장간격과 순간 평균고장간격은 각각 표 10-1에서와 같고, 대수-대수지에서 누적 사용 시간과 평균고장간격의 관계는 그림 10-1에서와 같다. 이 선형 관계는 $MTBF = 14.456t^{0.3671}$로 표현된다. 따라서 듀안 모델의 매개 변수는 $b = 14.46$, $\alpha = 0.3671$이 된다.

표 10-1 듀안 모델의 매개 변수를 결정하기 위한 고장 데이터

고장 번호	누적 사용 시간	누적 고장 수	평균고장간격	순간 평균고장간격
1	200	2	$\frac{200}{2} = 100$	$\frac{200-0}{2-0} = 100$
2	400	3	$\frac{400}{3} = 133.3$	$\frac{400-200}{3-2} = 200$
3	600	4	$\frac{600}{4} = 150$	$\frac{600-400}{4-3} = 200$
4	3,000	11	$\frac{3,000}{11} = 273.7$	$\frac{3,000-600}{11-4} = 342.9$

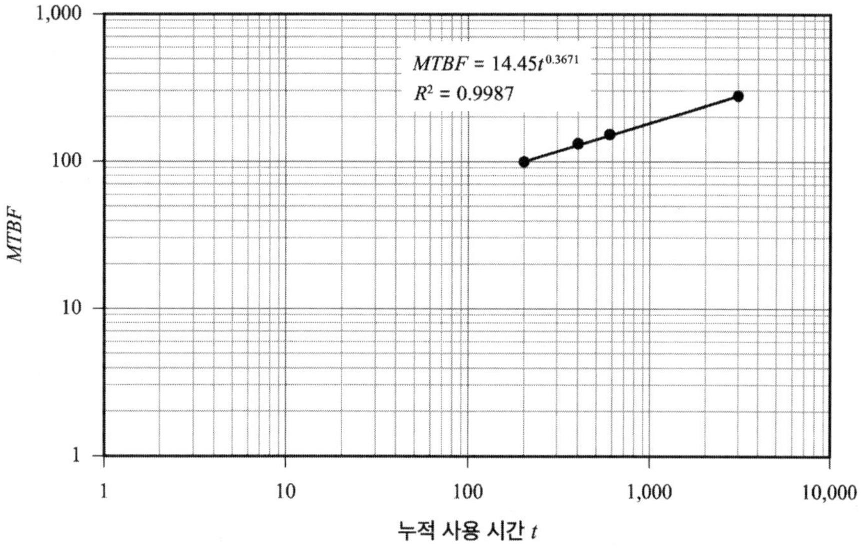

그림 10-1 듀안 모델

[예제 10-1] 어떤 제품의 신뢰도 성장 시험에서 고장 데이터는 표 10-2에서와 같다.

(1) 듀안 모델의 매개 변수를 구하여라.

(2) 평균고장간격과 순간 평균고장간격을 누적 사용 시간의 함수로서 나타내어라.

(5) 목표 신뢰도가 평균고장간격으로 500시간일 때 필요한 신뢰도 성장 기간을 구하여라.

표 10-2 신뢰도 성장 시험의 고장 데이터 (ReliaSoft)

고장 번호	누적 사용 시간	고장 번호	누적 사용 시간
1	80	7	1,650
2	175	8	2,010
3	265	9	2,400
4	400	10	3,380
5	590	11	5,100
6	1,100	12	6,400

[풀이] 식 (10-9)와 식 (10-10)을 이용하여 누적 사용 시간 t에 따라 평균고장간격 $MTBF$와 순간 평균고장간격 $MTBF_I$를 구하면 표 10-3에서와 같고, 식 (10-2)를 이용하여 $\ln t - \ln MTBF$ 선도와 $\ln t - \ln MTBF_I$ 선도를 그리면 그림 10-2에서와 같다.

표 10-3 신뢰도 성장 시험의 고장 데이터를 이용한 평균고장간격과 순간 평균고장간격

고장 순서	누적 사용 시간, t	평균고장간격, $MTBF$	순간 평균고장간격, $MTBF_I$	$\ln t$	$\ln MTBF$	$\ln MTBF_I$
1	80	80.0	80	4.382027	4.382027	4.382027
2	175	87.5	95	5.164786	4.471639	4.553877
3	265	88.3	90	5.57973	4.481118	4.49981
4	400	100.0	135	5.991465	4.60517	4.905275
5	590	118.0	190	6.380123	4.770685	5.247024
6	1,100	183.3	510	7.003065	5.211306	6.234411
7	1,650	235.7	550	7.408531	5.46262	6.309918
8	2,010	251.3	360	7.60589	5.526448	5.886104
9	2,400	266.7	390	7.783224	5.585999	5.966147
10	3,380	338.0	980	8.125631	5.823046	6.887553
11	5,100	463.6	1,720	8.536996	6.139101	7.45008
12	6,400	533.3	1,300	8.764053	6.279147	7.17012

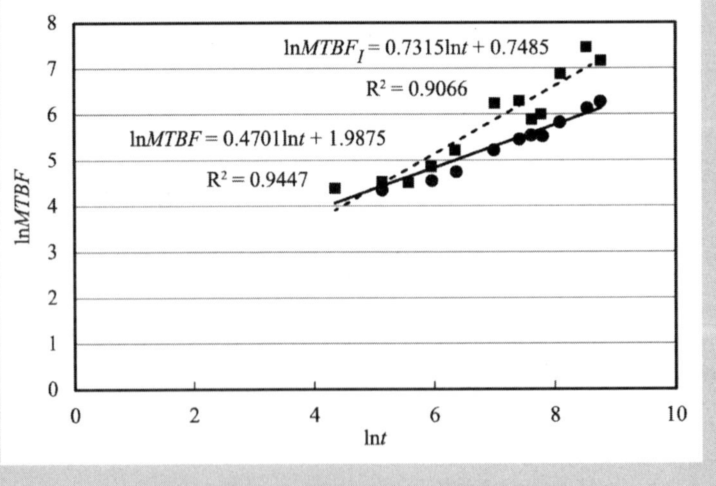

그림 10-2 누적 사용 시간과 평균고장간격

즉 누적 사용 시간 t의 함수로서 평균고장간격 $MTBF$와 순간 평균고장간격 $MTBF_I$는 각각 다음과 같이 표현된다.

$$\ln MTBF = 0.4701\ln t + 1.9875$$

$$\ln MTBF_I = 0.7315\ln t + 0.7485$$

따라서 듀안 모델의 매개 변수는 $\alpha = 0.4701,\ b = e^{1.9875} = 7.297$가 되며, 식 (10-3)을 이용하면 평균고장간격이 500시간이 되기 위한 필요한 신뢰도 성장 기간 t는

$$t = \left(\frac{MTBF}{b}\right)^{\frac{1}{\alpha}} = \left(\frac{500}{7.297}\right)^{\frac{1}{0.4701}} = 8{,}037.986\text{시간}$$

이 된다.

[예제 10-2] 동일한 시작기 샘플 A와 B를 이용하여 실시한 신뢰도 성장 시험의 고장 데이터는 표 10-4에서와 같다. 시험 중 샘플에서 발생한 고장은 샘플을 구별하지 않고 모두 동일하게 처리하였으며, 표 10-4에서 t_A와 t_B는 샘플 A 또는 B의 고장 시간까지 샘플 A와 B의 누적 사용 시간을 나타낸 것이다.

(1) 듀안 모델의 매개 변수를 결정하여라.

(2) 신뢰도 성장 시험이 끝난 후 2대의 시작기를 추가로 100시간 사용하였을 때 예상되는 고장 수를 추정하여라.

표 10-4 2대의 샘플을 이용한 신뢰도 성장 시험의 고장 데이터

고장 순서	고장 샘플	t_A	t_B	$t_A + t_B$	$MTBF$	$\ln(t_A + t_B)$	$\ln MTBF$
1	A	0.2	2	2.2	2.20	0.7885	0.7885
2	B	1.7	2.9	4.6	2.30	1.5261	0.8329
3	B	4.5	5.2	9.7	3.23	2.2721	1.1735
4	B	5.8	9.1	14.9	3.73	2.7014	1.3151
5	B	17.3	9.2	26.5	5.30	3.2771	1.6677
6	B	29.3	24.1	53.4	8.90	3.9778	2.1861
7	A	36.5	61.1	97.6	13.94	4.5809	2.6350
8	B	46.3	69.6	115.9	14.49	4.7527	2.6733
9	A	63.6	78.1	141.7	15.74	4.9537	2.7565

10	B	64.4	85.4	149.8	14.98	5.0093	2.7067
11	A	74.3	93.6	167.9	15.26	5.1234	2.7255
12	A	106.6	103	209.6	17.47	5.3452	2.8603
13	B	195.2	117	312.2	24.02	5.7436	3.1787
14	B	235.1	134.3	369.4	26.39	5.9119	3.2728
15	A	248.7	150.2	398.9	26.59	5.9887	3.2807
16	B	256.8	164.6	421.4	26.34	6.0436	3.2710
17	B	261.1	174.3	435.4	25.61	6.0763	3.2431
18	B	299.4	193.2	492.6	27.37	6.1997	3.3093
19	A	305.3	234.2	539.5	28.39	6.2906	3.3462
20	A	326.9	257.3	584.2	29.21	6.3702	3.3745
21	A	339.2	290.2	629.4	29.97	6.4448	3.4002
22	A	366.1	293.1	659.2	29.96	6.4910	3.4000
23	B	466.4	316.4	782.8	34.03	6.6629	3.5274
24	A	504.0	373.2	877.2	36.55	6.7767	3.5987
25	A	510.0	375.1	885.1	35.40	6.7857	3.5668
26	B	543.2	386.1	929.3	35.74	6.8344	3.5763
27	B	635.4	453.3	1088.7	40.32	6.9927	3.6969
28	A	641.2	485.8	1127	40.25	7.0273	3.6951
29	B	755.8	573.6	1,329.4	45.84	7.1925	3.8252

[풀이] 두 샘플의 누적 사용 시간 $t_A + t_B$에 따른 평균고장간격 $MTBF$을 구하면 표 10-4에서 같고, $\ln(t_A + t_B)$와 $\ln MTBF$의 상관 관계는 그림 10-3에서와 같다. 즉

$$MTBF = 1.1495(t_A + t_B)^{0.5115}$$

이다. 따라서 듀안 모델의 매개 변수는 $\alpha = 0.5115$, $b = 1.149$가 된다.

추가로 100시간을 더 사용하면 샘플이 2개이므로 총 누적 사용 시간은

$t = 1,329.4 + 200 = 1,529.4$시간이 된다. $t = 1,529.4$시간까지 기대되는 누적 고장 수는 식 (10-5)를 적용하면

$$r = \frac{1}{b}t^{1-\alpha} = \frac{1}{1.149}(1,529.4)^{1-0.5115} = 31.27\text{개}$$

이고, 고장 데이터에서 $t = 1,329.4$시간까지 누적 고장 수는 29개이므로 추가로 예상되는 고장 수는 31.27-29=2.27이므로 3개가 된다.

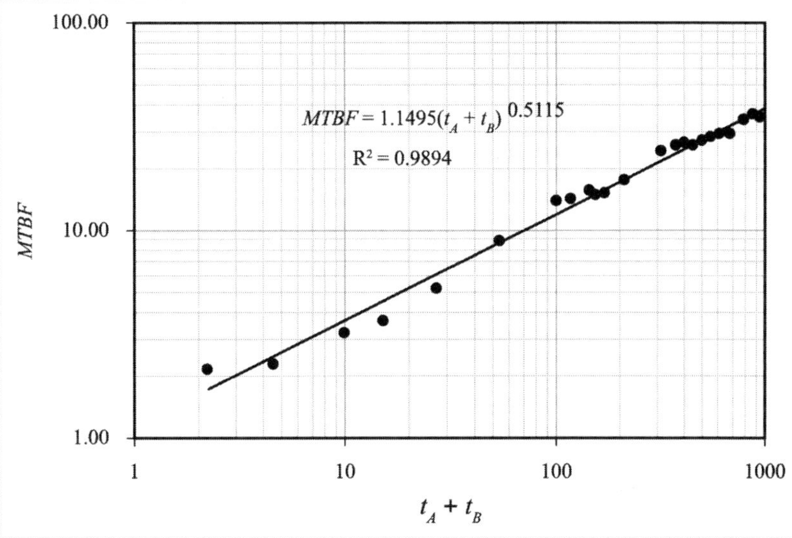

그림 10-3 2개 샘플의 누적 고장 시간과 평균고장간격

(2) Crow-AMSAA 모델

AMSAA(US Army Material Systems Analysis Activity) 모델은 원래 미 육군에서 개발하였으나 크로(Crow, 1972)가 듀안 모델을 추가하여 이를 확장한 것이다. 크로는 듀안 모델의 순간 고장률을 와이블 분포의 순간 고장률로 대체하고 신뢰도 성장 기간의 고장 분포를 비동질성 포아슨 분포(non-homogeneous Poisson distribution)로 가정하여 AMSAA 모델을 통계적으로 보강하였다. 따라서 이 모델을 Crow-AMSAA 모델이라고도 하며 주로 신뢰도 성장 계획의 각 단계에서 신뢰도를 추적(reliability tracking)하는 데 널리 적용하고 있다. 그러나 시간에 따른 신뢰도의 성장 형태는 듀안 모델에서나 Crow-AMSAA 모델에서나 모두 같다.

Crow-AMSAA 모델에서 누적 사용 시간 t까지 누적 고장 수를 r이라고 하면 평균 고장률 λ는

$$\lambda = \frac{r}{t} \tag{10-11}$$

가 되고, 순간 고장률 λ_I는 와이블 분포의 순간 고장률을 이용하여 식 (10-12)에서와 같이 표현하였다.

$$\lambda_I = \frac{dr}{dt} = \frac{\beta}{\eta}(\frac{t}{\eta})^{\beta-1} = \frac{\beta}{\eta^\beta}t^{\beta-1} \qquad (10-12)$$

또한 누적 사용 시간 t까지 누적 고장 수 r은 포아슨 분포를 따른다고 가정하였다. 따라서 누적 사용 시간 t까지 누적 고장 수가 r일 확률은 포아슨 분포에 의하여

$$p[r(t) = r] = \frac{\mu^r e^\mu}{r!} \qquad (10-13)$$

가 되고, t시간까지 예상되는 평균 고장 수 μ_r은

$$\mu_r = \int_0^t \lambda_I \, dt = \int_0^t \frac{\beta}{\eta}(\frac{t}{\eta})^{\beta-1} dt = \frac{1}{\eta^\beta}t^\beta \qquad (10-14)$$

가 된다. 즉 누적 사용 시간 t까지 포아슨 분포의 평균 고장 수 μ는 시간에 따라 변하는 시간 함수가 된다. 이와 같이 시간에 따라 평균이 변하는 포아슨 분포를 비동질성 포아슨 분포라고 하며, 평균이 변하지 않는 포아슨 분포를 동질성 포아슨 분포(homogeneous Poisson distribution)라고 한다. Cro-AMSAA 모델은 누적 사용 시간까지 고장 분포가 비동질성 포아슨 분포를 따르는 것으로 가정한 것이다.

누적 사용 시간 t까지 평균 고장 수가 μ_r이므로 평균 고장률은

$$\lambda = \frac{\mu_r}{t} = \frac{1}{\eta^\beta}\frac{t^\beta}{t} = \frac{1}{\eta^\beta}t^{\beta-1} \qquad (10-15)$$

가 되고, 평균고장간격은 평균 고장률의 역수이므로

$$MTBF = \eta^\beta t^{1-\beta} \qquad (10-16)$$

가 된다. 또한 순간 평균고장간격은 순간 고장률의 역수이므로 다음과 같이 결정된다.

$$MTBF_I = \frac{1}{\lambda_I} = \frac{\eta^\beta}{\beta}t^{1-\beta} \qquad (10-17)$$

식 (10-15)는 식 (10-18)과 같이 표현할 수 있으며 이때 $1-\beta$는 Cro-AMSAA모델의 신뢰도 성장률이 된다.

$$\lambda t^{1-\beta} = \frac{1}{\eta^\beta} \qquad (10-18)$$

Crow-AMSAA 모델의 매개 변수 η와 β는 와이블 분포의 매개 변수와 같고 신뢰도 성장

기간의 고장 데이터를 이용하여 최우 추정법으로써 구할 수 있다. 와이블 분포에서 사용 시간이 t_i일 때 순간 고장 확률은

$$f(t_i|t_{i-1}) = \frac{f(t_i)}{R(t_{i-1})} = \frac{\beta}{\eta}(\frac{t_i}{\eta})^{\beta-1}\frac{e^{-(\frac{t_i}{\eta})^\beta}}{e^{-(\frac{t_{i-1}}{\eta})^\beta}} = \frac{\beta}{\eta^\beta}t_i^{\beta-1}e^{-\frac{1}{\eta^\beta}(t_i^\beta - t_{i-1}^\beta)} \qquad (10\text{–}19)$$

이다. 따라서 신뢰도 성장이 시작된 시간부터 차례로 n개의 고장이 일어날 때까지 경과한 시간을 차례로 $t_1 < t_2 < \dots < t_n$이라고 하면 최우 추정법을 적용하기 위한 우도 함수와 로그 우도 함수는 각각 다음과 같이 표현된다.

$$L = (\frac{\beta}{\eta^\beta})^n e^{-(\frac{t_n}{\eta})^n}\prod_{i=1}^{n} t_i^{\beta-1} \qquad (10\text{–}20)$$

$$\ln L = n(\ln\beta - \beta\ln\eta) - (\frac{t_n}{\eta})^\beta + (\beta-1)\sum_{i=1}^{n}\ln t_i \qquad (10\text{–}21)$$

η와 β에 대한 로그 우도 함수의 편도함수가 0이 되는 η와 β를 구하면, 즉

$$\frac{\partial}{\partial\eta}lnL = -\frac{n\beta}{\eta} - \beta(\frac{t_n}{\eta})^{\beta-1}(-\frac{t_n}{\eta^2}) = -\frac{\beta}{\eta}(n - \frac{t_n^\beta}{\eta^\beta}) = 0 \qquad (10\text{–}22)$$

이면 $n = \frac{t_n^\beta}{\eta^\beta}$이므로

$$\begin{aligned}\frac{\partial}{\partial\beta}lnL &= \frac{n}{\beta} - n\ln\eta - (\frac{t_n}{\eta})^\beta\ln t_n + (\frac{t_n}{\eta})^\beta\ln\eta + \sum_{i=1}^{n}\ln t_i = 0 \\ &= \frac{n}{\beta} - n\ln t_n + \sum_{i=1}^{n}\ln t_i = 0 \qquad (10\text{–}23)\end{aligned}$$

이 된다. 식 (10–22)와 식 (10–23)에서 η와 β의 추정치를 구하면 각각

$$\hat{\eta} = (\frac{t_n^{\hat{\beta}}}{n})^{\frac{1}{\beta}} \qquad (10\text{–}24)$$

$$\hat{\beta} = \frac{n}{n\ln t_n - \sum_{i=1}^{n}\ln t_i} \qquad (10\text{–}25)$$

가 된다. 식 (10–24)와 식 (10–25)에서 t_n은 n번째 고장이 일어난 시간까지 누적 사용 시간이며 정수 중단인 경우에는 시험을 중단한 시간과 같다. 정시 중단인 경우에는 시험을 중

단한 시간으로서 $t_n < t$인 시간 t를 적용한다.

표 10-5 유의 수준에 따른 크래머 폰 미세스 한계값

M \ 유의 수준	0.20	0.15	0.10	0.05	0.01
2	0.138	0.149	0.162	0.175	0.186
3	0.121	0.135	0.154	0.184	0.230
4	0.121	0.134	0.155	0.191	0.280
5	0.121	0.137	0.160	0.199	0.300
6	0.123	0.139	0.162	0.204	0.310
7	0.124	0.140	0.165	0.208	0.320
8	0.124	0.141	0.165	0.210	0.320
9	0.125	0.142	0.167	0.212	0.320
10	0.125	0.142	0.167	0.212	0.320
11	0.126	0.143	0.169	0.214	0.320
12	0.126	0.144	0.169	0.214	0.320
13	0.126	0.144	0.169	0.214	0.330
14	0.126	0.144	0.169	0.214	0.330
15	0.126	0.144	0.169	0.215	0.330
16	0.127	0.145	0.171	0.216	0.330
17	0.127	0.145	0.171	0.217	0.330
18	0.127	0.146	0.171	0.217	0.330
19	0.127	0.146	0.171	0.217	0.330
20	0.128	0.146	0.172	0.217	0.330
30	0.128	0.146	0.172	0.218	0.330
60	0.128	0.147	0.173	0.220	0.330
100	0.129	0.147	0.173	0.220	0.340

듀안 모델은 평균고장간격과 누적 사용 시간의 관계를 선형화한 모델로서 이 모델을 이용하여 평균 고장률, 누적 고장 수, 순간 고장률, 순간 평균고장간격을 유도할 수 있다. 그러나 Crow-AMSAA 모델은 와이블 분포의 순간 고장률로부터 순간 평균고장간격, 누적 고장 수, 평균 고장률, 평균고장간격을 유도하여 평균고장간격과 누적 사용 시간의 관계를 모

형화한 것이다. 또한 듀안 모델과 Crow-AMSAA 모델은 시간에 따른 신뢰도의 성장 형태가 같기 때문에 두 모델의 매개 변수 사이에는 $b=\eta^{\beta}$, $\alpha=1-\beta$의 관계가 있다.

Crow-AMSAA 모델의 적합성 여부는, 즉 고장 분포가 순간 고장률이 $\frac{\beta}{\eta}(\frac{t}{\eta})^{\beta-1}$인 비동질성 포아슨 분포를 따른다는 귀무 가설의 수용 여부는 크래머 폰 미세스 검정치를 이용하여 검정할 수 있으며 크래머 폰 미세스(Cramer von Mises) 검정치 C_M^2은 다음 식으로써 구한다(Reliasoft,)

$$C_M^2=\frac{1}{12M}+\sum_{i=1}^{M}[(\frac{t_i}{t})^{\hat{\beta}}-\frac{2i-1}{2M}]^2 \tag{10-26}$$

여기서, 고장 데이터가 정시 중단이면 $M=n$
고장 데이터가 정수 중단이면 $M=n-1$
n=누적 고장 수
i=고장 순서
$t_i=i$번째 고장까지 누적 사용 시간
$t=$ 시험을 중단한 시간까지 누적 사용 시간

C_M^2이 유의 수준에 따른 한계값을 초과하면 순간 고장률이 $\frac{\beta}{\eta}(\frac{t}{\eta})^{\beta-1}$인 비동질성 포아슨 분포를 따른다는 귀무 가설을 기각하고 그렇지 않으면 귀무 가설을 수용할 수 있다. 유의 수준에 따른 C_M^2의 한계값은 표 10-5에서와 같고 정시 중단의 경우 표 10-5에서 M은 고장 수 n과 같다.

[예제 10-3] 다음은 어떤 제품의 신뢰도를 추적하기 위하여 60개의 샘플로써 시작한 고장 시험에서 660시간이 되었을 때 시험을 중단한 정시 중단 고장 데이터이다. Crow-AMSAA 모델의 매개 변수를 결정하고, 유의 수준이 10%일 때 고장 분포가 비동질성 포아슨 분포인가를 확인하여라.

[풀이] 누적 사용 시간 t_i의 대수값 $\ln t_i$를 구하면 표 10-6에서와 같다. 총 누적 고장 수는 $n=58$, 총누적 사용 시간은 $t_n=640.5$시간이며, 시험을 중단한 시간은 $t=660$시간이다. 각 누적 사용 시간의 대수합은 $\sum_{i=1}^{58}\ln t_i=301.35$이므로 정시 중단일 때 식 (10-25)를 이용하여 β의 추정치를

구하면

$$\hat{\beta}=\frac{n}{n\ln t-\sum_{i=1}^{n}\ln t_i}=\frac{58}{58\times\ln 660-301.35}=0.7713$$

$$\hat{\eta}=(\frac{t^{\beta}}{n})^{\frac{1}{\beta}}=(\frac{660^{0.7713}}{58})^{\frac{1}{0.7713}}=3.4135$$

이다.

각 누적 사용 시간에서 $[(\frac{t_i}{t})^{\beta}-\frac{2i-1}{2M}]^2$의 값은 표 10-6에서와 같다. 여기서 $t=660$시간이고 정시 중단이므로 $M=58$이다. 식 (10-26)을 이용하여 크래머 폰 미세즈 검정치를 구하면

$$C_M^2=\frac{1}{12M}+\sum_{i=1}^{M}[(\frac{t_i}{t})^{\beta}-\frac{2i-1}{2M}]^2=\frac{1}{12\times 58}+0.3563=0.3577$$

이다. 유의 수준 0.1에서 C_M^2의 한계값은 표 10-3에서 0.173이므로 $0.173<C_M^2$이다. 따라서 고장 분포가 비동질성 포아슨 분포를 따른다는 가설을 기각한다. 즉 고장 분포는 Cro-AMSAA 모델을 따른다고 할 수 없다.

표 10-6 신뢰도 성장 과정의 고장 데이터

n_i	t_i	$\ln t_i$	$[(\frac{t_i}{t})^{\beta}-\frac{2i-1}{2M}]^2$	n_i	t_i	$\ln t_i$	$[(\frac{t_i}{t})^{\beta}-\frac{2i-1}{2M}]^2$
1	7.8	2.054124	0.000575588	30	250.8	5.5246558	0.001190049
2	17.6	2.867899	0.001240971	31	260.1	5.5610662	0.001461912
3	25.3	3.230804	0.001422663	32	273.1	5.609838	0.001353047
4	15.0	2.70805	4.02115E-05	33	274.7	5.6156796	0.002676902
5	47.5	3.86073	0.002893854	34	282.8	5.6447399	0.003300685
6	54.0	3.988984	0.002521451	35	285	5.6524892	0.00512296
7	54.5	3.998201	0.001156503	36	315.4	5.7538417	0.002141026
8	56.4	4.032469	0.000427597	37	317.1	5.7592172	0.003740777
9	63.6	4.152613	0.000324009	38	320.6	5.7701942	0.005412932
10	72.2	4.27944	0.000312191	39	324.5	5.7822855	0.007300929
11	99.2	4.597138	0.002582049	40	324.9	5.7835174	0.010431982
12	99.6	4.601162	0.001176025	41	342	5.8348107	0.009219277
13	100.3	4.608166	0.000335312	42	350.2	5.8585044	0.010434863
14	102.5	4.629863	2.51615E-05	43	355.2	5.872681	0.012689809
15	112.0	4.718499	2.11463E-05	44	364.6	5.8988009	0.013752497
16	112.2	4.720283	0.0001511	45	364.9	5.8996233	0.017985736

17	120.9	4.794964	0.000207858	46	366.3	5.9034527	0.022344139
18	121.9	4.803201	0.000896248	47	379.4	5.9385911	0.022283277
19	125.5	4.832306	0.001681711	48	389	5.9635793	0.023660745
20	133.4	4.893352	0.002011488	49	394.9	5.9786326	0.026665021
21	151.0	5.01728	0.00108027	50	395.2	5.979392	0.032450926
22	163.0	5.09375	0.000938319	51	430.2	6.0642502	0.023055554
23	174.5	5.161925	0.000871071	52	445.7	6.0996461	0.022256668
24	177.4	5.178407	0.00177829	53	475.9	6.1652077	0.01641252
25	191.6	5.25541	0.001383752	54	490.1	6.1946095	0.016263857
26	192.7	5.261135	0.002781039	55	535	6.2822667	0.007951546
27	213.0	5.361292	0.001513397	56	580.3	6.3635452	0.002640934
28	244.8	5.500442	7.72109E-05	57	610.6	6.4144421	0.001048316
29	249.0	5.517453	0.00039531	58	640.5	6.4622491	0.00020293
	합	129.7193	0.030821798		합	171.63181	0.325451817
					총합	301.3511	0.356273615

[예제 10-4] 표 10-7은 어떤 신뢰도 성장 시험의 고장 데이터이다. 시험 중 샘플에서 고장이 발생하였을 때는 이를 개선한 후 시험을 계속하였다. Crow-AMSAA 모델의 매개 변수를 결정하여라.

표 10-7 신뢰도 성장 시험의 고장 데이터

고장 순위, i	누적 사용 시간, t_i	$\ln t_i$	고장 순위, i	누적 사용 시간, t_i	$\ln t_i$
1	2.7	0.9933	12	167.9	5.1234
2	10.3	2.3321	13	229.2	5.4346
3	12.5	2.5257	14	296.7	5.6927
4	30.6	3.4210	15	320.6	5.7702
5	57.0	4.0431	16	328.2	5.7936
6	61.3	4.1158	17	366.2	5.9032
7	80.0	4.3820	18	396.7	5.9832
8	109.5	4.6959	19	421.1	6.0429

9	125.0	4.8283	20	438.2	6.0827
10	128.6	4.8567	21	501.2	6.2170
11	143.8	4.9684	22	620.0	6.4297
			합계	4847.3	105.6355

[풀이] 고장 수는 $n=22$개, 정수 중단으로서 시험을 중단한 시간은 $t_n=620$시간이므로 식 (10-25)를 이용하여 β의 추정치를 구하면

$$\hat{\beta}=\frac{n}{n\ln t_n-\sum_{i=1}^{n}\ln t_i}=\frac{22}{22\ln 620-105.64}=0.614$$

이고 식 (10-24)를 이용하여 평균고장간격 η의 추정치를 구하면

$$\hat{\eta}=\left(\frac{t_n^{\hat{\beta}}}{n}\right)^{\frac{1}{\hat{\beta}}}=\left(\frac{620^{0.614}}{22}\right)^{1/0.614}=4.04\text{시간}$$

이 된다.

10.2 신뢰도 성장 계획

신뢰도 성장 계획은 듀안 모델을 이용하여 수립할 수 있다. 식 (10-4)의 듀안 모델은 다음과 같이 표현할 수 있다.

$$\lambda t^{\alpha}=\frac{1}{b}=C \tag{10-27}$$

여기서, λ=평균 고장률
t=신뢰도 성장 기간
α=신뢰도 성장률
b, C=고장 특성에 따라 결정되는 상수

식 (10-27)에서 시간이 t_0일 때 평균 고장률이 λ_0인 제품의 고장률이 t시간 후 λ로 향상되었다고 하면 λ는 다음과 같이 표현된다.

$$\lambda=\lambda_0\left(\frac{t_0}{t}\right)^{\alpha} \tag{10-28}$$

식 (10-28)을 평균고장간격 η로써 표현하면

$$\frac{1}{\eta} = \frac{1}{\eta_0}(\frac{t_0}{t})^{\alpha}$$

$$\eta = \eta_0(\frac{t}{t_0})^{\alpha} \tag{10-29}$$

가 된다. 식 (10−28)과 식 (10−29)로부터 목표 평균 고장률 λ 또는 평균고장간격 η에 도달하는 데 필요한 성장 시간은 각각

$$t = t_0(\frac{\lambda_0}{\lambda})^{\frac{1}{\alpha}} \tag{10-30}$$

$$t = t_0(\frac{\eta}{\eta_0})^{\frac{1}{\alpha}} \tag{10-31}$$

이 된다. 식 (10−28)과 식 (10−29)의 양변에 대수를 취하여 정리하면

$$\ln\lambda = -\alpha\ln t + \alpha\ln t_0 + \ln\lambda_0 \tag{10-32}$$

$$\ln\eta = \alpha\ln t - \alpha\ln t_0 + \ln\eta_0 \tag{10-33}$$

과 같다. 식 (10−32)와 식 (10−33)에서 t_0는 신뢰도 성장 계획의 초기 고장률과 초기 평균고장간격일 때의 시간으로서 보통 t_0을 100시간으로 설정하는 경우가 많다. 그러나 평균고장간격 η는 $t=0$와 $t=t_0$ 사이에서 발생한 모든 고장을 더하여 결정하여야 한다. $t=0$일 때 고장률이 무한대로 증가하거나 평균고장간격이 0이 되는 문제는 듀안 모델의 결함이라고 할 수 있다. 식 (10−29)를 이용하여 초기 평균고장간격이 100시간인 제품의 신뢰도를 성장률이 0.5가 되도록 향상시키고자 할 때 성장 시간에 따른 평균고장간격은 그림 10−4에서와 같이 증가한다.

신뢰도 성장률 α는 보통 0.1~0.6 사이의 값으로서 듀안 모델에서는 이를 상수로 처리하였다. 식 (10−28)의 양변에 성장 시간 t를 곱하여 t시간이 경과한 후 예상되는 고장 수 r을 구하면

$$r = \lambda t = \lambda_0 t(\frac{t_0}{t})^{\alpha} = \lambda_0 t_0^{\alpha} t^{1-\alpha} \tag{10-34}$$

가 된다. 식 (10−29)에서도 같은 방법으로 t시간 후 예상되는 고장 수 r을 구하면

$$\eta t = \frac{t}{r}t = \eta_0 t(\frac{t}{t_0})^{\alpha} = \eta_0 t^{1+\alpha} t_0^{-\alpha}$$

$$r = \frac{t_0^{\alpha} t^{1-\alpha}}{\eta_0} \tag{10-35}$$

가 된다. 식 (10-35)에서 순간 고장률을 구하면

$$\frac{dr}{dt} = \frac{t_0^{\alpha}}{\eta_0}(1-\beta)t^{-\alpha} = \frac{1-\alpha}{\eta} \tag{10-36}$$

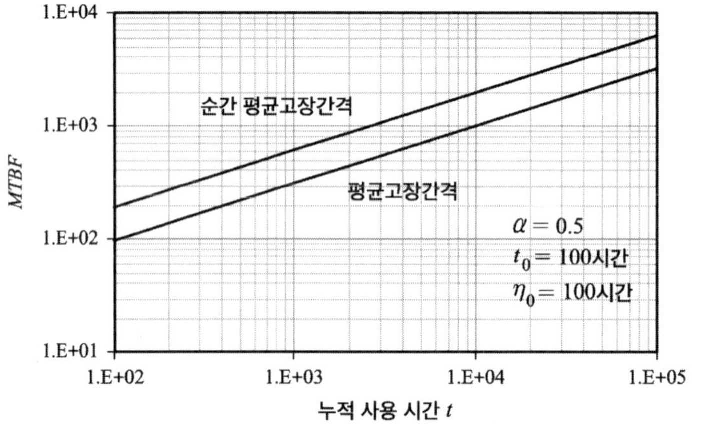

그림 10-4 Crow-AMSAA 모델

가 되고, 순간 고장률의 역수는 순간 평균고장간격이므로 순간 평균고장간격 η_I를 구하면

$$\eta_I = \frac{\eta}{1-\alpha} = \frac{\eta_0}{1-\alpha}\left(\frac{t}{t_0}\right)^{\alpha}, \quad t_0 < t \tag{10-37}$$

가 된다. 즉 순간 평균고장간격은 평균고장간격에 비례하며 대수-대수지에서 이를 평균고장간격 선도와 비교하면

$$\ln\eta_I = \alpha\ln t - \alpha\ln t_0 + \ln\frac{\eta_0}{1-\alpha} \tag{10-38}$$

이므로 그림 10-4에서와 같이 순간 평균고장간격은 평균고장간격보다 $1/(1-\alpha)$배 증가한다. 식 (10-37)에서 순간 평균고장간격의 시간 변화율을 구하면

$$\frac{d\eta_I}{dt} = \frac{\eta_0}{1-\alpha}\frac{\alpha}{t_0^{\alpha}}t^{\alpha-1} = \frac{\alpha}{1-\alpha}\frac{\eta_o}{t_0^{\alpha}}t^{\alpha-1} \tag{10-39}$$

가 된다. 순간 평균고장간격은 식 (10−39)에서와 같이 시간에 따라 감소한다. 즉 성장 기간이 증가함에 따라 평균고장간격의 증가율은 점점 감소한다. 따라서 식 (10−39)를 이용하여 평균고장간격의 증가율을 적절하게 제한함으로써 효율적인 성장 기간을 결정할 수 있다.

시간 함수의 순간 평균고장간격을 이상적인 신뢰도 성장 곡선(idealized reliability growth curve)이라고 하며, 그림 10−5에서와 같다. 시작 시간 t_0, 초기 평균고장간격 η_0, 목표 평균고장간격 η_F, 성장 기간 t가 결정되면 필요한 성장률 α는 식 (10−40)으로부터 구할 수 있다. 즉

$$\eta_F = \frac{\eta_0}{1-\alpha}\left(\frac{t}{t_0}\right)^{\alpha} \tag{10-40}$$

을 이용하여 α를 시행 착오법으로써 구한다.

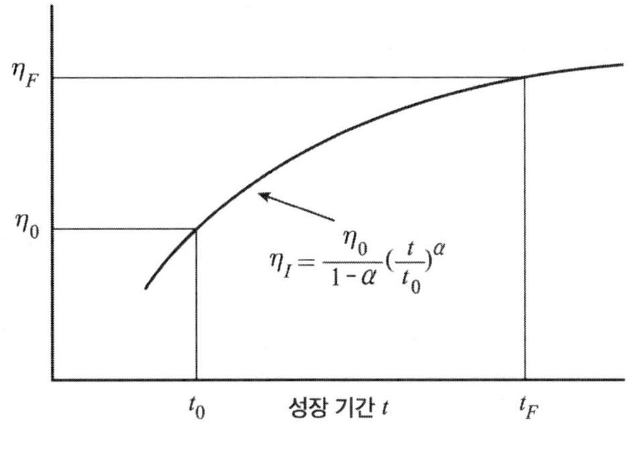

그림 10−5 이상적인 신뢰도 성장 곡선

신뢰도 성장을 위한 이상적인 신뢰도 성장 곡선이 결정되면, 이를 기본으로 한 계획 곡선을 작성할 수 있다. 계획 곡선은 그림 10−6에서와 같이 목표 신뢰도에 도달하기 위한 단계별 성장 수준을 그림으로 나타낸 것이다. 성장 기간에 따라 단계별 계획 곡선의 목표는 이상적인 신뢰도 성장 곡선의 목표보다 높게, 낮게 또는 동일하게 설정할 수 있다. 각 단계에서 신뢰도 성장은 설계 변경, 부품 교체, 조립 및 생산 방법의 개선 등 새로운 기술을 제품에 적용함으로써 이루어지며, 이러한 기술을 적용하는 시기에 따라 이상적인 신뢰도 성장 곡선과 계획 곡선이 달라진다. 그림 10−6에서 이상적인 신뢰도 성장 곡선 A는 성장 기간 중

연속적으로 문제 해결과 새로운 기술을 적용하여 제품의 신뢰도를 높이는 형태이며, B는 새로운 기술의 일부분은 단계별 성장 기간 중에 적용하고 일부분은 단계별 성장 기간이 끝난 후에 적용하는 형태이며, C는 단계별 성장 기간이 끝난 후 모든 결함을 개선하고 새로운 기술을 적용하여 신뢰도를 높이는 형태이다. 그러나 각 성장 단계의 최종 신뢰도와 다음 단계의 시작 신뢰도는 가능한 한 일치하도록 하는 것이 좋다.

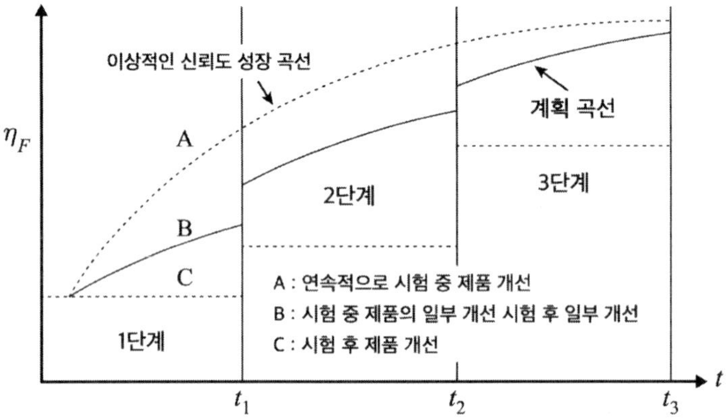

그림 10-6 이상적인 신뢰도 성장 곡선과 계획 곡선

신뢰도 성장 계획에서 시작 신뢰도는 목표 신뢰도와 성장 기간을 설정할 때 가장 큰 영향을 미치는 중요한 변수이다. 시작 신뢰도는 제품의 현 신뢰도 수준과 제품에 포함된 새로운 부분 또는 개선된 부분의 영향을 고려하여 결정한다. 따라서 시작 신뢰도에는 제품의 구조, 특성, 제작사의 기술 수준, 경쟁 제품의 신뢰도 수준 등을 반영하여야 하며 새로운 부품 또는 장치가 제품에서 차지하는 비율과 이와 관련한 위험 등을 고려하여야 한다.

시작 신뢰도는 다음과 같은 경험식을 이용할 수도 있다(ITI).

$$\lambda_0 = \lambda_F N^{0.623} \tag{10-41}$$

$$\eta_0 = \eta_F N^{-0.623} \tag{10-42}$$

여기서, λ_0=시작 평균 고장률

η_0=시작 평균고장간격

λ_F, η_F=목표 평균 고장률 또는 평균고장간격

N=제품에 적용한 개선 또는 새로운 부분의 비율, %

이 경험식은 디젤 엔진, 자동차, 중장비 부품을 대상으로 하였으나 유사한 제품에도 적용할 수 있다. 그러나 시작 신뢰도는 고장 시험에서 추정한 제품의 현 신뢰도 수준을 적용하는 것이 가장 바람직하다. 신뢰도 성장 계획을 단계별로 추진할 경우 각 단계별 시작 신뢰도는 새로운 부분의 비중을 반영하여 식 (10–41)과 식 (10–42)의 경험식을 적용할 수 있다. i단계에 존재하는 새로운 부분은 다음과 같이 나타낼 수 있다.

$$N_i = U_i + R_{i-1} \tag{10–43}$$

여기서, N_i=i단계에 존재하는 새로운 부분
U_i=i단계에서 적용한 순수한 새로운 부분
R_{i-1}=$i-1$단계까지 존재한 새로운 부분

i단계 이후에 존재하는 새로운 부분 R_i는 다음 식을 이용하여 구할 수 있다.

$$R_i = N_i\left[\frac{\log(\frac{t_F}{t_i})}{\log(\frac{t_F}{t_0})}\right] \tag{10–44}$$

여기서, N_i=i단계에 존재하는 새로운 부분
t_i=i단계의 성장 시간
t_F=i단계에서 목표 신뢰도에 도달하는 데 필요한 시험 시간
t_0=신뢰도 성장이 시작된 시간

듀안 모델로써 신뢰도 성장 계획을 수립하면 신뢰도 성장 기간이 끝난 후 목표 고장 수가 정수가 아닌 경우가 있을 수 있다. 고장 수가 정수가 아닌 경우에는 고장률 또는 평균고장간격의 신뢰 구간을 구할 때 카이제곱의 자유도가 정수가 아니기 때문에 카이제곱을 구할 수 없다. 고장 수가 정수가 아닌 경우에는 카이제곱의 근삿값을 구하여 고장률 또는 평균고장간격의 신뢰 구간을 구한다. 총 시험 시간 t_{test}까지 r회의 고장이 났다고 하면 평균고장간격의 신뢰 구간은 식 (9–28)로부터

$$\frac{2t_{test}}{\chi^2_{1-\alpha/2,2(r+1)}} \le \eta \le \frac{2t_{test}}{\chi^2_{\alpha/2,2(r+1)}}$$

이다. 만약 신뢰도 성장 계획에서 성장 기간 t_{test}시간 후 추정한 고장 수가 정수가 아니라고 하면, 즉 $r \neq$ 정수일 때 $\chi^2_{1-\alpha/2,2(r+1)}$의 근삿값은 다음 식으로써 구한다.

$$\chi^2_{1-\alpha/2, 2(r+1)} \cong 2(r+1)[1-\frac{1}{9(r+1)}+z_{1-\alpha/2}\sqrt{\frac{1}{9(r+1)}}]^3 \qquad (10-45)$$

여기서, $z_{1-\alpha/2}$=신뢰 수준이 $CL=1-\alpha/2$인 표준 정규 변수

10.3. 신뢰도 추적

신뢰도 성장 기간의 신뢰도는 항상 추적하고 평가하여야 한다. 이는 신뢰도의 성장 여부, 성장 정도, 예상 신뢰도 등을 확인하기 위한 것으로서 각 성장 단계마다 실시하여야 한다. 성장 단계별 신뢰도를 추적하는 데는 Cro-AMSAA 모델을 적용할 수 있다.

Cro-AMSAA 모델의 매개 변수는 성장 단계별 고장 데이터를 이용하여 식 (10-24)와 식 (10-25)로써 추정할 수 있으며, 매개 변수 β와 η가 결정되면 식 (10-15), 식 (10-16), 식 (10-17)을 이용하여 각 성장 단계별 평균 고장률, 평균고장간격, 순간 평균고장간격을 추정할 수 있다.

신뢰도 성장 여부는 식 (10-15)의 평균 고장률을 이용하여 평가한다. 식 (10-15)의 평균 고장률에서 $\beta=1$이면 평균 고장률이 상수가 되므로 신뢰도의 변화는 없으며, $\beta>1$이면 시간에 따라 평균 고장률이 증가하므로 신뢰도는 떨어지고, $\beta<1$이면시간에 따라 평균 고장률이 감소하므로 신뢰도는 향상되는 것으로 평가할 수 있다. 이때 신뢰도의 성장률은 $\alpha=1-\beta$가 된다.

[예제 10-5] 어떤 제품의 평균고장간격을 20시간에서 50시간으로 향상시키기 위하여 총 성장 기간을 1,000시간으로 한 4단계의 신뢰도 성정 계획을 수립하였다. 1단계 시작 시간이 각각 100, 200, 300시간일 때 이상적인 신뢰도 성장 곡선을 작성하여라.

[풀이] $\eta_0=20$시간, $\eta_F=50$시간, $t_F=1{,}000$시간이므로 식 (10-40)을 이용하여 $t_0=100$시간, $t_0=200$시간, $t_0=300$시간일 때 신뢰도 성장률 α를 시행 착오법으로써 구하면

$$\alpha|_{t_0=100}=0.265$$

$$\alpha|_{t_0=200}=0.325$$

$$\alpha|_{t_0=300} = 0.374$$

가 되고, 각 성장률을 이용한 이상적인 신뢰도 성장 곡선은 그림 10-7에서와 같다

$$\eta_I|_{t_0=100} = \frac{20}{1-0.265}(\frac{t}{100})^{0.265}$$

$$\eta_I|_{t_0=200} = \frac{20}{1-0.325}(\frac{t}{200})^{0.325}$$

$$\eta_I|_{t_0=300} = \frac{20}{1-0.374}(\frac{t}{300})^{0.374}.$$

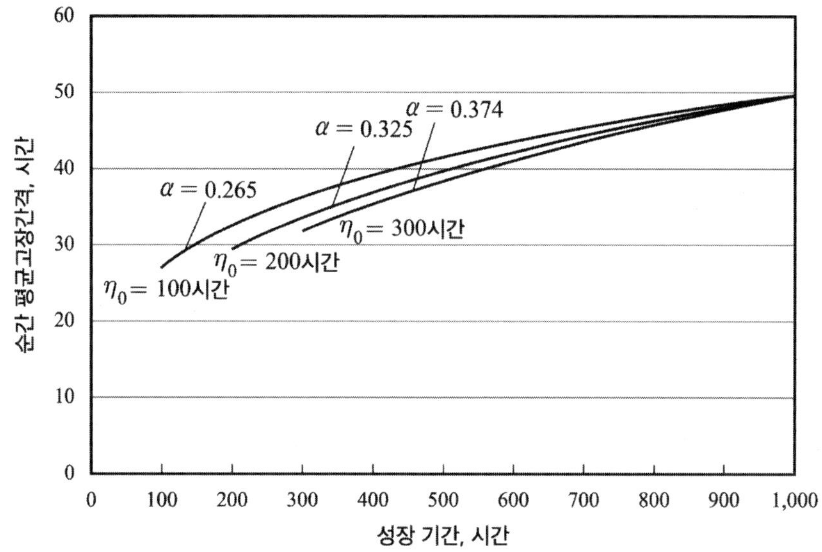

그림 10-7 성장 기간이 1,000시간일 때 시작 시간에 따른 이상적인 신뢰도 성장 곡선

[예제 10-6] 성장 기간이 500시간인 신뢰도 성장 시험에서 시작기의 누적 고장 시간이 40, 105, 141, 172, 191, 245, 300, 340, 410시간일 때 성장 기간이 끝난 후 시작기의 신뢰도와 신뢰도 성장률을 구하여라.

[풀이] 정시 중단이므로 $t_n = 500$시간이고 고장 수는 $n = 9$이므로 식 (10-24)와 식 (10-25)를 이용하여 Cro-AMSAA 모델의 매개 변수를 구하면

$$\sum(\ln 40+\ln 105+\ln 141+\ln 172+\ln 191+\ln 245+\ln 300+\ln 400+\ln 410)=46.74$$

$$\hat{\beta}=\frac{n}{n\ln t_n-\sum_{i=1}^{n}\ln t_i}=\frac{9}{9\ln 500-46.74}=0.979$$

$$\hat{\eta}=(\frac{t_n^{\hat{\beta}}}{n})^{\frac{1}{\beta}}=(\frac{500^{0.979}}{9})^{\frac{1}{0.979}}=53.04\text{시간}$$

이고, 식 (10-16)을 이용하여 $t_n=500$시간이 되었을 때 평균고장간격을 구하면

$$MTBF=\eta^{\beta}t^{1-\beta}=53.04^{0.979}(500)^{1-0.979}=55.56\text{시간}$$

이 된다. 신뢰도 성장률은

$$\alpha=1-\hat{\beta}=1-0.979=0.021$$

이다. $\hat{\beta}<1$이므로 신뢰도가 향상되었다고 할 수 있다.

[예제 10-7] 신뢰도 성장 계획에 따라 초기 평균고장간격이 100시간인 제품의 신뢰도를 성장률 0.5로써 향상시키고자 한다. 성장 기간이 5,000시간일 때 75% 신뢰 수준에서 성장 기간 후 달성해야 할 평균고장간격의 신뢰 구간을 구하여라.

[풀이] 식 (10-28)로부터 $\lambda_0=\frac{1}{\eta_0}=\frac{1}{100}$개/시간, $t_o=100$시간, $\alpha=0.5$이므로 $t=5{,}000$시간일 때

$$\lambda=\lambda_0(\frac{t_0}{t})^{\alpha}=\frac{1}{100}(\frac{100}{5{,}000})^{0.5}=0.001414$$

이다. 따라서 고장률은 0.001414개/시간이고 5,000시간까지 고장 수는

$$r=\lambda t=\frac{1}{0.001414}\times 5{,}000=7.071\text{개}$$

가 된다. 양단 검정으로 신뢰 수준이 75%일 때 카이제곱의 근삿값을 구하면 각각

$$\chi^2_{0.25,2(7.071+1)}\cong 2(7.071+1)[1-\frac{1}{9(n+1)}+z_{0.25}\sqrt{\frac{1}{9(7.071+1)}}\,]^3=12.048$$

$$\chi^2_{0.75,2(7.071+1)}\cong 2(7.071+1)[1-\frac{1}{9(n+1)}+z_{0.75}\sqrt{\frac{1}{9(7.071+1)}}\,]^3=19.519$$

이다. 따라서 평균고장간격의 신뢰 구간은

$$\frac{2\times5,000}{19.519}\le\eta\le\frac{2\times5,000}{12.048}$$

$$512.31\le\eta\le830.00\ \text{시간}$$

이 된다.

[예제 10-8] 어떤 제품에 대한 2단계 신뢰도 성장 계획은 다음과 같다.

1단계: 성장 시간 t_1 =10,000시간

목표 평균고장간격을 달성하는 데 필요한 시험 시간 t_F =40,000시간

도입한 새로운 부분의 비중 U_1 =50%

2단계:도입한 새로운 부분의 비중 U_2 =10%

신뢰도 성장 계획의 시작 시간이 100시간이고 목표 평균고장간격이 1,000시간일 때 1단계의 시작 평균고장간격, 1단계에 존재하는 새로운 부분의 비율, 2단계의 시작 평균고장간격을 구하여라.

[풀이] 식 (10-42)로부터 $\eta_0=\eta_F N^{-0.623}$ 이므로 1단계의 시작 평균고장간격은

$$\eta_1=1,000(50)^{-0.623}=\ 87.4\text{시간}$$

이고, 1단계에서 이후 존재할 새로운 부분은 식 (10-44)로부터

$$R_1=N_1\left[\frac{\log(\frac{t_F}{t_1})}{\log(\frac{t_F}{t_0})}\right]=50\left[\frac{\log(\frac{40,000}{10,000})}{\log(\frac{40,000}{100})}\right]=11.6$$

가 된다. 따라서 2단계의 시작 평균고장간격은

$$\eta_2=\eta_F(N_2)^{-0.623}=1000(10+11.6)^{-0.623}=147.6\text{시간}$$

이 된다.

●●● 참고문헌

Comerford Nigel. 2005. Crow/AMSAA reliability growth plots. Vibration Association of New Zealand. 16th Annual Conference 2005-Rotorua.

ITI. 19999. Unpublished seminar material to LS Mtron. International TechneGroup Incorporated.

MIL-HDBK-189C. 2011. Handbook Reliability Growth. Management Department of Defense.

ReliaSoft. Reliability growth & repairable system data analysis reference. ReliaSoft Corporation. Tucson, Arizona USA.

제 11 장

샘플링 검수

제 11 장 샘플링 검수

샘플링 검수(acceptance sampling)는 통계적 품질 관리 기법의 하나로서 납품 원료와 부품 또는 생산 로트(lot)의 생산품을 평가하여 적합 여부를 결정하는 것이다. 로트의 원료 또는 생산품의 품질을 평가하는 데는 전수 검사가 가장 이상적이다. 그러나 전수 검사는 많은 시간과 비용이 소요되므로 현실적으로 불가능한 경우가 많다. 따라서 로트에서 적절한 수의 샘플을 임의로 선발하여 검사하고 그 결과로써 로트의 수용 여부를 결정할 수밖에 없으며, 이를 효과적으로 수행하기 위해서는 이러한 검사에 필요한 최소한의 샘플 수와 품질의 수용 여부를 결정하기 위한 통계적 원리를 이해하여야 한다. 그러나 샘플링 검수는 제품의 품질을 측정하고 이를 개선하는 직접적인 품질 관리는 아니며 단지 품질의 기준에 따라 로트의 수용 여부를 결정하기 위한 것이다.

11.1 기본 개념

샘플링 검수는 납품한 원료, 부품 또는 생산 로트에서 임의로 선발한 샘플을 검사하고 검사에서 얻은 샘플의 정보를 이용하여 로트의 수용 여부를 결정한다, 일반적으로 납품한 로트의 수용 여부를 결정할 때는 무검사, 전수 검사, 샘플 검사 중에서 한 방법을 적용한다. 무검사는 납품 회사의 품질 관리가 안정적이고 품질을 확인하는 절차와 조건이 만족스러운 경우에 적용할 수 있다. 전수 검사는 납품한 원료 또는 부품이 대단히 중요하기 때문에 이를 모두 검사할 필요가 있는 경우에 적용한다. 그러나 대부분은 샘플 검사를 적용하고 있으며 특히 다음과 같은 경우에는 샘플 검사를 실시한다.

(1) 검사를 위하여 샘플을 파괴해야 하거나 검사한 샘플의 부품을 재사용할 수 없을 때,

(2) 전수 검사의 비용이 부적합한 제품을 수용하는 위험 비용보다 훨씬 더 클 때,

(3) 로트의 크기가 크고 전수 검사가 불가능할 때,

(4) 다수의 업체가 동일한 재료와 부품을 납품할 때,

(5) 납품자의 품질 관리에 대한 정보가 없을 때.

또한 샘플 검사는 전수 검사에 비하여 다음과 같은 장단과 단점이 있다. 장점으로는

(1) 검사 수가 적기 때문에 소요 비용도 적다.

(2) 많은 제품을 다루지 않기 때문에 손상되는 제품이 적다.

(3) 샘플을 파괴하는 시험에도 적용할 수 있다.

(4) 검사에 참여하는 인원을 줄일 수 있다.

등이며, 단점으로는

(1) 실수로 품질이 나쁜 로트를 수용하거나 품질이 좋은 로트를 거부할 위험이 있다.

(2) 제품 또는 제품 공정에 대한 정보가 부족하다.

(3) 샘플 검사 절차에 대한 문서와 계획서를 구비하여야 한다.

등이다.

11.2 샘플링 검수의 종류

샘플링 검수에는 속성 샘플링(attribute sampling)과 변량 샘플링(variable sampling)이 있다. 속성 샘플링은 제품의 품질과 특성을 측정 또는 정량화할 수 없는 경우에 적용할 수 있으며, 변량 샘플링은 품질과 특성을 연속적으로 측정할 수 있는 경우에 적용할 수 있다. 속성 샘플링은 변량 샘플링보다 더 많은 샘플이 필요하지만 적용하기는 보다 용이하다.

속성 샘플링은 각 로트에서 미리 정한 수의 샘플을 임의로 선발하여 검사하고 적합 또는 부적합, 결함 또는 무결함, 합격 또는 불합격과 같은 수용 기준과 비교하여 각 샘플을 적합 또는 부적합으로 판정한다. 부적합으로 판정한 샘플 수가 미리 정한 수와 같거나 적으면 그 로트를 수용하고 많으면 거절한다. 변량 샘플링은 샘플을 적합 또는 부적합으로 평가하

지 않고 실제로 품질을 측정하여 수용 여부를 결정한다. 즉 변량 샘플링은 샘플의 평균, 표준편차와 같은 통계적 수치가 수용 기준과 일치할 때는 로트를 수용하고 그렇지 않을 때는 거절한다.

샘플링 검수는 다시 샘플링 횟수에 따라 단수 샘플링(single sampling), 이중 샘플링(double sampling), 다중 샘플링(multiple sampling), 순차 샘플링(sequential sampling)으로 나눌 수 있다.

11.3 샘플링 검수의 위험

샘플링 검수는 로트에서 일부 샘플만을 취하여 검사하기 때문에 검사 결과를 판정할 때는 항상 오류의 위험이 존재한다. 즉 품질이 나쁜 로트를 수용할 위험도 있으며 품질이 좋은 로트를 거절할 위험도 있다. 전자의 위험을 소비자 위험(consumer's risk), 후자의 위험을 생산자 위험(producer's risk)이라고 하며 다음과 같이 정의한다.

소비자 위험=허용할 수 없는 품질 수준의 로트가 수용될 확률

생산자 위험=품질 수준이 허용 품질 수준 이상인 로트가 거절될 확률

샘플링 검수에서는 일반적으로 소비자 위험을 β, 생산자 위험을 α로써 나타내며, 로트를 수용할 수 있는 최소한의 품질 수준을 허용 품질 수준(acceptable quality level, AQL)이라고 하며, 거절할 수 있는 최대한의 품질 수준을 거절 품질 수준(rejectable quality level, RQL)이라고 한다. 품질 수준은 부적합률로써 나타낼 수도 있다. 품질 수준을 부적합률로써 나타내면 허용 품질 수준은 목표하는 최저의 부적합률이며 거절 품질 수준은 허용할 수 있는 최고의 부적합률이 된다.

샘플링 검수의 기본 목표는 품질 수준이 AQL인 로트는 최대 α의 위험 확률로써 수용하고 RQL인 로트는 최대 β의 위험 확률로써 거절하는 것이다. 즉 수용이 가능한 로트가 수용되지 않을 위험 확률을 α 이하로 제한하고 수용할 수 없는 품질 수준의 로트를 실수로 수용할 위험 확률을 β 이하로 제한하는 것이다.

11.4 샘플링 검수의 작동 특성 선도

로트에서 부적합한 원료 또는 부적합한 부품이 하나도 없을 때는 로트를 항상 수용할 수 있다. 이러한 품질 수준의 로트를 검사할 때는 수용 확률이 항상 100%이어야 한다. 그러나

로트에 포함된 부적합한 원료 또는 부품이 많으면 많을수록 로트가 수용될 확률도 그만큼 낮아진다. 로트의 품질 수준 또는 부적합률과 이를 수용할 확률의 관계를 나타낸 선도를 작동 특성 선도(operating characteristic curve, OC curve)라고 하며 소비자와 생산자 위험에 따라 특정 품질 수준의 로트가 수용될 확률을 추정하거나 샘플링 검수의 효과를 나타내는 데 활용된다.

부적합한 제품의 비율이 p인 로트에서 n개의 샘플을 취하여 검사하였을 때 부적합으로 판정된 샘플 수 r가 허용 부적합 샘플 수 c 이하일 확률은 다음과 같이 나타낼 수 있다.

$$P(r \le c) = \sum_{r=0}^{c} \binom{n}{r} p^r (1-p)^{n-r} \tag{11-1}$$

여기서, $P(r \le c) = r$가 c 이하일 확률
$n =$ 샘플 수
$p =$ 로트의 부적합률
$r =$ 부적합으로 판정된 샘플 수
$c =$ 허용 부적합 샘플 수

그림 11-1은 샘플 수가 $n = 67$이고 허용 부적합 샘플 수가 $c = 2$일 때 로트의 수용 확률을 부적합률에 따라 나타낸 작동 특성 선도이다. 예를 들면 로트의 부적합률이 2%일 때 로트에서 취한 67개 샘플 중 부적합 샘플 수가 2개 이하일 확률은 85%가 된다는 것이다. 즉 로트의 수용 기준을 67개 샘플 중 허용 부적합 샘플을 2개로 설정하면 로트의 부적합률이 2%일 때 이 로트의 수용 확률은 85%가 된다는 것이다.

이상적인 샘플링 검수는 좋은 품질의 로트는 수용할 확률이 100%이어야 하며 나쁜 품질의 로트는 수용할 확률이 0%이어야 한다. 이러한 이상적인 샘플링 검수는 전수 검사로써 로트에서 부적합한 제품을 모두 제거하지 않는 한 불가능하다. 일반적으로 샘플링 검수의 정확도는 샘플 수가 증가하면 증가한다. 그림 11-2는 부적합 샘플 수를 허용하지 않을 때, 즉 $c = 0$일 때 샘플 수에 따른 작동 특성 선도를 나타낸 것이다. 허용 부적합 샘플 수가 0일 때 AQL로서 최저 부적합률 p_L과 RQL로서 최고 부적합률 p_U를 각각 1%, 9%로 설정하면 샘플 수를 $n = 10$으로 한 로트의 소비자 위험β는 39% 생산자 위험 α는 10%가 된다. 반면 샘플 수를 $n = 40$으로 한 로트에서는 $\beta = 1.4\%$, $\alpha = 33\%$가 된다. 즉 그림 11-2에서와 같이 샘플 수가 많으면 많을수록 소비자 위험은 감소하고 생산자 위험은 증가한다.

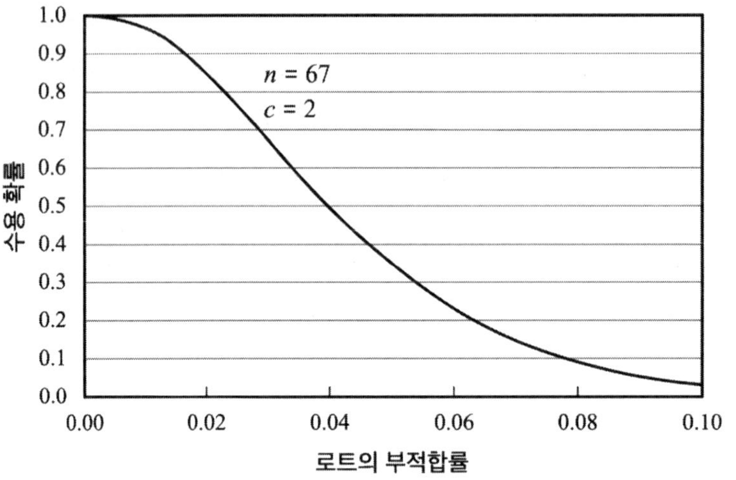

그림 11-1 샘플링 검수의 작동 특성 선도

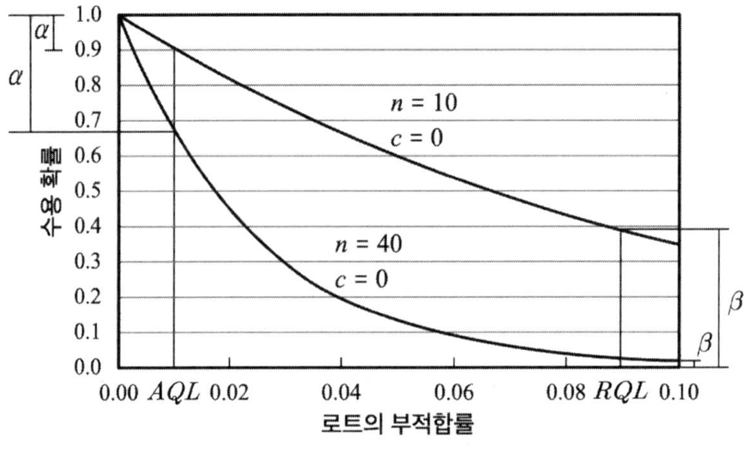

그림 11-2 샘플 수에 따른 작동 특성 선도

생산자와 소비자 위험은 샘플 수 외에도 허용 부적합 샘플 수의 영향을 받는다. 그림 11-3에서와 같이 허용 부적합 샘플 수가 많으면 많을수록 소비자 위험은 증가하고 생산자 위험은 감소한다. 따라서 샘플링 검수를 계획할 때는 대상 제품과 품질 관리의 목표에 따라 소비자 위험 β, 생산자 위험 α, 허용 품질 수준 AQL, 거절 품질 수준 RQL을 적절히 설정하여야 한다.

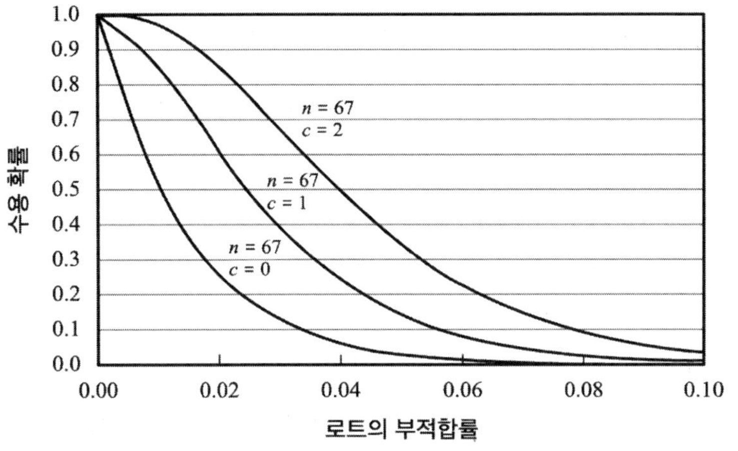

그림 11-3 허용 부적합 샘플 수에 따른 작동 특성 선도의 차이

11.5 속성 샘플링 검수

속성 샘플링 검수에서 단수 샘플링은 한 로트에서 임의로 선발한 총 n개의 샘플을 검사하였을 때 부적합으로 판정된 샘플 수가 허용 부적합 샘플 수 c와 같거나 보다 적으면 로트를 수용하고 그렇지 않으면 거절하는 검수이다. 따라서 단일 속성 샘플링 검수를 수행하기 위해서는 로트의 허용 품질 수준 AQL, 거절 품질 수준 RQL, 소비자 위험 β, 생산자 위험 α를 만족하는 총 샘플 수 n과 허용 부적합 샘플 수 c를 결정하여야 한다. 즉 식 (11–2)와 식 (11–3)을 만족하는 n과 c를 결정하여야 한다.

$$\sum_{r=0}^{c} \binom{n}{r} (RQL)^r (1-RQL)^{n-r} = \beta \tag{11–2}$$

$$1-\sum_{r=0}^{c} \binom{n}{r} (AQL)^r (1-AQL)^{n-r} = \alpha \tag{11–3}$$

해석적으로 식 (11–2)와 식 (11–3)을 동시에 만족하는 n과 c를 구하기는 쉽지 않다. 일반적으로 식 (11–4)와 식 (11–5)를 이용하여 근사적으로 n과 c를 구하고, 이를 식 (11–2)와 식 (11–3)에 대입하여 α와 β를 초과하지 않도록 조정하여 정수가 되는 n과 c를 결정한다. 식 (11–4)와 식 (11–5)는 식 (9–47)과 식 (9–48)과 같은 식이다. 속성 샘플링 검수에서 로트에 포함된 제품 수는 총 샘플 수 n에 비하여 대단히 많은 것으로 가정한다.

$$n = \frac{1}{(RQL - AQL)^2}[z_\alpha^2(AQL - AQL^2) + z_\beta^2(RQL - RQL^2)$$
$$+ 2z_\alpha z_\beta \sqrt{AQL \times RQL(1 - AQL)(1 - RQL)}] \quad (11-4)$$

$$c = -z_\alpha \sqrt{nAQL(1 - AQL)} + nQ - 0.5 \quad (11-5)$$

여기서, z_α =누적 확률이 α인 표준 정규 변수

z_β =누적 확률이 β인 표준 정규 변수

$Q = AQL$과 $(1 - AQL)$ 중 적은 수

단수 샘플링 검수에서 AQL에 대한 생산자 위험이 5%이고 RQL에 대한 소비자 위험이 10%일 때는 표 11-1을 이용하여 필요한 샘플 수와 허용 부적합 샘플 수를 구할 수도 있다. 부적합률이 1%인 로트에 대한 생산자 위험이 5%이고 부적합률이 5%인 로트에 대한 소비자 위험이 10%라고 하면 검수에 필요한 총 샘플 수와 허용 부적합 샘플 수는 표 11-1을 이용하여 다음과 같이 구한다. 이 샘플링 검수에서 $AQL = 0.01$, $RQL = 0.05$, $\alpha = 0.05$, $\beta = 0.1$이다. AQL에 대한 RQL의 비를 구하면

$$R = \frac{RQL}{AQL} = \frac{0.05}{0.01} = 5.0$$

이다. 표 11-1에서 5.0에 가장 가까운 R은 4.89이고 이때 $c = 3$, $nAQL = 1.366$, $nRQL = 6.68$이다. 따라서 생산자 위험 $\alpha = 0.05$를 기준으로 하면 총 샘플 수 n은

$$n = \frac{AQL\,n}{AQL} = \frac{1.366}{0.01} = 136.6 \approx 137$$

이 되고 소비자 위험 $\beta = 0.1$을 기준으로 하면 총 샘플 수 n은

$$n = \frac{RQL\,n}{RQL} = \frac{6.68}{0.05} = 133.6 \approx 134$$

가 된다. 식 (11-2)와 식 (11-3)을 이용하여 $n = 137$, $c = 3$일 때와 $n = 134$, $c = 3$일 때 생산자 위험과 소비자 위험을 구하면 각각

$n = 137$, $c = 3$일 때 $\alpha = 0.0495$, $\beta = 0.0844$

$n = 134$, $c = 3$일 때 $\alpha = 0.0463$, $\beta = 0.0930$

이다. 두 검수 방법 중에서 생산자 위험과 소비자 위험이 목표한 값에 더 가까운 검수 조건

을 선택할 수 있다. 여기서 샘플 수를 구할 때 기준으로 한 α와 β값에서 차이가 발생하는 이유는 n을 항상 계산한 값보다 큰 정수로 해야 하기 때문이다. 0.5에 인접한 다른 R에서도 같은 방법으로 n과 c를 구하여 검수 조건, 즉 총 샘플 수, 허용 부적합 샘플 수, 생산자 위험, 소비자 위험을 비교하여 가장 적합한 n과 c의 조합을 선택한다.

표 11-1. $\alpha = 0.05$, $\beta = 0.1$인 단수 샘플링 검수(Grubbs, 1949)

$R = \dfrac{RQL}{AQL}$	허용 부적합 샘플 수, c	$nAQL(\alpha = 0.05)$	$nRQL(\beta = 0.10)$
45.10	0	0.051	2.30
10.96	1	0.355	3.89
6.50	2	0.818	5.32
4.89	3	1.366	6.68
4.06	4	1.970	7.99
3.55	5	2.613	9.28
3.21	6	3.285	10.53
2.96	7	3.981	11.77
2.77	8	4.695	12.99
2.62	9	5.425	14.21
2.50	10	6.196	15.41
2.40	11	6.924	16.60
2.31	12	7.690	17.78
2.24	13	8.464	18.96
2.18	14	9.246	20.13
2.12	15	10.04	21.29

단수 샘플링에서 부적합으로 판정된 샘플 수가 허용 부적합 샘플 수 c보다 많으면 한 번 더 같은 로트에서 임의로 샘플을 선발하여 검사하고 그 결과에 따라 수용 여부를 결정할 수도 있다. 이러한 샘플링 검수를 이중 샘플링이라고 한다. 이중 샘플링은 4개의 변수로써 정의할 수 있다. 즉 첫 번째 샘플링에서 총 샘플 수와 허용 부적합 샘플 수를 각각 n_1, c_1, 두 번째 샘플링에서 총 샘플 수와 허용 부적합 샘플 수를 각각 n_2, c_2라고 하면, 첫 번째 샘플링에서 부적합으로 판정된 샘플 수 d_1이 $d_1 \leq c_1$이면 로트를 수용하고 두 번째 샘플링의 허용 부적합 샘플 수보다 많으면, 즉 $c_2 \leq d_1$이면 로트를 기각한다. 이중 샘플링은 d_1이 첫 번째 샘플링의 허용 부적합 샘플 수보다는 많지만 두 번째 샘플링의 허용 부적합 샘플 수보다는

적을 때, 즉 $c_1 < d_1 < c_2$일 때 실시한다. 이중 샘플링은 두 번째 샘플링에서 부적합으로 판정된 샘플 수 d_2가 $d_1 + d_2 \le c_2$이면 로트를 수용하고 그렇지 않으면, 즉 $c_2 < d_1 + d_2$이면 로트를 거절하는 검수이다. 일반적으로 이중 샘플링의 총 샘플 수는 단수 샘플링의 총 샘플 수와 같거나 배수인 경우가 많다. 즉 $n_2 = n_1$ 또는 $n_2 = 2n_1$인 경우가 많다.

이중 샘플링 검수에서 필요한 1, 2차 샘플링의 총 샘플 수 n_1과 n_2, 허용 부적합 샘플 수 c_1과 c_2는 표 11-2의 n_1AQL과 n_1RQL의 근삿값을 이용하여 구할 수 있다. 표 11-2는 소비자 위험과 생산자 위험이 각각 $\beta = 0.1$, $\alpha = 0.05$이고, 2차 샘플링의 총 샘플수가 1차 샘플링의 총 샘플 수와 같거나 2배일 때, 즉 $n_2 = n_1$ 또는 $n_2 = 2n_1$일 때 허용 품질 수준에 대한 거절 품질 수준의 비, 즉 $R = RQL/AQL$에 따라 n_1AQL, n_1RQL의 근삿값과 허용 부적합 샘플 수를 나타낸 것이다.

표 11-2. $\alpha = 0.1$, $\beta = 0.05$인 이중 샘플링 검수

https://www.york.ac.uk/depts/maths/tables/pdf.htm.

$\alpha = 0.10,\ \beta = 0.05,\ n_2 = n_1$					$\alpha = 0.10,\ \beta = 0.05,\ n_2 = 2n_1$				
$R = \frac{RQL}{AQL}$	c_1	c_2	$AQLn_1$	$RQLn_1$	$R = \frac{RQL}{AQL}$	c_1	c_2	$AQLn_1$	$RQLn_1$
12.05	0	1	0.21	2.49	14.33	0	1	0.16	2.32
7.46	1	2	0.53	3.93	7.80	0	2	0.31	2.43
6.79	0	2	0.43	2.92.	6.52	1	3	0.60	3.90
5.38	1	3	0.76	4.09	5.42	0	3	0.49	2.64
4.98	0	3	0.70	3.46	5.11	1	4	0.77	3.93
4.62	2	4	1.16	5.38	4.30	0	4	0.68	2.93
4.27	1	4	1.04	4.42	4.18	1	5	0.96	4.01
4.09	0	4	0.99	4.06	4.11	2	6	1.30	5.34
3.88	2	5	1.43	5.54	3.67	0	5	0.89	3.26
3.64	1	5	1.34	4.87	3.61	2	7	1.49	5.37
3.61	3	6	1.87	6.76	3.58	1	6	1.16	4.17
3.56	0	5	1.31	4.67	3.27	0	6	1.11	3.62
3.38	2	6	1.72	5.83	3.26	3	9	2.06	6.70
3.25	1	6	1.6	5.40	3.22	2	8	1.69	5.45
3.22	3	7	2.15	6.91	2.98	3	10	2.26	6.74
3.21	0	6	1.64	5.28	2.92	2	9	1.91	5.58
3.09	4	8	2.62	8.09	2.81	4	12	2.85	8.02
2.92	3	8	2.46	7.18	2.75	3	10	2.47	6.81

2.84	4	9	2.90	8.24	2.70	2	10	2.14	5.76
2.77	5	10	3.39	9.39	2.63	4	13	3.07	8.06
2.71	3	9	2.79	7.54	2.57	3	12	2.70	6.93
2.63	4	10	3.22	8.48	2.53	2	11	2.37	6.00
2.59	5	11	3.69	9.53	2.48	4	14	3.28	8.13
2.55	3	10	3.13	7.98	2.42	3	13	2.93	7.09
2.48	4	11	3.56	8.82	2.35	4	15	3.51	8.23
2.44	5	12	4.01	9.77	2.30	3	14	3.17	7.30
2.36	4	12	3.91	9.23	2.24	4	16	3.74	8.39
2.32	5	13	4.35	10.08	2.21	3	15	3.41	7.55
2.27	4	13	4.28	9.70	2.15	4	17	3.98	8.58
2.23	5	14	4.70	10.47	2.14	3	16	3.66	7.83
2.15	5	15	5.07	10.92	2.08	4	18	4.23	8.81
2.09	5	16	5.45	11.40	2.02	4	19	4.49	9.06
					1.97	4	20	4.75	9.35
					1.93	4	21	5.01	9.65
					1.89	4	22	5.27	9.97
					1.82	5	25	6.12	11.15
					1.72	6	30	7.52	12.96

예로서 허용 품질 수준이 부적합률로서 2%, 거절 품질 수준이 부적합률로서 8%이고 소비자와 생산자 위험이 각각 $\beta=0.1$, $\alpha=0.05$일 때 이중 샘플링 검수를 위한 총 샘플 수와 허용 부적합 샘플 수를 구하여 보자. 먼저 허용 품질 수준에 대한 거절 품질 수준의 비 R을 구하면

$$R=\frac{RQL}{AQL}=\frac{0.08}{0.02}=4.0$$

이다. 표 11-2에서 $R=4.0$에 가장 가까운 R을 구하면 1차 샘플링과 2차 샘플링의 총 샘플 수가 같은 경우에는, 즉 $n_2=n_1$인 경우에는 $R=4.09$이고, $n_2=2n_1$일 때는 $R=4.11$이다. $R=4.09$일 때는 $c_1=0$, $c_2=4$이고 $n_1AQL=0.99$, $n_1RQL=4.06$이다. 소비자 위험 $\beta=0.1$을 기준으로 하면

$$n_1=\frac{n_1RQL}{RQL}=\frac{4.06}{0.08}=50.75\approx 51$$

가 되고 생산자 위험 $\alpha=0.05$를 기준으로 하면

$$n_1 = \frac{n_1 AQL}{AQL} = \frac{0.99}{0.02} = 49.5 \approx 50$$

가 된다. 따라서 $\beta = 0.1$일 때는 $n_1 = 51,\ c_1 = 0,\ n_2 = 51,\ c_2 = 4$가 되고 $\alpha = 0.05$일 때는 $n_1 = 50,\ c_1 = 0,\ n_2 = 50,\ c_2 = 4$가 된다.

같은 방법으로 $n_2 = 2n_1$일 때는 표 11-2에서 $R = 4.11$이므로 이때 $c_1 = 2,\ c_2 = 6$이고 $n_1 AQL = 1.3,\ n_1 RQL = 5.34$이다. 소비자 위험 $\beta = 0.1$을 기준으로 하면

$$n_1 = \frac{n_1 RQL}{RQL} = \frac{5.34}{0.08} = 66.75 \approx 67$$

가 되고 생산자 위험 $\alpha = 0.05$를 기준으로 하면

$$n_1 = \frac{n_1 AQL}{AQL} = \frac{1.3}{0.02} = 65$$

가 된다. 따라서 $\beta = 0.1$일 때는 $n_1 = 67,\ c_1 = 2,\ n_2 = 134,\ c_2 = 6$이 되고 $\alpha = 0.05$일 때는 $n_1 = 65,\ c_1 = 2,\ n_2 = 130,\ c_2 = 6$이 된다. 그러나 이러한 방법으로 결정한 $n_1,\ c_1,\ n_2,\ c_2$를 이용하여 다시 소비자 위험과 생산자 위험을 구하면 앞에서 설명한 대로 $n_1,\ c_1,\ n_2,\ c_2$가 정수이기 때문에 목표한 값과는 차이가 있다. 따라서 $n_1,\ c_1,\ n_2,\ c_2$는 소비자 위험과 생산자 위험을 만족하는 수준에서 결정하여야 한다. 일반적으로 $AQL,\ RQL,\ \alpha,\ \beta$를 동시에 만족하는 n과 c는 존재하기 어려우며 α와 β가 적절한 수준일 때 결정한다.

이중 샘플링은 단수 샘플링보다 샘플 수를 줄일 수 있다는 장점이 있다. 이중 샘플링에서 첫 번째 샘플링의 샘플 수는 보통 단수 샘플링의 샘플 수보다 적기 때문에 1차 샘플링에서 로트가 수용되면 검사한 샘플 수는 단수 샘플링에서 검사한 샘플 수보다 적다. 또한 이중 샘플링에서는 2차 샘플링에서 로트가 수용될 가능성이 높다. 그러나 1차 샘플링에서 로트가 수용되지 못 하면 검사해야 할 샘플의 총 수는 단수 샘플링에서보다 많아지고, 단수 샘플링보다 절차가 복잡하다는 단점이 있다.

다중 샘플링 검수는 이중 샘플링 검수의 반복으로서 로트의 수용 여부를 결정할 때까지 2회 이상의 샘플링이 필요한 검수이다. 이중 샘플링에서 $c_2 < d_1 + d_2$이면 로트를 거절하거나 다시 한 번 더 n_3개의 샘플을 취하여 부적합으로 판정된 샘플 수 d_3와 허용 부적합 샘플 수 c_3를 비교하여 $d_1 + d_2 + d_3 \le c_3$이면 로트를 수용하고 $c_3 < d_1 + d_2 + d_3$이면 로트를 거절하거나 샘플링을 계속한다. 이러한 샘플링은 검수 조건에 따라 보통 5회까지 계속한다.

[예제 11-1] 어떤 제조업체는 품질 관리를 위하여 결함률이 1% 이하인 생산 로트는 최소한 95%의 확률로써 출하하고, 결함률이 8% 이상이면 90%의 확률로써 로트를 폐기하는 단수 샘플링 검수를 적용한다. 검수에 적합한 총 샘플 수와 최소한의 결함 샘플 수를 결정하여라.

[풀이] 이 샘플링 검수에서 소비자 위험은 $\beta=0.1$, 생산자 위험은 $\alpha=0.05$이고 $RQL=0.08$, $AQL=0.01$이다. 식 (11-4)와 식 (11-5)를 이용하여 n과 c의 근삿값을 구하면

$$n=\frac{1}{(0.08-0.01)^2}[(-1.645)^2(0.01-0.01^2)+(-1.282)^2(0.08-0.08^2)$$

$$+2(-1.645)(-1.282)\sqrt{0.01\times 0.0.08(1-0.01)(1-0.08)}]=53.4\approx 54$$

$$c=(-1.645)\sqrt{53.4\times 0.01(1-0.01)}+53.4(0.01)-0.5=1.23\approx 2$$

이다. 따라서 $AQL=0.01$, $RQL=0.08$일 때 식 (11-2)와 식 (11-3)을 이용하여 $n=54$, $c=2$를 변화시키며 $\beta=0.1$, $\alpha=0.05$를 만족하는 n과 c를 구한다. 그림 11-4에서와 같이 허용 부적합 샘플 수가 2개일 때 소비자 위험은 샘플 수에 따라 감소하며 생산자 위험은 증가한다. 즉 $\beta=0.1$, $\alpha=0.05$를 동시에 만족하는 샘플 수는 없으며 $n=65$, $c=2$일 때 $\beta=0.1$, $\alpha=0.03$이 되어 가장 적절한 해가 될 수 있다. 같은 방법으로 허용 부적합 샘플 수를 조정하여 적절한 샘플 수를 구할 수도 있다.

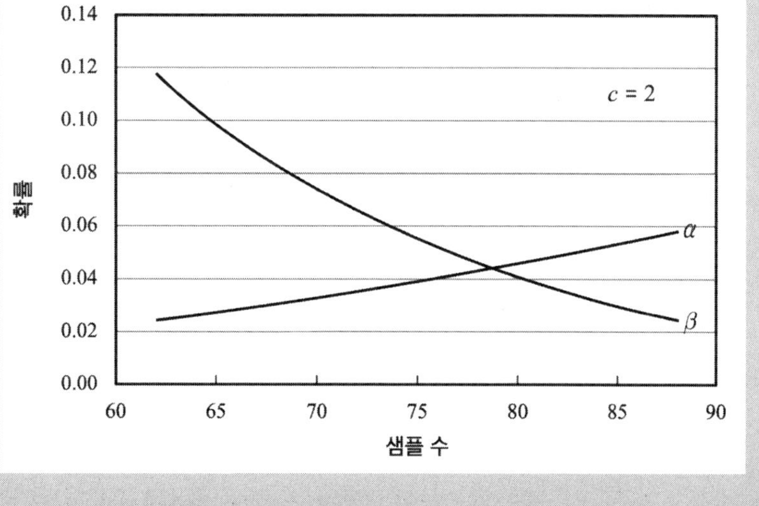

그림 11-4 샘플 수에 따른 소비자 위험과 생산자 위험

11.6 순차 샘플링 검수

순차 샘플링 검수는 로트의 수용 여부가 결정될 때까지 순차적으로 샘플을 1개씩 검사하는 검수이다. 이론적으로 이러한 과정은 로트에 포함된 모든 제품을 검사할 때까지 계속될 수 있으나 보통 검사한 샘플의 총 수가 단수 샘플링 검수에서 필요한 총 샘플 수의 3배에 이르면 중단한다. 순차 샘플링 검수는 왈드(Wald, 1947)가 개발한 순차 확률비 시험(sequential probability ratio test, SPRT)을 기본으로 한 것이며, 검사한 샘플의 총 수와 부적합으로 판정된 샘플 수의 관계를 이용하여 로트의 수용 여부를 결정한다.

검수를 위한 총 샘플 수를 n, 허용 품질 수준을 AQL, 거절 품질 수준을 RQL, 소비자 위험을 β, 생산자 위험을 α라고 하면 로트의 수용 여부를 결정하기 위한 부적합 샘플 수의 하한 r_L과 상한 r_U는 식 (9–70)과 식 (9–71)을 이용하여 결정할 수 있다. 이때 신뢰도의 하한 R_L과 상한 R_U를 부적합 확률의 하한 F_L과 상한 F_U 및 AQL과 RQL로써 표현하면

$$R_L = 1 - F_U = 1 - RQL$$
$$R_U = 1 - F_L = 1 - AQL$$

가 되므로 이를 이용하여 식 (9–70)과 식 (9–71)로부터 부적합 샘플 수의 하한 r_L과 상한 r_U를 구하면 각각

$$r_L = \frac{1}{\ln[\frac{RQL(1-AQL)}{AQL(1-RQL)}]}[\ln(\frac{\beta}{1-\alpha}) - n\ln(\frac{1-RQL}{1-AQL})] \tag{11–6}$$

$$r_U = \frac{1}{\ln[\frac{RQL(1-AQL)}{AQL(1-RQL)}]}[\ln(\frac{1-\beta}{\alpha}) - n\ln(\frac{1-RQL}{1-AQL})] \tag{11–7}$$

가 된다. 따라서 순차 샘플링 검수의 결정 기준은 다음과 같이 설정한다.

$r \leq r_L$이면 로트를 수용

$r_U \leq r$이면 로트를 기각

$r_L < r < r_U$이면 계속 샘플링

[예제 11–2] 검수 기준으로서 수용이 가능한 로트의 부적합율 AQL과 수용이 불가능한 부적합률 RQL이 각각 1%, 8%이고, 생산자 위험과 소비자 위험이 각각 5%, 10%일 때

순차 샘플링 검수의 결정 기준을 제시하여라.

[풀이] $AQL=0.01$, $RQL=0.08$, $\alpha=0.05$, $\beta=0.1$이므로 식 (11-6)과 식 (11-7)을 이용하여 총 샘플 수 n에 따라 부적합한 샘플 수의 하한 r_L과 상한 r_U를 구하면 각각

$$r_L=\frac{1}{\ln[\frac{0.08(1-0.01)}{0.01(1-0.08)}]}[\ln(\frac{0.1}{1-0.05})-n\ln(\frac{1-0.08}{1-0.01})]=0.034n-1.046$$

$$r_U=\frac{1}{\ln[\frac{0.08(1-0.01)}{0.01(1-0.08)}]}[\ln(\frac{1-0.1}{0.05})-n\ln(\frac{1-0.08}{1-0.01})]=0.034n+1.34$$

가 된다. 따라서 부적합 샘플 수의 하한 r_L과 상한 r_U를 이용한 순차 샘플링의 결정 기준은 그림 11-5에서와 같다.

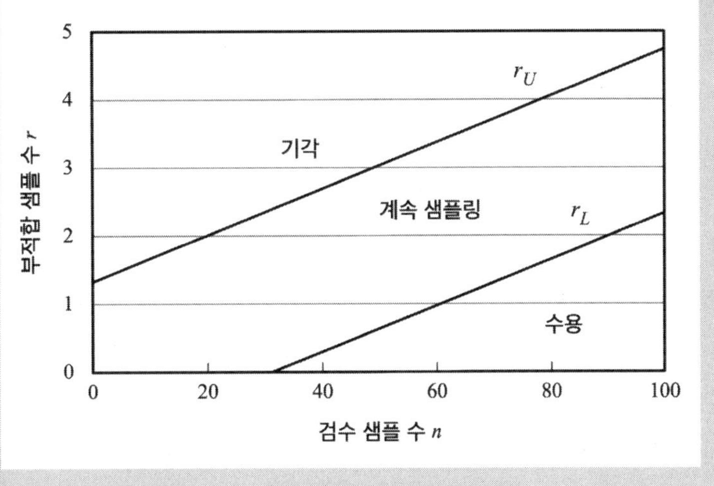

그림 11-5 순차 샘플링의 결정 기준

11.7 변량 샘플링 검수

변량 샘플링 검수는 로트의 품질을 연속적으로 측정할 수 있을때 적용할 수 있다. 이 샘플링 검수는 로트의 품질은 정규 분포를 따르고 샘플의 평균과 표준편차로써 나타낼 수 있다

는 가정을 기본으로 한 것이다. 따라서 변량 샘플링 검수를 수행하기 위해서는 샘플의 품질과 로트의 평균 또는 표준편차 사이에 존재하는 함수 관계를 추정하여야 한다.

변량 샘플링 검수는 속성 샘플링 검수에 비하여 총 샘플 수가 적고, 품질 데이터가 정량적으로 유용하다는 장점은 있으나, 품질의 특성 분포를 알아야 하고, 특성 분포의 변수를 측정해야 한다는 단점도 있다. 일반적으로 품질의 특성 분포는 정규 분포로 가정하기 때문에 정규 분포가 아닌 경우에는 큰 오류를 범할 수 있다. 품질의 특성 분포가 정규 분포가 아닌 경우의 샘플링 검수는 몽고메리(Montgomery, 2009)의 문헌을 참고하기 바란다.

변량 샘플링 검수에는 로트의 평균 품질을 유지하기 위한 샘플링 검수와 일정한 부적합률을 유지하기 위한 샘플링 검수가 있다.

(1) 로트의 평균 품질을 유지하기 위한 변량 샘플링 검수

이 샘플링 검수는 포대, 상자, 드럼 등을 이용하여 산물로 납품한 제품을 검수하는 데 적합하며, 평균, 표준편차와 같은 매개 변수를 이용하여 로트의 품질을 일정하게 유지하기 위한 검수이다.

예로서 폴리에스터 소재를 생산하는 어떤 회사의 검수 기준은 소재의 인장 강도가 655 kPa 이하이면 90% 이상 폐기하고 793 kPa 이상이면 95% 이상 출하하는 것이다. 인장 강도의 표준편차를 130 kPa로 유지하려고 할 때 변량 샘플링 검수에 필요한 총 샘플 수 n과 수용 가능한 평균 인장 강도를 구하여 보자. 이 샘플링 검수에서 허용 품질 수준은 AQL=793 kPa, 거절 품질 수준은 RQL=655 kPa, 생산자 위험은 $\alpha=5\%$, 소비자 위험은 $\beta=10\%$이다. n개 샘플의 평균 인장 강도가 $\overline{S_t}$이고 표준편차가 σ일 때 생산자 위험과 소비자 위험이 각각 α, β인 표준 정규 변수를 구하면

$$z_\alpha = z_{1-0.05} = \frac{AQL-\overline{S_t}}{\sigma/\sqrt{n}} = \frac{793-\overline{S_t}}{130/\sqrt{n}} = 1.645$$

$$z_\beta = z_{0.10} = \frac{RQL-\overline{S_t}}{\sigma/\sqrt{n}} = \frac{655-\overline{S_t}}{130/\sqrt{n}} = -1.282$$

가 된다. 두 식으로부터 $\overline{S_t}$와 n을 구하면

$$\overline{S_t} = \frac{z_\beta AQL - z_\alpha RQL}{z_\beta - z_\alpha} = \frac{-1.282\times793-(1.645)\times655}{-1.282-(1.645)} = 715.4\ \text{kPa}$$

$$n = [\frac{(z_\alpha - z_\beta)\sigma}{AQL - RQL}]^2 = [\frac{(1.645 - (-1.281)) \times 130}{793 - 655}]^2 = 7.6 \approx 8$$

가 된다.

변량 샘플링 검수에서 수용할 수 있는 평균 인장 강도와 샘플 수는 각각 $\overline{S}_t$=715.4 kPa, n=8로 추정되었다. 따라서 이 샘플링 검수는 로트에서 임의로 8개의 샘플을 선발하여 샘플의 평균 인장 강도를 계산하고 만약 샘플의 평균 인장 강도가 715.4 kPa보다 낮으면 로트를 폐기하고 그렇지 않으면 생산품을 출하할 수 있다. 그림 11-6은 이 샘플링 검수의 AQL, RQL과 $\overline{S}_t$의 관계를 나타낸 것이다. 이 방법은 유지해야 할 표준편차를 기본으로 한 것이다. 만약 소재의 표준편차가 제시되지 않았으면 미리 선발한 샘플에서 추정하여야 한다.

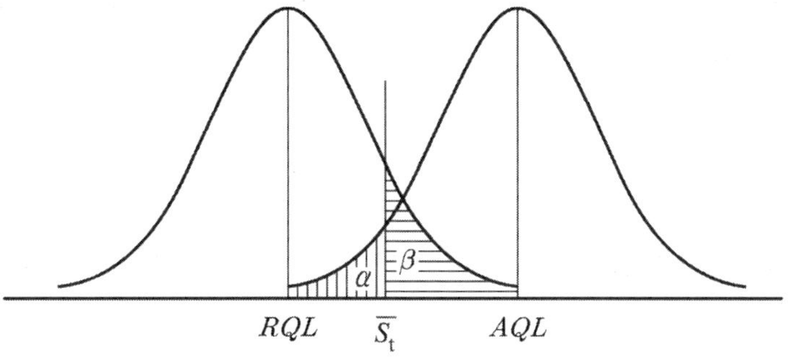

그림 11-6 AQL, RQL과 $\overline{S}_t$의 관계

(2) 로트의 하한 또는 상한 부적합률을 유지하기 위한 변량 샘플링 검수

품질이 가변적일 때는 로트 또는 생산 과정에서 제품의 부적합률을 추정할 수 있는 변량 샘플링 검수가 요구된다. 이러한 경우에는 품질의 수용 수준을 결정하기 위한 품질의 하한 LSL(lower specification limit) 또는 상한 USL(upper specification limit)을 결정하여야 하며, 하한과 상한을 모두 결정하는 경우도 있다. 하한과 상한이 결정되면 샘플의 평균 품질 $\overline{x}$와 하한 및 상한의 관계는 그림 11-7에서와 같이 표준편차로써 각각 다음과 같이 나타낼 수 있다.

$$z_{LSL} = \frac{\bar{x} - LSL}{\sigma} \tag{11-8}$$

$$z_{USL} = \frac{USL - \bar{x}}{\sigma} \tag{11-9}$$

z_{LSL}과 z_{USL}은 품질의 표준 정규 선도에서 표준 정규 변수에 해당하며, 표준 정규 선도에서 z_{LSL}과 z_{USL}의 바깥쪽 선도 아래의 면적은 각각 생산자 위험과 소비자 위험과 같다. 따라서 평균 품질로부터 품질의 하한과 상한이 멀면 멀수록 생산자 위험과 소비자 위험은 감소한다. 로트의 수용 여부는 z_{LSL} 또는 z_{USL}을 특정값 k와 비교하여 k 이상이면 로트를 수용하고 그렇지 않으면 거절한다. 즉 z_{LSL} 또는 z_{USL}이 k보다 크면 로트를 수용하고 작으면 거절한다. 이러한 변량 샘플림 검수를 위한 총 샘플 수 n과 특정값 k를 구하여 보자.

그림 11-7에서와 같이 수용할 수 있는 로트의 평균 부적합률이 μ_1이고, μ_1의 하한과 상한이 각각 LSL과 USL일 때, 표준편차가 σ인 로트에서 취한 n개 샘플의 평균 부적합률을 $\bar{x}$라고 하면 특정값 k는 다음과 같이 나타낼 수 있다.

$$LSL \le \bar{x} - k\sigma \tag{11-10}$$

$$\bar{x} + k\sigma \le USL \tag{11-11}$$

그림 11-7에서 평균 부적합률이 μ_1인 표준 정규 선도에서 식 (11-10)은 다음과 같이 표현할 수 있다.

$$k \le \frac{\bar{x} - \mu_1}{\sigma} - \frac{LSL - \mu_1}{\sigma} = \frac{z_\alpha}{\sqrt{n}} - z_{AQL} \tag{11-12}$$

또한 수용할 수 없는 로트의 평균 부적합률을 μ_2라고 하면 평균 부적합률이 μ_2인 표준 정규 선도에서 식 (11-10)은 다음과 같이 표현된다.

$$k \le \frac{\bar{x} - \mu_2}{\sigma} - \frac{LSL - \mu_2}{\sigma} = \frac{z_{1-\beta}}{\sqrt{n}} - z_{RQL} \tag{11-13}$$

식 (11-12)와 식 (11-13)에서 n을 구하면

$$n = \left(\frac{z_\alpha - z_{1-\beta}}{z_{AQL} - z_{RQL}}\right)^2 \tag{11-14}$$

이고, k는 $\frac{\bar{x} - LSL}{\sigma}$의 최솟값이므로

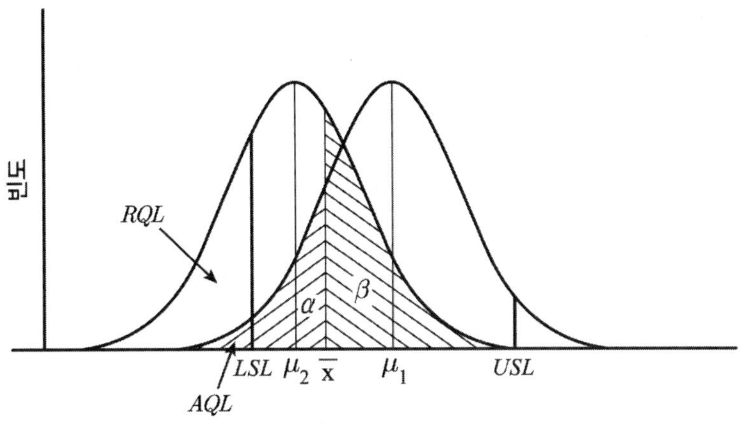

그림 11-7 부적합률을 유지하기 위한 변량 샘플링

$$k = \frac{z_\alpha}{\sqrt{n}} - z_{AQL}$$

가 되고 n을 대입하면

$$k = \frac{z_{AQL} z_{1-\beta} - z_{RQL} z_\alpha}{z_\alpha - z_{1-\beta}} \tag{11-15}$$

가 된다. 여기서 z_{AQL}, z_{RQL}, z_α, $z_{1-\beta}$는 표준 정규 선도 아래의 좌단 면적이 각각 AQL, RQL, α, $1-\beta$인 표준 정규 변수의 값이다. 따라서 품질의 표준편차가 σ일 때 로트의 품질 하한을 유지하기 위해서는 n개의 샘플로써 구한 평균 품질 $\bar{x}$를 이용하여 식 (11-8)로써 구한 z_{LSL}이 식 (11-15)로써 구한 위험 거리(critical distance) k보다 커야 한다. 또한 로트의 품질 상한을 유지하기 위해서는 식 (11-9)로써 구한 z_{USL}이 k보다 커야 한다.

식 (11-10) ~ 식 (11-13)에서 표준편차 σ는 경험에 의하여 이미 알고 있는 값으로 가정하였으나 표준편차를 모르는 경우에는 샘플로써 측정한 값을 이용한다. 샘플로써 측정한 표준편차를 이용하는 경우에는 변량 검수에 필요한 총 샘플 수는 크게 증가하며 다음 식으로써 근사적으로 구할 수 있다.

$$n = \left(\frac{z_\alpha - z_{1-\beta}}{z_{AQL} - z_{RQL}}\right)^2 \left(1 + \frac{k^2}{2}\right) \tag{11-16}$$

[예제 11-3] 어떤 회사는 납품한 소재의 부적합률이 8% 이상인 로트는 90% 이상 반품하고, 부적합률이 1% 이하인 로트는 최소한 95%의 확률로써 수용하는 검수 기준을 적용하고 있다. 소재의 강도는 최소한 628 kPa을, 표준편차는 140 kPa을 유지하고자 한다. 변량 검수에 필요한 총 샘플 수와 특정값 k를 구하여라.

[풀이] 품질의 하한은 LSL=628 kPa이고, 허용 수준은 $AQL=1\%$, 거절 수준은 $RQL=8\%$, 생산자 위험은 $\alpha=5\%$, 소비자 위험은 $\beta=10\%$이다. 따라서 식 (11-14)와 식 (11-15)를 이용하여 n과 k를 구하면

$$n=(\frac{z_{0.05}-z_{1-0.1}}{z_{0.01}-z_{0.08}})^2=[\frac{-1.6448-1.2815}{-2.3263-(-1.4051)}]^2=10.09\approx 10$$

$$k=\frac{z_{0.01}z_{1-0.1}-z_{0.08}z_{0.05}}{z_{0.05}-z_{1-0.1}}=\frac{-3263\times 1.2815-(-1.4051)\times(-1.6448)}{-1.6448-1.2815}=1.81$$

가 된다. 따라서 로트에서 임의로 10개의 샘플을 취하여 구한 샘플의 평균 인장 강도 $\bar{x}$와 식 (11-8)을 이용하여 표준 정규 변수 z_{LSL}을 구하고 이를 k와 비교한다. z_{LSL}이 k보다 크면 로트를 수용하고 아니면 거절한다.

[예제 11-4] 위의 검수 기준을 적용하여 한 로트에서 10개의 샘플을 선발하여 측정한 소재의 평균 강도가 700 kPa일 때 이 로트의 수용 여부를 결정하여라.

[풀이] 식 (11-8)을 이용하여 z_{LSL}을 구하면

$$z_{LSL}=\frac{\bar{x}-LSL}{\sigma}=\frac{700-628}{140}=0.514$$

이고 z_{LSL}이 k보다 작으므로, 즉 검수 기준을 만족하지 못 하므로 로트를 거절한다.

(3) 로트의 하한과 상한 부적합률을 모두 유지하기 위한 변량 샘플링 검수

로트의 품질 하한과 상한을 모두 유지하기 위해서는 먼저

$$z_{2L}=\frac{LSL-USL}{2\sigma} \tag{11-17}$$

$$\Phi(z_{2L}) = \int_{-\infty}^{z_{2L}} \frac{1}{\sqrt{2\pi}} t^{-\frac{1}{2}t^2} dt$$

을 구하고, 다음과 같은 검수 기준에 따라 로트의 수용 여부를 결정한다.

$RQL \leq 2\Phi(z_{2L})$이면 로트를 거절

$2\Phi(z_{2L}) \leq AQL$이면 위험 거리 k를 이용하여 검수

$AQL \leq 2\Phi(z_{2L}) \leq RQL$이면 다음과 같이 M을 구하여 검수

먼저 품질 하한을 유지하기 위해서는 LSL 이상의 부적합 비율과 최대 허용 부적합 비율을 비교하였을 때 $p_{LSL} \leq M$이어야 한다. LSL 이상의 부적합 비율 p_{LSL}과 최대 허용 부적합 비율 M은 각각 표준 정규 분포를 이용하여 다음과 같이 구할 수 있다.

$$p_{LSL} = \int_{Q_L}^{\infty} \frac{1}{\sqrt{2\pi}} e^{-\frac{1}{2}t^2} dt \qquad (11-18)$$

여기서, $Q_L = \dfrac{\overline{x} - LSL}{\sigma}\sqrt{\dfrac{n}{n-1}}$

$$M = \int_{Q_M}^{\infty} \frac{1}{\sqrt{2\pi}} e^{-\frac{1}{2}t^2} dt \qquad (11-19)$$

여기서, $Q_M = k\sqrt{\dfrac{n}{n-1}}$

품질 상한을 유지하기 위해서는

$$p_{USL} = \int_{Q_U}^{\infty} \frac{1}{\sqrt{2\pi}} e^{-\frac{1}{2}t^2} dt \qquad (11-20)$$

여기서, $Q_U = \dfrac{USL - \overline{x}}{\sigma}\sqrt{\dfrac{n}{n-1}}$

을 구하였을 때 p_{USL}이 M 이하이어야 한다. 즉 $p_{USL} \leq M$을 만족하여야 한다. 품질의 하한과 상한을 모두 유지하기 위해서는

$$p_{LU} = (p_{LSL} + p_{USL}) < M \qquad (11-21)$$

을 만족하여야 한다.

로트 품질의 표준편차를 모르는 경우에는 식 (11-16)을 이용하여 먼저 필요한 총 샘플 수 n을 구하고, 로트로부터 n개 샘플을 취하여 로트 품질의 평균 $\overline{x}$와 표준편차 s를 구한다. n개 샘플로부터 구한 로트 품질의 평균과 표준편차를 각각 $\overline{x}$와 s라고 하면 p_{LSL}과 p_{USL}

은 표준 정규 분포 대신 표준 베타 분포(beta distribution)의 분포 함수를 이용하여 다음과 같이 구한다.

$$p_{LSL} = \frac{\Gamma(a_L + b_L)}{\Gamma(a_L)\Gamma(b_L)} \int_0^{x_L} \nu^{a_L - 1}(1-\nu)^{b_L - 1} d\nu \tag{11-22}$$

$$p_{USL} = \frac{\Gamma(a_U + b_U)}{\Gamma(a_U)\Gamma(b_U)} \int_0^{x_U} \nu^{a_U} - 1(1-\nu)^{b_U - 1} d\nu \tag{11-23}$$

여기서, $a_L = b_L = a_U = b_U = \frac{n}{2} - 1$

$$x_L = \max[0,\ 0.5(1 - Q_L(\frac{\sqrt{n}}{n-1}))]$$

$$x_U = \max[0,\ 0.5(1 - Q_U(\frac{\sqrt{n}}{n-1}))]$$

$$Q_L = \frac{\bar{x} - LSL}{s}$$

$$Q_U = \frac{USL - \bar{x}}{s}$$

또한 최대 허용 부적합 비율 M은 다음과 같이 구한다.

$$M = \frac{\Gamma(a_M + b_M)}{\Gamma(a_M)\Gamma(b_M)} \int_0^{x_M} \nu^{a_M - 1}(1-\nu)^{b_M - 1} d\nu \tag{11-24}$$

여기서, $a_M = b_M = \frac{n-2}{2}$

$$x_M = 0.5(1 - k\frac{\sqrt{n}}{n-1})$$

따라서 품질의 상한을 유지하기 위해서는

$$p_{USL} < M \tag{11-25}$$

을 만족하여야 하며, 하한과 상한을 모두 유지하기 위해서는

$$p_{LSL} + p_{USL} < M$$

을 만족하여야 한다. (11-26)

[예제 11-5] 어떤 회사에서 구매할 온도 센서의 허용 측정 오차는 1.0~3.0%이다. 이 온도 센서에는 부적합률이 1%이면 납품한 부품을 98% 수용하고, 부적합률이 5%이면 95%를 반품하는 검수 기준을 적용하였다. 측정 오차의 표준편차가 0.5%일 때 로트의 수용 여부를 결정하여라.

[풀이] $LSL=1.0\%$, $USL=3.0\%$, $AQL=0.01\%$, $RQL=0.05\%$, $\alpha=0.02$, $\beta=0.05$이므로 식 (11-17)을 이용하여 z_{2L}과 $2\Phi(z_{2L})$을 구하면

$$z_{2L}=\frac{1-3}{2\times 0.5}=-2$$

$$2\Phi(-2)=2\int_{-\infty}^{-2}\frac{1}{\sqrt{2\pi}}t^{-\frac{1}{2}t^2}dt=0.0455$$

가 된다. $AQL\le 0.0455\le RQL$이므로 M을 구하여 수용 여부를 결정하여야 한다. 먼저 식 (11-14)와 식 (11-15)를 이용하여 샘플 수 n과 위험 거리 k를 구하면

$$n=\left(\frac{z_\alpha-z_{1-\beta}}{z_{AQL}-z_{RQL}}\right)^2=\left(\frac{-2.054-1.65}{-2.326+1.645}\right)^2=29.5\Rightarrow 30$$

$$k=\frac{z_{AQL}z_{1-\beta}-z_{RQL}z_\alpha}{z_\alpha-z_{1-\beta}}=\frac{-2.326(1.645)+1.645(-2.054)}{-2.054-1.645}=1.948$$

가 된다. 따라서 로트에서 30개의 샘플을 취하여 온도 센서의 평균 측정 오차를 구한다. 측정한 평균 측정 오차를 2%로 가정하고 p_{LSL}, p_{USL}, M을 구하면

$$Q_L=\frac{\bar{x}-LSL}{\sigma}\sqrt{\frac{n}{n-1}}=\frac{2-1}{0.5}\sqrt{\frac{30}{(30-1)}}=2.034$$

$$Q_U=\frac{USL-\bar{x}}{\sigma}\sqrt{\frac{n}{n-1}}=\frac{3-2}{0.5}\sqrt{\frac{30}{(30-1)}}=2.034$$

$$Q_M=k\sqrt{\frac{n}{n-1}}=1.948\sqrt{\frac{30}{(30-1)}}=1.981$$

이므로

$$p_{LSL}=\int_{Q_L}^{\infty}\frac{1}{\sqrt{2\pi}}e^{-\frac{1}{2}t^2}dt=\int_{2.034}^{\infty}\frac{1}{\sqrt{2\pi}}e^{-\frac{1}{2}t^2}dt=0.021$$

$$p_{USL}=\int_{Q_U}^{\infty}\frac{1}{\sqrt{2\pi}}e^{-\frac{1}{2}t^2}dt=\int_{2.034}^{\infty}\frac{1}{\sqrt{2\pi}}e^{-\frac{1}{2}t^2}dt=0.021$$

$$M=\int_{Q_M}^{\infty}\frac{1}{\sqrt{2\pi}}e^{-\frac{1}{2}t^2}dt=\int_{1.981}^{\infty}\frac{1}{\sqrt{2\pi}}e^{-\frac{1}{2}t^2}dt=0.0238$$가 된다.

따라서 $p_{LSL}<M$, $p_{USL}<M$이므로 30개 샘플의 평균 측정 오차가 2%이면 측정 오차의 하한 또는 상한을 유지할 수 있다. 그러나 $M<p_{LSL}+p_{USL}$이므로 하한과 상한을 모두 유지할 수는 없다.

[예제 11-6] 예제 11-5에서 측정 오차의 표준편차를 모를 때 표준편차를 구하기 위한 샘플 수와 로트의 수용 여부를 결정하여라.

[풀이] 식 (11-16)을 이용하여 필요한 샘플 수를 구하면

$$n=(\frac{z_\alpha-z_{1-\beta}}{z_{AQL}-z_{RQL}})^2(1+\frac{k^2}{2})=(\frac{-2.054-1.645}{-2.326+1.645})^2(1+\frac{1.948^2}{2})=85.3\Rightarrow 86$$

이 된다. 따라서 로트에서 86개의 샘플을 취하여 측정 오차의 평균과 표준편차를 구한다. 측정 오차의 평균과 표준편차를 각각 2.3%, 0.25%라고 가정하고 식 (11-22), 식 (11-23), 식 (11-24)를 이용하여 p_{LSL}, p_{USL}, M을 구하면,

$$Q_L=\frac{\bar{x}-LSL}{s}=\frac{2.3-1}{0.25}=5.2$$

$$Q_U=\frac{USL-\bar{x}}{s}=\frac{3-2.3}{0.25}=2.8$$

$$a_L=b_L=a_U=b_U=\frac{n}{2}-1=\frac{86}{2}-1=42$$

$$a_M=b_M=\frac{n-2}{2}=\frac{86-2}{2}=42$$

$$x_L=\max[0,\ 0.5(1-Q_L(\frac{\sqrt{n}}{n-1}))]=\max[0,\ 0.5(1-5.2(\frac{\sqrt{86}}{86-1}))]=0.216$$

$$x_U=\max[0,\ 0.5(1-Q_U(\frac{\sqrt{n}}{n-1}))]=\max[0,\ 0.5(1-2.8(\frac{\sqrt{86}}{86-1}))]=0.347$$

$$x_M=0.5(1-k\frac{\sqrt{n}}{n-1})=0.5(1-1.948\frac{\sqrt{86}}{86-1})=0.394$$

이므로

$$p_{LSL}=\frac{\Gamma(42+42)}{\Gamma(42)\Gamma(42)}\int_0^{0.216}\nu^{42-1}(1-\nu)^{42-1}d\nu=6.15\times10^{-9}$$

$$p_{USL}=\frac{\Gamma(42+42)}{\Gamma(42)\Gamma(42)}\int_0^{0.347}\nu^{42-1}(1-\nu)^{42-1}d\nu=0.0021$$

$$M=\frac{\Gamma(42+42)}{\Gamma(42)\Gamma(42)}\int_0^{0.394}\nu^{42-1}(1-\nu)^{42-1}d\nu=0.0247$$

가 된다. 따라서 $p_{USL}<M$, $p_{USL}<M$, $p_{LSL}+p_{USL}<M$이므로 로트에서 86개의 샘플을 취하여 구한 측정 오차의 평균과 표준편차를 각각 2.3%, 0.25%라고 하면 온도 센서의 하한과 상한 측정 오차를 모두 유지할 수 있다.

(4) 검수 선도를 이용한 검수

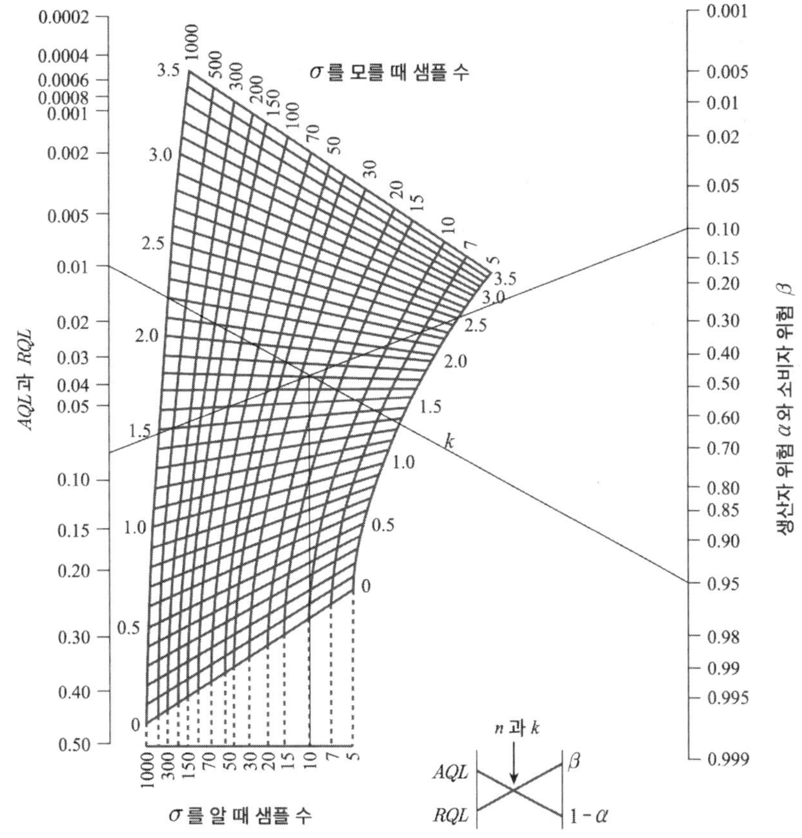

그림 11-8 변량 검수 선도

최소한의 품질 수준을 유지하기 위한 변량 검수의 총 샘플 수 n과 특성값 k는 그림 11-8의 변량 검수 선도를 이용하여 구할 수도 있다. 특성값 k는 그림 11-8에서 좌측의 AQL과 우측의 $(1-\alpha)$를 연결하는 직선과 좌측의 RQL과 우측의 β를 연결하는 직선이 교차하는 교점에서 우측 곡선이 만난 수로써 결정하고, 샘플 수 n은 σ를 모를 때는 위쪽 곡선이 만난 수로써 결정하며, σ를 알 때는 교점에서 아래쪽으로 내린 직선이 만난 수로써 결정한다. 예로서 예제 11-3의 경우를 적용하면 $AQL=1\%$, $RQL=8\%$, 생산자 위험 $\alpha=5\%$, 소비자 위험 $\beta=10\%$ 이므로 좌측의 $AQL=0.01$과 우측의 $1-\alpha=1-0.05=0.95$를 연결한 직선과 좌측의 $RQL=0.08$과 우측의 $\beta=0.1$를 연결한 직선이 만나는 교점에서 우측 곡선을 따라 k를 결정하면 $k=1.8$ 정도이고, 샘플 수 n은 표준편차 σ를 아는 경우에는 아래쪽으로 내린 직선이 만나는 수가 10이므로 $n=10$으로 결정하며, σ를 모르는 경우에는 위쪽 곡선을 따라 만난 수가 26 정도이므로 $n=26$으로 결정한다.

변량 샘플링 검수는 속성 샘플링 검수에 비하여 보다 정확하고 효율적이며 품질 변수의 표준편차를 아는 경우에는 필요한 샘플 수도 적다. 그러나 실제 적용하기가 복잡하다는 단점은 있다. 적절한 샘플링 검수 방법을 선택하기 위해서는 품질 측정비, 요구 정확도, 가용 시설, 시간 제약, 통계적 배경 등 샘플링과 관련한 요구 조건과 검수 오류에 따른 위험을 고려하여야 한다. 샘플링 검수는 제품의 품질을 측정하기 위한 효과적 방법이 없을 때 적용하는 것이 일반적이다.

●●● 참 고 문 헌

Grubb, F. E., 1949. On designing single sampling inspection plans. The Annals of Mathematical Statistics 20: 242–256.

Lawson, J. 2019. An introduction to acceptance sampling and SPC with R. e–book at lawson@stat.byu.edu.

Montgomery, D. C. 2009. Introduction to statistical quality control. 6th Ed. John Wiley & Sons, Inc.

Wald, A. 1945. Sequential tests of statistical hypotheses. The Annals of Mathematical Statistics, 16(2): 117–186.

제 12 장

시험 코드

제 12 장 시험 코드

신뢰도 입증 시험을 효과적으로 수행하기 위해서는 정해진 방법과 절차에 따라 일관된 시험을 수행하기 위한 시험 코드가 요구된다. 시험 코드는 시험 하중의 크기와 방향, 속도, 작용 시간의 조합을 일정한 순서로 배열한 것이다. 이러한 조합의 배열은 단수 또는 다수의 사이클로써 구성할 수 있다.

시험 코드는 기본적으로 제품의 기술 제원, 고장의 정의와 특징, 목표 신뢰도, 전형적인 사용 조건, 제품의 이용 형태별 부하의 특징과 사이클, 효과적인 시험 방법 등을 고려하여 작성하여야 한다. 고장은 제품의 종류와 제조업체에 따라 다를 수 있기 때문에 이를 명확히 정의하여야 하며, 고장의 특징은 제품의 고장 분포와 분포 함수의 매개 변수로써 나타낼 수 있다. 소비자들이 제품을 이용하는 형태를 사용 프로파일(use profile)이라고 하며 사용자 프로파일은 소비자의 범위, 즉 소비자의 90% 또는 95% 또는 99% 등을 정하여 결정하여야 한다. 작용 하중의 특징과 사이클 수는 작용 하중의 주기성 여부에 따라 작업 사이클 또는 부하 스펙트럼으로 나타낼 수 있다. 시험 방법은 모든 제품을 전부 시험하는 전수 시험과 소수의 샘플만 시험하는 샘플 시험, 시험 시간과 제품의 수명이 같은 보기 시험(bogey test), 시험 부하가 실제 부하보다 큰 가속 시험, 가속 시험은 다시 고장이 없는 가속 시험, 즉 무고장 가속 시험과 고장이 있는 가속 시험 등으로 구분할 수 있다. 전수 시험, 보기 시험, 고장이 있는 가속 시험은 많은 비용과 시간이 요구되기 때문에 시험 코드는 일반적으로 소수의 샘플을 이용하는 무고장 가속 시험을 대상으로 한다.

시험 코드는 같은 종류의 제품인 경우에도 제조업체에 따라 기술과 경험이 포함되어 있기 때문에 동일하지 않으며 비밀로 취급되어 공개되지 않는다. 또한 제조업체에 따라 시험 코드의 작성 방법도 다를 수 있다. 본 장에서는 시험 코드를 작성하는 데 응용할 수 있는 몇 가지 제품의 무고장 가속 시험 방법을 소개하였다.

12.1 무고장 가속 시험

무고장 가속 시험은 신뢰도 입증 시험에서 가장 일반적으로 적용할 수 있는 시험 방법이다. 최소한 1개 또는 2개, 즉 일정한 수의 고장을 요구하는 입증 시험도 있으나 이는 무고장 가속 시험에서보다 많은 시험 시간과 비용이 요구된다. 그러나 그 결과가 통계적으로 무고장 가속 시험보다 더 유의미한 것은 아니다. 무고장 시험은 일반적으로 목표 수명보다 긴 시험 시간이 요구되기 때문에 이를 단축하기 위해서는 가속 시험이 불가피하다. 다만 무고장 가속 시험에서는 가속 부하 수준이 지나치게 높아 실제 사용 조건에서는 발생하지 않는 고장이 발생하지 않도록 적절한 수준의 가속 부하를 유지하는 것이 중요하다.

무고장 가속 시험은 가속 부하 조건에서 일정한 수의 샘플을 일정 시간 가동하였을 때 모든 샘플에서 고장이 없고 시험이 끝난 후에도 모든 샘플에서 균열, 마모 등 파괴의 징후가 없으면 특정한 신뢰 수준에서 일정한 시간까지 신뢰도를 입증하는 시험 방법이다. 이러한 무고장 가속 시험을 수행할 때는 다음과 같은 기본 절차를 따라야 한다.

① 시험 대상인 부품, 장치, 또는 기계의 하중–수명 선도, 하중–수명 선도의 기울기 λ, 고장의 특성을 나타내는 고장 분포 함수의 매개 변수, 예를 들면 와이블 분포의 형상계수 β, 특성 수명 η, 지수 분포 함수의 평균고장간격 등을 결정한다. λ, β, η 등 고장 분포 함수의 매개 변수는 고장 시험을 통하여 결정하는 것이 원칙이지만 고장 시험이 어려운 경우에는 유사한 부품의 고장 특성을 참고하여 결정할 수도 있다. 기계가 다수의 주요 부품으로 구성된 경우에는 각 부품에 대한 하중–수명 선도와 고장 특성을 결정하여야 한다.

② 부품, 장치 또는 기계의 작업 사이클을 구명하고, 작업 사이클의 등가 하중과 등가 속도를 결정한다. 또한 부품, 장치, 기계의 허용 최대 부하와 허용 최고 속도를 결정한다.

③ 작업 사이클의 등가 부하 P_{eq}, 등가 속도 ω_{eq}의 조건에서 입증해야 할 목표 수명, 목표 수명에 대한 신뢰도, 적용할 신뢰 수준을 결정한다.

④ 시험 샘플의 수, 신뢰 수준, 목표 수명, 목표 수명에 대한 신뢰도에 따라 무고장 시험 시간을 결정한다.

⑤ 적절한 가속 부하와 가속 속도를 적용하여 가속 시험 사이클을 작성하고 가속 시험 사이클의 등가 부하와 등가 속도를 결정한다.

⑥ 작업 사이클과 가속 시험 사이클의 등가 부하와 등가 속도를 이용하여 가속계수를 결정한다.

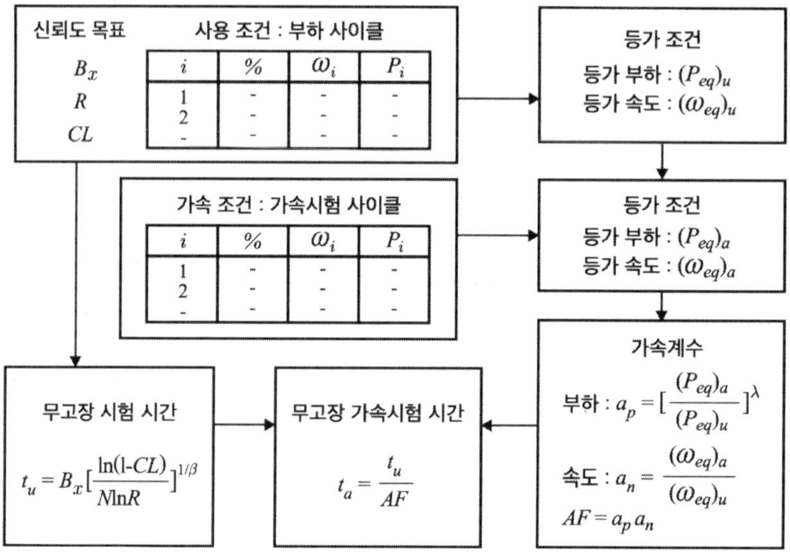

그림 12-1 무고장 가속 시험의 기본 절차

⑦ 무고장 시험 시간과 가속계수를 이용하여 무고장 가속 시험 시간을 결정한다.

그림 12-1은 이러한 기본 절차를 나타낸 것이다.

12.2 유압 펌프

어떤 유압 기기 제조업체는 굴착기용 유압 주펌프의 목표 수명을 70% 신뢰 수준에서 $B_{20} = 9,000$시간으로 설계하였다. 즉 70% 신뢰 수준에서 목표 수명을 9,000시간, 목표 수명에 대한 신뢰도를 80%로 설정하였다. 이 유압 펌프의 최고 허용 압력과 속도는 각각 350 bar, 2,200 rpm이고, 유압 펌프의 작업 사이클은 표 12-1에서와 같다. 3개의 샘플을 이용하여 이 유압 펌프의 목표 수명과 신뢰도를 입증하기 위한 무고장 가속 시험의 시험 코드를 만들어 보자.

표 12-1 유압 펌프의 작업 사이클

부하 조건, i	작용 시간비, h_i, %	작용 속도, ω_i, rpm	작용 부하, $\triangle p_i$, bar
1	25	2,200	100
2	18	2,175	140
3	12	2,050	170
4	11	2,000	195
5	13	1,950	240
6	10	1,850	250
7	5	1,800	270
8	3	1,750	280
9	2	1,500	300
10	1	1,200	305

① 유압 펌프의 부하–수명 선도 결정

유압 펌프의 수명에 가장 큰 영향을 미치는 주요 부품의 부하–수명 선도를 작성한다. 주요 부품은 회전부, 기어, 베어링 등이므로, 만약 회전부와 베어링이 주요 부품인 경우에는 그림 12-2에서와 같이 회전부와 베어링의 부하–수명 선도를 함께 나타낸다. 그림 12-2에서 각각의 부하–수명 선도는 다음과 같이 표현된다.

회전부: $B_{20} = 100(\frac{400}{\triangle p})^8$

베어링: $B_{20} = 15,000(\frac{210}{\triangle p})^{\frac{10}{3}}$

여기서, B_{20}=신뢰도가 80%인 유압 펌프의 수명, 사이클

$\triangle p$=입력축 속도가 1,800 rpm일 때 유압 펌프의 입출구 압력차, bar

회전부의 피로 손상지수는 8, 베어링의 피로 손상지수는 볼 베어링인 경우에는 3, 롤러 베어링인 경우에는 10/3을 적용한다. 유압 펌프의 수명은 하중–수명 선도에서와 같이 압력

차가 216.6 bar 이상이면 회전부에 의하여 결정되며 216.6 bar 이하이면 베어링에 의하여 결정된다. 또한 압력이 216.6 bar일 때는 회전부와 베어링의 수명이 같다. 즉 $B_{20} = 13,527.3$사이클이다.

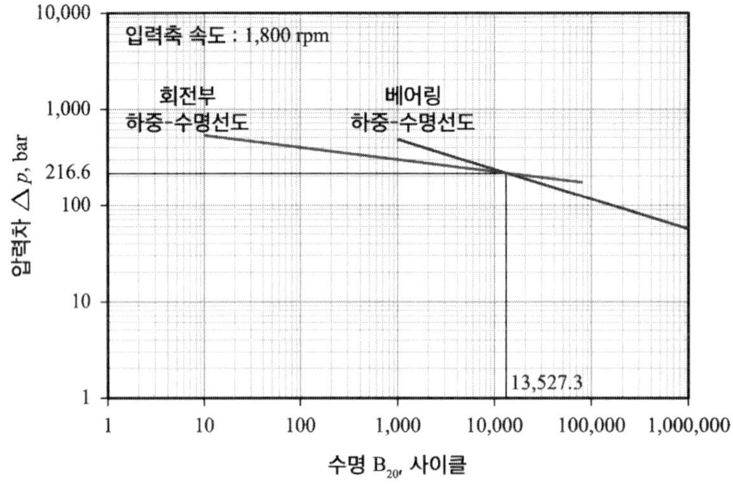

그림 12-2 유압 펌프의 부하-수명 선도

② 작업 사이클의 등가 부하와 등가 속도 결정

표 12-1의 작업 사이클을 이용하여 표 12-2에서와 같이 등가 부하와 등가 속도를 결정한다.

$$(\omega_{eq})_u = \sum h_i \omega_i = 2,030.5 \ \text{rpm}$$

$$(\Delta p_{eq})_u = [\frac{\sum h_i \omega_i \Delta p_i^8}{\sum h_i \omega_i}]^{\frac{1}{8}} = [\frac{1.37 \times 10^{22}}{2,030.5}]^{\frac{1}{8}} = 225.8 \ \text{bar}$$

표 12-2 작업 사이클을 이용한 등가 부하와 등가 속도의 결정

하중 조건, i	작용 시간비, h_i, %	작용 속도, ω_i, rpm	부하 Δp_i, bar	$h_i \omega_i$	$h_i \omega_i (\Delta p_i)^8$
1	25	2,200	100	550	5.50E18
2	18	2,175	140	391.5	5.78E19
3	12	2,050	170	246	1.72E20

4	11	2,000	195	220	4.60E20
5	13	1,950	240	253.5	2.82E21
6	10	1,850	250	185	2.8E21
7	5	1,800	270	90	2.54E21
8	3	1,750	280	52.5	1.98E21
9	2	1,500	300	30	1.97E21
10	1	1,200	305	12	8.99E20
합계	100			2030.5	1.37E22

③ 실제 목표 수명을 부하–수명 선도의 목표 수명으로 변환

실제 목표 수명은 작업 사이클의 등가 부하 225.8 bar, 등가 속도 2030.5 rpm에서 9,000시간이므로, 하중–수명 선도를 이용하여 이를 입력축 속도가 1800 rpm일 때의 수명으로 변환한다. 등가 부하가 216.6 bar 이상이므로 부하–수명 선도는 그림 12–2에서 회전부의 부하–수명 선도를 적용한다. 입력축 속도가 1,800 rpm일 때 목표 수명은 식 (8–14)를 적용하여 구한다. 즉

$$B_{20} = 9,000 \times \frac{2,030.5}{1,800} \times \frac{225.8^8}{225.8^8} = 10,152.5\text{시간}$$

이 된다.

④ 무고장 시험 시간의 결정

회전부의 형상계수를 $\beta = 2.0$이라고 하면, 샘플 수는 $n = 3$, 목표 수명은 $B_{20} = 10,152.5$시간, 신뢰 수준은 $CL = 0.7$, 신뢰도는 $R = 0.8$이므로 식 (9–8)을 적용하면, 무고장 시험 시간은

$$t = 10,152.5\left[\frac{\ln(1-0.7)}{3\ln 0.8}\right]^{\frac{1}{2}} = 13,615.34\text{시간}$$

이 된다. 즉 3개의 샘플을 압력차 225.8 bar, 입력축 속도 1,800 rpm로써 13,615.3시간 가동하여 3개의 샘플에서 모두 고장이 없으면, 유압 펌프는 70% 신뢰 수준에서 $B_{20} = 9,000$시간의 목표 수명을 기대할 수 있다. 그러나 시험 시간 13,615.3시간은 현실적으로 적용하기가 불가능하기 때문에 최대 허용 압력과 속도를 이용하여 가속 시험 사이클을 작성하고 이를 이용하여 무고장 가속 시험을 실시한다.

⑤ 가속 시험 사이클의 작성

유압 펌프의 최대 허용 압력과 속도를 각각 최대 가속 부하와 가속 속도로 설정하여 다음과 같이 가속 시험 사이클을 작성한다. 그림 12-3과 표 12-3은 가속 시험 사이클을 나타낸 것이다.

- 가속 부하: 최대 350 bar
- 가속 속도: 2,200 rpm
- 부하 사이클 주기: 22.9초
- 부하 증가: 350 bar/5.7초
- 부하 감소: 350 bar/5.7초
- 최대 부하 작용 시간: 9초
- 0 부하 상태: 2.5초

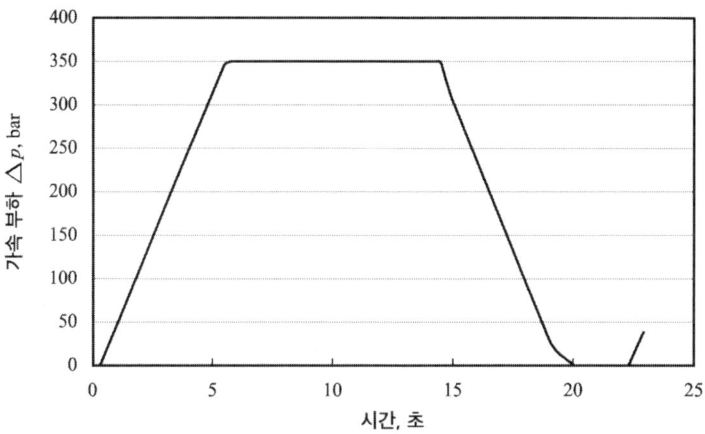

그림 12-3 가속 시험 사이클

표 12-3 가속 시험 사이클과 등가 가속 부하

i	t_i	h_i	$\sum t_i$	ω_i	Δp_i	$h_i\omega_i$	$h_i\omega_i(\Delta p_i)^8$
1	0	0.00	0.00	2,200	0	0.00	0.00E+00
2	0.3	1.31	0.30	2,200	0	28.82	0.00E+00
3	0.3	1.31	0.60	2,200	20	28.82	7.38E+11
4	0.3	1.31	0.90	2,200	40	28.82	1.89E+14

5	0.3	1.31	1.20	2,200	60	28.82	4.84E+15
6	0.3	1.31	1.50	2,200	80	28.82	4.84E+16
7	0.3	1.31	1.80	2,200	100	28.82	2.88E+17
8	0.3	1.31	2.10	2,200	120	28.82	1.24E+18
9	0.3	1.31	2.40	2,200	140	28.82	4.25E+18
10	0.3	1.31	2.70	2,200	160	28.82	1.24E+19
11	0.3	1.31	3.00	2,200	180	28.82	3.18E+19
12	0.3	1.31	3.30	2,200	200	28.82	7.38E+19
13	0.3	1.31	3.60	2,200	220	28.82	1.58E+20
14	0.3	1.31	3.90	2,200	240	28.82	3.17E+20
15	0.3	1.31	4.20	2,200	260	28.82	6.02E+20
16	0.3	1.31	4.50	2,200	280	28.82	1.09E+21
17	0.3	1.31	4.80	2,200	300	28.82	1.89E+21
18	0.3	1.31	5.10	2,200	320	28.82	3.17E+21
19	0.3	1.31	5.40	2,200	340	28.82	5.15E+21
20	0.3	1.31	5.70	2,200	350	28.82	6.49E+21
21	8.4	36.68	14.10	2,200	350	806.99	1.82E+23
22	0.3	1.31	14.40	2,200	350	28.82	6.49E+21
23	0.3	1.31	14.70	2,200	320	28.82	3.17E+21
24	0.3	1.31	15.00	2,200	300	28.82	1.89E+21
25	0.3	1.31	15.30	2,200	280	28.82	1.09E+21
26	0.3	1.31	15.60	2,200	260	28.82	6.02E+20
27	0.3	1.31	15.90	2,200	240	28.82	3.17E+20
28	0.3	1.31	16.20	2,200	220	28.82	1.58E+20
29	0.3	1.31	16.50	2,200	200	28.82	7.38E+19
30	0.3	1.31	16.80	2,200	180	28.82	3.18E+19
31	0.3	1.31	17.10	2,200	160	28.82	1.24E+19
32	0.3	1.31	17.40	2,200	140	28.82	4.25E+18
33	0.3	1.31	17.70	2,200	120	28.82	1.24E+18
34	0.3	1.31	18.00	2,200	100	28.82	2.88E+17
35	0.3	1.31	18.30	2,200	80	28.82	4.84E+16
36	0.3	1.31	18.60	2,200	60	28.82	4.84E+15
37	0.3	1.31	18.90	2,200	40	28.82	1.89E+14
38	0.3	1.31	19.20	2,200	20	28.82	7.38E+11
39	0.8	3.49	20.00	2,200	0	76.86	0.00E+00
40	0.3	1.31	20.30	2,200	0	28.82	0.00E+00
41	1.4	6.11	21.70	2,200	0	134.50	0.00E+00
42	0.3	1.31	22.00	2,200	0	28.82	0.00E+00
43	0.3	1.31	22.30	2,200	0	28.82	0.00E+00
44	0.6	2.62	22.90	2,200	40	57.64	3.78E+14
Σ	22.9	100				2200	2.15E+23

가속 시험 사이클은 유압 펌프에 작용하는 실제 부하를 고려하여 작성한다. 작성한 가속 시험 사이클은 압력차가 0에서 최대 350 bar까지 일정률로 증가한 후 일정 시간을 유지하고 다시 일정률로 감소하는 형태로서 작성한 것이다. 압력의 증가 및 감소율은 시험 장치의 종류와 성능에 따라 결정되기 때문에 이를 고려하여 결정하며 급격한 압력 상승과 감소는 충격을 유발할 수 있기 때문에 유의하여야 한다.

⑥ 가속계수의 결정

표 12-3의 가속 시험 사이클과 식 (2-75) 및 식 (2-76)을 이용하여 등가 속도와 등가 부하를 구하면 각각

$$(\omega_{eq})_a = \sum h_i \omega_i = 2{,}200 \ \ \text{rpm}$$

$$(\triangle p_{eq})_a = [\frac{\sum h_i \omega_i (\triangle p_i)^8}{\sum h_i \omega_i}]^{1/8} = (\frac{2.15 \times 10^{23}}{2{,}200})^{1/8} = 315.24 \ \ \text{bar}$$

가 된다. 따라서 가속계수는 식 (8-17)로부터

$$AF = (\frac{315.24}{225.8})^8 (\frac{2{,}200}{1{,}800}) = 17.67$$

이 되고, 무고장 가속 시험 시간은

$$t_{test} = \frac{13{,}615.34}{17.67} = 770.73\text{시간}$$

이 된다. 따라서 3개의 시험 샘플을 그림 12-3의 가속 시험 사이클로써 가동하였을 때 771시간까지 3개의 샘플에서 모두 고장이 없으면 유압 펌프는 70% 신뢰 수준에서 목표 수명 $B_{20} = 9{,}000$시간까지 표 12-1의 작업 사이클을 원활히 수행할 것으로 기대된다.

12.3 수동 변속 기어 박스

① 기본 제원

시험할 수동 변속기의 기어 박스는 5단 기어 박스이고 변속 단수별 감속비는 표 12-4에서와 같다. 엔진의 최대 토크는 5,600 rpm에서 237.3 N · m이고 최대 출력은 7,000 rpm에서 140 kW이다. 또한 수동 변속 기어 박스의 고장 분포는 형상계수가 $\beta = 2$인 와이블 분

포를 따르고 피로 손상지수는 $\lambda = 3$이다.

표 12-4 시험 대상 5단 기어 박스의 변속 단수별 감속비

변속 단수	1	2	3	4	5
감속비	3.75	2.25	1.50	1.00	0.80

② 목표 수명

기어 박스의 목표 수명은 10년 간 주행 거리로서 $B_{20} = 200,000$ km로 하였다. 즉 10년 간 주행 거리를 200,000 km로 예상하고, 주행 거리 200,000 km까지 기어 박스의 신뢰도는 80%, 목표 수명에 대한 신뢰 수준은 70%로 하였다. 신뢰도 입증을 위한 무고장 가속 시험의 시험 샘플은 3개이다.

③ 변속 단수별 사용 비율

변속 단수별 사용 비율은 차량의 총 사용 시간 또는 총 주행 거리에 대한 각 변속 단수별 사용 시간 또는 주행 거리의 비로서 차량이 사용되는 지역의 형태, 교통, 인구, 운전자의 나이, 성별, 등 다양한 조건에 따라서 다르기 때문에 대표적인 하나의 사용 비율을 정하기는 쉽지 않다. 그러나 무고장 가속 시험을 효율적으로 수행하기 위해서는 변속 단수별 사용 비율 시나리오를 작성하여야 한다.

사용 비율 시나리오는 각 변속 단수별 변수 단수의 이용 형태를 분석하여 결정하여야 한다. 예로서 1단 기어의 이용 형태를 다음과 같이 가정하면

- 1단 기어의 1회 평균 사용 시간: 5초
- 1단 기어에서 평균 속도: 16 km/h
- 1단 기어에서 평균 변속 횟수: 50회/일

10년 간 1단 변속 단수의 사용 시간과 1단 변속 단수로써 주행한 거리는 다음과 같이 결정된다.

- 1단 변속 단수의 사용 시간: $\left(\frac{5}{3,600}\frac{\text{시간}}{\text{회}}\right) \times \left(\frac{50\text{회}}{\text{일}}\right) \times \left(\frac{356\text{일}}{\text{년}}\right) \times (10\text{년}) = 253.5\text{시간}$
- 1단 변속 단수로 주행한 거리: $16\frac{\text{km}}{\text{시간}} \times 253.5\text{시간} = 4,055.6\ \text{km}$

같은 방법으로 2, 3, 4, 5단 기어의 10년 간 이용 형태를 표 12-5에서와 같이 설정하였다.

표 12-5 변속 단수의 이용 형태 분석

가정				10년 간 사용 비율				
변속 단수	이용시간 /회, 초	변속 횟수/일	속도, km/h	총 변속 횟수	총 사용 시간	사용시간 비율,%	총 주행 거리, km	주행 거리 비율,%
1	5	50	16	182,500	253.5	4.7	4,055.6	2.0
2	20	50	24	182,500	1,013.9	18.7	24,333.3	12.3
3	40	50	32	182,500	2,027.8	37.4	64,888.9	32.7
4	40	50	48	182,500	2,027.8	37.4	97,333.3	49.1
5	1.9	50	80	182,500	96.3	1.8	7,705.6	3.9
	2			$\sum$	5,419.2	100	198,316.7	100

④ 변속 단수별 부하 추정

기어 박스에 작용하는 부하는 작업 사이클과 같이 주기적인 부하-시간 선도로서 나타내기가 어렵다. 대신 부하 수준별로 기어 박스의 출력축에 작용하는 토크, 출력축 속도, 작용 시간 비율로써 나타낼 수 있다. 그러나 이러한 부하 수준별 작용 토크, 속도, 작용 시간 비율은 모든 변속 단수에서 요구되므로 이를 결정하기 위해서는 많은 측정과 분석이 필요하다. 표 12-6은 실제 사용 조건으로서 부하 수준별 각 변속 단수에서 기어 박스 출력축에 작용하는 토크, 출력축 속도, 작용 시간 비율을 가정한 것이며 식 (2-75)와 식 (2-76)을 이용하여 구한 변속 단수별 등가 속도와 등가 토크를 나타낸 것이다.

표 12-6 변속 단수별 작용 부하의 가정치

변속 단수	부하 수준	작용 토크 T_i, N·m	작용 속도, ω_i rpm	작용 시간비, h_i %	$h_i\omega_i$	$h_i\omega_i(T_i)^\lambda$	$(\omega_{eq})_u$, rpm	$(T_{eq})_u$, N·m
1	1	162.7	1,800	60	1,080	4.65E+09	1,600	270.6
	2	338.9	1,400	30	420	1.64E+10		
	3	474.5	1,000	10	100	1.07E+10		
				Σ	1,600	3.17E+10		
2	1	135.6	2,800	50	1,400	3.49E+09	2,520	158.1
	2	162.7	2,400	30	720	3.10E+09		
	3	203.4	2,000	20	400	3.36E+09		
				Σ	2,520	9.95E+09		

3	1	189.8	3,000	50	1,500	1.03E+10	2,805	228.7
	2	244.0	2,700	35	945	1.37E+10		
	3	298.3	2,400	15	360	9.55E+09		
				Σ	2,805	3.35E+10		
4	1	135.6	2,500	60	1,500	3.74E+09	3,050	168.5
	2	176.3	3,500	30	1,050	5.75E+09		
	3	216.9	5,000	10	500	5.10E+09		
				Σ	3,050	1.46E+10		
5	1	108.5	6,000	20	1,200	1.53E+09	4,700	136.6
	2	135.6	5,000	30	1,500	3.74E+09		
	3	149.1	4,000	50	2,000	6.63E+09		
				Σ	4,700	1.19E+10		

⑤ 변속 단수별 가속 부하

엔진에서 기어 박스의 입력축으로 전달되는 토크와 속도는 기어 박스의 출력축에 작용하는 부하 토크와 속도에 따라 결정된다. 가속 부하는 가속 시험을 위하여 기어 박스의 출력축에 인가하는 부하 토크와 속도로서 엔진이 최대 출력 또는 최대 토크 상태가 되도록 그 수준을 적절히 조정하여야 한다. 표 12-7은 가속 시험을 위하여 가정한 값으로서 각 변속 단수에 따라 기어 박스의 출력축에 인가할 가속 토크, 속도, 사용 시간 비율과 식 (2-75)와 식 (2-76)을 이용하여 구한 각 변속 단수별 등가 속도와 등가 토크를 나타낸 것이다.

일반적으로 엔진을 동력원으로 사용하는 기계의 가속 시험에서는 엔진이 전부하 상태가 되도록 가속 부하를 인가한다. 즉 인가점의 가속 부하에 의하여 엔진이 전부하 상태가 되도록 하는 것이다. 이는 실제 사용 조건에서는 엔진이 전부하 상태로 사용되는 경우가 많지 않고, 과부하로 인하여 전부하 상태에서보다 더 큰 출력이 요구될 때는 엔진이 정지하기 때문이다. 일반적으로 가속 부하는 그림 12-4에서와 같이 엔진이 최대 토크점, 최대 출력점,

표 12-7 변속 단수별 가속 부하

변속 단수	부하 수준	가속 토크 T_i, N·m	가속 속도, ω_i rpm	작용 시간비, h_i %	$h_i\omega_i$	$h_i\omega_i(T_i)^\lambda$	$(\omega_{eq})_a$, rpm	$(T_{eq})_a$, N·m
1	1	542.3	1,600	20	320	5.10E+10	1,210	714.7
	2	677.9	1,300	30	390	1.22E+11		
	3	813.5	1,000	50	500	2.69E+11		
				Σ	1,210	4.42E+11		

2	1 2 3	406.7 440.6 474.5	2,800 2,500 2,200	30 50 20 Σ	840 1,250 440 2,530	5.65E+10 1.07E+11 4.70E+10 2.10E+11	2,530	436.6
3	1 2 3	298.3 311.8 338.9	4,000 3,500 3,000	15 35 50 Σ	600 1,225 1500 3,325	1.59E+10 3.71E+10 5.84E+10 1.11E+11	3,325	322.5
4	1 2 3	176.3 203.4 216.9	6,000 5,000 4,000	20 50 30 Σ	1,200 2,500 1,200 4,900	6.57E+09 2.10E+10 1.23E+10 3.99E+10	4,900	201.1
5	1 2 3	162.7 176.3 183.0	6,000 5,000 4,000	20 50 30 Σ	1,200 2,500 1,200 4,900	5.17E+09 1.37E+10 7.36E+09 2.62E+10	4,900	174.9

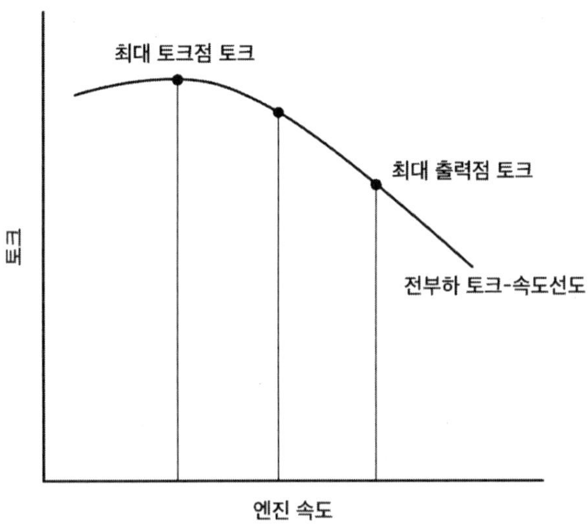

그림 12-4 엔진의 전부하 토크-속도 선도

최대 토크점과 최대 출력점 사이의 중간점 이 3지점에서 전부하 상태의 토크와 속도를 출력할 수 있도록 인가하며 3지점의 토크와 속도를 이용하여 가속 부하의 등가 토크와 등가 속도를 결정할 수 있다.

⑥ 무고장 시험 시간 결정

10년 간 주행 거리 $B_{20}=200{,}000$ km에 해당하는 총 주행 시간은 표 12-5에서와 같이 5,419.2시간이고 변수 단수별 주행 시간은 1단에서 253.5시간, 2단에서 1,013.9시간, 3단

에서 2,027.8시간, 4단에서 2,027.8시간, 5단에서 96.3시간이다. 목표 수명의 신뢰도와 신뢰 수준은 각각 80%, 70%이고 시험 샘플은 3개이므로 식 (9-8)을 이용하여 다음과 같이 각 변속 단수별 무고장 시험 시간을 결정한다.

$$1단:\ t=253.5\left[\frac{\ln(1-0.7)}{3\ln 0.8}\right]^{\frac{1}{2}}=339.9시간$$

$$2단:\ t=1013.9\left[\frac{\ln(1-0.7)}{3\ln 0.8}\right]^{\frac{1}{2}}=1{,}359.7시간$$

$$3단:\ t=2027.8\left[\frac{\ln(1-0.7)}{3\ln 0.8}\right]^{\frac{1}{2}}=2{,}719.4시간$$

$$4단:\ t=2027.8\left[\frac{\ln(1-0.7)}{3\ln 0.8}\right]^{\frac{1}{2}}=2{,}719.4시간$$

$$5단:\ t=96.3\left[\frac{\ln(1-0.7)}{3\ln 0.8}\right]^{\frac{1}{2}}=129.2시간$$

⑦ 가속계수 결정

표 12-6과 표 12-7의 등가 속도와 등가 토크를 이용하여 식 (8-17)로부터 각 변속 단수의 가속계수를 구하면

$$1단:\ AF=\left(\frac{1{,}210}{1{,}600}\right)\left(\frac{714.7}{270.6}\right)^3=13.9$$

$$2단:\ AF=\left(\frac{2{,}530}{2{,}520}\right)\left(\frac{436.6}{158.1}\right)^3=21.1$$

$$3단:\ AF=\left(\frac{3{,}325}{2{,}805}\right)\left(\frac{322.5}{228.7}\right)^3=3.3$$

$$4단:\ AF=\left(\frac{4{,}900}{3{,}050}\right)\left(\frac{201.1}{168.5}\right)^3=2.7$$

$$5단:\ AF=\left(\frac{4{,}900}{4{,}700}\right)\left(\frac{174.9}{136.6}\right)^3=2.2$$

가 된다.

⑧ 무고장 가속 시험 시간 결정

무고장 시험 시간과 가속계수를 이용하여 변속 단수별 무고장 가속 시험 시간을 구하면

$$1단: \ t_{test} = \frac{339.9}{13.9} = 24.4시간$$

$$2단: \ t_{test} = \frac{1,359.7}{21.1} = 64.3시간$$

$$3단: \ t_{test} = \frac{2,719.4}{3.3} = 818.3시간$$

$$4단: \ t_{test} = \frac{2,719.4}{2.7} = 995.8시간$$

$$5단: \ t_{test} = \frac{129.2}{2.2} = 58.7시간$$

이고 총 시험 시간은 1,961.5시간이 된다. 즉 3개의 샘플을 이용하여 차례로 기어 박스의 출력축에 변속 단수별 가속 토크와 가속 속도를 인가하고 총 1,961.5시간 무고장 가속 시험을 수행하여 3개의 샘플에서 고장이 없고 시험 후 기어 박스의 내부에서도 고장의 증상이 없으면 70%의 신뢰 수준에서 이 기어 박스의 80%는 5,419.2시간 또는 200,000 km까지 고장 없이 원활히 작동할 것으로 기대된다.

이 예에서 기어 박스의 고장 특성은 $\beta = 2$인 와이블 분포를, 피로 손상지수는 볼 베어링의 $\lambda = 3$을 적용하였으며, 사용 조건에서 변속 단수의 이용 형태, 부하의 크기와 작용 시간, 가속 시험의 가속 부하와 작용 시간은 모두 가정하였다. 따라서 무고장 가속 시험 시간은 가정한 값에 따라 달라진다.

12.4 전동 라인

① 시험 대상 전동 라인

시험 대상 전동 라인은 그림 12-5에서와 같이 수동 5단 변속기를 장착한 승용차의 전동 라인이다. 전동 라인을 구성하는 기어의 잇수는 그림 12-5에서와 같고, 엔진의 전부하 성능시험 결과는 그림 12-6에서와 같다. 즉 엔진의 최대 출력은 4,000 rpm에서 127.7 kW이고 최대 토크는 3,000 rpm에서 350.8 N · m이다. 구동륜의 동반경은 0.365 m이고 차륜과 지면의 점착계수는 0.82이다.

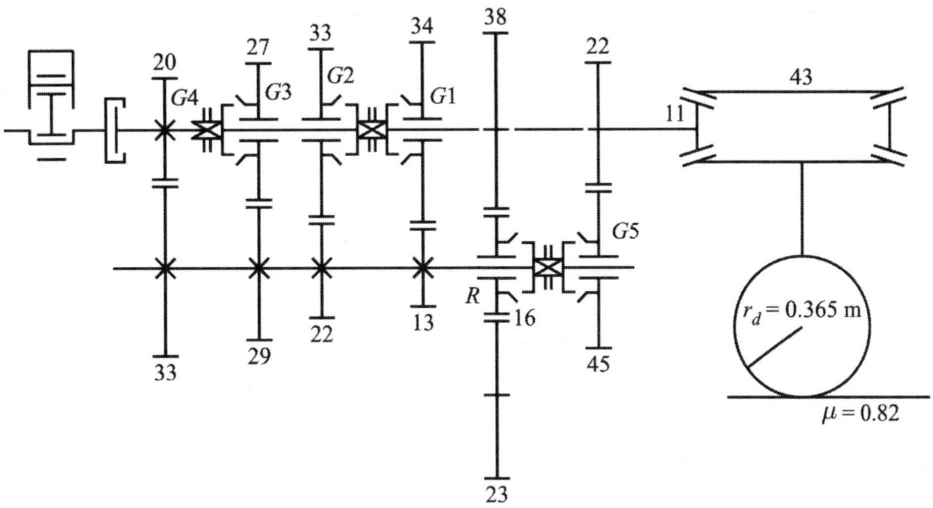

그림 12–5 승용차 전동 라인의 예

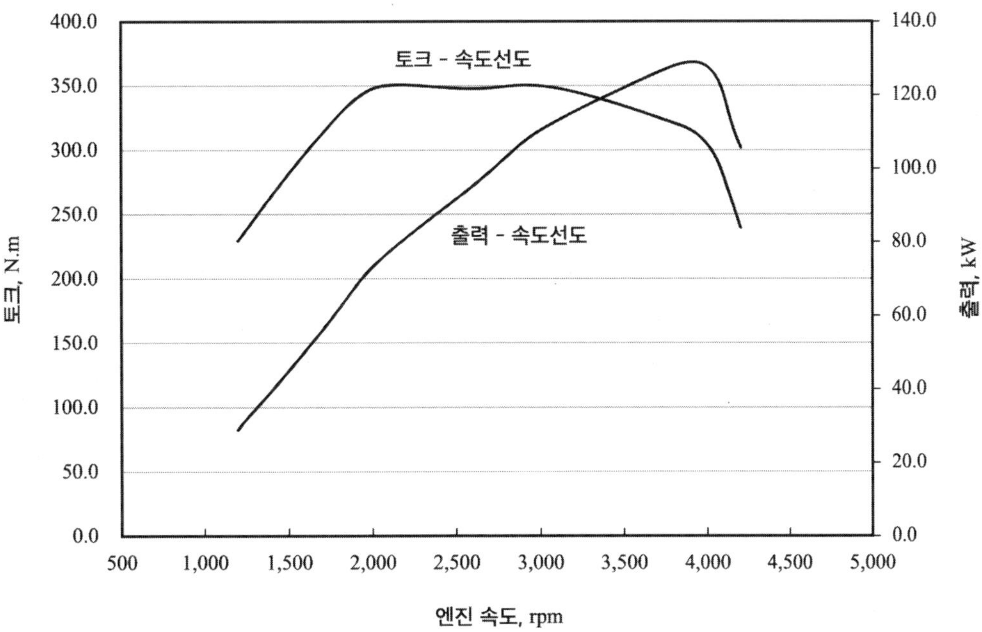

엔진 속도, rpm	1,200	1,600	2,000	2,400	2,800	3,000	3,600	4,000	4,200
토크, N · m	230.6	297.2	348.3	349.0	350.1	350.8	330.1	305.1	239.8
출력, kW	29.0	49.8	72.9	87.7	102.6	110.2	124.4	127.7	105.4

그림 12-6 엔진의 전부하 성능 곡선

② 주행 속도–최대 추진력 선도 작성

차량의 추진력은 주행 속도의 함수로서 나타낼 수 있다. 먼저 전동 라인의 기어 잇수를 이용하여 엔진에서 구동륜까지 각 변속 단수의 감속비를 구하면

$$1단:\ \frac{33}{20}\times\frac{34}{13}\times\frac{43}{11}=16.869$$

$$2단:\ \frac{33}{20}\times\frac{33}{22}\times\frac{43}{11}=9.675$$

$$3단:\ \frac{33}{20}\times\frac{27}{29}\times\frac{43}{11}=6.005$$

$$4단:\ \frac{43}{11}=3.909$$

$$5단:\ \frac{33}{20}\times\frac{22}{45}\times\frac{43}{11}=3.153$$

$$후진:\ \frac{33}{20}\times\frac{23}{16}\times\frac{38}{23}\times\frac{43}{11}=15.318$$

이다. 전부하 상태에서 엔진 속도에 따라 엔진이 구동륜으로 전달할 수 있는 최대 토크와 최대 토크에 의한 구동륜의 최대 추진력은 다음 식으로써 구할 수 있다.

$$T_w = T_e U_i \eta_i \tag{12-1}$$

$$v_w = r_d\left(\frac{\omega_e}{U_i}\times\frac{2\pi}{60}\right)\times\frac{3,600}{1,000} = 0.3768 r_d \frac{\omega_e}{U_i} \tag{12-2}$$

$$F_w = \frac{T_w}{r_d} \tag{12-3}$$

여기서, T_w=구동륜의 최대 구동 토크, N · m

T_e=전부하 상태에서 엔진 토크, N · m

ω_e=엔진 토크가 T_e일 때 엔진 속도: rpm

v_w=차량의 주행 속도, km/h

F_w=차량의 최대 추진력, N

U_i=i 변속 단수의 총 감속비

r_d=구동륜의 동반경, m

η_i=i 변속 단수의 전동 효율

예로서 1단 기어에서 엔진 속도가 2,000 rpm일 때 전부하 상태에서 차량의 주행 속도와 최대 추진력을 구하면, 엔진 토크는 그림 12-6에서와 같이 348.3 N · m이고 1단 기어의 총 감속비는 $U_1 = 16.869$이므로, 식 (12-1) ~ 식 (12-3)으로부터

$$T_w = 348.3 \times 16.869 \times 0.8971 = 5270.96 \ \text{N} \cdot \text{m} = 5.3 \ \text{kN} \cdot \text{m}$$

$$v_w = 0.3768 r_d \frac{\omega_e}{U_i} = 0.3678 \times 0.365 \times \frac{2{,}000}{16.869} = 16.3 \ \text{km/h}$$

$$F_w = \frac{5270.96}{0.365} = 14440.98 \ \text{N} = 14.4 \ \text{kN}$$

이 된다. 이때 전동 라인의 전동 효율은 0.8971로 가정하였다. 같은 방법으로 엔진이 전부하 상태일 때 각 변속 단수에서 차량의 최대 추진력과 주행 속도를 구하면 표 12-8과 그림 12-7에서와 같다. 이때 각 변속 단수의 전동 효율 η_i, $i = 1, 2, 3, 4, 5, r$은 표 12-8에서와 같이 가정하였다. 구동륜에서 슬립이 일어나는 경우에는 차량의 실제 주행 속도를 다음과 같이 조정한다.

$$v_a = (1 - s) v_w \tag{12-4}$$

여기서, v_a = 차량의 실제 주행 속도, km/h

s = 구동륜의 슬립, 소수

③ 차량에 작용하는 총 저항력

차량에 작용하는 저항력은 차륜에 작용하는 구름 저항, 경사지를 오를 때의 경사 저항, 차량의 전면에 작용하는 공기 저항의 합이다. 차륜에 작용하는 구름 저항은 차량의 중량과 구름저항계수의 곱으로 구할 수 있으며, 경사 저항은 차량의 중량과 노면의 경사각으로써 구할 수 있다. 또한 공기 저항은 차량의 투영 전면적, 차량의 속도, 공기저항계수로써 구한다. 식 (12-5)는 차량에 작용하는 총 저항력을 구하기 위한 식이다.

$$R = \mu_r W + W\sin\theta + \frac{1}{2,000}\rho C_D A\left(\frac{v}{3.6}\right)^2 \tag{12-5}$$

여기서, R=총 저항력, kN

μ_r=구름저항계수

W=차량의 중량, kN

θ=노면 경사도, ^{o}

ρ=공기 밀도, kg/m^3

C_D=공기저항계수

A=차량 전면의 투영 단면적, m^2

v=차량의 속도, km/h

표 12-8 전부하 엔진 상태에서 변속 단수별 차량의 주행 속도와 최대 추진력

엔진	ω_e, rpm	1,200	1,600	2,000	2,400	2,800	3,000	3,600	4,000	4,200
	T_e, N.m	230.6	297.2	348.3	349.0	350.1	350.8	330.1	305.1	239.8
1단 기어	T_w, kN.m	3.5	4.5	5.3	5.3	5.3	5.3	5.0	4.6	3.6
$U_1=16.869$	v_w, km/h	9.8	13.0	16.3	19.6	22.8	24.5	29.4	32.6	34.2
$\eta_1=0.8971$	F_w, kN	9.6	12.3	14.5	14.5	14.5	14.6	13.7	12.7	10.0
2단 기어	T_w, kN.m	2.0	2.6	3.0	3.0	3.0	3.0	2.9	2.6	2.1
$U_2=9.675$	v_w, km/h	17.1	22.7	28.4	34.1	39.8	42.6	51.2	56.9	59.7
$\eta_2=0.8971$	F_w, kN	5.5	7.1	8.3	8.3	8.3	8.3	7.8	7.3	5.7
3단 기어	T_w, kN.m	1.2	1.6	1.9	1.9	1.9	1.9	1.8	1.6	1.3
$U_3=6.005$	v_w, km/h	26.8	35.8	44.7	53.7	62.6	67.1	80.5	89.4	93.9
$\eta_3=0.8971$	F_w, kN	3.4	4.4	5.1	5.2	5.2	5.2	4.9	4.5	3.5
4단 기어	T_w, kN.m	0.8	1.1	1.3	1.3	1.3	1.3	1.2	1.1	0.9
$U_4=3.909$	v_w, km/h	41.2	54.9	68.7	82.4	96.2	103.0	123.6	137.4	144.2
$\eta_4=0.931$	F_w, kN	2.3	3.0	3.5	3.5	3.5	3.5	3.3	3.0	2.4
5단 기어	T_w, kN.m	0.7	0.8	1.0	1.0	1.0	1.0	0.9	0.9	0.7
$U_5=3.153$	v_w, km/h	51.1	68.1	85.2	102.2	119.2	127.7	153.3	170.3	178.8
$\eta_5=0.8941$	F_w, kN	1.8	2.3	2.7	2.7	2.7	2.7	2.5	2.4	1.9
후진 기어	T_w, kN.m	3.1	4.0	4.7	4.7	4.7	4.7	4.4	4.1	3.2
$U_r=15.318$	v_w, km/h	10.5	14.0	17.5	21.0	24.5	26.3	31.6	35.1	36.8
$\eta_r=0.8762$	F_w, kN	8.5	10.9	12.8	12.8	12.9	12.9	12.1	11.2	8.8

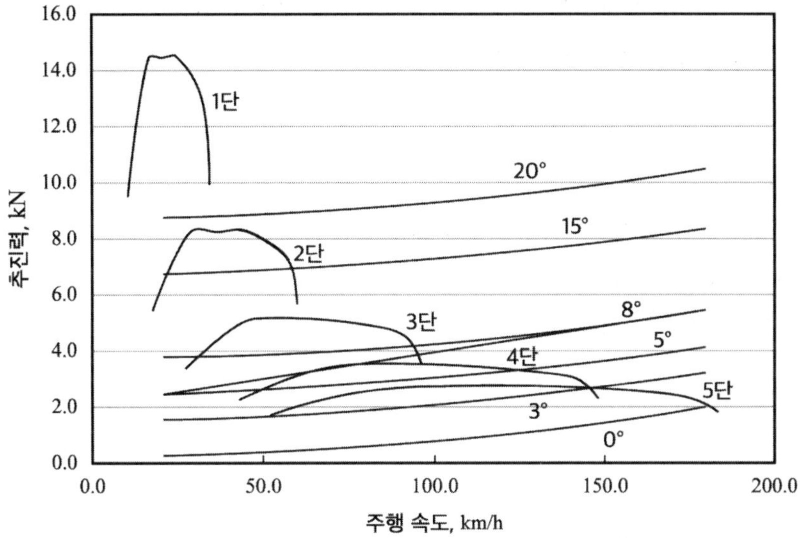

그림 12-7 전부하 엔진 상태에서 변속 단수별 차량의 최대 추진력과 총 저항력

③ 차량에 작용하는 총 저항력

차량에 작용하는 저항력은 차륜에 작용하는 구름 저항, 경사지를 오를 때의 경사 저항, 차량의 전면에 작용하는 공기 저항의 합이다. 차륜에 작용하는 구름 저항은 차량의 중량과 구름저항계수의 곱으로 구할 수 있으며, 경사 저항은 차량의 중량과 노면의 경사각으로써 구할 수 있다. 또한 공기 저항은 차량의 투영 전면적, 차량의 속도, 공기저항계수로써 구한다. 식 (12-5)는 차량에 작용하는 총 저항력을 구하기 위한 식이다.

$$R = \mu_r W + W\sin\theta + \frac{1}{2,000}\rho C_D A\left(\frac{v}{3.6}\right)^2 \tag{12-5}$$

여기서, R=총 저항력, kN

μ_r=구름저항계수

W=차량의 중량, kN

θ=노면 경사도, ^{o}

ρ=공기 밀도, kg/m^3

C_D=공기저항계수

A=차량 전면의 투영 단면적, m^2

v=차량의 속도, km/h

차량의 제원을 이용하여 차량이 8° 경사지에서 40 km/h의 속도로 주행할 때 차량에 작용하는 총 저항력을 구하여 보자. 차량의 제원이

차량의 중량=24.9 kN

구름저항계수=0.011

차량 전면의 투영 단면적=2.52 m^2

공기 밀도=1.21 kg/m^3 ($20^o C$에서)

공기저항계수=0.44

이면 식 (12-5)로부터 총 저항력은

$$R=(0.011)(24.9)+24.9\sin 8^o+\frac{1}{2{,}000}(1.21)(0.44)(2.52)(\frac{40}{3.6})^2=3.8 \text{ kN}$$

이 된다. 같은 방법으로 노면의 경사도가 각각 0°, 3°, 5°, 8°, 15°, 20^o이고 차량의 주행 속도가 20 ~ 180 km/h일 때 차량의 총 저항력을 구하면 표 12-9에서와 같다. 그림 12-7은 차량의 주행 속도-최대 추진력 선도 및 노면 경사도와 주행 속도에 따른 총 저항력을 함께 나타낸 것이다.

그림 12-7에서 최대 추진력과 총 저항력이 만나는 교점의 주행 속도가 해당 경사도에서 차량이 주행할 수 있는 최고 속도가 된다. 예를 들면 5° 경사지에서 차량이 주행할 수 있는 최고 속도는 4단 변속 기어의 최대 추진력과 5° 경사지에서 총 저항력이 교차하는 교점의 주행 속도로서 130 km/h가 된다. 또한 평지에서 이 차량의 최고 속도는 5단 변속 단수의 최대 추진력과 평지에서 총 저항력이 교차하는 점의 주행 속도로서 결정되며, 주행할 수 있는 최대 경사도는 1단 변속 단수의 최대 추진력과 경사도에 따른 총 저항력이 교차하는 점의 경사도이다. 이 차량의 최고 속도와 주행할 수 있는 최대 경사도는 그림 12-7에서와 같이 각각 약 180 km/h, 약 34^o가 된다.

표 12-9 차량에 작용하는 총 저항력 (kN)

경사도, ^{o} \ 주행 속도, km/h	20	40	60	80	100	120	140	160	180
0	0.3	0.4	0.5	0.6	0.8	1.0	1.3	1.6	2.0
3	1.6	1.7	1.8	1.9	2.1	2.3	2.6	2.9	3.3
5	2.5	2.5	2.6	2.8	3.0	3.2	3.5	3.8	4.1
8	3.8	3.8	3.9	4.1	4.3	4.5	4.8	5.1	5.4

15	6.7	6.8	6.9	7.1	7.2	7.5	7.7	8.0	8.4
20	8.8	8.9	9.0	9.1	9.3	9.5	9.8	10.1	10.5

④ 차량의 사용 프로파일

시험 대상 차량의 목표 수명은 10년 간 주행 거리로서 200,000 km, 주행 시간으로서 2,500시간이고 사용 프로파일(use profile), 즉 도로별 사용 시간 비율은 표 12-10에서와 같이 가정하였다.

표 12-10 시험 대상 차량의 사용 프로파일

도로 형태	도시 도로	지방 도로	고속 도로	경사 도로	계
주행 거리, km	40,000	120,000	22,000	18,000	200,000
평균 사용 시간	500	1500	275	225	2,500
사용 시간 비율, %	20	60	11	9	100

목표 수명으로써 예상할 수 있는 차량의 평균 속도는 200,000 km/2,500 시간=80 km/h이다. 이 평균 속도가 실제 평균 속도보다 고속인 것으로 판단되면 도로별 실제 평균 속도를 고려하여 사용 시간을 보정할 수 있다. 도로별 사용 시간은 최소한 차량 운전자의 80%가 사용하는 시간으로 하여야 한다. 예를 들면, n명의 운전자를 조사하였을 때 도시 도로에서 주행하는 시간의 평균이 $\bar{u}_h$이고, 분산이 s_u^2이면 차량 운전자의 80%가 도시 도로를 주행하는 시간 u_h는, t분포를 적용하면,

$$u_h = \bar{u}_h \pm t_{0.8,n-1}\frac{s}{\sqrt{n}} \tag{12-6}$$

가 된다. 이와 같이 사용 프로파일을 검토하여 비현실적인 부분이 있으면 사용 프로파일을 보정한다.

표 12-11은 차량의 실제 평균 속도를 고려하여 도로별 사용 시간을 재추정한 것이다. 표 12-11에서와 같이 실제 평균 속도를 고려하면 총 주행 거리가 일정할 때 총 주행 시간은 3,470 시간으로 970시간이 증가한다. 보정한 사용 프로파일에서는 차량의 평균 속도가 200,000 km/3,470 시간=57.6 km/h이고 80 km/h보다는 보다 합리적인 속도로 볼 수 있다.

표 12-11 실제 평균 속도를 고려하여 보정한 사용 프로파일

도로 형태	도시 도로	지방 도로	고속 도로	경사지	계
주행 거리, km	40,000	120,000	22,000	18,000	200,000
보정 평균 속도, km/h	50	60	100	40	57.6
보정 사용 시간	800	2,000	220	450	3,470
보정 사용 시간 비율, %	23.1	57.6	6.3	13.0	100.0

⑤ 주행 특성 분석

차량의 주행 특성은 운전자, 운전 지역, 운전 시기, 도로 형태 등에 따라서 다르기 때문에 장기간에 걸쳐 차량의 이용 형태를 분석하여 그 특징에 따라 주행 모드를 설정하고 각 주행 모드에서 차량의 주행 특성을 분석하여야 한다. 일반적으로 주행 모드는 사용 프로파일에 따라 설정하는 경우가 많다. 즉 주행하는 도로의 종류에 따라 도시 도로 주행, 포장 도로 주행, 비포장 도로 주행, 고속 도로 주행, 경사 도로 주행 등으로 구분할 수 있다. 주행 특성에는 사용 변속 단수, 평균 가속 시간, 평균 주행 거리 등을 고려하여야 하며, 주행 모드에 따라 차량에 작용하는 부하, 소요 동력 등을 결정하여야 한다. 표 12-12는 주행 모드의 예로서, 주행 모드별 주행 특성을 나타낸 것이고, 그림 12-8은 주행 모드별 주행 형태를 나타낸 것이다 (Takahashi. 2007).

도시 도로 주행 모드는 도시 도로에서 차량을 사용하는 시간 비율이 23.1%이고, 주행 형태는 800 m마다 정차하며, 처음 3초 동안은 정지 상태에서 전진 1단으로 30 km/h까지 가속하고, 다음 5초 동안은 전진 2단으로 30 km/h에서 50 km/h까지 가속한 후, 이후 8초부터는전진 3단으로 50 km/h의 속도를 유지하는 것으로 가정하였다.

주행 특성은 주행 모드의 형태에 따라 달라지므로 다수의 차량 운전자를 대상으로 주행 모드에 따라 데이터를 수집하고, 이를 통계적으로 처리하여 모형화하여야 한다. 각 주행 모드의 주행 형태를 이용하여 다음과 같이 각 변속 단수 i에서 주행 시간, 평균 주행 거리, 주행 시간 비율, 사용 시간 비율, 가속도, 관성력, 주행 저항, 부하, 소요 동력, 소요 동력비를 구한다.

$$\text{주행 시간: } \Delta t_i = t_{i+1} - t_i, \ \text{sec}$$

$$\text{평균 주행 속도: } \bar{v}_i = \frac{v_i + v_{i+1}}{2}, \ \text{km/h}$$

주행 거리: $D_i = \dfrac{\overline{v}_i}{3.6}\Delta t_i$, m

주행 시간 비율: $t_i\% = \dfrac{\Delta t_i}{\sum \Delta t_i} \times 100$, %

사용 시간 비율: $h_i\% = h_t\% \times \dfrac{t_i\%}{100}$, %

가속도: $a_i = \dfrac{v_{i+1} - v_i}{3.6\Delta t_i}$, m/s^2

관성력: $f_i = \dfrac{W + 0.05W}{9.81} a_i$, kN, W=차량의 중량, kN

주행 저항: $R_i = \mu_r W + W\sin\theta + \dfrac{1}{2{,}000}\rho C_D A(\dfrac{v_i}{3.6})^2$, kN

부하: $L_i = f_i + R_i$, kN

소요 동력: $P_i = L_i(\dfrac{\overline{v}_i}{3.6})$, kW

소요 동력비: $P_i\% = \dfrac{\text{소요 동력}}{\text{엔진의 최대 출력} \times \text{전동 효율}} = \dfrac{P_i}{P_{emax}\eta_i}$

표 12-12 주행 모드별 주행 특성

<table>
<tr><td colspan="2" rowspan="2">주행 모드 / θ^o / 주행 특성</td><td rowspan="2">도시 도로</td><td colspan="2">지방 도로</td><td>고속 도로</td><td colspan="2">경사 도로</td></tr>
<tr><td>포장 도로</td><td>비포장 도로</td><td>100 km/h 이상</td><td>8° 경사</td><td>15° 경사</td></tr>
<tr><td colspan="2"></td><td>3°</td><td>3°</td><td>3°</td><td>0°</td><td>8°</td><td>15°</td></tr>
<tr><td colspan="2">사용 시간 비율, $h_t\%$, %</td><td>23.1</td><td>46.1</td><td>11.5</td><td>6.3</td><td>10.4</td><td>2.6</td></tr>
<tr><td colspan="2">정차 간 거리</td><td>800 m</td><td>1,600 m</td><td>800 m</td><td>100 km</td><td>500 m</td><td>300 m</td></tr>
<tr><td rowspan="4">주행 형태, t: 초 v: km/h</td><td>출발 1단</td><td>$0 < t < 3$
$0 \le v < 30$</td><td>$0 < t < 3$
$0 \le v < 30$</td><td>$0 < t < 3$
$0 \le v < 20$</td><td></td><td>$0 < t < 6$
$0 \le v < 30$</td><td>$0 < t < 6$
$0 \le v < 20$</td></tr>
<tr><td>가속 2단</td><td>$3 \le t < 8$
$30 \le v < 50$</td><td>$3 \le t < 9$
$30 \le v < 60$</td><td>$3 \le t < 10$
$20 \le v < 40$</td><td>$0 < t < 6$
$60 \le v < 83$</td><td>$6 \le t < 18$
$30 \le v < 50$</td><td>$6 \le t$
$v = 20$</td></tr>
<tr><td>주행 3단</td><td>$8 \le t$
$v = 50$</td><td>$9 \le t$
$v = 60$</td><td>$10 \le t$
$v = 40$</td><td>$6 \le t < 13$
$83 \le v < 100$</td><td>$18 \le t$
$v = 50$</td><td></td></tr>
<tr><td>주행 4단</td><td></td><td></td><td></td><td>$13 \le t$
$v = 100$</td><td></td><td></td></tr>
</table>

각 주행 모드에서 최종 변속 단수의 주행 거리는 정차 간 거리에서 앞 변속 단수로써 주행한 거리를 빼서 구하며, 주행 시간은 최종 변속 단수의 주행 거리를 최종 변속 단수의 주행 속도로써 나누어 구한다. 사용 시간 비율은 주행 모드의 시간 비율과 각 변속 단수의 주행 시간 비율을 곱하여 구한다. 관성력은 차량의 중량과 엔진, 타이어 등 전동 라인을 구성하는 회전체의 관성 토크를 고려하여 결정하여야 하며, 여기서는 관성 토크를 고려하기 위한 차량의 추가 질량을 차량 중량의 5%로 가정하였다. 소요 동력비는 엔진이 구동륜으로 전달할 수 있는 최대 출력에 대한 소요 동력의 비이다.

위의 식을 이용하여 도시 도로 주행 모드의 1, 2, 3단 변속 단수에서 주행 시간, 평균 주행 거리, 주행 시간 비율, 사용 시간 비율, 가속도, 관성력, 주행 저항, 부하, 소요 동력, 소요 동력비를 구하면 다음과 같다.

주행 시간: $\Delta t_1 = 3 - 0 = 3 \text{ sec}$

$$\Delta t_2 = 8 - 3 = 5 \text{ sec}$$

평균 주행 속도: $\bar{v}_1 = \dfrac{v_1 + v_2}{2} = \dfrac{0 + 30}{2} = 15 \text{ km/h}$

$$\bar{v}_2 = \frac{v_2 + v_3}{2} = \frac{30 + 50}{2} = 40 \text{ km/h}$$

$$\bar{v}_3 = \frac{v_3 + v_4}{2} = \frac{50 + 50}{2} = 50 \text{ km/h}$$

주행 거리: $D_1 = \dfrac{\bar{v}_1}{3.6}\Delta t_1 = \dfrac{15}{3.6} \times 3 = 12.5 \text{ m}$

$$D_2 = \frac{\bar{v}_2}{3.6}\Delta t_2 = \frac{40}{3.6} \times 5 = 55.6 \text{ m}$$

3단 주행 거리는 정차 간 거리에서 1단 및 2단 주행 거리를 빼서 구한다. 즉

$$D_3 = SD - D_1 - D_2 = 800 - 12.5 - 55.6 = 731.9 \text{ m}$$

이다. 3단 주행 시간은 3단 주행 거리를 3단 평균 주행 속도로 나누어 구한다. 즉

$$\Delta t_3 = \frac{731.9}{50 \times 1000/3600} = 52.7 \text{ sec}$$

이다.

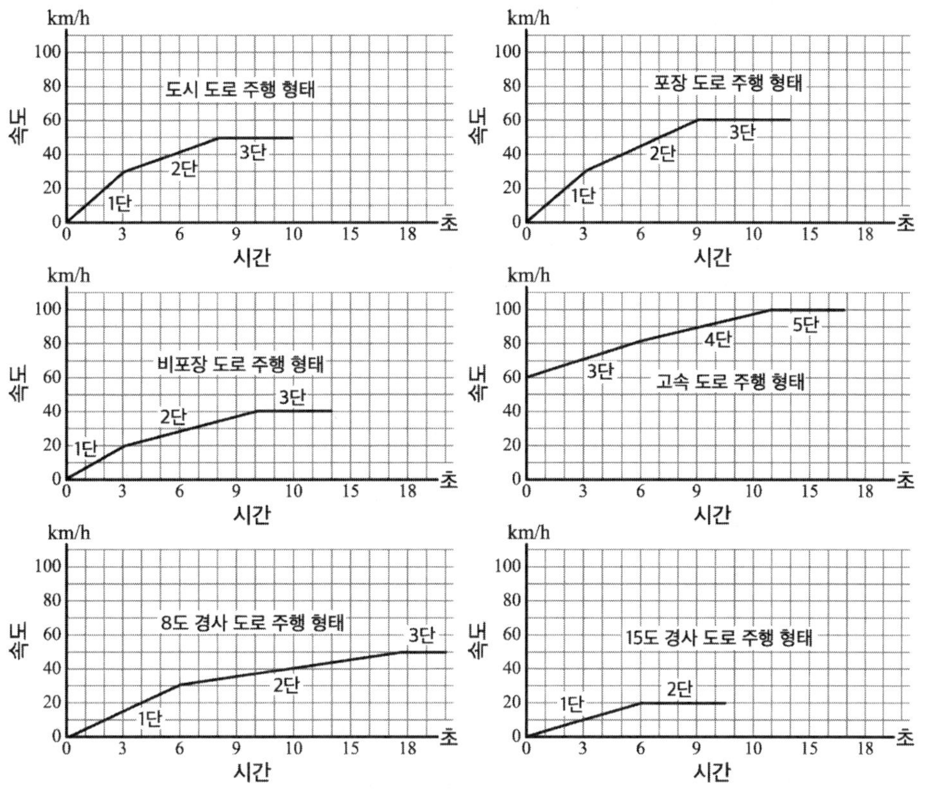

그림 12-8 주행 모드별 주행 형태

$$\text{주행 시간 비율: } t_1\% = \frac{\Delta t_1}{\Delta t_1 + \Delta t_2 + \Delta t_3} \times 100 = \frac{3}{3+5+52.7} \times 100 = 4.94\%$$

$$t_2\% = \frac{\Delta t_2}{\Delta t_1 + \Delta t_2 + \Delta t_3} \times 100 = \frac{5}{3+5+52.7} \times 100 = 8.24\%$$

$$t_3\% = \frac{\Delta t_3}{\Delta t_1 + \Delta t_2 + \Delta t_3} \times 100 = \frac{52.7}{3+5+52.7} \times 100 = 86.82\%$$

$$\text{사용 시간 비율: } h_1\% = h_t\% \times \frac{t_1\%}{100} = 23.1 \times 0.0494 = 1.14\%$$

$$h_2\% = h_t\% \times \frac{t_2\%}{100} = 23.1 \times 0.0824 = 1.90\%$$

$$h_3\% = h_t\% \times \frac{t_3\%}{100} = 23.1 \times 0.8682 = 20.06\%$$

$$\text{가속도: } a_1 = \frac{v_2 - v_1}{3.6 \Delta t_1} = \frac{30-0}{3.6 \times 3} = 2.78 \text{ m/s}^2$$

$$a_2 = \frac{v_3 - v_2}{3.6\Delta t_2} = \frac{50-30}{3.6\times 5} = 1.11 \text{ m/s}^2$$

$$a_3 = \frac{v_4 - v_3}{3.6\Delta t_3} = \frac{50-50}{3.6\times 52.7} = 0 \text{ m/s}^2$$

관성력: $f_1 = \frac{W+0.05W}{9.81}a_1 = \frac{24.9(1+0.05)}{9.81}\times 2.78 = 7.41 \text{ kN}$

$$f_2 = \frac{W+0.05W}{9.81}a_2 = \frac{24.9(1+0.05)}{9.81}\times 1.11 = 2.96 \text{ kN}$$

$$f_3 = \frac{W+0.05W}{9.81}a_3 = \frac{24.9(1+0.05)}{9.81}\times 0 = 0 \text{ kN}$$

주행 저항: $R_1 = \mu_r W + W\sin\theta + \frac{1}{2{,}000}\rho C_D A(\frac{V_1}{3.6})^2$

$$= 0.011(24.9) + 24.9\sin 3^o + \frac{1}{2{,}000}(1.21)(0.44)(2.52)(\frac{15}{3.6})^2 = 1.59 \text{ kN}$$

$$R_2 = 0.011(24.9) + 24.9\sin 3^o + \frac{1}{2{,}000}(1.21)(0.44)(2.52)(\frac{40}{3.6})^2 = 1.66 \text{ kN}$$

$$R_3 = 0.011(24.9) + 24.9\sin 3^o + \frac{1}{2{,}000}(1.21)(0.44)(2.52)(\frac{50}{3.6})^2 = 1.71 \text{ kN}$$

주행 저항 계산에서는 노면의 구름저항계수를 $\mu_r = 0.011$, 지면의 경사도를 $\theta = 3^o$로 하였다. 주행 속도가 저속인 경우에는 공기 저항을 무시한다.

견인 저항: 농업용 트랙터에서와 같이 트레일러, 쟁기 등과 같은 작업기를 견인하는 경우에는 이를 견인하는 데 필요한 힘을 부하에 포함하여야 한다.

부하: $L_1 = f_1 + R_1 = 7.41 + 1.59 = 9.00 \text{ kN}$

$$L_2 = f_2 + R_2 = 2.96 + 1.66 = 4.62 \text{ kN}$$

$$L_3 = f_3 + R_3 = 0 + 1.71 = 1.71 \text{ kN}$$

소요 동력: $P_1 = L_1(\frac{\bar{v}_1}{3.6}) = 9.00 \times \frac{15}{3.6} = 37.49 \text{ kW}$

$$P_2 = L_2(\frac{\bar{v}_2}{3.6}) = 4.62 \times \frac{40}{3.6} = 51.38 \text{ kW}$$

$$P_3 = L_3(\frac{\bar{v}_3}{3.6}) = 1.71 \times \frac{50}{3.6} = 23.72 \text{ kW}$$

소요 동력비: $P_1\% = \frac{37.49}{127.7\times 0.8971}\times 100 = 32.73\%$

$$P_2\% = \frac{51.38}{127.7 \times 0.8971} \times 100 = 44.85\%$$

$$P_3\% = \frac{23.72}{127.7 \times 0.8971} \times 100 = 23.72\%$$

같은 방법으로 포장 도로, 비포장 도로, 고속 도로, 8° 경사 도로, 15° 경사 도로에 대한 주행 특성을 분석한 결과는 각각 표 12-13, 표 12-14, 표 12-15에서와 같다.

고속 도로 주행 모드에서는 3단에서 60 km/h의 속도로써 고속 도로에 진입하여 6초 동안 83 km/h까지 가속한 후 4단으로 변속하고 다음 7초 동안 100 km/h까지 가속하여 5단으로 변속한 후 평균 100 km/h의 속도를 유지하는 것으로 하였다. 15° 경사 도로에서는 1단과 2단 변속 단수만 사용하였다. 후진은 1단에서만 가능하고 후진 주행 시간은 도시 도로의 경우 1단 주행 시간의 10%, 포장 도로의 경우 16.7%, 비포장 도로의 경우 20%, 8도 경사 도로의 경우 20%, 15도 경사 도로의 경우 25%로 가정하여 주행 시간 비율과 사용 시간 비율을 추정하였다. 고속 도로에서는 후진이 없는 것으로 하였다.

위에서 설정한 주행 모드와 주행 모드별 주행 형태는 모두 시험 코드를 개발하기 위하여 가정한 것이며 실제 시험 코드를 개발하기 위해서는 이용 실태 조사를 통하여 수집한 데이터를 사용하여야 한다.

표 12-13 도시 도로와 고속 도로 주행 모드의 분석

주행 모드	도시 도로 주행 모드				고속 도로 주행 모드		
	G1	G2	G3	후진	G3	G4	G5
총 감속비, U_i	16.87	9.68	6.01		6.01	3.91	3.15
전동 효율, η_i	0.90	0.90	0.90		0.90	0.93	0.89
주행 시간, Δt_i, 초	3.00	5.00	52.70	0.3	6.00	7.00	3589.31
평균 주행 속도, $\overline{v_i}$, km/h	15.00	40.00	50.00		71.50	91.50	100.00
주행 거리, D_i, m	12.50	55.56	731.94		119.17	177.92	99702.92
주행 시간 비율, $t_i\%$, %	4.92	8.20	86.39	0.49	0.17	0.19	99.64
사용 시간 비율, $h_i\%$, %	1.14	1.89	19.96	0.11	0.01	0.01	6.28
가속도, a_i, m/s^2	2.78	1.11	0.00		1.06	0.67	0.00
관성력, f_i, kN	7.41	2.96	0.00		2.84	1.80	0.00
주행 저항, R_i, kN	1.59	1.66	1.71		0.54	0.71	0.79
부하, L_i, kN	9.00	4.62	1.71		3.38	2.51	0.79
소요 동력, P_i kW	37.49	51.38	23.72		67.10	63.71	21.99
소요 동력비, $P_i\%$, %	32.73	44.85	20.70		58.57	53.59	19.26

표 12-14 포장 도로와 비포장 도로 주행 모드의 분석

	포장 도로 주행 모드				비포장 도로 주행 모드			
	G1	G2	G3	후진	G1	G2	G3	후진
총 감속비, U_i	16.87	9.68	6.01		16.87	9.68	6.01	
전동 효율, η_i	0.90	0.90	0.90		0.90	0.90	0.90	
주행 시간, Δt_i, 초	3.00	6.00	90.75	0.5	3.00	7.00	66.00	0.6
평균 주행 속도, $\overline{v_i}$, km/h	15.00	45.00	60.00		10.00	30.00	40.00	
주행 거리, D_i, m	12.50	75.00	1,512.50		8.33	58.33	733.33	
주행 시간 비율, $t_i\%$, %	2.99	5.99	90.52	0.50	3.92	9.14	86.16	0.78
사용 시간 비율, $h_i\%$, %	1.38	2.76	41.73	0.23	0.45	1.05	9.91	0.09
가속도, a_i, m/s²	2.78	1.39	0.00		1.85	0.79	0.00	
관성력, f_i, kN	7.41	3.70	0.00		4.94	2.12	0.00	
주행 저항, R_i, kN	1.59	1.68	1.76		1.58	1.62	1.66	
부하, L_i, kN	9.00	5.39	1.76		6.52	3.74	1.66	
소요 동력, P_i, kW	37.49	67.34	29.41		18.12	31.18	18.46	
소요 동력비, $P_i\%$, %	32.73	58.78	25.67		15.81	27.22	16.11	

표 12-15 8° 경사지와 15° 경사지 주행 모드의 분석

	8° 경사지 주행 모드				15° 경사지 주행 모드		
	G1	G2	G3	후진	G1	G2	후진
총 감속비, U_i	16.87	9.68	6.01		16.87	9.68	
전동 효율, η_i	0.90	0.90	0.90		0.90	0.90	
주행 시간, Δt_i, 초	6.00	12.00	24.60	1.2	6.00	51.00	1.5
평균 주행 속도, $\overline{v_i}$, km/h	15.00	40.00	50.00		10.00	20.00	
주행 거리, D_i, m	25.00	133.33	341.67		16.67	283.33	
주행 시간 비율, $t_i\%$, %	13.70	27.40	56.16	2.74	10.26	87.18	2.56
사용 시간 비율, $h_i\%$, %	1.42	2.85	5.84	0.28	0.27	2.27	0.07
가속도, a_i, m/s²	1.39	0.46	0.00		0.93	0.00	
관성력, f_i, kN	3.70	1.23	0.00		2.47	0.00	
주행 저항, R_i, kN	3.75	3.82	3.87		6.73	6.74	
부하, L_i, kN	7.46	5.06	3.87		9.20	6.74	
소요 동력, P_i, kW	31.07	56.22	53.77		25.55	37.47	
소요 동력비, $P_i\%$, %	27.12	49.07	46.93		22.30	32.70	

⑥ 최대 가속도

차량의 구동륜이 지면으로 전달할 수 있는 최대 추진력에서 차량의 주행에 저항하는 총 저항력을 뺀 힘은 차량을 가속하거나, 경사지를 오르거나, 하중을 견인할 때 사용할 수 있는 힘으로서 차량의 주행 능력을 나타낸다. 주행 속도 v에서 차량이 지면으로 전달할 수 있는 최대 추진력 F_w와 차량에 작용하는 총 저항력 R은 그림 12-7에서 구할 수 있다. 최대 추진력 F_w와 총 저항력 R의 차이를 모두 가속하는 데 사용한다고 하면 차량의 최대 가속도는 식 (12-7)과 같이 표현할 수 있다.

$$1.05\frac{W}{g}a = F_w - R \text{또는 } a = \frac{g}{1.05\,W}(F_w - R) \qquad (12\text{-}7)$$

위의 식에서 1.05는 차량의 주행 관성과 구동륜에서 전동 라인을 구성하는 모든 회전체의 회전 관성을 고려하기 위한 것이다. 식 (12-3)과 식 (12-5)를 식 (12-7)에 대입하면

$$a = \frac{g}{1.05\,W}\left[\frac{T_e U_i \eta_i}{r_d} - (\mu_r + \sin\theta)\,W - \frac{1}{2{,}000}\rho C_D A\left(\frac{v}{3.6}\right)^2\right] \qquad (12\text{-}8)$$

가 된다. 12-8)을 이용하여 각 변속 단수에서 주행 조건에 따라 주행 속도별 최대 가속도를 구하면 표 12-16에서와 같다.

표 12-16 전부하 상태에서 주행 모드의 속도별 최대 가속도

엔진 속도, ω_e, rpm			1,200	1,600	2,000	2,400	2,800	3,000	3,600	4,000	4,200
엔진 토크, T_e, N·m			230.6	297.2	348.3	349.0	350.1	350.8	330.1	305.1	239.8
엔진 출력, P_e, kW			29.0	49.8	72.9	87.7	102.6	110.2	124.4	127.7	105.4
주행 속도, km/h			1단: $U_1 = 16.869$, $\eta_1 = 0.8971$								
주행 도로	θ	μ_r	9.78	13.04	16.31	19.57	22.83	24.46	29.35	32.61	34.24
도시 도로	3	0.015	2.95	3.99	4.78	4.79	4.80	4.81	4.49	4.09	3.08
비포장 도로	3	0.015	2.95	3.99	4.78	4.79	4.80	4.81	4.49	4.09	3.08
포장 도로	3	0.08	2.35	3.38	4.17	4.18	4.20	4.21	3.88	3.49	2.47
8도 경사 도로	8	0.08	1.54	2.57	3.36	3.37	3.39	3.39	3.07	2.67	1.66
15도 경사 도로	15	0.08	0.42	1.45	2.24	2.25	2.25	2.27	1.95	1.56	0.54
주행 속도, km/h			2단: $U_2 = 9.675$, $\eta_2 = 0.8971$								
주행 도로	θ	μ_r	17.06	22.74	28.43	34.12	39.80	42.65	51.17	56.86	59.70
도시 도로	3	0.015	1.42	2.01	2.46	2.46	2.46	2.46	2.26	2.03	1.44

주행 도로	θ	μ_r									
비포장 도로	3	0.015	1.42	2.01	2.46	2.46	2.46	2.46	2.26	2.03	1.44
포장 도로	3	0.08	0.81	1.40	1.85	1.85	1.85	1.86	1.66	1.42	0.83
8도 경사 도로	8	0.08	0.00	0.59	1.04	1.04	1.04	1.04	0.84	0.61	0.03
15도 경사 도로	15	0.08	−1.11	−0.53	−0.08	−0.08	−0.07	−0.07	−0.27	−0.51	−1.10
주행 속도, km/h			3단: $U_3 = 6.005$, $\eta_3 = 0.8971$								
주행 도로	θ	μ_r	27.48	36.64	45.81	54.97	64.13	68.71	82.45	91.61	96.19
도시 도로	3	0.015	0.63	0.99	1.26	1.24	1.23	1.22	1.07	0.90	0.52
비포장 도로	3	0.015	0.63	0.99	1.26	1.24	1.23	1.22	1.07	0.90	0.52
포장 도로	3	0.08	0.03	0.38	0.65	0.64	0.62	0.61	0.46	0.29	−0.09
8도 경사 도로	0	0.015	1.12	1.48	1.75	1.73	1.72	1.71	1.55	1.39	1.01
15도 경사 도로	8	0.08	−0.79	−0.43	−0.16	−0.17	−0.19	−0.20	−0.35	−0.52	−0.90
주행 속도, km/h			4단: $U_4 = 3.909$, $\eta_4 = 0.931$								
주행 도로	θ	μ_r	42.22	56.29	70.37	84.44	98.51	105.55	126.66	140.73	147.77
지방 도로	0	0.015	0.69	0.91	1.07	1.03	0.98	0.96	0.78	0.62	0.33
경사 도로	3	0.015	0.20	0.42	0.58	0.54	0.49	0.47	0.29	0.13	−0.16
주행 속도, km/h			5단: $U_5 = 3.153$, $\eta_5 = 0.8941$								
주행 도로	θ	μ_r	52.34	69.79	87.24	104.69	122.13	130.86	157.03	174.48	183.20
도시 도로	0	0.015	−0.01	0.14	0.23	0.17	0.10	0.05	−0.15	−0.34	−0.59

⑦ 사용 시간 비율 분석

주행 모드와 변속 단수에 따라 표 12−13, 12−14, 12−15의 사용 시간 비율을 정리하면 표 12−17에서와 같다. 같은 변속 단수에서도 주행 형태는 도로에 따라 다르다. 예를 들면 도시 도로에서 G3은 중속 주행이지만, 고속 도로에서는 가속할 수 있다. 변속 단수별 사용 시간 비율은 표 12−17에서와 같이 1단에서 4.66%, 2단에서 10.82%, 3단에서 77.45%, 4단에서 0.01%, 5단에서 6.28%, 후진에서 0.79%로 추정되었다. 이를 시간으로 나타내면 1단에서 161.61시간, 2단에서 375.43시간, 3단에서 2,687.46시간, 4단에서 0.42시간, 5단에서 217.82시간, 후진에서 27.25시간이고, 도로별로는 도시 도로에서 801.57시간, 포장 도로에서 1,599.67시간, 비포장 도로에서 399.05시간, 고속 도로에서 218.61시간, 8도 경사 도로에서 360.53시간, 15도 경사 도로에서 90.22시간이다.

표 12-17 주행 모드 분석에 의한 사용 시간 비율

도로	1단	2단	3단	4단	5단	후진	계	사용 시간
도시 도로	1.14	1.89	19.96			0.11	23.1	801.57
포장 도로	1.38	2.76	41.73			0.23	46.1	1,599.67
비포장 도로	0.45	1.05	9.91			0.09	11.5	399.05
고속 도로			0.01	0.01	6.28		6.3	218.61
8도 경사 도로	1.42	2.85	5.84			0.28	10.40	360.88
15도 경사 도로	0.27	2.27				0.07	2.60	90.22
계	4.66	10.82	77.45	0.01	6.28	0.79	100	3,470
사용 시간 (3,470시간 기준)	161.61	375.43	2,687.46	0.42	217.82	27.25	3,470	

⑧ 주행 모드 및 변속 단수별 평균 주행 속도와 주행 거리

표 12-13, 12-14, 12-15의 주행 모드 분석 결과와 표 12-17의 사용 시간을 적용하여 다음과 같이 주행 모드 및 변속 단수별 주행 거리와 평균 주행 속도를 구할 수 있다.

$$\text{주행 모드 } j\text{의 주행 거리}=\sum(\text{주행 모드 } j\text{에서 변속 단수 } i\text{의 평균 속도} \times \text{주행 모드 } j\text{에서 변속 단수 } i\text{의 사용 시간})$$

$$\text{주행 모드 } j\text{의 평균 주행 속도}=\frac{\text{주행 모드 } j\text{의 주행 거리}}{\text{주행 모드 } j\text{의 총 사용 시간}} \qquad (12\text{-}9)$$

$$\text{변속 단수 } i\text{의 주행 거리}=\sum(\text{변속 단수 } i\text{에서 주행 모드 } j\text{의 평균 속도} \times \text{변속 단수 } i\text{에서 주행 모드 } j\text{의 사용 시간})$$

$$\text{변속 단수 } i\text{의 평균 주행 속도}=\frac{\text{변속 단수 } i\text{의 주행 거리}}{\text{변속 단수 } i\text{의 총 사용 시간}}$$

도시 도로 주행 모드의 경우

$$\text{주행 거리}=\left(15\times\frac{1.14}{100}+40\times\frac{1.89}{100}+50\times\frac{19.96}{100}+15\times\frac{0.11}{100}\right)\times 3{,}470=37{,}903.75\text{ km}$$

$$\text{평균 주행 속도} = \frac{37{,}903.75}{801.57}=47.29\text{ km/h}$$

가 된다. 같은 방법으로 포장 도로, 비포장 도로, 고속 도로, 경사 도로 및 각 변속 단수에서 주행 거리와 평균 주행 속도를 구하면 표 12-18에서와 같다.

표 12-18 주행 모드 및 변속 단수별 총 주행 거리와 평균 주행 속도

도로	총 주행 시간,	총 주행 거리, km	평균 주행 속도, km/h	변속 단수	사용 시간	총 주행 거리, km	평균 주행 속도, km/h
도시 도로	801.57	37,903.75	47.29	1	161.61	2,299.73	14.23
포장 도로	1,599.67	92,030.89	57.53	2	375.43	13,558.35	36.11
비포장 도로	399.05	15,034.70	37.68	3	2687.46	145,423.5	54.11
고속 도로	218.61	21,847.01	99.94	4	0.42	38.87	91.5
8도 경사 도로	360.88	14,978.99	41.51	5	217.82	21,782.11	100.0
15도 경사 도로	90.22	1,688.73	18.72	후진	27.25	381.51	14.0
계	3,470	183,484.08			3,470	183,484.08	

주행 모드 분석에 의한 총 주행 거리는 183,484.08 km로서 목표 수명 200,000 km보다는 짧다. 이는 가정한 주행 모드별 주행 형태의 평균 속도와 주행 모드 분석에 의한 평균 속도의 차이 때문이다. 따라서 주행 모드에 의한 총 주행 거리가 목표 수명과 일치하도록 주행 모드별 주행 형태를 다시 조정할 필요가 있다. 주행 형태를 조정하면 사용 시간 비율도 변하기 때문에 차량의 이용 실태 조사 결과를 반영하여 적절히 조정하여야 한다. 여기서는 표 12-17의 주행 모드에서 변속 단수별 사용 시간 비율을 조정하지 않고 그대로 적용하였다.

⑨ 가속 시험 시간

가속 시험 시간은 보증 수명까지 변속기가 받는 총 피로 손상과 가속 시험에서 받는 총 피로 손상이 같도록 결정한다. 변속 단수 i에서 보증 수명이 L_i 사이클이고, 부하 토크가 T_i라고 하면, 보증 수명까지 변속기가 받는 총 피로 손상은 $L_i T_i^{\lambda}$이다. 가속 시험에서 변속 단수가 i일 때, 가속 토크를 T_{ti}, 가속 속도를 ω_{ti} rpm, 시험 시간을 t_{ti}라고 하면 가속 시험에서 변속기가 받는 총 피로 손상은 $60\omega_{ti}t_{ti}T_{ti}^{\lambda}$이다. 기어의 피로 파괴를 피팅에 의한 피로 파괴로 가정하면 변속기의 피로 손상지수는 λ=4이므로

$$60\omega_{ti}t_{ti}T_{ti}^4 = L_i T_i^4 \tag{12-10}$$

이 된다. 보증 수명은 보증 시간 t_i와 속도 ω_i rpm에 의하여 $L_i = 60\omega_i t_i$ 사이클이 되므로 이를 식 (12-10)에 대입하여 시험 시간 t_{ti}를 구하면

$$t_{ti} = \frac{\omega_i T_i^4}{\omega_{ti} T_{ti}^4} t_i \tag{12-11}$$

가 된다. 가속 시험에서 변속기의 입력 동력이 엔진의 최대 출력이 되도록 가속 부하를 가하면 식 (12–11)은 주행 모드 분석 결과의 소요 동력비로서 다음과 같이 표현할 수 있다.

$$t_{ti} = \frac{\omega_{ti}^3}{\omega_i^3} \frac{(\omega_i T_i)^4}{(\omega_{ti} T_{ti})^4} t_i = \frac{\omega_{ti}^3 r_d^3}{\omega_i^3 r_d^3} \frac{(F_i r_d \omega_i)^4}{(F_{ti} r_d \omega_{ti})^4} t_i = (\frac{v_{ti}}{v_i})^3 (P_i\%)^4 t_i \tag{12-12}$$

여기서, t_{ti}=변속 단수 i의 가속 시험 시간

t_i=변속 단수 i의 보증 시간

ω_i=변속 단수 i에서 부하 속도

ω_{ti}=변속 단수 i에서 가속 시험 속도

T_i=변속 단수 i에서 부하 토크

T_{ti}=변속 단수 i에서 가속 시험 토크

v_i=변속 단수 i에서 주행 속도

v_{ti}=변속 단수 i에서 가속 시험 주행 속도

$P_i\%$=변속 단수 i에서 소요 동력비

속도비 $\frac{v_{ti}}{v_i}$는 변속 단수가 i일 때 평균 주행 속도에 대한 가속 시험 주행 속도의 비이다. 따라서 가속계수 AF_i는

$$AF_i = \frac{1}{(\frac{v_{ti}}{v_i})^3 P_i\%^4} \tag{12-13}$$

가 된다. 이제 각 주행 모드에서 변속 단수 i에 대한 가속 시험 시간을 구하여 이를 더하면 변속 단수 i에 대한 총 가속 시험 시간이 된다. 즉

$$t_{ti} = \sum_{j=1} [(\frac{v_i}{v_{ti}})^3 P_i\%^4]_j \tag{12-14}$$

이다.

가속 시험에서 변속기 입력축에 4,000 rpm으로 127.7 kW의 동력이 전달되도록 가속 부하를 가하면 도시 도로 주행 모드일 때 변속 기어 1단에서 필요한 소요 동력비는 표 12–13

에서와 같이 $P_1\% = 0.3273$이고, 평균 주행 속도는 $v_i = 15$ km/h, 가속 시험 주행 속도는 엔진이 최대 출력 상태일 때

$$v_{t1} = (\frac{4,000}{16.869} \times \frac{2\pi}{60}) \times 0.365 = 9.06 \text{ m/s} = 32.61 \text{ km/h}$$

이므로 속도비는

$$\frac{v_{t1}}{v_1} = \frac{32.61}{15} = 2.174$$

가 된다. 따라서 가속계수는

$$AF_1 = \frac{1}{(2.174)^3(0.3273)^4} = 8.49$$

이다. 도시 도로 주행 모드에서 변속 단수 1단의 사용 시간은

$$3,470 \times \frac{1.14}{100} = 39.56 \text{시간}$$

이므로 가속 시험 시간은

$$t_{t1} = \frac{39.56}{8.49} = 4.64 \text{시간}$$

이 된다. 같은 방법으로 각 주행 모드에서 변속 단수별 사용 시간, 가속계수 및 가속 시험 시간을 구하면 표 12-19에서와 같다. 따라서 총 사용 시간, 즉 보증 수명 3,470시간에 대한 가속 시험 시간은 181.46시간이다.

표 12-19 최대 엔진 출력을 요구하는 가속 조건에서 변속 단수별 가속 시험 시간

기어		도시 도로	포장 도로	비포장 도로	고속 도로	8° 경사로	15° 경사로	계
G1	사용 시간 비율, %	1.14	1.38	0.45		1.42	0.27	4.66
	사용 시간	39.42	47.87	15.63		49.44	9.25	161.61
	가속계수	8.49	8.49	46.14		17.99	11.67	
	가속 시험 시간	4.64	5.64	0.34		2.75	0.79	14.16
G2	사용 시간 비율, %	1.89	2.76	1.05		2.85	2.27	10.82
	사용 시간	65.70	95.74	36.47		98.8712	78.65	375.43
	가속계수	8.61	4.16	26.79		6.00964	3.81	
	가속 시험 시간	7.63	23.04	1.36		16.4521	20.66	69.14

G3	사용 시간 비율, %	19.96	41.73	9.91	0.01	5.84		77.45
	사용 시간	692.50	1448.1	343.83	0.36	202.686		2687.46
	가속계수	88.61	64.76	123.72	4.04	3.35383		
	가속 시험 시간	7.82	22.36	2.78	0.09	60.4342		93.48
G4	사용 시간 비율, %				0.01			0.012
	사용 시간				0.42			0.42
	가속계수				3.34			
	가속 시험 시간				0.13			0.13
G5	사용 시간 비율, %				6.28			6.28
	사용 시간				217.82			217.82
	가속계수				136.97			
	가속 시험 시간				1.59			1.59
후진	사용 시간 비율, %	0.11	0.23	0.09		0.28	0.07	0.79
	사용 시간	3.94	7.98	3.13		9.89	2.31	27.25
	가속계수	6.36	6.36	34.55		13.47	8.74	
	가속 시험 시간	0.62	1.25	0.09		0.73	0.26	2.96
계	사용 시간 비율%	23.10	46.10	11.50	6.30	10.40	2.60	100
	사용 시간	801.57	1599.67	399.05	218.61	360.88	90.22	3,470
	가속 시험 시간	20.71	52.29	4.57	1.81	80.37	21.71	181.46

⑩ 가속 시험에 의한 변속기 입력축과 출력축의 사이클 수

가속 시험 시간을 추정한 다음에는 변속기의 중간축 피니언과 출력축에 작용하는 부하의 크기와 사이클 수를 확인한다. 일반적으로 피팅에 의한 기어의 피로 수명은 10^7 사이클이므로 중간축 피니언과 출력축의 부하 사이클이 10^7 이하일 때는 시험 시간을 증가시켜 이를 최소한 10^7 사이클까지 증가시킨다. 표면 경화 기어인 경우에는 피팅에 의한 피로 수명을 $(2 \sim 3) \times 10^7$ 사이클로 한다. 일반적으로 한 쌍의 기어에서는 피니언, 즉 구동 기어의 부하 사이클이 피동 기어의 부하 사이클보다 크기 때문에 피로 파괴는 피니언에서 먼저 일어난다.

엔진이 4,000 rpm으로 127.7 kW의 동력을 변속기로 전달할 때 1단 변속 단수에서 중간축 피니언과 변속기의 출력축 속도는 각각

$$(\omega_c)_1 = \frac{4,000}{1.65} = 2,424.24 \text{ rpm}$$

$$(\omega_{out})_1 = \frac{4,000}{4.315} = 926.91 \text{ rpm}$$

이 된다. 1단 변속 단수의 가속 시험 시간이 14.16시간이므로, 각각의 부하 사이클 수는

$$2,424,24 \times (14.16 \times 60) = 2.06 \times 10^6$$

$$926.91 \times (14.16 \times 60) = 0.79 \times 10^6$$

이며, 이는 모두 10^7사이클 이하이므로 1단 변속 단수의 가속 시험 시간을 증가시켜 피니언과 출력축의 부하 사이클을 최소한 10^7사이클까지 증가시킨다. 먼저 중간축 피니언의 부하 사이클을 10^7사이클까지 증가시키면 시험 시간은

$$\frac{10,000,000}{2,424.24 \times 60} = 68.75\text{시간}$$

이 된다. 시험 시간이 68.75시간일 때 출력축의 부하 사이클은

$$68.75 \times (926.91 \times 60) = 3.82 \times 10^6$$

이다. 그러나 출력축의 부하 사이클은 아직도 10^7사이클 이하이기 때문에 이를 10^7사이클까지 증가시키면 시험 시간은.

$$\frac{10,000,000}{926.91 \times 60} = 179.81\text{시간}$$

이 된다. 즉 1단 변속 단수의 가속 시험 시간을 179.81시간으로 조정한다. 다른 변속 단수에서도 같은 방법으로 부하 사이클을 구하고, 최소한의 부하 사이클이 만족되도록 가속 시험 시간을 조정한다. 표 12-20은 이와 같은 방법으로 각 변속 단수에서 엔진 속도가 4,000 rpm일 때 중간축 피니언과 출력축의 부하 사이클을 최소한 10^7사이클까지 증가시킨 가속 시험 시간이다. 따라서 조정 후 가속 시험 시간은 650.11시간이 된다.

표 12-20 부하 사이클의 요구 조건을 만족하기 위한 가속 시험 시간

변속 단수	추정 시험 시간	중간축 피니언			출력축			최종 시험 시간	피니언 사이클 수	출력축 사이클 수
		속도	사이클 수	조정 시간	속도	사이클 수	조정 시간			
G1	14.16	2,424.2	2.06E+6	68.75	926.9	3.82E+6	179.81	179.81	2.62E+7	1.00E+7
G2	69.14	2,424.2	1.01E+7		1,616.2	6.70E+6	103.13	103.13	1.50E+7	1.00E+7
G3	93.48	2,24.2	1.36E+7		2,603.8	1.46E+7		93.48	1.36E+7	1.46E+7
G4	0.13	4,000.0	3.06E+4	41.67	4,000.0	1.00E+7	41.67	41.67	1.00E+7	1.00E+7
G5	1.59	2,424.2	2.31E+5	68.75	4,958.7	2.05E+7		68.75	1.00E+7	2.05E+7
R	2.96	2,424.2	4.31E+5	68.75	1,020.7	4.21E+6	163.28	163.28	2.38E+7	1.00E+7
	181.46							650.11		

⑪ 가속 시험 코드

가속 시험에서 가속 부하는 엔진이 최대 출력 또는 최대 토크 상태가 되도록 가한다. 즉 엔진이 항상 최대 출력 또는 최대 토크 상태가 되도록 부하를 가하는 것이다. 가속 부하의 인가점은 일반적으로 변속기 출력축 또는 구동륜의 차축이 된다. 그림 12-9에서와 같이 가속 부하를 변속기 출력축에서 인가하는 경우에는 변속기 입력축의 속도 및 토크가 엔진의 최대 출력 시 속도 및 토크와 같도록 동력계로써 부하를 조정한다. 시험 장치의 동력원으로서 모터를 사용하는 경우에는 엔진과 모터의 토크 특성이 서로 다르기 때문에 모터의 입력 속도와 토크는 엔진의 최대 출력 시 상태와 유사한 상태가 되도록 조정하여야 한다. 구동륜의 차축에서 부하를 인가하는 경우에는 동일한 토크와 속도를 좌우 구동 차축에 가하여 모터의 출력 속도와 토크가 엔진의 최대 출력과 같은 상태가 되도록 한다.

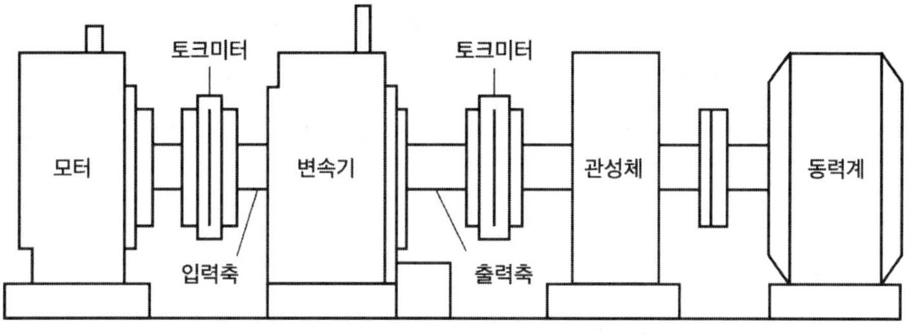

그림 12-9 변속기의 가속 시험 장치

그림 12-5의 전동 라인에서 엔진이 최대 출력 상태가 되도록 가속 시험을 할 경우, 엔진의 최대 출력은 127.7 kW이고, 엔진의 출력 속도와 토크는 각각 4,000 rpm, 305.1 N · m 이다. 따라서 각 변속 단수에서 좌우 구동 차축에 인가해야 할 가속 토크와 속도 및 시험 시간은 표 12-21과 그림 12-10에서와 같다.

표 12-21 구동 차축에 가속 부하를 가할 때의 가속 시험 시간과 부하

변속 단수	1단	2단	3단	4단	5단	후진
가속 시험 시간	179.81	103.13	93.48	41.67	68.75	163.28
가속 시험 속도, rpm	237.12	413.44	666.10	1,023.28	1,268.50	261.12
가속 시험 토크/차축, kN · m	2.31	1.32	0.82	0.56	0.43	2.10

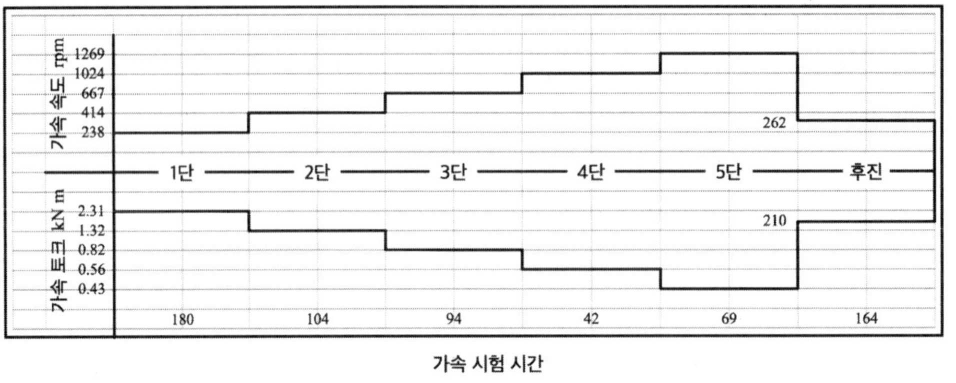

그림 12-10 구동 차축에 가속 부하를 가할 때의 가속 시험 시간과 부하

엔진이 최대 토크 상태가 되도록 차축에 가속 부하를 가하는 경우에는 변속 단수 i에서 엔진의 최대 토크와 이때의 속도로써 가속 시험 시간을 결정한다. 예를 들면 1단 변속 기어에서 엔진이 최대 토크 상태가 되도록 가속 부하를 좌우 구동 차축에 가할 때, 엔진의 출력 속도와 최대 토크는 각각 3,000 rpm, 350.8 N · m이므로, 구동 차축의 속도와 토크는 각각

$$\omega_{t1} = \frac{3,000}{16.867} = 177.83 \text{ rpm}$$

$$T_{t1} = T_e U_1 \eta_1 = 350.8 \times 16.87 \times 0.8971 = 5,309.03 \text{ N} \cdot \text{m}$$

가 된다. 도시 도로 주행 모드 분석에서 1단 변속 단수일 때 평균 주행 속도는 $v_1 = 15$ km/h이고, 가속 시험 주행 속도는

$$v_{t1} = \left(\frac{3,000}{16.869} \times \frac{2\pi}{60}\right) \times 0.365 = 9.06 \text{ m/s} = 24.46 \text{ km/h}$$

이므로 속도비는

$$\frac{v_{t1}}{v_1} = \frac{24.46}{15} = 1.631$$

가 된다. 또한 소요 동력비는 $P_1\% = 0.3994$이므로 가속계수는

$$AF_1 = \frac{1}{(1.631)^3 (0.3994)^4} = 11.13$$

가 되고 가속 시험 시간은

$$t_{t1} = \frac{1.14 \times 3,470}{11.14} = 3.54\text{시간}$$

이 된다.

가속 부하를 엔진이 최대 토크 상태가 되도록 가하면 가속 시험 시간은 가속 부하를 최대 출력 상태가 되도록 가할 때보다 감소한다. 즉 가속 부하는 최대 출력 상태일 때보다는 최대 토크 상태일 때가 더 크다. 표 12-22는 가속 부하를 엔진이 최대 토크 상태가 되도록 구동륜의 차축에 가할 때 각 주행 모드에서 변속 단수별 사용 시간, 가속계수 및 가속 시험 시간을 추정한 것이다. 가속 시험 시간은 138.41시간으로서 가속 부하를 엔진이 최대 출력 상태가 되도록 가할 때보다 43.05시간이 단축되었다. 그러나 최종 가속 시험 시간은 변속기의 중간축 피니언과 출력축의 부하 사이클이 최소한 10^7 사이클이 되도록 각 변속 단수별 가속 시험 시간을 조정하여 결정하여야 한다.

지금까지 설명한 가속 시험 방법에서는 가속 시험 시간이 주행 모드와 각 주행 모드의 주행 형태에 따라 변하기 때문에 차량의 주행 모드와 주행 형태는 소비자의 차량 이용 형태를 통계적으로 분석하여 결정하여야 한다. 또한 이 가속 시험 방법은 무고장 시험이 아니기 때문에 시험 결과도 통계적으로 분석하여 목표 수명에 대한 신뢰도를 평가하여야 한다.

표 12-22 엔진이 최대 토크 상태가 되도록 가속 부하를 가할 때 변속 단수별 가속 시험 시간

기어		도시 도로	포장 도로	비포장 도로	고속 도로	8° 경사로	15° 경사로	계
G1	사용 시간 비율, %	1.14	1.38	0.45		1.42	0.27	4.66
	사용 시간	39.42	47.87	15.63		49.44	9.25	161.61
	가속계수	11.13	11.13	60.49		23.59	15.29	
	가속 시험 시간	3.54	4.30	0.26		2.10	0.61	10.8
G2	사용 시간 비율, %	1.89	2.76	1.05		2.85	2.27	10.82
	사용 시간	65.70	95.74	36.47		98.87	78.65	375.43
	가속계수	11.29	5.45	35.13		7.88	4.99	
	가속 시험 시간	5.82	17.57	1.04		12.55	15.76	52.73
G3	사용 시간 비율, %	19.96	41.73	9.91	0.01	5.84		77.45
	사용 시간	692.50	1448.08	343.83	0.36	202.69		2687.46
	가속계수	116.17	84.90	162.19	5.30	4.40		
	가속 시험 시간	7.82	22.36	2.78	0.07	46.10		71.30

G4	사용 시간 비율, %				0.01			0.012
	사용 시간				0.42			0.42
	가속계수				4.37			
	가속 시험 시간				0.10			0.10
G5	사용 시간 비율, %				6.28			6.28
	사용 시간				217.82			217.82
	가속계수				179.57			
	가속 시험 시간				1.21			1.21
후진	사용 시간 비율, %	0.11	0.23	0.09		0.28	0.07	0.79
	사용 시간	3.94	7.98	3.13		9.89	2.31	27.25
	가속계수	8.33	8.33	45.30		17.67	11.45	
	가속 시험 시간	0.47	0.96	0.07		0.56	0.20	2.26
계	사용 시간 비율%	23.10	46.10	11.50	6.30	10.40	2.60	100
	사용 시간	801.57	1599.67	399.05	218.61	360.88	90.22	3,470
	가속 시험 시간	15.80	39.89	3.49	1.38	61.60	16.56	138.41

12.5. 트럭용 9단 변속기

(1) 기본 원리

이 방법에서도 가속 시험의 기본 원리는 보증 기간의 총 피로 손상과 가속 시험으로 인한 총 피로 손상이 같도록 하는 것이다. 이 원리를 마이너(Miner)식으로 표현하면

$$\sum_{i}^{m}\frac{(n_t)_i}{(L_t)_i}=\sum_{i}^{k}\frac{(n_u)_i}{(L_u)_t} \tag{12-15}$$

여기서, m=가속 시험에서 가속 부하의 수

k=보증 기간 중 작용 부하의 수

$(n_t)_i$=가속 시험에서 가속 부하 i의 사이클 수

$(n_u)_i$=보증 기간 중 작용 부하 i의 사이클 수

$(L_t)_i$=가속 시험에서 가속 부하가 i일 때의 수명

$(L_u)_i$=보증 기간 중 작용 하중이 i일 때 수명

가 된다. 피로 파괴가 일어날 때 하중 P와 부하 사이클 L의 관계는 LP^{λ}=상수이며 이때 λ는 피로 파괴의 형태, 부품의 종류 등에 따라서 결정되는 상수로서 피로 손상지수이다.

가속 시험에서 가속 부하에 대한 제한은 가속 부하가 실제 사용 조건에서는 발생하지 않는 고장을 유발하지 않도록 그 크기를 제한하는 것이다. 따라서 변속기에 대한 가속 부하를 결정할 때는 다음과 같은 사항을 먼저 결정하여야 한다.

① 실제 작용 하중의 형태

② 기어의 수명

③ 기어의 수명을 제한하는 손상의 형태

④ 손상의 특징이 변하지 않는 범위에서 가할 수 있는 부하의 최대 크기와 형태

⑤ 가속 시험에서 가할 수 있는 부하의 형태

차량의 변속기에 작용하는 부하의 형태를 결정하는 방법에는 3가지 방법이 있다. 첫째는 차량에서 측정한 시험 데이터를 통계적으로 처리하는 방법, 둘째는 차량의 주행 상태를 통계적으로 모형화 하는 방법, 셋째는 차량의 주행 상태를 동적으로 모형화 하는 방법이다. 각 방법에 대한 특징은 표 12-23에서와 같다.

표 12-23 차량 변속기의 하중 형태를 결정하는 방법과 특징(Soliterman, 2006)

	실험 데이터의 통계적 처리	차량 주행의 통계적 모델링	차량 주행의 동적 모델링
초기 데이터	전형적인 도로 형태와 주행 모드	전형적인 도로 형태와 주행 모드	전형적인 주행 도로 형태
	일반적인 도로 형태와 주행 모드	각 변속 단수에서 주행 모드별 추진력 분포에 대한 통계적 모형	변속 단수별 추진력의 특징
	도로 형태별 주행 모드별 각 변속 단수에서 작용 토크와 속도 분포의 히스토그램	통계적 변속 단수의 이용 모델	저속 변속 단수에서 고속 변속 단수 또는 그 역으로 변속할 때의 특이점
계산 결과	일반적인 도로 주행에서 각 변속 단수별 작용 토크와속도 분포	일반 주행 모드에서 특정 견인력의 분포를 예측	특정 도로 형태에서 차량 주행에 대한 동적 모형
		일반 도로 형태에서 각 변속 단수별 작용 토크와 속도 분포	특정 도로 주행에서 각 변속 단수별 작용 토크와 속도 분포
			일반 도로 주행에서 각 변속 단수별 작용 토크와 속도 분포

실험 데이터를 통계적으로 처리하는 방법은 실제 사용 조건에서 변속기에 작용하는 부하의 형태를 가장 정확하게 결정할 수 있는 방법이다. 그러나 다양한 도로와 주행 모드에서 많은 실차 시험을 실시하여야 한다. 실차 시험에서는 변속 단수별로 변속기 출력축의 속도와 토크, 구동륜의 구동 토크, 주행 속도, 주행 거리, 주행 시간을 측정하여 분석하여야 하며 이를 이용하여 일정 기간의 변속 단수별 평균 속도, 평균 사용 시간, 변속기 출력축의 부하 사이클 수 등을 구명하여야 한다.

총 변속 단수가 k인 차량이 d개의 상이한 형태의 도로에서 주행 시험을 실시하여, 도로 형태 j에서 변속 단수가 i일 때 측정한 변속기 출력축의 회전수와 토크를 각각 n_{ij}, T_{ij}, 평균 주행 속도를 $\bar{v}_{ij}$, 주행 거리를 S_{ij}라고 하면, 변속 단수가 i일 때 도로 형태 j에서 변속기의 피로 손상과 같은 손상을 초래하는 굽힘 및 피팅 부하의 최소 사이클 수는 각각 다음과 같이 구할 수 있다(Soliterman, 2006).

$$(L_{ij})_b = r_s \frac{\sum T_{ij}^9 n_{ij}}{T_{ijmax}^9} \tag{12-16}$$

$$(L_{ij})_p = r_s \frac{\sum T_{ij}^3 n_{ij}}{T_{ijmax}^3} \tag{12-17}$$

여기서, $(L_{ij})_b$=도로 형태 j에서 변속 단수가 i일 때 변속기의 최소 등가 굽힘 부하 사이클
$(L_{ij})_p$=도로 형태 j에서 변속 단수가 i일 때 변속기의 최소 등가 피팅 부하 사이클
T_{ijmax}=도로 형태 j에서 변속 단수가 i일 때 변속기 출력축의 최대 토크
r_s=주행 시험 거리에 대한 보증 주행 거리의 비

그러나 부하 토크에 의한 피로 손상은 부하 토크로 인한 변속기 출력축 기어의 굽힘 응력과 접촉 응력이 각각 굽힘 피로 강도와 접촉 피로 강도의 50%를 초과하지 않는 경우에는 무시할 수 있다 (Soliterman, 2006).

도로 형태 j에서 변속기 출력축의 평균 속도는 차량의 평균 주행 속도로부터 다음과 같이 구할 수 있다.

$$\omega_{ij} = 1{,}000 \bar{v}_{ij} U_f \tag{12-18}$$

여기서, ω_{ij}=도로 형태 j에서 변속 단수가 i일 때 변속기 출력축의 평균 속도, rpm
$\bar{v}_{ij}$=도로 형태 j에서 변속 단수가 i일 때 차량의 평균 주행 속도, km/h
U_f=변속기 출력축과 구동륜 사이의 감속비
r_d=구동륜의 동반경, m

도로 형태별 주행 시험에서 측정한 변속 단수별 평균 주행 속도를 이용하여 다음과 같이 변속 단수별 차량의 평균 주행 속도를 구한다.

$$\bar{v}_i = \frac{\sum_{j=1}^{d} \bar{v}_{ij} S_j}{\sum_{j}^{d} S_j}, v_{i,j} \neq 0 \tag{12-19}$$

여기서, $\bar{v}_i$=변속 단수가 i일 때 차량의 평균 주행 속도, km/h

$\bar{v}_{ij}$=도로 형태 j에서 변속 단수가 i일 때 측정한 평균 주행 속도, km/h

d=도로 형태의 수

S_j=도로 형태 j의 거리, km

도로 형태별 주행 시험에서 각 변속 단수로써 주행한 거리를 측정하고 이를 비율로써 나타내면 다음과 같이 실제 사용 조건에서 각 변속 단수의 사용 시간을 구할 수 있다.

$$t_i = r_s \frac{\sum_{j}^{d} C_{ij} S_j}{\bar{v}_i} \tag{12-20}$$

여기서, t_i=변속 단수 i를 사용한 시간

C_{ij}=주행 도로 j에서 변속 단수 i로써 주행한 거리의 비율

S_j=주행 도로 j의 거리, km

$\bar{v}_i$=변속 단수 i의 평균 주행 속도, km/h

변속기 출력축에서 각 변속 단수별 부하 토크, 회전수, 사용 시간 등이 결정되면 변속기 내의 각 기어에 대한 부하는 변속 단수별 감속비와 전동 효율을 이용하여 구할 수 있다.

변속기의 주 고장 모드가 기어의 피팅 파괴이면 부하 토크에 의한 기어의 접촉 응력이 허용 접촉 강도를 넘지 않도록 하여야 하며, 주 고장 모드가 굽힘 파괴이면 부하 토크에 의한 굽힘 응력이 저사이클 피로 강도, 즉 부하 사이클이 10^3일 때의 허용 굽힘 응력을 넘지 않도록 하여야 한다.

변속 단수 i에서 변속기의 가속 시험 시간은 주 고장 모드에 따라 다음과 같이 구한다.

피팅 파괴의 경우: $t_{ia} = t_{is} (\frac{T_{is}}{T_{ia}})^3 (\frac{\omega_{is}}{\omega_{ia}})$

굽힘 파괴의 경우: $t_{ia} = t_{is}(\frac{T_{is}}{T_{ia}})^{9}(\frac{\omega_{is}}{\omega_{ia}})$ (12-21)

여기서, t_{ia}=변속 단수 i의 가속 시험 시간

t_{is}=변속 단수 i의 보증 시간

T_{is}=변속 단수가 i일 때 변속기 출력축의 작용 토크

T_{ia}=변속 단수가 i일 때 변속기 출력축의 가속 토크

ω_{is}=변속 단수가 i일 때 변속기 출력축의 속도

ω_{ia}=변속 단수가 i일 때 변속기 출력축의 가속 속도

가속 시험은 각 변속 단수별로 실시하며, 저속 변속 단수에서 고속 변속 단수로 진행한 후 다시 고속 변속 단수에서 저속 변속 단수로 진행한다. 신뢰 수준 CL에서 변속기의 신뢰도가 R임을 입증하기 위한 입증 시험의 샘플 수 n은 식 (8-11)로부터

$$\frac{\ln(1-CL)}{\ln R} \leq n \tag{12-22}$$

이고, 변속기 고장이 와이블 분포를 따르는 경우 무고장 가속 시험으로써 신뢰도를 입증하기 위한 시험 시간은

$$t_{ia} = t_i[\frac{\ln(1-CL)}{n\ln R}]^{\frac{1}{\beta}} \tag{12-23}$$

여기서, t_i=변속 단수 i의 신뢰도 입증 시험 시간

t_{ia}=변속 단수 i의 가속 시험 시간

β=와이블 분포의 형상계수

가 된다.

이상의 방법을 적용하여 다음과 같이 그림 12-11의 트럭용 9단 변속기의 무고장 가속 시험 시간을 산출하여 보자

(2) 가속 시험

① 차량 및 주행 시험 데이터

9단 수동 변속기의 기어열과 기어 잇수는 그림 12-11에서와 같고 출력부의 속도는 유성 기어열의 캐리어 속도와 같다. 기어열의 기어 잇수를 이용하여 각 변속 단수의 감속비를 구하면 다음과 같다.

1단: $\frac{33}{29}\times\frac{46}{19}\times(1+\frac{75}{30})=9.64$

2단: $\frac{33}{29}\times\frac{40}{23}\times(1+\frac{75}{30})=6.93$

3단: $\frac{33}{29}\times\frac{34}{28}\times(1+\frac{75}{30})=4.84$

4단: $1+\frac{75}{30}=3.5$

5단: $\frac{33}{29}\times\frac{26}{35}\times(1+\frac{75}{30})=2.96$

6단: $\frac{33}{29}\times\frac{40}{23}=1.98$

7단: $\frac{33}{29}\times\frac{34}{28}=1.38$

8단: 1.0

9단: $\frac{33}{29}\times\frac{26}{35}=0.85$

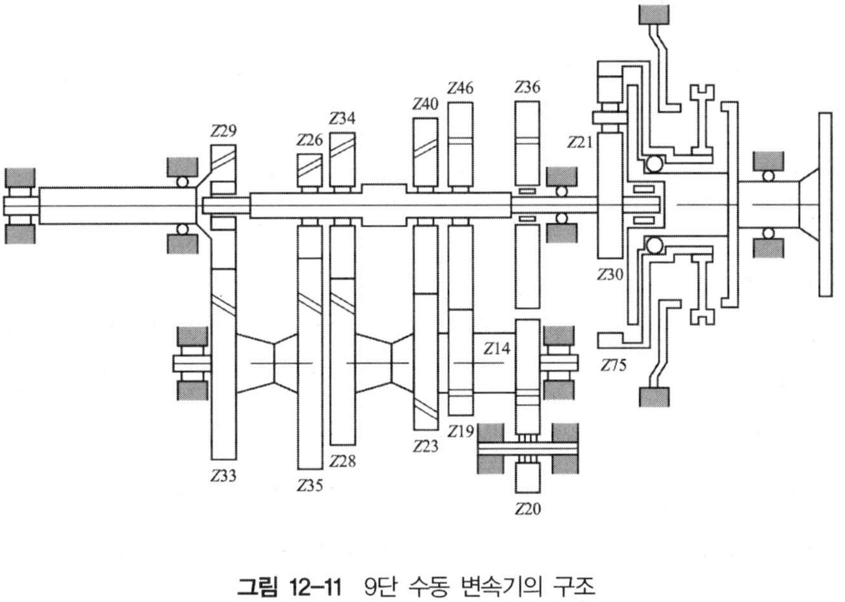

그림 12-11 9단 수동 변속기의 구조

엔진의 최대 출력은 2,000 rpm에서 265.32 kW이고, 최대 토크는 1,300 rpm에서 1.94 kN · m이다. 변속기 출력축에서 구동축까지 감속비는 4.2이고 구동륜의 동반경은 0.547 m이다. 그림 12-12는 전동 라인의 주요 데이터를 나타낸 것이다. 이 변속기의 요구 수명은 주행 거리로서 600,000 km이다.

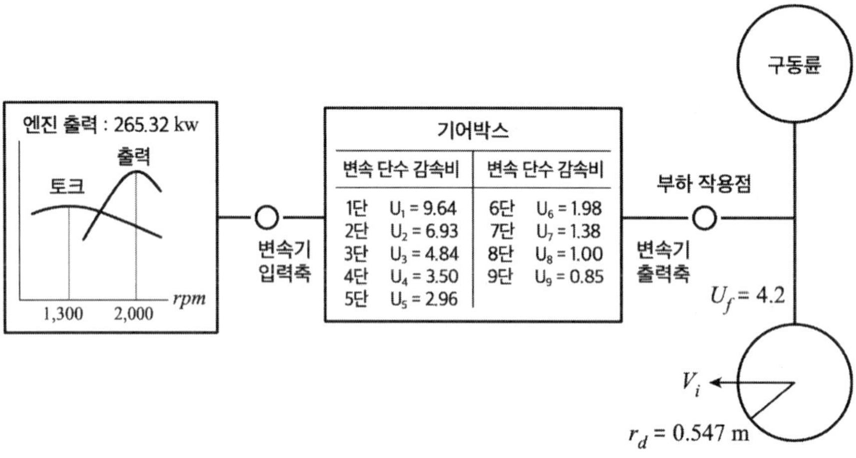

그림 12-12 9단 수동 변속기를 장착한 차량의 전동 라인

변속기에 대한 가속 시험의 가속 부하와 시험 시간을 결정하기 위해서는 차량의 사용 조건에서 변속 단수별 평균 주행 속도, 사용 시간, 구동 차축에 작용하는 부하 토크 및 변속기의 주 고장 모드에 대한 피로 손상지수 등이 요구된다. 이러한 데이터는 도로 주행 시험을 통하여 수집하고 이를 통계적으로 처리하여 결정하여야 한다.

시험 대상 차량의 주행 시험은 6개 형태의 도로로 구성된 총 270.7 km의 도로에서 실시하였으며, 각 도로 형태에서 변속 단수별 평균 주행 속도, 사용 시간, 변속기 출력축의 작용 토크와 회전수를 측정하였다. 표 12-24는 각 도로 형태에서 측정한 변속 단수별 평균 주행 속도 $\bar{v}_{ij}$를 나타낸 것이다. 즉 도로 3에서 3단의 평균 주행 속도는 $\bar{v}_{33}=11.99$ km/h이고, 도로 6에서 8단의 평균 주행 속도는 $\bar{v}_{86}=69.1$ km/h이다. 주행 시험을 수행하지 못한 경우에는 -로써 나타내었다. 식 (12-19)을 이용하여 변속 단수 1의 평균 주행 속도 $\bar{v}_1$과 변속 단수 8의 평균 주행 속도 $\bar{v}_8$을 구하면 각각

$$\bar{v}_1 = \frac{\sum_{j=1}^{6} \bar{v}_{1j} S_j}{\sum_{j}^{6} S_j} = \frac{7.63 \times 44.7}{44.7} = 7.63 \text{ km/h}$$

$$\bar{v}_8 = \frac{\sum_{j=1}^{6} \overline{v_{8j}} S_j}{\sum_{j}^{6} S_j} = \frac{61.65 \times 29.8 + 62.12 \times 71.6 + 60.2 \times 33.7 + 64.87 \times 49.5 + 64.8 \times 44.7 + 69.1 \times 41.4}{29.8 + 71.6 + 33.7 + 49.5 + 44.7 + 41.4}$$

$$= 63.84 \text{ km/h}$$

가 된다. 변속 단수별 평균 주행 속도를 결정할 때는 $\bar{v}_1$의 계산에서와 같이 주행 시험을 수행하지 못한 도로는 제외하여야 한다. 같은 방법으로 변속 단수 2 ~ 9의 평균 주행 속도를 구하면 표 12-24에서와 같다.

표 12-25는 각 주행 도로에서 변속 단수별 주행 거리를 측정하여 변속 단수별 주행 거리 비율을 구한 것이다. 이 데이터와 식 (12-20)을 이용하여 보증 수명 600,000 km를 주행하였을 때 각 변속 단수의 사용 시간을 추정할 수 있다. 예로서 5단 변속 단수의 사용 시간을 구하면

$$t_5 = r_s \frac{\sum_{1}^{6} C_{5j} S_j}{\bar{v}_5}$$

$$= \left(\frac{600{,}000}{270.7}\right) \frac{(0 \times 29.8 + 0.59 \times 71.6 + 1.23 \times 33.7 + 0.21 \times 49.5 + 0.33 \times 44.7 + 1.03 \times 41.40)/100}{26.52}$$

$$= 126.58 \text{ 시간}$$

이 된다. 여기서, 주행 시험 거리에 대한 보증 거리의 비 즉 r_s는 주행 시험 거리가 270.7 km이고 보증 거리가 600,000 km이므로

$$r_s = \frac{600{,}000}{270.7} = 2{,}216.48$$

이다. 같은 방법으로 각 변속 단수의 사용 시간을 추정하면 표 12-25에서와 같다. 보증 수명 600,000 km를 주행하였을 때 중립을 제외하고 1단에서 9단까지 변속 단수를 이용한 총 시간은 각 변속 단수의 사용 시간을 합한 8,553.66시간이 된다.

표 12-24 도로 주행 시험에서 측정한 도로 및 변속 단수별 평균 주행 속도 단위: km/h

도로, j / 기어, i	도로 1	도로 2	도로 3	도로 4	도로 5	도로 6	$\sum_{j=1}^{6} \bar{v}_{ij} S_j$	$\bar{v}_i$ km/h
	29.8 km	71.6 km	33.7 km	49.5 km	44.7 km	41.4 km		
1단	–	–	–	–	7.63	–	341.06	7.63
2단	9.06	8.4	–	11.57	11.89	11.5	2,452.57	10.34
3단	18.04	–	11.99	16.26	18.92	18.17	3,344.49	16.80
4단	–	20.33	13.59	–	19.33	23.21	3,740.59	19.53
5단	–	25.5	22.29	27.16	29.28	28.01	6,392.37	26.52
6단	34.26	34.82	34.68	44.33	39.3	43.28	10,429.10	38.51
7단	47.33	53.32	47.26	52.4	51.25	53.47	13,924.47	51.42
8단	61.65	62.12	60.2	64.87	64.8	69.1	17,288.28	63.84
9단	76.79	75.42	72.51	70.74	72.72	72.91	19,910.23	73.52

표 12-25 주행 도로 시험에서 측정한 변속 단수별 주행 거리 비율

도로, j / 기어, i	도로 1	도로 2	도로 3	도로 4	도로 5	도로 6	$\sum_{j=1}^{6} C_{ij} S_j$	$\bar{v}_i$, km/h	이용시간 t_i
	29.80 km	71.60 km	33.70 km	49.50 km	44.70 km	41.40 km			
1단	0.00	0.00	0.00	0.00	0.01	0.00	0.00447	7.63	1.30
2단	0.02	0.01	0.00	0.03	0.07	0.01	0.0634	10.34	13.58
3단	0.09	0.00	0.07	0.31	0.05	0.07	0.25519	16.80	33.67
4단	0.00	0.17	0.13	0.00	0.36	0.08	0.35957	19.53	40.80
5단	0.00	0.59	1.23	0.21	0.33	1.03	1.51483	26.52	126.58
6단	2.78	2.74	3.03	0.56	3.45	2.03	6.47116	38.51	372.42
7단	3.64	6.60	8.86	6.70	15.54	17.41	26.26676	51.42	1,132.26
8단	6.01	19.16	11.86	15.85	16.33	22.09	43.79688	63.84	1,520.54
9단	84.15	66.66	67.34	68.43	58.52	49.98	176.22185	73.52	5,312.50
중립	3.31	4.07	7.48	7.91	5.34	7.30	15.74589		
계	100.00	100.00	100.00	100.00	100.00	100.00	270.7		8,553.66

각 변속 단수에서 변속기 출력축의 작용 토크와 회전수를 측정하고 이를 이용하여 변속기 출력축을 기준으로 한 변속기의 굽힘 및 피팅 피로 손상과 이와 동일한 크기의 피로 손상을 유발하는 최소 부하 사이클 수를 추정한다. 예를 들면 3단 변속 단수에서 측정한 출력축 토

크와 회전수가 표 12-26에서와 같이 6,000 N · m에서 8,000 N · m까지 11수준이고, 각 토크 수준에서 회전수가 2.20에서 0.28까지이면 출력축의 굽힘 및 피팅 피로 손상은 각각

$$\sum_{j=1}^{11} T_{3j}^{9} n_{3j} = 4.71E35$$

$$\sum_{j=1}^{11} T_{3j}^{3} n_{3j} = 3.84E12$$

가 된다. 여기서 굽힘과 피팅 피로 파괴에 대한 피로 손상지수는 각각 9와 3으로 가정하였다. 굽힘과 피팅 피로 손상을 식 (12-16)과 식 (12-17)에서와 같이 3단 변속 단수에서 측정한 최대 토크의 9승 및 3승으로 나누면 등가 부하 사이클 수는 각각 3.51 및 7.5 사이클이 된다. 즉

$$\frac{4.71E+35}{8000^{9}} = 3.51 \text{ 사이클}$$

$$\frac{3.84E+12}{8000^{3}} = 7.50 \text{ 사이클}$$

이 된다. 같은 방법으로 표 12-27의 데이터를 이용하여 각 변속 단수에서 구한 최소 등가 굽힘 및 등가 피팅 부하 사이클 수는 표 12-28에서와 같다. 그러나 이 방법은 표 12-27에서와 같은 데이터를 측정하기가 어렵기 때문에 실질적으로는 적용하기가 어려운 점도 있다.

표 12-26 3단 변속 단수에서 측정한 변속기 출력축 토크와 회전수

출력축 토크, T_{3j} N · m	출력축 회전수 n_{3j}	$T_{3j}^{3} n_{3j}$	$T_{3j}^{9} n_{3j}$
6000	2.20	4.75E+11	2.22E+34
6200	1.83	4.36E+11	2.48E+34
6400	1.30	3.41E+11	2.34E+34
6600	0.91	2.62E+11	2.16E+34
6800	1.31	4.12E+11	4.07E+34
7000	0.84	2.88E+11	3.39E+34
7200	1.14	4.26E+11	5.93E+34
7400	0.85	3.44E+11	5.66E+34
7600	0.70	3.07E+11	5.92E+34

7800	0.86	4.08E+11	9.19E+34
8000	0.28	1.43E+11	3.76E+34
		$\sum_{j=1}^{11} T_{3j}^{3} n_{3j}$=3.84E+12	$\sum_{j=1}^{11} T_{3j}^{9} n_{3j}$=4.71E+35

표 12-27 도로 주행 시험에서 측정한 변속 단수별 변속기의 출력축 토크와 회전수의 예

변속 단수, i / 토크, N·m	1단	2단	3단	4단	5단	6단	7단	8단	9단
200									8,220.28
400									10,067.68
600									11,877.17
800									30,410.19
1,000									32,883.37
1,200									18,946.60
1,400								29,103.05	
1,600								12,492.14	
1,800							18,546.03		
2,000							7,353.38		
2,200							6,058.56		
2,400						2,736.98			
2,600						745.95			
2,800						1,039.24			
3,000						1,040.46			
3,200						437.42			
3,400					180.34				
3,600					145.02				
3,800					135.29				
4,000					127.54				
4,200					94.72				
4,400					60.18				
4,600					40.04				
4,800					30.91				
5,000				21.92					
5,200				17.65					
5,400				13.92					
5,600				6.89					
5,800				4.57					
6,000			2.20						
6,200			1.83						
6,400			1.30						
6,600			0.91						
6,800			1.31						
7,000			0.84						
7,200			1.14						
7,400			0.85						
7,600			0.70						

7,800			0.86						
8,000			0.28						
8,200	0	0.18							
8,400	0	0.18							
8,600	0	0.18							
8,800	0	0.00							
9,000	0	0.12							
9,200	0	0.06							

표 12-28 변속 단수별 최소 등가 굽힘 및 등가 피팅 부하 사이클

변속 단수	출력축 최대 토크 N.m	주행 시험 270.7 km		보증 수명 600,000 km	
		$(L_i)_b = \frac{\sum T_{ij}^9 n_{ij}}{T_{imax}^9}$	$(L_i)_p = \frac{\sum T_{ij}^3 n_{ij}}{T_{imax}^3}$	$(L_i)_b = r_s \frac{\sum T_{ij}^9 n_{ij}}{T_{imax}^9}$	$(L_i)_p = r_s \frac{\sum T_{ij}^3 n_{ij}}{T_{imax}^3}$
1단	12,000	0	0	100.00	200.00
2단	9,200	0.40	0.58	886.24	1,294.05
3단	8,000	3.51	7.50	7,780.54	16,634.29
4단	5,800	29.12	48.36	64,900.12	108,093.82
5단	4,800	174.42	442.17	386,588.58	980,050.80
6단	3,200	1,652.55	3,545.72	3,662,480.58	7,858,993.85
7단	2,200	12,209.51	21,691.79	27,094,864.80	48,188,580.68
8단	1,600	21,242.20	31,988.91	47,082,820.15	70,902,644.60
9단	1,200	26,134.37	48,882.33	57,926,190.19	108,346,512.33

각 변속 단수에서 변속기 출력축의 평균 속도는 차량의 평균 주행 속도를 이용하여 식 (12-18)에서와 같이 구한다. 예를 들면 1단 변속 단수에서 변속기 출력축의 평균 속도는 차량의 평균 주행 속도가 7.63 km/h이고, 변속기 출력축과 구동륜 사이의 감속비가 4.2, 구동륜의 동반경이 0.547 m 이므로,

$$\omega_1 = \frac{1000\bar{v}_1 U_f}{60 \times 2\pi r_d} = \frac{1000 \times 7.63 \times 4.2}{60 \times 2\pi \times 0.547} = 155.48 \text{ rpm}$$

이 된다. 여기서는 구동륜의 슬립은 없는 것으로 가정하였으나 구동륜의 슬립이 있는 경우에는 출력축의 평균 속도를 슬립만큼 증가시켜야 한다. 같은 방법으로 각 변속 단수에서 변속기 출력축의 평균 속도를 구하면 표 12-29에서와 같다.

표 12-29 변속 단수별 변속기 출력축의 평균 속도

변속 단수	변속기 출력축과 구동륜 사이의 감속비 U_f	평균 주행 속도 $\bar{v}_i$ km/h	구동륜의 동반경, r_d, m	변속기 출력축 속도, ω_i, rpm
1단	4.2	7.63	0.547	155.48
2단	4.2	10.34	0.547	210.80
3단	4.2	16.80	0.547	342.30
4단	4.2	19.53	0.547	398.03
5단	4.2	26.52	0.547	540.51
6단	4.2	38.51	0.547	784.81
7단	4.2	51.42	0.547	1,047.79
8단	4.2	63.84	0.547	1,300.94
9단	4.2	73.52	0.547	1,498.22

지금까지 도로 주행 시험에서 수집한 데이터를 이용하여 총 600,000 km의 보증 거리를 주행하였을 때 각 변속 단수별 최대 부하 토크, 사용 시간, 평균 주행 속도, 변속기 출력축의 평균 속도와 최소 등가 피로 굽힘 및 등가 피로 피팅 부하 사이클 수를 구하였으며 표 12-30은 그 결과를 정리한 것이다. 변속 단수 1에서 등가 피로 굽힘 및 등가 피로 피팅 부하 사이클은 각각 100, 200 사이클로 가정하였다.

표 12-30 600,000 km의 수명을 보증하기 위한 변속 단수별 평균 속도와 등가 피로 부하 사이클

변속 단수	출력축 최대 토크 N·m	이용시간 t_i	평균 주행 속도 $\bar{v}_i$ km/h	변속기 출력축 속도, ω_i, rpm	등가 피로 굽힘 부하 사이클	등가 피로 피팅 부하 사이클
1단	12,000	1.30	7.63	155.48	100	200
2단	9,200	13.58	10.34	210.80	886.24	1,294.05
3단	8,000	33.67	16.80	342.30	7,780.54	16,634.29
4단	5,800	40.80	19.53	398.03	64,900.12	108,093.82
5단	4,800	126.58	26.52	540.51	386,588.58	980,050.80
6단	3,200	372.42	38.51	784.81	3,662,480.58	7,858,993.85
7단	2,200	1,132.26	51.42	1,047.79	27,094,864.80	48,188,580.68
8단	1,600	1,520.54	63.84	1,300.94	47,082,820.15	70,902,644.60
9단	1,200	5,312.50	73.52	1,498.22	57,926,190.19	108,346,512.33

다음에는 변속기 출력축의 평균 속도로써 등가 피로 부하 사이클을 얻기 위한 시험 시간을 구한다. 예를 들면 2단 변속 단수에서 변속기 출력축의 평균 속도는 210.80 rpm이고, 등가 피로 굽힘과 등가 피로 피팅의 부하 사이클 수는 각각 886.24, 1,294.05이므로 등가 피로 부하 사이클을 얻기 위한 시험 시간은 각각

$$t_b = \frac{886.24}{60 \times 210.80} = 0.07\text{시간}$$

$$t_p = \frac{1,294.05}{60 \times 210.80} = 0.10\text{시간}$$

이 된다. 같은 방법으로 등가 피로 부하 사이클을 얻기 위한 변속 단수별 시험 시간을 구하면 표 12-31에서와 같다.

표 12-31 600,000 km의 수명을 보증하기 위한 등가 피로 부하 사이클

변속 단수	변속기 출력축 최대 토크,N · m	변속기 출력축 속도, ω_i, rpm	피로 굽힘 시험 시간, t_b	피로 피팅 시험 시간, t_p
1단	12,000	155.48	0.01	0.021
2단	9,200	210.80	0.07	0.10
3단	8,000	342.30	0.38	0.81
4단	5,800	398.03	2.72	4.53
5단	4,800	540.51	11.92	30.22
6단	3,200	784.81	77.79	166.90
7단	2,200	1,047.79	430.98	766.51
8단	1,600	1,300.94	603.19	908.35
9단	1,200	1,498.22	644.39	1,205.28
계			1,771.45	3,082.72

② 가속 시험

가속 시험은 변속기 출력축의 부하를 증가시켜 시험 시간을 줄이기 위한 것이다. 600,000 km의 수명을 보증하기 위한 시험 시간은 표 12-31에서와 같이 피로 굽힘 손상을 기준으로 한 경우에는 1,771.5시간, 피로 피팅 손상을 기준으로 한 경우에는 3,082.8시간이 된다. 가속 시험은 이 시간을 줄이기 위한 것으로서 변속기에 실제 사용 조건에서보다 더

큰 부하를 가하여 실시한다.

가속 시험 시간은 피로 피팅 시험 시간이 피로 굽힘 시험 시간보다 더 길기 때문에 피로 피팅을 기준으로 하여 다음과 같이 가속 토크와 가속 속도에 의한 가속계수를 구하고 이를 이용하여 식 (12-26)으로써 결정한다.

$$AF_t = (\frac{T_t}{T_s})^3 \tag{12-24}$$

$$AF_\omega = \frac{\omega_t}{\omega_s} \tag{12-25}$$

여기서, AF_t=가속 시험 토크에 의한 가속계수
AF_ω=가속 시험 속도에 의한 가속계수
T_t=가속 시험의 가속 토크
T_s=사용 조건의 부하 토크
ω_t=가속 시험의 가속 속도
ω_s=사용 조건의 부하 속도

가속계수가 결정되면 가속 시험 시간은 다음 식으로써 구할 수 있다.

$$t_a = \frac{t_s}{AF_t \times AF_\omega} \tag{12-26}$$

여기서, t_a=가속 시험 시간
t_s=보증 시간

가속 시험의 가속 토크와 속도는 변속기 입력축의 토크와 속도가 엔진이 최대 출력 상태일 때의 토크와 속도 이상으로 가할 수도 있으나 입력축의 토크와 속도가 지나치게 큰 경우에는 사용 조건에서 발생하지 않는 고장이 일어날 수 있으므로 유의하여야 한다. 예로서 변속기 입력축의 토크와 속도가 각 변속 단수에 따라 표 12-32에서와 같은 상태가 되도록 변속기 출력축에 가속 토크와 속도를 가하면 4단 기어의 경우 표 12-31의 사용 조건으로부터 가속 시험 토크 및 속도에 의한 가속계수는 각각

$$AF_t = (\frac{5,980}{5,800})^3 = 1.09$$

$$AF_\omega = \frac{571.43}{398.03} = 1.44$$

가 되고, 가속 시험 시간은

$$t_t = \frac{4.5262}{1.09 \times 1.44} = 2.88\text{시간}$$

이 된다. 같은 방법으로 각 변속 단수에서 변속기 입력축의 토크와 속도가 표 12-32에서와 같은 값이 되도록 출력축에 가속 토크와 가속 속도를 가하면 각 변속 단수의 가속계수 및 가속 시험 시간은 표 12-32에서와 같고 총 시험 시간은 730.49시간이 된다.

이 가속 시험에서는 변속기 구동 장치가 변속기 입력축으로 최대 477 kW의 동력을 전달할 수 있는 충분한 것이어야 한다. 가속 시험 시간은 가속 토크와 속도에 따라 결정되며, 무고장 가속 시험으로써 변속기의 신뢰도를 입증하기 위해서는 가속 시험 시간을 다시 시험 샘플 수와 변속기의 보증 시간까지 목표 신뢰도, 목표 신뢰도에 대한 신뢰 수준 및 고장 분포의 형상계수에 따라 식 (12-23)으로써 결정하여야 한다.

표 12-32 가속 시험의 가속 부하와 가속 시험 시간

가속 시험							입력축 토크와 속도		
변속 기어	가속 토크 kN · m	가속 속도, rpm	하중 가속계수	속도 가속계수	가속 계수	가속 시험 시간	토크, N · m	속도, rpm	출력, kW
1	12.49	207.47	1.13	1.33	1.51	0.01	1,296	2,000	271.30
2	9.65	288.60	1.15	1.37	1.58	0.07	1,392	2,000	291.39
3	8.33	413.22	1.13	1.21	1.37	0.59	1,722	2,000	360.47
4	5.98	571.43	1.09	1.44	1.57	2.88	1,708	2,000	357.54
5	3.68	675.68	0.45	1.25	0.56	53.68	1,243	2,000	260.20
6	3.96	1,010.10	1.90	1.29	2.44	68.43	2,000	2,000	418.67
7	3.14	1,449.28	2.92	1.38	4.04	189.94	2,278	2,000	476.86
8	2.28	2,000.00	2.87	1.54	4.44	204.73	2,278	2,000	476.86
9	1.85	2,352.94	3.65	1.57	5.73	210.17	2,174	2,000	455.09
						730.49			

12.6 차량 변속기

(1) 기본 데이터

차량 변속기의 가속 시험을 설계하는 데는 차량의 사용 프로파일, 차량 제원(vehicle data) 등 다음과 같은 데이터가 요구된다.

1) 차량의 사용 형태

차량의 사용 형태는 차량이 일생 동안 주행하는 도로의 종류와 각 도로를 주행할 때의 최고 속도, 평균 속도, 주행 시간 등으로서 표 12-33에서와 같이 나타낼 수 있다. 이러한 사용 형태는 차량이 사용되는 지역의 특징, 운전자의 직업, 나이, 성별 등에 따라서 다르기 때문에 장기간에 걸친 데이터 수집과 통계적인 처리가 필요하다.

표 12-33 차량의 사용 형태에 대한 주요 데이터의 예

도로	주행 시간 비율, %	최고 속도, km/h	평균 속도, km/h	속도 편차, km/h
도시 도로	20	50	30	10
지방 도로	60	80	50	15
고속 도로	11	120	100	10
경사 도로	9	30	15	10

2) 차량 제원

차량에 대한 주요 제원은 엔진의 출력-속도 선도, 토크-속도 선도, 기어 박스와 전동 라인의 기어열과 변속 단수, 각 변속 단수의 감속비와 전동 효율, 차량의 중량, 차량의 전면 투영 면적, 구동 형식과 구동륜의 동반경 등이다.

엔진의 출력-속도 선도와 토크-속도 선도는 전부하 상태의 최대 출력점, 최대 토크점, 최대 속도점에서 각각 속도와 토크를 구할 수 있는 것이어야 한다. 일반적으로 한 모델로써 엔진 속도 전체 범위의 출력-속도 선도와 토크-속도 선도를 모형화하기는 어렵기 때문에 엔진 속도를 다수의 속도 범위로 나누고 각 속도 범위에서 출력, 토크, 속도의 관계를 선형화할 수도 있다.

차량의 전동 라인은 엔진, 클러치, 기어 박스, 차동 장치, 최종 감속 기어, 구동륜으로 구성되며 이 전동 라인을 통하여 엔진의 동력이 구동륜으로 전달된다. 엔진의 속도와 토크는 고속 저토크이나 구동륜에서는 저속 고토크가 요구되므로 속도는 전동 라인을 통하여 감속되고, 토크는 증가된다. 또한 전동 라인을 통하여 동력이 전달될 때는 동력 손실이 발생하기 때문에 전동 효율로써 이러한 동력 손실을 고려하여야 한다. 구동륜의 동반경은 구동륜이 미끄럼 없이 1회전할 때 전진하는 주행 거리를 2π로 나눈 값이다. 차량의 전면 투영 면적은 차량의 전면을 종방향 수직 평면과 직각인 연직 평면에 투영한 면적으로서 차량에 작용하는

공기 저항을 추정할 때 사용된다. 차량의 중량은 냉각수, 연료, 등 규정된 부착 장치를 탑재하고 탑승 인원이 모두 탑승한 상태에서 측정한 중량을 기준으로 한다.

3) 계수

차량에 작용하는 외부 하중에는 공기 저항, 구름 저항, 견인 저항, 경사 저항 등이 있으며 이러한 저항을 추정하는 데는 다음과 같은 각종 계수가 사용된다.

- **구름저항계수**: 차량의 구름 저항을 추정하는 데 사용되는 계수로서 도로에 따라 다르다. 구름 저항은 구름저항계수를 이용하여 식 (12-27)에서와 같이 구한다.

$$R_r = WC_r(1+0.006v^2) \tag{12-27}$$

여기서, R_r=구름 저항, N

W=차량의 중량, N

C_r=구름저항계수

v=차량의 속도, km/h

- **공기저항계수**: 공기저항계수는 차량에 작용하는 공기 저항을 추정하는 데 사용되며 공기 저항은 다음 식으로 구한다.

$$R_a = A_f C_a\left(\frac{v}{3.6}\right)^2 \tag{12-28}$$

여기서, R_a=공기 저항, N

A_f=차량의 전면 투영 면적, m^2

C_a=공기저항계수

v=차량의 속도, km/h

- **프리계수(free coefficient)**: 프리계수는 엔진이 구동륜으로 전달할 수 있는 최대 토크에 대한 실제 사용되는 토크의 비로서 차량의 가속 성능을 결정할 때 사용한다.

변속기부하계수(transmission load coefficient): 변속기부하계수는 변속기에 작용하는 부하 토크를 추정할 때 사용하며 변속기 부하 토크는 다음 식으로써 구한다.

$$T_{TM,i} = K_{1i}T_u + K_{2i}T_r \tag{12-29}$$

여기서, $T_{TM,i}$=변속 단수가 i일 때 변속기의 부하 토크

T_u=사용 토크

T_r=저항 토크

K_{1i}=변속 단수가 i일 때 사용 토크에 대한 변속기부하계수

K_{2i}=변속 단수가 i일 때 저항 토크에 대한 변속기부하계수

변속기부하계수 K_{1i}, K_{2i}는 변속 단수에 따라 다르며, 각 변속 단수에서 변속기부하계수는 각각 다음과 같이 구한다 (Algin, 2007).

$$K_{1i} = \frac{J_2}{J_{1i} + J_2} \tag{12-30}$$

$$K_{2i} = \frac{J_{1i}}{J_{1i} + J_2} \tag{12-31}$$

$$J_{1i} = 0.04\,U_i^2$$

$$J_2 = 1.04$$

여기서, U_i=변속 단수 i의 감속비

- 외부동적계수(external dynamic coefficient): 외부동적계수는 실제 사용 조건에서 추정한 피로 손상을 보정하기 위한 계수로서 불확실한 외적 요인의 영향을 반영하기 위한 것이다. 따라서 총 피로 손상은 외부동적계수를 이용하여 다음 식에서와 같이 보정한다.

$$D = K_v^{\lambda} \sum D_s \tag{12-32}$$

여기서, D=가속 시험에 의한 총 피로 손상

D_s=실제 사용에 의한 총 피로 손상

K_v=외부동적계수

λ=피로 손상지수

(2) 가속 시험 방법

1) 속도 분포

도로의 종류에 따라 차량의 속도 분포를 구명한다. 속도 분포는 장기간의 실차 시험을 통하여 데이터를 수집하고 이를 통계적으로 처리하여 구할 수 있다. 그러나 실차 시험에 의한 데이터가 없는 경우에는 정규 분포(normal distribution)로서 차량의 속도 분포를 가정할 수 있다.

차량의 최고 속도와 평균 속도가 각각 $v_{\max}$, v_m이고, 평균 속도에 대한 표준편차를 σ_v라

고 하면 속도 분포는 정규 분포로서 식 (12-33)에서와 같이 표현할 수 있다. 이를 그래프로 나타내면 그림 12-13에서와 같다.

$$p(v) = \frac{1}{\sigma_v \sqrt{2\pi}} e^{\frac{1}{2}(\frac{v - v_m}{\sigma_v})^2} \tag{12-33}$$

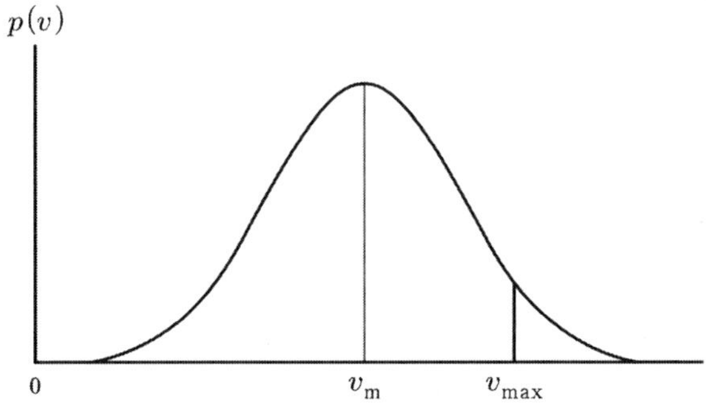

그림 12-13 정규 분포로서 차량의 속도 분포

차량의 실제 속도 범위는 $0 \sim v_{max}$이므로 이 속도 범위에서 속도 분포의 확률 밀도 함수 $f(v)$는

$$f(v) = \frac{\frac{1}{\sigma_v \sqrt{2\pi}} e^{\frac{1}{2}(\frac{v - v_m}{\sigma_v})^2}}{\int_o^{v_{max}} p(v)dv} = \frac{p(v)}{\int_0^{v_{max}} p(v)dv} \tag{12-34}$$

가 된다. 식 (12-34)에서 $\int_0^{v_{max}} p(v)dv$는 $v = 0$에서 $v = v_{max}$까지 정규 확률 밀도 선도 아래의 면적과 같다. 차량의 속도 범위가 $0 \sim v_{max}$일 때 속도 분포의 확률 밀도 함수는 그림 12-14에서와 같고 이때 확률 밀도 함수 아래의 면적은 1.0이 된다. 그림 12-14의 확률 밀도 함수에서 평균 속도 $\bar{v}$는

$$\bar{v} = \frac{\int_0^{v_{max}} v f(v)dv}{\int_0^{v_{max}} f(v)dv} \tag{12-35}$$

가 된다. 식 (12−35)에서 $\int f(v)dv$는 확률 분포 함수이므로 확률 분포 함수를 $F(v)$라고 하면, 즉 $F(v) = \int f(v)dv$라고 하면 식 (12−35)는 확률 분포 함수로써 다음과 같이 표현할 수 있다.

$$\bar{v} = \frac{\int_0^{v_{max}} vf(v)dv}{F(v_{max}) - F(0)} \tag{12-36}$$

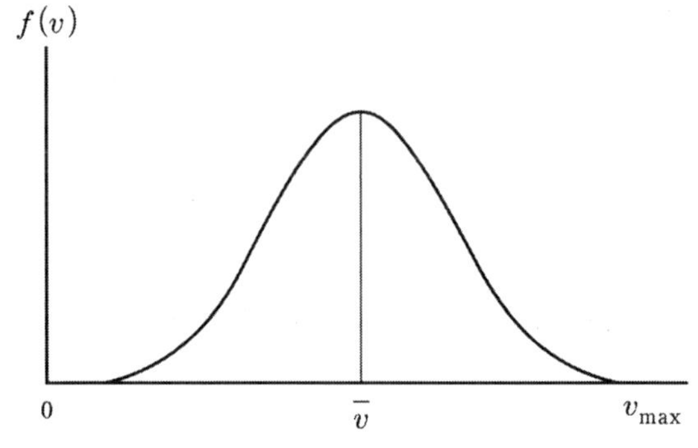

그림 12−14 차량의 속도 범위가 $0 \sim v_{max}$일 때 속도의 확률 밀도 함수

일반적으로 차량의 속도 v_1과 v_2 사이의 평균 속도 $\bar{v}_{12}$는 그림 12−15에서와 같이 속도에 대한 확률 밀도 함수 $f(v)$와 확률 분포 함수 $F(v)$를 이용하여 식 (12−37)에서와 같이 구할 수 있다.

$$\bar{v}_{12} = \frac{\int_{v_1}^{v_2} vf(v)dv}{\int_{v_1}^{v_2} f(v)dv} = \frac{\int_{v_1}^{v_2} vf(v)dv}{F(v_2) - F(v_1)} \tag{12-37}$$

정규 분포의 확률 밀도 함수와 확률 분포 함수는 EXCEL에서 제공하는 함수 NORMDIST를 이용하여 다음과 같이 구할 수 있다.

정규 확률 밀도 함수: NORMDIST($v, \bar{v}, \sigma_v, false$)

정규 확률 분포 함수: NORMDIST($v, \bar{v}, \sigma_v, true$)

NORMDIST의 변수 v, $\bar{v}$, σ_v는 각각 속도, 평균 속도, 표준편차를 나타내며, 차량 속도의 경우 표준편차는 평균 속도의 1/3 정도로 가정할 수 있다.

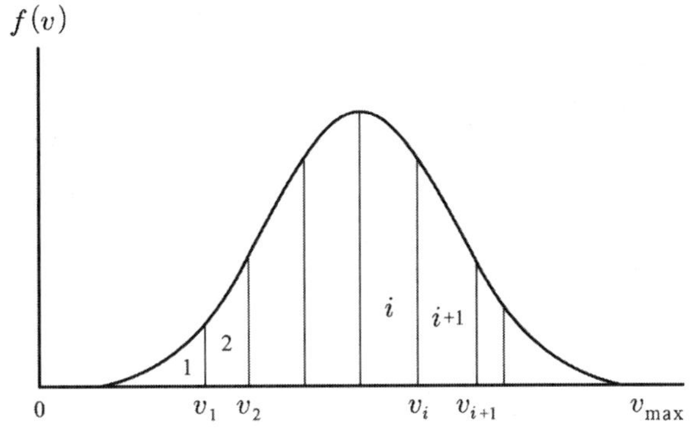

그림 12-15 확률 밀도 함수를 이용한 평균 속도 추정

2) 변속 속도

차량은 주행 속도에 따라 변속하여야 한다. 1단에서 2단, 2단에서 3단 또는 3단에서 2단 등과 같이 특정 변속 단수에서 다음 변속 단수로 변속할 때 차량의 적절한 주행 속도, 즉 최적의 변속 속도는 엔진의 토크-속도 선도, 변속 단수의 감속비 등에 따라서 변하며 연료 소비율에도 큰 영향을 미친다.

최적의 변속 속도는 변속 단수의 감속비와 엔진의 토크-속도 선도를 이용하여 다음과 같이 구한다. i 변속 단수에서 $i+1$ 변속 단수로 상단 변속할 때는 엔진 속도가 최대 출력점 속도에 이르기 직전에 변속하여야 하며, $i+1$ 변속 단수에서 i 변속 단수로 하단 변속할 때는 엔진 속도가 최대 토크점 속도에 이르기 직전에 변속하여야 한다. 이때 변속 속도는 최대 출력점 속도 또는 최대 토크점 속도를 기준으로 나타낼 수 있다. 최대 출력점 속도 또는 최대 토크점 속도에 대한 변속 속도의 비를 변속계수(shifting coefficient)라고 하며, 보통 0.8~0.9 범위이다. 그림 12-16은 i 변속 단수에서 최대 출력점 속도, $i+1$ 변속 단수에서 최대 토크점 속도, 변속 속도의 관계를 나타낸 것이다.

변속계수를 C_s라고 하면 i 변속 단수의 감속비가 U_i일 때 i 변속 단수에서 $i+1$ 변속 단수로 상단 변속을 위한 적절한 최저 주행 속도와, $i+1$ 변속 단수의 감속비가 U_{i+1}일 때 $i+1$ 변속 단수에서 i 변속 단수로 하단 변속을 위한 적절한 최저 주행 속도는 각각 다음과 같이 구할 수 있다.

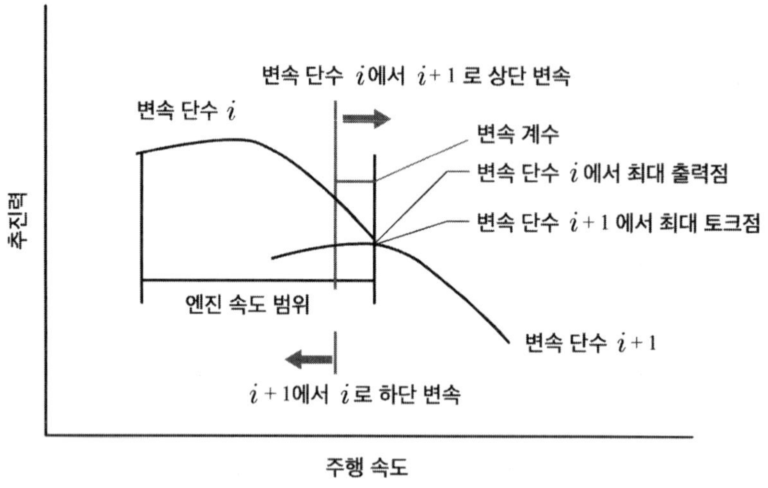

그림 12-16 최적 변속 속도의 결정

$$v_{i \to i+1, up} = \frac{120\pi r_d}{1,000} \frac{\omega_{pmax} C_s}{U_i U_o} \tag{12-38}$$

$$v_{i+1 \to i, down} = \frac{120\pi r_d}{1,000} \frac{\omega_{tmax} C_s}{U_{i+1} U_o} \tag{12-39}$$

여기서, $v_{i \to i+1, up}$=i에서 $i+1$ 변속 단수로 상단 변속을 위한 속도, km/h

$v_{i+1 \to i, down}$=$i+1$에서 i 변속 단수로 하단 변속을 위한 속도, km/h

ω_{pmax}=엔진의 최대 출력점 속도, rpm

ω_{tmax}=엔진의 최대 토크점 속도, rpm

U_i=i 변속 단수의 감속비

U_{i+1}=$i+1$ 변속 단수의 감속비

U_o=변속기 출력축과 구동륜 사이의 감속비

C_s=변속계수

r_d=구동륜의 동반경, m

i 변속 단수에서 $i+1$ 변속 단수로 상단 변속하는 경우 또는 $i+1$ 변속 단수에서 i 변속 단수로 하단 변속하는 경우, 즉 i단과 $i+1$단 사이의 최적의 변속 속도 $v_{i,i+1}$은 상단 변속

속도와 하단 변속 속도의 평균이 된다. 즉

$$v_{i,i+1} = \frac{1}{2}(v_{i \to i+1, up} + v_{i+1 \to i, down}) \tag{12-40}$$

이다.

다른 방법으로는 1단과 2단 사이의 변속 속도 $v_{1,2}$를 먼저 구하고 다음 변속을 위한 최적 변속 속도는 이전 변속 단수의 변속 속도와 변속비를 이용하여 다음과 같이 구하는 방법이 있다. 즉 2단과 3단 사이의 변속 속도 $v_{2,3}$은

$$v_{2,3} = v_{1,2}\frac{U_2}{U_3}$$

로써 구한다. 따라서 이 방법에서는 식 (12-40)을 이용하여 $v_{1,2}$를 구하고 2단에서 3단, 3단에서 4단, 4단에서 5단, 즉 i단에서 $i+1$단으로 변속할 때의 변속 속도는 각각 다음과 같이 구할 수 있다.

$$v_{1,2} = \frac{1}{2}(v_{up} + v_{down})$$

$$v_{up} = \frac{120\pi r_d}{1{,}000}\frac{\omega_{pmax} C_s}{U_i U_o}$$

$$v_{down} = \frac{120\pi r_d}{1{,}000}\frac{\omega_{tmax} C_s}{U_{i+1} U_o}$$

$$v_{2,3} = v_{1,2}\frac{U_2}{U_3}$$

$$v_{3,4} = v_{2,3}\frac{U_3}{U_4}$$

$$v_{4,5} = v_{3,4}\frac{U_4}{U_5}$$

$$v_{i+1,j+1} = v_{i,j}\frac{U_{i+1}}{U_{j+1}}, \quad i = 1,2,3,4 \quad j = 2,3,4,5$$

3) 변속기의 피로 손상 추정

차량이 v km/h의 속도로써 주행할 때 입력축과 출력축을 기준으로 한 변속기의 피로 손상은 다음과 같은 순서로 추정한다.

• 단계 1: 다음 식을 이용하여 엔진 속도를 구한다.

$$\omega_e = \frac{1{,}000 v U_i U_d U_f}{(1-s)120\pi r_d} \tag{12-41}$$

여기서, ω_e=엔진 속도, rpm

v=차량의 주행 속도, km/h

s=구동륜의 슬립, 소수

U_i=변속 단수 i의 감속비

U_d=차동 장치의 감속비

U_f=구동륜의 최종 감속비

r_d =구동륜의 동반경, m

• 단계 2: 엔진의 토크-속도 선도 또는 토크-속도 식을 이용하여 엔진 속도가 ω_e rpm일 때 엔진 토크 T_e를 구한다.

• 단계 3: 식 (12-27)을 이용하여 차량의 구름 저항을 구한다.

• 단계 4: 식 (12-28)을 이용하여 차량의 공기 저항을 구한다.

• 단계 5: 구름 저항과 공기 저항을 이용하여 저항 토크를 구한다.

$$T_r = (R_r + R_a) r_d \tag{12-42}$$

• 단계 6: 엔진 속도가 ω_e일 때 구동륜으로 전달할 수 있는 구동축 토크 T_w를 구한다.

$$T_w = T_e U_i U_d U_f \eta_i \eta_d \eta_f \tag{12-43}$$

여기서, η_i =변속 단수가 i일 때 기어 박스의 전동 효율

η_d =차동 장치의 전동 효율

η_f =최종 감속 기어의 전동 효율

• 단계 7: 차량을 가속할 때 가용할 수 있는 프리 토크 T_f를 구한다.

$$T_f = T_w - T_r \tag{12-44}$$

• 단계 8: 차량을 구동하는 데 필요한 구동 토크 T_u를 구한다.

$$T_u = C_f T_f + T_r \tag{12-45}$$

여기서, C_f=프리계수

- 단계 9: 부하 토크 T_{TM}을 구한다.

$$T_{TM} = K_1 T_u + K_2 T_r \tag{12-46}$$

여기서 K_1, K_2=변속기부하계수

- 단계 10: 변속기의 출력축과 입력축에 작용하는 부하 토크 T_{out}과 T_{in}을 구한다.

$$T_{out} = \frac{T_{TM}}{U_d U_f \eta_d \eta_f} \tag{12-47}$$

$$T_{in} = \frac{T_{out}}{U_i \eta_i} \tag{12-48}$$

- 단계 11: 변속기 출력축의 부하 사이클을 구한다.

차량이 $t_1, t_2, \ldots . t_i$시간 동안 평균 속도 $\overline{v}_1, \overline{v_2}, \ldots \overline{v}_i$ 로써 $S_1, S_2, \ldots . S_i$만큼 주행하였다고 하면 $t = t_1 + t_2 + \ldots . t_i$시간 동안 주행한 총 거리 S는 다음과 같이 나타낼 수 있다.

$$S = S_1 + S_2 + \ldots . S_i = \overline{v}_1 t_1 + \overline{v}_2 t_2 + \ldots .. \overline{v}_i t_i$$

또한 t시간 동안의 평균 속도 v_m은

$$v_m = \frac{S}{t} = \frac{\overline{v}_1 t_1 + \overline{v}_2 t_2 + \ldots .. \overline{v}_i t_i}{t} = \overline{v}_1 \frac{t_1}{t} + \overline{v}_2 \frac{t_2}{t} + \ldots .. \overline{v}_i \frac{t_i}{t}$$

가 된다. $\frac{t_i}{t} = \% t_i$이라고 하면 $t = \frac{S}{v_m}$ 이므로

$$S_i = \overline{v}_i t(\% t_i) = \overline{v}_i \frac{S}{v_m} (\% t_i)$$

이다. 차량이 $\overline{v}_i$ km/h의 속도로써 거리 S_i km를 주행할 때 구동륜의 회전수 n_i는 다음과 같이 표현된다.

$$n_i = \frac{1{,}000 S_i}{(1-s) 2\pi r_d} = \frac{1{,}000 \overline{v}_i S(\% t_i)}{(1-s) 2\pi r_d v_m} \tag{12-49}$$

따라서 차동 장치와 최종 감속 장치의 감속비 U_d와 U_f를 고려하면 차량이 $\overline{v}_i$ km/h의 속도로써 거리 S_i km를 주행하였을 때 변속기 출력축의 부하 사이클 수 L_{out}은 다음과 같이 표현된다.

$$L_{out} = U_d U_f n_i = U_d U_f \frac{1,000\bar{v}_i S(\%t_i)}{(1-s)2\pi r_d v_m} \tag{12-50}$$

또한, 변속기 입력축의 부하 사이클 수 L_{in}은

$$L_{in} = U_i L_{out} = U_i U_d U_f \frac{1,000\bar{v}_i S(\%t_i)}{(1-s)2\pi r_d v_m} \tag{12-51}$$

가 된다.

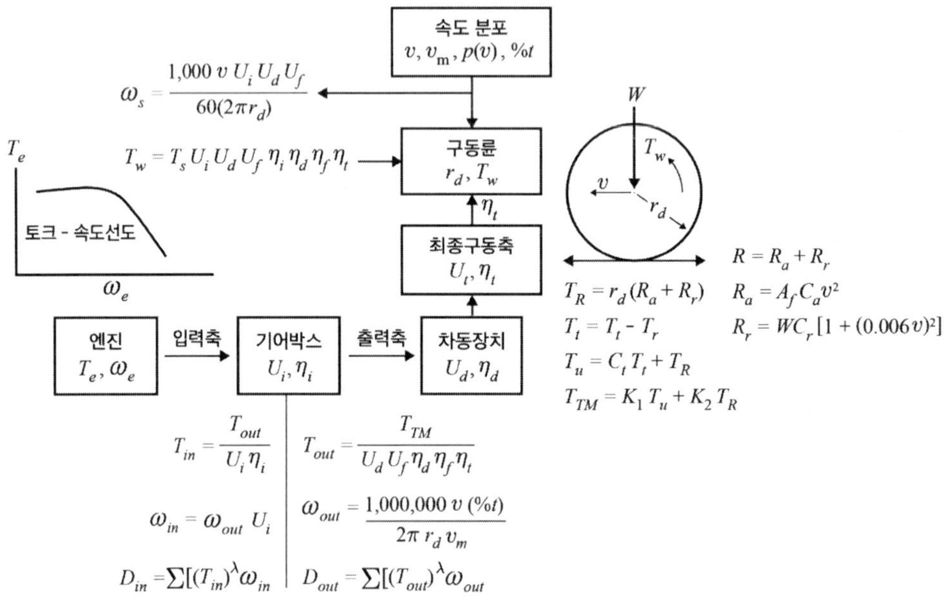

그림 12-17 주행 거리 1,000 km에 대한 변속기의 피로 손상 추정

- **단계 12:** 입력축과 출력축을 기준으로 한 변속기의 피로 손상을 구한다.

도로 형태와 변속 단수에 따라 변속기 입력축과 출력축에 작용하는 토크와 부하 사이클을 이용하여 모든 속도에서 입력축과 출력축을 기준으로 한 피로 손상을 구하고 이를 더하여 변속기의 피로 손상을 구한다. 즉

$$D_{in} = \sum L_{in} T_{in}^3 \tag{12-52}$$

$$D_{out} = \sum L_{out} T_{out}^3 \tag{12-53}$$

을 구한다. 그림 12-17은 이상의 계산 과정을 그림으로 나타낸 것이다.

이러한 방법으로 구한 변속기의 피로 손상은 표 12-34에서와 같이 나타낼 수 있다. 표 12-34에서 차량이 주행하는 도로는 도시 도로, 지방 도로, 고속 도로, 경사 도로 4가지 형태이고, 변속기의 변속 단수는 5단이며, D_{ij}는 도로 i에서 변속 단수 j로 주행할 때 변속기의 피로 손상을 나타낸 것이다.

표 12-34 사용 조건에서 변속기의 피로 손상

변속 단수, j / 도로, i	1단	2단	3단	4단	5단	계
도시 도로	D_{11}	D_{12}	D_{13}	D_{14}	D_{15}	$\sum D_{1j}$
지방 도로	D_{21}	D_{22}	D_{23}	D_{24}	D_{25}	$\sum D_{2j}$
고속 도로	D_{31}	D_{32}	D_{33}	D_{34}	D_{35}	$\sum D_{3j}$
경사 도로	D_{41}	D_{42}	D_{43}	D_{44}	D_{45}	$\sum D_{4j}$
계	$\sum D_{i1}$	$\sum D_{i2}$	$\sum D_{i3}$	$\sum D_{i4}$	$\sum D_{i5}$	$\sum D_{ij}$

4) 도로 형태별 주행 시간 및 주행 거리 비율

차량의 수명은 주행 시간 또는 주행 거리로써 나타낼 수 있다. 주행 시간으로 수명을 나타낼 때는 도로별 주행 시간 비율을, 주행 거리로써 나타낼 때는 도로별 주행 거리 비율을 함께 제시하여야 한다.

도로 형태별 평균 주행 속도와 주행 시간 비율이 표 12-35에서와 같다고 하면 주행 거리 비율은 식 (12-54)에서와 같이 구할 수 있다.

표 12-35 도로별 주행 거리 비율

도로 형태	주행 시간	주행 시간 비율	평균 속도	주행 거리	주행 거리 비율
도시 도로	t_1	$\%t_1$	$\overline{v}_1$	S_1	$\%S_1$
지방 도로	t_2	$\%t_2$	$\overline{v}_2$	S_2	$\%S_2$
고속 도로	t_3	$\%t_3$	$\overline{v}_3$	S_3	$\%S_3$
경사 도로	t_4	$\%t_4$	$\overline{v}_4$	S_4	$\%S_4$
계	$t=\sum t_i$	1.0	v_m	$S=\sum S_i$	1.0

$$v_m = \frac{S}{t} = \frac{\bar{v}_1 t_1 + \bar{v}_2 t_2 + \bar{v}_3 t_3 + \bar{v}_4 t_4}{t} = \bar{v}_1(\%t_1) + \bar{v}_2(\%t_2) + \bar{v}_3(\%t_3) + \bar{v}_4(\%t_4)$$

$$\begin{aligned} \%S_1 &= \frac{S_1}{S} = \frac{\bar{v}_1 t_1}{v_m t} = \frac{\bar{v}_1}{v_m}(\%t_1) \\ \%S_2 &= \frac{S_2}{S} = \frac{\bar{v}_2 t_2}{v_m t} = \frac{\bar{v}_2}{v_m}(\%t_2) \\ \%S_3 &= \frac{S_3}{S} = \frac{\bar{v}_3 t_3}{v_m t} = \frac{\bar{v}_3}{v_m}(\%t_3) \\ \%S_4 &= \frac{S_4}{S} = \frac{\bar{v}_4 t_4}{v_m t} = \frac{\bar{v}_4}{v_m}(\%t_4) \end{aligned} \qquad (12-54)$$

5) 주행 거리 비율을 고려한 피로 손상

주행 거리로써 차량의 수명을 나타낼 때는 주행 거리 비율을 고려한 변속기의 피로 손상을 구한다. 주행 거리 비율을 고려한 변속기의 피로 손상은 표 12-34의 피로 손상과 사용 도로별 주행 거리 비율을 이용하여 표 12-36에서와 같이 구한다.

표 12-36 주행 거리 비율을 이용한 피로 손상

도로, i \ 기어, j	1단	2단	3단	4단	5단	계
도시 도로	$D_{11}(\%S_1)$	$D_{12}(\%S_1)$	$D_{13}(\%S_1)$	$D_{14}(\%S_1)$	$D_{15}(\%S_1)$	$\sum D_{1j}(\%S_1)$
지방 도로	$D_{21}(\%S_2)$	$D_{22}(\%S_2)$	$D_{23}(\%S_2)$	$D_{24}(\%S_2)$	$D_{25}(\%S_2)$	$\sum D_{2j}(\%S_2)$
고속 도로	$D_{31}(\%S_3)$	$D_{32}(\%S_3)$	$D_{33}(\%S_3)$	$D_{34}(\%S_3)$	$D_{35}(\%S_3)$	$\sum D_{3j}(\%S_3)$
경사 도로	$D_{41}(\%S_4)$	$D_{42}(\%S_4)$	$D_{43}(\%S_4)$	$D_{44}(\%S_4)$	$D_{45}(\%S_4)$	$\sum D_{4j}(\%S_4)$
계	$\sum D_{i1}(\%S_i)$	$\sum D_{i2}(\%S_i)$	$\sum D_{i3}(\%S_i)$	$\sum D_{i4}(\%S_i)$	$\sum D_{i5}(\%S_i)$	$\sum D_{ij}(\%S_i)$

6) 부하에 의한 피로 손상

표 12-34와 표 12-36의 피로 손상은 실제 사용 조건에서 작용하는 부하로써 추정한 피로 손상이다. 가속 피로 손상은 가속 시험의 가혹도를 반영하여 실제 사용 조건의 총 피로 손상을 가속 시험의 총 피로 손상으로 변환한 것이다. 가속 시험의 총 피로 손상은 식 (12-32)에서와 같이 외부동적계수를 이용하여 다음과 같이 변환한다.

$$D = [\sum D_{ij}(\% S_i)]K_v^3 \tag{12-55}$$

앨긴(2007)은 차량 변속기의 경우 $K_v = 1.07$로 하였다. 이는 불확실한 외적 요인의 영향을 고려하여 피로 손상을 실제 사용 조건에서보다 1.07배 정도 더 높게 한 것이다.

7) 가속 시험에 의한 피로 손상

가속 시험을 수행하기 위해서는 가속 부하의 크기와 속도를 결정하여야 한다. 차량 변속기의 경우에는 일반적으로 전부하 상태에서 엔진의 최대 토크점, 최대 출력점, 최대 토크점과 출력점의 중간점, 최대 속도점의 토크와 속도가 작용할 수 있도록 가속 부하를 가한다. 가속 부하의 작용점은 변속기의 출력축 또는 구동 차축이 될 수 있으나 가속 시험 장치에 따라 결정한다. 엔진의 전부하 성능 곡선에서 최대 토크점, 최대 토크점과 최대 출력점 사이의 중간점, 최대 출력점, 최대 속도점은 그림 12-18에서 각각 ①, ②, ③, ④에 해당된다. 최대 토크점, 중간점, 최대 출력점의 토크를 각각 T_{tmax}, T_{mid}, T_{pmax}라 하고, 최대 토크점, 중간점, 최대 출력점, 최대 속도점의 엔진 속도를 각각 ω_{tmax}, ω_{mid}, ω_{pmax}, $\omega_{\max}$라고 하면 가속 시험에서 변속기 입력축의 가속 부하는 표 12-37에서와 같이 설정할 수 있다.

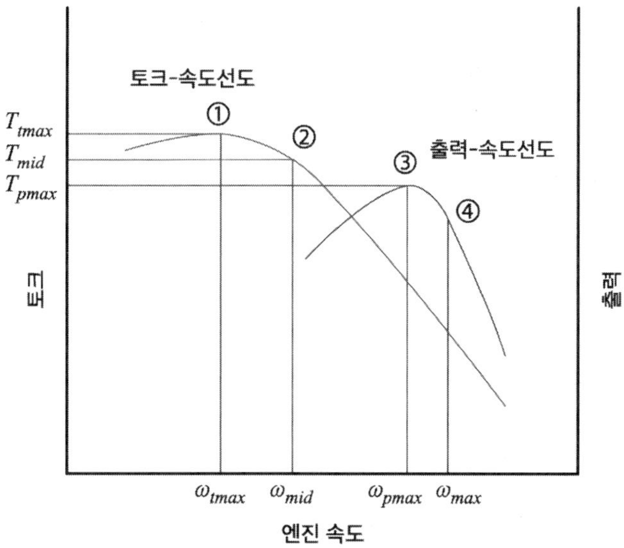

그림 12-18 엔진의 전부하 성능 곡선과 가속 부하

표 12-37 변속기 입력축의 가속 부하

	①	②	③	④
가속 토크, N·m	T_{tmax}	T_{mid}	T_{pmax}	$T_{\omega\max} = T_{pmax}$
가속 속도, rpm	ω_{tmax}	ω_{mid}	ω_{pmax}	$\omega_{\max}$

표 12-37에서 최대 속도점의 부하 토크는 최대 출력점의 토크와 같도록 하였다. 이는 자동차 제조업체의 경험을 반영한 것이다(Algin, 2007). 일반적으로 중간점과 최대 출력점의 토크는 각각 최대 토크점 토크의 90%, 80% 수준이다.

변속기의 가속 시험은 각 변속 단수에서 각각 ①, ②, ③의 입력축 부하 조건으로 시험하고, 최고속 변속 단수에서는 ④의 부하 조건으로 시험한다. ①, ②, ③, ④의 부하 조건으로 가속 시험을 하였을 때 입력축과 출력축을 기준으로 한 시간당 부하 조건별 변속기의 가속 피로 손상은 각각 다음과 같이 표현된다.

입력축을 기준으로 한 변속기의 가속 피로 손상

$$
\begin{aligned}
&D_{in}@①= 60\omega_{tmax}T_{tmax}^3 \\
&D_{in}@②= 60\omega_{mid}T_{mid}^3 \\
&D_{in}@③= 60\omega_{pmax}T_{pmax}^3 \\
&D_{in}@④ = 60\omega_{\max}T_{pmax}^3
\end{aligned}
\tag{12-56}
$$

변속 단수 i에서 출력축을 기준으로 한 변속기의 가속 피로 손상

$$
\begin{aligned}
&D_{out}@①= (60\frac{\omega_{tmax}}{U_i})(T_{tmax}U_i\eta_i)^3 \\
&D_{out}@②= (60\frac{\omega_{mid}}{U_i})(T_{mid}U_i\eta_i)^3 \\
&D_{out}@③= (60\frac{\omega_{pmax}}{U_i})(T_{pmax}U_i\eta_i)^3 \\
&D_{out}@④= (60\frac{\omega_{\max}}{U_i})(T_{pmax}U_i\eta_i)^3
\end{aligned}
\tag{12-57}
$$

여기서 U_i, η_i는 각각 변속 단수 i의 감속비와 전동 효율을 나타낸다.

8) 가속 시험 시간

각 변속 단수에서 입력축 부하 조건을 ①, ②, ③ 또는 ①, ②, ④로 하였을 때 각 부하 조건에 대한 가속 시험 시간은 다음과 같이 구한다. 먼저 식 (12–56)과 식 (12–57)을 이용하여 각 변속 단수에서 1시간 동안 가속 시험을 실시한 후 각 부하 조건별 시간당 가속 피로 손상을 추정하고 이를 더하여 해당 변속 단수에 대한 시간당 총 가속 피로 손상과 각 부하 조건별 시간당 가속 피로 손상 비율을 구한다. 이 비율과 식 (12–55)에서 구한 피로 손상을 이용하여 부하 조건별 피로 손상을 구한다. 이제 각 부하 조건의 가속 시험 시간은 이 부하 조건별 피로 손상을 부하 조건별 가속 피로 손상으로 나누어 구한다. 해당 변속 단수에 대한 가속 시험 시간은 해당 변속 단수의 각 부하 조건별 가속 시험 시간을 더한 것과 같다.

예를 들면 표 12–36의 1단 변속 단수에서 피로 손상은 $(K_v)^3\sum D_{i1}(\%S_i)$이므로 이 피로 손상을 부하 조건별 시간당 가속 피로 손상 비율로 나누면 부하 조건별 피로 손상은 각각 다음과 같이 표현된다.

$$
\begin{aligned}
D_1@① &= (K_v)^3\sum D_{i1}(\%S_i)\times\frac{D_{in}@①}{D_{in}@①+D_{in}@②+D_{in}@③}\\
D_1@② &= (K_v)^3\sum D_{i1}(\%S_i)\times\frac{D_{in}@②}{D_{in}@①+D_{in}@②+D_{in}@③}\\
D_1@③ &= (K_v)^3\sum D_{i1}(\%S_i)\times\frac{D_{in}@③}{D_{in}@①+D_{in}@②+D_{in}@③}
\end{aligned}
\qquad (12\text{–}58)
$$

따라서 1단 변속 단수에서 각 부하 조건에 대한 가속 시험 시간은 다음과 같이 표현된다.

$$
\begin{aligned}
t_1@① &= \frac{D_1@①}{D_{in}@①}\\
t_1@② &= \frac{D_1@②}{D_{in}@②}\\
t_1@③ &= \frac{D_1@③}{D_{in}@③}
\end{aligned}
\qquad (12\text{–}59)
$$

또한 1단 변속 단수의 가속 시험 시간은

$$
t_1 = t_1@① + t_1@② + t_1@③ \qquad (12\text{–}60)
$$

이 된다.

(3) 가속 시험

변속기의 목표 수명을 200,000 km로 설정하고 위의 가속 시험 방법을 적용하여 다음과 같이 변속 단수별 가속 시험 시간과 총 가속 시험 시간을 추정하여 보자.

1) 차량 데이터

차량의 도로별 사용 시간 비율은 도시 도로에서 20%, 지방 도로에서 60%, 고속 도로에서 11%, 경사 도로에서 9%이다. 차량 엔진의 최대 출력과 최대 토크는 각각 4,000 rpm에서 125.6 kW, 2,200 rpm에서 340 N · m이고, 엔진의 최고 속도는 4,400 rpm이다. 각 변속 단수의 감속비, 전동 효율, 프리계수, 변속기부하계수, 구동륜의 동반경 등 차량의 주요 제원은 표 12-38에서와 같고, 전부하 상태에서 엔진의 토크-속도 선도는 그림 12-19에서와 같다. 구름저항계수와 공기저항계수는 표 12-39에서와 같고, 외부동적계수는 $K_v = 1.07$로 가정하였다.

표 12-38 차량 제원

중량		25,015.5 N				
엔진	최대 토크	340 N · m@2,200 rpm				
	최대 출력	125.6 kW@4,000 rpm				
	최고 속도	4,400 rpm				
전동 라인	기어 박스	감속비, U	전동 효율 η	프리계수, C_f	변속기 부하계수, K_1	변속기 부하계수, K_2
	1단	4.315	0.96	0.50	0.5827	0.4173
	2단	2.475	0.96	0.29	0.8093	0.1907
	3단	1.536	0.96	0.18	0.9168	0.0832
	4단	1.0	1.0	0.12	0.9629	0.0370
	5단	0.807	0.96	0.10	0.9756	0.0244
	차동 장치	1.0	0.93	0.20		
	최종 구동축	3.31	1.0			
구동륜 동반경, r_d		0.335 m				
전면 투영 면적, A_f		2.66 m^2				

표 12-39 구름저항계수와 공기저항계수

도로	구름저항계수	공기저항계수
도시 도로	0.017	0.35
지방 도로	0.025	0.35
고속 도로	0.01	0.35
경사 도로	0.022	0.35

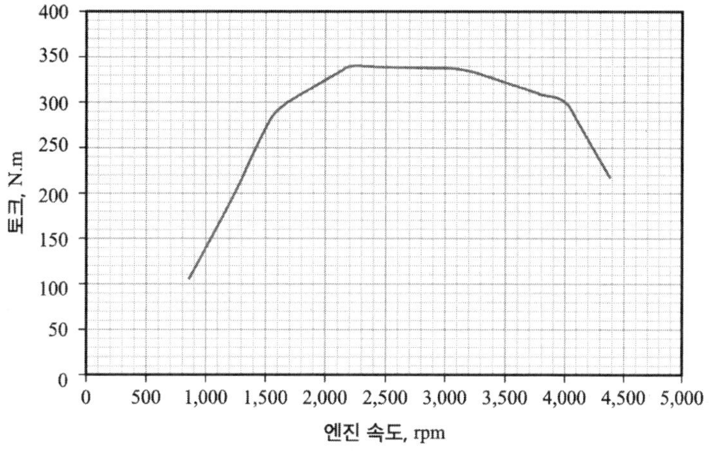

그림 12-19 엔진의 토크-속도 선도

2) 도로별 속도 분포

표 12-40의 사용 도로별 차량의 최고 속도, 평균 속도, 표준편차를 이용하여 사용 도로별 차량의 속도 분포를 정규 분포화한다. 표준편차는 보통 평균 속도의 1/3로 하였다. 그러나 차량의 실제 속도 범위는 $0 \sim v_{max}$이므로 식 (12-34)와 식 (12-35)를 이용하여, 이 범위에서 도로별 차량의 평균 주행 속도를 조정하였다.

식 (12-34)에서 도시 도로의 경우 $\int_0^{v_{max}} p(v)dv$는,

$$NORMDIST(100,45,15,true) - NORMDIST(0,45,15,true) = 0.9985272$$

이므로 $f(v)$는

$$f(v) = \frac{NORMDIST(v, 45, 15, false)}{0.9985272}$$

이고 v에 따른 $f(v)$의 값은 표 12–41에서와 같다. 또한 식 (12–35)에서 $\int_0^{v_{\max}} f(v)dv = 1$ 이므로 도시 도로에서 속도 범위가 $0 \sim v_{\max}$일 때 평균 속도는

$$v_m = \int_0^{v_{\max}} vf(v)dv$$

가 된다. 이 값은 표 12–41의 $vf(v)$값과 심슨의 법칙(Simpson's rule)을 이용하여 수치 해석으로써 구하였으며 45.1 km/h가 된다. 같은 방법으로 구한 지방 도로, 고속 도로, 경사 도로의 속도 범위에서 차량의 평균 주행 속도는 표 12–42에서와 같다. 이러한 방법으로 구한 평균 속도는 처음 가정한 평균 속도와 약간의 차이가 있으나 무시할 정도이므로 이를 각 도로의 속도 범위에서 평균 주행 속도로 설정하였다.

표 12–40 사용 도로별 차량의 최고 속도, 평균 속도, 표준편차

도로	주행 시간 비율	최고 속도, km/h	평균 속도, km/h	표준편차, km/h
도시 도로	20%	100	45	15
지방 도로	60%	110	80	26
고속 도로	11%	140	100	33
경사 도로	9%	100	69	23

표 12–41 도시 도로 속도 범위에서 속도 v에 대한 확률 밀도 함수, 확률 분포 함수, $vf(v)$의 값

v, km/h	$f(v)$	$\int_0^v f(v)dv$	$vf(v)$
0	0.00029589	0	0
1	0.0003606	0.0003273	0.0003606
2	0.00043751	0.00072527	0.00087503
3	0.00052848	0.00120701	0.00158543
4	0.00063552	0.00178758	0.00254207
5	0.00076085	0.00248414	0.00380426
6	0.00090687	0.00331617	0.0054412

7	0.00107611	0.00430562	0.00753276
8	0.00127127	0.00547703	0.01017018
		·	
		·	
94	0.00012831	0.99957814	0.01206103
95	0.00010297	0.99969335	0.00978217
96	8.2269E-05	0.99978562	0.00789783
97	6.5438E-05	0.99985918	0.00634751
98	5.182E-05	0.99991757	0.00507835
99	4.0854E-05	0.9999637	0.00404451
100	3.2065E-05	1	0.00320653
계			45.0608771

3) 변속 단수별 평균 속도

도로별 평균 속도를 구한 다음에는 같은 형태의 도로 내에서 변속 단수별 평균 속도를 구한다. 변속 단수별 평균 속도를 구하기 위해서는 먼저 각 변속 단수에서 최적 변속 속도를 구해야 한다. 식 (12-38)과 식 (12-39)를 이용하여 1단에서 2단으로 변속하기 위한 최적 변속 속도를 구하고, 2단에서 3단, 3단에서 4단, 4단에서 5단으로 변속하기 위한 최적 변속 속도는 식 (12-40)을 이용하여 구한다. 이때 변속계수는 0.87로 하였다.

1) 1단에서 2단 및 2단에서 1단으로 변속하기 위한 변속 속도

$$v_{1\to 2,up} = (\frac{120\pi \times 0.335}{1,000})(\frac{4,000 \times 0.87}{4.315 \times 3.31}) = 30.75\ \text{km/h}$$

$$v_{2\to 1,down} = (\frac{120\pi \times 0.335}{1,000})(\frac{2,200 \times 0.87}{2.475 \times 3.31}) = 29.49\ \text{km/h}$$

$$v_{1,2} = \frac{1}{2}(v_{1\to 2,up} + v_{2\to 1,down}) = \frac{1}{2}(30.75 + 29.49) = 30.12\ \text{km/h}$$

2) 2단과 3단 사이의 변속 속도

$$v_{2,3} = v_{1,2}\frac{U_2}{U_3} = 30.12\frac{2.475}{1.536} = 48.53\ \text{km/h}$$

3) 3단과 4단 사이의 변속 속도

$$v_{3,4} = v_{2,3}\frac{U_3}{U_4} = 48.53\frac{1.536}{1.0} = 74.55 \text{ km/h}$$

4) 4단과 5단 사이의 변속 속도

$$v_{4,5} = v_{3,4}\frac{U_4}{U_5} = 74.55\frac{1.0}{0.807} = 92.37 \text{ km/h}$$

변속 속도를 구한 다음에는 식 (12-35)를 이용하여 각 도로에서 변속 단수별 평균 속도를 구한다. 먼저 도시 도로 주행에서 1단 평균 속도를 구하면

$$\bar{v}_1 = \frac{\int_0^{30} vf(v)dv}{\int_0^{30} f(v)dv} = \frac{\int_0^{30} vf(v)dv}{F(30) - F(0)} = \frac{3.77}{0.16} = 23.91 \text{ km/h}$$

가 된다. 같은 방법으로 2단, 3단, 4단, 5단의 평균 속도를 구하면

$$\bar{v}_2 = \frac{\int_{30}^{49} vf(v)dv}{\int_{30}^{49} f(v)dv} = \frac{\int_{30}^{49} vf(v)dv}{F(49) - F(30)} = \frac{18.36}{0.45} = 41.05 \text{ km/h}$$

$$\bar{v}_3 = \frac{\int_{49}^{75} vf(v)dv}{\int_{49}^{75} f(v)dv} = \frac{\int_{49}^{75} vf(v)dv}{F(75) - F(49)} = \frac{21.24}{0.37} = 57.01 \text{ km/h}$$

$$\bar{v}_4 = \frac{\int_{75}^{93} vf(v)dv}{\int_{75}^{93} f(v)dv} = \frac{\int_{75}^{93} vf(v)dv}{F(93) - F(75)} = \frac{1.644}{0.0221} = 74.41 \text{ km/h}$$

$$\bar{v}_5 = \frac{\int_{93}^{100} vf(v)dv}{\int_{93}^{100} f(v)dv} = \frac{\int_{93}^{100} vf(v)dv}{F(100) - F(93)} = \frac{0.0484}{0.000565} = 85.68 \text{ km/h}$$

가 된다.

같은 방법으로 지방 도로, 고속 도로, 경사 도로에서 구한 도로별 평균 속도와 변속 단수별 평균 속도는 표 12-42에서와 같다. 표 12-42에서 주행 거리와 주행 시간 비율은 각각

도로별 총 주행 거리와 총 주행 시간에 대한 각 변속 단수별 주행 거리와 주행 시간의 비율을 나타낸 것이다.

표 12-42 도로별, 변속 단수별 평균 주행 속도

도로	변속 단수	최고 속도, km/h	변속 속도, km/h	주행, $\int_0^{v_{max}} vf(v)dv$	주행 거리%	주행 시간%	평균 속도 km/h
도시 도로	1단	100	30	3.767185	0.083602	0.157537	23.91296
	2단		49	18.35629	0.407366	0.44714	41.05264
	3단		75	21.24476	0.471468	0.372662	57.00818
	4단		93	1.644223	0.036489	0.022096	74.41426
	5단			0.048418	0.001075	0.000565	85.67971
	전체			45.06088	1	1	45.06088
지방 도로	1단	110	30	0.745024	0.01005	0.03345	22.27279
	2단		49	4.537511	0.06121	0.106085	42.77225
	3단		75	22.54125	0.304078	0.349071	64.5749
	4단		93	25.31622	0.341511	0.301044	84.09462
	5단			20.98994	0.283151	0.210349	99.7864
	전체			74.12995	1	1	74.12995
고속 도로	1단	140	30	0.399692	0.004284	0.01869	21.38481
	2단		49	2.180841	0.023374	0.051092	42.68454
	3단		75	12.10783	0.129772	0.185177	65.38509
	4단		93	18.39746	0.197184	0.215268	85.46308
	5단			60.21493	0.645385	0.529772	113.6619
	전체			93.30075	1	1	93.30075
경사 도로	1단	100	30	1.035911	0.01673	0.045381	22.82692
	2단		49	6.539401	0.105611	0.153219	42.68013
	3단		75	27.13646	0.438253	0.427155	63.52844
	4단		93	21.37064	0.345136	0.25874	82.59509
	5단			5.837145	0.09427	0.0619	94.29923
	전체			61.91956	1	0.946395	65.42679

4) 주행 시간 기준 변속기의 피로 손상

식 (12−41) ~ 식 (12−53)을 이용하여 엔진 속도, 엔진 토크, 구름 저항, 공기 저항, 저항 토크, 구동축 토크, 프리 토크, 구동 토크, 부하 토크, 출력축 토크, 입력축 토크, 출력축 부하 사이클 수, 입력축 부하 사이클 수를 구한다. 예로서 차량이 도시 도로에서 1단 변속 단수로써 슬립 없이 24 km/h의 속도로 주행한다고 하면 필요한 계산은 다음과 같다.

① 엔진 속도: $\omega_e = \dfrac{1{,}000 v U_i U_d U_f}{(1-s)120\pi r_d} = \dfrac{1{,}000(24)(4.315)(1.0)(3.31)}{(1-0)120\pi(0.335)} = 2{,}715.6 \text{ rpm}$

② 엔진 토크: 엔진 토크는 그림 12−19의 엔진 토크−속도 선도를 이용하여 구한다. 그림 12−19의 엔진 토크−속도 선도에서 엔진 속도가 2,715.6 rpm일 때 엔진 토크는 T_e =340 N · m이다.

③ 차량의 구름 저항: $R_r = WC_r[1+(0.006v)^2]$

$$= (25{,}015.5)(0.017)[1+(0.006\times 24)^2] = 434.1 \text{ N}$$

④ 차량의 공기 저항: $R_a = A_f C_a (\dfrac{v}{3.6})^2 = (2.66)(0.35)(\dfrac{24}{3.6})^2 = 41.4 \text{ N}$

⑤ 저항 토크: $T_r = (R_r + R_a) r_d = (434.1 + 41.4)\times(0.335) = 159.3 \text{ N}\cdot\text{m}$

⑥ 구동축 토크: $T_w = T_e U_i U_d U_f \eta_i \eta_d \eta_f$

$$= (340)(4.315)(1.0)(3.31)(0.96)(0.93)(1.0) = 4{,}335.5 \text{ N}\cdot\text{m}$$

⑦ 프리 토크: $T_f = T_w - T_r = 4{,}335.5 - 159.3 = 4{,}176.2 \text{ N}\cdot\text{m}$

⑧ 구동 토크: $T_u = C_f T_f + T_r = (0.5)(4{,}176.2) + 159.3 = 2{,}247.5 \text{ N}\cdot\text{m}$

⑨ 변속기 부하 토크: $T_{TM} = K_1 T_u + K_2 T_r$

$$= (0.58270)(2{,}247.5) + (0.41729)(159.3) = 1{,}376.1 \text{ N}\cdot\text{m}$$

⑩ 변속기 출력축 토크: $T_{out} = \dfrac{T_{TM}}{U_d U_f \eta_d \eta_f} = \dfrac{1{,}376.1}{(1.0)(3.31)(0.93)(1.0)}$

$$= 447.0 \text{ N}\cdot\text{m}$$

⑪ 변속기 입력축 토크: $T_{in} = \dfrac{T_{out}}{U_i \eta_i} = \dfrac{447.0}{(4.315)(0.96)} = 107.9 \text{ N}\cdot\text{m}$

⑫ 변속기 출력축의 부하 사이클 수: 도시 도로에서 차량이 v_m km/h의 평균 속도로써

S km를 주행하는 데 필요한 시간은 $\frac{S}{v_m}$ 이고, 특정 속도 v_i로써 주행하는 시간 비율은 도시 도로 속도 분포에서 속도가 v_i일 때의 확률 밀도와 같다. 따라서 도시 도로에서 주행 속도가 24 km/h일 때 차량의 주행 시간 비율은

$$\%t_i \mid_{v=24km/h} = f(v) \mid_{v=24km/h} = 0.009997$$

여기서, $f(v)$=도시 도로에서 주행 속도 분포의 확률 밀도 함수

이 된다. 식 (12-50)을 이용하여 1,000 km의 도시 도로에서 주행 속도가 24 km/h일 때 변속기 출력축의 부하 사이클 수를 구하면

$$L_{out} = U_d U_f \frac{1{,}000 v_i S(\%t_i)}{(1-s)2\pi r_d v_m} = (1.0)(3.31)\frac{1{,}000(24)(1{,}000)(0.009997)}{(1-0)2\pi(0.335)(45)}$$

$$= 8{,}388.6 \text{ rev}$$

가 된다.

⑬ 변속기 입력축의 부하 사이클 수: 식 (12-51)을 이용하여 1,000 km의 도시 도로 주행 거리에서 주행 속도가 24 km/h일 때 변속기 입력축의 부하 사이클 수를 구하면

$$L_{in} = U_i U_d U_f \frac{1{,}000 v_i S(\%t_i)}{(1-s)2\pi r_d v_m} = (4.315)(1.0)(3.31)\frac{1{,}000(24)(1{,}000)(0.009997)}{(1-0)2\pi(0.335)(45)}$$

$$= 36{,}196.8 \text{ rev}$$

가 된다.

⑭ 출력축 기준 변속기의 추정 피로 손상: 1,000 km의 도시 도로 주행 거리에서 주행 속도가 24 km/h일 때 출력축을 기준으로 한 변속기의 추정 피로 손상은

$$D_{out} = L_{out}(T_{out})^3 = (8{,}388.6)(447.0)^3 = 7.49 \times 10^{11}$$

이고,

⑮ 입력축 기준 변속기의 추정 피로 손상: 1,000 km의 도시 도로 주행 거리에서 주행 속도가 24 km/h일 때 입력축을 기준으로 한 변속기의 추정 피로 손상은

$$D_{in} = L_{in}(T_{in})^3 = (36{,}196.8)(107.9)^3 = 4.5 \times 10^{10}$$

가 된다.

지금까지 1,000 km의 도시 도로 주행 거리에서 주행 속도가 24 km/h일 때 출력축과 입력축을 기준으로 한 변속기의 피로 손상을 추정하였다. 도시 도로 주행 거리 1,000 km에

대한 변속기의 피로 손상은 도시 도로의 모든 주행 속도, 즉 0 ~ 100 km/h 범위의 모든 속도에 대한 피로 손상을 더하여 구한다. 이 과정에서 감속비, 전동 효율, 프리계수, 변속기부하계수는 변속 단수에 따라 다르기 때문에, 주행 속도에 따라 표 12-42에서와 같이 변속 단수를 확인하고 각 변속 단수에 해당되는 감속비, 전동 효율, 프리계수, 변속기 부하계수를 적용하여야 한다.

표 12-43과 표 12-44는 이러한 방법으로 도로별 최고 속도 범위에서 주행 속도를 1 km/h씩 증가시키며, 1,000 km의 주행 거리에서 추정한 변속 단수별 입력축과 출력축을 기준으로 한 변속기의 피로 손상이다.

표 12-43 1,000 km의 주행 거리에서 변속 단수별 입력축을 기준으로 한 변속기의 추정 피로 손상

변속 단수	1단	2단	3단	4단	5단	계
도시 도로	6.65E+11	1.58E+12	1.22E+12	1.29E+11	9.08E+09	3.60E+12
지방 도로	8.68E+10	2.97E+11	1.27E+12	2.20E+12	4.73E+12	8.59E+12
고속 도로	2.98E+10	7.45E+10	2.60E+11	5.00E+11	7.45E+12	8.32E+12
경사 도로	1.40E+11	4.72E+11	1.58E+12	1.85E+12	1.12E+12	5.16E+12
계	9.21E+11	2.42E+12	4.33E+12	4.67E+12	1.33E+13	2.57E+13

표 12-44 1,000 km의 주행 거리에서 변속 단수별 출력축을 기준으로 한 변속기의 추정 피로 손상

변속 단수	1단	2단	3단	4단	5단	계
도시 도로	1.09E+13	8.55E+12	2.54E+12	1.29E+11	5.23E+09	2.22E+13
지방 도로	1.43E+12	1.61E+12	2.66E+12	2.20E+12	2.72E+12	1.06E+13
고속 도로	4.91E+11	4.04E+11	5.42E+11	5.00E+11	4.30E+12	6.23E+12
경사 도로	2.31E+12	2.56E+12	3.30E+12	1.85E+12	6.47E+11	1.07E+13
계	1.52E+13	1.31E+13	9.05E+12	4.67E+12	7.67E+12	4.97E+13

위에서 추정한 변속기의 피로 손상은 각 도로에서 차량의 속도별 주행 시간 비율을 기준으로 추정한 것이다. 피로 손상을 주행 거리 비율로써 추정할 때는 주행 시간 비율을 주행 거

리 비율로 변환하여 피로 손상을 구한다.

5) 주행 거리 비율 기준 변속기의 피로 손상

식 (12−54)을 이용하여 주행 시간 비율을 주행 거리 비율로 변환한다. 이때 도로별 사용 시간 비율은 기본 데이터로서 표 12−40에서와 같고, 도로별 평균 주행 속도는 표 12−42의 값을 적용한다.

주행 시간 비율과 도로별 평균 주행 속도를 이용하여 차량의 평균 속도 v_m을 구하면

$$v_m = v_1(\%t_1) + v_2(\%t_2) + v_3(\%t_3) + t_4(\%t_4)$$
$$=45.1 \times 0.2 + 74.1 \times 0.6 + 93.3 \times 0.11 + 65.4 \times 0.09 = 69.63 \text{ km/h}$$

가 된다. 식 (12−54)을 적용하여 도로별 주행 거리 비율을 구하면

$$\%S_1 = \frac{v_1}{v_m}(\%t_1) = \frac{45.1}{69.63} \times 0.2 = 0.1294$$

$$\%S_2 = \frac{v_1}{v_m}(\%t_2) = \frac{74.1}{69.63} \times 0.6 = 0.6387$$

$$\%S_3 = \frac{v_1}{v_m}(\%t_3) = \frac{93.3}{69.63} \times 0.11 = 0.1474$$

$$\%S_4 = \frac{v_1}{v_m}(\%t_4) = \frac{65.4}{69.63} \times 0.09 = 0.0846$$

가 된다. 이제 도로별 주행 거리 비율을 이용하여 표 12−43과 표 12−44에서와 같이 도로별 변속 단수별 입력축과 출력축을 기준으로 한 변속기의 피로 손상을 추정한다. 예로서 변속 단수가 1단일 때 도로별 1,000 km의 주행 거리에서 입력축을 기준으로 한 변속기의 피로 손상을 추정하면

도시 도로: $(6.65E11)(0.1294) = 8.61E10$

지방 도로: $(8.68E10)(0.6387) = 5.54E10$

고속 도로: $(6.65E11)(0.1249) = 4.39E9$

경사 도로: $(1.40E11)(0.0846) = 1.18E10$

와 같다. 같은 방법으로 도로별 변속 단수별 1,000 km의 주행 거리에서 입력축과 출력축을 기준으로 한 변속기의 피로 손상을 추정하면 각각 표 12−45와 12−46에서와 같다.

표 12-45 1,000 km의 주행 거리에서 변속 단수별 입력축을 기준으로 한 변속기의 추정 피로 손상

변속 단수	1단	2단	3단	4단	5단	계
도시 도로	8.61E+10	2.04E+11	1.58E+11	1.67E+10	1.18E+09	4.65E+11
지방 도로	5.54E+10	1.89E+11	8.14E+11	1.41E+12	3.02E+12	5.48E+12
고속 도로	4.39E+09	1.1E+10	3.83E+10	7.36E+10	1.1E+12	1.23E+12
경사 도로	1.18E+10	3.99E+10	1.34E+11	1.56E+11	9.49E+10	4.37E+11
계	1.58E+11	4.44E+11	1.14E+12	1.65E+12	4.21E+12	7.61E+12

표 12-46 1,000 km의 주행 거리에서 변속 단수별 출력축을 기준으로 한 변속기의 추정 피로 손상

변속 단수	1단	2단	3단	4단	5단	계
도시 도로	1.42E+12	1.11E+12	3.29E+11	1.67E+10	6.77E+08	2.87E+12
지방 도로	9.13E+11	1.03E+12	1.7E+12	1.41E+12	1.74E+12	6.78E+12
고속 도로	7.24E+10	5.95E+10	7.98E+10	7.36E+10	6.33E+11	9.18E+11
경사 도로	1.95E+11	2.17E+11	2.79E+11	1.56E+11	5.47E+10	9.02E+11
계	2.60E+12	2.41E+12	2.39E+12	1.65E+12	2.43E+12	1.15E+13

이상에서 추정한 변속기의 피로 손상은 1,000 km의 주행 조건에서 예상되는 손상이다. 주행 거리가 200,000 km일 때 예상되는 피로 손상은 이를 200배한 것과 같다. 외적 요인을 반영하기 위하여 외부동적계수로써 보정한다. 식 (12-55)를 이용하여 구할 수 있다. 식 (12-55)를 이용하여 200,000 km의 주행 거리에 대한 변속기의 피로 손상을 구하면 다음과 같다.

입력축을 기준으로 한 변속기의 피로 손상: $(200)(7.61E+12)(1.07)^3$=1.86E15

출력축을 기준으로 한 변속기의 피로 손상: $(200)(1.15E+13)(1.07)^3$=2.81E15

6) 가속 시험에 의한 변속기의 피로 손상

가속 시험은 부하 작용점에 가속 토크와 가속 속도를 가하여 변속기 입력축의 토크와 속도가 그림 12-18의 4개 지점, 즉 최대 토크점 ①, 최대 토크점과 출력점의 중간점 ②, 최대 출력점 ③, 최대 속도점 ④에서와 같은 상태가 되도록 실시한다. 가속 토크와 가속 속도의 크기는 부하의 작용점에 따라 다르나 변속기 입력축의 토크와 속도는 항상 표 12-47에서와

같은 상태가 되도록 한다. 가속 시험에서 변속기 입력축에 표 12-47에서와 같은 토크와 속도가 작용할 때 입력축과 출력축을 기준으로 한 변속기의 가속 피로 손상은 각각 식 (12-56)과 식 (12-57)로써 추정할 수 있다.

표 12-47 가속 부하에 의한 변속기 입력축의 작용 토크와 속도

토크-속도 선도의 지점	①	②	③	④
입력축 작용 토크, N · m	340	306	272	272
입력축 작용 속도, rpm	2000	2670	3330	4000

입력축을 기준으로 한 경우에는 변속 단수에 관계없이 가속 부하에 의하여 입력축에 작용하는 토크와 속도는 모두 같기 때문에 일정 시간의 피로 손상도 모두 같다. 그러나 출력축을 기준으로 한 경우에는 변속 단수의 감속비에 따라 출력축에 작용하는 토크와 속도가 다르기 때문에 변속기의 피로 손상도 다르다. 따라서 입력축과 출력축을 기준으로 한 변속기의 가속 피로 손상은 서로 다른 값으로 추정되지만 입력축의 가속 부하가 같기 때문에 실질적으로 변속기가 받는 피로 손상은 같다고 할 수 있다. 만약 그림 12-18에서와 같이 엔진의 전부하 성능 곡선 상의 4개 지점에 해당하는 토크와 속도가 변속기 입력축에 작용하면 각 지점의 작용 하중과 속도에 의한 변속기의 가속 피로 손상은 각각

$$D_{in}@①:\ 60\omega_{tmax}T_{tmax}^{3} = (60\times 2,000)(340)^{3} = 4.72E12$$
$$D_{in}@②:\ 60\omega_{mid}T_{mid}^{3} = (60\times 2,670)(306)^{3} = 4.59E12$$
$$D_{in}@③:\ 60\omega_{pmax}T_{pmax}^{3} = (60\times 3,330)(272)^{3} = 4.02E12$$
$$D_{in}@④:\ 60\omega_{\max}T_{pmax}^{3} = (60\times 4,000)(272)^{3} = 4.83E12$$

가 된다. 또한 출력축의 경우에는, 변속 단수에 따라 변속기의 피로 손상은

- 1단 변속 단수의 경우

$$D_{out}@①:\ (60\frac{\omega_{tmax}}{U_1})(T_{tmax}U_1\eta_1)^3 = (60\times\frac{2,000}{4.315})(340\times 4.315\times 0.96)^3 = 7.77E13$$

$$D_{out}@②:\ (60\frac{\omega_{mid}}{U_1})(T_{mid}U_1\eta_1)^3 = (60\times\frac{2,670}{4.315})(306\times 4.315\times 0.96)^3 = 7.56E13$$

D_{out}@③: $(60\frac{\omega_{pmax}}{U_1})(T_{pmax}U_1\eta_1)^3$ $=(60\times\frac{3,330}{4.315})(272\times4.315\times0.96)^3$=6.62E13

D_{out}@④: $(60\frac{\omega_{max}}{U_1})(T_{pmax}U_1\eta_1)^3=(60\times\frac{4,000}{4.315})(272\times4.315\times0.96)^3$=7.96E13

• 2단 변속 단수의 경우

D_{out}@①: $(60\frac{\omega_{tmax}}{U_2})(T_{tmax}U_2\eta_2)^3=(60\times\frac{2,000}{2.475})(340\times2.475\times0.96)^3$=2.56E13

D_{out}@②: $(60\frac{\omega_{mid}}{U_2})(T_{mid}U_2\eta_2)^3=$ $(60\times\frac{2,670}{2.475})(306\times2.475\times0.96)^3$=2.49E13

D_{out}@③: $(60\frac{\omega_{pmax}}{U_2})(T_{pmax}U_2\eta_2)^3=(60\times\frac{3,330}{2.475})(272\times2.475\times0.96)^3$=2.18E13

D_{out}@④: $(60\frac{\omega_{max}}{U_2})(T_{pmax}U_2\eta_2)^3=(60\times\frac{4,000}{2.475})(272\times2.475\times0.96)^3$=2.62E13

• 3단 변속 단수의 경우

D_{out}@①: $(60\frac{\omega_{tmax}}{U_3})(T_{tmax}U_3\eta_3)^3=(60\times\frac{2,000}{1.536})(340\times1.536\times0.96)^3$=9.84E12

D_{out}@②: $(60\frac{\omega_{mid}}{U_3})(T_{mid}U_3\eta_3)^3=$ $(60\times\frac{2,670}{1.536})(306\times1.536\times0.96)^3$=9.58E12

D_{out}@③: $(60\frac{\omega_{pmax}}{U_3})(T_{pmax}U_3\eta_3)^3=(60\times\frac{3,330}{1.536})(272\times1.536\times0.96)^3$=8.39E12

D_{out}@④: $(60\frac{\omega_{max}}{U_3})(T_{pmax}U_3\eta_3)^3=(60\times\frac{4,000}{1.536})(272\times1.536\times0.96)^3$=1.01E13

• 4단 변속 단수의 경우

D_{out}@①: $(60\frac{\omega_{tmax}}{U_4})(T_{tmax}U_4\eta_4)^3=(60\times\frac{2,000}{1.0})(340\times1.0\times1.0)^3$=4.72E12

D_{out}@②: $(60\frac{\omega_{mid}}{U_4})(T_{mid}U_4\eta_4)^3=$ $(60\times\frac{2,670}{1.0})(306\times1.0\times1.0)^3$=4.59E12

D_{out}@③: $(60\frac{\omega_{pmax}}{U_4})(T_{pmax}U_4\eta_4)^3=(60\times\frac{3,330}{1.0})(272\times1.0\times1.0)^3$=4.02E12

$$D_{out}@④:\ (60\frac{\omega_{max}}{U_4})(T_{pmax}U_4\eta_4)^3=(60\times\frac{4,000}{1.0})(272\times1.0\times1.0)^3=4.83E12$$

• 5단 변속 단수의 경우

$$D_{out}@①:\ (60\frac{\omega_{tmax}}{U_5})(T_{tmax}U_5\eta_5)^3=(60\times\frac{2,000}{0.807})(340\times0.807\times0.96)^3=2.72E12$$

$$D_{out}@②:\ (60\frac{\omega_{mid}}{U_5})(T_{mid}U_5\eta_5)^3=(60\times\frac{2,670}{0.807})(306\times0.807\times0.96)^3=2.64E12$$

$$D_{out}@③:\ (60\frac{\omega_{pmax}}{U_5})(T_{pmax}U_5\eta_5)^3=(60\times\frac{3,330}{0.807})(272\times0.807\times0.96)^3=2.32E12$$

$$D_{out}@④:\ (60\frac{\omega_{max}}{U_5})(T_{pmax}U_5\eta_5)^3=(60\times\frac{4,000}{0.807})(272\times0.807\times0.96)^3=2.78E12$$

가 된다.

7) 가속 시험 시간

표 12-48과 12-49는 가속 시험을 표 12-47의 가속 조건으로 1시간 실시하였을 때 변속 단수에 따라 입력축과 출력축을 기준으로 한 변속기의 가속 피로 손상과 변속 단수별 가속 피로 손상 및 부하 조건별 가속 피로 손상 비율을 추정한 것이다. 표 12-48과 표 12-49에서와 같이 입력축을 기준으로 한 변속 단수별 변속기의 가속 피로 손상은 모두 같으나, 출력축 기준에서는 모두 다르다. 그러나 각 변속 단수에서 부하 조건별 가속 피로 손상의 비율은 입력축과 출력축 기준에 관계없이 모두 같다.

표 12-48 입력축 기준 시간당 변속기의 가속 피로 손상

변속 단수	입력축 작용 하중과 속도 조건	시간당 가속 피로 손상	변속 단수별 가속 피로 손상	부하 조건별 가속 피로 손상비, %
1단	①	4.72E12	1.33E13	35.4
	②	4.59E12		34.4
	③	4.02E12		30.2
2단	①	4.72E12	1.33E13	35.4
	②	4.59E12		34.4
	③	4.02E12		30.2

3단	①	4.72E12	1.33E13	35.4
	②	4.59E12		34.4
	③	4.02E12		30.2
4단	①	4.72E12	1.33E13	35.4
	②	4.59E12		34.4
	③	4.02E12		30.2
5단	①	4.72E12	1.41E13	33.4
	②	4.59E12		32.5
	④	4.83E12		34.2

표 12-49 출력축 기준 시간당 변속기의 가속 피로 손상

변속 단수	입력축 작용 하중과 속도 조건	시간당 가속 피로 손상	변속 단수별 가속 피로 손상	부하 조건별 가속 피로 손상비, %
1단	①	7.77E13	2.20E14	35.4
	②	7.56E13		34.4
	③	6.62E13		30.2
2단	①	2.56E13	7.22E13	35.4
	②	2.49E13		34.4
	③	2.18E13		30.2
3단	①	9.84E12	2.78E13	35.4
	②	9.58E12		34.4
	③	8.39E12		30.2
4단	①	4.74E12	1.33E13	35.4
	②	4.59E12		34.4
	③	4.02E12		30.2
5단	①	2.72E12	8.15E12	33.3
	②	2.64E12		32.5
	④	2.78E12		34.2

가속 시험 시간은 보증 수명에 의한 변속기의 피로 손상을 가속 시험에 의한 가속 피로 손상으로 나누어 구한다. 먼저 보증 수명 200,000 km에 대한 피로 손상은 주행 거리 1,000 km에 의한 피로 손상을 적용하여 다음과 같이 추정한다. 즉 변속 단수 1단에서 주행 거리가 1,000 km일 때 입력축을 기준으로 한 변속기의 피로 손상은 표 12-45에서와 같이

1.58E11이므로 다음과 같이 이를 보정하여 보증 수명 2,000,000 km에 의한 피로 손상으로 변환하면

$$(\frac{200,000}{1000} \times 1.58E11)(1.07)^3 = 3.87\text{E}13$$

가 된다. 같은 방법으로 각 변속 단수에서 입력축과 출력축을 기준으로 한 보증 수명 200,000 km에 의한 피로 손상을 구하면 각각 표 12-50과 표 12-51에서와 같다.

표 12-50 입력축을 기준으로 한 보증 수명 200,000 km에 의한 변속기의 피로 손상

변속 단수	1단	2단	3단	4단	5단
1,000 km에 의한 피로 손상	1.58E+11	4.44E+11	1.14E+12	1.65E+12	4.21E+12
200,000 km에 의한 피로 손상	3.87E13	1.09E14	2.79E14	4.04E14	1.03E15

표 12-51 출력축을 기준으로 한 보증 수명 200,000 km에 의한 변속기의 피로 손상

변속 단수	1단	2단	3단	4단	5단
1,000 km에 의한 피로 손상	2.60E+12	2.41E+12	2.39E+12	1.65E+12	2.43E+12
200,000 km에 의한 피로 손상	6.37E14	5.90E14	5.86E14	4.04E14	5.95E14

각 변속 단수별 피로 손상을 표 12-48과 표 12-49의 부하 조건별 피로 손상비율로 나누면 1단 변속 단수에서 입력축의 경우

3.87E13 × 0.354=1.37E13
3.87E13 × 0.344=1.33E13
3.87E13 × 0.302=1.17E13

가 되며, 출력축의 경우에는

6.37E14 × 0.354=2.25E14
6.37E14 × 0.344=2.19E14
6.37E14 × 0.302=1.92E14

가 된다. 같은 방법으로 입력축과 출력축을 기준으로 한 변속 단수별 피로 손상을 부하 조건

별 피로 손상으로 변환하면 각각 표 12-52, 표 12-53에서와 같다.

표 12-52 입력축을 기준으로 한 부하 조건별 변속기의 피로 손상

변속 단수	입력축 작용 하중과 속도 조건	보증 수명 200,000 km에 의한 피로 손상	피로 손상 비율, %	보증 수명 200,000 km에 의한 부하 조건별 피로 손상
1단	①	3.87E13	35.4	1.37E13
	②		34.4	1.33E13
	③		30.2	1.17E13
2단	①	1.09E14	35.4	3.85E13
	②		34.4	3.75E13
	③		30.2	3.28E13
3단	①	2.79E14	35.4	9.91E13
	②		34.4	9.65E13
	③		30.2	8.45E13
4단	①	4.04E14	35.4	1.43E14
	②		34.4	1.39E14
	③		30.2	1.22E14
5단	①	1.03E15	33.4	3.44E14
	②		32.5	3.35E14
	④		34.2	3.53E14

표 12-53 출력축을 기준으로 한 부하 조건별 변속기의 피로 손상

변속 단수	입력축 작용 하중과 속도 조건	보증 수명 200,000 km에 의한 총 피로 손상	피로 손상비율, %	보증 수명 200,000 km에 의한 부하 조건별 피로 손상
1단	①	6.37E14	35.4	2.25E15
	②		34.4	2.19E14
	③		30.2	1.92E14
2단	①	5.90E14	35.4	2.09E14
	②		34.4	2.03E14
	③		30.2	1.78E14
3단	①	5.86E14	35.4	2.07E14
	②		34.4	2.01E14
	③		30.2	1.76E14

4단	①	4.04E14	35.4	1.43E14
	②		34.4	1.39E14
	③		30.2	1.22E14
5단	①	5.95E14	33.4	1.98E14
	②		32.5	1.93E14
	④		34.2	2.03E14

이제 피로 손상을 가속 시험에 의한 시간당 피로 손상으로 나누면 가속 시험 시간은 표 12-54와 12-55에서와 같다. 입력축과 출력축을 기준으로 한 가속 시험 시간은 모두 같고 1단 변속에서 8.7시간, 2단 변속에서 24.51시간, 3단 변속에서 63시간, 4단 변속에서 91.2시간, 5단 변속에서 219시간으로 총 406.41시간으로 추정되었다. 따라서 변속기의 가속 시험 시간은 입력축을 기준으로 추정할 수도 있으며, 출력축을 기준으로 추정할 수도 있다.

표 12-54 입력축을 기준으로 한 가속 시험 시간

변속 단수	입력축 작용 하중과 속도 조건	시간당 피로 손상	보증 수명 200,000 km에 의한 피로 손상	가속 시험 시간
1단	①	4.72E12	1.37E13	2.90
	②	4.59E12	1.33E13	2.90
	③	4.02E12	1.17E13	2.90
2단	①	4.72E12	3.85E13	8.17
	②	4.59E12	3.75E13	8.17
	③	4.02E12	3.28E13	8.17
3단	①	4.72E12	9.91E13	21.0
	②	4.59E12	9.65E13	21.0
	③	4.02E12	8.45E13	21.0
4단	①	4.72E12	1.43E14	30.4
	②	4.59E12	1.39E14	30.4
	③	4.02E12	1.22E14	30.4
5단	①	4.72E12	3.44E14	73.0
	②	4.59E12	3.35E14	73.0
	④	4.83E12	3.53E14	73.0
계				406.41

표 12-55 출력축을 기준으로 한 가속 시험 시간

변속 단수	입력축 작용 하중과 속도 조건	시간당 피로 손상	보증 수명 200,000 km에 의한 피로 손상	가속 시험 시간
1단	①	7.77E13	2.25E15	2.90
	②	7.56E13	2.19E14	2.90
	③	6.62E13	1.92E14	2.90
2단	①	2.56E13	2.09E14	8.17
	②	2.49E13	2.03E14	8.17
	③	2.18E13	1.78E14	8.17
3단	①	9.84E12	2.07E14	21.0
	②	9.58E12	2.01E14	21.0
	③	8.39E12	1.76E14	21.0
4단	①	4.74E12	1.43E14	30.4
	②	4.59E12	1.39E14	30.4
	③	4.02E12	1.22E14	30.4
5단	①	2.72E12	1.98E14	73.0
	②	2.64E12	1.93E14	73.0
	④	2.78E12	2.03E14	73.0
계				406.41

12.7 구름 베어링

(1) 기본 데이터

1) 베어링의 제원

베어링의 주요 제원은 기본 정정격 하중(basic static load rating), 기본 동정격 하중(basic dynamic load rating), 내경, 외경, 폭이다. 기본 동정격 하중은 정격 수명, 즉 신뢰도가 90%인 베어링의 수명을 10^6 사이클이 되도록 하는 레이디얼 정하중이며, 기본 정정격 하중은 강구와 회도의 최대 접촉 면압이 다음과 같이 베어링의 종류에 따라 일정한 값에 이르도록 하는 레이디얼 정하중이다.

자동 조심 베어링: 4.6 GPa
기타 볼 베어링: 4.2 GPa
롤러 베어링: 4.0 GPa

이러한 제원은 대부분 베어링 제작사에서 제공하는 데이터이며 만약 기본 정정격 하중이 제공되지 않는 경우에는 다음과 같은 데이터를 이용하여 추정하여야 한다 (Beek A. 2009).

r_{1x}: 베어링 평면 방향의 볼 반경
r_{2x}: 베어링 평면 방향의 회도 반경
r_{1y}: 베어링 평면과 수직인 방향의 볼 반경
r_{2y}: 베어링 평면과 수직인 방향의 회도 반경
E_1: 강구 재료의 탄성계수
E_2: 회도 재료의 탄성계수
ν_1: 강구 재료의 포아슨비
ν_2: 회도 재료의 포아슨비.
z: 강구의 수

볼 베어링의 경우에는 $r_{1x} = r_{1y}$이며, 오목면의 경우에는 회도의 접촉 반경이 −가 된다. 또한 다음과 같이 $\frac{R_x'}{R_y'}$와 $\frac{R_y'}{R_x'}$을 구하고 그 중 큰 값을 λ로 하여 접촉 면압 $p_{\max}$를 유도한다.

$$\frac{1}{R_x'} = \frac{1}{r_{1x}} + \frac{1}{r_{2x}},\ \frac{1}{R_y'} = \frac{1}{r_{1y}} + \frac{1}{r_{2y}},\ \frac{1}{R'} = \frac{1}{R_x'} + \frac{1}{R_y'},$$

$$\frac{1}{E'} = \frac{1-\nu_1^2}{2E_1} + \frac{1-\nu_2^2}{2E_2}$$

$$\frac{R_x'}{R_y'} \geq \frac{R_y'}{R_x'} \text{ 이면 } \lambda = \frac{R_x'}{R_y'}$$

$$\frac{R_x'}{R_y'} < \frac{R_y'}{R_x'} \text{ 이면 } \lambda = \frac{R_y'}{R_x'}$$

$$\frac{1}{\kappa} = 1 + \left[\frac{\ln\left(\frac{16}{\lambda}\right)}{2\lambda}\right]^{1/2} - [\ln(4)]^{1/2} + 0.16\ln(\lambda)$$

$$a^* = \kappa\left[1 + \frac{2(1-\kappa^2)}{\pi\kappa^2} - 0.25\ln(\kappa)\right]^{1/3},\ b^* = \frac{a^*}{\kappa}$$

$$a = a^*\left(\frac{3FR'}{E'}\right)^{1/3},\ \ b = b^*\left(\frac{3FR'}{E'}\right)^{1/3}$$

$$p_{\max} = \frac{1.5F}{\pi ab}$$

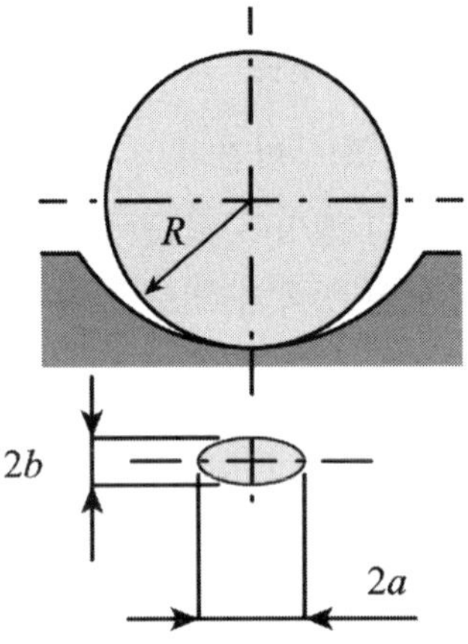

그림 12-20 베어링의 접촉면

반복법으로써 베어링의 종류에 따라 최대 접촉 면압 $p_{\max}$를 만족하는 정하중 F를 구하고 식 (12-61)을 이용하여 기본 정정격 하중 C_o를 결정한다.

$$C_o = \frac{zF}{5} \tag{12-61}$$

2) 그리스와 윤활유의 열 특성

베어링의 그리스와 윤활유는 온도에 따라 점도가 변하기 때문에 베어링의 수명을 예측하기 위해서는 그리스와 윤활유의 열 특성, 즉 온도가 그리스와 윤활유의 점도에 미치는 영향 또는 온도에 따른 그리스와 윤활유의 수명 데이터가 요구된다. 그리스와 윤활유의 온도-수명 모델에는 다음과 같은 모델이 있다 (Khonsari and Booser, 2003)

그리스의 수명: $LogL_t = -2.6 + \dfrac{2,450}{T+273} - 10^{-6}k_f DN,\ \ T \geq 70^o C$

$$DN = \omega\left(\frac{ID+OD}{2}\right) < 300,000$$

여기서, L_t=그리스 수명, 시간

T=베어링 온도, ^oC

ω=베어링의 속도, rpm

ID=베어링의 내경, mm

OD=베어링의 외경, mm

k_f=감속계수

베어링의 종류에 따는 감속계수는 표 12-56에서와 같다.

표 12-56 베어링의 감속계수

베어링의 종류	감속계수, k_f
단열 깊은 홈 볼 베어링	1.0
단열 앵귤러 콘텍트 볼 베어링	1.6
자동 조심 볼 베어링	1.3 ~ 1.6
스러스트 볼 베어링	5.0-6.0
단열 원통 롤러 베어링	1.8 ~ 2.3
니들 롤러 베어링	3.5
테이퍼 롤러 베어링	4.0
구면 롤러 베어링	7.0 ~ 12.0

볼 베어링용 광물성 그리스(NSK):

$$LogL_t = 6.54 - 2.6\frac{\omega}{\omega_{max}} - (0.025 - 0.012\frac{\omega}{\omega_{max}})T, 40^oC \leq T \leq 120^oC$$

볼 베어링용 합성 그리스(NSK):

$$LogL_t = 6.12 - 1.4\frac{\omega}{\omega_{max}} - (0.018 - 0.006\frac{\omega}{\omega_{max}})T, 40^oC \leq T \leq 140^oC$$

여기서, L_t=그리스의 평균 수명, 시간

ω=베어링의 속도, rpm

T=베어링의 온도, ^oC

ω_{max}=베어링의 허용 속도, rpm

$$0.25 \leq \frac{\omega}{\omega_{max}} \leq 1$$

$$\frac{\omega}{\omega_{max}} < 0.25\text{이면}, \frac{\omega}{\omega_{max}} = 0.25$$

윤활유 수명: $LogL_t = k_1 + \frac{4,750}{T+273}$

여기서, L_t=수명, 시간

T=윤활유 온도, ^oC

k_1=윤활유 특성계수

윤활유의 종류에 따른 특성계수는 표 12-57에서와 같다.

표 12-57 광유의 산화 수명

이상적인 조건에서 광유의 산화 수명(oxidation life)		
윤활유 종류	특성계수, k_1	수명 1,000시간을 위한 최대 온도, ℃
산화방지 첨가제가 없는 광유(uninhibited oi)	−10.64	75
고압 기어유(extreme−pressure gear lubricant)	−10.31	84
유압유(hydraulic oil)	−8.76	99
터빈유(turbine oil)	−8.45	106
중정유(heavily refined, hydrocracked)	−8.05	121

3) 사용 조건

베어링의 사용 조건은 레이디얼 하중, 스러스트 하중, 사용 시간, 내륜과 외륜의 회전 여부 등으로써 나타낼 수 있다. 사용 조건이 다수인 경우에는 각 사용 조건에 따라 레이디얼 하중, 스러스트하중, 사용 시간, 내외륜의 회전 여부를 제시하여야 한다.

4) 신뢰도와 고장 특성

신뢰도 입증 시험에서 입증할 대상은 목표 수명, 목표 수명의 신뢰도, 신뢰 수준이고, 시험 시간은 고장 특성과 시험 샘플 수에 따라 결정된다. 따라서 이러한 신뢰도 입증 시험의 시험 조건을 설정하여야 한다. 베어링의 수명은 일반적으로 신뢰도가 90%인 정격 수명을 적용한다.

(2) 베어링의 수명-하중 모델

1) 구름 베어링의 수명-하중 모델

구름 베어링의 정격 수명, 즉 신뢰도가 90%인 수명은 다음과 같이 표현된다.

$$B_{10} = (\frac{C}{P_e})^a \times 10^6$$

여기서, B_{10}=베어링의 정격 수명, 사이클
C=기본 동정격 하중, N
P_e=등가 레이디얼 하중, N
a=피로 손상지수, 볼 베어링은 3, 롤러 베어링은 10/3이다.

등가 레이디얼 하중은 베어링에 레이디얼 하중과 스러스트 하중이 동시에 작용할 때 이들이 베어링의 수명에 미치는 영향과 동일한 영향을 미치는 하나의 레이디얼 하중으로서 베어링 제조업체에서 제시하는 방법 또는 2장에서 제시한 2.9의 방법에 따라 결정한다.

베어링에 작용하는 등가 레이디얼 하중과 등가 속도가 각각 P_e, ω_e rpm이고, 신뢰도가 90%인 목표 수명이 H_d시간이라고 하면, 사이클 수로서 목표 수명 L_d는

$$L_d = 60\omega_e H_d$$

가 된다. 목표 수명을 보증하기 위한 기본 동정격 하중 C_d는 다음과 같이 구할 수 있다.

$$L_d = (\frac{C_d}{P_e})^a \times 10^6$$

$$C_d = P_e(\frac{L_d}{10^6})^{1/a} = P_e(\frac{60\omega_e H_d}{10^6})^{1/a}$$

따라서 베어링이 목표 수명 H_d 시간을 만족하기 위해서는 레이디얼 정하중 C_d가 작용할 때 베어링의 90%는 10^6 사이클까지 고장 없이 작동하여야 한다.

2) 무고장 가속 시험 시간

베어링의 고장 분포는 일반적으로 와이블 분포를 따른다. 와이블 분포의 형상계수가 β이고 시험 샘플이 n개일 때 신뢰 수준 CL에서 베어링의 정격 수명 10^6 사이클을 입증하기 위한 무고장 시험의 사이클 수는 식 (8-10)으로부터

$$L_{test} = 10^6 [\frac{\ln(1-CL)}{n \ln 0.9}]^{\frac{1}{\beta}} \tag{12-62}$$

가 된다. 시험 사이클 수 L_{test}는 10^6 사이클 이상이므로 시험 시간을 단축하기 위하여 가속 시험을 실시한다.

가속 시험에서 가속 부하를 P_{AT}, 가속 속도를 ω_{AT}, 시험 시간을 H_{AT}라고 하면 식 (8-14)로부터

$$P_{AT}^a (60 \omega_{AT} H_{AT}) = C_d^a L_{test} \tag{12-63}$$

가 되며, 식 (12-62)을 식 (12-63)에 대입하여 무고장 가속 시험 시간 H_{AT}를 구하면

$$P_{AT}^a (60 \omega_{AT} H_{AT}) = C_d^a (10^6 [\frac{\ln(1-CL)}{n \ln 0.9}]^{1/\beta}) = [P_e (\frac{60 \omega_e H_d}{10^6})^{1/a}]^a 10^6 [\frac{\ln(1-CL)}{n \ln 0.9}]^{1/\beta}$$

$$H_{AT} = (\frac{P_e}{P_{AT}})^a (\frac{\omega_e}{\omega_{AT}}) H_d [\frac{\ln(1-CL)}{n \ln 0.9}]^{1/\beta} \tag{12-64}$$

가 된다.

3) 온도의 영향

온도가 베어링의 그리스와 윤활유의 수명에 미치는 영향을 반영하기 위하여 어레니우스의 수명-온도 모델을 적용한다. 사용 조건의 온도와 가속 시험의 가속 온도를 각각 T_s, T_{AT}라고 하면 식 (8-20)으로부터 온도에 의한 가속계수는

$$A_F = \frac{A_s e^{-B_s T_s}}{A_{AT} e^{-B_{AT} T_{AT}}} = \frac{A_s}{A_{AT}} e^{B_{AT} T_{AT} - B_s T_s} \tag{12-65}$$

가 된다. 식 (12-64)를 가속계수 A_F로 나누어 가속 온도의 영향을 반영하면 무고장 가속 시험 시간은 다음과 같이 표현된다.

$$H_{AT} = (\frac{P_e}{P_{AT}})^a (\frac{\omega_e}{\omega_{AT}}) (\frac{A_{AT}}{A_s}) e^{B_s T_s - B_{AT} T_{AT}} H_d [\frac{\ln(1-CL)}{n \ln 0.9}]^{1/\beta} \tag{12-66}$$

(3) 무고장 가속 시험

무고장 가속 시험은 다음과 같은 순서에 따라 수행한다.

① 데이터 설정

신뢰도 입증을 위한 무고장 가속 시험 시간을 결정하기 위하여 베어링 제원, 사용 조건, 신뢰도 목표, 가속 시험 조건을 다음과 같이 설정하였다.

베어링: 단열 깊은 볼 베어링

기본 정정격 하중: 베어링의 기본 치수를 이용하여 표 12-58에서와 같이 C_o =3,929.2 N로 결정하였다.

외경: ID=20 mm

내경: OD=42 mm

윤활유 종류: 그리스

사용 조건: 베어링의 사용 조건은 표 12-59에서와 같이 가정하였다.

목표 신뢰도: 목표 수명: H_d=30,000시간

신뢰도: R=90%

신뢰 수준: CL=90%

와이블 분포의 형상계수: $\beta = 2$

가속 시험 조건: 가속 부하: P_{AT}=10,000 N

가속 속도: ω_{AT}=3,000 rpm

가속 온도: $T_{AT} = 110^o C$

시험 샘플 수: $n = 10$

표 12-58 베어링의 기본 치수와 기본 정정격 하중 계산

외륜 기준			내륜 기준		
강구	r_{1x}=2.5 r_{1y}=2.5 E_1=213 ν_1=0.29	mm mm GPa	강구	r_{1x}=2.5 r_{1y}=2.5 E_1=213 ν_1=0.29	mm mm GPa
회도	r_{2x}=−17.9 r_{2y}=−2.7 E_2=213 ν_2=0.29	mm mm GPa	회도	r_{2x}=12.9 r_{2y}=−2.55 E_2=213 ν_2=0.29	mm mm GPa
강구의 수	z=11		강구의 수	z=11	
하중	F=1786	N	하중	F=2704	N

계산값	R_x' =2.905844	mm	계산값	R_x'=2.094156	mm
	R_y'=33.75	mm		R_y'=127.5	mm
	R'=2.675487	mm		R'=2.060316	mm
	E'=232.5581	GPa		E'=232.5581	GPa
	λ=0.086099			λ=0.016425	
	$1/\kappa$=4.938591			$1/\kappa$=13.63883	
	κ=0.202487			κ=0.07332	
	a^*=0.513374			a^*=0.361142	
	b^*=2.535346			b^*=4.925549	
	a=0.202796	mm		a=0.150148	mm
	b=1.001525	mm		b=2.04785	mm
	p_m=2.80047	GPa		p_m=2.800645	GPa
최대 압력	p_{max}=4.200705	GPa	최대 압력	p_{max}=4.200968	GPa
기본 정정격 하중	C_o=3,929.2	N	기본 정정격 하중	C_o=5,948.8	N

표 12-59 베어링의 사용 조건

사용 조건 i	사용 시간 비율, h_i %	속도, ω_i rpm	레이디얼 하중, F_{ri} N	스러스트 하중, F_{ai} N	하중계수 V
1	10	2,000	2,700	1,350	1.1
2	10	3,000	1,350	1,350	1.25
3	30	3,000	3,375	1,350	1.1
4	50	2,400	1,688	1,350	1.25
사용 온도	$90^o C$				

② 사용 조건에 따라 베어링의 등가 레이디얼 하중을 구한다.

표 2-18의 방법을 적용하면 사용 조건 1에서 깊은 홈 볼 베어링의 등가 레이디얼 하중은 다음과 같이 구할 수 있다.

$$\frac{F_{a1}}{C_o} = \frac{1,350}{3,929,2} = 0.343581$$

$$e = 0.5065\left(\frac{F_{a1}}{C_o}\right)^{0.232} = 0.5065(0.343581)^{0.232} = 0.39531$$

$$\frac{F_{a1}}{VF_{r1}} = \frac{1,350}{1 \times 2,700} = 0.5 > e$$

이므로

$$Y = 0.434e^{-1.0114} = 0.434(0.39531)^{-1.0114} = 1.109549$$

$$P_{e1} = 0.56\,VF_{r1} + YF_{a1} = 0.56 \times 1 \times 2{,}700 + 1.109549 \times 1{,}350 = 3{,}009.891 \text{ N}$$

이다. 같은 방법으로 사용 조건 2, 3, 4에 대한 등가 레이디얼 하중을 구하면 표 12-60에서와 같다.

표 12-60 등가 레이디얼 하중

사용 조건 i	사용 시간 비율, h_i %	속도, ω_i rpm	등가 레이디얼 하중, P_{ei}, N	하중계수 V
1	10	2,000	3,009.89	1.1
2	10	3,000	2,253.89	1.25
3	30	3,000	3,387.89	1.1
4	50	2,400	2,443.17	1.25
사용 온도	90^oC			

③ 등가 하중과 등가 속도를 구한다.

4가지 사용 조건에 등가하는 등가 하중과 등가 속도는 식 (2-75)와 식 (2-76)을 적용하여 구한다.

$$\omega_e = \sum h_i\omega_i = 0.1 \times 2{,}000 + 0.1 \times 3{,}000 + 0.3 \times 3{,}000 + 0.5 \times 2{,}400 = 2{,}600 \text{ rpm}$$

$$T_e = [\frac{\sum h_i\omega_i F_{ri}^{\lambda}}{\sum h_i\omega_i}]^{\frac{1}{\lambda}} = [\frac{0.1 \times 2{,}000 \times (1.1 \times 3{,}009.89)^3 + 0.1 \times 3{,}000 \times (1.25 \times 2{,}253.89)^3 + 0.3 \times 3{,}000 \times (1.1 \times 3{,}387.89)^3 + 0.5 \times 2{,}400 \times (1.25 \times 2{,}443.17)^3}{2{,}600}]^{1/3}$$

$$= 3{,}315 \text{ N}$$

④ 그리스의 온도-수명 식을 적용하여 사용 조건과 가속 조건에 대한 에레니우스 수명-온도 모델을 만든다.

단열 깊은 홈 볼 베어링의 감속계수는 $k_f = 1.0$이므로 등가 속도가 2,600 rpm일 때 사용 조건에 대한 그리스의 수명-온도 식은

$$\log H_s = -2.6 + \frac{2,450}{T+273} - 10^{-6} k_f DN = -2.6 + \frac{2,450}{T+273} - 10^{6}(1.0)(2,600)(\frac{20+42}{2})$$

이고, 가속 속도가 3,000 rpm일 때 가속 시험에 대한 그리스의 온도-수명 식은

$$\log H_{AT} \equiv -2.6 + \frac{2,450}{T+273} - 10^{6}(1.0)(3,000)(\frac{20+42}{2})$$

가 된다. 두 식을 어레니우스의 수명-온도 모델에 적용하면 다음과 같이 지수함수로서 나타낼 수 있다.

$$H_s = 327,319e^{-0.0369T}$$

$$H_{AT} = 318,105e^{-0.069T}$$

⑤ 무고장 가속 시험 시간을 결정한다.

사용 조건과 가속 조건의 하중, 속도, 온도를 식 (12-66)에 대입하여 다음과 같이 무고장 가속 시험 시간을 구한다.

$$H_{AT} = (\frac{P_e}{P_{AT}})^a (\frac{\omega_e}{\omega_{AT}})(\frac{A_{AT}}{A_s}) e^{B_s T_s - B_{AT} T_{AT}} H_d [\frac{\ln(1-CL)}{n \ln 0.9}]^{1/\beta}$$

$$H_{AT} = (\frac{3,315.15}{10,000})^3 (\frac{2,600}{3,000})[\frac{318,105}{327,319} e^{0.0369(90-110)}](30,000)[\frac{\ln(1-0.9)}{10 \ln 0.9}] = 650.64\text{시간}$$

따라서 가속 하중을 3,315.15 N, 가속 속도를 3,000 rpm으로 하여 10개의 시험 샘플로써 651시간을 가속 시험 하였을 때 모든 샘플에서 고장이 없으면 90% 신뢰 수준에서 시험 대상 단열 깊은 홈 볼 베어링은 목표 수명 30,000시간까지 신뢰도 90%를 기대할 수 있다.

●●● 참 고 문 헌

Algin, V. B and M. S. Vysotski. 2007. Unpublished report to the Reliability Assessment Center of the Korean Institute of Machines and Materials, Korea.

Budynas, R. G. and J. K Nisbett. 2008. Shigley's mechanical engineering design. 8th Ed. McGraw Hill New York NY 10020. P563

Beek, A. 2009. Advanced engineering design –Lifetime performance and reliability. TU Delft.

KBC. KBC ball and roller bearings. 한국종합기계(주). Pr No. 9009

Khonsari, M. M. and E. R. Booser. 2003. Predicting lube life –Heat and contaminants are the biggest enemies of bearing grease and oil. Machinery Lubrication Magazine, September 2003.

ISO. ISO 76, 2006: Rolling bearing –Static load ratings.

Ivantysynova, Monica. 2006. Unpublished report to the Reliability Assessment Center of the Korean Institute of Machines and Materials, Korea.

Nam, J. S., H. E. Kim and K. U. Kim. 2013. A new accelerated zero–failure test model for rolling bearings under elevated temperature conditions. Journal of Mechanical Science and Technology 26(6): 1801–1807.

Nam, J. S., H. E. Kim and K. U. Kim. 2014. Corrigenda to "A new accelerated zero–failure test model for rolling bearings under elevated temperature conditions".[JMST 27(6)(2013) 1801–1807]. Journal of Mechanical Science and Technology 28(1): 1801–1807.

Nelson, W. 1990. Accelerated testing: Statistical models, test plans and data analysis. Wiley–Interscience Publications, New York.

NSK Rolling bearings CAT. No. E1102m. NSK web site http://www.nsk.com

Soliterman, Y. L. 2006. Unpublished report to the Reliability Assessment Center of the Korean Institute of Machines and Materials, Korea.

Takahashi, T. 2007. Unpublished report to the Reliability Assessment Center of the Korean Institute of Machines and Materials, Korea.

부록

부록 A. 관련 통계의 기초

A.1 표준 정규 변수

어떤 제철소에서 생산한 철의 인장 강도를 결정하기 위하여 다수의 시편을 만들어 인장 강도를 측정하면 그 값은 모두 같지 않고, 어떤 범위 내에 분포한다. 측정한 인장 강도의 분포는 시편의 평균 인장 강도에 가까울수록 그 수가 많고, 평균에서 멀어질수록 그 수가 적다. 즉 인장 강도라는 변수의 분포는 그림 A-1에서와 같은 종 모양의 형태를 나타낸다. 이러한 변수의 분포를 정규 분포라고 하며, 재료의 인장 강도, 제품의 수명, 30세 남자의 키 등과 같은 독립적인 임의의 변수(random variable)는 대부분 이러한 정규 분포를 따른다.

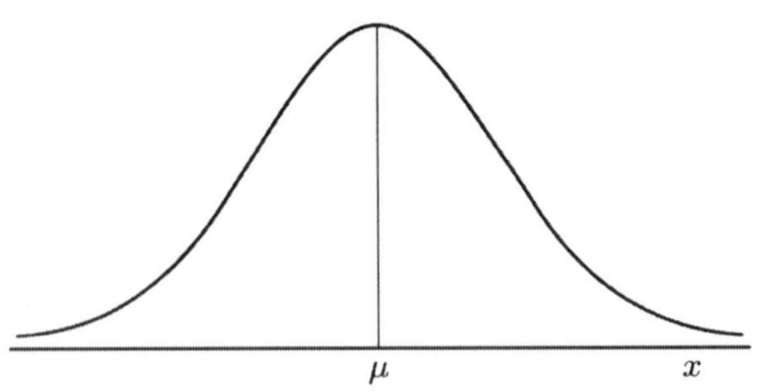

그림 A-1 정규 분포 곡선

정규 분포를 따르는 변수 x의 모집단의 평균과 분산을 각각 μ, σ^2이라고 하면 정규 분포 곡선은 다음과 같이 표현된다. 이 곡선을 정규 분포의 밀도 함수라고 한다.

$$f(x)=\frac{1}{\sigma\sqrt{2\pi}}e^{-\frac{(x-\mu)^2}{2\sigma^2}} \quad \text{(A–1)}$$

μ=변수 x의 평균

σ^2=변수 x의 분산

정규 분포를 따르는 변수 x의 모집단의 평균 μ와 분산 σ^2을 이용하여 다음과 같이 새로운 변수 z를 정의하면 새로운 변수 z도 독립적인 임의의 변수가 되며 평균과 분산이 각각 0과 1인 정규 분포를 따른다.

$$z=\frac{x-\mu}{\sigma} \quad \text{(A–2)}$$

평균과 분산이 각각 0과 1이고 정규 분포를 따르는 변수 z를 표준 정규 변수(standardized normal variable)라고 하며, 분포 곡선 아래의 면적은 변수 z의 확률을 나타낸다. 모집단의 평균과 분산이 각각 μ, σ^2인 변수 x가 a와 b 사이에 존재할 확률을 구하기 위해서는, 먼저 변수 x를 식 (A–2)에서와 같이 평균과 분산이 각각 0과 1인 표준 정규 변수로 변환하고 $x=a$, $x=b$일 때의 표준 정규 변수의 값을 구한다. 즉 $x=a$일 때 표준 정규 변수 z의 값은

$$z=\frac{a-\mu}{\sigma}$$

이고, $x=b$일 때 표준 정규 변수 z의 값은

$$z=\frac{b-\mu}{\sigma}$$

이다. 따라서 x가 a와 b사이에 존재할 확률은 z가 $\frac{a-\mu}{\sigma}$와 $\frac{b-\mu}{\sigma}$ 사이에 존재할 확률과 같다. 즉

$$p(a<x<b)=p(\frac{a-\mu}{\sigma}<z<\frac{b-\mu}{\sigma})$$

와 같다. 이제 $p(\frac{a-\mu}{\sigma}<z)$는 식 (A–3)에서와 같이 표준 정규 분포 곡선에서 z가 $\frac{a-\mu}{\sigma}$보다 큰 분포 곡선 아래의 면적과 같고, $p(z<\frac{b-\mu}{\sigma})$는 식 (A–4)에서와 같이 z가 $\frac{b-\mu}{\sigma}$보다 작은 분포 곡선 아래의 면적과 같다. 즉

$$p(\frac{a-\mu}{\sigma} < z) = \int_{\frac{a-\mu}{\sigma}}^{\infty} \frac{1}{\sqrt{2\pi}} e^{-\frac{1}{2}z^2} dz \tag{A-3}$$

$$p(z < \frac{b-\mu}{\sigma}) = \int_{-\infty}^{\frac{b-\mu}{\sigma}} \frac{1}{\sqrt{2\pi}} e^{-\frac{1}{2}z^2} dz \tag{A-4}$$

이다. 따라서 x가 a와 b 사이에 존재할 확률은 다음과 같이 나타낼 수 있다.

$$p(\frac{a-\mu}{\sigma} < z < \frac{b-\mu}{\sigma}) = p(z < \frac{b-\mu}{\sigma}) - p(z < \frac{a-\mu}{\sigma})$$

예로서 z가 0.53과 2.42 사이에 존재할 확률, 즉 $p(0.53 < z < 2.42)$는 그림 A-2의 표준 정규 분포 곡선에서 z 값이 0.53과 2.42 사이일 때 분포 곡선 아래의 면적과 같다. 이를 EXCEL을 이용하여 구하면 다음과 같다.

$$p(z \le 2.42) = \int_{-\infty}^{2.42} \frac{1}{\sqrt{2\pi}} e^{-\frac{1}{2}z^2} dz = NORM.S.DIST(2.42, true) = 0.99224$$

$$p(z \le 0.53) = \int_{-\infty}^{0.53} \frac{1}{\sqrt{2\pi}} e^{-\frac{1}{2}z^2} dz = NORM.S.DIST(0.53, true) = 0.701944$$

$$p(0.53 < z < 2.42) = 0.99224 - 0.701944 = 0.290296$$

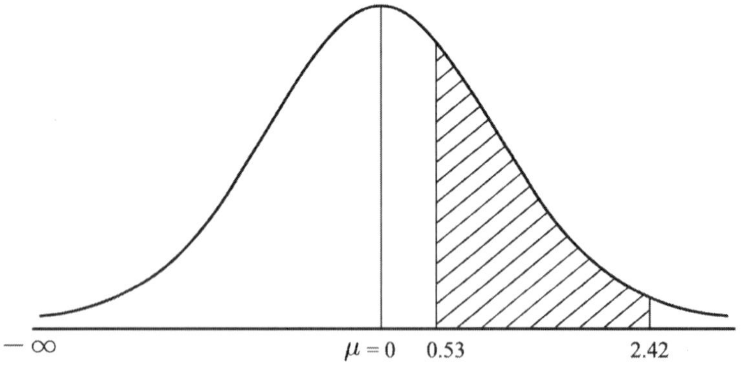

그림 A-2 표준 정규 변수의 분포 곡선

A.2 평균의 신뢰 구간

(1) 모집단의 분산을 아는 경우

어떤 변수의 모집단은 해당 변수의 값을 하나도 빠짐없이 모두 포함한 값의 집합체라고 할 수 있다. 예를 들면, '나이가 20세인 한국 남성의 키'라는 변수의 모집단은 한국인으로서 나이가 20세인 모든 남성을 한 사람도 빠짐없이 모두 키를 측정하여 수집한 데이터이다. 이러한 모집단의 평균 키를 구하기는 현실적으로 불가능하다. 따라서 적절한 수의 20세인 한국 남성을 샘플로 선정하고 이들의 키를 측정하여 그 평균으로써 모집단의 평균을 추정할 수밖에 없다. 즉 샘플의 평균으로써 모집단의 평균을 추정하여야 하며, 이때 추정한 평균은 모집단의 평균이 될 가능성, 즉 확률과 함께 나타낼 수 있다.

어떤 변수의 모집단에서 n개의 샘플을 취하여 그 평균 $\bar{x}$를 구하고 다음과 같이 평균이 0이고 분산이 1인 표준 정규 변수 z로 변환한다.

$$z = \frac{\bar{x} - \mu}{\frac{\sigma}{\sqrt{n}}} \tag{A-5}$$

식 (A-5)에서 μ와 σ^2은 각각 모집단의 평균과 분산으로서, μ는 $\bar{x}$로써 추정하고자 하는 값이고, σ^2은 아는 값이라고 가정한다. z의 값은 $-\infty$에서 $+\infty$까지 변하며, 그림 A-1에서와 같이 정규 분포를 한다. 식 (A-5)에서 μ를 구하면

$$\mu = \bar{x} - z\frac{\sigma}{\sqrt{n}} \tag{A-6}$$

가 되며, μ의 값은 z값에 따라 결정된다. 만약 샘플의 평균 $\bar{x}$가 우연히 모집단의 평균 μ와 같다고 하면 $z = 0$가 되며, $\bar{x}$가 μ에 가까울수록 z의 값은 0에 가까운 값이 된다. 즉 z값이 0에 가까울수록 샘플의 평균은 모집단의 평균에 접근하며 추정의 정확성도 높아진다. 그러나 z값을 0에 가깝게 설정할수록 그만큼 모집단의 평균이 존재할 범위는 좁아지고 추정에서 오류를 범할 가능성도 높아져 신뢰 수준은 떨어진다. 그림 A-3에서 z의 값을 $-z_\beta$에서 z_β까지 설정하면 모집단의 평균이 존재할 범위는

$$\bar{x} - z_\beta\frac{\sigma}{\sqrt{n}} \le \mu \le \bar{x} + z_\beta\frac{\sigma}{\sqrt{n}} \tag{A-7}$$

가 되며, $|\beta| < |\alpha|$인 $-z_\alpha$에서 z_α까지 설정하면 모집단의 평균이 존재할 범위는

$$\bar{x} - z_\alpha \frac{\sigma}{\sqrt{n}} \leq \mu \leq \bar{x} + z_\alpha \frac{\sigma}{\sqrt{n}} \tag{A-8}$$

로서 z_β를 설정했을 때보다 그 범위가 확대된다. 즉 샘플의 평균으로써 추정한 모집단의 평균에 대한 정확도는 낮아졌으나, 추정에 대한 신뢰 수준은 그만큼 높아지고 오류를 범할 가능성도 낮아졌다. 따라서 샘플의 평균으로써 모집단의 평균을 추정할 때는 허용할 수 있는 추정의 오류, 또는 추정의 신뢰 수준을 결정하여야 한다.

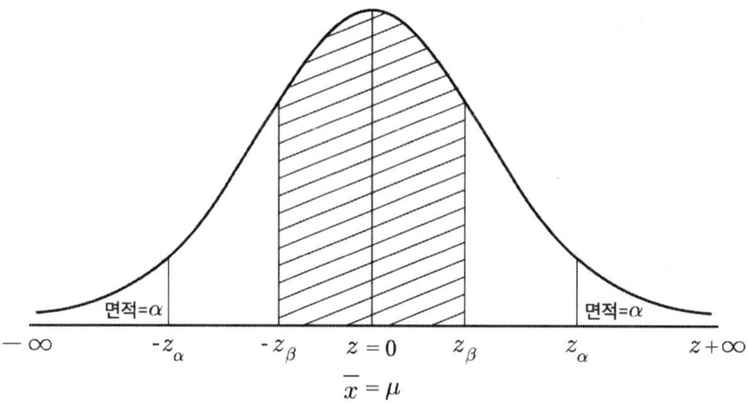

그림 A-3 유의 수준

허용할 수 있는 추정의 오류 수준을 통계 용어로서 유의 수준(significant level)이라고 하며, 유의 수준을 α라고 하면 신뢰 수준(confidence level)은 $1-\alpha$가 된다. 즉 추정에서 오류를 범할 가능을 낮게 하면, 그만큼 신뢰 수준은 높아지고, 추정한 값의 범위는 넓어지게 된다. 즉 유의 수준 α와 신뢰 수준 CL 사이에는 다음과 같은 관계가 있다.

$$1 - CL = \alpha \tag{A-9}$$

$-z_\alpha$와 z_α의 값은 그림 A-3에서와 같이 표준 정규 분포 선도 아래의 면적이 α인, 즉 확률이 α인 z의 값으로서 EXCEL을 이용하여 구할 수 있다. 유의 수준이 $\alpha = 0.1$ 또는 10%일 때 표준 정규 분포 선도의 양단에서 각각 $\frac{\alpha}{2} = 0.05$를 취하면, $z_{0.05}$의 값은 EXCEL에서 NORM.S.INV(0.05)로 구할 수 있으며 $z_{0.05} = -1.64485$가 된다. EXCEL에서

NORM.S.INV(0.05)가 −1.64485인 것은 표준 정규 분포 선도의 좌단을 기준으로 하기 때문이다. 즉 z가 $-\infty < z < -1.64485$일 때 표준 정규 분포 선도 아래의 면적은 0.05이다. 표준 정규 분포 선도는 $z=0$인 축을 기준으로 좌우 대칭이므로 z가 $1.64485 < z < +\infty$인 표준 정규 분포 선도 아래의 면적도 0.05이다. 따라서 유의 수준을 0.1 또는 10%로 설정할 경우, 모집단 평균 μ의 값은 다음과 같이 결정된다.

$$\overline{x} - 1.64485\frac{\sigma}{\sqrt{n}} \le \mu \le \overline{x} + 1.64485\frac{\sigma}{\sqrt{n}}$$

즉 모집단의 평균 μ는 $\overline{x} - 1.64485\frac{\sigma}{\sqrt{n}}$ 이상이고 $\overline{x} + 1.64485\frac{\sigma}{\sqrt{n}}$ 이하인 것으로 추정할 수 있으며, 이 추정이 틀릴 확률은 10%, 이 추정에 대한 신뢰 수준은 90%라고 할 수 있다. 일반적으로 유의 수준은 표준 정규 분포 선도의 양단에서 각각 1/2을 취하게 되므로, 유의 수준을 α로 하면 좌단에서 $\alpha/2$, 우단에서 $\alpha/2$를 취하여 $(1-\alpha)$의 신뢰 구간은 $-z_{\frac{\alpha}{2}} \le z \le z_{\frac{\alpha}{2}}$인 구간이 된다.

[예제 A–1] 분산이 σ^2=1.66인 모집단에서 취한 10개 샘플의 평균이 $\overline{x}$=1.58이었다. 95%의 신뢰 수준에서 모집단 평균의 신뢰 구간을 구하여라.

[풀이] $\alpha = 1 - CL = 1 - 0.95 = 0.05$이고, $z_{0.05/2}$의 값은 EXCEL에서 $z_{0.05/2}$=−1.95666이므로, 신뢰 구간은

$$1.58 - 1.96\frac{\sqrt{1.66}}{\sqrt{10}} \le \mu \le 1.58 + 1.96\frac{\sqrt{1.66}}{\sqrt{10}}$$

$$0.78 \le \mu \le 2.38$$

이 된다. 이는 모집단의 평균이 0.78~2.38 사이에 존재할 확률이 95%임을 나타낸 것이다.

[예제 A–2] 분산이 σ^2=1.66인 모집단에서 취한 샘플의 평균과 모집단의 평균 간 차이가 최대 0.2가 되려면 95%의 신뢰 수준에서 취해야 할 샘플 수는 얼마인가?

[풀이] $z_{\alpha/2}\frac{\sigma}{\sqrt{n}}$=0.2에서 $\sigma = \sqrt{1.66} = 1.29$, $z_{0.05/2} = 1.96$이므로

$$n = (\frac{1.29z_{0.025}}{0.2})^2 = (\frac{1.29 \times 1.96}{0.2})^2 = 159.4$$

따라서 필요한 샘플 수는 160이다.

(2) 모집단의 분산을 모르는 경우

식 (A–7)을 이용하여 모집단의 평균을 추정하기 위해서는 반드시 모집단의 분산 σ^2을 알아야 한다. 그러나 실제는 모집단의 분산을 알 수 없기 때문에 샘플로써 구한 분산을 이용하여 모집단의 평균을 추정할 수밖에 없다.

모집단의 분산 σ^2 대신 샘플의 분산 s^2을 이용하면 식 (A–5)는 t 분포를 따르는 t 변수로 나타낼 수 있다. t 변수는 다음과 같이 정의된다.

$$t = \frac{\bar{x} - \mu}{\frac{s}{\sqrt{n}}} \tag{A–10}$$

t 분포도 표준 정규 분포에서와 같이 $t = 0$인 축에 대하여 좌우 대칭이며, 분포 선도의 모양은 t 분포의 자유도에 따라 결정되나 표준 정규 분포 선도보다 양단의 면적이 더 넓고, 중앙의 높이가 낮은 형태를 나타낸다. t 분포의 자유도는 샘플의 수 n보다 1이 적은 $n-1$이다. t 분포의 자유도는 모집단의 분산을 추정하기 위한 샘플 평균에 대한 샘플 편차제곱의 자유도, 즉 샘플과 샘플 평균 간 차이를 제곱한 값의 자유도로서 샘플의 수가 n개이면 샘플 평균에 대한 편차제곱의 수도 n이고, 이 중 $n-1$의 편차제곱은 독립적이지만, n번째의 편차제곱은 $n-1$의 편차제곱에 의하여 결정될 수 있기 때문에 자유도가 $n-1$이 된다. t 분포의 자유도가 ∞가 되면 t 분포는 표준 정규 분포가 된다.

t 분포를 이용하여 샘플의 평균 $\bar{x}$로부터 모집단의 평균 μ를 추정하기 위한 방법은 t 분포의 자유도와 유의 수준에 따라 t 값을 구하여, 표준 정규 변수 z를 이용한 방법에서와 같은 방법으로 추정한다. 즉 유의 수준을 α로 설정하였을 때 t 분포의 자유도가 $n-1$이면, 모집단의 평균이 존재할 범위는 다음과 같이 추정된다.

$$\bar{x} - t_{\alpha/2, n-1}\frac{s}{\sqrt{n}} \le \mu \le \bar{x} + t_{\alpha/2, n-1}\frac{s}{\sqrt{n}} \tag{A–11}$$

$t_{\alpha, n-1}$의 값은 자유도가 $n-1$인 t 분포 선도에서 분포 선도 아래의 좌단 면적이 α인 t의

값, 즉 확률이 α가 되는 t의 값으로서 EXCEL에서 T.INV($\alpha, n-1$)로써 구할 수 있다. 예를 들면 $t_{\frac{0.05}{2}, 8}$은 EXCEL에서 T.INV($\frac{0.05}{2}$, 8)을 입력하면 −2.306이 출력된다. − 값은 분포 선도의 좌단을 의미하며, 이값은 t가 $-\infty \le t \le -2.306$ 인 분포 선도 아래의 면적이 0.025, 즉 확률이 0.025 또는 2.5%임을 나타낸다.

(3) 신뢰 구간의 폭

유의 수준이 α 또는 신뢰 수준이 $CL = 1-\alpha$일 때 신뢰 구간의 폭은 모집단의 분산 σ^2과 샘플의 분산 s^2에 따라 각각 다음과 같이 나타낼 수 있다.

$$H = 2z_{\alpha/2}\frac{\sigma}{\sqrt{n}} \tag{A-12}$$

$$H = 2t_{\alpha/2, n-1}\frac{s}{\sqrt{n}} \tag{A-13}$$

여기서, H=신뢰 구간의 폭
n=샘플의 수

이 신뢰 구간의 폭을 이용하여 특정 신뢰 수준에서 모집단의 평균을 추정하는 데 필요한 샘플의 수를 결정할 수 있다. 즉

$$n = (\frac{z_{\alpha/2}\sigma}{H/2})^2 \tag{A-14}$$

$$n = (\frac{t_{\alpha/2, n-1}s}{H/2})^2 \tag{A-15}$$

가 된다.

[예제 A-3] 어떤 제품의 수명 분포는 정규 분포이고 표준편차는 8.6시간이었다. 95% 신뢰수준에서 수명의 신뢰 구간이 평균 수명±2시간일 때 평균 수명을 추정하는 데 필요한 샘플 수는 최소한 몇 개가 되어야 하는가?

[풀이] 신뢰 구간의 폭은 $H = 2-(-2) = 4$시간이므로, 표준편차가 모집단의 표준편차라고 하면 샘플 수는

$$n=\frac{(z_{0.05/2}\sigma)^2}{(H/2)^2}=\frac{(-1.9599\times 8.6)^2}{2^2}=71.03\approx 72\text{개}$$

가 되고, 표준편차가 모집단의 표준편차가 아니고, 샘플의 표준편차 또는 기술 자료를 이용하여 추정한 값이라고 하면

$$n=\frac{(t_{0.05/2,n-1}s)^2}{(H/2)^2}=\frac{(t_{0.05/2,n-1}\times 8.6)^2}{2^2}$$

가 된다. 이 식에서 샘플 수 n은 반복법으로써 결정하여야 한다. $n=73.5$일 때

$$73.5=\frac{(z^2_{0.05/2,73.5-1})\sigma^2}{(H/2)^2}=\frac{(-1.9935)^2 8.6^2}{2^2}=73.48\approx 74$$

가 되므로 샘플 수는 74개가 된다.

A.3 가설 검정

통계적으로 어떤 가설을 검정하기 위해서는 다음과 같이 2개의 가설을 설정하고, 이를 표준 형식으로 나타낸다. 즉

귀무 가설(null hypothesis) H_o: $p=a$

대립 가설(alternative hypothesis) H_a: $p\neq a$

여기서 $p=a$는 검정하고자 하는 가설의 확률이다. 예를 들면 어떤 모집단의 평균이 μ_0라는 가설을 검정하기 위해서는 이 가설의 확률을 구해야 하며, 이 확률은 이 모집단에서 취한 샘플의 평균과 표준편차를 이용하여 구한다. 이 모집단에서 취한 n개 샘플을 이용하여 구한 평균과 표준편차를 각각 $\overline{X}$, s라고 하면 샘플의 평균 $\overline{X}$가 모집단의 평균 μ_0가 될 확률은 $\overline{X}$의 표준 정규 변수로써 나타낼 수 있다. $\overline{X}$의 표준 정규 변수는 식 (A–16)에서와 같이 표현되며, 이는 자유도가 $(n-1)$인 t 분포를 따른다.

$$t=\frac{\overline{X}-\mu_0}{s/\sqrt{n}} \tag{A–16}$$

가설 검정은 대립 가설과 대립하는 귀무 가설을 검정하는 것이며, 이는 귀무 가설과 대립 가설 중 하나는 진실이라는 가정을 기본으로 한 것이다. 즉 귀무 가설이 사실이 아니라고 기각할 만한 충분한 통계적 근거가 없으면 귀무 가설을 수용하며, 충분한 근거가 있으면 귀무

가설을 기각하고 대립 가설을 수용한다. 이러한 가설 검정에서는 기각 또는 수용의 기준에 따라 오류가 발생할 수 있으며, 가설 검정의 오류에는 2가지 형태가 있다. 첫 번째 형태는 귀무 가설이 사실임에도 이를 기각하는 오류로서 이를 제1종 오류(type I error)라고 하며, 두 번째 형태는 귀무 가설이 사실이 아님에도 이를 수용하는 오류로서 이를 제2종 오류(type II error)라고 한다. 따라서 가설 검정에서는 이러한 오류를 범할 가능성을 가능하면 낮게 하여야 한다. 가설 검정의 오류를 줄이는 가장 기본적인 방법은 검정 시험의 샘플 수를 증가시키는 것이다. 그러나 샘플 수는 시간, 비용 등 여러 가지 사정으로 제한될 수밖에 없다. 따라서 제1종 또는 제2종 오류의 위험 확률을 미리 정하고 이를 기준으로, 즉 유의 수준(significant level)을 기준으로 가설을 검정하는 것이 일반적이다.

제1종 오류의 위험 확률을 $\alpha\%$로 설정하면 이는 검정 시험의 결과 중 $\alpha\%$는 귀무 가설이 사실임에도 이를 사실이 아니라고 기각할 위험성이 있다는 것이다. 제2종 오류의 위험 확률을 $\beta\%$로 설정하면 이는 검정 시험의 결과 중 $\beta\%$는 귀무 가설이 사실이 아님에도 이를 사실로 수용할 위험이 있다는 것이다. 제1종 오류와 제2종 오류 사이에는 반비례 관계가 있으며, 제1종 오류의 위험을 줄이면 제2종 오류의 위험이 증가하고, 제2종 오류의 위험을 줄이면 제1종 오류의 위험이 증가한다. 표 A-1은 검정할 가설과 제1종 및 제2종 오류의 관계를 나타낸 것이다.

표 A-1 가설 검정과 오류

검정 가설	검정 결과	
	귀무 가설 H_o 수용	귀무 가설 H_o 기각
귀무 가설 H_o: 사실	오류 없음 무오류의 확률=$1-\alpha$	제1종 오류 오류의 확률=α
귀무 가설 H_o: 거짓	제2종 오류 오류의 확률=β	오류 없음 무오류의 확률=$1-\beta$

어떤 제품의 신뢰도가 100시간까지 R이라고 하면 이를 입증하기 위한 신뢰도 입증 시험의 가설 검정은 다음과 같이 수행한다. 100시간까지 고장이 나지 않고 제 기능을 수행할 것으로 기대되는 확률이 p인 n개의 제품을 100시간까지 시험하면 시험 결과는 각각의 샘플에서 고장이 일어나거나 또는 고장이 일어나지 않거나 둘 중의 하나이다. 고장이 일어나지 않은 샘플 수를 X라고 하면, X의 분포는 샘플 수 n과 신뢰도 R을 변수로 하는 이항 분포가

되며, 제품의 신뢰도가 R임을 입증하기 위한 귀무 가설 H_o과 대립 가설 H_a는 각각 다음과 같이 설정할 수 있다.

$$H_o : R \leq p \tag{A-17}$$

$$H_a : p < R \tag{A-18}$$

이 가설을 검정하기 위하여 n개의 샘플로서 입증 시험을 수행하고 그 결과를 이용하여 다음과 같이 검정 통계량 z를 구한다.

$$nR < X\text{이면}, z = \frac{X - 0.5 - nR}{\sqrt{nR(1-R)}} \tag{A-19}$$

$$X < nR\text{이면}, z = \frac{X + 0.5 - nR}{\sqrt{nR(1-R)}} \tag{A-20}$$

검정 통계량 z는 근사적으로 표준 정규 분포를 따르며 식 (A-16)과 식 (A-20)에서 −0.5와 +0.5는 X가 연속 변수가 아니기 때문에 연속성 보정(correction for continuity)을 위한 것이며 샘플 수가 많으면 이를 무시할 수 있다.

귀무 가설의 위험 영역은 귀무 가설에 대한 대립 가설의 형태에 따라 일방 검정 영역(one-tailed region)과 양방 검정 영역(two-tailed region)으로 나눌 수 있다. 대립 가설이 귀무 가설의 한 방향으로만 존재할 때는 위험 영역을 일방 검정 영역으로 설정하고, 양방향으로 존재할 때는 양방 검정 영역으로 설정한다. 예를 들면 귀무 가설이 $H_o : p = p_o$이면 대립 가설은 $H_a : p_o < p$와 $H_a : p < p_o$ 중 하나만 설정하거나 $H_a : p_o < p$와 $H_a : p < p_o$을 모두 설정할 수 있으므로 $H_a : p_o < p$와 $H_a : p < p_o$ 중 하나만 설정하는 경우에는 일방 검정 영역으로, $H_a : p_o < p$와 $H_a : p < p_o$을 모두 설정하는 경우에는 양방 검정 영역으로 위험 영역을 결정한다.

그림 A-4에서와 같이 제1종 오류의 위험 확률을 α로 설정하였을 때 귀무 가설인 식 (A-17)이 기각될 위험 영역은 일방 검정 영역으로서 $z < z_\alpha$가 된다. z_α의 값은 EXCEL에서 NORM.S.INV(α)로 구할 수 있다. $\alpha = 0.1$이면 $z_{0.1}$=NORM.S.INV(0.1)=−1.281이 된다. 예를 들면 어떤 제품의 신뢰도가 100시간까지 90%임을 입증하기 위하여 100개의 샘플로써 고장 시험을 수행하였을 때 100시간까지 고장이 일어나지 않고 제 기능을 수행한 샘플 수가 80개라고 하면

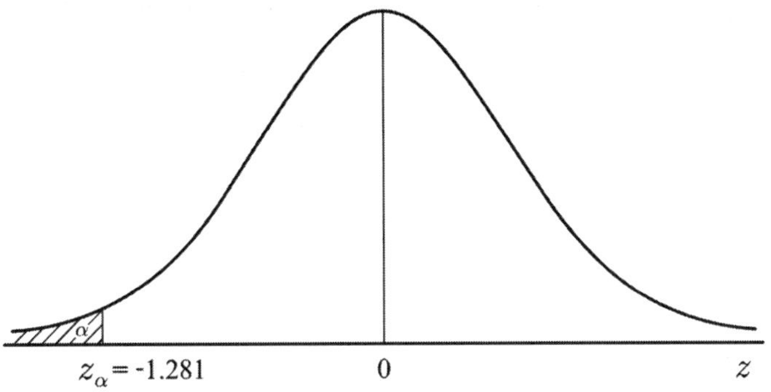

그림 A-4 일방 검정 영역

$$R = 0.9$$

$$(1 - R) = 0.1$$

$$n = 100$$

$$X = 80$$

이고, $nR = 100 \times 0.9 = 90$이므로 $X < nR$이다. 따라서 검정 통계량 z는

$$z = \frac{80 + 0.5 - 100(0.9)}{\sqrt{100(0.9)(1 - 0.9)}} = -3.1667$$

이 된다. $\alpha = 0.1$로 설정하면 $z_\alpha = -1.281$이므로 z는 z_α보다 작아 귀무 가설이 위험 영역에 존재하게 되므로 귀무 가설을 기각한다. 즉 신뢰도가 90% 이상이라는 귀무 가설을 기각하고 신뢰도가 90%보다 낮다는 대립 가설을 수용해야 한다. 만약 고장이 일어나지 않은 샘플 수가 93개이면, 즉 $X = 93$이면

$$z = \frac{93 - 0.5 - 100(0.9)}{\sqrt{100(0.9)(1 - 0.9)}} = 0.833$$

이 되어 $z_\alpha < z$가 되므로 귀무 가설을 수용할 수 있다.

1개의 샘플에서도 고장이 일어나면 안 되는, 즉 입증 시험에서 모든 샘플이 고장 없이 작동해야 하는 무고장 시험의 경우에는 R^n이 귀무 가설의 위험 영역에 들어가지 않아야 한다. 즉

$$\alpha \le R^n \tag{A-21}$$

이어야 한다. 이는 모든 샘플에서 고장이 일어나지 않을 확률 R^n이 잘못으로 인하여 귀무 가설을 기각하는 위험 확률보다 더 크거나 같아야 한다는 것이다. 따라서 가설 검정을 위한 유의 수준 α와 신뢰 수준(confidence level)의 관계는

$$\alpha = 1 - CL \tag{A-22}$$

이므로 R^n의 하한은

$$1 - CL = R^n \tag{A-23}$$

으로 표현할 수 있다. 무고장 시험의 유의 수준을 α 또는 신뢰 수준을 CL로 설정하였을 때 이를 만족하기 위한 샘플 수는 식 (A-21) 또는 식 (A-23)을 이용하여 다음과 같이 구할 수 있다.

$$n = \frac{\ln\alpha}{\ln R} = \frac{\ln(1 - CL)}{\ln R} \tag{A-24}$$

이때 입증 시험의 시험 시간은 제품의 신뢰도가 R이 되는 시간까지이다. 만약 500시간까지 제품의 신뢰도가 90%라고 하면, 무고장 시험은 모든 샘플을 500시간까지 시험하여야 한다. 이러한 시험을 보기 시험(bogey test)이라고 한다. 즉 보기 시험은 필요한 수명과 시험 시간이 같은 시험 방법이다.

[예제 A-4] 트랙터용 방풍창 와이퍼 모터의 목표 신뢰도는 200만 사이클까지 99%이다. 90% 신뢰 수준에서 이를 입증하기 위한 무고장 시험의 샘플 수를 구하여라.

[풀이] $R = 0.99$, $CL = 0.9$이므로 식 (A-24)를 이용하여 n을 구하면

$$n = \frac{\ln(1-0.9)}{\ln 0.99} = 229.1$$

이다. 즉 230개의 샘플을 200만 사이클까지 시험하여 모든 샘플에서 고장이 없으면 90%의 신뢰 수준에서 목표 신뢰도를 만족하는 것으로 볼 수 있다. 신뢰 수준 90%의 의미는 동일한 시험을 10회 수행하였을 때, 최소한 1번은 적어도 1개 이상의 고장이 발생할 가능성이 있다는 것이다.

A.4 분산 분석

분산 분석(analysis of variance, ANOVA)은 다수의 모집단에서 취한 샘플의 분산을 이용하여 모집단의 평균이 같다는 가설을 검정하기 위한 통계적 방법으로서, 각 모집단은 정규 분포이고, 각 모집단의 분산은 같고, 샘플은 임의로 취한 서로 독립된 값이라는 가정을 기본으로 한 것이다. 즉 분산 분석은 샘플의 차이가 단순히 샘플을 취할 때의 측정 오차로 인한 차이인지 아니면 어떤 처리의 영향으로 일어난 차이인지를 구명하기 위한 것이다.

분산 분석의 기본 원리는 다수의 그룹으로부터 취한 그룹 간 평균과 각 그룹 내 평균을 비교하여 그룹 간 평균과 그룹 내 평균 사이에 차이가 없으면 각 그룹의 평균은 크게 다르지 않고, 차이가 있으면 각 그룹의 평균은 같지 않다는 원리이다.

이러한 분산 분석은 어떤 현상에서 독립 변수의 영향을 구명하는 데 적합하다. 즉 독립 변수의 수준이 변할 때 일어난 현상을 관측하여 이 현상이 독립 변수의 수준 차이로 인한 것인지 아닌 지를 통계적으로 구명하는 것이다. 이때 독립 변수를 요인(factor)이라고 하며, 독립 변수의 수준을 처리(treatment) 또는 그룹(group)이라고 한다. 또한 독립 변수가 1개인 분산 분석을 일원 배치 분산 분석(one-way ANOVA)이라고 하며 2개인 분산 분석을 이원 배치 분산 분석(two-way ANOVA)이라고 한다.

(1) 일원 배치 분산 분석표 작성

서로 다른 처리를 한 k개의 그룹에서 취한 샘플의 측정값 x_{ij}는 표 A-2에서와 같이 나타낼 수 있다. 이때 각 그룹별 샘플 수는 반드시 동일할 필요는 없다.

표 A-2에서 각 처리별 측정값의 평균은 각각 다음과 같이 구한다.

$$\bar{x}_1 = \frac{\sum_{i=1}^{n_1} x_{1i}}{n_1}, \quad \bar{x}_2 = \frac{\sum_{i=1}^{n_2} x_{2i}}{n_2}, \quad \cdots \quad \bar{x}_k = \frac{\sum_{i=1}^{n_k} x_{ki}}{n_k} \tag{A-25}$$

또한 각 그룹 내 측정값과 그룹의 평균 간 편차 제곱의 합, 즉 제곱합(sum of squares)은 다음과 같이 구한다.

$$SS_1 = \sum_{i=1}^{n_1}(x_{1i} - \bar{x}_1)^2, \quad SS_2 = \sum_{i=1}^{n_2}(x_{2i} - \bar{x}_2)^2, \quad \cdots \quad SS_k = \sum_{i=1}^{n_k}(x_{ki} - \bar{x}_k)^2 \tag{A-26}$$

이 제곱합을 그룹 내 제곱합(within group sum of squares)이라고 한다. 측정값 전체의 평균(grand mean) $\overline{x}$는 다음과 같이 구한다.

$$\overline{x} = \frac{\sum_{i=1}^{k}\sum_{j=1}^{n_i} x_{ij}}{n_1 + n_2 + n_3 \ldots n_k} \tag{A-27}$$

모든 측정값과 전체 평균 간 편차 제곱의 합을 총 제곱합(total sum of square)이라고 하며 다음과 같이 구할 수 있다.

$$SS_T = \sum_{i=1}^{k}\sum_{j=1}^{n_i}(x_{ij} - \overline{x})^2 \tag{A-28}$$

총 제곱합은 식 (A-28)을 변형하여 다음과 같이 구할 수도 있다.

표 A-2 일원 배치 분산 분석을 위한 측정값

그룹	1	2	3	…	k
샘플	x_{11} x_{12} x_{13} ⋮ x_{1n_1}	x_{21} x_{22} x_{23} ⋮ x_{2n_2}	ax_{31} x_{32} x_{33} ⋮ x_{3n_3}	…	x_{k1} x_{k2} x_{k3} ⋮ x_{kn_k}
평균	$\overline{x}_1$	$\overline{x}_2$	$\overline{x}_3$	…	$\overline{x}_k$
편차 제곱의 합	SS_1	SS_2	SS_3	…	SS_k

$$SS_T = \sum_{i=1}^{k}\sum_{j=1}^{n_i}(x_{ij} - \overline{x}_i + \overline{x}_i - \overline{x})^2 = \sum_{i=1}^{k}\sum_{j=1}^{n_i}(x_{ij} - \overline{x}_i)^2 + 2\sum_{i=1}^{k}\sum_{j=1}^{n_i}(x_{ij} - \overline{x}_i)(\overline{x}_i - \overline{x}) + \sum_{i=1}^{k}\sum_{j=1}^{n_i}(\overline{x}_i - \overline{x})^2 \tag{A-29}$$

식 (A-29)의 오른쪽 항은 각각

$$\sum_{i=1}^{k}\sum_{j=1}^{n_i}(x_{ij} - \overline{x}_i)^2 = \sum_{i=1}^{k} SS_i$$

$$2\sum_{i=1}^{k}\sum_{j=1}^{n_i}(x_{ij} - \overline{x}_i)(\overline{x}_i - \overline{x}) = 2\sum_{i=1}^{k}(\overline{x}_i - \overline{x})\sum_{j=1}^{n_i}(x_{ij} - \overline{x}_i) = 0$$

$$\sum_{i=1}^{k}\sum_{j=1}^{n_i}(\overline{x}_i-\overline{x})^2=\sum_{i=1}^{k}n_i(\overline{x}_i-\overline{x})^2$$

이므로 총 제곱합은 식 (A–30)과 같이 표현할 수 있다.

$$SS_T=\sum_{i=1}^{k}SS_i+\sum_{i=1}^{k}n_i(\overline{x}_i-\overline{x})^2 \tag{A–30}$$

식 (A–30)에서 $\sum_{i=1}^{k}n_i(\overline{x}_i-\overline{x})^2$은 각 그룹 내 평균과 전체 평균 간 편차 제곱에 각 그룹의 샘플 수를 곱하여 더한 것과 같으며, 이를 그룹 간 제곱합(among group sum of squares)이라고 한다. 따라서 총 제곱합은 각 그룹 내 제곱합과 그룹 간 제곱합을 더한 것과 같다.

측정값과 전체 평균 간 편차, 즉 $x_{ij}-\overline{x}$는 그룹 i의 평균 $\overline{x}_i$와 전체 평균 $\overline{x}$ 사이의 편차 δ_i와 그룹 i 내에서 측정치 x_{ij}와 평균 $\overline{x}_i$ 사이의 편차 e_{ij}의 합과 같다. 즉

$$x_{ij}-\overline{x}=\delta_i+e_{ij}$$

가 된다. 만약 각 그룹 간 평균의 차이가 작다고 하면 δ_i는 0에 가까운 값이 되며 δ_i^2의 합, 즉 $\sum_{i=1}^{k}\delta_i^2$도 0에 가까운 값이 된다. 따라서 그룹 간 제곱합이 작으면 작을수록 그룹의 평균 간 차이도 작다. e_{ij}는 그룹 i 내에서 측정한 각 측정값의 오차이므로 측정값이 서로 독립된 임의의 값이라고 하면 e_{ij}는 평균이 0이고 분산이 σ_i^2인 정규 분포를 따른다. 전체 측정값에 대한 오차의 크기는 e_{ij}^2의 합, 즉 그룹 내 제곱합 $\sum_{i=1}^{k}SS_i$와 같다. 그룹 내 제곱합을 오차 제곱합(error sum of square)이라고 하는 이유는 이 때문이다.

만약 그룹 간 평균의 차이가 없다고 하면 그룹 간 제곱합은 0이 된다. 즉

$$\sum_{i=1}^{k}n_i(\overline{x}_i-\overline{x})^2=0$$

가 된다. 따라서 만약 그룹 간 평균의 차이가 없다고 하면 k개 그룹에는 한 개의 제한 조건이 존재하므로 그룹 간 제곱합의 자유도는 $k-1$이 된다. 또한 그룹 내 제곱합에 대한 제한 조건은 각 그룹마다 1개의 제한 조건, 즉

$$\sum_{j=1}^{n_i}(x_{ij}-\overline{x}_i)^2=0,\ \ i=1,2,3.....k$$

가 존재하므로 i 그룹의 자유도는 $n_i - 1$이 되고 k개 그룹의 그룹 내 제곱합의 자유도는

$$(n_1 - 1) + (n_2 - 1) + (n_3 - 1) + \dots (n_k - 1) = \sum_{i=1}^{k} n_i - k \tag{A-31}$$

가 된다. 총 제곱합에서도 그룹 간 평균의 차이가 없다고 하면 1개의 제한 조건

$$\sum_{i=0}^{k} \sum_{j=1}^{n_i} (x_{ij} - \overline{x})^2 = 0$$

이 존재하므로 총 제곱합에 대한 자유도는

$$\sum_{i=1}^{k} n_i - 1 \tag{A-32}$$

가 된다. 따라서 총 제곱합의 자유도는 그룹 간 제곱합의 자유도와 그룹 내 제곱합의 자유도를 더한 것과 같다.

제곱합을 자유도로 나눈 값을 평균 제곱(mean square)이라고 하며, 그룹 간 평균 제곱 MSB(mean square between)와 그룹 내 평균 제곱 즉, 오차 제곱 MSE(mean square errors)는 각각 다음과 같이 표현된다.

$$MSB = \frac{\sum_{i=1}^{k} n_i (\overline{x}_i - \overline{x})^2}{k-1} \tag{A-33}$$

$$MSE = \frac{\sum_{i=1}^{k} SS_i}{\sum_{i=1}^{k} n_k - k} \tag{A-34}$$

k개의 그룹에서 그룹의 평균 간 차이가 없다는 가설을 검정하기 위한 검정치 F는 그룹 내 평균 제곱합에 대한 그룹 간 평균 제곱합의 비로서 결정된다. 즉

$$F = \frac{MSB}{MSE} = \frac{\dfrac{\sum_{i=1}^{k} n_i (\overline{x}_i - \overline{x})^2}{k-1}}{\dfrac{\sum_{i=1}^{k} SS_i}{\sum_{i=1}^{k} n_k - k}} \tag{A-35}$$

가 된다. 이는 그룹 내 평균 변이(average within variation)에 대한 그룹 간 평균 변이(average among variation)의 비와 같다. 분산 분석을 용이하게 수행하기 위해서는 측정값으로부터 구한 제곱합, 자유도, 평균 제곱을 표 A-3에서와 같이 나타내어야 하며 이 표를 분산 분석표라고 한다. 식 (A-35)의 F는 단측 검정을 위한 값으로서 F 값에 의한 확률은 우단을 기준으로 한 F 분포의 확률 밀도 선도 아래 면적과 같다.

표 A-3 분산 분석표

변이 요소 (source of variation)	자유도 (degree of freedom)	제곱합 (sum of squares)	평균 제곱 (mean square)	F
그룹 간 (among group)	$k-1$	$\sum_{i=1}^{k} n_i(\overline{x}_i - \overline{x})^2$	$\dfrac{\sum_{i=1}^{k} n_i(\overline{x}_i - \overline{x})^2}{k-1}$	$\dfrac{\dfrac{\sum_{i=1}^{k} n_i(\overline{x}_i - \overline{x})^2}{k-1}}{\dfrac{\sum_{i=1}^{k} SS_i}{\sum_{i=1}^{k} n_k - k}}$
그룹 내 (within group)	$\sum_{i=1}^{k} n_k - k$	$\sum_{i=1}^{k} SS_i$	$\dfrac{\sum_{i=1}^{k} SS_i}{\sum_{i=1}^{k} n_k - k}$	
합계(total)	$\sum_{i=1}^{k} n_k - 1$	SS_T		

(2) F 분포

평균과 분산이 각각 μ_1, σ_1^2인 정규 분포의 모집단에서 크기가 n_1인 샘플의 분산을 s_1^2, 평균과 분산이 각각 μ_2, σ_2^2인 정규 분포의 모집단에서 크기가 n_2인 샘플의 분산을 s_2^2라고 하면 각 모집단의 분산에 대한 샘플의 분산비는 F 분포를 따른다. 즉

$$F = \frac{s_1^2/\sigma_1^2}{s_2^2/\sigma_2^2} \tag{A-36}$$

는 분자의 자유도가 $r_1 = n_1 - 1$이고 분모의 자유도가 $r_2 = n_2 - 1$인 F 분포를 따른다. 분산 분석은 두 모집단의 분산이 같다는 가정을 기본으로 한 검정 기법이므로 식 (A-36)에서 $\sigma_1^2 = \sigma_2^2$이면

$$F = \frac{s_1^2}{s_2^2} \tag{A-37}$$

가 되고, 이는 자유도가 r_1, r_2인 F 분포로서 $F \sim F(r_1, r_2)$로서 나타낼 수 있다. 식 (A-35)의 평균 제곱 MSB와 오차 제곱 MSE는 각각 식 (A-37)의 s_1^2과 s_2^2에 해당된다.

F 분포의 F 값은 항상 0보다 큰 값이며, 유의 수준과 분자 및 분모의 자유도에 따라 결정되는 F 분포의 확률 밀도 선도 아래 오른쪽 면적에 해당하는 확률로서 결정된다. 즉 그림 A-5(a)에서와 같이 $F_{1-\alpha}(r_1, r_2)$의 값은 유의 수준이 α이고 자유도가 r_1, r_2인 확률 밀도 선도 아래의 오른쪽 면적, 즉 확률이 $(1-\alpha)$인 F 값이고, $F_\alpha(r_1, r_2)$의 값은 그림 A-5(b)에서와 같이 확률 밀도 선도 아래의 오른쪽 면적, 즉 확률이 α가 되는 F 값이다. 따라서 유의 수준이 α이고 분자와 분모의 자유도가 각각 r_1, r_2일 때 F 검정의 귀무 가설은 식 (A-37)의 F 값이 $F_{1-\alpha}(r_1, r_2)$보다 작을 때, 즉 $F \le F_{1-\alpha}(r_1, r_2)$일 때 수용하며 $F_{1-\alpha}(r_1, r_2) < F$일 때는 기각하여야 한다.

$F_{1-\alpha}(r_1, r_2)$의 값은 EXCEL에서 $F.INV(1-\alpha, r_1, r_2)$을 이용하여 구할 수 있으며, $F_\alpha(r_1, r_2)$의 값은 $F.INV(\alpha, r_1, r_2)$를 이용하여 구할 수 있다.

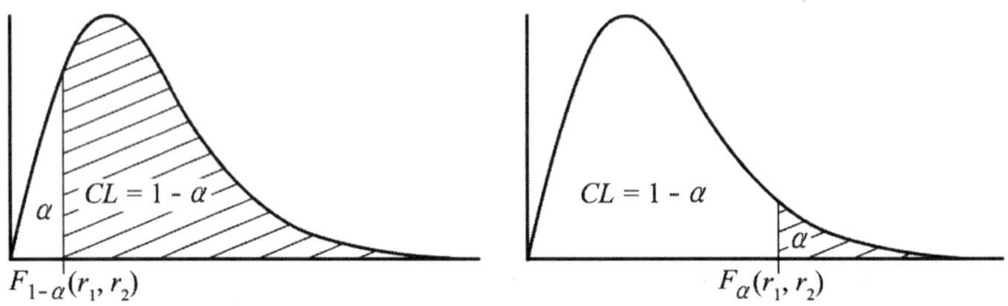

(a) 좌단 기준 (b) 우단 기준

그림 A-5. F 분포의 $F_\alpha(r_1, r_2)$ 값

(3) 그룹 간 평균이 같다는 가설 검정

분산 분석은 k개 그룹에서 각 그룹의 평균 간 차이가 없음을 F 검정하는 것이므로 각 그룹의 모집단 평균을 μ_i, $i = 1, 2, 3, \ldots k$라고 하면 분산 분석의 귀무 가설은 다음과 같이 나타

낼 수 있다.

$$H_0 : \mu_1 = \mu_2 = \mu_3 \;\cdots\cdots = \mu_k$$

이 귀무 가설은 k개의 평균 중 단 한 개의 평균이라도 다르다고 하면 수용할 수 없고 기각하여야 하며, k개의 평균이 모두 통계적으로 다르지 않을 때만 수용할 수 있다. 유의 수준이 α일 때 모든 평균이 통계적으로 다르지 않다는 것은 식 (A-35)의 F값이 $F_{1-\alpha}(k-1, \sum_{i=1}^{k} n_i - k)$보다 작아야 한다. 즉

$$F \le F_{1-\alpha}(k-1, \sum_{i=1}^{k} n_i - k) \tag{A-38}$$

일 때만 귀무 가설을 수용할 수 있다. 만약

$$F_{1-\alpha}(k-1, \sum_{i=1}^{k} n_i - k) < F \tag{A-39}$$

이면 귀무 가설을 기각하여야 한다. 즉 F값이 $F_{1-\alpha}(k-1, \sum_{i=1}^{k} n_i - k)$보다 큰 경우에는 k 그룹의 평균 중 최소한 한 그룹의 평균이 다른 그룹의 평균과 다르다는 것이다.

[예제 A-5] 열처리 방식이 특정 금속 재료의 전단 강도에 미치는 영향을 구명하기 위하여 4가지 방식으로 이 금속 재료를 열처리한 후 각 금속 재료의 전단 강도를 측정하였다. 표 A-4는 열처리 방식별로 전단 강도의 측정값을 나타낸 것이다. 유의 수준이 5%일 때 열처리 방식에 따라 전단 강도의 차이가 있는지 구명하여라.

표 A-4 열처리 방식별 전단 강도의 측정값

열처리 1, MPa	열처리 2, MPa	열처리 3 , MPa	열처리 4, MPa
165	162	174	149
161	182	163	145
159	173	165	152
158	153	151	151

165		172	147
		154	155
		173	

[풀이] 열처리 방식에 따른 전단 강도의 평균이 동일하다는 귀무 가설을 설정하고 F 검정을 한다.

$$H_0 : \mu_1 = \mu_2 = \mu_3 = \mu_4$$

각 열처리에 대한 측정값의 평균을 구하면

$$\bar{x}_1 = \frac{1}{5}(165+161+159+158+165) = 161.6$$

$$\bar{x}_2 = \frac{1}{4}(162+182+173+153) = 167.5$$

$$\bar{x}_3 = \frac{1}{7}(174+163+165+151+172+154+173) = 164.6$$

$$\bar{x}_4 = \frac{1}{6}(149+145+152+151+147+155) = 149.8$$

이고, 총 측정값의 평균은

$$\bar{x} = \frac{1}{22}(808+670+1152+899) = 160.4$$

이다. 열처리별 제곱합을 구하면

$$SS_1 = (165-161.6)^2 + (161-161.6)^2 + (159-161.6)^2 + (158-161.6)^2 + (165-161.6)^2 = 43.2$$

$$SS_1 = (165-161.6)^2 + (161-161.6)^2 + (159-161.6)^2 + (158-161.6)^2 + (165-161.6)^2 = 43.2$$

$$SS_3 = (174-164.6)^2 + (163-164.6)^2 + (165-164.6)^2 + (151-164.6)^2$$
$$+ (172-164.6)^2 + (154-164.6)^2 + (173-164.6)^2 = 513.7$$

$$SS_4 = (149-149.8)^2 + (145-149.8)^2 + (152-149.8)^2 + (151-149.8)^2$$
$$+ (147-149.8)^2 + (155-149.8)^2 = 64.8$$

이다. 따라서 그룹 내 제곱합은

$$SSE = 43.2 + 481 + 513.7 + 64.8 = 1,102.7$$

가 된다. 그룹 간 제곱합은

$$SS = 5(161.6-160.4)^2 + 4(167.5-160.4)^2 + 7(164.6-160.4)^2 + 6(149.8-160.4)^2 = 1,000.6$$

이다. 또한 그룹 간 자유도는 $4-1=3$이고 그룹 내 자유도는 $(5+4+7+6)-4=18$이다.

제곱합과 자유도를 이용하여 분석 분석표를 작성하면 표 A-5에서와 같다.

표 A-5 전단 강도 측정값의 분산 분석표

	자유도	제곱합	평균 제곱	F	p
그룹 간	3	1,000.6	333.5	5.444	0.00766
그룹 내	18	1,102.7	61.3		
합계	21				

유의 수준이 5%일 때 그룹 간 자유도가 3이고 그룹 내 자유도가 18인 F 값은 $F_{1-0.05}(3,18)=3.1599$이므로 $F_{1-0.05}(3,18)<F$ 이다. 따라서 각 열처리에 의한 전단 강도의 평균이 동일하다는 귀무 가설을 기각한다. 즉 5%의 유의 수준에서 전단 강도는 열처리 방식에 따라 다르다고 할 수 있다. 분산 분석표에서는 표 A-5에서와 같이 p값과 유의 수준 α를 비교하여 귀무 가설의 수용 여부를 결정할 수도 있다. 즉, $p \le \alpha$이면 귀무 가설을 기각하고 $\alpha < p$이면 귀무 가설을 수용한다. 즉 p 값이 유의 수준보다 작은 요인은 실험 결과에 영향을 미치는 것으로 판단할 수 있다. p 값은 $F \le 5.44$일 때 확률 밀도 선도 아래의 면적과 같다. 즉 $p=1-F.DIST(5.444, 3, 18, true)=0.00766$이 된다.

(4) 평균이 다른 그룹의 확인

그룹 간 평균이 같다는 귀무 가설이 기각되면 어떤 그룹의 평균이 같고 어떤 그룹의 평균이 다른가를 확인할 필요가 있다. 최소 유의차 검정(least significant difference test)은 이러한 목적으로 가장 널리 사용되는 방법이다. 이 방법은 두 그룹의 평균 간 절대값의 차이가 최소 유의차(least significant difference)보다 크면 두 그룹의 평균은 통계적으로 같지 않다고 판단하는 방법이다.

분산 분석에서 최소 유의차는 식 (A−40)을 이용하여 구한다.

$$LSD=\sqrt{\frac{2MSE \times F_{1-\alpha}(1, N-k)}{k}} \tag{A-40}$$

여기서, $MSE=\dfrac{\sum_{i=1}^{k} SS_i}{\sum_{i=1}^{k} n_k - k}$, 평균 제곱

$N = \sum_{i=1}^{k} n_i$, 측정값의 총 수

k=그룹의 수

$F_{1-\alpha}(1, N-k)$=유의 수준이 α이고 분자의 자유도가 1,

분모의 자유도가 $N-k$인 F 분포의 값

예제 A-5의 결과를 이용하여 전단 강도의 평균이 다른 열처리 방식을 확인하여 보자. 최소 유의차를 구하면

$$LSD = \sqrt{\frac{2MSE \times F_{1-\alpha}(1, N-k)}{k}} = \sqrt{\frac{2 \times 61.3 \times F_{1-0.05}(1, 22-4)}{4}} = 11.63$$

이고, 열처리별 평균 간 차이의 절대값을 구하면

$$ABS(\overline{x}_1 - \overline{x}_2) = ABS(161.6 - 167.5) = 5.9 < LSD$$

$$ABS(\overline{x}_1 - \overline{x}_3) = ABS(161.6 - 164.6) = 2.97 < LSD$$

$$ABS(\overline{x}_1 - \overline{x}_4) = ABS(161.6 - 149.8) = 11.7 > LSD$$

$$ABS(\overline{x}_2 - \overline{x}_3) = ABS(167.5 - 164.6) = 2.93 < LSD$$

$$ABS(\overline{x}_2 - \overline{x}_4) = ABS(167.5 - 149.8) = 17.7 > LSD$$

$$ABS(\overline{x}_3 - \overline{x}_4) = ABS(164.6 - 149.8) = 14.7 > LSD$$

이다. 평균간 차이의 절대값이 최소 유의차보다 큰 경우는 열처리 4의 평균이 포함된 경우이다. 즉 최소 유의차 검정으로써 열처리 4에 의한 평균 전단 강도가 다른 열처리에 의한 평균 전단 강도와 다르다는 것을 확인할 수 있다.

(5) 두 평균 간 차이의 신뢰 구간

측정값이 정규 분포인 두 그룹의 평균 간 차이에 대한 신뢰 구간을 추정하기 위해서는 각 그룹의 평균에 공통으로 포함된 분산, 즉 공통 분산을 추정하여야 한다. 두 그룹의 평균에 대한 공통 분산의 최선 추정값은 그룹 내 평균 제곱이다. 즉 그룹 i와 그룹 j의 평균 간 차이에 대한 공통 분산의 최선 추정값은

$$s^2 = \frac{SS_i + SS_j}{n_i + n_j - 2} \tag{A-41}$$

이다. 따라서 그룹 i와 j의 평균에 대한 분산은 각각 다음과 같이 표현된다.

$$s_i^2 = \frac{s^2}{n_i}, \quad s_j^2 = \frac{s^2}{n_j}$$

또한 그룹 i와 j의 평균 간 차이에 대한 분산 s_{i-j}^2와 표준편차 s_{i-j}는 각각 다음과 같이 표현된다.

$$s_{i-j}^2 = \frac{s^2}{n_i} + \frac{s^2}{n_j} = s^2\left(\frac{1}{n_i} + \frac{1}{n_j}\right)$$

$$s_{i-j} = s\sqrt{\frac{1}{n_i} + \frac{1}{n_j}} = \sqrt{\frac{(SS_i + SS_j)(n_i + n_j)}{n_i n_j (n_i + n_j - 2)}} \tag{A-42}$$

표준편차를 이용하여 두 그룹의 평균간 차이를 표준 정규 변수로써 나타내면 식 (A−43)에서와 같고 표준 정규 변수 t는 자유도가 $n_i + n_j - 2$인 t 분포를 따른다.

$$t = \frac{(\bar{a}_i - \bar{a}_j) - (\mu_i - \mu_j)}{s_{i-j}} \tag{A-43}$$

유의 수준을 α라고 하면 두 그룹 내 평균 간 차이의 신뢰 구간은 식 (A−44)에서와 같이 표현되고 이때 신뢰 수준은 $CL = 1 - \alpha$이다.

$$(\bar{a}_i - \bar{a}_j) - t_{\frac{\alpha}{2}, n_i + n_j - 2} s_{i-j} \le \mu_i - \mu_j \le (\bar{a}_i - \bar{a}_j) + t_{\frac{\alpha}{2}, n_i + n_j - 2} s_{i-j} \tag{A-44}$$

A.5 요인 분석

분산 분석은 독립 변수가 2개 이상인 경우에도 각 독립 변수의 영향과 독립 변수 간 상호 작용의 영향을 구명할 수 있는 유용한 통계적 기법이다. 독립 변수가 2개 이상인 실험을 요인 실험(factorial experiment)이라고 하며 각 독립 변수를 요인(factor)이라고 한다. 요인 실험의 장점은 독립 변수의 주 영향(main effect)과 독립 변수 간 상호 작용의 영향(interaction effect)을 구명할 수 있다는 것 외에도 영향이 가장 큰 요인을 구명할 수 있으며 이러한 영향을 동시에 구명할 수 있기 때문에 효율적이고 경제적이라는 점이다.

요인 실험의 실험 조건은 요인의 수와 각 요인의 수준에 따라 결정된다. 요인의 수가 k개이고 각 요인의 수준이 n수준이면 요인 실험의 실험 조건은 n^k개가 된다. 따라서 요인과 수준의 수가 증가하면 증가할수록 실험 조건은 기하급수적으로 증가하며 실험이 불가능할 정도로 많을 수 있다. 따라서 요인과 수준의 수는 실험이 가능한 수의 실험 조건 내에서 결정하여야 한다.

(1) 2원 배치 요인 분석

2원 배치 요인 분석(2-way factorial analysis)은 가장 간단한 요인 분석으로서 요인의 수가 2개인 분산 분석이다. 2원 배치 요인 분석에서는 주요인의 영향뿐만 아니라 두 요인의 상호 작용에 의한 영향의 존재 여부를 구명할 수 있다.

2요인을 각각 A, B라 하고 요인 A의 수준 수를 k, 요인 B의 수준 수를 m이라고 하면 실험 조건의 수는 mk이다. 각 실험 조건에서 샘플 수를 n이라고 하면 2원 배치 요인 분석을 위한 실험 데이터는 표 A-6에서와 같이 나타낼 수 있다.

표 A-6 2원 배치 요인 분석을 위한 데이터 정리

<table>
<tr><th>요인</th><th colspan="7">요인 A</th></tr>
<tr><td rowspan="7">요인 B</td><td>수준</td><td>A_1</td><td>A_2</td><td>$\cdots$</td><td>A_k</td><td>평균</td><td>수준 간 제곱합</td></tr>
<tr><td>B_1</td><td>x_{111}
x_{112}
$\vdots$
x_{11n}</td><td>x_{121}
x_{122}
$\vdots$
x_{12n}</td><td>$\cdots$</td><td>x_{1k1}
x_{1k2}
$\vdots$
x_{1kn}</td><td>$\overline{X}_{1.}$</td><td>SSA_{B_1}</td></tr>
<tr><td>B_2</td><td>x_{211}
x_{212}
$\vdots$
x_{21n}</td><td>x_{221}
x_{222}
$\vdots$
x_{22n}</td><td>$\cdots$</td><td>x_{2k1}
x_{2k2}
$\vdots$
x_{2kn}</td><td>$\overline{X}_{2.}$</td><td>SSA_{B_2}</td></tr>
<tr><td>$\vdots$</td><td>$\vdots$</td><td>$\vdots$</td><td>$\vdots$</td><td>$\vdots$</td><td>$\vdots$</td><td>$\vdots$</td></tr>
<tr><td>B_m</td><td>x_{m11}
x_{m12}
$\vdots$
x_{m1n}</td><td>x_{m21}
x_{m22}
$\vdots$
x_{m2n}</td><td>$\cdots$</td><td>x_{mk1}
x_{mk2}
$\vdots$
x_{mkn}</td><td>$\overline{X}_{m.}$</td><td>SSA_{B_m}</td></tr>
<tr><td>평균</td><td>$\overline{X}_{.1}$</td><td>$\overline{X}_{.2}$</td><td>$\cdots$</td><td>$\overline{X}_{.k}$</td><td>$\overline{X}_{..}$</td><td></td></tr>
<tr><td>수준 간 제곱합</td><td>SSA_{A_1}</td><td>SSA_{A_2}</td><td>$\cdots$</td><td>SSA_{A_k}</td><td></td><td>SST</td></tr>
</table>

각 요인의 수준별 평균과 전체 측정값의 평균, 즉 총 평균(grand mean)은 각각 다음 식을 이용하여 구할 수 있다.

$$\overline{X}_{i.} = \frac{\sum_{j=1}^{k}\sum_{l=1}^{n} x_{ijl}}{kn}, \quad i = 1,\ 2,\ \ldots m \tag{A-45}$$

$$\overline{X}_{.j} = \frac{\sum_{i=1}^{m}\sum_{l=1}^{n} x_{ijl}}{mn}, \quad j = 1,\ 2, \ldots k \tag{A-46}$$

$$\overline{X}_{..} = \frac{\sum_{i=1}^{m}\sum_{j=1}^{k}\sum_{l=1}^{n} x_{ijl}}{mkn} \tag{A-47}$$

관측치의 총 제곱합은 모든 관측치와 총 평균 간 편차 제곱의 합이므로 다음과 같이 나타낼 수 있다.

$$SST = \sum_{i=1}^{m}\sum_{j=1}^{k}\sum_{l=1}^{n}(x_{ijl} - \overline{X}_{..})^2 = \sum_{i=1}^{m}\sum_{j=1}^{k}\sum_{l=1}^{n} x_{ijl}^2 - 2\overline{X}_{..}\sum_{i=1}^{m}\sum_{j=1}^{k}\sum_{l=1}^{n} x_{ijl} + mkn\overline{X}_{..}^2 \tag{A-48}$$

또한 총 제곱합은 주요인의 제곱합, 상호 작용 요인의 제곱합, 각 요인의 수준 내 제곱합의 합과 같다. 즉

$$SST = SSA + SSB + SSAB + SSW \tag{A-49}$$

이다. 주요인의 제곱합은 주요인의 수준 간 제곱합을 더한 것이며, 표 A-6의 기호를 이용하면 주요인의 제곱합과 수준 간 제곱합은 다음과 같이 구할 수 있다.

$$SSA_{A_j} = mn(\overline{X}_{.j} - \overline{X}_{..})^2,\ j = 1,\ 2,\ \ldots k \tag{A-50}$$

$$SSA = \sum_{j=1}^{k} SSA_{A_j} \tag{A-51}$$

$$SSA_{B_i} = nk(\overline{X}_{i.} - \overline{X}_{..})^2,\ i = 1,\ 2,\ \ldots m \tag{A-52}$$

$$SSB = \sum_{i=1}^{m} SSB_{B_i} \tag{A-53}$$

주요인과 상호 작용 요인의 수준 내 제곱합은 먼저 $m \times k$개의 각 조건에서 관측치의 평균을 구하고 모든 관측치와 해당 조건의 관측치 평균 간 차이의 제곱을 더하여 구한다. 즉 각 조건의 평균은

$$\bar{x}_{ij} = \frac{\sum_{l=1}^{n} x_{ijl}}{n}, \; i=1,\; 2,\; \ldots m,\; j=1,\; 2,\; \ldots\; k \tag{A-54}$$

이고, 관측치와 해당 조건의 관측치 평균 간 차이는 $(x_{ijk} - \bar{x}_{ij})$이므로 주요인과 상호 작용 요인의 수준 내 제곱합은 다음과 같이 표현된다.

$$SSW = \sum_{i=1}^{m} \sum_{j=1}^{k} \sum_{l=1}^{n} (x_{ijk} - \bar{x}_{ij})^2 \tag{A-55}$$

따라서 상호 작용 요인의 제곱합은 식 (A–49)로부터

$$SSAB = SST - SSA - SSB - SSW \tag{A-56}$$

가 된다. 상호 작용 요인의 제곱합은 다음 식을 이용하여 구할 수도 있다.

$$SSAB = \sum_{i=1}^{m} \sum_{j=1}^{k} (\bar{x}_{ij} - \bar{X}_{i.} - \bar{X}_{.j} + \bar{X}_{..})^2 \tag{A-57}$$

주요인과 상호 작용 요인의 자유도는 각각 다음과 같이 구한다.

주요인 A의 자유도: $k-1$
주요인 B의 자유도: $m-1$
상호 작용 요인 AB의 자유도: $(k-1)(m-1)$
주요인과 상호 작용 요인의 수준 내 자유도: $km(n-1)$
총 자유도: $kmn-1$

각 요인에 대한 귀무 가설은 다음과 같이 설정할 수 있다.

주요인 $A: \mu_{A_1} = \mu_{A_2} \ldots = \mu_{A_k}$
주요인 $B: \mu_{B_1} = \mu_{B_2} \ldots = \mu_{B_m}$
상호 작용 요인 $AB: \mu_{A_1B_j} = \mu_{A_2B_j} \ldots = \mu_{A_kB_j}, \; j = 1, 2, \ldots, m$

각 요인에 의한 평균이 같다는 것은 요인의 영향이 없다는 것이며, 귀무 가설을 수용하면 요인의 영향이 없다는 것을 수용하는 것이고 기각하면 요인의 영향이 있다는 것을 수용하는 것이 된다. 제곱합과 자유도를 이용하여 귀무 가설을 검정하기 위한 분산 분석표는 표 A–7에서와 같이 나타낼 수 있다.

표 A-7 2원 배치 요인 분석을 위한 분산 분석표

요인	자유도	제곱합	평균 제곱합	F	p
A	$k-1$	SSA	$MSA = SSA/(k-1)$	MSA/MSE	
B	$m-1$	SSB	$MSB = SSB/(m-1)$	MSB/MSE	
$A \times B$	$(k-1)(m-1)$	$SSAB$	$MSAB = SSAB/[(k-1)(m-1)]$	$MSAB/MSE$	
오차	$km(n-1)$	SSW	$MSE = SSW/[km(n-1)]$		
계	$kmn-1$	SST			

p 값은 분자 및 분모의 자유도와 F 값을 이용하여 F 분포의 확률 밀도 함수에서 구할 수 있으며, p 값이 유의 수준 α보다 큰 요인은 $CL = 1-\alpha$의 신뢰 수준에서 그 영향이 없다는 귀무 가설을 수용하며 α보다 작으면 기각한다. 즉 p 값이 α보다 작은 요인은 실험 결과에 영향을 미치는 것으로 판단할 수 있다.

[예제 A-6] 배터리 소재와 온도가 배터리의 수명에 미치는 영향을 구명하기 위하여 2원 배치 3×3 요인 실험을 실시하였다. 소재는 A, B, C 3종류를, 온도는 $-10^o C$, $20^o C$, $50^o C$ 3수준으로 하였으며, 4반복으로 각 실험 조건에서 측정한 배터리의 수명은 표 A-8에서와 같다. 소재와 온도가 배터리 수명에 미치는 영향의 유무를 구명하여라.

표 A-8 배터리 수명에 미치는 소재와 온도의 영향을 구명하기 위한 3×3 요인 실험의 결과

	수명, 시간		
	$T_1 = -10^o C$	$T_2 = 20^o C$	$T_3 = 50^o C$
소재 A	130, 155, 74, 180	34, 40, 80, 75	20, 70, 82, 58
소재 B	150, 188, 159, 126	136, 122, 106, 115	25, 70, 58, 45
소재 C	138, 110, 168, 160	174, 120, 150, 139	96, 104, 82, 60

[풀이] 소재와 온도의 주 영향 및 상호 작용의 영향을 구명하기 위한 귀무 가설은 다음과 같이 설정할 수 있다.

$H_o : \mu_A = \mu_B = \mu_C$

$H_o : \mu_{T_1} = \mu_{T_2} = \mu_{T_3}$

$H_o = \mu_{ij},\ i = A,\ B,\ C,\ \ j = T_1,\ T_2,\ T_3$

식 (A-45)를 이용하여 소재의 수준별 평균을 구하면, 소재 A의 평균은

$$\overline{X}_{A.} = \frac{\sum_{j=1}^{k}\sum_{l=1}^{n} x_{ijl}}{kn} = \frac{\sum_{j=1}^{3}\sum_{l=1}^{4} x_{1jl}}{3 \times 4}$$

$$= \frac{(130+155+74+180)+(34+40+80+75)+(20+70+82+58)}{3 \times 4} = 83.17$$

이다. 같은 방법으로 소재 B와 소재 C의 평균을 구하면 각각

$$\overline{X}_{B.} = \frac{(150+188+159+126)+(136+122+106+115)+(25+70+58+45)}{3 \times 4} = 108.33$$

$$\overline{X}_{C.} = \frac{(138+110+168+160)+(174+120+150+139)+(96+104+82+60)}{3 \times 4} = 125.08$$

가 된다. 식 (A-46)을 이용하여 온도의 수준별 평균을 구하면, $T_1 = -10^o C$일 때 평균은

$$\overline{X}_{.T_1} = \frac{\sum_{i=1}^{m}\sum_{l=1}^{n} x_{ijl}}{mn} = \frac{\sum_{i=1}^{3}\sum_{l=1}^{4} x_{i1l}}{3 \times 4}$$

$$= \frac{(130+155+74+180)+(150+188+159+126)+(138+110+168+160)}{3 \times 4} = 144.83$$

이다. 같은 방법으로 $T_2 = 20^o C$일 때와 $T_3 = 50^o C$일 때의 평균을 구하면 각각

$$\overline{X}_{.T_2} = \frac{(34+40+80+75)+(136+122+106+115)+(174+120+150+139)}{3 \times 4} = 107.58$$

$$\overline{X}_{.T_3} = \frac{(20+70+82+58)+(25+70+58+45)+(96+104+82+60)}{3 \times 4} = 64.17$$

이다. 총 평균은

$$\overline{X}_{..} = \frac{\sum_{i=1}^{3}\sum_{j=1}^{3}\sum_{l=1}^{4} x_{ijl}}{3 \times 3 \times 4} = 105.53$$

가 된다. 식 (A-51)과 식 (A-53)을 이용하여 소재와 온도의 제곱합을 구하면 각각 다음과 같다.

$$SS_M = mn\sum_{i=1}^{3}(\overline{X}_{i.} - \overline{X}_{..})^2$$

$$= (3 \times 4)[(83.17 - 105.53)^2 + (108.33 - 105.53)^2 + (125.08 - 105.33)^2] = 10{,}683.72$$

$$SS_T = kn\sum_{j=1}^{3}(\overline{X}_{.j} - \overline{X}_{..})^2$$

$$= (3 \times 4)[(144.83 - 105.53)^2 + (107.58 - 105.53)^2 + (64.17 - 105.53)^2] = 39{,}118.72$$

총 제곱합은 식 (A-48)을 이용하여 구한다. 즉

$$SST = \sum_{i=1}^{3}\sum_{j=1}^{3}\sum_{l=1}^{4}(x_{ijl} - 105.53)^2 = 77{,}646.97$$

이다. 식 (A-57)을 이용하여 상호 작용의 제곱합을 구하기 위한 각 조건별 평균을 구하면

$$\overline{x}_{11} = \frac{130 + 155 + 74 + 180}{4} = 134.75$$

$$\overline{x}_{12} = \frac{34 + 40 + 80 + 75}{4} = 57.25$$

$$\overline{x}_{13} = \frac{20 + 70 + 82 + 58}{4} = 57.50$$

$$\overline{x}_{21} = \frac{150 + 188 + 159 + 126}{4} = 155.75$$

$$\overline{x}_{22} = \frac{136 + 122 + 106 + 115}{4} = 119.75$$

$$\overline{x}_{23} = \frac{25 + 70 + 58 + 45}{4} = 49.5$$

$$\overline{x}_{31} = \frac{138 + 110 + 168 + 160}{4} = 144.0$$

$$\overline{x}_{32} = \frac{174 + 120 + 150 + 139}{4} = 147.75$$

$$\overline{x}_{33} = \frac{96 + 104 + 82 + 60}{4} = 85.5$$

가 되고, 이를 이용하여 상호 작용의 제곱합을 구하면

$$SS_{MT} = \sum_{i=1}^{3}\sum_{j=1}^{3}(\overline{x}_{ij} - \overline{X}_{i.} - \overline{X}_{.j} + \overline{X}_{..})^2 = (134.75 - 83.17 - 144.83 + 105.53)^2$$

$$+ (57.25 - 83.17 - 107.58 + 105.53)^2 + (57.5 - 83.17 - 64.17 + 105.53)^2$$

$$+ (155.75 - 108.33 - 144.83 + 105.53)^2 + (119.75 - 108.33 - 107.58 + 105.53)^2$$

$$+ (49.5 - 108.33 - 64.17 + 105.53)^2 + (144.0 - 125.08 - 144.83 + 105.53)^2$$

$$+ (145.75 - 125.08 - 107.58 + 105.53)^2 + (85.5 - 125.08 - 64.17 + 105.53)^2$$

$=9,613.78$

가 된다.

주요인인 소재와 온도의 자유도는 각각 3-1=2, 3-1=2이고, 상호 작용 요인의 자유는 $(3-1)\times(3-1)=4$이다. 총 자유도는 $3\times3\times4-1=35$이다. 위의 계산 결과를 이용한 분산 분석표는 표 A-9에서와 같다. 표 A-9에서 오차는 총 제곱합에서 주요인과 상호 작용 요인의 제곱합을 뺀 값이며, 이는 주요인과 상호 작용 요인의 수준 내 제곱합으로서 식 (A-55)로써 구한 값과 같다. 주요인과 상호 작용 요인의 p는 각각 $1-F_{7.91}(2,27)=0.00201-F_{28.97}(2,27)=0.0000$, $1-F_{3.56}(4,27)=0.0186$이다. $\alpha=5\%$ 유의 수준에서 소재, 온도 및 상호 작용의 p는 모두 $p<\alpha$이므로 귀무 가설을 기각한다. 즉 소재, 온도 및 소재와 온도의 상호 작용은 배터리의 수명에 영향을 미친다고 할 수 있다.

표 A-9 배터리 수명 실험의 분산 분석표

요인	자유도	제곱합	평균 제곱합	F	p
소재, SS_M	2	10,683.72	5,341.86	7.91	0.0020
온도, SS_T	2	39,118.72	19,559.36	28.97	0.0000
소재 x 온도, SS_{MT}	4	9,613.78	2,403.44	3.56	0.0186
오차, SSW	27	18,230.75	675.21		
총	35	77,646.97			

(2) 3원 배치 요인 분석

3원 배치 요인 분석(3-way factorial analysis)은 요인의 수가 3개인 분산 분석이다. 3개 요인을 각각 R, G, C라 하고 요인 R의 수준 수를 r, 요인 G의 수준 수를 g, 요인 C의 수준 수를 c라고 하면 실험 조건의 총 수는 $r\times g\times c$가 된다. 각 실험 조건에서 샘플의 수를 n이라고 하면 3원 배치 요인 분석을 위한 실험 데이터는 표 A-10에서와 같이 나타낼 수 있다.

표 A-10 3원 배치 요인 분석을 위한 실험 데이터

열 R	그룹 G	행 C: C_1	C_2	$\cdots$	C_c	열-그룹 합	그룹 합	열 합
	G_1	x_{1111} x_{1112} $\vdots$ x_{111n}	x_{1121} x_{1122} $\vdots$ x_{112n}	$\cdots$	x_{11c1} x_{11c2} $\vdots$ x_{11cn}	$\sum R_1 G_1$	$\sum G_1$	
R_1	$\vdots$	$\vdots$	$\vdots$	$\vdots$	$\vdots$	$\vdots$	$\vdots$	$\sum R_1$
	G_g	x_{1g11} x_{1g12} $\vdots$ x_{1g1n}	x_{1g21} x_{1g22} $\vdots$ x_{1g2n}	$\cdots$	x_{1gc1} x_{1gc2} $\vdots$ x_{1gcn}	$\sum R_1 G_g$	$\sum G_g$	
	G_1	x_{2111} x_{2112} $\vdots$ x_{211n}	x_{2121} x_{2122} $\vdots$ x_{212n}	$\cdots$	x_{21c1} x_{21c2} $\vdots$ x_{21cn}	$\sum R_2 G_1$	$\sum G_1$	
R_2	$\vdots$	$\vdots$	$\vdots$	$\vdots$	$\vdots$	$\vdots$	$\vdots$	$\sum R_2$
	G_g	x_{2g11} x_{2g12} $\vdots$ x_{2g1n}	x_{2g21} x_{2g22} $\vdots$ x_{2g2n}	$\cdots$	x_{2gc1} x_{2gc2} $\vdots$ x_{2cgn}	$\sum R_2 G_g$	$\sum G_g$	
$\vdots$	$\vdots$	$\vdots$	$\vdots$	$\vdots$	$\vdots$	$\vdots$	$\vdots$	$\vdots$
	G_1	x_{r111} x_{r112} $\vdots$ x_{r11n}	x_{r121} x_{r122} $\vdots$ x_{r12n}	$\cdots$	x_{r1c1} x_{r1c2} $\vdots$ x_{r1cn}	$\sum R_r G_1$	$\sum G_1$	
R_r	$\vdots$	$\vdots$	$\vdots$	$\vdots$	$\vdots$	$\vdots$	$\vdots$	$\sum R_r$
	G_g	x_{rg11} x_{rg12} $\vdots$ x_{rg1n}	x_{rg21} x_{rg22} $\vdots$ x_{rg2n}	$\cdots$	x_{rgc1} x_{rgc2} $\vdots$ x_{rgcn}	$\sum R_r G_g$	$\sum G_g$	
행 합		$\sum C_1$	$\sum C_2$	$\cdots$	$\sum C_c$			
행-그룹 합		$\sum G_1 C_1$	$\sum G_1 C_2$	$\cdots$	$\sum G_1 C_c$			
		$\vdots$	$\vdots$	$\vdots$	$\vdots$			
		$\sum G_g C_1$	$\sum G_g C_2$	$\cdots$	$\sum G_g C_c$		T	
행-열 합		$\sum R_1 C_1$	$\sum R_1 C_2$	$\cdots$	$\sum R_1 C_c$			
		$\vdots$	$\vdots$	$\vdots$	$\vdots$			
		$\sum R_r C_1$	$\sum R_r C_2$	$\cdots$	$\sum R_r C_c$			

표 A-10에서 $\sum R_i$, $\sum G_i$, $\sum C_i$, $\sum G_iC_j$, $\sum R_iC_j$, $\sum R_iG_j$, $\sum R_iG_iC_i$는 각각 열 R_i, 그룹 G_i, 행 C_i에 해당하는 블록의 측정값을 모두 더한 값이다. 즉 $\sum R_i$는 열 R_i에 포함된 모든 측정값을 합한 것이고, $\sum G_iC_j$는 G_i 그룹과 C_j 행에 해당하는 블록에 포함된 모든 측정값을 합한 것이다.

요인 분석을 위한 주요인과 상호 작용 요인의 제곱합은 표 A-10의 $\sum R_i$, $\sum G_i$, $\sum C_i$, $\sum G_iC_j$, $\sum R_iC_j$, $\sum R_iG_j$, $\sum R_iG_iC_i$의 값을 이용하여 다음 식으로써 구한다.

측정값의 총 합: $T = \sum_{i=1}^{r}\sum_{j=1}^{g}\sum_{k=1}^{c}\sum_{l=1}^{n} x_{ijkl}$

측정값 제곱의 총 합: $\sum x^2 = \sum_{i=1}^{r}\sum_{j=1}^{g}\sum_{k=1}^{c}\sum_{l=1}^{n} x_{ijkl}^2$

측정값의 총 수: $N = rgcn$

총 제곱합: $SST = \sum x^2 - \dfrac{T^2}{N}$

행의 제곱합: $\sum T_c^2 = \sum_{i=1}^{c}(\sum C_i)^2$

행 평균 간 제곱합: $SS_c = \dfrac{\sum T_c^2}{nrg} - \dfrac{T^2}{N}$

열의 제곱합: $\sum T_r^2 = \sum_{i=1}^{r}(\sum R_i)^2$

열 평균 간 제곱합: $SS_r = \dfrac{\sum T_r^2}{ncg} - \dfrac{T^2}{N}$

그룹의 제곱합: $\sum T_g^2 = \sum_{i=1}^{g}(\sum G_i)^2$

그룹 평균 간 제곱합: $SS_g = \dfrac{\sum T_g^2}{nrc} - \dfrac{T^2}{N}$

행–그룹의 제곱합: $\sum T_{cg}^2 = \sum_{i=1}^{g}[(\sum G_i C_1)^2 + (\sum G_i C_2)^2 + ...(\sum G_i C_c)^2]$

행–그룹 평균 간 제곱합: $SS_{cg} = \frac{\sum T_{cg}^2}{nr} - \frac{T^2}{N} - SS_c - SS_g$

행–열의 제곱합: $\sum T_{cr}^2 = \sum_{i=1}^{r}[(\sum R_i C_1)^2 + (\sum R_i C_2)^2 + ...(\sum R_i C_c)^2]$

행–열 평균 간 제곱합: $SS_{cr} = \frac{\sum T_{cr}^2}{ng} - \frac{T^2}{N} - SS_c - SS_r$

열–그룹의 제곱합: $\sum T_{rg}^2 = \sum_{i=1}^{r}[(\sum R_i G_1)^2 + (\sum R_i G_2)^2 + ...(\sum R_i G_g)^2]$

열–그룹 평균 간 제곱합: $SS_{rg} = \frac{\sum T_{rg}^2}{nc} - \frac{T^2}{N} - SS_r - SS_g$

행–열–그룹의 제곱합: $\sum T_{crg}^2 = \sum_{i=1}^{r}\sum_{j=1}^{g}\sum_{k=1}^{c}[(\sum_{l=1}^{n} x_{ijkl})^2]$

행–열–그룹 평균 간 제곱합:

$$SS_{crg} = \frac{\sum T_{crg}^2}{n} - \frac{T^2}{N} - SS_c - SS_r - SS_g - SS_{cr} - SS_{cg} - SS_{rg}$$

오차: $SSE = SST - SS_c - SS_r - SS_g - SS_{cr} - SS_{cg} - SS_{rg} - SS_{crg}$

위의 계산 결과를 이용하여 분산 분석표를 만들면 표 A–11에서와 같다. p값은 요인과 오차의 자유도를 이용하여 다음과 같이 구한다.

$$p = 1 - F_{fdof,edof}(\frac{SS_i}{MSE})$$

여기서 $F_{fdof,edof}(\frac{SS_i}{MSE})$는 요인의 자유도가 $fdof$이고 오차의 자유도가 $edof$인 F 분포에서 누적 확률이 $\frac{SS_i}{MSE}$인 F 값이다. 따라서 신뢰 수준이 CL 또는 유의 수준이 $\alpha = 1 - CL$일 때 $p < \alpha$의 조건을 만족하는 주요인과 상호 작용의 요인은 실험 결과에 영향을 미칠 수 있는 변수로 판단할 수 있다.

표 A-11 3원 배치 요인 분석을 위한 분산 분석표

요인		자유도	제곱합	평균 제곱	F	p
주 요인	C	$c-1$	SS_c	$MS_c = \dfrac{SS_c}{c-1}$	$\dfrac{SS_c}{MSE}$	
	R	$r-1$	SS_r	$MS_r = \dfrac{SS_r}{r-1}$	$\dfrac{SS_r}{MSE}$	
	G	$g-1$	SS_g	$MS_g = \dfrac{SS_g}{g-1}$	$\dfrac{SS_g}{MSE}$	
상호 작용 요인	CR	$(c-1)(r-1)$	SS_{cr}	$MS_{cr} = \dfrac{SS_{cr}}{(c-1)(r-1)}$	$\dfrac{SS_{cr}}{MSE}$	
	CG	$(c-1)(g-1)$	SS_{cg}	$MS_{cg} = \dfrac{SS_{cg}}{(c-1)(g-1)}$	$\dfrac{SS_{cg}}{MSE}$	
	RG	$(r-1)(g-1)$	SS_{rg}	$MS_{rg} = \dfrac{SS_{rg}}{(r-1)(g-1)}$	$\dfrac{SS_{rg}}{MSE}$	
	CRG	$(c-1)(r-1)(g-$	SS_{crg}	$MS_{crg} = \dfrac{SS_{crg}}{(c-1)(r-1)(g-}$	$\dfrac{SS_{crg}}{MSE}$	
오차		$N-crg$	SSE	$MSE = \dfrac{SSE}{N-crg}$		
합		$N-1$	SST			

[예제 A-7] 표 A-12는 3요인 R, G, C의 영향을 구명하기 위하여 수행한 요인 실험의 측정값을 나타낸 것이다. R, G, C 요인의 수준은 각각 2수준, 2수준 3수준이고, 각 실험 조건에서 반복수는 3이다. 요인 분석을 위한 분산 분석표를 작성하고, 90% 신뢰 수준에서 측정값에 영향을 미치는 요인을 결정하여라.

표 A-12 3원 배치 요인 분석을 위한 실험 데이터의 예

열 요인	그룹 요인	행 요인		
		C_1	C_2	C_3
R_1	G_1	35	28	16
		23	37	11
		24	22	19

R_1	G_2	29	19	18
		25	28	14
		17	31	25
R_2	G_1	31	16	23
		29	31	28
		40	17	26
	G_2	24	23	42
		25	18	40
		14	26	36

[풀이] R, G, C 요인의 수준은 각각 2수준, 2수준 3수준이고, 실험의 반복수는 3이므로 $r=2,\ g=2,\ c=3,\ n=3$이 되고 측정값의 총 수는 $N=cgrn=3\times2\times2\times3=36$이 된다. 측정값을 이용하여 표 A-10에서와 같이 각 요인의 수준에 해당하는 블록에서 요인 분석에 필요한 값을 구하면 다음과 같다.

$T=\sum x_{ijkl}=910$

$\sum R_1G_1C_1=35+23+24=82, \sum R_1G_1C_2=28+37+22=87, \sum R_1G_1C_3=16+11+19=46$

$\sum R_1G_2C_1=29+25+17=71, \sum R_1G_2C_2=19+28+31=78, \sum R_1G_2C_3=18+14+25=57$

$\sum R_2G_1C_1=31+29+40=100, \sum R_2G_1C_2=16+31+17=64, \sum R_2G_1C_3=23+28+26=77$

$\sum R_2G_2C_1=24+25+14=63, \sum R_2G_2C_2=23+18+26=67, \sum R_2G_2C_3=42+40+36=118$

$\sum C_1=82+71+100+63=316$

$\sum C_2=88+78+64+67=296$

$\sum C_3=46+57+77+118=298$

$\sum G_1C_1=82+100=182,\ \sum G_1C_2=87+64=151,\ \sum G_1C_3=46+77=123$

$\sum G_2C_1=71+63=134,\ \sum G_2C_2=78+67=145,\ \sum G_2C_3=57+118=175$

$\sum R_1C_1=82+71=153,\ \sum R_1C_2=87+78=165,\ \sum R_1C_3=46+57=103$

$\sum R_2C_1=100+63=163,\ \sum R_2C_2=64+67=131,\ \sum R_2C_3=77+118=195$

$\sum R_1G_1=82+87+46=215,\ \sum R_1G_2=71+78+57=206$

$\sum R_2G_1=100+64+77=241,\ \sum R_2G_2=63+67+118=248$

$\sum G_1=(82+87+46)+(100+64+77)=456$

$\sum G_2=(71+78+57)+(63+67+118)=454$

$$\sum R_1 = (82+87+46)+(71+78+57) = 421$$

$$\sum R_2 = (100+64+77)+(63+67+118) = 489$$

표 A-13은 위에서 계산한 각 블록의 값을 나타낸 것이다.

표 A–13 3원 배치 분산 분석을 위한 블록의 계산값

<table>
<tr><th></th><th>C_1</th><th>C_2</th><th>C_3</th><th>$\sum R_i G_j$</th><th>$\sum G_i$</th><th>$\sum R_i$</th></tr>
<tr><td>$\sum R_1 G_1 C_i$</td><td>82</td><td>87</td><td>46</td><td>215</td><td>456</td><td rowspan="2">421</td></tr>
<tr><td>$\sum R_1 G_2 C_i$</td><td>71</td><td>78</td><td>57</td><td>206</td><td>454</td></tr>
<tr><td>$\sum R_2 G_1 C_i$</td><td>100</td><td>64</td><td>77</td><td>241</td><td rowspan="2"></td><td rowspan="2">489</td></tr>
<tr><td>$\sum R_2 G_2 C_i$</td><td>63</td><td>67</td><td>118</td><td>248</td></tr>
<tr><td>$\sum C_i$</td><td>316</td><td>296</td><td>298</td><td rowspan="5" colspan="3">910</td></tr>
<tr><td>$\sum G_1 C_i$</td><td>182</td><td>151</td><td>123</td></tr>
<tr><td>$\sum G_2 C_i$</td><td>134</td><td>145</td><td>175</td></tr>
<tr><td>$\sum R_1 C_i$</td><td>153</td><td>165</td><td>103</td></tr>
<tr><td>$\sum R_2 C_i$</td><td>163</td><td>131</td><td>195</td></tr>
</table>

표 A-13의 값을 이용하여 분산 분석표를 작성하기 위한 각 요인과 상호 작용 요인의 제곱합을 구하면 다음과 같다.

측정값의 제곱합: $\sum x^2 = \sum x_{ijkl}^2 = 25,194$

총 제곱합: $SST = \sum x^2 - \dfrac{T^2}{N} = 25,194 - \dfrac{910^2}{36} = 2,191.22$

행의 제곱합: $\sum T_c^2 = \sum_{i=1}^{c} (\sum C_i)^2 = 316^2 + 296^2 + 298^2 = 276,276$

행 평균 간 제곱합: $SS_c = \dfrac{\sum T_c^2}{nrg} - \dfrac{T^2}{N} = \dfrac{276,276}{3\times2\times2} - \dfrac{910^2}{36} = 20.22$

열의 제곱합: $\sum T_r^2 = \sum_{i=1}^{r} (\sum R_i)^2 = 421^2 + 489^2 = 416,362$

열 평균 간 제곱합: $SS_r = \dfrac{\sum T_r^2}{ncg} - \dfrac{T^2}{N} = \dfrac{416,362}{3\times3\times2} - \dfrac{910^2}{36} = 128.44$

그룹의 제곱합: $\sum T_g^2 = \sum_{i=1}^{g} (\sum G_i)^2 = 456^2 + 454^2 = 414,052$

그룹 평균 간 제곱합: $SS_g = \frac{\sum T_g^2}{nrc} - \frac{T^2}{N} = \frac{414,052}{3\times2\times3} - \frac{910^2}{36} = 0.11$

행-그룹의 제곱합: $\sum T_{cg}^2 = \sum_{i=1}^{g}[(\sum G_i C_1)^2 + (\sum G_i C_2)^2 + \ldots(\sum G_i C_c)^2]$

$$= 182^2 + 151^2 + 123^2 + 134^2 + 145^2 + 175^2 = 140,660$$

행-그룹 평균 간 제곱합: $SS_{cg} = \frac{\sum T_{cg}^2}{nr} - \frac{T^2}{N} - SS_c - SS_g$

$$= \frac{140,660}{3\times2} - \frac{910^2}{36} - 20.22 - 0.11 = 420.22$$

행-열의 제곱합: $\sum T_{cr}^2 = \sum_{i=1}^{r}[(\sum R_i C_1)^2 + (\sum R_i C_2)^2 + \ldots(\sum R_i C_c)^2]$

$$= 153^2 + 165^2 + 103^2 + 163^2 + 131^2 + 195^2 = 142,998$$

행-열 평균 간 제곱합: $SS_{cr} = \frac{\sum T_{cr}^2}{ng} - \frac{T^2}{N} - SS_c - SS_r$

$$= \frac{142,998}{3\times2} - \frac{910^2}{36} - 20.22 - 128.44 = 681.56$$

열-그룹의 제곱합: $\sum T_{rg}^2 = \sum_{i=1}^{r}[(\sum R_i G_1)^2 + (\sum R_i G_2)^2 + \ldots(\sum R_i G_g)^2]$

$$= 215^2 + 206^2 + 241^2 + 248^2 = 208,246$$

열-그룹 평균 간 제곱합: $SS_{rg} = \frac{\sum T_{rg}^2}{nc} - \frac{T^2}{N} - SS_r - SS_g$

$$= \frac{208246}{3\times3} - \frac{910^2}{36} - 128.44 - 0.11 = 7.11$$

행-열-그룹의 제곱합: $\sum T_{crg}^2 = \sum_{i=1}^{r}\sum_{j=1}^{g}\sum_{k=1}^{c}[(\sum_{l=1}^{n} x_{ijkl})^2]$

$$= 82^2 + 87^2 + 46^2 + 71^2 + 78^2 + 57^2 + 100^2 + 64^2 + 77^2 + 63^2 + 67^2 + 118^2 = 73,190$$

행-열-그룹 평균 간 제곱합: $SS_{crg} = \frac{\sum T_{crg}^2}{n} - \frac{T^2}{N} - SS_c - SS_r - SS_g - SS_{cr} - SS_{cg} - SS_{rg}$

$$= \frac{73,190}{3} - \frac{910^2}{36} - 20.22 - 128.44 - 0.11 - 681.56 - 420.22 - 7.11 = 136.22$$

오차: $SSE = SST - SS_c - SS_r - SS_g - SS_{cr} - SS_{cg} - SS_{rg} - SS_{crg}$

$$= 2,191.22 - 20.22 - 128.44 - 0.11 - 681.56 - 420.22 - 7.11 - 136.22 = 797.33$$

표 A-14는 위에서 계산한 값을 이용하여 작성한 분산 분석표이다. 90% 신뢰 수준에서 오차의 자유도가 24이고 요인의 자유도가 각각 1 또는 2인 F 분포의 값은 각각 $F_{0.9}(1,24)$=2.927,

$F_{0.9}(2,24)$=2.538이므로 $F_{0.9}(1,24) < F$ 또는 $F_{0.9}(2,24) < F$의 조건을 만족하는 요인은 주요인 R과 상호 작용 요인 CR과 CG이다. 따라서 주요인 R과 상호 작용 요인 CR과 CG가 측정값에 미치는 영향이 같다는 가설을 기각한다. 즉 90% 신뢰 수준에서 주요인 R과 상호 작용 요인 CR과 CG는 측정값에 영향을 미친다고 할 수 있다.

표 A-14 3원 배치 분산 분석을 위한 분산 분석표

요인		자유도	제곱합	평균 제곱	F	p
주요인	C	2	20.22	10.11	0.304348	0.740409
	R	1	128.44	128.44	3.866221	0.060936
	G	1	0.11	0.11	0.003344	0.954362
상호 작용 요인	CR	2	681.56	340.78	10.25753	0.000603
	CG	2	420.22	210.11	6.324415	0.00622
	RG	1	7.11	7.11	0.214047	0.647781
	CRG	2	136.22	68.11	2.050167	0.15066
오차		24	797.33	33.22		
합		35	2,191.22	62.61		

(3) 2^k 요인 실험

2^k 요인 실험은 요인의 수가 k이고 각 요인의 수준이 2인 요인 실험이다. 따라서 실험 조건의 수는 2^k이 된다. 이 실험은 모든 요인의 수준을 정확히 한 번씩 조합한 각 실험 조건에서 실험을 수행하여 측정값을 얻는 실험으로서, 실험 조건은 표 A-15에서와 같이 각 요인의 2수준을 체계적으로 배열하여 결정한다. 각 요인 F_i, $i = 1, 2, \ldots, k$의 2수준 중에서 낮은 수준을 iL, 높은 수준을 iH라고 하면 요인 F_i의 수준은 표 A-15에서와 같이 iL과 iH를 2^{i-1}열마다 교대로 총 2^i열까지 배열한다. 실제 실험은 표 A-15의 요인 F_3과 F_4에서와 같이 동일한 수준이 연속되는 것을 피하기 위하여 임의로 선택한 순서에 따라 실시한다. 동일한 실험 조건을 연속 배열하였을 때 요인의 영향이 명확하게 실험 결과에 나타나지 않는 현상을 앨리어싱(aliasing)이라고 한다. 실험 조건의 순서를 임의로 선택함으로써 앨리어싱의 문제를 완전히 해결할 수는 없으나 이를 막는 최선의 방법이 될 수 있다. 측정값은 각 실

험 조건에서 반복 없이 단 1회의 실험으로써 얻을 수도 있고, 반복(replication)할 때는 각 실험 조건에서 동일한 수를 반복하여 그 평균값을 취한다.

표 A-15 2^k 요인 실험의 설계

실험조건	F_1	F_2	F_3	F_4	…	측정값
1	$1L$	$2L$	$3L$	$4L$		R_1
2	$1H$	$2L$	$3L$	$4L$		R_2
3	$1L$	$2H$	$3L$	$4L$		R_3
4	$1H$	$2H$	$3L$	$4L$		R_4
5	$1L$	$2L$	$3H$	$4L$		R_5
6	$1H$	$2L$	$3H$	$4L$		R_6
7	$1L$	$2H$	$3H$	$4L$		R_7
8	$1H$	$2H$	$3H$	$4L$		R_8
9	$1L$	$2L$	$3L$	$4H$	…	R_9
10	$1H$	$2L$	$3L$	$4H$		R_{10}
11	$1L$	$2H$	$3L$	$4H$		R_{11}
12	$1H$	$2H$	$3L$	$4H$		R_{12}
13	$1L$	$2L$	$3H$	$4H$		R_{13}
14	$1H$	$2L$	$3H$	$4H$		R_{14}
15	$1L$	$2H$	$3H$	$4H$		R_{15}
16	$1H$	$2H$	$3H$	$4H$		R_{16}
⋮	⋮	⋮	⋮	⋮		⋮

표 A-15의 실험 결과를 이용하여 2^4 요인 실험의 결과를 분석하여 보자. 이 분석 과정은 2^k 요인 실험의 결과를 분석할 때에도 그대로 적용할 수 있다.

- **1단계:** 다음과 같이 측정값의 전체 평균(grand mean) $\overline{R}$을 구한다.

$$\overline{R} = \frac{1}{16}\sum_{i=1}^{16} R_i$$

- **2단계:** 측정값을 이용하여 다음과 같이 주요인의 수준별 평균을 구한다.

$$\overline{F}_{1L} = \frac{1}{8}(R_1 + R_3 + R_5 + R_7 + R_9 + R_{11} + R_{13} + R_{15}):$$

$$\overline{F}_{1H} = \frac{1}{8}(R_2 + R_4 + R_6 + R_8 + R_{10} + R_{12} + R_{14} + R_{16}):$$

$$\overline{F}_{2L} = \frac{1}{8}(R_1 + R_2 + R_5 + R_6 + R_9 + R_{10} + R_{13} + R_{14})$$

$$\overline{F}_{2H} = \frac{1}{8}(R_3 + R_4 + R_7 + R_8 + R_{11} + R_{12} + R_{15} + R_{16})$$

$$\overline{F}_{3L} = \frac{1}{8}(R_1 + R_2 + R_3 + R_4 + R_9 + R_{10} + R_{11} + R_{12})$$

$$\overline{F}_{3H} = \frac{1}{8}(R_5 + R_6 + R_7 + R_8 + R_{13} + R_{14} + R_{15} + R_{16})$$

$$\overline{F}_{4L} = \frac{1}{8}(R_1 + R_2 + R_3 + R_4 + R_5 + R_6 + R_7 + R_8)$$

$$\overline{F}_{4H} = \frac{1}{8}(R_9 + R_{10} + R_{11} + R_{12} + R_{13} + R_{14} + R_{15} + R_{16})$$

- **3단계:** 상호 작용의 요인과 각 상호 작용 요인의 수를 구한다.

상호 작용의 형태는 2요인-상호 작용, 3요인-상호 작용, ... n요인-상호 작용으로 구분하며 각 형태의 상호 작용 요인의 수는 다음 식을 이용하여 구할 수 있다.

2요인-상호 작용 요인의 수: $\binom{k}{2} = \dfrac{k!}{2!(k-2)!}$

3요인-상호 작용 요인의 수: $\binom{k}{3} = \dfrac{k!}{3!(k-3)!}$

$\vdots$

n요인-상호 작용 요인의 수: $\binom{k}{n} = \dfrac{k!}{n!(k-n)!}$

따라서 2^4 요인 실험에서 2요인-상호 작용, 3요인-상호 작용, 4요인-상호 작용 요인의 수는 각각

$$\binom{4}{2} = \frac{4!}{2!(4-2)!} = 6$$

$$\binom{4}{3} = \frac{4!}{3!(4-3)!} = 4$$

$$\binom{4}{4} = \frac{4!}{4!(4-3)!} = 1$$

가 되고 각 상호 작용 요인은 다음과 같다.

2요인-상호 작용 요인: F_1F_2, F_1F_3, F_1F_4, F_2F_3, F_2F_4, F_3F_4

3요인-상호 작용 요인: $F_1F_2F_3$, $F_1F_2F_4$, $F_1F_3F_4$, $F_2F_3F_4$

4요인-상호 작용 요인: $F_1F_2F_3F_4$

- **4단계:** 측정값을 이용하여 상호 작용 요인의 수준별 평균을 구한다.

2요인-상호 작용 요인의 수준별 평균은 다음과 같이 구한다.

$$\overline{F_{1L}F_{2L}} = \frac{1}{4}(R_1 + R_5 + R_9 + R_{13}),\ \overline{F_{1H}F_{2L}} = \frac{1}{4}(R_2 + R_6 + R_{10} + R_{14})$$

$$\overline{F_{1L}F_{2H}} = \frac{1}{4}(R_3 + R_7 + R_{11} + R_{15}),\ \overline{F_{1H}F_{2H}} = \frac{1}{4}(R_4 + R_8 + R_{12} + R_{16})$$

$$\overline{F_{1L}F_{3L}} = \frac{1}{4}(R_1 + R_3 + R_9 + R_{11}),\ \overline{F_{1H}F_{3L}} = \frac{1}{4}(R_2 + R_4 + R_{10} + R_{12})$$

$$\overline{F_{1L}F_{3H}} = \frac{1}{4}(R_5 + R_7 + R_{13} + R_{15}),\ \overline{F_{1H}F_{3H}} = \frac{1}{4}(R_6 + R_8 + R_{14} + R_{16})$$

$$\overline{F_{1L}F_{4L}} = \frac{1}{4}(R_1 + R_3 + R_5 + R_7),\ \overline{F_{1H}F_{4L}} = \frac{1}{4}(R_2 + R_4 + R_6 + R_8)$$

$$\overline{F_{1L}F_{4H}} = \frac{1}{4}(R_9 + R_{11} + R_{13} + R_{15}),\ \overline{F_{1H}F_{4H}} = \frac{1}{4}(R_{10} + R_{12} + R_{14} + R_{16})$$

$$\overline{F_{2L}F_{3L}} = \frac{1}{4}(R_1 + R_2 + R_9 + R_{10}),\ \overline{F_{2H}F_{3L}} = \frac{1}{4}(R_3 + R_4 + R_{11} + R_{12})$$

$$\overline{F_{2L}F_{3H}} = \frac{1}{4}(R_5 + R_6 + R_{13} + R_{14}),\ \overline{F_{2H}F_{3H}} = \frac{1}{4}(R_7 + R_8 + R_{15} + R_{16})$$

$$\overline{F_{2L}F_{4L}} = \frac{1}{4}(R_1 + R_2 + R_5 + R_6),\ \overline{F_{2H}F_{4L}} = \frac{1}{4}(R_3 + R_4 + R_7 + R_8)$$

$$\overline{F_{2L}F_{4H}} = \frac{1}{4}(R_9 + R_{10} + R_{13} + R_{14}), \quad \overline{F_{2H}F_{4H}} = \frac{1}{4}(R_{11} + R_{12} + R_{15} + R_{16})$$

$$\overline{F_{3L}F_{4L}} = \frac{1}{4}(R_1 + R_2 + R_3 + R_4), \quad \overline{F_{3H}F_{4L}} = \frac{1}{4}(R_5 + R_6 + R_7 + R_8)$$

$$\overline{F_{3L}F_{4H}} = \frac{1}{4}(R_9 + R_{10} + R_{11} + R_{12}), \quad \overline{F_{3H}F_{4H}} = \frac{1}{4}(R_{13} + R_{14} + R_{15} + R_{16})$$

3요인-상호 작용 요인의 수준별 평균은 다음과 같이 구한다.

$$\overline{F_{1L}F_{2L}F_{3L}} = \frac{1}{2}(R_1 + R_9), \quad \overline{F_{1H}F_{2L}F_{3L}} = \frac{1}{2}(R_2 + R_{10}), \quad \overline{F_{1L}F_{2H}F_{3L}} = \frac{1}{2}(R_3 + R_{11})$$

$$\overline{F_{1H}F_{2H}F_{3L}} = \frac{1}{2}(R_4 + R_{12}), \quad \overline{F_{1L}F_{2L}F_{3H}} = \frac{1}{2}(R_5 + R_{13}), \quad \overline{F_{1H}F_{2L}F_{3H}} = \frac{1}{2}(R_6 + R_{14})$$

$$\overline{F_{1L}F_{2H}F_{3H}} = \frac{1}{2}(R_7 + R_{15}), \quad \overline{F_{1H}F_{2H}F_{3H}} = \frac{1}{2}(R_8 + R_{16})$$

$$\overline{F_{1L}F_{2L}F_{4L}} = \frac{1}{2}(R_1 + R_5), \quad \overline{F_{1H}F_{2L}F_{4L}} = \frac{1}{2}(R_2 + R_6), \quad \overline{F_{1L}F_{2H}F_{4L}} = \frac{1}{2}(R_3 + R_7)$$

$$\overline{F_{1H}F_{2H}F_{4L}} = \frac{1}{2}(R_4 + R_8), \quad \overline{F_{1L}F_{2L}F_{4H}} = \frac{1}{2}(R_9 + R_{13}), \quad \overline{F_{1H}F_{2L}F_{4H}} = \frac{1}{2}(R_{10} + R_{14})$$

$$\overline{F_{1L}F_{2H}F_{4H}} = \frac{1}{2}(R_{11} + R_{15}), \quad \overline{F_{1H}F_{2H}F_{4H}} = \frac{1}{2}(R_{12} + R_{16})$$

$$\overline{F_{1L}F_{3L}F_{4L}} = \frac{1}{2}(R_1 + R_3), \quad \overline{F_{1H}F_{3L}F_{4L}} = \frac{1}{2}(R_2 + R_4), \quad \overline{F_{1L}F_{3H}F_{4L}} = \frac{1}{2}(R_5 + R_7)$$

$$\overline{F_{1H}F_{3H}F_{4L}} = \frac{1}{2}(R_6 + R_8), \quad \overline{F_{1L}F_{3L}F_{4H}} = \frac{1}{2}(R_9 + R_{11}), \quad \overline{F_{1H}F_{3L}F_{4H}} = \frac{1}{2}(R_{10} + R_{12})$$

$$\overline{F_{1L}F_{3H}F_{4H}} = \frac{1}{2}(R_{13} + R_{15}), \quad \overline{F_{1H}F_{3H}F_{4H}} = \frac{1}{2}(R_{14} + R_{16})$$

$$\overline{F_{2L}F_{3L}F_{4L}} = \frac{1}{2}(R_1 + R_2), \quad \overline{F_{2H}F_{3L}F_{4L}} = \frac{1}{2}(R_3 + R_4), \quad \overline{F_{2L}F_{3H}F_{4L}} = \frac{1}{2}(R_5 + R_6)$$

$$\overline{F_{2H}F_{3H}F_{4L}} = \frac{1}{2}(R_7 + R_8),\ \overline{F_{2L}F_{3L}F_{4H}} = \frac{1}{2}(R_9 + R_{10}),\ \overline{F_{2H}F_{3L}F_{4H}} = \frac{1}{2}(R_{11} + R_{12})$$

$$\overline{F_{2L}F_{3H}F_{4H}} = \frac{1}{2}(R_{13} + R_{14}),\ \overline{F_{2H}F_{3H}F_{4H}} = \frac{1}{2}(R_{15} + R_{16})$$

4요인-상호 작용 요인의 수준은 16개 실험 조건의 수준이 모두 다르므로 각 실험 조건의 측정값이 해당 4요인-상호 작용 요인의 평균값과 같다.

$$\overline{F_{1L}F_{2L}F_{3L}F_{4L}} = R_1,\ \overline{F_{1H}F_{2L}F_{3L}F_{4L}} = R_2,\ \overline{F_{1L}F_{2H}F_{3L}F_{4L}} = R_3,\ \overline{F_{1H}F_{2H}F_{3L}F_{4L}} = R_4$$

$$\overline{F_{1L}F_{2L}F_{3H}F_{4L}} = R_5,\ \overline{F_{1H}F_{2L}F_{3H}F_{4L}} = R_6,\ \overline{F_{1L}F_{2H}F_{3H}F_{4L}} = R_7,\ \overline{F_{1H}F_{2H}F_{3H}F_{4L}} = R_8$$

$$\overline{F_{1L}F_{2L}F_{3L}F_{4H}} = R_9.\ \overline{F_{1H}F_{2L}F_{3L}F_{4H}} = R_{10},\ \overline{F_{1L}F_{2H}F_{3L}F_{4H}} = R_{11},\ \overline{F_{1H}F_{2H}F_{3L}F_{4H}} = R_{12}$$

$$\overline{F_{1L}F_{2L}F_{3H}F_{4H}} = R_{13},\ \overline{F_{1H}F_{2L}F_{3H}F_{4H}} = R_{14},\ \overline{F_{1L}F_{2H}F_{3H}F_{4H}} = R_{15},\ \overline{F_{1H}F_{2H}F_{3H}F_{4H}} = R_{16}$$

- 5단계: 다음과 같이 주요인의 수준별 영향을 구한다.

주요인의 수준별 영향은 주요인의 수준별 평균에서 측정값의 총 평균을 빼서 구한다. 즉 다음 식에서와 같이 구한다.

$$E_{F_{iL}} = \overline{F}_{iL} - \overline{R},\ i = 1,\ 2,\ 3,\ 4$$
$$E_{F_{iH}} = \overline{F}_{iH} - \overline{R},\ i = 1,\ 2,\ 3,\ 4$$

- 6단계: 다음과 같이 상호 작용 요인의 수준별 영향을 구한다.

상호 작용 요인의 수준별 영향은 상호 작용 요인의 수준별 평균에서 총 평균, 관련 주요인의 수준별 영향을 모두 빼서 구한다. 즉 2요인-상호 작용 요인의 수준별 영향은 다음과 같이 구한다.

$$E_{F_{1L}F_{2L}} = \overline{F_{1L}F_{2L}} - \overline{R} - E_{F_{1L}} - E_{F_{2L}},\ E_{F_{1H}F_{2L}} = \overline{F_{1H}F_{2L}} - \overline{R} - E_{F_{1H}} - E_{F_{2L}}$$
$$E_{F_{1L}F_{2H}} = \overline{F_{1L}F_{2H}} - \overline{R} - E_{F_{1L}} - E_{F_{2H}},\ E_{F_{1H}F_{2H}} = \overline{F_{1H}F_{2H}} - \overline{R} - E_{F_{1H}} - E_{F_{2H}}$$

$$E_{F_{1L}F_{3L}} = \overline{F_{1L}F_{3L}} - \overline{R} - E_{F_{1L}} - E_{F_{3L}},\ E_{F_{1H}F_{3L}} = \overline{F_{1H}F_{3L}} - \overline{R} - E_{F_{1H}} - E_{F_{3L}}$$

$$E_{F_{1L}F_{3H}} = \overline{F_{1L}F_{3H}} - \overline{R} - E_{F_{1L}} - E_{F_{3H}},\ E_{F_{1H}F_{3H}} = \overline{F_{1H}F_{3H}} - \overline{R} - E_{F_{1H}} - E_{F_{3H}}$$

$$E_{F_{1L}F_{4L}} = \overline{F_{1L}F_{4L}} - \overline{R} - E_{F_{1L}} - E_{F_{4L}},\ E_{F_{1H}F_{4L}} = \overline{F_{1H}F_{4L}} - \overline{R} - E_{F_{1H}} - E_{F_{4L}}$$

$$E_{F_{1L}F_{4H}} = \overline{F_{1L}F_{4H}} - \overline{R} - E_{F_{1L}} - E_{F_{4H}},\ E_{F_{1H}F_{4H}} = \overline{F_{1H}F_{4H}} - \overline{R} - E_{F_{1H}} - E_{F_{4H}}$$

$$E_{F_{2L}F_{3L}} = \overline{F_{2L}F_{3L}} - \overline{R} - E_{F_{2L}} - E_{F_{3L}},\ E_{F_{2H}F_{3L}} = \overline{F_{2H}F_{3L}} - \overline{R} - E_{F_{2H}} - E_{F_{3L}}$$

$$E_{F_{2L}F_{3H}} = \overline{F_{2L}F_{3H}} - \overline{R} - E_{F_{2L}} - E_{F_{3H}},\ E_{F_{2H}F_{3H}} = \overline{F_{2H}F_{3H}} - \overline{R} - E_{F_{2H}} - E_{F_{3H}}$$

$$E_{F_{2L}F_{4L}} = \overline{F_{2L}F_{4L}} - \overline{R} - E_{F_{2L}} - E_{F_{3L}},\ E_{F_{2H}F_{4L}} = \overline{F_{2H}F_{4L}} - \overline{R} - E_{F_{2H}} - E_{F_{4L}}$$

$$E_{F_{2L}F_{4H}} = \overline{F_{2L}F_{4H}} - \overline{R} - E_{F_{2L}} - E_{F_{4H}},\ E_{F_{2H}F_{4H}} = \overline{F_{2H}F_{4H}} - \overline{R} - E_{F_{2H}} - E_{F_{4H}}$$

$$E_{F_{3L}F_{4L}} = \overline{F_{3L}F_{4L}} - \overline{R} - E_{F_{3L}} - E_{F_{4L}},\ E_{F_{3H}F_{4L}} = \overline{F_{3H}F_{4L}} - \overline{R} - E_{F_{3H}} - E_{F_{4L}}$$

$$E_{F_{3L}F_{4H}} = \overline{F_{3L}F_{4H}} - \overline{R} - E_{F_{3L}} - E_{F_{4H}},\ E_{F_{3H}F_{4H}} = \overline{F_{3H}F_{4H}} - \overline{R} - E_{F_{3H}} - E_{F_{4H}}$$

3요인-상호 작용 요인의 수준별 영향은 다음과 같이 3요인-상호 작용 요인의 수준별 평균에서 총 평균, 관련된 주요인의 영향, 관련된 2요인-상호 작용 요인의 수준별 영향을 모두 빼서 구한다.

$$E_{F_{1L}F_{2L}F_{3L}} = \overline{F_{1L}F_{2L}F_{3L}} - \overline{R} - E_{F_{1L}} - E_{F_{2L}} - E_{F_{3L}} - E_{F_{1L}F_{2L}} - E_{F_{1L}F_{3L}} - E_{F_{2L}F_{3L}}$$

$$E_{F_{1H}F_{2L}F_{3L}} = \overline{F_{1H}F_{2L}F_{3L}} - \overline{R} - E_{F_{1H}} - E_{F_{2L}} - E_{F_{3L}} - E_{F_{1H}F_{2L}} - E_{F_{1H}F_{3L}} - E_{F_{2L}F_{3L}}$$

$$E_{F_{1L}F_{2H}F_{3L}} = \overline{F_{1L}F_{2H}F_{3L}} - \overline{R} - E_{F_{1L}} - E_{F_{2H}} - E_{F_{3L}} - E_{F_{1L}F_{2H}} - E_{F_{1L}F_{3L}} - E_{F_{2H}F_{3L}}$$

$$E_{F_{1H}F_{2H}F_{3L}} = \overline{F_{1H}F_{2H}F_{3L}} - \overline{R} - E_{F_{1H}} - E_{F_{2H}} - E_{F_{3L}} - E_{F_{1H}F_{2H}} - E_{F_{1H}F_{3L}} - E_{F_{2H}F_{3L}}$$

$$E_{F_{1L}F_{2L}F_{3H}} = \overline{F_{1L}F_{2L}F_{3H}} - \overline{R} - E_{F_{1L}} - E_{F_{2L}} - E_{F_{3H}} - E_{F_{1L}F_{2L}} - E_{F_{1L}F_{3H}} - E_{F_{2L}F_{3H}}$$

$$E_{F_{1H}F_{2L}F_{3H}} = \overline{F_{1H}F_{2L}F_{3H}} - \overline{R} - E_{F_{1H}} - E_{F_{2L}} - E_{F_{3H}} - E_{F_{1H}F_{2L}} - E_{F_{1H}F_{3H}} - E_{F_{2L}F_{3H}}$$

$$E_{F_{1L}F_{2H}F_{3H}} = \overline{F_{1L}F_{2H}F_{3H}} - \overline{R} - E_{F_{1L}} - E_{F_{2H}} - E_{F_{3H}} - E_{F_{1L}F_{2H}} - E_{F_{1L}F_{3H}} - E_{F_{2H}F_{3H}}$$

$$E_{F_{1H}F_{2H}F_{3H}} = \overline{F_{1H}F_{2H}F_{3H}} - \overline{R} - E_{F_{1H}} - E_{F_{2H}} - E_{F_{3H}} - E_{F_{1H}F_{2H}} - E_{F_{1H}F_{3H}} - E_{F_{2H}F_{3H}}$$

$$E_{F_{1L}F_{2L}F_{4L}} = \overline{F_{1L}F_{2L}F_{4L}} - \overline{R} - E_{F_{1L}} - E_{F_{2L}} - E_{F_{4L}} - E_{F_{1L}F_{2L}} - E_{F_{1L}F_{4L}} - E_{F_{2L}F_{4L}}$$

$$E_{F_{1H}F_{2L}F_{4L}} = \overline{F_{1H}F_{2L}F_{4L}} - \overline{R} - E_{F_{1H}} - E_{F_{2L}} - E_{F_{4L}} - E_{F_{1H}F_{2L}} - E_{F_{1H}F_{4L}} - E_{F_{2L}F_{4L}}$$

$$E_{F_{1L}F_{2H}F_{4L}} = \overline{F_{1L}F_{2H}F_{4L}} - \overline{R} - E_{F_{1L}} - E_{F_{2H}} - E_{F_{4L}} - E_{F_{1L}F_{2H}} - E_{F_{1L}F_{4L}} - E_{F_{2H}F_{4L}}$$

$$E_{F_{1H}F_{2H}F_{4L}} = \overline{F_{1H}F_{2H}F_{4L}} - \overline{R} - E_{F_{1H}} - E_{F_{2H}} - E_{F_{4L}} - E_{F_{1H}F_{2H}} - E_{F_{1H}F_{4L}} - E_{F_{2H}F_{4L}}$$

$$E_{F_{1L}F_{2L}F_{4H}} = \overline{F_{1L}F_{2L}F_{4H}} - \overline{R} - E_{F_{1L}} - E_{F_{2L}} - E_{F_{4H}} - E_{F_{1L}F_{2L}} - E_{F_{1L}F_{4H}} - E_{F_{2L}F_{4H}}$$

$$E_{F_{1H}F_{2L}F_{4H}} = \overline{F_{1H}F_{2L}F_{4H}} - \overline{R} - E_{F_{1H}} - E_{F_{2L}} - E_{F_{4H}} - E_{F_{1H}F_{2L}} - E_{F_{1H}F_{4L}} - E_{F_{2L}F_{4H}}$$

$$E_{F_{1L}F_{2H}F_{4H}} = \overline{F_{1L}F_{2H}F_{4H}} - \overline{R} - E_{F_{1L}} - E_{F_{2H}} - E_{F_{4H}} - E_{F_{1L}F_{2H}} - E_{F_{1L}F_{4H}} - E_{F_{2H}F_{3H}}$$

$$E_{F_{1H}F_{2H}F_{4H}} = \overline{F_{1H}F_{2H}F_{4H}} - \overline{R} - E_{F_{1H}} - E_{F_{2H}} - E_{F_{4H}} - E_{F_{1H}F_{2H}} - E_{F_{1H}F_{4H}} - E_{F_{2H}F_{4H}}$$

$$E_{F_{1L}F_{3L}F_{4L}} = \overline{F_{1L}F_{3L}F_{4L}} - \overline{R} - E_{F_{1L}} - E_{F_{3L}} - E_{F_{4L}} - E_{F_{1L}F_{3L}} - E_{F_{1L}F_{4L}} - E_{F_{3L}F_{4L}}$$

$$E_{F_{1H}F_{3L}F_{4L}} = \overline{F_{1H}F_{3L}F_{4L}} - \overline{R} - E_{F_{1H}} - E_{F_{3L}} - E_{F_{4L}} - E_{F_{1H}F_{3L}} - E_{F_{1H}F_{4L}} - E_{F_{3L}F_{4L}}$$

$$E_{F_{1L}F_{3H}F_{4L}} = \overline{F_{1L}F_{3H}F_{4L}} - \overline{R} - E_{F_{1L}} - E_{F_{3H}} - E_{F_{4L}} - E_{F_{1L}F_{3H}} - E_{F_{1L}F_{4L}} - E_{F_{3H}F_{4L}}$$

$$E_{F_{1H}F_{3H}F_{4L}} = \overline{F_{1H}F_{3H}F_{4L}} - \overline{R} - E_{F_{1H}} - E_{F_{3H}} - E_{F_{4L}} - E_{F_{1H}F_{3H}} - E_{F_{1H}F_{4L}} - E_{F_{3H}F_{4L}}$$

$$E_{F_{1L}F_{3L}F_{4H}} = \overline{F_{1L}F_{3L}F_{4H}} - \overline{R} - E_{F_{1L}} - E_{F_{3L}} - E_{F_{4H}} - E_{F_{1L}F_{3L}} - E_{F_{1L}F_{4H}} - E_{F_{3L}F_{4H}}$$

$$E_{F_{1H}F_{3L}F_{4H}} = \overline{F_{1H}F_{3L}F_{4H}} - \overline{R} - E_{F_{1H}} - E_{F_{3L}} - E_{F_{4H}} - E_{F_{1H}F_{3L}} - E_{F_{1H}F_{4H}} - E_{F_{3L}F_{4H}}$$

$$E_{F_{1L}F_{3H}F_{4H}} = \overline{F_{1L}F_{3H}F_{4H}} - \overline{R} - E_{F_{1L}} - E_{F_{3H}} - E_{F_{4H}} - E_{F_{1L}F_{3H}} - E_{F_{1L}F_{4H}} - E_{F_{3H}F_{4H}}$$

$$E_{F_{1H}F_{3H}F_{4H}} = \overline{F_{1H}F_{3H}F_{4H}} - \overline{R} - E_{F_{1H}} - E_{F_{3H}} - E_{F_{4H}} - E_{F_{1H}F_{3H}} - E_{F_{1H}F_{4H}} - E_{F_{3H}F_{4H}}$$

$$E_{F_{2L}F_{3L}F_{4L}} = \overline{F_{2L}F_{3L}F_{4L}} - \overline{R} - E_{F_{2L}} - E_{F_{3L}} - E_{F_{4L}} - E_{F_{2L}F_{3L}} - E_{F_{2L}F_{4L}} - E_{F_{3L}F_{4L}}$$

$$E_{F_{2H}F_{3L}F_{4L}} = \overline{F_{2H}F_{3L}F_{4L}} - \overline{R} - E_{F_{2H}} - E_{F_{3L}} - E_{F_{4L}} - E_{F_{2H}F_{3L}} - E_{F_{2H}F_{4L}} - E_{F_{3L}F_{4L}}$$

$$E_{F_{2L}F_{3H}F_{4L}} = \overline{F_{2L}F_{3H}F_{4L}} - \overline{R} - E_{F_{2L}} - E_{F_{3H}} - E_{F_{4L}} - E_{F_{2L}F_{3H}} - E_{F_{2L}F_{4L}} - E_{F_{3H}F_{4L}}$$

$$E_{F_{2H}F_{3H}F_{4L}} = \overline{F_{2H}F_{3H}F_{4L}} - \overline{R} - E_{F_{2H}} - E_{F_{3H}} - E_{F_{4L}} - E_{F_{2H}F_{3H}} - E_{F_{2H}F_{4L}} - E_{F_{3H}F_{4L}}$$

$$E_{F_{2L}F_{3L}F_{4H}} = \overline{F_{2L}F_{3L}F_{4H}} - \overline{R} - E_{F_{2L}} - E_{F_{3L}} - E_{F_{4H}} - E_{F_{2L}F_{3L}} - E_{F_{2L}F_{4H}} - E_{F_{3L}F_{4H}}$$

$$E_{F_{2H}F_{3L}F_{4H}} = \overline{F_{2H}F_{3L}F_{4H}} - \overline{R} - E_{F_{2H}} - E_{F_{3L}} - E_{F_{4H}} - E_{F_{2H}F_{3L}} - E_{F_{2H}F_{4H}} - E_{F_{3L}F_{4H}}$$

$$E_{F_{1L}F_{3H}F_{4H}} = \overline{F_{1L}F_{3H}F_{4H}} - \overline{R} - E_{F_{1L}} - E_{F_{3H}} - E_{F_{4H}} - E_{F_{1L}F_{3H}} - E_{F_{1L}F_{4H}} - E_{F_{3H}F_{4H}}$$

$$E_{F_{2H}F_{3H}F_{4H}} = \overline{F_{2H}F_{3H}F_{4H}} - \overline{R} - E_{F_{2H}} - E_{F_{3H}} - E_{F_{4H}} - E_{F_{2H}F_{3H}} - E_{F_{2H}F_{4H}} - E_{F_{3H}F_{4H}}$$

4요인–상호 작용 요인의 수준별 영향은 다음과 같이 4요인–상호 작용 요인의 평균에서 총 평균, 주요인의 영향 및 관련 2요인, 3요인–상호 작용 요인의 영향을 모두 빼서 구한다.

$$\begin{aligned} E_{F_{1L}F_{2L}F_{3L}F_{4L}} = R_1 - \overline{R} - E_{F_{1L}} - E_{F_{2L}} - E_{F_{3L}} - E_{F_{4L}} \\ - E_{F_{1L}F_{2L}} - E_{F_{1L}F_{3L}} - E_{F_{1L}F_{4L}} - E_{F_{2L}F_{3L}} - E_{F_{2L}F_{4L}} - E_{F_{3L}F_{4L}} \\ - E_{F_{1L}F_{2L}F_{3L}} - E_{F_{1L}F_{2L}F_{4L}} - E_{F_{1L}F_{3L}F_{4L}} - E_{F_{2L}F_{3L}F_{4L}} \end{aligned}$$

$$\begin{aligned} E_{F_{1H}F_{2L}F_{3L}F_{4L}} = R_2 - \overline{R} - E_{F_{1H}} - E_{F_{2L}} - E_{F_{3L}} - E_{F_{4L}} \\ - E_{F_{1H}F_{2L}} - E_{F_{1H}F_{3L}} - E_{F_{1H}F_{4L}} - E_{F_{2L}F_{3L}} - E_{F_{2L}F_{4L}} - E_{F_{3L}F_{4L}} \\ - E_{F_{1H}F_{2L}F_{3L}} - E_{F_{1H}F_{3L}F_{4L}} - E_{F_{1H}F_{3L}F_{4L}} - E_{F_{2L}F_{3L}F_{4L}} \end{aligned}$$

$$\begin{aligned} E_{F_{1L}F_{2H}F_{3L}F_{4L}} = R_3 - \overline{R} - E_{F_{1L}} - E_{F_{2H}} - E_{F_{3L}} - E_{F_{4L}} \\ - E_{F_{1L}F_{2H}} - E_{F_{1L}F_{3L}} - E_{F_{1L}F_{4L}} - E_{F_{2H}F_{3L}} - E_{F_{2H}F_{4L}} - E_{F_{3L}F_{4L}} \\ - E_{F_{1L}F_{2H}F_{3L}} - E_{F_{1L}F_{2H}F_{4L}} - E_{F_{1L}F_{3L}F_{4L}} - E_{F_{2H}F_{3L}F_{4L}} \end{aligned}$$

$$\begin{aligned} E_{F_{1H}F_{2H}F_{3L}F_{4L}} = R_4 - \overline{R} - E_{F_{1H}} - E_{F_{2H}} - E_{F_{3L}} - E_{F_{4L}} \\ - E_{F_{1H}F_{2H}} - E_{F_{1H}F_{3L}} - E_{F_{1H}F_{4L}} - E_{F_{2H}F_{3L}} - E_{F_{2H}F_{4L}} - E_{F_{3L}F_{4L}} \end{aligned}$$

$$- E_{F_{1H}F_{2H}F_{3L}} - E_{F_{1H}F_{2H}F_{4L}} - E_{F_{1H}F_{3L}F_{4L}} - E_{F_{2H}F_{3L}F_{4L}}$$

$$\begin{aligned} E_{F_{1L}F_{2L}F_{3H}F_{4L}} = {} & R_5 - \overline{R} - E_{F_{1L}} - E_{F_{2L}} - E_{F_{3H}} - E_{F_{4L}} \\ & - E_{F_{1L}F_{2L}} - E_{F_{1L}F_{3H}} - E_{F_{1L}F_{4L}} - E_{F_{2L}F_{3H}} - E_{F_{2L}F_{4L}} - E_{F_{3H}F_{4L}} \\ & - E_{F_{1L}F_{2L}F_{3H}} - E_{F_{1L}F_{2L}F_{4L}} - E_{F_{1L}F_{3H}F_{4L}} - E_{F_{2L}F_{3H}F_{4L}} \end{aligned}$$

$$\begin{aligned} E_{F_{1H}F_{2L}F_{3H}F_{4L}} = {} & R_6 - \overline{R} - E_{F_{1H}} - E_{F_{2L}} - E_{F_{3H}} - E_{F_{4L}} \\ & - E_{F_{1H}F_{2L}} - E_{F_{1H}F_{3H}} - E_{F_{1H}F_{4L}} - E_{F_{2L}F_{3H}} - E_{F_{2L}F_{4L}} - E_{F_{3H}F_{4L}} \\ & - E_{F_{1H}F_{2L}F_{3H}} - E_{F_{1H}F_{2L}F_{4L}} - E_{F_{1H}F_{3H}F_{4L}} - E_{F_{2L}F_{3H}F_{4L}} \end{aligned}$$

$$\begin{aligned} E_{F_{1L}F_{2H}F_{3H}F_{4L}} = {} & R_7 - \overline{R} - E_{F_{1L}} - E_{F_{2H}} - E_{F_{3H}} - E_{F_{4L}} \\ & - E_{F_{1L}F_{2H}} - E_{F_{1L}F_{3H}} - E_{F_{1L}F_{4L}} - E_{F_{2H}F_{3H}} - E_{F_{2H}F_{4L}} - E_{F_{3H}F_{4L}} \\ & - E_{F_{1L}F_{2H}F_{3H}} - E_{F_{1L}F_{2H}F_{4L}} - E_{F_{1L}F_{3H}F_{4L}} - E_{F_{2H}F_{3H}F_{4L}} \end{aligned}$$

$$\begin{aligned} E_{F_{1H}F_{2H}F_{3H}F_{4L}} = {} & R_8 - \overline{R} - E_{F_{1H}} - E_{F_{2H}} - E_{F_{3H}} - E_{F_{4L}} \\ & - E_{F_{1H}F_{2H}} - E_{F_{1H}F_{3H}} - E_{F_{1H}F_{4L}} - E_{F_{2H}F_{3H}} - E_{F_{2H}F_{4L}} - E_{F_{3H}F_{4L}} \\ & - E_{F_{1H}F_{2H}F_{3H}} - E_{F_{1H}F_{2H}F_{4L}} - E_{F_{1H}F_{3H}F_{4L}} - E_{F_{2H}F_{3H}F_{4L}} \end{aligned}$$

$$\begin{aligned} E_{F_{1L}F_{2L}F_{3L}F_{4H}} = {} & R_9 - \overline{R} - E_{F_{1L}} - E_{F_{2L}} - E_{F_{3L}} - E_{F_{4H}} \\ & - E_{F_{1L}F_{2L}} - E_{F_{1L}F_{3L}} - E_{F_{1L}F_{4H}} - E_{F_{2L}F_{3L}} - E_{F_{2L}F_{4H}} - E_{F_{3L}F_{4H}} \\ & - E_{F_{1L}F_{2L}F_{3L}} - E_{F_{1L}F_{2L}F_{4H}} - E_{F_{1L}F_{3L}F_{4H}} - E_{F_{2L}F_{3L}F_{4H}} \end{aligned}$$

$$\begin{aligned} E_{F_{1H}F_{2L}F_{3L}F_{4H}} = {} & R_{10} - \overline{R} - E_{F_{1H}} - E_{F_{2L}} - E_{F_{3L}} - E_{F_{4H}} \\ & - E_{F_{1H}F_{2L}} - E_{F_{1H}F_{3L}} - E_{F_{1H}F_{4H}} - E_{F_{2L}F_{3L}} - E_{F_{2L}F_{4H}} - E_{F_{3L}F_{4H}} \\ & - E_{F_{1H}F_{2L}F_{3L}} - E_{F_{1H}F_{2L}F_{4H}} - E_{F_{1H}F_{3L}F_{4H}} - E_{F_{2L}F_{3L}F_{4H}} \end{aligned}$$

$$\begin{aligned} E_{F_{1L}F_{2H}F_{3L}F_{4H}} = {} & R_{11} - \overline{R} - E_{F_{1L}} - E_{F_{2H}} - E_{F_{3L}} - E_{F_{4H}} \\ & - E_{F_{1L}F_{2H}} - E_{F_{1L}F_{3L}} - E_{F_{1L}F_{4H}} - E_{F_{2H}F_{3L}} - E_{F_{2H}F_{4H}} - E_{F_{3L}F_{4H}} \end{aligned}$$

$$- E_{F_{1L}F_{2H}F_{3L}} - E_{F_{1L}F_{2L}F_{4H}} - E_{F_{1L}F_{3L}F_{4H}} - E_{F_{2H}F_{3L}F_{4H}}$$

$$E_{F_{1H}F_{2H}F_{3L}F_{4H}} = R_{12} - \overline{R} - E_{F_{1H}} - E_{F_{2H}} - E_{F_{3L}} - E_{F_{4H}}$$

$$- E_{F_{1H}F_{2H}} - E_{F_{1H}F_{3L}} - E_{F_{1H}F_{4H}} - E_{F_{2H}F_{3L}} - E_{F_{2H}F_{4H}} - E_{F_{3L}F_{4H}}$$

$$- E_{F_{1H}F_{2H}F_{3L}} - E_{F_{1H}F_{2L}F_{4H}} - E_{F_{1H}F_{3L}F_{4H}} - E_{F_{2H}F_{3L}F_{4H}}$$

$$E_{F_{1L}F_{2L}F_{3L}F_{4H}} = R_{13} - \overline{R} - E_{F_{1L}} - E_{F_{2L}} - E_{F_{3L}} - E_{F_{4H}}$$

$$- E_{F_{1L}F_{2L}} - E_{F_{1L}F_{3H}} - E_{F_{1L}F_{4H}} - E_{F_{2L}F_{3H}} - E_{F_{2L}F_{4H}} - E_{F_{3H}F_{4H}}$$

$$- E_{F_{1L}F_{2L}F_{3H}} - E_{F_{1L}F_{2L}F_{4H}} - E_{F_{1L}F_{3H}F_{4H}} - E_{F_{2L}F_{3H}F_{4H}}$$

$$E_{F_{1H}F_{2L}F_{3H}F_{4H}} = R_{14} - \overline{R} - E_{F_{1H}} - E_{F_{2L}} - E_{F_{3H}} - E_{F_{4H}}$$

$$- E_{F_{1H}F_{2L}} - E_{F_{1H}F_{3H}} - E_{F_{1H}F_{4H}} - E_{F_{2L}F_{3H}} - E_{F_{2L}F_{4H}} - E_{F_{3H}F_{4H}}$$

$$- E_{F_{1H}F_{2L}F_{3H}} - E_{F_{1H}F_{2L}F_{4H}} - E_{F_{1L}F_{3H}F_{4H}} - E_{F_{2L}F_{3H}F_{4H}}$$

$$E_{F_{1L}F_{2H}F_{3H}F_{4H}} = R_{15} - \overline{R} - E_{F_{1L}} - E_{F_{2H}} - E_{F_{3H}} - E_{F_{4H}}$$

$$- E_{F_{1L}F_{2H}} - E_{F_{1L}F_{3H}} - E_{F_{1L}F_{4H}} - E_{F_{2H}F_{3H}} - E_{F_{2H}F_{4H}} - E_{F_{3H}F_{4H}}$$

$$- E_{F_{1L}F_{2H}F_{3H}} - E_{F_{1L}F_{2H}F_{4H}} - E_{F_{1L}F_{3H}F_{4H}} - E_{F_{2H}F_{3H}F_{4H}}$$

$$E_{F_{1H}F_{2H}F_{3H}F_{4H}} = R_{16} - \overline{R} - E_{F_{1H}} - E_{F_{2H}} - E_{F_{3H}} - E_{F_{4H}}$$

$$- E_{F_{1H}F_{2H}} - E_{F_{1H}F_{3H}} - E_{F_{1H}F_{4H}} - E_{F_{2H}F_{3H}} - E_{F_{2H}F_{4H}} - E_{F_{3H}F_{4H}}$$

$$- E_{F_{1H}F_{2H}F_{3H}} - E_{F_{1H}F_{2H}F_{4H}} - E_{F_{1H}F_{3H}F_{4H}} - E_{F_{2H}F_{3H}F_{4H}}$$

- 7단계: 다음과 같이 주요인의 영향과 상호 작용 요인의 영향에 대한 제곱합을 구한다.

$$SS_{F_i} = 8(E_{F_{iL}}^2 + E_{F_{iH}}^2),\ i = 1,\ 2,\ 3,\ 4$$

$$SS_{F_1F_2} = E_{F_{1L}F_{2L}}^2 + E_{F_{1H}F_{2L}}^2 + E_{F_{1L}F_{2H}}^2 + E_{F_{1H}F_{2H}}^2$$

$$SS_{F_1F_3} = E_{F_{1L}F_{3L}}^2 + E_{F_{1H}F_{3L}}^2 + E_{F_{1L}F_{3H}}^2 + E_{F_{1H}F_{3H}}^2$$

$$SS_{F_1F_4} = E^2_{F_{1L}F_{4L}} + E^2_{F_{1H}F_{4L}} + E^2_{F_{1L}F_{4H}} + E^2_{F_{1H}F_{4H}}$$

$$SS_{F_2F_3} = E^2_{F_{2L}F_{3L}} + E^2_{F_{2H}F_{3L}} + E^2_{F_{2L}F_{3H}} + E^2_{F_{2H}F_{3H}}$$

$$SS_{F_2F_4} = E^2_{F_{2L}F_{4L}} + E^2_{F_{2H}F_{4L}} + E^2_{F_{2L}F_{4H}} + E^2_{F_{2H}F_{4H}}$$

$$SS_{F_3F_4} = E^2_{F_{3L}F_{4L}} + E^2_{F_{3H}F_{4L}} + E^2_{F_{3L}F_{4H}} + E^2_{F_{3H}F_{4H}}$$

$$SS_{F_1F_2F_3} = E^2_{F_{1L}F_{2L}F_{3L}} + E^2_{F_{1H}F_{2L}F_{3L}} + E^2_{F_{1L}F_{2H}F_{3L}} + E^2_{F_{1H}F_{2H}F_{3L}} + E^2_{F_{1L}F_{2L}F_{3H}} + E^2_{F_{1H}F_{2L}F_{3H}} + E^2_{F_{1L}F_{2H}F_{3H}} + E^2_{F_{1H}F_{2H}F_{3H}}$$

$$SS_{F_1F_2F_4} = E^2_{F_{1L}F_{2L}F_{4L}} + E^2_{F_{1H}F_{2L}F_{4L}} + E^2_{F_{1L}F_{2H}F_{4L}} + E^2_{F_{1H}F_{2H}F_{4L}} + E^2_{F_{1L}F_{2L}F_{4H}} + E^2_{F_{1H}F_{2L}F_{4H}} + E^2_{F_{1L}F_{2H}F_{4H}} + E^2_{F_{1H}F_{2H}F_{4H}}$$

$$SS_{F_1F_3F_4} = E^2_{F_{1L}F_{3L}F_{4L}} + E^2_{F_{1H}F_{3L}F_{4L}} + E^2_{F_{1L}F_{3H}F_{4L}} + E^2_{F_{1H}F_{3H}F_{4L}} + E^2_{F_{1L}F_{3L}F_{4H}} + E^2_{F_{1H}F_{3L}F_{4H}} + E^2_{F_{1L}F_{3H}F_{4H}} + E^2_{F_{1H}F_{3H}F_{4H}}$$

$$SS_{F_2F_3F_4} = E^2_{F_{2L}F_{3L}F_{4L}} + E^2_{F_{2H}F_{3L}F_{4L}} + E^2_{F_{2L}F_{3H}F_{4L}} + E^2_{F_{2H}F_{3H}F_{4L}} + E^2_{F_{2L}F_{3L}F_{4H}} + E^2_{F_{2H}F_{3L}F_{4H}} + E^2_{F_{2L}F_{3H}F_{4H}} + E^2_{F_{2H}F_{3H}F_{4H}}$$

$$\begin{aligned} SS_{F_1F_2F_3F_4} = {} & E^2_{F_{1L}F_{2L}F_{3L}F_{4L}} + E^2_{F_{1H}F_{2L}F_{3L}F_{4L}} + E^2_{F_{1L}F_{2H}F_{3L}F_{4L}} + E^2_{F_{1H}F_{2H}F_{3L}F_{4L}} \\ & + E^2_{F_{1L}F_{2L}F_{3H}F_{4L}} + E^2_{F_{1H}F_{2L}F_{3H}F_{4L}} + E^2_{F_{1L}F_{2H}F_{3H}F_{4L}} + E^2_{F_{1H}F_{2H}F_{3H}F_{4L}} \\ & + E^2_{F_{1L}F_{2L}F_{3L}F_{4H}} + E^2_{F_{1H}F_{2L}F_{3L}F_{4H}} + E^2_{F_{1L}F_{2H}F_{3L}F_{4H}} + E^2_{F_{1H}F_{2H}F_{3L}F_{4H}} \\ & + E^2_{F_{1L}F_{2L}F_{3H}F_{4H}} + E^2_{F_{1H}F_{2L}F_{3H}F_{4H}} + E^2_{F_{1L}F_{2H}F_{3H}F_{4H}} + E^2_{F_{1H}F_{2H}F_{3H}F_{4H}} \end{aligned}$$

- **8단계:** 총 제곱합과 오차 제곱합을 구한다.

총 제곱합은 주요인 영향과 상호 작용 요인 영향의 제곱합을 더한 것이고, 오차 제곱합은 4-요인 상호 작용 요인의 영향에 대한 제곱합과 같다. 즉

$$SS_T = SS_{F_1} + SS_{F_2} + SS_{F_3} + SS_{F_4} + SS_{F_1F_2} + SS_{F_1F_3} + SS_{F_1F_4} + SS_{F_2F_3} + SS_{F_2F_4} + SS_{F_3F_4}$$

$$+ SS_{F_1F_2F_3} + SS_{F_1F_2F_4} + SS_{F_1F_3F_4} + SS_{F_2F_3F_4} + SS_{F_1F_2F_3F_4}$$

$$SS_E = SS_{F_1F_2F_3F_4}$$

이다.

• **9단계:** 총 자유도, 주요인과 상호 작용 요인의 자유도를 구한다.

총 자유도는 실험에서 측정한 측정값의 총수에서 1을 뺀 값이며, 주요인과 상호 작용 요인의 수준은 모두 2수준이므로 자유도는 모두 2−1=1과 같다. 따라서 2^4 요인 실험의 경우 반복수가 1이면 측정값의 총수는 16이므로 총 자유도는 15가 되고, 주요인과 상호 작용 요인의 자유도는 모두 1이 된다.

• **10단계:** 제곱합과 자유도를 이용하여 표 A-16에서와 같이 분산 분석표를 작성한다.

평균 제곱합은 제곱합을 자유도로 나눈 값이고, F 값은 평균 제곱합을 평균 오차 제곱합으로써 나눈 값이다. 각 요인이 실험 결과에 미치는 영향은 p 값이 유의 수준보다 작으면 영향이 없다는 귀무 가설을 기각하여 영향이 있는 것으로 판단하고, 크면 귀무 가설을 수용하여 영향이 없는 것으로 판단한다.

표 A-16. 2^4 요인 실험의 분산 분석표

요인	자유도	제곱합	평균 제곱합	F	p
F_1	1	SS_{F_1}	MS_{F_1}	MS_{F_1}/MSE	
F_2	1	SS_{F_2}	MS_{F_2}	MS_{F_2}/MSE	
F_3	1	SS_{F_3}	MS_{F_3}	MS_{F_3}/MSE	
F_4	1	SS_{F_4}	MS_{F_4}	MS_{F_4}/MSE	
$F_1 \times F_2$	1	$SS_{F_1F_2}$	$MS_{F_1F_2}$	$MS_{F_1F_2}/MSE$	
$F_1 \times F_3$	1	$SS_{F_1F_3}$	$MS_{F_1F_3}$	$MS_{F_1F_3}/MSE$	
$F_1 \times F_4$	1	$SS_{F_1F_4}$	$MS_{F_1F_4}$	$MS_{F_1F_4}/MSE$	
$F_2 \times F_3$	1	$SS_{F_2F_4}$	$MS_{F_2F_4}$	$MS_{F_2F_4}/MSE$	
$F_2 \times F_4$	1	$SS_{F_3F_4}$	$MS_{F_3F_4}$	$MS_{F_3F_4}/MSE$	
$F_3 \times F_4$	1	$SS_{F_3F_4}$	$MS_{F_3F_4}$	$MS_{F_3F_4}/MSE$	

$F_1 \times F_2 \times F_3$	1	$SS_{F_1F_2F_3}$	$MS_{F_1F_2F_3}$	$MS_{F_1F_2F_3}/MSE$
$F_1 \times F_2 \times F_4$	1	$SS_{F_1F_2F_4}$	$MS_{F_1F_2F_4}$	$MS_{F_1F_2F_4}/MSE$
$F_1 \times F_3 \times F_4$	1	$SS_{F_1F_3F_4}$	$MS_{F_1F_3F_4}$	$MS_{F_1F_3F_4}/MSE$
$F_2 \times F_3 \times F_4$	1	$SS_{F_2F_3F_4}$	$MS_{F_2F_3F_4}$	$MS_{F_2F_3F_4}/MSE$
SSE	1	$SS_{F_1F_2F_3F_4}$	MS_E	1
SST	15			

[예제 A-8] 볼과 회도의 접촉, 케이지, 내륜의 열처리가 볼 베어링의 수명에 미치는 영향을 구명하기 위하여 2^3 요인 실험을 수행하였다. 3요인의 수준은 각각 표준과 개선 2수준으로 하였으며, 각 조건에서 베어링의 수명은 표 A-17에서와 같이 측정되었다. 주요인과 상호 작용 요인이 베어링의 수명에 미치는 영향의 유무를 확인하여라.

표 A-17 볼 베어링의 수명 실험 결과

실험 조건	볼과 회도의 접촉, F_1	내륜의 열처리, F_2	케이지, F_3	수명, 시간
1	표준(L)	표준(L)	표준(L)	17
2	개선(H)	표준(L)	표준(L)	25
3	표준(L)	개선(H)	표준(L)	26
4	개선(H)	개선(H)	표준(L)	85
5	표준(L)	표준(L)	개선(H)	19
6	개선(H)	표준(L)	개선(H)	21
7	표준(L)	개선(H)	개선(H)	16
8	개선(H)	개선(H)	개선(H)	128

[풀이] 다음과 같이 총 평균, 주요인의 수준별 평균, 상호 작용 요인의 수준별 평균을 구한다.

총 평균은

$$\bar{R} = \frac{17+25+26+85+19+21+16+128}{8} = 42.125$$

이다. 주요인의 수준별 평균은 각각 다음과 같다.

$$\overline{F}_{1L} = \frac{17+26+19+26}{4} = 19.5,\ \overline{F}_{1H} = \frac{25+85+21+128}{4} = 64.75$$

$$\overline{F}_{2L} = \frac{17+25+19+21}{4} = 20.5,\ \overline{F}_{2H} = \frac{26+85+16+128}{4} = 63.75$$

$$\overline{F}_{3L} = \frac{17+25+26+85}{4} = 38.25,\ \overline{F}_{3H} = \frac{19+21+16+128}{4} = 46$$

2요인-상호 작용 요인의 수준별 평균은 각각

$$\overline{F_{1L}F_{2L}} = \frac{17+19}{2} = 18,\ \overline{F_{1H}F_{2L}} = \frac{25+21}{2} = 23$$

$$\overline{F_{1L}F_{2H}} = \frac{26+16}{2} = 21,\ \overline{F_{1H}F_{2H}} = \frac{85+128}{2} = 106.5$$

$$\overline{F_{1L}F_{3L}} = \frac{17+26}{2} = 21.5,\ \overline{F_{1H}F_{3L}} = \frac{25+85}{2} = 55$$

$$\overline{F_{1L}F_{3H}} = \frac{19+16}{2} = 17.5,\ \overline{F_{1H}F_{3H}} = \frac{21+128}{2} = 74.5$$

$$\overline{F_{2L}F_{3L}} = \frac{17+25}{2} = 21,\ \overline{F_{2H}F_{3L}} = \frac{26+85}{2} = 55.5$$

$$\overline{F_{2L}F_{3H}} = \frac{19+21}{2} = 20,\ \overline{F_{2H}F_{3H}} = \frac{16+128}{2} = 72$$

이다.

3요인-상호 작용 요인의 수준별 평균은 각각 다음과 같다.

$$\overline{F_{1L}F_{2L}F_{3L}} = 17,\ \overline{F_{1H}F_{2L}F_{3L}} = 25,\ \overline{F_{1L}F_{2H}F_{3L}} = 26,\ \overline{F_{1H}F_{2H}F_{3L}} = 85$$

$$\overline{F_{1L}F_{2L}F_{3H}} = 19,\ \overline{F_{1H}F_{2L}F_{3H}} = 21,\ \overline{F_{1L}F_{2H}F_{3H}} = 16,\ \overline{F_{1H}F_{2H}F_{3H}} = 128$$

위의 계산 결과를 정리하면 표 A-18에서와 같다.

표 A-18 주요인과 상호 작용 요인의 평균

실험 조건	F_1	F_2	F_3	측정값, 시간	$\overline{F_1}$	$\overline{F_2}$	$\overline{F_3}$	$\overline{F_1F_2}$	$\overline{F_1F_3}$	$\overline{F_2F_3}$	$\overline{F_1F_2F_3}$
1	L	L	L	17	19.5	20.5	38.25	18	21.5	21	17
2	H	L	L	25	64.75	20.5	38.25	23	55	21	25
3	L	H	L	26	19.5	63.75	38.25	21	21.5	55.5	26
4	H	H	L	85	64.75	63.75	38.25	106.5	55	55.5	85
5	L	L	H	19	19.5	20.5	46	18	17.5	20	19
6	H	L	H	21	64.75	20.5	46	23	74.5	20	21
7	L	H	H	16	19.5	63.75	46	21	17.5	72	16
8	H	H	H	128	64.75	63.75	46	106.5	74.5	72	128
평균				42.125	42.125	42.125	42.125	42.125	42.125	42.125	42.125

주요인과 상호 작용 요인의 수준별 영향은 각 요인의 수준별 평균에서 총 평균과 해당 요인의 수준별 평균을 빼서 구한다. 즉 주요인의 영향은 다음과 같다.

$$E_{F_{1L}} = \overline{F_{1L}} - \overline{R} = 19.5 - 42.125 = -22.625,\ E_{F_{1H}} = \overline{F_{1H}} - \overline{R} = 64.75 - 42.125 = 22.625$$

$$E_{F_{2L}} = \overline{F_{2L}} - \overline{R} = 20.5 - 42.125 = -21.625,\ E_{F_{2H}} = \overline{F_{2H}} - \overline{R} = 63.75 - 42.125 = 21.625$$

$$E_{F_{3L}} = \overline{F_{3L}} - \overline{R} = 38.25 - 42.125 = -3.875,\ E_{F_{3H}} = \overline{F_{3H}} - \overline{R} = 46 - 42.125 = 3.875$$

2요인-상호 작용 요인의 수준별 영향은 다음과 같다.

$$E_{F_{1L}F_{2L}} = \overline{F_{1L}F_{2L}} - \overline{R} - E_{F_{1L}} - E_{F_{2L}} = 18 - 42.125 - (-22.625) - (-21.625) = 20.125$$

$$E_{F_{1H}F_{2L}} = \overline{F_{1H}F_{2L}} - \overline{R} - E_{F_{1H}} - E_{F_{2L}} = 23 - 42.125 - (22.625) - (-21.625) = -20.125$$

$$E_{F_{1L}F_{2H}} = \overline{F_{1L}F_{2H}} - \overline{R} - E_{F_{1L}} - E_{F_{2H}} = 21 - 42.125 - (-22.625) - (21.625) = -20.125$$

$$E_{F_{1H}F_{2H}} = \overline{F_{1H}F_{2H}} - \overline{R} - E_{F_{1H}} - E_{F_{2H}} = 106.5 - 42.125 - (22.625) - (21.625) = 20.125$$

$$E_{F_{1L}F_{3L}} = \overline{F_{1L}F_{3L}} - \overline{R} - E_{F_{1L}} - E_{F_{3L}} = 21.5 - 42.125 - (-22.625) - (-3.875) = 5.875$$

$$E_{F_{1H}F_{3L}} = \overline{F_{1H}F_{3L}} - \overline{R} - E_{F_{1H}} - E_{F_{3L}} = 55 - 42.125 - (22.625) - (-3.875) = -5.875$$

$$E_{F_{1L}F_{3H}} = \overline{F_{1L}F_{3H}} - \overline{R} - E_{F_{1L}} - E_{F_{3H}} = 17.5 - 42.125 - (-22.625) - (3.875) = -5.875$$

$$E_{F_{1H}F_{3H}} = \overline{F_{1H}F_{3H}} - \overline{R} - E_{F_{1H}} - E_{F_{3H}} = 74.5 - 42.125 - (22.625) - (3.875) = 5.875$$

$$E_{F_{2L}F_{3L}} = \overline{F_{2L}F_{3L}} - \overline{R} - E_{F_{2L}} - E_{F_{3L}} = 21 - 42.125 - (-21.625) - (-3.875) = 4.375$$

$$E_{F_{2H}F_{3L}} = \overline{F_{2H}F_{3L}} - \overline{R} - E_{F_{2H}} - E_{F_{3L}} = 55.5 - 42.125 - (21.625) - (-3.875) = -- 4.375$$

$$E_{F_{2L}F_{3H}} = \overline{F_{2L}F_{3H}} - \overline{R} - E_{F_{2L}} - E_{F_{3H}} = 20 - 42.125 - (-21.625) - (3.875) = -4.375$$

$$E_{F_{2H}F_{3H}} = \overline{F_{2H}F_{3H}} - \overline{R} - E_{F_{2H}} - E_{F_{3H}} = 72 - 42.125 - (21.625) - (3.875) = 4.375$$

3-요인 상호 작용 요인의 수준별 영향은 다음과 같다.

$$E_{F_{1L}F_{2L}F_{3L}} = \overline{F_{1L}F_{2L}F_{3L}} - \overline{R} - E_{F_{1L}} - E_{F_{2L}} - E_{F_{3L}} - E_{F_{1L}F_{2L}} - E_{F_{1L}F_{3L}} - E_{F_{2L}F_{3L}}$$

$$= 17 - 42.125 - (-22.625) - (-21.625) - (-3.875) - (20.125)$$

$$- (5.875) - (4.375) = -7.375$$

$$E_{F_{1H}F_{2L}F_{3L}} = \overline{F_{1H}F_{2L}F_{3L}} - \overline{R} - E_{F_{1H}} - E_{F_{2L}} - E_{F_{3L}} - E_{F_{1H}F_{2L}} - E_{F_{1H}F_{3L}} - E_{F_{2L}F_{3L}}$$

$$= 25 - 42.125 - (22.625) - (-21.625) - (-3.875) - (-20.125)$$

$$- (-5.875) - (4.375) = 7.375$$

$$E_{F_{1L}F_{2H}F_{3L}} = \overline{F_{1L}F_{2H}F_{3L}} - \overline{R} - E_{F_{1L}} - E_{F_{2H}} - E_{F_{3L}} - E_{F_{1L}F_{2H}} - E_{F_{1L}F_{3L}} - E_{F_{2H}F_{3L}}$$

$$= 26 - 42.125 - (-22.625) - (21.625) - (-3.875) - (-20.125)$$

$$- (5.875) - (-4.375) = 7.375$$

$$E_{F_{1H}F_{2H}F_{3L}} = \overline{F_{1H}F_{2H}F_{3L}} - \overline{R} - E_{F_{1H}} - E_{F_{2H}} - E_{F_{3L}} - E_{F_{1H}F_{2H}} - E_{F_{1H}F_{3L}} - E_{F_{2H}F_{3L}}$$

$$= 85 - 42.125 - (22.625) - (21.625) - (-3.875) - (20.125)$$

$$- (-5.875) - (-4.375) = -7.375$$

$$E_{F_{1L}F_{2L}F_{3H}} = \overline{F_{1L}F_{2L}F_{3H}} - \overline{R} - E_{F_{1L}} - E_{F_{2L}} - E_{F_{3H}} - E_{F_{1L}F_{2L}} - E_{F_{1L}F_{3H}} - E_{F_{2L}F_{3H}}$$

$$= 19 - 42.125 - (-22.625) - (-21.625) - (3.875) - (20.125)$$

$$- (-5.875) - (-4.375) = 7.375$$

$$E_{F_{1H}F_{2L}F_{3H}} = \overline{F_{1H}F_{2L}F_{3H}} - \overline{R} - E_{F_{1H}} - E_{F_{2L}} - E_{F_{3H}} - E_{F_{1H}F_{2L}} - E_{F_{1H}F_{3H}} - E_{F_{2L}F_{3H}}$$

$$= 21 - 42.125 - (22.625) - (-21.625) - (3.875) - (-20.125)$$

$$- (5.875) - (-4.375) = -7.375$$

$$E_{F_{1L}F_{2H}F_{3H}} = \overline{F_{1L}F_{2H}F_{3H}} - \overline{R} - E_{F_{1L}} - E_{F_{2H}} - E_{F_{3H}} - E_{F_{1L}F_{2H}} - E_{F_{1L}F_{3H}} - E_{F_{2H}F_{3H}}$$

$$= 16 - 42.125 - (-22.625) - (21.625) - (3.875) - (-20.125)$$

$$-(-5.875)-(4.375)=-7.375$$

$$E_{F_{1H}F_{2H}F_{3H}}=\overline{F_{1H}F_{2H}F_{3H}}-\overline{R}-E_{F_{1H}}-E_{F_{2H}}-E_{F_{3H}}-E_{F_{1H}F_{2H}}-E_{F_{1H}F_{3H}}-E_{F_{2H}F_{3H}}$$

$$=128-42.125-(22.625)-(21.625)-(3.875)-(20.125)$$

$$-(5.875)-(4.375)=7.375$$

위의 계산 결과는 주요인과 상호 작용 요인의 수준별 영향으로서 표 A-19에서와 같이 정리할 수 있다.

표 A-19 주요인과 상호 작용 요인의 수준별 영향

실험 조건	F_1	F_2	F_3	E_{F_1}	E_{F_2}	E_{F_3}	$E_{F_1F_2}$	$E_{F_1F_3}$	$E_{F_2F_3}$	$E_{F_1F_2F_3}$
1	L	L	L	−22.625	−21.625	−3.875	20.125	5.875	4.375	−7.375
2	H	L	L	22.625	−21.625	−3.875	−20.125	−5.875	4.375	7.375
3	L	H	L	−22.625	21.625	−3.875	−20.125	5.875	−4.375	7.375
4	H	H	L	22.625	21.625	−3.875	20.125	−5.875	−4.375	−7.375
5	L	L	H	−22.625	−21.625	3.875	20.125	−5.875	−4.375	7.375
6	H	L	H	22.625	−21.625	3.875	−20.125	5.875	−4.375	−7.375
7	L	H	H	−22.625	21.625	3.875	−20.125	−5.875	4.375	−7.375
8	H	H	H	22.625	21.625	3.875	20.125	5.875	4.375	7.375
제곱합				4,095.125	3,741.125	120.125	3,240.125	276.125	153.125	435.125

주요인과 상호 작용 요인에 의한 영향의 제곱합은 표 A-19에서와 같이 주요인과 상호 작용 요인의 수준별 영향을 제곱하여 더한 것과 같다. 따라서 주요인과 상호 작용 요인에 의한 영향의 제곱합은 각각 다음과 같이 계산된다.

$$SS_{F_1}=4\times(-22.625)^2+4\times(22.625)^2=4,095.125$$

$$SS_{F_2}=4\times(-21.625)^2+4\times(21.625)^2=3,741.125$$

$$SS_{F_3}=4\times(-3.875)^2+4\times(3.875)^2=120.125$$

$$SS_{F_1F_2}=4\times(20.125)^2+4\times(-20.125)^2=3,240.125$$

$$SS_{F_1F_3}=4\times(-5.875)^2+4\times(5.875)^2=276.125$$

$$SS_{F_2F_3}=4\times(4.375)^2+4\times(-4.375)^2=153.125$$

$$SS_{F_1F_2F_3} = 4\times(-7.375)^2 + 4\times(7.375)^2 = 435.125$$

총 제곱합은 주요인과 상호 작용 요인에 의한 영향의 제곱합을 모두 더한 값이다. 즉

$$SS_T = SS_{F_1} + SS_{F_2} + SS_{F_3} + SS_{F_1F_2} + SS_{F_1F_3} + SS_{F_2F_3} + SS_{F_1F_2F_3}$$

$$= 4,095.125 + 3,741.125 + 120.125 + 3,240.125 + 276.125$$

$$+ 153.125 + 435.125 = 12,060.88$$

이다. 오차의 제곱합은 총 제곱합에서 2-요인 상호 작용 요인에 의한 영향의 제곱합을 뺀 값 또는 3요인-상호 작용 요인에 의한 영향의 제곱합과 같다. 즉

$$SS_E = SS_{F_1F_2F_3} = 435.125$$

가 된다. 자유도는 총 자유도가 8-1=7이고, 주요인과 상호 작용 요인의 자유도는 각 요인의 수준이 2이므로 2-1=1이 된다. 표 A-20은 각 요인의 영향을 구명하기 위하여 위에서 계산한 주요인과 상호 작용 요인에 의한 영향의 제곱합을 이용하여 작성한 분산 분석표이다. 유의 수준을 10%라고 하면, 주요인과 상호 작용 요인에 의한 영향의 p 값이 모두 10% 이상이므로, 각 요인이 베어링의 수명에 영향을 미치지 않는다는 귀무 가설을 수용할 수 있다. 즉 90%의 신뢰 수준에서 각 요인은 베어링의 수명에 영향을 미치지 않는 것으로 판단할 수 있다. 그러나 p 값이 상대적으로 적은 접촉, 열처리, 접촉과 열처리의 상호 작용에 의한 영향은 케이지와 다른 상호 작용에 의한 영향보다는 큰 것으로 볼 수 있다.

표 A-20 베어링 수명 시험의 분산 분석표

요인	자유도	제곱합, SS	평균 제곱합, MS	$F=MS/MSE$	p
접촉 영향, F_1	1	4,095.125	4,095.125	9.41137604	0.200603
열처리 영향, F_2	1	3,741.125	3,741.125	8.59781672	0.209238
케이지 영향, F_3	1	120.125	120.125	0.27607009	0.692017
$F_1\times F_2$	1	3,240.125	3,240.125	7.44642344	0.223621
$F_1\times F_3$	1	276.125	276.125	0.63458776	0.571765
$F_2\times F_3$	1	153.125	153.125	0.35191037	0.659141
오차	1	435.125	435.125	1	
합	7	12,060.88			

A.6 부분 요인 실험

요인 실험의 실험 조건은 요인의 수와 각 요인의 수준에 따라 결정되고, 총 실험 횟수는 실험 조건의 수와 각 실험 조건의 반복 횟수에 따라 결정된다. 따라서 요인, 요인의 수준, 반복 수가 증가하면 증가할수록 실험 총 수는 크게 증가하여 실질적으로 실험이 불가능한 경우가 생길 수 있다. 일반적으로 실험은 제한된 시간과 비용으로써 수행할 수밖에 없기 때문에 실험 조건이 많은 경우에는 실험 결과에 큰 영향을 미치지 않고 실험 조건을 줄일 수 있는 방법이 필요하다.

가장 대표적인 일부 실험 조건에서만 실험하는 요인 실험을 부분 요인 실험(fractional factorial experiment)이라고 한다. 부분 요인 실험에서는 일부 상호 작용의 영향을 배제하기 때문에 완전 요인 실험(full factorial experiment)에서보다도 실험 결과에서 얻을 수 있는 정보가 적다. 그러나 시간과 비용을 절약할 수 있다는 장점이 있다.

(1) 2^{k-1} 부분 요인 실험

2^{k-1} 부분 요인 실험은 2^k 요인 실험에서 필요한 실험 수를 1/2로 줄인 요인 실험이다. 예를 들면 요인이 4개이고 각 요인의 수준이 2개인 2^4 요인 실험에서 필요한 실험 조건의 수, 즉 실험 횟수는 16개이나 2^{4-1} 부분 요인 실험에서는 8개의 실험 조건이 필요하다.

2^{k-1} 부분 요인 실험에서 필요한 실험 조건은 2^k 요인 실험에서 일부 상호 작용 요인의 영향을 제거하여 구한다. 이때 제거해야 할 상호 작용 요인은 그 영향이 가장 적은 것을 선택하며 일반적으로 최고 차수의 상호 작용 요인(highest order interaction)이 된다. 주요인이 F_1, F_2, F_3 3개일 때 최고 차수의 상호 작용 요인은 $F_1F_2F_3$이고, 주요인이 F_1, F_2, F_3, F_4 4개일 때는 $F_1F_2F_3F_4$가 된다. 실험 조건의 수를 줄이기 위하여 제거하는 상호 작용 요인을 부분 요인 실험의 생성 요인(generator of fractional factorial design)이라고 한다.

2^k 요인 실험에서 각 요인의 수준을 각각 $-$, $+$라고 하면 생성 요인의 수준은 이와 관련한 요인의 수준에 의하여 결정된다. 즉 주요인 F_1, F_2, F_3의 수준을 각각 $+$, $-$, $-$라고 하면 상호 작용 요인 $F_1F_2F_3$의 수준은 $(+)(-)(-)$로서 $+$가 되며, $+$, $-$, $+$라고 하면 $(+)(-)(+)$로서 $-$가 된다. 부분 요인 실험의 실험 조건은 주요인의 수준에 의하여 결정되는 생성 요인의 수준이 $+$ 또는 $-$인 실험 조건이다. 생성 요인의 수준이 $+$ 또는 $-$인 실험 조건은 생성 요인의 수준이 모두 같으므로 요인 실험에 의하여 그 영향이 나타나지 않는다.

생성 요인을 단위 벡터로서 나타내면 수준이 + 인 생성 요인과 − 인 생성 요인은 각각 다음과 같이 표현된다.

$$I = F_1 F_2 \cdots F_k$$

$$I = -F_1 F_2 \cdots F_k$$

이 관계식을 정의 관계식(defining relation)이라고 한다.

예를 들면 2^{4-1} 부분 요인 실험의 실험 조건은 다음과 같이 구할 수 있다. 4개의 요인 F_1, F_2, F_3, F_4의 수준이 각각 −, +일 때 2^4 요인 실험의 실험 조건은 표 A-15의 방법을 적용하면 표 A-21에서와 같이 나타낼 수 있다. 요인이 4개이므로 2^4 요인 실험의 실험 조건은 16개이고 부분 요인 실험의 실험 조건을 결정하기 위한 생성 요인은 $F_1F_2F_3F_4$이다. F_1, F_2, F_3, F_4의 수준을 이용하여 생성 요인 $F_1F_2F_3F_4$의 수준을 구하면 표 A-21의 마지막 행에서와 같다.

표 A-21 생성 요인을 이용한 2^{4-1} 부분 요인 실험의 실험 조건 결정

실험 조건	F_1	F_2	F_3	F_4	$F_1F_2F_3F_4$
1	−	−	−	−	+
2	+	−	−	−	−
3	−	+	−	−	−
4	+	+	−	−	+
5	−	−	+	−	−
6	+	−	+	−	+
7	−	+	+	−	+
8	+	+	+	−	−
9	−	−	−	+	−
10	+	−	−	+	+
11	−	+	−	+	+
12	+	+	−	+	−
13	−	−	+	+	+
14	+	−	+	+	−
15	−	+	+	+	−
16	+	+	+	+	+

표 A-21에서 생성 요인 $F_1F_2F_3F_4$의 수준이 + 인 실험 조건은 1, 4, 6, 7, 10, 11, 13, 16이고, − 인 실험 조건은 2, 3, 5, 8, 9, 12, 14, 15이다. 따라서 2^{4-1} 부분 요인 실험의 실험

조건은 8개의 실험조건 1, 4, 6, 7, 10, 11, 13, 16 또는2, 3, 5, 8, 9, 12, 14, 15로써 구성할 수 있다. 즉 실험 조건은 표 A-22 또는 표 A-23에서와 같이 결정할 수 있다.

표 A-22 생성 요인의 수준이 +일 때 2^{4-1} 부분 요인 실험의 실험 조건

실험 조건	F_1	F_2	F_3	F_4	$F_1F_2F_3F_4$
1	−	−	−	−	+
4	+	+	−	−	+
6	+	−	+	−	+
7	−	+	+	−	+
10	+	−	−	+	+
11	−	+	−	+	+
13	−	−	+	+	+
16	+	+	+	+	+

표 A-23 생성 요인의 수준이 −일 때 2^{4-1} 부분 요인 실험의 실험 조건

실험 조건	F_1	F_2	F_3	F_4	$F_1F_2F_3F_4$
2	+	−	−	−	−
3	−	+	−	−	−
5	−	−	+	−	−
8	+	+	+	−	−
9	−	−	−	+	−
12	+	+	−	+	−
14	+	−	+	+	−
15	−	+	+	+	−

부분 요인 실험에서 제거한 상호 작용 요인은 실제 상태에서는 없어지지 않기 때문에 그 영향이 그대로 존재한다. 다만 부분 요인 실험에서는 그 영향이 다른 요인의 영향에 포함되어 함께 작용한다고 할 수 있다. 한 요인의 영향이 다른 요인의 영향에 포함되어 작용할 때 그 영향이 다른 요인의 영향에 앨리어스(aliased) 또는 혼합(confounded)되었다고 한다. 예를 들면 2^{4-1} 부분 요인 실험에서 주요인 F_1의 영향을 평가하면 실제는 F_1과 제거한 상호 작용 요인 $F_1F_2F_3F_4$의 영향을 함께 평가하게 되며, 이 때 상호 작용 요인 $F_1F_2F_3F_4$의 영향은 주요인 F_1의 영향에 혼합되었다고 본다. 부분 요인 분석에서 앨리어스 효과는 상호

작용이 크지 않거나 존재하지 않으면 큰 문제가 되지 않는다. 그러나 상호 작용의 영향을 확인해야 할 경우에는 반드시 그 요인을 부분 요인 실험에 포함하여야 한다.

(2) 직교 실험

표 A-21에서와 같이 + 수준과 - 수준으로 구성된 두 요인 벡터의 스칼라적(scalar product)은 0이 된다. 즉 요인 $\vec{F}_1$ 벡터와 $\vec{F}_2$ 벡타의 스칼라적은

$$\vec{F}_1(-, +, +, -, +, -, -, +) \bullet \vec{F}_2(-, +, -, +, -, +, -, +) = ++----++ = 0$$

이 된다. 이와 같이 두 요인 벡터의 스칼라적이 0이 되는 실험 조건의 배열을 직교 배열(orthogonal array)이라고 하며 실험 조건을 직교 배열한 요인 실험을 직교 실험(orthogonal experiment) 또는 매트릭스 실험(matrix experiment)이라고 한다. 2^k 요인 실험은 직교 실험에 해당한다. 그러나 요인의 수준이 3 이상인 경우에는 2^{k-1} 부분 요인 실험에서와 같은 방법으로 실험 조건의 수를 줄일 수 없다. 요인의 수준이 3 이상일 때는 실험 조건을 직교 배열함으로서 실험 조건의 수를 줄일 수 있다.

요인의 수를 n_F, 각 요인의 수준 수를 n_L이라고 하면 완전 요인 실험의 실험 조건은 $(n_L)^{n_F}$개가 되나 직교 실험에서는 그 수를 최소한 $n_F(n_L-1)+1$로 줄일 수 있다. 그러나 완전 요인 실험의 실험 조건 중에서 체계적으로 직교 실험의 실험 조건을 선택할 수 있는 방법은 없으며, 직교 실험에 적합한 실험 조건은 두 실험 조건의 벡터가 직교할 때의 특성을 이용하여 확인할 수 있다.

직교 실험을 위한 가장 대표적인 실험 조건의 직교 배열은 다구치 직교 배열(Taguchi orthogonal arrays)이다. 다구치 직교 배열에서는 주요인 또는 주요인과 두 요인의 상호 작용만을 고려하며 고차의 상호 작용은 존재하지 않는다고 가정한다. 따라서 다구치 직교 배열을 설계할 때는 그 영향을 무시할 수 없는 중요한 상호 작용은 반드시 사전에 확인하여 직교 배열에 포함하여야 한다.

다구치 직교 배열은 한 요인의 각 수준과 다른 요인의 모든 수준이 최소한 한 번은 실험 조건에 포함될 수 있도록 배열하며, 요인의 수와 각 요인의 수준 수에 따라 직교 배열한 실험 조건의 수는 표 A-24에서와 같이 결정한다. 예를 들면 요인의 수가 5이고 각 요인의 수준 수가 3이면 다구치 직교 배열의 실험 조건은 표 A-24에서와 같이 L18, 즉 18개가 된다. 이는 직교 실험일 때의 $5\times(3-1)+1=11$보다는 많고 완전 요인 실험일 때의 $3^5=243$보

다는 적다. 그러나 직교 배열의 실험 조건에 따라 수준별 최대 요인의 수는 표 A-25에서와 같이 제한된다.

표 A-24 요인과 수준 수에 따른 다구치 직교 배열의 실험 조건 수

요인 / 수준		요인 수										
		2	3	4	5	6	7	8	9	10	11	12
수준 수	2	L4	L4	L8	L8	L8	L8	L12	L12	L12	L12	L16
	3	L9	L9	L9	L18	L18	L18	L18	L27	L27	L27	L27
	4	L16	L16	L16	L16	L16	L32	L32	L32	L32		
	5	L25	L25	L25	L25	L25	L50	L50	L50	L50	L50	L50

표 A-25 직교 배열의 수준별 최대 요인의 수

직교 배열	최대 요인 수	수준별 최대 요인 수			
		2수준	3수준	4수준	5수준
L4	3	3	–	–	–
L8	7	7	–	–	–
L9	4	–	4	–	–
L12	11	11	–	–	–
L16	15	15	–	–	–
L16	5	–	–	5	–
L18	8	1	7	–	–
L25	6	–	–	–	6
L27	13	1	13	–	–
L32	31	31	–	–	–
L32	10	1	–	9	–
L36	23	11	12	–	–
L36	16	3	13	–	–
L50	12	1	–	–	11
L54	26	1	25	–	–
L64	63	63	–	–	–
L64	21	–	–	21	–
L81	40	–	40	–	–

요인의 수가 3이고 수준의 수가 3일 때 각 수준을 각각 1, 2, 3이라고 하면 9개의 다구치 직교 배열은 표 A-26에서와 같이 만들 수 있다. 즉 요인 F_1의 세 수준 1, 2, 3이 다른 요인 F_2와 F_3의 각 요인과 최소한 한 번은 실험 조건에 포함될 수 있도록 배열한 것이다. 같은 방법으로 요인의 수가 5이고 각 요인의 수가 4일 때의 다구치의 직교 배열은 표 A-27에서와 같다. 다른 조합의 요인과 수준 수에 따른 직교 배열은 문헌을 참고하기 바란다. 표 A-26과 표 A-27에서와 같이 모든 직교 배열에서 수준별 배열 수는 모두 같다. 이와 같이 직교 배열에서 수준별 배열이 동일한 수인 배열을 균형 배열(balanced array)이라고 하며 균형 배열은 모든 실험 조건에서 같은 수의 측정값을 얻을 수 있도록 계획한 실험 설계이다.

표 A-26 요인의 수가 3이고 각 요인의 수가 3일 때의 다구치 직교 배열

실험 조건	요인			측정값
	F_1	F_2	F_3	
1	1	1	1	X_1
2	1	2	2	X_2
3	1	3	3	X_3
4	2	1	2	X_4
5	2	2	3	X_5
6	2	3	1	X_6
7	3	1	3	X_7
8	3	2	1	X_8
9	3	3	2	X_9

표 A-27 요인의 수가 6이고 각 요인의 수가 4일 때의 다구치 직교 배열

실험 조건	요인					측정값
	F_1	F_2	F_3	F_4	F_5	
1	1	1	1	1	1	X_1
2	1	2	2	2	2	X_2
3	1	3	3	3	3	X_3
4	1	4	4	4	4	X_4
5	2	1	2	3	4	X_5
6	2	2	1	4	3	X_6
7	2	3	4	1	2	X_7
8	2	4	3	2	1	X_8
9	3	1	3	4	2	X_9
10	3	2	4	3	1	X_{10}
11	3	3	1	2	4	X_{11}
12	3	4	2	1	3	X_{12}
13	4	1	4	2	3	X_{13}
14	4	2	3	1	4	X_{14}
15	4	3	2	4	1	X_{15}
16	4	4	1	3	2	X_{16}

●●● 참 고 문 헌

Huntsberger, D. V. and P. Billingsley. 1977. Elements of statistical inference, 4th Ed. Allyn and Bacon, Inc.

Lipson, C. and N. J. Sheth. 1973. Statistical design and analysis of engineering experiments. McGraw-Hill Co.

Graves, S. and T. Menten. 1996. Chapter 11 Designing experiments to measure and improve reliability. Handbook of reliability engineering and management 2nd Ed. McGraw-Hill. Co.

부록 B. 주요 기계 부품의 형상계수와 특성 수명

B.1 기계 부품의 형상계수와 특성 수명

(http://www.barringer1.com/wdbase.htm. 2010)

기계 및 부품	형상계수, β			특성 수명(시간), η		
	Low	Typical	High	Low	Typical	High
부품						
Ball bearings	0.7	1.3	3.5	14,000	40,000	250,000
Roller bearings	0.7	1.3	3.5	9,000	50,000	125,000
Sleeve bearings	0.7	1.0	3.0	10,000	50,000	143,000
Belt, drive	0.5	1.2	2.8	9,000	30,000	91,000
Bellows, hydraulic	0.5	1.3	3.0	14,000	50,000	100,000
Bolts	0.5	3.0	10.0	125,000	300,000	100,000,000
Clutches, friction	0.5	1.4	3.0	67,000	100,000	500,000
Clutches, magnetic	0.8	1.0	1.6	100,000	150,000	333,000
Couplings	0.8	2.0	6.0	25,000	75,000	333,000
Couplings, gear	0.8	2.5	4.0	25,000	75,000	1,250,000
Cylinders, hydraulic	1.0	2.0	3.8	9,000,000	900,000	200,000,000
Diaphragm, metal	0.5	3.0	6.0	50,000	65,000	500,000
Diaphragm, rubber	0.5	1.1	1.4	50,000	65,000	300,000
Gaskets, hydraulics	0.5	1.1	1.4	700,000	75,000	3,300,00
Filter, oil	0.5	1.1	1.4	20,000	25,000	125,000
Gears	0.5	2.0	6.0	33,000	75,000	500,000
Impellers, pumps	0.5	2.5	6.0	125,000	150,000	1,400,000
Joints, mechanical	0.5	1.2	6.0	1,400,000	150,000	10,000,000

Knife edges, fulcrum	0.5	1.0	6.0	1,700,000	2,000,000	16,700,000
Linear, recip. comp. cyl.	0.5	1.8	3.0	20,000	50,000	300,000
Nuts	0.5	1.1	1.4	14,000	50,000	500,000
O-rings, elastomeric	0.5	1.1	1.4	5,000	20,000	33,000
Packings, recip. comp. rod.	0.5	1.1	1.4	5,000	20,000	33,000
Pins	0.5	1.4	5.0	17,000	50,000	170,000
Pivots	0.5	1.4	5.0	300,00	400,000	1,400,000
Pistons, engines	0.5	1.4	3.0	20,000	75,000	170,000
Pumps, lubricators	0.5	1.1	1.4	13,000	50,000	125,000
Seals, mechanical	0.8	1.4	4.0	3,000	25,000	50,000
Shafts, centrifugal pumps	0.8	1.2	3.0	50,000	50,000	300,000
Springs	0.5	1.1	3.0	14,000	25,000	5,000,000
Vibration mounts	0.5	1.1	2.2	17,000	50,000	200,000
Wear rings, cent. pump	0.5	1.1	4.0	10,000	50,000	90,000
Valves, recip. comp.	0.5	1.4	4.0	3,000	40,000	80,000

Items	β			η, hours		
	Low	Typical	High	Low	Typical	High
기계 장비						
Circuit breakers	0.5	1.5	3.0	67,000	100,000	1,400,000
Compressors, centrifugal	0.5	1.9	3.0	20,000	60,000	120,000
Compressor blades	0.5	2.5	3.0	400,000	800,000	1,500,000
compressor vanes	0.5	3.0	4.0	500,000	1,000,00	2,000,000
Diaphragm couplings	0.5	2.0	4.0	125,000	300,000	600,000
Gas turb. comp. blades/vanes	1.2	2.5	6.6	10,000	250,000	300,000
Gas turb. blades/vanes	0.9	1.6	2.7	10,000	125,000	160,000
Motors, AC	0.5	1.2	3.0	1,000	100,000	200,000
Motors, DC	0.5	1.2	3.0	100	50,000	100,000
Pumps, centrifugal	0.5	1.2	3.0	1,000	35,000	125,00
Steam turbines	0.5	1.7	3.0	11,000	65,000	170,000
Steam turbine blades	0.5	2.5	3.0	00,000	800,000	1,500,000

Steam turbine vanes	0.5	3.0	3.0	500,000	900,000	1,800,000
Transformers	0.5	1.1	3.0	14,000	200,000	14,200,000
계측기						
Controllers, pneumatic	0.5	1.1	2.0	1,000	25,000	1,000,000
Controller, solid state	0.5	0.7	2.2	20,000	100,000	200,000
Control valves	0.5	1.0	2.0	14,000	100,000	333,000
Motorized valves	0.5	1.1	3.0	17,000	25,000	1,000,000
Solenoid valves	0.5	1.1	3.0	50,000	75,000	1,000,000
Transducers	0.5	1.0	3.0	11,000	20,000	90,000
Transmitters	0.5	1.0	2.0	100,000	150,000	1,100,000
Temperature indicators	0.5	1.0	2.0	140,000	150,000	3,300,000
Pressure indicators	0.5	1.2	3.0	110,000	125,000	3,300,000
Flow instrumentation	0.5	1.0	3.0	100,000	125,000	10,000,000
Level instrumentation	0.5	1.0	3.0	14,000	25,000	500,000
Electro-mechanical parts	0.5	1.0	3.0	13,000	25,000	1,000,000
고정 장비						
Boilers, condensers	0.5	1.2	3.0	11,000	50,000	3,300,000
Pressure vessels	0.5	1.5	6.0	1,250,000	2,000,000	33,000,000
Filters, strainers	0.5	1.0	3.0	500,000	5,000,000	200,000,000
Check valves	0.5	1.0	3.0	100,000	100,000	1,250,000
Relief valves	0.5	1.0	3.0	100,000	100,000	1,000,000
정비 유류						
Coolants	0.5	1.1	2.0	11,000	15,000	33,000
Lubricants, screw compr.	0.5	1.1	3.0	11,000	15,000	40,000
Lube oils, mineral	0.5	1.1	3.0	3,000	10,000	25,000
Lube oils, synthetic	0.5	1.1	3.0	33,000	50,000	150,000
Greases	0.5	1.1	3.0	7,000	10,000	33,000

B.2 고장 형태에 따른 주요 기계 부품의 β, 수명 및 정비 전략

(Bloch and Geitner, 1999)

	Weibull parameter,	Standard life	Maintenance Strategy	
			Preventive	Predictive
Deformation				
Brinelling	1.0	Inf		●
Cold flow	1.0	Inf		●
Contracting	2.0	Inf		
Creeping	2.0	Inf		
Bending	1.0	Inf	●	
Bowing	1.0	Inf		●
Buckling	1.0	Inf		
Bulging	1.0	Inf		
Deformation	1.0	Inf		
Expanding	1.0	Inf		
Extruding	1.0	Inf		
Growth	1.0	Inf		
Necking	1.0	Inf		
Setting	2.0	Inf		
Shrinking	2.0	Inf		
Swelling	3.0	Inf		
Warping	1.0	Inf		
Yielding	1.0	Inf		
Examples				
Deformation of spring	1.0	Inf		●
Extruding of elastomeric seals	1.0	4.0Y		●
Force-induced deformation	1.0	Inf		
Temperature-induced -deformation	2.0	Inf		●
Yielding	1.0	Inf		

Failure mode	Weibull parameter, β	Standard life	Maintenance Strategy	
			Preventive	Predictive
Fracture/Separation				
Blistering	1.0	Inf		
Brittle fracture	1.0	Inf		
Checking	1.0	Inf		
Chipping	1.0	Inf		
Cracking	1.0	Inf		
Caustic cracking	1.0	Inf		
Ductile fracture	1.0	Inf		
Flaking	1.0	Inf		
Fretting fatigue cracking	1.0	Inf		
Heat checking	1.0	Inf		
Pitting	1.0	Inf		
Spalling	1.0	Inf		
Splitting	1.0	Inf		
Examples				
Overload fracture	1.0	Inf		
Impact fracture	1.0	Inf		
Fatigue fracture	1.1	Inf		●
Most fracture	1.0	Inf		
Change of Material Quality				
Aging	3.0	5.0Y	●	
Burning	1.0	Inf		
Degradation	2.0	3.0Y	●	
Deterioration	1.0	Inf		
Discoloration	1.0	Inf		
Disintegration	1.0	Inf		
Embrittlement	1.0	Inf		
Hardening	1.0	Inf		
Odor	1.0	Inf		
Overheating	1.0	Inf		
Softening	1.0	Inf		
Examples				
Degradation of mineral oil lube	3.0	1.5Y	●	●
Degradation of coolants	3.0	1.0Y	●	●
Elastomer aging	1.0	4.0 ~ 16Y		●
O-ring deterioration	1.0	2.0 ~ 5.0Y		●
Aging of metals under thermal stress	3.0	4.0Y		●

Failure mode	Weibull parameter, β	Standard life	Maintenance Strategy	
			Preventive	Predictive
Corrosion		2.0 ~ 4.0Y		
Exfoliation	3.0	3.0Y	●	
Fretting corrosion	2.0	1.0 ~ 3.0Y	●	
General corrosion	2.0	1.0 ~ 3.0Y	●	
Inter-granular corrosion	2.0	1.0 ~ 3.0Y	●	
Pitting corrosion	2.0	0.5 ~ 3.0Y	●	
Rusting	2.0	0.5 ~ 3.0Y	●	
Staining	2.0		●	
Examples				
Accessible components	2.0	2.0 ~ 4.0Y	●	●
Inaccessible comp.	2.0	2.0 ~ 4.0Y		
Wear				
Abrasion	3.0	0.5 ~ 3.0Y		●
Cavitation	3.0	0.5 ~ 3.0Y		●
Corrosive wear	3.0	0.5 ~ 3.Y		●
Cutting	3.0	0.5 ~ 3.0Y		●
Embedding	3.0	0.5 ~ 3.0Y		●
Erosion	3.0	3.0Y		●
Fretting	3.0	2.0Y		●
Galling	3.0	2.0Y		●
Grooving	3.0	2.0Y		●
Gouging	3.0	2.0Y		●
Pitting	3.0	1.0Y		●
Ploughing	3.0	1.0Y		●
Rubbing	3.0	3.0Y		●
Scoring	3.0	3.0Y		●
Scraping	3.0	0.5 ~ 3.0Y		●
Scratching	3.0	3.0Y		●
Scuffing	3.0	1.0Y		●
Smearing	3.0	1.0Y		●
Spalling	3.0	0.5 ~ 16.0Y		●
Welding	3.0	0.5 ~ 3.0Y		●
Examples				
Non-lubed relative movement	3.0	1.0M		●
Contaminated by lubed s. bearing	3.0	3.0Y	●	●
Spalling of antifriction bearing	1.1	16.0Y		●

Failure mode	Weibull parameter, β	Standard life	Maintenance Strategy	
			Preventive	Predictive
Displacement/Seizing/Adhesion				
Adhesion	1.0	Inf		
Clinging	1.0	Inf		
Binding	1.0	Inf		
Blocking	1.0	Inf		
Cocking	1.0	Inf		
Displacement	1.0	Inf		
Freezing	1.0	Inf		
Jamming	1.0	Inf		
Locking	1.0	Inf		
Loosening	1.0	Inf		
Misalignment	1.0	Inf		
Sizing	1.0	Inf		
Setting	1.0	Inf		
Sticking	1.0	Inf		
Shifting	1.0	Inf		
Turning	1.0	Inf		
Examples				
Loosening locking fasteners	1.0	Inf		
Loosening bolts	1.0	Inf		●
Loosening nuts	1.0	Inf		●
Misalignment process pump set	2.0	1.5 ~ 3.0Y		●
Seizing linkages	1.0	Inf	●	●
Seizing components subject to contamination or corrosion	1.0	Inf		●
Shifting unstable design	1.0	Inf		
Leakage				
Joints with relative movement	1.5	3.0M ~ 4.0Y		
Joints without relative movement	1.0	16.0Y		●
Mechanical seal faces	0.7 ~ 1.1	0.5 ~ 1.5Y		

Failure mode	Weibull parameter, β	Standard life	Maintenance Strategy	
			Preventive	Predictive
Contamination				
clogging	1.0	Inf		
Coking	2.0	0.5 ~ 3.0Y		●
Dirt accumulation	2.0	0.5M ~ 3.0Y		●
Fouling	1.0	Inf		●
Plugging	1.0	Inf		●
Examples				
Fouling gas compressor	3.0	1.5 ~ 5.0Y	●	●
Plugging of passages with moving medium	1.0	Inf		●
Plugging of passages with non-moving medium	1.0	Inf		
Conductor Interruption				
Flexible cable	1.0	Inf		
Solid cable	1.0	Inf		
Burning through insulation				
Motor windings	1.0	16.0Y	●	
Transformer windings	1.0	16.0Y	●	

Inf=Infinite, M=Months, Y=Years, ●=Yes,

Absence of ● indicates that break-down maintenance is appropriate strategy.

●●● 참 고 문 헌

http://www.barringer1.com/wdbase.htm. 2010. Barringer & Associates Inc (no longer available online)

Bloch, H. P. and F. K. Geitner. 1999. Machinery failure analysis and troubleshooting. Gulf Professional PublishingCo. Huston Texas.

찾아보기

[ㄴ]

[ㄷ]

[ㄹ]

[ㅁ]

[ㅂ]

[ㅅ]

[ㅇ]

[ㅈ]

[ㅊ]

[ㅋ]

[ㅌ]

[ㅍ]

[ㅎ]

기계 부품의 수명과 신뢰도

초 판 발 행 | 2025년 8월 13일
초 판 인 쇄 | 2025년 8월 20일

저 자 | 김경욱 · 김대철 · 박영준 · 신창섭
심성보 · 남주석 · 오주선

발 행 인 | 이성범
발 행 처 | 문운당
주 소 | 서울시 종로구 혜화로5길 16 (명륜1가 45-3)
전 화 | (02)762-6010
팩 스 | 영업 (02)745-0265 / 편집 (02)762-8758
이 메 일 | 영업 munun2@daum.net
편집 munundang@naver.com
홈페이지 | http://munundang.co.kr

ISBN 979-11-5692-818-8 93550

정가 65,000원